普通物理 上冊

PHYSICS FOR SCIENTISTS & ENGINEERS 4th Edition

Douglas C. Giancoli 著

張天錫 譯

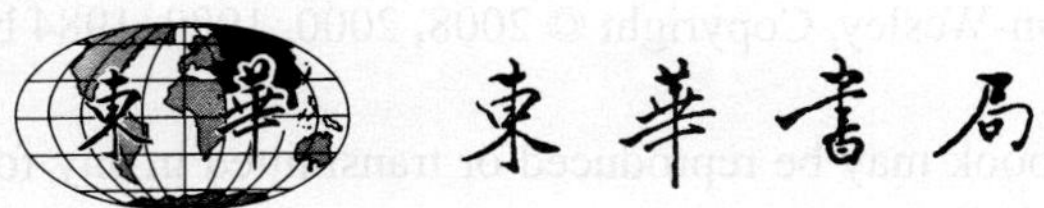

台灣培生教育出版股份有限公司
Pearson Education Taiwan Ltd.

國家圖書館出版品預行編目資料

普通物理 (上冊). / Douglas C. Giancoli 原著 ; 張天錫譯 . -- 初版 . -- 臺北市 : 臺灣培生教育 , 臺灣東華 , 2011.01
968 面，19*26 公分
譯自 : Physics for scientists & engineers, 4th ed.
ISBN 978-986-280-035-5(平裝)

1. 物理學

330　　99026496

普通物理（上冊）

PHYSICS FOR SCIENTISTS & ENGINEERS, 4th Edition

原　　著　Douglas C. Giancoli
譯　　者　張天錫
出 版 者　台灣培生教育出版股份有限公司
地址／台北市重慶南路一段 147 號 5 樓
電話／ 02-2370-8168
傳真／ 02-2370-8169
網址／ www.Pearson.com.tw
E-mail ／ Hed.srv.TW@Pearson.com
台灣東華書局股份有限公司
地址／台北市重慶南路一段 147 號 3 樓
電話／ 02-2311-4027
傳真／ 02-2311-6615
網址／ www.tunghua.com.tw
E-mail ／ service@tunghua.com.tw
總 經 銷　台灣東華書局股份有限公司
出版日期　2011 年 9 月初版一刷
I S B N　978-986-280-035-5
訂　　價　880 元

序 言

我從一開始就很想寫一本與眾不同，而可以用一連串事實表達物理學內涵的教科書，就像西爾斯的型錄一般：“事實在這裡，你最好學會它們。”不用正規和教條式的方法，我試圖用具體的觀察與經驗作為各個主題的開始，而使學生可以從詳細情況著手，然後走向偉大的泛論與更正式的主題觀點，證明為什麼我們相信我們所相信的。這個方法反映出科學的學習與研究實際上是如何練習的。

為什麼推出第四版？

物理教科書最近有兩個趨勢頗令人困擾：(1) 修訂版的週期變短——每三或四年修訂一次；(2) 書本愈來愈厚，有些甚至超過 1500 頁。我不知道其中哪一個趨勢會對學生有益。我認為：(1) 本書距上一版已有八年。(2) 本書利用物理的教育研究，雖然書中避免了教授也許會在課堂中講授的細節，但是過厚的書會使讀者卻步。所以本書仍然以精簡為首要。

新的版本介紹了一些重要的新教學法工具。其中包含新的物理 (如天文學) 以及許多吸引人的新應用。頁與斷頁都經過細心地編排使物理更容易理解：不會在公式的推導過程或例題的中間翻頁。我們做了很大的努力使本書具有吸引力，使學生有閱讀的興趣。

以下列出一些新的特色。

新的內容

章前問題：每章開頭都有一個多重選擇的問題，其選項包括常見的錯誤觀念。學生在開始研讀各章之前先回答此問題可以使他們融入教材之中，並且把先入為主的想法找出來。同樣的問題後來會在該章中再度出現，通常是在其相關內容已討論之後的練習題中。章前問題也讓學生了解物理學的影響力和實用性。

數值例題中的方法：在解答之前的一段簡短前言，略述我們可以著手的方法和步驟。在解答之後有簡短的備註，它可能會評論解答、提供另一種方法或提及其應用。

逐步地解例題：在許多的問題解答策略 (本書中超過 20 種) 之後，下一個例題是完全地遵循此步驟解題。

本文中的練習題：在例題或推導公式之後，會提供學生一個機會，來驗證他們是否有足夠的了解以回答簡單的問題或作簡單的計算。其中有許多是複選題。

更清晰：本書中沒有會被看漏的主題與段落，而改善了呈現方式的清晰度和簡潔性。此外還去除了可能影響主要論述的片語和文句：先有要點之後才有詳細說明。

$\vec{F}$，$\vec{v}$，$\vec{B}$ **向量標記法，箭號**：本文和圖中的向量符號上方有一個小箭號，因而與手寫法類似。

宇宙論的變革：藉由相關領域中頂尖專家的幫助，使讀者擁有最新的結果。

頁面設計：與前一版不同的是，本版特別注重頁面的編排。例題與重要的推導和論述都編排在對面頁上。學生在閱讀時不必來回地翻頁。讀者可以在書打開來的兩頁上看見一個重要的部分

新的應用：LCD、數位相機和電子感測器 (CCD、CMOS)、電氣危害、GFCI、影印機、噴墨和雷射印表機、金屬檢測器、水下視覺、變速球、飛機機翼、DNA，以及如何真正地看見影像。

例題修正：詳細解說更多的數學步驟，並且加入許多新的例題。所有例題中約有 10% 是估算的例題。

本書內容較其他同等級且具完整內容的書來得精簡。較短的解釋更容易理解，也較有閱讀的意願。

內容與組織的改變

- **轉動運動**：第 10 章與第 11 章已經重新編排。角動量的所有內容移至第 11 章。
- **第 19 章中的熱力學第一定律**，已經重新編寫並且擴充。完整的形式為 $\Delta K+\Delta U+\Delta E_{\text{int}}=Q-W$，其中內能為 E_{int}，U 為位能；$Q-W$ 的形式則保留，使得 $dW=P\,dV$。
- 圓周運動的運動學與動力學同時放在第 5 章。
- 功與能，第 7 章和第 8 章，已經仔細地修訂。
- 摩擦力作的功連同能量守恆一起討論 (由摩擦所引起的能量損耗)。
- 將電感與 AC 電路合併為第 30 章。

- 新選讀的第 2-9 節為圖形分析與數值積分。需要以電腦或圖形計算機解答的問題位於各章的末尾。
- 物體的長度標記為 ℓ 而不是常見的 l，因為容易與 1 或 I (慣量或電流) 混淆，如 $F=I\ell B$。大寫的 L 是角動量、潛熱和長度的單位 $[L]$。
- 牛頓的萬有引力定律仍然留在第 6 章。為什麼？因為 $1/r^2$ 的規則很重要，不能留到後面的章節中，以避免因為時間的關係而在學期末無法論及此一部分，此外，也因為它是自然界中的基本力之一。在第 8 章中我們討論真實的重力位能，並且有一個利用 $U=-\int \vec{\mathbf{F}} \cdot d\vec{\ell}$ 很好的實例。
- 新的附錄包含馬克斯威爾方程式的微分形式以及更多的因次分析。
- 解答問題策略可以在第 47、92、103、155、164、201、267、317、368、419、503、813、884 頁中找到。

組 織

有些教師可能發現本書的內容超過他們的課程所需。其實本書內容有很大的彈性。標示星號 * 的各節是作為選讀之用的，它們是較為高階的或通常未包含在一般課程和／或有趣的應用之內的物理內容；它們並未包含後續章節所需的知識 (除了後面的選讀部分)。如果是短期的課程，可以捨去全部的選讀內容的段落，與第 1、13、16、26、30 和 35 章的主要部分，以及第 9、12、19、20、33 章。課堂中沒有提到的主題將是學生日後研讀的極有價值的資料。由於本書涵蓋範圍極廣，因此可以作為很多年的有用參考資料。

感 謝

許多物理教授對本書積極地投入並且在各個方面提供建議。他們的姓名列於下方，我對他們表示感激之意。

Mario Affatigato, Coe College
Lorraine Allen, United States Coast Guard Academy
Zaven Altounian, McGill University
Bruce Barnett, Johns Hopkins University
Michael Barnett, Lawrence Berkeley Lab
Anand Batra, Howard University
Cornelius Bennhold, George Washington University
Bruce Birkett, University of California Berkeley
Dr. Robert Boivin, Auburn University
Subir Bose, University of Central Florida
David Branning, Trinity College
Meade Brooks, Collin County Community College
Bruce Bunker, University of Notre Dame
Grant Bunker, Illinois Institute of Technology

Wayne Carr, Stevens Institute of Technology
Charles Chiu, University of Texas Austin
Robert Coakley, University of Southern Maine
David Curott, University of North Alabama
Biman Das, SUNY Potsdam
Bob Davis, Taylor University
Kaushik De, University of Texas Arlington
Michael Dennin, University of California Irvine
Kathy Dimiduk, University of New Mexico
John DiNardo, Drexel University
Scott Dudley, United States Air Force Academy
John Essick, Reed College
Cassandra Fesen, Dartmouth College
Alex Filippenko, University of California Berkeley
Richard Firestone, Lawrence Berkeley Lab
Mike Fortner, Northern Illinois University
Tom Furtak, Colorado School of Mines
Edward Gibson, California State University Sacramento
John Hardy, Texas A&M
J. Erik Hendrickson, University of Wisconsin Eau Claire
Laurent Hodges, Iowa State University
David Hogg, New York University
Mark Hollabaugh, Normandale Community College
Andy Hollerman, University of Louisiana at Lafayette
Bob Jacobsen, University of California Berkeley
Teruki Kamon, Texas A&M
Daryao Khatri, University of the District of Columbia
Jay Kunze, Idaho State University
Jim LaBelle, Dartmouth College
M.A.K. Lodhi, Texas Tech
Bruce Mason, University of Oklahoma
Dan Mazilu, Virginia Tech
Linda McDonald, North Park College
Bill McNairy, Duke University
Raj Mohanty, Boston University
Giuseppe Molesini, Istituto Nazionale di Ottica Florence
Lisa K. Morris, Washington State University
Blaine Norum, University of Virginia
Alexandria Oakes, Eastern Michigan University
Michael Ottinger, Missouri Western State University
Lyman Page, Princeton and WMAP
Bruce Partridge, Haverford College
R. Daryl Pedigo, University of Washington
Robert Pelcovitz, Brown University
Vahe Peroomian, UCLA
James Rabchuk, Western Illinois University
Michele Rallis, Ohio State University
Paul Richards, University of California Berkeley
Peter Riley, University of Texas Austin
Larry Rowan, University of North Carolina Chapel Hill
Cindy Schwarz, Vassar College
Peter Sheldon, Randolph-Macon Woman's College
Natalia A. Sidorovskaia, University of Louisiana at Lafayette
George Smoot, University of California Berkeley
Mark Sprague, East Carolina University
Michael Strauss, University of Oklahoma
Laszlo Takac, University of Maryland Baltimore Co.
Franklin D.Trumpy, Des Moines Area Community College
Ray Turner, Clemson University
Som Tyagi, Drexel University
John Vasut, Baylor University
Robert Webb, Texas A&M
Robert Weidman, Michigan Technological University
Edward A.Whittaker, Stevens Institute of Technology
John Wolbeck, Orange County Community College
Stanley George Wojcicki, Stanford University
Edward Wright, UCLA
Todd Young, Wayne State College
William Younger, College of the Albemarle
Hsiao-Ling Zhou, Georgia State University

我特別感謝 Bob Davis 教授提供許多有價值的資料，並為所有習題寫出解答，以及在本書末尾提供奇數習題的答案。我也很感謝與 Bob Davis 合作解題的 J. Erik Hendrickson 與本書的規劃團隊 (Anand Batra, Meade Brooks, David Currott, Blaine Norum, Michael Ottinger, Larry Rowan, Ray Turner, John Vasut 與 William Younger 諸位教授)。非常感謝 Katherine Whatley 和 Judith Beck 提供各章後面觀念問題的答案，我很感謝 John Essick, Bruce Barnett, Robert Coakley, Biman Das, Michael Dennin, Kathy Dimiduk, John DiNardo, Scott Dudley, David Hogg, Cindy Schwarz, Ray Turner 和 Som Tyagi 諸位教授對我提供許多例題、問題、習題的靈感以及涵義深遠的說明。

找出本書錯誤之處並提供極佳建議的是 Kathy Dimiduk, Ray Turner 和 Lorraine Allen 教授。更感謝他們和 Giuseppe Molesini 教授的建議與不凡的光學照片。

我特別感謝 Howard Shugart, Chair Marjorie Shapiro 教授，以及許多其他 University of California, Berkeley 物理系教授有益的討論和款待。我同時也感謝 Tito Arecchi 教授與其他在 Istituto Nazionale di Ottica, Florence, Italy 的教授們。

最後要感激在 Prentice Hall 與我合作此書的許多人，特別是 Paul Corey, Christian Botting, Sean Hogan, Clare Romeo, Frank Weihenig, John Christiana, 和 Karen Karlin。

我必須對本書中所有的錯誤負最後的責任。我非常歡迎有益於下一版本而可使學生受惠的評論、修正和建議。

D.C.G.

電子郵件信箱：Paul_Corey@Prenhall.com

郵件地址：Paul Corey
One Lake Street
Upper Saddle River, NJ 07458

關於作者

Douglas C. Giancoli 得到 University of California, Berkeley 的物理學士學位 (成績優異)、Massachusetts Institute of Technology 的物理碩士學位以及 University of California, Berkeley 的基本粒子物理博士學位。他花了兩年的時間以博士後研究員的職位在 UC Berkeley 的病毒實驗室發展分子生物和生物物理學的技術。他的指導老師是獲得諾貝爾獎的 Emilio Segré 和 Donald Glaser。

他教過許多大學部的課程，包括傳統與創新的課程，而且一絲不苟地持續更新教科書，尋找可以讓學生更容易了解物理的方法。

Douglas 工作之餘最喜愛的是戶外活動，特別是登峰 (照片中是在科羅拉多州一座高度超過 14000 呎的山峰上)。他說登峰就如同學習物理一般：需要努力而且最後的收穫是很美好的。

線上補充 (列出部分)

MasteringPhysics™ (www.masteringphysics.com)

是一個特別為利用微積分計算的物理課程而發展的先進的線上輔導與家庭作業系統。最初是由 David Pritchard 和在 MIT 的合作者共同發展出來的。MasteringPhysics 為學生提供個別的線上教導，對他們錯誤的答案作出回應，並且提示解題的多重步驟。它給學生進程的及時與最新的評估，並且告訴他們何處需要多作練習。MasteringPhysics 提供教師快速和有效的方法指定涵蓋多種類型的線上家庭作業。這個很有效的作業後評估，使教師和學生可以評定全班以及學生個別的進度，並且很快地確認困難的範圍。

WebAssign (www.webassign.com)

CAPA and LON-CAPA (www.lon-capa.org/)

學生補充 (列出部分)

Student Study Guide & Selected Solutions Manual (Volume I: 0-13-2273241,Volumes II & III: 0-13-227325X) by Frank Wolfs

Student Pocket Companion (0-13-2273268) by Biman Das

Tutorials in Introductory Physics (0-13-097069-7) by Lillian C. McDermott, Peter S. Schaffer, and the Physics Education Group at the University of Washington

Physlet® Physics (0-13-101969-4) by Wolfgang Christian and Mario Belloni

Ranking Task Exercises in Physics, Student Edition (0-13-144851-X) by Thomas L.O'Kuma, David P. Maloney, and Curtis J. Hieggelke

E&M TIPERs: Electricity & Magnetism Tasks Inspired by Physics Education Research (0-13-185499-2) by Curtis J. Hieggelke, David P. Maloney, Stephen E. Kanim, and Thomas L. O'Kuma

Mathematics for Physics with Calculus (0-13-1913360) by Biman Das

給學生

如何學習

1. 閱讀各章。學習新的字彙和標記法。試著回答所遇到的問題和練習題。

2. 參加所有的課程。用心聽課，並作筆記，特別是書本中沒有的內容。提出問題(每個人都想發問，但可能只有你有勇氣)。如果你事先預習，會在課堂上獲益更多。

3. 再閱讀一次，注意細節。遵循推導過程並解答例題。理解其思惟方式。回答練習題並且儘量作每章最後的習題。

4. 作每章末尾的習題 10 至 20 題 (或更多)，特別是指定的題目。在作習題時，你會發現你學到哪些以及哪些沒有學好。你可以與其他學生討論。解答問題策略是很有用的學習工具之一。不要只是尋找公式——這是沒有用的。

格式與解答問題策略的備註

1. 標有星號 (*) 的段落是作為選讀之用的。可以將它們略去而不致中斷原有的主題。它不需要後讀章節內容的知識，除了之後有星號的段落之外，後續的內容與它們無關。但是它們的內容還是很有趣的。

2. 使用慣用的**常規**：物理量的符號 (如質量 m) 是斜體，而單位 (如公尺 m) 則不是斜體。向量的符號是粗體並且上方有小箭號：$\vec{\mathbf{F}}$。

3. 只有少數的方程式可以適用於所有的狀況。在方程式的後面有中括弧說明此方程式的**限制**。代表偉大的物理定律以及不可或缺的方程式會以陰影背景表示。

4. 各章後面都有**習題**，依其難易度分成 I、II 和 III 三級。I 級的習題是最簡單的，II 級是一般標準習題，而 III 級則是“挑戰習題”。這些題目依照各節的次序排列，但是可能與先前的內容有關。而後面的一般習題並未依各節次序排列，也沒有標示難易度。與選讀段落有關的題目會標示 (*) 星號。大部分的章有 1 至 2 題的數值／計算機的習題，它們需要電腦或圖形計算機才能作答。奇數題習題的答案則列於本書的末尾。

5. **解題**是學習物理一個至關重要的部分，並且對了解其觀念與原理提供一個很有效的方法。本書對解題提供許多的幫助：(a) 本文中的**例題**以及解答，應將它視為本文的一部分而詳細閱讀；(b) 部分的例題是**估算例題**，其說明即使數據不足，仍可以獲得粗略的近似結果 (參閱第 1-6 節) ；(c) 本文中穿插**解答問題策略**，它對特定的主題提供詳細的解題方法及步驟，但基本原理還是相同的。大部分的“策略”後面都有一個例題，而且明確地依循建議的步驟解題；(d) 特別的解題段落；(e) 本文頁邊的“問題解答”提供解題的提示。(f) 本文中的**練習題**必須馬上作答，然後檢查你的答案是否與每章最後所附的答案相同；(g) 各章結尾的習題 (上面提及的第四點)。

6. **觀念例題**的用意是使你思考而得到答案。在看解答之前，花一點時間想出你自己的答案。
7. 附錄中列有數學的複習以及一些附加的主題。封面與封底的內頁則提供一些有用的數據、轉換因數與數學公式。

顏色的使用

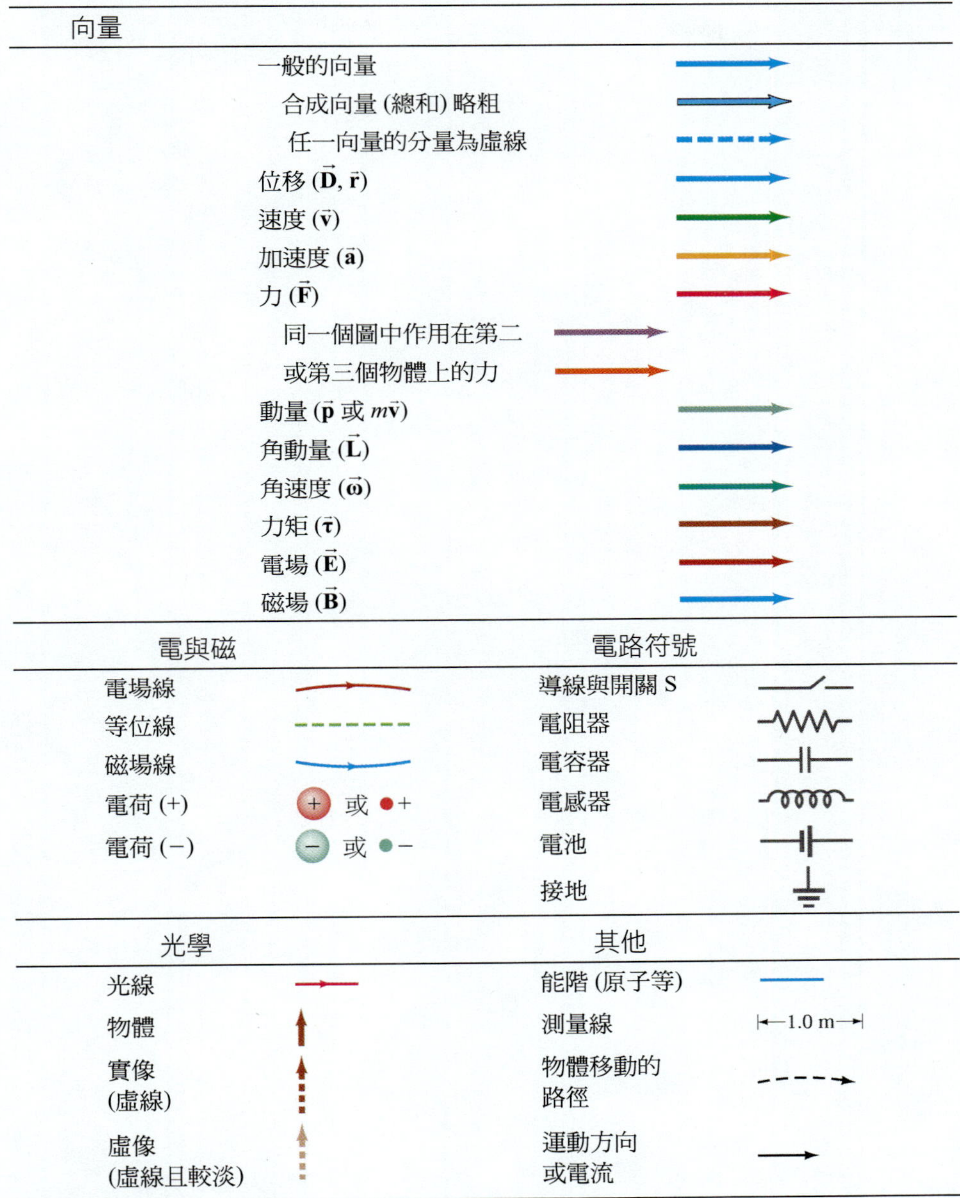
向量
一般的向量
合成向量 (總和) 略粗
任一向量的分量為虛線
位移 ($\vec{\mathbf{D}}$, $\vec{\mathbf{r}}$)
速度 ($\vec{\mathbf{v}}$)
加速度 ($\vec{\mathbf{a}}$)
力 ($\vec{\mathbf{F}}$)
同一個圖中作用在第二
或第三個物體上的力
動量 ($\vec{\mathbf{p}}$ 或 $m\vec{\mathbf{v}}$)
角動量 ($\vec{\mathbf{L}}$)
角速度 ($\vec{\boldsymbol{\omega}}$)
力矩 ($\vec{\boldsymbol{\tau}}$)
電場 ($\vec{\mathbf{E}}$)
磁場 ($\vec{\mathbf{B}}$)
電與磁
電場線
等位線
磁場線
電荷 (+)
+ 或 +
電荷 (−)
− 或 −
電路符號
導線與開關 S
電阻器
電容器
電感器
電池
接地
光學
光線
物體
實像
(虛線)
虛像
(虛線且較淡)
其他
能階 (原子等)
測量線
1.0 m
物體移動的
路徑
運動方向
或電流

目 錄

引言、測量、估算

來自 NASA 衛星的地球影像。在外太空中天空呈現黑色，因為只有極少的分子能夠反射光線。(為什麼天空對於地球上的我們會呈現藍色，這與大氣中的分子對光的散射有關，將於第 35 章中討論。)

注意墨西哥的海岸有風暴。

章前問題——試著想想看！

假設你想要實際地測量地球的半徑，而不是採用別人的說法，下列何者為最佳的方法？

(a) 放棄；使用普通的方法是不可能辦到的。
(b) 使用一個極長的捲尺。
(c) 只有飛行到夠高處去看地球的實際曲率，才可能辦得到。
(d) 使用一個標準捲尺、一個梯子以及一個大而平靜的湖泊。
(e) 在月球（或衛星）上使用雷射和反射鏡。

[在每一章中，我們都會以類似上述的問題作為各章的開始。試著立刻回答這個問題。不必擔心是否得到正確的答案——我們的想法是讓你既有的概念先呈現出來。如果以往的見解有誤，我們希望你在讀完這一章之後能夠釐清。通常，在介紹過適當的內容後，還有機會再次檢視此一“章前問題”。而這些章前問題也將有助於你對物理學之功能與實用性的體認。]

(a)

(b)

圖 1-1 (a) 這條羅馬高架通渠建造於 2000 年以前，迄今仍然屹立。(b) 哈特福特市政中心在 1978 年倒塌，距其建造完成僅有兩年。

物理學是科學的最基本原理，它論及物質的行為特性和結構。物理學的領域一般分為古典物理學 (包括運動、流體、熱、聲、光、電與磁) 和近代物理學 (包括相對論、原子結構、凝聚體、核子物理、基本粒子和宇宙論以及天體物理學)。本書將涵蓋這些所有的主題，以物體的運動 (慣稱力學) 作為開始，並且以宇宙最近的研究新知作為結束。

物理學對於任何以科學或技術領域為職業的人都是至為重要的。例如，為使建築物穩固屹立，工程師必須知道如何計算結構內部的受力 (圖 1-1a)。事實上，在第 12 章中我們將看到一個簡單的物理計算 (甚至只是基於對力的物理本質之理解而產生的直覺) 都可能挽救數百人的生命 (圖 1-1b)。在本書中我們將看到物理學在各領域及日常生活中是如何實用的許多實例。

1-1 科學的本質

包括物理學在內，所有科學的主要目的通常被認為是找尋周遭世界的規律。許多人認為，科學是一種蒐集事實和發明理論的機械般的過程。其實它並非如此簡單。科學是一種創造性活動，在許多方面，就像是人腦的其他創造性活動一般。

科學的一個重要層面就是事件的**觀測** (observation)，其中包括實驗的設計和進行。但是，觀測和實驗需要想像力，因為科學家不能將他們所觀察的一切都加以描述。因此，科學家們必須對實驗與觀測結果之間有何關聯做出判斷。

例如，兩位偉大的智者，亞里士多德 (西元前 384-322) 與伽利略 (1564-1642) 是如何解釋物體沿水平面的運動。亞里士多德曾指出，最初被施加一個短暫推力而沿著地面 (或桌面) 移動之物體，最後都會逐漸減速而停止。因此，亞里士多德認為，物體的自然狀態是靜止的。伽利略於 1600 年代在他對水平運動的重新檢視中曾經想像，如果摩擦力可以消除，一個沿著水平面被施以一短暫推力的物體將無限期地持續移動而不會停止。他的結論是：物體的運動與靜止是一樣自然的。伽利略發明了一個新的方法，建立我們現今對於運動的觀點 (第 2、3、4 章)，而且是運用飛躍的想像力達成的。伽利略在觀念上跨出了一大步，而實際上並未將摩擦力的影響排除。

利用仔細的實驗和測量所做的觀察是科學過程的一面。另一面則是用來解釋和組織所觀察之現象的理論之發明或創造。理論從來就不是直接由觀察結果所推導出來的。觀察有助於啟發理論，而理論被接受或拒絕則基於觀察與實驗的結果。

偉大的科學理論 (創造性的成就) 可以與偉大的藝術或文學作品相提並論。但是，科學與其他創造性活動有何不同？一個重要的區別就是，科學需要**測試**其觀念或理論，看他們的預測是否能被實驗所證實。

雖然理論的測試能夠區別科學與其他創意領域，但不應該假設理論是由測試所"證實"。首先，沒有一種測量儀器是十全十美的，所以確切的證實是不可能的。況且，在每一個可能的單一環境中去測試理論也是不可能的。因此，一個理論不能被絕對地證實。其實，科學史告訴我們，長期適用的理論都可能被新的理論所取代。

1-2 模型、理論及定律

當科學家們試圖理解一組特定的現象時，往往會利用**模型** (model)。對科學家而言，模型是以我們所熟悉的事物來對所觀測到的現象所做的類比或思想的比喻。光的波動模型就是一個例子。我們雖不能以看待水波的方式來看待光波，但把光視為波動是有其價值的，因為實驗顯示光的行為特性在許多方面與水波相同，所以把光視為波動是很有用的。

模型的目的是當我們看不到實際發生何事時，能提供我們一個大致的心理或可見的圖像。模型往往使我們有更深刻的理解：對一個已知系統的類比 (例如，上述水波的例子) 可以聯想出新的實驗來進行，並且能夠提供有哪些其他相關現象可能會發生的概念。

你可能想知道理論和模型兩者之間的差異，通常模型相對上是較為簡單的，它提供一個被研究之現象結構上的相似性；而**理論** (theory) 則較為廣泛、較為詳細，並且能夠定量地提供可試驗的預測，而此項預測往往具有極高的精確度。重要的是，不要將模型或理論與實際系統或現象本身混淆。

科學家們對於有關自然現象的簡明且一般性的陳述 (如能量守恆) 賦與**定律** (law) 的稱號。有時這些陳述是以物理量之間的關係式或方程式 (例如，牛頓第二運動定律，$F=ma$) 的形式來表示。

為了被稱為定律，該項陳述必須在極廣範圍的觀測現象上經實驗證實它的有效性。對於較不是普遍性的陳述，通常使用**原理** (principle) 這個名稱 (如阿基米德原理)。

科學定律不同於政治法律，後者是*規範性的*，它告訴我們應該如何行事。科學定律是*描述性的*，它們並未告訴我們自然界*應該*如何運作，而是*描述*自然界如何運作。定律不能在無限多種的情況下被測試，因此我們不能確信任何定律是絕對正確的。我們使用 “定律” 一詞是在其有效性已經通過廣泛的測試，並且所有限制與通用範圍已經充份了解的情況下。

科學家通常會在已被接受的定律和理論好像是正確的前提之下進行他們的研究，但他們必須以開放的態度面對新資訊可能會改變現有定律或理論之適用性的可能。

1-3 測量、不確定性及有效數字

為了理解周遭的世界，科學家們設法找尋可量測的物理量之間的關係。

不確定性

圖 1-2 以公分直尺量測木板的寬度，其誤差大約 ±1 mm。

可靠的測量是物理學一個重要的部分。但是並沒有絕對精確的測量。每一種測量總是伴隨著不確定性。其中不確定性最重要的來源不是失誤，而是每種測量儀器受限的準確性，以及無法讀取小於儀器上最小刻度的量。例如，如果你使用一支公分直尺來測量木板的寬度 (圖 1-2)，其結果應該可以精確至 0.1 cm (1 mm)——直尺的最小刻度——雖然聲稱其準確至 1 mm 的一半亦是可行的。這是因為對於觀測點而言，要在最小的刻度之間做估計是有困難的。再者，尺本身被製造的精確度可能就無法較此還高。

當提供測量的結果時，重要的是說明測量中**估計的不確定性** (estimated uncertainty)。例如，木板的寬度可能寫成 8.8 ± 0.1 cm，“± 0.1 cm” 則說明了測量中估計的誤差，因而實際寬度很可能介於 8.7 與 8.9 cm 之間。**百分誤差** (percent uncertainty) 是誤差值與測量值之比再乘以 100。例如，如果測量值是 8.8 cm，而誤差值約為 0.1 cm，則其百分誤差是

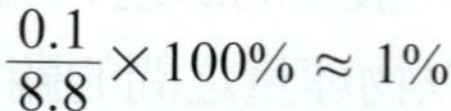

$$\frac{0.1}{8.8} \times 100\% \approx 1\%$$

其中 ≈ 的意思是 “近似於”。

測量值的誤差往往並不會被明確地指明。在這種情況下，誤差通常被假定為最後位數的一倍或幾倍，例如，如果一個長度寫為 8.8 cm，其誤差則被假設為 0.1 cm 或 0.2 cm。重要的是在這種情況中，你不能寫成 8.80 cm，因為這意味著為 0.01 cm 的誤差等級，而它假定的長度可能是介於 8.79 cm 與 8.81 cm 之間，但實際上你認定它應介於 8.7 cm 與 8.9 cm 之間。

有效數字

一數值中可靠數字的數目稱為**有效數字** (significant figures)。因此，23.21 cm 有四位有效數字，而 0.062 cm 則有兩位有效數字 (後者小數中的零僅是顯示小數點的位置)。有效數字的數目可能並非每次都是很清楚的。以 80 這個數字為例，它的有效數字到底是一位或兩位？如果我們說兩個城市之間的距離大約是 80 km，則此時有效數字就只有一位 (8)，因為零只是佔位。若沒有提到 80 只是一個粗略的近似值時，那麼我們通常會假設 (正如本書所提) 這是具有 1 或 2 km 之準確度的 80 km，因此 80 這個數字就有兩位有效數字。如果它正好是 80 km，且其準確度為 ± 0.1 km，則我們會將它寫成 80.0 km (三位有效數字)。

當進行測量或計算時，應該避免在最後的答案中使用比實際所需還多的位數。例如，要計算一個 11.3 cm × 6.8 cm 之矩形的面積，相乘的結果將是 76.84 cm^2。但這個答案顯然無法準確至 0.01 cm^2，因為結果可能是介於 11.2 cm × 6.7 cm = 75.04 cm^2 與 11.4 cm × 6.9 cm = 78.66 cm^2 之間。充其量我們只能將答案寫成 77 cm^2，這意味著誤差約為 1 或 2 cm^2。在 76.84 cm^2 中的其他兩個數字必須被捨棄，因為它們是沒有意義的。作為一個簡略的一般規則 (並即未詳細考慮不確定性)，我們可以說，乘法或除法最後結果的有效位數應該與計算中所使用的最少的有效位數相同。在上述的例子中，6.8 cm 具有最少的有效數字，即 2 位。因此，其結果 76.84 cm^2 需要四捨五入至 77 cm^2。

問題解答

有效數字規則：乘法或除法運算的最後結果，其有效位數應該等於輸入值中最小的有效位數。

練習 A 一個 4.5 cm × 3.25 cm 之矩形的面積應該正確地寫成 (a) 14.625 cm^2；(b) 14.63 cm^2；(c) 14.6 cm^2；(d) 15 cm^2。

對加法或減法而言，最後結果的準確度不能高於其中準確度最低之數字。例如，3.6 減去 0.57 的結果為 3.0 (而不是 3.03)。

注意

計算機會在有效數字上犯錯

問題解答

在最後的結果中，只報告適當的有效位數的數值。

當你使用計算機時，請記住所得出的數字並非全部都有效。當你以 2.0 除以 3.0，適當的答案是 0.67，而不是 0.666666666。除非數字確實是有效數字，否則不應該將它們引入結果之中。不過，為了獲得最準確的結果，通常在整個計算過程之中應多保留一個或更多個額外的有效數字，並在最後的結果中才進行四捨五入 (在使用計算機的計算過程中，你可以保留中間結果中的所有數字)。另外還要注意，計算機提供的有效數字有時會太少。例如，當你計算 2.5×3.2 時，計算機的答案可能只是 8。但答案應準確至兩位有效數字，因此適當的答案是 8.0，如圖 1-3 所示。

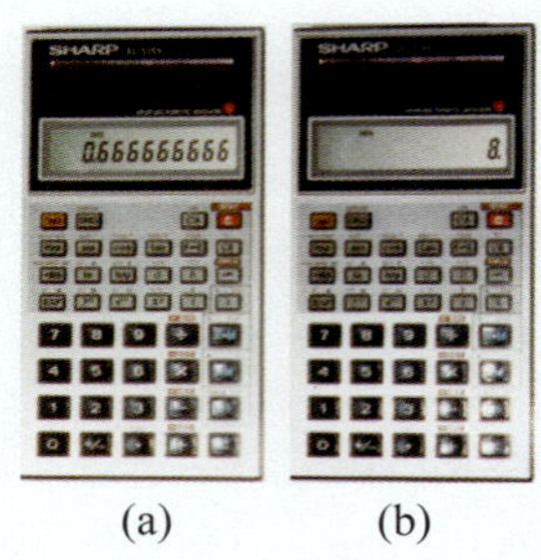

(a) (b)

圖 1-3 這兩台計算機顯示錯誤的有效位數。在 (a) 中，2.0 除以 3.0，正確的最後結果應該是 0.67。在 (b) 中，2.5 乘以 3.2，正確結果是 8.0。

觀念例題 1-1 **有效數字** 使用量角器 (圖 1-4) 測量 30° 角，(a) 此測量結果應該有幾位有效數字？ (b) 利用計算機求出你測量之角度的餘弦值。

回答 (a) 如果你看量角器，你會看到精密度大約是 1° (當然不是 0.1°)。因此，你可以引入兩位有效數字，即 30° (而不是 30.0°)。(b) 如果你在計算機中輸入 cos 30°，會得到一個像是 0.866025403 的數字；不過，你輸入的角度只有兩位有效數字，因此它正確的餘弦值是 0.87；你必須將答案捨去而保留兩位有效數字。

備註 餘弦函數與其他三角函數的複習請參閱附錄 A。

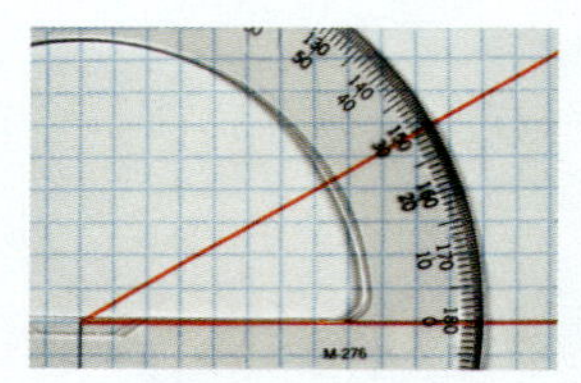

圖 1-4 例題 1-1。用以測量角度的量角器。

練習 B 0.00324 和 0.00056 是具有相同位數的有效數字嗎？

小心，不要把有效數字與小數位數混淆。

練習 C 對於下列數字，說明其有效數字的位數以及小數位數：(a) 1.23；(b) 0.123；(c) 0.0123。

科學記號

通常我們會將數字寫成“10 的次冪”或“科學”記號 (scientific notation)，例如，將 36900 寫成 3.69×10^4，或將 0.0021 寫成 2.1×10^{-3}。科學記號的一個優點就是可以明確地表示有效數字的位數。例如，我們不清楚 36900 到底是有三、四或五位有效數字。而利用 10 的次冪就可以避免這種模稜兩可的情形。如果是三位有效數字，我們可以寫成 3.69×10^4，但如果它是四位有效數字，則可寫成 3.690×10^4。

練習 D 寫出下列數字的科學記號表示法，並指出其有效數字的位數：(a) 0.0258；(b) 42300；(b) 344.50。

百分誤差與有效數字

有效數字的規則只是近似的，它在某些情況下可能會低估答案的準確性 (或誤差)。例如，97 除以 92 得到

$$\frac{97}{92}=1.05\approx1.1$$

97 和 92 都有兩位有效數字，所以依規則答案為 1.1。如果沒有其他的不確定性存在，97 和 92 這兩個數字都意味著誤差 (不確定性) 為 ±1。現在 92±1 和 97±1 都意味著約 1% 的誤差 (1/92 ≈ 0.01 = 1%)。但最後的結果 1.1 (意味著有誤差值 ±0.1) 有 10% 的誤差 (0.1/1.1 ≈ 0.1 = 10%)，在這種情況下，答案最好是給 1.05 (它有 3 位有效數字)。為什麼？這是因為 1.05 意味著 ±0.01 的誤差，它是 0.01/1.05 ≈ 0.01 = 1%，正如原來數字 92 和 97 的誤差值一般。

建議：使用有效數字的規則時，同時考慮誤差的百分比，如果它提供了更實際可行的誤差估計時，則增加一個額外的位數。

近 似

物理學的大部分都涉及近似，這往往是因為我們無法精確地解決問題。例如，我們在一個問題的解答中可以選擇忽略空氣阻力或摩擦力 (即使它們存在於現實世界中)，因而我們的計算只是一個近似值。在解答這種問題時，我們應該知道正在做何種近似，並且明白答案的精確度可能不會與結果的有效位數一樣好。

準確度與精密度

在“精密度”和“準確度”之間有一個技術性的區別。從嚴格的意義上來說，**精密度** (precision) 指的是使用一特定儀器測量的重複性。例如，如果你多次測量一塊木板的寬度，得到的結果為 8.81 cm、8.85 cm、8.78 cm、8.82 cm，則你可以說此一測量的精密度略優於 0.1 cm。**準確度** (accuracy) 則是指測量值如何接近真正的數值。例如，如果圖 1-2 所示的直尺在製造時有 2% 的誤差，則測量木板寬度 (約 8.8 cm) 的準確度大約是 8.8 cm 的 2% 或約 ±0.2 cm。其估計的誤差必須將準確度和精密度同時列入考慮。

1-4 單位、標準及國際單位系統

任何量的測量都是相對於某一特定的標準或**單位** (unit) 而進行

表 1-1　一些典型的長度或距離 (數量級)

長度 (或距離)	公尺 (近似值)
中子或質子 (直徑)	10^{-15} m
原子 (直徑)	10^{-10} m
病毒 [參閱圖 1-5 a]	10^{-7} m
一張紙 (厚度)	10^{-4} m
手指寬度	10^{-2} m
足球場長度	10^{2} m
聖母峰的高度 [參閱圖 1-5b]	10^{4} m
地球直徑	10^{7} m
地球與太陽的距離	10^{11} m
地球與最近之恆星的距離	10^{16} m
地球與最近之星系的距離	10^{22} m
地球與可見的最遠之星系的距離	10^{26} m

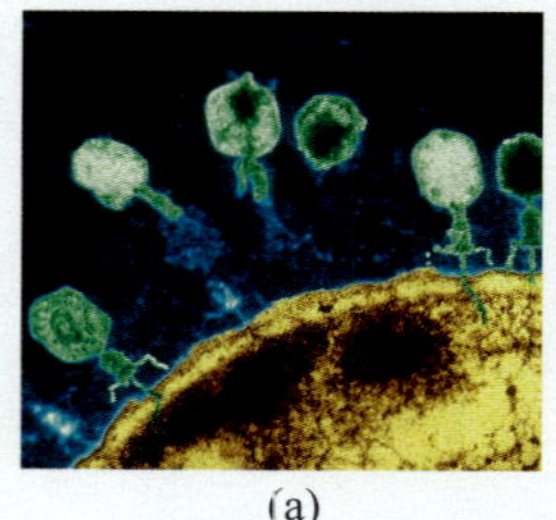

(a)

(b)

圖 1-5　一些物體的長度：(a) 病毒 (長約 10^{-7}m) 攻擊一個細胞；(b) 聖母峰的高度在 10^4 m 等級 (準確值為 8850 m)。

的，並且這個單位必須被明確地指定，同時與量的數值在一起。例如，我們可以用英制單位測量長度，如英寸 (吋)，英尺 (呎) 或英里 (哩)，或用公制系統，如公分、公尺或公里。指明某一特定物體的長度為 18.6 是沒有意義的，必須明確地指定單位。18.6 公尺與 18.6 吋或 18.6 毫米有很大的不同。

對於我們所使用的任何單位，例如公尺或秒，我們必須指定一個**標準** (standard) 來規定一公尺的長度有多長或是一秒鐘的時間有多久。重要的是，其標準必須很容易複製，使得任何人都可以參照實驗室中的標準進行非常精確的測量。

長 度

第一個真正的國際標準是**公尺** (meter) (簡寫為 m)，由法國科學院在 1790 年代設立**長度** (length) 的標準。最初選擇的標準公尺是地球赤道與兩極距離的千萬分之一，[1] 並且製作一根特別的鉑棒代表這個長度 (1 公尺的長度大約是當你的手臂與手指向旁邊伸直時，你的鼻尖到手指尖的距離)。於 1889 年，公尺被更準確地定義為一根特製的鉑銥合金棒上兩個細刻的標記之間的距離。於 1960 年，公尺被重新定義為氪 −86 氣體所放射之特定橙光波長的 1650763.73 倍，以提供更高的精密度和可複製性。於 1983 年，公尺再次重新定義，這次是以光速來表示 (以公尺的舊定義表示，光速的最佳測量值是 299792458 公尺／秒，其不確定性為 1 公尺／秒)。新的定義為：“公尺是光在真空中於 299792458 分之 1 秒內行進路徑的長度。”[2]

長度的英制單位 (英寸、英尺、英里) 已訂出公尺的轉換值，1 英寸 (吋) (in.) 明確地定義為 2.54 公分 (1 公分 = 0.01 公尺)。其他的轉換因數列在本書封面內側的表中。表 1-1 列出了一些典型的長度，從極小到極大，它們四捨五入至最接近的 10 的次冪，並且參閱圖 1-5。[注意，英寸 (inch) 的縮寫 in. 是唯一帶有句點的，其目的是與 “in” 做區別]。

時 間

時間的標準單位是秒 (second) (s)。多年來，一秒被定義為一個平均太陽日的 1/86400 (24 小時／天 × 60 分鐘／小時 × 60 秒／分鐘

1 最新地球周長的測量和預期長度大約相差 1% 的五十分之一。還不錯！

2 受到公尺的新定義影響，使得 299792458 m/s 成為光速的精確值。

表 1-2 一些典型的時距

時 距	秒 (近似值)
極不穩定之次原子粒子的壽命	10^{-23} s
放射性元素的壽命	10^{-22} s -10^{28} s
介子的壽命	10^{-6} s
人心跳的間隔時間	10^{0} s (=1 s)
一天	10^{5} s
一年	3×10^{7} s
人的壽命	2×10^{9} s
記錄歷史的長度	10^{11} s
人存在於地球上的時間	10^{14} s
生命存在於地球上的時間	10^{17} s
宇宙的年齡	10^{18} s

表 1-3 某些物體的質量

物 體	公斤 (近似值)
電子	10^{-30} kg
質子，中子	10^{-27} kg
DNA 分子	10^{-17} kg
細菌	10^{-15} kg
蚊子	10^{-5} kg
李子	10^{-1} kg
人	10^{2} kg
船	10^{8} kg
地球	6×10^{24} kg
太陽	2×10^{30} kg
星系	10^{41} kg

=86400 秒／天) 。現在標準秒被更精密地以銫原子通過兩個特定狀態之間時所發出的輻射頻率來定義。[具體而言，一秒鐘被定義為這種輻射週期的 9192631770 倍。] 根據定義，60 秒=1 分鐘 (min)，並且 60 分鐘=1 小時 (h)。表 1-2 列出一系列測得的時距，它們四捨五入至最接近的 10 的次冪。

質 量

質量 (mass) 的標準單位是**公斤** (kilogram，簡寫為 kg)。標準的質量是一個特製的鉑銥圓柱體，保存在法國巴黎附近的國際度量衡標準局 (International Bureau of Weights and Measures) 中，其質量被定義為 1 公斤。表 1-3 列出一些物體的質量。[基於實用的目的，於地球上 1 公斤重約與 2.2 磅相當]。

當我們討論原子與分子時，通常使用**統一的原子質量單位** (unified atomic mass unit) (u)。它以公斤表示為

$$1\ \mathrm{u}=1.6605\times10^{-27}\ \mathrm{kg}$$

其他量的標準單位之定義會在往後的各章中說明。

單位字首

在公制系統中，較大和較小的單位被定義成標準單位之 10 的倍數，這使得計算特別地容易進行。因此，1 公里 (km)=1 千公尺 (1000

表 1-4　公制 (國際單位制) 字首

字首	縮寫	值
yotta	Y	10^{24}
zetta	Z	10^{21}
exa	E	10^{18}
peta	P	10^{15}
tera	T	10^{12}
giga	G	10^{9}
mega (百萬)	M	10^{6}
kilo (千)	k	10^{3}
hecto (百)	h	10^{2}
deka (十)	da	10^{1}
deci (分)	d	10^{-1}
centi (厘)	c	10^{-2}
milli (毫)	m	10^{-3}
micro* (微)	μ	10^{-6}
nano (奈)	n	10^{-9}
pico	p	10^{-12}
femto	f	10^{-15}
atto	a	10^{-18}
zepto	z	10^{-21}
yocto	y	10^{-24}

* μ 是希臘字母 "mu."

表 1-5　國際單位制基本量與單位

量	單位	單位縮寫
長度	公尺	m
時間	秒	s
質量	公斤	kg
電流	安培	A
溫度	凱氏溫度	K
物質數量	莫耳	mol
發光強度	燭光	cd

m)，1 厘米 (1 centimeter) 為 $\frac{1}{100}$ m，1 毫米 (mm) 為 $\frac{1}{1000}$ m 或 $\frac{1}{10}$ cm，等等。字首"厘"、"千"等列於表 1-4 中，不僅適用於長度單位，亦可適用於體積、質量或任何其他的公制單位。舉例來說，1 厘升 (cL) 是 $\frac{1}{100}$ 公升 (L)，而 1 千克 (kg) 是 1000 公克 (g)。

單位系統

在討論物理定律與方程式時，使用一致的單位系統是非常重要的。有好幾個單位系統已經使用多年。目前最重要的是**國際單位系統** (Système International)，縮寫為 SI。在 SI 單位制中，長度的標準是公尺，時間的標準是秒，質量的標準是公斤。此系統過去常被稱為 MKS (公尺-公斤-秒) 系統。

第二個公制系統是 **cgs 系統**，其中的公分、克和秒分別是長度、質量和時間的標準單位。**英國工程系統** (British engineering system) 以英尺作為長度的標準，以磅作為力的標準，以秒作為時間的標準。

在本書中，我們幾乎都使用 SI 單位制。

基本量與導出量

物理量可以分為兩類：基本量與導出量。與這些量相關的單位稱為基本單位 (base unit) 與導出單位 (derived unit)。一個**基本量** (base quantity) 必須以某一個標準來定義。為了簡明的緣故，科學家們希望以最少的基本量來完整地描述物理世界。SI 單位制中所使用的基本量有七個，與其相關的基本單位均列在表 1-5 中。其他所有的量都可以由這七個基本量所定義，[3] 因此被稱為**導出量** (derived quantity)。導出量的一個例子就是速率，它的定義是行進的距離除以所花的時間。封面內側有一個表列出許多導出量以及它們以基本單位所表示的導出單位。要定義任何量 (無論是基本量或導出量)，我們可以明確規定一個規則或程序，這就是所謂的**操作型定義** (operational definition)。

3 唯一例外是 (平面) 角和立體角。至於這些量是基本量還是導出量，還未達成普遍共識。(平面) 角的單位為弧度 (radian，見第 8 章)，立體角的單位為球面度 (steradian)。

1-5 單位轉換

我們測量的任何量，例如長度、速率或電流等，都包含了一個數字和一個單位。我們往往已知一個以某單位制所表達的量，但我們卻需要將它以另一個單位制來表達。例如，我們測量一個桌子是 21.5 英寸寬，但我們想要以公分來表示。我們必須利用**轉換因數** (conversion factor) 來達成；在這個情況中它是 (依定義)

$$1 \text{ in.} = 2.54 \text{ cm}$$

或寫成另一種形式

$$1 = 2.54 \text{ cm/in.}$$

由於任何量乘以 1 是不會有任何改變的，因此桌子的寬度可以寫成

$$21.5 \text{ inches} = (21.5 \text{ in.}) \times \left(2.54 \frac{\text{cm}}{\text{in.}}\right) = 54.6 \text{ cm}$$

請注意其中的單位是如何被消去，本書最後的表列出許多單位的轉換。接著，讓我們思考以下的一些例子。

例題 1-2 **8000 公尺的山峰** 世界上 14 座最高的山峰 (圖 1-6 與表 1-6) 被稱為 "eight-thousanders"，意思是它們的峰頂超過海拔 8000 公尺。請問 8000 公尺相當於多少英尺？

方法 我們只需將公尺轉換為英尺，並且由轉換因數 1 in. = 2.54 cm 開始。

解答 1 ft = 12 in.，所以我們可以寫出

$$1 \text{ ft} = (12 \text{ in.})\left(2.54 \frac{\text{cm}}{\text{in.}}\right) = 30.48 \text{ cm} = 0.3048 \text{ m}$$

重寫這個等式可得到

$$1 \text{ m} = \frac{1 \text{ ft}}{0.3048} = 3.28084 \text{ ft}$$

我們以 8000.0 乘以這個方程式 (以獲得 5 位的有效數字)

$$8000.0 \text{ m} = (8000.0 \text{ m})\left(3.28084 \frac{\text{ft}}{\text{m}}\right) = 26{,}247 \text{ ft}$$

物理應用
世界最高峰

圖 1-6 世界第二高峰 K2，其峰頂被認為是 "8000-ers" 中最難以攀登的。

表 1-6　8000 公尺以上的山峰

山峰	高度 (m)
Mt. Everest	8850
K2	8611
Kangchenjunga	8586
Lhotse	8516
Makalu	8462
Cho Oyu	8201
Dhaulagiri	8167
Manaslu	8156
Nanga Parbat	8125
Annapurna	8091
Gasherbrum I	8068
Broad Peak	8047
Gasherbrum II	8035
Shisha Pangma	8013

海拔 8000 公尺相當於 26247 英尺。

備註　我們也可以在同一個式子中做所有的轉換

$$8000.0\ \text{m} = (8000.0\ \text{m})\left(\frac{100\ \text{cm}}{1\ \text{m}}\right)\left(\frac{1\ \text{in.}}{2.54\ \text{cm}}\right)\left(\frac{1\ \text{ft}}{12\ \text{in.}}\right) = 26247\ \text{ft}$$

關鍵是要乘以轉換因數，並確定各單位抵消。

練習 E　世界上只有 14 座 8000 公尺以上的山峰 (見例題 1-2)，表 1-6 列出了它們的名字及海拔高度。它們都在印度、巴基斯坦、西藏和中國的喜馬拉雅山區內。計算世界三大高峰的海拔有幾英尺。

例題 1-3　**公寓面積**　你曾見過一個很好的公寓，其建築面積是 880 平方英尺 (ft^2)，它是多少平方公尺？

方法　我們使用相同的轉換因數，1 in. = 2.54 cm。但是現在我們必須使用它兩次。

解答　因為 1 in. = 2.54 cm = 0.0254 m，所以 $1\ \text{ft}^2 = (12\ \text{in.})^2\ (0.0254\ \text{m/in.})^2 = 0.0929\ \text{m}^2$。所以 $880\ \text{ft}^2 = (880\ \text{ft}^2)\ (0.0929\ \text{m}^2/\text{ft}^2) \approx 82\ \text{m}^2$。

備註　根據概測法，以平方英尺為單位的面積大約是以平方公尺為單位的 10 倍 (更精確地說，約為 10.8 倍)。

例題 1-4　**速率**　車速限制為 55 英里／小時，若以 (a) 公尺／秒和 (b) 公里／小時表示，此速率為何？

方法　我們再次使用轉換因數 1 in. = 2.54 cm，並且還記得 5280 ft = 1 mi 以及 12 in. = 1 ft；而且 1 小時相當於 (60 min/h) × (60 s/min) = 3600 s/h。

解答　(a) 我們可以將 1 哩寫成

$$1\ \text{mi} = (5280\ \text{ft})\left(12\frac{\text{in.}}{\text{ft}}\right)\left(2.54\frac{\text{cm}}{\text{in.}}\right)\left(\frac{1\ \text{m}}{100\ \text{cm}}\right) = 1609\ \text{m}$$

已知 1 小時 = 3600 秒，所以

$$55\frac{\text{mi}}{\text{h}} = \left(55\frac{\text{mi}}{\text{h}}\right)\left(1609\frac{\text{m}}{\text{mi}}\right)\left(\frac{1\ \text{h}}{3600\ \text{s}}\right) = 25\ \frac{\text{m}}{\text{s}}$$

其中我們四捨五入成為兩位有效數字。

(b) 現在使用 1 mi = 1609 m = 1.609 km，則

$$55\,\frac{\text{mi}}{\text{h}} = \left(55\,\frac{\text{mi}}{\text{h}}\right)\left(1.609\,\frac{\text{km}}{\text{mi}}\right) = 88\,\frac{\text{km}}{\text{h}}$$

備註　每一個轉換因數都等於一，你可以在封面內側的表中查閱到大部分的轉換因數。

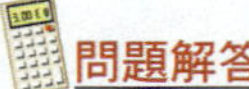
問題解答
轉換因數 = 1

練習 F　一位以 15 公尺／秒之車速行駛的駕駛者在速限為 35 英里／小時的區域內是否超速違規？

在轉換單位時，可以藉由檢查單位的對消來避免轉換因數使用上的錯誤。例如，在例題 1-4(a) 中我們將 1 哩轉換為 1609 公尺，如果我們錯誤地使用不當的因數 $\left(\frac{100\text{ cm}}{1\text{ m}}\right)$ 來取代 $\left(\frac{1\text{ m}}{100\text{ cm}}\right)$，則公分單位將不會被對消，也不會以公尺做為結果。

問題解答
如果單位無法對消，單位轉換就是錯誤的。

1-6　數量級：快速估算

我們對一個量感興趣的有時只是近似值。這可能是因為準確的計算將花費更多的時間因而不值得，或是需要額外的但是無法取得的數據。在其他情況中，我們可能需要一個粗略的估計來檢查計算器的準確計算，以確保沒有輸入錯誤的數字。

粗略估計是將所有數字四捨五入至只有一位有效數字並且寫成 10 的次冪而在計算後仍然只保留一位有效數字。這種估計稱為**數量級估算** (order-of-magnitude estimate)，它可以準確至 10 倍以內，而且往往更好。事實上，有時"數量級"這個慣用語指的只是 10 的次冪。

問題解答
如何做粗略的估計

例題 1-5　估算　**湖的體積**　估計在一個特定的湖中有多少水 (圖 1-7a)。這湖泊大致上是圓形的，約 1 km 寬，並且推測其平均水深約 10 m。

方法　沒有一個湖是完美的圓形，也無法預期湖有一個極平坦的湖底。此處我們只是做估算。我們可以用湖的一個簡單的圓柱體模型來估計其體積：將湖的平均深度乘以湖近似於圓形的表面積 (圖 1-7b)。

物理應用
估計一個湖的體積 (或者質量)；見圖 1-7。

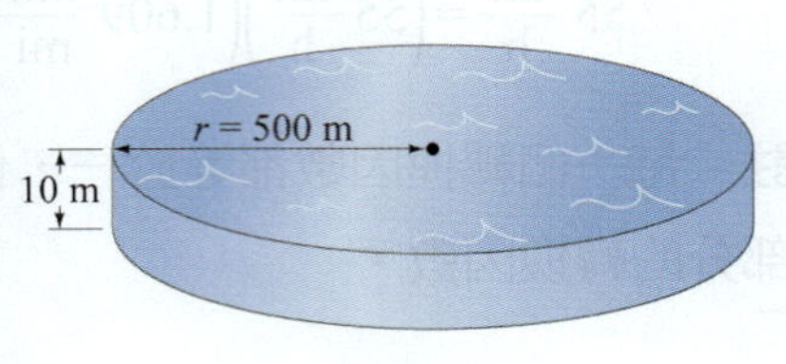

(a) (b)

圖 1-7 例題 1-5。(a) 有多少水在這個湖中？(照片為加州的內華達山脈中的雷湖之一) (b) 這個湖的圓柱體模型。［我們可以更進一步地估計這個湖的質量或者重量。稍後我們會得知水的密度為 1000 kg/m^3，因此這個湖的湖水質量約為 $(10^3\ \text{kg/m}^3)(10^7\text{m}^3) \approx 10^{10}$ kg，這大約是 100 億公斤或者 1000 萬公噸。(一公噸是 1000 kg，大約是 2200 磅，比一英噸 (2000 磅) 略多一點。)］

解答 圓柱體的體積 V 是它的高度 h 與底面積的相乘積：$V = h\pi r^2$，其中 r 是圓底的半徑。[4] 半徑 r 為 $\frac{1}{2}$ km = 500 m，所以體積約為

$$V = h\pi r^2 \approx (10\ \text{m}) \times (3) \times (5 \times 10^2\ \text{m})^2 \approx 8 \times 10^6\ \text{m}^3 \approx 10^7\ \text{m}^3$$

其中 π 被四捨五入至 3。因此其體積達 10^7 m^3 的數量級，即 1000 萬立方公尺。因為所用以計算之值皆為估計值，所以取 10^7 m^3 的估計數量級，可能比 8×10^6 m^3 的數量級來得好。

備註 若以美國加侖來表示我們的結果，參考本書最後的表，可得 1 公升 = 10^{-3} m^3 $\approx \frac{1}{4}$ 加侖。因此，湖中容納有 $(8 \times 10^6\text{m}^3)$ (1 加侖 / 4×10^{-3} m^3) $\approx 2 \times 10^9$ 加侖的水。

例題 1-6 估算 **一頁的厚度** 估計這本書一頁的厚度。

問題解答
使用對稱性——如果可行的話

方法 首先你可能想到以一個特殊的測量儀器“螺旋測微計”(圖 1-8) 來測量一頁紙的厚度，因為一支普通的尺顯然無法測量。但是，我們可以利用對稱性而合理地假設這本書的每一頁都有相同的厚度。

4 體積、面積等等的這類公式，都列在本書最後的表。

解答 我們可以用一支尺同時測量數百頁的厚度。

如果你測量前 500 頁的厚度得到 1.5 cm，請注意 500 個頁數是 250 張紙。因此，每頁的厚度必須約

$$\frac{1.5\ \text{cm}}{250\ \text{頁}} \approx 6 \times 10^{-3}\ \text{cm} = 6 \times 10^{-2}\ \text{mm}$$

或小於 0.1 公釐 (0.1 mm)。

圖 1-8 例題 1-6。用於測量極薄之厚度的測微計。

例題 1-7 估算 三角測量求高度 利用“三角測量”、公車站牌和一個朋友的幫助，估計圖 1-9 中所示之建築物的高度。

方法 藉由朋友站立在公車站牌旁，你估計站牌的高度是 3 m。接著，你離開站牌，直到站牌的頂端和你的眼睛與建築物的屋頂共線 (圖 1-9a)。你有 5 英尺 6 英寸高，所以你的眼睛約在距地面上方 1.5 m 處。你的朋友較高，當他朝左右兩側伸直雙臂時，一隻手觸及你，另一隻手觸及了站牌。所以你估計其距離為 2 m (圖 1-9a)。然後，你用腳步量出站牌至建築物底部之距離，每一大步為一公尺，你共走了 16 步 (16 m)。

解答 現在你可以依據量測所得，依比例畫圖 (如圖 1-9b)。你可以直接在圖中量取三角形的高約為 $x = 13$ m。或者利用相似三角形的關係求得高度 x

$$\frac{1.5\ \text{m}}{2\ \text{m}} = \frac{x}{18\ \text{m}} \quad \text{所以} \quad x \approx 13\frac{1}{2}\ \text{m}$$

最後加上你的眼睛距地面之高度 1.5 m，得到最後結果：此建築物之高度約 15 m。

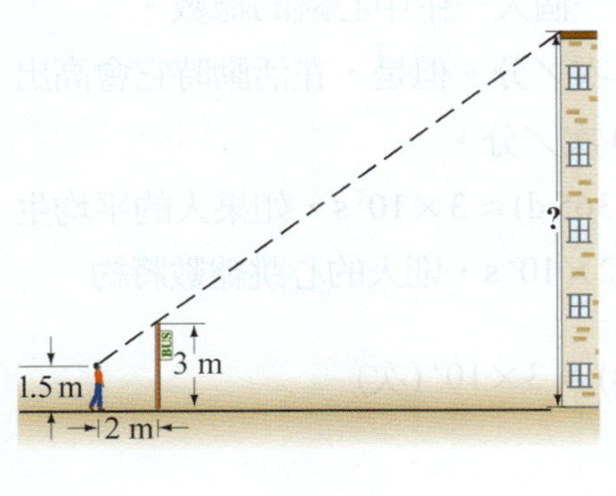

(a)

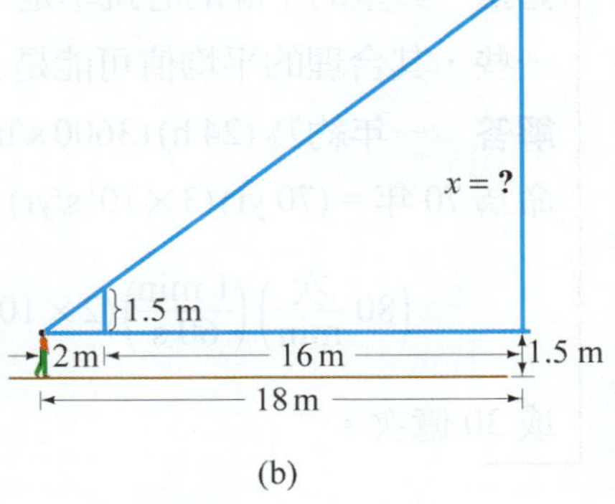

(b)

圖 1-9 例題 1-7。圖解真的很有用！

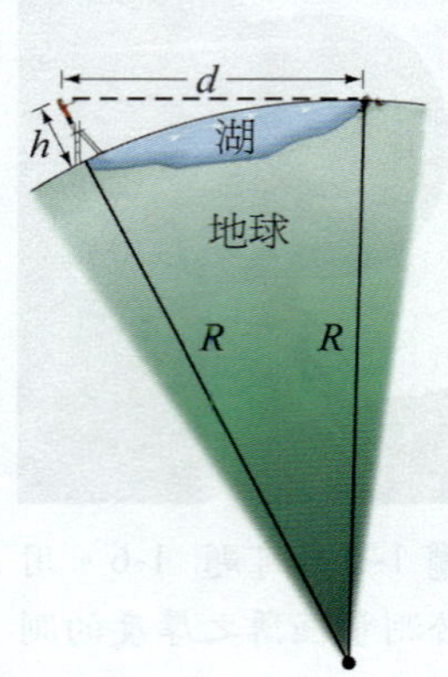

圖 1-10 例題 1-8，但是圖未按比例繪製。如果你站在一個梯子上，你能看見在一個 6.1 km 湖寬的對岸水面處的小岩石。

例題 1-8 估算 **估計地球半徑** 相不相信你可以不必進入太空就可以估算地球的半徑 (見第 1 頁的照片)。如果你曾經在一個大湖的岸邊，你可能注意到無法看見湖對岸的沙灘、碼頭或岩石。你與對岸之間的湖面看來似乎是凸起的 (這是地球是圓的一個很好的線索)。假設你爬上梯子並且發現當你的眼睛在距水面高 3.0 m 處時，就可以看到對岸水面處的岩石。由地圖中你估計對岸的距離為 $d \approx 6.1$ km。試利用圖 1-10 與 $h = 3.0$ m，估計地球的半徑 R。

方法 我們應用簡單的幾何學，以及畢氏定理，$c^2 = a^2 + b^2$，其中 c 是直角三角形斜邊的長度，a 與 b 為其他兩邊的長度。

解答 對於圖 1-10 的直角三角形，其兩邊為地球的半徑 R 以及距離 $d = 6.1\ \text{km} = 6100\ \text{m}$。斜邊長度近似於 $R + h$，其中 $h = 3.0$ m。由畢氏定理

$$\begin{aligned} R^2 + d^2 &\approx (R+h)^2 \\ &\approx R^2 + 2hR + h^2 \end{aligned}$$

我們消去兩邊的 R^2 之後，解得 R 為

$$R \approx \frac{d^2 - h^2}{2h} = \frac{(6100\ \text{m})^2 - (3.0\ \text{m})^2}{6.0\ \text{m}} = 6.2 \times 10^6\ \text{m} = 6200\ \text{km}$$

備註 精確的測量值是 6380 km。但是，看看你的成果！利用一些簡略的測量和簡單的幾何學，你對地球的半徑做了一個良好的估計。你無須進入太空，也不需要一個很長的捲尺。現在你應該知道第 1 頁章前問題的答案了。

例題 1-9 估算 **心跳總數** 估算一個人一生中心跳的總數。

方法 典型的平靜的心跳率是 70 次／分。但是，在活動時它會高出一些，其合理的平均值可能是 80 次／分。

解答 一年約為 $(24\ \text{h})(3600\ \text{s/h})(365\ \text{d}) \approx 3 \times 10^7\ \text{s}$，如果人的平均生命為 70 年 $= (70\ \text{yr})(3 \times 10^7\ \text{s/yr}) \approx 2 \times 10^9\ \text{s}$，則人的心跳總數將約

$$\left(80\ \frac{\text{次}}{\text{min}}\right)\left(\frac{1\ \text{min}}{60\ \text{s}}\right)(2 \times 10^9\ \text{s}) \approx 3 \times 10^9\ (\text{次})$$

或 30 億次。

另一種有名的估算技巧 (這是 Enrico Fermi 對他的物理系學生所提出的問題) 是估計一個城市 (例如芝加哥或舊金山) 中鋼琴調音師的人數。要粗略估計約有 700000 個居民的舊金山市中調音師人數的數量級，我們可以從估計鋼琴的數目、一台鋼琴多久需調音一次，以及每位調音師可以調整多少鋼琴著手。我們必須注意，並非人人都有鋼琴。我們猜測 1/3 的家庭擁有鋼琴，並且假設每個家庭的平均人數為 4 人，如此推算出約每 12 人有一台鋼琴，為方便以數量級估算，假設每 10 人有一台鋼琴。這顯然比每 100 人或者每 1 人有一台鋼琴更合理。所以用每 10 人有一台鋼琴估計出在舊金山市中約有 70000 台鋼琴。而目前一名鋼琴調音師平均需要一或兩個小時來調整鋼琴。因此，我們估計一名鋼琴調音師一天可以調整 4 台或 5 台鋼琴。同時，鋼琴應該每 6 個月或每年調整一次 (我們假設每年一次)。一名鋼琴調音師一天可以調整 4 台鋼琴，每星期工作 5 天，一年有 50 星期，所以一年大約可以調整 1000 台鋼琴。因此，以舊金山約有 70000 台鋼琴計算，大約需要 70 名鋼琴調音師。當然這只是一個粗略的估計。[5] 它告訴我們必須有 10 名以上的鋼琴調音師，並且必定不會多達 1000 名。

問題解答

估計一個城市中有多少位鋼琴調音師

*1-7 因次與因次分析

當我們談到一個量的**因次** (dimension) 時，所指的是組成這個量的基本單位或基本量的類型。例如，面積的因次是長度的平方，縮寫為 $[L^2]$ (使用方括號)；其單位可以是平方公尺、平方英尺、平方公分等等。另一方面，速度的單位可以是 km/h、m/s 或 mi/h，但其因次始終是長度 $[L]$ 除以時間 $[T]$，即 $[L/T]$。

某一個量的公式在不同的情況下可能會有所不同，但因次保持不變。例如，一個底為 b 且高為 h 之三角形的面積為 $A = \frac{1}{2}bh$，而一個半徑為 r 的圓之面積為 $A = \pi r^2$。兩者的公式是不同的，但因次始終是 $[L^2]$。

5 事後檢視了舊金山黃頁電話簿，發現商家目錄中大約有 50 個調音服務號碼。每一個登錄的商家可能雇用一名以上調音師，另一方面，這些商家除了調音也可能做修理的服務。無論如何，我們的估計是合理的。

* 本書中的某些章節，例如此一部分，當它們有一個星號 (*) 註記時，可由教師斟酌作為選讀之用。其他更多的細節請參閱序言。

因次可以作為關係式之計算的輔助之用，此一程序稱為**因次分析** (dimensional analysis)。有一個實用的技巧就是利用因次來檢查關係式是否有誤。請注意，只有當量具有相同的因次時，我們才能將它們相加或相減 (我們不能將公分與小時相加)；並且等號兩邊的量必須具有相同的因次。(做數值計算時，方程式兩邊的單位也必須相同。)

例如，假設你導出了方程式 $v = v_0 + \frac{1}{2}at^2$，其中 v 是一個物體經過時間 t 之後的速率，v_0 是物體的初始速率，而 a 是物體的加速度。讓我們做因次檢查，看看此方程式可能是正確的或必定是不正確的。請注意，數字的部分不會影響到因次的檢查 (例如其中的 $\frac{1}{2}$)。速率的因次為 $[L/T]$ 而加速度的因次為 $[L/T^2]$ (我們將在第 2 章中學到)；依此可以寫出以下的因次方程式

$$\left[\frac{L}{T}\right] \stackrel{?}{=} \left[\frac{L}{T}\right] + \left[\frac{L}{T^2}\right][T^2] = \left[\frac{L}{T}\right] + [L]$$

在等號的右邊，我們將兩個不同因次的量相加，所以這是錯誤的。因此，我們的結論是：錯誤是發生在原始方程式的推導過程中。

因次的檢查只能告訴你某個關係式是錯誤的，但是它不能告訴你關係式是否完全正確。例如，可能漏失了一個沒有單位的因數 (如 1/2 或 2π)。

因次的分析還可以用來對沒有把握的方程式作快速檢查之用。例如，假設你不記得長度為 ℓ 之單擺的週期方程式 (來回擺動一次的時間) 是 $T = 2\pi\sqrt{\ell/g}$ 或 $T = 2\pi\sqrt{g/\ell}$，其中 g 是重力加速度，並如所有的加速度一般，其因次為 $[L/T^2]$。(不用擔心這些公式，正確的公式會在第 14 章中推導，這裡要關心的是，ℓ/g 或 g/ℓ 到底何者是正確的。) 因次的檢查結果證實，前者 (ℓ/g) 才是正確的

$$[T] = \sqrt{\frac{[L]}{[L/T^2]}} = \sqrt{[T^2]} = [T]$$

而後者 (g/ℓ) 則是不正確的

$$[T] \neq \sqrt{\frac{[L/T^2]}{[L]}} = \sqrt{\frac{1}{[T^2]}} = \frac{1}{[T]}$$

注意，其中的常數 2π 沒有因次，因此無法使用因次來檢查。

例題 1-10 **普朗克長度** 最小有意義的長度測量是所謂的"普朗克長度"，它是由自然界中三個基本常數——光速 $c = 3.00 \times 10^8$ m/s、萬有引力常數 $G = 6.67 \times 10^{-11}$ m^3/kg · s^2，與普朗克常數 $h = 6.63 \times 10^{-34}$ kg · m^2/s 所定義。普朗克長度 λ_P 是由這三個常數組合而成

$$\lambda_P = \sqrt{\frac{Gh}{c^3}}$$

試證明 λ_P 的因次是長度 $[L]$，並求出 λ_P 的數量級。

方法 我們將上述方程式重寫成因次的形式。c 的因次為 $[L/T]$、G 為 $[L^3/MT^2]$，而 h 為 $[ML^2/T]$。

解答 λ_P 的因次為

$$\sqrt{\frac{[L^3/MT^2][ML^2/T]}{[L^3/T^3]}} = \sqrt{[L^2]} = [L]$$

這是一個長度。普朗克長度的數值為

$$\lambda_P = \sqrt{\frac{Gh}{c^3}} = \sqrt{\frac{(6.67 \times 10^{-11}\ \text{m}^3/\text{kg} \cdot \text{s}^2)(6.63 \times 10^{-34}\ \text{kg} \cdot \text{m}^2/\text{s})}{(3.0 \times 10^8\ \text{m/s})^3}}$$
$$\approx 4 \times 10^{-35}\ \text{m}$$

數量級為 10^{-34} 或 10^{-35} m。

備註 最近的一些理論認為最小的粒子 (夸克、輕子) 的大小為普朗克長度的數量級 10^{-35} m。這些理論亦認為，宇宙的起源"大爆炸"最初是由大小約為普朗克長度的數量級開始。

摘 要

〔在本書中，摘要會出現在每一章的結尾，對該章的主要概念作簡短的綜述。摘要不能作為對該章內容的理解之用，只有詳細閱讀，才能理解該章的內容。〕

如同其他科學一般，物理是創造性的科學。它不僅是事實的蒐集，重要的**理論** (theory) 是由解釋**觀測** (observation) 結果的概念所創造而來。為了能夠被接受，理論藉由它們的預測與實際實驗之結果的比較而被檢驗。但須注意，一般來說，理論不能被"證明"。

科學家們經常設計物理現象的模型。**模型** (model) 是一種圖像或類比，有助於以我們已知的事物來描述物理現象。**理論** (theory) 往往是由模型發展而來，通常要比一個簡單的模型更為深入且更為複雜。

科學的**定律** (law) 是一個簡明的陳述，經常以方程式的形式來表示，它定量地描述一個廣泛的現象。

測量 (measurement) 在物理學中扮演著關鍵的角色，但測量永遠不可能完全準確。重要的是要指明測量的**不確定性** (uncertainty)，無論是直接使用 ± 符號且／或只保留正確的**有效數字** (significant figure) 之位數。

物理量始終是以相對於某一特定標準或**單位** (unit) 的方式所詳細表明的，而且一定要指明所使用的單位。目前普遍被接受的一組單位是**國際單位制** (Système International, SI)，其中長度、質量與時間的標準單位分別是**公尺** (meter)、**公斤** (kilogram)與**秒** (second)。

在進行單位轉換時，須檢查所有的**轉換因數** (conversion factor)，以正確地消去某些欲消去的單位。

作大略的**數量級估算** (order-of-magnitude estimate) 在科學與日常生活中都是一個非常有用的技術。

[*一個量的**因次** (dimension) 指的是構成這個量之基本量的組合，例如，速度的因次為 [長度／時間] 或 [L/T]。**因次分析** (dimensional analysis) 可以作為一個關係式之正確形式的檢查之用。]

問 題

1. 用人的腳作為長度測量的標準，有哪些優點和缺點？考慮用 (a) 某個人的腳，及 (b) 任何人的腳。要記得，基本量的標準必須具備容易取得 (便於比較)、恆定的 (不會改變)、不可破壞以及可複製的等等優點。
2. 答案中顯示的位數愈多，就表示準確性愈高的這個想法為什麼是不正確的？
3. 當你行經山區中的公路時，你可能會看到一塊標示海拔高度的牌子，它的上面寫著 “914 公尺 (3000 英尺)” 。公制的批評者指稱這樣的數字顯示了公制是比較複雜的系統。那麼你將如何改變這個標誌，使其較符合公制系統的轉換？
4. 試問這個路標的表示方式有什麼不對：距孟菲斯 7 英里 (11.263 公里)？
5. 一個答案必須指明單位才算完整。為什麼？
6. 試述如何利用對稱的概念來估算置於 1 公升容量的罐子中之大理石球的數量。

7. 你測得輪子的半徑為 4.16 cm。若你將它乘以 2 而得到其直徑時，你應該將結果寫成 8 cm 或是 8.32 cm？試證明你的答案。

8. 用正確的有效位數，寫出 30.0° 的正弦值。

9. 蛋奶酥的食譜中明確的標示，各種原料的計量一定要十分準確，否則奶酥不會發酵。食譜中指稱需要 6 顆大雞蛋，而根據USDA的規格，“大”雞蛋的大小約可以有 10% 的變化，這對於該如何正確地計量其他的原料，究竟給了你什麼樣有用的訊息？

10. 列出可用於估算在 (a) 舊金山，(b) 你的家鄉中，修車技工人數的假設，然後進行估算。

11. 提出一種方法來測量地球與太陽之間的距離。

*12. 你能建立一組不包括長度，如表 1-5 的完整基本量嗎？

習 題

[各章末尾的習題是根據難易度而分成 (I)、(II) 或 (III) 三個等級。(I) 的習題是最簡單的。(III) 的習題是作為最優秀學生的挑戰題。習題是依各節的順序編排，這意味著讀者在做題前應該已經研讀過該節以及先前所有的內容，這是因為習題往往會與前面的內容有關。各章最後還有一組未分等級的“一般習題”，這些問題並未按節編排。]

1-3 測量、不確定性及有效數字

(注意：在習題中，假設一個如 6.4 的數字是準確至 ± 0.1；而 950 則準確至 ± 10，除非 950 是“精確地”或“幾近於” 950，在這種情況下就假設是 950 ± 1。)

1. (I) 宇宙的年齡被認為大約是 140 億年。以兩位的有效數字，用 10 的次冪並以 (a) 年，(b) 秒來表示之。

2. (I) 以下的數字各有多少有效位數：(a) 214，(b) 81.60，(c) 7.03，(d) 0.03，(e) 0.0086，(f) 3236 及 (g) 8700？

3. (I) 將下列各數字以 10 的次冪表示：(a) 1.156，(b) 21.8，(c) 0.0068，(d) 328.65，(e) 0.219 及 (f) 444。

4. (I) 以正確的零的個數，將下列的數字全部寫出來：(a) 8.69×10^4，(b) 9.1×10^3，(c) 8.8×10^{-1}，(d) 4.76×10^2 及 (e) 3.62×10^{-5}。

5. (II) 測量值 5.48 ± 0.25 m 的百分誤差為何？

6. (II) 以秒錶測量的時間由於人在開始和結束瞬刻的反應時間，通常會有約 0.2 s 的誤差。下列的手動測量值：(a) 5 s，(b) 50 s，(c) 5 min，其百分誤差為何？

7. (II) 求 $(9.2\times10^3\ \text{s})+(8.3\times10^4\ \text{s})+(0.008\times10^6\ \text{s})$ 之和。

8. (II) 求 $(2.079\times10^2\ \text{m})\times(0.082\times10^{-1})$，並以正確的有效數字表示之。

9. (III) 對於一個小角度 θ 而言，$\sin\theta$ 的數值大約與 $\tan\theta$ 相同。試求在兩位有效數字內相符的準確度內，會使得其正弦和正切值相等的最大角度。

10. (III) 半徑為 $r = 0.84 \pm 0.04$ m 之沙灘球，其體積的百分誤差為何？

1-4 與 1-5　單位、標準、SI、單位轉換

11. (I) 用標準單位，將以下各數值改寫為十進制數字：(a) 286.6 mm，(b) 85 μV，(c) 760 mg，(d) 60.0 ps，(e) 22.5 fm，(f) 2.50 GV。

12. (I) 以表 1-4 中的字首符號來表示下列各數值：(a) 1×10^{6} V，(b) 2×10^{-6} m，(c) 6×10^{3} 天，(d) 18×10^{2} 元，(e) 8×10^{-8} s。

13. (I) 以公尺來表示你自己的身高，以公斤來表示你自己的質量。

14. (I) 太陽與地球的平均距離為 93 百萬英里。它相當於多少公尺？以 (a) 10 的次冪，以及 (b) 公制字首表示之。

15. (II) 下列兩種單位之間的轉換因數為何？(a) ft^2 與 yd^2，(b) m^2 與 ft^2。

16. (II) 一架飛機以 950 km/h 之速度飛行。它飛行 1.00 km 需時多久？

17. (II) 一個典型的原子直徑大約為 1.0×10^{-10} m。(a) 它相當於多少英寸？(b) 1.0 公分的直線長度內大約有多少個原子？

18. (II) 將右式之和以正確的有效位數表示之：1.80 m + 142.5 cm + 5.34×10^{5} μm。

19. (II) 試求以下兩種速度單位間的轉換因數 (a) km/h 與 mi/h，(b) m/s 與 ft/s，以及 (c) km/h 與 m/s。

20. (II) 一英里賽跑的距離要比 1500 公尺賽跑 (“公制英里”) 的距離長多少 (百分比)？

21. (II) 一光年是指光在一年中所行進的距離 (光速 = 2.998×10^{8} m/s)。(a) 1 光年等於多少公尺？(b) 一個天文單位 (AU) 是由太陽至地球的平均距離 1.50×10^{8} km。則 1.00 光年等於多少 AU？(c) 光速又等於多少 AU/h？

22. (II) 如果你只能用一個鍵盤來輸入資料，那麼要填滿可以儲存 82 GB (82×10^{9} 位元組) 之資料的電腦硬碟將需要多少年？假設“正常”的工作日長度為 8 小時，一個鍵盤字符需要一個位元組來儲存，而且每分鐘可以輸入 180 個字符。

23. (III) 月球的直徑約為 3480 km。(a) 月球的表面積為何？(b) 地球的表面積是它的多少倍？

1-6　數量級的估算

(注意：記住做估算時，無論輸入值或最後結果，只需取整數值。)

24. (I) 估算以下數字的數量級 (10 的次冪)：(a) 2800，(b) 86.30×10^{2}，(c) 0.0076，(d) 15.0×10^{8}。

25. (II) 試估算有多少本書可以被放置在擁有 3500 m^2 地板面積之大學圖書館中的書架上。假設書架有 8 個擱板的高度可以使用，且兩面都可以擺放書籍，走道的寬度為 1.5 m。假設書的平均大小與本書類似。

26. (II) 試估算某位跑者以 10 km/h 的速度從紐約橫跨美國內陸到加州需要多少小時。

27. (II) 試估算一個人在一生中需要喝多少公升的水。

28. (II) 試估算某人用一個普通的家庭用割草機，割一個足球場上的草坪所需的時間（圖 1-11）。假設割草機的移動速率為 1 km/h，並具有 0.5 m 的割草寬度。

圖 1-11 習題 28。

29. (II) 試估算 (a) 在舊金山以及 (b) 你所在的城市中之牙醫師的數量。

30. (III) 橡膠輪胎磨損的殘留物質大部分會進入大氣層中，並形成微粒污染。試估算美國每年進入大氣中之橡膠的數量 (kg)。一個較好的估算方式為，假設新的輪胎胎面的深度為 1 cm，且橡膠每立方公尺的質量為 1200 kg。

31. (III) 假設你在德州平原上空高 200 m 處的熱氣球上。現朝水平方向看出去，可以看到多遠的距離？換句話說，你的視野有多遠？已知地球半徑約為 6400 km。

32. (III) 我同意僱用你 30 天，你可以選擇兩種薪資支付方式：(1) 每天 1000 美元，或 (2) 第一天付一分美元，第二天付二分美元，依此每日持續倍增之方式直到第 30 天。請利用快速估算來作決定，並說明理由。

33. (III) 有許多帆船停泊在湖的對岸距離 4.4 km 遠的碼頭上。若你注視其中的一艘帆船，當你靠近岸邊平躺時，你只能看到它的甲板，但無法看到帆船的側面。然後你到位於湖對岸的船上，並測得其甲板距水面的高度為 1.5 m。請參考圖 1-12，其中 h = 1.5 m，試估算地球的半徑 R。

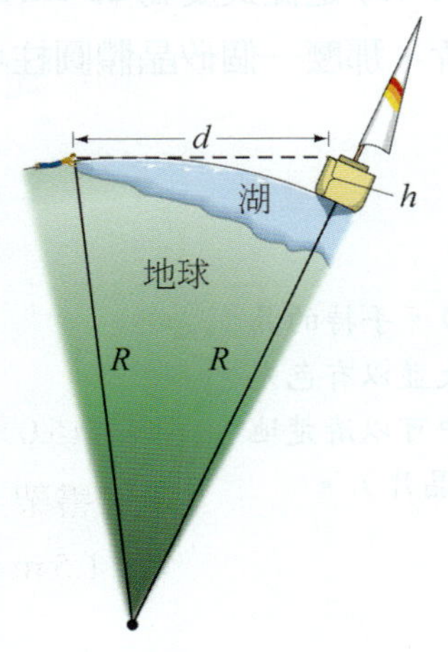

圖 1-12 習題 33。你看到位於湖對岸的一艘帆船 (未依比例)。R 是地球半徑。當你只能看到它的甲板，而看不到它的側面時，你與帆船相距 d=4.4 km。由於地球的曲率，你與船之間的湖面似乎是“凸起”的。

34. (III) 另一個你可以做的實驗也是利用地球的半徑。在太陽下山時，你躺在海灘上而眼睛比沙灘地面高出 20 cm；當太陽剛剛完全消失於地平線時。你立刻站立起來，你的眼睛現在高出沙灘地面 150 cm，並且可以再看到太陽的頂部。如果你計算直到太陽再次完全消失所需的秒數 ($=t$)，就可以估算地球的半徑。但是在這個問題中，反而是利用已知的地球半徑來計算時間 t。

*1-7 因次

*__35.__ (I) 密度 (單位體積的質量) 的因次是什麼？

*__36.__ (II) 某物體的速率 v 可以用方程式表示為 $v=At^3-Bt$，其中 t 代表時間。(a) A 和 B 的因次各為何？(b) A 與 B 常數的 SI 單位為何？

*__37.__ (II) 三名學生推導出下列方程式，其中 x 為行進的距離，v 為速率，a 為加速度 (m/s^2)、t 為時間，而下標 ($_0$) 代表於 $t=0$ 時的量：(a) $x=vt^2+2at$，(b) $x=v_0t+\frac{1}{2}at^2$ 及 (c) $x=v_0t+2at^2$。根據因次的檢查，其中何者才是可能的正確答案？

*__38.__ (II) 證明在例題 1-10 中我們所使用的自然界之三個基本常數 (亦即 G、c 及 h) 的下列組合，其形成的量之單位為時間：$t_P=\sqrt{\frac{Gh}{c^5}}$，這個物理量 t_P 稱為普朗克時間，被認為是在宇宙創造後目前已知的物理定律可以應用的最早時間。

一般習題

39. 全球衛星定位系統 (GPS) 可作為極準確的定位之用。如果其中一個衛星的位置是在距離你 20000 km處，那麼一個 2 m的誤差，將代表多少的百分誤差？此距離需要多少位有效數字來表示？

40. 蝕刻於厚度爲 0.300 mm 之圓形矽晶圓上的電腦晶片 (圖 1-13) 是從長度為 25 cm 的圓柱形矽晶體上切割下來。如果每片晶圓可以容納 100 個晶片，那麼一個矽晶體圓柱可以生產的晶片最大數量有多少？

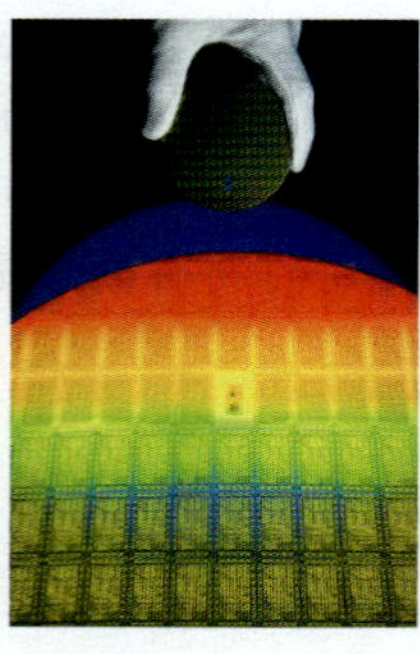

圖 1-13　習題40。手持的晶圓(上方)，被放大並以有色光照射(下方)。其中可以清楚地看見積體電路（晶片）。

41. (a) 1.00 年等於多少秒？(b) 1.00 年又等於多少奈秒？(c) 1.00 秒等於多少年？

42. 美式足球場的長度為 100 碼，而一個正規足球場的長度為 100 公尺。何者的長度較長 (以碼、公尺及百分比表示)？

43. 一個典型成人的肺中含有約 3 億個稱為肺泡的微小腔室。試估算單一肺泡的平均直徑。

44. 已知一公頃定義為 1.000×10^4 m^2，一英畝為 4.356×10^4 ft^2。一公頃等於多少英畝？

45. 試估算美國所有的汽車駕駛在每年中所消耗的汽油之總加侖數。

46. 利用表 1-3 估算以下各物體中之質子或中子的總數：(a) 細菌，(b) DNA 分子，(c) 人體，(d) 我們的銀河系。

47. 一個普通的 4 口家庭，平均每天使用約 1200 公升 (約 300 加侖) 的水 (1 公升 = 1000 立方公分)。一個面積為 50 平方公里的湖泊供應人口為 40000 人之城鎮的用水，它的深度每年將下降多少？只需考慮居民的用水，並忽略蒸發之類的損耗。

48. 試估算圖 1-14 的販賣機中口香糖的數目。

49. 試估算美國一年要使用多少公斤的洗衣皂 (並因此連同洗衣機的污水排出)。假設每次洗滌需要使用 0.1 kg 的肥皂。

50. 一噸有多大？也就是說，1 噸重的東西其體積有多大？明確地說，試估計 1 噸重岩石的直徑。但讓我們先隨便猜猜看：它的寬會是 1 英尺、3 英尺或者一部汽車的大小嗎？[提示：岩石的密度約為水的 3 倍，而水每公升 (10^3 cm^3) 為 1 公斤重或每立方英尺為 62 磅重。]

圖 1-14 習題 48。估算販賣機中口香糖的數目。

51. 某片音樂 CD 上錄製了 783.216 MByte 的數位資料。每個位元組含 8 個位元。在播放時，CD 播放器以每秒 1.4 MBit 的速率讀取 CD 上的數位資料。讀取完整的一張光碟片需要多少分鐘？

52. 手持一支鉛筆在你的眼睛正前方，使得鈍的一端剛好可以將月亮完全遮住 (如圖 1-15)。作適當的測量以估算月球的直徑。已知地球與月球之間的距離為 3.8×10^5 km。

圖 1-15 習題 52。月亮有多大？

53. 一場暴風雨於 2 小時內，在一寬 5 km 和長 8 km 的城市裡降下了 1.0 cm 的雨量。這些雨水相當於多少公噸 (1 公噸 = 10^3 公斤)？(水每立方公分的質量為 1 克 = 10^{-3} 公斤)。它又等於多少加侖呢？

54. 諾亞方舟原本預定的尺寸為 300 腕尺長、50 腕尺寬和 30 腕尺高。腕尺是一個計量單位，它的長度等於一個人的前臂長，也就是手肘至最長的手指尖的距離。試以公尺來表示諾亞方舟的大小，並估算其體積 (m^3)。

55. 試估算徒步環遊世界一周要花多少天，假設以 4 km/h 速度每天可以步行 10 小時。

56. 一公升 (1000 cm^3) 的油溢出到一個平靜的湖泊中。如果油膜均勻分佈，浮油只有一個分子的厚度，而且相鄰的油分子剛好相互接觸。試估算浮油的直徑大小。假設油分子的直徑為 2×10^{-10} m。

57. 珍在河岸紮營，並且想知道河的寬度。她發現河的正對岸有一塊大岩石。然後，她往上游走，直到她可以清楚地判斷她與岩石之間的角度朝下游方向成 30° 角 (圖 1-16)。珍的步幅約為 1 碼，她走回營地的距離是 120 步。河流的寬度以碼或以公尺計量各為何？

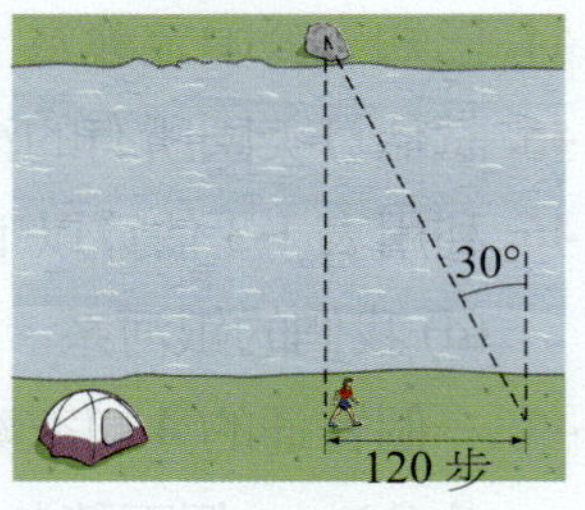

圖 1-16 習題 57。

58. 一手錶製造商聲稱，他們的手錶每年快慢不會超過 8 秒。這個手錶的準確性為何 (以百分率表示)？

59. 埃 (符號 Å) 是長度的單位，定義為 10^{-10} m，指的是一個原子之直徑大小的等級。(a) 1.0 埃等於多少奈米 (nm)？(b) 1.0 埃等於多少飛米 (fm，核子物理中常用的長度單位)？(c) 1.0 公尺等於多少埃？(d) 1.0 光年等於多少埃（見習題 21）？

60. 已知月球的直徑為 3480 km，月球的體積有多大？多少個月球才能與地球的體積相等？

61. 試求下列 θ 及 $\sin\theta$ 的百分誤差：(a) $\theta = 15.0° \pm 0.5°$，(b) $\theta = 75.0° \pm 0.5°$。

62. 如果你沿著一條地球經度線，開始朝北走，直到你通過緯度 1 分 (1 度為 60 分)。這表示你走了多遠的距離 (以英里為單位)？這個距離稱為 "海里"。

63. 試粗略估算你的身體之體積 (以 m^3 表示)。

64. 試估算公車司機的數目，(a) 在華盛頓特區，以及 (b) 你所在的城市中。

65. 美國肺臟協會對一般人的平均肺容積 (以公升計，其中 1 L = 10^3 cm^3) 提供了以下的公式：$V = 4.1\,H - 0.018\,A - 2.69$，其中 H 和 A 分別是身高 (公尺) 及年齡 (歲)。在此公式中，數字 4.1、0.018 與 2.69 的單位為何？

66. 物體的密度定義為它的質量除以它的體積。假設測得一塊岩石的質量與體積分別為 8 g 與 2.8325 cm^3。試以正確位數的有效數字來求岩石的密度。

67. 以正確位數的有效數字，使用本書最後的表的資料求以下的比率：(a) 地球表面積與月球表面積之比；(b) 地球的體積與月球的體積之比。

68. 一莫耳的原子等於 6.02×10^{23} 個原子。如果一莫耳的原子均勻地分佈在地球表面，則每平方公尺會有多少個原子？

69. 最近天文物理的研究發現，可觀測到的宇宙可以用一個半徑 $R = 13.7 \times 10^9$ 光年的球體來模擬，其平均的質量密度約為 1×10^{-26} kg/m^3，其中大約只有 4% 的宇宙總質量是來自於"普通"物質 (如質子、中子和電子)。試利用此資料來估算可觀測到的宇宙中，普通物質的總質量。(1 光年 $= 9.46 \times 10^{15}$ 公尺)

練習題答案

A: (d)。

B: 否：它們分別是 3 位與 2 位。

C: 三者都有三位有效數字，而小數的位數是 (a) 2，(b) 3，(c) 4。

D: (a) 2.58×10^{-2}，3；(b) 4.23×10^4，3 (可能)；(c) 3.4450×10^2，5。

E: Everest 峰，29035 英尺；K2 峰，28251 英尺；Kangchenjunga 峰，28169 英尺。

F: 否：15 m/s ≈ 34 mi/h。

描述運動：一維運動學

一輛高速行駛的小型汽車釋放一個降落傘以迅速降低它的速度。綠色 ($\vec{v}$) 和金色 ($\vec{a}$) 的箭號分別表示汽車行車速度和加速度的方向。

運動是用速度和加速度的概念來描述的。在這個情況中，加速度 $\vec{a}$ 與速度 $\vec{v}$ 的方向相反，顯示物體正在減速。我們將探究等加速的運動，其中包括因重力而落下之物體的垂直運動。

章前問題——試著想想看！

〔不用擔心現在回答的答案是否正確，你還有機會在本章的後面回答此問題，你也可以回頭看第 1 章第 1 頁的說明〕

兩個小重球具有相同的直徑，但是其中一個的重量是另一個的兩倍。當這兩個球從二樓的陽台上同時落下，到達地面的時間將是：

(a) 較輕的球為重的兩倍長。
(b) 輕球較長，但不是兩倍。
(c) 較重的球為輕的兩倍長。
(d) 重的球較長，但不是兩倍。
(e) 兩個球幾乎相同。

物體的運動，包括棒球、汽車、慢跑者，甚至是太陽和月亮，都是日常生活中常見的一部分，但直到十六和十七世紀，我們對物體運動的了解才建立起來。許多人都對運動的理解作出了重要的貢獻，尤其是伽利略 (1564-1642) 和牛頓 (1642-1727)。

圖 2-1 當松果落下時，在 (a) 中的松果是純平移運動，而在 (b) 中則是正在旋轉與平移。

研究物體的運動、力以及能量的相關概念，稱為**力學** (mechanics)。力學通常分為兩個部分：**運動學** (kinematics) 描述物體如何移動；而**動力學** (dynamics) 則論及力以及物體為何如此移動。本章和下一章將討論運動學。

在此只討論沒有轉動的運動 (圖 2-1a)。這種運動稱為**平移運動** (translational motion)。在本章中，我們主要講述的是沿直線路徑移動的物體，這是一維的平移運動。在第 3 章中，我們將描述沿著非直線路徑的二維 (或三維) 的平移運動。

我們經常使用理想**粒子** (particle) 的概念或模型，它被視為一個數學的**點** (point)，沒有空間範圍 (無大小)。質點只能進行平移運動。在許多實際情況中 (當我們感興趣的只是平移運動或物體的大小並不顯著時)，質點模型是有用的，例如，基於多種目的，我們可能會將撞球甚至是前往月球的太空船視為質點。

2-1 參考座標與位移

任何位置、距離或速率的測量都必須是相對於某個**參考座標** (reference frame, or frame of reference) 而規定的。例如，如果你在速率為 80 km/h 之火車上，假設有個人經過你身旁以 5 km/h 的速率朝車頭方向走過去 (圖 2-2)，這 5 km/h 是人相對於列車 (參考座標) 的速率。對於地面而言，此人移動的速率是 80 km/h + 5 km/h = 85 km/h。描述速率時，指定參考座標始終都是很重要的。在日常生活中，我們通常是指 "相對於地球"，甚至根本沒有想到這件事。但只要有可能會產生混淆時，就必須指定參考座標。

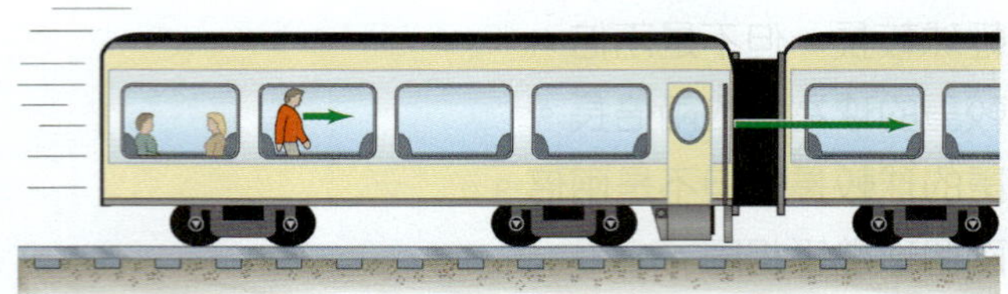
圖 2-2 一個人以 5 km/h 之速率朝一列火車的車頭方向行進，火車對地的移動速率為 80 km/h，因此這個行走的人相對於地的速率是 85 km/h。

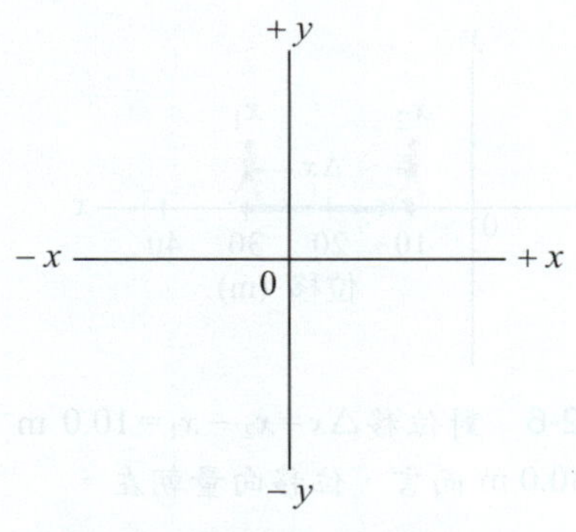

圖 2-3 xy 座標軸的標準設定。

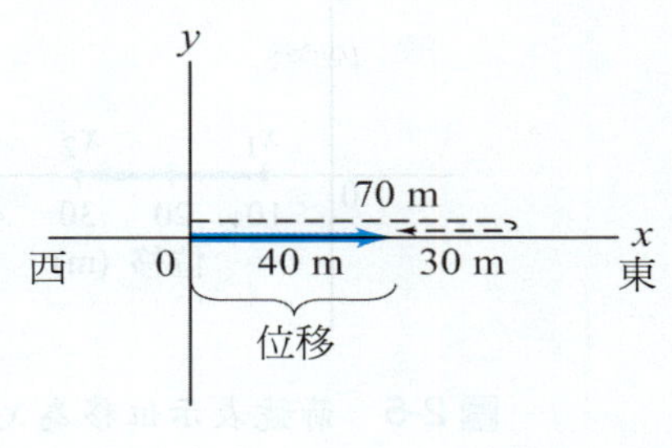

圖 2-4 一個人向東方走 70 m，然後再向西方走 30 m，其行進的總距離是 100 m (黑色虛線顯示路徑)；但是位移 (藍色的實線箭號所示) 是向東 40 m。

在指明物體的運動時，詳細說明速率和方向是很重要的。通常使用基點 (cardinal point)，北、東、南、西和“上”、“下”來指定方向。在物理學中，通常利用一組**座標軸** (coordinate axes) (圖 2-3 所示) 來代表參考座標。我們可依方便來設置原點 0 以及 x 軸與 y 軸的方向；但 x 軸和 y 軸總是互相垂直。當物體位於 x 軸上座標之原點 (0) 的右方時，我們通常取其 x 座標為正；反之，若位於 0 點左方，則 x 座標為負。沿著 y 軸而位於原點上方的位置，其 y 座標通常取為正；反之則取為負——雖然，有時為了方便起見，我們採用與常規相反的方式。平面上的任意一點，可由它的 x 與 y 座標而明確地指定。在三維空間中，則再加入一個同時與 x 軸和 y 軸均垂直的 z 軸。

對於一維運動而言，往往選擇沿著物體運動所發生的直線為 x 軸。而物體於任一時刻的**位置** (position) 則由其 x 座標所規定。如果是垂直方向的運動 (例如，墜落的物體)，我們通常會選用 y 軸。

我們必須區分物體移動的距離及**位移** (displacement) 的差異。位移定義為物體位置的改變；亦即位移是表示物體距其起點有多遠之處。欲了解總距離和位移的區別；假想一個人向東步行 70 m 後再轉身向西步行 30 m (見圖 2-4)，其行進總距離是 100 m，但是因為此人距起點只有 40 m，所以位移只有 40 m。

⚠ 注意

位移可能不等於行進的總距離

位移是一個同時具有大小與方向的物理量；這種物理量被稱為**向量** (vector)，作圖時以箭號代表。例如，圖 2-4 中，藍色箭號代表位移，其大小是 40 m，其方向是朝右 (東)。

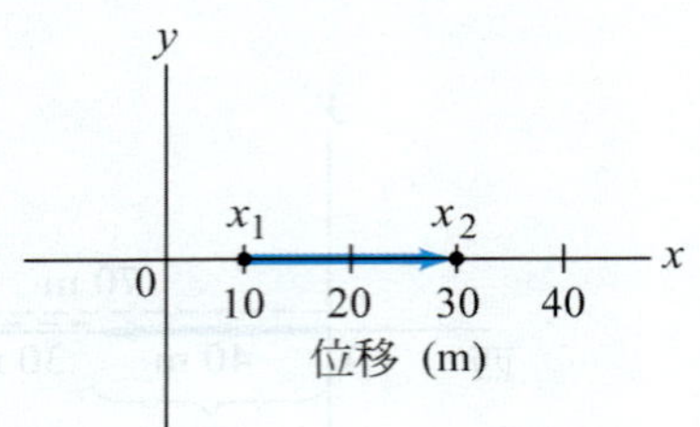

圖 2-5　箭號表示位移為 $x_2 - x_1$，距離以公尺計。

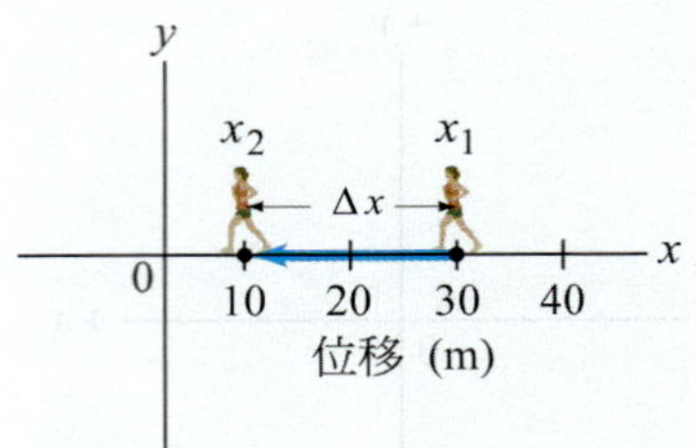

圖 2-6　對位移 $\Delta x = x_2 - x_1 = 10.0$ m $- 30.0$ m 而言，位移向量朝左。

在第 3 章中我們將更充分地討論向量。現在，我們只討論沿著一條直線的一維運動。在這種情況下，將指向某一方向的向量規定為正，而相反方向的向量則為負。

接著討論在某一特定時間間距內一個物體的運動。假設在時間的初始時 (t_1)，物體位於 x 軸的 x_1 處，如圖 2-5 所示。稍後在時間 t_2 時，假設物體移到了 x_2 處。物體的位移是 $x_2 - x_1$，並且以圖 2-5 中向右的箭號來表示。為求簡便可寫成

$$\Delta x = x_2 - x_1$$

希臘字母 Δ 的意思是“… 的變化量”，而 Δx 的意思是“x 的變化量”或“位置的變化量”，這就是位移。請注意，任何數量的“變化量”是指其最終值減去初始值。

假設 $x_1 = 10.0$ m 且 $x_2 = 30.0$ m，則

$$\Delta x = x_2 - x_1 = 30.0\ \text{m} - 10.0\ \text{m} = 20.0\ \text{m}$$

因此位移為朝正的方向 20.0 m，如圖 2-5 所示。

現在考慮向左移動的物體，如圖 2-6 所示。一個人從 $x_1 = 30.0$ m 處出發向左走到 $x_2 = 10.0$ m 處，在這種情況下，她的位移是

$$\Delta x = x_2 - x_1 = 10.0\ \text{m} - 30.0\ \text{m} = -20.0\ \text{m}$$

此時代表位移向量的藍色箭號指向左方。對於沿著 x 軸的一維運動而言，指向右方的向量有一個正號，而指向左方的向量則有一個負號。

練習A　一隻螞蟻在圖畫紙上從 $x = 20$ cm 處出發並沿 x 軸走到 $x = -20$ cm 處，然後轉身走回 $x = -10$ cm 處，螞蟻的位移和行進總距離為何？

2-2 平均速度

一個物體運動最明顯的表徵就是物體移動得有多快——它的速率或速度。

“速率”一詞，指的是在某特定時間內物體行進了多遠(不考慮方向)。如果一輛汽車 3 小時內行駛了 240 km，其平均速率為 80 km/h。一般而言，物體之**平均速率** (average speed) 的定義是沿著路徑的行進總距離除以所花費的時間

$$\text{平均速率} = \frac{\text{行進距離}}{\text{經歷的時間}} \tag{2-1}$$

在日常用語中，“速率”與“速度”二者往往是可互換的。但在物理學的用詞中，它們之間是有區別的。速率只是一個帶有單位的正數；而另一方面，**速度** (velocity) 則是具有大小和方向的量(速度因而是一個向量)。第二個有關速率和速度的區別，就是**平均速度** (average velocity)，它是由位移，而非行進總距離所定義的

$$\text{平均速度} = \frac{\text{位移}}{\text{經歷的時間}} = \frac{\text{最終的位置} - \text{初始的位置}}{\text{經歷的時間}}$$

⚠ 注意
平均速率不一定等於平均速度的大小

當朝同一方向運動時，平均速率和平均速度的大小是相同的。但在其他情況下，它們就可能有所不同。回想前面所述 (圖 2-4)，一個人向東走 70 m 後再轉向西走 30 m；行進總距離是 70 m + 30 m = 100 m，但位移卻是 40 m。假設這趟步行共花了 70 s 的時間。那麼，平均速率為

$$\frac{\text{距離}}{\text{經歷的時間}} = \frac{100\ \text{m}}{70\ \text{s}} = 1.4\ \text{m/s}$$

而另一方面，平均速度的大小是

$$\frac{\text{位移}}{\text{經歷的時間}} = \frac{40\ \text{m}}{70\ \text{s}} = 0.57\ \text{m/s}$$

當我們計算平均值時，這種速率和速度的大小之間就會出現差異。

為了對一維運動進行一般性的討論，假設在時間 t_1 時物體位於 x 軸的 x_1 位置處，後來在時間 t_2 時位於 x_2 處，其**經歷時間** (elapsed time)

為 $\Delta t = t_2 - t_1$，且物體於此期間內的位移為 $\Delta x = x_2 - x_1$。因此平均速度——定義為位移除以經歷時間，可寫成

$$\bar{v} = \frac{x_2 - x_1}{t_2 - t_1} = \frac{\Delta x}{\Delta t} \tag{2-2}$$

其中 v 代表速度，而 v 上方的橫槓(−)則是代表“平均”的標準符號。

問題解答

＋或－符號可以表示線性運動的方向

通常，$+x$ 軸指向右方，如果 x_2 小於 x_1，則物體向左方移動，而 $\Delta x = x_2 - x_1$ 小於零。位移的符號 (因而也是平均速度的符號) 指示出方向：一個沿 x 軸向右移動的物體其平均速度是正的，反之則為負。平均速度的方向始終是與位移的方向相同。

請注意，為我們所進行的觀測選擇經歷時間或時間間距 $t_2 - t_1$，一直都是很重要的。

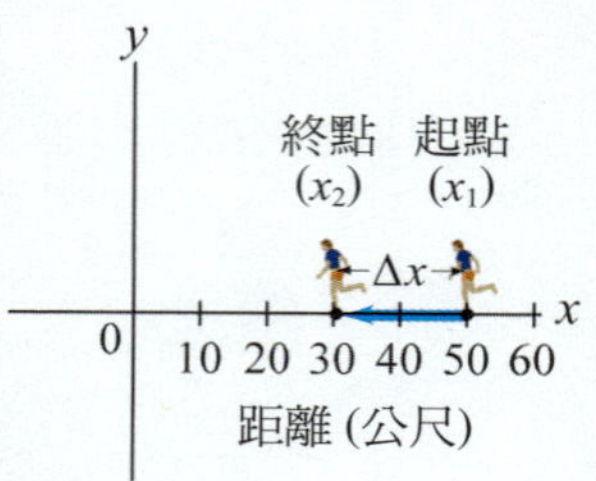

圖2-7　例題 2-1。一個人從 $x_1 = 50.0$ m 處跑到 $x_2 = 30.5$ m 處。位移是 −19.5 m。

例題 2-1　跑者的平均速度　一位跑者沿著座標系的 x 軸移動的位置為一時間的函數。在 3.00 s 的期間內，跑者的位置從 $x_1 = 50.0$ m 處變化為 $x_2 = 30.5$ m 處 (如圖 2-7 所示)，請問跑者的平均速度為何？

方法　我們要求出的平均速度，是位移除以經歷的時間。

解答　位移是 $\Delta x = x_2 - x_1 = 30.5\ \text{m} - 50.0\ \text{m} = -19.5\ \text{m}$，經歷的時間是 $\Delta t = 3.00$ s，平均速度是

$$\bar{v} = \frac{\Delta x}{\Delta t} = \frac{-19.5\ \text{m}}{3.00\ \text{s}} = -6.50\ \text{m/s}$$

位移和平均速度是負的，它告訴我們，跑者正沿著 x 軸向左移動，如圖 2-7 之箭號所示。因此，我們可以說跑者的平均速度是向左方 6.50 m/s。

例題 2-2　單車旅行距離　如果一位騎單車者的平均速度是 18 km/h，沿直線道路騎單車旅行，則她在 2.5 小時內可以騎多遠？

方法　我們想求出行進距離，解 (2-2) 式的 Δx。

解答　我們改寫 (2-2) 式為 $\Delta x = \bar{v}\,\Delta t$，得到

$$\Delta x = \bar{v}\,\Delta t = (18\ \text{km/h})\,(2.5\ \text{h}) = 45\ \text{km}$$

練習 B 一輛車以穩定的 50 km/h 之時速行駛 100 km 的路程後，再加速到 100 km/h 之時速，並且又行進了 100 km 的路程。在這 200 km 的路程中，這輛車的平均速率是多少？ (a) 67 km/h；(b) 75 km/h；(c) 81 km/h；(d) 50 km/h。

2-3 瞬時速度

如果你沿著直線道路開車，在 2.0 小時內行駛了 150 km，你的平均速度之大小為 75 km/h。但是，時時刻刻都要精確地保持 75 km/h 的速度是不太可能的。為了描述這種情況，我們需要瞬時速度的概念，這是在任何瞬間的速度。(其數量是附上單位的數字，圖 2-8 的速率表所顯示的即是瞬時速度的大小。) 更確切地說，任何時刻的**瞬時速度** (instantaneous velocity) 被定義為一個極短的時間間距內的平均速度。這也就是 (2-2) 式中時間間距 Δt 成為極小而趨近於零時所得到的結果。由此，我們可以寫出一維運動瞬時速度 v 的定義為

圖 2-8 汽車行車速率表。白色表示 mi/h，而橙色則表示 km/h 。

$$v = \lim_{\Delta t \to 0} \frac{\Delta x}{\Delta t} \tag{2-3}$$

符號 $\lim_{\Delta t \to 0}$ 表示 $\frac{\Delta x}{\Delta t}$ 的比值是在 Δt 趨近於零之極限時所計算的。但是我們不可以令 $\Delta t = 0$，因為 Δx 也會為零，這會導致其比值成為一個不確定值。我們考慮的是整體的 $\Delta x / \Delta t$ 之比值。當我們讓 Δt 趨近於零時，Δx 亦趨近於零。但是 $\Delta x / \Delta t$ 則趨近於一個明確的數值，這就是在某一特定瞬間的瞬時速度。

(2-3) 式中 $\Delta t \to 0$ 的極限可以寫成微積分中的運算符號 $\frac{dx}{dt}$ (稱為 x 對 t 的導數)

$$v = \lim_{\Delta t \to 0} \frac{\Delta x}{\Delta t} = \frac{dx}{dt} \tag{2-4}$$

這個式子是一維運動之瞬時速度的定義。

對於瞬時速度，我們使用符號 v；而對平均速度則使用符號 $\bar{v}$。在本書的其餘部分，當我們使用“速度”這個詞時，它指的是瞬時速度；當想講的是平均速度時，我們將寫出明確的“平均”二字。

請注意，瞬時速率始終等於瞬時速度的大小。為什麼？這是因為

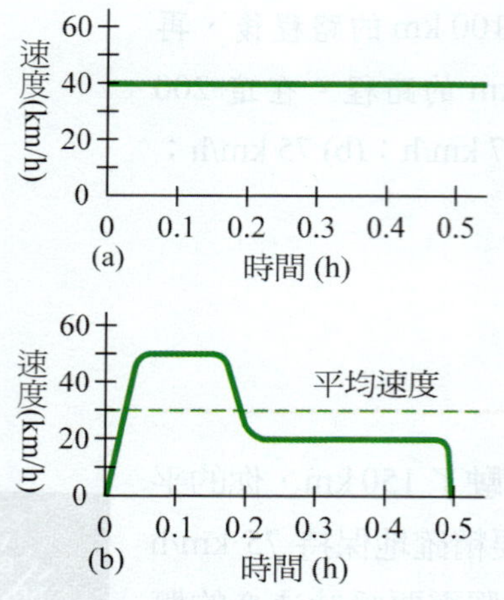

圖 2-9 作為時間函數的一輛小汽車的速度：(a) 恆定的速度；(b) 變化的速度。

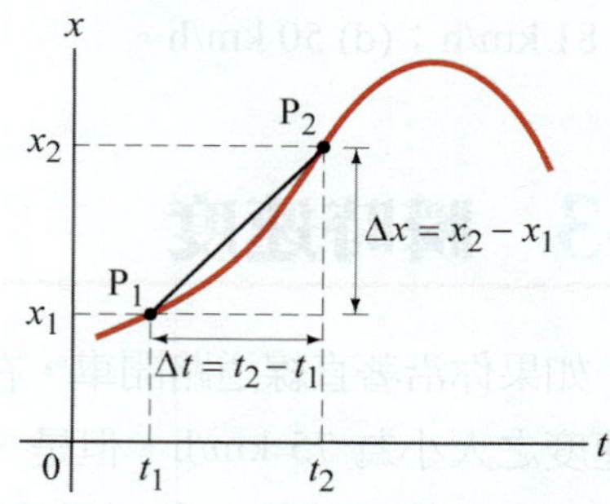

圖 2-10 一個質點之位置 x 與時間 t 的關係圖，直線 P_1P_2 的斜率代表在時間間距 $\Delta t = t_2 - t_1$ 中質點的平均速度。

當時間間距成為極小時，行進距離和位移的大小就變成相同。

如果一個物體在某一特定的期間內以一個恆定速度移動，則任何時刻它的瞬時速度與平均速度都是一樣的 (見圖 2-9a)。但在許多情況中並非如此。例如，一輛汽車從靜止加速至 50 km/h，然後維持此速度一段時間，接著又因交通堵塞而減速至 20 km/h，最後抵達其目的地，總計在 30 分鐘內行駛 15 km，如圖 2-9b 所示。圖中的虛線顯示的平均速度為 $\bar{v} = \Delta x / \Delta t = 15\ \text{km} / 0.50\ \text{h} = 30\ \text{km/h}$。

為了對瞬時速度有更深入的理解，讓我們考慮質點位置 x 與時間 t 的關係圖，如圖 2-10 所示 (請注意，這與顯示質點“路徑”的 x 對 y 的關係圖是不同的)。質點於時間 t_1 時的位置是 x_1，於時間 t_2 時的位置是 x_2。P_1 和 P_2 代表圖中的這兩點。自點 $P_1(x_1, t_1)$ 至點 $P_2(x_2, t_2)$ 畫一條直線，形成一個直角三角形的斜邊，其餘兩邊分別是 Δx 與 Δt。$\Delta x / \Delta t$ 比值為直線 P_1P_2 的**斜率** (slope)，而 $\Delta x / \Delta t$ 同時也是質點在時間間距 $\Delta t = t_2 - t_1$ 內的平均速度。所以，質點在任何時間間距 $\Delta t = t_2 - t_1$ 內的平均速度等於 x 對 t 之關係圖上連接 (x_1, t_1) 與 (x_2, t_2) 兩點之直線 (或弦) 的斜率。

考慮一個介於 t_1 與 t_2 之間的時刻 t_i，此時質點位於 x_i (圖 2-11)。P_1P_i 直線的斜率小於 P_1P_2 直線的斜率。因此時間間距 $t_i - t_1$ 內的平均速度小於時間間距 $t_2 - t_1$ 內的平均速度。

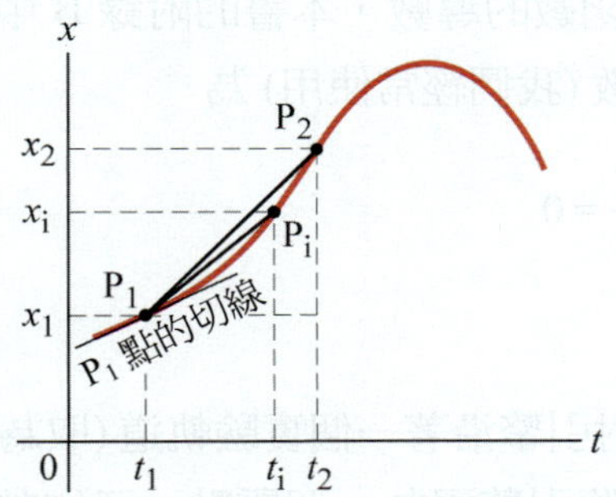

圖 2-11 與圖 2-10 一樣的位置對時間的曲線，但注意時間間距 $(t_i - t_1)$ 內的平均速度 (等於 P_1P_i 的斜率) 小於時間間距 $(t_2 - t_1)$ 內的平均速度。P_1 點的切線斜率等於 t_1 時的瞬時速度。

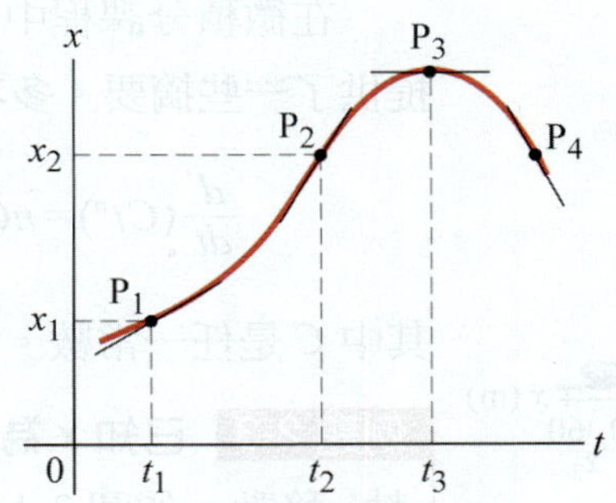

圖 2-12 與圖 2-10 和 2-11 相同的 x 對 t 曲線，此處顯示四個不同點的斜率：P_3 處的斜率是零，所以 $v=0$。在 P_4 處的斜率為負，故 $v<0$。

現在讓我們想像圖 2-11 中的點 P_i 逐漸地往 P_1 靠近。亦即使 $\Delta t = t_i - t_1$ 愈來愈小。這使得連接這兩點之直線的斜率愈來愈接近 P_1 點之切線的斜率。因此平均速度 (等於 P_1P_i 弦的斜率) 愈來愈趨近於 P_1 點之切線的斜率。(2-3) 式中對瞬時速度的定義，就是當 Δt 趨近於零時的平均速度之極限值。因此曲線上任一點的瞬時速度等於切於該點之切線斜率 (或簡稱為該點處“曲線的斜率”)。

由於瞬時速度等於曲線 (x 對 t 圖) 於該時刻的切線斜率，我們可以從這種圖形中獲得任一時刻的速度。例如，在圖 2-12 中，物體從 x_1 移到 x_2，切線斜率不斷地增加，故瞬時速度也不斷地增加。不過，從 t_2 以後切線斜率開始下降一直到零 ($v=0$)，此時 x 達到最大值 (圖 2-12 中的點 P_3)。過了這一點之後，切線斜率變成負值 (如圖中的點 P_4)，因此瞬時速度也是負的。這是合理的，因為此時的 x 正在減少——質點正朝著 x 值減少的方向移動 (向 xy 圖中的左方移動)。

如果一個物體在某一特定期間內移動的速度是恆定的，則它的瞬時速度就等於它的平均速度。這種情況下的 x 對 t 之圖形將是一條直線，其斜率即為速度。圖 2-10 中的曲線並沒有直線的部分，所以沒有任何一段時間間距內的速度是恆定的。

練習 C 當你轉身朝相反方向移動時，你的速度為何？(a) 依你轉身有多迅速而定；(b) 始終為零；(c) 總是負的；(d) 以上皆非。

在微積分課程中已經學過許多函數的導數，本書的附錄 B 中亦提供了一些摘要。多項式函數的導數 (我們經常使用) 為

$$\frac{d}{dt}(Ct^n) = nCt^{n-1} \quad 和 \quad \frac{dC}{dt} = 0$$

其中 C 是任一常數。

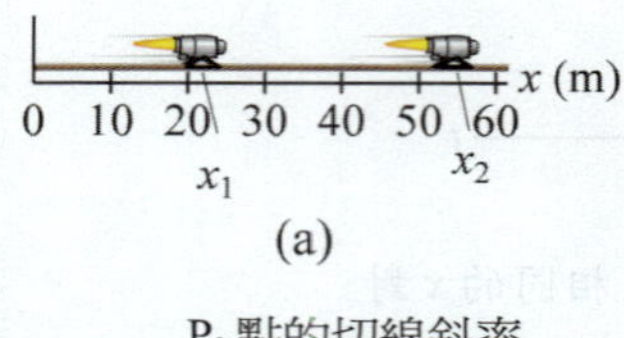

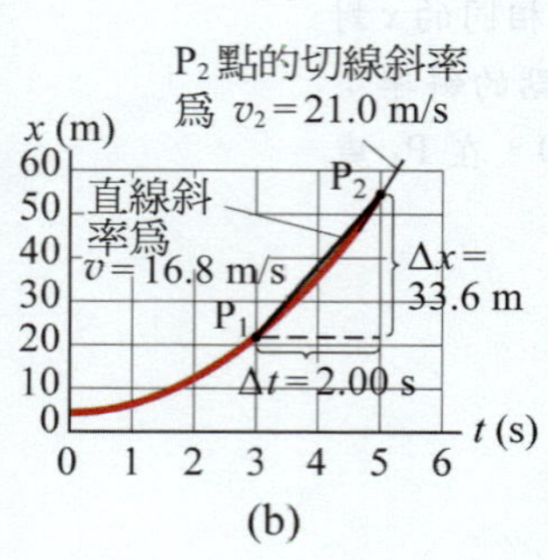

圖 2-13 例題 2-3。(a) 引擎沿著直線軌道前進。(b) x-t 圖：$x = At^2 + B$。

例題 2-3 **已知 x 為 t 的函數** 噴射引擎沿著一個實驗軌道 (取為 x 軸) 移動，如圖 2-13a 所示。我們將引擎視為一個質點。已知其位置為時間的函數，以方程式 $x = At^2 + B$ 表示，其中 $A = 2.10\ \text{m/s}^2$、$B = 2.80\ \text{m}$，這個方程式是繪製在圖 2-13b 中。(a) 試求從 $t_1 = 3.00\ \text{s}$ 至 $t_2 = 5.00\ \text{s}$ 之期間內引擎的位移。(b) 試求此期間內的平均速度，(c) 試求 $t = 5.00\ \text{s}$ 時瞬時速度的大小。

方法 我們將時間值 t_1 和 t_2 代入已知的 x 方程式中以獲得位置值 x_1 和 x_2。由 (2-2) 式可以求得平均速度。將已知的 x 方程式對 t 微分可求得瞬時速度。

解答 (a) 在 $t_1 = 3.00\ \text{s}$ 時，位置 (圖 2-13b 中的點 P_1) 是

$$x_1 = At_1^2 + B = (2.10\ \text{m/s}^2)(3.00\ \text{s})^2 + 2.80\ \text{m} = 21.7\ \text{m}$$

在 $t_2 = 5.00\ \text{s}$ 時，位置 (圖 2-13b 中的 P_2) 是

$$x_2 = (2.10\ \text{m/s}^2)(5.00\ \text{s})^2 + 2.80\ \text{m} = 55.3\ \text{m}$$

因此位移是

$$x_2 - x_1 = 55.3\ \text{m} - 21.7\ \text{m} = 33.6\ \text{m}$$

(b) 平均速度的大小是

$$\bar{v} = \frac{\Delta x}{\Delta t} = \frac{x_2 - x_1}{t_2 - t_1} = \frac{33.6\ \text{m}}{2.00\ \text{s}} = 16.8\ \text{m/s}$$

這等於圖 2-13b 中，連結 P_1 和 P_2 兩點的直線之斜率。

(c) 在 $t = t_2 = 5.00\ \text{s}$ 時的瞬時速度等於曲線在 P_2 處的切線斜率，如圖 2-13b 中所示。我們可以測量這個斜率以求得 v_2。但是也可以更準確地計算任何時刻 t 的 v，利用已知的方程式 (引擎之位置 x 對時間 t 的函數)

$$x = At^2 + B$$

將 x 對 t 微分可得 (見前一頁之公式)

$$v = \frac{dx}{dt} = \frac{d}{dt}(At^2 + B) = 2At$$

已知 $A = 2.10\ \text{m/s}^2$，將 $t = t_2 = 5.00\ \text{s}$ 代入，可得

$$v_2 = 2At = 2(2.10\ \text{m/s}^2)(5.00\ \text{s}) = 21.0\ \text{m/s}$$

2-4 加速度

正在改變速度的物體，我們說它正在加速。舉例來說，一輛汽車速度的大小由 0 增加到 80 km/h 時表示汽車正在加速。加速度指明物體速度變化的快慢。

平均加速度

平均加速度 (average acceleration) 的定義是速度的變化量除以這項變化所需要的時間

$$\text{平均加速度} = \frac{\text{速度變化量}}{\text{經歷時間}}$$

寫成數學符號，在時間間距 $\Delta t = t_2 - t_1$ 內，其速度變化量 $\Delta v = v_2 - v_1$，則平均加速度被定義為

$$\bar{a} = \frac{v_2 - v_1}{t_2 - t_1} = \frac{\Delta v}{\Delta t} \quad \textbf{(2-5)}$$

由於速度是向量，所以加速度也是向量。但是，對於一維的運動而言，只需要使用一個正號或負號就可以表明加速度相對於座標軸的方向。

例題 2-4 **平均加速度** 一輛汽車沿直線道路加速，在 5.0 s 內從靜止加速至 90 km/h (圖 2-14)。平均加速度的大小為何？

方法 平均加速度是速度的變化量除以經歷的時間 5.0 s，汽車從靜止起動 ($v_1 = 0$) 到最後速度 $v_2 = 90\ \text{km/h} = 90 \times 10^3\ \text{m} / 3600\ \text{s} = 25\ \text{m/s}$。

解答 由 (2-5) 式，平均加速度為

$$\bar{a} = \frac{v_2 - v_1}{t_2 - t_1} = \frac{25\ \text{m/s} - 0\ \text{m/s}}{5.0\ \text{s}} = 5.0\ \frac{\text{m/s}}{\text{s}}$$

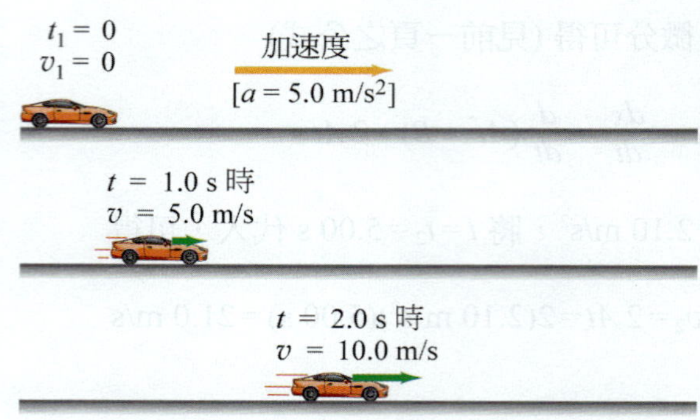

圖 2-14 例題 2-4。這部車從 $v_1=0$，$t_1=0$ 開始起動，並顯示當 $t=1$ s、$t=2$ s 及在 $t_2=5$ s 結束時的圖。我們假定加速度是固定的並且為 5.0 m/s²。綠色箭號代表速度向量，箭號之長度表示當時的速度的大小。加速度向量為橙色箭號。距離未按比例繪製。

這讀作“5 公尺每秒每秒”，意思是平均而言，速度在每一秒內改變 5.0 m/s，也就是說(假設是不斷加速)在第一秒內汽車的速度從 0 提高到 5.0 m/s，在接下來的第二秒內其速度又增加了另一個 5.0 m/s，於 $t = 2.0$ s 時，速度就達到 10.0 m/s 等等 (見圖 2-14)。

我們幾乎都將加速度的單位寫成 m/s²，而不是 m/s/s。這是因為

$$\frac{\mathrm{m/s}}{\mathrm{s}}=\frac{\mathrm{m}}{\mathrm{s\cdot s}}=\frac{\mathrm{m}}{\mathrm{s^2}}$$

根據例題 2-4 的計算，速度的變化量平均每秒為 5.0 m/s (5.0 s 內的總變化為 25 m/s)，平均加速度為 5.0 m/s²。

請注意，加速度告訴我們速度變化的快慢，而速度則告訴我們位置變化的快慢。

觀念例題 2-5 **速度與加速度** (a) 如果物體的速度是零，是否意味著其加速度亦為零？(b) 如果加速度為零，是否意味著其速度亦為零？想想一些例子。

回答 速度為零並不一定意味著加速度是零，而零加速度也不是意味著速度為零。(a) 舉例來說，當你的腳放在靜止車子的油門踏板上時，速度從零開始，但加速度並不是零，因為車子的速度改變了。(如果車子的速度沒有改變，也就是沒有加速度，你的車怎麼可能起動向前？) (b) 當你以恆定的速度 100 km/h 在直線公路上巡行時，你的加速度是零：$a=0$，$v\neq0$。

練習 D 一部強而有力的車宣稱可以在 6.0 s 內從零加速到 60 mi/h，該如何形容這部車：(a) 它是快的 (高速)；或 (b) 加速良好？

例題 2-6 **放慢車速** 一輛汽車沿著直線公路向右行駛，我們將它選定為正 x 軸方向 (圖 2-15)。然後司機踩煞車，如果初始速度 (當司機踩煞車時) 是 $v_1 = 15.0$ m/s，而且花了 5.0 s 的時間使車速減至 $v_2 = 5.0$ m/s，請問汽車的平均加速度為何？

方法 將已知的初始和最終速度及經歷時間代入 (2-5) 式中計算 $\bar{a}$。

解答 在 (2-5) 式中，初始時間 $t_1 = 0$ 而最終時間 $t_2 = 5.0$ s。[請注意，我們選擇 $t_1 = 0$ 並不影響計算結果，因為只有 $\Delta t = t_2 - t_1$ 出現在 (2-5) 式中]。因此

$$\bar{a} = \frac{5.0\ \text{m/s} - 15.0\ \text{m/s}}{5.0\ \text{s}} = -2.0\ \text{m/s}^2$$

出現負號是因為最終的速度小於初始速度。在這種情況下，加速度的方向朝左 (負 x 的方向)，即使速度始終是指向右方。我們的結論是加速度為 2.0 m/s² 向左，如圖 2-15 中的橙色箭號所示。

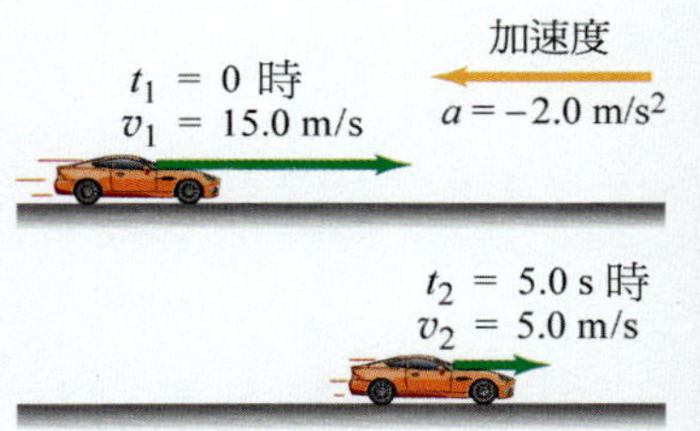

圖 2-15 例題 2-6 表示在 t_1 和 t_2 時車子的位置，綠色箭號代表速度。當車子在往右的移動中減速時，橙色箭號指出加速度的方向朝左。

減 速

當一個物體的速率正在減緩時，我們說它正在**減速** (decelerating)。但要小心：減速並不意味著加速度必然是負的。一個沿著正 x 軸朝右移動的物體，其速度是正的，如果物體正在減速 (如圖 2-15)，則其加速度是負的。但是，同樣的汽車朝左移動 (x 減小) 並且減慢，就具有向右的正加速度，如圖 2-16 所示。減速發生於速度的大小變小時，此時速度和加速度指向相反的方向。

⚠ 注意

減速代表的意義是速度的大小變小；此時的加速度 a 不見得是負的。

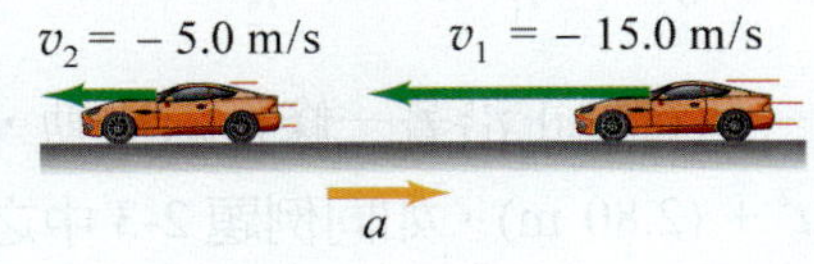

圖 2-16 例題 2-6 中的車子，現在正往左行駛並且減速。它的加速度為

$$a = \frac{v_2 - v_1}{\Delta t} = \frac{(-5.0\ \text{m/s}) - (-15.0\ \text{m/s})}{5.0\ \text{s}} = \frac{-5.0\ \text{m/s} + 15.0\ \text{m/s}}{5.0\ \text{s}} = +2.0\ \text{m/s}$$

練習 E 一輛汽車沿著 x 軸移動。如果它朝著正 x 方向移動，當 (a) 速率增加或 (b) 速率減少時，汽車加速度的符號為何？如果它朝著負 x 方向移動，當 (c) 速率增加或 (d) 速率減少時，汽車加速度的符號為何？

瞬時加速度

瞬時加速度 (instantaneous acceleration) a 被定義為當 Δt 趨近於零時，平均加速度的極限值

$$a=\lim_{\Delta t\to 0}\frac{\Delta v}{\Delta t}=\frac{dv}{dt} \tag{2-6}$$

此極限值 dv/dt 是 v 對 t 的微分。我們使用"加速度"來指瞬時值，如果要討論平均加速度，我們一定會加入"平均"二字。

如果我們畫出速度隨時間變化的圖形 (如圖 2-17 所示)，則時間間距 $\Delta t=t_2-t_1$ 內的平均加速度可以用連接 P_1 與 P_2 兩點之直線的斜率來表示。[將此與圖 2-10 位置與時間之關係圖形中直線之斜率代表其平均速度相比較。] 於任何時刻 t_1 的瞬時加速度，是 v 對 t 之曲線在當時的切線斜率 (如圖 2-17)。讓我們利用這一事實觀察圖 2-17 的情況；時間由 t_1 至 t_2 期間，速度不斷地增加，但是因為曲線斜率下降，所以加速度 (速度的變化率) 減少。

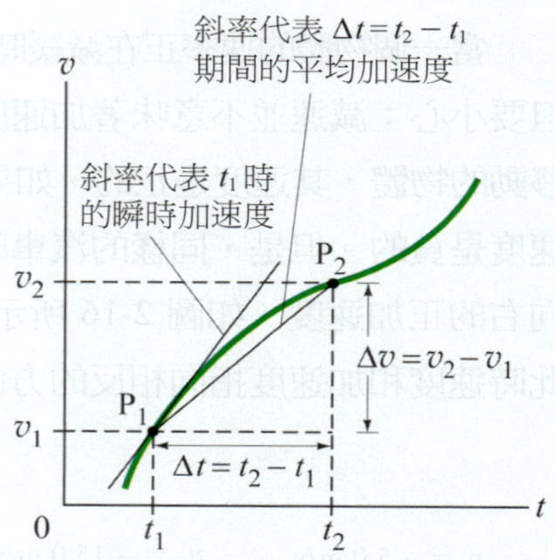

圖 2-17　速度 v 對時間 t 的關係圖。於 $\Delta t=t_2-t_1$ 期間的平均加速度等於直線 P_1P_2 的斜率：$a=\Delta v/\Delta t$。在 t_1 時的瞬時加速度是 v 對 t 曲線上在 t_1 時的切線斜率。

例題 2-7　已知 $x(t)$ 的加速度　一個質點正沿著一條直線移動，其位置之關係式為 $x=(2.10\ \text{m/s}^2)\,t^2+(2.80\ \text{m})$，如同例題 2-3 中之情形。計算 (a) 由 $t_1=3.00$ s 至 $t_2=5.00$ s 期間內的平均加速度和 (b) 瞬時加速度 (時間的函數)。

方法　要求加速度，首先必須利用 x 的微分：$v=dx/dt$ 求出於 t_1 與 t_2 時的速度。然後再利用 (2-5) 式得到平均加速度，以及 (2-6) 式得到瞬時加速度。

解答　(a) 於任何時刻 t 的速度為

$$v = \frac{dx}{dt} = \frac{d}{dt}\left[(2.10\ \text{m/s}^2)t^2 + 2.80\ \text{m}\right] = (4.20\ \text{m/s}^2)\,t$$

如同我們在例題 2-3c 中所見。因此於 $t_1 = 3.00$ s 時，$v_1 = (4.20\ \text{m/s}^2)(3.00\ \text{s}) = 12.6$ m/s ，並且於 $t_2 = 5.00$ s 時，$v_2 = 21.0$ m/s。所以平均加速度為

$$\bar{a} = \frac{\Delta v}{\Delta t} = \frac{21.0\ \text{m/s} - 12.6\ \text{m/s}}{5.00\ \text{s} - 3.00\ \text{s}} = 4.20\ \text{m/s}^2$$

(b) 由 $v = (4.20\ \text{m/s}^2)\,t$，任何時刻的瞬時加速度為

$$a = \frac{dv}{dt} = \frac{d}{dt}\left[(4.20\ \text{m/s}^2)\,t\right] = 4.20\ \text{m/s}^2$$

在此情況下加速度是恆定的，它與時間無關。圖 2-18 顯示 (a) x-t 圖 (與圖 2-13b 相同)，(b) v-t 圖 (線性增加) 以及 (c) a-t 圖 (水平直線，因為 a = 常數)。

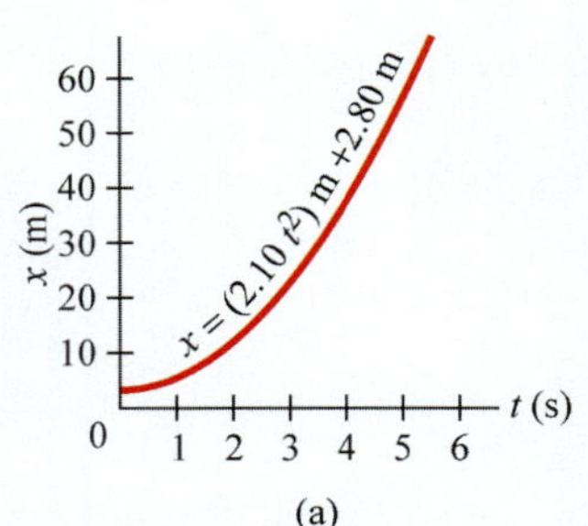

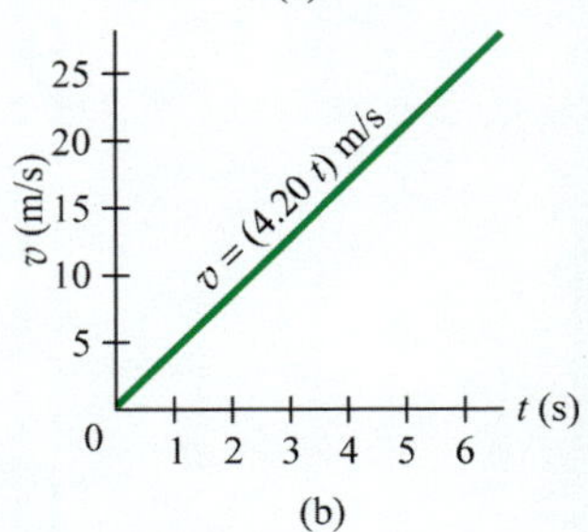

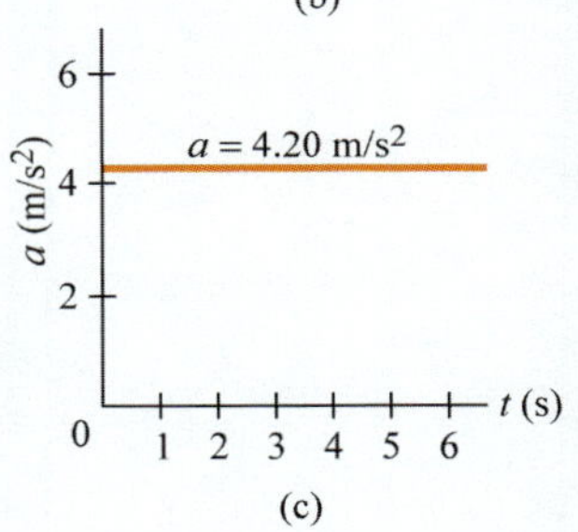

圖 2-18 例題 2-7。運動 $x = At^2 + B$ 的 (a) x 對 t，(b) v 對 t，和 (c) a 對 t 圖。注意 v 隨著時間 t 而線性增加，並且加速度 a 是恆定的。同時，v 是 x 對 t 曲線的斜率；而 a 是 v 對 t 曲線的斜率。

如同速度一般，加速度是一種變化率。物體的速度是位移隨時間的變化率。另一方面，加速度則是速度隨時間的變化率。就某種意義來說，加速度是一個“變化率的變化率”。這可以表示成如下的方程式形式：因為 $a = dv/dt$ 且 $v = dx/dt$，因此

$$a = \frac{dv}{dt} = \frac{d}{dt}\left(\frac{dx}{dt}\right) = \frac{d^2x}{dt^2}$$

式中的 d^2x/dt^2 是 x 對時間的二階導數：我們首先將 x 對時間微分 (dx/dt)，然後將結果再次對時間微分 $(d/dt)\,(dx/dt)$ 而獲得加速度。

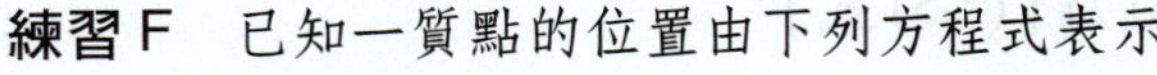
練習 F 已知一質點的位置由下列方程式表示

$$x = (2.00\ \text{m/s}^3)\,t^3 + (2.50\ \text{m/s})\,t$$

質點在 $t = 2.00$ s 時的加速度為何？(a) 13.0 m/s^2；(b) 22.5 m/s^2；(c) 24.0 m/s^2；(d) 2.00 m/s^2。

觀念例題 2-8 **圖表分析** 圖 2-19 顯示兩輛汽車在 10.0 s 內速度從 0 加速到 100 km/h 的速度與時間之關係。比較兩輛汽車的 (a) 平均加速度；(b) 瞬時加速度，以及 (c) 總路徑長。

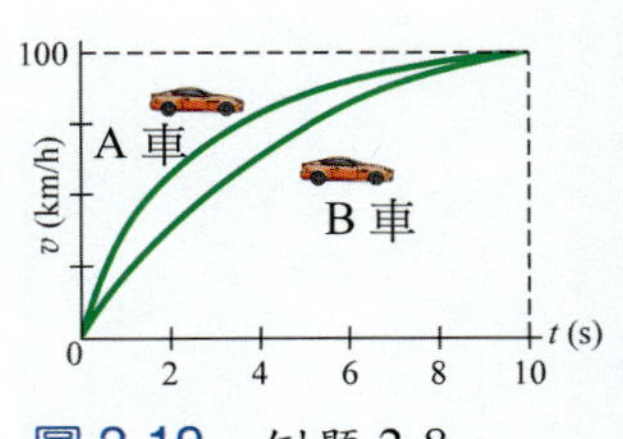

圖 2-19 例題 2-8。

回答 (a) 平均加速度是 $\Delta v/\Delta t$。兩輛汽車都具有相同的 Δv (100 km/h) 與相同的 Δt (10.0 s)，所以平均加速度是相同的。(b) 瞬時加速度是 v 對 t 曲線的切線斜率。約在前 4 s 內，上方曲線要比下方曲線陡峭，所以汽車 A 在這段期間有較大的加速度。但是後來的 6 s 內下方曲線是比較陡峭的，所以汽車 B 在這段期間有較大的加速度。(c) 除了在 $t=0$ 與 $t=10.0\,\text{s}$ 之外，汽車 A 始終都比汽車 B 快，既然比較快，所以在相同的時間內它將走較遠的距離。

2-5 等加速度運動

我們現在要檢視加速度恆定的直線運動。在這種情況下，瞬時加速度和平均加速度是相等的。我們利用平均速度和加速度的定義可以導出一組有意義的方程式，以連結 x、v、a 與 t 的關係，如果知道其他的變數，我們就可確定上述中的任何一個變數。

為了簡化符號，在後續的討論中我們都將初始時間設定為零，並稱之為 t_0：$t_1=t_0=0$ (碼錶在 t_0 時開始起動)。並且可令 $t_2=t$ 為經歷的時間。物體的初始位置 (x_1) 和初始速度 (v_1) 現在將以 x_0 與 v_0 表示，這是因為它們代表 x 和 v 在 $t=0$ 時之值。於時間 t 時的位置與速度將稱為 x 與 v (而非 x_2 與 v_2)。由於我們選定 $t_0=0$，因此在 $t-t_0$ 期間內之平均速度為 [(2-2) 式]

$$\overline{v}=\frac{\Delta x}{\Delta t}=\frac{x-x_0}{t-t_0}=\frac{x-x_0}{t}$$

加速度 (假定是恆定的) 為 [(2-5) 式]

$$a=\frac{v-v_0}{t}$$

一個常見的問題是當物體為等加速度時，要求出在任何時刻 t 時物體的速度。這可以在上一個方程式中求解 v 而獲得

$$v=v_0+at \qquad \text{[等加速度]} \qquad \textbf{(2-7)}$$

如果一個物體從靜止 ($v_0=0$) 開始並以 $4.0\,\text{m/s}^2$ 加速，經歷時間 $t=6.0\,\text{s}$ 之後，其速度將為 $v=at=(4.0\,\text{m/s}^2)\times(6.0\,\text{s})=24\,\text{m/s}$。

接下來，讓我們看看如何計算一個物體以等加速度移動一段時間 t 之後的位置 x。平均速度的定義 [(2-2) 式] 為 $\bar{v}=(x-x_0)/t$，可以改寫為

$$x=x_0+\bar{v}t \tag{2-8}$$

由於速度是以一個恆定的增率增加，所以平均速度 $\bar{v}$ 為最初速度和最終速度的中間值

$$\bar{v}=\frac{v_0+v}{2} \qquad [\text{等加速度}] \tag{2-9}$$

⚠ 注意

平均速度，但只有在 a = 常數時。

(注意：如果加速度不是恆定的，則 (2-9) 式就不一定適用。)

將上面兩個方程式與 (2-7) 式結合，求得

$$x=x_0+\bar{v}t=x_0+\left(\frac{v_0+v}{2}\right)t=x_0+\left(\frac{v_0+v_0+at}{2}\right)t$$

或

$$x=x_0+v_0t+\frac{1}{2}at^2 \qquad [\text{等加速度}] \tag{2-10}$$

(2-7)、(2-9) 和 (2-10) 式是等加速度運動中四個最有用的方程式其中的三個。我們現在要推導第四個方程式，它在時間 t 為未知的情況下是很有用的。我們將 (2-9) 式代入 (2-8) 式中

$$x=x_0+\bar{v}t=x_0+\left(\frac{v+v_0}{2}\right)t$$

接著解 (2-7) 式中的 t，可得

$$t=\frac{v-v_0}{a}$$

將它代入上一個方程式，得到

$$x=x_0+\left(\frac{v+v_0}{2}\right)\left(\frac{v-v_0}{a}\right)=x_0+\frac{v^2-v_0^2}{a}$$

利用此式求解 v^2，可得

$$v^2=v_0^2+2a(x-x_0) \qquad [\text{等加速度}] \tag{2-11}$$

這就是我們要找的有用方程式。

我們現在有四個與等加速度時之位置、速度、加速度和時間有關的方程式。我們彙整這些運動學的方程式，作為將來參考之用

等加速度的運動學方程式(使用的機會將會很多)

$$v = v_0 + at \qquad [a = 常數] \quad \textbf{(2-12a)}$$

$$x = x_0 + v_0 t + \frac{1}{2}at^2 \qquad [a = 常數] \quad \textbf{(2-12b)}$$

$$v^2 = v_0^2 + 2a(x - x_0) \qquad [a = 常數] \quad \textbf{(2-12c)}$$

$$\bar{v} = \frac{v + v_0}{2} \qquad [a = 常數] \quad \textbf{(2-12d)}$$

除非加速度 a 是一個常數，否則這些有用的方程式就是無效的。在許多情況下，可以假設初始位置 $x_0 = 0$，因而將上述方程式略為簡化。請注意，x 代表的是位置，而不是距離，$x - x_0$ 則是位移，而且 t 代表的是所經歷的時間。

物理應用
機場設計

例題 2-9 **跑道設計** 你正在設計一個小型飛機的機場。有一種飛機可能使用這個機場。它在起飛前的速度至少必須達到 27.8 m/s (100 km/h)，並且具有 2.00 m/s² 的加速度。(a) 如果跑道長度是 150 m，這架飛機是否可以達到所要求的起飛速度？(b) 如果不能，則跑道所需之最短長度為何？

方法 飛機的加速度是恆定的，所以我們可以使用等加速度的運動學方程式。在 (a) 中，我們要求出 v，並且已知以下數據

已知	所求
$x_0 = 0$	v
$v_0 = 0$	
$x = 150$ m	
$a = 2.00$ m/s²	

問題解答
(2-12) 式必須在等加速度的情況下才能成立；而這正是此例題中所假設的情況。

解答 (a) 上述四個方程式中，在已知 v_0、a、x 和 x_0 的情況下，(2-12c) 式恰可提供我們求出 v 值

$$v^2 = v_0^2 + 2a(x - x_0)$$
$$= 0 + 2(2.00 \text{ m/s}^2)(150 \text{ m}) = 600 \text{ m}^2/\text{s}^2$$
$$v = \sqrt{600 \text{ m}^2/\text{s}^2} = 24.5 \text{ m/s}$$

結果證明這條跑道的長度不足。

(b) 現在要求跑道所需之最短長度 $x - x_0$，並且已知 $v = 27.8$ m/s 與

$a = 2.00\ \mathrm{m/s^2}$。我們再次應用 (2-12c) 式，但將它改寫為

$$(x - x_0) = \frac{v^2 - v_0^2}{2a} = \frac{(27.8\ \mathrm{m/s})^2 - 0}{2(2.00\ \mathrm{m/s^2})} = 193\ \mathrm{m}$$

一條 200 m 長的跑道更適合這架飛機起飛之用。

備註　在解答此例題時，我們將飛機視為一個質點，但飛機並不是質點，所以我們將答案進位為 200 m。

練習 G　一輛汽車由靜止起動並以 $10\ \mathrm{m/s^2}$ 的等加速度進行 1/4 mile (402 m) 的比賽。抵達終點線時汽車的速度有多快？(a) 8090 m/s；(b) 90 m/s；(c) 81 m/s；(d) 809 m/s。

2-6　解答問題

在做更多例題之前，讓我們看看解答問題的方法。首先必須注意的是，物理學絕不是死記一堆方程式。如果只是尋找可以運用的方程式將引導你走向一個錯誤的結果，而且絕對無法幫助你了解物理學。較好的方法是使用下列的 (粗略的) 程序，我們提出一個特別的“解答問題策略”。(其他的這種幫助讀者解答問題的策略，將會在全書中陸續出現。)

解答問題策略

1. 嘗試解答問題之前，應該仔細地反覆閱讀整個問題。
2. 決定你要研究什麼**物體**和**時間間距**，你通常可以選擇初始時間是 $t = 0$。
3. **繪製**情況的**圖表**或圖片 (附有適用的座標軸)。(你可以將座標原點和座標軸設置於你喜歡的地方，使你的計算更加簡易)。
4. 寫下什麼是 **“已知”** 的量以及你想要知道的量。並且考慮被選擇的時間間距的初始和最終狀態的相關數量為何。
5. 想想有哪些**物理定理**可以應用在這個問題上，應用常識和你自己的經驗，然後計畫方法。
6. 考慮哪些**方程式** (或定義) 與被涉及的量有關聯。在應用它們之前先確定它們的**適用範圍**是否包含你的問題 (例如，只有當加速度是常數的時候，(2-12) 式才能適用)。如果你發現一個適用的方程式，而其中含有已知量和唯一的未知量，則解此方程式就可求出未知量。有時候可能需要數次的依序計算，或是將方程式組合。通常在代入數值之前，最好先以代數運算解出所需的未知量。
7. 如果它是一個數字的問題，完成**計算**並在過程中多保留一或兩位數字，但在最後的答案中要取至正確的有效數字 (1-3 節)。

8. 仔細考慮你得到的結果：它是**合理的**嗎？依照你自己的直覺與經驗，它有道理嗎？一個好的檢查是使用 10 的乘冪做粗略的**估計** (如第 1-6 節中所述)。通常最好在數字問題的開始做一個粗略的估計，因為它能幫助你將注意力集中在尋找一條通往解答的途徑上。
9. 解答問題時一個非常重要的觀點就是要掌握**單位**。一個等號意味著它兩邊的單位一定要相同，正如同數字必須相同一般。如果單位不一致，無疑地已經犯了錯誤。這可以在你的解答上作為**檢查**之用 (但是它只能告訴你是否錯誤，而不能告訴你是否正確)。務必始終使用前後一致的單位。

例題 2-10　汽車的加速　在轉變成綠燈之後一輛汽車欲通過一個 30.0 m 寬的十字路口。如果汽車由靜止開始加速，持續以 $2.00\ \mathrm{m/s^2}$ 的等加速度前進，需花多久時間？

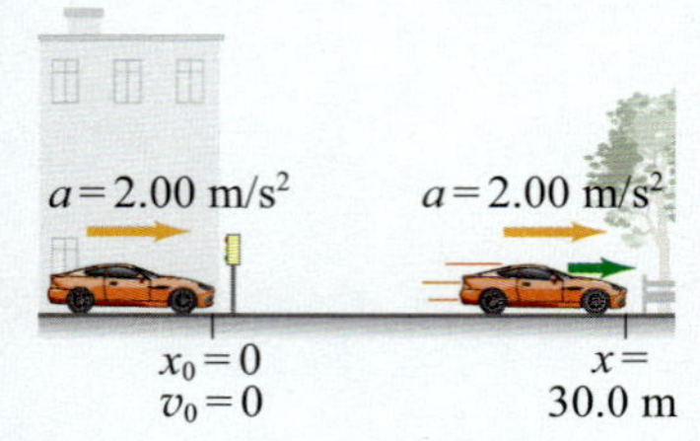

圖 2-20　例題 2-10。

方法　遵循以上的策略逐步地解答問題。

解答

1. **重新閱讀**問題。確定你了解它問的是什麼？(這裡它問的是一個時間間距)。
2. 研究的**物體**是汽車。我們選擇**時間間距**：$t=0$ (初始時間) 是汽車由靜止 ($v_0=0$) 開始加速的瞬間；時間 t 是汽車已經橫越 30.0 m 寬的十字路口的瞬間。
3. **繪製圖表**：此狀況繪於圖 2-20 中，圖中的汽車沿著正 x 軸移動。在汽車開始起動之前，我們選擇其前保險槓的位置為 $x_0=0$。
4. **"已知"**和"需求"量被列在頁邊的表中，並且我們選擇 $x_0=0$。注意"由靜止開始"意思是於 $t=0$ 時 $v=0$；即 $v_0=0$。

已知	所求
$x_0=0$	t
$x=30.0\ \mathrm{m}$	
$a=2.00\ \mathrm{m/s^2}$	
$v_0=0$	

5. **物理**：此運動是等加速度，所以我們可以應用 (2-12) 式的運動學方程式。
6. **方程式**：我們想求出時間 (已知距離和加速度)，(2-12b) 式是最適當的，因為唯一的未知量是 t。在 (2-12b) 式 ($x=x_0+v_0t+\frac{1}{2}at^2$) 中設 $v_0=0$ 和 $x_0=0$，可以解出 t

$$x=\frac{1}{2}at^2$$

$$t^2=\frac{2x}{a}$$

所以

$$t=\sqrt{\frac{2x}{a}}$$

7. 計算

$$t=\sqrt{\frac{2x}{a}}=\sqrt{\frac{2(30.0\text{ m})}{2.00\text{ m/s}^2}}=5.48\text{ s}$$

這是我們的答案，注意單位是正確的。

8. 我們可以藉由計算最後的速度 $v=at=(2.00\text{ m/s}^2)(5.48\text{ s})=10.96\text{ m/s}$，來檢查答案的**合理性**，並且發現 $x=x_0+\bar{v}t=0+\frac{1}{2}(10.96\text{ m/s}+0)(5.48\text{ s})=30.0\text{ m}$，為已知的距離。

9. 我們核對**單位**，而它們的結果是完全正確的 (秒)。

備註 在第 6 和第 7 步驟中，我們取平方根，本應寫成 $t=\pm\sqrt{\frac{2x}{a}}=\pm5.48\text{ s}$。在數學上它有兩個解答，但是，第二個解答 $t=-5.48$ s 是在我們選定的時間間距之前，因而不具意義。我們稱之為“非物理(學) 的”(unphysical) 並且予以忽略。

我們明確地依循解答問題的步驟去處理例題 2-10，在後續的例題中，將使用我們慣用的“方法”和“解答”以避免過於冗長瑣碎。

例題 2-11 估算 **安全氣囊** 假設你想要設計一個安全氣囊系統來保護司機；如果汽車以 100 km/h (60 mph) 的速度撞上一面磚牆，估算氣囊充氣膨脹的時間需要多快 (圖 2-21)，才能有效地保護司機。安全帶的使用對司機有何幫助？

方法 假設加速度大致是恆定的，因此我們可以應用 (2-12) 式。(2-12a) 和 (2-12b) 式均包含 t (所求的未知數)。它們也包含加速度 a，因此我們首先必須求出 a。如果知道汽車煞車的距離 x (粗略估計約為 1 m)，就可以利用 (2-12c) 式求出加速度 a。我們選擇時間間距：以初速 $v_0=100$ km/h 移動的汽車撞擊瞬間作為開始，並且於行進 1 m 以後停止 ($v=0$) 時結束。

解答 我們將最初速度轉換成 SI 單位：$100\text{ km/h}=100\times10^3\text{ m}/3600\text{ s}=28\text{ m/s}$。然後由 (2-12c) 式求出加速度

$$a=-\frac{v_0^2}{2x}=-\frac{(28\text{ m/s})^2}{2.0\text{ m}}=-390\text{ m/s}^2$$

這個極大的加速度所進行的時間，以 (2-12a) 式表示成

$$t=\frac{v-v_0}{a}=\frac{0-28\text{ m/s}}{-390\text{ m/s}^2}=0.07\text{ s}$$

物理應用
行車安全——安全氣囊

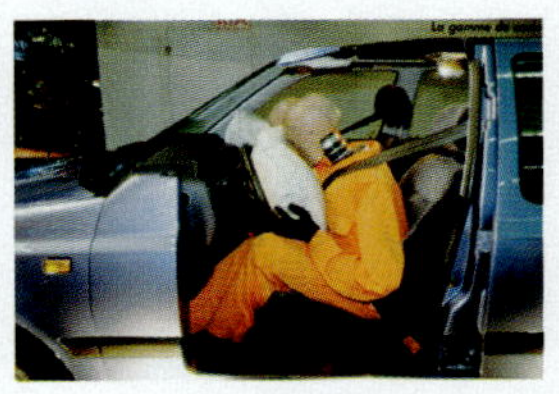

圖 2-21 例題 2-11。安全氣囊在撞擊之下膨脹開。

為求有效可行，安全氣囊的充氣膨脹時間必須比這個時間更為快速。

氣囊有什麼作用呢？它將撞擊的力量分散在胸口附近一個大範圍上 (以避免胸口被方向盤刺穿)。安全帶的作用是針對氣囊膨脹時，將人維持在一個牢固的位置上。

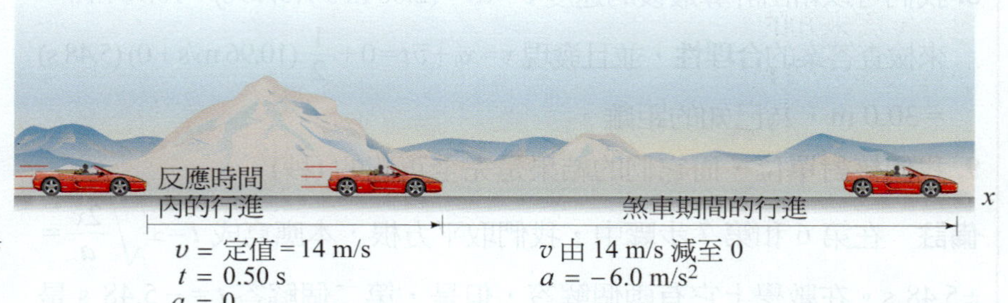

圖 2-22　例題 2-12。煞車時的停車距離。

物理應用

煞車距離

例題 2-12 估算　煞車距離　估計汽車最小的停車距離，對交通安全和交通設計是很重要的。這個問題最好分成兩個部分 (兩個不同的時間間距)。(1) 當司機決定煞車時為第一個時間間距的開始，當腳接觸煞車踏板時為第一個時間間距的終止，這是“反應時間”。在此期間速度是恆定的，因此 $a=0$。(2) 第二個時間間距就是當車開始減速 ($a\neq 0$) 直到停止的實際煞車期間。停車距離視司機的反應時間、汽車最初的速度 (最終的速度為零) 和汽車的加速度而定。對一個乾燥的路面和良好的輪胎而言，令人滿意的煞車可使汽車以大約為 5 到 8 m/s^2 的方式減速。假設最初的速度為 50 km/h (= 14 m/s ≈ 31 mi/h)，並且假設汽車的加速度是 − 6.0 m/s^2 (出現負號是因為速度被定為 x 的正方向，並且它的大小是逐漸減少的)，請計算總停車距離為何？ (正常司機的反應時間大概是 0.3 至 1.0 s 之間；我們取它是 0.50 s)。

方法　在第 (1) 部分的“反應時間”中，汽車以等速 14 m/s 行進，所以加速度 $a=0$。一旦煞車 [第 (2) 部分]，在這時間間距內其加速度是恆定的 $a=-6.0\ \text{m/s}^2$。這兩個部分的 a 都是恆定的，因此我們可以應用 (2-12) 式。

第一部分：反應時間

已知	所求
$t=0.50$ s	x
$v_0=14$ m/s	
$v=14$ m/s	
$a=0$	
$x_0=0$	

解答　第 (1) 部分。在司機 0.5 s 的反應時間內，對於第一個時間間距，我們取 $x_0=0$，汽車以 14 m/s 的固定速率行進，所以 $a=0$。(見圖 2-22 和頁邊的表)。要求出 $t=0.50$ s 時 (剛踩煞車時) 車子的位置 x，不能利用 (2-12c) 式，因為 x 須乘以 a，而 a 是零。但由 (2-12b) 式可得

$$x=v_0t+0=(14\ \text{m/s})(0.50\ \text{s})=7.0\ \text{m}$$

因而在司機的反應時間中，一直到剛踩下煞車的瞬間，汽車行進了 7.0 m，這個結果將在第 (2) 部分中用到。

第 (2) 部分。在第二個時間間距期間，煞車發揮作用，使汽車逐漸減速而停止。初始的位置是 $x_0 = 7.0$ m (第 (1) 部分的結果)，並且其他的變量列在頁邊的第二個表中。(2-12a) 式不包含 x；(2-12b) 式則包含 x 與未知的 t。(2-12c) 式：$v^2 - v_0^2 = 2a\,(x - x_0)$ 是我們想要的，在代入 $x_0 = 7.0$ m 後，我們解出汽車最後的位置 x (當它停止時)

第二部分：煞車

已知	所求
$x_0 = 7.0$ m	x
$v_0 = 14$ m/s	
$v = 0$	
$a = -6.0$ m/s^2	

$$x = x_0 + \frac{v^2 - v_0^2}{2a}$$
$$= 7.0\text{ m} + \frac{0 - (14\text{ m/s})^2}{2(-6.0\text{ m/s}^2)} = 7.0\text{ m} + \frac{-196\text{ m}^2/\text{s}^2}{-12\text{ m/s}^2}$$
$$= 7.0\text{ m} + 16\text{ m} = 23\text{ m}$$

在司機的反應時間中，汽車行進 7.0 m。在煞車的期間直到停止為止，汽車又行進了 16.0 m，總計行進了 23 m 之距離，圖 2-23 展示 (a) v 對 t 以及 (b) x 對 t 的圖形。

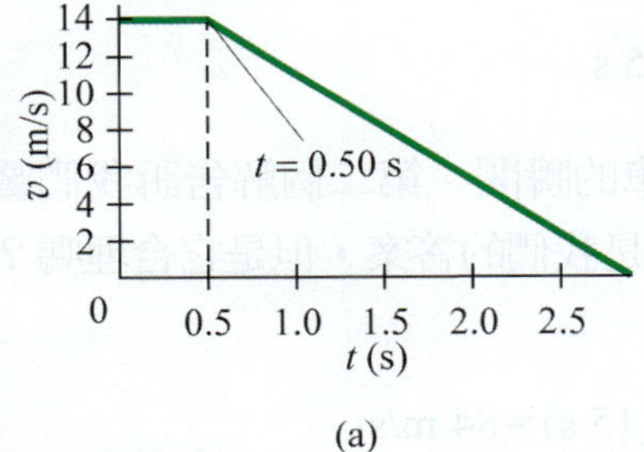

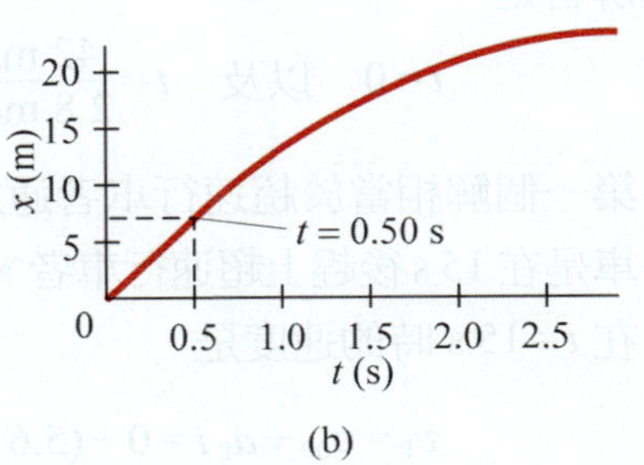

圖 2-23 例題 2-12：(a) v 對 t 以及 (b) x 對 t 的圖形。

備註 從上述的 x 之方程式，我們看到司機踩下煞車踏板之後的停車距離 ($=x - x_0$) 隨著初始速率的平方而增加，而非以線性方式增加。如果你以兩倍的速率行駛，從煞車到停止將需要四倍的距離。

例題 2-13 估算 兩個移動的物體：警察和超速行車者 一輛汽車以 150 km/h 的高速經過一輛停在路邊的警車，警車立即起動緊追不捨。利用簡單的假設，例如超速行車者仍然以等速前進。估算警車需要多久才能趕上超速行車者。然後再估算此刻警車的速度並且判斷假設是否合理。

方法 當警車起動時，它開始加速，而最簡單的假設就是它的加速度是恆定的。這可能不太合理，但是先讓我們看看會發生什麼事。如果我們注意汽車廣告，宣稱汽車能在 5.0 s 內從靜止加速到 100 km/

h，我們就可以估計加速度值。因此警車的平均加速度大約是

$$a_P = \frac{100\ \text{km/h}}{5.0\ \text{s}} = 20\,\frac{\text{km/h}}{\text{s}}\left(\frac{1000\ \text{m}}{1\ \text{km}}\right)\left(\frac{1\ \text{h}}{3600\ \text{s}}\right) = 5.6\ \text{m/s}^2$$

解答　我們需要建立運動學的方程式決定未知的量，因為有兩個移動的物體，所以需要兩組分開的方程式。我們用 x_S 標示超速行車者的位置並且用 x_P 標示警車的位置。因為我們對這兩輛車到達相同位置的時間感興趣，所以對每輛汽車應用 (2-12b) 式

$$x_S = v_{0S}\,t + \frac{1}{2}a_S t^2 = (150\ \text{km/h})t = (42\ \text{m/s})t$$

$$x_P = v_{0P}\,t + \frac{1}{2}a_P t^2 = \frac{1}{2}(5.6\ \text{m/s}^2)t^2$$

式中已經設定 $v_{0P}=0$ 和 $a_S=0$ (假定超速行車者以等速移動)。想要求出兩車相遇時的時間，因此，我們設 $x_S = x_P$ 並且解 t

$$(42\ \text{m/s})t = (2.8\ \text{m/s}^2)t^2$$

解答是

$$t = 0 \quad 以及 \quad t = \frac{42\ \text{m/s}}{2.8\ \text{m/s}^2} = 15\ \text{s}$$

第一個解相當於超速行車者通過警車的瞬間。第二個解告訴我們警車是在 15 s 後趕上超速行車者。這就是我們的答案，但是它合理嗎？在 $t=15$ s 時的速度是

$$v_P = v_{0P} + a_P t = 0 + (5.6\ \text{m/s}^2)(15\ \text{s}) = 84\ \text{m/s}$$

或 300 km/h ($\simeq$190 mi/h)，它不合理而且極度危險。

注意

最初的假設必須被檢驗是否合理

備註　放棄等加速度的假設是比較合理的。警車當然不能以那種速度下維持等加速度。同時，如果超速行車者是一個講理的人，他在聽見警笛後應該會減速。圖 2-24 展示出以 a_P 為常數的最初假設之 (a) x 對 t 和 (b) v 對 t 的圖形；而 (c) 所展示的是在比較合理的假設下之 v 對 t 的圖形。

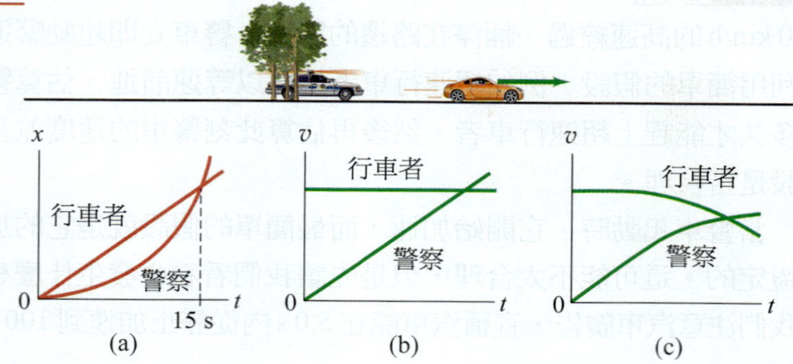

圖 2-24　例題 2-13。

2-7 自由落體

圖 2-25 伽利略 (1564-1642)。

等加速度運動最普通的一個例子就是物體在地球表面附近自由地落下。一個掉落的物體正在加速度的這種說法起初大家也許並不明白。在伽利略 (圖 2-25) 之前的時期，一般總認為較重的物體掉落的速度要比較輕的物體來得快，而且落下的速度與物體的重量成比例。

伽利略利用他的新技巧來想像在理想化的情況中將會發生何事。對於自由落體而言，他假設在沒有空氣或其他阻力的情形下，所有的物體將會以相同的等加速度落下。他並且證明這個假設預測了一個自靜止落下的物體，其落下的距離與時間的平方成正比 (圖 2-26)，亦即 $d \propto t^2$。我們可以從 (2-12b) 式中看到這種關係；但伽利略是推導這個數學關係的第一人。

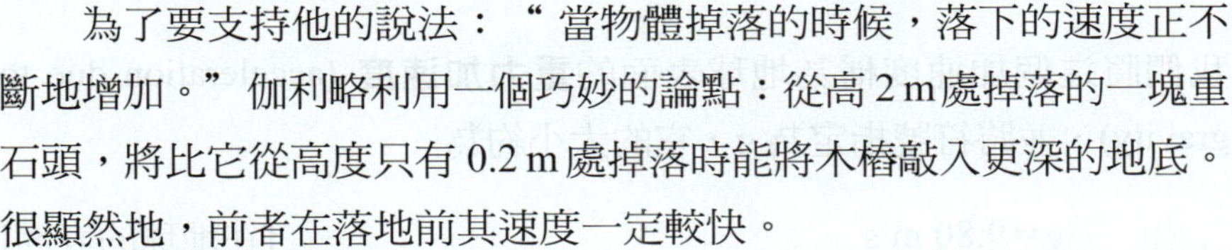

為了要支持他的說法：“當物體掉落的時候，落下的速度正不斷地增加。”伽利略利用一個巧妙的論點：從高 2 m 處掉落的一塊重石頭，將比它從高度只有 0.2 m 處掉落時能將木樁敲入更深的地底。很顯然地，前者在落地前其速度一定較快。

⚠ 注意

自由落體的速率會逐漸增加，但不會與其質量或重量成比例。

伽利略宣稱，所有的物體，不論輕重，在沒有空氣的狀況下，都會以相同的加速度落下，如果你一手水平地拿著一張紙而在另一手拿著一個較重的物體 (例如棒球)，並在同一時間放下 (見圖 2-27a)，則較重的物體將先落地。但是如果你重做這個實驗，這次把紙揉成一團 (見圖 2-27b)，你會發現這兩個物體幾乎在同一個時間落到地板上。

圖 2-26 以相等的時距所拍攝的自由掉落之蘋果的多重閃光照片。蘋果在每個後繼的時距內其位移量都增加，這意味著它正在加速。

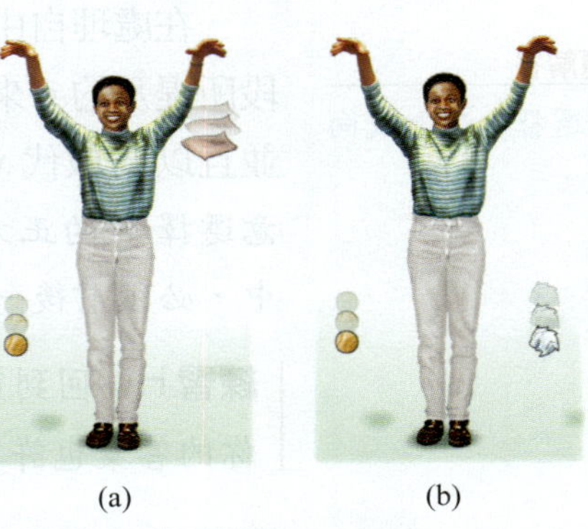

圖 2-27 (a) 一個球和一張薄紙在同一時間掉落。(b) 將紙揉成一團，重複上述實驗。

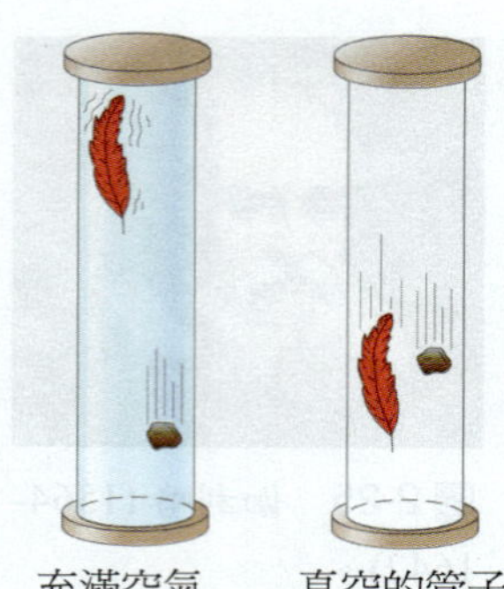

圖 2-28 岩石和羽毛同時掉落 (a) 在空氣中，(b) 在真空中。

伽利略確定空氣會對一個表面積大而且非常輕的物體產生阻力，但是在許多平常的情況下，空氣阻力是可以忽略的。在一個抽光空氣的房間裡，即使輕如羽毛的物體或水平地拿著的紙張都將和其他任何的物體一樣以相同的加速度落下 (見圖 2-28)。在伽利略那個時代，這種真空的實物示範是不可能的，這使得伽利略的成就更加偉大。伽利略被稱為“現代科學之父”，不僅因為他的科學內容 (天文學的發現、慣性、自由落體)，並且也因為他的科學方法 (理想化和單一化、理論的數學化、可測試結果的理論，以實驗測試理論上的預測)。

伽利略對於我們有關自由落體運動之理解所作的具體貢獻，可歸納如下

> 在地球上一個特定地點以及沒有空氣阻力的情形下，所有的物體都會以相同的等加速度落下。

我們將這個加速度稱為地球表面的**重力加速度** (acceleration due to gravity)，並將符號指定為 g，它的大小約為

$$g = 9.80\ \text{m/s}^2 \qquad [\text{在地球的表面}]$$

英制單位的 g 約為 $32\ \text{ft/s}^2$。事實上，g 依緯度和海拔高度之不同而有些微的變化，但是這種變化很小，因而多半都能忽略。空氣阻力的影響通常很小，所以我們都將它們忽略。不過，如果速度變得夠大時，即使在一個重的物體上，空氣阻力都將不容忽視。[1] 重力加速度如同任何加速度一般，它是一個向量，它的方向是朝下的 (指向地球的中心)。

問題解答

你可以選擇 y 向上或向下為正

在處理自由落體時可應用 (2-12) 式，其中的加速度 a，我們以前段所提及的 g 來取代。同時，由於這是垂直運動，因此以 y 取代 x，並且以 y_0 取代 x_0；除非另有規定，我們都設 $y_0 = 0$。同時，我們可任意選擇 y 的正方向是朝上或是朝下的方向，但是在整個問題的解答中，必須前後一致。

練習 H 回到第 29 頁中的章前問題上，並再次作答。試解釋為什麼你的答案也許與第一次不同。

1 在空氣 (或是其他流體) 中，一個物體落下的速度並不會無限制增加。如果距離夠遠，在物體掉落至地面之前將因空氣阻力而達到一個最大的速度，稱為**終極速度** (terminal velocity)。

例題 2-14 **從塔上掉落** 假設一個球自 70.0 m 的高塔上落下 ($v_0=0$)。不考慮空氣阻力，在 $t_1=1.00$ s、$t_2=2.00$ s 和 $t_3=3.00$ s 時，它將落下多遠的距離？

方法 令 y 軸的正方向朝下，則加速度為 $a=g=+9.80\ \mathrm{m/s^2}$。設 $v_0=0$ 和 $y_0=0$，我們要求出三個不同時刻球的位置 y。運用 (2-12b) 式 (以 y 取代其中的 x)，使得已知的量 (t, a, v_0) 和未知的 y 產生關聯。

解答 我們令 (2-12b) 式中之 $t=t_1=1.00$ s

$$y_1=v_0t_1+\frac{1}{2}at_1^2=0+\frac{1}{2}at_1^2=\frac{1}{2}(9.80\ \mathrm{m/s^2})(1.00\ \mathrm{s})^2=4.90\ \mathrm{m}$$

球在 $t=0$ 至 $t_1=1.00$ s 期間已經落下 4.90 m 的距離。同樣地，在 2.00 秒 ($=t_2$) 時，球的位置是

$$y_2=\frac{1}{2}at_2^2=\frac{1}{2}(9.80\ \mathrm{m/s^2})(2.00\ \mathrm{s})^2=19.6\ \mathrm{m}$$

最後，在 3.00 秒 ($=t_3$) 時，球的位置是 (見圖 2-29)

$$y_3=\frac{1}{2}at_3^2=\frac{1}{2}(9.80\ \mathrm{m/s^2})(3.00\ \mathrm{s})^2=44.1\ \mathrm{m}$$

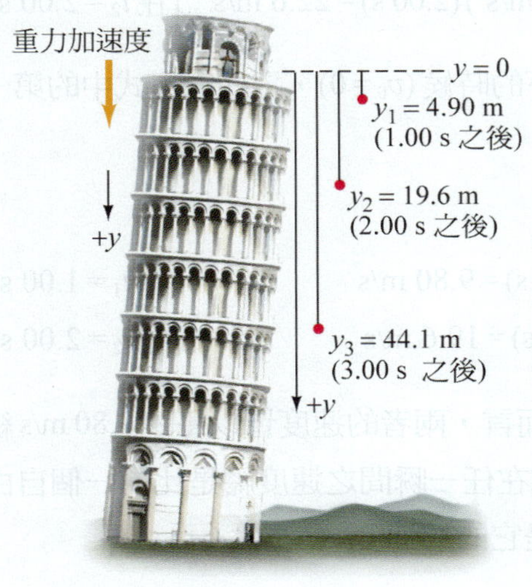

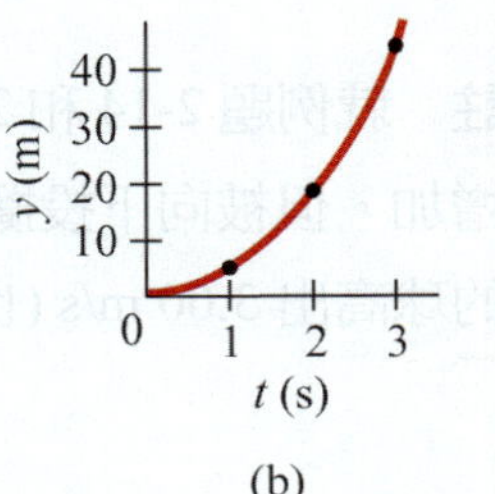

圖 2-29 例題 2-14。(a) 一個物體由塔頂落下，其速率逐漸增加，並且在後繼的每秒內，掉落的距離也愈來愈大。(同時參考圖 2-26) (b) y 對 t 的圖形。

例題 2-15 **從塔上丟下** 假設例題 2-14 中的球以 3.00 m/s 之初速度向下投擲，而非被放下。求 (a) 1.00 s 和 2.00 s 之後球將會在什麼位置？ (b) 1.00 s 和 2.00 s 之後它的速率將為何？與被放下的球之速率相比較。

方法 再次使用 (2-12b) 式，但是現在 v_0 不是零，而是 $v_0 = 3.00\text{ m/s}$。

解答 (a) 在 $t = 1.00\text{ s}$ 時，根據 (2-12b) 式，球的位置是

$$y = v_0 t + \frac{1}{2}at^2 = (3.00\text{ m/s})(1.00\text{ s}) + \frac{1}{2}(9.80\text{ m/s}^2)(1.00\text{ s})^2$$
$$= 7.90\text{ m}$$

在 $t = 2.00\text{ s}$ 時，球的位置是

$$y = v_0 t + \frac{1}{2}at^2 = (3.00\text{ m/s})(2.00\text{ s}) + \frac{1}{2}(9.80\text{ m/s}^2)(2.00\text{ s})^2$$
$$= 25.6\text{ m}$$

正如預期，與 $v_0 = 0$ 之被放下的球相比較，球在每秒內落下更遠的距離。

(b) 速度可由 (2-12a) 式求出

$$v = v_0 + at$$
$$= 3.00\text{ m/s} + (9.80\text{ m/s}^2)(1.00\text{ s}) = 12.8\text{ m/s} \quad [在\ t_1 = 1.00\text{ s 時}]$$
$$= 3.00\text{ m/s} + (9.80\text{ m/s}^2)(2.00\text{ s}) = 22.6\text{ m/s} \quad [在\ t_2 = 2.00\text{ s 時}]$$

在例題 2-14 中，當球剛落下的時候 ($v_0 = 0$)，這些方程式中的第一項 (v_0) 是零，因此

$$v = 0 + at$$
$$= (9.80\text{ m/s}^2)(1.00\text{ s}) = 9.80\text{ m/s} \quad [在\ t_1 = 1.00\text{ s 時}]$$
$$= (9.80\text{ m/s}^2)(2.00\text{ s}) = 19.6\text{ m/s} \quad [在\ t_2 = 2.00\text{ s 時}]$$

備註 就例題 2-14 和 2-15 而言，兩者的速度皆以每秒 9.80 m/s 線性地增加。但被向下投擲的球在任一瞬間之速度總是比前一個自由放下的球高出 3.00 m/s (也就是它的初速度)。

例題 2-16 **向上拋球**　一個人以 15.0 m/s 的初速度將球朝上拋向空中。在球落回手中之前，計算 (a) 它到達的高度和 (b) 球在空中的時間有多久。(忽略空氣阻力)

方法　我們不考慮投擲的動作，而是考慮球離開投擲者手中之後，以及直到它再回到手中的移動情形 (圖 2-30)。我們選擇向上的方向為 y 的正方向，向下的方向為負 (這與例題 2-14 和 2-15 中所使用的慣例不同，並因而說明了我們選擇的自由)。由於重力加速度是朝下的，因此會有一個負號 $a=-g=-9.80\ \mathrm{m/s^2}$。當球上升時它的速率逐漸減少；直到它到達最高點 (圖 2-30 中的 B 點) 時，瞬時速率是零；然後它開始下降，速率又逐漸增加。

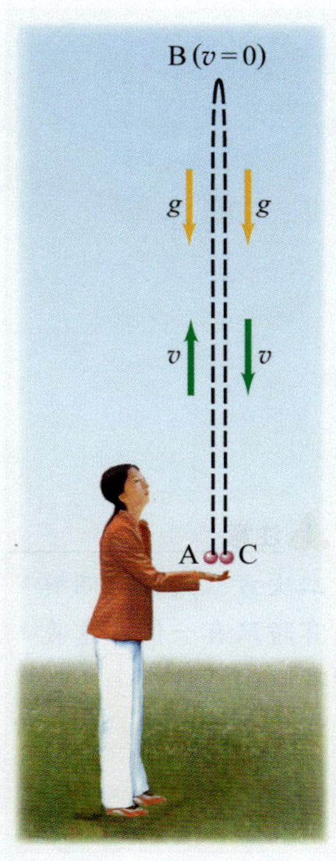

圖 2-30　一個球被往上拋向空中，拋擲者的手停留在 A 點的位置。球在 B 點達到最高點，最後在 C 點回到原來的位置。例題 2-16、2-17、2-18 和 2-19。

解答　(a) 我們考慮自球離開投擲者的手中直到球到達最高點的這段期間。為了求得最大高度，我們計算當球的速度是零時，球的位置為何 (在最高點處 $v=0$)。於 $t=0$ 時 (圖 2-30 中的 A 點)，$y_0=0$、$v_0=15.0\ \mathrm{m/s}$ 和 $a=-9.80\ \mathrm{m/s^2}$。當時間為 t 時 (最大高度)，$v=0$，$a=-9.80\ \mathrm{m/s^2}$，並且我們希望求得 y。我們利用 (2-12c) 式 (以 y 取代 x)：$v^2=v_0^2+2ay$，我們解這個方程式求出 y

$$y=\frac{v^2-v_0^2}{2a}=\frac{0-(15.0\ \mathrm{m/s})^2}{2(-9.80\ \mathrm{m/s^2})}=11.5\ \mathrm{m}$$

球能夠到達手的上方 11.5 m 的高度。

(b) 現在我們需要選擇一個不同的時間間距來計算球在落回手中之前它在空中的時間有多久。我們可以分為兩個部分來計算，首先判斷球達到最高點所需的時間，然後再求出它落回手中所花的時間。然而，考慮從 A 點到 B 點再到 C 點為整個移動過程的時間間距 (圖 2-30) 並使用 2-12b 式是比較簡單的。我們可以這麼做，因為 y 代表位置或位移，而不是行進的總距離。因此，在 A 點和 C 點處 $y=0$，我們利用 (2-12b) 式與 $a=-9.80\ \mathrm{m/s^2}$，可得

$$y=y_0+v_0t+\frac{1}{2}at^2$$

$$0=0+(15.0\ \mathrm{m/s})\,t+\frac{1}{2}(-9.80\ \mathrm{m/s^2})\,t^2$$

解方程式 (我們解出 t)

$$(15.0\ \mathrm{m/s}-4.90\ \mathrm{m/s^2}t)\,t=0$$

可以得到兩個解

$$t=0 \quad 與 \quad t=\frac{15.0\ \mathrm{m/s}}{4.90\ \mathrm{m/s^2}}=3.06\ \mathrm{s}$$

第一個解 ($t=0$) 相當於圖 2-30 中最初的 A 點 (當球由 $y=0$ 處被拋出時)。第二個解 ($t=3.06$ s) 相當於 C 點，此時球已經回到 $y=0$ 處)。因此球在空中的時間為 3.06 s。

備註　我們已經忽略空氣阻力，而它有時卻是不容忽視的，因此，我們的結果只是對實際情形的一個近似值。

在本例題中我們並沒有考慮投擲的動作。為什麼？由於在投擲過程中投擲者的手與球接觸，並且以我們未知的加速度 (這加速度不是 g) 對球加速。所以我們只考慮球在空中而且加速度等於 g 的期間。

數學上每個二次方程式 (其中的變數是平方) 都有兩個解答。在物理學中，有時只有一個解符合實際的情形。正如例題 2-10，我們忽略“非物理的”解答。但在例題 2-16 中，方程式的兩個解都有物理意義：$t=0$ 和 $t=3.06$ s。

注意
二次方程式有兩個解。有時只有一個有意義，有時兩個都有。

觀念例題 2-17　**兩種可能的誤解**　舉例說明兩種常見的錯誤想法：(1) 加速度和速度總是朝同一方向，以及 (2) 向上拋的物體在最高點的加速度為零 (圖 2-30 中的 B 點)。

回答　兩者都是錯誤的。(1) 速度和加速度並不一定是朝相同的方向。當例題 2-16 中的球正向上移動時，它的速度是正的 (向上)，然而加速度是負的 (向下)。(2) 在最高點處 (圖 2-30 中的 B 點)，球的瞬時速度為零。此時加速度也是零嗎？不，在弧的頂點附近速度朝上，然後在最高點時變成零，接著再朝下。重力從未停止作用，因此在最高點處的加速度 $a=-g=-9.80\ \mathrm{m/s^2}$。試想假使 B 點處的 $a=0$，將導致球會停留在 B 點的結論：如果加速度 (=速度的變化率) 是零，則於最高點處的速度將保持為零，並且球將會停留在該處而不落下。總之，重力加速度永遠是朝下指向地球，即使當物體向上移動時也是如此。

注意
(1) 速度與加速度並非始終都朝著相同的方向；而重力加速度則永遠朝下。
(2) 即使在軌線的最高點處，加速度 $a \neq 0$。

例題 2-18　**向上拋球 II**　讓我們再次考慮例題 2-16 中被朝上拋的球，並且作更多的計算。計算 (a) 球到達最高點 (圖 2-30 中的 B 點) 需要多少時間，以及 (b) 球落回投擲者手中 (C 點) 時的速度。

方法 我們仍然假定加速度是定值，因此我們能夠應用 (2-12) 式。在例題 2-16 中我們求得高度為 11.5 m。並且再次選定 y 的正方向為朝上。

解答 (a) 我們考慮拋出後 ($t=0$，$v_0=15.0$ m/s) 到路徑的頂端 ($y=+11.5$ m，$v=0$) 之時間間距，而且我們想要求出時間 t。加速度是常數 $a=-g=-9.80\ \mathrm{m/s^2}$，(2-12a) 和 (2-12b) 式都包含時間 t 以及其他已知的量。我們利用 (2-12a) 式與 $a=-9.80\ \mathrm{m/s^2}$、$v_0=15.0$ m/s 和 $v=0$

$$v=v_0+at$$

設 $v=0$ 而且解 t，得到

$$t=-\frac{v_0}{a}=-\frac{15.0\ \mathrm{m/s}}{-9.80\ \mathrm{m/s^2}}=1.53\ \mathrm{s}$$

這正好是球上升和落回到它的初始位置所需時間的一半 [例題 2-16 之 (b) 部分的計算結果為 3.06 s]。因此它達到最高點與落回至起點所花的時間相同。

(b) 現在我們考慮從拋擲 ($t=0$，$v_0=15.0$ m/s) 到球返回手中 (如例題 2-16 所計算，它發生於 $t=3.06$ s 時) 之時間間距，我們想要求出 $t=3.06$ s 時的 v

$$v=v_0+at=15.0\ \mathrm{m/s}-(9.80\ \mathrm{m/s^2})(3.06\ \mathrm{s})=-15.0\ \mathrm{m/s}$$

備註 球回到出發點時，它的速率 (速度的大小) 與出發時相同，但是方向相反 (這是負號的意義)。而且正如同 (a) 部分所見，上升的時間與下降的時間相同。因此，此運動對於最高點而言是對稱的。

火箭和高速飛機這類的物體往往都有 $g=9.80\ \mathrm{m/s^2}$ 之數倍的加速度。例如，一架正在自俯衝中拉起而承受 3 g 力的飛機將會有 (3.00)(9.80 m/s²) = 29.4 m/s² 的加速度。

練習 I 如果汽車以 0.50 g 加速，它的加速度是多少 m/s²？

例題 2-19 **向上拋球 III；二次式** 針對例題 2-18 中的球，計算球經過手心上方高 8.00 m 處的時間 (見圖 2-30)？

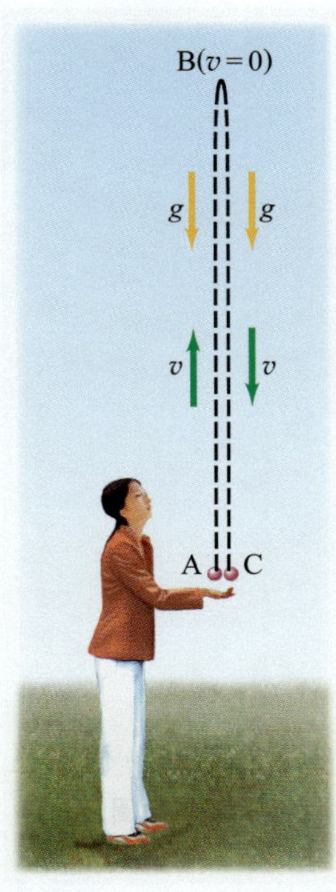

圖 2-30 (重複例題 2-19)。

方法 我們選擇球自抛出 ($t=0$，$v_0=15.0$ m/s) 至球位於 $y=8.00$ m 處之時間 t (待決定) 的時間間距，並且利用 (2-12b) 式。

解答 已知 $y=8.00$ m、$y_0=0$、$v_0=15.0$ m/s 和 $a=-9.80$ m/s^2，我們要求出 t。利用 (2-12b) 式

$$y=y_0+v_0t+\frac{1}{2}at^2$$

$$8.00\text{ m}=0+(15.0\text{ m/s})\,t+\frac{1}{2}(-9.80\text{ m/s}^2)\,t^2$$

要解二次方程式 $at^2+bt+c=0$，其中 a、b 和 c 是常數 (此處的 a 不是加速度)，我們應用**二次公式** (quadratic formula)

$$t=\frac{-b\pm\sqrt{b^2-4ac}}{2a}$$

我們將二次方程式改寫為標準形式 $at^2+bt+c=0$

$$(4.90\text{ m/s}^2)\,t^2-(15.0\text{ m/s})\,t+(8.00\text{ m})=0$$

因為係數 a 為 4.90 m/s^2，b 為 −15.0 m/s 和 c 為 8.00 m。把這些代入二次公式中，可得

$$t=\frac{15.0\text{ m/s}\pm\sqrt{(15.0\text{ m/s})^2-4(4.90\text{ m/s}^2)(8.00\text{ m})}}{2(4.90\text{ m/s}^2)}$$

由此可解出 $t=0.69$ s 和 $t=2.37$ s，這些解都是有意義的嗎？是的，因為當球上升 ($t=0.69$ s) 時以及當球落下 ($t=2.37$ s) 時，它都會經過 $y=8.00$ m 處。

備註 圖 2-31 顯示圖 2-30 中向上抛擲的球之 (a) y 對 t 與 (b) v 對 t 的圖形 (納入例題 2-16、2-18 和 2-19 的結果)。

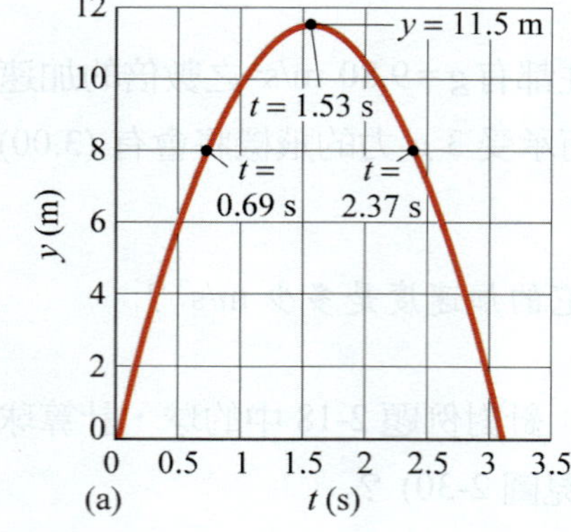

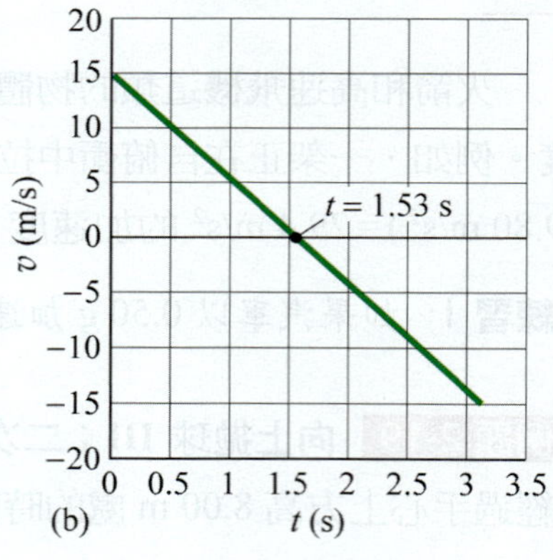

圖 2-31 對一個向上抛的球所作的圖。(a) y 對 t 圖，(b) v 對 t 圖。其中納入例題 2-16、2-18 及 2-19 之結果。

例題 2-20　在懸崖邊緣向上拋的球　假設例題 2-16、2-18 和 2-19 中的人站在懸崖邊緣，所以球可以掉落至 50.0 m 下的崖底。(a) 球需要多少時間才能落到崖底？(b) 球移動的總距離是多少？忽略空氣阻力 (有時可能不容忽視，所以我們的結果是一個近似值)。

方法　我們再次利用 (2-12b) 式，但是這次我們設定懸崖底部的 $y = -50.0$ m，它在最初位置 ($y_0 = 0$) 的下方 50.0 m 處。

解答　(a) 我們利用 (2-12b) 式以及 $a = -9.80\ \text{m/s}^2$、$v_0 = 15.0$ m/s、$y_0 = 0$ 和 $y = -50.0$ m

$$y = y_0 + v_0 t + \frac{1}{2}at^2$$

$$-50.0\ \text{m} = 0 + (15.0\ \text{m/s})\,t - \frac{1}{2}(9.80\ \text{m/s}^2)\,t^2$$

將它改寫為標準形式，得到

$$(4.90\ \text{m/s}^2)t^2 - (15.0\ \text{m/s})t - (50.0\ \text{m}) = 0$$

使用二次公式，求得解答為 $t = 5.07$ s 和 $t = -2.01$ s。第一個解的 $t = 5.07$ s 就是我們尋找的答案：球上升到最高點然後又落至崖底所花的時間。它由上升至落回懸崖的頂端花了 3.06 s (例題 2-16)；因此它另外又花了 2.01 s 落到崖底。但另一個解，$t = -2.01$ s 的意義為何？這個時間是在拋擲之前，因此它不具實質意義。[2]

(b) 由例題 2-16，球向上移動 11.5 m，再落下 11.5 m 回到懸崖的頂端，然後又掉落 50.0 m 至懸崖的底部。因此一共移動了 73.0 m 的距離。不過，須注意位移是 -50.0 m。圖 2-33 顯示此一情形之 y 對 t 的圖形。

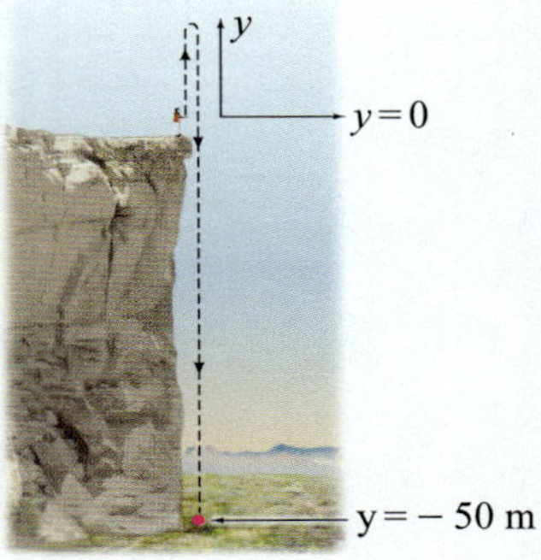

圖 2-32　例題 2-20。圖 2-30 中的人站在懸崖邊緣。球掉落在 50.0 m 深的崖底。

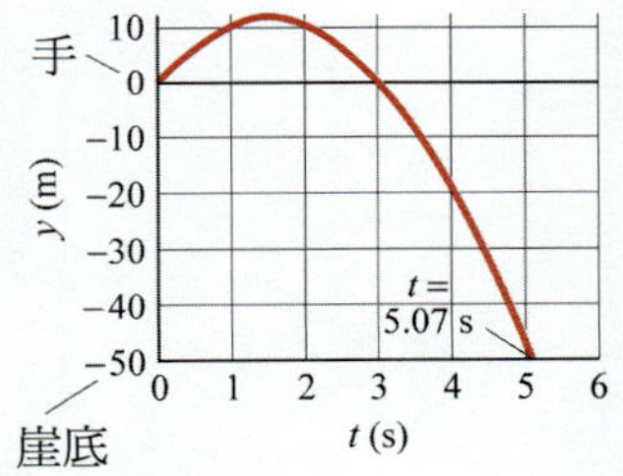

圖 2-33　例題 2-20，y 對 t 的圖形。

練習 J　兩個球從懸崖拋出。一個直接往上拋，另一個則直接往下丟。兩個球的初始速率相同，而且兩者都落到懸崖下的地面。哪一個球會以較快的速率落到地面 (忽略空氣阻力)：(a) 往上拋的球，(b) 往下丟的球，或 (c) 兩者相同？

---

2 在另一種不同的現實狀況中，$t = -2.01$ s 這個解答是可以有意義的。假設有一個人站在 50 m 高的懸崖上，於 $t = 0$ 時，他看見一塊石頭以 15.0 m/s 之速率經過他身旁而向上移動，則石頭是在何時離開崖底？又在何時落回崖底？本題的方程式與我們原先的例題完全相同，並且所得到的兩個解答 $t = -2.01$ s 與 $t = 5.07$ s 均正確。請注意，我們無法將與問題相關的所有資料以數學表述，所以只能用常識來詮釋結果。

*2-8 變加速度；積分

在簡短而且可選讀的這一節中，我們利用積分法推導等加速度的運動學方程式，(2-12a) 和 (2-12b) 式。並且證明當加速度不是恆定時，應如何應用微積分。如果你還沒有學過簡單的積分，你可能要將本節延到學會積分之後再研讀。在第 7-3 節中我們會更詳細地討論積分，並且由此開始在物理學中應用積分。

首先，如第 2-5 節中的一個於 $t=0$ 時具有速度 v_0 與等加速度 a 的一個物體，我們開始推導 (2-12a) 式。我們先從瞬時加速度的定義 $a=dv/dt$ 開始，將它改寫成

$$dv=a\,dt$$

我們取這個方程式兩邊的定積分，並且使用與第 2-5 節相同的記號

$$\int_{v=v_0}^{v} dv=\int_{t=0}^{t} a\,dt$$

因為 $a=$定值，因此可得

$$v-v_0=at$$

這正是 (2-12a) 式，$v=v_0+at$。

接著，我們再從瞬時速度的定義 $v=dx/dt$ 開始，來推導 (2-12b) 式。將它改寫成

$$dx=v\,dt$$

或

$$dx=(v_0+at)\,dt$$

上式中已將 (2-12a) 式代入。

現在我們將此式積分

$$\int_{x=0}^{x} dx=\int_{t=0}^{t}(v_0+at)\,dt$$

$$x-x_0=\int_{t=0}^{t} v_0\,dt+\int_{t=0}^{t} at\,dt$$

$$x-x_0=v_0t+\frac{1}{2}at^2$$

因為 v_0 和 a 是常數，所以這個結果就是 (2-12b) 式：$x=x_0+v_0t+\frac{1}{2}at^2$。

最後我們應用微積分求加速度不是恆定而隨時間改變之情況下的速度與位移。

例題 2-21　時變加速度的積分　一輛實驗車於 $t=0$ 時由靜止起動 ($v_0=0$)，並且以 $a=(7.00\ \text{m/s}^3)t$ 加速，則 2.00 s 之後它的 (a) 速度以及 (b) 位移為何？

方法　因為 a 不是恆定的，所以我們不能利用 (2-12) 式。我們將加速度 $a=dv/dt$ 積分以求取速度 v，然後再將速度 $v=dx/dt$ 積分而得到位移。

解答　從加速度的定義 $a=dv/dt$ 得到

$$dv=a\,dt$$

將兩邊由 $t=0$ 時之 $v=0$ 積分到任一時刻 t 之速度 v

$$\int_0^v dv=\int_0^t a\,dt$$

$$v=\int_0^t (7.00\ \text{m/s}^3)\,t\,dt$$

$$=(7.00\ \text{m/s}^3)\left(\frac{t^2}{2}\right)\Big|_0^t=(7.00\ \text{m/s}^3)\left(\frac{t^2}{2}-0\right)=(3.50\ \text{m/s}^3)\,t^2$$

於 $t=2.00$ s 時，$v=(3.50\ \text{m/s}^3)\,(2.00\ \text{s})^2=14.0$ m/s。

(b) 為了得到位移，我們假定 $x_0=0$ 並由 $v=dx/dt$ 開始，並且將它改寫成 $dx=v\,dt$。接著我們由 $t=0$ 時之 $x=0$ 積分到任一時刻 t 之位置 x

$$\int_0^x dx=\int_0^t v\,dt$$

$$x=\int_0^{2.00\ \text{s}} (3.50\ \text{m/s}^3)\,t^2\,dt=(3.50\ \text{m/s}^3)\,\frac{t^3}{3}\Big|_0^{2.00\ \text{s}}=9.33\ \text{m}$$

總之，於 $t=2.00$ s 時，$v=14.0$ m/s 並且 $x=9.33$ m。

*2-9　圖形分析與數值積分

本節是供選讀之用的，它討論如何以數值積分法解答特定的問題，這通常需要一部電腦做總和運算。在第 7-3 節中也涵蓋了本節的部分內容。

如果我們已知一個物體的速度 v 為時間 t 的函數，就可以求得位移 x。假設速度的時間函數 $v(t)$ 以圖形表示 (而非第 2-8 節中所討論的可積分方程式)，如圖 2-34a 所示。如果我們對 t_1 到 t_2 的時間間距感興趣 (如圖所示)，可將時間軸劃分成許多小的子間距 $\Delta t_1, \Delta t_2, \Delta t_3, \cdots$ (如圖中的垂直虛線所示)。就每個子間距而言，都繪有一條代表此時距內之平均速度的水平虛線。在任一子間距內的位移為 Δx_i，而下標 i 代表一個特定的子間距 $(i=1, 2, 3, \cdots)$。由平均速度的定義 [(2-2) 式]，可得

$$\Delta x_i = \overline{v}_i \, \Delta t_i$$

因此在每個子間距內的位移等於 $\overline{v}_i$ 和 Δt_i 的相乘積，並且等於該子間距在圖 2-34a 中暗黑色矩形的面積。在 t_1 至 t_2 期間的總位移是所有子間距內的位移之總和

$$x_2 - x_1 = \sum_{t_1}^{t_2} \overline{v}_i \, \Delta t_i \qquad \textbf{(2-13a)}$$

其中，x_1 是在 t_1 時的位置，而 x_2 是在 t_2 時的位置。這項總和 (總位移) 是等於圖中所有矩形的面積。

通常很難從圖形的每個子間距中精確地估計 $\overline{v}_i$。我們可以將間距 $t_2 - t_1$ 分割成更多且更狹窄的子間距，而使得我們對 $x_2 - x_1$ 的計算能獲得較高的準確度。理想上，我們能讓每個 Δt_i 趨近於零，如此一來 (理論上) 就趨近於有無限多的子間距。在此一極限中，所有的這些極細的矩形之總面積就會變成與曲線下方的面積 (圖 2-34b) 完全相等。因此，在任何兩個時刻 (t_1 與 t_2) 之間的總位移等於由 t_1 至 t_2 期間內速度曲線與 t 軸之間的面積。這個極限可寫成

$$x_2 - x_1 = \lim_{\Delta t \to 0} \sum_{t_1}^{t_2} \overline{v}_i \, \Delta t_i$$

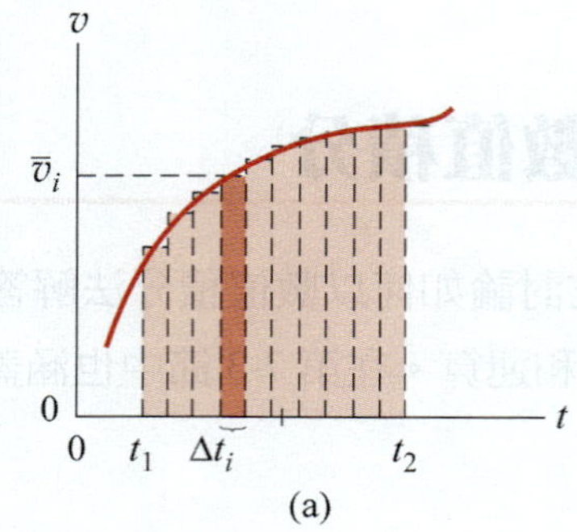

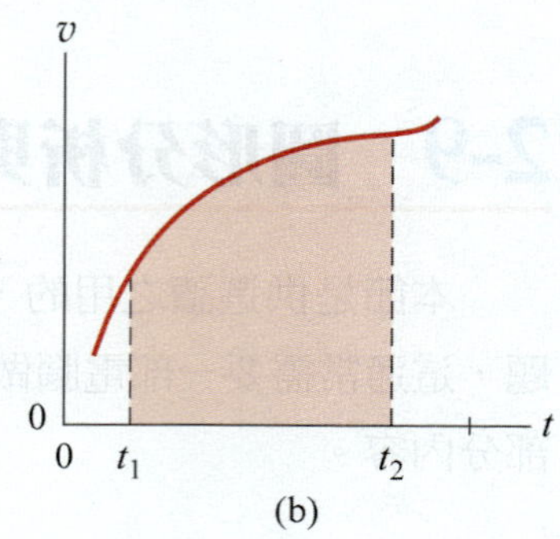

圖 2-34 一個運動質點的速度 v 對時間 t 之圖形。在 (a) 圖中，時間軸被分割成寬 Δt_i 的子間距，每個間距內的平均速度為 $\overline{v}_i$，且所有矩形面積的總和為 $\Sigma \overline{v}_i \Delta t_i$，它的大小等於在整個期間 $(t_2 - t_1)$ 內的總位移 $(x_2 - x_1)$。在 (b) 圖中，$\Delta t_i \to 0$，並且曲線下的面積為 $(x_2 - x_1)$。

或者使用標準的微積分標記法，

$$x_2 - x_1 = \int_{t_1}^{t_2} v(t)\,dt \qquad \textbf{(2-13b)}$$

我們已經令 $\Delta t \to 0$，而且重新命名它為 dt，以表明它現在是無限小。在無限小的時間 dt 內的平均速度 $\overline{v}$ 就是當時的瞬時速度，寫成 $v(t)$，以提醒我們 v 是一個 t 的函數。符號 $\int$ 是被拉長的 S，並且表明無限多的極小子間距的總和。我們稱這是取 $v(t)$ 在 dt 上的積分 (從時間 t_1 到 t_2)，而且這和 t_1 至 t_2 期間內，$v(t)$ 曲線與 t 軸之間 (從時間 t_1 到 t_2) 的面積相等 (圖 2-34b)。(2-13b) 式中的積分是一個定積分，因為式中明確指定了上下限 t_1 和 t_2。

同樣地，如果已知加速度是一個時間的函數，我們可以依相同的程序而獲得速度。應用平均加速度 [(2-5) 式] 的定義進而解出 Δv

$$\Delta v = \overline{a}\,\Delta t$$

如果於 t_1 至 t_2 期間內 a 是時間 t 的函數，則我們可以將這一個時間間距細分成許多子間距 Δt_i，正如圖 2-34a 所示。在每個子間距內的速度變化是 $\Delta v_i = \overline{a}_i\,\Delta t_i$。由 t_1 至 t_2 期間速度的總變化是

$$v_2 - v_1 = \sum_{t_1}^{t_2} \overline{a}_i\,\Delta t_i \qquad \textbf{(2-14a)}$$

其中 v_2 代表於 t_2 時之速度而 v_1 代表於 t_1 時的速度。令 $\Delta t \to 0$ (則間距的數目就趨近於無限大)，這個關係式就可以寫成積分式

$$v_2 - v_1 = \lim_{\Delta t \to 0} \sum_{t_1}^{t_2} \overline{a}_i\,\Delta t_i$$

或

$$v_2 - v_1 = \int_{t_1}^{t_2} a(t)\,dt \qquad \textbf{(2-14b)}$$

(2-14) 式使我們能夠在已知 t_1 時之速度和 a 為已知的時間之函數的條件下求出 t_2 時之速度 v_2。

如果加速度或速度在不連續的時間間距內是已知的，我們就可以利用上述 (2-13a) 和 (2-14a) 式的加總形式來估算速度或位移。這種技巧就是**數值積分** (numerical integration)。我們現在舉一個也可以解析計算的例子，如此，我們就能比較其結果。

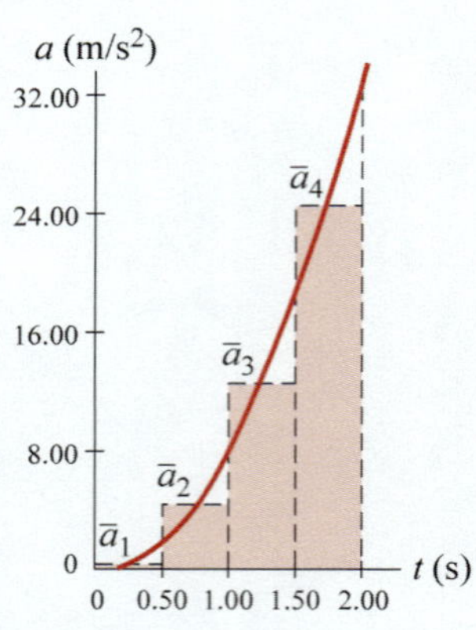

圖 2-35　例題 2-22。

例題 2-22　數值積分　一個物體於 $t = 0$ 時由靜止起動，而加速度為 $a(t) = (8.00\ \mathrm{m/s^4})\,t^2$。利用數值積分法求它在 2.00 s 之後的速度。

方法　首先我們將時間間距 ($t = 0.00$ 至 2.00 s) 劃分成四個 $\Delta t_i = 0.50$ s 的子間距 (圖 2-35)。我們以 $v_2 = v$、$v_1 = 0$、$t_2 = 2.00$ s 和 $t_1 = 0$ 應用 (2-14a) 式。對於每一個子間距，我們需要估算 $\bar{a}_i$。估算的方式有許多種，此處採用較簡單的方法：將 $\bar{a}_i$ 選定為每個間距之中點處的加速度 $a(t)$ 值 (另一個更簡單但是通常較不準確的方法就是選用各個子間距起點處的 a 值)。亦即我們要估算 $a(t) = (8.00\ \mathrm{m/s^4})\,t^2$ 於 $t = 0.25$ s (它位於 0.00 s 與 0.50 s 之間的中點)，0.75 s、1.25 s 和 1.75 s 時之值。

解答　結果如下

i	1	2	3	4
$\bar{a}_i$ (m/s²)	0.50	4.50	12.50	24.50

現在我們利用 (2-14a) 式，並且注意所有的 Δt_i 都等於 0.50 s：(因此可將它們提出)

$$v(t = 2.00\ \mathrm{s}) = \sum_{t=0}^{t=2.00\ \mathrm{s}} \bar{a}_i \Delta t_i$$
$$= (0.50\ \mathrm{m/s^2} + 4.50\ \mathrm{m/s^2} + 12.50\ \mathrm{m/s^2} + 24.50\ \mathrm{m/s^2})(0.50\ \mathrm{s})$$
$$= 21.0\ \mathrm{m/s}$$

我們可以將這個結果與利用 (2-14b) 式所得到的解析解相比較，因為 a 的函數形式是解析可積分的

$$v = \int_0^{2.00\ \mathrm{s}} (8.00\ \mathrm{m/s^4})\,t^2\,dt = \frac{8.00\ \mathrm{m/s^4}}{3}\,t^3 \Big|_0^{2.00\ \mathrm{s}}$$

$$= \frac{8.00\ \mathrm{m/s^4}}{3}\,[(2.00\ \mathrm{s})^3 - (0)^3] = 21.33\ \mathrm{m/s}$$

或是取適當的有效數字為 21.3 m/s。這個解析解是精確的，而且我們發現雖然只使用四個 Δt 間距，但是數值估算的結果並不差。不過，它或許還不足以滿足我們所需要的高準確度。如果使用更多而且更小的子間距，我們就可以得到一個比較精確的結果。假如使用 10 個 $\Delta t = 2.00\ \mathrm{s}/10 = 0.20$ s 的子間距，我們就必須估算 $a(t)$ 在 $t = 0.10$ s、0.30 s、⋯、1.90 s 時的數值而求得 $\bar{a}_i$。其結果如下

i	1	2	3	4	5	6	7	8	9	10
$\overline{a}_i$(m/s^2)	0.08	0.72	2.00	3.92	6.48	9.68	13.52	18.00	23.12	28.88

再由 (2-14a) 式得到

$$v(t=2.00\text{ s}) = \Sigma\, \overline{a}_i \Delta t_i = (\Sigma \overline{a}_i)\,(0.200\text{ s})$$
$$= (106.4\text{ m/s}^2)\,(0.200\text{ s}) = 21.28\text{ m/s}$$

式中已經保留一個額外的有效數字，以證實這個結果比較接近(精確的)解析解，不過它仍然不是完全相等。百分比差異已經由四個子間距計算結果的 1.4% (0.3 m/s^2 / 21.3 m/s^2) 下降為 10 個子間距的 0.2% (0.05 / 21.3)。

在上述的例題中，我們已知的是一個可積分的解析函數。因此可以將數值計算的準確度與精確解法相比較。但如果函數不是可積分的，因此我們就不能將我們的數值結果與解析相比較，那麼我們該怎麼辦？我們如何相信估算結果之準確度是在某個期望的誤差範圍內，也就是如果已經取足夠的子間距，以便我們能信賴已計算的估計，比如說 1%？我們能做的是比較兩個連續的數值計算：第一次採用 n 個子間距而第二次採用 $2n$ 個子間距。如果這兩個結果都在期望的誤差範圍內 (例如 1%)，則我們通常就能假定，採用更多子間距的計算也會在真實數值期望的誤差範圍內。如果這兩個計算結果並不是那麼接近，就必須進行採用更多子間距(也許是兩倍，也許是 10 倍，視先前的近似程度而定) 的第三次計算，並且與先前的結果相比較。

此程序可以很容易地使用一個電腦表格應用程式自動計算。

如果我們也想獲得某段時間內的位移 x，就必須對 v 做第二次的數值積分。意思是首先我們需要計算許多不同時間的 v。可編寫程式的計算機和電腦對於冗長的總和計算是很有幫助的。在本書許多章的末尾都有應用這些數值技巧的問題，它們用數值／計算機標示，並且以星號標明它們是可以選擇的。

摘要

〔在本書中，摘要會出現在每一章的結尾，對該章的主要概念作簡短的綜述。摘要不能作為對該章內容的理解之用，只有詳細閱讀，才能理解該章的內容。〕

運動學 (kinematics) 討論如何描述物體的移動。任何物體移動的描述都必須是相對於某一特定的**參考座標** (reference frame)。

物體的**位移** (displacement) 是物體位置的變化量。

平均速率 (average speed) 是行進距離除以經歷時間或時間間距 Δt。物體在一特定時間間距 Δt 內的**平均速度** (average velocity) 是它在該期間內的位移 Δx 除以 Δt

$$\bar{v}=\frac{\Delta x}{\Delta t} \tag{2-2}$$

瞬時速度 (instantaneous velocity) (其大小與瞬時速率相同) 定義為在一個極短之時間間距內 ($\Delta t \to 0$) 的平均速度

$$v=\lim_{\Delta t \to 0}\frac{\Delta x}{\Delta t}=\frac{dx}{dt} \tag{2-4}$$

式中 dx/dt 是 x 對 t 的導數。

在一個位置對時間的圖上，切線斜率等於瞬時速度。

加速度是每單位時間內速度的變化量。物體在時間間距 Δt 內的**平均加速度** (average acceleration) 是

$$\bar{a}=\frac{\Delta v}{\Delta t} \tag{2-5}$$

式中 Δv 是在時間間距 Δt 內的速度變化量。

瞬時加速度 (instantaneous acceleration) 是在一個極短之時間間距內的平均加速度

$$a=\lim_{\Delta t \to 0}\frac{\Delta v}{\Delta t}=\frac{dv}{dt} \tag{2-6}$$

如果一個物體以等加速度沿直線行進，則速度 v、位置 x 與加速度 a、經歷的時間 t、初始位置 x_0 以及初始速度 v_0 的關係為 (2-12) 式

$$v=v_0+at \qquad x=x_0+v_0t+\frac{1}{2}at^2$$
$$v^2=v_0^2+2a(x-x_0) \qquad \bar{v}=\frac{v+v_0}{2} \tag{2-12}$$

在地球表面附近垂直移動的物體，無論自由落下或被垂直地向上或向下拋射，都因重力的作用而以一個恆定向下的加速度移動。不考慮空氣阻力時，此一**重力加速度 (acceleration due to gravity)** 的大小為 $g = 9.80\ \text{m/s}^2$。

[*(2-12) 式的運動學方程式可以利用微積分推導出。]

問 題

1. 汽車的速率表是測量速率、速度或兩者皆是？

2. 如果速度是定值，物體的速率能改變嗎？如果速率是定值，它的速度會變化嗎？如果是，分別對每個情況舉出例子。

3. 當物體以等速度移動時，在任何時間間距內的平均速度是否都與任何時刻的瞬時速度不同？

4. 如果一個物體的速率比第二個物體快，第一個物體是否必定具有較大的加速度？試舉例說明之。

5. 在同一時間內一部機車之時速由 80 km/h 加速至 90 km/h，另有一部腳踏車由靜止加速至 10 km/h，試比較二者之加速度。

6. 一個物體能同時具有向北的速度和一個向南的加速度嗎？試解釋之。

7. 當物體的加速度是正的時候，該物體的速度有可能是負的嗎？反之又如何呢？

8. 試舉出一個速度和加速度都是負的例子。

9. 兩輛汽車同時由隧道中並排駛出。A 汽車之速率為 60 km/h 而且加速度為 40 km/h/min。B 汽車之速率為 40 km/h 而且加速度為 60 km/h/min。它們駛出隧道之後，哪一輛汽車會超越另一輛車？說明你的理由。

10. 當一個物體的加速度減小時，其速率能否增加？如果可以，請舉一個例子。如果不可以，試解釋之。

11. 一位棒球選手直接將球擊向空中。球以 120 km/h 的速率飛離球棒。在沒有空氣阻力的情況下，當捕手接住它時，球速為何？

12. 一個自由落下的物體在其速率逐漸增加的過程中，它的加速度是增加、減少或保持不變？(a) 忽略空氣阻力，(b) 考慮空氣阻力。

13. 汽車以 70 km/h 的等速率從 A 點行進到 B 點，然後再以 90 km/h 的等速率從 B 點行進相同的距離到 C 點。你從 A 到 C 整段旅程的平均速率是 80 km/h 嗎？試解釋是或不是的理由。

14. 一個物體能夠同時具有零的速度以及非零的加速度嗎？試舉例。

15. 一個物體能夠同時具有零的加速度以及非零的速度嗎？試舉例。

16. 以下這些運動中哪一個不是等加速度：自懸崖落下的一塊石頭、從二樓上升到五樓而且中途曾經停靠過的電梯、靜止在桌子上的一個盤子？

17. 在講課示範中，有一根 3.0 m 長而垂直懸吊於講堂之天花板上的細繩，它上面繫著 10 個等間距的螺栓。它隨後掉落在一塊錫板上，當螺栓陸續撞擊錫板時會發出叮噹聲。這些響聲的間隔時間並不相同，為什麼？過程快要結束時，叮噹聲之間的間隔時間是增加或減少？要如何繫螺栓，才會使叮噹聲的間隔時間變成相等？

18. 以 v、a 等等描述圖 2-36 所繪的運動。[提示：首先試著藉由步行或移動你的手重做該圖所繪的運動。]

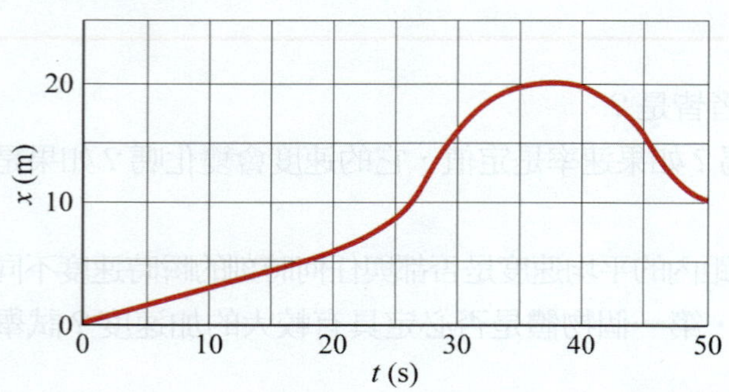

圖 2-36 問題 18、習題 9 與習題 86。

19. 描述圖 2-37 中曲線圖所表示的物體運動。

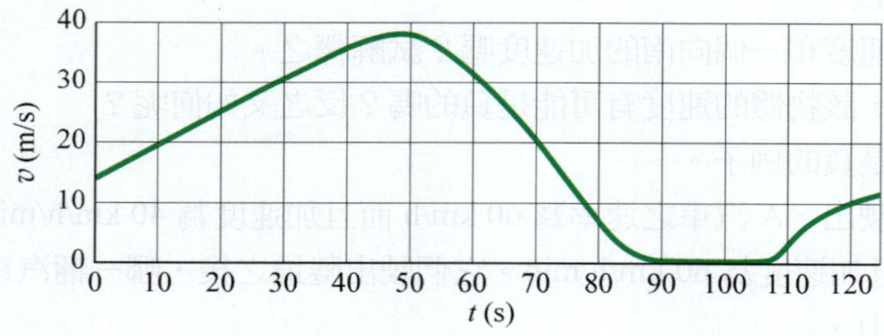

圖 2-37 問題 19，習題 23。

習 題

[各章末尾的習題是根據難易度而分成 (I)、(II) 或 (III) 三個等級。(I) 的習題是最簡單的，(III) 的習題是作為最優秀學生的挑戰題。習題是依各節的順序編排，這意味著讀者應該已經研讀過該節，但不是只研讀了該節，這是因為習題往往會與前面的內容有關。最後，各章還有一組未分等級的 "一般習題" ，這些問題並未按節編排。]

2-1 至 2-3 速率與速度

1. (I) 如果你正沿著一條直的道路以 110 km/h 之時速行駛，並且轉頭朝路邊瞥了 2.0 s 的時間，在這一段分心的期間內，你行駛了多遠距離？

2. (I) 要在 3.25 小時內行駛 235 km，請問汽車的平均速率為何？

3. (I) 一個質點於 $t_1 = -2.0$ s 時，位於 $x_1 = 4.3$ cm 處，並且於 $t_2 = 4.5$ s 時，位於 $x_2 = 8.5$ cm 處。它的平均速度為何？你能從這些數據計算出它的平均速率嗎？

4. (I) 一個滾動的球在 $t_1 = 3.0$ s 至 $t_2 = 5.1$ s 之期間內，從 $x_1 = 3.4$ cm 移動到 $x_2 = -4.2$ cm 處。它的平均速度是多少？

5. (II) 根據概測法則，由看見閃電到聽見雷聲的每一個 5 秒鐘可以得知雷擊發生的位置約在幾英里遠處。假設看見閃電幾乎是與雷擊同一瞬間的事，依此法則推估聲音的傳播速率約為多少 m/s？雷擊位置的距離又約為多少 km？

6. (II) 你正由學校以 95 km/h 之等速率開車回家，剛行駛了 130 km 之後，忽然開始下雨，所以減慢速度至 65 km/h。你抵達家中時，一共駕駛 3 小時又 20 分。請問 (a) 從學校到你家有多遠？(b) 平均速率是多少？

7. (II) 一匹馬沿著直線以慢跑的方式跑離馴馬師；它在 14.0 s 後跑了 116 m 遠。接著，馬突然轉身飛奔了 4.8 s 後來到路徑的中途。計算 (a) 馬的平均速率，以及 (b) 平均速度。以跑離馴馬師的方向為正向。

8. (II) 一個小物體的位置為 $x = 34 + 10t - 2t^3$，其中 t 的單位為秒、x 的單位為公尺。(a) 從 $t = 0$ 到 3.0 s，請畫出 x 對 t 圖。(b) 計算物體在 0 至 3.0 s 期間的平均速度。(c) 在 0 至 3.0 s 期間，什麼時候的瞬時速度為零？

9. (II) 一隻野兔在一個直線地道中移動，其位置為時間的函數，如圖 2-36 所示。計算以下時刻的瞬時速度 (a) 於 $t = 10.0$ s 和 (b) $t = 30.0$ s 時。計算以下各期間內的平均速度 (c) $t = 0$ 至 5.0 s 之間，(d) $t = 25.0$ s 至 30.0 s 之間以及 (e) $t = 40.0$ s 至 50.0 s 之間。

10. (II) 在音頻光碟 (CD) 上，數位式資料沿著一個螺旋路徑被依續地編碼，每位元大約佔用 0.28 μm。當 CD 轉動時，光碟機的讀數取雷射光束以約 1.2 m/s 的等速率沿著位元螺旋的序列掃描。(a) 試求光碟機每秒內讀取數位位元的數目 N，(b) 音頻資料以每秒 44100 次傳送到各喇叭。每次取樣需要 16 位元，因此你會（乍看之下）認為光碟機所需的位元速率是

$$N_0 = 2\left(44100\ \frac{\text{取樣}}{\text{秒}}\right)\left(16\ \frac{\text{位元}}{\text{取樣}}\right) = 1.4\times10^6\ \frac{\text{位元}}{\text{秒}}$$

其中的 2 是指兩個喇叭 (雙立體聲道)。注意 N_0 比實際上光碟機每秒所讀取的位元數 N 還要少。多出的位元數 ($= N - N_0$) 是作為編碼和錯誤校正之用。請問在 CD 上有多少百分比的位元用於編碼和錯誤校正？

11. (II) 一輛時速 95 km/h 的汽車在一輛時速 75 km/h 之卡車的後方 110 m 處行駛，汽車需要多少時間才可以追上卡車？

12. (II) 兩個火車頭在平行的軌道上相互靠近，二者速率均為 95 km/h。如果它們最初相距 8.5 km，彼此相遇需多少時間？(參見圖 2-38)。

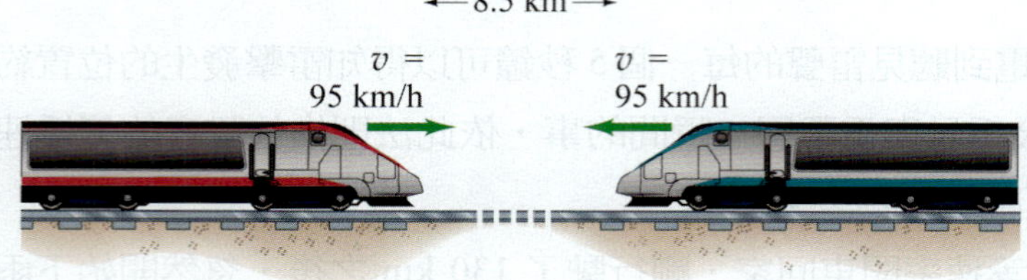

圖 2-38 習題 12。

13. (II) 在一個直徑 12.0 cm 之 CD 上的數位位元，沿著一條自半徑 $R_1 = 2.5$ cm 處出發，並且於半徑 $R_2 = 5.8$ cm 處終止的向外展開之螺旋路徑編碼。兩相鄰的捲繞螺旋中心之間的距離為 1.6 μm ($= 1.6 \times 10^{-6}$ m)。(a) 試求螺旋狀路徑的總長度。[提示：假想螺旋被鬆開拉直成一條寬度為 1.6 μm 的直線路徑，而且注意原先的螺旋和直線路徑兩者都佔相同的面積。] (b) 為了讀取資料，一台光碟機會調整 CD 的轉動，而使讀取雷射光束以 1.25 m/s 的定速率沿著螺旋形的路徑移動。試估計這 CD 的最大播放時間。

14. (II) 一架飛機以 720 km/h 的速率飛行 3100 km，然後遇到順風，將速度提升至 990 km/h，再飛行了 2800 km。飛行的總時間是多久？這次飛行的平均速率是多少？[提示：是否可以應用 (2-12d) 式？]

15. (II) 試計算一趟來回旅行的平均速率和平均速度：去程的 250 km 之速率是 95 km/h，接著是 1.0 小時的午休，而後回程的 250 km 之速率是 55 km/h。

16. (II) 在一條直線上滾動的球，其位置與時間的關係為 $x = 2.0 - 3.6t + 1.1t^2$，其中 x 的單位是公尺，t 的單位是秒。(a) 計算 $t = 1.0$ s、2.0 s 和 3.0 s 時的位置。(b) 在 $t = 1.0$ s 至 $t = 3.0$ s 之期間內的平均速度為何？(c) 於 $t = 2.0$ s 與 $t = 3.0$ s 時的瞬時速度為何？

17. (II) 一隻狗沿著直線在 8.4 s 內，離開它的主人跑了 120 m，然後再以三分之一的時間往回跑了一半的路程。計算它的 (a) 平均速率與 (b) 平均速度。

18. (III) 一輛汽車以 95 km/h 的速率追趕一列朝相同方向，並且在與道路平行之軌道上行駛的 1.10 km 長之火車。如果火車速率是 75 km/h，汽車需要多少時間才能超越它，而且汽車在這段時間內行駛了多遠？見圖 2-39。若汽車和火車朝相反的方向行駛，結果是什麼？

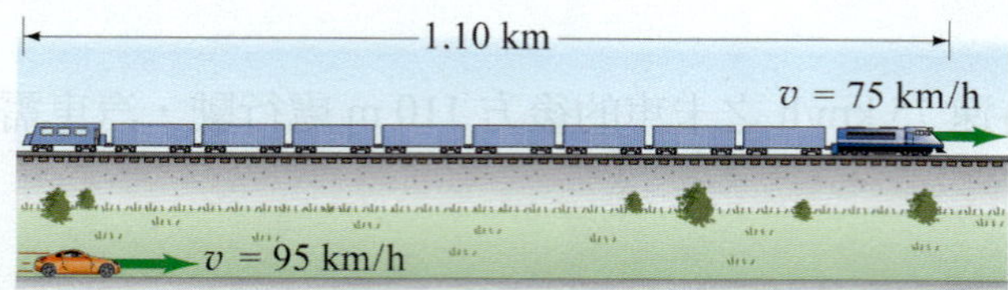

圖 2-39 習題 18。

19. (III) 一個保齡球以等速率在 16.5 m 長的球道上滾動，最後碰撞到球道終端的栓。在球出手 2.50 s 之後擲球者聽見球與栓碰撞的聲音。假設音速是 340 m/s，請問保齡球的速率是多少？

2-4 加速度

20. (I) 一輛跑車在 4.5 s 內從靜止加速至 95 km/h。它的平均加速度是多少 (m/s^2)？

21. (I) 在高速公路上疾駛，一輛特製的汽車大約能夠以 1.8 m/s^2 的加速度加速行進。如果以這種方式，時速從 80 km/h 加速到 110 km/h 需要多久時間？

22. (I) 一位短跑選手在 1.28 s 內從停止加速至 9.00 m/s。她的加速度是多少 (a) m/s^2；(b) km/h^2？

23. (I) 圖 2-37 顯示一列火車的速度為時間之函數。(a) 何時它的速度為最大？(b) 在什麼期間內的速度是常數？(c) 在什麼期間內的加速度是常數？(d) 何時它的加速度的大小為最大？

24. (II) 一部跑車以等速在 5.0 s 內行駛了 110 m。然後它在 4.0 s 內煞車並且停止，它的加速度大小是多少 m/s^2？這相當於多少 g？($g = 9.80\ m/s^2$)

25. (II) 一輛汽車於 $t = 0$ 時在 $x = 0$ 處開始沿直線移動。它在 $t =$ 3.00 s 時以 11.0 m/s 的速率通過點 $x =$ 25.0 m。並且在 $t = 20.0$ s 時以 45.0 m/s 的速率通過點 $x = 385$ m。求 (a) 平均速度以及 (b) 在 $t = 3.00$ s 至 $t = 20.0$ s 期間的平均加速度。

26. (II) 一輛特製汽車之加速度對時間的近似曲線圖，如圖 2-40 所示。(在曲線中的短暫平坦處代表換檔。) 試估計 (a) 二檔時與 (b) 四檔時的平均加速度。(c) 整個前四檔期間的平均加速度是多少？

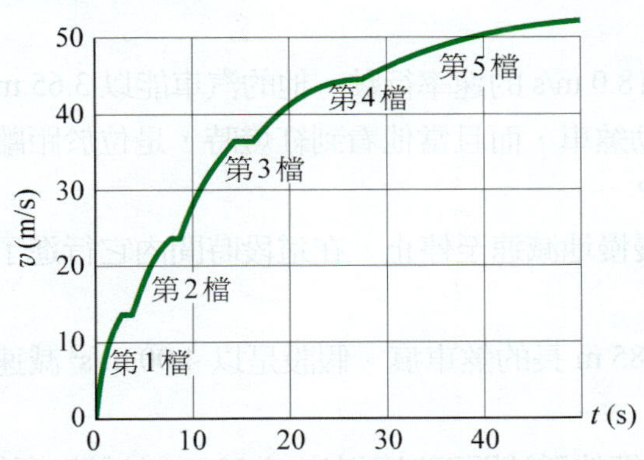

圖 2-40　習題 26。圖為一輛高性能汽車的速度對時間的曲線圖，在曲線中的平坦處代表換檔。

27. (II) 一個質點沿著 x 軸移動。它的位置為時間之函數 $x = 6.8t + 8.5t^2$，其中 t 的單位是秒而 x 的單位是公尺。請問加速度的時間函數為何？

28. (II) 一輛賽車於 $t = 0$ 時從靜止開始沿著直線移動，其位置為時間之函數，它們的關係如下表中所示。估計 (a) 它的速度和 (b) 它的加速度之時間函數；以表和圖表示前述之結果。

t(s)	0	0.25	0.50	0.75	1.00	1.50	2.00	2.50
x(m)	0	0.11	0.46	1.06	1.94	4.62	8.55	13.79
t(s)	3.00	3.50	4.00	4.50	5.00	5.50	6.00	
x(m)	20.36	28.31	37.65	48.37	60.30	73.26	87.16	

29. (II) 一個物體的位置可以由 $x=At+Bt^2$ 表示，其中 t 是秒，x 是公尺，(a) A 和 B 的單位為何？(b) 加速度作為時間之函數的形式為何？(c) 在 $t=5.0$ s 時的速度和加速度是多少？(d) 若 $x=At+Bt^{-3}$ 其速度的時間函數為何？

2-5 與 2-6　等加速度的運動

30. (I) 一輛汽車由 25 m/s 之速率減速至停止，期間共行進 85 m 之距離。假設加速度為定值，它的加速度是多少？

31. (I) 一輛汽車在 6.0 s 內速率由 12 m/s 加速到 21 m/s。假設為等加速度，它的加速度是多少？在這段時間內它行進多遠？

32. (I) 一架輕型飛機必須達到 32 m/s 的速率才能起飛。如果加速度是 3.0 m/s^2 (定值)，則需要多長的跑道？

33. (II) 投手以 41 m/s 的速率投擲一個棒球。在投球時，從投手身體後方到球被釋放的點，在這大約 3.5 m的位移內，投手對球加速 (圖 2-41)。在投擲的動作期間，估計球的平均加速度？

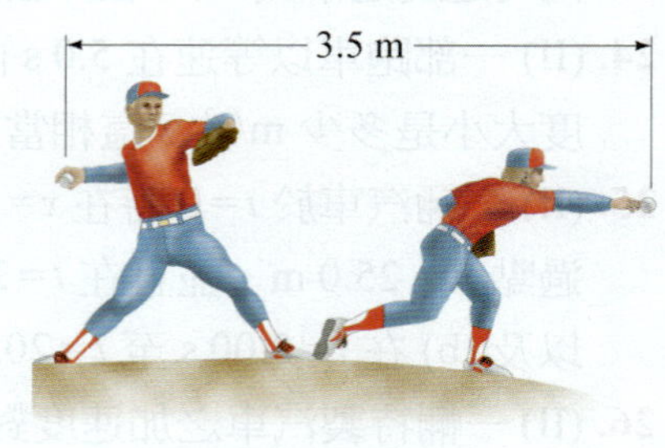

圖 2-41　習題 33。

34. (II) 請證明當加速度 $a=A+Bt$ 時 (其中 A 和 B 是常數)，$\bar{v}=(v+v_0)/2$ [見 (2-12d) 式] 是不適用的。

35. (II) 一位世界級短跑選手能在比賽最初的 15.0 m 內達到最高速度 (大約 11.5 m/s)。這個選手的平均加速度是多少？而且她需要多久才能達到那個速度？

36. (II) 一位駕駛當他看見前方的紅燈時，正以 18.0 m/s 的速率行駛。他的汽車能以 3.65 m/s^2 的比率減速。若他花 0.200 s的反應時間啟動煞車，而且當他看到紅燈時，是位於距離十字路口 20.0 m 處，他能夠將車及時停住嗎？

37. (II) 一輛汽車在 5.00 s 內由 18.0 m/s 的速率慢慢地減速至停止。在這段時間內它行進了多遠？

38. (II) 一輛汽車從煞車到停止，在公路上留下 85 m 長的煞車痕。假設是以 4.00 m/s^2 減速，請估計汽車在煞車之前的速率。

39. (II) 一輛以 85 km/h 之速率行駛的汽車，持續放鬆油門而以恆定的 0.50 m/s^2 減速。計算 (a) 汽車在停止之前靠慣性滑行的距離，(b) 讓它停止所需的時間，以及 (c) 它在第 1 和第 5 秒之間行進的距離。

40. (II) 一輛汽車以 105 km/h 的速率撞上一棵樹。在行進了 0.80 m 之後，汽車的前端受到擠壓，並且駕駛者也停止移動。請問在碰撞時駕駛者的平均加速度是多備？以 “g” 值來回答這個問題，其中 $1.00\,g=9.80$ m/s^2。

41. (II) 如果人的反應時間為 1.0 s，要將速率為 95 m/h 的車停住。在下列情況下，需要多少的停車距離。加速度為 (a) $a=-5.0$ m/s^2；(b) $a=-7.0$ m/s^2。

42. (II) 太空船的速率由 $t=0$ s 時的 65 m/s 均勻加速到 $t=10.0$ s 時的 162 m/s。請問在 $t=2.0$ s 與 $t=6.0$ s 之間，它移動了多遠？

43. (II) 一列 75 m 長的火車由靜止開始等加速度。當火車前端經過路邊一位站立的鐵路工人時，它的速率為 23 m/s。火車啟動時工人與火車前端相距 180 m。最後一節車廂通過工人時的速率將是多少？(見圖 2-42。)

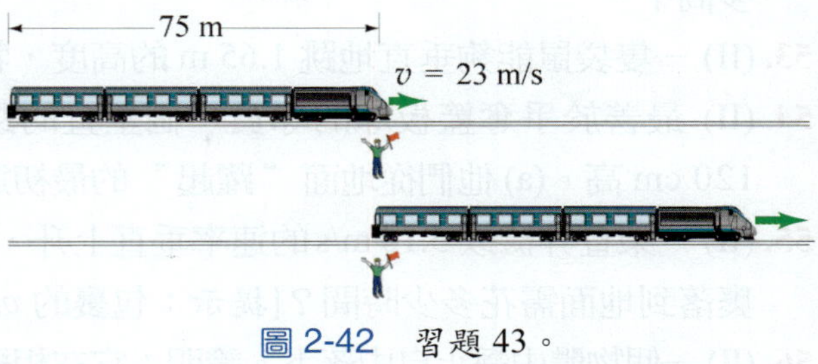

圖 2-42 習題 43。

44. (II) 一輛未標示的警車以 95 km/h 之速率等速行駛，被一輛速率為 135 km/h 超速車超過。在被超速車超越 1 秒鐘之後，警察開始加速；如果警車的加速度是 2.00 m/s^2，警車在多久之後才能追上超速車 (假設以等速行駛)？

45. (III) 假設習題 44 中的超速車之速率為未知，並且警車以與上題相同的等加速度在 7.00 s 之後追上超速車，則超速車的速度是多少？

46. (III) 一位跑者希望在少於 30.0 分鐘的時間內跑完 10000 m。若以等速跑了 27.0 分鐘之後，還剩下 1100 m 的路程，然後跑者必須在多少秒的時間內以 0.20 m/s^2 的加速度，才能在預定時間內跑完全程？

47. (III) 瑪麗和莎莉正在競走 (圖 2-43)。當瑪麗距離終點線 22 m 處時，她的速率是 4.0 m/s 並且落在莎莉後面 5.0 m 處，而莎莉的速率為 5.0 m/s。莎莉此時認為後段勝利在望，所以在終點線前以 0.50 m/s^2 持續減速。如果瑪麗希望與莎莉一起到達終點，瑪麗在比賽的後段期間需要多大的等加速度？

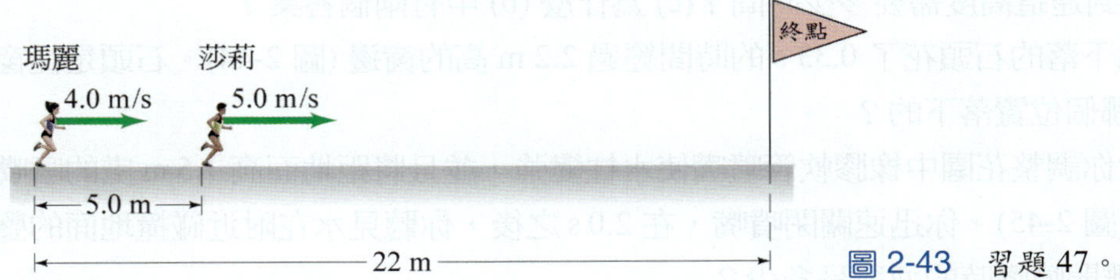

圖 2-43 習題 47。

2-7 自由落體

[忽略空氣阻力]

48. (I) 一塊石頭從懸崖的頂端落下，在 3.75 s 之後落到地面。請問懸崖有多高？

49. (I) 如果一輛汽車緩緩地 ($v_0=0$) 從垂直的懸崖滾落，它需要多久之後速率才會達到 55 km/h？

50. (I) 估算 (a) 金剛從帝國大廈 (380 m 高) 的頂端筆直落下需要多少時間，以及 (b) 牠在剛 " 著地 " 之前的速度。

51. (II) 一個被打擊出去的棒球大約以 20 m/s 的速率筆直地飛向空中。(a) 它能夠飛多高？(b) 在空中飛多久的時間？

52. (II) 一個球員垂直地向上拋球，3.2 s 之後再接住它。他是以什麼速率拋球，並且球達到多高？

53. (II) 一隻袋鼠能夠垂直地跳 1.65 m 的高度，牠回到地面之前在空中有多久時間？

54. (II) 最善於爭奪籃板球的球員一個垂直的跳躍 (即身體上一個定點的垂直移動) 約為 120 cm 高。(a) 他們從地面 “躍起” 的最初速度是多少？(b) 他們在空中的時間有多久？

55. (II) 一架直昇機以 5.10 m/s 的速率垂直上升，在距地面高 105 m 處，從窗口投下包裹。包裹落到地面需花多少時間？[提示：包裹的 v_0 等於直昇機的速率。]

56. (II) 一個物體由靜止自由落下。證明：它在相繼兩秒的各秒之內所增加的行進距離之比值恰好等於兩個相繼奇數(1、3、5 等等)的比值。(這最初是由伽利略所發表) 見圖 2-26 和 2-29。

57. (II) 一個棒球從街道拋出，並以 14 m/s 的垂直的速率朝上通過 23 m 高的窗邊。(a) 它的初始速率為何，(b) 它可到達什麼高度，(c) 於何時投出的，(d) 何時再落回街道？

58. (II) 一個火箭由靜止以 3.2 m/s^2 的加速度垂直上升，直到它在高度 950 m 處用盡燃料。從此之後，它的加速度就是來自向下的重力。(a) 當它的燃料用盡時，火箭的速度是多少？(b) 它到達這點需要多久時間？(c) 火箭到達的最大高度為何？(d) 到達最大高度的總時間是多少？(e) 它以什麼速度回到地球？(f) 它在空中共計多久時間？

59. (II) 羅傑看見水球經過他的窗邊掉落，他注意到每個水球在經過他的窗邊 0.83 s 之後碰到人行道。羅傑的房間位於三樓，比人行道高 15 m。(a) 當水球經過羅傑的窗邊時，水球掉落的速率有多快？(b) 假設水球是由靜止釋放，則它是從哪層樓掉落的？宿舍每層樓的高度是 5.0 m。

60. (II) 一塊石頭以 24.0 m/s 的速率垂直向上拋擲。(a) 當它到達 13.0 m 的高度時，速率有多快？(b) 到達這高度需要多少時間？(c) 為什麼 (b) 中有兩個答案？

61. (II) 一塊下落的石頭花了 0.33 s 的時間經過 2.2 m 高的窗邊 (圖 2-44)。石頭是從窗戶頂端上方的哪個位置落下的？

62. (II) 假設你調整花園中橡膠軟管噴嘴使水柱變強，並且將距地面高 1.5 m 處的噴嘴垂直指向上方 (圖 2-45)。你迅速關閉噴嘴，在 2.0 s 之後，你聽見水在附近碰撞地面的聲音，請問當水離開噴嘴時的速率是多少？

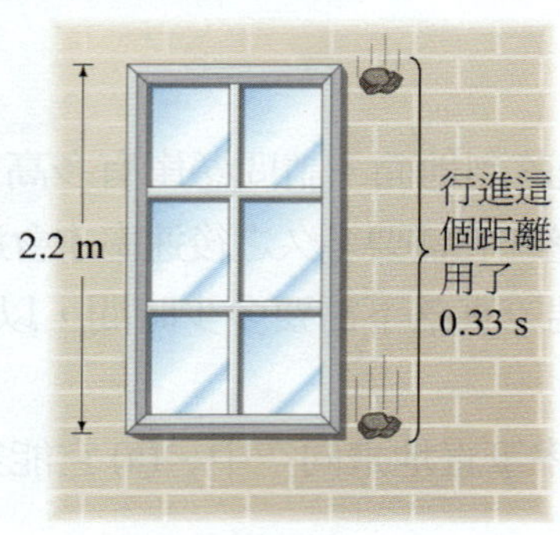

圖 2-44　習題 61。

圖 2-45　習題 62。

63. (III) 一個玩具火箭垂直向上移動，經過窗台距地面 8.0 m 的一扇高 2.0 m 的窗戶邊。火箭經過 2.0 m 高的窗戶花了 0.15 s 的時間。假設火箭在升空時，推進燃料非常迅速地燃盡，請問火箭的發射速率為何，而且它將到達多高處？

64. (III) 一個球從 50.0 m 高的懸崖上落下，同時，一塊經仔細瞄準的石頭從崖底以 24.0 m/s 的速率垂直地向上拋。球與石頭會在崖底上方多遠處相撞？

65. (III) 一塊岩石從海邊懸崖上落下，並且在 3.4 s 後聽見它落海的聲音。如果音速是 340 m/s，則懸崖有多高？

66. (III) 一塊岩石以 12.0 m/s 的速率垂直向上拋擲。在 1.00 s 後，有一個球沿同一條路徑以 18.0 m/s 的速率垂直向上拋擲。(a) 它們在什麼時候會相撞？(b) 相撞時的高度為何？(c) 假設次序顛倒，球在拋擲岩石之前 1.00 s 拋擲，重作 (a) 與 (b)。

*2-8 變加速度；積分

***67.** (II) 已知 $v(t) = 25 + 18t$，v 的單位是 m/s，並且 t 是 s。利用微積分求 $t_1 = 1.5$ s 到 $t_2 = 3.1$ s 之間的總位移。

***68.** (III) 已知一個質點的加速度為 $a = A\sqrt{t}$，其中 $A = 2.0\ \text{m/s}^{5/2}$。於 $t = 0$ 時，$v = 7.5$ m/s 且 $x = 0$。(a) 作為時間之函數的速率為何？(b) 作為時間之函數的位移為何？(c) 於 $t = 5.0$ s 時的加速度、速率與位移各為何？

69. (III) 當考慮作用於一個落體上的空氣阻力時，其加速度的近似式為：$a = \dfrac{dv}{dt} = g - kv$，其中 k 是常數，(a) 如果物體由靜止 (於 $t = 0$ 時，$v = 0$) 開始移動，推導物體速度的時間函數式。[提示：設 $u = g - kv$，將變數變換。] (b) 試求終極速度，也就是可達到的最高速度。

*2-9 圖解分析與數值積分

[見本章末尾的習題 95 至 97。]

一般習題

70. 一個逃犯試圖跳上一列正以 5.0 m/s 之等速前進的貨運列車，一節空的棚車正通過他面前，逃犯由靜止開始以 $a = 1.2\ \text{m/s}^2$ 加速至 6.0 m/s 的最高速率。(a) 他需要多久才能追上棚車？(b) 追上棚車時他行進的距離為何？

71. 月球上的重力加速度大約是地球上的六分之一。如果一個物體在月球上垂直地向上拋，假定初始速度相同，它將比在地球上高出幾倍？

72. 一個人從距消防人員所設之安全網 15.0 m 高的四樓窗口跳落。生還者在停止之前會將網拉長約 1.0 m，見圖 2-46。(a) 當生還者受網的作用減速到停止，她所承受的平均減速度為何？(b) 你要怎麼做才能使它“更加安全”(即產生更小的減速)：你會將網拉緊或是放鬆？試說明之。

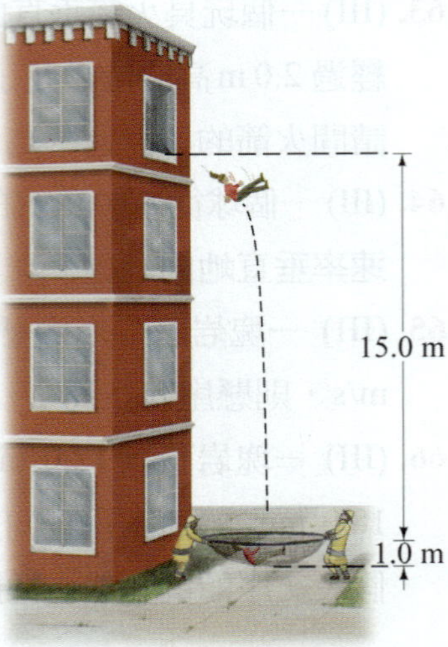

圖 2-46　習題 72。

73. 如果減速度不超過 30 個 g 值 ($1.00\ g = 9.80\ \text{m/s}^2$)，使用肩部安全帶的人會在汽車碰撞時有一個良好的倖存機會。假設以這個數值均勻地減速，須在設計汽車時，計算若碰撞使汽車從 100 km/h 之速率到車頭撞扁完全停止時所需的距離。

74. 當俯衝捉魚時，鵜鶘會縮起牠們的翅膀並以自由落體直線下落。假如鵜鶘從 16.0 m 的高度開始俯衝而且不能更改路徑，如果可以讓魚花 0.20 s 完成逃脫的動作，假設魚在水面，牠最遲必須在鵜鶘落至多麼高處察覺鵜鶘而逃脫？

75. 假設汽車製造商利用起重機拖吊汽車，並從某高度將它丟下，而為汽車前端的碰撞做測試。(a) 若汽車由靜止落下到地面的垂直距離為 H，試證明汽車撞擊地面前瞬間的速率為 $\sqrt{2gH}$。從什麼高度落下相當於速率為 (b) 50 km/h 與 (c) 100 km/h 的碰撞？

76. 一塊石頭從一棟高樓的屋頂掉落。第二塊石頭在 1.50 s 之後掉落。當第二塊石頭的速率達到 12.0 m/s 時，兩塊石頭分隔多遠？

77. 一位自行車選手在環法賽中到達山徑最高點時的速率為 15 km/h，而到達 4.0 km 遠處的盡頭時，他的速率是 75 km/h。他下山的平均加速度是多少 m/s^2？

78. 考慮圖 2-47 中所示的街道圖。每個十字路口都有交通號誌，並且限速是 50 km/h。假設你正從西邊以速限駕駛，當距離第一個十字路口 10.0 m 處時，所有的號誌變成綠燈，各個綠燈持續的時間為 13 s。(a) 計算到達第三個號誌所需的時間。你能否通過所有三個號誌燈而無需停止？(b) 當所有的號誌燈變成綠燈時，另一輛車正停在第一個號誌燈處。它可以以 $2.00\ \text{m/s}^2$ 加速到速限值。第二輛車能通過所有三個號誌燈而無需停止嗎？它要花多少秒的時間做到，或是無法做到？

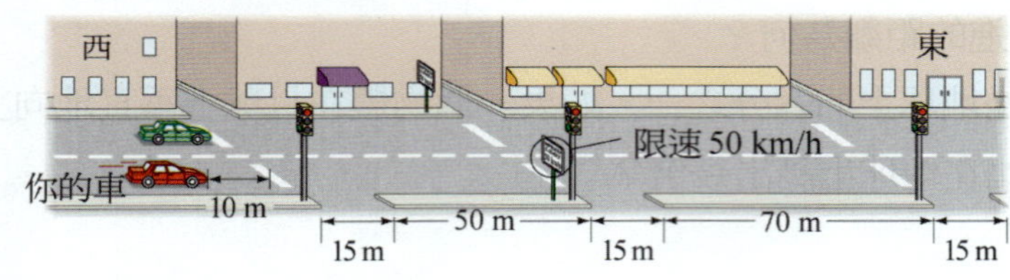

圖 2-47　習題 78。

79. 在推球入洞時，高爾夫球選手擊球的力量希望能使球停在球洞附近的一個小範圍內，比如前或後 1 m 之內，以免推桿失誤。要做到這一點，坡上的推擊 (即向下坡推球，見圖 2-48) 要比坡下的推擊困難。要明白為什麼，我們假設在一個特別的綠色草坪上，球以 $1.8\ \text{m/s}^2$ 減速滾下坡，並且以 $2.8\ \text{m/s}^2$ 減速滾上坡。並假設從推球處到球洞有 7.0 m 上坡的狀態，試計算球的初始速度所允許的範圍，以便它能停在球洞前後的 1.0 m 範圍內，再針對由推球處到球洞有 7.0 m 的下坡情形做相同的計算。這結果給你什麼建議，為何向下坡輕輕擊球會比較困難？

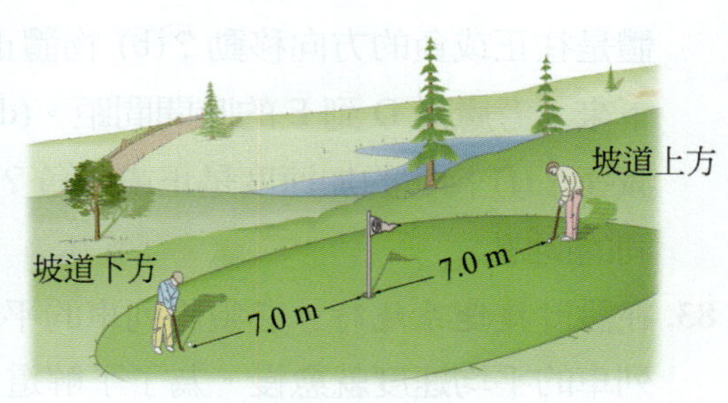

圖 2-48 習題 79。

80. 一個藥局使用機器人收拾藥瓶，從 $t=0$ 開始，它先以 $0.2\ \text{m/s}^2$ 加速了 5 s，然後不再加速行進了 68 s。最後再以 $-0.4\ \text{m/s}^2$ 減速了 2.5 s 後到達藥局櫃檯，由藥師自機器人手中取出藥品。請問機器人取藥品處有多遠？

81. 在 75.0 m 高的懸崖邊，將一塊石頭以 12.5 m/s 的速率垂直向上拋擲 (圖 2-49)。(a) 多久之後它會落到崖底？(b) 它剛落到崖底之前的速率是多少？(c) 它行進的總距離是多少？

圖 2-49 習題 81。

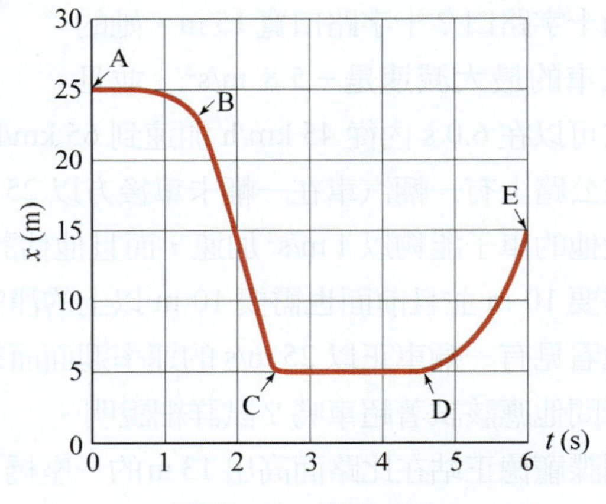

圖 2-50 習題 82。

82. 圖 2-50 是一個物體沿 x 軸運動的位置對時間曲線圖。考慮從 A 到 B 的時間間距。(a) 物體是往正或負的方向移動？(b) 物體正在加速或減速？(c) 物體的加速度是正或是負？接下來，考慮從 D 到 E 的時間間距。(d) 物體是往正或負的方向移動？(e) 物體正在加速或減速？(f) 物體的加速度是正或是負？(g) 最後，再針對 C 到 D 的時間間距回答這三個相同的問題。

83. 在設計捷運系統時，必須將列車的平均速率對各站之間的距離取得平衡。停靠站愈多，列車的平均速度就愈慢。為了了解這個問題，在以下兩種情況下，計算列車行駛 9.0 km 路程所花費的時間：(a) 列車必須停靠的各站彼此相距 1.8 km (包括起站與終站一共 6 個車站)；(b) 各站彼此相距 3.0 km (一共 4 個車站)。假設，在每個車站列車都以 1.1 m/s^2 加速，直到它的速率達到 95 km/h，然後保持此速度直到抵達下一站前，它以 −2.0 m/s^2 減速煞車為止。假設它在中間各站停靠的時間為 22 s。

84. 一個人從水面上方高 4.0 m 的跳水板跳入一個深水池。此人的向下運動在水面下方 2.0 m 深處停止，試估算此人在水中的平均減速度。

85. 比爾垂直拋球的速率要比喬快 1.5 倍，則比爾的球將比喬的球高多少倍？

86. 一個物體其位移的時間函數圖為圖 2-36，畫出 v 對 t 的曲線圖。

87. 當交通號誌轉成黃燈時，一個人駕車正以 45 km/h 的速率接近十字路口。她知道在變成紅燈之前黃燈只持續 2.0 s，當時她距十字路口較近的一邊有 28 m 遠 (圖 2-51)。請問在號誌變成紅燈之前，她應設法停車或是加速通過十字路口？十字路口寬 15 m。她的汽車的最大減速是 − 5.8 m/s^2，並且它可以在 6.0 s 內從 45 km/h 加速到 65 km/h。忽略車身的長度以及她的反應時間。

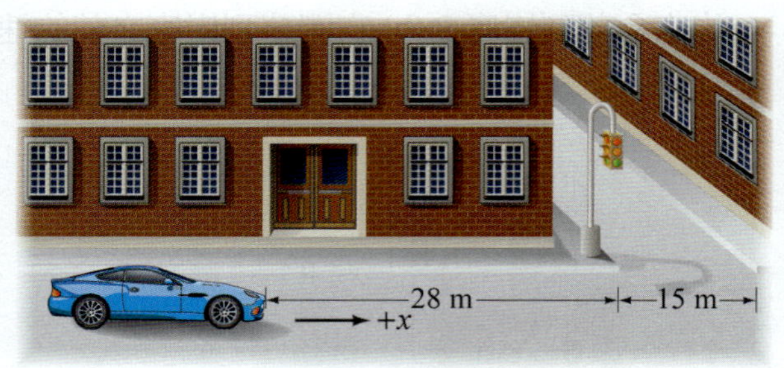

圖 2-51　習題 87。

88. 在公路上有一輛汽車在一輛卡車後方以 25 m/s 的速率行駛。汽車司機想找機會超車，假設他的車子能夠以 1 m/s^2 加速，而且他估計必須行過 20 m 長的卡車，再加上卡車的後面需要 10 m 並且前面也需要 10 m 以上的淨空長度才能安全超車。同時在對面的車道中，他看見有一輛車正以 25 m/s 的速率迎面而來。他估計那輛汽車大約是在 400 m 之遠處。請問他應該試著超車嗎？試詳細說明。

89. 間諜龐德正站在比路面高出 13 m 的一座橋上，他的追捕者正逐漸逼近。他察覺有一輛平板卡車正以 25 m/s 的速率接近。他估計該國路邊電線桿的間距是 25 m，卡車的車台比路面高 1.5 m，龐德必須趕緊計算應該在卡車離他還有多少個電線桿時，由橋上跳下，才能順利跳上卡車逃走。請問是多少個電線桿呢？

90. 路邊的警車靜止不動，一輛超速車以等速 130 km/h 通過，警車開始緊追不捨。警察維持等加速度並在 750 m 後追上超速者。(a) 從警車起動到追上點處，定性地為兩輛車繪出位置對時間的圖。計算 (b) 警察追上超速車需要多久時間，(c) 警車需要的加速度，(d) 警車追上時的速率。

91. 速食餐廳使用一條輸送帶送漢堡通過燒烤箱。如果燒烤箱是 1.1 m 長，並且烤漢堡需要 2.5 分鐘，輸送帶的移動速率需要多快？如果漢堡彼此分隔 15 cm，則漢堡的生產速率 (漢堡／分鐘) 為何？

92. 兩名學生被指定要使用氣壓計求出一棟特殊大樓的高度。他們不是使用氣壓計作為測量高度的儀器，反而是到大樓的屋頂上並且投下氣壓計，以測量它掉落的時間。其中一名學生報告掉落的時間是 2.0 s，另一名則是 2.3 s。請問這 0.3 s 的差距對大樓高度的估計會產生什麼不同？

93. 圖 2-52 為兩部腳踏車 A 和 B 的位置對時間的比較曲線圖。(a) 是否在哪個瞬時，這兩部腳踏車有相同的速度？(b) 哪一部車有較大的加速度？(c) 在哪些瞬時車子互相超越？哪部車超過另一部？(d) 哪部車有最快的瞬時速度？(e) 哪部車有比較高的平均速度？

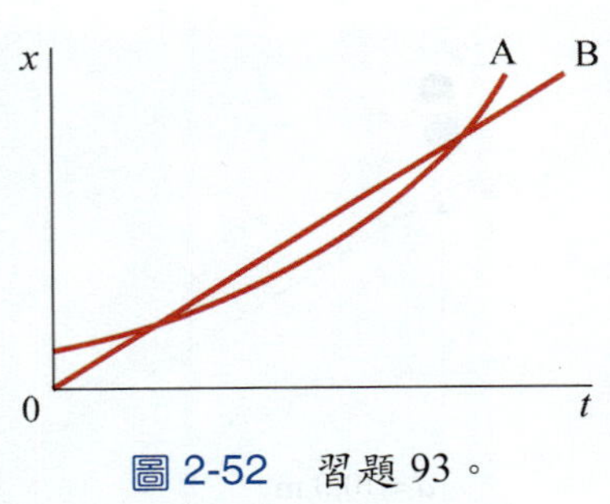

圖 2-52 習題 93。

94. 你正以等速率 v_M 行進，而且在你前方有一輛車以速率 v_A 行進。你注意到 $v_M > v_A$，所以當你與前車之間的距離是 x 時，開始以等加速度 a 減速。是什麼樣的 a 與 x 之間的關係決定你是否會撞到前車？

*數值／計算機

***95.** (II) 下表所示的是一輛特殊的加速賽跑車的速率作為時間之函數的關係。(a) 計算在每個時間間距內的平均加速度 (m/s²)，(b) 利用數值積分法 (見第 2-9 節)，估算行進的總距離 (m) 與時間的函數關係。[提示：$\bar{v}$ 在每個時間間距的值等於在間距的開始和結束時的速度總和除以 2；例如，在第二個間距內使用 $\bar{v} = (6.0 + 13.2)/2 = 9.6$]。(c) 畫出它們對時間 t 的曲線圖。

t (s)	0	0.50	1.00	1.50	2.00	2.50	3.00	3.50	4.00	4.50	5.00
v (km/h)	0.0	6.0	13.2	22.3	32.2	43.0	53.5	62.6	70.6	78.4	85.1

***96.** (III) 一個物體的加速度 (m/s²) 以 1.00 s 的時間間距，於 $t = 0$ 時開始測量，結果如下

1.25、1.58、1.96、2.40、2.66、2.70、2.74、2.72、2.60、

2.30、2.04、1.76、1.41、1.09、0.86、0.51、0.28、0.10

使用數值積分法 (見第 2-9 節) 估計 (a) 速度 (假設於 $t=0$ 時，$v=0$) 以及 (b) 在 $t=17.00$ s 時的位移。

***97.** (III) 一位站立在游泳池邊的救生員察覺一個陷入危險中的小孩 (圖 2-53)。救生員沿著池邊以平均速率 v_R 跑了 x 距離，然後跳入池中並以平均速率 v_S 沿著一條直線路徑朝著小孩游去，(a) 證明：救生員到達小孩處的總時間 t 為

$$t=\frac{x}{v_R}+\frac{\sqrt{D^2+(d-x)^2}}{v_S}$$

(b) 假設 $v_R=4.0$ m/s 且 $v_S=1.5$ m/s。使用圖形計算器或電腦繪製 (a) 部分的 t 對 x 圖。並且從這個圖中判斷最佳的距離 x ——救生員跳入水池前所跑的距離 (即求出 x 值，使得救生員到達小孩處的時間 t 為最短)。

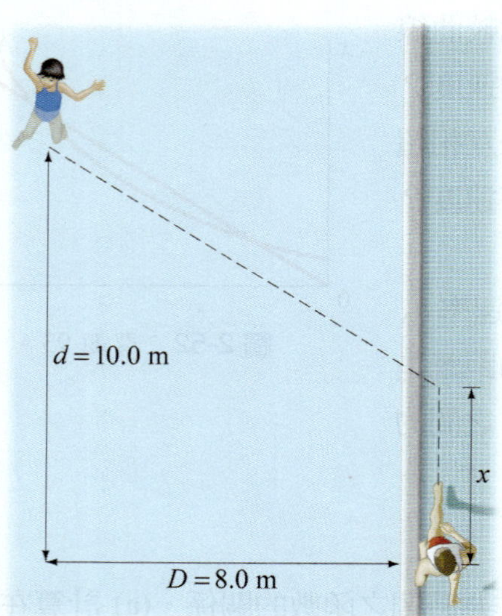

圖 2-53 習題 97。

練習題答案

A: −30 cm；50 cm。

B: (a)。

C: (b)。

D: (b)。

E: (a) +；(b) −；(c) −；(d) +。

F: (c)。

G: (b)。

H: (e)。

I: 4.9 m/s^2。

J: (c)。

二維或三維的運動學；向量

滑雪者的飛行是一個二維空間運動的例子。在沒空氣阻力的情況下，其路徑將是一個完美的拋物線。金色箭號代表向下的重力加速度 $\vec{g}$。伽利略曾經對地表附近因重力作用而造成的二維運動 (現稱為拋體運動) 進行分析，並將其分成水平與垂直分量。

我們將討論如何處理向量以及如何將它們相加。除了分析拋體運動之外，我們也將看到如何運用相對速度。

章前問題——試著想想看！

〔不用擔心現在回答的答案是否正確，你還有機會在本章的後面回答此問題，你也可以回頭看第 1 章第 1 頁的說明〕

一架直昇機沿著水平的方向飛行，在 A 點處投下一個緊急救難裝備的小箱子。請問站在地面的人所見的箱子之路徑 (忽略空氣阻力) 是右圖中的哪一個？

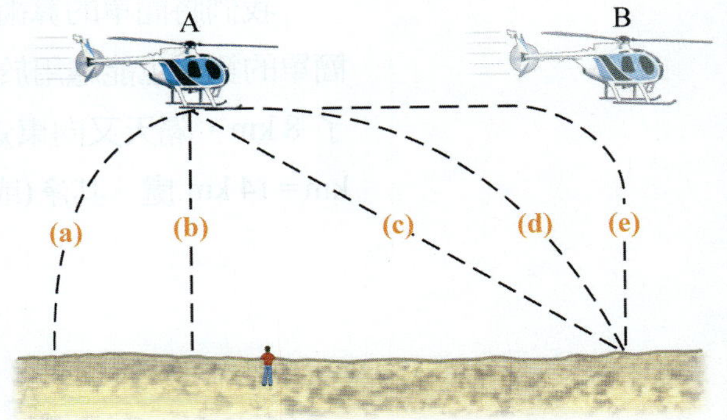

在第 2 章中，我們討論沿著直線的運動，現在要考慮物體沿著二 (或三) 維路徑的運動。為此，首先必須討論向量以及它們如何相加。我們將檢視一般情況下如何描述物體的運動。接著討論一個有趣的特殊情況：在地球表面附近的拋體運動。我們還將討論在不同的參考座標中如何決定物體的相對速度。

圖 3-1　汽車在道路上行駛，於轉彎處減速，綠色箭號代表在不同位置的速度向量。

3-1　向量與純量

在第 2 章中曾經提及速度這個術語不僅與一個物體移動得多快有關，也顯示出它的方向。一個如速度一般具有方向及大小的物理量就是一個**向量** (vector)。其他如位移、力與動量這些也都是向量。然而，有許多量是沒有方向的，例如質量、時間與溫度。它們完全地被一個數值與單位所指明，這種量稱為**純量** (scalar)。

繪出一個特定的物理狀態的圖形往往是有幫助的，尤其在處理向量時更是如此。在圖中，各個向量都用一個箭號代表。箭號所指的方向即為該向量的方向，箭號的長度則繪成與向量的大小成正比。例如，在圖 3-1 中當汽車環繞曲線的時候，綠色的箭號代表汽車繞彎路行駛時，在不同地點的速度。藉由測量相關箭號的長度並且使用圖中所示的標度 (1 cm = 90 km/h)，就可以知道各個地點之速度的大小。

當我們寫一個向量符號的時候，將永遠使用粗體字型態，並在符號上方附帶一個小的箭頭。因此我們將速度寫成 $\vec{\mathbf{v}}$。如果只考慮速度的大小，就簡單地寫成斜體字，v，如同其他符號一般。

3-2　向量的加法——圖解法

因為向量是具有方向與大小的量，所以它們一定要以特別的方式相加。在本章中，我們主要討論的是位移向量 (現在它以符號 $\vec{\mathbf{D}}$ 表示)，以及速度向量 $\vec{\mathbf{v}}$。但是結果將應用於以後所遇到的其他向量。

我們將簡單的算術應用於純量的加法。如果向量的方向相同，則簡單的算術也能應用於向量的加法。例如，如果一個人一天中向東走了 8 km，隔天又向東走了 6 km，則這個人將位於起點東方 6 km + 8 km = 14 km 處。其淨 (或者合成的) 位移向量是朝東方 14 km (圖 3-2a)。

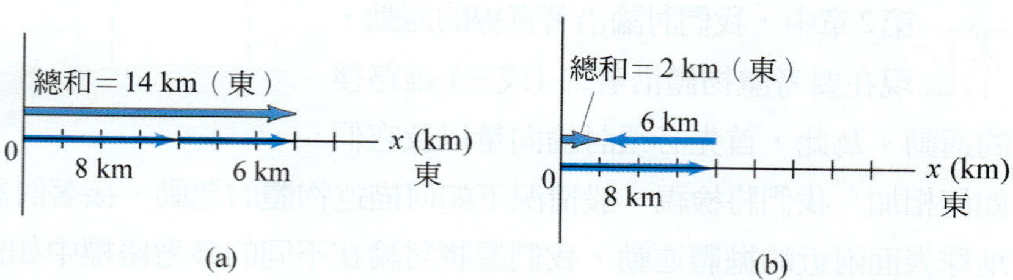

圖 3-2　一維空間的向量組合。

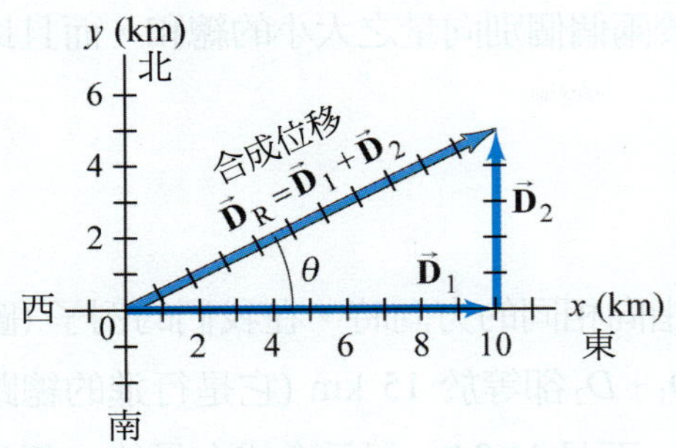

圖 3-3　一個人向東走 10.0 km，再朝北走 5.0 km。這兩個位移分別用 $\vec{\mathbf{D}}_1$ 及 $\vec{\mathbf{D}}_2$ 表示。$\vec{\mathbf{D}}_1$ 與 $\vec{\mathbf{D}}_2$ 的向量和就是合成位移向量 $\vec{\mathbf{D}}_R$，如圖中所示。以直尺及量角器測量，可得 $\vec{\mathbf{D}}_R$ 的大小為 11.2 km，並且指向東偏北的 $\theta = 27°$ 角之方向。

另一方面，如果這個人第一天向東走了 8 km，而第二天向西走了 6 km (反方向)，則此人將位於距離起點 2 km 處 (圖 3-2b)，因此合成位移向量是朝東方 2 km。在這情況中，合成位移向量是依減法所得到的：8 km − 6 km = 2 km。

但是如果這兩個向量不是沿著相同的直線，就不能使用簡單的算術。例如，一個人向東走了 10.0 km，然後再向北走了 5.0 km。這些位移可以在一個圖中表示，其中正 y 軸指向北方，而正 x 軸則指向東方 (圖 3-3)。在這個圖中，我們畫一個標示 $\vec{\mathbf{D}}_1$ 的箭號，它代表朝東方 10.0 km 的位移，然後再畫第二個箭號 $\vec{\mathbf{D}}_2$ 以代表朝北方 5.0 km 的位移。兩向量均按比例畫在圖 3-3 中。

在這次步行之後，此人現在是位於起點東方 10.0 km 以及北方 5.0 km 處。**合成位移** (resultant displacement) 是用圖 3-3 中標示為 $\vec{\mathbf{D}}_R$ 的箭號表示。使用直尺和量角器，你可以由圖中測量出：此人位於東偏北 $\theta = 27°$ 並且距起點 11.2 km 處；換句話說，合成位移向量的大小為 11.2 km，並且與正 x 軸成 $\theta = 27°$ 之夾角。在這種情況下，$\vec{\mathbf{D}}_R$ 的大小 (長度) 也可以應用畢氏定理求出，由於 D_1、D_2 和 D_R 形成一個直角三角形，而且以 D_R 為斜邊，因此

$$D_R = \sqrt{D_1^2 + D_2^2} = \sqrt{(10.0\ \text{km})^2 + (5.0\ \text{km})^2}$$
$$= \sqrt{125\ \text{km}^2} = 11.2\ \text{km}$$

當然只有在向量彼此垂直的時候，才能利用畢氏定理。

合成位移向量 $\vec{\mathbf{D}}_R$ 是向量 $\vec{\mathbf{D}}_1$ 與 $\vec{\mathbf{D}}_2$ 的總和，亦即

$$\vec{\mathbf{D}}_R = \vec{\mathbf{D}}_1 + \vec{\mathbf{D}}_2$$

這是一個向量方程式。兩個沿著不同直線之向量相加的一個重要特性

就是，其合成向量之大小不等於兩個個別向量之大小的總和，而且比它們的總和還小，即

$$D_R \leq D_1 + D_2$$

其中的等號只適用於兩個向量指向相同的方向時。在我們的例子 (圖 3-3) 中，$D_R = 11.2$ km，然而 $D_1 + D_2$ 卻等於 15 km (它是行進的總距離)。因為這是一個向量方程式，而且 11.2 km 只是合成向量的一部分 (它的大小)，所以我們不能夠令 $\vec{\mathbf{D}}_R$ 等於 11.2 km。我們可寫成：$\vec{\mathbf{D}}_R = \vec{\mathbf{D}}_1 + \vec{\mathbf{D}}_2 =$ (11.2 km，東偏北 27°)。

練習 A 在什麼條件之下，合成向量的大小是 $D_R = D_1 + D_2$？

圖 3-3 介紹了以圖解法將兩個向量相加的一般規則，規則如下

1. 在圖上依標度畫出向量 $\vec{\mathbf{D}}_1$。
2. 接著畫第二個向量 $\vec{\mathbf{D}}_2$，將其尾端置於第一個向量的尖端，而且確定它的方向是正確的。
3. 從第一個向量的尾端畫到第二個向量的尖端之箭號就代表這兩個向量的和，或是**合成向量** (resultant vector)。

合成向量的長度代表它的大小。注意，向量也能以平移的方式 (維持相同的長度和角度) 完成向量加法。尺可以測量合成向量的長度，並且與標度相比較，量角器則能測量角度。這個方法通常稱為**頭尾相接的向量加法** (tail-to-tip method of adding vectors)。

向量相加的順序並不會影響合成向量。例如，一個往北 5.0 km 的位移，再加上往東 10.0 km 的位移，產生一個 11.2 km 角度 $\theta = 27°$ 的合成向量 (如圖 3-4 所示)。這與將它們以相反的順序相加的結果是完全相同的 (圖 3-3)。現在以 $\vec{\mathbf{V}}$ 代表任何類型的向量，那就是

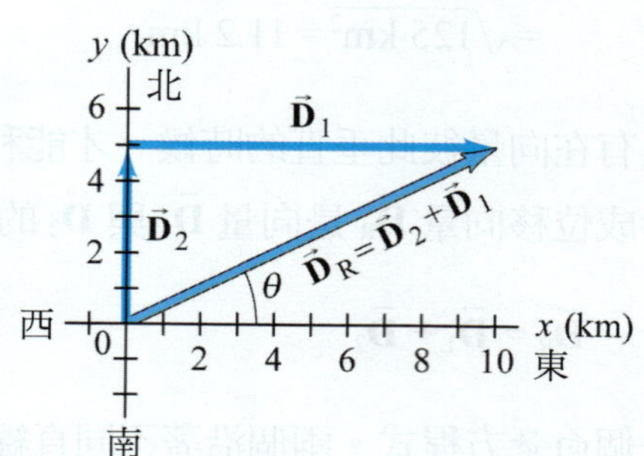

圖 3-4 如果向量以相反的順序相加，其總和是一樣的。(與圖 3-3 相比較)

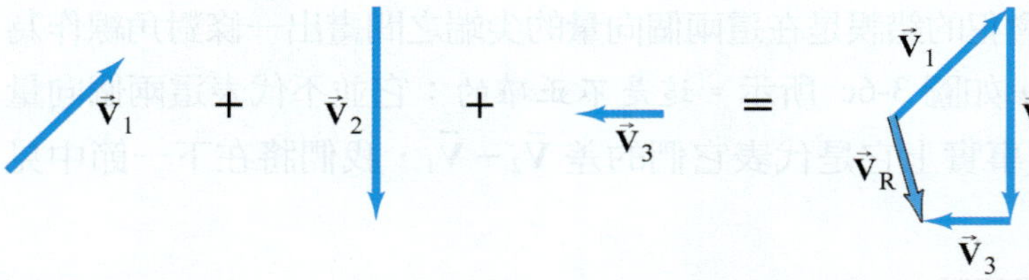

圖 3-5　三個向量的總和：$\vec{\mathbf{V}}_R = \vec{\mathbf{V}}_1 + \vec{\mathbf{V}}_2 + \vec{\mathbf{V}}_3$

$$\vec{\mathbf{V}}_1 + \vec{\mathbf{V}}_2 = \vec{\mathbf{V}}_2 + \vec{\mathbf{V}}_1 \qquad \text{[交換性]} \quad \textbf{(3-1a)}$$

這就是向量加法的交換性。

頭尾相接的向量加法可以擴展到三個或更多的向量加總，而合成向量則是從第一個向量的尾端畫到最後一個向量的尖端。如圖 3-5 中所示，這三個向量可以代表位移(朝東北、朝南、朝西)，或許也可以代表三個力量。你可以自己檢查無論以何種順序將這三個向量相加，都會得到相同的結果，亦即

$$(\vec{\mathbf{V}}_1 + \vec{\mathbf{V}}_2) + \vec{\mathbf{V}}_3 = \vec{\mathbf{V}}_1 + (\vec{\mathbf{V}}_2 + \vec{\mathbf{V}}_3) \qquad \text{[結合性]} \quad \textbf{(3-1b)}$$

這就是向量加法的結合性。

向量相加的第二種方法是**平行四邊形法** (parallelogram method)。它與頭尾相接的向量加法完全相等。在這種方法中，兩個向量是由一個共同的起點出發，並且以這兩個向量為鄰邊而建立一個平行四邊形，如圖 3-6b 所示。從共同起點畫起的對角線就是合成向量。在圖 3-6a 中所示的頭尾相接法中，可以很清楚地看出兩個方法會產生相同的結果。

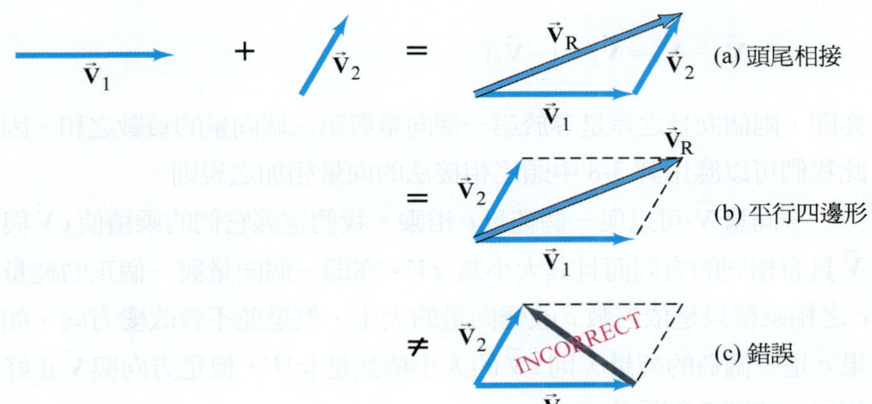

圖 3-6　以兩種不同的方法 (a) 與 (b) 做向量加總，(c) 是不正確的方法。

⚠注意
一定要使用平行四邊形中正確的對角線才能得到總和

通常會犯的錯誤是在這兩個向量的尖端之間畫出一條對角線作為合成向量，如圖 3-6c 所示。這是不正確的：它並不代表這兩個向量的總和。(事實上它是代表它們的差 $\vec{\mathbf{V}}_2-\vec{\mathbf{V}}_1$，我們將在下一節中見到)。

觀念例題 3-1 **向量長度的範圍** 假設有兩個向量，其長度均為 3.0 個單位，請問代表這兩個向量總和之向量的長度範圍是什麼？

回答 向量和的長度可以是從二者指向相同方向的 6.0 (= 3.0 + 3.0) 至二者逆向平行的 0 (= 3.0 − 3.0) 之間的任何數值。

練習 B 如果例題 3-1 中的兩個向量互相垂直，則合成向量的長度是多少？

3-3 向量的減法，以及純量與向量的乘法

圖 3-7 一個向量的負數是另一個具有相同長度，但是方向相反的向量。

已知一個向量 $\vec{\mathbf{V}}$，我們定義這個向量的負數 $(-\vec{\mathbf{V}})$ 是一個與 $\vec{\mathbf{V}}$ 有相同的大小，但方向相反的向量 (圖 3-7)。不過要注意的是，在觀念上從來沒有任何向量的大小是負的，所以每個向量的大小都是正的。更明確地說，其實一個負號是告訴我們它的方向是相反的。

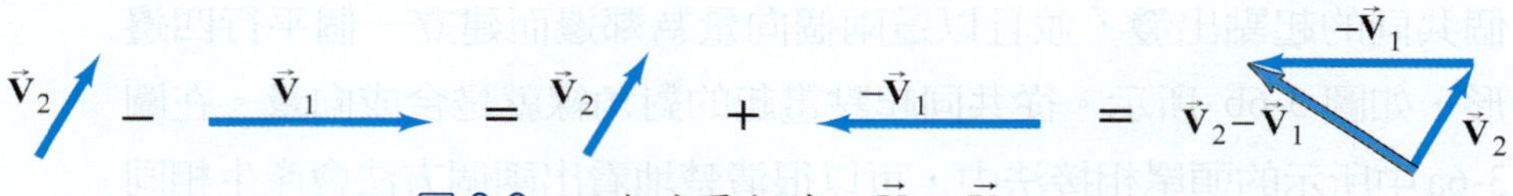

圖 3-8 兩個向量相減：$\vec{\mathbf{V}}_2-\vec{\mathbf{V}}_1$。

我們現在定義向量的減法，兩個向量之間的差被定義為 $\vec{\mathbf{V}}_2-\vec{\mathbf{V}}_1$

$$\vec{\mathbf{V}}_2-\vec{\mathbf{V}}_1=\vec{\mathbf{V}}_2+(-\vec{\mathbf{V}}_1)$$

亦即，兩個向量之差是等於第一個向量與第二個向量的負數之和。因此我們可以應用圖 3-8 中頭尾相接法的向量相加之規則。

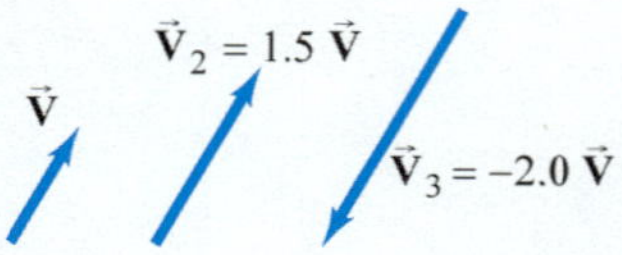

圖 3-9 將向量 $\vec{\mathbf{V}}$ 乘以一個正純量 c，其大小成為 c 倍，而方向與 $\vec{\mathbf{V}}$ 相同 (若 c 為負值，則方向相反)。

一向量 $\vec{\mathbf{V}}$ 可以與一個純量 c 相乘。我們定義它們的乘積使 $c\vec{\mathbf{V}}$ 與 $\vec{\mathbf{V}}$ 具有相同的方向而且其大小為 cV。亦即一個向量與一個正的純量 c 之相乘積只是依倍數 c 改變向量的大小，但是並不會改變方向。如果 c 是一個負的純量，則 $c\vec{\mathbf{V}}$ 的大小依然是 $|c|V$，但是方向與 $\vec{\mathbf{V}}$ 正好相反，如圖 3-9 所示。

練習 C 圖 3-6c 中所示之“不正確的”向量代表什麼？(a) $\vec{\mathbf{V}}_2-\vec{\mathbf{V}}_1$，(b) $\vec{\mathbf{V}}_1-\vec{\mathbf{V}}_2$，(c) 其他。

3-4 用分量法求向量和

使用直尺和量角器通常無法非常準確地以圖解法求向量和，而且無法應用於三維中的向量。對於向量相加，我們現在要討論一種更有效和更精確的方法，但是不要忘記圖解法，因為它對於形象化、檢查數學計算以及因此得到正確的結果還是很有用的。

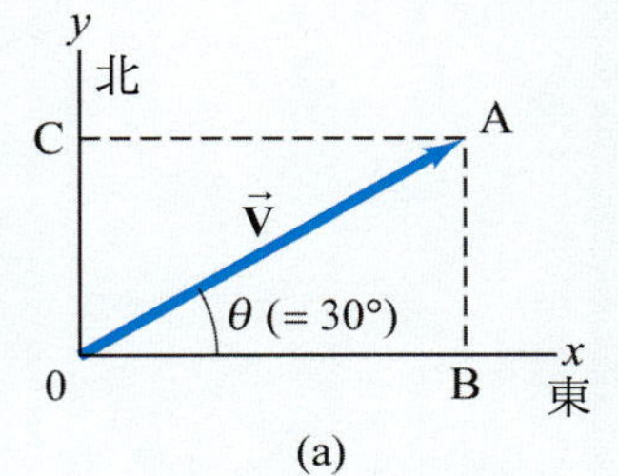

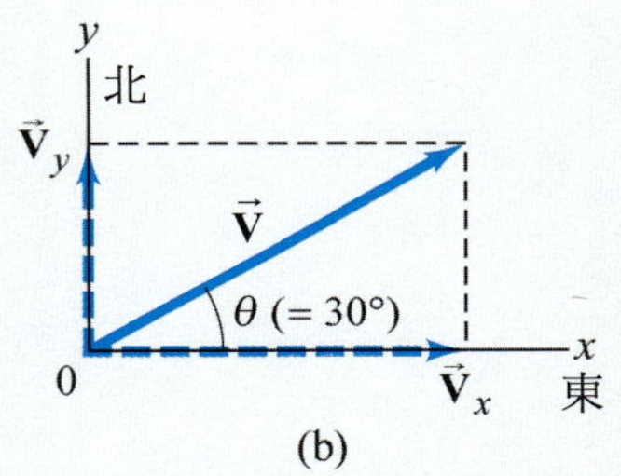

圖 3-10 將向量 $\vec{\mathbf{V}}$ 分解為沿著一組任意選取的 x 和 y 軸的分量。這些分量就代表原向量。亦即，這些分量中包含原向量的所有資料。

首先考慮在一特定平面中的向量 $\vec{\mathbf{V}}$，它可以用兩個稱為原向量之**分量** (component) 的向量和來表示。這兩個分量通常被選擇為沿著兩個垂直的方向，例如 x 軸與 y 軸。求分量的程序就是將**向量分解成分量**。如圖 3-10 所示的範例，向量 $\vec{\mathbf{V}}$ 是一個朝東偏北 $\theta=30°$ 的位移向量。在此，我們選擇正 x 軸為朝東方而且正 y 軸為朝北方。藉著由向量尖端 A 所畫出的分別與 x 和 y 軸垂直的兩條虛線 (AB 與 AC)，就可以將這個向量 $\vec{\mathbf{V}}$ 分解為 x 分量與 y 分量。而 OB 與 OC 兩條線則分別代表 $\vec{\mathbf{V}}$ 的 x 分量與 y 分量，如圖 3-10b 所示。這些向量分量寫成 $\vec{\mathbf{V}}_x$ 和 $\vec{\mathbf{V}}_y$。我們通常如向量一般用箭號表示分量 (但改用虛線)。純量分量 (V_x 和 V_y) 是向量分量的大小，並且附帶有一個視它們朝 x 或 y 軸的正負方向而定的正號或負號。如同圖 3-10 中所見，利用求向量和的平行四邊形，$\vec{\mathbf{V}}_x+\vec{\mathbf{V}}_y=\vec{\mathbf{V}}$。

空間是由三維所組成，而且有時必須沿著三個互相垂直的方向來分解一個向量。在直角座標中的分量是 $\vec{\mathbf{V}}_x$、$\vec{\mathbf{V}}_y$ 和 $\vec{\mathbf{V}}_z$。在三維中的向量分解只是上述方法的擴充。

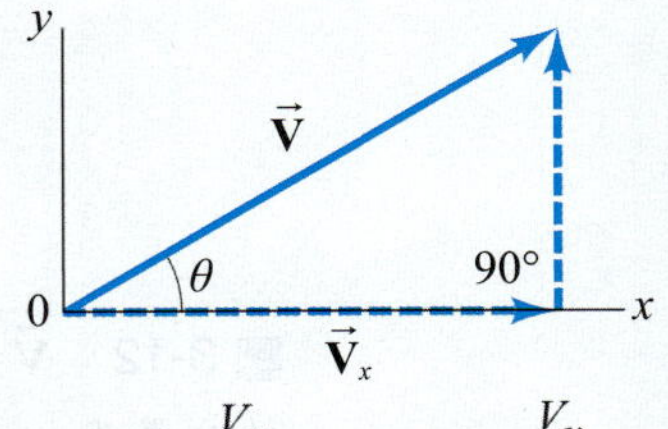

$$\sin\theta=\frac{V_y}{V} \qquad \tan\theta=\frac{V_y}{V_x}$$

$$\cos\theta=\frac{V_x}{V} \qquad V^2=V_x^2+V_y^2$$

圖 3-11 利用三角函數求出一個向量的分量。

圖 3-11 中所示，是利用三角函數求一個向量的分量，圖中一個向量與它的兩個分量可組成一個直角三角形。(參閱附錄 A 中有關三角函數與恆等式的其他詳細內容)。接著在圖 3-11 中我們看到正弦、餘弦和正切。如果我們將 $\sin\theta=V_y/V$ 的定義式兩邊同時乘以 V，可得

$$V_y=V\sin\theta \tag{3-2a}$$

同樣地，從 $\cos\theta$ 的定義式，可得

$$V_x = V\cos\theta \qquad \textbf{(3-2b)}$$

注意，依照慣例 θ 是向量與正 x 軸之間的夾角(以逆時針方向為正)。

依座標軸不同的選擇，一個向量的分量也將會有所不同。因此，當分量為已知時，指明所選擇的座標系統是至為重要的。

在一個特定的座標系統中，有兩種方法可以詳細指明一個向量

1. 我們提供它的分量 V_x 與 V_y。

2. 我們提供向量的大小 V 以及它與正 x 軸的夾角 θ。

我們可以利用 (3-2) 式從一個敘述轉移到另一個，而相反地，也可以利用畢氏定理[1]和正切函數之定義

$$V = \sqrt{V_x^2 + V_y^2} \qquad \textbf{(3-3a)}$$

$$\tan\theta = \frac{V_y}{V_x} \qquad \textbf{(3-3b)}$$

如圖 3-11 所示。

現在我們要討論該如何使用分量來求向量和。第一個步驟是將每個向量分解成它的分量。接著由圖 3-12 就能看到任意兩個向量 $\vec{\mathbf{V}}_1$ 和 $\vec{\mathbf{V}}_2$ 相加所得到的結果 $\vec{\mathbf{V}} = \vec{\mathbf{V}}_1 + \vec{\mathbf{V}}_2$ 說明了

$$V_x = V_{1x} + V_{2x}$$
$$V_y = V_{1y} + V_{2y} \qquad \textbf{(3-4)}$$

亦即 x 分量的總和等於合成向量的 x 分量，而且 y 分量的總和等於合

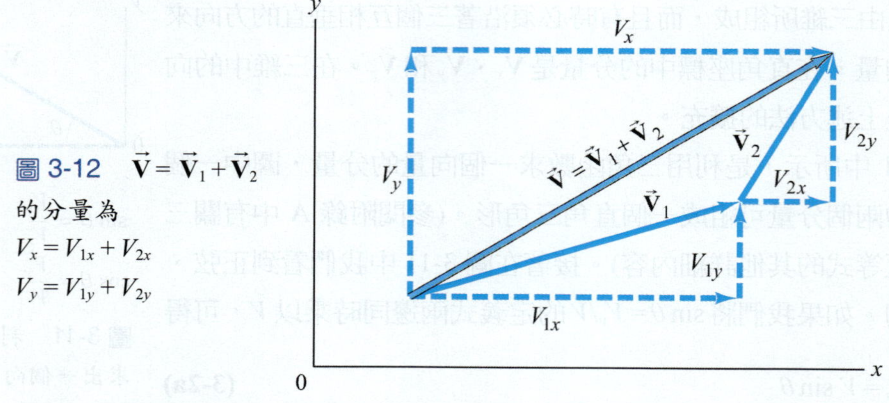

圖 3-12 $\vec{\mathbf{V}} = \vec{\mathbf{V}}_1 + \vec{\mathbf{V}}_2$ 的分量為 $V_x = V_{1x} + V_{2x}$ $V_y = V_{1y} + V_{2y}$

1 在三維空間中，畢氏定理成為 $V=\sqrt{V_x^2+V_y^2+V_z^2}$，其中 V_z 是沿著第三軸(或 z 軸)的分量。

成向量的 y 分量 (仔細檢視圖 3-12 就可以獲得證實)。注意，我們不把 x 分量加入 y 分量。

如果欲知合成向量的大小和方向，可以利用 (3-3) 式來求得。

一個已知向量的分量視座標軸的選擇而定。通常你可以藉由慎選座標軸而減少向量加法的運算，例如，藉由選定其中一個座標軸的方向與其中某一個向量相同，於是那個向量將只有一個非零的分量。

例題 3-2 **郵差的位移** 一位農村的郵差開車離開郵局往北行駛了 22.0 km，接著再往東偏南 60.0° 方向行駛了 47.0 km (圖 3-13a)。她距郵局的位移為何？

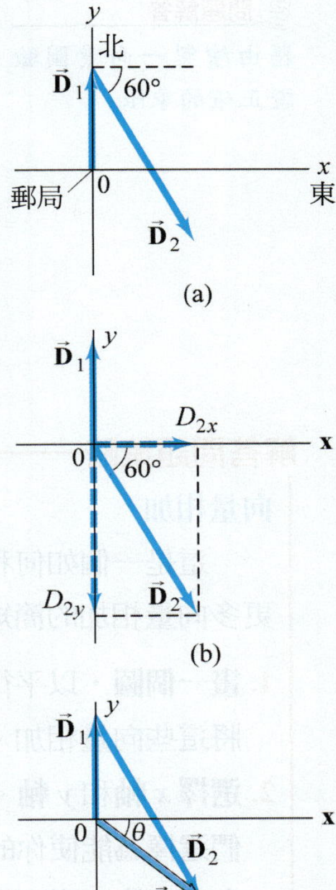

圖 3-13 例題 3-2。(a) 兩個位移向量 $\vec{D}_1$ 與 $\vec{D}_2$，(b) $\vec{D}_2$ 分解成其分量，(c) $\vec{D}_1$ 和 $\vec{D}_2$ 以圖解法相加而得到合成向量 $\vec{D}$。本例題說明求向量和的分量法。

方法 我們選擇郵局為 xy 座標系統的原點，並且正 x 軸朝東與正 y 軸朝北 (因為這是在大多數地圖中所使用的指南針方向)。我們將每個向量分解成 x 分量與 y 分量，然後將各個 x 分量與各個 y 分量分別相加，就得出合成向量的 x 分量與 y 分量。

解答 將每個位移向量分解為其分量，如圖 3-13b 所示。因為向量 $\vec{D}_1$ 的大小為 22.0 km 並且朝北，所以它只有 y 分量

$$D_{1x}=0，\quad D_{1y}=22.0\ \text{km}$$

而向量 $\vec{D}_2$ 則同時具有 x 分量和 y 分量

$$D_{2x}=+(47.0\ \text{km})(\cos 60°)=+(47.0\ \text{km})(0.500)=+23.5\ \text{km}$$

$$D_{2y}=-(47.0\ \text{km})(\sin 60°)=-(47.0\ \text{km})(0.866)=-40.7\ \text{km}$$

注意 D_{2y} 是負的，這是因為這個分量是沿著負 y 軸。合成向量 $\vec{D}$ 的分量為

$$D_x=D_{1x}+D_{2x}=0\ \text{km}+23.5\ \text{km}=+23.5\ \text{km}$$

$$D_y=D_{1y}+D_{2y}=22.0\ \text{km}+(-40.7\ \text{km})=-18.7\ \text{km}$$

這完全地指明了合成向量

$$D_x=23.5\ \text{km}，\quad D_y=-18.7\ \text{km}$$

我們也能利用 (3-3) 式提供它的大小與角度來指明合成向量

$$D=\sqrt{D_x^2+D_y^2}=\sqrt{(23.5\ \text{km})^2+(-18.7\ \text{km})^2}=30.0\ \text{km}$$

$$\tan\theta=\frac{D_y}{D_x}=\frac{-18.7\ \text{km}}{23.5\ \text{km}}=-0.796$$

利用一個附有反正切函數鍵的計算機得到 $\theta = \tan^{-1}(-0.796) = -38.5°$。負號的意思是在 x 軸下方，$\theta = 38.5°$ (圖 3-13c)。因此，合成位移為 30.0 km，方向為東偏南 38.5°。

備註 永遠都要注意合成向量位於哪一個象限，一台電子計算機不能充分地提供這資料，但是一個好的圖就可以。

問題解答
藉由繪製一向量圖驗證正確的象限

三角函數的正負符號視角度位於哪一個“象限”而定。例如，在第一象限和第三象限中 (由 0° 至 90° 以及由 180° 至 270°) 正切函數是正的，但是在第二象限和第四象限中則是負的 (見附錄 A)。要正確地記錄角度並且檢查任何的向量結果，最好的方式通常是畫一個向量圖。向量圖在分析問題時能夠給你一些可觀察的有形資料，並且能對結果加以核對。

下述的解答問題策略不應被視為祕訣。更正確的說法是，它是引導你思考手邊問題的一個摘要。

解答問題策略

向量相加

這是一個如何利用分量法將兩個或是更多向量相加的簡短摘要：

1. **畫一個圖**，以平行四邊形法或頭尾相接將這些向量相加。
2. **選擇 x 軸和 y 軸**。如果可能的話，將它們選擇為能使你的工作變得更容易的方向。(例如，將其中一個向量的方向選定為某一個軸，於是該向量就只有一個分量。)
3. 將每個向量**分解**成 x 與 y **分量**，並將沿著 x 軸與 y 軸的各個分量以虛線的箭號表示。
4. 使用正弦和餘弦**計算各個分量** (當未知時)。如果 θ_1 是向量 $\vec{\mathbf{V}}_1$ 與正 x 軸之夾角，則

$$V_{1x} = V_1 \cos\theta_1, \quad V_{1y} = V_1 \sin\theta_1$$

注意**符號**：沿著負 x 軸或者負 y 軸的任何分量都應該有一個負號。

5. 將各 x **分量相加**得到合成向量的 x 分量。而 y 也是一樣。

$$V_x = V_{1x} + V_{2x} + \text{其餘的}$$
$$V_y = V_{1y} + V_{2y} + \text{其餘的}$$

這個答案就是合成向量的分量。檢查符號看它們是否位於圖中適當的象限 (前述的第 1 項)。

6. 如果你想要知道合成向量的**大小與方向**，利用 (3-3) 式

$$V = \sqrt{V_x^2 + V_y^2}, \quad \tan\theta = \frac{V_y}{V_x}$$

你所畫的向量圖可以幫助求得角度 θ 的正確位置 (象限)。

例題 3-3 **三次短暫的飛行** 一架飛機飛行三段航程，中途停留兩次，如圖 3-14a 所示。第一段航程是往正東方飛行 620 km，第二段是往東南方 (45°) 飛行 440 km；而第三段則是往西偏南方 53° 飛行 550 km。飛機的總位移是多少？

方法 依上述的解答問題策略。

解答

1. 畫一個圖，如圖 3-14a 所示，其中 $\vec{\mathbf{D}}_1$、$\vec{\mathbf{D}}_2$ 和 $\vec{\mathbf{D}}_3$ 代表這三段航程，而 $\vec{\mathbf{D}}_R$ 是飛機的總位移。

2. 選擇座標軸：在圖 3-14a 中，x 朝東方，y 朝北方。

3. 求出分量：畫出一張好的圖是很重要的。在圖 3-14b 中畫出分量。這裡不用圖 3-13b 中的所有向量都從一個共同起點出發的畫法，而改採“頭接尾”的形式，它不但正好合用，並且更容易理解。

4. 計算分量

$$\vec{\mathbf{D}}_1 : D_{1x} = +D_1 \cos 0° = D_1\ 620 \text{ km}$$
$$D_{1y} = +D_1 \sin 0° = 0 \text{ km}$$
$$\vec{\mathbf{D}}_2 : D_{2x} = +D_2 \cos 45° = +(440 \text{ km})(0.707) = +311 \text{ km}$$
$$D_{2y} = -D_2 \sin 45° = -(440 \text{ km})(0.707) = -311 \text{ km}$$
$$\vec{\mathbf{D}}_3 : D_{3x} = -D_3 \cos 53° = -(550 \text{ km})(0.602) = -331 \text{ km}$$
$$D_{3y} = -D_3 \sin 53° = -(550 \text{ km})(0.799) = -439 \text{ km}$$

我們已經對圖 3-14b 中指向 $-x$ 或 $-y$ 方向的分量加上負號，這些分量列在頁邊的表格裡。

5. 分量相加：將 x 分量以及 y 分量分別相加而得到合成向量的 x 分量與 y 分量

$$D_x = D_{1x} + D_{2x} + D_{3x} = 620 \text{ km} + 311 \text{ km} - 331 \text{ km} = 600 \text{ km}$$
$$D_y = D_{1y} + D_{2y} + D_{3y} = 0 \text{ km} - 311 \text{ km} - 439 \text{ km} = -750 \text{ km}$$

x 分量與 y 分量分別是 600 km 和 −750 km，而且分別指向東方和南方。這是一種提供答案的方式。

6. 大小與方向：我們也可以回答成

$$D_R = \sqrt{D_x^2 + D_y^2} = \sqrt{(600)^2 + (-750)^2} \text{ km} = 960 \text{ km}$$
$$\tan\theta = \frac{D_y}{D_x} = \frac{-750 \text{ km}}{600 \text{ km}} = -1.25\text{，所以 } \theta = -51°$$

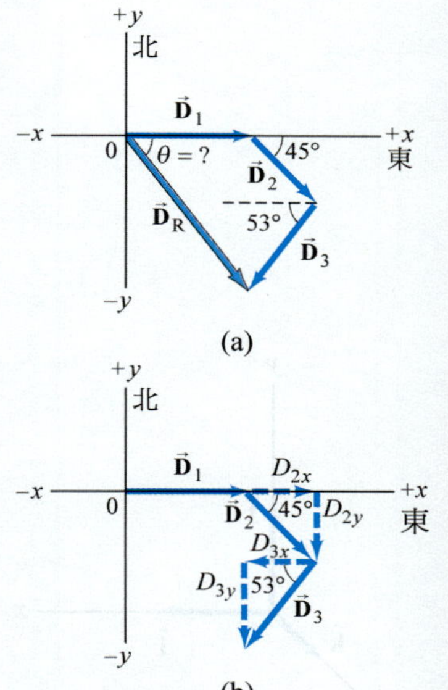

圖 3-14 例題 3-3。

向量	分量	
	x (km)	y (km)
$\vec{\mathbf{D}}_1$	620	0
$\vec{\mathbf{D}}_2$	311	−311
$\vec{\mathbf{D}}_3$	−331	−439
$\vec{\mathbf{D}}_R$	600	−750

因此，總位移大小為 960 km，而方向為 x 軸下方 51° (東南方)，如我們原先所畫的圖 3-14a 所示。

3-5 單位向量

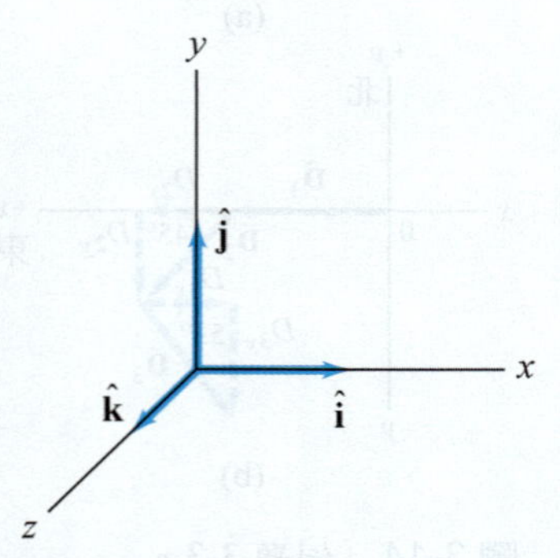

圖 3-15 沿著 x、y 與 z 軸的單位向量 $\hat{\mathbf{i}}$、$\hat{\mathbf{j}}$ 與 $\hat{\mathbf{k}}$。

向量可以方便地以單位向量表示。**單位向量** (unit vector) 定義為大小正好等於一的向量。規定座標軸方向的單位向量是很有用的。在 x、y、z 直角座標系統中，這些單位向量稱為 $\hat{\mathbf{i}}$、$\hat{\mathbf{j}}$ 和 $\hat{\mathbf{k}}$。如圖 3-15 中所示，它們分別沿著正 x、y 和 z 軸。與其他向量一樣，$\hat{\mathbf{i}}$、$\hat{\mathbf{j}}$ 與 $\hat{\mathbf{k}}$ 不一定要置於原點。只要方向與單位長度保持不變，就可以將它置於其他地方。通常都用一個 "帽子" 來表示單位向量：$\hat{\mathbf{i}}$、$\hat{\mathbf{j}}$、$\hat{\mathbf{k}}$ (在本書中就以這種方式表示)，以提醒這是一個單位向量。

由純量與向量相乘的定義 (第 3-3 節)，向量 $\vec{\mathbf{V}}$ 的分量可以寫成 $\vec{\mathbf{V}}_x = V_x \hat{\mathbf{i}}$、$\vec{\mathbf{V}}_y = V_y \hat{\mathbf{j}}$ 與 $\vec{\mathbf{V}}_z = V_z \hat{\mathbf{k}}$。因此任何向量 $\vec{\mathbf{V}}$ 都能以它的分量表示，而寫成

$$\vec{\mathbf{V}} = V_x \hat{\mathbf{i}} + V_y \hat{\mathbf{j}} + V_z \hat{\mathbf{k}} \tag{3-5}$$

當以分量法將向量相加時，單位向量是很有用的。例如，若各個向量使用單位向量標記法 (我們所寫的是二維的情形，它可以直接擴充至三維)，就可以看到 (3-4) 式是正確的

$$\begin{aligned}\vec{\mathbf{V}} = (V_x)\hat{\mathbf{i}} + (V_y)\hat{\mathbf{j}} &= \vec{\mathbf{V}}_1 + \vec{\mathbf{V}}_2 \\ &= (V_{1x}\hat{\mathbf{i}} + V_{1y}\hat{\mathbf{j}}) + (V_{1x}\hat{\mathbf{i}} + V_{2y}\hat{\mathbf{j}}) \\ &= (V_{1x} + V_{2x})\hat{\mathbf{i}} + (V_{1y} + V_{2y})\hat{\mathbf{j}}\end{aligned}$$

比較第一行和第三行，就可以得到 (3-4) 式。

例題 3-4 **使用單位向量** 以單位向量標記法寫出例題 3-2 的向量，並將它們相加。

方法 我們利用例題 3-2 中所求得的分量，

$$D_{1x} = 0 \text{、} D_{1y} = 22.0 \text{ km} \quad \text{以及} \quad D_{2x} = 23.5 \text{ km} \text{、} D_{2y} = -40.7 \text{ km}$$

現在將它們寫成 (3-5) 式的形式。

解答 已知

$$\vec{\mathbf{D}}_1 = 0\,\hat{\mathbf{i}} + 22.0\text{ km}\,\hat{\mathbf{j}}$$
$$\vec{\mathbf{D}}_2 = 23.5\text{ km}\,\hat{\mathbf{i}} - 40.7\text{ km}\,\hat{\mathbf{j}}$$

則

$$\vec{\mathbf{D}} = \vec{\mathbf{D}}_1 + \vec{\mathbf{D}}_2 = (0 + 23.5)\text{ km}\,\hat{\mathbf{i}} + (22.0 - 40.7)\text{ km}\,\hat{\mathbf{j}}$$
$$= 23.5\text{ km}\,\hat{\mathbf{i}} - 18.7\text{ km}\,\hat{\mathbf{j}}$$

合成位移 $\vec{\mathbf{D}}$ 的分量是 $D_x = 23.5$ km 與 $D_y = -18.7$ km。$\vec{\mathbf{D}}$ 的大小為 $D = \sqrt{(23.5\text{ km})^2 + (18.7\text{ km})^2} = 30.0$ km，正與例題 3-2 相同。

3-6 向量運動學

我們現在可以用正式的方式，將速度與加速度的定義擴展到二維與三維的運動。假設一個質點循著 xy 平面中的一個路徑移動，如圖 3-16 所示。於 t_1 時，質點位於點 P_1 處，而於 t_2 時，它位於點 P_2 處。向量 $\vec{\mathbf{r}}_1$ 是質點於 t_1 時的位置向量 (它代表質點距座標系統之原點的位移)。而 $\vec{\mathbf{r}}_2$ 是於 t_2 時的位置向量。

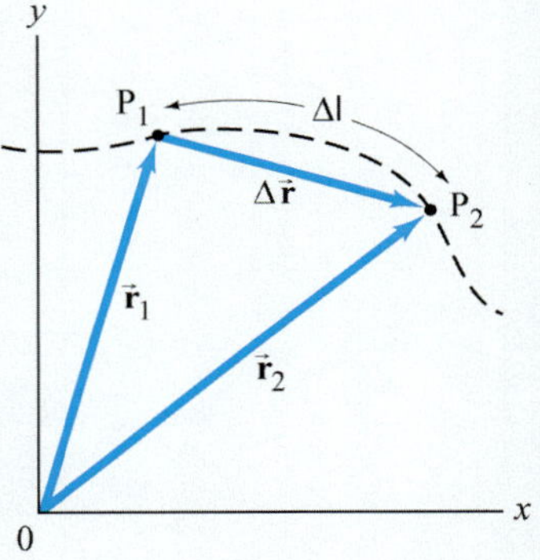

圖 3-16 一個質點在 xy 平面上的路徑。於 t_1 時，質點位於點 P_1 處，位置向量為 $\vec{\mathbf{r}}_1$；於 t_2 時，質點位於點 P_2 處，位置向量為 $\vec{\mathbf{r}}_2$。在時間間距 $t_2 - t_1$ 內的位移向量為 $\Delta\vec{\mathbf{r}} = \vec{\mathbf{r}}_2 - \vec{\mathbf{r}}_1$。

在一維中，我們定義位移為質點位置的變化。在更普遍的二維或三維的情況中，**位移向量** (displacement vector) 被定義為代表位置變化的向量，我們稱它為 $\Delta\vec{\mathbf{r}}$，[2] 其中

$$\Delta\vec{\mathbf{r}} = \vec{\mathbf{r}}_2 - \vec{\mathbf{r}}_1$$

這代表在時間間距 $\Delta t = t_2 - t_1$ 內的位移。

以單位向量標記法，可寫成

$$\vec{\mathbf{r}}_1 = x_1\,\hat{\mathbf{i}} + y_1\,\hat{\mathbf{j}} + z_1\,\hat{\mathbf{k}} \tag{3-6a}$$

其中 x_1、y_1 與 z_1 是點 P_1 的座標；同樣地

$$\vec{\mathbf{r}}_2 = x_2\,\hat{\mathbf{i}} + y_2\,\hat{\mathbf{j}} + z_2\,\hat{\mathbf{k}}$$

2 稍早在本章中，我們曾經使用 $\vec{\mathbf{D}}$ 表示位移向量，用來說明向量的加法。而新的標記法 $\Delta\vec{\mathbf{r}}$ 則強調它是兩個位置向量之間的差。

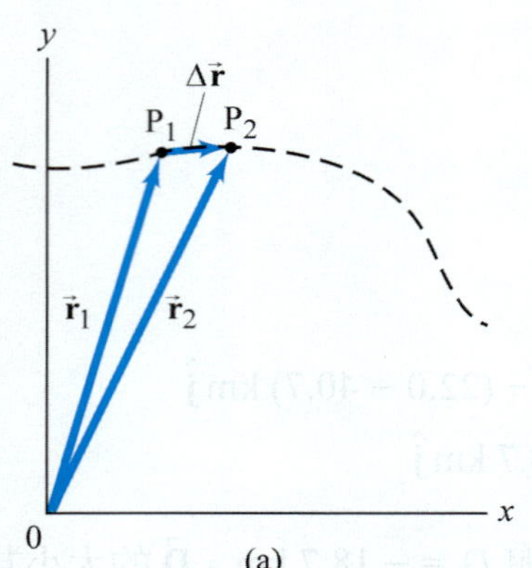

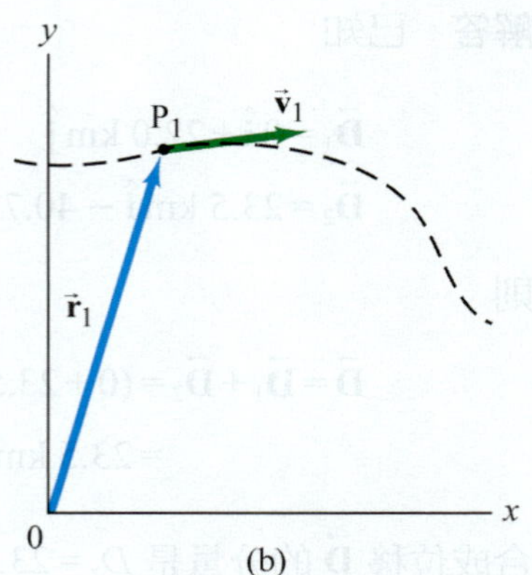

圖 3-17 (a) 當我們取 Δt 與 $\Delta\vec{\mathbf{r}}$ 為愈來愈小時 [與圖 3-16 相比較]，我們看到 $\Delta\vec{\mathbf{r}}$ 與瞬時速度 ($\Delta\vec{\mathbf{r}}/\Delta t$，其中 $\Delta t \to 0$) 的方向是 (b) 中曲線於點 P_1 處的切線方向。

因此

$$\Delta\vec{\mathbf{r}} = (x_2 - x_1)\,\hat{\mathbf{i}} + (y_2 - y_1)\,\hat{\mathbf{j}} + (z_2 - z_1)\,\hat{\mathbf{k}} \tag{3-6b}$$

如果質點只是沿著 x 軸運動，則 $y_2 - y_1 = 0$，$z_2 - z_1 = 0$，並且位移的大小為 $\Delta r = x_2 - x_1$，與稍早之前的一維方程式 (第 2-1 節) 一致。即使在一維空間中，位移還是一個向量，正如速度和加速度一般。

在時間間距 $\Delta t = t_2 - t_1$ 內之**平均速度向量** (average velocity vector) 定義為

$$\text{平均速度} = \frac{\Delta\vec{\mathbf{r}}}{\Delta t} \tag{3-7}$$

現在考慮逐漸變短的時間間距，亦即使 Δt 趨近於零，因而 P_1 與 P_2 兩點之間的距離也趨近於零 (圖 3-17)。我們定義**瞬時速度向量** (instantane velocity vector) 是當 Δt 趨近於零時，平均速度的極限

$$\vec{\mathbf{v}} = \lim_{\Delta t \to 0} \frac{\Delta\vec{\mathbf{r}}}{\Delta t} = \frac{d\vec{\mathbf{r}}}{dt} \tag{3-8}$$

在任何時刻，$\vec{\mathbf{v}}$ 的方向是當時沿著路徑之切線的方向 (圖 3-17)。

注意，圖 3-16 中的平均速度的大小與平均速率並不相等，平均速率是沿著路徑的實際行進距離 $\Delta\ell$ 除以 Δt。在一些特殊情況中，平均速度的大小與平均速率是相等的 (例如沿著一個方向的直線運動)，但是一般而言，它們並不是如此。不過，在極限 $\Delta t \to 0$ 時，Δr 總是趨近於 $\Delta\ell$，因此於任何時刻的瞬時速率永遠等於瞬時速度的大小。

瞬時速度 [(3-8) 式] 等於位置向量對時間的導數。(3-8) 式能夠依

(3-6a) 式之分量寫成

$$\vec{\mathbf{v}}=\frac{d\vec{\mathbf{r}}}{dt}=\frac{dx}{dt}\hat{\mathbf{i}}+\frac{dy}{dt}\hat{\mathbf{j}}+\frac{dz}{dt}\hat{\mathbf{k}}=v_x\hat{\mathbf{i}}+v_y\hat{\mathbf{j}}+v_z\hat{\mathbf{k}} \tag{3-9}$$

其中 $v_x=dx/dt$、$v_y=dy/dt$、$v_z=dz/dt$ 分別是速度的 x、y 和 z 分量。注意 $d\hat{\mathbf{i}}/dt=d\hat{\mathbf{j}}/dt=d\hat{\mathbf{k}}/dt=0$，這是因為這些單位向量的大小和方向都是恆定的。

二維或三維中的加速度可以用類似的方式處理。在時間間距 $\Delta t=t_2-t_1$ 內的**平均加速度向量** (average acceleration vector) 定義為

$$\text{平均加速度}=\frac{\Delta\vec{\mathbf{v}}}{\Delta t}=\frac{\vec{\mathbf{v}}_2-\vec{\mathbf{v}}_1}{t_2-t_1} \tag{3-10}$$

式中 $\Delta\vec{\mathbf{v}}$ 是在時間間距 Δt 內瞬時速度向量的變化：$\Delta\vec{\mathbf{v}}=\vec{\mathbf{v}}_2-\vec{\mathbf{v}}_1$。在許多情況中 (例如圖 3-18a)，$\vec{\mathbf{v}}_2$ 與 $\vec{\mathbf{v}}_1$ 的方向可能不同。因此平均加速度向量可能與 $\vec{\mathbf{v}}_1$ 或 $\vec{\mathbf{v}}_2$ (圖 3-18b) 有不同的方向。此外，$\vec{\mathbf{v}}_2$ 和 $\vec{\mathbf{v}}_1$ 可能具有相同的大小卻有不同的方向，因而兩個這種向量的差將不是零。因此加速度可能是起因於速度大小的改變，或是速度方向的改變，或是兩者兼具。

瞬時加速度向量 (instantaneous acceleration vector) 定義為時間間距 Δt 趨近於零時之平均加速度向量的極限

$$\vec{\mathbf{a}}=\lim_{\Delta t\to 0}\frac{\Delta\vec{\mathbf{v}}}{\Delta t}=\frac{d\vec{\mathbf{v}}}{dt} \tag{3-11}$$

並且這是 $\vec{\mathbf{v}}$ 對 t 的導數。

我們可以使用分量來寫出 $\vec{\mathbf{a}}$

$$\begin{aligned}\vec{\mathbf{a}}&=\frac{d\vec{\mathbf{v}}}{dt}=\frac{dv_x}{dt}\hat{\mathbf{i}}+\frac{dv_y}{dt}\hat{\mathbf{j}}+\frac{dv_z}{dt}\hat{\mathbf{k}}\\&=a_x\hat{\mathbf{i}}+a_y\hat{\mathbf{j}}+a_z\hat{\mathbf{k}}\end{aligned} \tag{3-12a}$$

其中 $a_x=dv_x/dt$ 等等。因為 $v_x=dx/dt$，所以 $a_x=dv_x/dt=d^2x/dt^2$，如同第 2-4 節中所見。因此我們也可以將加速度寫成

$$\vec{\mathbf{a}}=\frac{d^2x}{dt^2}\hat{\mathbf{i}}+\frac{d^2y}{dt^2}\hat{\mathbf{j}}+\frac{d^2z}{dt^2}\hat{\mathbf{k}} \tag{3-12b}$$

不只當速度的大小改變時，而且當它的方向改變時，瞬時加速度都不是零。例如，一個人駕車以等速率繞著彎道行駛，或是一個孩子騎乘

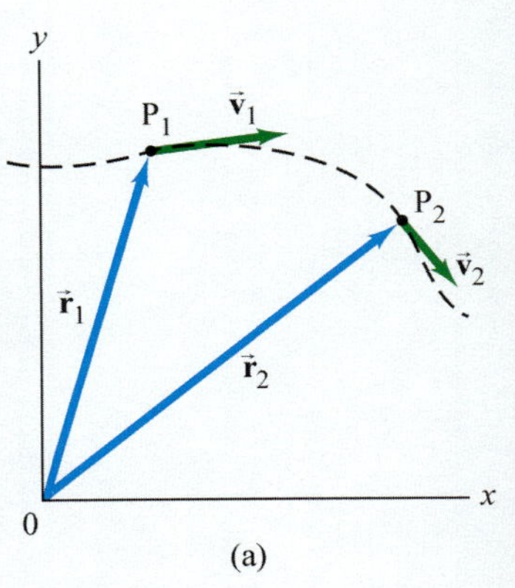

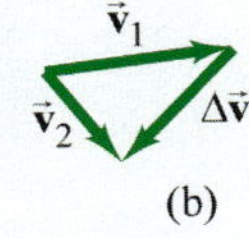

圖 3-18 (a) 圖 3-16 中的質點於 t_1 與 t_2 時，位於點 P_1 與 P_2 處的速度向量 $\vec{\mathbf{v}}_1$ 與 $\vec{\mathbf{v}}_2$。(b) 平均加速度的方向為 $\Delta\vec{\mathbf{v}}=\vec{\mathbf{v}}_2-\vec{\mathbf{v}}_1$ 的方向。

旋轉木馬，即使速率保持不變，但是因為速度的方向改變，所以兩者都有一個加速度。(在第 5 章中對此有更詳細的討論)。

通常，我們使用“速度”與“加速度”這些術語是表示瞬間值的意思。如果要討論平均值，將加上“平均”這個字。

例題 3-5 **由時間函數所述的位置** 一個物體的位置是時間的函數

$$\vec{\mathbf{r}} = [(5.0\ \text{m/s})t + (6.0\ \text{m/s}^2)t^2]\,\hat{\mathbf{i}} + [(7.0\ \text{m}) - (3.0\ \text{m/s}^3)t^3]\,\hat{\mathbf{j}}$$

其中 r 之單位為公尺，t 之單位為秒，(a) 在 $t_1 = 2.0$ s 至 $t_2 = 3.0$ s 之間質點的位移是什麼？(b) 試求質點的瞬時速度與加速度的時間函數。(c) 於 $t = 3.0$ s 時求 $\vec{\mathbf{v}}$ 與 $\vec{\mathbf{a}}$。

方法 (a) 代入 $t_1 = 2.0$ s 求出 $\vec{\mathbf{r}}_1$，再代入 $t_2 = 3.0$ s 求出 $\vec{\mathbf{r}}_2$，接著就能求得 $\Delta\vec{\mathbf{r}} = \vec{\mathbf{r}}_2 - \vec{\mathbf{r}}_1$。(b) 我們將它微分 [(3-9) 式與 (3-11) 式]，(c) 將 $t = 3.0$ s 代入 (b) 中的結果。

解答 (a) 於 $t_1 = 2.0$ s 時，

$$\begin{aligned}\vec{\mathbf{r}}_1 &= [(5.0\ \text{m/s})(2.0\ \text{s}) + (6.0\ \text{m/s}^2)(2.0\ \text{s})^2]\,\hat{\mathbf{i}} + [(7.0\ \text{m}) - (3.0\ \text{m/s}^3)(2.0\ \text{s})^3]\,\hat{\mathbf{j}} \\ &= (34\ \text{m})\,\hat{\mathbf{i}} - (17\ \text{m})\,\hat{\mathbf{j}}\end{aligned}$$

同樣地，於 $t_2 = 3.0$ s 時，

$$\vec{\mathbf{r}}_2 = (15\ \text{m} + 54\ \text{m})\,\hat{\mathbf{i}} + (7.0\ \text{m} - 81\ \text{m})\,\hat{\mathbf{j}} = (69\ \text{m})\,\hat{\mathbf{i}} - (74\ \text{m})\,\hat{\mathbf{j}}$$

因此

$$\begin{aligned}\Delta\vec{\mathbf{r}} = \vec{\mathbf{r}}_2 - \vec{\mathbf{r}}_1 &= (69\ \text{m} - 34\ \text{m})\,\hat{\mathbf{i}} + (-74\ \text{m} + 17\ \text{m})\,\hat{\mathbf{j}} \\ &= (35\ \text{m})\,\hat{\mathbf{i}} - (57\ \text{m})\,\hat{\mathbf{j}}\end{aligned}$$

亦即，$\Delta x = 35$ m 而且 $\Delta y = -57$ m。

(b) 要求速度，我們將 $\vec{\mathbf{r}}$ 對時間微分，注意 $d(t^2)/dt = 2t$ 以及 $d(t^3)/dt = 3t^2$ (附錄 B-2)

$$\vec{\mathbf{v}} = \frac{d\vec{\mathbf{r}}}{dt} = [5.0\ \text{m/s} + (12\ \text{m/s}^2)t]\,\hat{\mathbf{i}} + [0 - (9.0\ \text{m/s}^3)t^2]\,\hat{\mathbf{j}}$$

加速度是 (只保留兩位有效數字)

$$\vec{\mathbf{a}} = \frac{d\vec{\mathbf{v}}}{dt} = (12\ \text{m/s}^2)\,\hat{\mathbf{i}} - (18\ \text{m/s}^3)t\,\hat{\mathbf{j}}$$

如此 $a_x = 12\ \text{m/s}^2$ 是一個常數；但是 $a_y = -(18\ \text{m/s}^3)t$ 與時間為線性的關係，它在負 y 方向上，其大小隨著時間增加。

(c) 將 $t = 3.0$ s 代入剛導出的 $\vec{\mathbf{v}}$ 與 $\vec{\mathbf{a}}$ 之方程式中，得到

$$\vec{\mathbf{v}} = (5.0\ \text{m/s} + 36\ \text{m/s})\,\hat{\mathbf{i}} - (81\ \text{m/s})\,\hat{\mathbf{j}} = (41\ \text{m/s})\,\hat{\mathbf{i}} - (81\ \text{m/s})\,\hat{\mathbf{j}}$$

$$\vec{\mathbf{a}} = (12\ \text{m/s}^2)\,\hat{\mathbf{i}} - (54\ \text{m/s}^2)\,\hat{\mathbf{j}}$$

於 $t = 3.0$ s 時的大小是 $v = \sqrt{(41\ \text{m/s})^2 + (81\ \text{m/s})^2} = 91$ m/s 以及 $a = \sqrt{(12\ \text{m/s}^2)^2 + (54\ \text{m/s}^2)^2} = 55\ \text{m/s}^2$

等加速度

在第 2 章中我們曾經學習一維等加速度運動的重要情形。在二維或三維中，如果加速度向量 $\vec{\mathbf{a}}$ 之大小與方向都是不變的，則 a_x = 常數、a_y = 常數、a_z = 常數。在這種情況下的平均加速度與任何時刻的瞬時加速度是相等的，我們在第 2 章中對於一維所導出的 (2-12a)、(2-12b) 和 (2-12c) 式，將個別地應用於二維或三維運動的各個垂直分量上。在二維中，我們令 $\vec{\mathbf{v}}_0 = v_{x0}\,\hat{\mathbf{i}} + v_{y0}\,\hat{\mathbf{j}}$ 為初始速度，而且應用 (3-6a)、(3-9) 與 (3-12b) 式的位置向量 $\vec{\mathbf{r}}$、速度 $\vec{\mathbf{v}}$ 與加速度 $\vec{\mathbf{a}}$。然後再針對二維寫出 (2-12a)、(2-12b) 與 (2-12c) 式，如表 3-1 所示。

表 3-1　二維等加速度運動之運動學方程式

x **分量 (水平的)**		***y*** **分量 (垂直的)**
$v_x = v_{x0} + a_x t$	(2-12a) 式	$v_y = v_{y0} + a_y t$
$x = x_0 + v_{x0}t + \frac{1}{2}a_x t^2$	(2-12b) 式	$y = y_0 + v_{y0}t + \frac{1}{2}a_y t^2$
$v_x^2 = v_{x0}^2 + 2a_x(x - x_0)$	(2-12c) 式	$v_y^2 = v_{y0}^2 + 2a_y(y - y_0)$

表 3-1 中的前兩個方程式可以更正式地以向量形式寫成

$$\vec{\mathbf{v}} = \vec{\mathbf{v}}_0 + \vec{\mathbf{a}}t \qquad [\vec{\mathbf{a}} = \text{常數}] \quad \textbf{(3-13a)}$$

$$\vec{\mathbf{r}} = \vec{\mathbf{r}}_0 + \vec{\mathbf{v}}_0 t + \frac{1}{2}\vec{\mathbf{a}}t^2 \qquad [\vec{\mathbf{a}} = \text{常數}] \quad \textbf{(3-13b)}$$

其中，$\vec{\mathbf{r}}$ 是在任何時刻的位置向量，而 $\vec{\mathbf{r}}_0$ 是於 $t = 0$ 時的位置向量。這些方程式是 (2-12a) 與 (2-12b) 式的向量同義式。在實際的情形中，我們通常都使用表 3-1 中的分量形式。

3-7 拋體運動

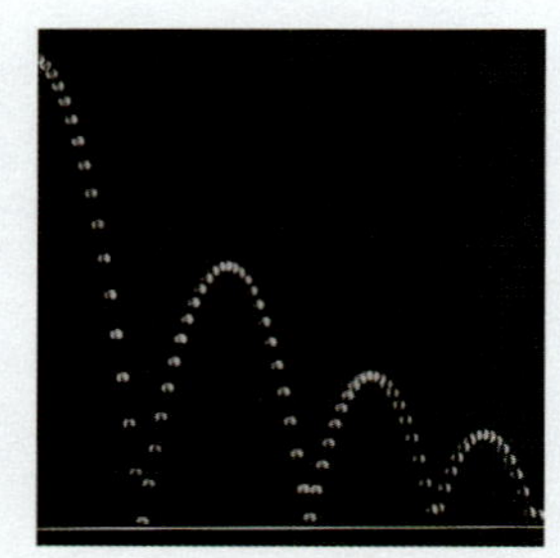

圖 3-19 這張一個接連彈跳的球的頻閃照片顯示了拋體運動，特有的拋物線路徑。

在第 2 章中，我們曾經學習以位移、速度和加速度所表示的物體的一維運動，其中包括由重力加速度所引起的落體的垂直運動。現在我們要檢視地球表面附近更普遍的物體在空中的二維平移運動，例如高爾夫球、被投出或擊出的棒球、被踢出的足球與高速飛行的子彈。這些全部都是**拋體運動** (projectile motion) (見圖 3-19) 的實例，而我們可以將它們視為是發生於二維中的運動。

雖然空氣阻力通常是很重要的，但是在許多情況中，可以將它的影響忽視，而我們將在下述的分析中忽略它。現在不考慮物體投擲或拋射的過程，我們只考慮它被投射之後到著地或被接住之前的運動，也就是，只分析被投射的物體在重力的作用下經過空氣自由地移動。物體的加速度是由重力所造成的，重力加速度的大小為 $g = 9.80\ \text{m/s}^2$ 而方向向下，並且我們假設它是常數。[3]

伽利略是第一位準確地描述拋體運動的人。他證實了藉由個別地分析運動的水平和垂直分量可以了解拋體運動。為了方便起見，我們假設運動是在 $t = 0$ 時從 xy 座標系統的原點 $(x_0 = y_0 = 0)$ 開始。

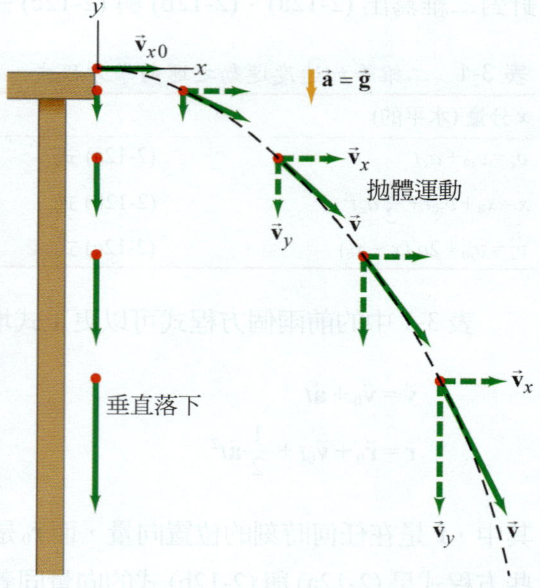

圖 3-20 一個以水平射出之小球的拋體運動。黑色虛線代表球的路徑。在各點處的速度向量 $\vec{v}$ 都指向運動的方向，因而與路徑相切。速度向量以綠色箭號表示，而速度的分量則以虛線表示。(左邊有一個自相同地點垂直落下的物體，作為對比之用。落體與拋體的 v_y 都相同。

3 此一性質限用於其行進距離以及它距地面的最大高度遠小於地球半徑 (6400 km) 的物體。

讓我們觀察一個極小的球以水平 (x) 方向的初速度 v_{x0} 從水平桌面上滾落 (見圖 3-20)。圖中還有另一個垂直落下的物體作為對比之用。在每一瞬間的速度向量 $\vec{\mathbf{v}}$ 都指向該瞬間球的運動方向，並且始終與路徑相切。依循伽利略的概念，我們分別討論速度的水平分量 v_x 與垂直分量 v_y，並且我們可以將 (2-12a) 至 (2-12c) 式的運動學方程式應用於這個運動的 x 分量與 y 分量。

首先，我們檢視運動的垂直 (y) 分量。當球離開桌邊的瞬間 $(t=0)$，速度只有 x 分量。一旦球離開桌面 ($t=0$ 時)，它就受到垂直向下的重力加速度 g 的作用。雖然 v_y 最初是零 $(v_{y0}=0)$，但是它會向下不斷地增加 (直到球落到地面為止)，我們取正 y 為向上的方向，因此 $a_y=-g$；因為我們設 $v_{y0}=0$，所以由 (2-12a) 式可以寫出 $v_y=-gt$。垂直的位移則是 $y=-\frac{1}{2}gt^2$。

另一方面，在水平的方向中，加速度是零 (忽略空氣阻力)。由於 $a_x=0$，因此速度的水平分量 v_x 保持常數 (等於初速度 v_{x0})，而且在路徑上的各點處皆有相同的大小。於是水平位移為 $x=v_{x0}t$。在任何時刻，將 $\vec{\mathbf{v}}_x$ 和 $\vec{\mathbf{v}}_y$ 這兩個向量分量以向量法相加，就能得到當時的 (亦即路徑上的每個點) 瞬時速度 $\vec{\mathbf{v}}$，如圖 3-20 所示。

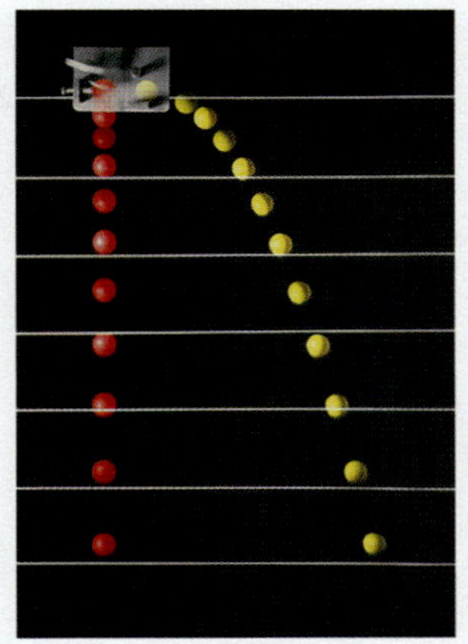

圖 3-21 多重曝光的照片顯示兩個球在相同的時間間距時的位置。其中一個球由靜止落下，另一個球則同時以水平方向朝外拋射。於每一瞬間，可以看到兩個球的垂直位置是相同的。

這項分析的結果之一 (伽利略自己預測) 就是一個水平拋射的物體和一個垂直落下的物體將會同時到達地面。這是因為兩者的垂直運動的情況是相同的 (圖 3-20)。圖 3-21 是這個實驗的多重曝光相片。

練習D 回到第 83 頁中的章前問題，而且現在再次回答它。試著解釋為什麼你的答案可能已經與第一次不同。

如果一個物體以一個仰角拋射出去，如圖 3-22 中所示，除了現在有一個最初的垂直速度分量 v_{y0} 之外，分析過程是類似的。因為重力加速度的方向向下，所以速度的向上分量 v_y 會隨著時間逐漸地減少，直到物體達到路徑的最高點為止 (此時 $v_y=0$)。隨後物體開始向下移動 (圖 3-22)，並且 v_y 朝著向下的方向逐漸增加 (即變得更多負值)。如同前面所述，v_x 依然保持常數。

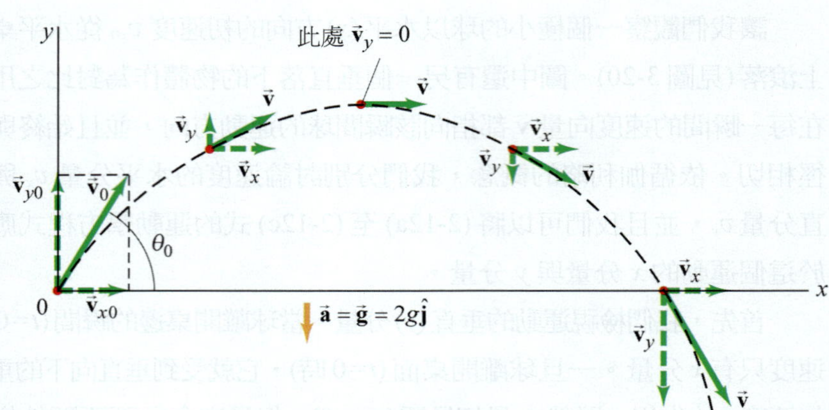

圖 3-22 一個初始速度為 $\vec{\mathbf{v}}_0$ 而以仰角 θ_0 拋射之物體的路徑。路徑以黑色虛線表示；速度向量是綠色箭號，而速度分量則是虛線箭號。其加速度 $\vec{\mathbf{a}} = d\vec{\mathbf{v}}/dt$ 是向下，即 $\vec{\mathbf{a}} = \vec{\mathbf{g}} = -g\hat{\mathbf{j}}$，其中 $\hat{\mathbf{j}}$ 為正 y 方向的單位向量。

3-8 解答拋體運動的問題

我們現在要定量地解答拋射體運動的一些例題。

因為我們可以設 $a_x = 0$，所以對於拋體運動，我們能將 (2-12) 式 (表 3-1) 加以簡化。見表 3-2，其中假定向上是正 y 的方向，因此 $a_y = -g = -9.80\ \text{m/s}^2$。注意，如果 θ 是相對於 $+x$ 軸所選取的 (如圖 3-22)，則

$$v_{x0} = v_0 \cos\theta_0$$

$$v_{y0} = v_0 \sin\theta_0$$

問題解答

時間間距的選取

在解答拋體運動的問題時，一定要考慮物體在空中只受重力影響的時間間距。此處我們不考慮投射的過程，也不考慮物體落地或者被接住之後的時間，因為落地之後會有其他的影響因素作用在物體上，我們不再設 $\vec{\mathbf{a}} = \vec{\mathbf{g}}$。

表 3-2 拋體運動的運動學方程式

(正 y 的方向朝上；$a_x = 0$，$a_y = -g = -9.80\ \text{m/s}^2$)

水平運動 ($a_x = 0$，v_x = 常數)		垂直運動[†] ($a_y = -g$ = 常數)
$v_x = v_{x0}$	(2-12a) 式	$v_y = v_{y0} - gt$
$x = x_0 + v_{x0}t$	(2-12b) 式	$y = y_0 + v_{y0}t - \frac{1}{2}gt^2$
	(2-12c) 式	$v_y^2 = v_{y0}^2 - 2g(y - y_0)$

† 如果選取往下為 y 的正向，則 g 前面的負 (−) 號就要改變為正 (+) 號。

解答問題策略

拋體運動

在第 2-6 節中解答問題的方法也能夠應用於此。解答拋體運動的問題需要創造力，但是不能僅遵循某些規則，當然你一定要避免只是在方程式裡填入數字，好像在“做工”一樣。

1. 一如往常仔細地**閱讀**問題，並且**選擇**你要分析的**物體**。
2. **畫**一個細緻的**圖**，顯示在物體上發生什麼事。
3. **選擇**一個原點和一個 xy **座標系統**。
4. 選定拋射體只在重力作用下運動的**時間間距**，而不考慮投擲或著地。對 x 與 y 分析的時間間距一定要相同。x 與 y 的運動是以共同的時間相關聯的
5. 分別**檢視**水平 (x) 和垂直 (y) 的**運動**，如果初速度為已知，就要將它分解為它的 x 和 y 分量。
6. 列出**已知**和**未知數**，選擇 $a_x=0$ 以及 $a_y=-g$ 或 $+g$ $(g=9.80\ \text{m/s}^2)$，並且視選定的正 y 之方向是朝上或朝下而使用 + 或 − 號。記得 v_x 在路徑上各處都不會改變，並且在路徑最高點處 $v_y=0$。通常，剛著地之前的速度不是零。
7. 在應用方程式之前先思考一分鐘，稍加計畫是大有幫助的。**應用相關的方程式**(表 3-2)，如有必要，將方程式結合。你可能需要將向量的分量加以結合而得到大小與方向 [(3-3) 式]。

例題 3-6　駛離懸崖　一位電影特技機車騎士以水平方向駛離 50.0 m 高的懸崖。在忽略空氣阻力下，機車速度必須為何才能落到距離崖底 90.0 m 處的地面？

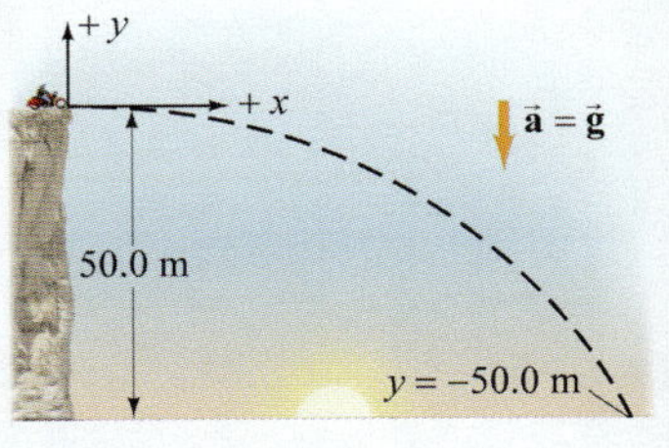

圖 3-23　例題 3-6。

方法　確實遵循上述解答問題策略的步驟。

解答

1. 及 **2. 閱讀、選擇物體並且畫圖**。在此，我們專指的物體是機車與騎士，並將它們視為一個單元，如圖 3-23 所示。

3. 選擇一個座標系統。選擇正 y 為向上的方向，懸崖的頂端為 $y_0=0$。x 的方向為水平，而機車駛離懸崖的地點為 $x_0=0$。

4. 選擇時間間距。我們選擇的時間間距是從機車剛駛離懸崖頂端，位置在 $x_0=0$，$y_0=0$ 時開始。時間間距是在機車剛著地時結束。

5. 檢視 x 與 y 的運動。在水平 (x) 方向，加速度 $a_x=0$，因此速度是常數。當機車落到地面時 x 的數值是 $x=+90.0\ \text{m}$，在垂直的方向上，加速度是重力加速度 $a_y=-g=-9.80\ \text{m/s}^2$，當機車著地時 y

已知	未知
$x_0=y_0=0$	v_{x0}
$x=90.0\text{ m}$	t
$y=-50.0\text{ m}$	
$a_x=0$	
$a_y=-g=-9.80\text{ m/s}^2$	
$v_{y0}=0$	

的數值是 $y=-50.0\text{ m}$，最初的速度是水平的，並且是未知數 v_{x0}；而最初的垂直速度為零 $v_{y0}=0$。

6. **列出已知與未知數**。見頁邊的表，注意除了最初的水平速度 v_{x0} (維持常數直到著地) 是未知之外，機車著地的時間 t 也是未知。
7. **應用相關的方程式**。只要機車在空中，它就維持固定的 v_x。它停留在空中的時間——當它著地時，取決於 y 的運動。所以我們利用 y 的運動先求出時間，再將這數值應用在 x 方程式中。欲知機車落地需要多久時間，我們針對垂直 (y) 方向利用 (2-12b) 式 (表 3-2) (以 $y_0=0$ 和 $v_{y0}=0$)

$$y=y_0+v_{y0}t+\frac{1}{2}a_y t^2=0+0+\frac{1}{2}(-g)t^2$$

或

$$y=\frac{1}{2}gt^2$$

取 $y=-50.0\text{ m}$ 解出 t

$$t=\sqrt{\frac{2y}{-g}}=\sqrt{\frac{2(-50.0\text{ m})}{-9.80\text{ m/s}^2}}=3.19\text{ s}$$

為計算初始速度 v_{x0}，我們再次利用 (2-12b) 式，但是這次是對水平 (x) 方向取 $a_x=0$ 和 $x_0=0$

$$x=x_0+v_{x0}t+\frac{1}{2}a_xt^2$$
$$=0+v_{x0}t+0$$

或

$$x=v_{x0}t$$

則

$$v_{x0}=\frac{x}{t}=\frac{90.0\text{ m}}{3.19\text{ s}}=28.2\text{ m/s}$$

答案大約是 100 km/h。(約 60 mi/h)

備註　在拋體運動的時間間距中，唯一的加速度是負 y 方向的 g，在 x 方向的加速度則是零。

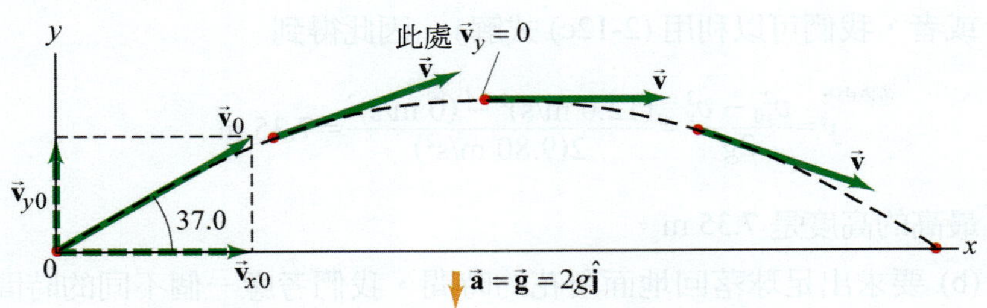

圖 3-24 例題 3-7。

物理應用
運動

例題 3-7 **被踢出的足球** 一個足球以仰角 $\theta_0 = 37.0°$ 和 20.0 m/s 的速度被踢出去，如圖 3-24 所示。請計算 (a) 最高的高度，(b) 足球落地之前的行進時間，(c) 它落地時距離多遠，(d) 在最高點時的速度向量，以及 (e) 在最高點時的加速度向量。假設球在地面離開腳而飛出，並且忽略空氣阻力與球的旋轉。

方法 因為有這麼多問題，所以乍看之下可能覺得很困難，但是我們可以逐一處理。我們取正 y 的方向為向上，並且分開處理 x 和 y 運動，在空中的總時間依然是取決於 y 運動，而 x 運動則是等速度。速度的 y 分量不斷地變化，最初為正 (向上)，到達最高點時減少為零，然後當足球落下時就變成負。

解答 我們將初始速度分解為它的分量 (圖 3-24) 為

$$v_{x0} = v_0 \cos 37.0° = (20.0 \text{ m/s})(0.799) = 16.0 \text{ m/s}$$
$$v_{y0} = v_0 \sin 37.0° = (20.0 \text{ m/s})(0.602) = 12.0 \text{ m/s}$$

(a) 考慮一個時間間距，從足球剛離開腳之後直到它達到最高點為止。在這一個時間間距內，加速度 g 是向下的。足球在最高點時，速度是水平的 (圖 3-24)，所以 $v_y = 0$；它發生的時間可以利用 $v_y = v_{y0} - gt$ 與 $v_y = 0$ 而求得 [見表 3-2 中的 (2-12a) 式]。因此

$$t = \frac{v_{y0}}{g} = \frac{(12.0 \text{ m/s})}{(9.80 \text{ m/s}^2)} = 1.224 \text{ s} \approx 1.22 \text{ s}$$

由 (2-12b) 式，與 $y_0 = 0$，可得

$$y = v_{y0}t - \frac{1}{2}gt^2$$
$$= (12.0 \text{ m/s})(1.224 \text{ s}) - \frac{1}{2}(9.80 \text{ m/s}^2)(1.224 \text{ s})^2 = 7.35 \text{ m}$$

或者，我們可以利用 (2-12c) 式解 y，因此得到

$$y=\frac{v_{y0}^2-v_y^2}{2g}=\frac{(12.0\text{ m/s})^2-(0\text{ m/s})^2}{2(9.80\text{ m/s}^2)}=7.35\text{ m}$$

最高的高度是 7.35 m。

(b) 要求出足球落回地面所花的時間，我們考慮一個不同的時間間距，從球剛離開腳之後 ($t=0$，$y_0=0$) 直到球剛碰觸地面為止 (再度 $y=0$)。我們用 $y_0=0$ 並且設 $y=0$ (地面)，應用 (2-12b) 式

$$y=y_0+v_{y0}t-\frac{1}{2}gt^2$$

$$0=0+v_{y0}t-\frac{1}{2}gt^2$$

這個方程式可以很容易地分解成

$$t\left(\frac{1}{2}gt-v_{y0}\right)=0$$

它有兩個解答，$t=0$ (相當於起點 y_0)，以及

$$t=\frac{2v_{y0}}{g}=\frac{2(12.0\text{ m/s})}{(9.80\text{ m/s}^2)}=2.45\text{ s}$$

這就是足球的總行進時間。

備註　整個行程所需的時間 $t=2v_{y0}/g=2.45$ s 是到達最高點所需時間 [(a) 中的計算結果] 的兩倍，也就是上升所需的時間等於下降至相同高度所需的時間 (忽略空氣阻力)。

(c) 以 $x_0=0$，$a_x=0$，$v_{x0}=16.0$ m/s 應用 (2-12b) 式可以求出在 x 方向行進的總距離

$$x=v_{x0}t=(16.0\text{ m/s})(2.45\text{ s})=39.2\text{ m}$$

(d) 在最高點時，速度沒有垂直分量，只有水平分量 (在整個飛行過程中都保持常數)，所以 $v=v_{x0}=v_0\cos 37.0°=16.0$ m/s。

(e) 在最高點時的加速度與飛行中各處都相同，都是 9.80 m/s^2 向下。

備註　我們將足球視為一個質點，忽略它的旋轉和空氣阻力。因為空氣阻力對足球的影響是不容忽視的，所以我們的計算結果僅是估計值。

練習 E 兩個球以不同的角度向空中投擲，但二者都達到相同的高度。試問哪一個球在空中停留的時間較久：是以較大之仰角投出的球或是以較小之仰角投出的球？

觀念例題 3-8 **蘋果落在哪裡？**一個孩子挺直地坐在一輛四輪推車中，正以等速率向右移動，如圖 3-25 所示。孩子伸出手而且筆直地向上 (從她自己的觀點，圖 3-25a) 拋出一個蘋果，然後推車繼續以等速率向前行進。如果忽略空氣阻力，這蘋果將落在 (a) 推車後方，(b) 推車中，或 (c) 推車前方？

回答 孩子是從她自己的參考座標，以初速度 $\vec{\mathbf{v}}_{y0}$ 垂直地向上拋蘋果 (圖 3-25a)。但是若當某人在地上觀看時，則蘋果的初始速度同時具有一個與推車速率 $\vec{\mathbf{v}}_{x0}$ 相等的水平分量。因此，對地上的人而言，蘋果將沿著如圖 3-25b 中所示的拋體路徑行進。蘋果沒有水平的加速度，因此 $\vec{\mathbf{v}}_{x0}$ 將保持常數並與推車的速率相等。當蘋果循著弧線行進時，推車無論何時始終都位於蘋果的正下方 (因為它們具有相同的水平速度)，所以當蘋果落下時，它將落入孩子伸出的手中，答案是 (b)。

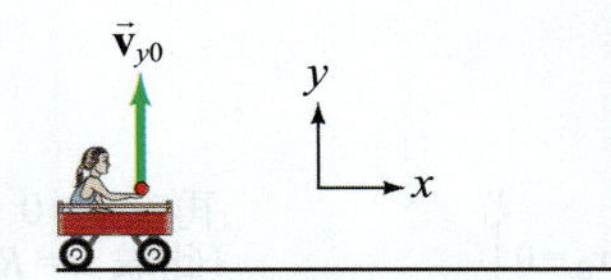

(a) 推車參考座標

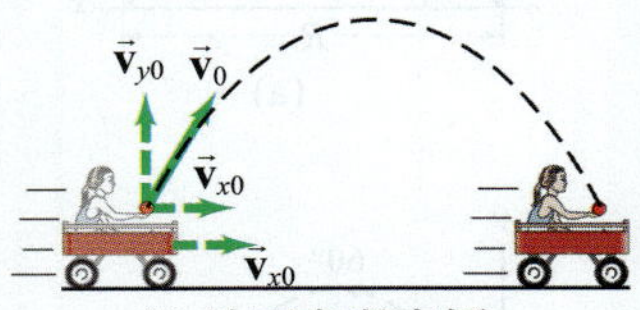

(b) 地面參考座標

圖 3-25 例題 3-8。

觀念例題 3-9 **錯誤的策略** 一個男孩在小山丘上用水球彈弓水平成直線地瞄準距離 d 處另一位攀懸在樹枝上的男孩，如圖 3-26 所示。在水球剛發射的瞬間，第二個男孩鬆手從樹上掉下來，以避免被擊中。在忽略空氣阻力下，請證明他做了錯誤的動作 (他還沒學過物理學)。

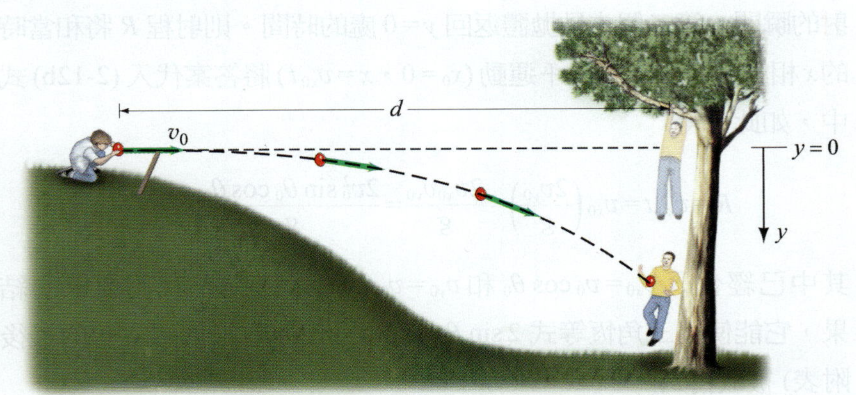

圖 3-26 例題 3-9。

回答 水球和在樹上的男孩同時落下，並且在時間 t 內，他們落下相同的垂直距離 $y=\frac{1}{2}gt^2$，很像圖 3-21 中的情形。在這期間，水球飛行了水平距離 d，水球與落下的男孩將位於相同的 y 位置。啪！剛好命中。假如男孩留在樹上，他就不會被擊中。

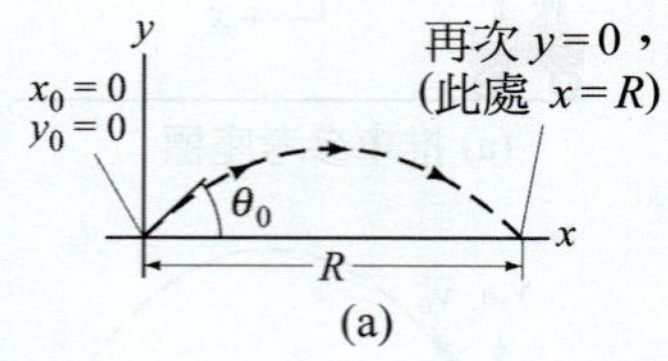

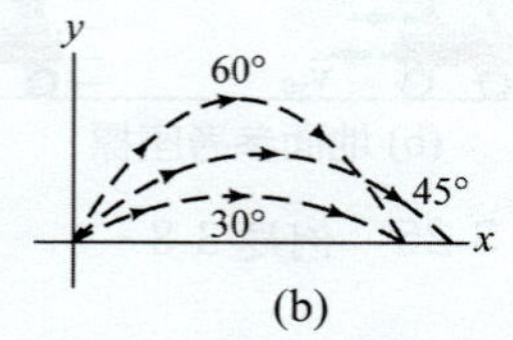

圖 3-27 例題 3-10。(a) 一個拋體的射程 R；(b) 通常有兩個角度 θ_0 可以產生相同的射程。如果一個是 θ_{01}，你能證明另一個是 $\theta_{02}=90°-\theta_{01}$ 嗎？

例題 3-10 水平射程 (a) 推導一個以初始速率 v_0 與仰角 θ_0 所表示的拋體之水平射程 R 的公式。水平射程定義為拋體在回到它原先高度 (最典型的就是地面) 之前所行進的水平距離；亦即 y (最終的) $=y_0$；如圖 3-27a 所示。(b) 假設拿破崙的一門大砲的砲彈離開砲口時的速度為 $v_0=60.0$ m/s，它應該以什麼仰角瞄準 (忽略空氣阻力) 才能擊中 320 m 遠的目標？

方法 除了現在 (a) 所給的不是數字之外，這個情況和例題 3-7 相同。我們將以代數法運用方程式而求得結果。

解答 (a) 我們設定於 $t=0$ 時，$x_0=0$ 且 $y_0=0$，在拋體行進了一段水平距離 R 之後，它回到同樣的高度 $y=0$ (終點)，我們選擇的時間間距是從拋體剛發射後開始 ($t=0$)，並且在它回到相同的垂直高度時終止。要求得 R 的一般表示式，我們針對垂直的運動在 (2-12b) 式中設 $y=0$ 與 $y_0=0$，得到

$$y=y_0+v_{y0}t+\frac{1}{2}a_yt^2$$

所以

$$0=0+v_{y0}t-\frac{1}{2}gt^2$$

我們解 t，得到兩個答案：$t=0$ 以及 $t=2v_{y0}/g$。第一個解答相當於發射的瞬間，第二個才是拋體返回 $y=0$ 處的時間。則射程 R 將和當時的 x 相等。我們針對水平運動 ($x_0=0$，$x=v_{x0}t$) 將答案代入 (2-12b) 式中，如此可得

$$R=v_{x0}t=v_{x0}\left(\frac{2v_{y0}}{g}\right)=\frac{2v_{x0}v_{y0}}{g}=\frac{2v_0^2\sin\theta_0\cos\theta_0}{g} \qquad [y=y_0]$$

其中已經代入 $v_{x0}=v_0\cos\theta_0$ 和 $v_{y0}=v_0\sin\theta_0$，這就是我們要求的結果，它能使用三角恆等式 $2\sin\theta\cos\theta=\sin 2\theta$ (附錄 A 或在書的最後附表) 被改寫為

$$R=\frac{v_0^2\sin 2\theta_0}{g}\qquad [\text{只有當 } y\,(\text{最終的})=y_0 \text{ 時}]$$

就一個特定的初始速度 v_0 而言，我們發現當 $\sin 2\theta$ 為最大值 1.0 時 (即 $2\theta_0=90°$)，其射程為最大。因此

$$\theta_0=45° \text{ 有最大射程，並且 } R_{max}=v_0^2/g$$

[當空氣阻力很重要時，對一個特定的 v_0 而言，射程會比較小，而且獲得最大射程的角度小於 45°。]

備註　最大射程隨著 v_0 的平方而增加，因此將離開砲口的初始速度加倍，則它的最大射程就變成四倍。

(b) 我們將 $R=320$ m 代入剛導出的方程式中，可以解出 (假設沒有空氣阻力)

$$\sin 2\theta_0=\frac{Rg}{v_0^2}=\frac{(320\text{ m})(9.80\text{ m/s}^2)}{(60.0\text{ m/s})^2}=0.871$$

我們想要解出的 θ_0 是一個介於 0° 和 90° 之間的角度，意思是這個方程式中的 $2\theta_0$ 可以大到 180°。因此 $2\theta_0=60.6°$ 是一個解，但是 $2\theta_0=180°-60.6°=119.4°$ 也是一個解 (見附錄 A-9)。一般而言，我們會有兩個解答 (見圖 3-27b)，在目前的情況中

$$\theta_0=30.3° \quad \text{或} \quad 59.7°$$

這兩個角度都能產生相同的射程。

只有當 $\sin 2\theta_0=1$ (因此 $\theta_0=45°$) 時才有唯一的解答 (亦即，兩個解答相同)。

練習 F　一個拋體的最大射程是 100 m，如果拋體在 82 m 之外的遠處落地，則發射的角度是？(a) 35° 或 55°；(b) 30° 或 60°；(c) 27.5° 或 72.5°；(d) 13.75° 或 76.25°。

在例題 3-10 中所導出的水平射程公式僅適用於以相同的高度發射和著地 ($y=y_0$) 的情況中。下面的例題 3-11 是考慮它們的高度不相同時 ($y\neq y_0$) 的狀況。

物理應用

運動

問題解答

除非你確定公式的適用範圍與問題相符，否則不要使用任何公式。由於 $y \neq y_0$ 所以射程公式並不適用於此。

例題 3-11 **踢懸空球** 假設例題 3-7 中的足球被懸空踢出，它在距地面高 1.0 m 處離開球員的腳。在落地之前，足球飛行了多遠？假設 $x_0=0$，$y_0=0$。

方法 x 和 y 運動要再次分開討論。但是我們不能利用例題 3-10 的射程公式，這是因為它只有在 y (最終的) $=y_0$ 時才能適用，故不適用於這個例題。現在，已知 $y_0=0$，並且足球在 $y=-1.0$ m 處落地，如圖 3-28 所示。我們選取的時間間距是從球離開腳時開始 ($t=0$，$y_0=0$，$x_0=0$) 並且在球剛落地 ($y=-1.0$ m) 時終止。因為由例題 3-7 中我們得知 $v_{x0}=16.0$ m/s，所以可由 (2-12b) 式求出 x ($x=v_{x0}t$)。但一定要先求得 t (球落地的時間)，它可以由 y 運動求得。

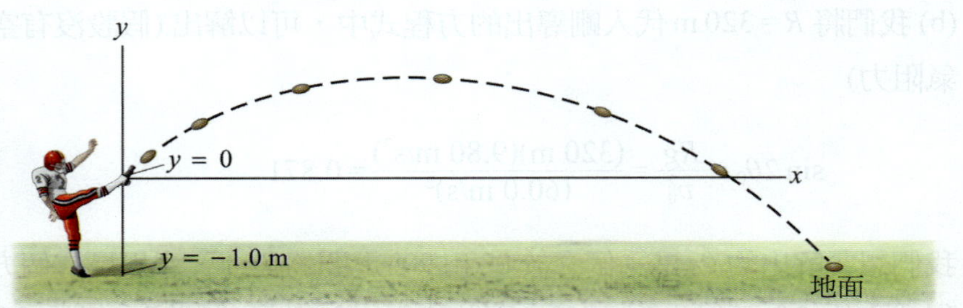

圖 3-28 例題 3-11：足球在 $y=0$ 處離開球員的腳，並且落在 $y=-1.0$ m 的地面。

解答 以 $y=-1.0$ m 以及 $v_{y0}=12.0$ m/s (見例題 3-7)，我們利用方程式

$$y=y_0+v_{y0}t-\frac{1}{2}gt^2$$

得到

$$-1.0\text{ m}=0+(12.0\text{ m/s})t-(4.9\text{ m/s}^2)t^2$$

將這個方程式重新整理成標準形式 ($ax^2+bx+c=0$)

$$(4.9\text{ m/s}^2)t^2-(12.0\text{ m/s})t-(1.0\text{ m})=0$$

由二次公式 (附錄 A-l) 得到

$$t=\frac{12.0\text{ m/s}\pm\sqrt{(-12.0\text{ m/s})^2-4(4.9\text{ m/s}^2)(-1.0\text{ m})}}{2(4.9\text{ m/s}^2)}$$

$$=2.53\text{ s 或 }-0.081\text{ s}$$

第二個解答是在我們選取的時間間距之間，因此它不適用。利用球落地的時間 $t=2.53$ s 可以求得球行進的水平距離是 (使用由例題 3-7

中求得的 $v_{x0} = 16.0\ \text{m/s}$)

$$x = v_{x0}t = (16.0\ \text{m/s})(2.53\ \text{s}) = 40.5\ \text{m}$$

在例題 3-7 中所作的球在地面離開腳的假設，使我們對飛行距離大約低估了 1.3 m。

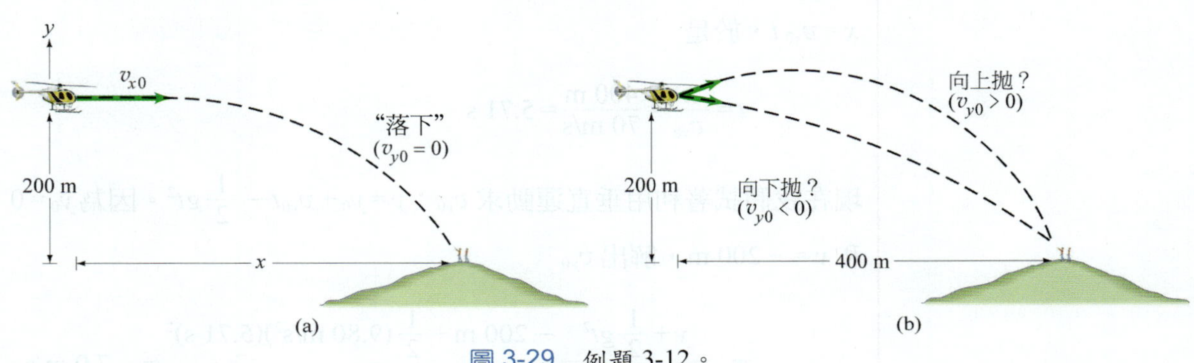

圖 3-29　例題 3-12。

例題 3-12　救援直昇機空投補給品　一架救援直昇機想要空投一包補給品給位於下方 200 m 處在岩石山脊上的孤立登山客。如果直昇機正以 70 m/s (250 km/h) 的速率朝水平方向飛行，則 (a) 在登山客前方多遠處 (水平距離)，必須投下包裹 (圖 3-29a)？(b) 反之，假設直昇機在登山客前方的水平距離為 400 m 處投下包裹，則包裹的垂直速度 (向上或向下) 應該為何才能使包裹準確地落到登山客的位置 (圖 3-29b)？(c) 在第二種情況中，包裹落地時的速率是多少？

物理應用

由飛行中的直昇機到達目標

方法　我們選定直昇機最初的位置為 xy 座標系統的原點。設 $+y$ 的方向為向上，而且應用運動學方程式 (表 3-2)。

解答　(a) 我們可以利用 200 m 的垂直距離來計算包裹到達登山客處的時間。當包裹被"投下"時，它具有直昇機的初始速度 $v_{x0} = 70$ m/s，$v_{y0} = 0$。又因為 $y = -\frac{1}{2}gt^2$，所以

$$t = \sqrt{\frac{-2y}{g}} = \sqrt{\frac{-2(-200\ \text{m})}{9.80\ \text{m/s}^2}} = 6.39\ \text{s}$$

投下的包裹在水平方向是 70 m/s 的等速運動。所以

$$x = v_{x0}t = (70\ \text{m/s})(6.39\ \text{s}) = 447\ \text{m} \approx 450\ \text{m}$$

假設已知的數字是兩位有效數字。

(b) 已知 $x = 400\ \text{m}$，$v_{x0} = 70\ \text{m/s}$，$y = -200\ \text{m}$，而且我們想要求得 v_{y0} (見圖 3-29b)。如同大多數的問題一般，這個問題可以用許多方式處理。我們不去尋找一或二個公式，而是用 (a) 部分的結果試著以簡單的方式去推理它。如果已知 t，或許可以求出 v_{y0}。因為包裹的水平運動是等速率 (一旦它被投下，我們就不必再管直昇機做什麼)，故 $x = v_{x0}t$，於是

$$t = \frac{x}{v_{x0}} = \frac{400\ \text{m}}{70\ \text{m/s}} = 5.71\ \text{s}$$

現在我們試著利用垂直運動求 v_{y0}：$y = y_0 + v_{y0}t - \frac{1}{2}gt^2$。因為 $y_0 = 0$ 和 $y = -200\ \text{m}$，解出 v_{y0}

$$v_{y0} = \frac{y + \frac{1}{2}gt^2}{t} = \frac{-200\ \text{m} + \frac{1}{2}(9.80\ \text{m/s}^2)(5.71\ \text{s})^2}{5.71\ \text{s}} = -7.0\ \text{m/s}$$

因此，為了要準確地落到登山客的位置，包裹一定要以 7.0 m/s 的速率由直昇機向下投。

(c) 我們想知道包裹在 $t = 5.71\ \text{s}$ 的速度 v。其分量是

$$v_x = v_{x0} = 70\ \text{m/s}$$

$$v_y = v_{y0} - gt = -7.0\ \text{m/s} - (9.80\ \text{m/s}^2)(5.71\ \text{s}) = -63\ \text{m/s}$$

所以 $v = \sqrt{(70\ \text{m/s})^2 + (-63\ \text{m/s})^2} = 94\ \text{m/s}$ (最好不要從這種高度投下包裹或者改用降落傘。)

拋體運動呈現拋物線

我們現在要證明如果忽略空氣阻力而且假定 $\vec{\mathbf{g}}$ 是常數，則任何拋體的行進路徑是一個拋物線。為此，我們必須藉由消除水平和垂直運動兩個方程式 [表 3-2 中的 (2-12b) 式] 之間的 t 而求出 y 作為 x 之函數的關係式；並且為了簡明起見，我們設 $x_0 = y_0 = 0$

$$x = v_{x0}t$$

$$y = v_{y0}t - \frac{1}{2}gt^2$$

圖 3-30 拋體運動的實例——火花(極細小的白熱發光之金屬碎片)、水柱與煙火。拋體運動的拋物線路徑之特性受空氣阻力之影響。

由第一個方程式，可得 $t = x / v_{x0}$，我們將它代入第二個方程式中，得到

$$y = \left(\frac{v_{y0}}{v_{x0}}\right)x - \left(\frac{g}{2v_{x0}^2}\right)x^2 \tag{3-14}$$

我們看見 y 成為 x 的函數，其形式為

$$y = Ax - Bx^2$$

其中，A 和 B 是任何特定拋體運動的常數。這也是眾所皆知的拋物線方程式。如圖 3-19 和 3-30 所示。

在伽利略那個時代，拋體運動是拋物線的觀念還是物理學研究的重點。今天我們在基礎物理學的第 3 章討論它！

3-9 相對速度

我們現在考慮在不同的參考座標中所進行的觀測其相互之間的關係。例如，考慮兩列對地速率均為 80 km/h 而相互接近的火車。在火車軌道旁邊的觀察者將會測出每一列火車的速率平均為 80 km/h，而在任一列火車上 (一個不同的參考座標) 的觀察者，對於逐漸接近他們的火車將測出 160 km/h 的速率。

同樣地，當一輛汽車以 90 km/h 的速率超越另一輛朝相同方向而以 75 km/h 之速率行駛的汽車時，第一輛汽車相對於第二輛汽車的速率為 90 km/h − 75 km/h = 15 km/h。

當速度是沿著相同的直線時，簡單的相加或相減就足以求得相對速度。但是如果它們不是沿著相同的直線，我們就必須利用向量加法。我們強調 (如第 2-1 節所提及) 當詳細說明一個速度的時候，指明參考座標是很重要的。

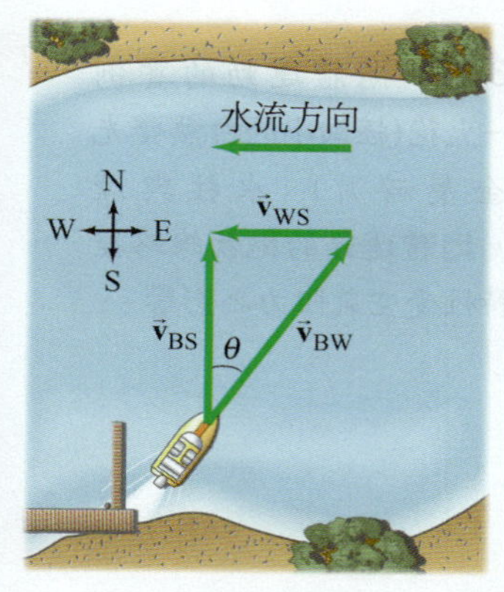

圖 3-31 為了直接橫渡河流至對岸，船必須以 θ 角之方向往上游航行。

$\vec{\mathbf{v}}_{BS}$＝船相對於河岸的速度

$\vec{\mathbf{v}}_{BW}$＝船相對於河水的速度

$\vec{\mathbf{v}}_{WS}$＝河水相對於河岸的速度

在判斷相對速度的時候，將錯誤的速度相加或相減是很容易犯的錯誤。因此，畫圖以及仔細地標記過程是很重要的。每個速度都是用兩個下標標記的：第一個標記物體，第二個標記參考座標。例如，假設一艘船要穿過一條河到對岸去，如圖 3-31 所示。我們設 $\vec{\mathbf{v}}_{BW}$ 是船相對於河水的速度 (如果河水是靜止的，這也就是船相對於河岸的速度)。同樣地，$\vec{\mathbf{v}}_{BS}$ 是船相對於河岸的速度，而 $\vec{\mathbf{v}}_{WS}$ 是河水相對於河岸的速度 (就是河的水流)。注意 $\vec{\mathbf{v}}_{BW}$ 是船的馬達動力所形成的 (對著水)，則 $\vec{\mathbf{v}}_{BS}$ 等於 $\vec{\mathbf{v}}_{BW}$ 加上水流的效應 $\vec{\mathbf{v}}_{WS}$。因此，船相對於河岸的速度為 (見圖 3-31 的向量圖)

$$\vec{\mathbf{v}}_{BS} = \vec{\mathbf{v}}_{BW} + \vec{\mathbf{v}}_{WS} \tag{3-15}$$

以這種慣例寫出下標，我們發現 (3-15) 式右邊裡面的兩個下標 (W) 是相同的。而 (3-15) 式右邊外面的下標 (B 和 S) 則與此式左邊向量和 $\vec{\mathbf{v}}_{BS}$ 的兩個下標相同。藉由這個慣例 (第一個下標代表物體，第二個下標代表參考座標)，你可以寫出將不同的參考座標中之速度相聯起來的正確方程式。[4] 圖 3-32 提供了 (3-15) 式的由來。

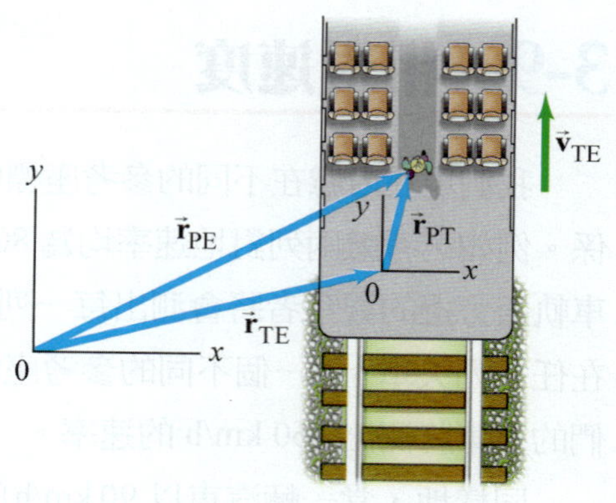

圖 3-32 相對速度方程式 (3-15) 式的由來。一個人在火車中的走道上行走，我們正在火車上往下看。其中有兩個參考座標：xy 位於地面上，而 $x'y'$ 則固定在火車上。假設：

$\vec{\mathbf{r}}_{PT}$＝人 (P) 相對於火車 (T) 的位置向量

$\vec{\mathbf{r}}_{PE}$＝人 (P) 相對於地面 (E) 的位置向量

$\vec{\mathbf{r}}_{TE}$＝火車的座標系統 (T) 相對於地面 (E) 的位置向量

從圖中可得

$$\vec{\mathbf{r}}_{PE} = \vec{\mathbf{r}}_{PT} + \vec{\mathbf{r}}_{TE}$$

我們將它對時間微分，得到

$$\frac{d}{dt}(\vec{\mathbf{r}}_{PE}) = \frac{d}{dt}(\vec{\mathbf{r}}_{PT}) + \frac{d}{dt}(\vec{\mathbf{r}}_{TE})$$

由於 $d\vec{\mathbf{r}}/dt = \vec{\mathbf{v}}$，因此

$$\vec{\mathbf{v}}_{PE} = \vec{\mathbf{v}}_{PT} + \vec{\mathbf{v}}_{TE}$$

就目前的狀況而言，此式等同於 (3-15) 式。(檢查下標！)

---

4 我們以此方式藉由檢查就知道 (例如) 方程式 $\vec{\mathbf{v}}_{BW} = \vec{\mathbf{v}}_{BS} + \vec{\mathbf{v}}_{WS}$ 是錯誤的。

一般而言，(3-15) 式是合理的，並且可以擴充到三個或更多的速度。例如，如果船上的一個漁夫以相對於船的速度 $\vec{v}_{FB}$ 行走，則他相對於河岸的速度是 $\vec{v}_{FS}=\vec{v}_{FB}+\vec{v}_{BW}+\vec{v}_{WS}$。當在裡面的鄰接下標都一致，並且最外邊的兩個下標與方程式左邊之速度的兩個下標相符時，則這個與相對速度有關的方程式將是正確的。但是這裡只用加號 (在右邊)，而不是減號。

對任何兩個物體或是參考座標 A 與 B 而言，A 相對於 B 的速度與 B 相對於 A 的速度都具有相同的大小，但是方向相反

$$\vec{v}_{BA}=-\vec{v}_{AB} \tag{3-16}$$

舉例來說，如果一列火車正以相對於地面為 100 km/h 之速度朝某方向行駛，則火車上的觀測者看地面上的物體 (例如樹) 是以 100 km/h 的速度朝相反的方向行進。

觀念例題 3-13　橫渡河流　一個女人駕著一艘汽艇正嘗試橫渡一條往正西方向的湍急河流。這個女人從南岸出發並且試圖到達直接位於起點北方的北岸。試問她應該將船頭 (a) 朝正北，(b) 朝正西，(c) 朝西北，(d) 朝東北？

回答　如果這個女人筆直地渡河，則水會順流拖著小船 (向西)。為了克服向西的水流，船需要一個同時具有向北分量與向東分量的速度。因此船一定要 (d) 朝東北方前進 (見圖 3-33)。實際的角度視水流的強度以及船相對於水流的速度而定。如果水流很弱而且船的馬達動力很強，則小船幾乎是 (並非完全地) 朝向正北。

例題 3-14　逆流航行　在靜止的水面上船速是 $v_{BW}=1.85$ m/s。如果船要筆直地橫渡水流速率為 $v_{WS}=1.20$ m/s 的河流，則船要朝什麼角度前進 (見圖 3-33)？

方法　我們已在例題 3-13 中推論過，並且使用 (3-15) 式的下標。圖 3-33 中已經畫出船相對於河岸的速度 $\vec{v}_{BS}$，它是朝著直接渡河的方向，因為這就是船假設的行進方向 (注意 $\vec{v}_{BS}=\vec{v}_{BW}+\vec{v}_{WS}$)，為此，小船必須朝向逆流方向以抵消順流的拖拉作用。

解答　向量 $\vec{v}_{BW}$ 以角度 θ 朝向逆流的方向，如圖所示。

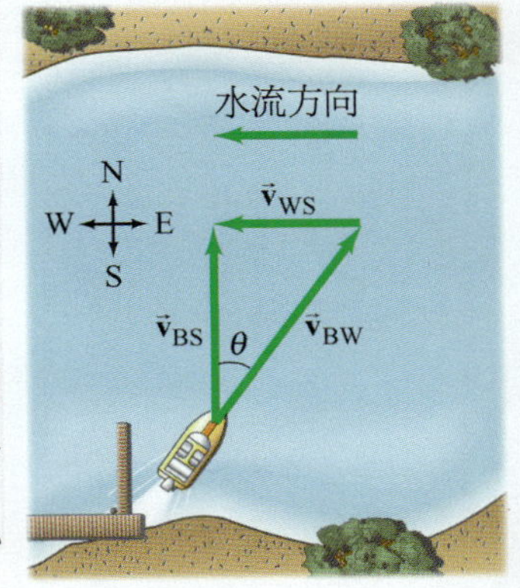

圖 3-33　例題 3-13 與 3-14。

$$\sin\theta = \frac{v_{WS}}{v_{BW}} = \frac{1.20\ \text{m/s}}{1.85\ \text{m/s}} = 0.6486$$

因此 $\theta = 40.4°$，船一定要以 40.4° 的角度逆流前進。

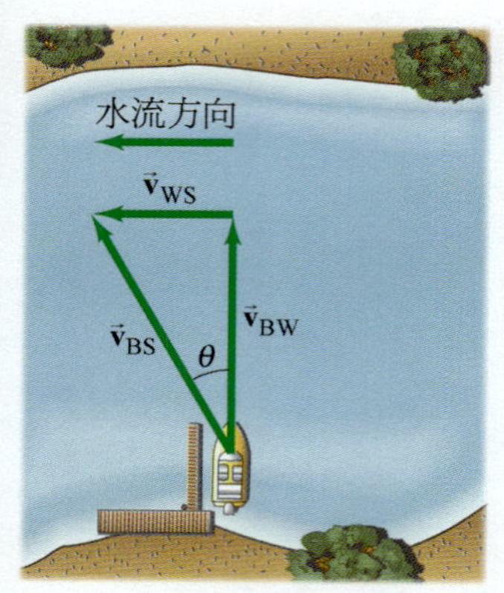

圖 3-34 例題 3-15。一艘船船頭筆直地朝對岸橫渡水流速度為 1.20 m/s 的河流。

例題 3-15 **朝著正對岸橫渡** 相同的船 ($v_{BW} = 1.85$ m/s) 現在船頭要筆直地朝對岸橫渡河流 (水流的速度 $v_{WS} = 1.20$ m/s)。(a) 船相對於河岸的速度 (大小和方向) 為何？(b) 如果河寬為 110 m，船渡河需要多少時間並且船會往下游方向移動多遠？

方法 船頭現在筆直地橫渡河流向前進同時被順流拖拉，如圖 3-34 所示。船相對於河岸之速度 $\vec{\mathbf{v}}_{BS}$ 是船相對於河水的速度 $\vec{\mathbf{v}}_{BW}$ 與河水相對於河岸的速度 $\vec{\mathbf{v}}_{WS}$ 的總和

$$\vec{\mathbf{v}}_{BS} = \vec{\mathbf{v}}_{BW} + \vec{\mathbf{v}}_{WS}$$

正如先前一般。

解答 (a) 因為 $\vec{\mathbf{v}}_{BW}$ 與 $\vec{\mathbf{v}}_{WS}$ 成垂直，使用畢氏定理可得 v_{BS}

$$v_{BS} = \sqrt{v_{BW}^2 + v_{WS}^2} = \sqrt{(1.85\ \text{m/s})^2 + (1.20\ \text{m/s})^2} = 2.21\ \text{m/s}$$

由下式可求得角度 (注意在圖中的 θ 如何定義)

$$\tan\theta = v_{WS} / v_{BW} = (1.20\ \text{m/s}) / (1.85\ \text{m/s}) = 0.6486$$

因此 $\theta = \tan^{-1}(0.6486) = 33.0°$。注意，這個角度和例題 3-14 中所計算的角度不同。

(b) 船的行進時間是由它渡河的時間所決定。已知河寬 $D = 110$ m，我們可以利用 D 方向的速度分量 $v_{BW} = D/t$。解 t，得到 $t = 110\ \text{m} / 1.85\ \text{m/s} = 59.5$ s。這時船將會被順流載送了一段距離

$$d = v_{WS}t = (1.20\ \text{m/s}) \times (59.5\ \text{s}) = 71.4\ \text{m} \approx 71\ \text{m}$$

備註 這個例題中沒有加速度，因此，其運動都是等速度 (包含船或河水)。

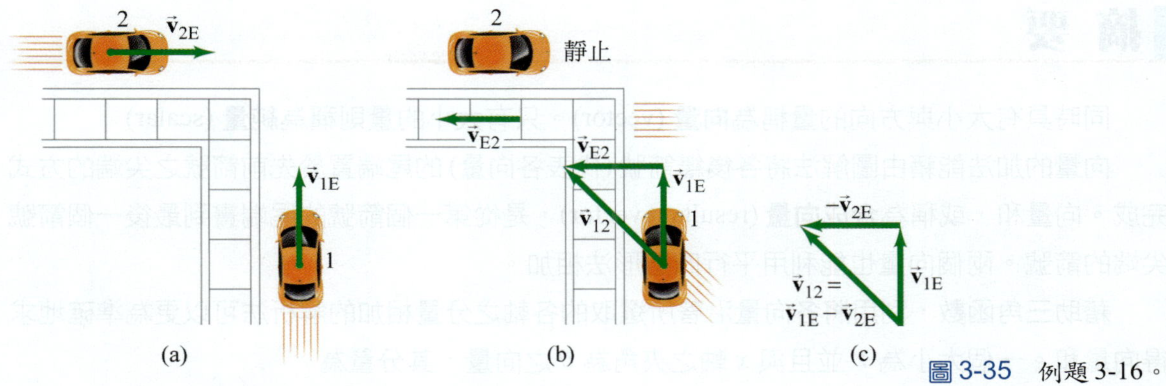

圖 3-35　例題 3-16。

例題 3-16　朝 90° 方向的汽車速度　兩輛汽車均以 40 km/h (= 11.11 m/s) 之速率往一個直角的街角接近，如圖 3-35a 所示。其中一輛車相對於另一輛車的速度為何？也就是，判斷由汽車 2 所看到的汽車 1 之速度。

方法　圖 3-35a 顯示的是在一個固定於地面之參考座標中的情形。但是我們想要從汽車 2 在其中為靜止的另一個座標來觀察這種情形，如圖 3-35b 中所示。在這一個參考座標中，地面以速度 $\vec{\mathbf{v}}_{E2}$ (40.0 km/h 的速率) 朝汽車 2 移動。$\vec{\mathbf{v}}_{E2}$ 與汽車 2 相對於地面的速度 $\vec{\mathbf{v}}_{2E}$ 當然是大小相等，而方向相反的 [(3-16) 式]

$$\vec{\mathbf{v}}_{2E} = -\vec{\mathbf{v}}_{E2}$$

則由汽車 2 所看到的汽車 1 之速度是 [見 (3-15) 式]

$$\vec{\mathbf{v}}_{12} = \vec{\mathbf{v}}_{1E} + \vec{\mathbf{v}}_{E2}$$

解答　因為 $\vec{\mathbf{v}}_{E2} = -\vec{\mathbf{v}}_{2E}$，所以

$$\vec{\mathbf{v}}_{12} = \vec{\mathbf{v}}_{1E} - \vec{\mathbf{v}}_{2E}$$

亦即，汽車 1 被汽車 2 所看到的速度是它們的速度之差 $\vec{\mathbf{v}}_{1E} - \vec{\mathbf{v}}_{2E}$，(兩者皆相對於地面而測量，如圖 3-35c 所示)。由於 $\vec{\mathbf{v}}_{1E}$、$\vec{\mathbf{v}}_{2E}$ 和 $\vec{\mathbf{v}}_{E2}$ 的大小相等 (40.0 km/h = 11.11 m/s)，因此我們看到 (圖 3-35b) $\vec{\mathbf{v}}_{12}$ 以 45° 角之方向朝汽車 2 接近；其速率為

$$v_{12} = \sqrt{(11.11\ \text{m/s})^2 + (11.11\ \text{m/s})^2} = 15.7\ \text{m/s}\ (= 56.6\ \text{km/h})$$

摘要

同時具有大小與方向的量稱為**向量** (vector)。只有大小的量則稱為**純量** (scalar) 。

向量的加法能藉由圖解法將各後繼箭號 (代表各向量) 的尾端置於先前箭號之尖端的方式完成。向量和，或稱為**合成向量** (resultant vector)，是從第一個箭號的尾端畫到最後一個箭號尖端的箭號。兩個向量也能利用平行四邊形法相加。

藉助三角函數，利用將各向量沿著所選取的各軸之分量相加的解析法可以更為準確地求得向量和。一個大小為 V 並且與 x 軸之夾角為 θ 之向量，其分量為

$$V_x = V\cos\theta \qquad V_y = V\sin\theta \tag{3-2}$$

若分量為已知，我們就能求出大小與方向

$$V = \sqrt{V_x^2 + V_y^2}, \qquad \tan\theta = \frac{V_y}{V_x} \tag{3-3}$$

將一個向量以它在經選擇而使用單位向量的軸上之分量來表示往往是很有幫助的。而單位向量則是沿著被選擇的座標軸而長度為一的向量。在笛卡爾座標中，沿著 x、y 與 z 軸之單位向量稱為 $\hat{\mathbf{i}}$、$\hat{\mathbf{j}}$ 與 $\hat{\mathbf{k}}$。

(在一、二或三維空間) 一個質點之**瞬時速度** (instantaneous velocity) $\vec{\mathbf{v}}$ 與**加速度** (acceleration) $\vec{\mathbf{a}}$ 的一般定義為

$$\vec{\mathbf{v}} = \frac{d\vec{\mathbf{r}}}{dt} \tag{3-8}$$

$$\vec{\mathbf{a}} = \frac{d\vec{\mathbf{v}}}{dt} \tag{3-11}$$

其中 $\vec{\mathbf{r}}$ 是質點的位置向量。我們可以針對運動的 x、y 與 z 分量而分別地寫出等加速度運動的運動學方程式，而且它們與一維運動有著相同的形式 [(2-12)式]。或者它們也可以寫成一般的向量形式

$$\vec{\mathbf{v}} = \vec{\mathbf{v}}_0 + \vec{\mathbf{a}}t$$

$$\vec{\mathbf{r}} = \vec{\mathbf{r}}_0 + \vec{\mathbf{v}}_0 t + \frac{1}{2}\vec{\mathbf{a}}t^2 \tag{3-13}$$

如果空氣阻力可以忽略，則物體在地球表面附近空中的**拋射運動** (projectile motion) 能夠視為兩個個別的運動來分析。運動的水平分量是等速度，而垂直分量則是等加速度 $\mathbf{g}$，如同一個在重力作用下垂直落下的物體一般。

如果一個物體相對於第二個參考座標的速度以及這兩個參考座標的**相對速度** (relative velocity) 均為已知，就可以利用向量加法求出該物體相對於第一個參考座標的速度。

問 題

1. 一輛汽車以 40 km/h 的速率朝正東方行駛，而第二輛汽車以 40 km/h 的速率朝北方行駛。它們的速度是否相等？請解釋之。
2. 如果速率表顯示穩定不變的 60 km/h，你能否推斷汽車沒有加速？
3. 你能否舉出一些物體運動例子，它們雖然行進很遠的距離但是位移卻是零？
4. 一個在二維中移動的質點，其位移向量會比該質點在相同的時間內所行進的路徑長度來得長嗎？或是比較小？試討論之。
5. 在練習棒球期間，打者擊出一個極高的高飛球，然後沿著直線快跑並且將球接住。哪一個有較大的位移，打者或球？
6. 如果 $\vec{\mathbf{V}} = \vec{\mathbf{V}}_1 + \vec{\mathbf{V}}_2$，則 V 必定大於 V_1 和／或 V_2 嗎？請詳述之。
7. 兩個向量其長度分別為 $V_1 = 3.5$ km 與 $V_2 = 4.0$ km，它們的向量和之最大及最小值是多少？
8. 兩個大小不等的向量相加，結果有可能得到零向量嗎？三個不等的向量呢？在什麼情況下？
9. 一個向量的大小會 (a) 等於或 (b) 小於它其中的一個分量嗎？
10. 一個以等速率移動的質點能具有加速度嗎？如果它是等速度又如何？
11. 汽車的里程表是測量純量或向量的數量？而速率表又如何？
12. 一個小孩想判斷彈弓施予石頭的速率，若只用米尺、石頭和彈弓該如何辦到？
13. 在射箭術中，箭頭應該筆直地瞄準目標嗎？你瞄準的角度應如何視目標的距離而定？
14. 一個砲彈以 30° 的仰角以及 30 m/s 的速率發射。在忽略空氣阻力下，它發射 1.0 s 後以及 2.0 s 後速度的水平分量二者相較之下如何？
15. 一個拋射體在它路徑上的哪一點其速率為最小？
16. 根據報導，在第一次世界大戰時，有一位飛行員駕機在 2 km 之高度飛行時，曾空手抓住朝飛機開火的子彈。空氣阻力會使子彈明顯地減速，利用此一事實解釋這件事是如何發生的。
17. 兩枚砲彈 A 和 B，從地上以相同的初速度射擊，但是仰角 θ_A 大於 θ_B。(a) 哪一個砲彈會達到較高的高度？(b) 哪一個在空中停留得較久？(c) 哪一個行進得較遠？
18. 一個人坐在一個密閉的火車車廂中，火車以等速前進，這個人在她的參考座標中筆直地朝空中拋一個球，請問 (a) 球在哪裡落地？如果車子在以下的情況中，請問你的答案是什麼？(b) 加速，(c) 減速，(d) 繞著彎道，(e) 以等速行進，但車窗是打開的。

19. 如果你搭乘一列火車，它正以高速行駛而超過另一列在相鄰軌道上朝同一方向行駛的火車。另一列火車看來好像是向後移動，為什麼？

20. 兩名划船者，他們在靜止的水中划行的速率相等，現在兩人同時出發橫渡過河。其中一艘船船頭筆直前進，因而被水流往下游拖了一段距離。另一個為了要到達出發點的正對岸，因而以一個角度朝上游前進。哪一名划船者能夠先抵達對岸？

21. 如果你在暴雨中打一把傘並在傘下站立不動，雨水垂直落下而你全身保持乾燥。不過，如果你開始跑，即使你還保持在傘的下方，雨水就會開始落在腿上。為什麼？

習 題

3-2 至 3-5　向量加法；單位向量

1. (I) 一輛汽車向西行駛 225 km，然後再往西南 (45°) 行駛 78 km。請問從起點開始，汽車的位移是什麼 (大小和方向)？請畫出一個圖。

2. (I) 一輛送貨卡車向北行駛了 28 個街區，向東行駛 16 個街區再向南行駛 26 個街區。從起點計算，其最後的位移是什麼？假設每個街區的長度相等。

3. (I) 如果 $V_x = 7.80$ 單位且 $V_y = -6.40$ 單位，試求 $\vec{\mathbf{V}}$ 的大小與方向。

4. (II) 用圖解法求出下列三個位移向量的合成向量：(1) 24 m 朝往東偏北 36°，(2) 18 m 朝北偏東 37° 與 (3) 26 m 朝南偏西 33°。

5. (II) $\vec{\mathbf{V}}$ 是一個大小為 24.8 單位並且方向朝負 x 軸上方 23.4° 的向量。(a) 畫出這個向量，(b) 計算 V_x 和 V_y，(c) 再用 V_x 和 V_y 求出 $\vec{\mathbf{V}}$ 的大小和方向。[註：(c) 部分是一個用來檢查你是否正確地將向量分解的好方法。]

6. (II) 圖 3-36 中有兩個向量 $\vec{\mathbf{A}}$ 和 $\vec{\mathbf{B}}$，其大小為 $A = 6.8$ 單位且 $B = 5.5$ 單位，如果 (a) $\vec{\mathbf{C}} = \vec{\mathbf{A}} + \vec{\mathbf{B}}$，(b) $\vec{\mathbf{C}} = \vec{\mathbf{A}} - \vec{\mathbf{B}}$，(c) $\vec{\mathbf{C}} = \vec{\mathbf{B}} - \vec{\mathbf{A}}$。請計算每個問題中 $\vec{\mathbf{C}}$ 的大小和方向。

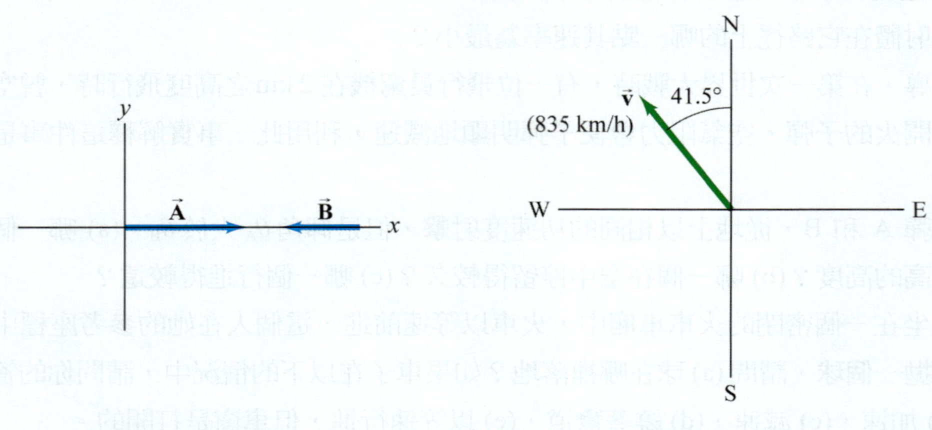

圖 3-36　習題 6。

圖 3-37　習題 7。

7. (II) 一架飛機以 835 km/h 之速率朝北偏西 41.5° 的方向飛行 (圖 3-37)。(a) 試求速度向量在北與西方向的分量。(b) 飛機飛行了 2.50 小時之後，它往北和往西各飛了多遠？

8. (II) $\vec{\mathbf{V}}_1 = -6.0\hat{\mathbf{i}} + 8.0\hat{\mathbf{j}}$ 和 $\vec{\mathbf{V}}_2 = 4.5\hat{\mathbf{i}} - 5.0\hat{\mathbf{j}}$。試求 (a) $\vec{\mathbf{V}}_1$，(b) $\vec{\mathbf{V}}_2$，(c) $\vec{\mathbf{V}}_1 + \vec{\mathbf{V}}_2$，以及 (d) $\vec{\mathbf{V}}_2 - \vec{\mathbf{V}}_1$ 的大小與方向。

9. (II) (a) 試求以下三個向量之總和的大小與方向 $\vec{\mathbf{V}}_1 = 4.0\hat{\mathbf{i}} - 8.0\hat{\mathbf{j}}$，$\vec{\mathbf{V}}_2 = \hat{\mathbf{i}} + \hat{\mathbf{j}}$ 與 $\vec{\mathbf{V}}_3 = -2.0\hat{\mathbf{i}} + 4.0\hat{\mathbf{j}}$。(b) 試求 $\vec{\mathbf{V}}_1 - \vec{\mathbf{V}}_2 + \vec{\mathbf{V}}_3$。

10. (II) 三個向量如圖 3-38 所示，它們的大小以任意單位表示。試求這三個向量的總和，以 (a) 分量，(b) 大小以及與 x 軸的夾角來表示其結果。

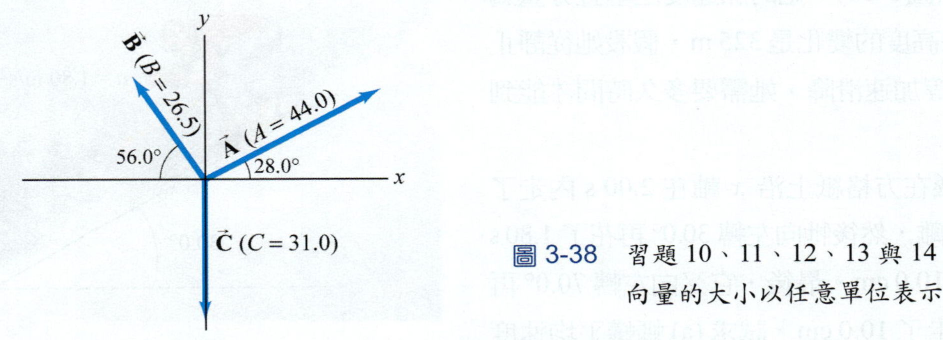

圖 3-38 習題 10、11、12、13 與 14。向量的大小以任意單位表示。

11. (II) (a) 已知圖 3-38 中所示的向量 $\vec{\mathbf{A}}$ 與 $\vec{\mathbf{B}}$，計算 $\vec{\mathbf{B}} - \vec{\mathbf{A}}$。(b) 不要使用 (a) 的答案，計算 $\vec{\mathbf{A}} - \vec{\mathbf{B}}$。然後比較你的結果並且看它們是否相反。

12. (II) 依圖 3-38 中的向量 $\vec{\mathbf{A}}$ 與 $\vec{\mathbf{C}}$，試求向量 $\vec{\mathbf{A}} - \vec{\mathbf{C}}$。

13. (II) 依圖 3-38 中的向量，試求 (a) $\vec{\mathbf{B}} - 2\vec{\mathbf{A}}$，(b) $2\vec{\mathbf{A}} - 3\vec{\mathbf{B}} + 2\vec{\mathbf{C}}$。

14. (II) 依圖 3-38 中的向量，試求 (a) $\vec{\mathbf{A}} - \vec{\mathbf{B}} + \vec{\mathbf{C}}$，(b) $\vec{\mathbf{A}} + \vec{\mathbf{B}} - \vec{\mathbf{C}}$ 以及 (c) $\vec{\mathbf{C}} - \vec{\mathbf{A}} - \vec{\mathbf{B}}$。

15. (II) 比營地高 2450 m 的山頂，在地圖上被測量出它與營地之水平距離為 4580 m，並且位於營地北偏西 32.4° 的方向。選擇向東為 x 軸，向北為 y 軸以及向上為 z 軸，從營地到山頂的位移向量之分量是什麼？它的大小為何？

16. (III) 已知 xy 平面中的一個向量其大小為 90.0 單位，並且它的分量為 −55.0 單位。(a) 它的 x 分量有哪兩種可能？(b) 假設 x 分量已知是正的，試指定一個向量，而你如果把它與原先的向量相加，就可以得到 80.0 單位長並且指向 $-x$ 方向的合成向量。

3-6 向量運動學

17. (I) 一個特殊質點的位置是時間的函數。已知 $\vec{\mathbf{r}} = (9.60t\hat{\mathbf{i}} + 8.85\hat{\mathbf{j}} - 1.00t^2\hat{\mathbf{k}})\,\mathrm{m}$，請問質點的速度和加速度為何？

18. (I) 習題 17 中，在 $t = 1.00$ s 和 $t = 3.00$ s 之間，質點的平均速度為何？於 $t = 2.00$ s 時，瞬時速度的大小是多少？

19. (II) 習題 17 中之質點路徑的形狀是什麼?

20. (II) 一輛汽車以 18.0 m/s 的速率向南行駛片刻，而在 8.00 s 後再以 27.5 m/s 之速率向東行駛。在這段時間內，試求 (a) 它的平均速度，以及 (b) 它的平均加速度之大小與方向。(c) 它的平均速率為何？［提示：你能從這些已知的資料中求出所有答案嗎？］

21. (II) 於 $t=0$ 時，一個靜止的質點從 $x=0$，$y=0$ 處以加速度 $\vec{\mathbf{a}}=(4.0\,\hat{\mathbf{i}}+3.0\,\hat{\mathbf{j}})$ m/s² 在 xy 平面中開始移動。試求 (a) 速度的 x 和 y 分量，(b) 質點的速率，以及 (c) 質點的位置，以上均為時間之函數，(d) 當 $t=2.0$ s 時，估算上述各量。

22. (II) (a) 一位滑雪者以 1.80 m/s² 的加速度自 30.0° 的山坡滑降 (圖 3-39)，她的加速度之垂直分量為何？(b) 如果高度的變化是 325 m，假設她從靜止開始並且以等加速滑降，她需要多久時間才能到達山腳？

圖 3-39 習題 22。

23. (II) 一隻螞蟻在方格紙上沿 x 軸在 2.00 s 內走了 10.0 cm 的距離，然後牠向左轉 30.0° 再花了 1.80 s 沿直線走了 10.0 cm。最後，它又向左轉 70.0° 再花了 1.55 s 走了 10.0 cm。試求 (a) 螞蟻平均速度的 x 與 y 分量，以及 (b) 牠的大小與方向。

24. (II) 一個質點於 $t=0$ 時由原點出發，以 5.0 m/s 的初速度沿著正 x 軸行進。如果加速度是 $(-3.0\,\hat{\mathbf{i}}+4.5\,\hat{\mathbf{j}})$ m/s²，當它到達最大的 x 座標時，質點的速度和位置為何？

25. (II) 假設一個物體的位置是 $\vec{\mathbf{r}}=(3.0t^2\,\hat{\mathbf{i}}-6.0t^3\,\hat{\mathbf{j}})$ m。(a) 試求它的速度 $\vec{\mathbf{v}}$ 和加速度 $\vec{\mathbf{a}}$ 的時間函數。(b) 當 $t=2.5$ s 時，$\hat{\mathbf{r}}$ 和 $\vec{\mathbf{v}}$ 為何？

26. (II)於 $t=0$ 時，一個位於原點處的物體具有初始速度 $\vec{\mathbf{v}}_0=(-14.0\,\hat{\mathbf{i}}-7.0\,\hat{\mathbf{j}})$ m/s 與等加速度 $\vec{\mathbf{a}}=(6.0\,\hat{\mathbf{i}}+3.0\,\hat{\mathbf{j}})$ m/s²，試求物體停止時 (暫時地) 的位置 $\vec{\mathbf{r}}$。

27. (II) 一個質點的位置為時間 t 的函數 $\vec{\mathbf{r}}=(5.0t+6.0t^2)$ m $\hat{\mathbf{i}}+(7.0-3.0t^3)$ m $\hat{\mathbf{j}}$。試求於 $t=5.0$ s 時，質點相對於點 $\vec{\mathbf{r}}_0=(0.0\,\hat{\mathbf{i}}+7.0\,\hat{\mathbf{j}})$ m 的位移向量 $\Delta\vec{\mathbf{r}}$ 之大小與方向。

3-7 與 3-8 拋體運動 (忽略空氣阻力)

28. (I) 一隻老虎從一個 7.5 m 高的岩石上以 3.2 m/s 的速率水平地跳下，牠落地時與岩石的底部相距多遠？

29. (I) 一位潛水者以 2.3 m/s 的速度從懸崖邊水平地跳下，而且在 3.0 s 後到達下方的水面。請問懸崖有多高並且潛水者落水處距崖底有多遠？

30. (II) 月球上的重力加速度是地球的六分之一，如果起跳的速率以及角度都相同，一個人在月球上所跳的距離會比地球上遠多少？

31. (II) 拿著一條消防水帶在接近地面處以 6.5 m/s 的速率噴水，以什麼角度噴水，可以讓水落在 2.5 m 之外 (圖 3-40)？為什麼有兩個不同的角度？描繪出這兩個軌線。

圖 3-40 習題 31。

32. (II) 一個球從 9.0 m 高的大樓屋頂上水平地拋出，並且落在距底部 9.5 m 處。請問球的初始速率是多少？

33. (II) 一個足球在地上以 18.0 m/s 的速度朝 38.0° 的仰角方向踢出去，它被踢出之後多久才落地？

34. (II) 一個球從大樓的屋頂上以 23.7 m/s 的速率水平地扔下，落在距離大樓基底 31.0 m 處，請問大樓有多高？

35. (II) 一個鉛球選手以 14.4 m/s 的初始速率朝 34.0° 的仰角方向擲出一個鉛球 (質量為 7.3 kg)。如果鉛球是在距離地面高 2.10 m 處脫離選手的手中，則鉛球行進的水平距離為何？

36. (II) 如果空氣阻力可以忽略，試證明一個拋射體到達最高點所需的時間等於它落回到原先高度的時間。

37. (II) 你買了一支塑膠飛鏢，身為一位聰明的物理學學生，你決定很快地算出它的最大水平射程。若你把槍向上直射，飛鏢在 4.0 s 後又落回槍管處。請問槍的最大水平射程為何？

38. (II) 一個棒球以 27.0 m/s 的速率朝 45.0° 的仰角被打擊出去，它落在附近一棟大樓 13.0 m 高的平坦屋頂上。如果球是在距地面高 1.0 m 處被擊出，則它落在大樓屋頂之前會行進多少水平距離？

39. (II) 在例題 3-11 中，我們選擇了 x 軸向右並且 y 軸向上。若定義 x 軸向左並且 y 軸向下，重做同樣的問題，並且證明結果相同——足球落在被球員的腳踢離處右邊 40.5 m 的地上。

40. (II) 一隻蚱蜢在水平的路面上跳躍。蚱蜢每一跳都以 $\theta_0 = 45°$ 的角度跳出，而且達到 $R = 1.0$ m 的距離。當它沿著道路前進時，假設兩次跳躍之間在地上所花的時間可以忽略，則蚱蜢的平均水平速率是多少？

41. (II) 極限運動的愛好者都知道在優勝美地國家公園躍跳酋長岩——高度 910 m 的陡峭花崗岩懸崖。假設一位跳躍者以 5.0 m/s 的水平速率跳離酋長岩並且享受自由下落的快感，直到她在距谷底高 150 m 時才打開降落傘 (圖 3-41)。(a) 跳躍者自由下落的時間有多久？忽略空氣阻力。(b) 在打開降落傘之前盡可能地遠離懸崖是很重要的。當她打開降落傘時，她距離懸崖有多遠？

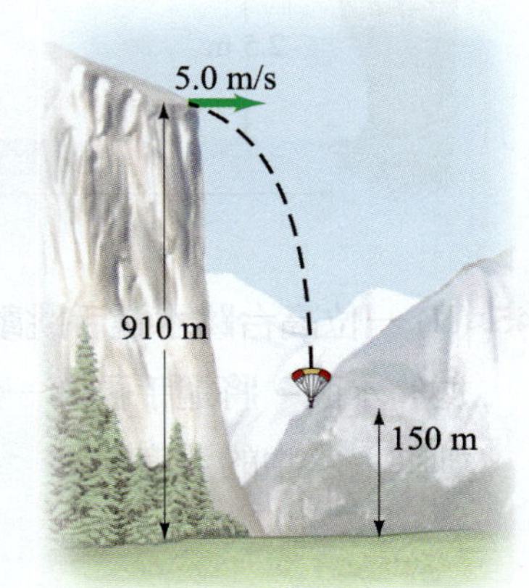

圖 3-41 習題 41。

42. (II) 運動項目中有件事要嘗試。將一個物體拋射到空中，例如，棒球、橄欖球或者足球，證明它所能到達的最大高

度 h 近似於

$$h \approx 1.2t^2 \text{ m}$$

其中 t 是物體的總飛行時間 (s)。假設物體能夠回到與拋射處相同的高度，如圖 3-42 所示。例如，若你計時發現棒球在空中有 $t = 5.0$ s 的時間，則它達到的最大高度是 $h = 1.2 \times (5.0)^2 = 30$ m。這個關係式的妙處就在於不必知道拋射速率 v_0 或是拋射角度 θ_0 就能夠判斷 h。

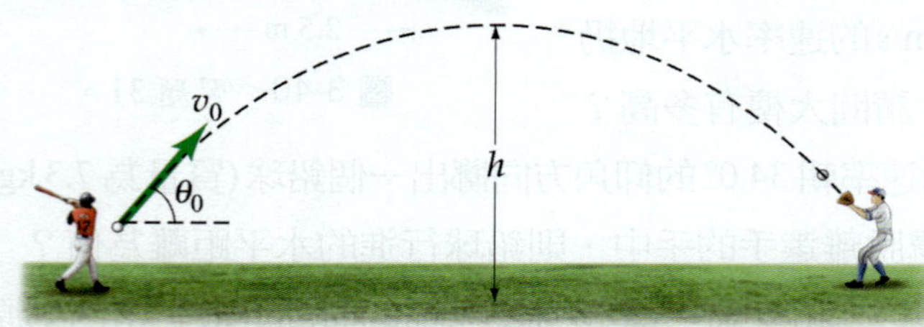

圖 3-42 習題 42。

43. (II) 一架飛機以 170 m/s 的速率飛行，飛行員想要投下補給品給下方 150 m 處孤立於一小塊陸地上的水災災民，飛機應該在飛到災民正上方之前幾秒投下補給品？

44. (II) (a) 一位跳遠選手以與水平成 45° 之方向跳離地面，並且落在 8.0 m 遠的地上。她的“起跳”速率 v_0 為何？(b) 現在她徒步走到河的左岸，此處沒有橋樑，而兩岸的水平距離為 10.0 m，並且右岸的高度較左岸低 2.5 m。如果她從左岸邊以 45° 和 (a) 中計算的速率往對岸起跳，計算她多久之後在對岸落地 (圖 3-43)？

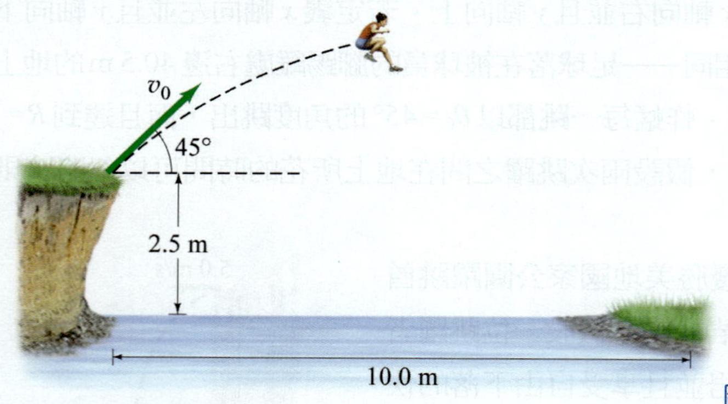

圖 3-43 習題 44。

45. (II) 一位高台跳水選手跳離 5.0 m 高的跳板末端，並且在 1.3 s 後觸及跳板末端以外 3.0 m 遠的水面。將選手視為一個質點，試求 (a) 她的初速度 $\vec{\mathbf{v}}_0$，(b) 到達的最大高度，以及(c) 她進入水中的速度 $\vec{\mathbf{v}}_f$。

46. (II) 一顆子彈以 35.0° 的仰角與 65.0 m/s 的初速率從高 115 m的懸崖邊射出，如圖 3-44 所示。(a) 計算子彈擊中地面上的 P 點所需的時間，(b) 計算從懸崖垂直的底部至 P 點的距離 X。就在子彈命中 P 點的瞬間，試求 (c) 子彈速度的水平和垂直分量，(d) 速度的大小，(e) 速度向量與水平線的夾角。(f) 求出在高於懸崖處，子彈到達的最大高度。

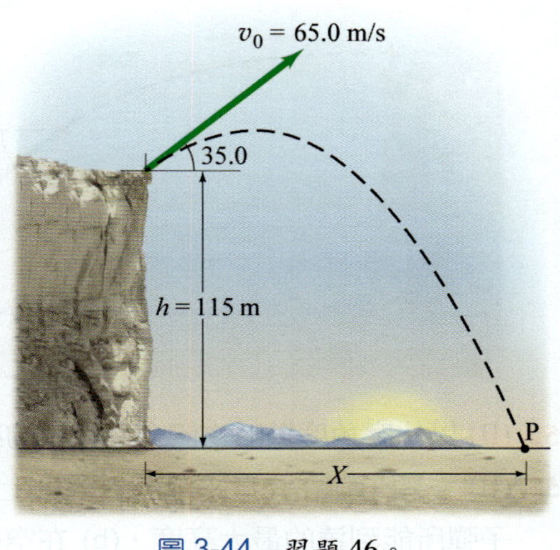

圖 3-44　習題 46。

47. (II) 假設例題 3-7 中是在距離球門柱 36.0 m 處試圖將球踢出，而球門橫樑距地面為 3.00 m 高。如果球是完全地正對著球門柱之間，則它會穿越橫樑而得分嗎？試證明它為什麼可以或是不可以；如果不行，而他想得分，則必須在多遠的水平距離處將球踢出？

48. (II) 一顆子彈從地面射向空中，在 3.0 s 之後，觀測到它有 $\vec{\mathbf{v}} = (8.6\,\hat{\mathbf{i}} + 4.8\,\hat{\mathbf{j}})$ m/s 的速度，其中 x 軸是水平方向，而正 y 軸是向上。試求 (a) 子彈的水平射程，(b) 它距離地面的最大高度，(c) 當它剛落地之前的速度和角度。

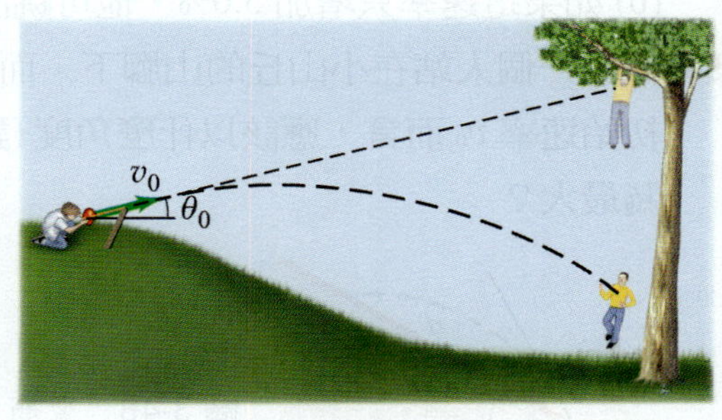

圖 3-45　習題 49。

49. (II) 再回到例題 3-9，並假設持彈弓的男孩之高度較樹上的男孩低 (圖 3-45)，所以他向上瞄準而直接正對著樹上的男孩。請再次證明樹上的男孩在水球射出的瞬間鬆手從樹上落下是錯誤的動作。

50. (II) 一位特技車手想要使他的汽車飛越位於水平的車道下方並排的 8 輛汽車 (圖 3-46)。(a) 車道的垂直高度是位於汽車上方的 1.5 m 處，並且他必須越過的水平距離是 22 m。請問他把車駛離水平車道的速率至少必須是多少？(b) 如果車道向上傾斜，而使 “起飛角度” 是在水平線上 7.0° 的仰角，則新的最低速率是多少？

圖 3-46　習題 50。

51. (II) 一個球以 v_0 的初速度從懸崖的頂端水平地拋出去 (於 $t=0$)。在任何時刻，它移動的方向都與水平線成一角度 θ (圖 3-47)。當球沿著拋射體的路徑行進時，試推導 θ 為時間 t 之函數的關係式。

圖 3-47 習題 51。

52. (II) 以什麼角度拋射物體會使拋體的射程與它的最大高度相等？

53. (II) 一顆子彈在長形平坦的射擊場上以 46.6 m/s 的初速率朝 42.2° 的仰角發射。計算 (a) 子彈所能到達的最大高度，(b) 在空中的總時間，(c) 涵蓋的總水平距離 (即射程)，以及 (d) 子彈發射 1.50 s 以後的速度。

54. (II) 一位跳遠選手以 27.0° 的角度跳離地面，並且落於 7.80 m 之外。(a) 起跳速率是多少？(b) 如果這速率只增加 5.0%，他可跳出多少更遠的距離？

55. (III) 一個人站在小山丘的山腳下，而山坡與水平面的夾角為 ϕ (圖 3-48)。就一個特定的初始速率 v_0 而言，應該以什麼角度 (對水平面) 將物體拋出才會使它落在山丘上的距離 d 為最大？

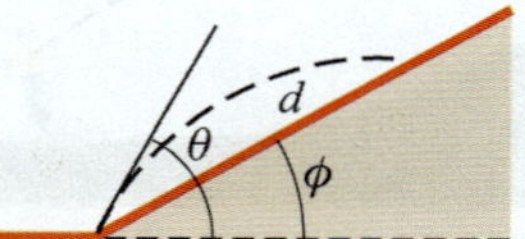

圖 3-48 習題 55。已知 ϕ 及 v_0，試求要產生最大 d 值的 θ 角。

56. (III) 當一個拋體落在高度較起始點高 h 處時，試推導其水平射程 R 的公式。(對於 $h<0$，它就落在高度較起始點低 $-h$ 處。) 假設它是以初始速率 v_0 朝仰角 θ_0 拋射。

3-9 相對速度

57. (I) 一艘郵輪以 8.5 m/s 的速率向前航行，此時甲板上有一個人正以 2.0 m/s 的速率朝著船頭方向 (前方) 做晨跑運動。跑者相對於水的速度是多少？後來，跑者朝船尾方向 (後方) 跑，此時，跑者相對於水的速度是多少？

58. (I) 哈克在木筏上以 0.70 m/s 的速率行走而穿過木筏 (亦即他行走的方向與木筏相對於河岸的運動方向是垂直的)，木筏在密西西比河上以 1.50 m/s 之相對於河岸的速率朝下流前進 (圖 3-49)，請問哈克相對於河岸的速度 (速率和方向) 為何？

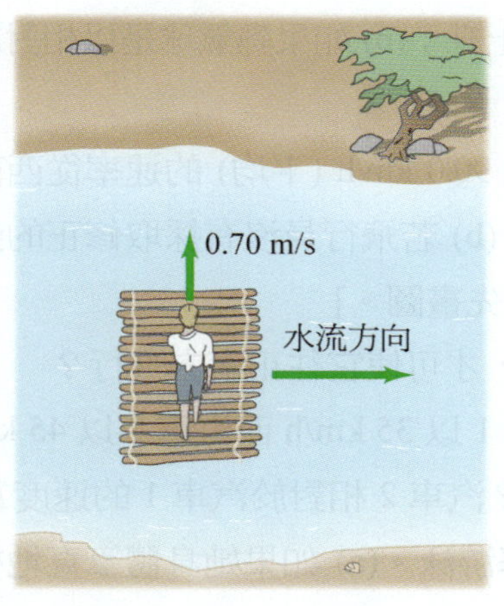

圖 3-49 習題 58。

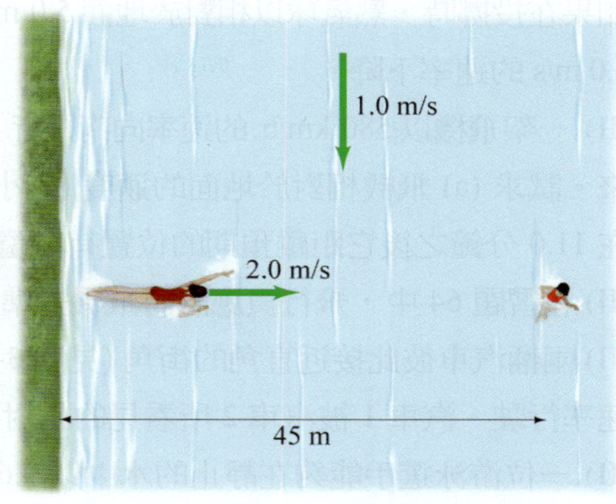

圖 3-50 習題 61。

59. (II) 試求例題 3-14 中，船相對於河岸的速率。

60. (II) 兩架飛機正迎面彼此接近中，每一架飛機的速率都是 780 km/h，當它們彼此剛發現對方時，兩架飛機相距 12.0 km，請問飛行員有多少時間迴避？

61. (II) 河中有一個小孩，在距離河岸 45 m 處，無助地被湍急的水流以 1.0 m/s 的速率沖往下游。當小孩經過河岸上的一個救生員前時，救生員開始以直線游泳，直到她在下游某處搆到小孩為止 (圖 3-50)。如果救生員能夠以 2.0 m/s 相對於水的速率游泳，則她需要多久時間才能搆到小孩？救生員順流行進多遠才攔到小孩？

62. (II) 一艘船在靜止的湖面上以 1.70 m/s 的速率航行，船上的一位乘客以 0.60 m/s 的速率走上樓梯 (圖 3-51)。樓梯與船艙地板成 45° 的角度，試寫出乘客相對於水的速度向量。

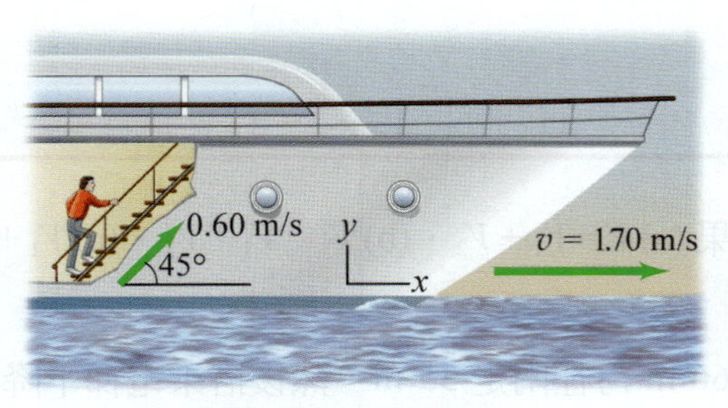

圖 3-51 習題 62。

圖 3-52 習題 63。

63. (II) 一個人坐在熱氣球的乘客籃中，並以 10.0 m/s 的速率水平地向外拋出一個球 (圖 3-52)，在以下各種狀況中，球相對於站立在地上的人，其初速度 (大小和方向) 為何？(a)

如果在投擲時，熱氣球以相對於地面 5.0 m/s 的速率上升；(b) 如果熱氣球是以相對於地面 5.0 m/s 的速率下降。

64. (II) 一架飛機以 580 km/h 的速率向南飛行，如果風以 90.0 km/h (平均) 的速率從西南方吹來。試求 (a) 飛機相對於地面的速度 (大小和方向)，(b) 若飛行員沒有採取修正的動作，在 11.0 分鐘之後它距離預期的位置有多遠。[提示：先畫圖。]

65. (II) 在習題 64 中，飛行員應該將飛機對準什麼方向，才可使它往正南方飛行？

66. (II) 兩輛汽車彼此接近直角的街角 (見圖 3-35)。汽車 1 以 35 km/h 而汽車 2 以 45 km/h 的速率行駛。汽車 1 被汽車 2 所看見的相對速度為何？汽車 2 相對於汽車 1 的速度為何？

67. (II) 一位游泳選手能夠在靜止的水中以 0.60 m/s 速率游泳。(a) 如果她身體筆直地橫渡一條河水流速為 0.50 m/s 並且 55 m 寬的河流，她將在順流多遠處登上岸 (從她出發點的正對岸算起)？(b) 她到達對岸需要多久時間？

68. (II) (a) 在習題 67 中，如果游泳選手想直接地渡河到達正對岸，她必須以什麼角度對著逆流方向？(b) 她將需要多少時間？

69. (II) 在靜止的水中汽艇的速率是 3.40 m/s，為了直接地橫渡小河必須以 19.5° 的角度 (與河岸之垂直線所成的角度) 逆流行駛。(a) 水流的速率是多少？(b) 船相對於河岸的速率是多少？(見圖 3-31)。

70. (II) 一艘小船在靜止的水中之速率是 2.70 m/s，它必須渡過一條 280 m 寬的河，並且到達上游方向距離出發點正對岸 120 m 處 (圖 3-53)。為此，舵手一定要把船以 45.0° 角的方向逆流前進。請問河水的流速為何？

71. (III) 一架飛機速率是 580 km/h，它必須朝東偏北 38.0° 的方向沿直線飛行，但風從北方以穩定的 72 km/h 之風速吹來，則飛機應該朝什麼方向？

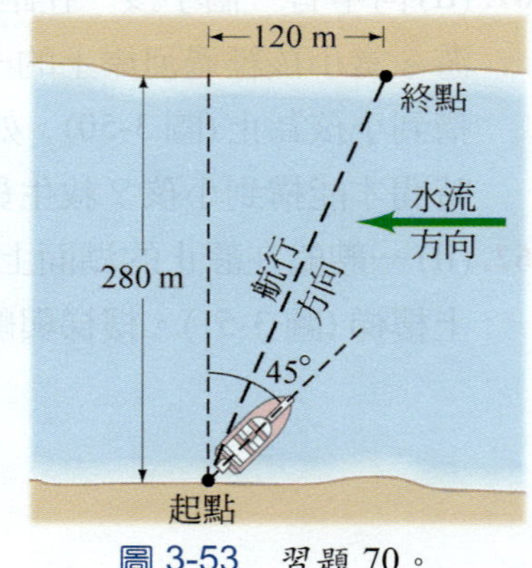

圖 3-53 習題 70。

一般習題

72. 兩個向量，$\vec{\mathbf{V}}_1$ 和 $\vec{\mathbf{V}}_2$ 相加得到 $\vec{\mathbf{V}} = \vec{\mathbf{V}}_1 + \vec{\mathbf{V}}_2$。如果 (a) $V = V_1 + V_2$，(b) $V^2 = V_1^2 + V_2^2$，(c) $V_1 + V_2 = V_1 - V_2$。請分別描述 $\vec{\mathbf{V}}_1$ 和 $\vec{\mathbf{V}}_2$。

73. 一位水管工人快步走出他的卡車，往東走了 66 m 再往南走 35 m，然後搭乘電梯下降 12 m 進入一棟建築物的地下二樓查看一處嚴重的漏洞。水管工人相對於他的卡車之位移是什麼？將答案以分量表示，然後再以大小以及與 x 軸之夾角表示。假設 x 向東、y 向北以及 z 向上。

74. 在多山的下坡道路上，岔道的位置有時設於路邊，以備卡車的煞車發生故障之用。假設上坡的角度為 26°，計算卡車在 7.0 s 內車速從 110 km/h 減速到停止之加速度的水平和垂直分量。見圖 3-54。

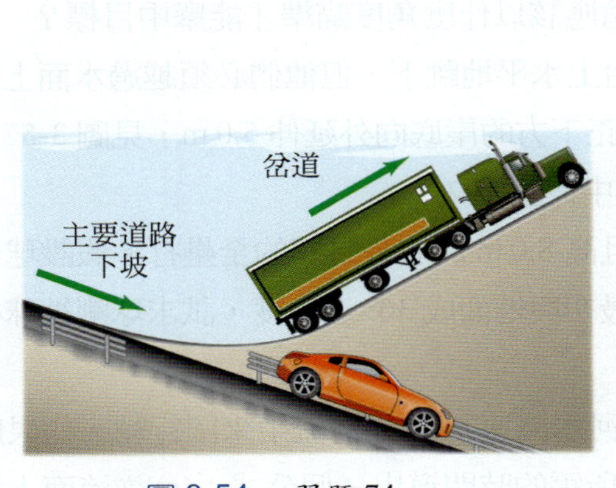

圖 3-54　習題 74。

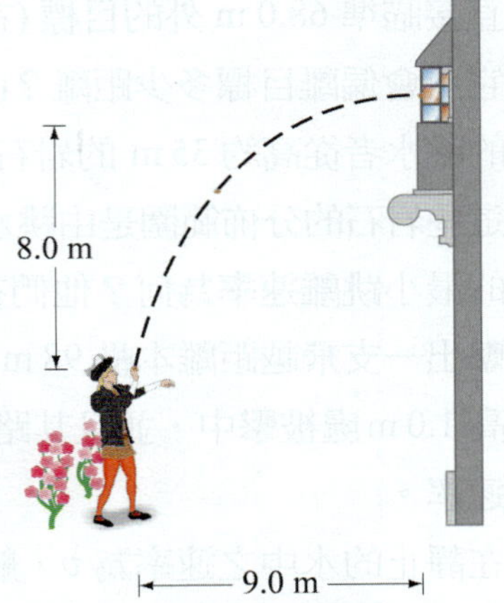

圖 3-55　習題 77。

75. 一架輕型飛機朝南方以 185 km/h 之相對於靜止空氣的速率飛行。1.00 小時之後，飛行員發現他們只飛行了 135 km，並且他們的方向不是朝南，而是朝東南方 (45.0°)。風速是多少？

76. 一位奧林匹克跳遠選手能跳 8.0 m 遠。假設他離地時的水平速率是 9.1 m/s，並假設他落地時身體是筆直站立，亦即與他離地的方式相同，請問他在空中的時間有多久，能跳多高？

77. 羅密歐朝茱麗葉的窗口輕輕地向上扔小石頭，並且他希望小石頭擊中窗戶時的速度只有水平分量。當時他站在窗戶下方 8.0 m 並且距離牆壁底部 9.0 m 處的一個玫瑰花園邊 (圖 3-55)，當小石頭擊中窗戶時的速率有多快？

78. 當由一個行進中的火車窗口往外觀看時，雨滴與垂直線成一角度 θ (圖 3-56)。如果火車的速率為 v_T，以地球做為參考座標，雨滴垂直下落的速率為何？

圖 3-56　習題 78。

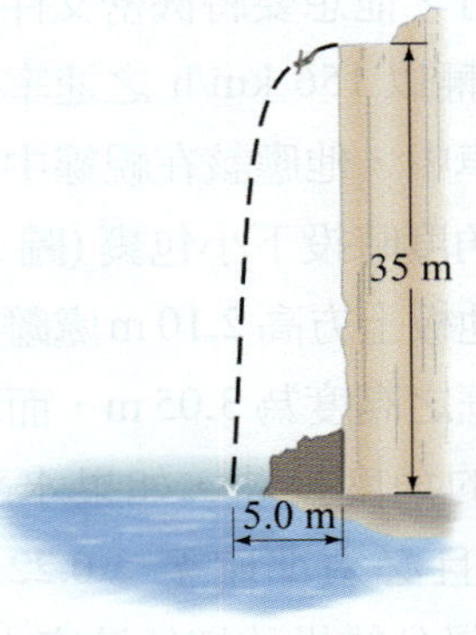

圖 3-57　習題 81。

79. 阿波羅太空人將“九號鐵頭球桿”帶上月球，並且用它揮擊高爾夫球大約飛行 180 m。假設擺動、擊球角度等等約與地球上相同，而在地球上可能僅擊出 32 m。試估算月球表面的重力加速度。(在兩種情況下我們都忽略空氣阻力，但在月球上本來就沒有空氣阻力。)

80. 一個獵人直接瞄準 68.0 m 外的目標 (在同一個水平上)。(a) 如果子彈以 175 m/s 的速率離開槍口，它將會偏離目標多少距離？(b) 槍應該以什麼角度瞄準才能擊中目標？

81. 阿卡波可的跳水者從高約 35 m 的岩石平台上水平地跳下，但他們必須越過水面上露出的岩石，而這些岩石的分佈範圍是由跳水處正下方的崖底向外延伸 5.0 m，見圖 3-57。越過岩石所需的最小跳離速率為何？他們在空中停留多久？

82. 貝比魯斯擊出一支飛越距離本壘 98 m 遠且高 8.0 m 的右外野牆的全壘打。假設球最初是在距地面高 1.0 m 處被擊中，並且其路徑最初與地面成 36° 之角度，試求球剛被球棒擊出時的最小速率。

83. 一條小船在靜止的水中之速率為 v，船在河水流速為 u 的河流中來回行駛。如果船來回行駛，為以下各狀況中來回行進總距離 D 所需的時間導出一個公式：(a) 逆流而上和順流而下，以及 (b) 直接地渡河往返。為什麼我們一定要假設 $u<v$？

84. 一位網球選手在發球時打算水平地擊球。如果球是從高 2.50 m 處“發射”，球所需的最小速率是多少才能越過 0.90 m 高，並且距發球者約 15.0 m 遠的球網。如果球恰恰越過球網，它將在哪裡落地，並且是否是個好球 (“好”的意思是指它落在距球網 7.0 m 的範圍內)？它將在空中停留多久？見圖 3-58。

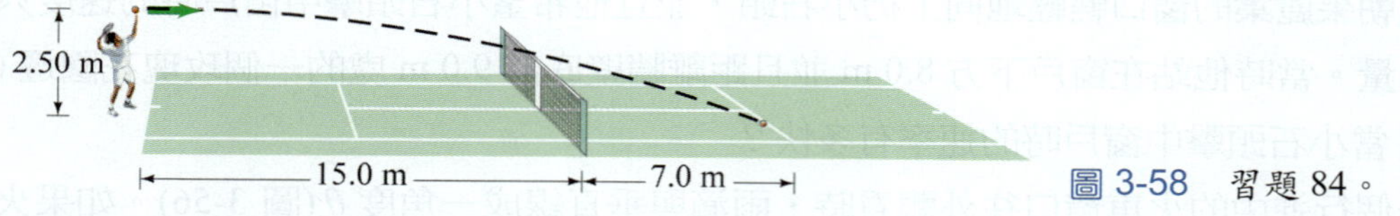

圖 3-58　習題 84。

85. 間諜首腦克里斯駕駛直昇機以等速 208 km/h 水平低空飛行，他想要將機密文件投到下方 78.0 m 處一輛以 156 km/h 之速率行駛在公路上的敞篷車中，他應該在視線中的汽車與水平成什麼角度時投下小包裹 (圖 3-59)？

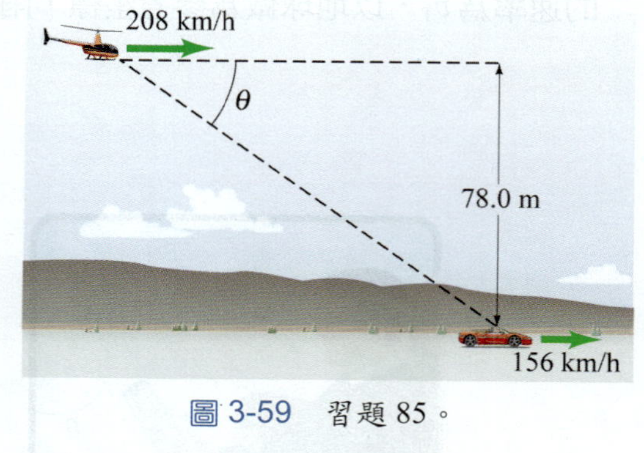

圖 3-59　習題 85。

86. 一個籃球在地板上方高 2.10 m 處離開運動員的手中，籃框之高度為 3.05 m，而球員都喜歡以 38.0° 的角度投球。如果水平射程是 11.00 m，並且必須準確至 ±0.22 m (水平地)，則能夠得分的投球初始速率之範圍為何？

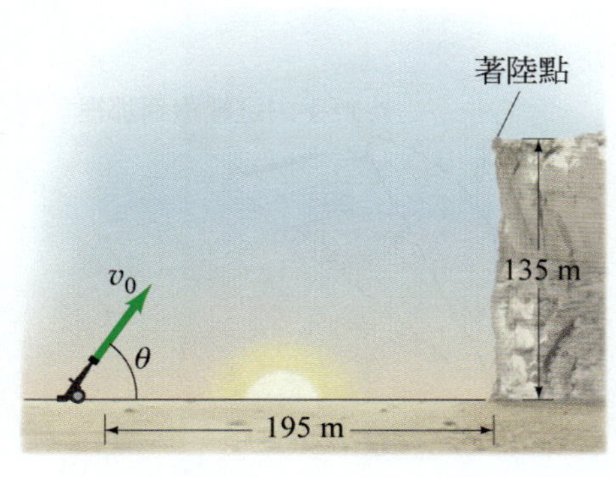

圖 3-60 習題 88。

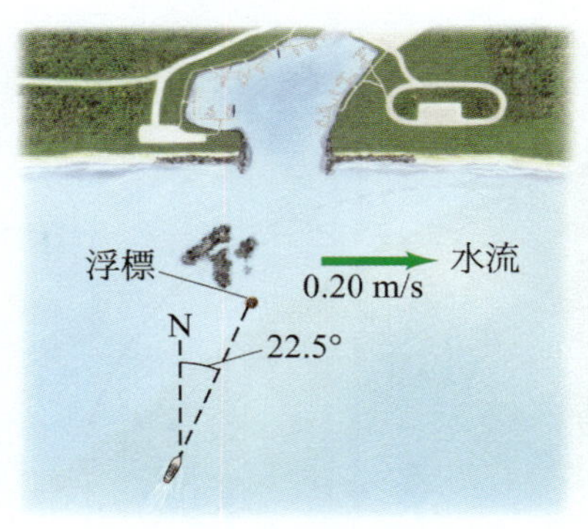

圖 3-61 習題 91。

87. 一個質點的速度 $\vec{\mathbf{v}}=(-2.0\,\hat{\mathbf{i}}+3.5t\,\hat{\mathbf{j}})$ m/s，質點於 $t=0$ 時，從 $\vec{\mathbf{r}}=(1.5\,\hat{\mathbf{i}}-3.1\,\hat{\mathbf{j}})$ m 處出發。寫出位置和加速度為時間之函數的關係式，而質點路徑的形狀為何？

88. 一枚砲彈從地面發射到 195 m 遠和 135 m 高的懸崖頂端 (見圖 3-60)。忽略空氣阻力，如果砲彈在發射 6.6 s 後落在懸崖頂端。試求砲彈的初始速度 (大小和方向)。

89. 在緊追不捨中，聯邦調查局的密探羅根必須在最短時間內直接渡過一條 1200 m 寬的河，河水的流速是 0.80 m/s。他能以 1.60 m/s 的速率划船，而且以 3.00 m/s 的速率奔跑，敘述他以最短之時間渡河所行經的路徑 (划船加上沿河岸的奔跑)，並且求出最短的時間。

90. 一艘小船在平靜的水面上能夠以 2.20 m/s 的速率行進。(a) 如果船頭朝向直接橫渡流速為 1.30 m/s 的河流方向，則船相對於河岸的速度是多少 (大小和方向)？(b) 在 3.00 s 之後，相對於起點，船的位置在哪裡？

91. 一條小船在河水速率為向東 0.20 m/s 的河中行進 (圖 3-61)，為了避開一些近岸的岩石，船必須繞過一個位於北北東方 (22.5°) 且 3.0 km 遠的浮標。船在平靜的水面上行進的速率是 2.1 m/s，如果船想要在浮標右側 0.15 km 處通過浮標，則船應該朝向什麼角度？

92. 一個小孩從坡度為 12° 的小山坡上往下跑，然後突然以水平線上 15° 的角度向上跳，並且落在沿山坡測量為向下 1.4 m 處的地方。請問小孩的初始速率是多少？

93. 一個籃球在高 2.4 m 處 (圖 3-62) 以 $v_0=12$ m/s 的初速率及 $\theta_0=35°$ 的仰角投出。(a) 如果球投中籃框，則球員距離籃框有多遠？(b) 球與水平線之間以什麼角度進入籃框？

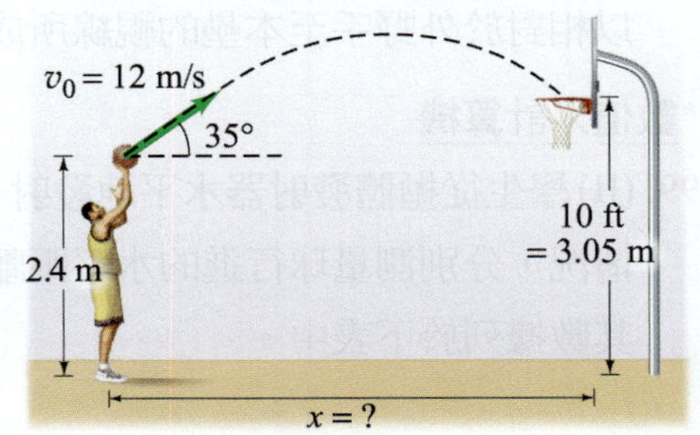

圖 3-62 習題 93。

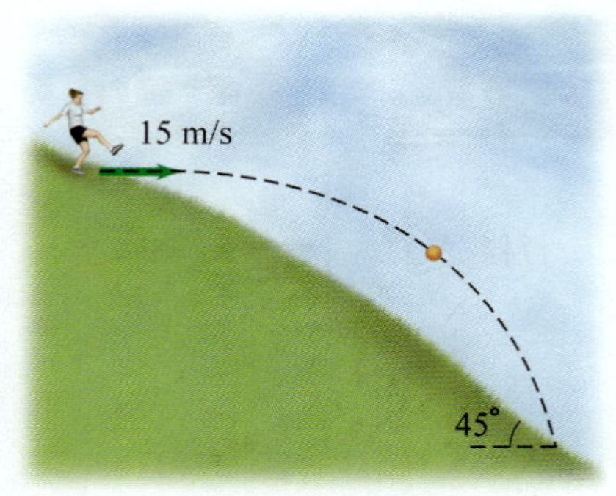

圖 3-63　習題 95。

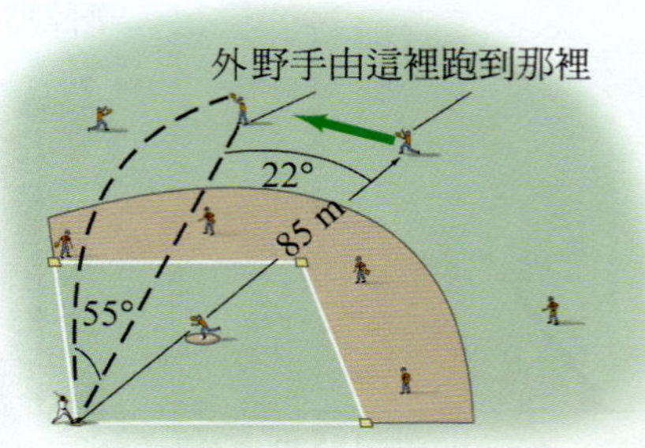

圖 3-64　習題 98。

94. 你在暴風雪中以 25 m/s (約 55 mi/h) 的速率在公路上往南行駛，最後當你停車時，發現雪正垂直地降下來，但是當車行進時，雪是以和水平成 37° 的方向經過車窗。請估計雪花相對於汽車以及相對於地面的速率？

95. 一塊石子在 45° 的斜坡上以 15 m/s 的速率水平地被踢出去 (圖 3-63)，石子需要多久時間才會落到地面？

96. 打擊者擊中一個距地面高 0.90 m 的球，球以 28 m/s 的初速率和 61° 的角度離開球棒飛向中外野。忽略空氣阻力，(a) 如果球沒被接住，它的落地處離本壘板有多遠？(b) 中外野手從距離本壘 105 m 處開始跑，他以等速沿直線跑向本壘，並且在地面上將球接住。試求外野手的速率。

97. 一個球從一棟大樓的頂端以 18 m/s 的初速率以及 $\theta = 42°$ 的仰角投出。(a) 初速度的水平和垂直分量為何？(b) 如果附近 55 m 外有一棟相同高度的大樓，球擊中附近的大樓時距離大樓的頂端有多遠？

98. 於 $t = 0$ 時，打擊者以 28 m/s 的初速率以及 55° 的仰角擊中棒球。此外，外野手與打擊者相距 85 m，並且由本壘看去，朝向外野手的視線與球行進的平面成 22° 的水平角 (見圖 3-64)。外野手必須以什麼速率和方向才能在與球被擊出的相同高度處將球接住？將方向以相對於外野手至本壘的視線所成的角度來表示。

*數值／計算機

***99.** (II) 學生從拋體發射器水平地發射一個塑膠球。他們針對拋體發射器位於六種不同高度的情況，分別測量球行進的水平距離 x、球落下的垂直距離 y，以及球在空中的總時間 t。其數據列於下表中。

時間 t (s)	水平距離 x (m)	垂直距離 y (m)
0.217	0.642	0.260
0.376	1.115	0.685
0.398	1.140	0.800
0.431	1.300	0.915
0.478	1.420	1.150
0.491	1.480	1.200

(a) 試求表示 x 為 t 之函數的最適當之直線。由此一最適當之直線所得到的球之初始速率為何？(b) 試求表示 y 為 t 之函數的最適當之二次方程式。

*100. (III) 如圖 3-65 所示，一位鉛球選手以 $v_0 = 13.5$ m/s 的初始速率在距地面高 $h = 2.1$ m 處投擲。(a) 推導一個描述行進距離 d 如何與投擲角度 θ_0 相關的關係式。(b) 針對特定的 v_0 與 h 值，使用圖形計算器或計算機繪製 d 對 θ_0 的圖形，根據你的繪圖，θ_0 值為多少可以使 d 為最大？

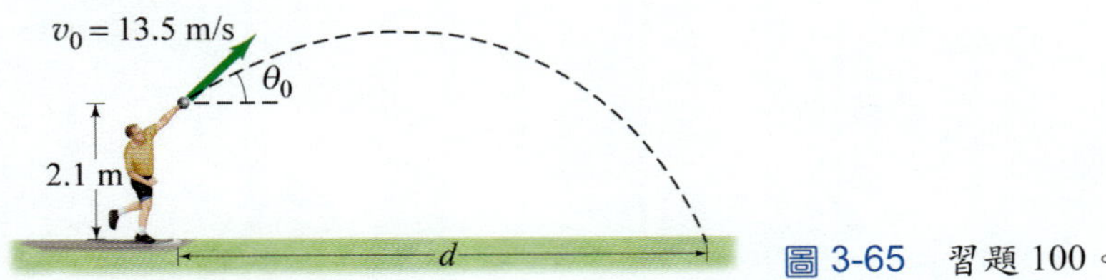

圖 3-65　習題 100。

練習題答案

A: 兩個向量 D_1 與 D_2 朝相同方向時。

B: $3\sqrt{2} = 4.24$。

C: (a)。

D: (d)。

E: 因為兩個球皆達同樣的高度，所以它們在空中停留的時間相同。

F: (c)。

動力學：牛頓的運動定律

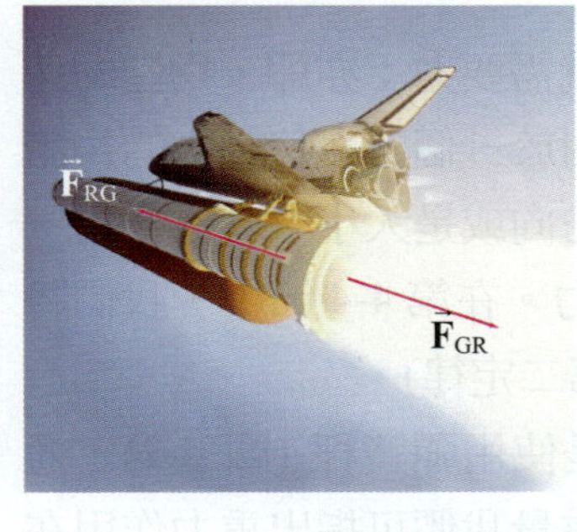

發現號太空梭被強有力的火箭載送進入太空，它正在加速，速率迅速地增加。要做到這一點，根據牛頓第二定律 $\Sigma\vec{\mathbf{F}}=m\vec{\mathbf{a}}$，就必須對火箭施加一個力量。是誰施加這個力量呢？火箭發動機對氣體施加一個力量 (稱為 $\vec{\mathbf{F}}_{GR}$)，氣體則是從火箭的後方噴出。根據牛頓第三定律，這些噴出的氣體會施加一個相等且方向相反的力量在火箭上，而使火箭向前推進。就是這個由氣體施加於火箭上的“回應”力量 (稱為 $\vec{\mathbf{F}}_{RG}$) 使得火箭加速向前飛行。

章前問題——試著想想看！

1. 一個 150 kg 的橄欖球球員正面碰撞一個 75 kg 的帶球跑後衛，在撞擊時，較重的球員對較小的球員施加一個 F_A 的力，如果較小的球員對較重的球員也回施一個 F_B 的力，則哪一個回答最正確？
   (a) $F_B=F_A$　(b) $F_B<F_A$
   (c) $F_B>F_A$　(d) $F_B=0$
   (e) 需要更多的資料
2. 出自詩人艾略特 (T. S. Eliot)《大教堂中的謀殺》其中的一段話：坎特伯里的婦女說“地面朝上壓著我們的腳”。請問這是什麼力？
   (a) 重力　(b) 正向力
   (c) 摩擦力　(d) 離心力
   (e) 沒有力——他們太富詩意

我們已經討論過如何以速度和加速度描述運動。現在我們要處理為什麼物體會如此移動的問題：是什麼使靜止的物體開始移動？而什麼又造成一個物體的加速或者減速？當物體以一個彎曲的路徑移動時，什麼因素會涉及其中？我們的回答是，在以上每個情況中都需要力。在本章中，[1] 我們將研究力和運動之間的關聯，而這正是**動力學** (dynamics) 的主題。

4-1 力

圖 4-1 一個人施加一力於手推車上。

直覺地，我們感受到的**力** (force) 是作用在物體上的任何一種推擠或拉扯。當你推動一輛拋錨的汽車或者一台手推車 (圖 4-1) 時，你正對它施加一個力。當馬達昇起電梯時、鐵錘敲釘子時或是風吹動樹葉時，就有一個力正在作用。因為這種力是在一個物體與另一個物體接觸的時候，才會產生作用，所以通常稱為*接觸力*。另一方面，我們會說物體是因為*重力*的作用而落下。

如果物體是靜止的，要讓它開始移動就需要力；亦即，物體的速度從零加速到非零的速度需要力的作用。對於一個已在移動中的物體而言，如果你想要改變它的速度——不論方向或是大小，就需要力。換句話說，要將一個物體加速，永遠需要力。在第 4-4 節中，我們將討論加速度和淨力之間精確的關係 (牛頓第二定律)。

測量力的大小 (或強度) 的方法之一是使用彈簧秤 (圖 4-2)。通常，彈簧秤是用來測量物體的重量；而由重量我們可指出重力作用在物體上 (第 4-6 節)。彈簧秤一經校準，就可以用於測量其他的力，例如圖 4-2 中所示的拉力。

一個力若朝不同的方向施加，就有不同的作用。力有方向和大

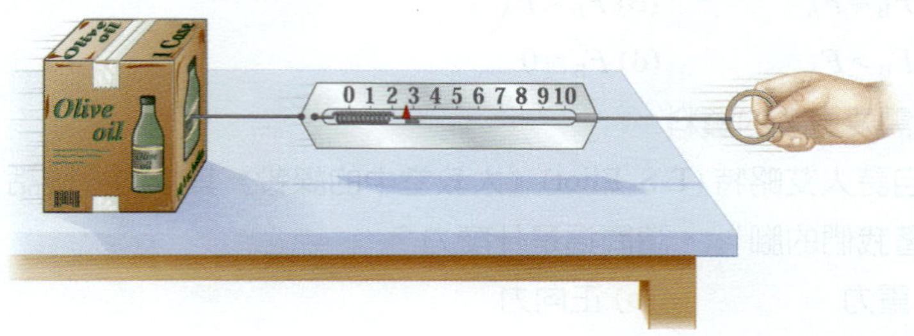

圖 4-2 一個彈簧秤用來量測力。

1 在此，我們每天都把物體當作是在移動中。而原子與分子之次微觀世界的論述，以及當速度極高而幾近於光速時 (3.0×10^8 m/s)，就要應用量子理論與相對論來處理。

小，所以它的確是一個向量，並且遵循在第 3 章中曾討論過的向量加法規則。就像速度一樣，我們可以用箭號代表任何力，箭號的方向就是推或拉的方向，並且將它的長度畫成與力的大小成正比。

4-2 牛頓第一運動定律

力和運動之間的關係是什麼？亞里士多德 (西元前 384-322 年) 相信，保持一個物體沿著水平面移動需要一個力，對亞里士多德而言，物體的自然狀態是靜止的；而要使物體維持於運動狀態，他相信必須要有一個力的作用。此外，亞里士多德也認為，作用力愈大，物體的速率也愈快。

大約兩千年之後，伽利略並不同意這種看法。他主張一個以等速運動的物體與它靜止時是一樣地自然。

為了要了解伽利略的概念，我們思考下述這個與沿著水平面運動有關的觀測。在一個粗糙的桌面上以等速推動一個物體需要一個力。在一個非常光滑的桌面上以相同的速率推動一個等重的物體則需要較少的力。如果在物體的表面和桌面之間，塗上一層油或其他潤滑劑，則幾乎不需要使力就能保持物體的運動狀態。請注意在每個後續的步驟中，只需要較小的力。我們想像物體和桌面之間絲毫沒有摩擦——或者物體與桌面之間有完全的潤滑劑——因而推論一旦起動之後不必施力，物體就能在桌面上以等速移動。鋼珠軸承在堅硬水平表面上的滾動就很接近這種情況，或是在氣墊桌面上的冰球，其中一層細薄的空氣幾乎將摩擦降低為零。

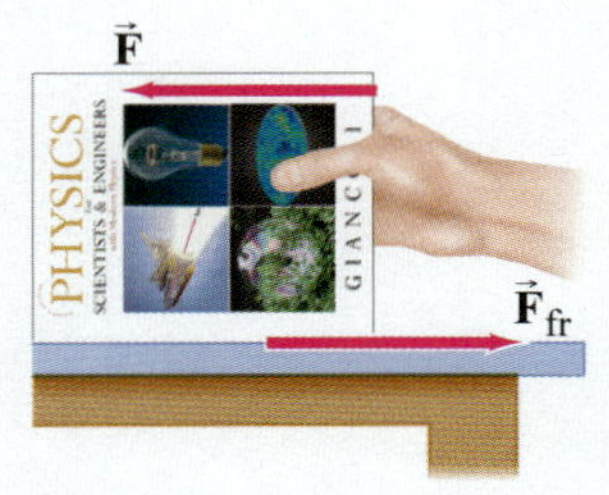

圖 4-3 $\vec{F}$ 代表人所施的力，$\vec{F}_{fr}$ 代表摩擦力。

沒有摩擦力存在的一個理想化世界是伽利略的天才想像。它可以使我們對真實世界有更正確和更豐富的理解，這個理想化的假想後來導引他獲得了非凡的結論："如果沒有力作用於一個正在移動中的物體上，它將繼續沿著直線以等速移動"。物體只有在受力作用時，才會逐漸減速。伽利略因而解釋了摩擦也是一種力，如同普通的推力與拉力一般。

若要推動一個物體以等速橫越桌面，就需要由你的手施加一個能夠抵消摩擦的力 (圖 4-3)。當物體以等速移動的時候，你的推力與摩擦力的大小是相等的，但是這兩個力的方向相反，因此，物體上所受的淨力 (兩個力的向量和) 是零。這與伽利略的觀點一致；也就是當無外力作用的時候，物體以等速度移動。

圖 4-4 牛頓(1642-1727)。

根據伽利略所提出的基本原則，牛頓 (圖 4-4) 建立了偉大的運動理論。牛頓對於運動的分析被概括為他著名的“三大運動定律”在他偉大的著作“自然哲學之數學原理”(1687 年發表) 中，牛頓表達了他對伽利略的感激之情。事實上，**牛頓第一運動定律** (Newton's first law of motion) 與伽利略的結論是很相近的。它敘述

牛頓第一運動定律

> 只要沒有淨力的作用，每個物體都將保持在靜止的狀態，或是沿著直線以等速運動。

物體維持它的靜止狀態或者沿直線以等速行進的傾向稱為**慣性** (inertia)。於是，牛頓第一運動定律經常被稱為**慣性定律** (law of inertia)。

觀念例題 4-1 **牛頓第一運動定律** 一輛校車突然停止，所有在地板上的背包開始向前滑動。是什麼力導致它們如此？

回答 它不是“力”造成的。依牛頓第一運動定律，背包要持續它們的運動狀態，而維持它們的速度。如果施以一個力(比如與地板的摩擦力)，背包就會減慢。

慣性的參考座標

牛頓第一運動定律並不是在每個參考座標中都適用。舉例來說，如果參考座標是固定在一輛加速的汽車中，則一個擱在儀表板上的杯子就可能會開始向你移動 (只要車速不變，它就保持靜止)。但是既不是你也沒有其他物體對它施力。同樣地，在例題 4-1 中減速的校車之參考座標中，也沒有力將背包向前推。在加速參考座標中，牛頓第一運動定律並不適用。而牛頓第一運動定律可以適用的參考座標稱為**慣性參考座標** (inertial reference frames) (慣性定律在其中是可以成立的)，我們通常選擇固定在地球上的參考座標是一個近似的慣性座標。但由於地球會自轉，所以它不是完全精確，可是通常已足夠我們所需。

相對於某慣性座標而以等速度移動的任何參考座標 (如汽車或者飛機) 也都是一個慣性參考座標。而慣性定律不能成立的參考座標 (例如上述的加速參考座標) 則稱為**非慣性** (noninertial) 參考座標。我們如何確定一個參考座標是慣性或是非慣性呢？這只要檢查牛頓第一運動定律是否適用即可確定。因而牛頓第一運動定律對於慣性參考座標的定義是很有用的。

4-3 質 量

在下一節中，我們即將討論的牛頓第二運動定律使用了質量的觀念。牛頓以質量這個專用名詞作為物質的量的同義字。因為“物質的量”這個觀念並不是很容易定義的，所以物體質量的這個直覺觀念就不是非常明確。我們可以更精確地說，**質量** (mass) 是對一個物體慣性的計量。一個物體的質量愈大，要對它產生一特定加速度所需的力也就愈大。將它由靜止狀態起動，或是將它由運動中停止住，或是向旁邊改變它原先沿直線路徑的速度都會比較困難。一輛卡車要比一個以相同速率移動的棒球具有較多的慣性；因此，二者若要以同樣的加速度而改變其速度時，卡車所需要的力就要比棒球大得多。所以卡車的質量遠大於棒球。

為了要將質量的觀念加以量化，我們一定要規定一個標準。我們在第 1-4 節中曾經討論過，國際單位制中質量的單位是**公斤** (kilogram, kg)。

注意

區別質量和重量

質量和重量這兩個專用名詞時常會彼此混淆，但是一定要將它們區別。質量是物體本身的一個特性 (對一個物體的慣性或它的“物質的量”之計量)。而另一方面，重量是作用在一個物體上的重力拉扯。為了區別起見，假設我們把一個物體帶到月球上，因為重力比較弱，所以物體的重量將只有在地球上的大約六分之一。但是它的質量是一樣的，它具有與在地球上相同的物質的量，因而將具有同樣大的慣性。在沒有摩擦力的情形下，將它在月球上由靜止起動，或是由運動中將它止住，其難易的程度與地球上是一樣的。(在第 4-6 節中有更多與重量相關的討論)。

4-4 牛頓第二運動定律

牛頓第一運動定律敘述，一個物體上如果沒有淨力的作用，則物體將保持靜止或繼續以等速直線移動。但是如果有一個淨力施加於物體上將會發生什麼事？牛頓認為物體的速度將會因此而改變 (圖 4-5)。一個施加於物體上的淨力可能會使它的速度增加；或者如果淨力之方向與物體運動方向相反，此力將使其速度減小。假如淨力是從側面作用於物體上，則速度的方向會改變 (可能大小也會改變)。因為速度的改變就是一個加速度 (第 2-4 節)，因此我們可以說一個淨力會引起加速度。

圖 4-5 因為隊員施力而使雪橇加速。

加速度和力之間的關係是什麼？日常生活的經驗可以提供答案。我們考慮當摩擦力小到可以忽視時，推動一台手推車所需要的力(假使有摩擦力存在，則考慮淨力，它是你所施的力減去摩擦力)。如果你用固定的力量輕輕地推一台手推車，一段時間之後，手推車將由靜止加速至某一速率，比如說 3 km/h。而假如你改以兩倍的力量來推車，則推車只需一半的時間就能達到 3 km/h 的速率。加速度是原先的兩倍。如果你改用三倍的力量，則加速度就成為原先的三倍，依此類推。因此，物體的加速度與施加的淨力成正比。但是加速度也與物體的質量有關。如果你以相同的力量推一台空的手推車和一台堆滿食品雜貨的手推車，你將會發現滿載的推車加速較慢。施加相同的淨力，質量愈大其加速度就愈小。牛頓所主張的數學關係是物體的加速度與它的質量成反比。一般而言，這些關係都是成立的，並且可以歸納如下

牛頓第二運動定律

> 一個物體的加速度與作用在物體上的淨力成正比，並且與它的質量成反比。加速度的方向即為作用在物體上淨力的方向。

這就是**牛頓第二運動定律** (Newton's second law of motion)。

牛頓第二運動定律可以寫成方程式

$$\vec{\mathbf{a}} = \frac{\Sigma\vec{\mathbf{F}}}{m}$$

其中 $\vec{\mathbf{a}}$ 代表加速度，m 為質量，而 $\Sigma\vec{\mathbf{F}}$ 為作用在物體上的淨力。符號 Σ (希臘的 "sigma") 代表 "總和"，$\vec{\mathbf{F}}$ 代表力。因此，$\Sigma\vec{\mathbf{F}}$ 意指作用在物體上所有力的向量和，我們定義為**淨力** (net force)。

重新排列此一方程式就能得到牛頓第二運動定律眾所熟悉的表達方式

牛頓第二運動定律

$$\Sigma\vec{\mathbf{F}} = m\vec{\mathbf{a}} \tag{4-1a}$$

牛頓第二運動定律將運動的描述 (加速度) 以及運動的起因 (力) 二者之間的關係聯繫起來。它是物理學中最基本的關係式之一。由牛頓第二運動定律，我們可以對**力** (force) 更精確地定義為將一個物體加速的作用能力。

每一個力 $\vec{\mathbf{F}}$ 都是向量，具有大小和方向。(4-1a) 式是一個在任何慣性參考座標中均有效的一個向量方程式。在直角座標中它可以寫成

分量之形式

$$\Sigma F_x = ma_x \text{，} \quad \Sigma F_y = ma_y \text{，} \quad \Sigma F_z = ma_z \qquad \textbf{(4-1b)}$$

其中

$$\vec{\mathbf{F}} = F_x\,\hat{\mathbf{i}} + F_y\,\hat{\mathbf{j}} + F_z\,\hat{\mathbf{k}}$$

每個方向的加速度分量只受該方向之淨力的分量所影響。

在國際單位制中 (質量的單位是公斤)，力的單位叫做**牛頓** (newton, N)。一牛頓是對質量為 1 kg 之物體賦予 1 m/s² 之加速度所需的力量。因此，1 N = 1 kg · m/s²。

在 cgs 單位制中，質量的單位是克 (g)，[2] 力的單位是達因 (dyne)，1 達因被定義為對質量為 1 g 之物體賦予 1 cm/s² 之加速度所需的力。因此，1 dyne = 1 g · cm/s²，經簡單的換算，得到 1 dyne = 10^{-5} N。

在英制系統中，力的單位是磅 (縮寫 lb)，其中 1 lb = 4.448222 N ≈ 4.45 N。質量的單位是斯勒格 (slug)，被定義為當受到一個 1 磅的力作用時，會產生 1 ft/s² 之加速度的物體質量。因此，1 lb = 1 slug · ft/s²。表 4-1 中歸納了不同系統的單位。

表 4-1　質量與力的單位

系統	質量	力
SI	公斤 (kg)	牛頓 (N) (= kg · m/s²)
cgs	克 (g)	達因 (dyne) (= g · cm/s²)
英制	斯勒格 (slug)	磅 (lb)

換算因數：1 達因 = 10^{-5} 牛頓；1 磅 ≈ 4.45 牛頓。

非常重要的是，在一個特定的計算或問題中只能使用一組單位，而其中寧可使用國際單位制。如果力以牛頓，質量以克表示，在計算國際單位制的加速度之前，一定要將質量換成公斤。例如，如果力為沿著 x 軸 2.0 N 並且質量是 500 g，就必須將後者換成 0.50 kg。如此，在使用牛頓第二運動定律時，加速度的單位就會自動地出現 m/s²

$$a_x = \frac{\Sigma F_x}{m} = \frac{2.0\ \text{N}}{0.50\ \text{kg}} = \frac{2.0\ \text{kg} \cdot \text{m/s}^2}{0.50\ \text{kg}} = 4.0\ \text{m/s}^2$$

問題解答
使用一致的單位系統

例題 4-2 估算　對一輛快車加速的力　估算對以下物體加速所需要的淨力：(a) 一輛 1000 kg 的汽車以 1/2 g 加速；(b) 一個 200 g 的蘋果以相同的加速度。

方法　應用牛頓第二運動定律求每個物體所需要的淨力。這是一個估計值 (因為 $\frac{1}{2}$ 沒說是精確的)，因此四捨五入至一位有效數字。

---

2 要小心，不要將克的 g 與重力加速度的 g 混淆。後者始終以斜體字表示 (當它是向量時則以粗黑體字表示)。

解答 (a) 汽車加速度是 $a=\frac{1}{2}g=\frac{1}{2}(9.8\text{ m/s}^2)\approx 5\text{ m/s}^2$。我們應用牛頓第二運動定律求出為了達到此一加速度所需的淨力

$$\Sigma F = ma \approx (1000\text{ kg})(5\text{ m/s}^2) = 5000\text{ N}$$

(如果你使用的是英制，為了得到 5000 N 的力是多大的概念，你可以將它除以 4.45 N/lb 而得到一個約為 1000 lb 的力。)

(b) 對蘋果而言，$m=200\text{ g}=0.2\text{ kg}$，則

$$\Sigma F = ma \approx (0.2\text{ kg})(5\text{ m/s}^2) = 1\text{ N}$$

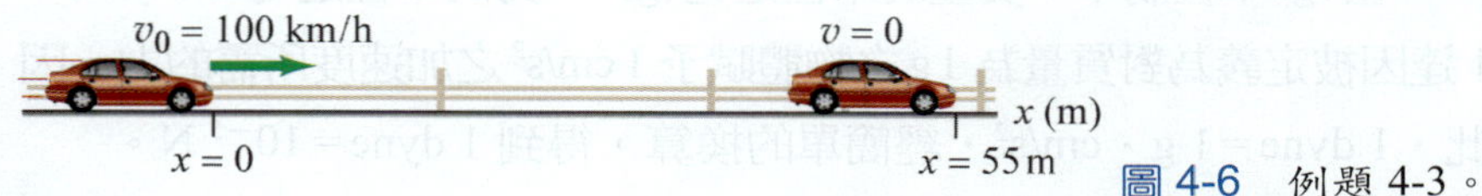

圖 4-6 例題 4-3。

例題 4-3 **將一輛汽車停止住的力** 將一輛 1500 kg 的汽車在 55 m 的距離內由 100 km/h 速率減速至停止所需要的平均淨力是多少？

方法 我們應用牛頓第二運動定律 $\Sigma F=ma$ 計算力，但是首先必須計算加速度 a。假定加速度是常數，於是我們可以使用運動學方程式 (2-12) 式來計算它。

解答 我們假定運動是沿著 $+x$ 軸 (圖 4-6)，已知初始速度 $v_0=100$ km/h $=27.8$ m/s (第 1-5 節)，而最終速度 $v=0$，並且行進 $x-x_0=55$ m 的距離。由 (2-12c) 式得

$$v^2 = v_0^2 + 2a(x-x_0)$$

故

$$a=\frac{v^2-v_0^2}{2(x-x_0)}=\frac{0-(27.8\text{ m/s})^2}{2(55\text{ m})}=-7.0\text{ m/s}^2$$

於是所需的淨力為

$$\Sigma F = ma = (1500\text{ kg})(-7.0\text{ m/s}^2) = -1.1\times 10^4\text{ N}$$

負號的意思是這個力必須朝著與初始速度相反的方向施加。

備註 如果加速度不是固定的，則我們所求出的是一個“平均”加速度，而且得到的是一個“平均”淨力。

牛頓第二運動定律如同第一運動定律一般，只有在慣性參考座標(第 4-2 節) 中才是有效的。例如，在一輛正在加速之汽車的非慣性參考座標中，一個在儀表板上的杯子開始滑動——它在加速度——即使它的淨力是零；因此 $\Sigma\vec{\mathbf{F}}=m\vec{\mathbf{a}}$ 在此一加速的參考座標中不能運用(在這個非慣性參考座標中 $\Sigma\vec{\mathbf{F}}=0$，但是 $\vec{\mathbf{a}}\neq 0$)。

練習 A 假設你觀看一個杯子在一輛加速中之汽車的平滑儀表板上滑動，但是這次是從汽車外位於街道上的一個慣性參考座標觀看。由你的慣性座標，牛頓定律是有效的，請問是什麼力將杯子推離儀表板？

質量的精確定義

如第 4-3 節中所述，我們可以將質量的概念加以量化，並以它的定義作為對慣性的計量。由 (4-1a) 式就能清楚地知道它的做法，式中我們看到物體的加速度與它的質量成反比。如果以相同的淨力 ΣF 對兩個質量為 m_1 和 m_2 的物體加速，則它們質量之比就能定義為它們加速度的反比

$$\frac{m_2}{m_1}=\frac{a_1}{a_2}$$

如果已知其中之一的質量 (它可能是標準的公斤)，而且精確地測量二者的加速度，就可以從這個定義求得未知的質量。例如，若 $m_1=1.00$ kg 並且 $a_1=3.00\ \mathrm{m/s^2}$ 和 $a_2=2.00\ \mathrm{m/s^2}$，則 $m_2=1.50$ kg。

4-5 牛頓第三運動定律

圖 4-7 一支鐵錘敲擊釘子。鐵錘施加一個力在釘子上，釘子也對鐵錘回施一個力。後者的力使鐵錘減速並且停止。

牛頓第二運動定律以量化的方式描述力如何影響運動。但是在此我們可能會問力來自何處？經觀察發現作用在任何物體上的力始終是由另一個物體所施加。一匹馬拉馬車、一個人推動手推車、一支鐵錘敲釘子、一個磁鐵吸引迴紋針。在上述的每個例子中，一個力作用在一個物體上，而且此力是由另一個物體所施加。例如：敲擊在釘子上的力是由鐵錘所施加。

但是牛頓了解，事情不只是單方面的。實際上，鐵錘在釘子上施加一個力 (圖 4-7)，但是釘子很明顯地也對鐵錘回施了一個力，這是

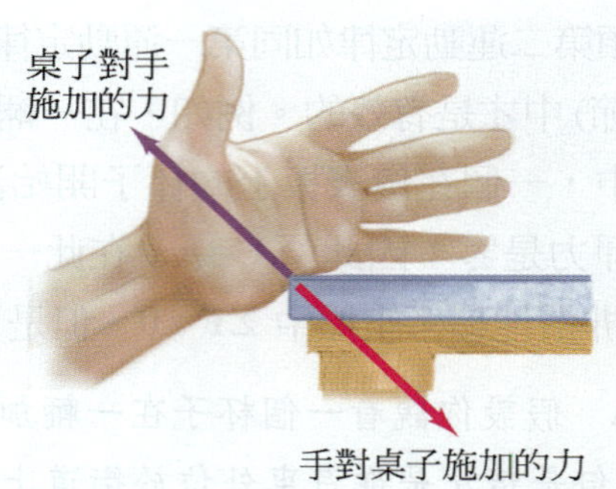

圖 4-8 如果你用手推桌緣 (如紅色向量所示)，桌子將反推你的手 (以紫色來表示，以提醒我們這個力是作用在不同的物體上)。

因為鐵錘之速率在接觸時迅速地減少為零。只有一個強大的力量才可能使鐵錘產生如此急遽的減速。因此，牛頓說，這兩個物體必須依同等的基準來處理。鐵錘在釘子上施加一個力，而且釘子也對鐵錘回施一個力。這就是**牛頓第三運動定律** (Newton's third law of motion) 的本質

牛頓第三運動定律

> 每當一個物體在第二個物體上施加一個力時，第二個物體就會對第一個物體施加一個大小相等而方向相反的力。

⚠ 注意

作用力與反作用力是施加於不同的物體上

這個定律有時被改述成 "對每個動作而言，都有一個相等且方向相反的回應。" 這是完全正確的。但是為了避免混淆起見，務必要記得 "作用" 力和 "反作用" 力是作用在不同的物體上。

作為牛頓第三運動定律確實性的證明，當你推擠桌緣的時候 (圖 4-8)，你的手之形狀會變形，這是一個力正施加在手上的明證。你能看到桌緣壓入你的手，你甚至能感覺到書桌對你的手上施力。你愈用力推擠書桌，書桌也就愈用力地對手回推。(你只感覺到作用在你身上的力；當你對另一個物體施力時，你感覺的是該物體朝你身上回推。)

圖 4-9 牛頓第三運動定律的例子：當一個溜冰者推牆時，牆會反推溜冰者，並且這個力量使她加速而離開。

書桌對你的手所施加的力和你的手對書桌所施加的力大小是一樣的。不只當書桌靜止時是如此，即使書桌是因你的手施力而加速移動也是如此。

牛頓第三運動定律的另一實例，考慮圖 4-9 中之溜冰者，她的冰鞋和冰之間有極小的摩擦，所以如果有一個力施加在她身上，她將自由地移動。她推牆壁，然後就開始向後移動，她對牆壁所施的力並不能使她移動，因為這個力是作用在牆壁上的。她必須受到某力作用才能使她開始移動，並且那個力只能由牆壁施加，由牛頓第三運動定律，

圖 4-10　牛頓第三運動定律的另一個例子：火箭的發射。火箭引擎向下推動氣體，氣體則對火箭施加一個相等但相反的力量推動火箭，使它加速上升(火箭並不是因為它噴出的氣體推擠地面而加速上升)。

這個由牆壁推她的力是和她對牆壁所施加的力大小相等但方向相反。

當一個人在一艘小船中 (最初為靜止) 向外投擲包裹，小船就會開始往相反方向移動。人對包裹施力，包裹就把一個相等但方向相反的力回施在人身上，而且這個力將人 (和船) 稍微地向後推進。

牛頓第三運動定律可用來解釋火箭的推進 (圖 4-10)。一般的錯誤想法是因為引擎後方噴出的氣體推擠地面或大氣而使火箭加速，這是不對的！其實是火箭對氣體施加一股強大的力量，將它們噴出，而氣體則對火箭施加相等和相反方向的力，而後者的這個力量就是將火箭推進的力，它是由氣體施加在火箭上的力量 (參見本章開頭的照片)。因此，太空船是藉由朝欲加速的相反方向點燃火箭，而在太空中巧妙地操控其方向。當火箭朝某方向推擠氣體時，氣體就以相反的方向反推火箭。噴射機的加速是因為朝後方推出的氣體會對引擎施加一個向前的推力 (牛頓第三運動定律)。

圖 4-11　我們能夠向前走是因為當一隻腳向後推地面時，地面會把腳向前推 (牛頓第三運動定律)。這兩個力作用於不同的物體上。

現在考慮我們如何行走。一個人用腳向後推地面而開始行走，然後地面對人身上向前施加一個相等且相反的力 (圖 4-11)，而正是這個力量使人向前移動。(如果你對此有所懷疑，試著在沒有摩擦的地方行走，例如極平滑的冰面上)。以類似的方式，一隻鳥對空氣施以一個向後的力而向前飛，但是將鳥向前推進的是空氣施加在鳥翅膀上 (牛頓第三運動定律) 的向前力量。

觀念例題 4-4　是什麼對汽車施力？　是什麼使得汽車向前行進？

回答　一個共同的答案就是引擎使汽車向前行進，但是它其實不是這麼簡單。引擎驅使車輪四處走動，但是如果輪胎在光滑的冰上或者深的泥濘中，它們僅能快速自轉。摩擦是必要的。在堅實的地面上，因為摩擦作用，輪胎向後推地面。根據牛頓第三運動定律，地面對輪胎朝相反方向推，因而使汽車加速向前。

我們很容易將力與活動的物體聯想在一起，例如人、動物、引擎或是一個移動的物體 (像鐵鍾)。卻時常難以領會一個無生命的物體 (例如一面牆、一張書桌，或是溜冰場的牆壁，圖 4-9) 如何能夠施力。其解釋為，每種材料無論多麼堅硬，至少都有某種程度的彈性 (有彈力的)，一條拉緊的橡皮圈能對紙團施加一個力並且對它加速而飛過房間。其他材料也許無法和橡皮圈一樣容易拉緊，但是當一個力作用在它們身上的時候，它們確實會伸展或壓縮，正如一條拉緊的橡皮圈能夠施力一般，一面被拉直 (或被壓縮) 的牆壁、書桌或汽車擋泥板也是如此。

由以上所討論的例子中，我們可以看到記住一個力被作用在什麼物體上，並且它是由什麼物體所施加是多麼的重要。只有當力量作用在一個物體上的時候，力量才能影響該物體的運動，物體施加的力量不影響原物體，它只會影響被它作用的另一個物體。因此，為避免混淆，二者之間總是必須小心區分。

要將究竟是哪一個力作用在哪一個物體上分清楚的一種方法就是使用雙下標符號。例如，圖 4-11 中行走的人，其中地面對人所施加的力可以標記為 $\vec{\mathbf{F}}_{PG}$，而人對地面所施加的力則是 $\vec{\mathbf{F}}_{GP}$。依牛頓第三運動定律

牛頓第三運動定律

$$\vec{\mathbf{F}}_{GP} = -\vec{\mathbf{F}}_{PG} \tag{4-2}$$

$\vec{\mathbf{F}}_{GP}$ 和 $\vec{\mathbf{F}}_{PG}$ 具有相同的大小 (牛頓第三運動定律)，並且負號提醒我們這兩個力的方向相反。

注意圖 4-11 中的這兩個力是作用在不同的物體上——因此我們將代表這些力的向量箭號以不同的顏色來區分。這兩個力永遠不會在牛頓第二運動定律 $\Sigma\vec{\mathbf{F}} = m\vec{\mathbf{a}}$ 中的力量總和內一起出現。為什麼？因為它們是作用在不同的物體上，$\vec{\mathbf{a}}$ 是一特定物體的加速度，而 $\Sigma\vec{\mathbf{F}}$ 必須是包括只作用在那一個物體上的力。

觀念例題 4-5 **第三運動定律的說明** 米開朗基羅的助手被指派用雪橇搬運一塊大理石(圖 4-12)，他對老板說："當我對雪橇施加一個向前的力時，雪橇就會向後施加一個相等且方向相反的力，因此我怎麼能夠搬動它？無論我如何用力拉，向後的回應力始終等於我向前的力，所以，淨力一定是零。我無法搬運這一車貨物。" 他說

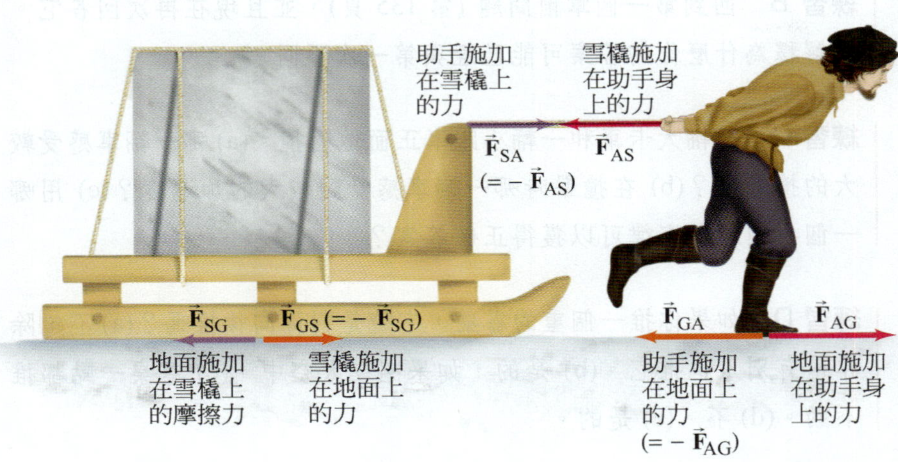

圖 4-12 例題 4-5，其中僅顯示橫向水平力。米開朗基羅已經選了一塊純淨無瑕的大理石作為下一個雕像之用。圖中是他的助手推著裝載大理石的雪橇離開採石場。作用在助手身上的力以紅色箭號表示，作用在雪橇上的力以紫色箭號表示，而作用在地面上的力以橙色箭號表示。大小相等而方向相反的作用力與反作用力則以相同而顛倒的下標標記 (如 $\vec{F}_{GA}$ 和 $\vec{F}_{AG}$)。並且因為它們作用在不同的物體上，所以用不同的顏色表示。

的對嗎？

回答 錯！雖然作用力和反作用力的大小相等的確是事實，但是助手忘記了它們是作用在不同的物體上。向前的 (“作用”) 力是由助手施加在雪橇上 (圖 4-12)，然而向後的“反作用”力則是由雪橇施加在助手身上。為了判斷助手能否移動，我們只要考慮作用在助手身上的力，然後應用 $\Sigma\vec{F}=m\vec{a}$，其中 $\Sigma\vec{F}$ 是助手身上的淨力，$\vec{a}$ 是助手的加速度，並且 m 是助手的質量。助手身上有兩個力會影響他的向前運動；它們以紅色箭號表示 (圖 4-12 和 4-13)：也就是 (1) 地面對助手施加的水平力 $\vec{F}_{AG}$，(他愈用力對地面向後推，地面就愈用力地對他向前推進——牛頓第三運動定律)，以及 (2) 雪橇施加在助理身上的力 $\vec{F}_{AS}$，將他向後拉 (見圖 4-13)。如果他拉得夠用力，則地面對他施加的力 $\vec{F}_{AG}$ 將大於雪橇將他向後拉的力 $\vec{F}_{AS}$，因此助手向前加速 (牛頓第二運動定律)。另一方面，當助手施加在雪橇上的力比地面施加在雪橇上的摩擦力大的時候 (即 $\vec{F}_{SA}$ 大於 $\vec{F}_{SG}$ 時，如圖 4-12)，雪橇向前加速。

問題解答

研究牛頓第二和第三運動定律

圖 4-13 例題 4-5。作用在助手身上的水平力。

使用雙下標符號來說明牛頓第三運動定律可能變得很麻煩，我們通常不會這樣使用。我們將使用單一下標符號來表示作用在被討論的物體上的力是由誰所施加的。然而，如果你的腦中對於特定的力有任何混淆之處，就繼續使用雙下標符號以區別力作用在什麼物體上以及力是由什麼物體所施加。

練習 B 回到第一個章前問題 (第 135 頁)，並且現在再次回答它。試解釋為什麼你的答案可能已經與第一次不同。

練習 C 一輛大卡車和一輛小跑車正面地對撞。(a) 哪一輛車感受較大的撞擊力？(b) 在撞擊時哪一輛車感受到較大的加速度？(c) 用哪一個牛頓運動定律可以獲得正確答案？

練習 D 如果你推一個重的書桌，它總是對你向後推嗎？(a) 不，除非還有別人也推它。(b) 是的，如果它在太空中。(c) 書桌一點都推不動。(d) 不。(e) 是的。

4-6 重量——重力和正向力

我們在第 2 章中曾經看見，伽利略主張如果忽略空氣阻力，則所有在地球表面附近落下的物體都會以相同的加速度 $\vec{\mathbf{g}}$ 下降。這個引起加速度的力量叫做地心引力或重力。什麼物體會在另一個物體上施加重力？它就是地球，並且如我們將在第 6 章中所討論的，這個力垂直[3]向下作用，朝著地球中心。讓我們將牛頓第二運動定律應用到一個質量 m 因重力而自由落下的物體上。對於加速度 $\vec{\mathbf{a}}$，我們使用由重力所引起的向下的加速度 $\vec{\mathbf{g}}$。因此，作用在一個物體上的**重力** (gravitational force) $\vec{\mathbf{F}}_G$ 可以寫成

$$\vec{\mathbf{F}}_G = m\vec{\mathbf{g}} \qquad \textbf{(4-3)}$$

這個力的方向是朝下指向地球的中心。作用在一個物體上的重力之大小 mg，通常稱為物體的**重量** (weight)。

在國際單位制中，$g = 9.80\ \text{m/s}^2 = 9.80\ \text{N/kg}$，[4] 所以質量為 1.00 kg 的物體在地球上的重量是 $1.00\ \text{kg} \times 9.80\ \text{m/s}^2 = 9.80\ \text{N}$。我們主要討論

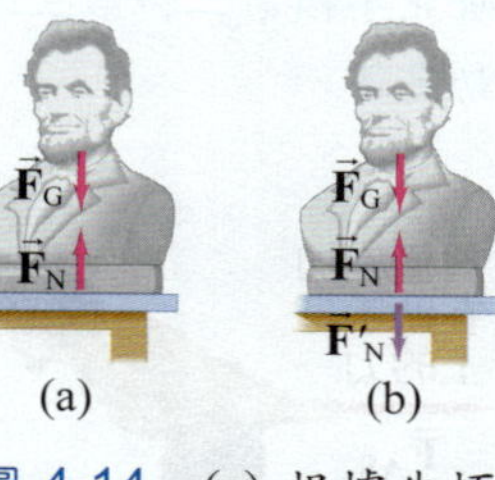

圖 4-14 (a) 根據牛頓第二運動定律，作用在靜止物體上的淨力為零。因此一個靜止的物體所受的向下重力 ($\vec{\mathbf{F}}_G$)，必定被一個由桌面所施加的向上的力量 (正向力 $\vec{\mathbf{F}}_N$) 所平衡。(b) $\vec{\mathbf{F}}'_N$ 是雕像施加在桌面上的力，並且根據牛頓第三運動定律，它是 $\vec{\mathbf{F}}_N$ 的反作用力。($\vec{\mathbf{F}}'_N$ 以不同的顏色表示以提醒我們它是作用在一個不同的物體上。) $\vec{\mathbf{F}}_G$ 的反作用力則未繪出。

---

3 "垂直" 的觀念與重力連接在一起，其最佳的定義為物體落下的方向。另一方面，一個 "水平的" 表面是球形物體在上面不會開始滾動的表面，重力對它沒有影響。水平與垂直是彼此正交的。

4 由於 $1\ \text{N} = 1\ \text{kg} \cdot \text{m/s}^2$ (第 4-4 節)，故 $1\ \text{m/s}^2 = 1\ \text{N/kg}$。

的是物體在地球上的重量，但是也注意到物體在月球上、其他行星上或者在太空中的重量將與地球上不同。例如，月球上的重力加速度約為地球上的六分之一，所以 1.0 kg 的質量只有 1.6 N 重。雖然我們不用英制，但是基於實用的目的，得注意在地球上 1 kg 的質量重約 2.2 lb。(在月球上，1 kg 之質量重約只有 0.4 lb)。

當物體正在落下的時候，重力作用在它身上。當一個物體在地球上靜止時，對它作用的重力並不會消失，正如我們在彈簧秤上對它秤重的情形。相同的力繼續作用 [(4-3) 式]，為什麼物體不會移動？由牛頓第二運動定律，保持靜止的一個物體其淨力為零。因此物體上必定有另一個要平衡重力的力量。就一個靜置在桌上的物體而言，桌子對它施加向上的力 (見圖 4-14a)。桌子在物體底下被輕輕地壓著，並且由於它具有彈性，因此它如圖中所示將物體往上推。桌子所施加的力通常稱為**接觸力** (contact force)，因為它是發生於兩個物體接觸時。(你的手在推車的力量也是接觸力)。當接觸力與共同的接觸表面成垂直的時候，它被稱為**正向力** (normal force) (“正向”意指垂直的)；因此它在圖 4-14a 中標記為 $\vec{\mathbf{F}}_N$。

⚠ 注意

重量與正向力並不是成對的作用力——反作用力。

圖 4-14a 中所示的兩個力都作用在雕像上，而雕像保持靜止，因此這兩個力的向量總和必定是零 (牛頓第二運動定律)。因此，$\vec{\mathbf{F}}_G$ 和 $\vec{\mathbf{F}}_N$ 必須是大小相等而且方向相反。但是它們並非牛頓第三運動定律中所說的相等且相反的力。牛頓第三運動定律中的作用力和反作用力是作用於不同的物體上，然而圖 4-14a 中所示的這兩個力卻是作用於同一物體上。對於圖 4-14a 中所示的每一個力，我們可以問“什麼是它們的反作用力？”作用在雕像上的向上的力 $\vec{\mathbf{F}}_N$ 是由桌面所施加的，而這個力的反作用力是由雕像向下施加在桌面上，如圖 4-14b 所示；並且標記為 $\vec{\mathbf{F}}'_N$。這個由雕像對桌面所施加的力 $\vec{\mathbf{F}}'_N$ 就是與牛頓第三運動定律相符的反作用力。雕像上的另一個力，也就是由地球所施加的重力又如何呢？你能猜出它的反作用力嗎？我們將在第 6 章中看到反作用力也是一個由雕像施加在地球上的重力。

練習 E 回到第二個章前問題 (第 135 頁)，而且再次回答它。試解釋為什麼你的答案可能已經與第一次不同。

例題 4-6 **重量、正向力和一個盒子** 一位朋友送你一個特別的禮物，一個質量為 10.0 kg 的盒子並且有神祕的驚喜在其中。盒子放在

平滑 (無摩擦的) 的水平桌面上 (圖 4-15a)。(a) 試求盒子的重量與桌子對它施加的正向力，(b) 現在你的朋友以一個 40.0 N 的力將盒子往下壓 (圖 4-15b)，再求桌子施加在盒子上的正向力。(c) 如果你的朋友以 40.0 N 的力將盒子向上提 (圖 4-15c)，請問桌子施加在盒子上的正向力是多少？

方法 盒子是靜置在桌子上，因此各情況中盒子上的淨力都是零 (牛頓第二運動定律)。在三種狀況下，盒子的重量都是 mg。

解答 (a) 盒子的重量是 $mg=(10.0\text{ kg})(9.8\text{ m/s}^2)=98.0\text{ N}$，這個力的方向朝下，盒子上其餘唯一的力就是桌子對它施加的向上的正向力，如圖 4-15a 所示。我們選擇向上的方向作為正 y 方向，則盒子上的淨力 ΣF_y 為 $\Sigma F_y=F_N-mg$，而負號表示 mg 是作用在負 y 方向 (m 及 g 為大小)。盒子是靜止的，因此它的淨力必定是零。(牛頓第二運動定律 $\Sigma F_y=ma_y$，且 $a_y=0$)。因此

$$\Sigma F_y=ma_y$$

$$F_N-mg=0$$

可得

$$F_N=mg$$

桌子對盒子施加的正向力是 98.0 N 向上，而且與盒子的重量大小相等。

(b) 你的朋友以 40.0 N 的力下壓盒子。因此作用在盒子上的力不只兩個，而是有三個力，如圖 4-15b 所示。盒子的重量依然是 $mg=98.0\text{ N}$，淨力是 $\Sigma F_y=F_N-mg-40.0\text{ N}$。因為盒子保持靜止狀態 ($a=0$)，所以它等於零。由牛頓第二運動定律得到

$$\Sigma F_y=F_N-mg-40.0\text{ N}=0$$

解此式得到正向力

$$F_N=mg+40.0\text{ N}=98.0\text{ N}+40.0\text{ N}=138.0\text{ N}$$

此結果大於 (a)。當一個人壓盒子時，桌子會以更大的力反推。正向力並非永遠都和重量相等！

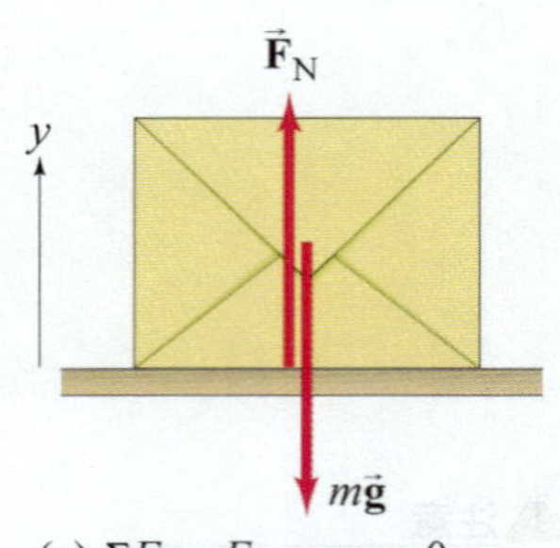

(a) $\Sigma F_y=F_N-mg=0$

(b) $\Sigma F_y=F_N-mg-40.0\text{ N}=0$

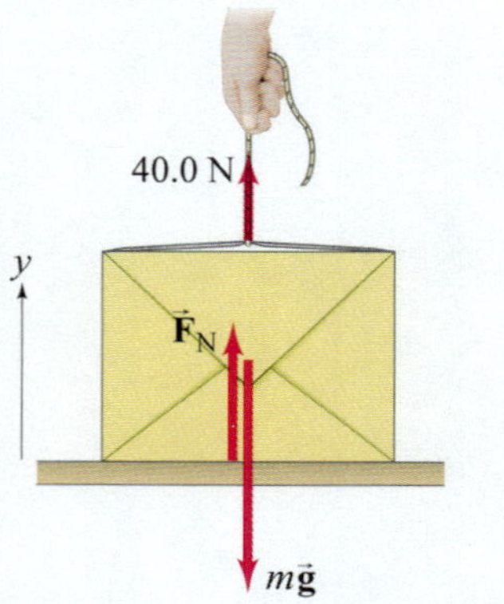

(c) $\Sigma F_y=F_N-mg+40.0\text{ N}=0$

圖 4-15 例題 4-6。(a) 一個 10 kg 的盒子靜置於桌上。(b) 一個人用 40.0 N 的力將盒子向下壓。(c) 一個人用 40.0 N 的力將盒子向上提，這些力全作用在一條線上，將它們稍微移開是為了方便區分之用。圖中只繪出作用在盒子上的力。

(c) 盒子的重量仍然是 98.0 N 並且向下作用。你的朋友施加的力和正向力兩者都向上作用 (正方向)，如圖 4-15c 所示。因為朋友向上的力比重量小，所以盒子不會移動。因為 $a=0$，所以牛頓第二運動定律中的淨力再次設為零，那就是

$$\Sigma F_y = F_N - mg + 40.0\ \text{N} = 0$$

所以

$$F_N = mg - 40.0\ \text{N} = 98.0\ \text{N} - 40.0\ \text{N} = 58.0\ \text{N}$$

因為手向上提，所以桌子並未以盒子的全部重量反推。

備註　盒子的重量 (=mg) 並未因朋友的壓或提而改變，只有正向力受影響。

注意

正向力並不永遠等於重量

記得正向力是由彈性所引發的 (圖 4-15 中的桌面在盒子重壓下略微地下陷)。例題 4-6 中的正向力是垂直的，與水平的桌面正交。然而正向力並非永遠都是垂直的。例如當你推一面牆時，牆對你反推的正向力是水平的 (圖 4-9)。此外對於一個與水平面成一角度之斜面上的物體而言，例如斜坡上的滑雪者或汽車，其正向力與此平面正交，因此它不是垂直的。

注意

正向力 $\vec{\mathbf{F}}_N$ 並不一定是垂直的

例題 4-7　將盒子加速　當某人以等於或大於例題 4-6c 中之盒子重量的力將盒子向上提起時，會發生什麼事？例如，設 $F_P = 100.0\ \text{N}$ (圖 4-16)，而非圖 4-15c 中的 40.0 N。

方法　我們可以依例題 4-6 的方式開始，但是心中要有出乎意料的準備。

解答　盒子上的淨力為

$$\begin{aligned}\Sigma F_y &= F_N - mg + F_P \\ &= F_N - 98.0\ \text{N} + 100.0\ \text{N}\end{aligned}$$

如果我們設此式等於零 (試想加速度可能是零)，將得到 $F_N = -2.0\ \text{N}$。這是無意義的，因為負號意指 F_N 向下，桌子當然不能夠向下拉盒子 (除非桌面有黏膠)。在這情況下最小的 F_N 是零。因為淨力不是零，所以實際會發生的就是盒子會加速向上。淨力 (設正向力 $F_N=0$) 為

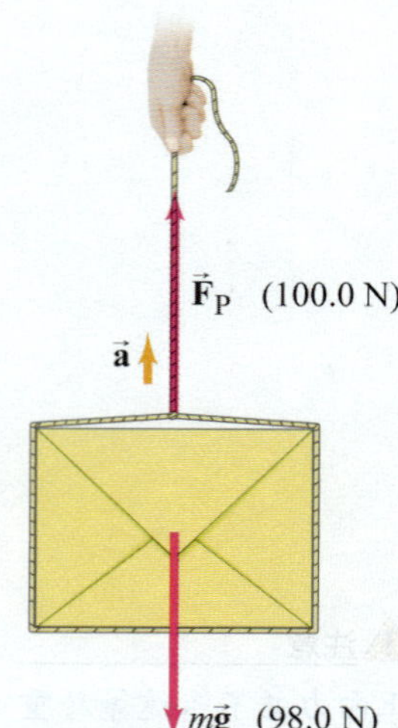

圖 4-16 例題 4-7。因 $F_P > mg$，故盒子往上加速。

$$\Sigma F_y = F_P - mg = 100.0\ \text{N} - 98.0\ \text{N}$$
$$= 2.0\ \text{N}$$

它是向上的 (見圖 4-16)。應用牛頓第二運動定律，並且看到盒子向上移動，其加速度為

$$a_y = \frac{\Sigma F_y}{m} = \frac{2.0\ \text{N}}{10.0\ \text{kg}}$$
$$= 0.20\ \text{m/s}^2$$

例題 4-8 外視重量的減少 一個 65 kg 的女士搭乘以 0.20 *g* 作短暫加速下降的電梯。她站在以公斤計量的磅秤上。(a) 在加速度期間，她的重量是多少，並且磅秤的讀數是多少？(b) 當電梯以 2.0 m/s 的等速下降時，磅秤的讀數又是多少？

方法 圖 4-17 繪出作用在這位女士身上所有的力 (而且也只繪出作用在她身上的力)。加速度的方向是朝下，因此選擇向下為正的方向 (這與例題 4-6 和 4-7 相反)。

解答 (a) 由牛頓第二運動定律

$$\Sigma F = ma$$
$$mg - F_N = m(0.20g)$$

解 F_N，得

$$F_N = mg - 0.20mg = 0.80mg$$

並且它是向上作用。正向力 $\vec{F}_N$ 是磅秤施加在人身上的力，而且與她對磅秤施加的向下的力 $F'_N = 0.8mg$ 相等且反向。她的重量 (重力) 依然是 $mg = (65\ \text{kg})(9.8\ \text{m/s}^2) = 640\ \text{N}$，但是磅秤只需施加一個 $0.8mg$ 的力，所以它的讀數為 $0.80\ m = 52\ \text{kg}$。

(b) 現在沒有加速度，$a = 0$，因此，由牛頓第二運動定律，$mg - F_N = 0$，故 $F_N = mg$，磅秤測量出她的實際體重 65 kg。

備註 磅秤在 (a) 中可能測量出 52 kg (稱為 “外視重量”)，但是她的質量並不會因為加速度而改變：保持 65 kg。

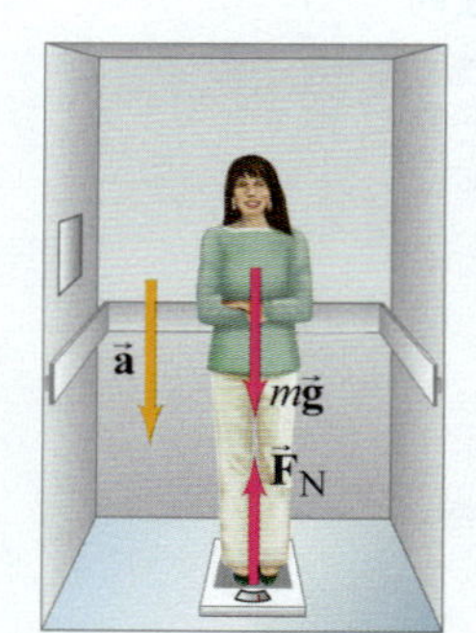

圖 4-17 例題 4-8。加速度向量以金黃色表示，以便於與紅色的力向量區別。

4-7 用牛頓定律解答問題：自由體圖

牛頓第二定律告訴我們一個物體的加速度與作用在物體上的淨力成比例。**淨力** (net force) 是作用在物體上所有的力之向量總和。的確，廣泛的實驗已經證實，將力以向量法加總的結果完全與我們在第 3 章中所推導的定則相符。例如，圖 4-18 中有大小相等 (均為 100 N) 的兩個力彼此成直角作用在一個物體上。直覺上，我們看見物體將往 45° 角方向開始移動，因而淨力是作用在 45° 角方向，這正好符合向量加法的規則。由畢氏定理，合力的大小是 $F_R=\sqrt{(100\text{ N})^2+(100\text{ N})^2}=141\text{ N}$。

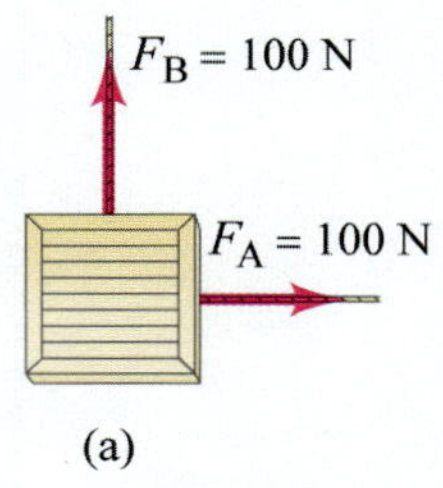

(a)

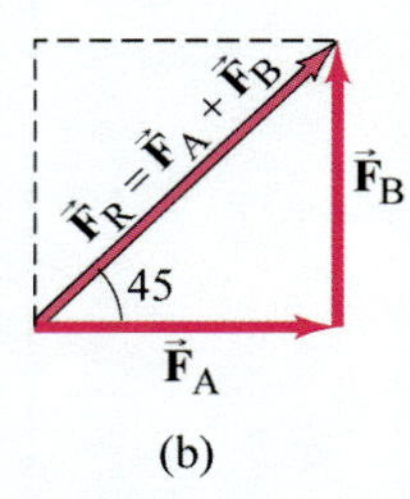

(b)

圖 4-18 (a) 由兩位工人 A 與 B 所施加的兩個力 $\vec{F}_A$ 與 $\vec{F}_B$ 作用於板條箱上。(b) $\vec{F}_A$ 與 $\vec{F}_B$ 的總和或合成向量為 $\vec{F}_R$。

例題 4-9 **力向量相加** 計算圖 4-19a 中兩個工人 A 和 B 施加在船上的兩個力的總和。

方法 我們就像第 3 章中所描述的其他任何的向量一般，將力向量相加。第一步先選擇一個 xy 座標系統 (參見圖 4-19a)，然後將各向量分解為分量。

解答 這兩個力向量分解成圖 4-19b 中所示的分量。用分量法將力相加。$\vec{F}_A$ 的分量為

$$F_{Ax}=F_A\cos 45.0°=(40.0\text{ N})(0.707)=28.3\text{ N}$$
$$F_{Ay}=F_A\sin 45.0°=(40.0\text{ N})(0.707)=28.3\text{ N}$$

$\vec{F}_B$ 的分量為

$$F_{Bx}=+F_B\cos 37.0°=+(30.0\text{ N})(0.799)=+24.0\text{ N}$$
$$F_{By}=-F_B\sin 37.0°=-(30.0\text{ N})(0.602)=-18.1\text{ N}$$

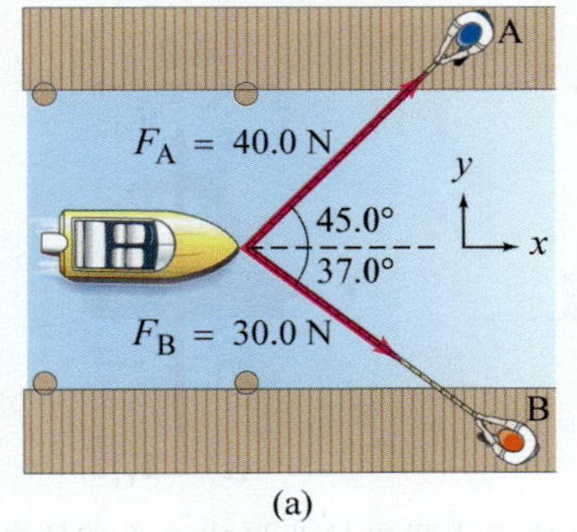

(a)

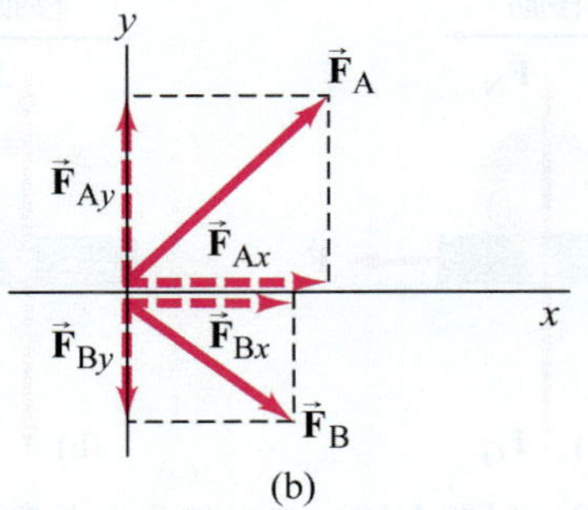

(b)

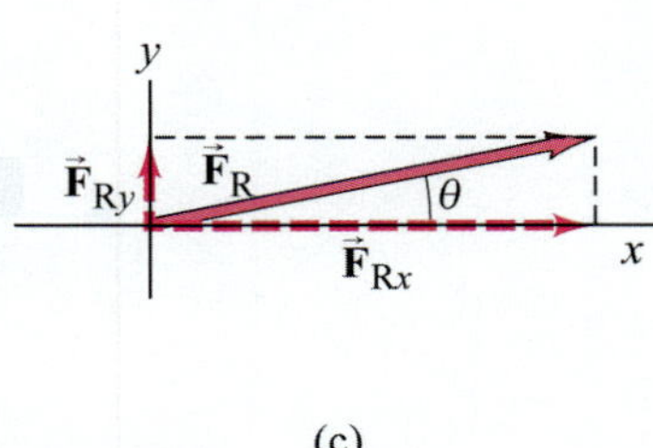

(c)

圖 4-19 例題 4-9：兩個力向量作用在船上。

因為 F_{By} 朝著負 y 軸方向，所以它是負的。合力的分量為 (如圖 4-19c)

$$F_{Rx} = F_{Ax} + F_{Bx} = 28.3\ \text{N} + 24.0\ \text{N} = 52.3\ \text{N}$$
$$F_{Ry} = F_{Ay} + F_{By} = 28.3\ \text{N} - 18.1\ \text{N} = 10.2\ \text{N}$$

為了求出合力的大小，我們利用畢氏定理

$$F_R = \sqrt{F_{Rx}^2 + F_{Ry}^2} = \sqrt{(52.3)^2 + (10.2)^2} = 53.3\ \text{N}$$

唯一剩下的問題就是淨力 $\vec{\mathbf{F}}_R$ 與 x 軸之間的角度 θ。我們利用

$$\tan\theta = \frac{F_{Ry}}{F_{Rx}} = \frac{10.2\ \text{N}}{52.3\ \text{N}} = 0.195$$

並且 $\tan^{-1}(0.195) = 11.0°$。船上的淨力之大小為 53.3 N，並且與 x 軸成 11.0° 角。

問題解答
自由體圖

當我們要解答與牛頓定律以及力相關的問題時，畫出一個表示作用在各物體上所有力量的圖是很重要的。這個圖叫做**自由體圖** (free-body diagram) 或**力圖** (force diagram)：選擇一個物體，而且畫箭號代表對它作用的每一個力，這包含所有作用在物體上的力，但並不顯示該物體施加在其他物體上的力。為了幫助你辨識作用在你選擇之物體上的各個與所有的力，你可以試問自己有何其他物體能對它施力。如果你的問題與好幾個物體相關，則每個物體都需要一個個別的自由體圖。就目前而言，很可能作用的力是*重力*與*接觸力* (某物體推或拉另一個物體、正向力、摩擦力)。以後將討論空氣阻力、浮力、壓力、電力和磁力。

觀念例題 4-10 **曲棍球** 一個曲棍球正在無摩擦的平坦水平冰面上

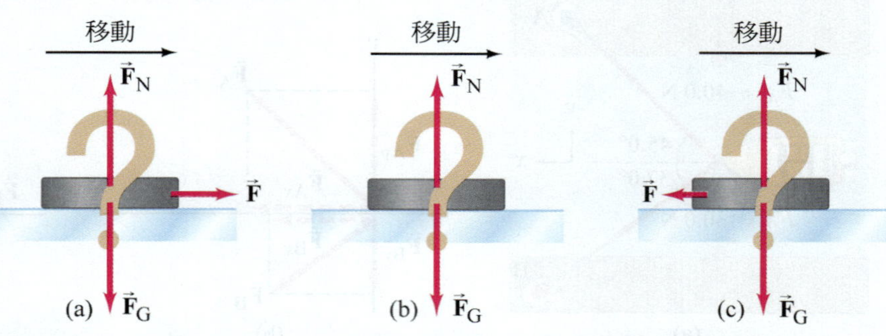

圖 4-20 例題 4-10。哪一個是在無摩擦之冰面上滑動的曲棍球之正確的自由體圖？

以等速度滑動。在圖 4-20 中，哪一個是曲棍球正確的自由體圖？如果曲棍球減速，你的答案是什麼？

回答 你會選 (a) 嗎？如果是，你能回答：是什麼對曲棍球施加標記為 $\vec{\mathbf{F}}$ 的水平力？如果你說這就是維持它運動所需的力，請試問你自己：是誰施加這個力？記住，這個力必定是由另一個物體所施加的——而這裡根本沒有任何可能性。因此 (a) 是錯的。此外，依牛頓第二運動定律，圖 4-20a 中的力 $\vec{\mathbf{F}}$ 將會引起一個加速度。(b) 才是正確的，曲棍球上沒有淨力作用，因此曲棍球在冰面上以等速度滑動。

在真實世界裡，極度平滑的冰面至少也會產生一個極小的摩擦力，所以 (c) 是正確答案，這個極小的摩擦力與移動的方向相反，於是造成曲棍球速度逐漸減慢。

以下是一個如何解答與牛頓定律相關問題之方法的簡明摘要。

解答問題策略

牛頓定律；自由體圖

1. **畫出**這個情況的**圖**。
2. 每次只考慮一個物體，並且針對該物體畫一個**自由體圖**，顯示所有作用在該物體上的力，其中包括你必須解答的任何未知的力。不必顯示該物體施加在其他物體上的任何力。

   為每個力向量依其方向和大小正確地畫出箭號。將作用在該物體上的每個力，包括你必須解答的力，以它的來源(重力、人和摩擦力等等)作為標記。

   如果涉及的物體有好幾個，為每個物體分別地畫自由體圖，顯示所有作用在那一個物體上的力 (而且是只有作用在該物體上的力)。就每個力而言，你一定要弄清楚：力是作用在什麼物體上，而這個力又是由什麼物體所施加的。只有作用在一特定物體上的力才能被納入該物體的 $\Sigma\vec{\mathbf{F}} = m\vec{\mathbf{a}}$ 方程式之中。
3. 牛頓第二運動定律涉及向量，而通常將**向量分解**為分量是很重要的。以能夠簡化計算的方式**選擇 x 與 y 軸**。例如，如果將一個座標軸的方向選擇為加速度的方向，它就能節省你的運算工作。
4. 針對每個物體，將**牛頓第二運動定律**分別應用到 x 和 y 分量。亦即，物體上淨力的 x 分量與該物體之加速度的 x 分量有關：$\Sigma F_x = ma_x$；而 y 方向亦同。
5. **解**方程式求出未知數。

上述的解答問題策略不應被視為祕訣，而是引導你思考手邊問題的一個摘要。

注意

將一個物體視為質點

當我們只關注平移運動的時候，可以將一特定物體上的所有力量畫成是作用在該物體的中心，因此視該物體為一個質點。不過，對於與旋轉或靜力學相關的問題而言，每個力作用的位置也是很重要的，我們將在第 10、11 與 12 章中討論。

在接下來的例題中，我們假設所有的表面都非常平滑，因此摩擦力可以忽略 (第 5 章將討論摩擦力以及相關的例題)。

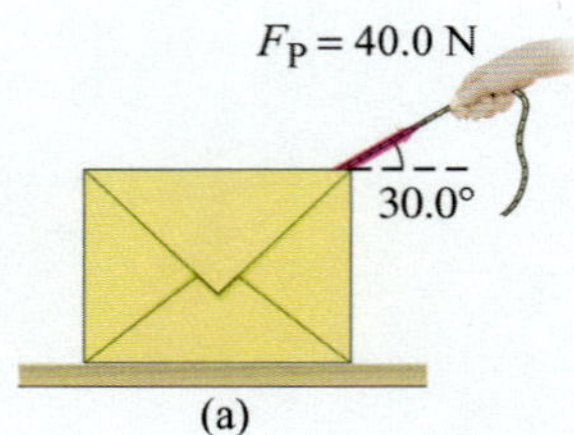

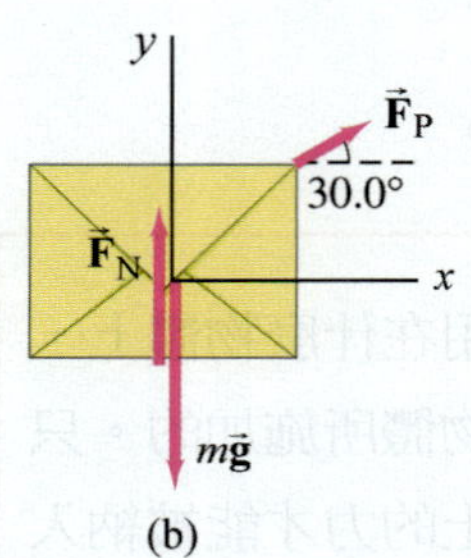

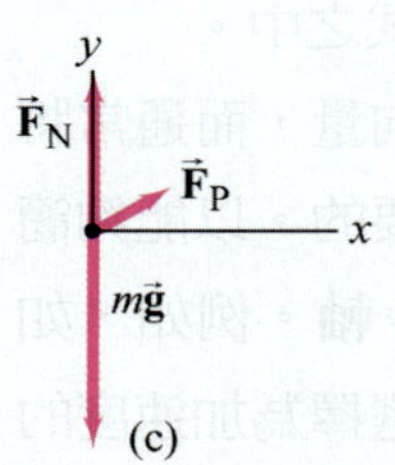

圖 4-21 (a) 拉動盒子，如例題 4-11；(b) 盒子的自由體圖，(c) 將所有的力視為作用在一個點的自由體圖。(這裡只考慮平移的運動)

例題 4-11 **拉一個神祕的盒子** 假如一個朋友要檢查你給的 10.0 kg 盒子 (例題 4-6，圖 4-15)，希望猜猜看裡面是什麼東西。你回答：“沒問題，你把盒子拉過去。” 然後她用附加的細繩沿著平滑的桌面拉著盒子，如圖 4-21a 所示。她施加的力量大小是 $F_P = 40.0$ N，並且朝 30.0° 角方向。計算 (a) 盒子的加速度，(b) 桌子作用在盒子上的向上的力 F_N 之大小。假設摩擦力可以忽略。

方法 我們遵循前頁的解答問題策略。

解答

1. **畫圖**：情況如圖 4-21a 中所示；圖中標示了盒子以及人所施加的力 F_P。
2. **自由體圖**：圖 4-21b 是盒子的自由體圖。為了正確地將它畫出，我們標示了作用在盒子上的所有力量，並且也只標示作用在盒子上的力。它們是重力 $m\vec{g}$、桌子施加的正向力 $\vec{F}_N$ 以及人施加的力 $\vec{F}_P$。我們只對平移的運動感興趣，因此，我們可以將這三個力標示成作用在同一個點上 (圖 4-21c)。
3. **選擇座標軸並且分解向量**：我們預期運動是水平的，因此，選擇水平方向是 x 軸且垂直方向是 y 軸。40.0 N 的拉力其分量為

$$F_{Px} = (40.0\text{ N})(\cos 30.0°) = (40.0\text{ N})(0.866) = 34.6\text{ N}$$
$$F_{Py} = (40.0\text{ N})(\sin 30.0°) = (40.0\text{ N})(0.500) = 20.0\text{ N}$$

在水平 (x) 方向中，$\vec{F}_N$ 和 $m\vec{g}$ 的分量為零。因此淨力的水平分量為 F_{Px}。

4. (a) **應用牛頓第二運動定律**求加速度的 x 分量

$$F_{Px} = ma_x$$

5. (a) **解**

$$a_x = \frac{F_{Px}}{m} = \frac{(34.6\text{ N})}{(10.0\text{ kg})} = 3.46\text{ m/s}^2$$

盒子的加速度是向右 3.46 m/s^2。

(b) 接著我們要求出 F_N。

4′. (b) **應用牛頓第二運動定律**至垂直的 (y) 方向，並且以向上為正。

$$\Sigma F_y = ma_y$$

$$F_N - mg + F_{Py} = ma_y$$

5′. **解**：我們已知 $mg = (10.0\ \text{kg})(9.80\ \text{m/s}^2) = 98.0\ \text{N}$ 並且由上述第 3 點，$F_{Py} = 20.0\ \text{N}$。此外，由於 $F_{Py} < mg$，所以盒子不會垂直地移動，因此 $a_y = 0$。

$$F_N - 98.0\ \text{N} + 20.0\ \text{N} = 0$$

故

$$F_N = 78.0\ \text{N}$$

備註　F_N 比 mg 小：因為人施加的一部分拉力是向上的，所以桌子並沒有以盒子的全部重量反推。

練習 F　在水平無摩擦的表面上，一個 10.0 kg 的盒子被 10.0 N 的水平力量拖著。如果外加的力加倍，則盒子上的正向力將會 (a) 增加；(b) 維持原狀；(c) 減少。

彈性細繩中的張力

當一根有彈性的細繩拉一個物體時，細繩是處於緊繃的狀態，它對物體施加的力就是張力 F_T。如果繩子的質量可以忽略，則在某端所施加的力會無減損地沿著全長依序傳送至相接的各段細繩直到另外一端。為什麼？繩子 $\Sigma\vec{\mathbf{F}} = m\vec{\mathbf{a}} = 0$，因為如果細繩的質量 m 為零 (或者可以忽略)，則不論 $\vec{\mathbf{a}}$ 是多少，細繩的 $\Sigma\vec{\mathbf{F}} = m\vec{\mathbf{a}} = 0$。在細繩兩端處拉的力相加必須等於零 ($F_T$ 和 $-F_T$)。注意有彈性的細繩和弦只能拉。因為它們會彎曲，所以不能推擠。

問題解答

細繩可以拉，但是不能推擠；張力遍佈在整條細繩上。

下一個例題與兩個以細繩相連的盒子有關。我們可以將這組物體視為一個系統。系統是我們選定做為思考與研究之用，而由一個或更多個所組成的任何一組物體。

例題 4-12　**用細繩連接的兩個盒子**　兩個盒子 A 和 B，被一根很輕的細繩連接而且靜置於一張平滑的 (無摩擦的) 桌子上。盒子的質量

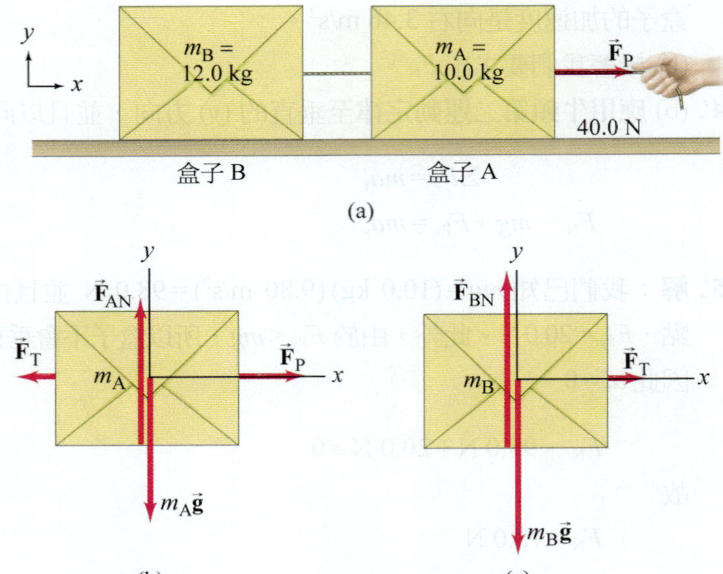

圖 4-22　例題 4-12。(a) 兩個盒子 A 和 B 由一條細繩連接，有一個人以 $F_P = 40.0$ N 的力水平地拉盒子 A。(b) 盒子 A 的自由體圖。(c) 盒子 B 的自由體圖。

是 12.0 和 10.0 kg。一個 40.0 N 的水平力量 F_P 施加在 10.0 kg 的盒子上，如圖 4-22a 所示。試求 (a) 每個盒子的加速度，以及 (b) 連接盒子之細繩中的張力。

方法　我們為了簡化方法，因此不再列出每個步驟。我們有兩個盒子，所以分別畫出各個盒子的自由體圖。為了要正確地畫出它們，我們必須單獨地考慮各個盒子上的力，以使牛頓第二運動定律可以應用於各個盒子上。人對盒子 A 施加一個力 F_P，而盒子 A 對細繩施加一個力 F_T；並且細繩對盒子 A 反施一個大小相等且相反的力 F_T (牛頓第三運動定律)。在盒子 A 上的這兩個水平的力，連同向下的重力 $m_A\vec{g}$ 以及由桌子向上施加的正向力 $\vec{F}_{AN}$ 都標示在圖 4-22b 中。細繩是輕的，所以我們忽略它的質量，於是細繩兩端的張力相同，因此細繩對第二個盒子施加的力是 F_T。圖 4-22c 中標示了盒子 B 上的力，它們是 $\vec{F}_T$、$m_B\vec{g}$ 和正向力 $\vec{F}_{BN}$。此處將只有水平的運動。我們取正 x 軸為向右的方向。

解答　(a) 我們對盒子 A 應用 $\Sigma F_x = ma_x$

$$\Sigma F_x = F_P - F_T = m_A a_A \qquad \text{[盒子 A]}$$

對於盒子 B 而言，唯一的水平力是 F_T，所以

$$\Sigma F_x = F_T = m_B a_B \qquad \text{[盒子 B]}$$

兩個盒子連接在一起，如果細繩保持緊繃而且並未拉長，則這兩個盒子將有相同的加速度 a，因此 $a_A = a_B = a$。已知 $m_A = 10.0$ kg 和 $m_B = 12.0$ kg。我們可以將以上二式相加，消去一個未知數 F_T 而得到

$$(m_A + m_B)a = F_P - F_T + F_T = F_P$$

或

$$a = \frac{F_P}{m_A + m_B} = \frac{40.0\ \text{N}}{22.0\ \text{kg}} = 1.82\ \text{m/s}^2$$

這就是我們所要的答案。

替代解答 假使我們考慮的是一個質量為 $m_A + m_B$，並且受一個水平淨力 F_P 作用的單一系統，我們將會獲得相同的結果。(張力 F_T 將被視為整體系統內部的本性，並且它們的總和對整體系統上的淨力不起任何作用。)

(b) 由上述盒子 B 的方程式 ($F_T = m_B a_B$)，細繩的張力是

$$F_T = m_B a = (12.0\ \text{kg})(1.82\ \text{m/s}^2) = 21.8\ \text{N}$$

因此，F_T 小於 F_P (= 40.0 N)，這正如我們所預期，因為 F_T 只作用於 m_B 的加速度。

備註 可能有人想說人施加的力 F_P 不只作用在盒子 A 上也作用在盒子 B 上。它不是如此。F_P 只作用在盒子 A 上，但是它經由細繩中的張力 F_T 對盒子 B 產生影響；F_T 作用在盒子 B 上，並且對它加速。

⚠ 注意

對於任何物體，在計算 $\Sigma F = ma$ 時，只利用該物體上的力。

例題 4-13 **升降機與平衡錘 (阿特伍德機)** 一個滑輪上以彈性鋼纜懸掛兩個物體的系統，有時稱為阿特伍德機，如圖 4-23a 所示。考慮一台升降機 (m_E) 與平衡錘 (m_C) 的實際應用。為了讓馬達安全地將升降機升降時所作的功減到最小，m_E 和 m_C 質量是做成類似的。就本題的計算而言，我們不把馬達納入系統，並且假設鋼纜的質量可以忽略，而滑輪的質量以及任何的摩擦也都可以不計。這些假設保證滑輪兩側鋼纜中的張力 F_T 具有相同的大小。設平衡錘的質量為 $m_C = 1000$ kg，空升降機的質量為 850 kg，當搭載四位乘客時的質量為 $m_E = 1150$ kg。對於後者之情況，請計算 (a) 升降機的加速度以及 (b) 鋼纜中的張力。

物理應用

升降機 (如阿特伍德機)

方法 本題有兩個物體，我們必須分別地將牛頓第二運動定律應用到每一個物體上。在每個物體上都有兩個力作用：向下的重力和鋼纜向上拉的張力 $\vec{\mathbf{F}}_T$。圖 4-23b 和 c 為升降機 (m_E) 與平衡錘 (m_C) 的自

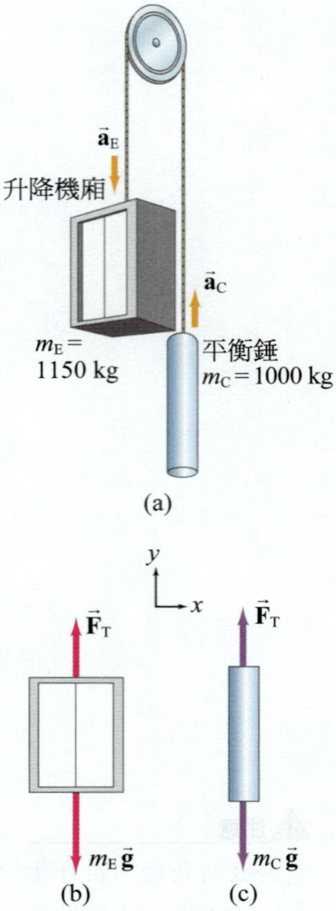

圖 4-23 例題 4-13。(a) 升降機——平衡錘系統形式的阿特伍德機。(b) 與 (c) 兩個物體的自由體圖。

由體圖。升降機比較重所以它將向下加速，而平衡錘則向上加速，兩者加速度的大小相等 (假設鋼纜未拉長)。就平衡錘而言，$m_C g = (1000 \text{ kg})(9.80 \text{ m/s}^2) = 9800$ N，因此 F_T 一定大於 9800 N (因而使 m_C 向上加速)。就升降機而言，$m_E g = (1150 \text{ kg}) \times (9.80 \text{ m/s}^2) = 11300$ N，它必定大於 F_T 而使得 m_E 向下加速。因此我們計算所得的 F_T 一定介於 9800 N 與 11300 N 之間。

解答　(a) 為了求得 F_T 和加速度 a，我們針對每個物體應用牛頓第二運動定律 $\Sigma F = ma$。我們取正 y 的方向為向上。因為 m_C 為向上加速，所以 $a_C = a$；而 m_E 向下加速所以 $a_E = -a$。因此

$$F_T - m_E g = m_E a_E = -m_E a$$
$$F_T - m_C g = m_C a_C = +m_C a$$

將第二式減去第一式，得到

$$(m_E - m_C) g = (m_E + m_C) a$$

其中 a 是唯一的未知數。解 a 得到

$$a = \frac{m_E - m_C}{m_E + m_C} g = \frac{1150 \text{ kg} - 1000 \text{ kg}}{1150 \text{ kg} + 1000 \text{ kg}} g = 0.070\, g = 0.68 \text{ m/s}^2$$

升降機 (m_E) 以 $a = 0.070\, g = 0.68 \text{ m/s}^2$ 向下加速 (平衡錘 m_C 向上)。

(b) 鋼纜中的張力 F_T 能由這兩個 $\Sigma F = ma$ 的方程式中的任何一個求得。設 $a = 0.070\, g = 0.68 \text{ m/s}^2$

$$\begin{aligned} F_T &= m_E g - m_E a = m_E (g - a) \\ &= 1150 \text{ kg} (9.80 \text{ m/s}^2 - 0.68 \text{ m/s}^2) \\ &= 10500 \text{ N} \end{aligned}$$

或

$$\begin{aligned} F_T &= m_C g + m_C a = m_C (g + a) \\ &= 1000 \text{ kg} (9.80 \text{ m/s}^2 + 0.68 \text{ m/s}^2) \\ &= 10500 \text{ N} \end{aligned}$$

結果相等。如我們所預料，結果介於 9800 N 和 11300 N 之間。

備註　在本例題中，我們可以針對加速度 a 來檢查方程式，如果質量是相等的 ($m_E = m_C$)，則由上述的等式將得到 $a = 0$，正如我們的預期。同時，如果二者之一質量為零 (例如 $m_C = 0$)，則另一個物體 ($m_E \neq 0$) 將由我們的方程式預測其加速度 $a = g$，它再次如我們所預期。

問題解答

在答案容易猜測的情況中，可以查看它是否能夠操作來檢查你的結果。

觀念例題 4-14 **滑輪的特點** 一位搬運工人試圖緩緩地拉起一台鋼琴至公寓的第二樓 (圖 4-24)。他使用一條繞在兩個滑輪上的繩索，如圖中所示。試問他必須對繩索施加多少力才能緩緩地拉起 2000 N 重的鋼琴？

回答 假設忽略繩索的質量，則繩索中任何一點的張力 F_T 大小都是相同的。首先注意作用在位於鋼琴處較低之滑輪上的力，鋼琴的重量經由一條很短的纜繩將滑輪往下拉，而繞著這個滑輪的繩索以兩倍的張力 (滑輪左右兩側各一倍) 將鋼琴往上拉。讓我們將牛頓第二運動定律應用於滑輪 —— 鋼琴 (質量 m) 這個組合上。選擇向上的方向為正

$$2F_T - mg = ma$$

為了以等速拉動鋼琴 (在式中設 $a = 0$)，因此繩索中需要張力 $F_T = mg/2$。工人施加的力等於鋼琴一半的重量。我們說滑輪提供的**機械效益** (mechanical advantage) 是 2，因為如果不用滑輪，工人將必須施加兩倍的力量。

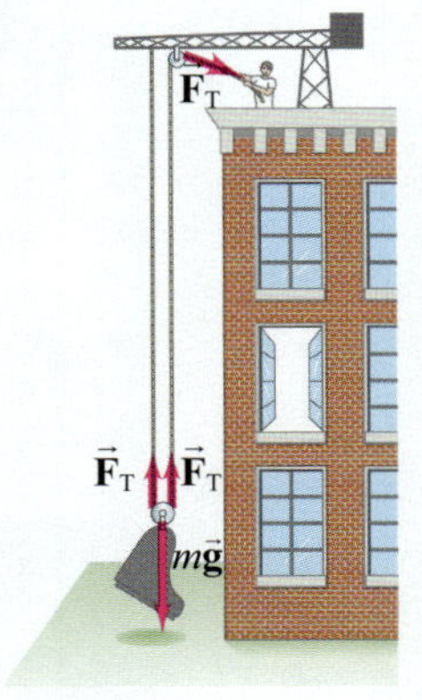

圖 4-24 例題 4-14。

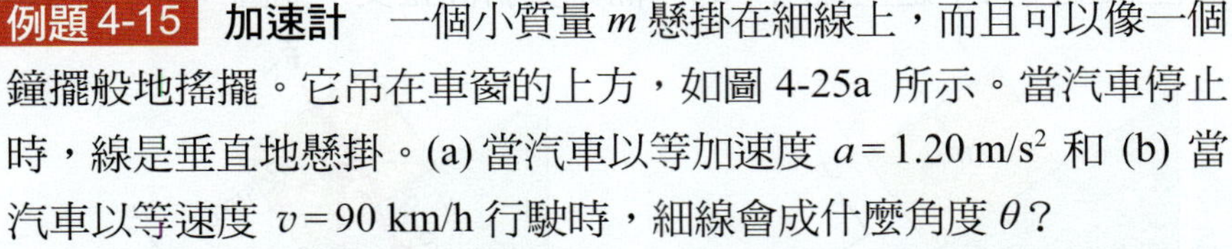

例題 4-15 **加速計** 一個小質量 m 懸掛在細線上，而且可以像一個鐘擺般地搖擺。它吊在車窗的上方，如圖 4-25a 所示。當汽車停止時，線是垂直地懸掛。(a) 當汽車以等加速度 $a = 1.20\ \mathrm{m/s^2}$ 和 (b) 當汽車以等速度 $v = 90\ \mathrm{km/h}$ 行駛時，細線會成什麼角度 θ？

方法 圖 4-25b 中的自由體圖繪出位於某角度 θ 的單擺以及它上面的力：向下的 $m\vec{g}$ 與細線中的張力 $\vec{\mathbf{F}}_T$。如果 $\theta \neq 0$，這些力的總和就不等於零；而既然有加速度 a，因此我們預期 $\theta \neq 0$。注意，θ 是與垂直線所成的角度。

解答 (a) 加速度 $a = 1.20\ \mathrm{m/s^2}$ 是水平的，因此由牛頓第二運動定律對於水平分量得到

$$ma = F_T \sin\theta$$

而垂直分量為

$$0 = F_T \cos\theta - mg$$

將兩式相除，得到

$$\tan\theta = \frac{F_T \sin\theta}{F_T \cos\theta} = \frac{ma}{mg} = \frac{a}{g}$$

物理應用
加速計

(a)

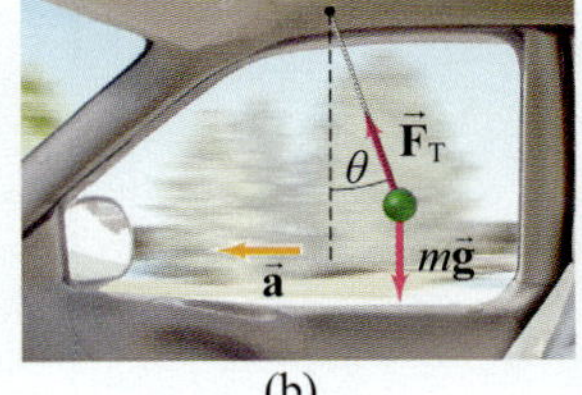

(b)

圖 4-25 例題 4-15。

或

$$\tan\theta = \frac{1.20\ \text{m/s}^2}{9.80\ \text{m/s}^2} = 0.122$$

所以

$$\theta = 7.0°$$

(b) 速度為常數，因此 $a=0$ 且 $\tan\theta=0$。所以單擺是垂直地懸掛 ($\theta=0°$)。

備註 這個簡單的裝置就是一個**加速計** (accelerometer) —— 它可以用來測量加速度。

斜 面

問題解答

慎選座標系統可以簡化計算

我們現在要考慮當一個物體自斜面 (例如小山或斜坡) 下滑時，會發生什麼狀況。因為重力是加速力，而加速度卻不是垂直的，所以這類的問題令人感興趣。如果選擇 xy 座標系統使一個軸朝向加速度的方向，解答這類問題通常就會比較容易。因此，我們通常選擇 x 軸是朝著沿斜面的方向，而 y 軸則與斜面正交，如圖 4-26a 所示。同時要注意正向力不是垂直向下的，而是與斜面正交，如圖 4-26b 所示。

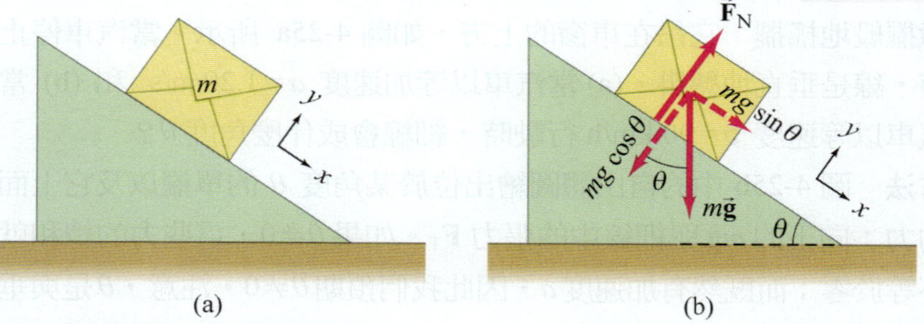

圖 4-26 例題 4-16。(a) 盒子自斜面滑下。(b) 盒子的自由體圖。

例題 4-16 **盒子從斜面滑下** 一個質量為 m 的盒子放置在一個平滑 (無摩擦) 並且與水平面成 θ 角的斜面上，如圖 4-26a 所示。(a) 試求盒子上的正向力，(b) 試求盒子的加速度，(c) 若質量 $m=10$ kg，且角度 $\theta=30°$，試估算前二者之值。

方法 我們預料物體會沿著斜面運動，因此選擇正 x 軸是沿著斜面朝下的方向 (運動的方向)。y 軸則與斜面正交向上。圖 4-26b 中所示則是自由體圖。盒子上的力是它的重量 mg，方向為垂直向下 (它被分解成與斜面平行和正交的分量)，以及正向力 F_N。斜面擔任一種強制的角色，它使運動得以沿著它的表面進行。而這種 "強制" 力就是正向力。

解答 (a) 沒有 y 方向的運動，因此 $a_y = 0$。應用牛頓第二運動定律，得到

$$F_y = ma_y$$

$$F_N - mg\cos\theta = 0$$

其中的 F_N 以及重力的 y 分量 $(mg\cos\theta)$ 是 y 方向上作用在盒子上的力。因此正向力為

$$F_N = mg\cos\theta$$

注意，除非 $\theta = 0°$，否則 F_N 就會小於重量 mg。

(b) 在 x 方向中，唯一的作用力就是 $m\vec{g}$ 的 x 分量，由圖中我們看到它是 $mg\sin\theta$。加速度 a 是朝 x 方向，因此

$$F_x = ma_x$$

$$mg\sin\theta = ma$$

沿著斜面下滑的加速度為

$$a = g\sin\theta$$

因此除了 $\theta = 90°$，而 $\sin\theta = 1$，故 $a = g$ 之外，沿斜面下滑之加速度始終小於 g。這是說得通的；因為 $\theta = 90°$，它就是純垂直的落下。而對於 $\theta = 0°$，$a = 0$ 而言，這也是有道理的；因為 $\theta = 0°$ 意指平面是水平的，因此重力不會引起加速度。還必須注意的是加速度與質量 m 無關。

(c) 當 $\theta = 30°$，$\cos\theta = 0.866$ 且 $\sin\theta = 0.500$，則

$$F_N = 0.866\,mg = 85\text{ N}$$

並且

$$a = 0.500g = 4.9\text{ m/s}^2$$

我們將在下一章討論更多在斜面上的運動並且也將摩擦力納入考慮的例子。

4-8 解答問題——一般的方法

物理學課程基本的部分就是有效地解答問題。這裡所討論的方法雖然著重於牛頓定律，但是也可以廣泛地應用於本書全書中所討論的其他主題。

解答問題策略

一般的方法

1. **閱讀**並且仔細地反覆閱讀問題。一個常犯的錯誤就是在閱讀時漏掉一二個字，而它可能會完全改變問題的意義。
2. 正確地**畫**一張情況的圖。(這可能是解答問題時最容易疏漏，卻也是最關鍵的部分。) 使用箭頭代表如速度或力量等向量，而且用適當的符號標記向量。在處理力以及應用牛頓運動定律時，必須確定是否包含物體上所有的力以及未知數在內，而且弄清楚什麼力作用在什麼物體上 (否則你可能在判斷一個特定的物體上的淨力時犯錯)。
3. 每個有關的物體都應該畫出其個別的**自由體圖**，並且標示*所有作用在*該物體上的力 (只有在那個物體上)。不要標示它對其他物體所作用的力。
4. 選擇一個方便的 xy **座標系統** (使你的演算更為簡易，例如將一個軸選定為朝加速度的方向)，將向量分解成沿著座標軸的分量。當使用牛頓第二運動定律的時候，將 $\Sigma\vec{\mathbf{F}}=m\vec{\mathbf{a}}$ 分別應用到 x 和 y 分量，記得 x 方向的力與 a_x 有關，而 y 也類似。如果相關的物體不只一個，你可以為每一個物體選擇不同的 (方便的) 座標系統。
5. 列出已知和未知數 (這是你試著要求出的部分)，並且決定你所需要的是什麼以便解出未知數。就本章的問題而言，我們應用牛頓運動定律。一般而言，它可以幫助看出一個或多個**關係式 (或方程式)** 是否將已知數與未知數的關係相聯起來。但是必須確定每個關係式是可以適用於這個特定的情況中。了解每個公式或關係式的限制 (它何時可以適用，而何時則否) 是非常重要的。在本書中，較普遍的公式已經給了編號，但即使是這些式子，也有適用範圍的限制 (通常在方程式右側的括號內加以說明)。
6. 試著近似地解答問題，看它是否是可行的 (檢查是否已經提供足夠的資料) 和合理的。憑你的直覺，而且作**概略的計算**——見第 1-6 節的"數量級估算"。概略的計算或是對最後答案的範圍作合理的猜測是非常有用的。而且概略的計算能用來檢查最後的答案，並找出計算的錯誤，例如一個小數點或是 10 的乘冪。
7. **解答**問題，這可能包括方程式的代數處理以及數字的計算。回想起獨立方程式的數目必須與未知數一樣多的數學規則；如果你有三個未知數，就需要三個獨立方程式。在代入數字之前，通常最好以符號做代數計算。為什麼呢？因為 (a) 你就可以解具有不同數值的類似問題；(b) 你可以針對已經了解的情形，檢查你的結果 (比如說 $\theta=0°$ 或 $90°$)；(c) 可能有相消或其他簡化；(d) 通常犯數字上的錯誤的機會較少；以及 (e) 你可能對問題有更深入的理解。
8. 務必注意並記下**單位**，因為它們可做為檢查之用 (它們在任何等式的兩邊都必須一致)。
9. 再次考慮你的答案是否**合理**。使用第 1-7 節中所述的因次分析，也能做為許多問題的檢查之用。

摘要

牛頓的三個運動定律 (Newton's three laws of motion) 是描述運動的基本傳統定律。

牛頓第一運動定律 (Newton's first law) [**慣性定律** (law of inerita)] 敘述如果一個物體上的淨力是零，則原先靜止的物體依然保持靜止，而運動的物體則保持等速度直線運動。

牛頓第二運動定律 (Newton's second law) 敘述一個物體的加速度與對它作用的淨力成正比，並且和它的質量成反比

$$\Sigma\vec{\mathbf{F}} = m\vec{\mathbf{a}} \tag{4-1a}$$

牛頓第二運動定律是古典物理學中最重要與最基本的定律之一。

牛頓第三運動定律 (Newton's third law) 說明當一個物體對第二個物體施加一個力時，第二個物體就會對第一個物體施加一個大小相等且方向相反的力

$$\vec{\mathbf{F}}_{AB} = -\vec{\mathbf{F}}_{BA} \tag{4-2}$$

其中 $\vec{\mathbf{F}}_{BA}$ 是由 A 物體施加在 B 物體上的力。即使物體正在移動與加速，或是具有不同的質量，它都是正確的。

一個物體反抗它的運動變化之傾向稱為**慣性** (inertia)。**質量** (mass) 是對一個物體慣性的計量。

重量 (weight) 是一個物體所受的**重力** (gravitational force)，並且等於物體的質量 m 與重力加速度 $\vec{g}$ 的相乘積

$$\vec{\mathbf{F}}_G = m\vec{g} \tag{4-3}$$

力 (force) 是一個向量，可以視為推擠或拉扯的作用；或者由牛頓第二運動定律，力可以定義為能夠引起加速度的一種作用。一個物體上的**淨力** (net force) 是在物體上所有作用力的向量和。

在解答與一個或更多物體上的力有關的問題時，對每個物體畫一個**自由體圖** (free-body diagram) 是必要的，其中標示只作用在該物體上的所有力。牛頓第二運動定律能夠應用在每個物體的向量分量上。

問題

1. 當你將四輪馬車向前猛拉的時候，為什麼馬車上的小孩似乎向後跌倒？

2. 一個箱子放在卡車的 (無摩擦的) 車台上，卡車司機發動車子並且向前加速，箱子立刻向車台的後方滑動。由 (a) 站在卡車旁邊地上的安德莉亞，和(b) 搭乘卡車的吉姆 (圖 4-27) 所看到的情形，請根據牛頓運動定律討

圖 4-27 問題 2。

論箱子的運動。

3. 如果一個物體的加速度是零，則沒有任何力作用在物體上嗎？試解釋之。

4. 如果物體移動，作用在此物體上的淨力是否可能為零？

5. 當一個物體上只有一個力作用，物體的加速度能夠為零嗎？它的速度可能為零嗎？試解釋之。

6. 當一個高爾夫球落到路面時，它會反彈回來。(a) 使它反彈需要一個力嗎？(b) 如果是，這個力是由什麼物體施加的？

7. 如果你沿著一根漂浮在湖上的圓木行走，為什麼圓木會朝相反的方向移動？

8. 如果你踢一張重的書桌或牆壁，腳為什麼可能受傷？

9. 當你正在奔跑的時候，突然想要馬上停止，你一定要很快地減速。(a) 使你停下來的力是從哪裡來的？(b) 請估計 (用你自己的經驗) 一個人跑步，從最快的速率到停止的最大減速度。

10. (a) 為什麼你騎腳踏車在剛起動出發時踩踏板要比等速前進時來得用力？(b)為什麼當你以等速率騎車時需要將踏板踩到底？

11. 一位父親和他年輕的女兒正在溜冰，他們原先彼此面對面停止，然後互推對方而往相反的方向移動，是誰的最終速度比較快？

12. 假設你站在勉強支撐住你的紙箱上，如果你跳向空中，它將會如何？它將會 (a) 崩塌；(b) 未受影響；(c) 向上彈開一點；(d) 向一邊移動。

13. 一塊石頭用一根細線懸吊在天花板上，並且還有一段相同的線在石頭底部懸蕩 (圖 4-28)。如果有人猛拉懸蕩的細線，則線可能斷裂的地方是在石頭的上方或下方？如果這個人以緩慢且穩定的力拉它，結果又是如何？試解釋你的答案。

圖 4-28 問題 13。

14. 一個 2 kg 之石頭的重力是 1 kg 之石頭的兩倍，為什麼較重的石頭不會更快地落下？

15. 假如一個彈簧秤在地球上已經校準過，將它帶到月球上使用會得到正確的結果嗎？(a) 以磅，或 (b) 以公斤計？

16. 你用一根繩索以固定的力水平地拉著一個在無摩擦之桌子上的箱子。如果你現在改朝一個角度和相同的力拉繩索 (箱子仍在桌子上保持水平)，則箱子的加速度是 (a) 保持相同，(b) 增加，或 (c) 減少？試解釋之。

17. 當一個物體受重力的影響而自由地落下時，地球對它所施加的淨力為 mg，然而根據牛頓第三運動定律，物體會對地球施加一個相等並且方向相反的力。地球是否會因此而移動？

18. 將你在月球上舉起一個 10 kg 之物體所需的力與你在地球上舉起它所需的力相比較。再將月球上以一個特定的速率水平拋擲一個 2 kg 之物體所需的力與地球上相比較。

19. 下列哪一個物體的重量大約為 1 N：(a) 一個蘋果，(b) 一隻蚊子，(c) 一本書，(d) 你？

20. 根據牛頓第三運動定律，拔河比賽中的每個隊都用相同的力量 (圖 4-29) 拉另一隊。決定哪一隊獲勝的因素是什麼？

圖 4-29 問題 20 拔河比賽。描述作用在各隊和繩子上的力量。

21. 當你站在地面上的時候，地面對你施加多大的力？為什麼這個力不會使你上升到空中？

22. 頸部扭傷有時是因為車禍時受害者的汽車後方遭猛烈撞擊所造成。試解釋為何在這種情況中受害者的頭似乎會向後拋，它是真的嗎？

23. 瑪麗用 40 N 向上的力提著一袋雜貨。試以 (a) 大小，(b) 方向，(c) 作用在哪一個物體上，以及 (d) 由哪一個物體所施加，來描述"反作用力"(牛頓第三運動定律)。

24. 一個熊的吊索 (圖 4-30)，是在某些國家公園中用來放置背包客的食物而讓熊搆不到設計。試解釋當背包被拉得愈來愈高時，為什麼將背包拉起的力也隨之增加？用力拉粗繩可能讓它絲毫不下垂嗎？

圖 4-30 問題 24。

習題

4-4 至 4-6 牛頓定律、重力、正向力

1. (I) 使雪橇上的一個小孩 (總質量 = 55 kg) 以 1.4 m/s^2 加速需要多大的力？

2. (I) 一個 265 N 的淨力將腳踏車與車手以 2.30 m/s^2 加速。腳踏車和車手的總質量為何？

3. (I) 一位 68 kg 的太空人 (a) 在地球上，(b) 在月球上 (g = 1.7 m/s^2)，(c) 在火星上 (g = 3.7 m/s^2)，(d) 在外太空中以等速行進時的重量是多少？

4. (I) 如果用一條繩索沿著無摩擦的表面，以 1.20 m/s^2 的加速度對 1210 kg 的汽車加速，則這條繩索需要承受多大的張力？

5. (II) 超人必須在 150 m 的距離內將速度為 120 km/h 的火車停止住，以避免撞擊一輛在鐵軌上拋錨的汽車。如果火車質量為 3.6×10^5 kg，則他需施加多大的力？將它與火車的重量相比較 (以百分比計)。而火車對超人施加多大的力？

6. (II) 如果一輛 950 kg 的汽車以 95 km/h 的速率行駛，需要多大的平均力才能在 8.0 s 內使它停住？

7. (II) 一個 7.0 kg 的鉛球通過 2.8 m 的距離，並且以 13 m/s 的速率被擲出，試估計鉛球選手對它所施加的平均力。

8. (II) 一個 0.140 kg 的棒球以 35.0 m/s 的速率傳到捕手的手套中，在使球停住的過程中，捕手因此向後退了 11.0 cm。球對手套施加的平均力是多少？

9. (II) 一個漁夫用非常輕且斷裂強度為 18 N (≈ 4 lb) 的釣魚線以 2.5 m/s^2 的加速度，將一條魚垂直地由水中猛力拉起。但是線突然斷裂，漁夫很可惜地失去了這條魚。請問魚的質量是多少？

10. (II) 一個 20.0 kg 的箱子靜置在桌子上。(a) 箱子的重量以及對它作用的正向力為何？(b) 另有一個 10.0 kg 的箱子放在 20.0 kg 的箱子上，如圖 4-31 所示。試求桌子對 20.0 kg 之箱子所施加的正向力以及 20.0 kg 之箱子對 10.0 kg 之箱子所施加的正向力。

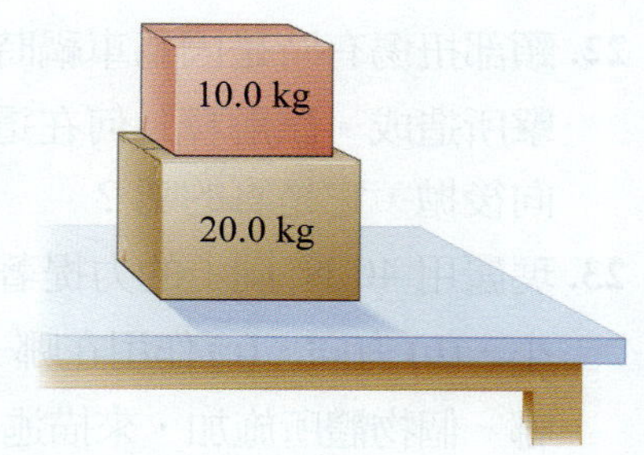

圖 4-31 習題 10。

11. (II) 將一顆 9.20 g 的子彈沿著 0.800 m 長的步槍槍管從靜止加速到 125 m/s，平均需要多大的力？

12. (II) 如果一條纜繩用來將一輛 1200 kg 的汽車以 0.70 m/s^2 的加速度加速，則纜繩必須承受多大的張力？

13. (II) 一個 14.0 kg 的水桶藉由繩索垂直降下，繩索中有 163 N 的張力。水桶的加速度是多少？它是向上或向下？

14. (II) 一輛特殊的賽車能夠在 6.40 s 內由停止起動並行駛四分之一英里的賽道 (402 m)。假設加速度是常數，則駕駛者須承受多少個“g”？如果駕駛者和賽車的總質量是 535 kg，則路面對輪胎所施加的水平力必須是多少？

15. (II) 一個 75 kg 的小偷想要從三樓的監獄窗口脫逃。不幸地，由床單紮在一起所製成的臨時替代繩索只能承受 58 kg 的質量。這個小偷如何用這條“繩索”脫逃？試提供一個量化的答案。

16. (II) 一部電梯 (質量 4850 kg) 的最大加速度被設計為 0.0680g。馬達對纜繩應該施加的最大和最小的力是多少？

17. (II) 汽車能“停在硬幣”上嗎？如果一輛 1400 kg 的汽車可以在一個硬幣大小的距離內 (直徑 = 1.7 cm) 由 35 km/h 的速率而停住，則汽車的加速度是多少 g？車上一位 68 kg 的乘客感受到的力是多少？

18. (II) 一個人在靜止的電梯裡站立在一個體重計上。當電梯開始移動時，體重計的讀數短暫地顯示此人的體重只有他平常體重的 0.75 倍。試計算電梯的加速度並且求出加速度的方向。

19. (II) 高速電梯的功能受到兩項限制：(1) 典型的人體能夠承受而無不適的垂直加速度之最大值約為 1.2 m/s^2，(2) 典型的最大速度約為 9.0 m/s。你搭乘摩天大樓的電梯從一樓到達距地面高 180 m 處，過程分為三個階段：先以 1.2 m/s^2 的加速度將速率由停止增加為 9.0 m/s；再以 9.0 m/s 的等速繼續向上行進；最後再以 1.2 m/s^2 的減速度將速率由 9.0 m/s 減至停止。(a) 請問各個階段所經歷的時間，(b) 試求正向力大小的變化，在每個階段期間以你的正常體重之 % 表示，(c) 正向力不等於體重的時間佔總運送時間的多少比例？

20. (II) 使用聚焦的雷射光，光學鑷夾可以施加約 10 pN 的力量於直徑為 1.0 μm 的聚苯乙烯的珠子上，它的密度約與水相當：1.0 cm^3 的體積之質量約有 1.0 g。試估計珠子的加速度是幾個 g。

21. (II) 一枚質量為 2.75×10^6 kg 的火箭，對氣體施加 3.55×10^7 N 的垂直力量而噴射升空。假設 g 保持不變，而且忽略噴出氣體之質量 (不切實際的)，試求 (a) 火箭的加速度，(b) 它在 8.0 s 之後的速度，(c) 需要多久時間才能到達 9500 m 的高度。

22. (II) (a) 當向上的空氣阻力等於兩位跳傘者 (包括降落傘在內的總質量 = 132 kg) 重量的四分之一時，他們的加速度是多少？(b) 在打開降落傘之後，跳傘者從容地以等速降到地面。現在跳傘者和降落傘的空氣阻力為何？見圖 4-32。

圖 4-32 習題 22。

23. (II) 一個立定跳躍將使人離地面 0.80 m，要做到如此，一個 68 kg 的人必須對地面施加多少力？假設此人在起跳之前蹲下 0.20 m 的距離，因此在他離開地面之前的這段距離內有向上的力作用。

24. (II) 掛載 2125 kg 之電梯的纜繩其最大強度為 21750 N。在不會斷裂的條件下，它能對電梯提供的最大向上加速度是多少？

25. (III) 最佳的短跑選手能夠在 10.0 s 內跑 100 m。一位 66 kg 的短跑選手在前 45 m 內穩定地加速而達到最高速率，以這個速率跑完後面的 55 m。(a) 在加速期間，地面對他的腳施加的力之平均水平分量是多少？(b) 短跑選手在後段 55 m 的速率 (即他的最高速率) 是多少？

26. (III) 一個人從 3.9 m 高的屋頂上跳下。當他落地時，他彎曲膝蓋，而使他的身體在大約 0.70 m 的距離內減速，如果他的身體質量 (不包括腿) 是 42 kg，試求 (a) 他的腳在剛碰觸地面前的速度，(b) 在減速期間，他的腿對他的身體所施加的平均力量。

4-7 應用牛頓運動定律

27. (I) 一個 77.0 N 重的箱子放在桌子上，一條捆著箱子的繩索垂直向上繞著滑輪，並且另一端垂懸著砝碼 (圖 4-33)。如果垂懸在滑輪另一側的砝碼重量分別為 (a) 30.0 N，(b) 60.0 N，(c) 90.0 N，試求桌子對箱子施加的力。

圖 4-33 習題 27。

圖 4-34 習題 28。

圖 4-35 習題 31。

圖 4-36 習題 32。

28. (I) 畫出籃球選手 (a) 在剛跳離地面之前，以及 (b) 在空中時的自由體圖。見圖 4-34。

29. (I) 大致描繪一個棒球在 (a) 它被球棒擊中時，以及 (b) 在它離開球棒而正飛向外野時的自由體圖。

30. (I) 一個 650 N 的力朝西北方向作用，第二個 650 N 的力必須作用在什麼方向才能使這兩者的合力指向西？使用向量圖說明你的答案。

31. (II) 克里斯汀正在橫越峽谷，如圖 4-35 所示。他把一條繩索綁在位於峽谷兩側且相距 25 m 的兩棵樹之間。而繩索必須充分地下垂，如此才不致斷裂。假設繩索在斷裂之前能夠提供 29 kN 的張力，並且在橫越的中心點使用 10 的 "安全係數" (即繩索只須承受 2.9 kN 的張力)，(a) 如果繩索是在建議的安全範圍之內，並且克里斯汀的質量是 72.0 kg，試求它必須下垂的距離 x。(b) 如果橫越計畫不正確，而使得繩索下垂的距離只有 (a) 中所得到的四分之一，試求繩索中的張力。繩索是否會斷裂？

32. (II) 一位洗窗工人利用吊桶－滑輪組將自己向上拉 (圖 4-36)。(a) 她必須向下施加多大的拉力才能將自己緩緩地以等速朝上升高？(b) 如果她增加 15% 的力，她的加速度是多少？人加上桶的質量是 72 kg。

33. (II) 一根無質量的繩索懸吊一個 3.2 kg 的油漆桶，桶的下方再由一根無質量的繩索懸吊另一個 3.2 kg 的油漆桶，如圖 4-37 所示。(a) 如果桶靜止不動，每根繩索的張力是多少？(b) 如果這兩個桶子由上面的繩索以 1.25 m/s^2 的加速度向上拉，計算每根繩索中的張力。

34. (II) 習題 33 (b) 中的兩根繩索都具有 2.0 N 的重量 (圖 4-37)。試求在三個連接點處各繩索中的張力。

圖 4-37 習題 33 及習題 34。

35. (II) 兩輛雪貓車在南極州正拉著住房組件到一個新的地點，如圖 4-38 所示。由水平的纜繩對組件所施加的兩個力 $\vec{\mathbf{F}}_A$ 及 $\vec{\mathbf{F}}_B$ 的總和與線 L 平行，並且 $F_A = 4500$ N。試求 F_B 以及 $\vec{\mathbf{F}}_A + \vec{\mathbf{F}}_B$ 的大小。

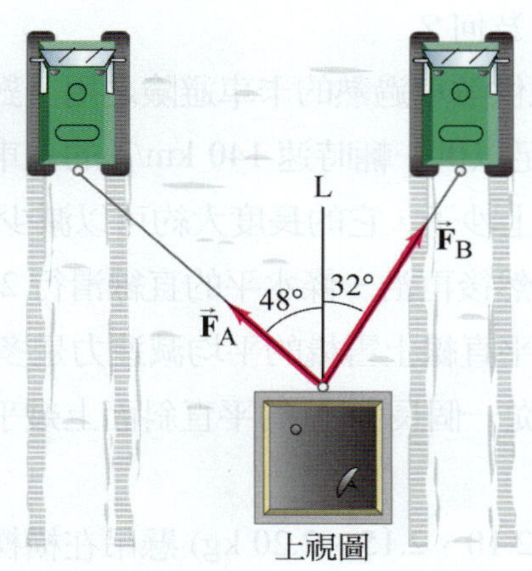

圖 4-38 習題 35。

圖 4-39 習題 36。

36. (II) 一個火車頭正在拉它後面兩節相同質量的車廂 (圖 4-39)。火車頭與第一節車廂之間的聯結器中 (把它視為一條纜繩) 的張力為 F_{T1}，第一節與第二節車廂之間的聯結器中的張力為 F_{T2}。若火車的加速度不是零，試求這兩個聯結器中的張力之比。

37. (II) 兩個力 $\vec{\mathbf{F}}_1$ 和 $\vec{\mathbf{F}}_2$ 作用在一個位於無摩擦之桌面上的 18.5 kg 的物體上，如圖 4-40a 和 b 所示。如果 $F_1 = 10.2$ N 且 $F_2 = 16.0$ N，試求在 (a) 和 (b) 的情況下，物體所受的淨力以及它的加速度。

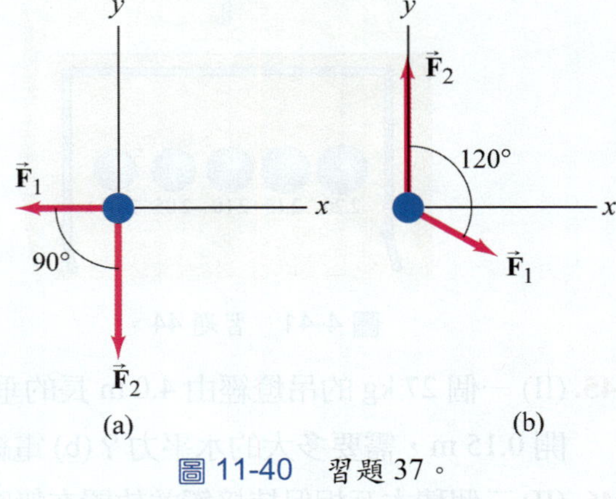

圖 11-40 習題 37。

38. (II) 在比賽開始的瞬間，一位 65 kg 的短跑選手以與地面成 22° 角的方向，對起跑器施加 720 N 的力，(a) 短跑選手的水平加速度為何？(b) 如果這個力被施加了 0.32 s 的時間，則短跑選手會以什麼速度起跑？

39. (II) 一個質量 m 於 $t = 0$ 時靜置在水平無摩擦的表面上，然後以一個固定的力 F_0 對它作用一段時間 t_0。接著，力突然加倍為 $2F_0$ 並且保持不變直到 $t = 2t_0$ 為止。試求由 $t = 0$ 到 $t = 2t_0$ 期間行進的總距離。

40. (II) 一個 3.0 kg 的物體上有以下兩個力作用

$$\vec{\mathbf{F}}_1 = (16\hat{\mathbf{i}} + 12\hat{\mathbf{j}})\ \mathrm{N}$$

$$\vec{\mathbf{F}}_2 = (-10\hat{\mathbf{i}} + 22\hat{\mathbf{j}})\ \mathrm{N}$$

若物體最初是靜止的，則它在 $t = 3.0$ s 時的速度 $\vec{\mathbf{v}}$ 為何？

41. (II) 向上的滑行斜坡有時設在陡峭的下坡公路邊以供煞車過熱的卡車避險之用。對一個簡單的向上 11° 的斜坡而言，它的長度需要多少才足以供一輛時速 140 km/h 的卡車行駛避險之用？注意你計算的長度之大小。(如果斜坡鋪上沙子，它的長度大約可以減少兩倍。)

42. (II) 一個小孩乘雪橇以 10.0 m/s 的速度滑下山腳，然後再沿一條水平的直線滑行 25.0 m 後停止。如果小孩和雪橇的總質量為 60.0 kg，在水平直線上雪橇的平均減速力是多少？

43. (II) 一個溜滑板的人以 2.0 m/s 的初速率在 3.3 s 內從一個長 18 m 的平直斜面上幾乎無摩擦地滑下，這個斜面與水平面之間成什麼角度 θ？

44. (II) 如圖 4-41 所示，五個球 (質量為 2.00、2.05、2.10、2.15、2.20 kg) 懸吊在橫樑上。每個球都被 “5 磅測試” 的釣魚線所懸吊，當它的張力超過 22.2 N（= 5 lb）時，釣魚線將會斷裂。當這個裝置放在一部向上加速的電梯內時，只有與 2.05 kg 和 2.00 kg 連接的兩條線不會斷裂，請問電梯的加速度是在什麼範圍之內？

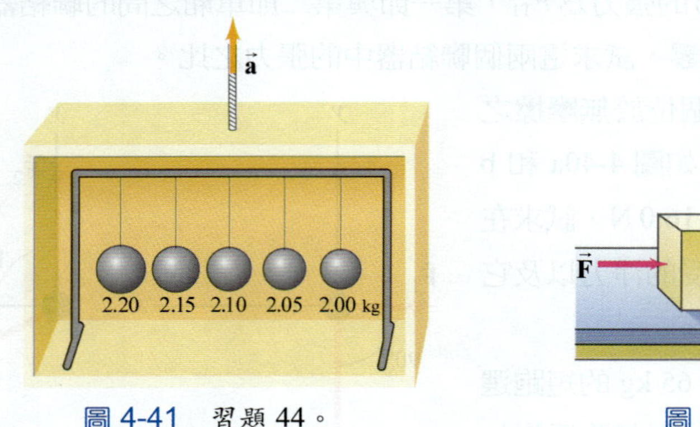

圖 4-41　習題 44。

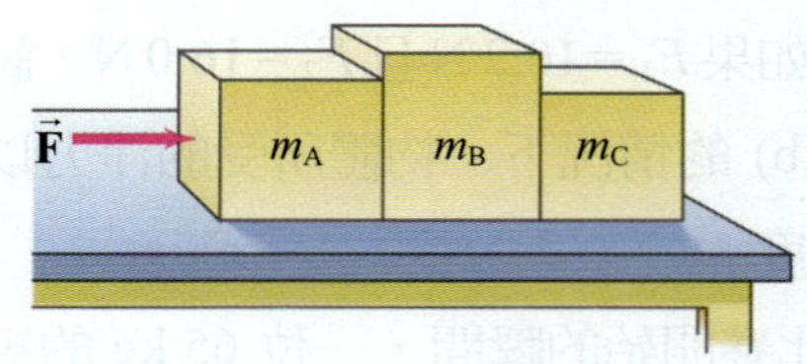

圖 4-42　習題 46。

45. (II) 一個 27 kg 的吊燈經由 4.0 m 長的垂直電線懸吊在天花板上。(a) 將它的位置往旁邊移開 0.15 m，需要多大的水平力？(b) 電線中的張力為何？

46. (II) 三個積木互相保持接觸並放置在無摩擦的水平表面上，如圖 4-42 所示。力 $\vec{\mathbf{F}}$ 作用於積木 A 上 (質量 m_A)。(a) 為每個積木畫出自由體圖。試求 (b) 系統的加速度 (以 m_A、m_B 和 m_C 表示)，(c) 每個積木上的淨力，以及 (d) 每個積木對鄰接的積木所施加的力。(e) 如果 $m_A = m_B = m_C = 10.0$ kg 且 $F = 96.0$ N，就 (b)、(c) 和 (d) 之問題提供數字的答案。試解釋你的答案在直覺上如何說得通。

47. (II) 重做例題 4-13，但是 (a) 將方程式設定為使每個物體加速度 $\vec{\mathbf{a}}$ 的方向是朝該物體運動的方向。(在例題 4-13 中，我們對兩個物體都選用向上的 $\vec{\mathbf{a}}$ 為正。) (b) 解方程式而得到與例題 4-13 相同的答案。

48. (II) 在圖 4-43 中所示的積木質量為 $m = 7.0$ kg，被置於一個與水平面成 $\theta = 22.0°$ 的光滑無摩擦之斜面上，(a) 當積木沿斜面下滑時，它的加速度為何？(b) 如果積木是從距斜面底端 12.0 m 處由靜止開始下滑，則它到達斜面底部時的速率將是多少？

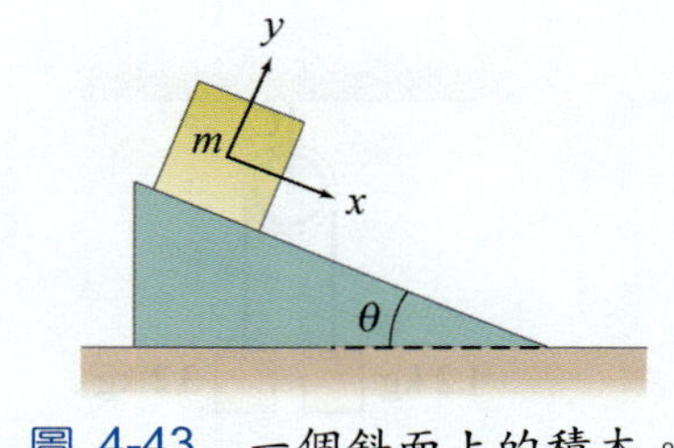

圖 4-43 一個斜面上的積木。習題 48 與 49。

49. (II) 一塊積木以 4.5 m/s 的初速率沿 22° 角的斜面向上滑，如圖 4-43 所示。若忽略摩擦力，(a) 它將沿著平面走多遠？(b) 它回到出發點之前經歷的時間是多少？。

50. (II) 一個物體用細線懸吊在你的後視鏡上。當你以等加速行駛，在 6.0 s 內車速從靜止增為 28 m/s，細線與垂直成什麼角度 θ？見圖 4-44。

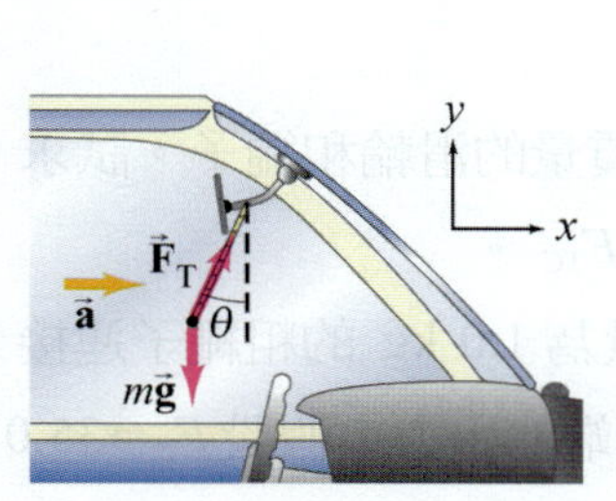

圖 4-44 習題 50。

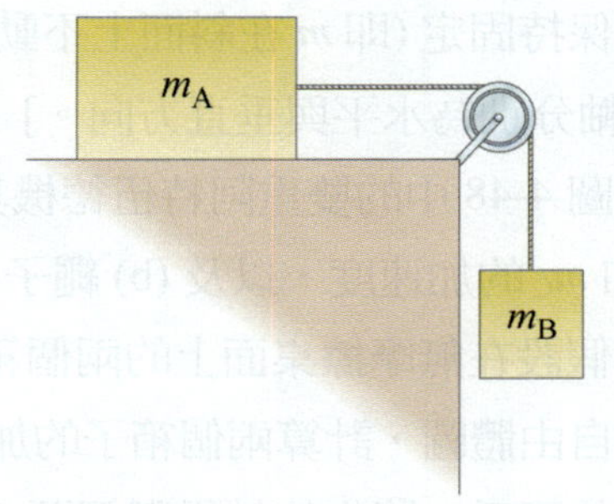

圖 4-45 習題 51 至 53 質量 m_A 靜止於平滑的水平面上，質量 m_B 垂直懸吊。

51. (II) 圖 4-45 顯示在光滑的水平表面上，有一塊積木 (質量 m_A) 由一根通過滑輪的繩索，與垂直懸吊的第二塊積木 (m_B) 相連接。(a) 為每塊積木畫出自由體圖，標示各積木上的重力，繩索施加的力 (張力) 和正向力，(b) 運用牛頓第二運動定律為系統的加速度以及繩索的張力求出公式。忽略摩擦以及滑輪和繩索的質量。

52. (II) (a) 圖 4-45 中，如果 $m_A = 13.0$ kg 和 $m_B = 5.0$ kg，試求各積木的加速度，(b) 假使最初 m_A 距離桌子的邊緣 1.250 m 且靜止不動，如果系統允許自由地移動，它到達桌子的邊緣需要多少時間？(c) 若 $m_B = 1.0$ kg，如果系統的加速度維持在 1/100 g，則 m_A 必須是多少？

53. (III) 如果繩索有不可忽視的質量 m_C，試求圖 4-45 中 (參見習題 51) 系統加速度的公式。以各物體至滑輪的長度 ℓ_A 和 ℓ_B 表示。(繩索的總長度是 $\ell = \ell_A + \ell_B$。)

54. (III) 圖 4-46 中，假設滑輪是由繩索 C 所懸掛，若忽略滑輪和繩索的質量，試求在物體釋放之後和其中一個落地之前繩索中的張力。

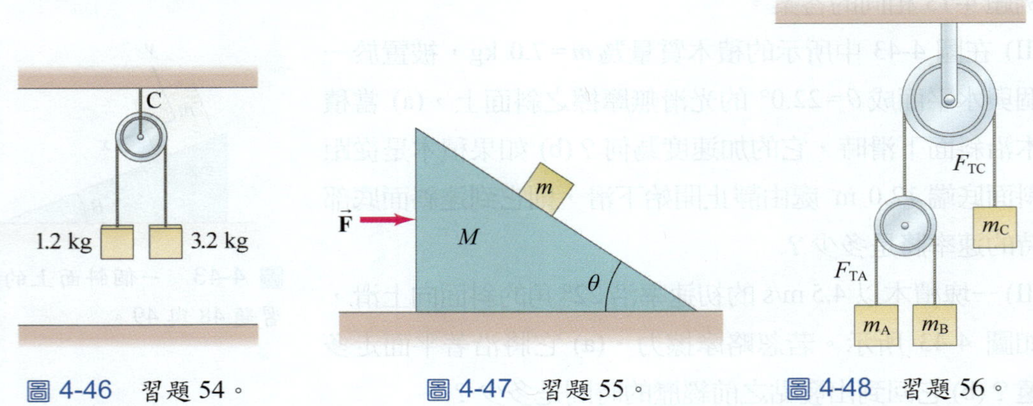

圖 4-46　習題 54。　圖 4-47　習題 55。　圖 4-48　習題 56。

55. (III) 一塊質量為 m 的小積木放置在質量為 M 的三角積木之斜面上，而三角積木本身則靜置於一張水平的桌面上，如圖 4-47 所示。假設所有的表面均無摩擦，為使 m 相對於 M 的位置保持固定 (即 m 在斜面上不動)，試求必須對 M 所施加的力 $\vec{F}$ 之大小。[提示：選取 x 與 y 軸分別為水平與垂直方向。]

56. (III) 圖 4-48 中的雙重阿特伍德機具有無摩擦、無質量的滑輪和繩子。試求 (a) 物體 m_A、m_B 和 m_C 的加速度，以及 (b) 繩子中的張力 F_{TA} 與 F_{TC}。

57. (III) 假設在無摩擦桌面上的兩個箱子，由一根質量為 1.0 kg 的粗繩子連接。利用圖 4-49 中的自由體圖，計算兩個箱子的加速度以及繩子兩端的張力。假設 $F_P = 35.0$ N，並且忽略繩子的下垂。將你的結果與例題 4-12 和圖 4-22 相比較。

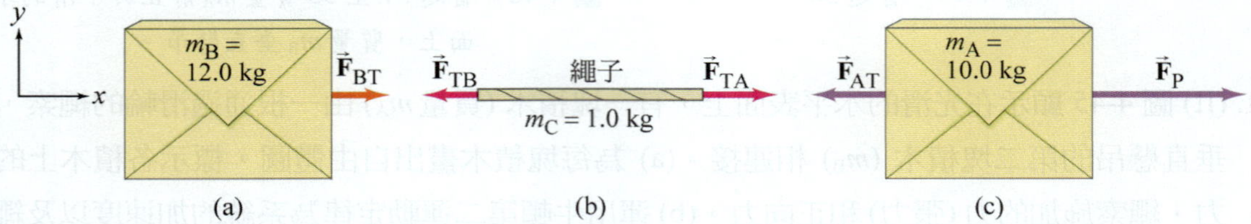

圖 4-49　習題 57。圖 4-22a 之系統中每個物體的自由體圖。垂直力 $\vec{F}_N$ 和 $\vec{F}_G$ 未標示出來。

58. (III) 圖 4-50 中的兩個物體起初位於距地面高 1.8 m 處，而無質量、無摩擦的滑輪距離地面的高度為 4.8 m。在系統釋放物體之後，較輕的物體可到達的最大高度是多少？[提示：首先計算較輕物體的加速度，然後再求出它在較重物體落地瞬間時的速度。這就是它的“發射”速率。假設物體不會撞到滑輪，並且忽略繩子的質量。]

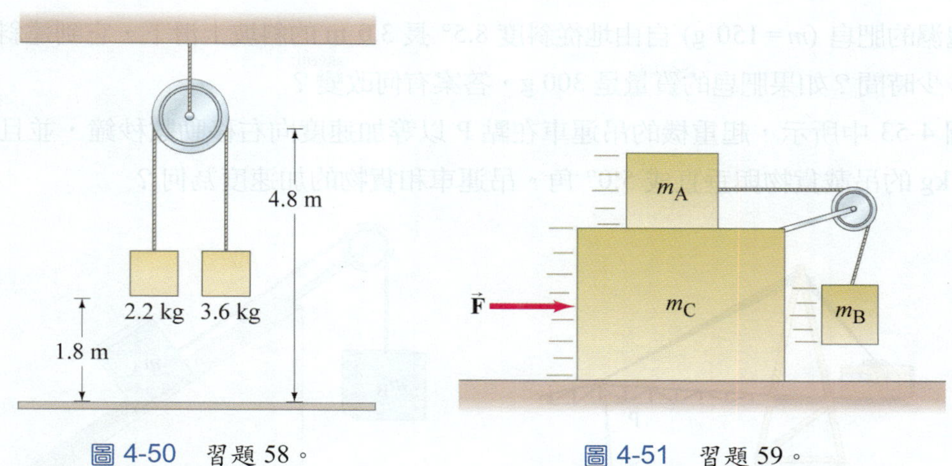

圖 4-50 習題 58。 圖 4-51 習題 59。

59. (III) 在圖 4-51 中，為使物體 m_A 與 m_C 之間沒有相對運動，試求施加於大積木 (m_C) 上外力 $\vec{\mathbf{F}}$ 之大小的公式。忽略所有的摩擦，並假設 m_B 與 m_C 沒有碰觸。

60. (III) 一個質量為 m 的質點，最初靜止在 $x=0$ 處，一個力使它加速，力是時間的函數 $F=Ct^2$。試求質點速度 v 以及位置 x 的時間函數。

61. (III) 一條長度為 ℓ 和質量為 M 的重鋼纜繞著一個無質量、無摩擦的小滑輪，(a) 如果滑輪某一側的鋼纜長度為 y (因此另一側的長度就是 $\ell-y$)，試求作為 y 之函數的鋼纜加速度，(b) 假設鋼纜起初是靜止，滑輪某一側的鋼纜長度為 y_0，當整條鋼纜從滑輪掉落時，速度 v_f 為何？(c) 若 $y_0=\dfrac{2}{3}\ell$，v_f 為何？[提示：使用鏈鎖法則，$dv/dt=(dv/dy)(dy/dt)$，以及積分。]

一般習題

62. 一個人在車禍的事故中，如果其減速度不超過 30 g，就可能有倖存的機會。試計算一個 65 kg 的人如果以此種方式減速時所受的力。如果時速原為 95 km/h，並且以相同方式減速至完全停止，所行進的距離為何？

63. 一個 2.0 kg 的手提包從 58 m 高的比薩斜塔上拋下，在落下 55 m 尚未到達地面之前的速率是 27 m/s。求空氣的平均阻力為何？

64. 如圖 4-52，湯姆的懸掛式滑翔機使用六條繩索支撐他的重量，每條繩索所能支撐的重量相等，而湯姆的質量是 74.0 kg，各條支撐繩索中的張力是多少？

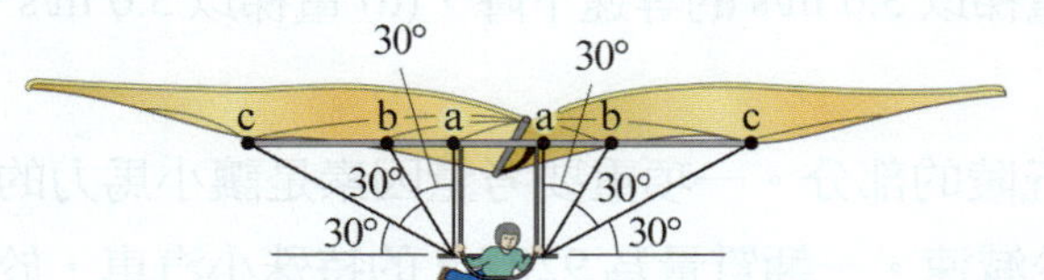

圖 4-52 習題 64。

65. 一塊濕的肥皂 ($m = 150$ g) 自由地從斜度 8.5° 長 3.0 m 的斜坡上滑下，它到達斜坡底部需要多少時間？如果肥皂的質量是 300 g，答案有何改變？

66. 如圖 4-53 中所示，起重機的吊運車在點 P 以等加速度向右移動數秒鐘，並且此時懸掛 870 kg 的吊載貨物與垂直成 5.0° 角。吊運車和貨物的加速度為何？

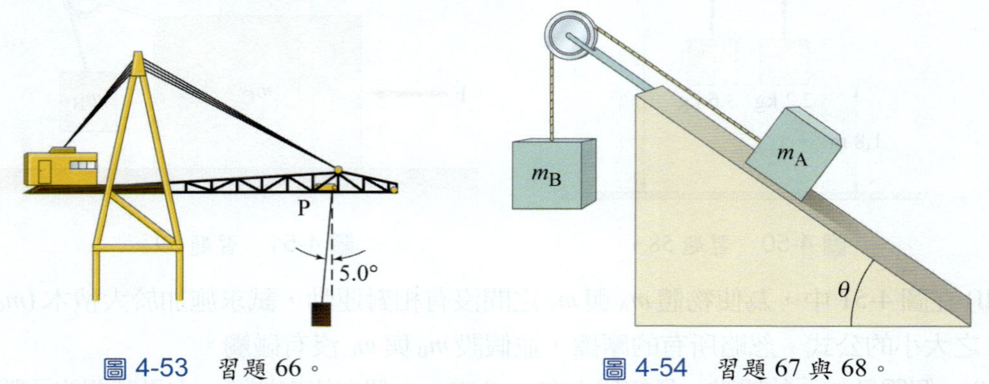

圖 4-53 習題 66。 圖 4-54 習題 67 與 68。

67. 一塊積木 (質量 m_A) 置於一個固定無摩擦的斜面上，並經由一條繩子通過滑輪與另一物體 (質量 m_B) 相連接，如圖 4-54 所示。(a) 試求一個以 m_A、m_B、θ 和 g 所表示的系統加速度的公式。(b) 為使加速度朝向某一方向 (比如 m_A 沿著平面下滑)，或相反方向，質量 m_A 和 m_B 應符合什麼條件？忽略繩子和滑輪的質量。

68. (a) 在圖 4-54 中，如果 $m_A = m_B = 1.00$ kg 且 $\theta = 33.0°$，則系統的加速度為何？(b) 如果 $m_A = 1.00$ kg 且系統保持靜止，則質量 m_B 必須是多少？(c) 計算 (a) 和 (b) 繩子中的張力。

69. 兩個物體 m_A 和 m_B 在光滑 (無摩擦的) 的斜面上滑動，如圖 4-55 所示。(a) 試求一個以 m_A、m_B、θ_A、θ_B 與 g 所表示的系統加速度的公式。(b) 如果 $\theta_A = 32°$、$\theta_B = 23°$ 且 $m_A = 5.0$ kg，則系統保持靜止時的 m_B 值為何？在這種情況下繩子 (質量可以忽略) 中的張力為何？(c) 計算是什麼樣的 m_A/m_B 比值，可以使兩個物體以等速率沿著斜坡往任一個方向移動？

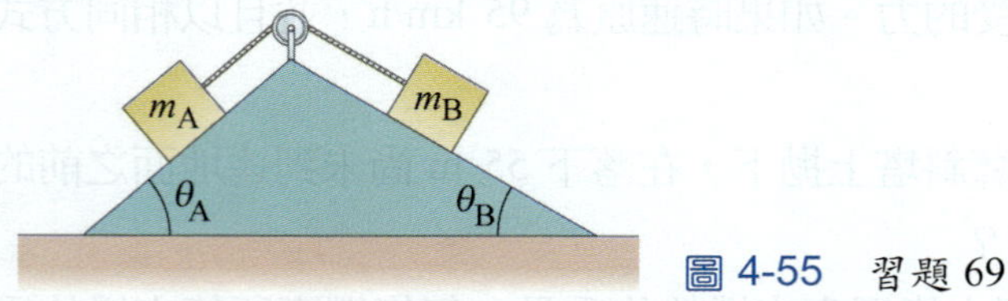

圖 4-55 習題 69。

70. 一個 75.0 kg 的人站在電梯裡的磅秤上。秤的讀值為何 (以 N 和 kg 計)？當 (a) 電梯靜止時，(b) 電梯以 3.0 m/s 的等速上升，(c) 電梯以 3.0 m/s 的等速下降，(d) 電梯以 3.0 m/s^2 加速向上，(e) 電梯以 3.0 m/s^2 加速向下。

71. 一位城市規劃師正在重新設計城市中多丘陵的部分。一項重要考量因素是讓小馬力的汽車能夠在陡峭的道路上行駛上山而不致於減速。一輛質量為 920 kg 的特殊小汽車，於平坦的道路上能夠在 12.5 s 內從靜止加速到 21 m/s (75 km/h)。利用這些數據計算丘陵的最大斜度。

72. 由於空氣阻力，一位質量為 65 kg (包括腳踏車) 的腳踏車騎士以 6.0 km/h 的穩定速率沿著斜度 6.5° 的山坡向下滑行。他必須用多少力才能以相同的速率登上小山(空氣阻力相同)？

73. 一位腳踏車騎士以 6.0 km/h的等速率沿著斜度 5.0° 的山坡向下滑行。如果空氣阻力與速率 v 成正比，因此 $F_{\text{air}} = cv$，計算 (a) 常數 c 之值，(b) 需要多大的平均力作用在腳踏車上，才能以 18.0 km/h 的速率下山。腳踏車騎士與腳踏車的總質量是 80.0 kg。

74. 圖 4-56，在噴射客機起飛前加速的大約 16 s 內，法蘭西絲卡用一根細繩搖晃她的手錶，如果細繩與垂直線成 25° 角，估計飛機的起飛速率。

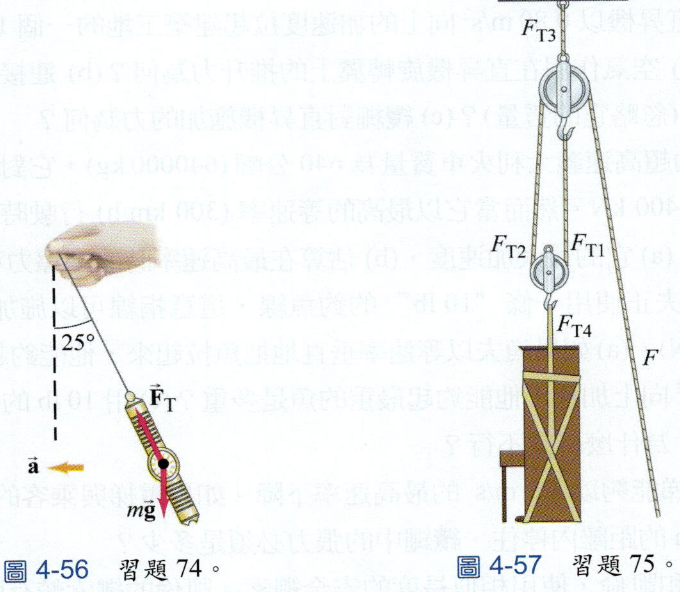

圖 4-56 習題 74。 圖 4-57 習題 75。

75. (a) 如圖 4-57 所示，使用滑輪裝置拉起鋼琴 (質量 M) 所需要的最小的力 F 為何？(b) 求繩索各段中的張力：F_{T1}、F_{T2}、F_{T3} 和 F_{T4}。

76. 在超級市場的設計中，有一些連接商店各不同區域的坡道，顧客必須推著手推車上坡道，而且顯然這必須是一件不太困難的事。工程師做了勘查並且發現如果所需的力只要不超過 18 N，就幾乎沒有人會抱怨。忽略摩擦，假設顧客推的是一滿載的 25 kg 之手推車，則坡道的最大斜角 θ 應該建造成多少？

77. 一架噴射機正以 18° 的仰角以及 3.8 m/s^2 的加速度爬升 (圖 4-58)。駕駛艙座椅對 75 kg 之駕駛員施加的總力量是多少？

圖 4-58 習題 77。

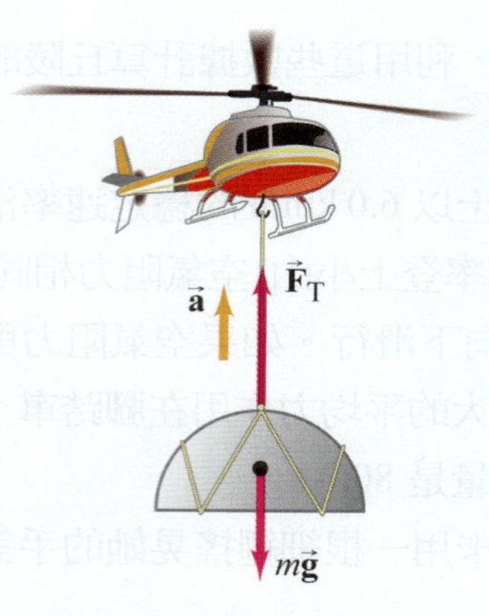

圖 4-59　習題 78。

圖 4-60　習題 82。

圖 4-61　習題 83。

78. 一架 7650 kg 的直昇機以 0.80 m/s² 向上的加速度拉起建築工地的一個 1250 kg 的支架，如圖 4-59 所示。(a) 空氣作用在直昇機旋轉翼上的推升力為何？(b) 連接支架與直昇機之纜繩中的張力為何 (忽略它的質量)？(c) 纜繩對直昇機施加的力為何？

79. 一列 14 節車廂的超高速義大利火車質量為 640 公噸 (640000 kg)，它對軌道所能施加的最大水平作用力為 400 kN。然而當它以最高的等速率 (300 km/h) 行駛時，它所施加的力約為 150 kN。計算 (a) 它的最大加速度，(b) 估算在最高速率時的摩擦力和空氣阻力。

80. 在船上的一位漁夫正使用一條“10 lb”的釣魚線，這意指線可以施加 45 N 的力而不會斷裂 (1 lb = 4.45 N)。(a) 如果漁夫以等速率垂直地把魚拉起來，他能釣起多重的魚？(b) 如果他是以 2.0 m/s² 向上加速，他能釣起最重的魚是多重？(c) 用 10 lb 的釣魚線是否可能釣起 15 lb 的鱒魚？為什麼行或不行？

81. 一棟高樓中的電梯能夠以 3.5 m/s 的最高速率下降。如果電梯與乘客的質量為 1450 kg，為使電梯在 2.6 m 的距離內停住，纜繩中的張力必須是多少？

82. 兩位攀岩者比爾和凱倫，使用相似長度的安全繩索。凱倫的繩索較有彈性，攀岩者稱之為*動力繩*。而比爾使用的是一條*靜力繩*，但在專業攀岩中並不建議作為安全設施之用，(a) 凱倫自由地落下約 2.0 m，然後繩索拉長超過 1.0 m 的距離才將她停止住 (圖 4-60)。估計她將由繩索感受到多大的力 (假設為常數)。(以她體重的倍數表示結果。) (b) 以類似的下落情形，比爾的繩索只拉長 30 cm，繩索拉他的力是他體重的多少倍？哪位攀岩者較有可能受傷？

83. 三位登山者共同用一條繩子繫在一起，他們正在攀登斜角 31.0° 的冰原 (圖 4-61)。最後一位忽然不慎滑倒，因而絆住第二位的腳，只有第一位能拉住他們兩人。若每個人的質量都是 75 kg，計算這三個人之間的兩段繩索的各段張力。忽略冰與下滑的人之間的摩擦力。

84. 質量為 1.0×10^{10} kg 的“世界末日”小行星在太空中飛馳，除非小行星的速率被改變約 0.20 cm/s，否則它將與地球碰撞，並且造成巨大的災難。研究人員建議將小型的“太空拖船”送到小行星的表面，可以施加一個 2.5 N 平緩的固定力量。這個力必須作用多久的時間？

85. 一台 450 kg 的鋼琴利用斜角 22° 的斜坡從卡車上滑動卸下來。忽略摩擦力，而且斜坡長度為 11.5 m。兩名工人施加一個與斜坡平行的 1420 N 之合力來推鋼琴以減慢它滑動的速率。如果鋼琴從靜止開始下滑，它到達底部時移動的速率有多快？

86. 考慮圖 4-62 中所示的系統，$m_A = 9.5$ kg 且 $m_B = 11.5$ kg，角度 $\theta_A = 59°$ 且 $\theta_B = 32°$。(a) 在沒有摩擦時，將兩個物體沿著固定的斜面以等速向上拉，所需的力 $\vec{F}$ 為何？(b) 現在將力 $\vec{F}$ 除去，這兩個物體加速度的方向和大小為何？(c) 在沒有 $\vec{F}$ 作用時，繩子中的張力為何？

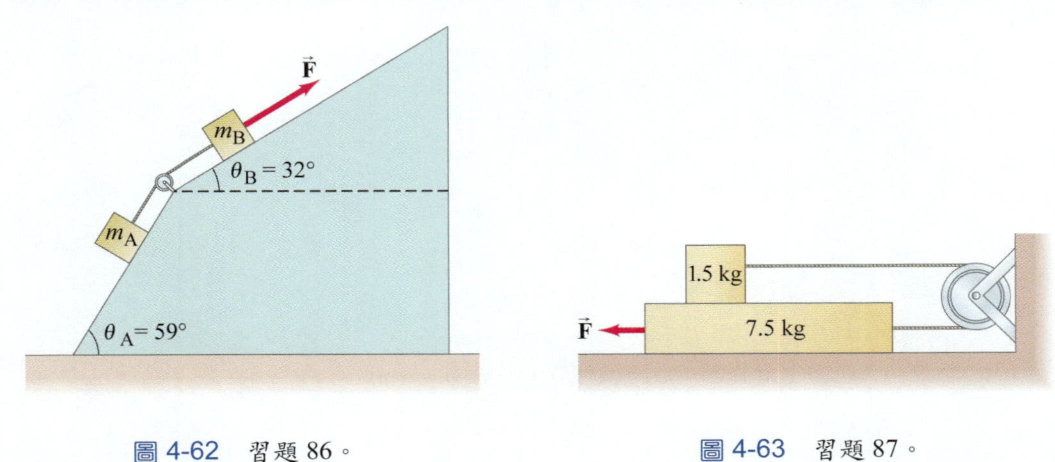

圖 4-62　習題 86。

圖 4-63　習題 87。

87. 一個 1.5 kg 的木塊放在 7.5 kg 的木塊上 (圖 4-63)。繩子和滑輪的質量可以忽略，而且各處都沒有明顯的摩擦力。求 (a) 必須對底下的木塊施加多大的力 F，才可使上面的木塊以 2.5 m/s^2 向右加速？(b) 繩索中的張力是多少？

88. 你正以 15 m/s 的速率開著 750 kg 的車子回家。在距離十字路口開端處 45 m 時，你看見綠燈變成黃燈，而你預計黃燈將持續 4.0 s，並且此時與十字路口的另一邊相距 65 m (圖 4-64)。(a) 如果你選擇加速，汽車引擎將產生 1200 N 的向前力量。在號誌變成紅燈之前，你能完全通過十字路口嗎？(b) 如果你決定緊急煞車，煞車將提供 1800 N的力。在進入十字路口之前你能停車嗎？

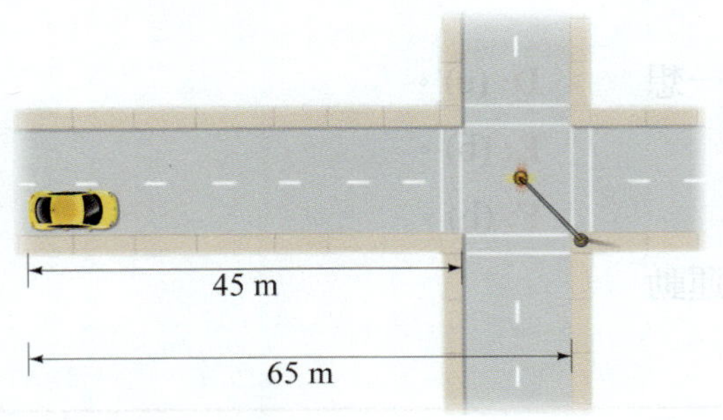

圖 4-64　習題 88。

*數值／計算機

*89. (II) 一個質量為 1500 kg 的大木箱從靜止開始沿著一個無摩擦的斜坡滑動，斜坡長度是 ℓ 而且與水平成 θ 斜角。(a) 作為 θ 之函數，求：(i) 木箱下滑時的加速度 a，(ii) 到達斜坡底部的時間 t，(iii) 當木箱到達斜坡底部時的最終速度 v，以及 (iv) 木箱上的正向力 F_N。(b) 現在假設 $\ell = 100$ m。θ 函數以 1° 為間隔，從 $\theta = 0°$ 至 90°，利用試算表計算並且繪圖表示 a、t、v 和 F_N 與 θ 的函數關係，θ 之範圍為 0° 至 90°，而每步為 1°。在 $\theta = 0°$ 和 $\theta = 90°$ 的情況下，你的結果是否與已知的 $\theta = 0°$ 與 90° 之極限情況的結果一致？

練習題答案

A: 不需要任何力。車從杯子底下加速離開，想一想牛頓第一運動定律 (見例題 4-1)。

B: (a)。

C: (a) 相同；(b) 那輛跑車；(c) (a) 部分適用第三運動定律，(b) 部分適用第二運動定律。

D: (e)。

E: (b)。

F: (b)。

運用牛頓定律：摩擦力、圓周運動、拖曳力

牛頓定律是基本的物理法則。這些照片顯示與運用牛頓定律有關的兩種情況，除了前幾章曾討論過的內容之外，其中還包含一些新的原理。在斜坡上滑降的滑雪者說明了斜坡上的摩擦力，雖然此刻她並未與雪接觸，因此只受到空氣阻力的阻滯，而這是一個受速度影響的力（本章中一個可選讀的主題）。人們在遊樂園乘坐的旋轉遊戲說明了圓周運動的動態。

章前問題——試著想想看！

你將細繩上的一個球圍繞著你的四周在一個水平的圈子上以等速旋轉，如右圖所示。如果你在 P 點處放開繩子，球將沿著哪一條路徑飛行？

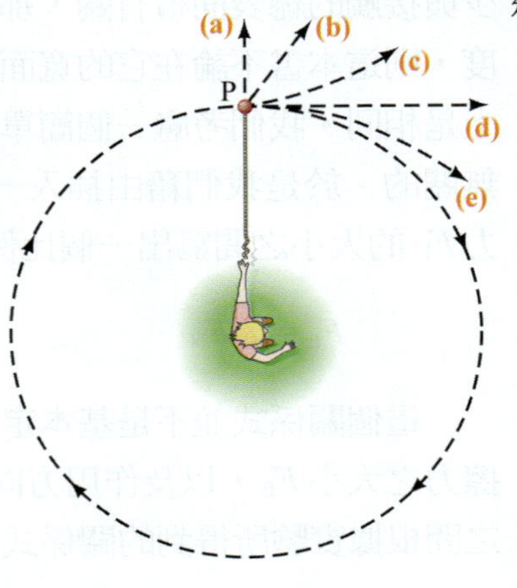

本章繼續我們對牛頓定律的研究，並且強調物理學根本的重要性。其中涵蓋牛頓定律的一些重要應用，包括摩擦力與圓周運動。雖然本章中的一些內容看似與第 4 章的主題可能有些重複，但事實上它還包含新的原理在內。

5-1 與摩擦力有關的牛頓定律之應用

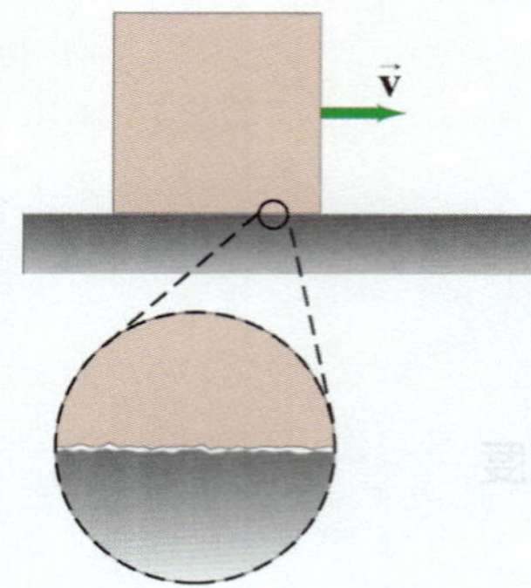

圖 5-1 一個物體在桌面或地板上向右移動。兩個接觸表面是粗糙的，至少在微觀尺度下是如此。

到目前為止，我們都忽略摩擦力的存在，但是在大多數的實際情況中，我們必須將它列入考慮。因為即使看似最平滑的表面，在顯微鏡底下還是相當的粗糙 (圖 5-1)，所以在兩個固體表面之間必定存在摩擦力。當我們試著將一個物體在另一個表面上滑動的時候，這些微觀的隆凸碰撞阻礙了運動的進行。雖然微觀層面發生的確切情況目前仍未完全了解，但是一般認為是一個表面隆凸處的原子可能因為靠近另一表面的原子，而使得原子之間相互吸引的電力能夠在兩個表面之間使其“鍵合”為如同微小的焊接點一般。將某一物體在一個表面上滑動，通常是顛簸的，這或許是因為這些鍵合的形成與斷裂所導致的。即使球形的物體在表面上滾動，仍然有一些摩擦存在，這稱為滾動摩擦，雖然它通常比物體在表面上滑動的摩擦小得多。現在我們的重點放在滑動摩擦上，它通常稱為**動摩擦** (kinetic friction)。

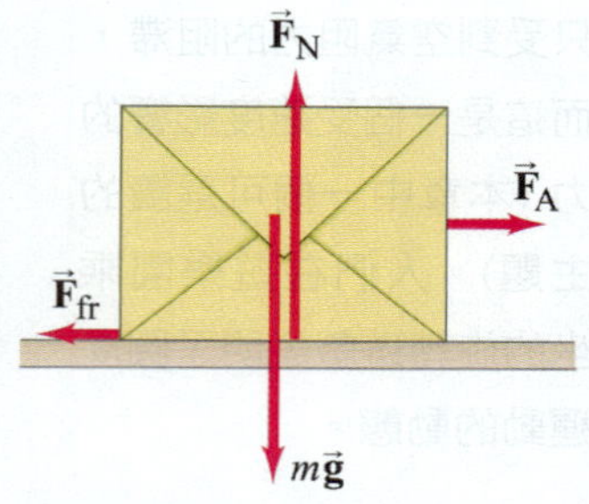

圖 5-2 當一物體被一個力 ($\vec{F}_A$) 拉動時會產生摩擦力，摩擦力 $\vec{F}_{fr}$ 的方向和物體運動方向相反。$\vec{F}_{fr}$ 的大小與正向力 (F_N) 的大小成正比。

當一個物體沿著粗糙的表面滑動時，動摩擦力朝著物體速度的相反方向作用。動摩擦力的大小視兩個滑動表面的性質而定。實驗顯示，在兩個特定表面之間的摩擦力大致與二者之間的正向力成正比，而正向力則是任一個物體施加在另一個物體上並且與它們之間共同的接觸面正交的力 (見圖 5-2)。在許多情況下堅硬表面之間的摩擦力極少與接觸的總表面積有關，那就是，假定本書各表面都有相同的平滑度，則這本書不論在它的寬面上或者在它的書脊上滑動，摩擦力大致上是相同。我們考慮一個簡單的摩擦模型，其中假設摩擦力與面積是無關的。於是我們藉由插入一個比例常數 μ_k，而在摩擦力 F_{fr} 與正向力 F_N 的大小之間寫出一個比例關係式

$$F_{fr} = \mu_k F_N \qquad \text{[動摩擦力]}$$

這個關係式並不是基本定律，而是作用方向與兩個表面平行的摩擦力之大小 F_{fr}，以及作用方向與表面正交的正向力之大小 F_N，二者之間根據實驗所得到的關係式。由於這兩個力的方向彼此正交，所以

表 5-1　摩擦係數*

表 面	靜摩擦係數 μ_s	動摩擦係數 μ_k
木材與木材之間	0.4	0.2
冰與冰之間	0.1	0.03
金屬與金屬之間 (潤滑的)	0.15	0.07
鋼之鋼之間 (未潤滑的)	0.7	0.6
橡膠與乾混凝土之間	1.0	0.8
橡膠與溼混凝土之間	0.7	0.5
橡膠與其他堅硬表面之間	1 − 4	1
空氣中的鐵氟隆與鐵氟隆之間	0.04	0.04
空氣中的鐵氟隆與鋼之間	0.04	0.04
潤滑的滾珠軸承	<0.01	<0.01
滑液關節 (人四肢中的)	0.01	0.01

*係數值是近似的，而且只作為指引之用。

它不是一個向量式。μ_k 稱為動摩擦係數，而且它的值視這兩個表面的性質而定。表 5-1 中列出多種物質表面的測量值。不過，這些係數只是近似的，因為 μ 依表面是否是濕或乾，或者表面被磨光或粗糙的程度，以及其他類似的因素而定。但是 μ_k 大體上與滑動的速度以及接觸的面積無關。

到目前為止，我們已經討論的是當物體在另一個物體上滑動時的動摩擦力。此外還有**靜摩擦力** (static friction)，它是指即使兩個物體間沒有滑動也會出現而且與兩平面平行的一個力。假設一個物體，例如靜止在水平地板上的書桌，如果沒有水平的外力作用，也就沒有摩擦力產生。但現在假設你試著推動書桌，而書桌沒有移動。此刻你正施加一個水平的力，但是書桌卻沒有移動，因此必定另外有一個力作用在書桌上而使它無法移動 (一個靜止之物體上的淨力為零)。這個力就是地板對書桌所施加的靜摩擦力。如果改以一個較大的力推書桌而仍無法移動，則靜摩擦力也已經隨之增加。如果你用足夠大的力量推，最後書桌終於開始移動，並且改由動摩擦力取而代之。在這一瞬間，你已經超過靜摩擦力的最大值，而它的式子是 $(F_{fr})_{max}=\mu_s F_N$，其中 μ_s 是靜摩擦係數 (表 5-1)。因為靜摩擦力能夠從零變化到最大值，所以我們將它寫成

$$F_{fr} \le \mu_s F_N \qquad \text{[靜摩擦力]}$$

你可能曾經注意到將一個重物繼續保持滑動要比將它從原先的位置開始推動來得容易。這個現象與 μ_s 通常大於 μ_k (見表 5-1) 是一致的。

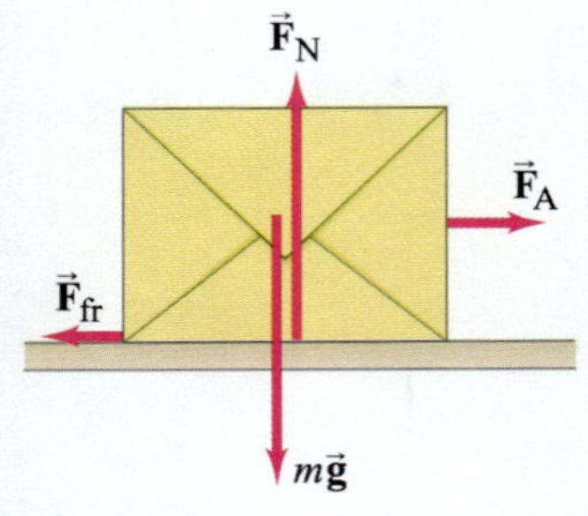

圖 5-2 例題 5-1。

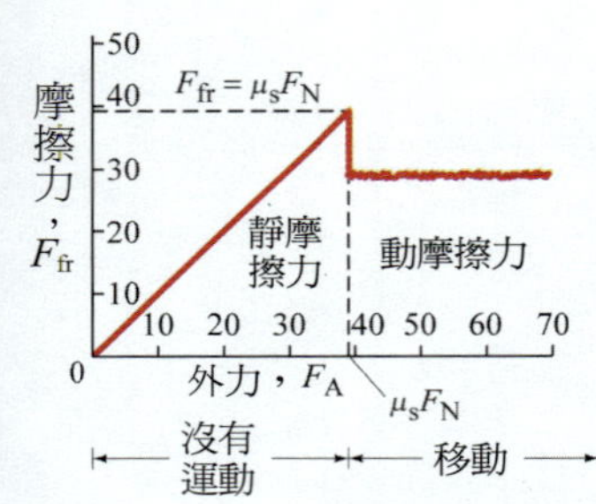

圖 5-3 例題 5-1。摩擦力的大小是作用在最初靜止之物體上的外力之函數。當施加的外力大小逐漸增加時，靜磨擦力也會依比例地增加，直到外力等於 $\mu_s F_N$ 為止。假如外力繼續增大，物體將開始移動，同時摩擦力將下降為近似於一常數的動摩擦力。

例題 5-1 **摩擦力：靜態和動態** 一個 10.0 kg 的神祕盒子放在水平的地板上，靜摩擦係數為 $\mu_s=0.40$ 而動摩擦係數為 $\mu_k=0.30$。當作用在盒子上的水平外力的大小 F_A 如下時，計算作用在盒子上的摩擦力 F_{fr}：(a) 0，(b) 10 N，(c) 20 N，(d) 38 N 和 (e) 40 N。

方法 我們無法馬上知道要處理的是靜摩擦力或動摩擦力，也不知道盒子是保持靜止或加速。這時需要畫一個自由體圖，然後判斷在每個情況中盒子是否會移動：如果 F_A 比最大靜摩擦力大，盒子就會開始移動 (牛頓第二運動定律)。盒子上的作用力有重力 $m\vec{g}$，地板施加的正向力 $\vec{F}_N$、水平的外力 $\vec{F}_A$ 和摩擦力 $\vec{F}_{fr}$，如圖 5-2 所示。

解答 盒子的自由體圖如圖 5-2 所示。在垂直方向沒有運動，因此，垂直方向中由牛頓第二運動定律得到 $\Sigma F_y=ma_y=0$，這告訴我們 $F_N-mg=0$。因此正向力是

$$F_N=mg=(10.0\text{ kg})(9.80\text{ m/s}^2)=98.0\text{ N}$$

(a) 因為在第一個情況中 $F_A=0$，所以盒子不移動，且 $F_{fr}=0$。

(b) 靜摩擦力將對抗所施加的外力直至其最大值

$$\mu_s F_N=(0.40)(98.0\text{ N})=39\text{ N}$$

當外力是 $F_A=10$ N 時，盒子不會移動。由牛頓第二運動定律得到 $\Sigma F_x=F_A-F_{fr}=0$，因此 $F_{fr}=10$ N。

(c) 一個 20 N 的外力也不足以移動盒子，如此 $F_{fr}=20$ N 用來抵消外力。

(d) 一個 38 N 的外力仍然無法移動盒子；但摩擦力現在已增加為 38 N 而使盒子保持靜止。

(e) 一個 40 N 的外力將使盒子開始移動，因為它超過最大的靜摩擦力 $\mu_s F_N=(0.40)(98\text{ N})=39$ N。不再用靜摩擦力，我們現在有動摩擦力，它的大小是

$$F_{fr}=\mu_k F_N=(0.30)(98.0\text{ N})=29\text{ N}$$

現在盒子上有一個淨 (水平) 力 $F=40\text{ N}-29\text{ N}=11$ N，因此盒子的加速度是

$$a_x=\frac{\Sigma F}{m}=\frac{11\text{ N}}{10.0\text{ kg}}=1.1\text{ m/s}^2$$

圖 5-3 所示是總結這個例題之結果的曲線圖。

摩擦是一種阻礙，它會使運動中的物體減速，並且造成機器中運轉部分的發熱與黏合。使用潤滑物，比如油可以減少摩擦。減少兩個表面之間的摩擦更有效的方法是在它們之間保持一層空氣層或其他的氣體。這種觀念目前在大多數情況下還不實用，而利用這項觀念的裝置包括氣墊軌道和氣墊桌，其中的空氣層是利用迫使空氣通過的極小孔洞而保持。另一種保持空氣層的技術是使用磁場將物體懸浮在空氣中(“磁浮”)。但就另一方面而言，摩擦力是有幫助的。我們行走的能力依鞋底(或腳)和地面之間的摩擦而定，(步行與靜摩擦力有關，而不是動摩擦力。為什麼？)一輛小汽車的運動，以及它的穩定性都和摩擦力有關。當摩擦力是低的，例如在冰面上，要安全地行走或開車都變得非常困難。

觀念例題 5-2 **倚靠牆壁的盒子** 你能夠朝水平方向用力壓一個靠在一面粗糙牆壁上的盒子而阻止它下滑(圖 5-4)。應如何施加這個水平力而使物體無法垂直移動？

解答 如果牆壁是光滑的，這就不容易辦到。你需要摩擦力，即使在這種情況下，如果你不用力壓著，盒子也會滑下來。你所施加的水平外力會使牆壁對盒子施加一個正向力(因為盒子不會水平地移動，所以水平的淨力是零。)。而重力 mg 向下作用在盒子上，它被向上且大小與正向力成正比的靜摩擦力所抵消。你愈用力壓，F_N 就愈大，且 F_{fr} 也是如此。如果你用力不夠大，則在 $mg > \mu_s F_N$ 時，盒子會開始下滑。

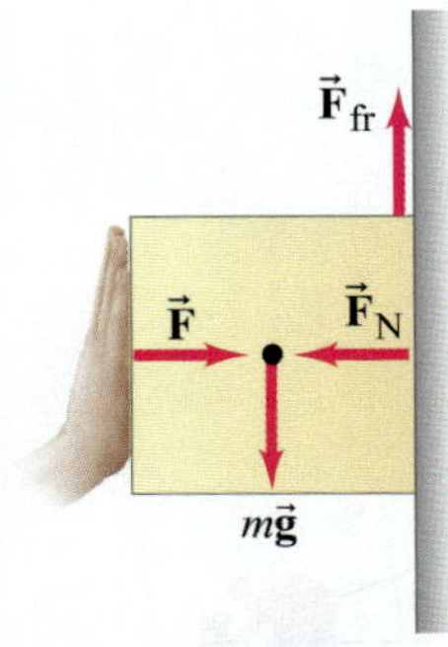

圖 5-4 例題 5-2。

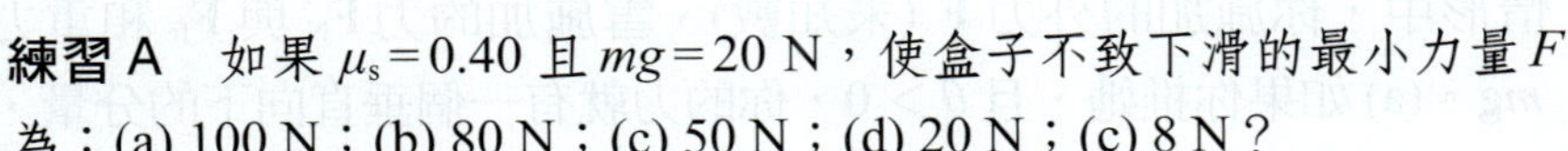
練習 A 如果 $\mu_s = 0.40$ 且 $mg = 20$ N，使盒子不致下滑的最小力量 F 為：(a) 100 N；(b) 80 N；(c) 50 N；(d) 20 N；(c) 8 N？

例題 5-3 **拉力對抗摩擦** 一個 40.0 N 並且與水平線成 30.0° 角的力沿著水平表面拉著一個 10.0 kg 的盒子。除了現在有摩擦力之外，本題與例題 4-11 類似。假設動摩擦係數為 0.30，請計算加速度。

方法 畫自由體圖，如圖 5-5 所示，它與圖 4-21 極為類似，但是多了一個摩擦力。

解答 垂直 (y) 方向的計算與例題 4-11 相同，$mg = (10.0\text{ kg})(9.80\text{ m/s}^2) = 98.0$ N 和 $F_{Py} = (40.0\text{ N})(\sin 30.0°) = 20.0$ N。以向上為正 y 和 $a_y = 0$，得到

$$F_N - mg + F_{Py} = ma_y$$

$$F_N - 98.0\text{ N} + 20.0\text{ N} = 0$$

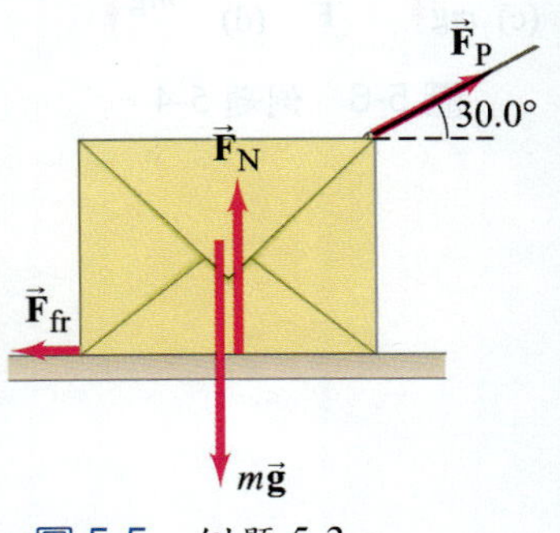

圖 5-5 例題 5-3。

所以正向力是 $F_N = 78.0$ N。現在我們將牛頓第二運動定律應用於水平 (x) 方向 (向右為正)，同時也包括摩擦力

$$F_{Px} - F_{fr} = ma_x$$

只要 $F_{fr} = \mu_k F_N$ 小於 $F_{Px} = (40.0\text{ N})\cos 30.0° = 34.6$ N，摩擦力就是動摩擦

$$F_{fr} = \mu_k F_N = (0.30)(78.0\text{ N}) = 23.4\text{ N}$$

由此可得盒子加速度

$$a_x = \frac{F_{Px} - F_{fr}}{m} = \frac{34.6\text{ N} - 23.4\text{ N}}{10.0\text{ kg}} = 1.1\text{ m/s}^2$$

沒有摩擦時，如例題 4-11，加速度將會比這大許多。

備註 因為我們輸入值 $(\mu_k = 0.30)$ 的最少有效位數是二位，所以最後的答案只有兩位有效數字。

練習 B 如果 $\mu_k F_N$ 比 F_{Px} 大，將會得到什麼結果？

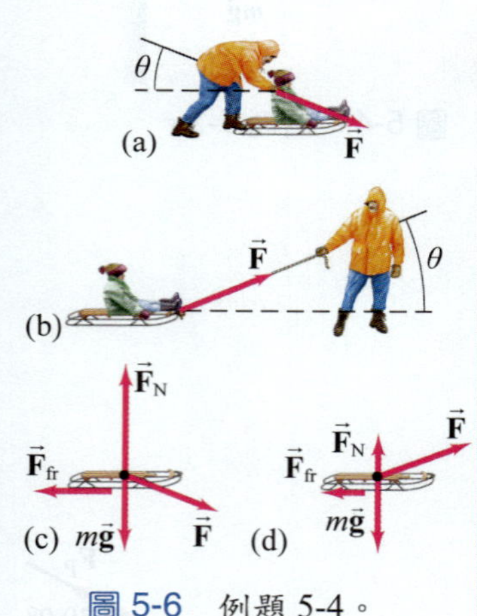

圖 5-6 例題 5-4。

觀念例題 5-4 **推或拉動雪橇？** 你的小妹想要乘坐她的雪橇。如果你們是在平坦的地面上，你推她或是拉她將會比較省力？見圖 5-6a 和 b。假設兩種情況中的角度 θ 相同。

回答 畫出自由體圖，如圖 5-6c 和 d 所示，它們顯示推或拉的兩種情形中，你施加的外力 $\vec{\mathbf{F}}$ (未知數)、雪施加的力 $\vec{\mathbf{F}}_N$ 與 $\vec{\mathbf{F}}_{fr}$ 和重力 $m\vec{\mathbf{g}}$。(a) 如果你推她，且 $\theta > 0$，你的力就有一個垂直向下的分量，因此地面向上施加的正向力 (圖 5-6c) 將大於 mg (m 是妹妹與雪橇的總質量)，(b) 如果你拉她，你的力就有一個垂直向上的分量，因此正向力 F_N 將小於 mg，如圖 5-6d 所示。因為摩擦力與正向力成正比，所以如果你拉她，F_{fr} 將比較小。所以你拉她，將會比較省力。

例題 5-5 **兩個盒子和一個滑輪** 在圖 5-7a 中，一條繩索跨過一個滑輪與兩個盒子連接，盒子 A 和桌面之間的動摩擦係數是 0.20。我們忽略繩索與滑輪的質量以及滑輪中的任何摩擦，此即代表施加於繩索某一端的力將與另一端的大小相同。假設繩索沒有伸縮性，兩個盒子的加速度就會相同，當盒子 B 下降時，盒子 A 就向右移動。計算這個系統的加速度 a。

方法 為每個盒子畫自由體圖，如圖 5-7b 和 c 所示。作用在盒子 A 上的力是繩索的拉力 F_T，重力 $m_A g$，桌子施加的正向力 F_N，以及桌子施加的摩擦力 F_{fr}；而盒子 B 上的力是重力 $m_B g$ 以及繩索向上的拉力 F_T。

解答 盒子 A 不會垂直移動，因此牛頓第二運動定律告訴我們正向力僅與重量抵消

$$F_N = m_A g = (5.0\ \text{kg})(9.8\ \text{m/s}^2) = 49\ \text{N}$$

在水平方向中，盒子 A 上有兩個力 (圖 5-7b)：繩索中的張力 F_T (數值未知) 和摩擦力

$$F_{fr} = \mu_k F_N = (0.20)(49\ \text{N}) = 9.8\ \text{N}$$

我們想要求取的是水平加速度；我們將牛頓第二運動定律應用於 x 方向中，$\Sigma F_{Ax} = m_A a_{Ax}$ 變成 (採取向右為正方向而且設定 $a_{Ax} = a$)

$$\Sigma F_{Ax} = F_T - F_{fr} = m_A a \qquad \text{[盒子 A]}$$

接下來考慮盒子 B，重力 $m_B g = (2.0\ \text{kg})(9.8\ \text{m/s}^2) = 19.6\ \text{N}$ 向下拉；而繩索以 F_T 的力向上拉。因此我們對盒子 B 寫出牛頓第二運動定律 (採取向下為正方向)

$$\Sigma F_{By} = m_B g - F_T = m_B a \qquad \text{[盒子 B]}$$

[注意：如果 $a \neq 0$，則 F_T 就不等於 $m_B g$。]

我們有兩個未知數 a 和 F_T，也有兩個方程式。由盒子 A 方程式得到

$$F_T = F_{fr} + m_A a$$

將此式代入盒子 B 方程式中

$$m_B g - F_{fr} - m_A a = m_B a$$

現在我們解 a 而且將數值代入

$$a = \frac{m_B g - F_{fr}}{m_A + m_B} = \frac{19.6\ \text{N} - 9.8\ \text{N}}{5.0\ \text{kg} + 2.0\ \text{kg}} = 1.4\ \text{m/s}^2$$

這就是盒子 A 向右以及盒子 B 落下的加速度。

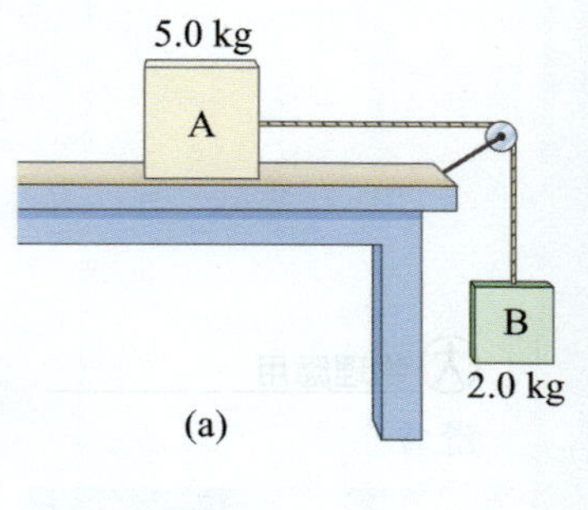

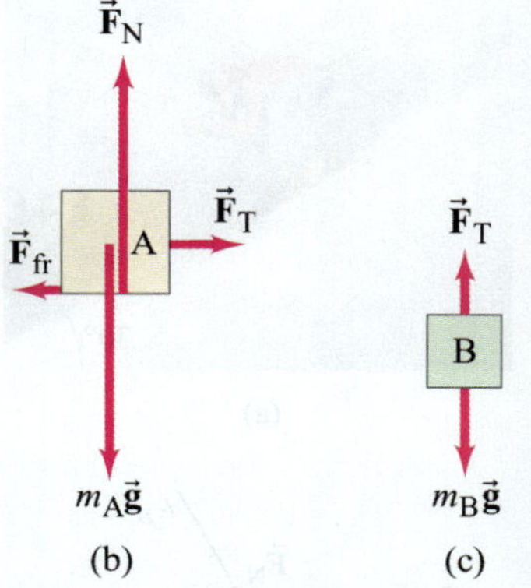

圖 5-7 例題 5-5。

我們可以利用前三個方程式計算 F_T

$$F_T = F_{fr} + m_A a = 9.8\ N + (5.0\ kg)(1.4\ m/s^2) = 17\ N$$

備註 盒子B不是自由落體，因為有一個向上作用的外力 F_T，所以它不是以 $a=g$ 的加速度落下。

在第4章中我們曾經檢視在斜面和斜坡上的運動，並且看見選擇 x 軸為沿著平面，也就是加速度之方向的優點。當時我們忽略摩擦力，但現在要將它列入考慮。

物理應用

滑雪

(a)

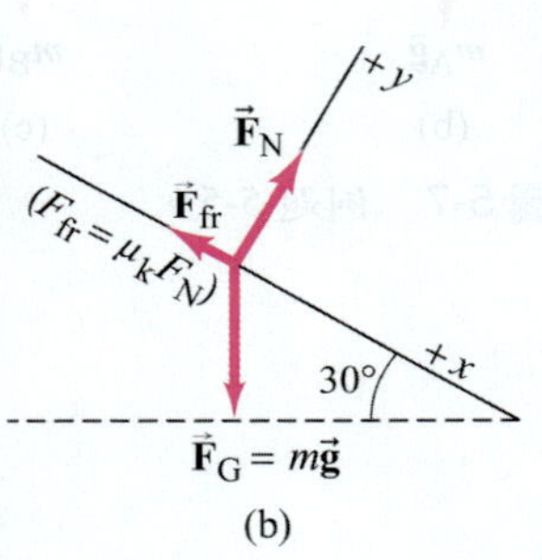

(b)

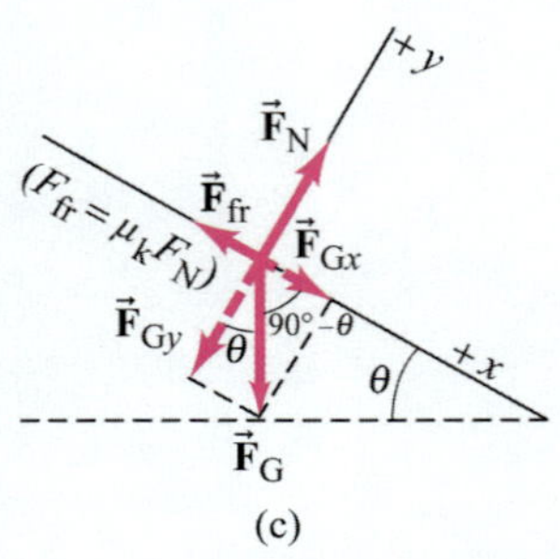

(c)

圖5-8 例題5-6。滑雪者沿著斜坡下滑，$\vec{F}_G = m\vec{g}$ 為滑雪者的重力(重量)。

例題 5-6 **滑雪者** 圖5-8a中的一位滑雪者在一個30°的坡道上以等速下滑。試求動摩擦係數 μ_k 的大小。

方法 我們選擇正 x 軸的方向是沿著斜坡朝著滑雪者運動的下坡方向。y 軸則與斜面正交，如圖5-8b所示，這是滑雪者和她的滑雪板(總質量為 m)的自由體圖。作用力是垂直向下(不是與斜坡正交)的重力 $\vec{F}_G = m\vec{g}$，以及雪對她的滑雪板所施加的兩個力——與多雪的斜面正交的正向力(不是垂直)，以及與斜面平行的摩擦力。為了方便起見，在圖5-8b中，將這三個力標示成作用在一個點上。

解答 我們只須將一個向量 $\vec{F}_G$ 分解為分量，並且在圖5-8c中將它的分量以虛線表示

$$F_{Gx} = mg\sin\theta$$
$$F_{Gy} = -mg\cos\theta$$

式中我們使用 θ 而非30°來表示斜角。由於沒有加速度，因此在 x 和 y 分量中應用牛頓第二運動定律，得到

$$\Sigma F_y = F_N - mg\cos\theta = ma_y = 0$$
$$\Sigma F_x = mg\sin\theta - \mu_k F_N = ma_x = 0$$

由第一個方程式，得到 $F_N = mg\cos\theta$，將它代入第二式

$$mg\sin\theta - \mu_k\ (mg\cos\theta) = 0$$

現在我們解 μ_k

$$\mu_k = \frac{mg\sin\theta}{mg\cos\theta} = \frac{\sin\theta}{\cos\theta} = \tan\theta$$

$\theta=30°$ 時

$$\mu_k=\tan\theta=\tan 30°=0.58$$

注意，可以使用方程式

$$\mu_k=\tan\theta$$

來判斷多種狀況下的 μ_k。我們要做的是觀察在什麼斜角的斜坡上，滑雪者是以等速率下降。這裡有另一個理由說明了為什麼通常只在最後才代入數字：我們得到一個也適用在其他情況的通用結果。

在與斜坡或“斜面”有關的問題中，應該避免在正向力和重力的方向中犯錯。正向力不是垂直的：它是與斜坡或平面正交，而重力不是與斜坡正交——重力朝地球的中心垂直向下作用。

⚠ 注意

重力與正向力的方向

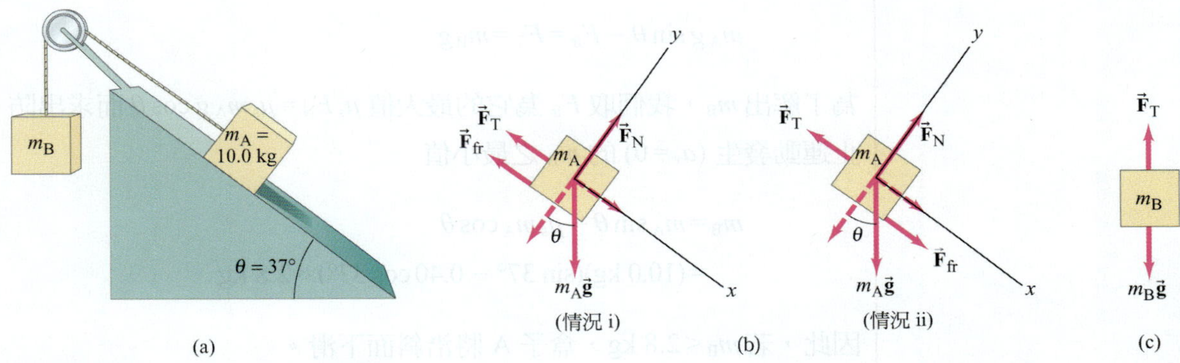

圖 5-9　例題 5-7。注意如何選擇 x 和 y 軸。

例題 5-7　斜坡、滑輪和兩個盒子　一個質量 $m_A=10.0$ kg 的盒子靜止在斜角為 $\theta=37°$ 的斜面上，它經由一條跨過一個無質量和無摩擦之滑輪的繩子與質量 m_B 而自由垂掛的第二個盒子相連接，如圖 5-9a 所示。(a) 如果靜摩擦係數為 $\mu_s=0.40$，試求在什麼範圍內的質量 m_B 值可使系統保持靜止狀態。(b) 如果動摩擦係數為 $\mu_k=0.30$ 且 $m_B=10.0$ kg，求系統的加速度。

方法　因為摩擦力的方向可以沿著斜坡朝上或朝下，它依盒子滑動的方向而定，所以圖 5-9b 中繪出盒子 m_A 的兩個自由體圖。此與盒子滑動方向有關：(i) 如果 $m_B=0$ 或是夠小，則 m_A 將沿著斜面下滑；因此，$\vec{F}_{fr}$ 將朝向斜面的上方；(ii) 如果 m_B 夠大，m_A 將沿著斜面被往上拉；因此，$\vec{\mathbf{F}}_{\text{fr}}$ 將朝向斜面的下方。繩索所施加的張力標記為 $\vec{\mathbf{F}}_{\text{T}}$。

解答 (a) 對於 (i) 與 (ii) 兩種情況，y 方向上 (與斜面正交) 的牛頓第二運動定律是相同的

$$F_{\text{N}} - m_{\text{A}} g \cos\theta = m_{\text{A}} a_y = 0$$

因為沒有 y 方向的運動。所以

$$F_{\text{N}} = m_{\text{A}} g \cos\theta$$

接著考慮 x 方向的運動，我們先考慮情況 (i)，由 $\Sigma F = ma$ 得到

$$m_{\text{A}} g \sin\theta - F_{\text{T}} - F_{\text{fr}} = m_{\text{A}} a_x$$

我們希望 $a_x = 0$，並且因為 F_{T} 與 m_{B} 的關係式為 $F_{\text{T}} = m_{\text{B}} g$ (見圖 5-9c)，所以

$$m_{\text{A}} g \sin\theta - F_{\text{fr}} = F_{\text{T}} = m_{\text{B}} g$$

為了解出 m_{B}，我們取 F_{fr} 為它的最大值 $\mu_{\text{s}} F_{\text{N}} = \mu_{\text{s}} m_{\text{A}} g \cos\theta$ 而求出防止運動發生 $(a_x = 0)$ 的 m_{B} 之最小值

$$\begin{aligned} m_{\text{B}} &= m_{\text{A}} \sin\theta - \mu_{\text{s}} m_{\text{A}} \cos\theta \\ &= (10.0\ \text{kg})(\sin 37° - 0.40 \cos 37°) = 2.8\ \text{kg} \end{aligned}$$

因此，若 $m_{\text{B}} < 2.8$ kg，盒子 A 將沿斜面下滑。

現在考慮圖 5-9b 中的情況 (ii)，盒子 A 沿斜面被往上拉。牛頓第二運動定律是

$$m_{\text{A}} g \sin\theta + F_{\text{fr}} - F_T = m_{\text{A}} a_x = 0$$

不會產生加速度的 m_{B} 之最大值可以寫出

$$F_T = m_{\text{B}} g = m_{\text{A}} g \sin\theta + \mu_{\text{s}} m_{\text{A}} g \cos\theta$$

或

$$\begin{aligned} m_{\text{B}} &= m_{\text{A}} \sin\theta + \mu_{\text{s}} m_{\text{A}} \cos\theta \\ &= (10.0\ \text{kg})(\sin 37° + 0.40 \cos 37°) = 9.2\ \text{kg} \end{aligned}$$

因此，避免運動發生的條件為

$$2.8\ \text{kg} < m_B < 9.2\ \text{kg}$$

(b) 如果 $m_B = 10.0$ kg 且 $\mu_k = 0.30$，則 m_B 將落下，而且 m_A 將沿著斜面上升 (情況 ii)。為了求出它們的加速度 a，對盒子 A 應用 $\Sigma F = ma$

$$m_A a = F_T - m_A g \sin\theta - \mu_k F_N$$

因為 m_B 向下加速，所以盒子 B (圖 5-9c) 的牛頓第二運動定律告訴我們 $m_B a = m_B g - F_T$ 或 $F_T = m_B g - m_B a$，我們將它代入上式中，得到

$$m_A a = m_B g - m_B a - m_A g \sin\theta - \mu_k F_N$$

我們解加速度 a，將 $F_N = m_A g \cos\theta$ 代入式中，且 $m_A = m_B = 10.0$ kg，得到

$$a = \frac{m_B g - m_A g \sin\theta - \mu_k m_A g \cos\theta}{m_A + m_B}$$

$$= \frac{(10.0\ \text{kg})(9.80\ \text{m/s}^2)(1 - \sin 37° - 0.30\cos 37°)}{20.0\ \text{kg}}$$

$$= 0.079g = 0.78\ \text{m/s}^2$$

備註　這個加速度 a 的方程式值得與例題 5-5 中所獲得的結果相比較：如果在這裡我們令 $\theta = 0$，則斜面就如例題 5-5 一般是水平的，於是得到 $a = (m_B g - \mu_k m_A g)/(m_A + m_B)$，這與例題 5-5 的結果相同。

5-2 等速圓周運動——運動學

如果淨力朝向物體運動的方向，或者淨力為零，則物體將沿著一條直線移動。如果淨力作用的方向隨時與物體運動的方向成一個角度，則物體將沿著一條彎曲的路徑移動。後者的一個例子是拋體運動，已在第 3 章中討論過。另外一個重要的情形就是物體在一個圓周上的運動，例如，一個綁在細繩末端的小球圍繞著某人的頭旋轉，或是月亮在地球周圍的近似圓周運動。

一個物體以等速率 v 沿著一個圓周的移動稱為**等速圓周運動** (uniform circular motion)，在這種情況中速度的大小保持不變，但是當物體沿

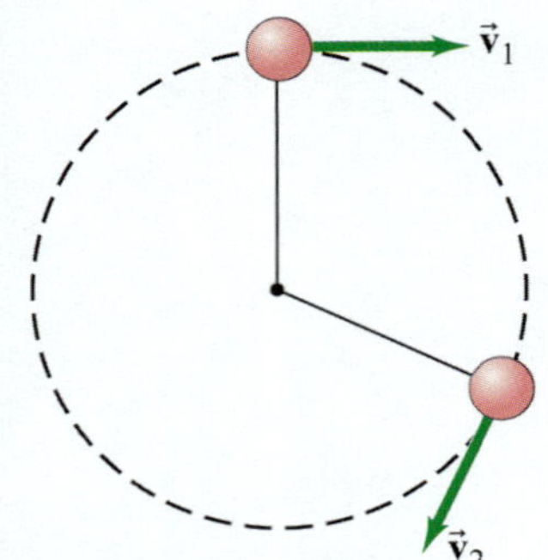

圖 5-10　一個小物體作圓周運動，顯示了速度的變化情形。在圓周上每一個點的瞬時速度之方向與圓周路徑相切。

著圓周移動時，速度的方向不斷地改變(圖 5-10)。因為加速度的定義是速度的變化率，所以速度方向的改變構成了一個加速度，正如速度大小的改變一般。因此，即使速率保持不變($v_1 = v_2 = v$)，在一個圓周上旋轉的物體是不斷地加速的。我們現在以量化的方式研究這種加速度。

加速度的定義為

$$\vec{\mathbf{a}} = \lim_{\Delta t \to 0} \frac{\Delta \vec{\mathbf{v}}}{\Delta t} = \frac{d\vec{\mathbf{v}}}{dt}$$

其中，$\Delta \vec{\mathbf{v}}$ 是在極短時間間距 Δt 內的速度變化。在 Δt 趨近於零的情況下所得到的就是瞬時加速度。但為了畫出清楚的圖(圖 5-11)，我們考慮一個非零的時間間距。在這個時間間距 Δt 內，圖 5-11a 中的質點從 A 點移動到 B 點，它沿著圓弧行經一段距離 $\Delta \ell$，而圓弧所對的弧角為 $\Delta\theta$。速度向量的變化是 $\vec{\mathbf{v}}_2 - \vec{\mathbf{v}}_1 = \Delta \vec{\mathbf{v}}$，如圖 5-11b 所示。

現在令 Δt 是非常小並且趨近於零，因此 $\Delta \ell$ 和 $\Delta\theta$ 也非常小，而且 $\vec{\mathbf{v}}_2$ 幾乎與 $\vec{\mathbf{v}}_1$ 平行(圖 5-11c)，$\Delta \vec{\mathbf{v}}$ 基本上是與它們垂直的。因此 $\Delta \vec{\mathbf{v}}$ 指向圓周的中心。因為依定義 $\vec{\mathbf{a}}$ 與 $\Delta \vec{\mathbf{v}}$ 的方向相同，所以它也指向圓周的中心，於是這個加速度就稱為**向心加速度** (centripetal acceleration) (朝向“中心點”的加速度) 或**徑向加速度** (radial acceleration) (因為它沿著半徑指向圓周的中心)，我們用 $\vec{\mathbf{a}}_R$ 來代表它。

接下來我們要求出徑向 (向心的) 加速度的大小 a_R。因為圖 5-11 中的 CA 與 $\vec{\mathbf{v}}_1$ 垂直，而且 CB 與 $\vec{\mathbf{v}}_2$ 垂直，所以 CA 與 CB 的夾角 $\Delta\theta$ 也就是 $\vec{\mathbf{v}}_1$ 和 $\vec{\mathbf{v}}_2$ 之間的夾角。因此圖 5-11b 中由 $\vec{\mathbf{v}}_1$、$\vec{\mathbf{v}}_2$ 與 $\Delta \vec{\mathbf{v}}$ 向量所

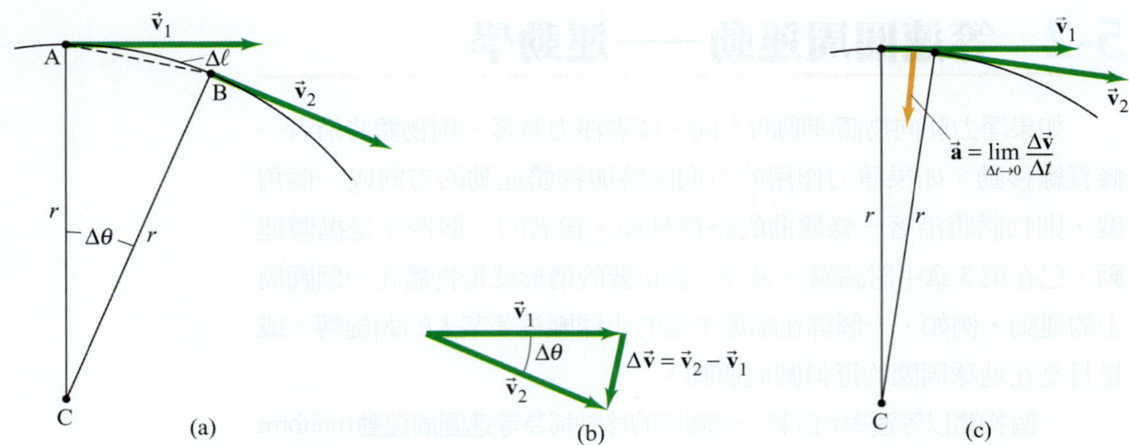

圖 5-11　求一個在圓周上運動之質點的速度變化 $\Delta \vec{\mathbf{v}}$。從 A 到 B 的弧長即為長度 $\Delta \ell$。

形成的三角形與圖 5-11a 中的 CAB 三角形相似。[1] 如果我們取 $\Delta\theta$ 為非常小 (令 Δt 為非常小)，並且因為速度的大小假設不變，所以設 $v = v_1 = v_2$，我們可以寫出

$$\frac{\Delta v}{v} \approx \frac{\Delta \ell}{r}$$

或

$$\Delta v \approx \frac{v}{r}\Delta \ell$$

當 Δt 趨近於零時，這就是一個精確的等式，而弧長 $\Delta\ell$ 也就等於弦長 AB。我們想要求出瞬時加速度 a_R，於是利用上式而寫出

$$a_R = \lim_{\Delta t \to 0}\frac{\Delta v}{\Delta t} = \lim_{\Delta t \to 0}\frac{v}{r}\frac{\Delta \ell}{\Delta t}$$

並且因為

$$\lim_{\Delta t \to 0}\frac{\Delta \ell}{\Delta t}$$

是物體直線的速率 v，因此向心 (徑向) 加速度為

$$a_R = \frac{v^2}{r} \qquad \text{[向心 (徑向) 加速度]} \quad \textbf{(5-1)}$$

即使 v 不是恆定的，(5-1) 式也可以適用。

總之，一個物體在半徑 r 的圓周上以等速率 v 移動時具有一個加速度，加速度之方向朝著圓心，且大小為 $a_R = v^2/r$。這個加速度依 v 和 r 而定其實並不令人驚訝。速率 v 愈大，速度改變其方向也愈快；而且較大的半徑，速度改變其方向也較慢。

注意

等速圓周運動中，其速率為常數，但加速度不等於零。

加速度向量指向圓周的中心，但是速度向量永遠是指向運動的方向，也就是圓周的切線方向。因此等速圓周運動在路徑中每個點的速度和加速度向量彼此正交 (圖 5-12)。這是說明加速度和速度總在同一個方向這種錯誤想法的另一個例子。對於一個垂直落下的物體而言，$\vec{\mathbf{a}}$ 和 $\vec{\mathbf{v}}$ 的確是平行的。但是在圓周運動中，$\vec{\mathbf{a}}$ 與 $\vec{\mathbf{v}}$ 是彼此正交的，而不是平行 (第 3-7 節的拋體運動中也是不平行的)。

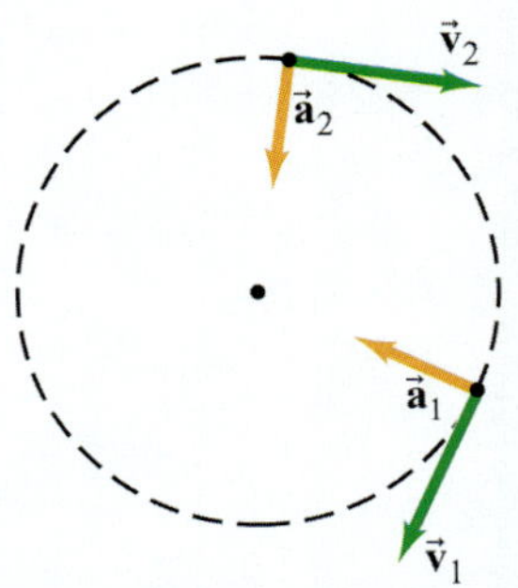

圖 5-12 等速圓周運動中，$\vec{\mathbf{a}}$ 永遠與 $\vec{\mathbf{v}}$ 垂直。

練習 C 等加速的運動學方程式 (2-12) 式可以應用於等速圓周運動嗎？例如，可以用 (2-12b) 式計算圖 5-12 中的球旋轉一周所花的時間嗎？

1 附錄 A 中包含幾何學的複習。

圓周運動通常使用**頻率** (frequency) f，亦即每秒的旋轉次數來表述。物體繞圓周旋轉的**週期** (period) T 是完整地旋轉一圈所需的時間。週期和頻率之間的關係是

$$T = \frac{1}{f} \tag{5-2}$$

例如，如果一個物體以 3 rev/s 之頻率旋轉，則每一轉所需的時間則為 $\frac{1}{3}$ s。對一個在圓周 (圓周長 $2\pi r$) 上以等速率 v 旋轉的物體而言，我們可以寫成

$$v = \frac{2\pi r}{T}$$

因為在每一轉中，物體行經一個圓周長。

例題 5-8　一個旋轉的球之加速度　一個繫在線的末端之 150 g 的小球在半徑為 0.600 m 的水平圓周上以等速旋轉，見圖 5-10 或 5-12。球每秒轉 2.00 圈，它的向心加速度為何？

方法　向心的加速度為 $a_R = v^2/r$。已知 r，我們可以由已知的半徑和頻率求出球的速率 v。

解答　如果球每秒鐘轉兩圈，則球轉動一圈所需時間為 0.500 s，這就是它的週期 T。在這期間內它行進的距離是圓的周長 $2\pi r$，其中 r 是圓的半徑。因此球的速率為

$$v = \frac{2\pi r}{T} = \frac{2\pi(0.600\ \text{m})}{(0.500\ \text{s})} = 7.54\ \text{m/s}$$

向心加速度[2]為

$$a_R = \frac{v^2}{r} = \frac{(7.54\ \text{m/s})^2}{(0.600\ \text{m})} = 94.7\ \text{m/s}^2$$

練習 D　如果半徑加倍為 1.20 m，但週期保持不變，向心加速度將會變成多少倍？(a) 2，(b) 4，(c) $\frac{1}{2}$，(d) $\frac{1}{4}$，(e) 以上皆非。

2 最後一位數的不同是因為你是將計算機中 v 的全部位數保留 (由此得到 $a_R = 94.7\ \text{m/s}^2$)，或是你使用 $v = 7.54$ m/s 而得到 $a_R = 94.8\ \text{m/s}^2$ 所造成的。兩者的結果都是有效的，因為我們假設的準確度是大約 ±0.1 m/s (詳見第 1-3 節)。

例題 5-9 **月球的向心加速度** 月球環繞地球以近似圓形的軌道運轉，軌道半徑約為 384000 km，且週期 T 為 27.3 天。試求月球朝地球的加速度。

方法 為了要求得 a_R，需要先求出速度 v。我們使用 SI 單位系統將速度 v 的單位轉換成 m/s。

解答 在環繞地球的一個軌道中，月球運行距離 $2\pi r$，$r = 3.84 \times 10^8$ m 是圓周路徑的半徑。繞行軌道一周所需的時間就是月球的週期 27.3 天，月球在軌道上繞行的速率是 $v = 2\pi r/T$。週期 T 以秒計是 $T = (27.3\ \text{d})(24.0\ \text{h/d})(3600\ \text{s/h}) = 2.36 \times 10^6\ \text{s}$。因此

$$a_R = \frac{v^2}{r} = \frac{(2\pi r)^2}{T^2 r} = \frac{4\pi^2 r}{T^2} = \frac{4\pi^2(3.84 \times 10^8\ \text{m})}{(2.36 \times 10^6\ \text{s})^2}$$

$$= 0.00272\ \text{m/s}^2 = 2.72 \times 10^{-3}\ \text{m/s}^2$$

我們可以將這個加速度以 $g = 9.80\ \text{m/s}^2$ (地球表面的重力加速度) 來表示，而得到

$$a = 2.72 \times 10^{-3}\ \text{m/s}^2 \left(\frac{g}{9.80\ \text{m/s}^2}\right) = 2.78 \times 10^{-4} g$$

備註 月球的向心加速度 $a = 2.78 \times 10^{-4} g$，它不是指位於月球表面的物體因為月球引力而產生的重力加速度。正確的說法是，這個加速度是由於地球的引力作用於 384000 km 遠的某物體 (如月球) 的加速度。注意這個加速度與地球表面附近的加速度比較是多麼地微小。

注意

區分清楚物體在月球表面上的重力，和作用在月球上的地球引力。

*離心法

物理應用

離心機

離心機和超高速離心機，是作為迅速沉澱材料或分離材料之用。固定在離心機轉子中的試管被加速到極高的轉速，如圖 5-13 所示，圖中並顯示出當轉子轉動時，位於兩個不同位置的某一試管。綠色點代表裝著液體之試管中的一個小顆粒，或是一個大分子。在 A 位置，顆粒有沿著直線移動的傾向，但是液體抵制顆粒的運動，並施加一個向心力，使得顆粒在一個近似的圓周中移動。流體 (液體、氣體或凝膠，視用途而定) 所施加的抵制力通常不會完全等於 mv^2/r，因此顆粒會朝試管的底部慢慢地移動。因為高速旋轉，所以離心機提供一個遠大於正常重力的“有效重力”，而造成較為迅速的沉澱作用。

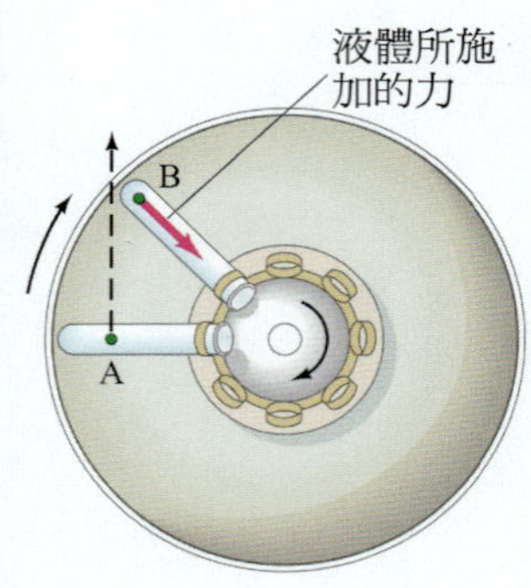

圖 5-13　一根在離心機中轉動之試管的兩個位置(俯視圖)。在A處，綠色點代表被沉澱的一個大分子或其他顆粒，它想要循虛線朝管子的底部行進，但是液體對顆粒施加一個力而抵制它的移動，如B點處所示。

例題 5-10　超高速離心機　超高速離心機的轉子以 50000 rpm（轉／分）的轉速轉動。一個在試管上方的顆粒 (圖 5-13) 距轉軸 6.00 cm。計算它的向心加速度是多少個 "g"？

方法　我們利用 $a_R = v^2/r$ 計算向心加速度。

解答　試管每分鐘轉動 5.00×10^4 轉，除以 60 s/min 得到 833 rev/s。轉動一周的時間，即週期 T 為

$$T=\frac{1}{(833\ \text{rev/s})}=1.20\times10^{-3}\ \text{s/rev}$$

在試管的上方，顆粒每轉一周的圓周長為 $2\pi r=(2\pi)(0.0600\ \text{m})=0.377\ \text{m}$，因此顆粒的速率是

$$v=\frac{2\pi r}{T}=\left(\frac{0.377\ \text{m/rev}}{1.20\times10^{-3}\ \text{s/rev}}\right)=3.14\times10^2\ \text{m/s}$$

向心加速度為

$$a_R=\frac{v^2}{r}=\frac{(3.14\times10^2\ \text{m/s})^2}{0.0600\ \text{m}}=1.64\times10^6=\text{m/s}^2$$

將它除以 $g=9.80\ \text{m/s}^2$，得到 $1.67\times10^5\,g=167000\,g$。

5-3　等速圓周運動的動力學

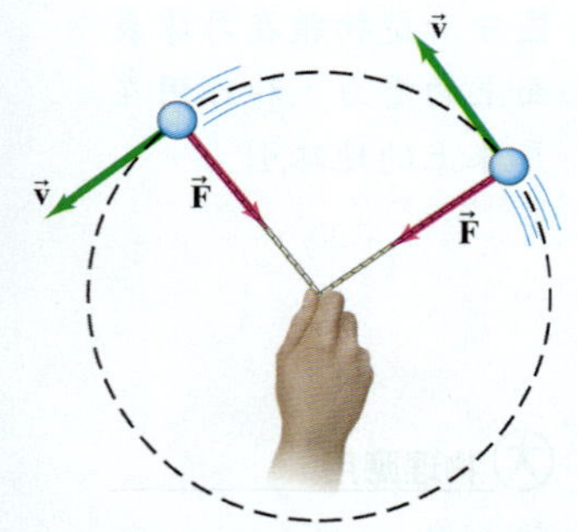

圖 5-14　為使一個物體在圓周上運動，就需要一個力。如果速率保持不變，則淨力的方向指向圓心。

依照牛頓第二定律 ($\Sigma\vec{\mathbf{F}}=m\vec{\mathbf{a}}$)，一個正在加速的物體必定受到一個淨力的作用。一個在圓周上移動的物體，例如繫在細繩末端的一個球，必須有一個力對它作用以維持它在圓周上的運動。也就是必須有一個淨力提供物體的向心加速度。這個力的大小可以針對徑向分量使用牛頓第二運動定律 $\Sigma F_R = ma_R$ 而求得，其中 a_R 是向心加速度，$a_R=v^2/r$，而 ΣF_R 則是徑向方向的總 (或淨) 力

$$\Sigma F_R = ma_R = m\frac{v^2}{r} \qquad \text{[圓周運動]} \quad \textbf{(5-3)}$$

就等速圓周運動 (v = 常數) 而言，加速度是 a_R，它隨時都指向圓心，因此，**淨力必定也指向圓心**，如圖 5-14 所示。淨力是必要的，因為若沒有淨力作用在物體上，就如同牛頓第一運動定律告訴我們的，它

⚠ **注意**

向心力並非是一種新的力 (每個力都必須由一個物體所施加)。

不會在圓周上移動而是沿著一條直線移動。淨力的方向不斷地改變，使得它總是指向圓心。這個力有時稱為向心（“指向中心”）力。但注意“向心力”並不表示一種新的力，這個術語只是描述為了提供一個圓周路徑所需之淨力的方向：淨力的方向是指向圓心。此力必定是由其他物體所施加，例如，甩動一個繫在細繩末端的小球，使它在圓周上運動，你拉著細繩，而細繩則對小球施加一個力。(不妨試試看)

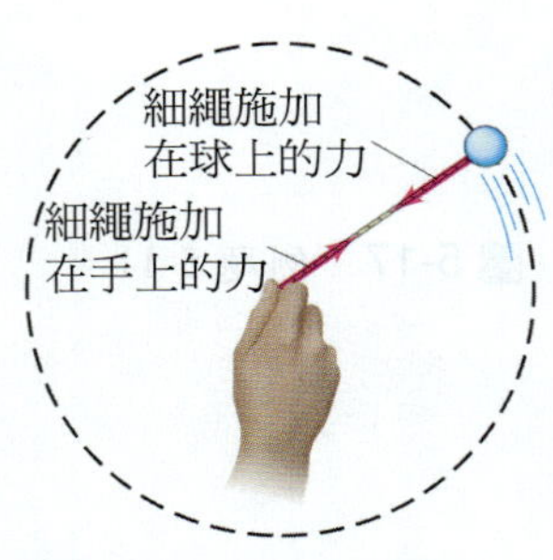

圖5-15 甩動一個繫在細繩末端的一個小球。

有一種常見的錯誤觀念就是在圓周上運動的物體有一個向外的力對它作用，即所謂的離心（“逃離中心”）力。這是不正確的：一個旋轉的物體上沒有向外的力。例如，一個人將一個繫在細繩末端的小球圍繞著她的頭甩動(圖 5-15)。如果你曾經做過，你的手上就會感覺到有一個力向外拉，這時候就會發生誤解，將這個力當作是一個向外的“離心”力，它拉著小球並且沿著線傳送到你的手中。但事實根本不是如此，要保持小球在圓周上運動，是你向內拉著細繩，並且細繩將這個力施加在小球上。而球同時對細繩施加一個相等且方向相反的力(牛頓第三運動定律)，這就是你的手所感覺到的向外的力(見圖 5-15)。

注意

沒有真正的“離心力”

作用在球上的力是你經由細繩向內所施加的。為了要看更有力的證據證明“離心力”不會對球有所作用，想想當你放開細繩時會發生什麼。如果真有一個離心力作用，球將會向外飛，如圖 5-16a 所示。但是它並非如此，球是沿切線方向飛去(如圖 5-16b)，也就是朝著它被放開瞬間的速度方向，因為此刻向內的力已不再作用。試試就能知道！

練習 E 回到第 181 頁的章前問題，而且現在再次回答它。試解釋為什麼你的答案可能已經與第一次不同。

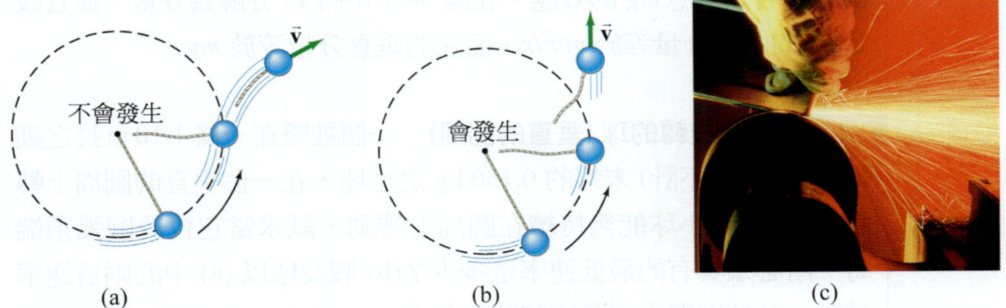

圖5-16 如果真有離心力存在，被放開的球將會如 (a) 中的情形向外飛去。但事實上，球是如 (b) 中的情形沿切線方向飛去。例如，(c) 圖中火花從旋轉的砂輪邊緣沿切線方向直飛出去。

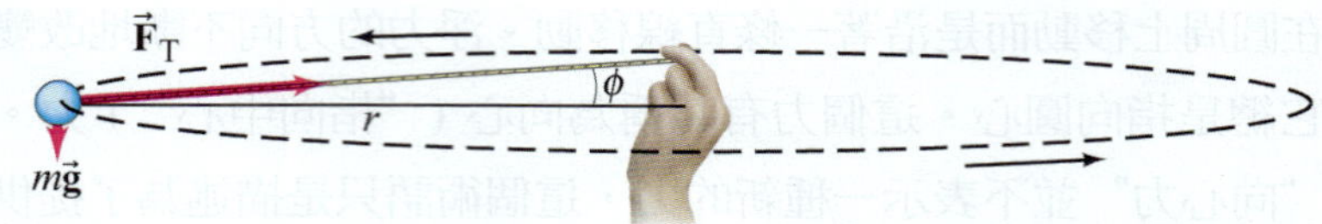

圖 5-17 例題 5-11。

例題 5-11 估算 **作用在旋轉球上的力 (水平的)** 估計某人對一根繫著一個 0.150 kg 的小球而繞著半徑 0.600 m 的水平圓周旋轉之細繩所施加的力量。球每秒轉動 2.00 周 ($T=0.500$ s)，同例題 5-8。忽略細繩的質量。

方法 首先必須為球畫自由體圖。小球上的作用力是向下的重力 $m\vec{g}$ 以及細繩朝手施加的張力 $\vec{F}_T$ (因為人對細繩施加相同的力)。球的自由體圖如圖 5-17 所示。球的重量使問題複雜化並且使球與細繩的旋轉不可能完全水平。我們假設重量很小，並且設圖 5-17 中的 $\phi\approx 0$，如此 $\vec{F}_T$ 將幾乎是水平地作用，並且在任何情況下，對球提供其向心加速度所需的力。

解答 我們將牛頓第二運動定律應用於徑向方向，並且假設它是水平的

$$(\Sigma F)_R = ma_R$$

其中 $a_R = v^2/r$，而 $v = 2\pi r/T = 2\pi(0.600\text{ m})/(0.500\text{ s}) = 7.54\text{ m/s}$。因此

$$F_T = m\frac{v^2}{r} = (0.150\text{ kg})\frac{(7.54\text{ m/s})^2}{(0.600\text{ m})} \approx 14\text{ N}$$

備註 因為忽略球的重量，我們在答案中只保留兩位有效數字。重量是 $mg = (0.150\text{ kg})(9.80\text{ m/s}^2) = 1.5\text{ N}$，這大約是我們結果的 1/10，它雖小，但是還不算非常小，因此確定一個 F_T 的較為精確之答案是有理由的。

備註 若要考慮 $m\vec{g}$ 的效應，在圖 5-17 中將 $\vec{F}_T$ 分解為分量，並且設定 $\vec{F}_T$ 的水平分量等於 mv^2/r，而它的垂直分量等於 mg。

例題 5-12 **旋轉的球 (垂直的圓周)** 一個被繫在一條 1.10 m 長之細繩 (質量可以不計) 末端的 0.150 kg 之小球，在一個垂直的圓周上轉動。(a) 為使小球能夠持續在圓周上轉動，試求當它位於圓弧頂端時，所必須具有的最低速率是多少？(b) 假設球以 (a) 中的兩倍速率轉動，計算細繩在圓弧底部時的張力。

方法 小球在一個垂直的圓周中轉動，因此它不是等速圓周運動。假設半徑是恆定的，但因為重力的作用而使得速率 v 改變。但是

(5-1) 式在圓周上的每一點仍然是適用的，我們將它應用在頂端和底部的點。圖 5-18 所示是兩個位置的自由體圖。

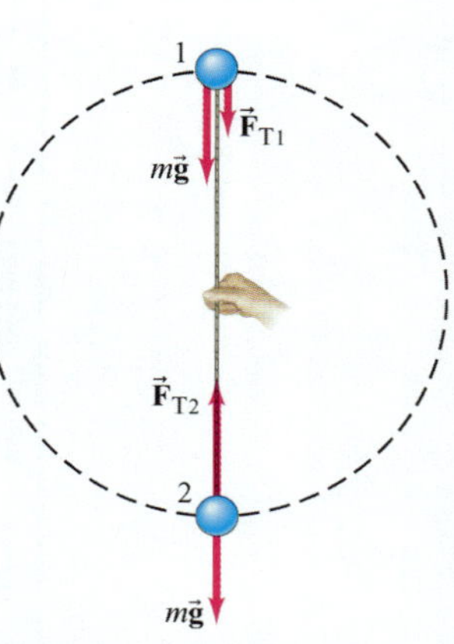

圖 5-18　例題 5-12。位置 1 與 2 的自由體圖。

解答　(a) 在頂端 (點 1) 時，有兩個力作用在小球上：重力 $m\vec{g}$ 和細繩施加的張力 $\vec{\mathbf{F}}_{T1}$。這兩個力作用的方向向下，它們的向量和提供球的向心加速度 a_R。我們對垂直的方向，應用牛頓第二運動定律。因為加速度向下 (朝中心)，所以選擇向下作為正方向

$$(\Sigma F)_R = ma_R$$

$$F_{T1} + mg = m\frac{v_1^2}{r} \qquad \text{[在頂端]}$$

由這個方程式可以看到如果 v_1 (球在圓周頂端的速率) 變得愈大，在點 1 的張力 F_{T1} 也就會愈大，正如預期。但我們要求出使球保持在圓周上運動的最低速率。只要繩中有張力，它就會維持緊繃。但如果張力消失 (因為 v_1 太小)，繩子就會鬆垮，而且小球將落到圓周路徑以外。因此，最低的速率將發生在 $F_{T1} = 0$ 時，所以，我們得到

⚠ 注意

只有繩中受到張力作用才能維持圓周運動

$$mg = m\frac{v_1^2}{r} \qquad \text{[在頂端的最低速率]}$$

我們解 v_1，並且多保留一位數作為 (b) 中之用

$$v_1 = \sqrt{gr} = \sqrt{(9.80\ \text{m/s}^2)(1.10\ \text{m})} = 3.283\ \text{m/s}$$

如果小球持續在圓周上運動，這就是圓周頂端的最低速率。

(b) 當小球在圓周底部 (圖 5-18 中的點 2) 的時候，細繩施加向上的張力 F_{T2}，而重力 $m\vec{g}$ 仍然向下。選擇向上為正方向，由牛頓第二運動定律得到

$$(\Sigma F)_R = ma_R$$

$$F_{T2} - mg = m\frac{v_2^2}{r} \qquad \text{[在底部]}$$

已知速率 v_2 為 (a) 中的兩倍，即 6.566 m/s。解 F_{T2}

$$F_{T2} = m\frac{v_2^2}{r} + mg$$

$$= (0.150\ \text{kg})\frac{(6.566\ \text{m/s})^2}{(1.10\ \text{m})} + (0.150\ \text{kg})(9.80\ \text{m/s}^2) = 7.35\ \text{N}$$

練習F　一位乘坐摩天輪的乘客在半徑為 r 的垂直圓周上以等速率 v 轉動 (圖 5-19)。當位於摩天輪頂端時，座椅對乘客所施加的正向力要比位於摩天輪底部時來得 (a) 較小，(b) 較大，或 (c) 相同？

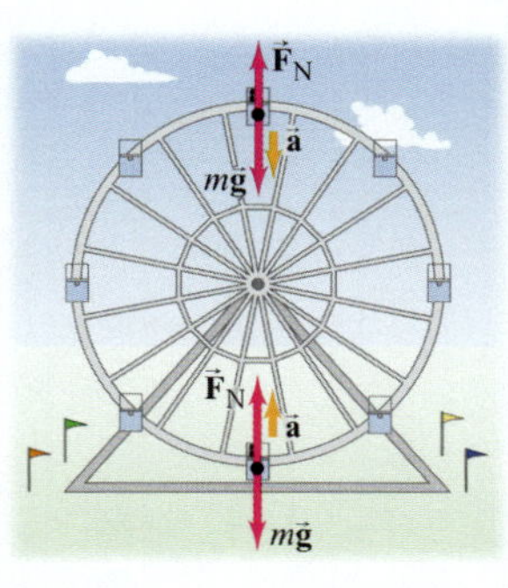

圖 5-19　練習 F。

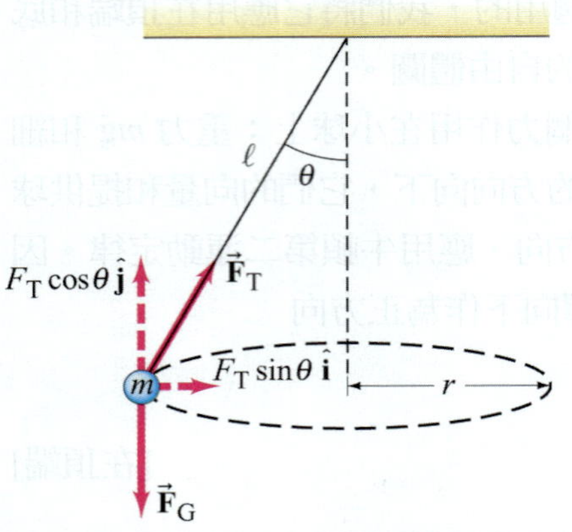

圖 5-20 例題 5-13。圓錐擺。

例題 5-13 **圓錐擺** 一根長度 ℓ 的細線懸吊一個質量 m 的小球，繞著半徑 $r=\ell\sin\theta$ 的圓周旋轉，θ 是細線和垂直方向所成的角度 (圖 5-20)。(a) 球的加速度是朝什麼方向，它是由什麼所引起的？(b) 試求以 ℓ、θ、g 和 m 所表示的球的速率與週期 (旋轉一周的時間)。

方法 看圖 5-20 可以回答 (a)，圖中標示了某一瞬間作用在小球上的力，加速度水平地指向球圓周路徑的中心 (不是沿著細線)。產生加速度的力是淨力，它是球的重力 $\vec{\mathbf{F}}_G$ (其大小 $F_G=mg$) 與細線所施加之張力 $\vec{\mathbf{F}}_T$ 的向量和。後者具有水平和垂直分量，大小分別是 $F_T\sin\theta$ 與 $F_T\cos\theta$。

解答 (b) 我們將牛頓第二運動定律應用於水平和垂直方向。垂直方向中沒有運動發生，因此，加速度是零，並且垂直方向的淨力是零

$$F_T\cos\theta - mg = 0$$

在水平方向中，只有一個大小為 $F_T\sin\theta$ 的力，指向圓心並且造成加速度 v^2/r。牛頓第二運動定律告訴我們

$$F_T\sin\theta = m\frac{v^2}{r}$$

我們從第二個方程式解 v，並且由第一個方程式將 F_T 代入 (用 $r=\ell\sin\theta$)

$$v=\sqrt{\frac{rF_T\sin\theta}{m}}=\sqrt{\frac{r}{m}\left(\frac{mg}{\cos\theta}\right)\sin\theta}=\sqrt{\frac{\ell g\sin^2\theta}{\cos\theta}}$$

週期 T 是旋轉一周的時間，其距離 $2\pi r=2\pi\ell\sin\theta$，因此速率 v 可以寫成 $v=2\pi\ell\sin\theta/T$，故

$$T=\frac{2\pi\ell\sin\theta}{v}=\frac{2\pi\ell\sin\theta}{\sqrt{\frac{\ell g\sin^2\theta}{\cos\theta}}}=2\pi\sqrt{\frac{\ell\cos\theta}{g}}$$

備註 速率及週期與球的質量 m 無關，而是依 ℓ 和 θ 而定。

解答問題策略

等速圓周運動

1. **畫自由體圖**，標示所考慮的每個物體上所有的作用力。辨別每個力的來源 (繩索中的張力、地球的重力、摩擦力和正向力等等)，不要納入不相關的力 (如離心力)。
2. **決定**其中的哪些力，或它們的哪些分量提供向心加速度——那就是，朝向或遠離圓心所有的**沿徑向作用的力或分量**。這些力 (或分量) 的總和提供向心加速度，$a_R=v^2/r$。
3. **選擇一個方便的座標系統**，最好將一個軸沿著加速度的方向。
4. 將**牛頓第二運動定律**應用於徑向的分量上

$$(\Sigma F)_R=ma_R=m\frac{v^2}{r}\qquad[\text{徑向方向}]$$

5-4 公路彎道：有邊坡與無邊坡

圓周動力學的一個例子，就是當汽車繞著彎道行駛 (比如朝左彎) 的時候。在這種情形下，你可能感覺到自己朝右側車門被往外推，但是事實上並沒有神祕的離心力對你作用，而是你有朝直線前進的傾向，但汽車卻已經開始轉彎的緣故。為了使你轉彎，座位 (摩擦) 或車門 (直接接觸) 對你身上施加一個力 (圖 5-21)。如果汽車在彎道上

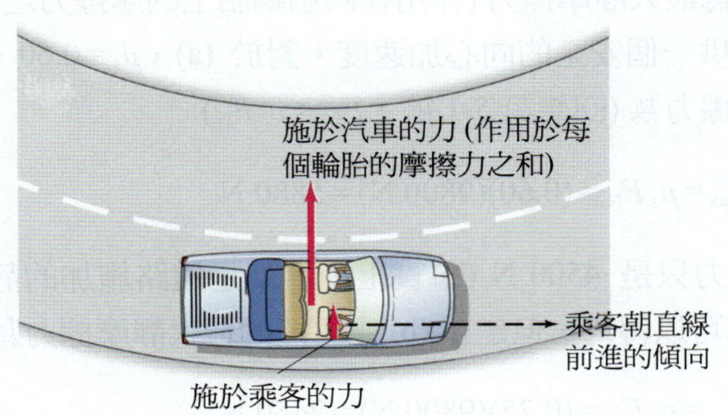

圖 5-21 道路施加一個向內的力 (對輪胎的摩擦力) 在汽車上使它在圓周上移動。汽車對乘客施加一個向內的力。

圖 5-22 賽車進入彎道。從輪胎痕跡我們看見多數的汽車有足夠的摩擦力提供所需的向心加速度使它們能夠安全地轉彎。但是，我們也看見沒有足夠摩擦力的輪胎痕跡——這些汽車不幸地以幾近直線的路徑衝出彎道。

移動，汽車也必定受到一個朝彎道中心的力量所作用。在平坦的道路上，這個力是由輪胎與路面之間的摩擦所提供。

如果汽車的輪子和輪胎是正常地滾動，而沒有滑行，輪胎的底部在每一瞬間相對於路面是靜止的，因此路面對輪胎施加的摩擦力是靜摩擦。但是如果靜摩擦力不夠大，比如在結冰或高速的情況下，沒有足夠的摩擦力作用，汽車將斜滑出彎道而成為近似直線的路徑，如圖 5-22 所示。在汽車煞車或打滑時，摩擦力成為動摩擦，它小於最大靜摩擦力。

例題 5-14 **在彎道上滑動** 一輛 1000 kg 的汽車以 15 m/s (54 km/h) 之速率在半徑為 50 m 平坦路面的彎道上轉彎。在下列情況下汽車會隨著彎道轉彎或是斜滑？假設 (a) 路面是乾的，而且靜摩擦係數是 $\mu_s = 0.60$；(b) 路面是結冰的，而且 $\mu_s = 0.25$。

方法 汽車上的作用力是向下的重力 mg，道路向上施加的正向力 F_N，以及來自路面的水平摩擦力，它們標示在圖 5-23 之汽車的自由體圖中。如果最大靜摩擦力大於質量與向心加速度的相乘積，則汽車隨彎道轉彎。

解答 在垂直的方向中，沒有加速度。牛頓第二運動定律告訴我們，汽車上的正向力 F_N 與重量 mg 相等

$$F_N = mg = (1000\text{ kg})(9.80\text{ m/s}^2) = 9800\text{ N}$$

水平的方向中只有摩擦力，而且我們必須將它與產生向心加速度所需要的力相比較，看它是否夠大。使汽車能夠在彎道的圓周上轉彎所需要的水平之淨力為

$$(\Sigma F)_R = ma_R = m\frac{v^2}{r} = (1000\text{ kg})\frac{(15\text{ m/s})^2}{(50\text{ m})} = 4500\text{ N}$$

我們現在計算總最大靜摩擦力 (作用在四個輪胎上的摩擦力之和) 看它是否足以提供一個安全的向心加速度。對於 (a)，$\mu_s = 0.60$，可以得到的最大摩擦力為 (回想第 5-1 節，$F_{fr} \le \mu_s F_N$)

$$(F_{fr})_{max} = \mu_s F_N = (0.60)(9800\text{ N}) = 5880\text{ N}$$

因為所需要的力只是 4500 N (事實上，這就是道路施加的靜摩擦力)，所以汽車可以轉彎，但是在 (b) 中可能的最大靜摩擦力為

$$(F_{fr})_{max} = \mu_s F_N = (0.25)(9800\text{ N}) = 2450\text{ N}$$

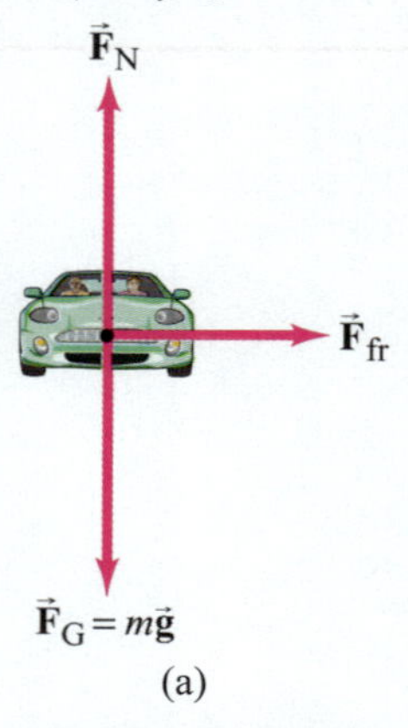

(a)

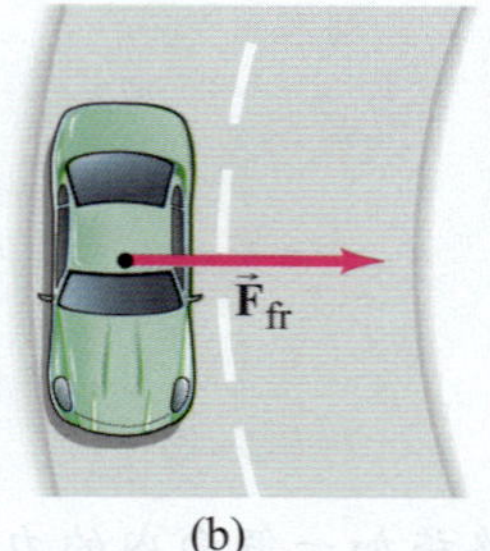

(b)

圖 5-23 例題 5-14。一輛在平坦道路上轉彎之汽車上的作用力，(a) 前視圖，(b) 上視圖。

因為地面無法提供足夠的力 (需要 4500 N) 使汽車以 54 km/h 的速率在半徑 50 m 的彎道上保持行進，所以汽車會打滑。

有傾斜邊坡的彎道

彎道的傾斜邊坡可以減少汽車打滑的意外。由傾斜路面所施加的正向力 (與路面正交)，具有一個指向圓周中心的分量 (圖 5-24)，因而減少了對摩擦的依賴。對於一個特定的傾斜角 θ，將有一個完全不需要摩擦力就能轉彎的速率。這個情形就是正向力指向彎道中心的水平分量 $F_N \sin\theta$ (圖 5-24) 正好與提供車輛向心加速度所需的力相等時——那就是

$$F_N \sin\theta = m\frac{v^2}{r} \qquad \text{[不需要摩擦力]}$$

針對一個特定的速率，選擇路面的傾斜角度 θ，使這個條件能夠成立。而這個速率稱為“設計速率”。

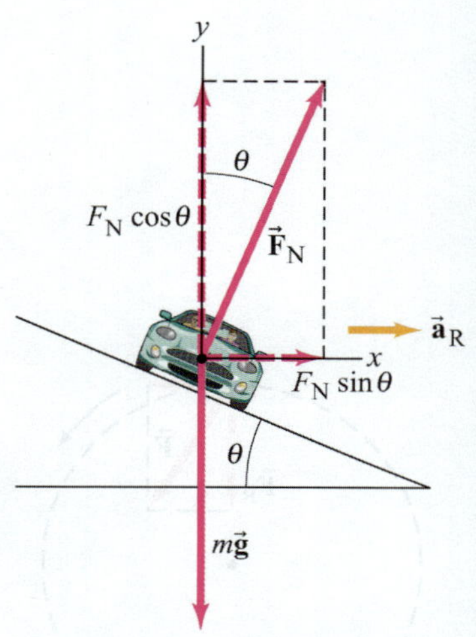

圖 5-24 一輛在有邊坡彎道上轉彎之汽車上的正向力被分解為垂直和水平分量。其向心加速度是水平方向 (並非與傾斜路面平行)。作用在輪胎上的摩擦力 (此處未標示) 依車速而定，可能沿斜面朝上或朝下。摩擦力在一個特定的速度時將為零。

例題 5-15 **邊坡傾斜角** (a) 一輛車以速率 v 在半徑 r 的彎道上行駛，試推算一個路面之傾斜角度的公式，使車輛不需要摩擦力作用而能順利轉彎。(b) 以 50 km/h 的設計速率行駛，半徑 50 m 之公路彎道路面的傾斜角是多少？

方法 即使路面具有傾斜，汽車仍然是沿著水平的圓周行駛，因此需要有水平的向心加速度。我們選擇 x 軸是水平方向並且 y 軸是垂直方向，所以 a_R 是水平沿著 x 軸的方向。作用在汽車上的力是向下的重力 mg，以及與路面垂直的正向力 F_N，如圖 5-24 所示，其中也繪出 F_N 的分量。因為我們正在設計一條有傾斜邊坡的道路以消除對摩擦力的相依性，所以不需要考慮道路的摩擦力。

解答 (a) 因為沒有垂直方向的運動，所以由 $\Sigma F_y = ma_y$ 得到

$$F_N \cos\theta - mg = 0$$

因此，

$$F_N = \frac{mg}{\cos\theta}$$

[注意：在這情況中，因為 $\cos\theta \leq 1$ 所以 $F_N \geq mg$。]

F_N 並不是永遠等於 mg

我們將 F_N 的這個關係式代入以下水平運動的方程式中，

$$F_N \sin\theta = m\frac{v^2}{r}$$

得到

$$\frac{mg}{\cos\theta}\sin\theta = m\frac{v^2}{r}$$

或

$$\tan\theta = \frac{v^2}{rg}$$

這是路面傾斜角度 θ 的公式：在速率 v 時不需要摩擦力。

(b) 當 $r = 50$ m 且 $v = 50$ km/h (或 14 m/s) 時，

$$\tan\theta = \frac{(14\ \text{m/s})^2}{(50\ \text{m})(9.8\ \text{m/s})^2} = 0.40$$

所以 $\theta = 22°$。

練習 G 以設計速率 v 行駛，彎道邊坡所需要的傾斜角度是 θ_1。對 $2v$ 的設計速率而言，所需要的傾斜角度 θ_2 是多少？(a) $\theta_2 = 4\theta_1$；(b) $\theta_2 = 2\theta_1$；(c) $\tan\theta_2 = 4\tan\theta_1$；(d) $\tan\theta_2 = 2\tan\theta_1$。

練習 H 一輛重型卡車和一輛小汽車能夠以相同的速率安全地在結冰的傾斜邊坡彎道路面上轉彎嗎？

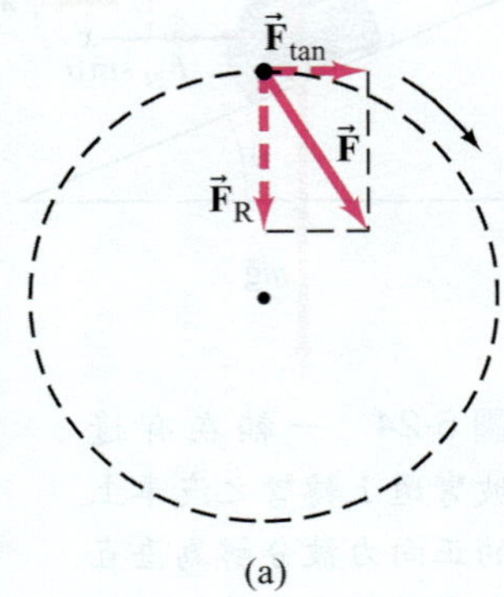

(b)

圖 5-25 如果作用在物體上的力具有切線分量 F_{tan}，則以圓周運動的這個物體之速率就會改變。(a) 標示力向量 $\vec{F}$ 及其分量；(b) 標示加速度向量及其分量。

*5-5 非等速圓周運動

等速圓周運動是發生在物體上的淨力指向圓心的時候。但如果淨力不是指向圓心而有一個角度，如圖 5-25a 所示，力就會有兩個分量。朝向圓心的分量 $\vec{\mathbf{F}}_R$ 產生向心加速度 $\vec{\mathbf{a}}_R$，並且使物體保持圓周移動。與圓周相切的分量 $\vec{\mathbf{F}}_{tan}$ 的作用是增加 (或減少) 速率，因而產生一個圓周的切線加速度分量 $\vec{\mathbf{a}}_{tan}$。當物體的速率改變時，就是一個切線分量的力正在作用。

當你要將繫在細線末端的小球開始在頭的周圍旋轉的時候，你一定要給它切線的加速度。你是將手從圓心移開，再拉動細線而做到的。在運動比賽中，鏈球選手也是用類似的方法以切線方向對鏈球加速，使它在被擲出之前達到很高的速率。

加速度的切線分量 a_{tan} 的大小等於物體速度大小的變化率

$$a_{\tan} = \frac{dv}{dt} \tag{5-4}$$

徑向的 (向心的) 加速度是由速度方向的變化所產生的，它的大小為

$$a_R = \frac{v^2}{r}$$

如果速率正在增加，則切線加速度始終指向與圓周相切的方向，也就是運動的方向 (與 **v** 平行，永遠與圓周相切)，如圖 5-25b 所示。如果速率正在減少，則 $\vec{\mathbf{a}}_{\tan}$ 指向 $\vec{\mathbf{v}}$ 的相反方向。在任何一個情況中，$\vec{\mathbf{a}}_{\tan}$ 和 $\vec{\mathbf{a}}_R$ 始終是彼此正交；而且當物體沿著它的圓周路徑移動時，它們的方向不斷地改變。總加速度向量 $\vec{\mathbf{a}}$ 是這兩個分量的總和

$$\vec{\mathbf{a}} = \vec{\mathbf{a}}_{\tan} + \vec{\mathbf{a}}_R \tag{5-5}$$

因為 $\vec{\mathbf{a}}_R$ 和 $\vec{\mathbf{a}}_{\tan}$ 始終是互相正交，所以在任何時刻 $\vec{\mathbf{a}}$ 的大小是

$$a = \sqrt{a_{\tan}^2 + a_R^2}$$

例題 5-16 **加速度的兩個分量** 一輛賽車自維修區自靜止開始出發，在半徑 500 m 的圓形車道上行駛，並且在 11 s 內以等加速度達到 35 m/s的速率。假定切線加速度是固定的，試求當速率為 $v = 15$ m/s 之瞬間的 (a) 切線加速度；與 (b) 徑向加速度。

方法 切線加速度與賽車速率的變化有關，而以 $a_{\tan} = \Delta v/\Delta t$ 計算。向心加速度與速度方向的變化有關，並且用 $a_R = v^2/r$ 計算。

解答 (a) 在 11 s 的時間間距內，假設切線加速度 $a_{\tan}$ 為常數。它的大小為

$$a_{\tan} = \frac{\Delta v}{\Delta t} = \frac{(35\ \text{m/s} - 0\ \text{m/s})}{11\ \text{s}} = 3.2\ \text{m/s}^2$$

(b) 當 $v = 15$ m/s 時，向心加速度為

$$a_R = \frac{v^2}{r} = \frac{(15\ \text{m/s})^2}{(500\ \text{m})} = 0.45\ \text{m/s}^2$$

備註 徑向加速度持續地增加，而切線加速度則保持常數。

練習 I 當例題 5-16 中的賽車速率是 30 m/s 時，(a) $a_{\tan}$ 和 (b) a_R 如何變化？

這些觀念能夠應用在沿著任何彎曲之路徑移動的物體上，如圖 5-26 所示。我們可以將曲線的任何一部分視為是一個曲率半徑為 r 的圓之一個弧。在任何一點的速度始終與路徑相切。而且加速度通常可以寫成兩個分量的向量和：切線分量 $a_{tan} = dv/dt$ 以及徑向 (向心的) 分量 $a_R = v^2/r$。

圖 5-26　沿著彎曲路徑 (實線) 行進的物體。在點 P 處路徑有一個曲率半徑 r。該物體之速度為 $\vec{\mathbf{v}}$，切線加速度 $\vec{\mathbf{a}}_{tan}$ (速率正在增加)，和徑向 (向心) 加速度 $\vec{\mathbf{a}}_R$ (大小為 $a_R = \frac{v^2}{r}$)，它指向曲率中心 C。

*5-6 受速度影響的力：拖曳力和終極速度

當一個物體沿著一個表面滑動的時候，作用在物體上的摩擦力幾乎與物體移動得多快無關。但其他類型的阻力則與物體的速度有關，最重要的例子是一個物體通過液體或氣體而移動，如空氣。流體對該物體的運動產生阻力，這一種阻力或**拖曳力 (drag force)** 依物體的速度而定[3]。

一般而言，拖曳力隨速度變化的方式是很複雜的。但是對極低速的小物體而言，假設拖曳力 F_D 與速度的大小 v 成正比例，這是一個很好的近似

$$F_D = -bv \tag{5-6}$$

負號是必要的，因為它代表拖曳力阻礙運動。b 是常數 (近似地)，在這裡它依流體的黏性以及物體的大小與形狀而定。(5-6) 式適用於在黏性液體中以慢速移動的小物體，它也適用於在空氣中以極低之速率移動的極小物體，如微塵顆粒。對於以高速移動的物體而言，如飛機、跳傘人員、棒球或汽車，空氣阻力則比較近似於與 v^2 成正比

$$F_D \propto v^2$$

不過對於正確的計算，通常需要使用較為複雜的形式和數值積分。對於通過液體移動的物體而言，(5-6) 式適用於平日常見並以正常速率操作的物體 (例如，在水中的一艘船)。

我們考慮一個從靜止而落下的物體，它受到重力以及一個與 v 成正比之阻力的作用，而經過空氣或其他的流體。物體上的作用力為向下重力 mg，以及向上作用的拖曳力 $-bv$，如圖 5-27a 所示。因為速度 $\vec{\mathbf{v}}$ 向下，所以取正方向為向下。則物體上的淨力可以寫成

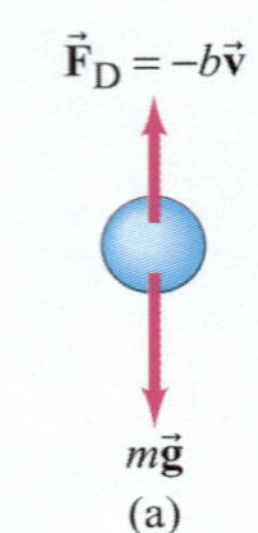

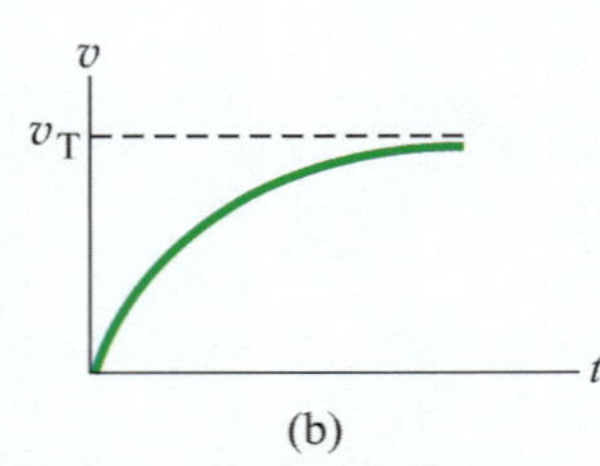

圖 5-27　(a) 一個下落之物體上的作用力，(b) 當空氣的拖曳阻力為 $F_D = -bv$ 時，物體因重力作用而落下的速度圖。最初 $v = 0$ 且 $dv/dt = g$，但由於 F_D 作用，使得 dv/dt (= 曲線斜率) 隨著時間的增加而減少。最後當 F_D 之大小等於 mg 時，v 趨近一最大值 v_T，稱為終極速度。

3 本節中，任何浮力 (第 13 章) 均略而不計。

$$\Sigma F = mg - bv$$

由牛頓第二定律 $\Sigma F = ma$，我們得到

$$mg - bv = m\frac{dv}{dt} \tag{5-7}$$

其中我們已經根據定義將加速度寫成速度的變化率 $a = dv/dt$。於 $t = 0$ 時，我們設 $v = 0$ 以及加速度 $dv/dt = g$。當物體落下時，速率逐漸增加，阻力也隨之增加，並且使加速度 dv/dt 逐漸減少，如圖 5-27b 所示。因此速度以較慢的變化率繼續增加。最後，速度變得夠大，因而使得阻力的大小 bv 接近重力 mg。當二者相等時，得到

$$mg - bv = 0 \tag{5-8}$$

當 $dv/dt = 0$ 時，物體的速率不再增加。它達到了**終極速度** (terminal velocity)，而且以這個固定的速度繼續落下，直到它落到地面為止。這一連串的事情都顯示在圖 5-27b 中。終端速率 v_{T} 的值可以從 (5-8) 式求得

$$v_{\mathrm{T}} = \frac{mg}{b} \tag{5-9}$$

如果假設阻力是與 v^2 成正比，或是 v 的更高次乘冪，這一連串的事情依然是類似的，並且最後還是會達到終極速度，雖然它不再是 (5-9) 式中的結果。

例題 5-17 **與速度成正比的力** 當阻力與 v 成正比時，求一個從靜止垂直落下之物體的速度 (其速度作為時間之函數)。

方法 我們從 (5-7) 式開始，並將它改寫為

$$\frac{dv}{dt} = g - \frac{b}{m}v$$

解答 在這個方程式中，有兩個變數 v 和 t。將相同類型的變數集中在方程式的一邊，而其他的則在方程式的另一邊

$$\frac{dv}{g - \frac{b}{m}v} = dt \quad 或 \quad \frac{dv}{v - \frac{mg}{b}} = -\frac{b}{m}dt$$

現在我們將它積分，記住於 $t = 0$ 時，$v = 0$

$$\int_0^v \frac{dv}{v - \frac{mg}{b}} = -\frac{b}{m}\int_0^t dt$$

得到

$$\ln\left(v-\frac{mg}{b}\right)-\ln\left(-\frac{mg}{b}\right)=-\frac{b}{m}t$$

或是

$$\ln\frac{v-mg/b}{-mg/b}=-\frac{b}{m}t$$

我們對兩邊取指數 [注意，自然對數和指數彼此是反向的運算：$e^{\ln x}=x$ 或 $\ln(e^x)=x$]，因此得到

$$v-\frac{mg}{b}=-\frac{mg}{b}e^{-\frac{b}{m}t}$$

所以

$$v=\frac{mg}{b}(1-e^{-\frac{b}{m}t})$$

這個關係式就是速度 v 的時間函數，它並且與圖 5-27b 中的圖形相符合。現在進行核對，注意 $t=0$ 時，$v=0$。

$$a(t=0)=\frac{dv}{dt}=\frac{mg}{b}\frac{d}{dt}(1-e^{-\frac{b}{m}t})=\frac{mg}{b}\left(\frac{b}{m}\right)=g$$

正如預期 [也參見 (5-7) 式]。當 t 很大時，$e^{-(b/m)t}$ 趨近於零，因此 v 趨近於 mg/b，這就是終極速度 v_{T}，如我們先前所見。如果設定 $\tau=m/b$，則 $v=v_{\mathrm{T}}(1-e^{-t/\tau})$。因此 $\tau=m/b$ 是速度達到終極速度之 63% 時所需的時間 (由於 $e^{-1}=0.37$)。圖 5-27b 繪出速率 v 和時間 t 的關係，其中終極速度為 $v_{\mathrm{T}}=mg/b$。

摘 要

當兩個物體彼此之間互相滑動的時候，其中一個物體對另一個物體所施加的**摩擦力** (friction) 可以近似地寫為 $F_{\mathrm{fr}}=\mu_{\mathrm{k}}F_{\mathrm{N}}$，其中 F_{N} 是**正向力** (normal force) (每個物體對另一物體施加，並且與接觸面垂直的力)，μ_{k} 是**動摩擦** (kinetic friction) 係數。如果物體彼此是相對靜止，即使有力作用，F_{fr} 剛好大到足以保持它們靜止，並且滿足不等式 $F_{\mathrm{fr}}\leq\mu_{\mathrm{s}}F_{\mathrm{N}}$，其中 μ_{s} 是**靜摩擦** (static friction) 係數。

一個物體在半徑 r 的圓周上以等速率 v 移動，稱為**等速圓周運動** (uniform circular motion)。它有一個指向圓心的**徑向加速度** (radial acceleration) a_R [也稱為**向心加速度** (centripetal acceleration)]，大小是

$$a_R = \frac{v^2}{r} \tag{5-1}$$

速度向量和加速度 $\mathbf{a}_R$ 的方向是在不斷地改變，但任何時刻它們都是互相垂直的。

保持一個物體在圓周中以等速迴轉需要一個力，而且這個力的方向朝著圓心。這個力可以是重力 (像是月球) 、繩索的張力、正向力的分量、其他類型的力或是力的組合。

[*若圓周運動的速率不是恆定的，則加速度有兩個分量，切線和徑向分量。力也有切線和徑向的分量。]

[*一個物體通過流體移動時會受到一個**拖曳力** (drag force) 的作用，例如空氣或水。拖曳力 F_D 通常可以近似地寫成 $F_D = -bv$ 或 $F_D \propto v^2$，其中 v 是物體相對於流體的速率。]

問 題

1. 一個沉重的箱子靜置在平板卡車的基座上。當卡車加速時，箱子仍然在它原來的位置上，所以它也在加速。請問是什麼力量使箱子加速？

2. 一個木塊被一個力推上一個斜坡。木塊到達最高點之後它又滑下，但是下滑的加速度比往上升時小。為什麼？

3. 為什麼在相同的速率下，一輛卡車煞車停止的距離比一列火車短？

4. 摩擦係數能夠超過 1.0 嗎？

5. 越野滑雪者喜歡他們的滑雪板有大的靜摩擦係數和小的動摩擦係數，試解釋為什麼。[提示：考慮上坡和下坡的狀態。]

6. 當你必須緊急煞車時，為什麼車輪未鎖死是比較安全的？當行駛在光滑的道路上時，為什麼最好慢慢煞車？

7. 當試圖在乾燥的路面上緊急煞車時，以下的哪一個方法可以在最短的時間內將車停住？(a) 盡可能的猛踩煞車，鎖死車輪並且打滑而停下來，(b) 在沒有鎖死車輪的情況下盡可能的踩住煞車並且在車輪轉動的情況下停下來。試解釋之。

8. 你正在試圖推動你拋錨的汽車。雖然你對汽車施加了 400 N 的水平力量，但是車子卻絲毫不動。下列哪一個力也必須是 400 N：(a) 車子對你所施加的力；(b) 車子對路面施加的摩擦力；(c) 道路對你所施加的正向力；(d) 道路對你施加的摩擦力？

9. 在結冰的人行道上行走而不會滑倒是不容易的，即使你的步態看起來與乾燥路面上行走時不同。說明你在結冰的路面行走需要有哪些不同的動作以及原因。

10. 一輛汽車原本以 50 km/h 的速度在彎道上繞行，如果改以穩定的 70 km/h 的速度繞行相同的彎道，其加速度有任何不同嗎？試解釋之。

11. 一輛汽車同樣以 60 km/h 的恆定速率繞行急轉的彎道以及和緩的彎道，汽車在這兩種情形下的加速度會相同嗎？試解釋之。

12. 描述一位乘坐旋轉木馬的小孩身上所有的作用力。其中哪個力量提供小孩的向心加速度？

13. 雪橇上的一個孩子正要飛越一個小山山頂，如圖 5-28 所示。他的雪橇並沒有離開地面，但當他越過小山時，他感覺到胸部和雪橇之間的正向力減少了。試用牛頓第二定律解釋減少的現象。

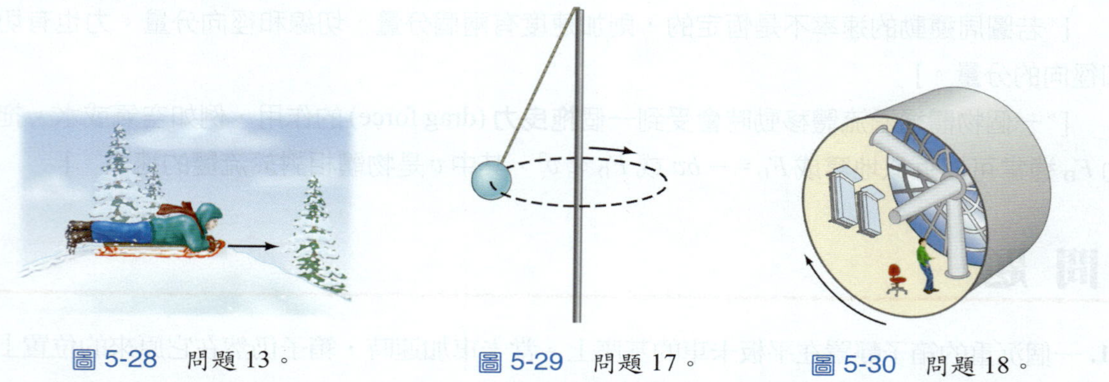

圖 5-28 問題 13。 圖 5-29 問題 17。 圖 5-30 問題 18。

14. 脫水機利用離心力將水向外拋出而去除衣物中的水，這種說法是否正確？請討論。

15. 技術報告經常只有規定離心機實驗的轉速 (rpm)。為什麼這是不夠的？

16. 一個女孩正用一條細繩繫著的小球圍繞她的頭在一個水平面上旋轉，她想要在最恰當時間放手，使小球會擊中在院子另一邊的目標。她應該什麼時候將細繩放開？

17. 繩球遊戲的玩法是將球用一根繩子綁在柱子上，當球被擊出後，它將繞著柱子旋轉，如圖 5-29 所示。球的加速度朝什麼方向，它是由什麼原因造成？

18. 太空人停留在外太空的時間如果太長，可能因為失重而對健康產生不利影響。一種模擬重力的方法就是將太空船製造成一個圓柱殼般的艙體旋轉，而太空人可以行走在內側的表面上 (圖 5-30)。試解釋這種設計如何模擬重力，考慮 (a) 物體如何墜落，(b) 我們感覺到的作用在腳上的力，與 (c) 其他任何你可以想到的重力。

19. 一桶水可以在垂直的圓周中旋轉而且不會濺出，即使在圓周頂端桶倒置時也是如此。試解釋此現象。

20. 一輛汽車橫越山丘和山谷時，都保持一個恆定的速率 v，如圖 5-31 所示。無論是山丘和山谷都有一個曲率半徑 R。在 A、B

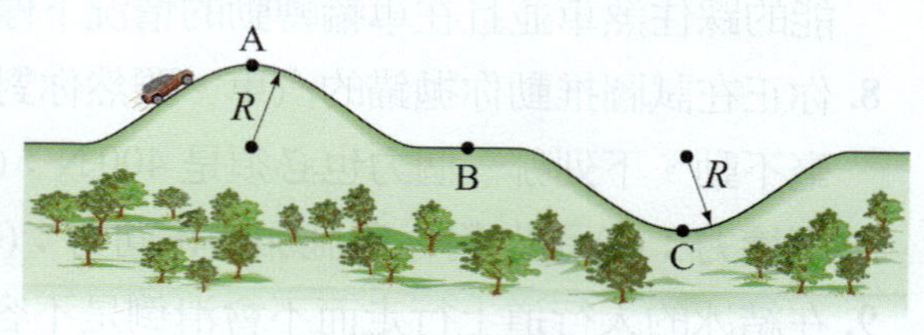

圖 5-31 問題 20。

與 C 三個點之中的哪一點處，作用在汽車上的正向力為 (a) 最大，(b) 最小？試解釋之。(c) 在哪一個點駕駛者感覺最吃力以及 (d) 感覺最輕鬆？試解釋之。(e) 在 A 點，汽車能行駛得多快，而不會與地面失去接觸？

21. 為什麼騎腳踏車以高速環繞彎道時會傾斜？

22. 為什麼當飛機轉向時機身是傾斜的？已知空速和轉彎半徑，你將如何計算飛機轉彎的傾斜角度？[提示：假設空氣動力學的"提升"力垂直作用於機翼上。]

***23.** 有一個拖曳力的公式為 $F=-bv$，請問 b 的單位是什麼？

***24.** 假設有兩種力作用在一個物體上，其中一個力與 v 成正比，而另一個力與 v^2 成正比。在高速的狀況下是由哪一個力主導？

習 題

5-1 摩擦力與牛頓定律

1. (I) 如果一個 22 kg 的箱子與地板之間的動摩擦係數是 0.30，欲使箱子以等速在地板上移動需施加多大的水平力？如果 μ_k 是 0，需要的水平力是多少？

2. (I) 在水平的水泥地面上拉動一個 6.0 kg 的箱子需要 35.0 N 的力。(a) 箱子和地面之間的靜摩擦係數是多少？ (b) 如果 35.0 N 的力量繼續施加，箱子會以 0.6 m/s^2 的加速度移動，則動摩擦係數是多少？

3. (I) 假設你正站在一列以 0.2 g 加速的火車上，如果你不會滑倒，則你的腳和地板之間的最小靜摩擦係數是多少？

4. (I) 硬橡膠與正常路面之間的靜摩擦係數約為 0.90，小山的陡峭程度 (最大角度) 至何種狀況還可以讓你停車？

5. (I) 如果輪胎和地面之間的靜摩擦係數是 0.90，則一部汽車可以承受的最大加速度是多少？

6. (II) (a) 一個盒子靜置在 33° 的粗糙斜面上。繪製自由體圖，標示出作用在盒子上的所有力。(b) 如果盒子往下滑落，則自由體圖要如何改變。(c) 如果盒子最初受到一個力的推擠後而往上滑動，則自由體圖又如何改變？

7. (II) 一個 25.0 kg 的盒子在斜角 27° 的斜面上被釋放，並以 0.30 m/s^2 的加速度沿著斜面往下滑動。找出阻礙其運動的摩擦力，動摩擦係數值為何？

8. (II) 一輛汽車在水平的道路上以 −3.80 m/s^2 減速至停止而未打滑。假設靜摩擦係數相同，如果道路的坡度是 9.3°，且汽車往山上移動，車子的減速度值是多少？

9. (II) 一位滑雪者以恆定的速率沿著 27° 的山坡向下滑動。你能求出摩擦係數 μ_k 嗎？假設速率足夠低，因而空氣阻力可以忽略不計。

10. (II) 一塊濕的肥皂沿著斜角 8.0° 且長 9.0 m 的斜面往下滑。它到達底部需要多久時間？假設 $\mu_k = 0.060$。

11. (II) 有一個盒子受到一個短暫推力的作用而在地板上滑動。已知動摩擦係數為 0.15，並且推動時的初速率是 3.5 m/s，則它將滑行多遠？

12. (II) (a) 試證明一輛以速率 v 行駛的汽車，其最小的停止距離為 $v^2/2\mu_s g$，其中 μ_s 是輪胎和路面之間的靜摩擦係數，g 是重力加速度。(b) 現在有一輛 1200 kg 的汽車以 95 km/h 的速率行駛，並假設 $\mu_s = 0.65$，汽車的最小停止距離是多少？(c) 如果汽車是在月球上行駛 (月球上的重力加速度約為 $g/6$)，而其他條件都相同，則此汽車的最小停止距離為何？

13. (II) 一輛 1280 kg 的汽車拉著一輛 350 kg 的拖車，這輛汽車為了加速而對地面施加一個 3.6×10^3 N 的水平力，則汽車對拖車施加的力為何？假設拖車有一個有效的摩擦係數 0.15。

14. (II) 警方調查兩輛車的車禍現場，其中一輛汽車有 72 m 長的滑行痕跡，是它碰撞之前的煞車痕跡。輪胎和路面之間的動摩擦係數約為 0.80，假設路面平坦，試求這輛車煞車之前的速率。

15. (II) 光滑屋頂上的積雪開始融化時將成為危險的拋射體。現在有一大塊的積雪在屋脊上，而屋頂的斜度為 34°。(a) 避免積雪滑落的最小靜摩擦係數值是多少？(b) 當積雪開始融化時，靜摩擦係數減小，積雪最後因而滑落。假設積雪至屋頂邊緣的距離為 6.0 m，動摩擦係數為 0.20，當積雪滑離屋頂時的速率為何？(c) 如果屋頂邊緣距地面的高度是 10.0 m，則雪落到地面時的速率為何？

16. (II) 一個小盒子被人施以一個與水平方向成 28° 角的向上的力，使它靠在一個粗糙的垂直牆面上，盒子與牆面之間的靜摩擦係數和動摩擦係數分別是 0.40 和 0.30，除非作用力的大小達到 23 N，否則盒子將下滑。盒子的質量為何？

17. (II) 兩個質量分別為 65 kg 和 125 kg 的箱子，彼此緊靠並且靜置在一水平表面上 (圖 5-32)。有一個 650 N 的力施加在 65 kg 的箱子上，如果動摩擦係數為 0.18，計算 (a) 系統的加速度，與 (b) 每個箱子對另一個箱子施加的力。(c) 將兩個箱子的位置對調，再做一次計算。

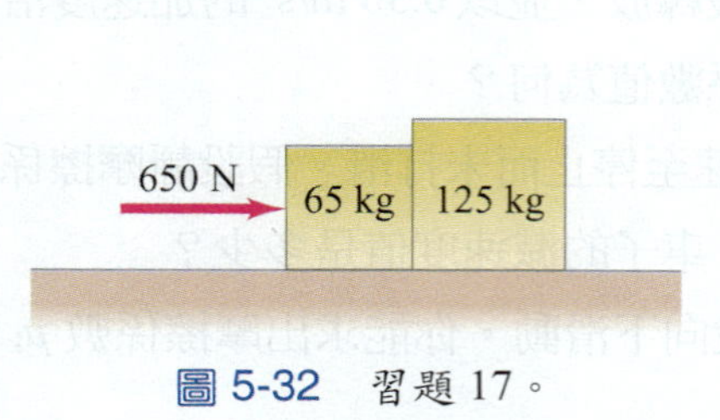

圖 5-32 習題 17。

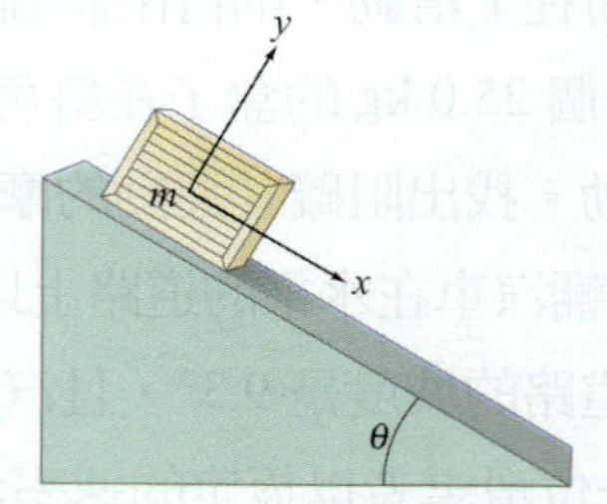

圖 5-33 放在斜面上的板條箱。習題 18 與 19。

18. (II) 圖 5-33 中，有個板條箱放置在一個 $\mu_k = 0.19$ 並與水平面成 $\theta = 25.0°$ 的斜面上。(a) 試求板條箱沿斜面下滑時的加速度。(b) 如果板條箱是從距離斜面底部 8.15 m 處由靜止開始下滑，當它到達斜面底部時，速率是多少？

19. (II) 一個板條箱以 3.0 m/s 的初始速率沿斜角 25.0° 的斜面向上滑行。(a) 箱子可以沿斜面向上滑行多遠的距離呢？(b) 箱子再返回其出發點時共花了多少時間？假設 $u_k = 0.17$。

20. (II) 兩個材質不同的積木用一條細線連接在一起，沿著與水平面成 θ 角的斜面下滑，如圖 5-34 所示 (積木 B 在積木 A 上方)。兩塊積木的質量分別是 m_A 與 m_B，摩擦係數為 μ_A 與 μ_B。如果 $m_A = m_B = 5.0$ kg 且 $\mu_A = 0.20$ 和 $\mu_B = 0.30$，當 $\theta = 32°$ 時，求 (a) 積木的加速度和 (b) 細線中的張力。

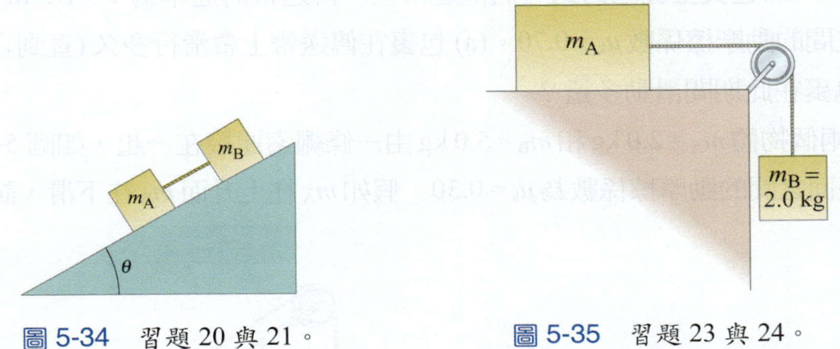

圖 5-34 習題 20 與 21。

圖 5-35 習題 23 與 24。

21. (II) 兩個積木用一條細繩連接，並沿著斜面往下滑，如圖 5-34 所示 (見習題 20)。描述以下情況中的運動，(a) 如果 $\mu_A < \mu_B$，與 (b) 如果 $\mu_A > \mu_B$。(c) 試求一個以 m_A、m_B 與 θ 所表示的每個積木的加速度以及細繩中張力 F_T 的公式；並根據 (a) 和 (b) 的答案，說明你的結果。

22. (II) 一輛平板卡車載著一個沉重的板條箱，板條箱和卡車基座之間的靜摩擦係數為 0.75。當駕駛者減速時，為避免板條箱滑動而對卡車駕駛室造成不利，駕駛者的最大減速度為何？

23. (II) 圖 5-35 中，物體 m_A 與桌面之間的靜摩擦係數為 0.40，而動摩擦係數為 0.30。(a) 為避免系統開始移動，m_A 的最小值為何？(b) 為使該系統以等速移動，m_A 值為何？

24. (II) 試求圖 5-35 中一個以 m_A、m_B 和繩索質量 m_C 所表示的系統加速度之公式，規定其他任何必要的變數。

25. (II) 一個質量 m 的小積木以 v_0 之初始速率沿斜面向上滑行，此斜面與水平面成 θ 角。它上滑一段距離 d 後停了下來。(a) 試求積木與斜面之間的動摩擦係數之公式。(b) 你能談談有關靜摩擦係數的值嗎？

26. (II) 一名 75 kg 的滑雪者以 5.0 m/s 的初始速率，從斜角 28° 之斜坡的頂部 (如圖 5-36) 滑下 110 m 長的斜坡 (此斜坡上的動摩擦係數為 $\mu_k = 0.18$) 時，滑雪者的速度為 v，然後沿著 $\mu_k = 0.15$ 的水平表面滑行一段距離 x 後停止。利用牛頓第二運動定律求滑雪者在斜坡上以及在水平表面上的加速度，再以這些加速度求出 x。

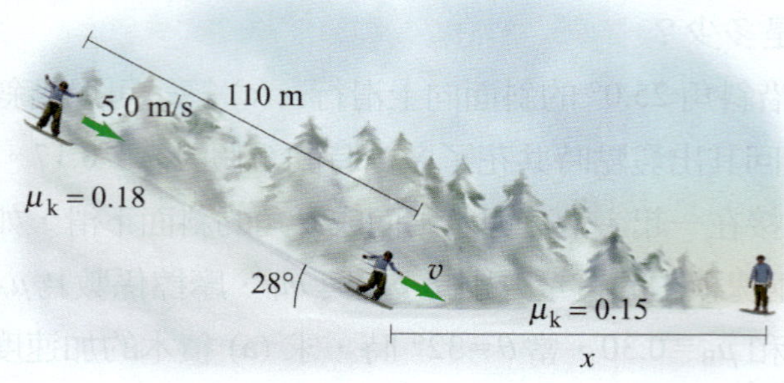

圖 5-36 習題 26。

27. (II) 一個質量 m 的包裹垂直地扔到一個傳送帶上，傳送帶的速率為 $v = 1.5$ m/s，並且包裹與傳送帶之間的動摩擦係數 $\mu_k = 0.70$。(a) 包裹在傳送帶上會滑行多久(直到它停在傳送帶上)？ (b) 包裹在此期間滑動多遠？

28. (II) 斜面上有兩個物體 $m_A = 2.0$ kg 和 $m_B = 5.0$ kg 由一條繩索連接在一起，如圖 5-37 所示。每個物體與斜面之間的動摩擦係數為 $\mu_k = 0.30$。假如 m_A 往上升而 m_B 往下滑，試求它們的加速度。

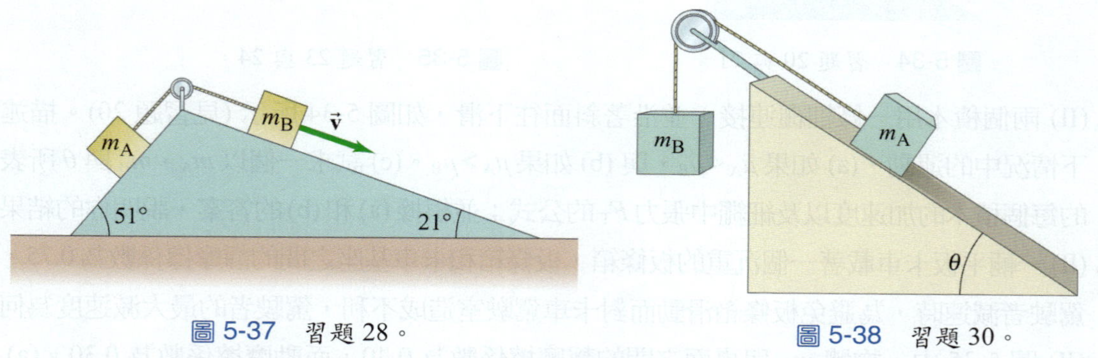

圖 5-37 習題 28。

圖 5-38 習題 30。

29. (II) 一個小孩從斜角 34° 的坡道往下滑，到達底部的速率正好是坡道無摩擦時的一半。計算坡道和小孩之間的動摩擦係數。

30. (II) (a) 假設物體 m_A 與斜面之間的動摩擦係數為 $\mu_k = 0.15$，且 $m_A = m_B = 2.7$ kg，如圖 5-38 所示。已知 $\theta = 34°$，當 m_B 向下移動時，求 m_A 與 m_B 的加速度值，(b) 為避免系統產生加速度，μ_k 的最小值為何？

31. (III) 一個 3.0 kg 的木塊放置在一個 5.0 kg 的木塊上，5.0 kg 的木塊被一個向右的力 $\vec{\mathbf{F}}$ 拉動，如圖 5-39 所示。所有表面之間的靜摩擦係數都是 0.60，且動摩擦係數為

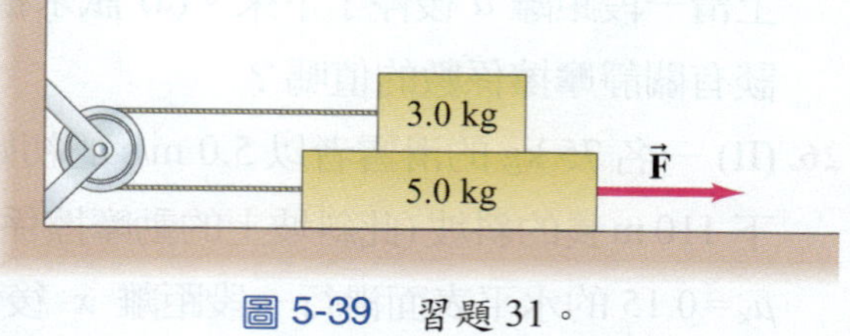

圖 5-39 習題 31。

0.40。(a) 要拉動兩塊木塊所需要的 F 之最小值為何？(b) 如果力量是比你在 (a) 中求得的 F 值大 10%，則每個木塊的加速度為何？

32. (III) 一個 4.0 kg 的木塊放置在一個 12.0 kg 且位於水平桌面上以 $a = 5.2\ \mathrm{m/s^2}$ 之加速度向右移動的木塊上 (圖 5-40)。設 $\mu_k = \mu_s = \mu$。(a) 欲防止 4.0 kg 的木塊滑落，兩個木塊之間的最小摩擦係數 μ 為何？(b) 如果 μ 值只有前項最小值的一半，則 4.0 kg 之木塊相對於桌面的加速度為何？(c) 相對於 12.0 kg 之木塊的加速度為何？(d) 假設桌面無摩擦力存在，在 (a) 和 (b) 中，必須對 12.0 kg 的木塊施加多大的力？

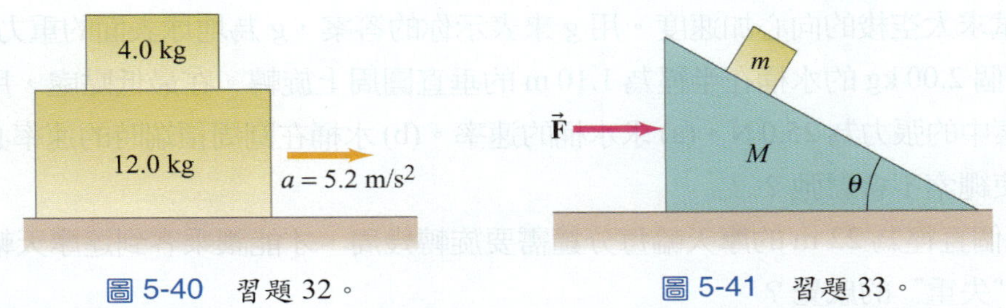

圖 5-40 習題 32。　　圖 5-41 習題 33。

33. (III) 有一塊質量為 m 的小積木靜置在一塊三角形積木的粗糙斜面上，三角形積木的質量為 M，並且放置於無摩擦的水平桌面上，如圖 5-41 所示。如果靜摩擦係數是 μ，試求使小積木 m 開始朝斜面上方移動所必須對 M 施加的最小水平力 F。

5-2 至 5-4 等速圓周運動

34. (I) 如果輪胎和路面之間的摩擦係數為 0.65，則一輛 1200 kg 的汽車能夠在平坦的道路上繞著一個半徑 80.0 m 之彎道轉彎的最高速率為何？這個結果與汽車的質量無關嗎？

35. (I) 一名 22.5 kg 的兒童坐在距離旋轉木馬中心點 1.20 m 處，並以 1.30 m/s 的速率移動。計算 (a) 兒童的向心加速度，以及 (b) 施加在兒童身上的淨水平力。

36. (I) 一架噴射飛機以 1890 km/h (525 m/s) 之速率經由一個半徑 4.80 km 的圓弧從俯衝狀態爬升。飛機的加速度是多少個 g？

37. (II) 是否有可能將一桶水以足夠快的速率繞著一個垂直的圓周轉動，而水不會流出呢？如果可能，其最低速率為何？定義所有必要的量。

38. (II) 如果一個距離轉軸 8.00 cm 的質點要感受到 125000 g 的加速度，則離心機的轉速必須是多少 rpm？

39. (II) 公路彎道都會標示一個建議的速率，如果這個速率是基於潮濕天氣下的安全考量，試估算一個標示 50 km/h 速率之彎道的曲率半徑。請使用表 5-1。

40. (II) 一台雲霄飛車可使到達圓周頂端的倒立乘客 (如圖 5-42) 繼續繞行，而不會翻落的最低速率為何？假設曲率半徑為 7.6 m。

圖 5-42　習題 40。

41. (II) 一輛跑車越過一個山谷底部，其曲率半徑為 95 m。在最底部，對駕駛者施加的正向力是他體重的兩倍，車子的行駛速率為何？

42. (II) 假如一輛汽車以 95 km/h 的速率在曲率半徑為 85 m 的平坦彎道上轉彎，則輪胎和路面之間的靜摩擦係數必須是多大？

43. (II) 假設太空梭在距離地球表面 400 km 遠的軌道上繞行地球，繞行地球一周大約 90 分鐘。試求太空梭的向心加速度。用 g 來表示你的答案，g 為地球表面的重力加速度。

44. (II) 一個 2.00 kg 的水桶在半徑為 1.10 m 的垂直圓周上旋轉。在最低點處，用來吊掛水桶之繩索中的張力為 25.0 N。(a) 求水桶的速率。(b) 水桶在圓周頂端時的速率必須有多快，才能使繩索不會鬆弛？

45. (II) 一個直徑為 22 m 的摩天輪每分鐘需要旋轉幾周，才能讓乘客到達摩天輪的最高點時會有"失重"的感覺？

46. (II) 使用因次分析 (見第 1-7 節)，以獲得向心加速度 $a_R = v^2/r$ 的形式

47. 一架噴射機飛行員駕駛飛機繞著一個垂直圓周飛行 (圖 5-43)。(a) 如果飛機在圓周最低點時的速率為 1200 km/h，並且此時的向心加速度不超過 6.0 g，則圓周的最小半徑為何？(b) 計算 78 kg 的飛行員在圓周最低點時的有效重量 (座位對飛行員施加的力量)，以及 (c) 在圓周頂端的有效重量 (假設是相同的速率)。

圖 5-43　習題 47。

48. (II) 一個擬議的太空站是由一個圓形管所組成，此圓形管將繞著它的中心旋轉 (如腳踏車的管狀輪胎)，如圖 5-44 所示。圓形管的直徑約為 1.1 km，如果感受到相當於地球表面的重力 (1.0 g)，試求它的旋轉速率 (一天的旋轉次數)。

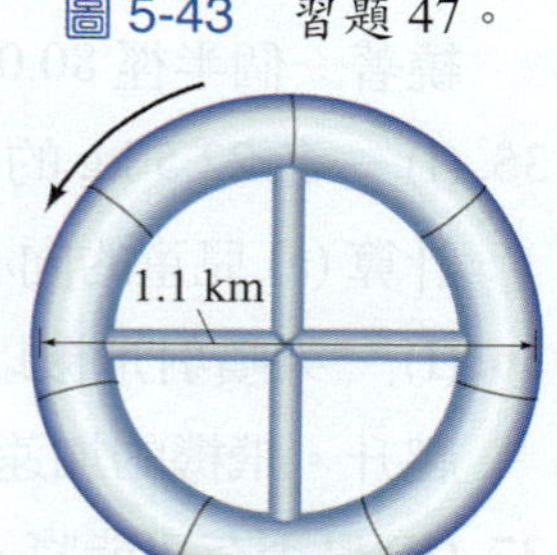

圖 5-44　習題 48。

49. (II) 溜冰場中兩名等重的溜冰者抓住彼此的手，每 2.5 s 在共同的圓周上旋轉一圈。假設他們每個人的手臂是 0.80 m 長，每個人質量為 60.0 kg，他們要拉動對方有多困難 (多少力量)？

50. (II) 重做例題 5-11，這次需要更精確的計算，不再忽略球的質量，此球繫在一根 0.600 m 長的繩子末端旋轉。計算力 $\vec{\mathbf{F}}_T$ 的大小以及與水平方向所成的角度。[提示：設 $\vec{\mathbf{F}}_T$ 的水平分量等於 ma_R；因為沒有垂直的運動，你能求出 $\vec{\mathbf{F}}_T$ 的垂直分量嗎？]

51. (II) 一個硬幣放在一個正在轉動的變速轉盤中，它距離轉軸 12.0 cm。當轉盤的轉速緩緩增加時，硬幣仍然固定在轉盤上原先的位置，直到轉速達到 35.0 rpm (每分鐘旋轉次數) 時，此刻硬幣開始滑動。硬幣與轉盤之間的靜摩擦係數為何？

52. (II) 設計一條新道路，其中包括一條直線的平坦路段，但會遇到 22° 的陡降斜坡。應設計一個多大的過渡區之最小曲率半徑，可以使速率為 95 km/h 的汽車不致跳離路面 (圖 5-45)？

圖 5-45 習題 52。

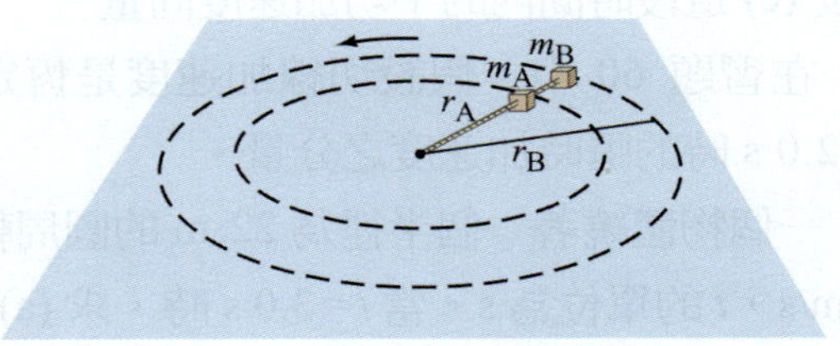

圖 5-46 習題 54。

53. (II) 一輛 975 kg (含駕駛員) 的跑車以 12.0 m/s 的速率越過圓形的山頂 (曲率半徑 = 88.0 m)。求 (a) 道路對汽車施加的正向力，(b) 車子對於 72.0 kg 之駕駛員施加的正向力，以及 (c) 作用於駕駛員的正向力為零時的車速。

54. (II) 兩個質量分別為 m_A 和 m_B 的木塊經由繩索彼此相連，並連結到中央的木樁上，如圖 5-46 所示。它們與中央木樁相距 r_A 與 r_B，並且在無摩擦的水平表面上以頻率 f (每秒旋轉次數) 繞著木樁轉動。試推導各段繩索中之張力的代數表示式 (假設繩索無質量)。

55. (II) 泰山打算利用掛藤做弧線擺盪越過峽谷 (圖 5-47)。如果他的手臂能夠對繩子施加一個 1350 N 的力，它在擺盪的最低點時可以容忍的最大速率為何？它的質量為 78 kg 並且掛藤是 5.2 m 長。

56. (II) 一位飛行員以 310 m/s 的速率垂直俯衝以執行一個高難度的動作，如果他能夠承受 9.0 g 的加速度而不會產生黑視，請問他必須在什麼高度開始拉昇，以避免墜海失事？

57. (III) 一個在 xy 平面上移動的質點之位置向量為 $\vec{\mathbf{r}} = 2.0\cos(3.0\text{ rad/s }t)\hat{\mathbf{i}} + 2.0\sin(3.0\text{ rad/s }t)\hat{\mathbf{j}}$，其中 r 的單位是 m，t 的單位是 s。(a) 證明這是以原點為中心，半徑為 2.0 m 的圓周運動。(b) 試求作為時間之函數的速度與加速度向量。(c) 計算速度與加速度的值。(d) 證明 $a = v^2/r$。(e) 證明加速度向量始終是指向圓心。

圖 5-47 習題 55。

58. (III) 如果一個曲率半徑為 85 m 的彎道對於時速為 65 km/h 的汽車具有適當的傾斜邊坡，而可讓汽車以 95 km/h 的速率行駛而不致打滑的靜摩擦係數是多少？

59. (III) 一個半徑為 68 m 的彎道邊坡是針對 85 km/h 之速率而設計的，如果靜摩擦係數是 0.30 (濕的路面)，則可以使汽車安全地在彎道上轉彎的速率範圍為何？[提示：考慮車速過慢或過快時摩擦力的方向。]

*5-5 非等速圓周運動

*60. (II) xy 平面上有一個質點從靜止開始朝順時針方向以等加速率繞圓周運動，圓心位於 xy 座標系統之原點。當 $t=0$ 時，質點在 $x=0.0$，$y=2.0$ m 處。在 $t=2.0$ s 時，它繞了 1/4 圈，並且在 $x=2.0$ m，$y=0.0$ 處，試求 (a) 它在 $t=2.0$ s 時的速率，(b) 平均的速度向量，以及 (c) 這段時間內的平均加速度向量。

*61. (II) 在習題 60 中，假設切線加速度是恆定的，試求於 (a) $t=0.0$，(b) $t=1.0$ s，與 (c) $t=2.0$ s 時的瞬時加速度之分量。

*62. (II) 一個物體繞著一個半徑為 22 m 的圓周轉動，其速率為 $v=3.6+1.5t^2$，其中 v 的單位為 m/s，t 的單位為 s。當 $t=3.0$ s 時，求 (a) 切線加速度與 (b) 徑向加速度。

*63. (III) 一個質點繞著一個半徑為 3.80 m 的圓周旋轉，在某一特定瞬間，加速度為 1.15 m/s^2，並且方向與其運動方向成 38.0° 角。假設切線加速度是固定的，試求 (a) 此一瞬間，以及 (b) 2.00 s 後的速率。

*64. (III) 一個質量為 m 的物體在半徑 r 的圓周中移動。其切線加速度的時間函數為 $a_{\tan}=b+ct^2$，其中 b 與 c 為常數。若 $t=0$ 時，$v=v_0$，試求在任何 $t>0$ 的時刻，作用在物體上的力之切線分量 $F_{\tan}$ 與徑向分量 F_R。

*5-6 受速度影響的力

*65. (I) 在例題 5-17 中，使用因次分析 (第 1-7 節)，判斷時間常數 τ 是 $\tau=m/b$ 或是 $\tau=b/m$。

*66. (II) 一滴 3×10^{-5} kg 的雨滴落下時的終極速度約為 9 m/s。假設拖曳阻力為 $F_D=-bv$，試求 (a) 常數 b 之值，以及 (b) 該雨滴從靜止至速度達到終極速度之 63% 時所需的時間。

*67. (II) 一個垂直移動的物體在 $t=0$ 時，$\vec{\mathbf{v}}=\vec{\mathbf{v}}_0$。假設它受到重力以及一個阻力 $F=-bv$ 的作用，針對 (a) $\vec{\mathbf{v}}_0$ 向下，與 (b) $\vec{\mathbf{v}}_0$ 向上兩種情形，推導一個速度為時間之函數的公式。

*68. (III) 作用於汽車、飛機和跳傘者這些在空氣中運動之大型物體的拖曳力較近似於 $F_D=-bv^2$，(a) 對於這種與速度 v 的二次相依性，求垂直下落的物體之終極速度 v_T 的公式。(b) 若一個 75 kg 跳傘者之終極速度約為 60 m/s，求常數 b 之值，(c) 針對 $F_D\propto v^2$ 的這種情形，試繪出與圖 5-27b 類似的曲線。就相同的終極速度而言，此一曲線是位於圖 5-27 中之曲線的上方或下方？試解釋之。

*69. (III) 一名腳踏車騎士能以穩定的 9.5 km/h 之速率沿 7.0° 的斜坡向下滑行。如果拖曳力與速率 v 的平方成正比，因此 $F_D=-cv^2$，計算 (a) 常數 c 之值，和 (b) 若要以 25 km/h 的速率騎下斜坡，所必須施加的平均力量。已知腳踏車與騎士的總質量為 80.0 kg，並忽略其他類型的摩擦力。

*70. (III) 兩個拖曳力作用於腳踏車和騎士身上，一個是基本上與速度無關的滾動阻力 F_{D1}；另一個是與 v^2 成正比的空氣阻力 F_{D2}。就腳踏車與選手共 78 kg 的總質量而言，其 $F_{D1}\approx4.0$ N；

並且就 2.2 m/s 的速率而言，其 $F_{D2} \approx 1.0$ N。(a) 證明總拖曳力是 $F_D = 4.0 + 0.21v^2$，其中 v 的單位是 m/s，而 F_{D1} 的單位是 N 並且與運動方向相反。(b) 試求斜坡的斜角 θ，使腳踏車和騎士能夠不費力地以穩定的 8 m/s 之速率滑下坡道。

*71. (III) 如果一個物體於 $t = 0$ 時從靜止開始落下，並且受到一個阻力 $F = -bv$ 的作用，如例題 5-17 一般。試推導此物體之位置與加速度的時間函數。

*72. (III) 一塊質量為 m 的木塊沿著水平表面滑行，該水平面用黏稠的油潤滑，因而產生一個與速度 v 之平方根成正比的拖曳力：$F_D = -bv^{\frac{1}{2}}$，如果 $t = 0$ 時，$v = v_0$，試求 v 和 x 的時間函數。

*73. (III) 請證明在習題 72 中的木塊可行進的最大距離是 $2m\,v_0^{3/2}/3b$。

*74. (III) 你以直線方向潛入水池中，若剛進入水中時的速率為 5.0 m/s，而你的質量為 75 kg。假設拖曳力為 $F_D = -(1.00 \times 10^4\ \text{kg/s})\,v$，需要多少時間才會使速率降為原有速率的 2%？(忽略任何浮力的影響。)

*75. (III) 一艘以 2.4 m/s 之速率行駛的汽艇在 $t = 0$ 時關閉引擎，在 3.0 s 後發現它的速率已降至原來的一半，它將行駛多遠才會停止？假設水的拖曳力與速度 v 成正比。

一般習題

76. 當司機將時速為 45 km/h 的汽車在 3.5 s 內煞住時，汽車水平儀表板上的咖啡杯會向前滑動，但如果他用較長的時間煞車，則咖啡杯就不會滑動。杯子和儀表板之間的靜摩擦係數為何？假設這條道路及儀表板是水平的。

77. 一個 2.0 kg 的銀器抽屜不太容易滑動，使用者逐漸地用愈來愈大的力拉此抽屜。當作用力達到 9.0 N 時，抽屜猛然被拉開，所有的器具拋落一地。抽屜和櫃子之間的靜摩擦係數為何？

78. 一輛雲霄飛車到達陡峭山頂時的速率為 6.0 km/h，然後它往下降，此山坡的平均坡度為 45°，且長度為 45.0 m。當它到達底部時的速率為何？假設 $\mu_k = 0.12$。

79. 一個 18.0 kg 的盒子在 37.0° 斜面上被釋放，並以 0.22 m/s² 的加速度沿著斜面下滑，求出可以阻止它移動的摩擦力，此摩擦係數有多大？

80. 一個扁平的橡皮圓盤 (質量 M) 在一個無摩擦的球台上繞著一個圓周旋轉，它經由一條穿過中心小孔的細繩與垂懸於另一端的物體 (質量為 m) 相連，如圖 5-48 所示。證明橡皮圓盤的速率是 $v = \sqrt{mgR/M}$。

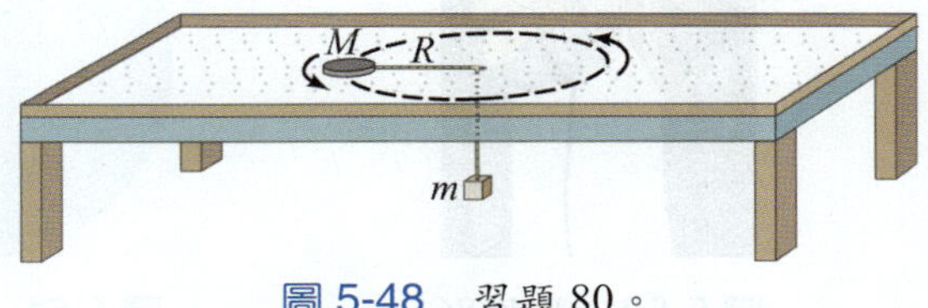

圖 5-48 習題 80。

81. 一名機車騎士在關閉引擎下以 20.0 m/s 的穩定速率滑行，接著進入一段沙地，此處的動摩擦係數是 0.70。如果沙地長 15 m，機車騎士若不啟動引擎可以駛離沙地嗎？如果可以，他離開沙地時的速率是多少？

82. 在嘉年華會的 "Rotor-ride" 遊樂設施中，人們在垂直圓柱形圍牆內的 "房間" 中旋轉 (見圖 5-49)。如果房間的半徑為 5.5 m，並且地板脫離時的旋轉頻率是每秒 0.50 轉，為了避免民眾下滑的最小靜摩擦係數為何？坐在 Rotor ride 的人們說他們 "靠著牆面被施壓"，是否真的有一種向外的力，朝著牆面對他們施壓？如果有，它的來源是什麼？如果沒有，他們正確的情況 (除了噁心之外) 為何？[提示：為其中一人畫一個自由體圖。]

圖 5-49　習題 82。

83. 一個用於培訓太空人和噴射戰鬥機飛行員的設備是設計成將學員在半徑為 11.0 m 的水平圓周上旋轉。如果學員感受到的力是自己體重的 7.45 倍，她當時旋轉得有多快？將你的答案分別用 m/s 和 rev/s 兩種方式表示。

84. 一輛 1250 kg 的汽車繞行一曲率半徑為 72 m 並且邊坡斜度為 14° 的彎道。如果汽車正以 85 km/h 的速率行駛，此時需要一個摩擦力嗎？如果是，它的值是多少並且方向為何？

85. 有一淨力由地面施加在一輛 1150 kg 且車速為 27 m/s 的汽車上，它是在曲率半徑為 450 m 的彎道上從靜止開始，在 9 s 內加速至這個速率。試求汽車所受淨力的切線和向心方向的分量。

86. 圖 5-50 中一位 70.0 kg 的登山者被作用在鞋子和背部上的摩擦力支撐在岩壁間的 "狹縫" 中，鞋子和岩壁之間的靜摩擦係數，以及背部和岩壁之間的靜摩擦係數分別是 0.80 和 0.60。他必須施加的最小正向力為何？假設岩壁是垂直的，而兩個靜摩擦力都是最大的，並忽略他緊握繩子的效應。

87. 一個質量為 m 的小物體，放置在一個球體的表面上 (圖 5-51)，如果靜摩擦係數 $\mu_s = 0.70$，物體位於什麼角度 ϕ 處，會開始滑動？

圖 5-50　習題 86。

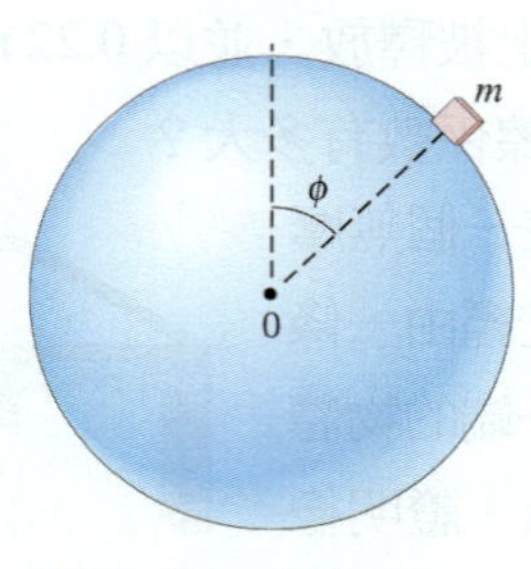

圖 5-51　習題 87。

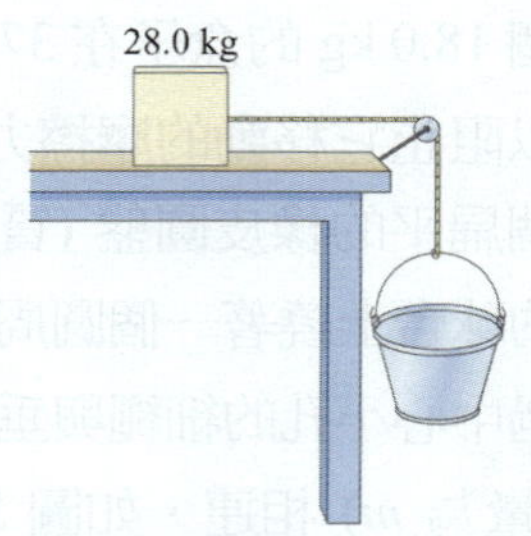

圖 5-52　習題 88。

88. 一個 28.0 kg 的木塊由一條繩索連接到一個 2.00 kg 的空桶，此繩索繞在一個沒有摩擦力的滑輪上 (圖 5-52)。桌面與木塊之間的靜摩擦係數是 0.45，而動摩擦係數是 0.32。將沙子慢慢地加到桶中，直到系統開始移動。(a) 計算加到桶中的沙子之質量，(b) 計算系統的加速度。

89. 一輛汽車正以 95 km/h 的速率駛向一個濕滑的路面，它可以停住而不打滑的最短距離是 66 m。估算可以讓這輛汽車在結冰的路面上以相同的速率而不打滑的情況下順利通過的最急劇之彎道為何？

90. 在你的手錶中之 1.5 cm 長的秒針針尖所感受到的加速度為何？

91. 一架正以 480 km/h 之速率飛行中的飛機需要調頭反向，飛行員決定將機翼傾斜 38° 角來完成此任務。(a) 調頭反向所需的時間為何？(b) 說明在調頭反向的過程中，乘客所承受的額外力量為何。[提示：假設有一個空氣動力學的"抬升"力垂直作用於機翼上，見圖 5-53。]

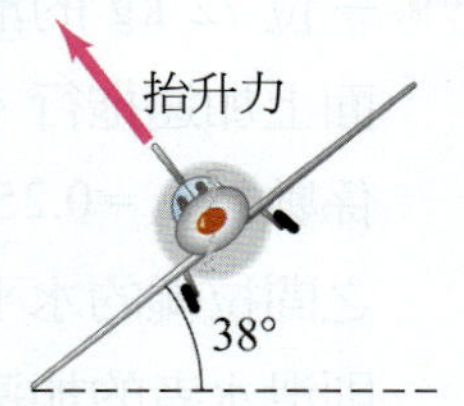

圖 5-53 習題 91。

92. 新公路上的一個曲率半徑為 R 的有邊坡之彎道，其目的是使在光滑結冰路面上 (零摩擦)行駛的汽車可以安全地通過。如果車速太慢，它就會朝彎道中心滑行；如果車速太快，則會朝遠離彎道中心的方向滑行。如果靜摩擦係數增加，它就可以讓車速在 $v_{\min}$ 至 $v_{\max}$ 範圍內的汽車留在道路上。試推導作為 μ_s、v_0 與 R 之函數的 $v_{\min}$ 與 $v_{\max}$ 之公式。

93. 一顆質量為 m 的小珠子，在無摩擦力的情況下於一個半徑為 r 的垂直鐵環內側滑動，而鐵環則以頻率 f 繞著垂直的轉軸而轉動 (圖 5-54)。(a) 試求這個小珠子在平衡狀態中，也就是它沒有沿著鐵環向上或向下移動之傾向時的角度 θ。(b) 若 $f = 2.00$ rev/s 且 $r = 22.0$ cm，則 θ 之大小為何？(c) 小珠子能否到達與圓心同等高度處 ($\theta = 90°$)？試解釋之。

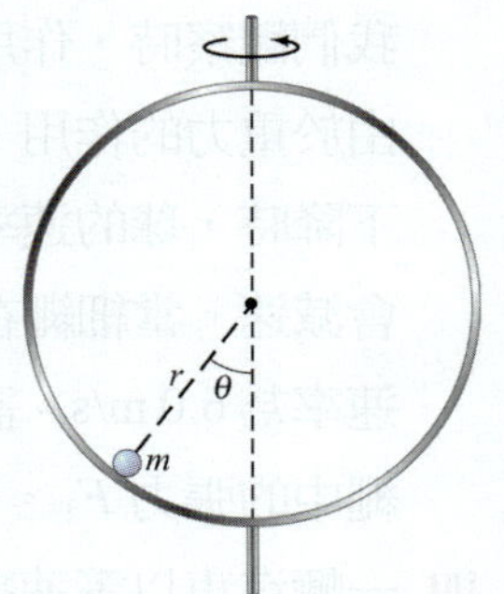

圖 5-54 習題 93。

94. 地球其實並不完全是一個慣性座標。然而我們卻經常假設地球是一個慣性參考座標，而在一個固定於地球上的參考座標中進行測量。但是，地球是會轉動的，所以這個假設並不十分正確。我們利用計算一個物體在地球赤道上因地球轉動所產生的加速度，並將其與重力加速度 $g = 9.80\ \text{m/s}^2$ 相比較，來證明這個假設有千分之三的誤差。

95. 在釣魚時，你感到煩悶並開始繞著圓圈搖動綁在一段 0.45 m 長之釣線上的鉛錘，若鉛錘繞行圓周一圈的時間為 0.5 s。試問釣線與垂直方向所夾的角度為何？[提示：見圖 5-20]

96. 一列火車以 160 km/h (約 100 mi/h) 的速率行駛在半徑為 570 m 的彎道上。(a) 如果軌道沒有傾斜邊坡而火車並未偏斜，試計算火車上一位 75 kg 之乘客所需的摩擦力。(b) 如果此時火車朝彎道中心偏斜 8.0°，試計算乘客所受到的摩擦力。

97. 一輛汽車行駛在一條 1-in-4 的下坡道路上 (1-in-4 表示該路段車子每行進 4 m，高度就下降 1 m)。當它行駛 55 m 後到達底部時，車速有多快？(a) 忽略摩擦力。(b) 假設有效的摩擦係數為 0.10。

98. 一個圓錐的兩側與垂直方向的夾角為 ϕ。若將一個小質點 m 置於圓錐體內，而圓錐體尖端朝下並且以頻率 f (轉／秒) 繞著本身的對稱軸轉動。如果靜摩擦係數為 μ_s，該質點須置於圓錐上的甚麼位置，才不致在圓錐上滑動？(求距離軸心最大及最小的距離 r)。

99. 一位 72 kg 的滑水者，被一快艇在"平滑的"湖面上加速拖行。已知滑水板與水面之間的動摩擦係數為 $\mu_k = 0.25$ (圖 5-55)。(a) 如果滑水者與快艇之間拉繩的水平張力大小為 $F_T = 240$ N ($\theta = 0°$)，則滑水者的加速度為何？(b) 如果拉繩與水平成 $\theta = 12°$ 之仰角，並且對滑水者施加 $F_T = 240$ N 的力，此時滑水者的水平加速度為何？(c) 試解釋為什麼滑水者在 (b) 中的加速度要比 (a) 中來得大。

圖 5-55 習題 99。

100. 一質量 $m = 1.0$ kg 的小球繫在長度 $r = 0.8$ m 的細繩末端，並且繞著 O 點在垂直的圓周上轉動，如圖 5-56 所示。當我們觀察時，作用於球上的力僅有重力以及繩中的張力。由於重力的作用，因此這是一個非等速的圓周運動。當它下降時，球的速率會增加；而當它在圓周另一側上升時則會減速。當細繩在水平下方並與水平成 $\theta = 30°$ 角時，球的速率為 6.0 m/s。試求此刻的切線加速度、徑向加速度以及繩中的張力 F_T。令向下為 θ 增加的方向。

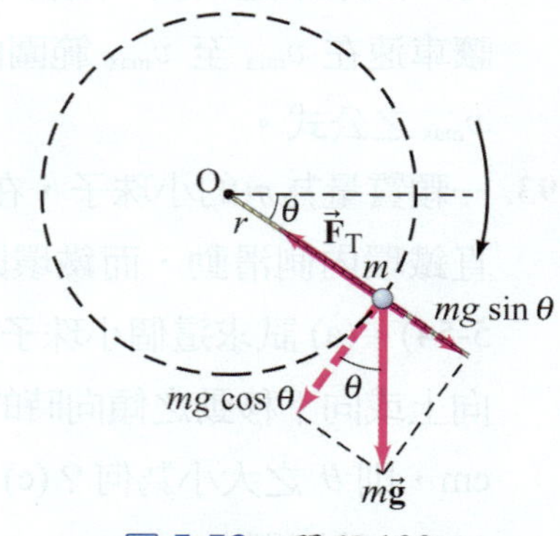

圖 5-56 習題 100。

101. 一輛汽車以等速率行駛在直徑為 127 m 的有邊坡之圓形車道上，其運動可以用一個原點位於圓心的座標系統來描述。在某一特定瞬間，汽車在水平面上的加速度為 $\vec{a} = (-15.7\,\hat{i} - 23.2\,\hat{j})$ m/s²，(a) 此時汽車的速率為何？(b) 汽車的位置 (x 和 y) 為何？

*數值／計算機

***102.** (III) 作用在迅速落下之物體 (如跳傘運動員) 上的空氣阻力 (拖曳力)，可用 $F_D = -kv^2$ 表示，因此將牛頓第二運動定律應用於這種物體上可得到 $m\dfrac{dv}{dt} = mg - kv^2$，其中將向下設為正方向。(a) 使用數值積分 [第 2-9 節] 來估算 (誤差在 2% 以內) 一個 75 kg 自靜止開始跳下的跳傘運動員，由 $t = 0$ 至 $t = 15.0$ s 的位置、速度和加速度，假設 $k = 0.22$ kg/m。(b)

證明跳傘運動員最後將達到一穩定的終極速率，並解釋為什麼會出現這種情況。(c) 跳傘運動員達到終極速率的 99.5% 時需要多少時間？

*103. (III) 兩個表面之間的動摩擦係數 μ_k 並非完全與物體的運動速度無關。木頭與木頭之間動摩擦係數 μ_k 一個可能的表示式為：$\mu_k = \dfrac{0.20}{(1+0.0020v^2)^2}$，其中 v 的單位是 m/s。一塊質量為 8 kg 的木頭，放置在木質的地板上，並且受一 41 N 的水平力作用。利用數值積分法 [第 2-9 節]，計算並繪出從 $t=0$ 至 $t=5.0$ s 期間 (a) 木塊的速率和 (b) 位置的時間函數。(c) 如果 μ_k 是常數，並且等於 0.20，試求 $t=5.0$ s 時的速度與位置的百分比差異。

*104. (III) 一個垂直向上飛行的 250 kg 之火箭，於 $t=0$ 時燃料用完，此刻火箭的速率為 120 m/s，並且從此刻起作用在火箭上的淨力為 $F=-mg-kv^2$。若已知 $k=0.65$ kg/m，僅考慮向上的運動，試以每 1.0 s 為間隔計算 v 及 y，並估計可達到的最高高度。並將結果與它在沒有空氣阻力 ($k=0$) 之情況下的自由飛行相比較。

練習題答案

A: (c)。

B: F_{Px} 不足以使箱子長時間移動。

C: 不，方向中的加速度不是常數。

D: (a)，它將加倍。

E: (d)。

F: (a)。

G: (c)。

H: 對的。

I: (a) 沒有改變；(b) 4 倍大。

萬有引力與牛頓的綜合論

這張照片的左上方是正在太空梭上工作的太空人。當他們以相當高的速率繞著地球運行時，會感受到明顯的失重狀態。背景中的月球，也是以高速繞著地球運行。是什麼力量使月球和太空梭 (及其太空人) 不致沿直線方向遠離地球？它就是重力。牛頓的萬有引力定律指出，所有物體都會以與其質量成正比，並且與距離平方成反比的力吸引其他所有物體。

章前問題——試著想想看！

一個太空站如同人造衛星一般圍繞著地球運轉，它距離地球表面 100 km，是多大的淨力使太空站內的太空人呈現靜止狀態？

(a) 與她在地球上的重量相等。

(b) 略小於她在地球上的重量。

(c) 比她在地球上重量的一半還更少。

(d) 零 (她是無重量的) 。

(e) 略大於她在地球上的重量。

牛頓不僅提出三個偉大的運動定律，而作為動力學研究的基礎，他也構想出另一個偉大的定律以描述自然界中的一個基本力量——萬有引力，並且應用它來了解行星的運動。這個新的定律於 1687 年發表在他的自然哲學的數學原理 (簡稱原理) 一書中，被稱為牛頓的萬有引力定律。它是牛頓對物理世界之分析的最高成就。的確，包括三個運動定律以及萬有引力定律的牛頓力學是幾個世紀以來看待宇宙運作的力學基礎。

6-1 牛頓的萬有引力定律

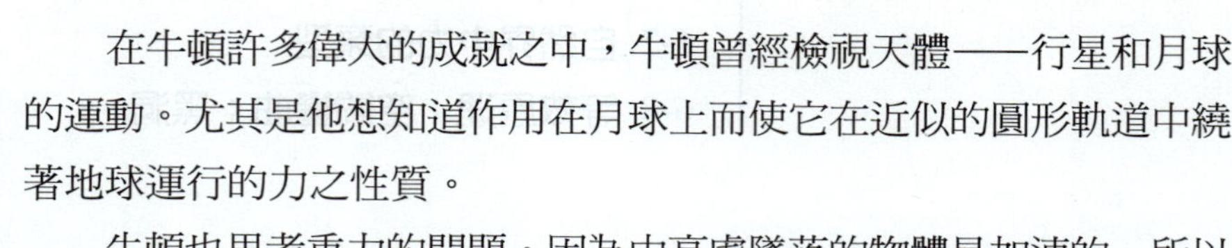

在牛頓許多偉大的成就之中，牛頓曾經檢視天體——行星和月球的運動。尤其是他想知道作用在月球上而使它在近似的圓形軌道中繞著地球運行的力之性質。

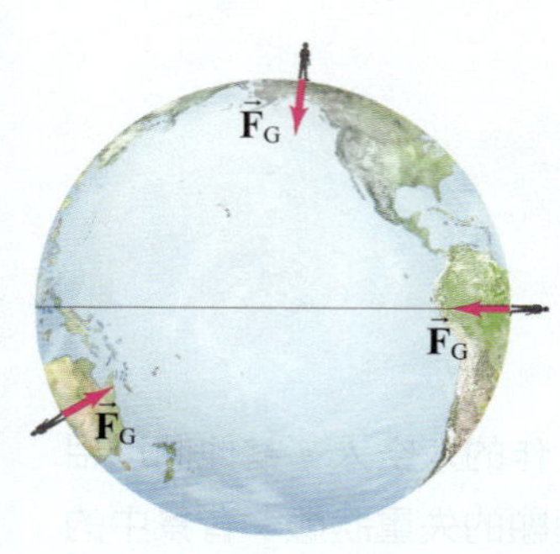

圖 6-1 在全球各地，無論是阿拉斯加、澳洲或秘魯，重力都必定朝著地球的中心向下作用。

牛頓也思考重力的問題。因為由高處墜落的物體是加速的，所以牛頓的結論是，它們必定受到一個力的作用，這個力稱為重力。每當一個物體受力作用時，那個力必定是由其他物體所施加。但是重力是由什麼所施加的？在地球表面的每個物體都感受到重力，並且不論物體在何處，這個力都指向地球的中心 (圖 6-1)。牛頓認為它必定是地球本身對地球表面上之物體所施加的引力。

根據傳說，牛頓曾注意到蘋果從樹上掉下來，並且得到一個突發的靈感：如果重力作用在樹上，甚至作用在山頂上，或許它也會老遠地對月球作用。這個地球的引力將月球保持在它軌道中的概念，使牛頓發展出偉大的萬有引力理論。但當時產生爭議，許多思想家難以接受一個“隔一段距離作用”的力這樣的想法。典型的力是經由接觸而產生作用的——例如你用手推動一輛手推車或是拉一輛馬車、一支球棒擊中球等等。但是重力的作用是不需要接觸的。牛頓說：即使沒有接觸，地球對掉落的蘋果與月球施力，而且甚至這兩個物體可能相距甚遠。

牛頓著手判斷地球對月球施加的引力大小並與地球表面上的物體之重力相比較。在地球表面，重力以 9.80 m/s^2 對物體加速。而月球的向心加速度是由 $a_R = v^2/r$ 計算得到的 (見例題 5-9)，其大小為 $a_R = 0.00272$ m/s^2。若以地球表面的重力加速度 g 表示，它相當於

$$a_R = \frac{0.00272\ \text{m/s}^2}{9.80\ \text{m/s}^2} g \approx \frac{1}{3600} g$$

亦即，月球朝向地球的加速度大約是物體在地球表面之加速度的 1/3600。月球距地球 384000 km，大約是地球半徑 6380 km的 60 倍，即月球距離地球中心要比地球表面的物體距離地球中心遠 60 倍，但是 $60 \times 60 = 60^2 = 3600$，此處再次出現 3600！牛頓認為，地球施加在任何物體上的引力 F 與物體距地球中心之距離 r 的平方成反比

$$F \propto \frac{1}{r^2}$$

月球與地球的距離是地球半徑的 60 倍，因此它感受到的引力只有當它若是地球表面上的一個點的 $1/60^2 = 1/3600$。

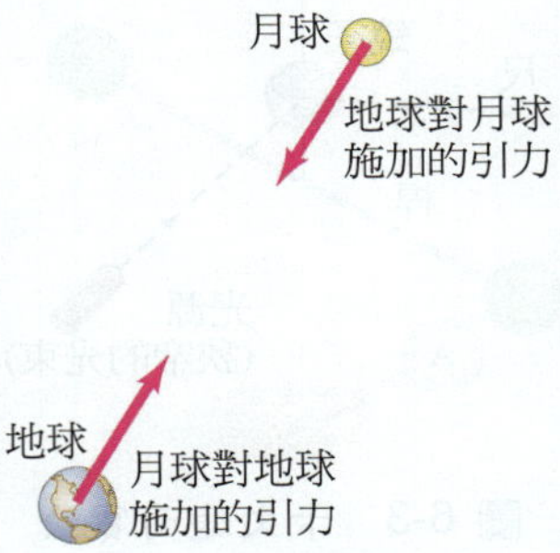

圖 6-2 第一個物體對第二個物體施加的引力之方向是朝向第一個物體，並且與第二個物體對第一個物體所施加的引力大小相等，但方向相反。

牛頓了解作用在一個物體上的引力不僅依距離而定，也與物體的質量有關。事實上，它是與質量成正比，正如我們所見。依照牛頓第三運動定律，當地球施加引力在任何物體上時，例如月球，該物體也會對地球施加一個大小相等且方向相反的力 (圖 6-2)。由於這種對稱性，因此牛頓推論，引力的大小必定與二者之質量成正比。因此

$$F \propto \frac{m_E m_B}{r^2}$$

其中 m_E 是地球的質量，m_B 是其他物體的質量，並且 r 是地球中心與其他物體中心之間的距離。

牛頓對引力做更進一步的分析。在行星軌道的檢視中，他推論使不同行星維持在它們的軌道中繞著太陽運行所需要的力與它們和太陽之間的距離平方成反比。這使他相信在太陽和各個行星之間也有引力的作用，而使它們保持在各自的軌道中。如果這些物體之間有引力作用，為什麼其他所有物體之間就沒有呢？因此，他提出了**萬有引力定律** (law of universal gravitation)，我們可以敘述如下

牛頓的萬有引力定律

> 宇宙中的每個質點都會以一個力吸引其他的每一個質點，這個力與它們質量的乘積成正比，而且與它們之間的距離平方成反比。這個力沿著連結兩質點之直線的方向作用。

萬有引力的大小可以寫成

$$F = G\frac{m_1 m_2}{r^2} \tag{6-1}$$

其中 m_1 和 m_2 是這兩個質點的質量，r 是它們之間的距離，而 G 則是一個通用常數，它必須由實驗測量，並且對所有物體而言均具有相同的數值。

G 的值必定是非常小，因為我們無法察覺兩個平常大小的物體 (例如兩個棒球) 彼此之間的吸引力。兩個平常的物體之間的力最初是在 1798 年被亨利卡文迪西測得，這已是牛頓發表他的定律的 100 年之後。為了要察覺並且測量一般物體之間小到難以置信的力，他使用與圖 6-3 相同的裝置。卡文迪西證實了牛頓的兩個物體彼此吸引的假說，以及正確地描述這個力的 (6-1) 式。此外，因為卡文迪西可以準確地測量 F、m_1、m_2 與 r，所以他能夠求得常數 G 的值，現今公認的值是

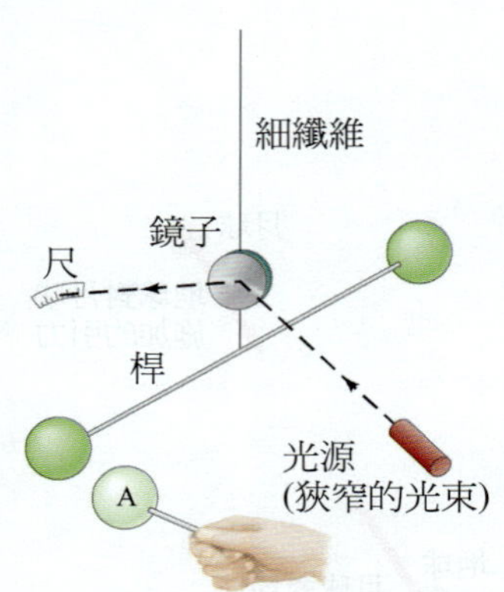

圖 6-3　卡文迪西實驗儀器的簡圖。兩個球體由一根輕的橫桿連接，其中心使用一條細纖維懸吊。當第三個球體 (標示為 A) 接近被懸吊中的其中一個球體時，萬有引力導致後者移動，這樣的搖動因而使纖維線略微扭轉。這種微小的移動可以利用一個狹窄的光束照射在一面安裝於纖維線上的鏡子而加以放大。這個光束反射到一支刻度尺上。而先前已經測定一個多大的力可使纖維線扭轉一特定的量，因而實驗者可以據此求出兩個物體之間的引力大小。

$$G = 6.67 \times 10^{-11}\ \mathrm{N \cdot m^2/kg^2}$$

(參考書後附表，其中列有已知為最精確值的所有常數。)

嚴格說來，(6-1) 式提供的是一個質點對距離 r 的第二個質點所施加的引力之大小。對一個大的物體 (不是一點) 而言，我們必須考慮如何測量距離 r。你可能會認為 r 是物體中心之間的距離，這對兩個球體而言是正確的，並且對其他的物體通常也是一個好的近似值。但正確的計算是將每個大的物體視為質點的聚集，而且總作用力是所有質點之作用力的總和。在這些質點上的總和通常是利用牛頓自已所發明的積分學來計算。當物體的大小小於它們之間的距離時 (如地球−太陽)，其結果的些微誤差是由於將它們視為質點所造成的。

牛頓證實 (見附錄 D)，一個具有球形對稱質量分佈的球體對外部的一個質點所施加的引力與球體的全部質量集中於它的中心點之情形是相同的。因此 (6-1) 式提供了兩個均勻的球體之間正確的引力，r 是它們中心之間的距離。

例題 6-1 估算　你能藉萬有引力吸引另一個人嗎？　一位 50 kg 的人和一位 70 kg 的人彼此緊靠坐在一張長椅上。計算其中一人對另一人所施加的萬有引力之大小。

方法　我們估計兩人的中心之間的距離是 1/2 m (盡可能的接近)。

解答　我們利用 (6-1) 式，得到

$$F = \frac{(6.67 \times 10^{-11}\ \mathrm{N \cdot m^2/kg^2})(50\ \mathrm{kg})(70\ \mathrm{kg})}{(0.5\ \mathrm{m})^2} \approx 10^{-6}\ \mathrm{N}$$

除非使用極靈敏的儀器，否則這個力是無法察覺的。

備註　若作為他們重量的一部分，這個力是 $(10^{-6}\ \text{N})/(70\ \text{kg})(9.8\ \text{m/s}^2) \approx 10^{-9}$。

例題 6-2　在 $2r_E$ 軌道上的太空船　一艘 2000 kg 的太空船在距離地心為地球半徑之兩倍的軌道上運行，太空船所受的引力是多少？(亦即位於地表上方 $r_E = 6380$ km 之距離處，圖 6-4) 地球質量為 $m_E = 5.98 \times 10^{24}$ kg。

方法　我們可以將所有的數字代入 (6-1) 式中，但有一種更簡單的方法。太空船與地球中心的距離是當它在地球表面時的兩倍，因為引力隨著距離的平方 $(1/2^2 = 1/4)$ 而減少，所以作用在衛星的引力將只是它在地球表面的四分之一。

解答　在地球表面，$F_G = mg$。在距離地球中心 $2r_E$ 處，F_G 減為 1/4 倍

$$F_G = \frac{1}{4}mg = \frac{1}{4}(2000\ \text{kg})(9.80\ \text{m/s}^2) = 4900\ \text{N}$$

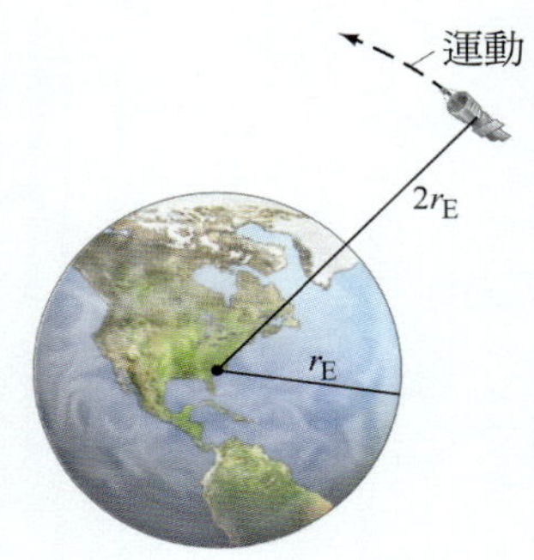

圖 6-4　例題 6-2。

例題 6-3　月球上的作用力　假設地球、太陽與月球之間的方位互相垂直如圖 6-5 所示。月球因地球和太陽的萬有引力吸引，所受的淨力為何？(地球質量 $m_E = 5.98 \times 10^{24}$ kg，太陽質量 $m_S = 1.99 \times 10^{30}$ kg，月球質量 $m_M = 7.35 \times 10^{22}$ kg)。

方法　月球上的力是由地球所施加的引力 F_{ME} 以及由太陽所施加的引力 F_{MS}，如圖 6-5 中的自由體圖所示。我們利用萬有引力定律求出每個力的大小，然後再將這兩個力以向量法相加。

解答　地球和月球距離是 $3.84 \times 10^5\ \text{km} = 3.84 \times 10^8$ m，因此 F_{ME} (由地球作用在月球上的萬有引力) 為

$$F_{ME} = \frac{(6.67 \times 10^{-11}\ \text{N} \cdot \text{m}^2/\text{kg}^2)(7.35 \times 10^{22}\ \text{kg})(5.98 \times 10^{24}\ \text{kg})}{(3.84 \times 10^8\ \text{m})^2}$$
$$= 1.99 \times 10^{20}\ \text{N}$$

太陽和月球的距離是 1.50×10^8 km，因此 F_{MS} (由太陽作用在月球上的萬有引力) 為

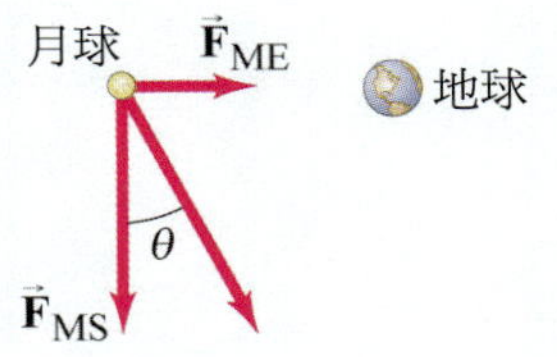

圖 6-5　例題 6-3。太陽 (S)、地球 (E) 與月球 (M) 之間的方位互成直角。

$$F_{MS}=\frac{(6.67\times10^{-11}\ \mathrm{N\cdot m^2/kg^2})(7.35\times10^{22}\ \mathrm{kg})(1.99\times10^{30}\ \mathrm{kg})}{(1.50\times10^{11}\ \mathrm{m})^2}$$
$$=4.34\times10^{20}\ \mathrm{N}$$

這兩個力互成直角 (圖 6-5)，我們應用畢氏定理求出總力的大小

$$F=\sqrt{(1.99\times10^{20}\ \mathrm{N})^2+(4.34+10^{20}\ \mathrm{N})^2}=4.77\times10^{20}\ \mathrm{N}$$

力作用的角度 $\theta=\tan^{-1}(1.99/4.34)=24.6°$。

備註　這兩個力 F_{ME} 和 F_{MS} 具有相同的數量級 (10^{20} N)。這可能是令人驚訝的。它合理嗎？太陽與月球的距離比地球與月球的距離大得多 (10^{11} m/10^8 m ≈ 10^3 的倍數)，但是太陽的質量也比地球大得多 (10^{30} kg/10^{23} kg ≈ 10^7 的倍數)。質量除以距離的平方 ($10^7/10^6$) 結果在一個數量級的範圍內，而且我們忽略了 3 或更多係數。對！它是合理的。

注意

分清楚牛頓第二運動定律與萬有引力定律之間的差別

注意萬有引力定律描述的是一個特別的力 (引力)，然而牛頓第二運動定律 ($F=ma$) 告訴我們，一個物體因任何類型的力作用而如何加速度。

*球殼

牛頓利用他為這目的所發明的微積分證明一個薄的均勻球殼對球殼外一個質點所施加的力，與將球殼的所有質量集中在它的中心是相同的，而均勻球殼對殼內質點所施加的力為零。(推演過程在附錄 D 中)。地球可以視為是由從它的中心開始的一系列同心球殼所組成，每個殼是均勻的，但須考慮到地球在各層中的密度變化，因而每個殼有不同的密度。有一個簡單的例子，假設地球處處都是均勻的；一個正好位於從地球中心到它的表面中途的質點所受的萬有引力為何？只有在半徑 $r=\frac{1}{2}r_E$ 內部的質量才會對該質點施加淨力。球體的質量與它的體積 $V=\frac{4}{3}\pi r^3$ 成正比，因此在 $r=\frac{1}{2}r_E$ 內部的質量 m 是地球總質量的 $\left(\frac{1}{2}\right)^3=\frac{1}{8}$。位於 $r=\frac{1}{2}r_E$ 處之質點所受的引力與 m/r^2 成正比 [(6-1) 式]，它減少為在地球表面所受到之引力的 $\left(\frac{1}{8}\right)/\left(\frac{1}{2}\right)^2=\frac{1}{2}$。

6-2 牛頓萬有引力定律的向量形式

我們可以將牛頓的萬有引力定律寫成向量形式

$$\vec{\mathbf{F}}_{12} = -G\frac{m_1 m_2}{r_{21}^2}\hat{\mathbf{r}}_{21} \tag{6-2}$$

其中，$\vec{\mathbf{F}}_{12}$ 是質點 2 (質量 m_2) 對質點 1 (質量 m_1) 施加的向量力，二者距離為 r_{21}；$\hat{\mathbf{r}}_{21}$ 是沿著直線由質點 2 指向質點 1 的單位向量，因此 $\hat{\mathbf{r}}_{21} = \vec{\mathbf{r}}_{21}/r_{21}$，其中 $\vec{\mathbf{r}}_{21}$ 是位移向量，如圖 6-6 所示。(6-2) 式中的負號是有必要的，因為由質點 2 對質點 1 所施加的力之方向與 $\hat{\mathbf{r}}_{21}$ 相反。位移向量 $\vec{\mathbf{r}}_{12}$ 是大小與 $\vec{\mathbf{r}}_{21}$ 相同，但是方向相反的向量，所以

$$\vec{\mathbf{r}}_{12} = -\vec{\mathbf{r}}_{21}$$

依牛頓第三運動定律，由 m_1 對 m_2 所施加的力 $\vec{\mathbf{F}}_{21}$ 必定和 $\vec{\mathbf{F}}_{12}$ 的大小相同，但作用的方向相反 (圖 6-7)，因此

$$\vec{\mathbf{F}}_{21} = -\vec{\mathbf{F}}_{12} = G\frac{m_1 m_2}{r_{21}^2}\hat{\mathbf{r}}_{21}$$

$$= -G\frac{m_2 m_1}{r_{12}^2}\hat{\mathbf{r}}_{12}$$

第二個質點施加在第一個質點上的萬有引力始終指向第二個質點，如圖 6-6 所示。當許多質點互相作用時，在某一特定質點上的總引力是由其他各質點所施加之力的向量和。例如，在質點 1 上的總引力是

$$\vec{\mathbf{F}}_1 = \vec{\mathbf{F}}_{12} + \vec{\mathbf{F}}_{13} + \vec{\mathbf{F}}_{14} + \cdots + \vec{\mathbf{F}}_{1n} = \sum_{i=2}^{n}\vec{\mathbf{F}}_{1i} \tag{6-3}$$

其中 $\vec{\mathbf{F}}_{1i}$ 為質點 i 對質點 1 所施加的力，而 n 是質點的總數。

這個向量標記法是非常有幫助的，尤其是需要在許多質點上作加總時更是如此。不過在許多情況中，我們並不需要如此刻板，只要藉著仔細地繪圖，就能夠處理方向的問題。

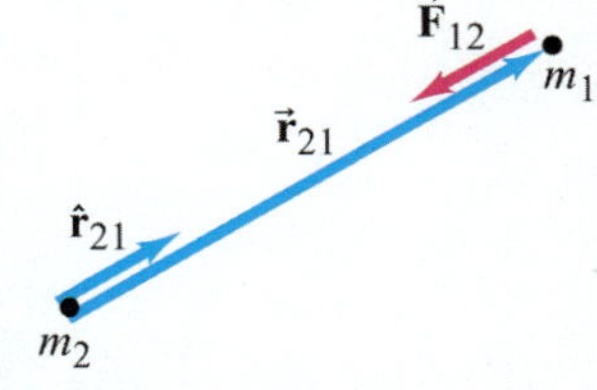

圖 6-6　位移向量 $\vec{\mathbf{r}}_{21}$ 是由質點 m_2 指向質點 m_1。單位向量 $\hat{\mathbf{r}}_{21}$ 與 $\vec{\mathbf{r}}_{21}$ 的方向相同，但是其長度為 1。

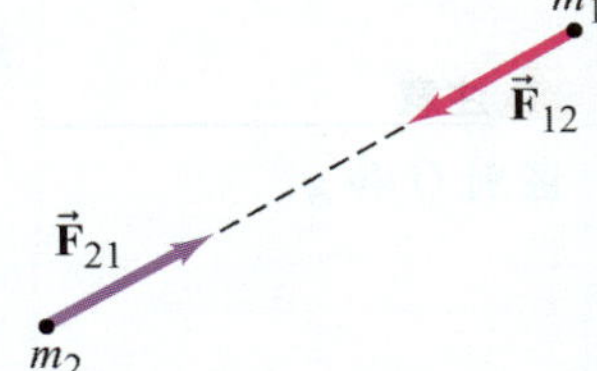

圖 6-7　依牛頓第三運動定律，由 m_2 作用在 m_1 上的引力 $\vec{\mathbf{F}}_{12}$ 與 m_1 作用在 m_2 上的引力 $\vec{\mathbf{F}}_{21}$ 大小相等，但方向相反，即 $\vec{\mathbf{F}}_{21} = -\vec{\mathbf{F}}_{12}$。

6-3 地球表面附近的重力；地球物理的應用

當 (6-1) 式應用在地球和一個位於地球表面的物體之間的萬有引力時，m_1 就成為地球的質量 m_E，m_2 就成為物體的質量 m，而 r 則成為物體至地球中心的距離，也就是地球的半徑 r_E。此一由地球產生的萬有引力就是物體的重量，我們已經將它寫成 mg。因此

$$mg = G\frac{mm_E}{r_E^2}$$

我們解 g 得到地球表面的重力加速度

$$g = G\frac{m_E}{r_E^2} \tag{6-4}$$

因此地球表面的重力加速度 g 是由 m_E 與 r_E 所決定的。(別把 G 和 g 混淆，它們是完全不同的兩個量，但是其關係式為 (6-4) 式)。

注意

區別 G 和 g

在 G 被測得之前，地球的質量是未知的。當 G 經測出之後，就可以利用 (6-4) 式計算地球的質量，而卡文迪西就是這樣做的第一人。因為 $g = 9.80\ \text{m/s}^2$，而地球半徑是 $r_E = 6.38\times10^6\ \text{m}$，然後由 (6-4) 式得到地球質量

$$m_E = \frac{gr_E^2}{G} = \frac{(9.80\ \text{m/s}^2)(6.38\times10^6\ \text{m})^2}{6.67\times10^{-11}\ \text{N}\cdot\text{m}^2/\text{kg}^2} = 5.98\times10^{24}\ \text{kg}$$

(6-4) 式也適用於其他行星，其中 g、m 和 r 是與該行星相關的量。

圖6-8　例題6-4。海拔 8850 m (29035 ft) 的埃佛勒斯峰。作者與夏爾巴族人在海拔 5500 m (18000 ft) 的高山上。

例題 6-4　估算　埃佛勒斯峰上的重力　計算在海拔 8850 m (29035 ft) 的埃佛勒斯峰頂上 g 的有效值 (圖 6-8)，亦即物體從這種高度自由落下的重力加速度是多少？

方法　重力 (和重力加速度 g) 與距地球中心的距離有關，因此在埃佛勒斯峰頂上的有效值 g' 將比海平面的 g 小。假設地球是均勻的球體 (一個合理的 “估計”)。

解答　我們利用 (6-4) 式，將 r_E 替換成 $r = 6380\ \text{km} + 8.9\ \text{km} = 6389\ \text{km} = 6.389\times10^6\ \text{m}$

$$g = G\frac{m_E}{r^2} = \frac{(6.67\times10^{-11}\ \text{N}\cdot\text{m}^2/\text{kg}^2)(5.98\times10^{24}\ \text{kg})}{(6.389\times10^6\ \text{m})^2}$$

$$= 9.77\ \text{m/s}^2$$

大約減少千分之三 (0.3%)。

備註 這是一個估算，因為在其他的事物中，我們忽略了山頂下所聚積的質量。

因為地球不是一個完美的球體，所以在不同的地點由 (6-4) 式所計算出的 g 值並不是精確的數值。地球不是只有山脈和溪谷，以及赤道處的凸出，而且它的質量也不是均勻地分佈 (見表 6-1)。地球的自轉也會影響 g 值 (見例題 6-5)。不過對大部分實際應用而言，當一個物體在地球表面附近時，我們只要應用 $g = 9.80\ \text{m/s}^2$，並且將物體的重量寫成 mg。

表 6-1 全球各種不同地點的重力加速度

地點	海拔 (m)	重力加速度 g (m/s²)
紐約	0	9.803
舊金山	0	9.800
丹佛	1650	9.796
派克斯峰	4300	9.789
雪梨	0	9.798
赤道	0	9.780
北極	0	9.832

練習 A 假設你能夠將行星的質量增為兩倍，但是將它的體積保持不變，則在表面處的重力加速度 g 會如何改變？

由於地表的不規則性和不同密度的岩石，因此地球表面的 g 值因地而不同。這種"重力異常"之 g 的變化非常小——每 10^6 或 10^7 分之 1 的數量級，但它們可以被測出 (用"重力計"可以測出 10^9 分之 1 的 g 值變化)。地球物理學家使用這種測量法作為他們調查地殼結構以及礦產和石油探勘的一部分。例如礦床通常比周圍的物質有較高的密度；因為在某一特定體積中有較大的質量，所以這種礦床頂部的 g 值要比側面略大。在經常發現石油的"鹽丘"處，其密度比平均密度小，因此搜尋 g 值稍微減少的地點可以發現石油。

物理應用

地質學——礦物和石油探勘

例題 6-5 **地球自轉對 g 的影響** 假設地球是一個完美的球體，計算地球自轉如何影響兩極與赤道的 g 值。

方法 圖 6-9 中表示在地球上的兩處有一個質量 m 的人站在體重秤上。在北極，有兩個力作用在人身上：重力 $\vec{\mathbf{F}}_G = m\vec{\mathbf{g}}$ 以及體重秤向上推擠的力 $\vec{\mathbf{w}}$。因為後者的力是物體的重量，所以我們稱它為 w，而且依牛頓第三運動定律它等於此人向下推體重秤的力量。因為此人沒有加速度，所以牛頓第二運動定律告訴我們

$$mg - w = 0$$

所以 $w = mg$。因此體重秤記錄的重量 w 等於 mg，這並不令人意外。

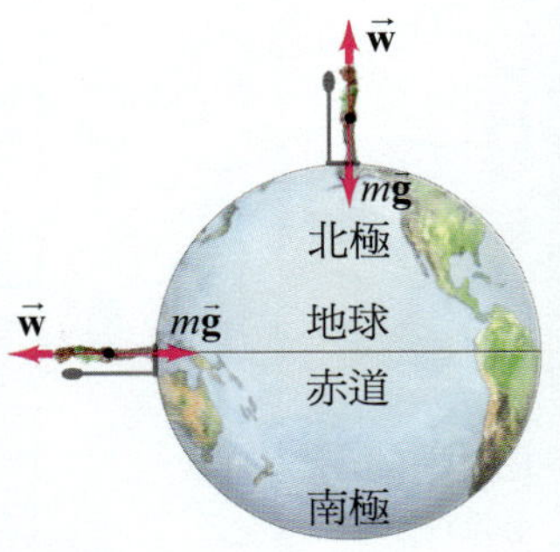

圖 6-9 例題 6-5。

接著在赤道處，因為地球自轉所以有加速度。相同大小的重力 $F_G = mg$ 向下作用 (我們以 g 代表沒有自轉時的重力加速度，並忽略赤道的輕微凸起)。體重秤以一個力 w' 向上推擠；w' 也是人向下推體重秤的力 (牛頓第三運動定律)，因此是體重秤記錄的重量。由牛頓第二運動定律，我們得到 (見圖 6-9)

$$mg - w' = m\frac{v^2}{r_E}$$

由於地球的自轉而使質量 m 的人現在有一個向心加速度；$r_E = 6.38 \times 10^6$ m 是地球半徑，而 v 則是因地球每天自轉所產生的人之速率。

解答 首先我們計算靜置於地球赤道上之物體的速度 v，記得地球一天 $[(24\text{ h})(60\text{ min/h})(60\text{ s/min}) = 8.64 \times 10^4\text{ s}]$ 自轉一周 (距離 = 地球圓周長 = $2\pi r_E$)

$$v = \frac{2\pi r_E}{1\,(\text{天})} = \frac{(6.283)(6.38 \times 10^6\text{ m})}{(8.64 \times 10^4\text{ s})} = 4.640 \times 10^2\text{ m/s}$$

有效重量為 $w' = mg'$，其中 g' 是 g 的有效值，因此 $g' = w'/m$。解前面方程式，得到

$$w' = m\left(g - \frac{v^2}{r_E}\right)$$

所以

$$g' = \frac{w'}{m} = g - \frac{v^2}{r_E}$$

因此

$$\Delta g = g - g' = \frac{v^2}{r_E} = \frac{(4.640 \times 10^2\text{ m/s})^2}{(6.38 \times 10^6\text{ m})} = 0.0337\text{ m/s}^2$$

大約是 $\Delta g \approx 0.003g$，0.3% 的差異。

備註 1 在表 6-1 中，可以看到兩極和赤道之 g 的差值實際上比這個值大：$(9.832 - 9.780)\text{ m/s}^2 = 0.052\text{ m/s}^2$。這個差異主要是由於地球之半徑在赤道處要比兩極處略大一些 (21 km)。

備註 2　兩極與赤道以外的緯度地區，其 g 之有效值的計算是一個二維的問題，這是因為 $\vec{\mathbf{F}}_G$ 是沿著徑向朝向地球中心，而向心加速度的方向則與轉軸正交，並與赤道平行。這個意思就是除了赤道與兩極之外，一條鉛錘線 (g 的有效方向) 實際上並不是完全垂直的。

地球作為慣性參考座標

我們經常假設固定在地球上的參考座標是慣性參考座標。例如在先前的例題 6-5 中，我們利用牛頓第二運動定律的計算結果顯示這項假設造成的誤差不會超過約 0.3%。我們將在第 11 章中更詳細地討論地球自轉的效應和參考座標，其中還包括科里奧利效應。

6-4　人造衛星與“失重”

人造衛星運動

物理應用
地球的人造衛星

繞行地球運轉的人造衛星如今已是司空見慣的事 (圖 6-10)。利用火箭以足夠高的切線速率將人造衛星加速而進入軌道中，如圖 6-11 所示。如果速率過高，太空船將不受地球引力的限制而脫離，不再返回；若速度太低，它將回到地球。人造衛星通常是進入圓形的 (或幾近圓形) 軌道，因為進入這種軌道需要的發射速率為最低。

它有時被問道：“是什麼將人造衛星保持在軌道上？”答案是：它的高速。如果人造衛星停止運動，它將會直接落到地球上。但是以

圖 6-10　一個人造衛星 (國際太空站) 繞地球運行。

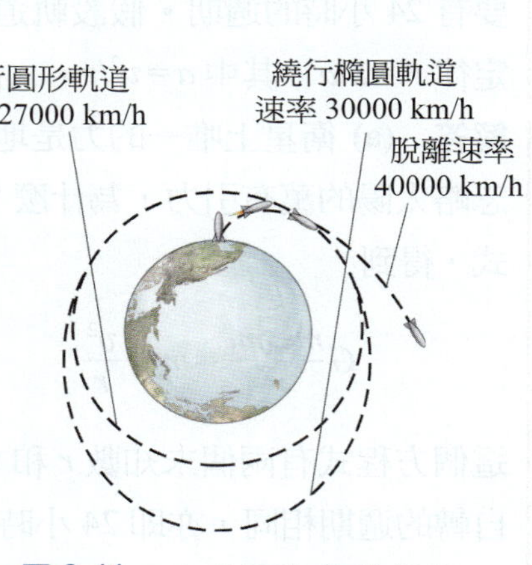

圖 6-11　以不同速率發射的人造衛星。

圖6-12 一個移動中的衛星"落"出一條直線路徑而朝著地球運行。

人造衛星的極高速率，如果不是地球的重力將它拉入軌道，它就會很快地飛到太空中 (圖 6-12)。事實上，人造衛星正在落下 (朝向地球加速)，但是它極高的切線速率使它不會與地球碰撞。

對於在圓周中 (至少是近似地) 運動的人造衛星而言，所需要的加速度是向心的，並且等於 v^2/r。對人造衛星提供這個加速度的力就是由地球施加的引力，而且因為人造衛星可能距離地球相當遠，所以對於這個力我們一定要使用牛頓的萬有引力定律 [(6-1) 式]。我們將牛頓第二運動定律 $\Sigma F_R = ma_R$ 應用在徑向的方向上，得到

$$G\frac{mm_E}{r^2} = m\frac{v^2}{r} \tag{6-5}$$

其中，m 是人造衛星的質量。這個方程式將衛星距地心的距離 r 與它在一個圓形的軌道中的速率 v 相聯起來。注意只有一個力——引力——正作用在人造衛星上，而 r 是地球半徑 r_E 與衛星距地面之高度 h 二者之和：$r = r_E + h$。

物理應用
地球同步衛星

例題 6-6 地球同步衛星 地球同步衛星是指停留在地球上方相同的點之人造衛星，但只有當人造衛星是位於赤道上方的點時才有可能成為地球同步衛星。這種人造衛星作為電視和無線電廣播、天氣預報以及通訊中繼轉播之用。試求 (a) 人造衛星運行的軌道距地球表面的高度，(b) 衛星的速率，和 (c) 與在地球表面上方 200 km 處之軌道中運行的衛星之速率相比較。

方法 當地球自轉時，為了停留在地球上方相同的點，人造衛星必須要有 24 小時的週期。假設軌道是圓形的，我們應用牛頓第二運動定律 $F = ma$，其中 $a = v^2/r$。

解答 (a) 衛星上唯一的力是地球對它作用的萬有引力。(我們可以忽略太陽的萬有引力，為什麼？) 假設衛星做圓周運動，應用 (6-5) 式，得到

$$G\frac{m_{Sat}m_E}{r^2} = m_{Sat}\frac{v^2}{r}$$

這個方程式有兩個未知數 r 和 v。但人造衛星環繞地球運行與地球自轉的週期相同，亦即 24 小時。因此，人造衛星的速度必須是

$$v = \frac{2\pi r}{T}$$

其中，$T=1$ 天 $=(24\ \text{h})(3600\ \text{s/h})=86400\ \text{s}$。將它代入上述的“衛星方程式”中，得到 (兩邊消去 m_{Sat} 之後)

$$G\frac{m_E}{r^2}=\frac{(2\pi r)^2}{rT^2}$$

在消去一個 r 之後，解 r^3

$$r^3=\frac{Gm_E T^2}{4\pi^2}=\frac{(6.67\times10^{-11}\ \text{N}\cdot\text{m}^2/\text{kg}^2)(5.98\times10^{24}\ \text{kg})(86400\ \text{s})^2}{4\pi^2}$$

$$=7.54\times10^{22}\ \text{m}^3$$

取立方根而得到

$$r=4.23\times10^7\ \text{m}$$

或是距地球中心 42300 km 處。減去地球的半徑 6380 km 後，求出地球同步衛星必須在地球表面上方約 36000 km (約 $6\,r_E$) 的軌道上運行。

(b) 我們解 (6-5) 式之衛星方程式中的 v

$$v=\sqrt{\frac{Gm_E}{r}}=\sqrt{\frac{(6.67\times10^{-11}\ \text{N}\cdot\text{m}^2/\text{kg}^2)(5.98\times10^{24}\ \text{kg})}{(4.23\times10^7\ \text{m})}}$$

$$=3070\ \text{m/s}$$

如果利用 $v=2\pi r/T$，會得到相同的結果。

(c) 在 (b) 中的 v 之方程式顯示 $v\propto\sqrt{1/r}$。因此對於 $r=r_E+h=6380\ \text{km}+200\ \text{km}=6580\ \text{km}$，得到

$$v'=v\sqrt{\frac{r}{r'}}=(3070\ \text{m/s})\sqrt{\frac{(42300\ \text{km})}{(6580\ \text{km})}}=7780\ \text{m/s}$$

備註　衛星軌道的中心始終位於地球的中心；因此除了 0° 以外，衛星不可能在地球其他任何緯度上方固定的點環繞軌道運行。

觀念例題 6-7　**趕上衛星**　你是太空梭上的一位太空人，正在追趕一個待維修的衛星。你發現自己位於與衛星相同半徑的圓形軌道中，但是比它落後 30 km。你要如何趕上它呢？

回答　我們在例題 6-6 中 [或見 (6-5) 式] 看到速度與 $1/\sqrt{r}$ 成正比。因此，你必須對準一個較小的軌道以增加你的速率。注意，不能只增加速率卻不改變軌道。在超過衛星之後，你將必須減速然後再度向上。

(a) $\vec{a} = 0$

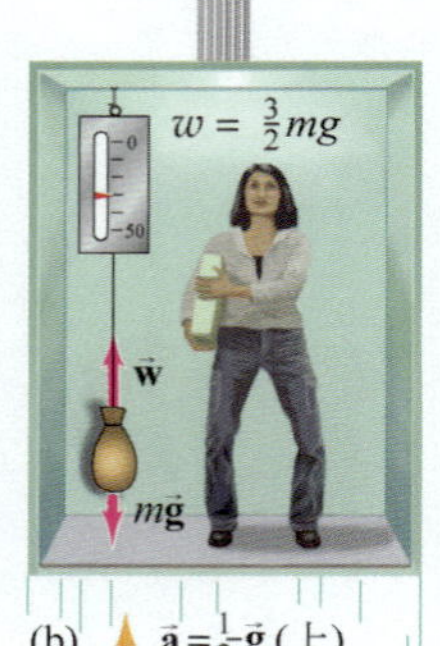

(b) $\vec{a} = \frac{1}{2}\vec{g}$ (上)

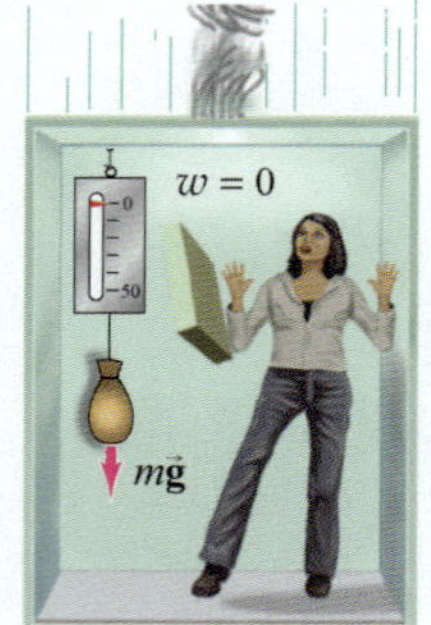

(c) $\vec{a} = \vec{g}$ (下)

圖 6-13 (a) 當電梯靜止時，一個物體對彈簧秤施加一個與它的重量相等之力量。(b) 當電梯以 $\frac{1}{2}g$ 加速向上時，物體的視重是實際重量的 $1\frac{1}{2}$ 倍。(c) 在一個自由落下的電梯中，人感受到"失重"狀態：彈簧秤讀值為零。

練習 B 兩個人造衛星在相同半徑的圓形軌道中環繞地球運行，其中一個衛星的質量是另一個的兩倍。下列關於這些衛星之速率的敘述哪一個是正確的？(a) 較重的衛星比較輕的快兩倍。(b) 這兩個衛星的速率相同。(c) 較輕的衛星比較重的快兩倍。(d)較重的衛星比較輕的快四倍。

失重

在一個環繞地球運行之衛星中的人與其他物體，據說會感受到明顯的失重，我們先觀察，一部下降的電梯這種較簡單的情形。圖 6-13a 中，電梯是靜止的並且其中有一個袋子吊在彈簧秤上。彈簧秤上的讀數顯示袋子對它向下施加的力。這個作用在秤上的力與秤向上施加在袋子的力大小相等且方向相反，我們稱它的大小為 w。有兩個力作用在袋子上：向下的萬有引力以及由彈簧秤向上施加且等於 w 的力。因為袋子並沒有加速度 ($a=0$)，所以當我們應用 $\Sigma F = ma$ 在圖 6-13a 的袋子上時，得到

$$w - mg = 0$$

其中 mg 是袋子的重量。因此，$w = mg$，因為秤顯示袋子對它施加的力 w，所以它顯示一個與袋子重量相等的力，正如我們所預期。

現在使電梯有一個加速度 a。將牛頓第二運動定律 $\Sigma F = ma$ 應用到由慣性參考座標 (電梯本身不是一個慣性座標) 所看到的袋子上，得到

$$w - mg = ma$$

解 w

$$w = mg + ma \qquad [a\text{是向上為正}]$$

我們已經選擇向上為正的方向。因此，如果加速度 a 是向上的，則 a 為正；而且秤將讀出比 mg 更大的 w 值。我們稱 w 為袋子的視重，在這情況下它會比它的實際重量 (mg) 還大。如果電梯加速向下，a 是負的，而且視重 w 將比 mg 還小。速度 $\vec{\mathbf{v}}$ 的方向對此沒有影響，只有加速度 $\vec{\mathbf{a}}$ 的方向 (和它的大小) 影響秤的讀數。

假設電梯的加速度是 $\frac{1}{2}g$ 向上；於是我們得到

$$w = mg + m\left(\frac{1}{2}g\right) = \frac{3}{2}mg$$

那就是，秤的讀數為袋子實際重量的 $1\frac{1}{2}$ 倍 (圖 6-13b)，袋子的視重是它真正重量的 $1\frac{1}{2}$ 倍。對人來說是如此：她的視重 (等於由電梯地板對她施加的正向力) 是她真正重量的 $1\frac{1}{2}$ 倍。我們可以說，她正感受到 $1\frac{1}{2}g$ 值，正如太空人在火箭發射時所感受 g 值一般。

如果電梯的加速度是 $a = -\frac{1}{2}g$ (向下)，則 $w = mg - \frac{1}{2}mg = \frac{1}{2}mg$。亦即秤的讀數是實際重量的一半。如果電梯是自由落下 (例如，如果纜繩斷裂)，則 $a = -g$ 並且 $w = mg - mg = 0$，此時秤的讀數是零，見圖 6-13c，袋子呈現失重狀態。如果在這個以 $-g$ 加速度之電梯中的人鬆手放開一支鉛筆，它將不會落到地板上，實際上，鉛筆將會以加速度 g 落下，但是電梯的地板和人也是如此。所以鉛筆剛好停留在人面前的半空中。因為在人的參考座標中，物體沒有落下而看來似乎沒有重量，可是重力並未消失，這種現象稱為外視失重。重力依然作用在每個物體上，它們的重量仍然是 mg。只因為電梯在自由落下時的加速度，而沒有接觸力對人作用使她感覺到重量，人和其他物體才會看來好像是失重狀態。

圖 6-14 這位太空人正在國際太空站外移動。因為他正感受到外視失重狀態，所以他必定感覺到非常自由。

人在地球附近的衛星軌道中所感受到的“失重”(圖 6-14)，和在自由落下的電梯中所感受的外視失重是相同的。起初你也許會覺得把衛星看作是自由落下是很奇怪的事，但衛星的確是朝地球落下，如圖 6-12 所示。重力使它落出正常的直線路徑。在那一點處，衛星的加速度必定是因重力所造成的加速度，因為唯一對它作用的力是重力。[我們利用它而求得 (6-5) 式]。因此，雖然重力作用在衛星內的物體上，但因為它們和衛星如自由落體一般正在一起加速度，所以物體感受到外視失重狀態。

練習 C 回到第 225 頁的章前問題，現在再次回答它。試解釋為什麼你的答案可能已經與第一次不同。

圖 6-15 顯示一些“自由落下”，或使人在地球上感受短暫外視失重的例子。

(a)

(b)

(c)

圖 6-15　在地球上感受“失重”狀態。

如果一艘太空船位於遠離地球、月球和其他物體的太空中，就會發生一種完全不同的狀況。此時因為距離的關係，由地球和其他天體所產生的重力極為微小，所以在這樣一艘太空船中的人才會感受到真正的失重。

練習 D　遠在外太空的太空人可以輕易地抓住一個保齡球 ($m = 7$ kg) 嗎？

6-5　克卜勒定律與牛頓的綜合論

在牛頓提出他的三個運動定律和萬有引力定律的半個多世紀之前，德國的天文學家克卜勒 (1571-1630) 已經對環繞太陽運行之行星的運動作了詳細的描述。克卜勒的成果有一部分是因為他曾經花了多年的時間研究布雷赫 (1546-1601) 所蒐集的行星在太空中運動之位置的資料。

克卜勒的著作是三個以經驗為依據的發現，我們現在將它稱為**克卜勒行星運動定律** (Kepler's laws of planetary motion)。其內容概述如下，並利用圖 6-16 與 6-17 作附加的說明。

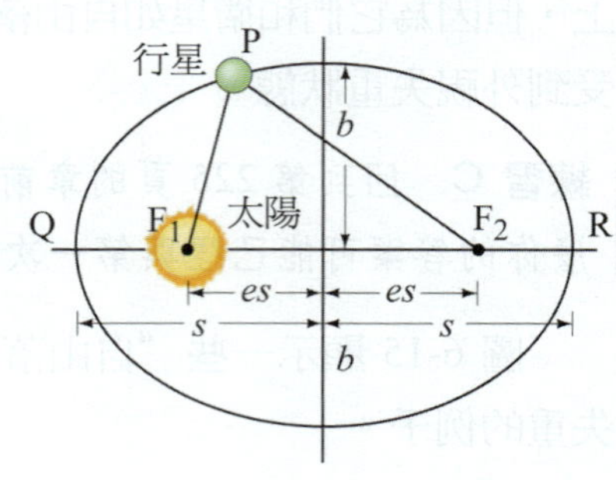

圖 6-16　克卜勒第一定律。橢圓是閉合的曲線，從曲線上任何一點 P 到兩個固定點 (F_1 和 F_2，稱為焦點) 之距離的總和是恆定值。亦即對於曲線上所有的點，距離的總和 $F_1P + F_2P$ 是相同的。圓是橢圓的一個特殊情況，它的兩個焦點在圓心處重合。半長軸的長度是 s (長軸是 $2s$)，半短軸是 b，如圖中所示。離心率 e 被定義為任一個焦點與橢圓中心點之距離除以半長軸 s。因此 es 為焦點與中心之距離，如圖所示。就一個圓而言，$e = 0$。地球和其他大部分的行星都具有幾近於圓形的軌道。地球的 $e = 0.017$。

克卜勒第一定律：每個行星圍繞太陽運行的路徑是一個橢圓，而太陽位於一個焦點上 (圖 6-16)。

克卜勒第二定律：從太陽到行星畫一條虛擬的線，在相等的期間內，每個行星移動掃過的面積是相等的 (圖 6-17)。

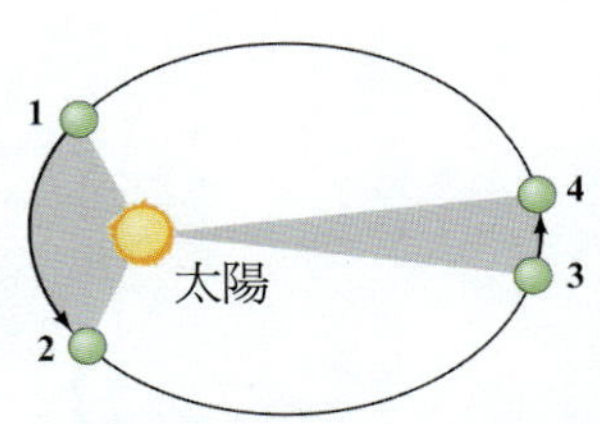

圖 6-17　克卜勒的第二定律。兩個陰影區域的面積相等。行星從點 1 移動到點 2 的時間等於從點 3 移動到點 4 的時間。行星在軌道中最接近太陽處的移動速率最快。本圖未依比例繪製。

克卜勒第三定律：任何兩個行星繞太陽運行之週期的平方之比等於它們半長軸的立方之比。[半長軸是軌道之長軸的一半，如圖 6-16 所示，並且代表行星與太陽平均距離。[1]] 亦即，如果 T_1 和 T_2 代表任何兩個行星的週期 (繞太陽一周所需的時間)，而 s_1 和 s_2 代表它們的半長軸，則

$$\left(\frac{T_1}{T_2}\right)^2 = \left(\frac{s_1}{s_2}\right)^3$$

它可以改寫成

$$\frac{s_1^3}{T_1^2} = \frac{s_2^3}{T_2^2}$$

這意思就是，對每個行星而言，s^3/T^2 都必須相同。當今的數據見表 6-2 中的最後一行。

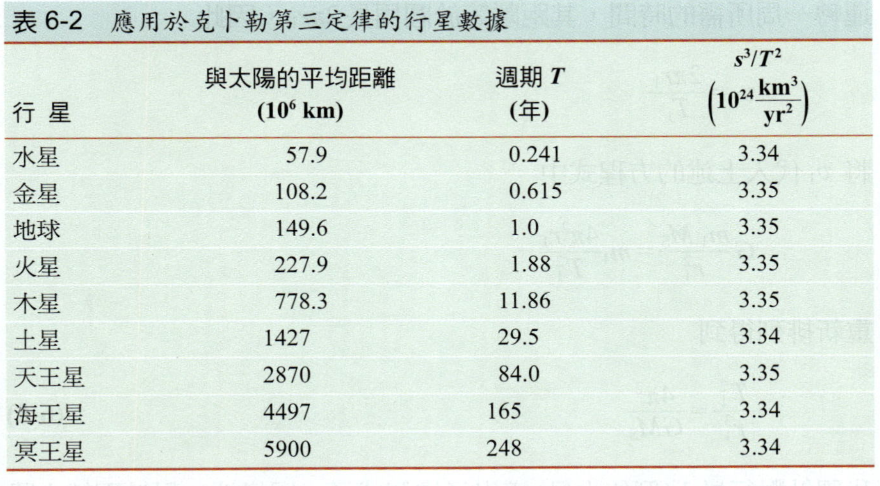

表 6-2　應用於克卜勒第三定律的行星數據

行 星	與太陽的平均距離 (10^6 km)	週期 T (年)	s^3/T^2 $\left(10^{24}\frac{\text{km}^3}{\text{yr}^2}\right)$
水星	57.9	0.241	3.34
金星	108.2	0.615	3.35
地球	149.6	1.0	3.35
火星	227.9	1.88	3.35
木星	778.3	11.86	3.35
土星	1427	29.5	3.34
天王星	2870	84.0	3.35
海王星	4497	165	3.34
冥王星	5900	248	3.34

1 半長軸等於行星與太陽之平均距離的意思是它等於行星與太陽的最近和最遠距離(圖 6-16 中的 Q 與 R 點)之和的一半。大多數的行星軌道接近圓形，而一個圓的半長軸即為圓的半徑。

克卜勒經由實驗數據的詳細分析完成了他的定律。五十年後，牛頓能夠證明可以用數學方法由萬有引力定律以及運動定律推導出克卜勒定律。他也表示，任何具有合理形式的引力定律，只有一個與距離平方成反比的完全與克卜勒定律一致。因此他以克卜勒定律作為證據，支持他的萬有引力定律 (6-1) 式。

稍後在第 11 章中，我們將推導克卜勒第二定律。此處我們要先推導克卜勒第三定律，並且利用圓形軌道的特殊情況，其中半長軸就是圓的半徑 r。(大部分的行星軌道接近一個圓。) 首先，我們寫出牛頓第二運動定律 $\Sigma F = ma$。對於 F，我們以萬有引力定律 [(6-1) 式] 來表示太陽和質量 m_1 的行星之間的力，而 a 則是向心加速度 v^2/r。我們假設太陽的質量 M_S 遠大於行星的質量，因此可以忽略行星彼此間的影響。於是

$$\Sigma F = ma$$

$$G\frac{m_1 M_S}{r_1^2} = m_1\frac{v_1^2}{r_1}$$

其中 m_1 是某一特定行星的質量，r_1 是太陽與行星之間的距離，v_1 是行星在軌道中的平均速率，M_S 是太陽的質量，這是由於太陽的萬有引力而使行星維持在它的軌道中運行。行星的週期 T_1 是它在軌道上運轉一周所需的時間，其距離等於圓周長 $2\pi r_1$。因此

$$v_1 = \frac{2\pi r_1}{T_1}$$

將 v_1 代入上述的方程式中

$$G\frac{m_1 M_S}{r_1^2} = m_1\frac{4\pi^2 r_1}{T_1^2}$$

重新排列得到

$$\frac{T_1^2}{r_1^3} = \frac{4\pi^2}{GM_S} \tag{6-6}$$

我們針對行星 1 (例如火星) 導出了這個式子。同樣地，對於圍繞太陽運行的第二個行星 (例如土星) 可以導出相同的式子，

$$\frac{T_2^2}{r_2^3} = \frac{4\pi^2}{GM_S}$$

其中，T_2 和 r_2 分別是第二個行星的週期和軌道半徑。因為前面兩個方程式的右邊是相等的，所以我們得到 $T_1^2/r_1^3 = T_2^2/r_2^3$，或重新整理為

$$\left(\frac{T_1}{T_2}\right)^2 = \left(\frac{r_1}{r_2}\right)^3 \tag{6-7}$$

這就是克卜勒第三定律。如果我們將 r 以半長軸 s 取代，則 (6-6) 與 (6-7)式也適用於橢圓的軌道。

(6-6) 與 (6-7) 式 (克卜勒第三定律) 的推導將兩個環繞太陽運行的行星作了比較。但它們也足以應用於其他的系統，例如，我們可以將 (6-6) 式應用到環繞地球運行的月球上 (M_S 替換成地球的質量 M_E)。或者也可以應用 (6-7) 式來比較在木星周圍運行的兩個衛星。但是 (6-7) 式的克卜勒第三定律只適用於環繞相同吸引中心的物體。例如，不能用 (6-7) 式來比較環繞地球的月球的軌道與環繞太陽的火星軌道，因為它們的吸引中心不相同。

⚠注意

只有環繞相同的中心才能比較物體的軌道

在以下的例題中，我們假設軌道是圓形，雖然一般而言這不是完全正確。

例題 6-8 **火星在哪裡？** 火星的週期 (它的 "年") 最初是由克卜勒所提到的，它大約是 687 天(地球日)，也就是(687 天／365 天) = 1.88 年 (地球年)。以地球作為參考，試求太陽與火星之間的平均距離。

方法 已知火星和地球週期的比率，我們可以利用克卜勒第三定律求得火星與太陽之距離，已知地球與太陽的距離為 1.50×10^{11} m (表 6-2；也列在書後附表中)。

解答 設太陽與火星的距離是 r_{MS}，而地球與太陽的距離是 $r_{ES} = 1.50 \times 10^{11}$ m。由克卜勒第三定律 [(6-7) 式]

$$\frac{r_{MS}}{r_{ES}} = \left(\frac{T_M}{T_E}\right)^{\frac{2}{3}} = \left(\frac{1.88\ \text{yr}}{1\ \text{yr}}\right)^{\frac{2}{3}} = 1.52$$

所以火星與太陽之間的距離是地球與太陽之間的 1.52 倍，或 2.28×10^{11} m。

例題 6-9 **確定太陽的質量** 已知太陽與地球之間的距離 $r_{ES} = 1.5 \times 10^{11}$ m，試求太陽的質量。

物理應用

確定太陽的質量

方法 (6-6) 式敘述太陽的質量 M_S 與任何一個行星的週期和距離的關係。我們將它應用於地球。

解答 地球的週期為 $T_E = 1\ \text{yr} = \left(365\frac{1}{4}\ \text{d}\right)(24\ \text{h/d})(3600\ \text{s/h}) = 3.16\times 10^7\ \text{s}$。利用 (6-6) 式解 M_S

$$M_S = \frac{4\pi^2 r_{ES}^3}{GT_E^2} = \frac{4\pi^2(1.5\times10^{11}\ \text{m})^3}{(6.67\times10^{-11}\ \text{N}\cdot\text{m}^2/\text{kg}^2)(3.16\times10^7\ \text{s})^2} = 2.0\times10^{30}\ \text{kg}$$

練習 E 假設火星與木星軌道正中間的圓形軌道上有個行星。用地球年計算行星的週期是多少？利用表 6-2。

物理應用
行星的擾動及探索

準確地測量行星的軌道會發現它們並沒有嚴格地遵循克卜勒定律。例如，可以發現它會稍微偏離橢圓的軌道。牛頓知道這是意料中事，因為任何行星不只受到太陽引力的吸引，同時也受到其他行星的吸引 (其程度要小得多)。土星軌道中的這種偏離或**擾動** (perturbation) 是一個提示，它幫助牛頓將所有物體受引力吸引的萬有引力定律加以公式化。後來其他擾動的觀察導致海王星和冥王星的發現。例如，天王星軌道的偏離就無法全部由其他已知行星所造成的擾動來解釋。在十九世紀時經仔細計算的結果指出，如果太陽系以外另有一個行星存在將可解釋這些偏離。由天王星軌道中的偏離預測出這個行星的位置，並且以望遠鏡集中觀測天空的那個區域，很快地就發現了它；這個新的行星稱為海王星。海王星軌道的類似但更小的擾動性在 1930 年導致了冥王星的發現。

物理應用
環繞其他恆星的行星

在 1990 年代中期開始，環繞遙遠恆星運行的行星 (圖 6-18) 是由各恆星因轉動之行星的引力吸引所產生的規則“擺動”而推斷出來的。現在已經知道許多這類的“太陽系外”的行星。

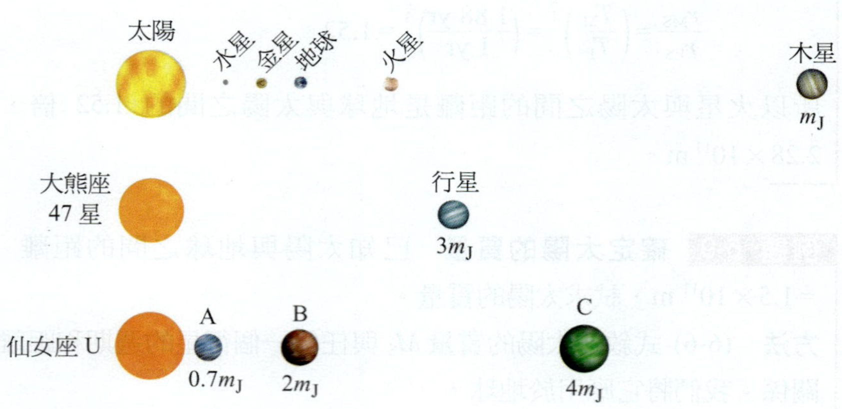

圖 6-18 我們的太陽系 (a) 與最近被發現而環繞 (b) 大熊座以及 (c) 至少有三個行星之仙女座的行星相比較。m_J 是木星的質量。(本圖未依比例繪製。)

牛頓萬有引力定律與三個運動定律的發展是重大的才智成就：利用這些定律，他能夠描述在地球上和天空中之物體的運動。天體以及地球上之物體的運動遵循同樣的定律(以前不被認可)。基於這理由，並且因為牛頓將早期科學家的成果整合至他的系統，所以我們有時稱之為**牛頓綜合論** (Newton's synthesis)。

被牛頓公式化的定律被稱為**因果定律** (causal laws)，根據**因果關係** (causality)，其意思是"一個事件的發生會引起另一事件"。當以一塊石頭投擲窗戶的時候，我們推斷石頭會打破窗戶。這種"因果關係"的觀念與牛頓定律有關：物體的加速度是由對它作用的淨力所引起的。

由於牛頓理論的產生，宇宙開始被科學家和哲學家視為一個大型機器而觀察，其中的成員是以確定的方式移動。然而，這個宇宙的決定論觀點在二十世紀時已被科學家修正。

例題 6-10　拉格朗日點　數學家拉格朗日 (Joseph-Louis Lagrange) 曾經發現在地球環繞太陽運行的軌道附近有 5 個特別的點，在這些點處，一個小的人造衛星 (質量 m) 能夠以地球同樣的週期 T (= 1 年) 環繞太陽運行。其中的一個"拉格朗日點"稱為 L1，位於地球 (質量 M_E) 和太陽 (質量 M_S) 之間的連接線上 (圖 6-19)；亦即地球和衛星始終相隔一個距離 d。如果地球的軌道半徑是 R_{ES}，則衛星的軌道半徑是 $(R_{ES}-d)$。試求 d。

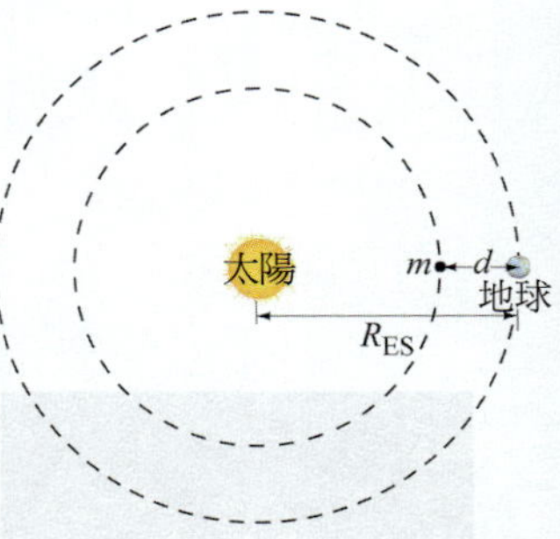

圖 6-19　找出拉格朗日點 L1 的位置。在該點的衛星 m 可以保持在太陽與地球之間的旋轉直線上，且距離地球為 d 處環繞太陽運行。因此，一個質量為 m 且位於 L1 的衛星，其繞行太陽的週期與地球相同。(本圖未依比例繪製)。

方法　我們利用牛頓的萬有引力定律，並且設定它等於質量與向心加速度的相乘積。但是一個軌道較地球小的物體如何能夠具有和地球相同的週期？克卜勒第三定律清楚地告訴我們，以較小的軌道繞行太陽，其週期也比較小。但定律是在只有太陽之引力吸引的條件下。現在物體 m 同時受到太陽和地球引力的作用。

解答　因為我們假設衛星的質量與地球和太陽相比是可以忽略，所以地球軌道將只受太陽影響。將牛頓第二運動定律應用到地球上，得到

$$\frac{GM_E M_S}{R_{ES}^2} = M_E \frac{v^2}{R_{ES}} = \frac{M_E}{R_{ES}} \frac{(2\pi R_{ES})^2}{T^2}$$

或

$$\frac{GM_S}{R_{ES}^2} = \frac{4\pi^2 R_{ES}}{T^2} \qquad \textbf{(i)}$$

接著將牛頓第二運動定律應用到衛星 m 上（它與地球具有相同的週期 T），其中包括太陽和地球的引力 [見簡化形式的 (i) 式]

$$\frac{GM_S}{(R_{ES}-d)^2}-\frac{GM_E}{d^2}=\frac{4\pi^2(R_{ES}-d)}{T^2}$$

我們將它改寫成

$$\frac{GM_S}{R_{ES}^2}\left(1-\frac{d}{R_{ES}}\right)^{-2}-\frac{GM_E}{d^2}=\frac{4\pi^2R_{ES}}{T^2}\left(1-\frac{d}{R_{ES}}\right)$$

現在我們使用二項展開式：若 $x \ll 1$，則 $(1+x)^n \approx 1+nx$。設 $x=d/R_{ES}$，並且假定 $d \ll R_{ES}$，於是得到

$$\frac{GM_S}{R_{ES}^2}\left(1+2\frac{d}{R_{ES}}\right)-\frac{GM_E}{d^2}=\frac{4\pi^2R_{ES}}{T^2}\left(1-\frac{d}{R_{ES}}\right) \qquad \textbf{(ii)}$$

將 (i) 式的 GM_S/R_{ES}^2 代入 (ii) 中，得到

$$\frac{GM_S}{R_{ES}^2}\left(1+2\frac{d}{R_{ES}}\right)-\frac{GM_E}{d^2}=\frac{GM_S}{R_{ES}^2}\left(1-\frac{d}{R_{ES}}\right)$$

經簡化後成為

$$\frac{GM_S}{R_{ES}^2}\left(3\frac{d}{R_{ES}}\right)=\frac{GM_E}{d^2}$$

解 d，得到

$$d=\left(\frac{M_E}{3M_S}\right)^{\frac{1}{3}}R_{ES}$$

將數值代入，得到

$$d=1.0\times10^{-2}R_{ES}=1.5\times10^6\ \text{km}$$

備註　因為 $d/R_{ES}=10^{-2}$，所以證明了使用二項展開式是合理的。

備註　將衛星置於 L1 有兩項優點：衛星朝太陽的視野絕不會被地球遮蔽，並且它始終距離地球夠近而很容易傳送資料。地球－太陽的 L1 點，目前是太陽與太陽圈觀測站 (SOHO) 人造衛星的據點 (圖 6-20)。

圖 6-20　畫家描繪的太陽和太陽圈觀測站 (SOHO) 人造衛星在軌道上運行。

*6-6 引力場

在日常生活中，我們所遇見的力大多是接觸力：你推或拉一部割草機，當網球拍與網球接觸時球拍對球施加的力，或是當球與一扇窗戶接觸時球對窗戶施加的力。但是重力的作用是橫跨一個距離的：即使這兩個物體並未接觸，也有一個力作用。例如，地球對一個掉落的蘋果施力；它也對 384000 km 遠的月球施力，以及太陽對地球施加的引力。力由遠處作用的觀念對早期的思考者而言是難以想像的。當牛頓提出了他的萬有引力定律時，他對自己的這個觀念也感到不安。

另一個對這些概念性之爭議有助益的觀點就是**場** (field) 的觀念，這是在十九世紀由法拉第 (1791-1867) 所提出的 ，目的是為幫助理解電和磁力的超距離作用，不料後來它也適用於引力。根據場的觀念，每個具有質量的物體周圍都有一個**引力場** (gravitational field)，並且這個場會遍及空間各處。由於有引力場存在，位於第一個物體附近一特定位置的第二個物體會感受到力的作用。因為第二個物體處的引力場被視為直接地對該物體作用，所以我們有點接近接觸力的想法。

為了將引力場量化，我們可以將**引力場** (gravitational field) 定義為在空間中的任何一點處每單位質量所受的引力。如果我們要測量任何一點的引力場，只須在該點處放置一個小的"測試"質點 m，並且測量對它施加的引力 $\vec{\mathbf{F}}$ (確定它只受引力的作用)。於是該點處的引力場 $\vec{\mathbf{g}}$ 定義為

$$\vec{\mathbf{g}} = \frac{\vec{\mathbf{F}}}{m} \qquad \text{[引力場]} \quad \textbf{(6-8)}$$

$\vec{\mathbf{g}}$ 的單位是 N/kg。

由 (6-8) 式我們看到一個物體所感受的重力場與該點處由於引力作用而產生的加速度之大小相等。(加速度的單位 $\mathrm{m/s^2}$ 與 N/kg 相等，因為 $1\ \mathrm{N} = 1\ \mathrm{kg \cdot m/s^2}$)

如果引力場是由質量為 M 的單一球形對稱 (或小的) 之物體所產生，例如當 m 位於地球表面附近時，則與 M 之距離為 r 處的引力場大小為

$$g = \frac{1}{m} G \frac{mM}{r^2} = G \frac{M}{r^2}$$

用向量標記法可寫成

$$\vec{\mathbf{g}} = -\frac{GM}{r^2}\hat{\mathbf{r}} \qquad \text{[由單一質量 } M \text{ 所產生]}$$

其中 $\hat{\mathbf{r}}$ 是一個單位向量，它的方向從質量 M 沿徑向方向朝外，而負號提醒我們場是指向質量 M 的方向 [見 (6-1)、(6-2) 與 (6-4) 式]。如果好幾個不同的物體都在該處產生引力場，則該處的引力場 $\vec{\mathbf{g}}$ 為這些引力場之向量和。例如在星際空間中，任何一點處的 $\vec{\mathbf{g}}$ 是由地球、太陽、月球和其他物體所產生之引力場的向量和。空間中任何一點的引力場 $\vec{\mathbf{g}}$ 與置於該處的測試質量 m 之大小無關；$\vec{\mathbf{g}}$ 只依在該處產生場的物體之質量 (和地點) 而定。

6-7 自然界中力的類型

我們已經討論過牛頓的萬有引力定律 [(6-1) 式]，它描述一個特殊類型的力——引力——它依相關物體之間的距離以及質量而定。另一方面，牛頓第二運動定律 $\Sigma\vec{\mathbf{F}} = m\vec{\mathbf{a}}$ 則談到，任何類型的力將如何使物體產生加速度。但是自然界中除了引力之外，還有哪些類型的力？

在二十世紀時，物理學家確認自然界中四種不同的基本力：(1) 重力；(2) 電磁力 (稍後我們將會看到，電和磁力是密切關聯的)；(3) 強的核子力；(4) 弱的核子力。在本章中，我們已詳細地討論重力。電磁力的性質將在第 21 至 31 章中詳細地討論。強與弱的核子力是在原子核的等級作用，雖然它們以放射線和核能 (第 41 至 43 章，本書未譯) 的現象顯現，但在日常生活中卻極不明顯。

物理學家一直致力於這四個力之統一理論的研究——那就是，將這些力中的某些或全部視為是相同基本力的不同表現形式。到目前為止，電磁力和弱的核子力理論上已經被統一成*弱電理論*，其中電磁力和*弱核子力*被視為是單一弱電力的兩個不同的表現形式。將力作更進一步的統一，例如，*大統一場論* (GUT)，是當今熱門的研究主題。

但常見的力在什麼地方適合這個計畫呢？平常的力除了重力之外，例如，推、拉以及其他如正向力和摩擦力這些接觸力，今天被認為是由於作用在原子等級的電磁力所造成的。例如，你的手指施加在一枝鉛筆上的力是手指和鉛筆之原子外層的電子間電排斥作用的結果。

*6-8 等效原理；空間彎曲；黑洞

我們已經討論過與質量有關的兩個觀點。在第 4 章中，我們定義質量為對物體慣性的計量。牛頓第二運動定律敘述作用在物體上的力與它的加速度和它的**慣性質量** (inertial mass) 之間的關係。我們可以說慣性質量是代表對任何力的抵抗作用。在本章中，我們將質量視為是一個與引力相關的特性——亦即質量是決定兩個物體之間引力之強度的一個量，我們稱為**引力質量** (gravitational mass)。

不明白的是，物體的慣性質量應該等於它的引力質量。引力可能與物體的一個不同性質有關，正如電力依一個稱為電荷的特性而定一般。牛頓和卡文迪西的實驗指出，對一個物體而言，這兩種類型的質量是相等的，而現代的實驗證實它大約有 10^{12} 分之 1 的精確度。

愛因斯坦 (1879-1955) 稱引力和慣性質量的相等為**等效原理** (principle of equivalence)，並將它作為廣義相對論的基礎 (1916 年出版)。等效原理可以用另一個方式表述：觀察者無法以實驗區分一個加速度的產生是否因為引力的作用，或是因為他們的參考座標正在加速度所造成。如果你在遙遠的太空中，而且有一個蘋果落在太空船的地板上，你也許會假設有一個引力作用在蘋果上。但是它也可能是因為太空船向上加速度 (相對於一個慣性系統) 而使蘋果落下。因為蘋果的慣性和引力質量 (它決定一個物體如何對外來的影響“作出反應”) 是難以區分的，所以根據等效原理其效應也是難以區分的。

(a)

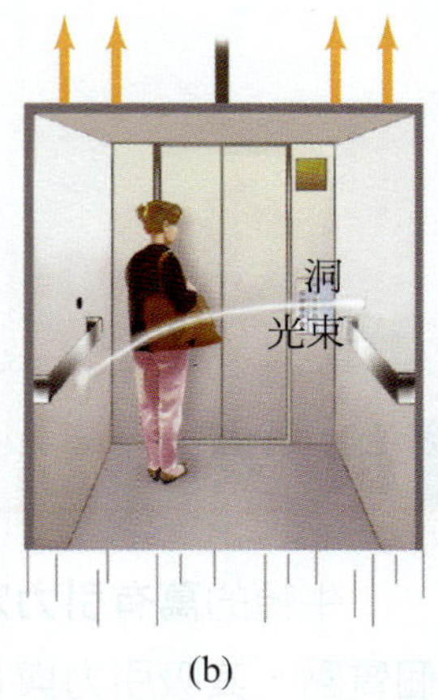

(b)

圖 6-21 (a) 電梯靜止時，光束沿直線方向穿越；(b) 當電梯向上加速時，光束向下彎曲 (較誇大的畫法)。

等效原理可以用來證明，由於大質量物體的引力作用而使光線偏斜。我們考慮在一個位於自由空間中且沒有引力作用之電梯裡所做的實驗。如果電梯是靜止的，光束從電梯一側的洞進入，會筆直地穿越過電梯而在另一側的壁上形成一個光點 (圖 6-21a)。若電梯正在加速向上，如圖 6-21b 所示，則在原來的靜止參考座標中所觀察的光束依然筆直地行進。不過，在向上加速的電梯中，所觀察到的光束是向下彎曲。為什麼？因為在光束由電梯的一側行進到另一側的期間，電梯正在以逐漸增加速度向上移動。

根據等效原理，一個向上加速的參考座標等同於一個向下的引力場。於是，我們可以將圖 6-21b 中彎曲的光線路徑描繪成是引力場的效應。因此，我們預料引力會施加在光束上，而使它的直線路徑彎曲！

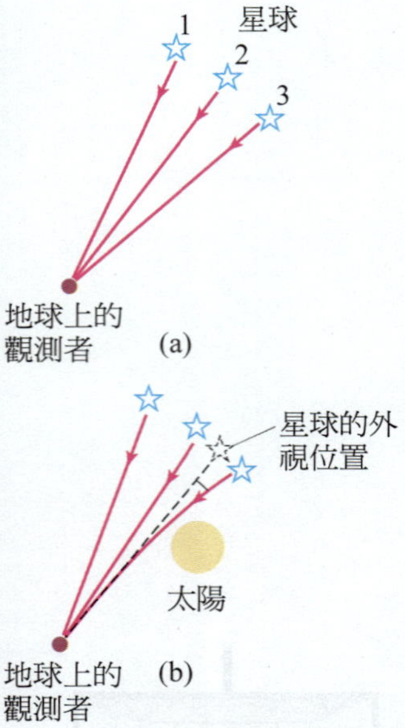

星球
1
2
3
地球上的觀測者 (a)
星球的外視位置
太陽
地球上的觀測者 (b)

圖 6-22　(a) 在天空中的三個星球。(b) 如果這些星球之一的光線從太陽附近通過，太陽的引力會使光束彎曲，則星球看起來要比實際位置

愛因斯坦的廣義相對論預測，光應該會受到引力的影響。經計算得知，從一個遙遠的恆星所射出的光線將在通過太陽附近時偏向 1.75" 的弧 (極小，但可察覺)，如圖 6-22 所示。在 1919 年的日蝕期間，曾經證實並測量這樣的偏斜情形。(日蝕減少了太陽的亮度，使得在那時與其邊緣一致的恆星變成是可看見的)。

光束可以沿著一條彎曲的路徑行進使人聯想到空間本身是彎曲的，並且這種彎曲是引力質量所造成的。在質量極大之物體附近的曲率也最大，為了想像空間的彎曲，我們可以想像空間是一片薄的橡膠板；如果對它懸掛一個重物，它就會如圖 6-23 中所示的情形彎曲。而重物則相當於造成空間彎曲的一個極大質量。

圖 6-23 中所示的時空極大的彎曲可能是由一個**黑洞** (black hole) 所產生。它是一個星球變得極密實和巨大，因而其引力強到即使是光也無法逃離它。光會被引力拉回而進入黑洞。因為沒有光可以由如此巨大的星球逃脫，所以我們無法看到它——它將是黑的。一個物體或許可以從它旁邊通過，並且受它的引力場作用而偏向，但如果物體過於接近，它將會被吞噬，再也無法逃離，因此命名為黑洞。有充份的實驗證據顯示它們的存在。一個高度可能性就是一個位於我們銀河系中心以及可能位於其他銀河中心的巨大黑洞。

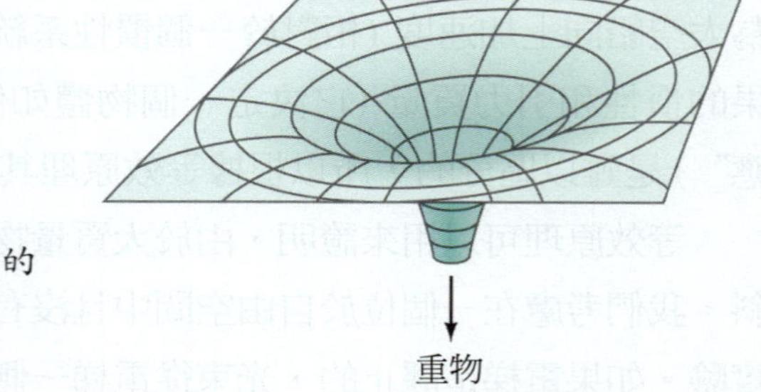

圖 6-23　空間 (時空) 彎曲的橡移板類比。

摘　要

牛頓的**萬有引力定律** (law of universal gravitation) 指出，宇宙中每個質點吸引其他的每個質點，其吸引力與它們質量的相乘積成正比，並且與它們之間距離的平方成反比

$$F = G\frac{m_1 m_2}{r^2} \tag{6-1}$$

這個力的方向是沿著這兩個質點的連接線，並且始終是吸引力。它是使月球保持環繞地球運行以及行星環繞太陽運行的萬有引力。

任何一個物體上的總引力是由其他所有物體所施加之引力的向量和；這是所有吸引力的效應，但通常可以忽略一兩個物體。

人造衛星環繞地球運行是受到引力的作用，因為極高的切線速率而使它們“停留在上面”。

牛頓的三大運動定律以及他的萬有引力定律，構成了宇宙的廣泛理論。藉由它們，才能夠正確地描述物體在地球上和天空中的運動。而且它們也對**克卜勒行星運動定律** (Kepler's laws of planetary motion) 提供了理論基礎。

[根據**場** (field) 的觀念，每個具有質量的物體都會產生一個**引力場** (gravitational field)，而且它遍佈空間各處。空間中任何一點的引力場是由所有物體所產生的場之向量和，並且定義為

$$\vec{\mathbf{g}} = \frac{\vec{\mathbf{F}}}{m} \quad \textbf{(6-8)}$$

其中，$\vec{\mathbf{F}}$ 是置於該點處的一個小“測試”質點 m 所受到的作用力。]

自然界中有四個基本的力：(1) 重力，(2) 電磁力，(3) 強的核子力，(4) 弱的核子力。前兩個基本力幾乎是所有“常見”的力之起因。

問 題

1. 一個蘋果是否會對地球施加引力？如果是的話，這個力量有多大？假設蘋果 (a) 掛在一棵樹上或 (b) 自樹上落下。

2. 太陽對地球的引力比月球的引力大得多。然而，月球的引力卻是造成潮汐的主要原因。試解釋之。[提示：可以考慮從地球的一邊到另一邊的引力差異。]

3. 一個物體在赤道以及兩極的重量何處較重？有哪兩種效應在作用？它們彼此相反嗎？

4. 為什麼一艘太空船從地球到月球所需要的燃料要比從月球回到地球還要多？

5. 地球對月球所施加的引力大約只有太陽對月球所施加之引力的一半 (詳見例題 6-3)。為什麼月球不會被拉而遠離地球？

6. 儘管不知道關於太空飛行或光速的知識，牛頓時期的科學家們，是如何測得地球與月球的距離？[提示：想想為何兩隻眼睛能夠感知深度。]

7. 如果可以鑽一個洞，一路沿著地球直徑而貫穿地球，那麼就可以將一個球投入洞中。當球剛好到達地球中心時，地球對它所施加的總引力大小為何？

8. 為什麼不可能將衛星置放在北極上方的地球同步軌道中？

9. 下列何者朝對方施加的萬有引力較大，地球對月球，或月球對地球？何者加速度較大？

10. 下列何者需要以較低的速率發射衛星，(a) 向東或 (b) 向西？考慮地球的自轉方向。

11. 一個衛星在圓形軌道上繞行地球，它的天線自衛星上鬆脫。描述隨後該天線的運動。如果最後它會掉落在地球上，它會落在哪裡？如果不會，要用什麼方法才可讓它掉落在地球上？

12. 試問如何用仔細測量一個礦床附近 g 值的變化來估計其礦產的含量？

13. 太陽在午夜時會位於我們的下方，幾乎與地球的中心成一直線。在午夜時，我們的體重是否會由於太陽引力的作用而比中午時來得重？試解釋之。

14. 下列何者情況由移動之電梯中的體重秤所量得的你的視重為最大：當電梯 (a) 加速向下，(b) 加速向上，(c) 自由落下，或 (d) 以等速向上移動？又上述的情況中何者量得的視重為最小？其中何者與你在地面上時是相同的？

15. 如果地球的質量加倍，則月球的軌道有何變化？

16. 密西西比河的源頭要比它在路易斯安那州的出口更接近地球的中心 (因為地球在赤道處比兩極還要寬)。試解釋密西西比河是如何"向上"流動的？

17. 人們有時會問："是什麼使衛星保持在地球上方的軌道中運行？"你要如何回答？

18. 試解釋跑者在跨步之間，是如何感受到"自由落下"或"外視失重"等現象？

19. 如果你在一個環繞地球運行的衛星上，你要如何調適步行、喝飲料或將剪刀放在桌上等動作？

20. 火星在環繞太陽運行的軌道上的向心加速度要比地球的向心加速度還大或小？

21. 冥王星的質量直到它被發現有一個繞行的衛星後才被測得。試解釋如何用它來估計冥王星的質量？

22. 一月中地球在軌道上環繞太陽運行的速率要比七月快。地球在一月或七月比較接近太陽？試解釋之。[注意：這不是產生四季變化的因素，主要因素是相對於地球軌道平面的地軸偏向。]

23. 克卜勒定律告訴我們，一個行星在較接近太陽時的移動速率，會比距太陽較遠時來得快。造成行星速率變化的原因是什麼？

*24. 你的身體是否直接感受到地球的重力場？(與你在自由落下時的感覺相比較。)

*25. 試討論 $\mathbf{g}$ 被用來表示重力加速度時及 $\mathbf{g}$ 被用來表示引力場時在觀念上的差異。

習題

6-1 至 6-3 萬有引力定律

1. (I) 計算地球對一般位於地球上方且高度為地球半徑之 2 倍的太空船所施加的引力大小。

太空船的質量為 1480 kg。

2. (I) 計算月球上的重力加速度。已知月球的半徑為 1.74×10^{6} m 且質量為 7.35×10^{22} kg。

3. (I) 一個假想的行星之半徑為地球的 2.3 倍，但具有相同的質量。其表面附近的重力加速度為何？

4. (I) 一個假想的行星之質量為地球的 1.80 倍，但是半徑相同。其表面附近的 g 值為何？

5. (I) 如果一個行星的質量增為 2 倍，且半徑增為 3 倍，則其表面的 g 值有何變化？

6. (II) 計算距離地球表面高度為 (a) 6400 m，與 (b) 6400 km 處的重力加速度 g 之有效值。

7. (II) 你對朋友解釋為什麼太空人在太空梭中會感受到失重的狀態，他們的回答是因為他們認為太空梭上的引力小得多。試計算距地球表面高度為 300 km 處的重力到底減弱了多少來說服他們以及你自己。

8. (II) 每隔數百年，大部分的行星會運行到太陽的同一側排成一列。計算金星、木星和土星對地球作用的總引力；假設四個行星全部位於一條線上，如圖 6-24 所示。行星的質量分別為 $M_V=0.815\,M_E$、$M_J=318\,M_E$、$M_{Sat}=95.1\,M_E$，並且與太陽的平均距離分別為 108、150、778 和 1430 百萬公里。它是太陽對地球之引力的幾倍？

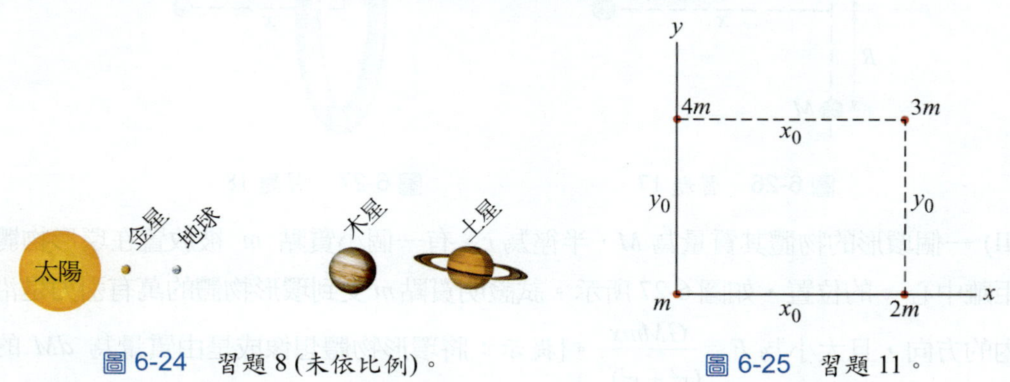

圖 6-24 習題 8 (未依比例)。

圖 6-25 習題 11。

9. (II) 四個 8.5 kg 的球分別置於邊長為 0.80 m 之正方形的四個角落，試計算任何一個球受到其他三個球作用的萬有引力之大小與方向。

10. (II) 兩個相距 0.25 m 的物體，彼此間有 2.5×10^{-10} N 的吸引力。若它們的總質量為 4.00 kg，試求它們的個別質量。

11. (II) 四個質點的位置如圖 6-25 所示，試求位於原點之質點 (m) 所受的萬有引力之 x 與 y 分量。並將該作用力以 $(\hat{\mathbf{i}},\hat{\mathbf{j}})$ 的向量式表示。

12. (II) 估算歐羅巴星 (它是木星的衛星之一) 表面上的重力加速度，已知其質量為 4.9×10^{22} kg，並且假設其密度和地球相同。

13. (II) 假設地球的質量增為 2 倍，但是密度和形狀保持不變。則物體在地球表面上的重量會如何改變？

14. (II) 已知火星表面的重力加速度是地球表面的 0.38 倍，而且火星的半徑為 3400 km，試求火星的質量。

15. (II) 一艘太空船航行於地球與月球之間，在離地球多遠的距離時，其所受到的淨力為零，因為在該處地球和月球同時對它施加大小相同但方向相反的力？

16. (II) 試以已知的地球週期以及地球與太陽之間的距離求太陽的質量。[提示：太陽對地球的引力是與地球的向心加速度有關。] 將你的答案與例題 6-9 中，由克卜勒定律所求得的結果相比較。

17. (II) 兩個質量均為 M 的相同質點，其距離始終保持為 $2R$。現在將第三個質點放置在前兩個質點間之垂直平分線上的距離 x 處，如圖 6-26 所示。試證明第三個質點所受到的萬有引力是沿著垂直平分線朝內的方向，且大小為 $F=\dfrac{2GMmx}{(x^2+R^2)^{\frac{3}{2}}}$。

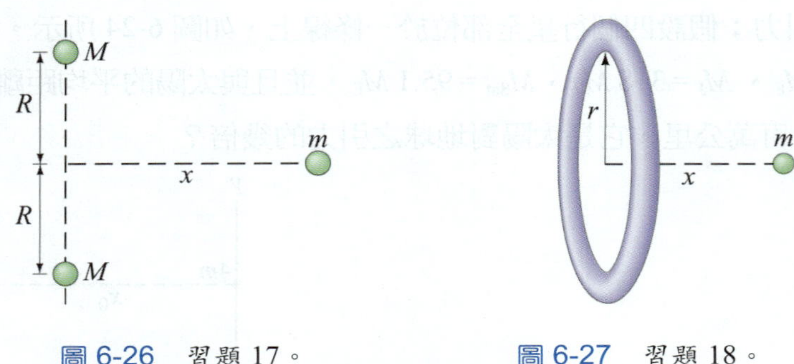

圖 6-26 習題 17。 圖 6-27 習題 18。

18. (II) 一個環形的物體其質量為 M，半徑為 r。有一個小質點 m 被放置在環形物體軸線上距離中心 x 的位置，如圖 6-27 所示。試證明質點 m 受到環形物體的萬有引力是沿軸線向內的方向，且大小為 $F=\dfrac{GMmx}{(x^2+r^2)^{\frac{3}{2}}}$。[提示：將環形物體想像成是由質量為 dM 的許多小質點所組成，再將每個 dM 的作用力相加，並且利用對稱性即可。]

19. (III) (a) 利用二項展開式 $(1\pm x)^n=1\pm nx+\dfrac{n(n-1)}{2}x^2\pm\cdots$，來證明在地球表面上方，高度為 Δr 處的 g 值大約改變了 $\Delta g\approx -2g\dfrac{\Delta r}{r_E}$ (若 $\Delta r \ll r_E$)，其中 r_E 是地球的半徑。(b) 在這個關係式中的負號代表什麼意義？(c) 用這個結果來計算距離地球表面 125 km 處的有效 g 值。並將它與直接由 (6-1) 式所求得的結果相比較。

20. (III) 一個直徑為 1.00 km 的球形油囊之中點，恰巧位於地球表面下方 1 km 處。試估算油囊正上方的 g 值與均勻之地球的 g 值相比，會有幾個百分比的差異？假設油的密度為 $8.0\times10^2\ kg/m^3$。

21. (III) 計算在地球緯度 45° 處的 $\vec{\mathbf{g}}$ 之有效值的大小與方向。假設地球是一個旋轉的球體。

*22. (III) 對一個均勻的球體而言可以證明 (附錄 D)，在球內任意一點處的引力大小，只與比該點更接近中心之部分的質量有關。由位於該點半徑以外的點所產生的淨引力則互相抵消。那麼你必須鑽入地球多深的距離，體重才會減少 5.0%？將地球視為一個均勻的球體。

6-4 人造衛星與失重

23. (I) 太空梭釋放一個人造衛星進入地球上空 680 km 的圓形軌道中。則在釋放人造衛星時，太空梭的速率 (相對於地球的中心) 為何？

24. (I) 計算一個在地球上方 5800 km 處的圓形軌道中運行之人造衛星的速率。

25. (II) 你知道你的質量為 65 kg，但是當你在電梯內站在浴室秤上時，所讀到的質量是 76 kg，電梯的加速度之大小及方向為何？

26. (II) 一隻 13.0 kg 的猴子由一繩子吊掛在電梯的天花板上。繩子可以承受 185 N 的張力，並且在電梯加速時斷裂，則電梯最小的加速度為何 (大小和方向)？

27. (II) 試計算一個在月球表面上方 120 km 處，繞月球運行之人造衛星的週期。忽略地球對它的影響。已知月球的半徑為 1740 km。

28. (II) 兩個人造衛星，分別以 5000 km 及 15000 km 的高度環繞地球運行。試問哪一個衛星較快？二者相差多少倍？

29. (II) 一名 53 kg 的女子站在電梯中，當電梯以 (a) 等速 5.0 m/s 向上，(b) 等速 5.0 m/s 向下，(c) 以 0.33 g 加速向上，(d) 以 0.33 g 加速向下，以及 (e) 自由落下時，彈簧秤讀數為多少？

30. (II) 試計算一個衛星在“近地球”軌道上，繞行地球一周所需的時間，一個“近地球”軌道距地球表面的高度要比地球的半徑小得多。[提示：你可以採用與地球表面相同的重力加速度。] 你的結果與衛星的質量有關嗎？

31. (II) 一艘距離月球中心 2500 km 遠的太空船 (a) 以等速，(b) 以 2.3 m/s^2 之加速度朝月球行進，試求其中一位 75 kg 之太空人的視重，並指出其“方向”。

32. (II) 一座直徑為 22 m 的摩天輪，每 12.5 s 旋轉一周 (見圖 5-19)。試問 (a) 在摩天輪頂端，和 (b) 在摩天輪底端時，一個人的視重與實際體重的比值是多少？

33. (II) 兩個同等質量的星球，保持 8.0×10^{11} m 的距離，並且環繞著兩星球距離的中心轉動，轉動的週期為 12.6 年。(a) 為什麼這兩個星球不會因為它們之間的萬有引力而互相碰撞？(b) 各個星球的質量需為多少？

34. (III) (a) 試證明如果一個衛星以週期 T 在非常接近行星表面的軌道上運行，則此行星的密度 (單位體積的質量) 為 $\rho = m/V = 3\pi/GT^2$。(b) 已知一個衛星在接近地球表面之軌道上運行的週期為 85 分鐘，並且將地球視為一個均勻的球體。試估算地球的密度。

35. (III) 三個質量均為 M 的物體，分別位於一個邊長為 ℓ 之等邊三角形的三個頂點，並且環繞三角形的中心在圓形的軌道上運行。它們是藉著相互間的引力作用而維持在適當的位置。其個別的速率為何？

36. (III) 已知一個斜面固定在電梯的內部，並與地板成 32° 角。有一個質量為 m 的物體在無摩擦力作用的情況下自斜面滑下。如果電梯 (a) 以 0.50g 加速向上，(b) 以 0.50g 加速向下，(c) 自由落下，以及 (d) 以等速向上移動，則它相對於斜面的加速度為何？

6-5 克卜勒定律

37. (I) 利用克卜勒定律以及月球的週期 (27.4 天) 求一個在非常靠近地球表面之軌道上運行的人造衛星之週期。

38. (I) 由已知的月球之週期及距離求地球的質量。

39. (I) 海王星與太陽的平均距離為 4.5×10^{9} km。試利用地球與太陽的平均距離 1.50×10^{8} km 來估算海王星年的長短。

40. (II) 行星 A 與 B 在圓形軌道上環繞某遙遠恆星運行。若行星 A 與該恆星的距離是行星 B 的 9.0 倍。則兩行星的速率比 v_A/v_B 為何？

41. (II) 我們的太陽以大約 3×10^{4} 光年 [1 ly = $(3.00\times10^{8}$ m/s$)\cdot(3.16\times10^{7}$ s/yr$)\cdot(1.00$ yr$)$] 的距離環繞銀河系中心 ($m_G\approx4\times10^{41}$ kg) 運行。太陽環繞銀河系中心運行的週期為何？

42. (II) 表 6-3 列出木星的四個最大衛星的平均距離、週期和質量 (由伽利略於 1609 年所發現)。(a) 利用木衛一的數據，求木星的質量。(b) 利用其他三個衛星的數據，求木星的質量。所得的這些結果是否一致？

表 6-3　木星的主要衛星 (習題 42、43 與 47)

衛星	質量 (kg)	週期 (地球日)	與木星的平均距離
木衛一	8.9×10^{22}	1.77	422×10^{3}
木衛二	4.9×10^{22}	3.55	671×10^{3}
木衛三	15×10^{22}	7.16	1070×10^{3}
木衛四	11×10^{22}	16.7	1883×10^{3}

43. (II) 利用克卜勒第三定律，求木星與其各衛星的平均距離。利用木衛一的距離以及表 6-3 中的週期。並將求得的結果與表中的數值相比較。

44. (II) 火星和木星之間的小行星帶是由許多碎片所組成 (其中有些太空科學家認為是來自過去曾繞行太陽但被破壞後的行星)。(a) 如果小行星帶的平均軌道半徑與太陽的距離是地球的 3 倍，這個假設的行星繞行太陽所需的時間為何？(b) 我們是否可以利用這些數據來推算這個行星的質量？

45. (III) "海爾．博普" 彗星 (comet Hale-Bopp) 的週期為 2400 年。(a) 它與太陽的平均距離為何？(b) 它與太陽最接近的距離約為 1.0 AU (1 AU = 地球到太陽的距離) 。那麼最遠的距離為何？(c) 它在近日點與遠日點的速率之比為何？

46. (III) (a) 利用克卜勒第二定律證明，一個行星在近日點與遠日點的速率之比等於兩點與太陽之間距離的反比：$v_N/v_F = d_F/d_N$。(b) 已知地球距太陽的距離約為 1.47 至 1.52×10^{11} m 左右，試求地球在環繞太陽運行的軌道上最小及最大的速率。

47. (III) 木星的四大衛星的軌道週期 T 和軌道平均距離如表 6-3 所示。(a) 由以下形式的克卜勒第三定律著手，$T^2=\left(\frac{4\pi^2}{Gm_J}\right)r^3$，其中 m_J 為木星的質量，試證明此關係式意味著 log (T) 對 log (r) 作圖，將可得到一個直線關係。並利用克卜勒第三定律預測該直線的斜率與 y 軸截距。(b) 利用木星的四個衛星之數據，繪出 log (T) 對 log (r) 的關係圖，並證明你所得到的是一條直線。求出其斜率並將它與你預期的結果相比較。求出其 y-截距，並利用它來計算木星的質量。

*6-6 引力場

*__48.__ (II) 介於地球和月球中央之位置的引力場之大小與方向為何？忽略太陽的效應。

*__49.__ (II) (a) 由太陽作用在地球表面上的引力場為何？(b) 它會不會明顯地影響你的體重？

*__50.__ (III) 兩個質量均為 m 的相同質點分別位於 x 軸上 $x=+x_0$ 以及 $x=-x_0$ 的位置。(a) 試求由這兩個質點對 y 軸上各點所產生之引力場的公式；亦即，將 $\vec{\mathbf{g}}$ 表示為 y、m 與 x_0 的函數。(b) 在 y 軸上的哪一點 (或哪些點) 的 $\vec{\mathbf{g}}$ 值為最大，它的值為何？[提示：求 $\vec{\mathbf{g}}$ 的導數 $d\vec{\mathbf{g}}/dy$]

一般習題

51. 在距離地球表面多少的高度處，其重力加速度的大小剛好是地球表面的一半？

52. 在某個行星表面上的重力加速度 g 的大小為 12.0 m/s^2。一個 13.0 kg 的黃銅球被運到這個星球上。(a) 黃銅球在地球上以及該行星上的質量，與 (b) 黃銅球在地球上以及該行星上的重量為何？

53. 某白矮星是一個曾經與太陽類似的普通星球。但現在它處於最後的演變階段。其體積約為月球的大小，但質量卻與太陽相同。(a) 估算這個星球表面上的重力，(b) 一個 65 kg 的人在這個星球上的重量為何？(c) 一個棒球自 1.0 m 的高度落下，當它落到星球表面時的速率為何？

54. 距地球的中心多遠的距離，其由地球產生的重力加速度是地球表面的 1/10？

55. 土星環是由繞行在土星外圍的冰塊所組成。環的內徑為 73000 km，外徑為 170000 km。試求繞行在內徑軌道上之冰塊的週期，以及在外徑軌道上之冰塊的週期。再將你得到的結果與土星的平均自轉週期 10 小時 39 分鐘相比較。土星的質量為 5.7×10^{26} kg。

56. 在阿波羅登陸月球的任務中，指揮艙繼續在月球上方高度約 100 km 處的軌道中運行。它繞行月球一周所花費的時間為何？

57. 哈雷彗星大約每 76 年繞行太陽一次。當它接近太陽時會非常靠近太陽的表面 (圖 6-28)。計算彗星距太陽最遠的距離。它是否還在太陽系“內”？那時它將最靠近哪個行星的軌道？

圖 6-28 習題 57。

58. 全球衛星定位系統 (GPS) 是由一組 24 個繞行地球的人造衛星所組成。利用“三角測量法”和這些人造衛星傳輸的訊號，就能夠以數公分的準確度判斷地球上接收器的位置。這些人造衛星的軌道均等地分佈在地球的周圍，每個軌道中有 4 個人造衛星繞行並且一共有 6 個軌道，以便進行連續航行的“定位”。人造衛星軌道的高度約為 11000 海里 [1 海里 = 1.852 公里 = 6076 英尺]。(a) 試求各個衛星的速率。(b) 試求各個衛星的週期。

59. 木星約為地球的 320 倍大，因此有人說任何人在如木星大小的行星上都會被重力所粉碎，因為人們根本無法在超過數個 g 的重力作用下存活。計算在這類行星的赤道上，一個人會感受到多少 g 的作用。利用以下木星的數據：木星質量 $= 1.9 \times 10^{27}$ kg，赤道半徑 $= 7.1 \times 10^{4}$ km，自轉週期 = 9 小時 55 分。記得要考慮向心加速度。

60. 太陽距離銀河系中心約 3 萬光年 (1 光年 $= 9.5 \times 10^{15}$ m)，它以此距離繞銀河系中心旋轉 (圖 6-29)。如果太陽繞行一週大約需要 200 百萬年，試估算銀河系的質量。假設銀河的質量大部分是集中在中央均勻的球形區域內。如果銀河內所有星球的質量都接近於太陽的質量(2×10^{30} kg)，則我們的銀河中將有多少個星球？

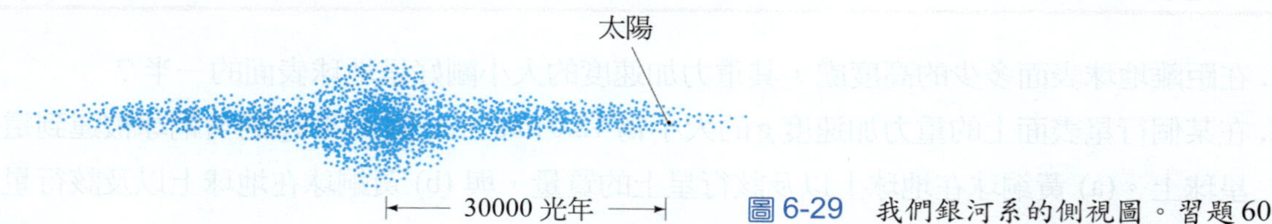

圖 6-29 我們銀河系的側視圖。習題 60。

61. 天文學家們觀測到一個正常的星球，稱為 S2 星，它在環繞銀河系中心一個體積小而質量極大稱為 SgrA 的物體軌道上運行。S2 以橢圓形軌道繞行 SgrA，週期為 15.2 年，且離心率 $e = 0.87$ (圖 6-16)。在 2002 年，S2 到達最接近 SgrA 的位置，其距離只有 123 AU (1 AU $= 1.50 \times 10^{11}$ m 是指地球與太陽的平均距離)。試求這個位於我們銀河系中心之超大的密實物體 (一般相信是一黑洞) SgrA 的質量 M。試以公斤及太陽的質量來表示 M 的大小。

62. 一個質量為 5500 kg 的人造衛星環繞地球運行，週期為 6200 秒。試求 (a) 圓形軌道的半徑，(b) 人造衛星受地球作用的萬有引力之大小，以及 (c) 人造衛星的高度。

63. 如果你正直接以固定的速率 v 行進而遠離地球，試證明你的體重的變化率為：$-2G\dfrac{m_E m}{r^3}v$，你的質量為 m，r 是你在任何時刻與地球中心的距離。

64. 天文學家利用哈伯太空望遠鏡推斷，在遙遠的銀河系M87中有一個極巨大的核心存在，它密實到可能是一個黑洞(沒有光可以從中逃離)。這個推論是他們由測量距核心 60 光年 (5.7×10^{17} m) 的氣雲繞行核心的速率為 780 km/s 所得到的。試推導核心的質量，並將它與太陽的質量相比較。

65. 假設將地球全部的質量都壓縮到一個球體內。這個球的半徑必須是多少才可以使在地球新表面的重力加速度等於在太陽表面的重力加速度？

66. 一個鉛錘 (吊掛在細繩下方的物體 m)，由於受到附近高山的作用而偏移，它與垂直方向成一個 θ 角 (圖 6-30)。(a) 試求一個以山的質量 m_M，距高山中心之距離 D_M，以及地球半徑與質量所表示的 θ 角之近似公式。(b) 試粗估埃佛勒斯峰的質量，假設它的形狀近似於圓錐，高 4000 m，底部直徑為 4000 m，且單位體積之質量為 3000 kg/m³，(c) 若已知鉛錘距埃佛勒斯峰的中心為 5 km，試估算此時鉛錘的 θ 角之大小。

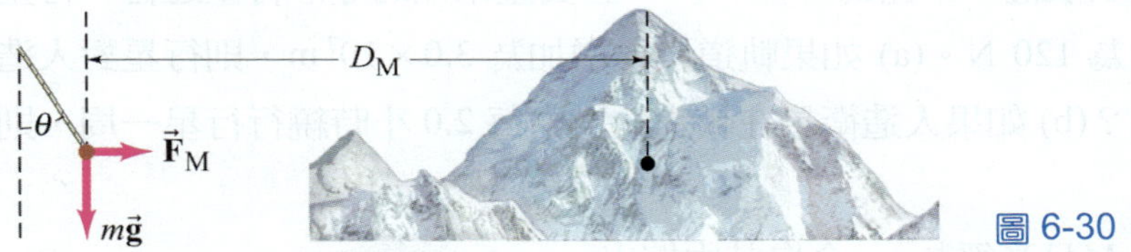

圖 6-30 習題 66。

67. 一位尋找石油的地質學家發現，在某個地點所測得的重力比平均值小 10^7 分之 2，假設石油礦剛好位於其下方 2000 m 處。試估算該石油礦的蘊藏量，假設它的形狀是球形。設岩石的密度 (單位體積的質量) 為 3000 kg/m³，石油的密度為 800 kg/m³。

68. 你是一位在太空梭中的太空人，正在追趕一個需要維修的人造衛星。你與人造衛星同處於相同的圓形軌道中 (距地球表面上方 400 km)，但在它後方 25 km 處。(a) 如果你將你的軌道半徑減少 1.0 km， 需要多久的時間才可以追上人造衛星？(b) 若要在 7 小時內追上人造衛星，你必須將你的軌道半徑減少多少？

69. 一個科幻故事描述一個完全包圍太陽的帶狀人造“行星”(圖 6-31)。該行星的居民都居住在內側表面 (所以它永遠是正午)。假設這個太陽和我們自己的太陽完全一樣，而且距行星帶的距離與地球到太陽的距離相同 (使氣候溫和)，同時行星帶旋轉的速率足以產生與地球相同的重力 g。則它的旋轉週期是多少？這個行星年相當於地球的多少天？

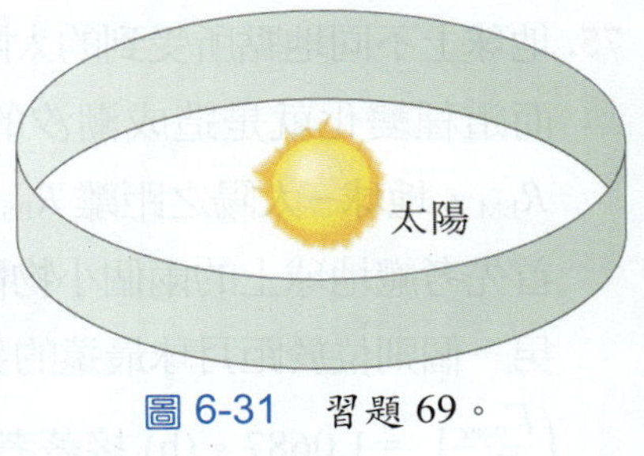

圖 6-31 習題 69。

70. 如果地球自轉的速度快到使赤道上的物體明顯感到失重的狀態，一天的長度將會變為多長呢？

71. 一個質量為 m 的小行星，在一個半徑為 r 的圓形軌道上以速率 v 繞行太陽。它與另一個質量為 M 的小行星碰撞，並以速率 $1.5v$ 被撞入一個新的圓形軌道中。新的軌道半徑為 r 的幾倍？

72. 牛頓持有表 6-4 中的數據，以及下列物體的相對大小：以太陽的半徑 R 表示，木星與地球的半徑分別為 $0.0997R$ 與 $0.0109R$。牛頓利用這些數據求得木星的平均密度 ρ (= 質量／體積) 略低於太陽的密度，而地球的平均密度則是太陽的 4 倍。因此，根本不需要離開地球，牛頓就能夠預測太陽和木星的組成與地球有明顯的不同。重新再做一次牛頓的計算，並求出他所得到的 ρ_J/ρ_{Sun} 及 ρ_E/ρ_{Sun} 比值，(現代所測得的比值分別為 0.93 和 3.91)。

表 6-4　習題 72

	軌道半徑，R (單位 AU = 1.5×10^{11} m)	軌道週期，T (地球日)
金星繞行太陽	0.724	224.70
木衛四繞行對木星	0.01253	16.69
月球繞行地球	0.003069	27.32

73. 一人造衛星在圓形軌道上環繞一半徑為 2.0×10^7 m 且質量未知的球形行星運行。行星對人造衛星所施加的引力為 120 N。(a) 如果軌道半徑增加為 3.0×10^7 m，則行星對人造衛星施加的引力大小為何？(b) 如果人造衛星在較大軌道中每 2.0 小時繞行行星一周，則行星的質量為何？

74. 一個均勻球體的質量為 M 且半徑為 r。今自其中挖出一個半徑為 $r/2$ 的球形空洞 (無質量)，如圖 6-32 所示。(空洞的表面正好通過球體的中心點及外緣)。原來的球體與球形空洞的中心位於同一條直線上，並且該直線定義為 x 軸。這個有空洞的球體將以多大的萬有引力吸引一個位於 x 軸上且距離球體中心為 d 的一個質點 m？[提示：要從整個球體減去“小”球體 (空洞) 的效應。]

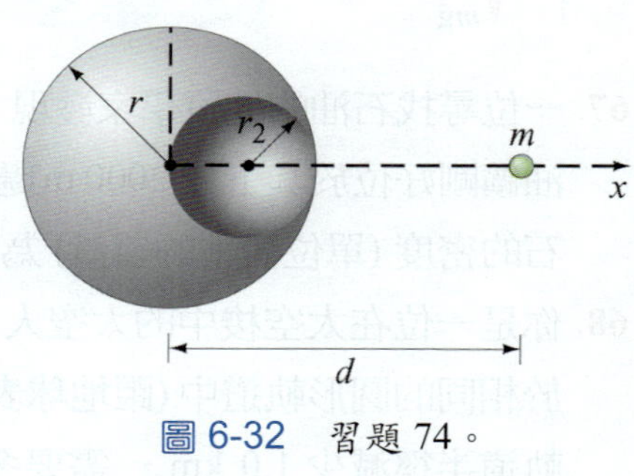

圖 6-32　習題 74。

75. 地球上不同地點所受到的太陽和月球的萬有引力視該地點與太陽或月球之間的距離而定，而這種變化就是造成潮汐的主要原因。利用本書封面內頁所列出的地球－月球之距離 R_{EM}，地球－太陽之距離 R_{ES}，月球的質量 M_M，太陽的質量 M_S，以及地球的半徑 R_E，(a) 首先考慮地球上的兩個小物體，其質量均為 m，其中一個位於地球上最靠近月球的一側，另一個則位於距月球最遠的另一側。試證明月球對這兩個物體所施加的萬有引力之比為：$\left(\frac{F_{near}}{F_{far}}\right)_M = 1.0687$。(b) 接著考慮地球上的兩個小物體，其質量均為 m，其中一個位於地球上最靠近太陽的位置，另一個則位於距太陽最遠的位置。試證明，太陽對這兩個物體所施加的萬有引力之比為：$\left(\frac{F_{near}}{F_{far}}\right)_S = 1.000171$，(c) 證明太陽對地球所施加的平均萬有引力與月球對地球所施加的平均萬有引力之比為：$\left(\frac{F_S}{F_M}\right)_{avg} = 178$，注意較小的月球引力穿越地球直徑的變化程度要比較大的太陽引力來得多。(d) 估計結果的“引力差”(即潮汐的起因)；對月球與太陽而言，$\Delta F = F_{near} - F_{far} = F_{far}\left(\frac{F_{near}}{F_{far}} - 1\right) \approx F_{avg}\left(\frac{F_{near}}{F_{far}} - 1\right)$。試證明，由月球及太陽造成潮汐的引力差之比為：$\frac{\Delta F_M}{\Delta F_S} \approx 2.3$ 由此可知，月球對潮汐產生的影響是太陽的 2 倍多。

*76. 一個質點在距離地表 r_E (地球半徑) 的高度被釋放。試求它碰觸地球表面時的速度。忽略空氣阻力。[提示：利用牛頓第二運動定律、萬有引力定律、鏈鎖法則以及積分。]

77. 利用以下數據來估計牛頓的萬有引力定律中引力常數 G 的值：地球表面的重力加速度約為 10 m/s^2，地球的周長約為 40×10^6 m；地球表面之岩石典型的密度約為 3000 kg/m^3，並假設這個密度是均勻的 (即使你懷疑它不是真的)。

78. 在火星和木星的軌道之間，有數千個稱為小行星的小物體，以幾近圓形的軌道環繞著太陽運行。現假設有一個球形的小行星，其半徑為 r 且密度為 2700 kg/m^3。(a) 你發現你在這個小行星的表面上，以 22 m/s (約 50 mi/h) 的速率投出一個棒球。如果後來棒球在一個圓形軌道上環繞小行星運行，你為了達成這項驚人之舉，小行星的最大半徑為何？(b) 在你投出棒球之後，你轉身面朝相反的方向並接住這個棒球。試問在你投與接之間要經過多少時間 (T)？

*數值／計算機

*79. (II) 以下附表中所列為太陽系內，太陽與各行星之間的平均距離 (冥王星除外)，以及它們環繞太陽之週期的數據。

行星	平均距離 (AU)	週期 (年)
水星	0.387	0.241
金星	0.723	0.615
地球	1.000	1.000
火星	1.524	1.881
木星	5.203	11.88
土星	9.539	29.46
天王星	19.18	84.01
海王星	30.06	164.8

(a) 以週期的平方對平均距離的立方作函數圖形，並找出與之最相稱的直線。(b) 如果冥王星的週期為 247.7 年，試由此直線來估計冥王星與太陽之間的平均距離。

練習題答案

A: g 將增為二倍。

B: (b)。

C: (b)。

D: 不，即使他們正感受失重的狀態，這麼大的球將需要很大的力來扔擲，以及捕接時將它減速 (慣性質量，牛頓第二運動定律)。

E: 6.17 年。

功與能

棒球投手對手中的棒球施加一個力使它加速至高速度。他的手臂從頭的後方移動到身體前方，經伸直後將球投出，在這段他經由數公尺之位移對球施力的過程中，他對球作功。作用在球上全部的功等於球所獲得的動能 $\left(\frac{1}{2}mv^2\right)$，此結果稱為功能原理。

章前問題——試著想想看！

你非常用力地推著一張重的書桌，試圖移動它。你對這張桌子作功

(a) 不論它是否移動，只要你正在對它施力。
(b) 只有當它開始移動時。
(c) 只有當它不移動時。
(d) 沒有——它對你作功。
(e) 以上皆非。

直到現在，我們一直根據牛頓的三大運動定律學習物體的平移運動。在先前的分析中，力所扮演的最主要角色就是決定運動的量。在本章以及後面兩章中，我們以能量和動量的另一種分析方式來討論物體的平移運動。能量和動量的重要性就是它們是守恆的。在一般的情況下，它們保持定值。這些守恆量的存在，不僅使我們對世界的本質有更深刻的理解，也為我們提供了另一種解答實際問題的方法。

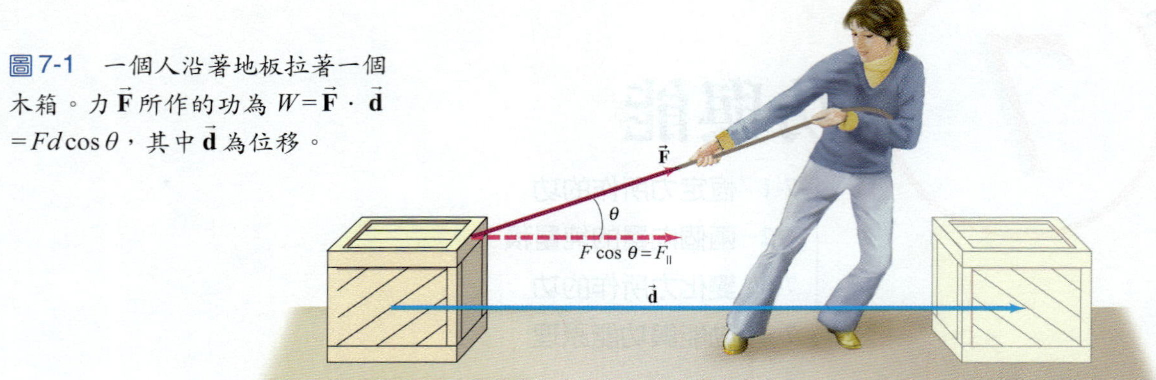

圖 7-1　一個人沿著地板拉著一個木箱。力 $\vec{\mathbf{F}}$ 所作的功為 $W=\vec{\mathbf{F}}\cdot\vec{\mathbf{d}}=Fd\cos\theta$，其中 $\vec{\mathbf{d}}$ 為位移。

能量與動量守恆定律在處理多物體系統方面是特別有價值的，尤其是在相關的力要做詳細考量卻很困難或不可能的情況時。這些定律可以運用在各類的現象上，其中還包括原子和次原子的世界，而這些地方則是無法應用牛頓定律的。

本章專門討論非常重要的能量觀念以及與其密切相關的功之觀念。這兩個量是純量，所以它們沒有方向性，與加速度和力等向量相比，這往往使它們更容易進行分析。

7-1　恆定力所作的功

“功”這個字在日常用語中有許多種意義。但在物理學中，功具有一個非常特殊的意義就是用來描述當一個力作用在物體上，並且使物體移動一段距離時所完成的工作量。除非另有說明，我們現在只考慮平移的運動，並且假設物體是堅硬的而沒有複雜的內部運動，因此可以看作是與質點類似。一個物體上由恆定的力(大小與方向均固定)所作的**功** (work) 定義為位移的大小與力在位移方向的平行分量之相乘積。我們可以將它寫成方程式之形式

$$W=F_{\parallel}d$$

其中，$F_{\parallel}$ 是恆定力 $\vec{\mathbf{F}}$ 與位移 $\vec{\mathbf{d}}$ 平行的分量。上式也可以寫成

$$W=Fd\cos\theta \qquad \textbf{(7-1)}$$

其中，F 是恆定力的大小，d 是物體位移的大小，θ 是力與位移二者方向之間的角度(圖 7-1)。$\cos\theta$ 出現在 (7-1) 式中，是因為 $F\cos\theta\,(=F_{\parallel})$ 是與 $\vec{\mathbf{d}}$ 平行的 $\vec{\mathbf{F}}$ 之分量，功是純量——它只有大小，可以是正或負的。

讓我們考慮運動與力均朝同一方向的情形，因此 $\theta=0$，且 $\cos\theta=1$；在這種情況中，$W=Fd$。例如，假使你以 30 N 的水平力將一台裝有貨品的手推車推動 50 m 的距離，則你對手推車作了 30 N×50 m＝1500 N · m 的功。

這個範例表示，在 SI 單位制中功是以牛頓－公尺 (N · m) 計量，這個單位有一個特別的名字稱為**焦耳** (joule, J)：1 J＝1 N · m。

[在 cgs 系統中，功的單位叫做爾格 (erg)，而且定義為 1 erg＝1 dyne · cm。在英制單位中，功以呎－磅計量。可以很輕易地證明 1 J ＝10^7 erg＝0.7376 ft · ℓb]。

一個力能施加在物體上卻沒有作任何的功。如果你用手拿著一個很重的雜貨袋而不動，你並沒有對它作功。你的確對袋子施力，但是袋子的位移為零，因此你對袋子所作的功是 $W=0$，你需要力和位移兩個量才能作功。但如果你以等速度水平地走過地板，如圖 7-2 所示，你依然沒有對袋子作功。以等速度移動袋子並不需要水平的力。圖 7-2 中的人對袋子施加一個與袋子重量相等的向上的力 $\vec{\mathbf{F}}_P$，但是這個向上的力與袋子的水平位移垂直，所以沒有作功。這個結論是來自 (7-1) 式中功的定義：因為 $\theta=90°$ 且 $\cos 90°=0$，所以 $W=0$。因此，當一個特定的力與位移垂直時，此力並沒有作功。當你開始邁開或停止腳步的時候，有一個水平加速度，於是你短暫地施加一個水平的力，因而對袋子作功。

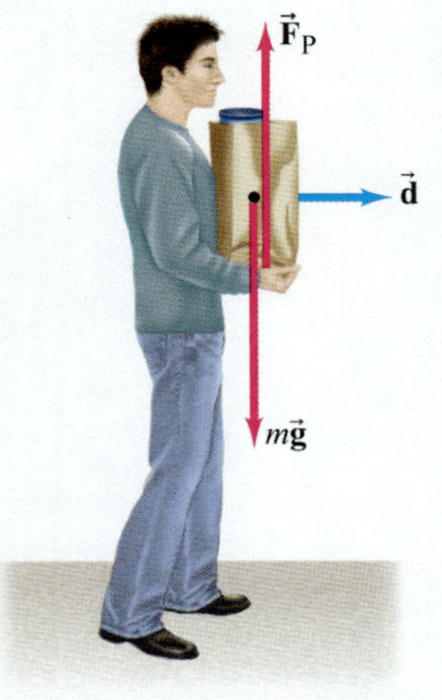

圖 7-2 此人沒有對雜貨袋作功，因為 $\vec{\mathbf{F}}_P$ 與位移 $\vec{\mathbf{d}}$ 垂直。

⚠注意

說明是對某一物體或由某一物體所作的功

當我們處理功的時候，如同力一般，必須明確指出你所討論的功是由一特定物體所作的功，或是對一特定物體所作的功。此外，具體指出功是由一特定的力 (哪一個) 所作，或是由物體上的淨力所作的總 (淨) 功也是很重要的。

例題 7-1　對木箱所作的功　一個人以 37° 仰角的恆定力 $F_P=100$ N 拉著 50 kg 的木箱，沿著水平地板移動 40 m 之距離，如圖 7-3 所示。

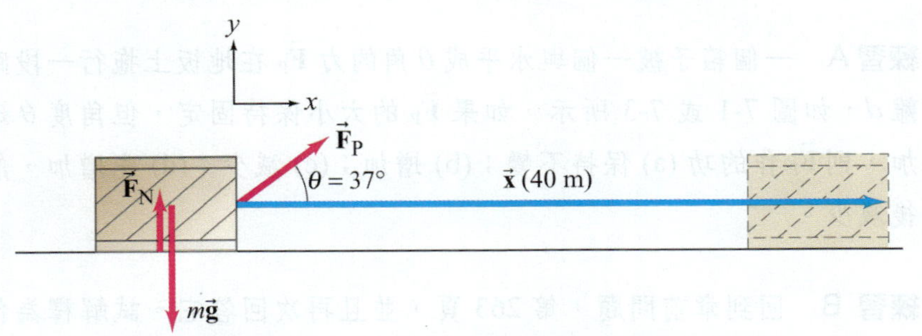

圖 7-3　例題 7-1 沿著光滑的地板拉著一個 50 kg 的木箱。

地板是平滑的而且沒有摩擦力。求 (a) 作用在木箱上的每個力所作的功，(b) 對木箱所作的淨功。

方法 選擇座標系統，使 $\vec{\mathbf{x}}$ 代表 40 m 的位移向量 (沿著 x 軸)。有三個力作用在木箱上，如圖 7-3 所示：人施加的力 $\vec{\mathbf{F}}_P$，地球施加的重力 $m\vec{\mathbf{g}}$，和地板向上施加的正向力 $\vec{\mathbf{F}}_N$。木箱上的淨力是這三個力的向量和。

解答 (a) 重力和正向力所作的功是零，因為它們與位移 $\vec{\mathbf{x}}$ 垂直 [在 (7-1) 式中，$\theta = 90°$]

$$W_G = mgx\cos 90° = 0$$
$$W_N = F_N x\cos 90° = 0$$

$\vec{\mathbf{F}}_P$ 所作的功是

$$W_P = F_P x\cos\theta = (100\ \text{N})(40\ \text{m})\cos 37° = 3200\ \text{J}$$

(b) 淨功能夠用兩個等效的方法計算

(1) 因為功是一個純量，所以作用在物體上的淨功是每個力所作的功之代數和

$$W_{net} = W_G + W_N + W_P$$
$$= 0 \quad + 0 \quad + 3200\ \text{J} = 3200\ \text{J}$$

(2) 先求出作用在物體上的淨力，然後再取它沿著位移方向的分量 $(F_{net})_x = F_P\cos\theta$，也能夠計算淨功。

$$W_{net} = (F_{net})_x x = (F_P\cos\theta)x$$
$$= (100\ \text{N})(\cos 37°)(40\ \text{m}) = 3200\ \text{J}$$

在垂直的 (y) 方向中，沒有位移，因此沒有作功。

練習 A 一個箱子被一個與水平成 θ 角的力 $\vec{\mathbf{F}}_P$ 在地板上拖行一段距離 d，如圖 7-1 或 7-3 所示。如果 $\vec{\mathbf{F}}_P$ 的大小保持固定，但角度 θ 增加，則 $\vec{\mathbf{F}}_P$ 作的功 (a) 保持不變；(b) 增加；(c) 減少；(d) 先增加，然後減少。

練習 B 回到章前問題，第 263 頁，並且再次回答它。試解釋為什麼你的答案可能已經與第一次不同。

解答問題策略

功

1. **畫自由體圖**顯示你研究之物體上的所有所用力。
2. **選擇 xy 座標系統**。如果物體在運動，選擇其中一個座標軸之方向為其中一個力或運動的方向。[因此，對一個位於斜面上的物體而言，選擇一個與斜面平行的座標軸]。
3. **應用牛頓定律**計算每一個未知的力。
4. 利用 $W=Fd\cos\theta$ 計算在物體上由一**特定力所作的功**。注意，當力有與位移方向相反的傾向時，所作的功是負的。
5. 計算在物體上的**淨功**，(a) 先求出每個力所作的功，再將結果以代數法相加；或 (b) 先求出作用在物體上的淨力 F_{net}，然後再利用它求得淨力所作的淨功，如果淨力是恆力，則

$$W_{\text{net}}=F_{\text{net}}d\cos\theta\text{。}$$

例題 7-2 **在背包上的功** (a) 計算一位徒步旅行者背著 15.0 kg 的背包登上一個高度 $h=10.0$ m 的山丘上所作的功，如圖 7-4a 所示。並計算 (b) 重力對背包所作的功，(c) 作用在背包上的淨功。為簡化計算，假設該運動是平穩而等速的 (亦即，加速度是零)。

方法 我們明確地依循上述的解答問題之步驟。

解答

1. **畫自由體圖**。背包上的作用力標示在圖 7-4b 中：重力 $m\vec{\mathbf{g}}$ 向下作用，以及旅行者必須向上施加以支持背包的力 $\vec{\mathbf{F}}_{\text{H}}$。加速度為零，因此背包上水平力可以忽略。
2. **選擇座標系統**。我們對背包的垂直運動感興趣，因此選擇垂直向上為 y 軸的正方向。
3. **應用牛頓定律**。針對背包將牛頓第二運動定律應用在垂直方向上，得到

$$\Sigma F_y=ma_y$$
$$F_{\text{H}}-mg=0$$

因為 $a_y=0$。因此，

$$F_{\text{H}}=mg=(15.0\text{ kg})(9.80\text{ m/s}^2)=147\text{ N}$$

4. **特定力所作的功**。(a) 為了計算旅行者對背包所作的功，我們將 (7-1) 式寫成

$$W_{\text{H}}=F_{\text{H}}(d\cos\theta)$$

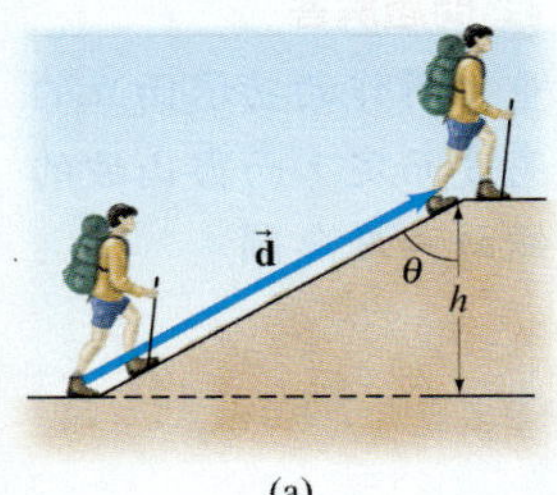

(a)

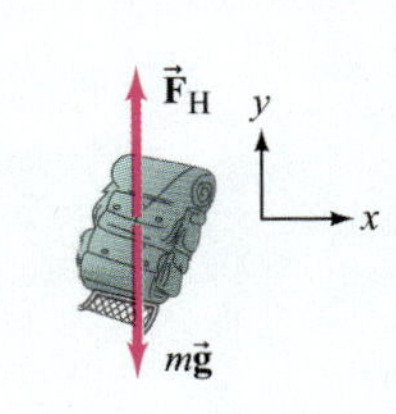

(b)

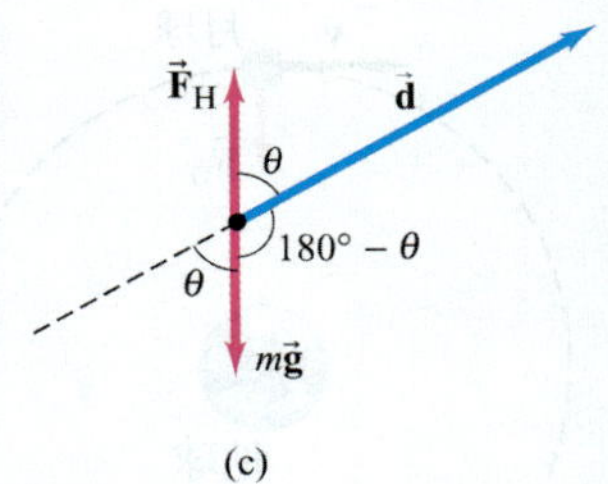

(c)

圖 7-4 例題 7-2。

而且由圖 7-4a 可知 $d\cos\theta = h$。因此旅行者所作的功為

$$W_H = F_H(d\cos\theta) = F_H h = mgh$$
$$= (147\ \mathrm{N})(10.0\ \mathrm{m}) = 1470\ \mathrm{J}$$

注意，所作的功只與高度的改變有關，而與山坡的角度 θ 無關。旅行者若垂直地將背包提起至相同的高度 h，也會作相同的功。(b) 重力對背包所作的功是 [由 (7-1) 式與圖 7-4c]

$$W_G = F_G\, d\cos(180° - \theta)$$

因為 $\cos(180° - \theta) = -\cos\theta$，我們得到

$$W_G = F_G d(-\cos\theta) = mg(-d\cos\theta)$$
$$= -mgh$$
$$= -(15.0\ \mathrm{kg})(9.80\ \mathrm{m/s^2})(10.0\ \mathrm{m}) = -1470\ \mathrm{J}$$

問題解答

重力所作的功依山丘的高度而定，而與山坡的傾斜角度無關。

備註 重力 (在這裡是負的) 所作的功與山坡的角度無關，它只依山丘的垂直高度 h 而定。這是因為重力作用於垂直方向，所以只有垂直分量的位移才會作功。

5. 所作的淨功。(c) 作用在背包上的淨功是 $W_{\text{net}} = 0$，因為背包上的淨力為零 (假設它無加速度)。我們也能將每個力所作的功相加以計算淨功

$$W_{\text{net}} = W_G + W_H = -1470\ \mathrm{J} + 1470\ \mathrm{J} = 0$$

備註 即使由背包上所有的作用力所作的淨功為零，旅行者對背包所作的功等於 1470 J。

觀念例題 7-3 **地球是否對月球作功？** 月球以近似恆定的切線速率在一幾近圓形軌道上環繞地球運行，它是藉由地球施加的引力而保持在軌道上。引力對月球作 (a) 正的功，(b) 負的功，或 (c) 根本沒作功？

回答 地球對月球的引力 $\vec{\mathbf{F}}_G$ (圖 7-5) 是朝向地球的方向，並且沿著月球軌道的半徑方向對月球提供向心力。在任何時刻月球的位移都是與圓相切，朝著速度的方向，而與半徑以及引力的方向正交。因此力 $\vec{\mathbf{F}}_G$ 與月球瞬時位移之夾角 θ 為 90°；所以，重力所作的功是零 ($\cos 90° = 0$)。這就是為什麼月球以及人造衛星能夠停留在軌道上而不必使用燃料：不必為抵抗引力而作功。

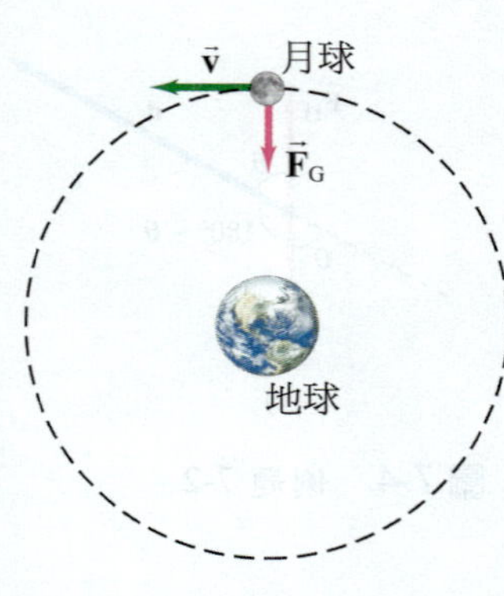

圖 7-5 例題 7-3。

7-2 兩個向量的純量積

雖然功是一個純量，但是它卻與力和位移兩個向量的乘積有關。因此，我們現在要研究在本書全書中都將是很有用的向量乘法，並且將它應用在作功上。

因為向量具有方向和大小，所以它們不能夠用與純量相同的方法相乘，我們反而必須定義向量乘法運算的意義。在定義如何與向量相乘的多種可能方式中，我們發現有三種方式可用於物理學中

(1) 在第 3-3 節中曾經討論過的，以一個純量與一向量相乘。
(2) 以第二個向量乘以一個向量而產生一個純量。
(3) 以第二個向量乘以一個向量而產生另一個向量。

第三種型式稱為*向量積*，將於後面的第 11-2 節中討論。

我們現在討論第二種型式，它稱為*純量積*或*點積* (因為用一個點號表示這種乘法)。如果有兩個向量 $\vec{\mathbf{A}}$ 與 $\vec{\mathbf{B}}$，則它們的**純量** (scalar) [或**點** (dot)] **積** (product) 定義為

$$\vec{\mathbf{A}}\cdot\vec{\mathbf{B}}=AB\cos\theta \tag{7-2}$$

其中，A 與 B 是向量的大小，θ 是當它們尾端相連時它們之間的夾角 (<180°)，如圖 7-6。因為 A、B 與 $\cos\theta$ 都是純量，所以純量積 $\vec{\mathbf{A}}\cdot\vec{\mathbf{B}}$ (讀作 "A dot B") 也是純量。

(7-2) 式的定義，完全符合我們的恆定力所作的功之定義，(7-1) 式。亦即，我們可以將恆定力所作的功寫成力與位移的純量積

$$W=\vec{\mathbf{F}}\cdot\vec{\mathbf{d}}=Fd\cos\theta \tag{7-3}$$

的確，因為許多重要的物理量 (例如，功以及其他稍後會見到的量) 都可以用兩個向量的純量積來描述，所以就因此選擇了 (7-2) 式的純量積之定義。

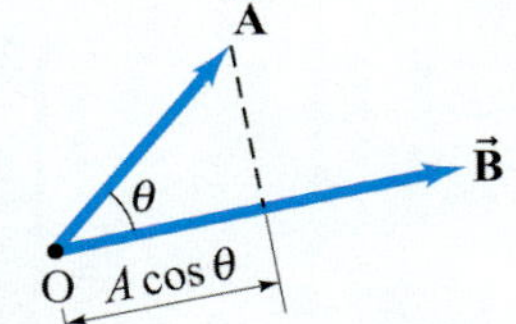

圖 7-6 兩個向量 $\vec{\mathbf{A}}$ 與 $\vec{\mathbf{B}}$ 的純量積 (或點積) 為 $\vec{\mathbf{A}}\cdot\vec{\mathbf{B}}=AB\cos\theta$。純量積可以解釋為一向量的大小 (在此為 B) 乘以另一個向量在 $\vec{\mathbf{B}}$ 上的投影 $A\cos\theta$。

純量積的一個相同定義是第一個向量的大小 (假設是 B) 與另一個向量沿著第一個向量之方向的分量 (或投影) ($A\cos\theta$) 的相乘積，如圖 7-6 所示。

因為 A、B 和 $\cos\theta$ 都是純量，所以它們依什麼順序相乘是無關緊要的。因此純量積是**可交換的** (commutative)

$$\vec{\mathbf{A}}\cdot\vec{\mathbf{B}}=\vec{\mathbf{B}}\cdot\vec{\mathbf{A}} \qquad \text{[交換性]}$$

很容易可以證明它是**可分配的** (distributive) (參見習題 33 的證明)

$$\vec{\mathbf{A}}\cdot(\vec{\mathbf{B}}+\vec{\mathbf{C}})=\vec{\mathbf{A}}\cdot\vec{\mathbf{B}}+\vec{\mathbf{A}}\cdot\vec{\mathbf{C}} \qquad \text{[分配性]}$$

利用單位向量，我們將向量 $\vec{\mathbf{A}}$ 與 $\vec{\mathbf{B}}$ 寫成直角分量的形式 [第 3-5 節，(3-5) 式] 為

$$\vec{\mathbf{A}}=A_x\hat{\mathbf{i}}+A_y\hat{\mathbf{j}}+A_z\hat{\mathbf{k}}$$
$$\vec{\mathbf{B}}=B_x\hat{\mathbf{i}}+B_y\hat{\mathbf{j}}+B_z\hat{\mathbf{k}}$$

我們取這兩個向量的純量積 $\vec{\mathbf{A}}\cdot\vec{\mathbf{B}}$，還記得單位向量 $\hat{\mathbf{i}}$、$\hat{\mathbf{j}}$ 和 $\hat{\mathbf{k}}$ 是互相正交的，所以

$$\hat{\mathbf{i}}\cdot\hat{\mathbf{i}}=\hat{\mathbf{j}}\cdot\hat{\mathbf{j}}=\hat{\mathbf{k}}\cdot\hat{\mathbf{k}}=1$$
$$\hat{\mathbf{i}}\cdot\hat{\mathbf{j}}=\hat{\mathbf{i}}\cdot\hat{\mathbf{k}}=\hat{\mathbf{j}}\cdot\hat{\mathbf{k}}=0$$

因此，純量積等於

$$\begin{aligned}\vec{\mathbf{A}}\cdot\vec{\mathbf{B}}&=(A_x\hat{\mathbf{i}}+A_y\hat{\mathbf{j}}+A_z\hat{\mathbf{k}})\cdot(B_x\hat{\mathbf{i}}+B_y\hat{\mathbf{j}}+B_z\hat{\mathbf{k}})\\&=A_xB_x+A_yB_y+A_zB_z\end{aligned} \qquad \textbf{(7-4)}$$

(7-4) 式是非常有用的。

如果 $\vec{\mathbf{A}}$ 與 $\vec{\mathbf{B}}$ 正交，則 (7-2) 式告訴我們 $\vec{\mathbf{A}}\cdot\vec{\mathbf{B}}=AB\cos 90°=0$。但是相反的，若已知 $\vec{\mathbf{A}}\cdot\vec{\mathbf{B}}=0$，則可能發生三種不同的情形：$\vec{\mathbf{A}}=0$，$\vec{\mathbf{B}}=0$，或 $\vec{\mathbf{A}}\perp\vec{\mathbf{B}}$。

例題 7-4　利用點積　圖 7-7 中的力，其大小為 $F_P=20$ N，並且與地面成 30° 角。當推車沿著地面被拖行 100 m 時，利用 (7-4) 式計算此力所作的功。

圖 7-7　例題 7-4 與地面之夾角為 θ 的一個力 $\vec{\mathbf{F}}_P$ 所作的功為 $W=\vec{\mathbf{F}}_P\cdot\vec{\mathbf{d}}$。

方法 我們選擇 x 軸為水平向右，而 y 軸為垂直向上，並且以單位向量之形式寫出 $\vec{\mathbf{F}}_P$ 和 $\vec{\mathbf{d}}$。

解答

$$\vec{\mathbf{F}}_P = F_x\hat{\mathbf{i}} + F_y\hat{\mathbf{j}} = (F_P\cos 30°)\hat{\mathbf{i}} + (F_P\sin 30°)\hat{\mathbf{j}} = (17\text{ N})\hat{\mathbf{i}} + (10\text{ N})\hat{\mathbf{j}}$$

而 $\vec{\mathbf{d}} = (100\text{ m})\hat{\mathbf{i}}$。然後利用 (7-4) 式，

$$W = \vec{\mathbf{F}}_P \cdot \vec{\mathbf{d}} = (17\text{ N})(100\text{ m}) + (10\text{ N})(0) + (0)(0) = 1700\text{ J}$$

注意，藉由選擇 x 軸為沿著 $\vec{\mathbf{d}}$ 之方向，於是 $\vec{\mathbf{d}}$ 只有一個分量，因此簡化了我們的演算。

7-3 變化力所作的功

如果作用在物體上的力是固定的，則力所作的功就能用 (7-1) 式來計算。然而在許多情況中，力在一段過程期間其大小或方向會變化。例如，當火箭從地球發射時，必須作功以克服與地球中心之距離的平方成反比變化的重力。其他的實例如彈簧所施加的力，它隨著伸展程度而增加；或是施加變化的力將箱子或推車從崎嶇不平的山路上拉起來所作的功。

圖 7-8 顯示一個物體在 xy 平面上從 a 點至 b 點的移動路徑，路徑被劃分成長度為 $\Delta\ell_1$、$\Delta\ell_2$、⋯、$\Delta\ell_7$ 的小區段。一個力 $\vec{\mathbf{F}}$ 作用在路徑上的各點處，圖中標示其中兩點的作用力 $\vec{\mathbf{F}}_1$ 和 $\vec{\mathbf{F}}_5$。在每個小區段 $\Delta\ell$ 中，力是幾近於恆定。對於第一個區段而言，力所作的功 ΔW 約為 [見 (7-1) 式]

$$\Delta W \approx F_1\cos\theta_1\Delta\ell_1$$

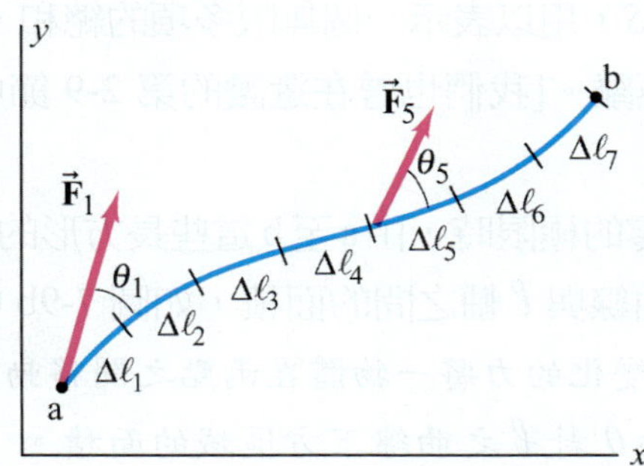

圖 7-8 一個質點受到一變化的力 $\vec{\mathbf{F}}$ 之作用，沿著圖中的路徑從 a 點移動到 b 點。

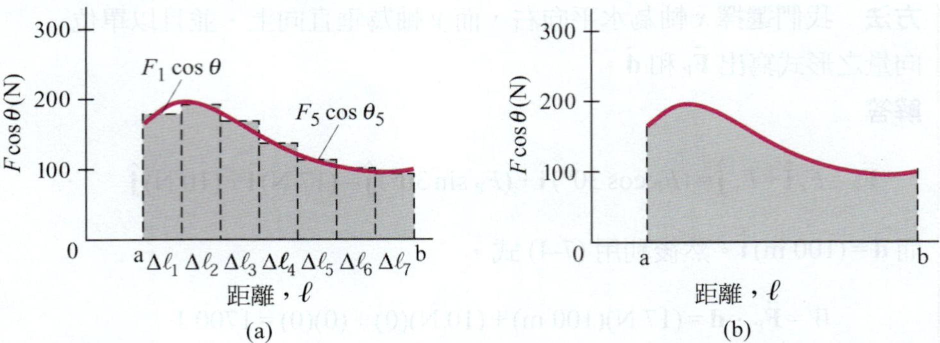

圖 7-9　力 F 所作的功是 (a) 大約等於圖中各塊長方形面積的總和，(b) 等於 $F\cos\theta$ 對 ℓ 之曲線下方的面積。

在第二個區段中，所作的功約為 $F_2\cos\theta_2\,\Delta\ell_2$，依此類推。將質點移動全部的距離 $\ell = \Delta\ell_1 + \Delta\ell_2 + \cdots + \Delta\ell_7$ 全部所作的功是這些項目的總和

$$W \approx \sum_{i=1}^{7} F_i\cos\theta_i\,\Delta\ell_i \tag{7-5}$$

我們藉由繪製 $F\cos\theta$ 與沿著路徑之距離 ℓ 的關係圖來檢視這種情形，如圖 7-9a 所示。距離 ℓ 已經被細分為相同的七個區段 (參見垂直的虛線)。在每個區段中心的 $F\cos\theta$ 值以水平的虛線表示。每個陰影的長方形之面積為 $(F_i\cos\theta_i)(\Delta\ell_i)$，這是各區段中作功一個很好的估計。由 (7-5) 式所估計的沿著整段路徑所作的功，等於所有長方形面積的總和。如果我們將整段距離再細分為更多的區段，則各個 $\Delta\ell_i$ 會變得更小，而作功的估算也變得更準確 (F 在每區段中是恆定的假設變得更加準確)。令各個 $\Delta\ell_i$ 趨近於零 (因此有無限多個區段)，因此我們對所作的功可以得到更正確的結果

$$W = \lim_{\Delta\ell_i\to 0} \Sigma F_i\cos\theta_i\,\Delta\ell_i = \int_a^b F\cos\theta\,d\ell \tag{7-6}$$

當 $\Delta\ell_i \to 0$ 時，這個極限就是 $F\cos\theta\,d\ell$ 從 a 點到 b 點的積分。積分符號 $\int$ 是一個拉長的 S，用以表示一個無限多項的總和，並且以 $d\ell$ 取代 $\Delta\ell$，意指極小的距離。[我們也曾在選讀的第 2-9 節中討論過這個部分。]

當 $\Delta\ell$ 趨近於零的極限時，由 a 至 b 這些長方形的總面積 (圖 7-9a) 就幾近於 $F\cos\theta$ 曲線與 ℓ 軸之間的面積，如圖 7-9b 中的陰影區域所示。亦即，以一個變化的力將一物體在兩點之間移動，所作的功等於兩點之間位於 $F\cos\theta$ 對 ℓ 之曲線下方區域的面積。

在 $\Delta\ell$ 趨近於零的極限時，極小的距離 $d\ell$ 等於極小位移向量 $d\vec{\boldsymbol{\ell}}$ 的大小。向量 $d\vec{\boldsymbol{\ell}}$ 的方向是在該點處與路徑相切的方向，因此 θ 是在任一點處 $\vec{\mathbf{F}}$ 與 $d\vec{\boldsymbol{\ell}}$ 之間的角度。因此我們以點積表示法將 (7-6) 式改寫為

$$W=\int_a^b \vec{\mathbf{F}}\cdot d\vec{\boldsymbol{\ell}} \tag{7-7}$$

此式是功的一般定義式。在這個方程式中，a 和 b 代表空間中的兩點 (x_a, y_a, z_a) 和 (x_b, y_b, z_b)。(7-7) 式中的積分稱為線積分，因為它是 $F\cos\theta$ 沿著代表物體移動之路線所作的積分。[恆定力所作的功 (7-1) 式是 (7-7) 式的一個特殊情況]。

在直角座標中，任何一個力都可以寫成

$$\vec{\mathbf{F}}=F_x\,\hat{\mathbf{i}}+F_y\,\hat{\mathbf{j}}+F_z\,\hat{\mathbf{k}}$$

而位移 $d\vec{\boldsymbol{\ell}}$ 為

$$d\vec{\boldsymbol{\ell}}=dx\,\hat{\mathbf{i}}+dy\,\hat{\mathbf{j}}+dz\,\hat{\mathbf{k}}$$

則所作的功可以寫成

$$W=\int_{x_a}^{x_b}F_x\,dx+\int_{y_a}^{y_b}F_y\,dy+\int_{z_a}^{z_b}F_z\,dz$$

為了實際上利用 (7-6) 或 (7-7) 式來計算功，有幾個選擇：(1) 如果已知 $F\cos\theta$ 是一個位置的函數，可以畫一個如圖 7-9b 的曲線圖，再以圖解法求得面積。(2) 另一種可能性是在計算機或電腦的幫助下，利用數值積分法 (數值總和)。(3) 第三種可能性是用積分學的解析法。為此，我們必須能夠將 $\vec{\mathbf{F}}$ 寫成位置的函數 $F(x, y, z)$，並且必須知道移動的路徑。我們先看一些特殊的例子。

彈力所作的功

讓我們判斷將一個彈簧拉長或壓縮所需的功，如圖 7-10 所示。某人拿著一個彈簧將它由正常的 (鬆弛的) 長度拉長或壓縮一個量 x，都需要施加一個力 F_P，此力與 x 成正比。即

$$F_P=kx$$

其中，k 是常數，稱為彈力常數 (或彈簧剛性常數)，是彈簧剛性的計量。彈簧本身會產生一個相反方向的力 (圖 7-10b 或 c)

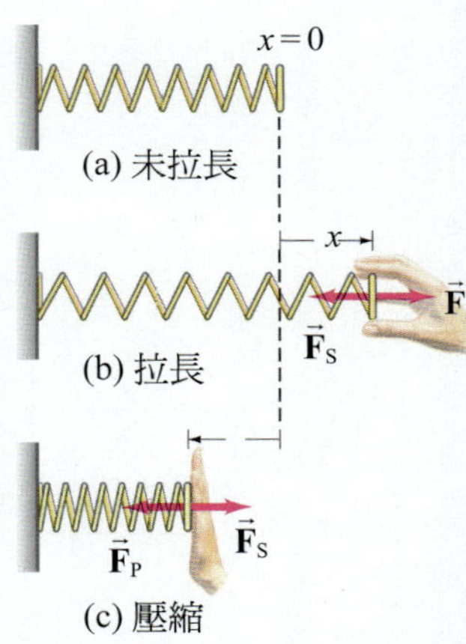

圖 7-10 (a) 彈簧在正常位置 (未拉長)。(b) 彈簧受某人施加一外力 $\vec{\mathbf{F}}_P$ 而向右拉長 (正的方向)，彈簧產生一拉回的力 $\vec{\mathbf{F}}_S$，且 $F_S=-kx$。(c) 某人用力壓縮彈簧 $(x<0)$，彈簧產生一個推回的力 $F_S=-kx$，其中因為 $x<0$，所以 $F_S>0$。

$$F_S = -kx \tag{7-8}$$

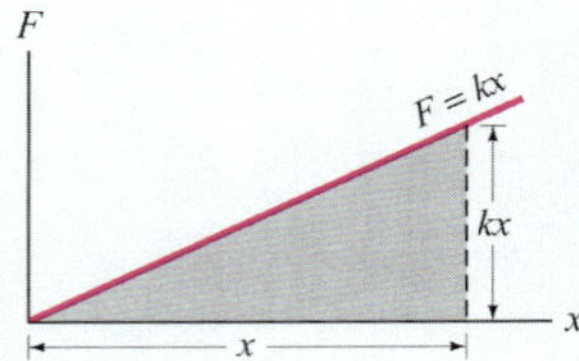

圖 7-11 將彈簧拉長一個距離 x 所作的功等於曲線 $F=kx$ 下方的三角形面積。三角形的面積為 $\frac{1}{2}$×底×高，故 $W=\frac{1}{2}(x)(kx)=\frac{1}{2}kx^2$。

因為彈簧施加的力其方向與位移相反 (負號由此而來)，所以這個力有時稱為"回復力"，此一作用使彈簧回復到它的正常長度。(7-8) 式即為知名的**彈簧方程式** (spring equation) 或**虎克定律** (Hooke's law)。就彈簧而言，只要 x 不是太大 (參見第 12-4 節)，並且沒有永久變形發生，此式就是準確的。

我們計算一個人將彈簧由它的正常 (未拉長) 長度 $x_a=0$ 拉長 (或壓縮) 至一額外長度 $x_b=x$ 所作的功。假設緩慢地將彈簧拉長，因而加速度基本上是零。施加的力 $\vec{\mathbf{F}}_P$ 與彈簧的軸是平行的，其方向並作為 x 軸，因此 $\vec{\mathbf{F}}_P$ 與 $d\vec{\boldsymbol{\ell}}$ 是平行的。因為在這種情況下 $d\vec{\boldsymbol{\ell}}=dx\hat{\mathbf{i}}$，所以此人所作的功是[1]

$$\begin{aligned} W_P &= \int_{x_a=0}^{x_b=x} [F_P(x)\hat{\mathbf{i}}] \cdot [dx\hat{\mathbf{i}}] \\ &= \int_0^x F_P(x)\,dx = \int_0^x kx\,dx = \frac{1}{2}kx^2\Big|_0^x = \frac{1}{2}kx^2 \end{aligned}$$

(這是常用的形式，我們使用 x 代表積分變數，以及位於 $x_a=0$ 至 $x_b=x$ 區間末端的 x 之特定值)。因此我們看到，所需的功與拉長 (或壓縮) 之距離 x 的平方成正比。

利用圖 7-11 計算 F 對 x (這個情況中 $\cos\theta=1$) 曲線下方的面積可以得到相同的結果。因為這個區域是一個高為 kx 且底為 x 的三角形，所以某人將彈簧拉長或壓縮一個量 x 所作的功為

$$W=\frac{1}{2}(x)(kx)=\frac{1}{2}kx^2$$

其結果與先前相同。由於 $W \propto x^2$，因此將彈簧拉長或壓縮同一長度 x 所作的功是相同的。

例題 7-5 在彈簧上所作的功 (a) 一個人正在拉彈簧 (圖 7-10)，將它拉長 3.0 cm，需要最大的力是 75 N。此人所作的功是多少？(b) 如果改將彈簧壓縮 3.0 cm，此人所作的功又是多少？

方法 力 $F=kx$ 適用於每一點，其中包括 x_{max}。因此 F_{max} 發生在 $x=x_{max}$。

解答 (a) 首先我們需要計算彈力常數 k

$$k=\frac{F_{max}}{x_{max}}=\frac{75\text{ N}}{0.030\text{ m}}=2.5\times10^3\text{ N/m}$$

1 參閱附錄 B 的積分表。

人對彈簧所作的功為

$$W = \frac{1}{2}kx_{max}^2 = \frac{1}{2}(2.5\times10^3\ \text{N/m})(0.030\ \text{m})^2 = 1.1\ \text{J}$$

(b) 此人所施加的力依然是 $F_P = kx$，雖然現在 x 和 F_P 是負的 (向右是正的 x)。所作的功是

$$W_P = \int_{x=0}^{x=-0.030\ \text{m}} F_P(x)\,dx = \int_0^{x=-0.030\ \text{m}} kx\,dx = \frac{1}{2}kx^2\Big|_0^{-0.030\ \text{m}}$$
$$= \frac{1}{2}(2.5\times10^3\ \text{N/m})(-0.030\ \text{m})^2 = 1.1\ \text{J}$$

此數值與拉長時相同。

備註 因為施力不是恆定的，所以我們對彈簧不能應用 $W = Fd$ [(7-1) 式]。

較複雜的力學定律──機械手臂

例題 7-6 **作為 x 之函數的力** 自動化監視系統中用來控制攝影機位置的機械手臂 (圖 7-12) 是由馬達對它施力而操作的。這個力是

$$F(x) = F_0\left(1 + \frac{1}{6}\frac{x^2}{x_0^2}\right)$$

其中，$F_0 = 2.0\ \text{N}$，$x_0 = 0.0070\ \text{m}$ 且 x 是手臂末端的位置。如果手臂從 $x_1 = 0.010\ \text{m}$ 移動到 $x_2 = 0.050\ \text{m}$，馬達作了多少功？

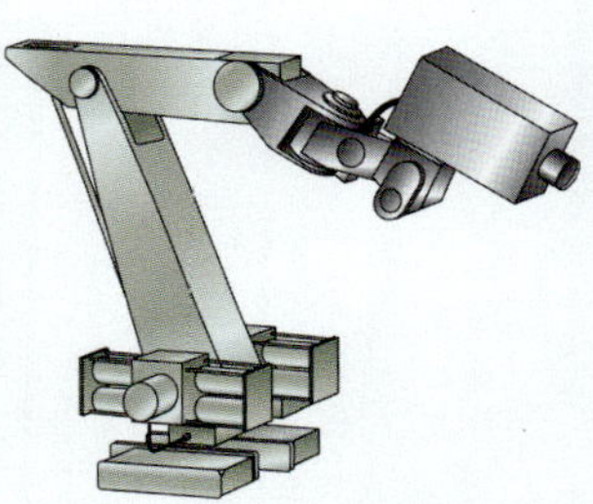

圖 7-12 攝影機的機械手臂。

作法 馬達施加的力不是 x 的線性函數。我們可以計算積分 $\int F(x)\,dx$ 或 $F(x)$ 曲線下方的面積 (圖 7-13)。

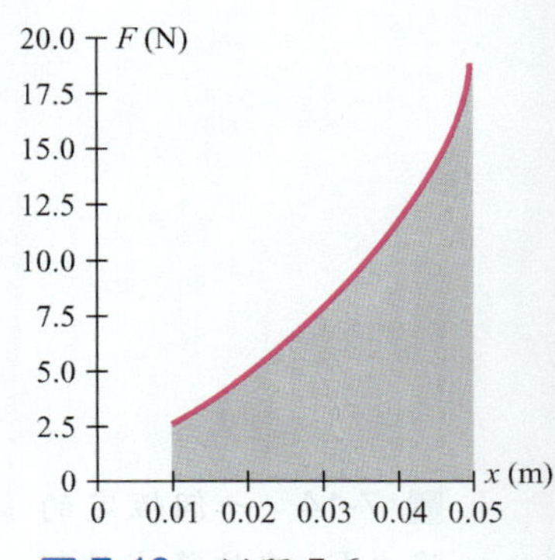

圖 7-13 例題 7-6。

解答 我們利用積分求馬達所作的功

$$W_M = F_0\int_{x_1}^{x_2}\left(1 + \frac{x^2}{6x_0^2}\right)dx = F_0\int_{x_1}^{x_2}dx + \frac{F_0}{6x_0^2}\int_{x_1}^{x_2}x^2\,dx$$
$$= F_0\left(x + \frac{1}{6x_0^2}\frac{x^3}{3}\right)\Big|_{x_1}^{x_2}$$

將已知數值代入，得到

$$W_M = 2.0\ \text{N}\left[(0.050\ \text{m} - 0.010\ \text{m}) + \frac{(0.050\ \text{m})^3 - (0.010\ \text{m})^3}{(3)(6)(0.0070\ \text{m})^2}\right]$$
$$= 0.36\ \text{J}$$

7-4 動能與功能原理

能量是科學中最重要的觀念之一。我們不能只用幾個文字為能量作簡單的一般定義。但是，每種特定類型的能量可以相當簡單地定義。在本章中，我們定義平移的動能；在下一章中，我們將討論位能。在後續各章中我們將討論其他類型的能量，例如與熱相關的能量 (第 19 章與第 20 章)。所有類型能量的一個至為重要的觀點，是指所有類型能量的總和 (總能量)，在經歷任何過程的前後是相同的；亦即，能量是一個守恆的量。

就本章的目的而言，我們可以用傳統方式將能量定義為“作功的能力”。但是這個簡單的定義並不是非常的精確，同時也不全然適用於所有類型的能量[2]。不過，它可以用在本章和下一章中所討論的機械能。我們現在定義並討論能量基本類型之一的動能。

一個移動中的物體能對被它碰撞的另一個物體作功。一個飛行的砲彈對遭它擊倒的磚牆作功；揮動的鎚子對釘入木頭的鐵釘作功。在這兩種情況中，一個移動中的物體對第二個物體施加一個力，使它產生一個位移。運動中的物體有能力作功，因而可以稱它具有能量。運動的能量稱為**動能** (kinetic energy)，它是源自希臘詞 *kinetikos*，意思就是“運動”。

為了要得到一個動能的量化定義，讓我們考慮一個質量為 m 的簡單剛體 (將它視為一個質點)，它以初速率 v_1 沿著一條直線移動。它被施加一個與運動方向平行的恆定之淨力 F_{net}，行經一段位移 d 之距離，以等加速度使速率增為 v_2，如圖 7-14 所示。對物體所作的淨功是 $W_{net}=F_{net}\,d$。我們應用牛頓第二運動定律 $F_{net}=ma$，並且將 (2-12c) 式 ($v_2^2=v_1^2+2ad$) 重寫成

$$a=\frac{v_2^2-v_1^2}{2d}$$

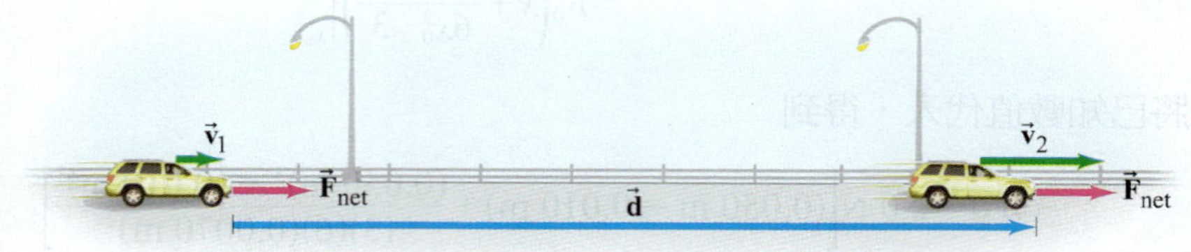

圖 7-14 一個恆定的淨力 F_{net} 在位移 d 的距離內使車子由 v_1 加速至 v_2。所作的淨功為 $W_{net}=F_{net}\,d$。

---

2 與熱有關的能量通常不能用來作功，它將於第 20 章中探討。

其中，v_1 為初速率而 v_2 為最終的速率。將它代入 $F_{net}=ma$ 中，計算所作的功

$$W_{net}=F_{net}\,d=mad=m\left(\frac{v_2^2-v_1^2}{2d}\right)d=m\left(\frac{v_2^2-v_1^2}{2}\right)$$

或是

$$W_{net}=\frac{1}{2}mv_2^2-\frac{1}{2}mv_1^2 \tag{7-9}$$

我們定義 $\frac{1}{2}mv^2$ 這個量為物體的**平移動能** (translational kinetic energy) K，

動能 (定義)

$$K=\frac{1}{2}mv^2 \tag{7-10}$$

(我們稱它為 "平移" 動能，是為了與轉動動能區別，在第 10 章中會討論轉動動能。) 此處針對用恆定力的一維空間運動所導出的 (7-9) 式也適用於在一般三維空間中平移運動的物體，而且即使是變化的力也能成立，這將在本節結尾的部分證明。

我們可以將 (7-9) 式改寫為

$$W_{net}=K_2-K_1$$

或是

功能原理

$$W_{net}=\Delta K=\frac{1}{2}mv_2^2-\frac{1}{2}mv_1^2 \tag{7-11}$$

(7-11) 式 [(或 (7-9) 式] 是一個有用的結果，它就是知名的**功能原理** (work-energy principle)。並且能夠用文字敘述為

功能原理

在一個物體上所作的淨功等於物體動能的變化。

⚠注意

功能原理只適用於淨功

注意，我們曾利用牛頓第二定律 $F_{net}=ma$，其中 F_{net} 是淨力——所有作用在物體上的力之總和。因此，只有當 W 是在物體上所作的淨功時，亦即所有作用在物體上的力所作的功，功能原理才能適用。

功能原理是一個非常有用的牛頓定律之再次公式化表述。它告訴我們若 (正的) 淨功 W 作用在物體上，則物體的動能就會增加 W 的量。這個原理也適用於相反的情況：若作用在物體上的淨功 W 是負的，則物體的動能就會減少 W 的量。亦即對物體施加一個與物體運動方向相反的淨力，會減少物體的速度和動能。一個實例就是鐵鎚 (圖 7-15) 敲擊鐵釘。鐵鎚上的淨力 (圖 7-15 中的 $-\vec{\mathbf{F}}$，其中為了簡明

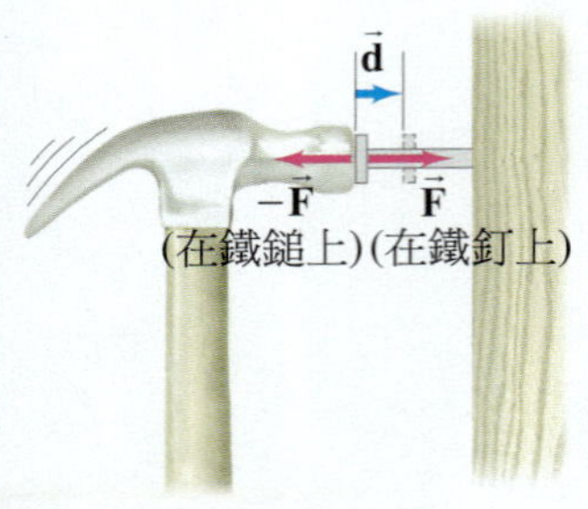

圖 7-15 鐵鎚敲打一根鐵釘後靜止。鐵鎚對鐵釘施加一個力 F，而鐵釘則對鐵鎚施加一個力 $-F$(牛頓第三運動定律)，鐵鎚對鐵釘所作的功為 $(W_n = Fd > 0)$。鐵釘對鐵鎚所作的功為 $(W_h = -Fd)$。

起見，將 $\vec{\mathbf{F}}$ 假設是恆定的) 朝左方作用，而鐵鎚的位移 $\vec{\mathbf{d}}$ 則是朝右，因此作用在鐵鎚上的淨功 $W_h = (F)(d)(\cos 180°) = -Fd$ 是負的，而鐵鎚的動能減少 (通常減為零)。

圖 7-15 也說明了能量如何能夠視為作功的能力。當鐵鎚減速時，它在鐵釘上作正的功：$W_n = (+F)(+d)(\cos 0°) = Fd$，它是正的。鐵鎚動能的減少 [$= Fd$，根據 (7-11) 式] 等於鐵鎚對另一個物體，也就是鐵釘所作的功。

平移動能 $(= \frac{1}{2}mv^2)$ 與物體的質量成正比並且也與速率的平方成正比。因此若質量加倍，則動能也加倍。但如果速率加倍，則物體的動能增為四倍；因此它所能作的功也增為四倍。

因為功與動能之間的直接關聯，所以能量的計量單位與功相同：在 SI 制中為焦耳。[CGS 制中的能量單位是爾格，英制中則是呎−磅]。如同功一般，動能也是一個純量，一群物體的動能是各個物體動能的總和。

功能原理可以應用在一個質點上，並且也可以應用在近似於質點的物體上，例如堅硬的或內部運動是微不足道的物體。我們在以下的例題中將會看到，它在簡單的情況中是非常有用的。功能原理的效力以及涵蓋層面不如我們將在下一章中所討論的能量守恆定律，並且不應該將它認為是能量守恆的陳述。

例題 7-7　棒球上的動能和所作的功　投出一個 145 g 的棒球，使它獲得 25 m/s 的速率。(a) 它的動能為何？(b) 如果它是從靜止狀態被投出，使球達到這個速率所做的淨功為何？

方法　我們利用 $K = \frac{1}{2}mv^2$，以及 (7-11) 式的功能原理。

解答　(a) 球投出之後的動能是

$$K = \frac{1}{2}mv^2 = \frac{1}{2}(0.145\ \text{kg})(25\ \text{m/s})^2 = 45\ \text{J}$$

(b) 由於最初的動能是零，因此所作的淨功正好等於最後的動能 45 J。

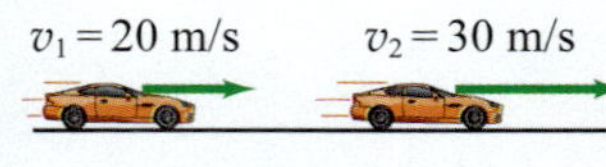

圖 7-16 例題 7-8。

例題 7-8　增加汽車動能所作的功　一輛 1000 kg 的汽車，其車速由 20 m/s 加速到 30 m/s 需要多少淨功 (圖 7-16)？

方法　汽車是一個複雜的系統。引擎驅動車輪和輪胎，它們推著地面，而地面則對它們反推 (參見例題 4-4)。我們現在對那些複雜的事物不感興趣。但只要我們將汽車視為質點或簡單的剛體，就可以利用功能原理得到有用的結果。

解答 所需要的淨功等於增加的動能

$$W = K_2 - K_1 = \frac{1}{2}mv_2^2 - \frac{1}{2}mv_1^2$$
$$= \frac{1}{2}(1000\text{ kg})(30\text{ m/s})^2 - \frac{1}{2}(1000\text{ kg})(20\text{ m/s})^2 = 25\times10^5\text{ J}$$

練習 C (a) 猜猜看：例題 7-8 中的汽車由靜止加速至 20 m/s 所需的功會多於、少於或等於已經算出的它由 20 m/s 加速至 30 m/s 所需的功？(b) 算算看。

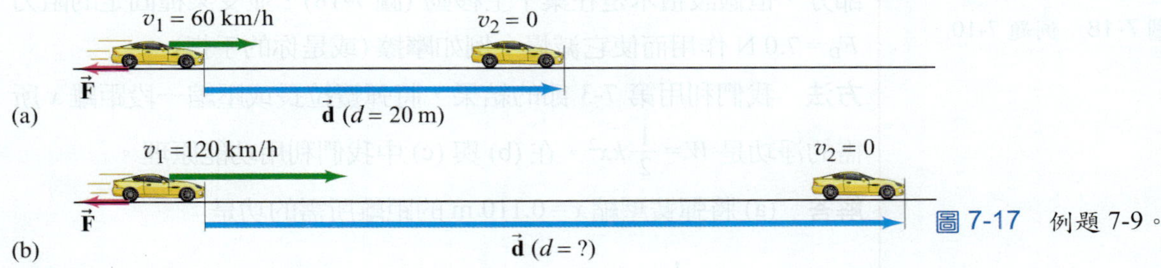

圖 7-17 例題 7-9。

觀念例題 7-9 將汽車停住所作的功 一輛以 60 km/h 之速率行駛的汽車，能夠在 20 m 的距離 d 內，由煞車至完全停住 (圖 7-17a)。如果汽車以兩倍的速率 120 km/h 行駛，它的煞車距離為何 (圖 7-17b)？假設最大的煞車力與速率無關。

回答 我們再次將汽車視為一個質點。由於停止的淨力 F 近似於恆定，因此將汽車停住所需的功 Fd 與移動距離成正比。我們應用功能原理，並注意 $\vec{\mathbf{F}}$ 與 $\vec{\mathbf{d}}$ 的方向相反，且汽車的最終速率是零

$$W_{\text{net}} = Fd\cos 180° = -Fd$$

然後

$$-Fd = \Delta K = \frac{1}{2}mv_2^2 - \frac{1}{2}mv_1^2$$
$$= 0 - \frac{1}{2}mv_1^2$$

由於力和質量是固定的，我們看到煞車距離 d 與速率的平方成正比

物理應用

汽車的煞車距離與其初速率的平方成正比

$$d \propto v^2$$

如果汽車的初速率加倍，則煞車距離就變成 $(2)^2 = 4$ 倍，或 80 m。

練習 D 動能會是負的嗎？

練習 E (a) 如果一支箭的動能加倍，則它的速率增為幾倍？(b) 如果它的速率加倍，則它的動能增為幾倍？

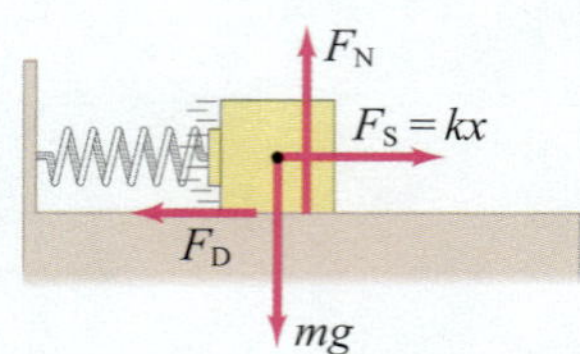

圖 7-18 例題 7-10。

例題 7-10 壓縮的彈簧 一根水平彈簧的彈力常數 $k = 360$ N/m。(a) 將它從未壓縮的長度 ($x = 0$) 壓縮到 $x = 11.0$ cm，需要作多少功？(b) 如果將一塊 1.85 kg的積木靠著彈簧放置，然後釋放彈簧，當積木在 $x = 0$ 處與彈簧分開時，它的速率是多少？忽略摩擦力。(c) 重作 (b) 部分，但假設積木是在桌子上移動 (圖 7-18)，並受某種固定的阻力 $F_D = 7.0$ N 作用而使它減慢，例如摩擦 (或是你的手指)。

方法 我們利用第 7-3 節的結果，將彈簧拉長或壓縮一段距離 x 所需的淨功是 $W = \frac{1}{2}kx^2$。在 (b) 與 (c) 中我們利用功能原理。

解答 (a) 將彈簧壓縮 $x = 0.110$ m 的距離所需的功是

$$W = \frac{1}{2}(360 \text{ N/m})(0.110 \text{ m})^2 = 2.18 \text{ J}$$

其中我們已經將所有單位轉換成 SI 制。

(b) 回到未壓縮的長度時，彈簧對積木作了 2.18 J 的功 (同 (a) 部分的計算，只是順序相反)。依功能原理，積木獲得 2.18 J 的動能。由於 $K = \frac{1}{2}mv^2$，因此積木的速率必定是

$$v = \sqrt{\frac{2K}{m}} = \sqrt{\frac{2(2.18 \text{ J})}{1.85 \text{ kg}}} = 1.54 \text{ m/s}$$

(c) 積木上有兩個力作用：彈簧施加的力以及阻力 $\vec{\mathbf{F}}_D$。由摩擦之類的力所作的功是複雜的。它會產生熱 (或更確切地說是“熱能”)——試著摩擦你的雙手。然而，即使阻力是摩擦力，由阻力產生的 $\vec{\mathbf{F}}_D \cdot \vec{\mathbf{d}}$，對類似質點的物體而言，仍然可以用於功能原理中而得到正確的結果。彈簧在積木上作 2.18 J 的功。摩擦或阻力在積木上朝負 x 方向所作的功是

$$W_D = -F_D x = -(7.0\ \text{N})(0.110\ \text{m}) = -0.77\ \text{J}$$

因為阻力作用的方向與位移 x 相反，所以功是負的。在積木上所作的淨功是 $W_{net} = 2.18\ \text{J} - 0.77\ \text{J} = 1.41\ \text{J}$。由 (7-11) 式的功能原理 ($v_2 = v$ 且 $v_1 = 0$)，我們得到

$$v = \sqrt{\frac{2W_{net}}{m}} = \sqrt{\frac{2(1.41\ \text{J})}{1.85\ \text{kg}}} = 1.23\ \text{m/s}$$

這是積木從彈簧分開時 ($x = 0$) 的速率。

功能原理的一般性推導

我們針對用恆定力的一維空間運動，推導出 (7-11) 式的功能原理。即使力是變化的力，而且是在二或三維空間中的運動，它也是正確的。假設一個質點上的淨力 $\vec{\mathbf{F}}_{net}$ 的大小和方向都在變化，則質點的路徑就是一條曲線，如圖 7-8 所示。淨力可以被認為是一個沿著曲線之距離 ℓ 的函數。所作的淨功為 [(7-6) 式]

$$W_{net} = \int \vec{\mathbf{F}}_{net} \cdot d\vec{\boldsymbol{\ell}} = \int F_{net} \cos\theta\, d\ell = \int F_{\parallel}\, d\ell$$

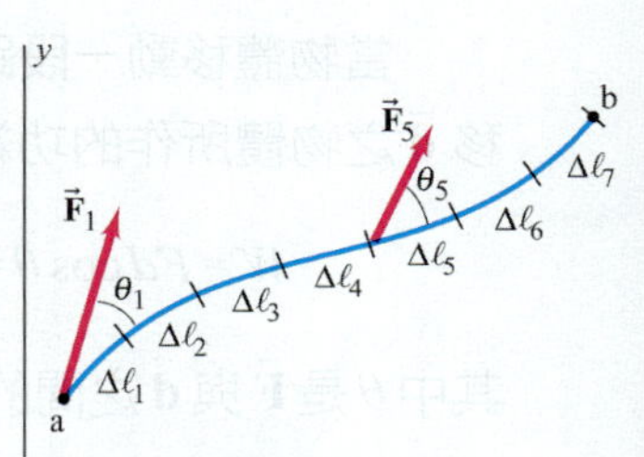

圖 7-8 一個質點受一變化力 $\vec{\mathbf{F}}$ 作用，沿著圖中的路徑由 a 點移動至 b 點。

其中，$F_{\parallel}$ 代表在任何一點處淨力與曲線平行的分量。由牛頓第二運動定律，

$$F_{\parallel} = ma_{\parallel} = m\frac{dv}{dt}$$

其中，$a_{\parallel}$ 是在任何一點處 a 與曲線平行的分量，它等於速率的變化率 dv/dt。我們可以將 v 視為 ℓ 的函數，並且使用微分之鏈鎖法則，得到

$$\frac{dv}{dt} = \frac{dv}{d\ell}\frac{d\ell}{dt} = \frac{dv}{d\ell}v$$

其中因為 $d\ell/dt$ 就是速率 v。因此 (令 1 與 2 分別代表最初與最終的量)

$$W_{net} = \int_1^2 F_{\parallel} d\ell = \int_1^2 m\frac{dv}{dt}d\ell = \int_1^2 mv\frac{dv}{d\ell}d\ell = \int_1^2 mv\,dv$$

將它積分，得到

$$W_{net} = \frac{1}{2}mv_2^2 - \frac{1}{2}mv_1^2 = \Delta K$$

這又是功能原理，我們現在是利用功與動能的定義以及牛頓第二運動定律，針對用變化之淨力的三維空間運動所推導出來的。

注意，在這個推導過程中，只有淨力 $\vec{\mathbf{F}}_{\text{net}}$ 與運動平行的分量 $F_{\parallel}$ 才能夠作功。的確，一個與速度向量正交的力 (或力的分量) 不會作功。這類的力只會改變速度的方向，但不會影響速度的大小。實例之一就是等速圓周運動，其中作等速圓周運動的物體上有一個朝向圓周中心的 (“向心”) 力作用。因為它始終與物體的位移 $d\vec{\boldsymbol{\ell}}$ 正交，所以這個力並沒有對物體作功 (如例題 7-3 所見)。

摘 要

當物體移動一段距離 d 時，力在物體上作功。這個由恆定力 $\vec{\mathbf{F}}$ 對一個位置改變了一段位移 $\vec{\mathbf{d}}$ 之物體所作的功為

$$W = Fd\cos\theta = \vec{\mathbf{F}}\cdot\vec{\mathbf{d}} \tag{7-1, 7-3}$$

其中 θ 是 $\vec{\mathbf{F}}$ 與 $\vec{\mathbf{d}}$ 之間的夾角。

上式中最後的表示法稱為 $\vec{\mathbf{F}}$ 和 $\vec{\mathbf{d}}$ 的純量積。一般而言，任何兩個向量 $\vec{\mathbf{A}}$ 與 $\vec{\mathbf{B}}$ 的**純量積** (scalar product) 定義為

$$\vec{\mathbf{A}}\cdot\vec{\mathbf{B}} = AB\cos\theta \tag{7-2}$$

其中 θ 是 $\vec{\mathbf{A}}$ 與 $\vec{\mathbf{B}}$ 之間的夾角。在直角座標中還可以寫成

$$\vec{\mathbf{A}}\cdot\vec{\mathbf{B}} = A_xB_x + A_yB_y + A_zB_z \tag{7-4}$$

一變化力 $\vec{\mathbf{F}}$ 對一個從 a 點移動到 b 點之物體所作的功 W 為

$$W = \int_a^b \vec{\mathbf{F}}\cdot d\vec{\boldsymbol{\ell}} = \int_a^b F\cos\theta\, d\ell \tag{7-7}$$

其中，$d\vec{\boldsymbol{\ell}}$ 是沿著物體路徑的一個極小之位移，而 θ 是物體路徑上每一點的 $d\vec{\boldsymbol{\ell}}$ 與 $\vec{\mathbf{F}}$ 之間的夾角。

一個質量 m 的物體以速率 v 移動時，其平移的**動能** (kinetic energy) K 定義為

$$K = \frac{1}{2}mv^2 \tag{7-10}$$

功能原理 (work-energy principle) 說明，淨力在物體上所作的淨功等於物體之動能的變化

$$W_{\text{net}} = \Delta K = \frac{1}{2}mv_2^2 - \frac{1}{2}mv_1^2 \tag{7-11}$$

問題

1. 如同物理學中的定義一般，“功”這個字在日常用語中是以何種方式表達的？兩者之間有何差異？試舉例說明之。

2. 如果河中一名往上游游泳的女子相對於河岸而言是靜止沒有移動的，她有作任何的功嗎？如果她只是漂浮在河中而停止游動，有功作用在她身上嗎？

3. 向心力能否對物體作功？試解釋之。

4. 為什麼用力推一面牆時，即使你沒有作功也會感到疲累？

5. 兩個向量的純量積是否與座標系統的選擇有關？

6. 向量的點積有可能是負的嗎？如果可能的話，是在什麼情況下？

7. 如果 $\vec{\mathbf{A}} \cdot \vec{\mathbf{C}} = \vec{\mathbf{B}} \cdot \vec{\mathbf{C}}$，那麼 $\vec{\mathbf{A}} = \vec{\mathbf{B}}$ 是否必定成立？

8. 兩個向量的點積是否具有大小以及方向？

9. 正向力能夠對物體作功嗎？試解釋之。

10. 你有兩個類似的彈簧，其中彈簧 1 比彈簧 2 的彈性較緊 ($k_1 > k_2$)。在以下情況中，何者作的功較多：(a) 如果它們受相同的力而拉長；(b) 如果它們被拉長同樣的距離？

11. 如果一個質點的速率增為 3 倍，其動能將增為幾倍？

12. 在例題 7-10 中，曾敘述當彈簧到達平衡長度處 ($x = 0$) 時，積木會與壓縮的彈簧分開。試說明為什麼兩者不會在到達該點之前 (或之後) 分開。

13. 已知兩顆子彈在同一時刻以同樣的動能發射，若其中一顆的質量是另一顆的兩倍，何者的速率較大，且相差多少倍？何者所作的功較大？

14. 作用在一個質點上的淨功，是否與參考座標的選擇有關？它又會如何影響功能原理？

15. 一隻手施加一水平的恆定力在一木塊上，使它在一個沒有摩擦力的表面上自由滑動 (圖 7-19)。木塊起初靜止於 A 點，當它行進了 d 的距離而到達 B 點時其速率為 v_B。當木塊又行進了一段距離 d 而到達 C 點時，它的速度將大於、小於或等於 $2v_B$？試說明你的理由。

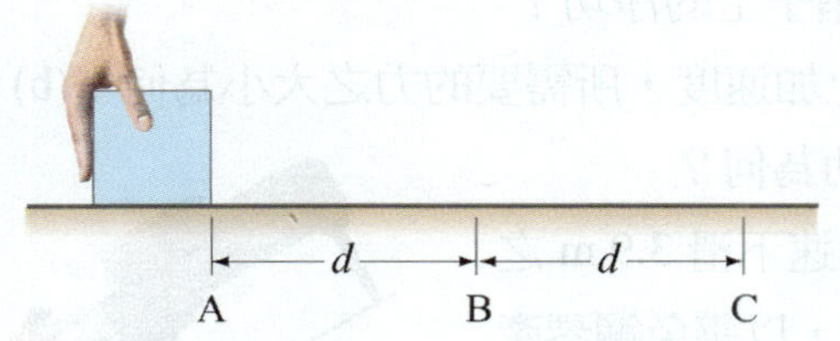

圖 7-19 問題 15。

習 題

7-1 功，恆定力

1. (I) 當一台 280 kg 的打樁機滑落 2.80 m 後，重力對它所作的功有多大？
2. (I) 一塊 1.85 kg 的岩石，某人對它作功 80.0 J 而把它垂直地向上拋，它能夠到達的高度為何？忽略空氣阻力。
3. (I) 一位 75.0 kg 的消防隊員爬上一段 20 m 高的樓梯。所需的功為何？
4. (I) 一個質量為 2.0 kg 的鐵鎚頭，自 0.50 m 的高度向下敲打一根釘子，它對釘子所能夠作的最大的功為何？為什麼人們不會只是"讓它自由落下"，而是在過程中加入自己的力？
5. (II) 試估算你使用一寬度為 50 cm 的割草機，修剪一長為 20 m 寬為 10 m 的草坪時所作的功為何？假設你的推力大小約為 15 N。
6. (II) 圖 7-20 中所示的槓桿，可以用來抬起我們用其他方法無法抬起的物體。試證明，輸出力 F_{O} 與施力 F_{I} 的比值，與它們距支點的距離 ℓ_{I} 及 ℓ_{O} 的關係為 $F_{\mathrm{O}}/F_{\mathrm{I}}=\ell_{\mathrm{I}}/\ell_{\mathrm{O}}$。忽略摩擦力以及槓桿的質量，並假設輸入的功等於輸出的功。

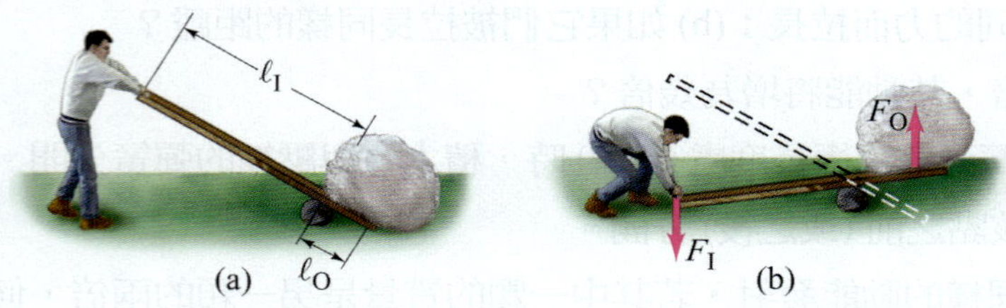

圖 7-20 槓桿。習題 6。

7. (II) 將一輛 950 kg 的汽車，沿著斜角 9.0° 之斜坡，推行 310 m 的距離，所需最小的功為何？忽略摩擦力。
8. (II) 八本同為 4.0 cm 厚且 1.8 kg 之質量的書，平放在桌面上。試問將它們一本本疊起來所需要的功為何？
9. (II) 一質量為 6.0 kg 的箱子受一外力作用，從靜止開始以 2.0 m/s^2 的加速度在地板上滑行，外力作用的時間持續達 7.0 s。試求作用在箱子上的淨功？
10. (II) (a) 要使質量為 M 的直昇機獲得 0.10 g 的向上加速度，所需要的力之大小為何？(b) 當此直昇機向上爬升 h 的高度時，這個力所作的功為何？
11. (II) 一台 380 kg 的鋼琴在坡度 27° 的斜面上以等速下滑 3.9 m 之距離。一男子自下方施加一個與斜面平行的推力，以避免鋼琴產生加速度 (見圖 7-21)。試求：(a) 男子施力的大小，(b) 男子對鋼琴所作的功，(c) 重力所作的功，以及 (d) 作用在鋼琴的淨功大小。忽略摩擦力。

圖 7-21 習題 11。

12. (II) 一台纜車可搭載 20 位滑雪者，其負載總質量可達 2250 kg。纜車從海拔為 2150 m 的基地出發，以等速率緩緩上升至海拔為 3345 m 的峰頂。(a) 馬達將滿載的纜車載送至峰頂所作的功為何？(b) 重力對纜車所作的功為何？(c) 如果馬達能夠產生比 (a) 中多出 10% 的功，則纜車的加速度為何？

13. (II) 一架 17000 kg 的噴射機，利用彈射器從航空母艦上起飛 (圖 7-22)。由噴射機引擎所噴出的氣體對噴射機施加一個 130 kN 的恆定推力，而彈射器對飛機施加的力之變化情形如圖 7-22b 中所示。試求 (a) 在起飛的過程中，引擎所噴出的氣體對噴射機所作的功；與 (b) 在起飛過程中，彈射器對噴射機所作的功。

(a)

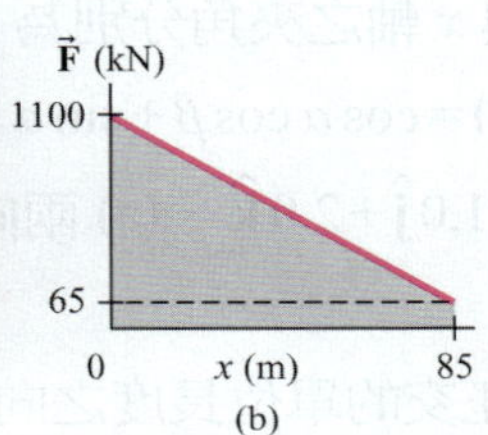

(b)

圖 7-22 習題 13。

14. (II) 一個重 2200 N 的木箱靜置於地板上。在下列情況下，將它以等速移動需作的功是多少？(a) 沿一阻力為 230 N 的地板移動 4 m 之距離，與 (b) 垂直往上升高 4 m。

15. (II) 一質量為 16 kg 的手推車，受一個與水平成 17° 的力 F_P 作用，以等速率被推上一坡度為 12° 的坡道。試求 $m\vec{\mathbf{g}}$、$\vec{\mathbf{F}}_N$ 與 $\vec{\mathbf{F}}_P$，各力對手推車所作的功，如果坡道長度為 15 m。

7-2 純量積

16. (I) $\vec{\mathbf{A}}=2.0x^2\hat{\mathbf{i}}-4.0x\hat{\mathbf{j}}+5.0\hat{\mathbf{k}}$，且 $\vec{\mathbf{B}}=11.0\hat{\mathbf{i}}+2.5x\hat{\mathbf{j}}$，兩向量的點積為何？

17. (I) 對任意向量 $\vec{\mathbf{V}}=V_x\hat{\mathbf{i}}+V_y\hat{\mathbf{j}}+V_z\hat{\mathbf{k}}$ 而言，試證明 $V_x=\hat{\mathbf{i}}\cdot\vec{\mathbf{V}}$，$V_y=\hat{\mathbf{j}}\cdot\vec{\mathbf{V}}$，$V_z=\hat{\mathbf{k}}\cdot\vec{\mathbf{V}}$。

18. (I) 試計算兩向量的夾角：$\vec{\mathbf{A}}=6.8\hat{\mathbf{i}}-3.4\hat{\mathbf{j}}-6.2\hat{\mathbf{k}}$ 及 $\vec{\mathbf{B}}=8.2\hat{\mathbf{i}}+2.3\hat{\mathbf{j}}-7.0\hat{\mathbf{k}}$。

19. (I) 試證明 $\vec{\mathbf{A}}\cdot(-\vec{\mathbf{B}})=-\vec{\mathbf{A}}\cdot\vec{\mathbf{B}}$。

20. (I) 已知向量 $\vec{\mathbf{V}}_1$ 朝 z 軸的方向，且大小為 $V_1=75$。向量 $\vec{\mathbf{V}}_2$ 位於 xz 平面上，其大小為 $V_2=58$，並且與 x 軸成 −48° 角 (指向 x 軸下方)。則純量積 $\vec{\mathbf{V}}_1\cdot\vec{\mathbf{V}}_2$ 為何？

21. (II) 已知向量 $\vec{\mathbf{A}}=3.0\hat{\mathbf{i}}+1.5\hat{\mathbf{j}}$，試求與於 $\vec{\mathbf{A}}$ 垂直的向量 $\vec{\mathbf{B}}$。

22. (II) 一恆定力 $\vec{\mathbf{F}}=(2.0\hat{\mathbf{i}}+4.0\hat{\mathbf{j}})$ N 作用在一個沿著直線路徑移動的物體上。若物體的位移為 $\vec{\mathbf{d}}=(1.0\hat{\mathbf{i}}+5.0\hat{\mathbf{j}})$ m，試以下列兩種點積的計算方式計算力 $\vec{\mathbf{F}}$ 所作的功：(a) $W=Fd\cos\theta$；(b) $W=F_xd_x+F_yd_y$。

23. (II) 已知 $\vec{\mathbf{A}}=9.0\hat{\mathbf{i}}-8.5\hat{\mathbf{j}}$，$\vec{\mathbf{B}}=-8.0\hat{\mathbf{i}}+7.1\hat{\mathbf{j}}+4.2\hat{\mathbf{k}}$ 及 $\vec{\mathbf{C}}=6.8\hat{\mathbf{i}}-9.2\hat{\mathbf{j}}$。試求 (a) $\vec{\mathbf{A}}\cdot(\vec{\mathbf{B}}+\vec{\mathbf{C}})$，(b) $(\vec{\mathbf{A}}+\vec{\mathbf{C}})\cdot\vec{\mathbf{B}}$，(c) $(\vec{\mathbf{B}}+\vec{\mathbf{A}})\cdot\vec{\mathbf{C}}$。

24. (II) 試由 (7-2) 式並利用分配律 (於習題 33 推證) 來證明 $\vec{\mathbf{A}}\cdot\vec{\mathbf{B}}=A_xB_x+A_yB_y+A_zB_z$。

25. (II) 已知向量 $\vec{\mathbf{A}}=-4.8\hat{\mathbf{i}}+6.8\hat{\mathbf{j}}$ 與 $\vec{\mathbf{B}}=9.6\hat{\mathbf{i}}+6.7\hat{\mathbf{j}}$，試求在 xy 平面上一個與 $\vec{\mathbf{B}}$ 垂直並且與 $\vec{\mathbf{A}}$ 的點積為 20.0 的 $\vec{\mathbf{C}}$ 向量。

26. (II) 試證明如果兩個非平行的向量具有相同的大小，則它們的和必定與它們的差正交。

27. (II) 已知 $\vec{\mathbf{V}}=20.0\hat{\mathbf{i}}+22.0\hat{\mathbf{j}}-14.0\hat{\mathbf{k}}$。這個向量與 x、y、z 軸的夾角分別為多少？

28. (II) 試以純量積來證明三角形的餘弦定理：$c^2=a^2+b^2-2ab\cos\theta$，其中，$a$、$b$ 及 c 為三角形的三邊邊長，而 θ 則為 c 邊的對角。

29. (II) 向量 $\vec{\mathbf{A}}$ 與 $\vec{\mathbf{B}}$ 均位於 xy 平面上，且兩者的純量積為 20 單位。如果 $\vec{\mathbf{A}}$ 與 x 軸的夾角為 27.4°，並且大小為 $A=12.0$ 單位；而 $\vec{\mathbf{B}}$ 的大小為 $B=24.0$ 單位，則 $\vec{\mathbf{B}}$ 的方向為何？

30. (II) $\vec{\mathbf{A}}$ 與 $\vec{\mathbf{B}}$ 為 xy 平面上的兩個向量，它們與 x 軸之夾角分別為 α 和 β。試求 $\vec{\mathbf{A}}$ 與 $\vec{\mathbf{B}}$ 的純量積，並推導下列的三角恆等式：$\cos(\alpha-\beta)=\cos\alpha\cos\beta+\sin\alpha\sin\beta$。

31. (II) 已知 $\vec{\mathbf{A}}=1.0\hat{\mathbf{i}}+1.0\hat{\mathbf{j}}-2.0\hat{\mathbf{k}}$ 且 $\vec{\mathbf{B}}=-1.0\hat{\mathbf{i}}+1.0\hat{\mathbf{j}}+2.0\hat{\mathbf{k}}$，(a) 兩向量之間的夾角為何？(b) 解釋 (a) 中符號的意義。

32. (II) 試求在 xy 平面上一個與向量 $3.0\hat{\mathbf{i}}+4.0\hat{\mathbf{j}}$ 正交的單位長度之向量。

33. (III) 試證明兩個向量的純量積是符合分配律的：$\vec{\mathbf{A}}\cdot(\vec{\mathbf{B}}+\vec{\mathbf{C}})=\vec{\mathbf{A}}\cdot\vec{\mathbf{B}}+\vec{\mathbf{A}}\cdot\vec{\mathbf{C}}$。[提示：繪圖表示在平面上全部的三個向量，並在圖上標示其點積。]

7-3 功，變化的力

34. (I) 在騎單車上坡的過程中，某單車騎士每次需向下踏出 450 N 的力，若已知踏板所作圓周運動的圓之直徑為 36 cm，試計算每完成一次腳踏週期所作的功。

35. (II) 已知一彈簧的 $k=65$ N/m。試畫出一個如圖 7-11 的圖形，並利用它來求出將彈簧從 $x=3.0$ cm 拉長至 $x=6.5$ cm 所需的功，其中 $x=0$ 代表彈簧未伸長時的長度。

36. (II) 如果例題 7-2 (圖 7-4) 中的山坡不是一個坡度平順的斜坡，而是不規則的起伏曲線，如圖 7-23 所示。試證明仍然可以獲得與例題 7-2 相同的結果：亦即重力所作的功只與山的高度有關，而與它的形狀或路徑無關。

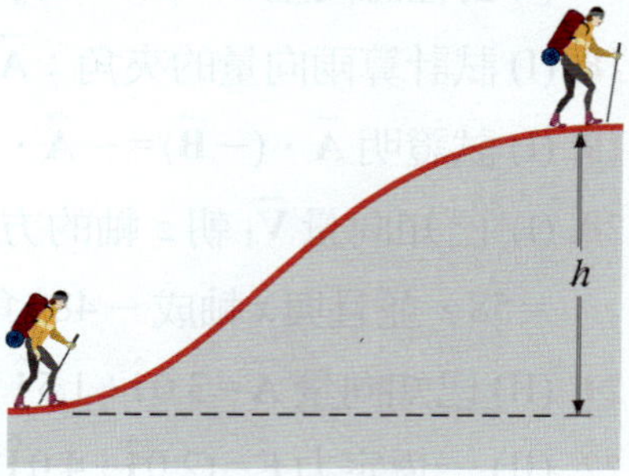

圖 7-23 習題 36。

37. (II) 一淨力朝正 x 方向施加在一個質點上，它的大小從 $x=0$ 處為零，以線性增加到 $x=3.0$ m 處時為 380 N；由 $x=3.0$ m 移動至 $x=7.0$ m 皆維持恆定為 380 N，然後再以線性減小，到 $x=12.0$ m 處時又減為零。試由 F_x 對 x 之曲線下方的面積來求出將質點由 $x=0$ 移動到 $x=12.0$ m 處所作的功。

38. (II) 已知將某彈簧由平衡時的長度拉長 2.0 cm 需作 5.0 J 的功，若再額外拉長 4.0 cm 要多作多少的功？

39. (II) 在圖 7-9 中，假設距離的軸是 x 軸，而且 $a=10.0$ m，$b=30.0$ m。計算將一個 3.50 kg 的物體由 a 移至 b 所作的功。

40. (II) 有一個力沿 x 軸方向作用在一質點上，其變化情形如圖 7-24 所示。試求這個力將質點沿 x 軸方向移動所作的功：(a) 由 $x=0.0$ 到 $x=10.0$ m 處；(b) 由 $x=0.0$ 到 $x=15.0$ m 處。

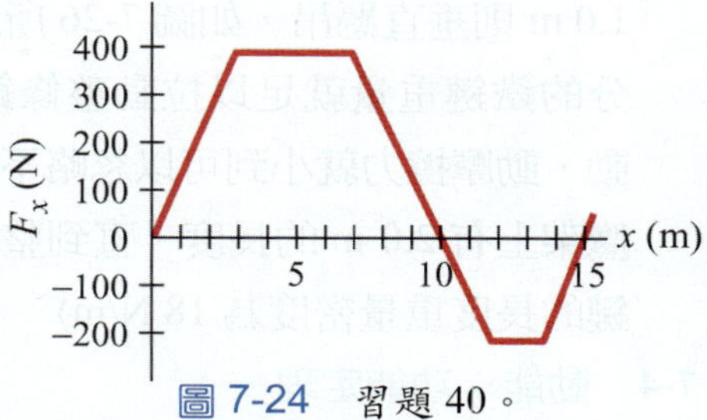

圖 7-24 習題 40。

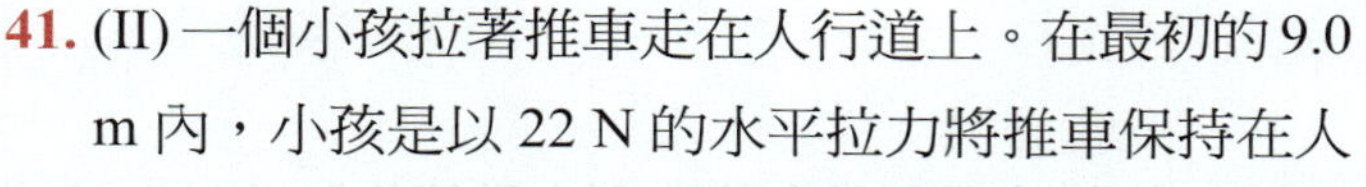

41. (II) 一個小孩拉著推車走在人行道上。在最初的 9.0 m 內，小孩是以 22 N 的水平拉力將推車保持在人行道上。後來，其中的一個車輪超出人行道並進入路邊的草地上，於是接下來的 5.0 m 內他必須用 38 N 並且與路邊成 12° 角的力，將推車拉回人行道上。最後他再用 22 N 的力，拉著推車走完最後 13.0 m 的路程。小孩對推車總共作了多少的功？

42. (II) 某包裝材料對於尖銳物體穿透的阻力與穿透深度 x 的四次方成正比；亦即，$\vec{\mathbf{F}}=-kx^4\,\hat{\mathbf{i}}$。試計算將一尖銳物體插入材料內部 d 的深度所作的功。

43. (II) 將某彈簧從正常的狀態壓縮一段長度 x 所需要的力為 $F=kx+ax^3+bx^4$。將它由 $x=0$ 到壓縮一段長度 X 所需作的功為何？

44. (II) 在撐竿跳高的頂端，運動選手在釋放撐竿之前，實際上會用力對撐竿作功。假設撐竿在 0.2 m 的作用範圍內，反推選手的推力為 $F(x)=(1.5\times10^2\ \text{N/m})\,x-(1.9\times10^2\ \text{N/m}^2)\,x^2$。試問有多少功作用在選手身上？

45. (II) 一個物體沿著 x 軸，由 $x=0.0$ 移動到 $x=1.0$ m 處的這段路程中，它受到一個力 $F_1=A/\sqrt{x}$ 的作用，其中，$A=2.0\ \text{N}\cdot\text{m}^{1/2}$。試證明在這段路程中，即使在 $x=0$ 處的力 F_1 為無限大，但是此力作用在物體上的功仍然為有限大。

46. (II) 假設作用在一個物體上的力為 $\vec{\mathbf{F}}=ax\,\hat{\mathbf{i}}+by\,\hat{\mathbf{j}}$，其中 $a=3.0\ \text{N}\cdot\text{m}^{-1}$，且 $b=4.0\ \text{N}\cdot\text{m}^{-1}$。試求將物體從原點沿直線移動到 $\vec{\mathbf{r}}=(10.0\,\hat{\mathbf{i}}+20.0\,\hat{\mathbf{j}})$ m 處，此力對物體所作的功。

47. (II) 一個沿著半徑為 R 的圓周運動的物體受到一個恆定力 F 的作用。無論在任何時刻，此力作用的方向均與圓的切線成 30° 角，如圖 7-25 所示。試求物體沿著半圓從 A 移動到 B，此力所作的功。

48. (III) 一艘 2800 kg 的太空船，由靜止開始從距地球表面 3300 km 的高度處垂直落下，試問重力要作多少的功才可以使太空船回到地球表面。

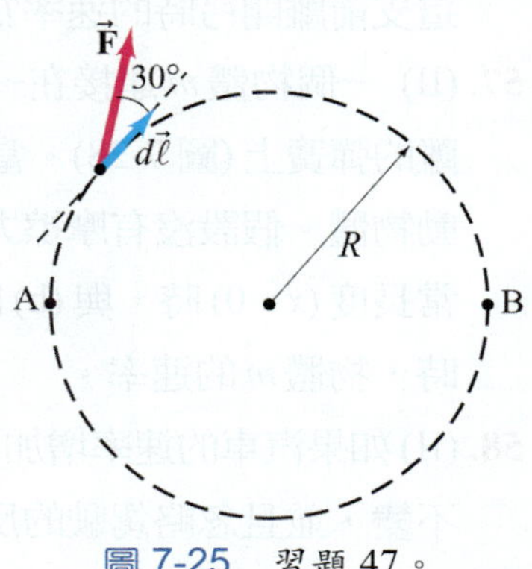

圖 7-25 習題 47。

49. (III) 一條 3.0 m 長的鐵鏈，沿著工地的水平鷹架的頂層向外延伸，其中鏈長的 2.0 m 仍保留在頂層上，其餘的 1.0 m 則垂直懸吊，如圖 7-26 所示。這個時候，懸吊部分的鐵鏈重量就足以拉動整條鐵鏈。一旦鐵鏈開始移動，動摩擦力就小到可以忽略不計。試問鐵鏈由原來在鷹架上有 2.0 m 的長度，直到整條鐵鏈滑離鷹架時，重力對鐵鏈所作的功為何？(假設鐵鏈的長度重量密度為 18 N/m)

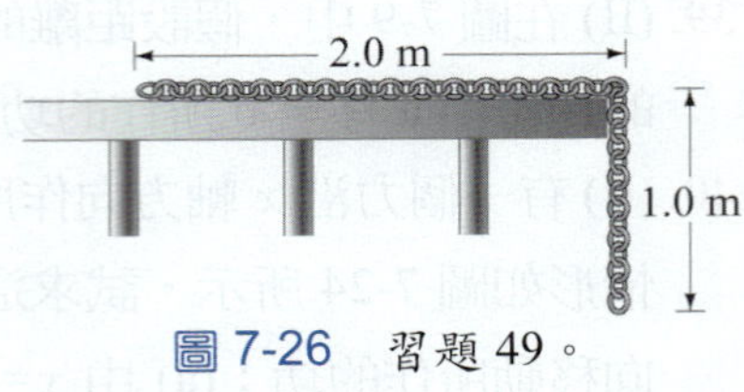

圖 7-26 習題 49。

7-4 動能；功能定理

50. (I) 在室溫下，一個質量為 5.31×10^{-26} kg 的氧分子所具有的典型之動能約為 6.21×10^{-21} J，它移動的速率有多快？

51. (I) (a) 如果一個質點的動能增為 3 倍，則它的速率將增為幾倍？(b) 如果質點的速率減半，則它的動能將變成幾倍？

52. (I) 要將一個以 1.40×10^{6} m/s 之速率移動的電子 ($m=9.11\times10^{-31}$ kg) 停住，須要作多少功？

53. (I) 要使一輛 1300 kg 而車速為 95 km/h 的汽車停住，需作多少功？

54. (II) 蜘蛛人用他的蜘蛛網，來拯救一列失控的火車 (圖 7-27)。他的網拉長了好幾個街區後，這列 10^{4} kg 的火車才停下來。假設網的作用形同一個彈簧，試求彈簧的彈力常數。

圖 7-27 習題 54。

55. (II) 一個速率為 32 m/s 的棒球 ($m=145$ g)，當它被外野手接住時，它使手套向後移動 25 cm 的距離。則棒球對手套施加的平均力量大小為何？

56. (II) 一支 85 g 的箭由一把弓來發射。弓的弦在 75 cm 的拉伸距離內，對箭施加一個 105 N 的平均力量。這支箭離開弓時的速率為何？

57. (II) 一個物體 m 連接在一個受外力 F 作用而伸長了 x 距離的彈簧上 (圖 7-28)。當放開之後，彈簧縮回，同時拉動物體。假設沒有摩擦力，試求當彈簧 (a) 回復到其正常長度 ($x=0$) 時，與 (b) 回復至原來的伸長量一半 ($x/2$) 時，物體 m 的速率。

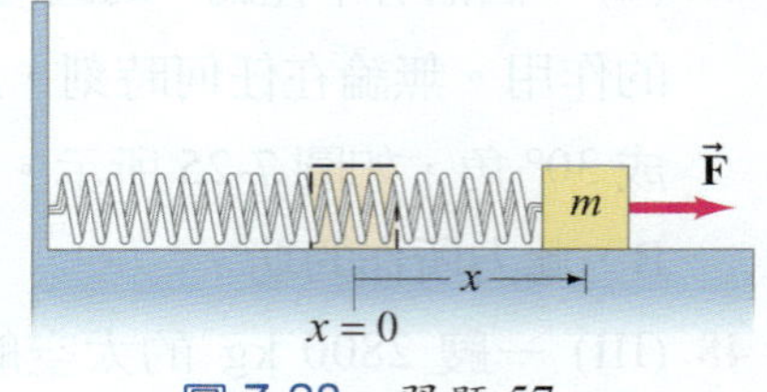

圖 7-28 習題 57。

58. (II) 如果汽車的速率增加 50%，則它最小的煞車距離將增為原來的幾倍？假設其他條件都不變，並且忽略駕駛的反應時間。

59. (II) 一輛 1200 kg 的汽車行駛在平面道路上，以 $v=66$ km/h 的速率撞上一水平置放的彈簧，因而在行進 2.2 m 的距離後完全停止。該彈簧的彈力常數為何？

60. (II) 已知第一輛車的質量為第二輛車的兩倍，但是其動能只有第二輛車的一半。當兩輛車的速率同時提高 7.0 m/s 時，它們就具有相同的動能。這兩輛車原來的速率各為何？

61. (II) 一 4.5 kg 的物體在二維空間中移動，其初速度為 $\vec{v}_1 = (10.0\,\hat{\mathbf{i}} + 20.0\,\hat{\mathbf{j}})$ m/s。然後有一淨力對物體作用 2.0 s，使物體速度變成 $\vec{v}_2 = (15.0\,\hat{\mathbf{i}} + 30.0\,\hat{\mathbf{j}})$ m/s。求力 $\vec{\mathbf{F}}$ 對物體所作的功。

62. (II) 一箱 265 kg 的貨物，被一條鋼索以 $a = 0.150\,g$ 的加速度，垂直拉高了 23.0 m。試求 (a) 鋼索中的張力大小；(b) 作用在貨物上的淨功；(c) 鋼索對貨物所作的功；(d) 重力對貨物所作的功；(e) 貨物的最終速率，假設它是從靜止開始。

63. (II) (a) 一個水平力 $F_P = 150$ N 將 18 kg 的木塊沿著坡度為 32° 的無摩擦斜面向上推移了 5.0 m 之距離。水平力對木塊所作的功是多少？(b) 在這段位移期間，重力對木塊所作的功是多少？(c) 有多少功是由正向力所作？(d) 在這段位移後，木塊的速率為何 (假設初速率為零)？[提示：考慮所作的淨功中功能的關係。]

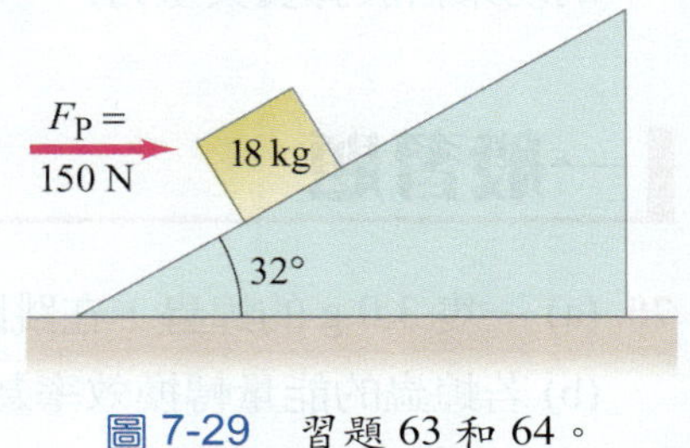

圖 7-29 習題 63 和 64。

64. (II) 假設摩擦係數為 $\mu_k = 0.10$，重做習題 63。

65. (II) 在一平面公路上的車禍事故現場，警察測量到的汽車打滑痕跡的長度為 98 m。當天剛好是雨天，並且估算的摩擦係數約為 0.38。試利用這些數據來推算駕駛開始緊急煞車時 (緊踩不放) 汽車的速率。(為什麼汽車的質量無關緊要？)

66. (II) 一個 46.0 kg 的木箱，從靜止開始，受到一 225 N 的水平恆定力拖行而通過地板。最初的 11.0 m 之地板沒有摩擦力，接下來的 10.0 m 之地板的摩擦係數則為 0.20。該木箱被拖行了 21 m 後的最終速率為何？

67. (II) 一列火車正以相對於地面為恆定的速率 v_1 行駛。在車上的某人手中拿著一質量為 m 的球，以相對於火車為 v_2 之速率把球向列車車頭方向擲去。試計算球的動能變化 (a) 在地球參考座標中，及 (b) 在火車的參考座標中；(c) 相對於各個參考座標，對球所作的功是多少？(d) 試解釋為什麼 (c) 中針對兩個座標所得到的結果是不同的——畢竟它們是同一個球。

68. (III) 如果彈簧的質量比它所連接之物體的質量還小，我們通常會忽略彈簧的質量。但在某些實際的應用中，彈簧的質量卻必須列入考量。假設一根長度為 ℓ 且質量 M_S 均勻分佈的彈簧，其一端固定，另一端連接質量 m 的物體，在不計摩擦力的情形下，物體可以沿水平方向振盪 (圖 7-30)。已知彈簧上各點的移動速率與該點至固

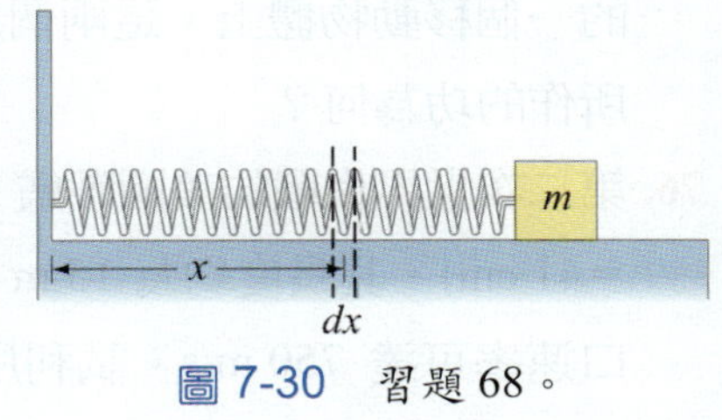

圖 7-30 習題 68。

定端之距離成正比。例如，若端點處之物體的速率為 v_0，則彈簧之中點的速率就等於 $v_0/2$。試證明，當物體的移動速率為 v 時，物體與彈簧的總動能為 $K=\frac{1}{2}Mv^2$，其中，$M=m+\frac{1}{3}M_S$ 為系統的"有效質量"。[提示：令 D 為被拉長之彈簧的總長度。而位於 x 處，長度為 dx 的一小段彈簧 dm 之速度為 $v(x)=v_0(x/D)$，並且 $dm=dx(M_S/D)$。]

69. (III) 若已知一部 925 kg 之電梯的鋼纜在即將斷裂前，電梯正好在距離升降機井底部的一個大型彈簧 ($k=8.00\times10^4$ N/m) 頂端之上方 22.5 m 處。試計算 (a) 在撞擊彈簧前，重力對電梯所作的功；(b) 在剛撞擊彈簧前電梯的速率；(c) 彈簧的壓縮量 (請注意，此處的功來自於彈簧與重力)。

一般習題

70. (a) 一隻 3.0 g 的蝗蟲，在跳躍時之速率可達 3.0 m/s。在這樣的速率下，牠的動能為何？(b) 若蝗蟲的能量轉換效率為 35%，則這樣的跳躍將需要多少能量？

71. 某圖書館中書架的第一個擱板離地 12 cm，其餘 4 個擱板彼此相隔 33.0 cm 高。如果每本書的平均質量為 1.4 kg 且高度為 22.0 cm，而每個擱板平均可以放置 28 本書 (直放)。假定所有的書最初都是放在地板上，要將所有的擱板都放滿所需要的功是多少？

72. 一個 75 kg 的隕石墜入 5.0 m 深的鬆軟泥土內。若已知隕石與泥土之間的作用力為 $F(x)=(640\ \text{N/m}^3)\,x^3$，其中 x 是墜入泥土中的深度。隕石與泥土最初的撞擊速率為何？

73. 一個 6.10 kg 的木塊，被 75.0 N 的水平力沿著斜角為 37.0° 的光滑斜面往上推 9.25 m 的距離。如果木塊的初始速率為 3.25 m/s，試求 (a) 木塊的初始動能；(b) 75.0 N 的力所作的功；(c) 重力所作的功；(d) 正向力所作的功；(e) 木塊最終的動能。

74. 鋅原子的排列方式是"六角緊密堆積"之結構的例子之一。三個相鄰原子的 (x, y, z) 座標，以奈米 (10^{-9} m) 為單位分別為：原子 1 位於 (0, 0, 0)，原子 2 位於 (0.230, 0.133, 0)，原子 3 位於 (0.077, 0.133, 0.247)。試求以下兩個向量之間的夾角：連接原子 1 與原子 2 之向量和連接原子 1 與原子 3 之向量。

75. 兩個力，$\vec{\mathbf{F}}_1=(1.50\,\hat{\mathbf{i}}-0.80\,\hat{\mathbf{j}}+0.70\,\hat{\mathbf{k}})$ N 以及 $\vec{\mathbf{F}}_2=(-0.70\,\hat{\mathbf{i}}+1.20\,\hat{\mathbf{j}})$ N 作用在質量為 0.20 kg 的一個移動物體上。這兩個力所產生的位移向量為 $\vec{\mathbf{d}}=(8.0\,\hat{\mathbf{i}}+6.0\,\hat{\mathbf{j}}+5.0\,\hat{\mathbf{k}})$ m。這兩個力所作的功為何？

76. 第二次世界大戰的美國戰艦，麻薩諸塞州號上的兩門 16 吋大砲之砲管 (砲口直徑 = 16 in. = 41 cm)，其長度均為 15 m。質量為 1250 kg 的砲彈，受到足夠的爆炸力推進，使其砲口速率可達 750 m/s。試利用功能原理求砲管內砲彈所受到的爆炸推進力 (假設是恆定力)。並將答案的單位以牛頓與磅表示。

77. 一變化力為 $F=Ae^{-kx}$，其中 x 是位置，A 和 k 是單位分別為 N 和 m^{-1} 的常數。試求 x 從 0.10 m 移動到無限遠處所需作的功。

78. 若已知壓縮一根不完美的水平彈簧所需要的力為 $F=150x+12x^3$，其中 x 的單位為 m 而 F 的單位為 N。如果彈簧被壓縮 2.0 m，當釋放時，可讓靠在彈簧末端的一個 3.0 kg的球產生多快的速率？

79. 一個力 $\vec{\mathbf{F}}=(10.0\,\hat{\mathbf{i}}+9.0\,\hat{\mathbf{j}}+12.0\,\hat{\mathbf{k}})$ kN 作用在一個質量為 95 g的小物體上。如果該物體的位移為 $\vec{\mathbf{d}}=(5.0\,\hat{\mathbf{i}}+4.0\,\hat{\mathbf{j}})$ m，求此力對物體所作的功。$\vec{\mathbf{F}}$ 與 $\vec{\mathbf{d}}$ 之間的夾角為何？

80. 在漆彈戰爭遊戲中，參與者使用高壓的氣槍來發射質量為 33 g 的漆彈。遊戲規則限制漆彈離槍口的速率不可高於 85 m/s。假設在發射過程中高壓氣體在 32 cm 長的槍管內，對 33 g 的漆彈所施加的是一個恆定的力。(a) 利用功能原理，和 (b) 利用運動學方程式 [(2-12) 式] 與牛頓第二運動定律，求 F 的大小。

81. 一質量為 0.25 kg 的壘球，以 110 km/h 的速率水平投出。到達本壘板時，它的速率可能已經減慢了 10%。若忽略重力作用，而投手與本壘板之間的距離約為 15 m，試求此球所受到的平均空氣阻力之大小。

82. 一位飛行員從飛機上往下跳，在降落傘沒有打開的情況下墜落了 370 m 後，掉落在雪堆中，並且撞出了一 1.1 m 深的雪坑，但是他大難不死，只受輕傷。若飛行員的質量為 88 kg，並且他著地時的速率為 45 m/s，試估算 (a) 雪堆要使他停止所作的功；(b) 雪堆施加在他身上的平均力；以及 (c) 當他墜落時，空氣阻力對他所作的功。可將他視為一個質點。

83. 許多汽車都有“5 mi/h (8 km/h) 保險桿”，其設計目的是當車速低於 8 km/h 時，可以在沒有任何有形的損毀狀況下彈性地擠壓與回彈。如果保險桿的材料在被擠壓了 1.5 cm 後會永久變形，但在此之前仍具有彈簧一般的彈力，則保險桿材料的有效彈力常數應為何？假設汽車的質量為 1050 kg，並以實牆撞擊測試。

84. 要使一輛 1300 kg的汽車從 90 km/h的速率減速直到完全停止，且乘客所受到最大的加速度為 5.0 g，所需的彈簧之彈力常數 k 應設計為多少？

85. 假設一體重為 mg 的單車騎士，施加平均為 0.90 mg 的力在踏板上。如果踏板轉動的軌跡是一個半徑 18 cm的圓，而車輪的半徑為 34 cm，鏈條前後銜接的齒輪分別為 42 齒和 19 齒 (圖 7-31)。試求該騎士能夠以恆定速率爬上陡坡的最大坡度為何？假設該單車的質量為 12 kg，而騎士質量為 65 kg，並且忽略摩擦力。而且假設該騎士的平均施力始終是 (a) 向下；(b) 沿踏板轉動的切線方向。

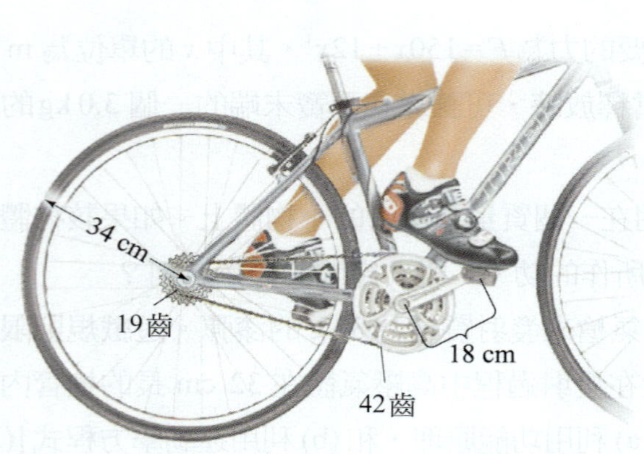

圖 7-31　習題 85。

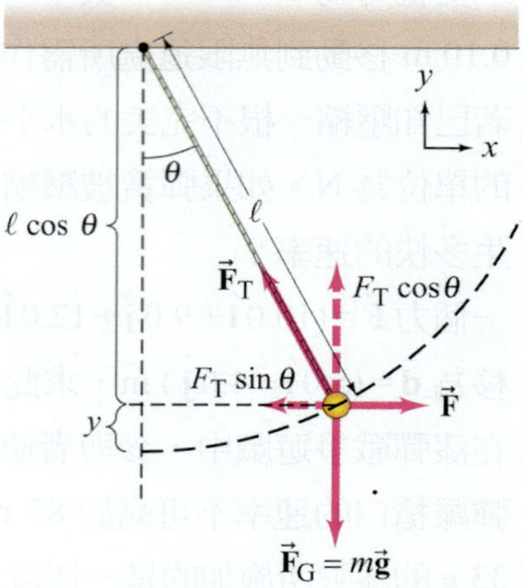

圖 7-32　習題 86。

86. 一簡單的單擺是由一個質量為 m 的小物體 (即"擺錘") 懸吊在長度為 ℓ 且質量可不計的細繩上所組成 (圖 7-32)。今有一力 $\vec{\mathbf{F}}$ 沿水平方向作用 (所以 $\vec{\mathbf{F}}=F\hat{\mathbf{i}}$)，非常緩慢地移動擺錘，因此加速度基本上是零。(注意，施力 $\vec{\mathbf{F}}$ 的大小要隨著細繩與垂直方向之夾角 θ 而變化。) (a) 試求將單擺由 $\theta=0$ 移至 $\theta=\theta_0$，力 $\vec{\mathbf{F}}$ 所作的功。(b) 試求重力 $\vec{\mathbf{F}}_G=m\vec{\mathbf{g}}$ 作用在擺錘上的功，和細繩的張力 $\vec{\mathbf{F}}_T$ 所作的功。

87. 車上一位乘客將自己的安全帶扣緊，並且將一個 18 kg 的小孩抱在腿上。試利用功能原理，回答下列問題。(a) 當車速為 25 m/s 時，司機要在 45 m 的距離內緊急煞車，將車停住。假設減速度是恆定的，則該父 (母) 親的手臂，在減速期間必須對小孩施加多大的力？而這個力是一般父母能夠做到的嗎？(b) 假設汽車的速度為 $v=25$ m/s，現在因車禍而在 12 m 的距離內緊急煞車而停止。假設減速度是恆定的，則該父 (母) 親的手臂必須對小孩施加多大的力？而這個力又是一般父母能夠做到的嗎？

88. 已知一個物體受力 $F=(100-(x-10)^2)$ N 的作用，沿著 x 軸從 $x=0.0$ m 移動到 $x=20.0$ m 處。利用 (a) 繪製 F 對 x 的關係圖，並求曲線下方的面積；(b) 積分 $\int_{x=0.0\,\text{m}}^{x=20\,\text{m}} F\,dx$，來求此力對物體所作的功。

89. 一個單車騎士從靜止開始沿一坡度為 4.0° 的斜坡向下滑行。單車與騎士的總質量為 85 kg。在行進了 250 m 之後，(a) 重力對單車騎士所作的功為何？(b) 單車騎士的速率有多快？忽略空氣阻力。

90. 伸縮繩是作為攀岩者墜落時的安全防護之用。假設長度為 ℓ 的伸縮繩一端固定在懸崖上，另一端與質量為 m 的攀岩者連接。當他爬到固定點上方高 ℓ 處時，不慎滑落，並且在滑落了 2ℓ 之距離後，因受重力影響，繩子開始緊繃。當它將攀岩者止住時，它被拉長一段

長度 x (見圖 7-33)。假設伸縮繩的功能形同一根彈力常數為 k 的彈簧。(a) 應用功能原理證明

$$x=\frac{mg}{k}\left[1+\sqrt{1+\frac{4k\ell}{mg}}\right]。$$

(b) 若已知 $m=85$ kg、$\ell=8.0$ m 且 $k=850$ N/m，試求當滑落的攀岩者剛好停止時的 x/ℓ (繩子的拉長率) 以及 kx/mg (繩子對攀岩者施加的作用力與他的體重之比)。

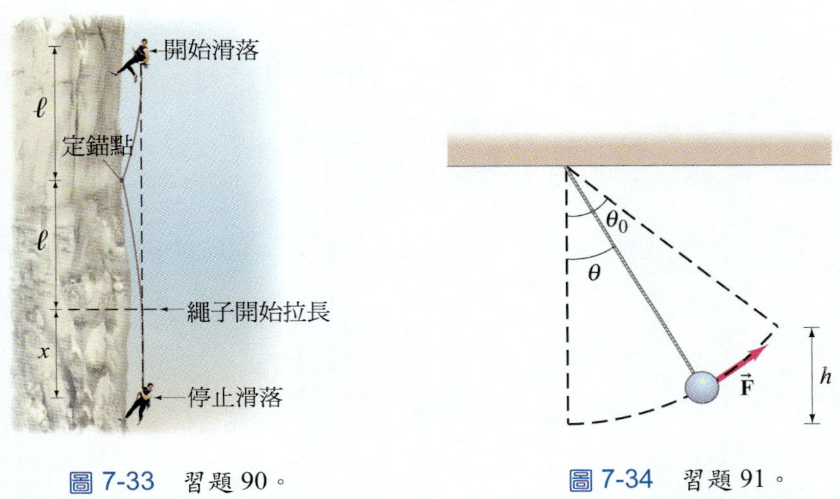

圖 7-33 習題 90。

圖 7-34 習題 91。

91. 一質量為 m 的小質點，靜止垂直懸吊在長度為 ℓ 且一端固定在天花板上的繩子下方。現有一個方向始終與繩子垂直的推力 $\vec{\mathbf{F}}$ 作用在質點上，直到繩子與垂直方向成 $\theta=\theta_0$ 的角度，並且質點往上提升了一段垂直的高度 h 為止 (圖 7-34)。假若 F 的大小是調整為使質點沿弧形軌跡的移動保持固定的速率。試證明，在此一過程中，$\vec{\mathbf{F}}$ 所作的功等於 mgh，它的大小相當於將一質量為 m 的物體，筆直地慢慢抬高至 h 的高度所作的功。[提示：當角度增加 $d\theta$ (弳度) 時，質點沿圓弧移動的弧長為 $ds=\ell\, d\theta$。]

*數值／計算機

***92.** (II) 一個 480 g 的質點沿著直線路徑移動，由 $x=0.0$ 開始，每間隔 10.0 cm 測量作用在質點上的淨力，所得的結果為：26.0、28.5、28.8、29.6、32.8、40.1、46.6、42.2、48.8、52.6、55.8、60.2、60.6、58.2、53.7、50.3、45.6、45.2、43.2、38.9、35.1、30.8、27.2、21.0、22.2 及 18.6 N。試求在這整個過程中對質點所作的總功。

***93.** (II) 下表中列有某彈簧吊掛不同質量物體時所測得的伸長量，其中質量大小的精確度為 ±1.0 g。

質量(g)	0	50	100	150	200	250	300	350	400
伸長量(cm)	0	5.0	9.8	14.8	19.4	24.5	29.6	34.1	39.2

(a) 繪出對彈簧所施的力 (N) 與伸長量 (m) 的關係圖，並求出與其最相稱的直線。(b) 由最相稱的直線之斜率求彈簧的彈力常數 (N/m)。(c) 如果彈簧被拉長了 20.0 cm，試由最相稱的直線來估算對彈簧施力的大小。

練習題答案

A: (c)。

B: (b)。

C: (b) 2.0×10^5 J (亦即，較少)。

D: 不會，因為速率將是某負數的平方根，這不可能的。

E: (a) $\sqrt{2}$，(b) 4。

能量守恆

撐竿跳選手在起跳之前助跑時具有動能。當他用力插下跳竿後，他的體重就由跳竿支撐，同時他的動能也得到變換：首先轉換為彎曲之跳竿上的彈性位能，然後當身體上升時再轉換為重力位能。當他越過橫杆時，撐竿回復為豎直狀態，其所有的彈性位能轉變為選手的重力位能。在最高點處(世界記錄為 6 m以上)，選手的動能幾乎全部消失，並且也變成他身體的重力位能。在這裡，以及世界上其他不斷發生的所有能量轉換中，其總能量始終是守恆的。的確，能量守恆是物理學中最重要的定律之一，並且在其他領域的應用也極為廣泛。

章前問題——試著想想看！

滑雪者從小山山頂上出發。她朝哪條路線滑行其重力位能變化最大：(a)、(b)、(c)、(d) 或 (e) 它們全都一樣？假設每條路線都是結冰的，並且無摩擦，她沿哪一條路線滑行至山腳時的速率為最快？我們知道其中多少總有些許摩擦力存在。現在再次回答以上兩個問題，並且列出你的四個答案。

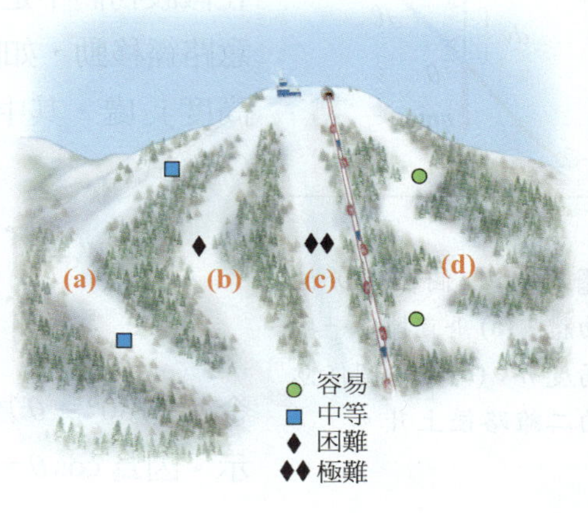

本章繼續討論第 7 章的功與能之觀念，並且介紹其他類型的能量，特別是位能。我們現在即將了解為何能量的觀念是如此重要。其原因就是，能量是守恆的——在任何過程中，總能量始終保持不變。只要是盡最好的實驗之所能，一個量能夠被確定為是保持不變，就是一個與自然現象有關的非凡表述。而事實上，能量守恆定律是一元化的科學原理之一。

能量守恆定律也提供我們解答問題的另一個工具與另一種方法。往往在許多情況中利用牛頓定律進行分析是有困難或是不可能的——有些力可能是未知的，或是難以測量的。但是這些情況通常可以利用能量守恆定律來處理。

在本章中，我們主要將物體視為質點或是剛性物體，它們僅有平移的運動，而沒有內部或迴轉的運動。

8-1 保守的力與非保守的力

我們發現將力分成保守的力和非保守的力兩種類型是很重要的。依定義，如果

> 物體從一點移動到另一點由力對它所作的功，僅依物體最初和最終的位置而定，並且與行經的路徑無關。

則我們稱任何一個這樣的力為保守的力 (conservative force)。一個保守的力可以僅是位置的函數，並且不能與其他如時間或速度等變數有關。

我們可以很容易地證明重力是一個保守力。一個質量為 m 的物體在地球表面附近的重力為 $\vec{\mathbf{F}}=m\vec{\mathbf{g}}$，其中 $\vec{\mathbf{g}}$ 是常數。物體垂直落下一段距離 h 時，重力對物體所作的功為 $W_G=Fd=mgh$ (見圖 8-1a)。現在假設物體不是垂直向下或向上移動，而是在 xy 平面上沿著某個任意路徑移動，如圖 8-1b 所示。物體自垂直高度 y_1 處開始，並且到達高度 y_2 處，其中 $y_2-y_1=h$。為了計算重力所作的功 W_G，我們利用 (7-7) 式

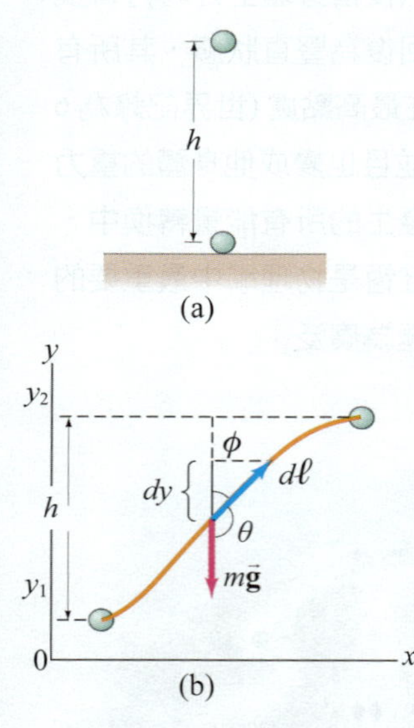

圖 8-1 一個質量 m 的物體，(a) 垂直掉落一段高度 h；(b) 沿一個任意的二維路徑上升。

$$W_G=\int_1^2 \vec{\mathbf{F}}_G\cdot d\vec{\boldsymbol{\ell}}$$
$$=\int_1^2 mg\cos\theta\, d\ell$$

令 $\phi=180°-\theta$ 為 $d\vec{\boldsymbol{\ell}}$ 和它的垂直分量 dy 之間的夾角，如圖 8-1b 所示。因為 $\cos\theta=-\cos\phi$ 和 $dy=d\ell\cos\phi$，所以，

$$W_G = -\int_{y_1}^{y_2} mg\,dy$$
$$= -mg(y_2 - y_1) \quad \textbf{(8-1)}$$

由於 $(y_2 - y_1)$ 是垂直的高度 h，因此我們看到所作的功僅與垂直的高度有關，而與行經的路徑無關。所以根據定義，重力是一個保守的力。

注意在圖 8-1b 所示的情況中，$y_2 > y_1$，因此重力所作的功是負的。反之，如果 $y_2 < y_1$，則物體正在落下，所以 W_G 是正的。

我們可以對保守的力以完全等同的方式作另外一種定義

如果一個力對沿著任何封閉之路徑移動的物體所作的淨功是零時，這個力是保守的。

為了明白為什麼這與我們稍早的定義相同，考慮一個小的物體，它經由圖 8-2a 中標示為 A 與 B 的兩條路徑中的任何一條，從點 1 移動到點 2。依第一個定義，如果我們假設有一個保守力作用在物體上，則不論物體行經的路徑是 A 或 B，這個力所作的功都相等。從點 1 至點 2 所作的功稱為 W。現在考慮圖 8-2b 中的往返路徑。物體經由路徑 A 從點 1 移動到點 2，力所作的功為 W。然後物體經由路徑 B 回到點 1。在回程中作了多少功呢？從點 1 經由路徑 B 到點 2 所作的功是 W，依定義它等於 $\int_1^2 \vec{\mathbf{F}} \cdot d\vec{\boldsymbol{\ell}}$。若朝相反方向從點 2 到點 1，在各點處的 $\vec{\mathbf{F}}$ 並未改變，但是 $d\vec{\boldsymbol{\ell}}$ 正好朝向相反的方向。結果在各點處的 $\vec{\mathbf{F}} \cdot d\vec{\boldsymbol{\ell}}$ 之符號相反，因此由點 2 到點 1 的回程中所作的總功必定是 $-W$。所以，從點 1 到點 2 再回到點 1 所作的總功是 $W+(-W)=0$，由此證明了上述兩個保守力的定義是相同的。

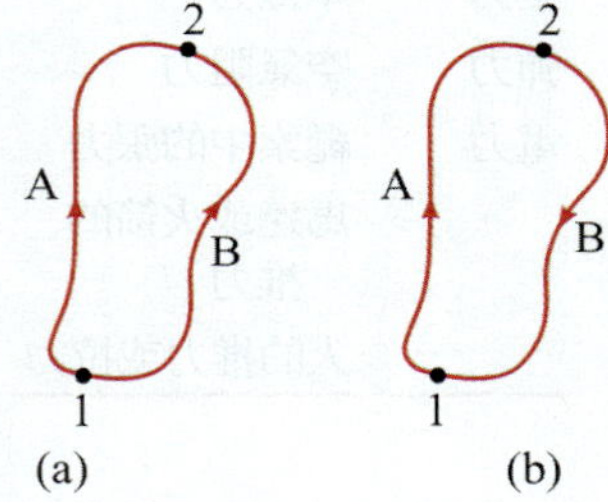

圖 8-2 (a) 一個微小的物體，經由 A 和 B 兩個不同的路徑 在點 1 和點 2 之間移動。(b) 該物體往返一趟，從點 1 經由 A 路徑到達點 2 後再經由路徑 B 回到點 1 。

保守力的第二個定義啟發了此力的一個重要觀點：保守力所作的功在意義上是可恢復的。如果一個物體在封閉路徑的一部分 (對其他物體) 作正功，則物體在回程時會作等量的負功。

如我們以上所見，重力是保守的，很容易可以證明彈力 ($F = -kx$) 也是保守的。

許多力，例如摩擦力以及人所施加的拉力或推力，是**非保守的力** (nonconservative force)，因為它們所作的功視路徑而定。例如，如果你在地板上推動一個木箱從一點到另一點，則你所作的功與路徑是否平直或彎曲有關。如圖 8-3 所示，如果將木箱沿著較長的半圓路徑從點 1 推到點 2，則你為了對抗摩擦所作的功會比沿直線路徑來得多。

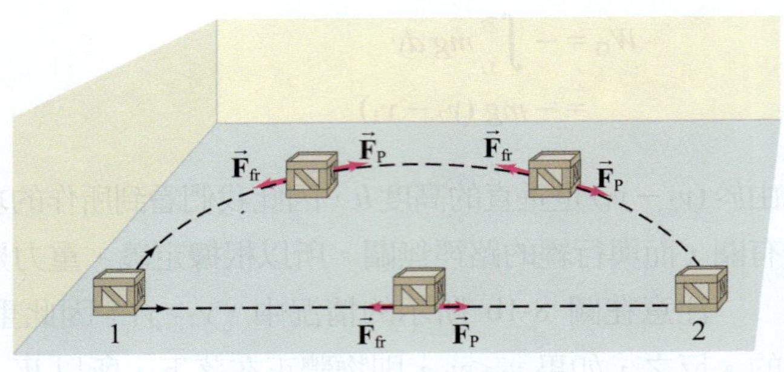

圖 8-3　一個木箱在粗糙的地板上以等速由位置 1 經由兩條路徑被推到位置 2；其中一條是直的，另一條是彎曲的。推力 $\vec{F}_P$ 始終朝著移動的方向。(摩擦力與運動方向相反。) 就恆定的推力而言，所作的功是 $W = F_P d$，因此如果 d 較大 (彎曲的路徑)，則功 W 也較大。所作的功不只與點 1 和點 2 有關，它也視路徑而定。

表 8-1　保守與非保守的力

保守的力	非保守的力
重力	摩擦力
彈力	空氣阻力
電力	繩索中的張力
	馬達或火箭的推力
	人的推力或拉力

這是因為距離較長，而且與重力不同的是，推力 $\vec{F}_P$ 始終朝著運動的方向。因此，圖 8-3 中人所作的功不僅與點 1 和點 2 有關，同時也視路徑而定。動摩擦力也標示在圖 8-3 中，它始終與運動方向相反，並且也是一個非保守的力，稍後將在第 8-6 節中探討。表 8-1 列出一些保守的力和非保守的力。

8-2 位能

在第 7 章中，我們曾經討論與一個移動中之物體相關的能量，也就是它的動能 $K = 1/2\ mv^2$。我們現在介紹**位能** (potential energy)，這種能量與力的關係依物體與周遭的相對位置或配置方式而定。各種不同類型的位能都可以被定義，並且每個類型都與一個特定的保守力有關聯。

玩具中上緊發條的彈簧就是位能的一個實例。因為人對玩具上緊發條所作的功，使彈簧獲得了它的位能。當彈簧鬆開時，它對玩具施加一個力，並且使玩具移動而作功。

重力位能

位能最常見的實例或許就是重力位能。一塊位於地面上方高處的磚塊，因為它相對於地球的位置，因而具有位能。這塊被抬高的磚塊有能力作功，因為若將它釋放，由於重力的作用，它將會落到地面，並且能夠對木樁作功而將它敲入土中。讓我們尋找位於地球表面附近之物體的重力位能之形式。假設由人的手垂直舉起一個質量為 m 的物體，必須對它向上施加一個至少等於它的重量 mg 的力。在圖 8-4 中，要將它從位置 y_1 到 y_2 舉起一段垂直的位移高度 h(選擇向上是正的方向) 並且不用加速度，人必須作的功等於他所施加的 “外” 力，

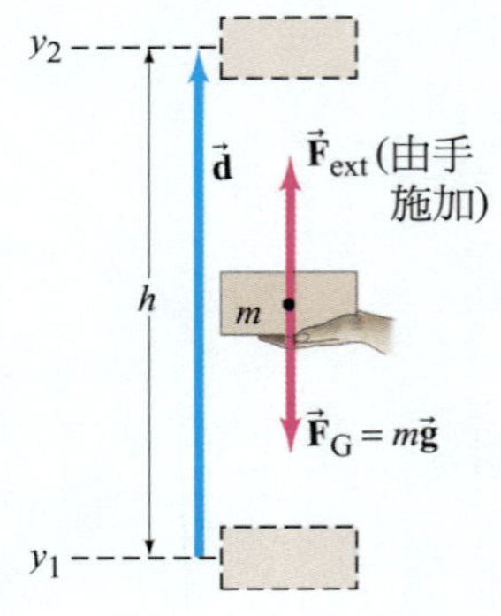

圖 8-4　人施加一個向上的力量 $F_{ext} = mg$ 把磚從 y_1 抬高到 y_2。

$F_{ext} = mg$ 向上，與垂直位移 h 的相乘積。即，

$$W_{ext} = \vec{\mathbf{F}}_{ext} \cdot \vec{\mathbf{d}} = mgh\cos 0° = mgh = mg(y_2 - y_1)$$

其中，$\vec{\mathbf{F}}_{ext}$ 和 $\vec{\mathbf{d}}$ 的方向均朝上。當它從 y_1 移動到 y_2 時，重力也作用在物體上，並且對物體所作的功等於

$$W_G = \vec{\mathbf{F}}_G \cdot \vec{\mathbf{d}} = mgh\cos 180° = -mgh = -mg(y_2 - y_1)$$

其中因為 $\vec{\mathbf{F}}_G$ 和 $\vec{\mathbf{d}}$ 的方向相反，所以 $\theta = 180°$。由於 $\vec{\mathbf{F}}_G$ 向下，而且 $\vec{\mathbf{d}}$ 向上，因此 W_G 是負的。如果物體是沿著一條任意的路徑，如圖 8-1b 中所示，則重力所作的功依然只與垂直高度的變化有關 [(8-1) 式]：$W_G = -mg(y_2 - y_1) = -mgh$。

接下來，若我們允許物體在重力的作用下從靜止開始自由地落下，在落下一段高度 h 之後，它的速度為 $v^2 = 2gh$ [(2-12c) 式]。於是它具有動能 $1/2\,mv^2 = 1/2\,m(2gh) = mgh$，假若它接著敲擊木樁，它對木樁所作的功就等於 mgh。

總之，將質量 m 的物體抬高一高度 h 所需的功等於 mgh。而且一旦物體在高度 h 處，它就有能力作一個大小等於 mgh 的功。因此我們可以說在抬升物體時所作的功已經被儲存為重力位能。

的確，當一個物體從高度 y_1 移動至 y_2 時，我們可以定義重力位能 U 的變化等於淨外力在沒有加速度的情形下為此所作的功

$$\Delta U = U_2 - U_1 = W_{ext} = mg(y_2 - y_1)$$

同樣地，我們可以定義重力位能的變化等於重力本身在過程中所作的功之負值

$$\Delta U = U_2 - U_1 = -W_G = mg(y_2 - y_1) \quad \textbf{(8-2)}$$

當一個質量 m 的物體在地球表面附近的兩點之間移動時，(8-2) 式定義了重力位能的變化。[1] 在某參考點 (座標系的原點) 上方一垂直高度 y 處的任何一點之重力位能 U 可以定義為

$$U_{grav} = mgy \qquad \text{[只有重力]} \quad \textbf{(8-3)}$$

---

1 第 8-7 節中討論牛頓萬有引力定律的 $1/r^2$ 之相關性。

注意此一位能是與地球和質量為 m 的物體之間的引力有關。因此，U_{grav} 不是只代表物體 m 單獨的重力位能，而是代表物體－地球系統的重力位能。

重力位能視物體位於某參考基準上方的垂直高度而定，$U=mgy$。有時候你可能想知道要測量 y 應從什麼點量起。例如，一本位於書桌上方某高度處的書其重力位能與自桌面、自地板，或是自其他參考點量起的 y 值有關。不論任何情形，真正具有重要物理意義的是位能的變化 ΔU，因為那是與所作的功有關，而且 ΔU 是可以測量的。因此我們可以選擇由任何一個方便的參考點來測量 y，但一定要在開始時選擇參考點，而且在整個計算中必須前後一致。在任何兩點之間的位能變化與這個選擇無關。

注意

位能的變化才具有物理意義

位能屬於系統，而不屬於單一物體。位能與力有關，並且一個物體上的力始終是由其他某些物體所施加。整體而言，位能是系統的特性。對於一個位於地球表面上方而高度提升 y 的物體而言，其重力位能的變化是 mgy。該系統是物體與地球，因此與兩者的特性相關：物體 (m) 與地球 (g)。一般而言，系統是我們選擇作為研究之用的一個或更多的物體。我們始終可以自由地選擇系統的組成，因此經常試著選擇一個簡單的系統。在後面，當我們討論一個與彈簧連接之物體的位能時，系統將是該物體與彈簧。

注意

位能屬於系統，而非屬於單一物體。

練習 A 回到第 295 頁的章前問題，並且再次回答它。試解釋為什麼你的答案可能已經與第一次不同。

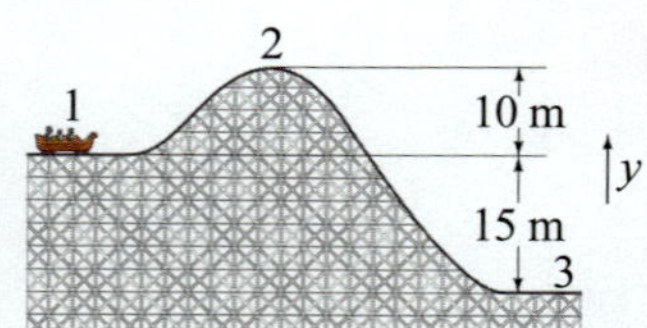

圖 8-5 例題 8-1。

例題 8-1 **雲霄飛車的位能變化** 一部 1000 kg的雲霄飛車從點 1 移動到點 2 然後再移動到點 3，如圖 8-5 所示。(a) 相對於點 1，在點 2 和點 3 的重力位能是多少？亦即在點 1，取 $y=0$。(b) 當雲霄飛車從點 2 移到點 3 時，位能的變化是多少？(c) 重作 (a) 和 (b)，但是將點 3 定為參考點 ($y=0$)。

方法 我們對雲霄飛車－地球系統的位能感興趣。我們取向上當作 y 的正方向，並且利用重力位能的定義來計算位能。

解答 (a) 我們由點 1 ($y_1=0$) 測量高度，意指最初的重力位能為零。在點 2 處，$y_2=10$ m

$$U_2=mgy_2=(1000\text{ kg})(9.8\text{ m/s}^2)(10\text{ m})=9.8\times10^4\text{ J}$$

在點 3 處，因為它位於點 1 之下方，故 $y_3 = -15$ m。所以，

$$U_3 = mgy_3 = (1000 \text{ kg})(9.8 \text{ m/s}^2)(-15 \text{ m}) = -1.5\times10^5 \text{ J}$$

(b) 由點 2 到點 3，位能的變化 $(U_{\text{final}} - U_{\text{initial}})$ 為

$$U_3 - U_2 = (-1.5\times10^5 \text{ J}) - (9.8\times10^4 \text{ J}) = -2.5\times10^5 \text{ J}$$

重力位能減少 2.5×10^5 J。

(c) 現在設 $y_3 = 0$。因此在點 1 處，$y_1 = +15$ m，所以最初 (在點 1) 的位能是

$$U_1 = (1000 \text{ kg})(9.8 \text{ m/s}^2)(15 \text{ m}) = 1.5\times10^5 \text{ J}$$

在點 2 處，$y_2 = 25$ m，因此位能為

$$U_2 = 2.5\times10^5 \text{ J}$$

在點 3 處，$y_3 = 0$，所以位能是零。從點 2 到點 3 的位能變化為

$$U_3 - U_2 = 0 - 2.5\times10^5 \text{ J} = -2.5\times10^5 \text{ J}$$

其結果與 (b) 中相同。

備註　重力所作的功僅與垂直的高度有關，因此重力位能的變化與所行經的路徑無關。

練習 B　當一輛 1200 kg 的汽車爬升至 300 m 高的山頂上時，其位能改變多少？(a) 3.6×10^5 J，(b) 3.5×10^6 J，(c) 4 J，(d) 40 J，(e) 39.2 J。

一般位能

我們已經定義重力位能的變化 [(8-2) 式] 等於物體從高度 y_1 移動至 y_2 時重力所作的負功，現在將它寫成

$$\Delta U = -W_{\text{G}} = -\int_1^2 \vec{\mathbf{F}}_{\text{G}} \cdot d\vec{\boldsymbol{\ell}}$$

除了重力位能以外，位能還有其他類型。一般而言，我們定義與一個特定的保守力 $\vec{\mathbf{F}}$ 相關的位能變化為保守力所作的負功

$$\Delta U = U_2 - U_1 = -\int_1^2 \vec{\mathbf{F}} \cdot d\vec{\boldsymbol{\ell}} = -W \qquad \textbf{(8-4)}$$

⚠ **注意**

只有對於保守的力才能夠定義位能

然而，我們不能利用這個定義對於所有可能的力去定義位能。它只有對保守的力 (如重力) 而言，才是有意義的，其積分僅依端點而定並與行經的路徑無關。它並不適用於非保守的力 (如摩擦力)，因為 (8-4) 式中的積分式不是只依端點 1 和點 2 而定的唯一值。因此，對一個非保守的力而言，位能的觀念無法定義，而且是無意義的。

彈性位能

我們現考慮與彈性材料有關的位能，其中包括各種不同的實際應用。

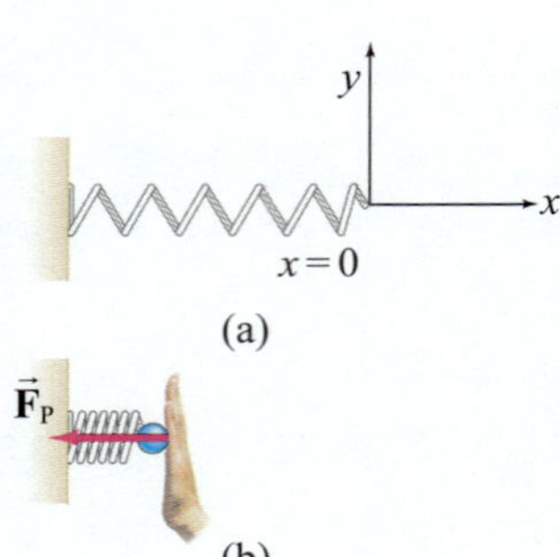

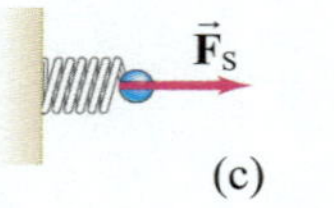

(c)

(d)

圖 8-6　一個彈簧 (a) 當它被壓縮時可以儲存能量 (彈性位能)(b)，當釋放後彈簧可以作功如圖 (c) 和 (d)。

考慮一個簡單的彈簧，如圖 8-6 所示，其質量很小我們可以將它忽略。當彈簧被壓縮後再度釋放時，它可以對球 (質量 m) 作功。因此當彈簧被壓縮 (或伸長) 時，這個彈簧－球系統具有位能。如同其他彈性材料一般，只要位移 x 不是太大，就可以用虎克定律 (參見第 7-3 節) 來描述一個彈簧。讓我們選擇座標系統，使未壓縮之彈簧的端點位於 $x=0$ (圖 8-6a)，且向右是正 x 方向。為了將彈簧從它的自然 (未拉長) 長度壓縮 (或拉長) 一段距離 x，某人的手就必須對彈簧施加 $F_P=kx$ 的力 (圖 8-6b)，其中 k 是彈力常數。彈簧用 F_S 力反推 (牛頓第三運動定律)，

$$F_S=-kx$$

圖 8-6c。因為力 $\vec{\mathbf{F}}_S$ 的方向與位移 x 相反，所以出現負號。由 (8-4) 式，當彈簧從 $x_1=0$ (它未壓縮的位置) 被壓縮或伸長到 $x_2=x$ (其中 x 可以是 + 或 −) 時，其位能的變化為

$$\Delta U=U(x)-U(0)=-\int_1^2 \vec{\mathbf{F}}_S\cdot d\vec{\boldsymbol{\ell}}=-\int_0^x(-kx)\,dx=\frac{1}{2}kx^2$$

此處，$U(x)$ 代表在 x 處的位能，而 $U(0)$ 代表在 $x=0$ 處的 U。將 $x=0$ 處的位能選擇為零通常是很方便的：$U(0)=0$。因此，一個彈簧從平衡的位置被壓縮或伸長一段長度 x 時，其位能為

$$U_{el}(x)=\frac{1}{2}kx^2 \qquad \text{[有彈性的彈簧]} \qquad \textbf{(8-5)}$$

與力有關的位能 (一維)

以一維為例，保守的力可以寫成一個 x 的函數，比如說，位能可以寫成一個不定積分

$$U(x) = -\int F(x)\,dx + C \qquad \textbf{(8-6)}$$

其中，常數 C 代表在 $x=0$ 處的 U 值；我們有時可以選擇 $C=0$。(8-6) 式告訴我們如何以 $F(x)$ 求得 $U(x)$。相反地，若 $U(x)$ 為已知，則能由上式的逆向運算獲得 $F(x)$：亦即取兩邊的導數，記得積分和微分是逆向運算

$$\frac{d}{dx}\int F(x)\,dx = F(x)$$

因此

$$F(x) = -\frac{dU(x)}{dx} \qquad \textbf{(8-7)}$$

例題 8-2　由 U 決定 F　假設 $U(x) = -ax/(b^2+x^2)$，其中 a 和 b 是常數。試求 $F(x)$？

方法　因為 $U(x)$ 僅與 x 有關，所以這是一維的問題。

解答　由 (8-7) 式，得到

$$F(x) = -\frac{dU}{dx} = -\frac{d}{dx}\left[-\frac{ax}{b^2+x^2}\right]$$

$$= \frac{a}{b^2+x^2} - \frac{ax}{(b^2+x^2)^2}2x = \frac{a(b^2-x^2)}{(b^2+x^2)^2}。$$

*三維空間中的位能

在三維空間中，$\vec{\mathbf{F}}(x, y, z)$ 與 U 之間的關係可以寫成

$$F_x = -\frac{\partial U}{\partial x}，\quad F_y = -\frac{\partial U}{\partial y}，\quad F_z = -\frac{\partial U}{\partial z}$$

或

$$\vec{\mathbf{F}}(x, y, z) = -\hat{\mathbf{i}}\frac{\partial U}{\partial x} - \hat{\mathbf{j}}\frac{\partial U}{\partial y} - \hat{\mathbf{k}}\frac{\partial U}{\partial z}$$

這裡的 $\partial/\partial x$、$\partial/\partial y$ 和 $\partial/\partial z$ 稱為偏微分；舉例來說，雖然 U 可能是 x、y 和 z 的函數，而寫成 $U(x, y, z)$，而 $\partial/\partial x$ 的意思是我們只對 x 微分，其他的變數則保持固定。

8-3 機械能與它的守恆

讓我們考慮一個保守的系統 (意指只有保守的力作功)，其中的能量由動能轉換為位能，反之亦然。再者，因為對一個被隔離的物體而言，位能不存在，所以我們必須考慮系統。我們的系統可以是一個在彈簧端點振盪或是在地球的重力場中移動的物體 m。

根據功能原理 [(7-11) 式]，在一個物體上所作的淨功 W_{net} 等於它的動能變化

$$W_{net}=\Delta K\text{。}$$

(如果我們的系統有一個以上的物體作功，則 W_{net} 和 ΔK 可以代表它們全部的總和。) 因為我們假設的是一個保守的系統，所以可以將在一個或更多的物體上所作的淨功寫成為在點 1 與點 2 之間總位能的變化 [(參見 (8-4) 式]

$$\Delta U_{total}=-\int_1^2 \vec{\mathbf{F}}_{net}\cdot d\vec{\boldsymbol{\ell}}=-W_{net} \tag{8-8}$$

將前二式結合，令 U 為總位能

$$\Delta K+\Delta U=0 \qquad \text{[只有保守的力]} \tag{8-9a}$$

或

$$(K_2-K_1)+(U_2-U_1)=0 \qquad \text{[只有保守的力]} \tag{8-9b}$$

我們現在定義一個量 E，稱為系統的**總機械能** (total mechanical energy)，它代表在任何時刻，系統的動能與位能的總和

$$E=K+U$$

我們可以將 (8-9b) 式改寫為

機械能守恆

$$K_2+U_2=K_1+U_1 \qquad \text{[只有保守的力]} \tag{8-10a}$$

或

$$E_2=E_1=\text{常數} \qquad \text{[只有保守的力]} \tag{8-10b}$$

(8-10) 式表示與總機械能有關的一個有用又深奧的原理──它是**守恆量** (conserved quantity)，只要沒有非保守力所作的功。亦即在某初始時刻 1 的量 $E=K+U$ 等於在以後任何時刻 2 的 $K+U$。

再換另一種說法，(8-9a) 式告訴我們 $\Delta U = -\Delta K$；亦即如果動能 K 增加，則位能 U 就必須減少相等數量以作為抵消。如此總量 $K+U$ 保持不變。這稱為保守力的**機械能守恆原理** (principle of conservation of mechanical energy)

機械能守恆

如果只有保守力作功，則在任何過程中，系統的總機械能既不會增加也不會減少。它保持不變——它是守恆的。

現在我們明白"保守力"一詞的理由——因為這類的力量，機械能是守恆的。

如果系統[2]只有一個物體有動能，則 (8-10) 式變成

$$E = \frac{1}{2}mv^2 + U = 常數 \qquad [只有保守的力] \qquad \textbf{(8-11a)}$$

如果 v_1 和 U_1 代表第一瞬時的速度和位能，而 v_2 和 U_2 代表它們在第二瞬時的數值，則我們可以將它改寫為

$$\frac{1}{2}mv_1^2 + U_1 = \frac{1}{2}mv_2^2 + U_2 \qquad [保守的系統] \qquad \textbf{(8-11b)}$$

從這個等式我們再度看到將何處的位能選擇為零是沒有任何差別的：將 U 加上一個常數，只是在 (8-11b) 式的兩邊各增加一個常數，因而互相抵消。常數也不會影響利用 (8-7) 式所獲得的力，$F = -dU/dx$，因為常數的微分是零。只有位能產生變化。

8-4 利用機械能守恆解答問題

機械能守恆的一個簡單實例，就是一塊岩石由於地球引力的作用，從地面上方 h 的高度落下 (忽略空氣阻力)，如圖 8-7 所示。如果岩石最初是從靜止開始落下，則所有的初始能量都是位能。當岩石落下時，位能 mgy 逐漸減少 (因為 y 減少)，但是岩石的動能逐漸增加，因而兩者的總和保持不變。在沿著路徑上的任何一點，總機械能為

$$E = K + U = \frac{1}{2}mv^2 + mgy$$

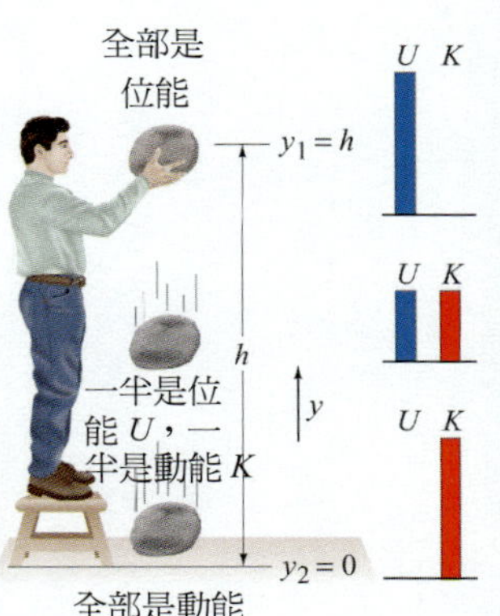

圖 8-7 當岩石落下時，其位能轉換為動能。注意，長條圖代表在三個不同位置的位能 U 與動能 K。

2 對一個受地球重力影響的移動物體而言，地球的動能通常可以忽略。而對一個在彈簧端振盪的物體而言，彈簧的質量以及動能通常也可以忽略。

其中，y 是在某一瞬間岩石在地面上方的高度，而 v 則是它當時的速率。如果我們以下標 1 代表岩石在它路徑上的某一個點 (例如初始點)，而下標 2 代表它在另一個點，則可以寫出

在點 1 的總機械能 = 在點 2 的總機械能

或是 [參見 (8-11b) 式]

$$\frac{1}{2}mv_1^2 + mgy_1 = \frac{1}{2}mv_2^2 + mgy_2 \qquad \text{[只有重力]} \qquad \textbf{(8-12)}$$

在岩石剛落地之前，我們選擇此處 $y = 0$，所有的初始位能將會轉換成動能。

例題 8-3 **落下的岩石** 如果圖 8-7 中的岩石最初高度是 $y_1 = h = 3.0$ m，當它落到距地面 1.0 m 處的時候，它的速率為何？

方法 我們應用機械能守恆原理，(8-12) 式，現在只有重力作用在岩石上。我們選擇地面作為參考水平面 ($y = 0$)。

解答 在釋放瞬間 (點 1) 岩石位置是 $y_1 = 3.0$ m，並且它是靜止的：$v_1 = 0$。我們要求當岩石在 $y_2 = 1.0$ m 處時的速率。(8-12) 式為

$$\frac{1}{2}mv_1^2 + mgy_1 = \frac{1}{2}mv_2^2 + mgy_2$$

消去 m；將 $v_1 = 0$ 代入，並解出 v_2，得到

$$v_2 = \sqrt{2g(y_1 - y_2)} = \sqrt{2(9.8\ \text{m/s}^2)[(3.0\ \text{m}) - (1.0\ \text{m})]}$$
$$= 6.3\ \text{m/s}$$

岩石距地面 1.0 m 時的速率是 6.3 m/s 向下。

備註 岩石的速率與岩石的質量無關。

練習 C 在例題 8-3 中，岩石剛落地之前的速率是多少？(a) 6.5 m/s，(b) 7.0 m/s，(c) 7.7 m/s，(d) 8.3 m/s，(e) 9.8 m/s。

圖 8-8 雲霄飛車在沒有摩擦力的軌道上運動說明了機械能守恆。

(8-12) 式可以應用於在重力作用下且沒有摩擦的任何移動中的物體。例如，圖 8-8 中有一輛雲霄飛車在山頂上從靜止開始，在無摩擦的情況下滑行至山底，然後再滑行至山的另一邊。事實上，除了作用在雲霄飛車上的重力之外，還有一個力——軌道施加的正向力。但是這個“限制”力在各點處均與運動的方向正交，因此所作的功等於零。我們忽略了車輪的轉動，因而視雲霄飛車為一個只有簡單平移運

動的質點。最初，雲霄飛車只有位能。當它從山頂下滑時，它失去位能而獲得動能，但是兩者的總和保持不變。抵達山底時，它的動能達到最大，而當它爬上山的另一邊時，動能又逐漸變回位能。當雲霄飛車再次爬升到與最初相同的高度而靜止時，所有的能量又將轉換成位能。已知重力位能與垂直的高度成正比，能量守恆告訴我們 (無摩擦時)，雲霄飛車靜止時所到達的高度等於它的初始高度。如果這兩個小山的高度相同，當飛車靜止的時候，它將勉強到達第二個山頂。但如果第二個小山較低，則雲霄飛車的動能不會全部轉換為位能，而且它能夠繼續越過山頂滑行到另一邊。如果第二個小山較高，則雲霄飛車能夠到達的高度只等於它在第一個小山上的初始高度，這就是事實。無論山有多麼陡峭，這是正確的 (無摩擦時)，因為位能只與垂直的高度有關。

例題 8-4 使用能量守恆計算雲霄飛車的速率 在圖 8-8 中，假設小山的高度是 40 m，雲霄飛車在山頂上從靜止開始滑行，計算 (a) 雲霄飛車在山底的速率，(b) 當速率是此一速率的一半時，它位於什麼高度？將山底設為 $y=0$。

方法 我們選擇點 1 是雲霄飛車在山頂上 ($y_1=40$ m) 從靜止($v_1=0$) 開始下滑的地點。點 2 是山底，我們選擇它為參考水平面，因此 $y_2=0$。我們利用機械能守恆。

解答 (a) 我們利用 (8-12) 式，其中 $v_1=0$ 且 $y_2=0$，得到

$$mgy_1=\frac{1}{2}mv_2^2$$

或

$$v_2=\sqrt{2gy_1}=\sqrt{2\,(9.8\text{ m/s}^2)(40\text{ m})}=28\text{ m/s}$$

(b) 再度應用能量守恆，

$$\frac{1}{2}mv_1^2+mgy_1=\frac{1}{2}mv_2^2+mgy_2$$

但現在 $v_2=1/2\,(28\text{ m/s})=14\text{ m/s}$，$v_1=0$ 而且 y_2 是未知數。因此

$$y_2=y_1-\frac{v_2^2}{2g}=30\text{ m}$$

亦即，它從左邊的山坡滑下以及在右邊的山坡爬升，當它在最低點以上垂直 30 m 處時，雲霄飛車的速率為 14 m/s。

例題 8-4 中雲霄飛車的數學運算幾乎與例題 8-3 相同。但是它們之間有一個重要的區別。例題 8-3 中的運動全部都是垂直的，可以利用力、加速度以及運動學方程式 [(2-12) 式] 來解答。但是對雲霄飛車而言，它的運動不是垂直的，我們不能應用 (2-12) 式，因為在彎曲的軌道上 a 並不是常數，但是能量守恆可以很容易地給我們答案。

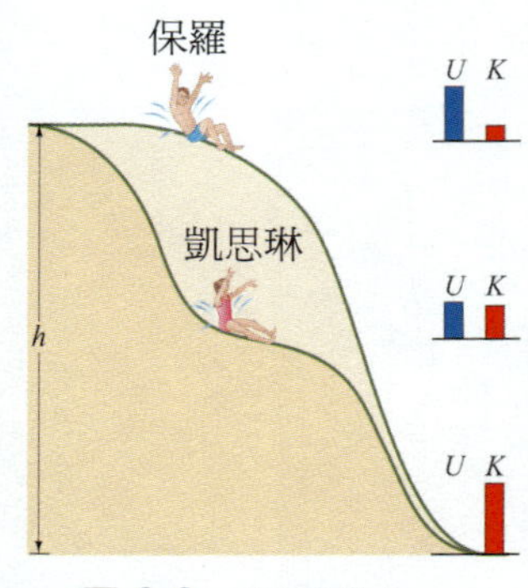

圖 8-9　例題 8-5。

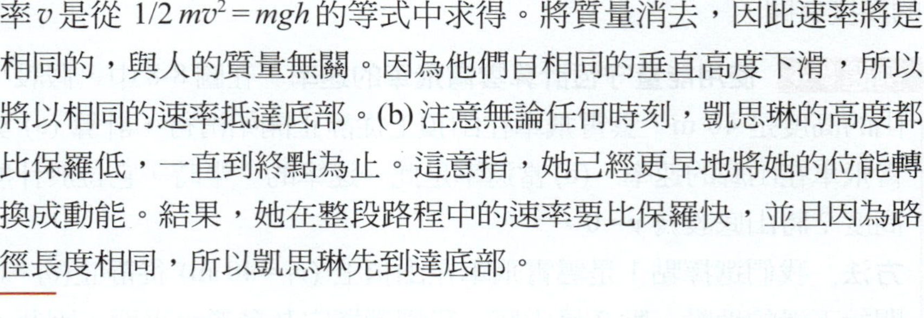

觀念例題 8-5　兩條滑水道上的速率　水池裡有兩條不同的滑水道，但是二者的起點位於相同的高度 h (圖 8-9)。保羅和凱思琳兩個人，在不同的滑水道同時從靜止開始下滑，(a) 哪一位滑到底部時的速率較快？(b) 哪一位先抵達底部？忽略摩擦並且假設兩條滑水道的路徑長度相同。

回答　(a) 每個人的初始位能 mgh 將會變換成動能，因此在底部的速率 v 是從 $1/2\,mv^2 = mgh$ 的等式中求得。將質量消去，因此速率將是相同的，與人的質量無關。因為他們自相同的垂直高度下滑，所以將以相同的速率抵達底部。(b) 注意無論任何時刻，凱思琳的高度都比保羅低，一直到終點為止。這意指，她已經更早地將她的位能轉換成動能。結果，她在整段路程中的速率要比保羅快，並且因為路徑長度相同，所以凱思琳先到達底部。

練習 D　在地板上方相同高度處釋放兩個球。球 A 通過空氣自由落下，而球 B 經過一條彎曲無摩擦的軌道滑行至地板。當它們到達地板的時候，試比較二者的速率？

問題解答
利用能量或牛頓定律？

你可能有時候想知道要利用功和能量來處理問題，或是利用牛頓定律。以下是一個初步的指引，如果相關的力是恆定力，任何一種方法也許都會成功。如果力不是恆定的力，並且／或者路徑不是簡單的，利用能量或許是比較好的方法。

物理應用
運動

在體育運動中，有許多能量守恆的有趣實例。例如，圖 8-10 中的撐竿跳高。我們必須經常做出近似的假設，但以下所述為撐竿跳一系列的動作要點。選手起跳前助跑的初始動能轉換成彎曲之跳竿的彈性位能，然後當選手離開地面時，再逐漸轉變成重力位能。當選手到達頂端，並且跳竿再度挺直時，所有能量都已經轉變為重力位能 (如果我們忽略選手越過橫桿時很低的水平速率)。跳竿並未提供任何能量，它的作用形同一個儲存能量的裝置，因而以此方式幫助動能轉換為重力位能，這是最終的結果。越過橫桿所需要的能量視選手的質心

圖 8-10　撐竿跳高過程中的能量變化。

圖 8-11　撐竿跳選手藉著彎曲身體而將他們的質心保持如此低，因而質心甚至可能在橫桿下面通過。藉由這種動能(跑)轉換為重力位能 ($=mgy$) 的方法，他們比未彎曲身體而完成位能變換更能夠越過較高的橫桿。

(CM) 必須提升多高而定。他們將身體彎曲，使他們的質心保持得如此之低，因而質心能夠在略低於橫桿處通過 (圖 8-11)，以此方式使他們能夠比其他可能的方式越過較高的橫桿。(質心將在第 9 章討論)

例題 8-6 估算　撐竿跳高　估算一位 70 kg 的撐竿跳選手越過 5.0 m 高的橫桿所需的動能和速率。假設運動員的質心最初是離地面 0.90 m，並且它到達的最大高度與水平橫桿同高。

方法　選手剛插下跳竿之前 (跳竿開始彎曲並儲存位能) 的總能量與他越過橫桿時的總能量相等 (我們忽略此刻的少量動能)。我們選擇選手質心的最初位置是 $y_1 = 0$。然後他的身體必須提升到高度 $y_2 = 5.0\,\text{m} - 0.9\,\text{m} = 4.1\,\text{m}$。

解答　我們利用 (8-12) 式，

$$\frac{1}{2}mv_1^2 + 0 = 0 + mgy_2$$

因此

$$K_1 = \frac{1}{2}mv_1^2 = mgy_2 = (70\,\text{kg})(9.8\,\text{m/s}^2)(4.1\,\text{m}) = 2.8\times10^3\,\text{J}$$

此速度為

$$v_1 = \sqrt{\frac{2K_1}{m}} = \sqrt{\frac{2(2800\,\text{J})}{70\,\text{kg}}} = 8.9\,\text{m/s} \approx 9\,\text{m/s}$$

備註　因為我們已經忽略了在越過橫桿時的選手速率、當跳竿被用力插在地上時所轉換的機械能，以及選手對跳竿所作的功，所以這是一個近似值。這些因素都會使最初所需的動能增加。

我們考慮機械能守恆的另一個實例，一個質量為 m 的物體與水平彈簧的一端連接 (圖 8-6)，彈簧的質量可以忽略，並且其彈力常數為 k，物體 m 在任一時刻的速率為 v，系統 (物體與彈簧) 的位能為

$1/2\ kx^2$，其中 x 是彈簧從正常狀態被拉長(或壓縮)的位移。如果沒有摩擦力也沒有任何其他的力作用，則機械能守恆告訴我們

$$\frac{1}{2}mv_1^2+\frac{1}{2}kx_1^2=\frac{1}{2}mv_2^2+\frac{1}{2}kx_2^2 \qquad \text{[只有彈性位能]} \qquad \textbf{(8-13)}$$

其中的下標 1 和 2 是在兩個不同時刻的速度和位移。

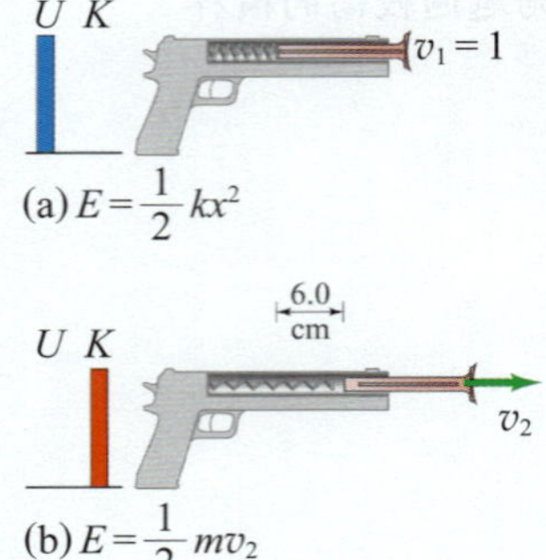

圖 8-12 例題 8-7。(a) 彈簧受飛鏢擠壓，被壓縮 6 cm。接著將飛鏢釋放，並且在 (b) 圖中，它以 v_2 之速度離開彈簧。

例題 8-7　玩具鏢槍　玩具鏢槍的飛鏢質量為 0.100 kg，彈簧被飛鏢擠壓著，如圖 8-12a 所示。彈簧(其彈力常數 $k=250$ N/m，並且質量可忽略)被壓縮 6.0 cm 後釋放。如果飛鏢在彈簧到達它的自然長度 ($x=0$) 時與彈簧分開，飛鏢獲得的速率為何？

方法　飛鏢最初是靜止的(點 1)，因此 $K_1=0$。我們忽略摩擦並且利用機械能守恆，其中唯一的位能是彈性位能。

解答　我們將 (8-13) 式應用於彈簧最大壓縮的點 1，因此 $v_1=0$ (鏢還未釋放) 且 $x_1=-0.060$ m。我們選擇點 2 為飛鏢剛飛離彈簧末端處 (圖 8-12 b)，因此 $x_2=0$，而我們想要求出 v_2。因此 (8-13) 式可以寫成

$$0+\frac{1}{2}kx_1^2=\frac{1}{2}mv_2^2+0$$

因此，$$v_2^2=\frac{kx_1^2}{m}$$

故 $$v_2=\sqrt{\frac{(250\ \text{N/m})(-0.060\ \text{m})^2}{(0.100\ \text{kg})}}=3.0\ \text{m/s}$$

備註　在水平方向中，飛鏢上唯一的作用力(忽略摩擦)是彈簧施加的力。在垂直方向中，重力被槍管對飛鏢所施加的正向力抵消。當飛鏢離開槍管之後，它將在重力作用下沿拋射體的路徑行進。

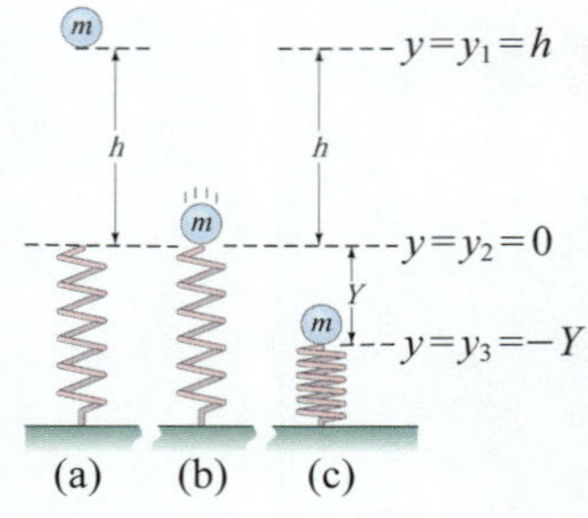

圖 8-13 例題 8-8。

例題 8-8　兩種類型的位能　一個質量 $m=2.60$ kg 的球，從靜止開始垂直落下一段 $h=55.0$ cm 的距離後，擊中一個垂直的螺旋彈簧，彈簧因此被壓縮了 $Y=15.0$ cm (圖 8-13)。試求彈簧的彈力常數。假設彈簧的質量可以忽略，而且忽略空氣阻力。所有的距離都是從球剛碰到未壓縮的彈簧(這一點，$y=0$)的點測量起。

方法　球上的作用力是地球的引力以及彈簧所施加的彈力。兩個力都是保守的，因此可以利用機械能守恆，其中包括兩種類型的位

能。不過，我們必須小心的是重力始終作用在物體上 (圖 8-13)，而彈力在球碰到彈簧之前並未作用 (圖 8-13b)。我們選擇正 y 的方向為向上，並且 $y=0$ 位於自然狀態 (未壓縮) 之彈簧的端點處。

解答 我們將解答分成兩部分。(並附有另一個解答)

第 1 部分：首先我們考慮球從高度 $y_1=h=0.55$ m 落下 (圖 8-13a) 至 $y_2=0$ 它剛碰到彈簧 (8-13b) 此一過程中的能量變化。我們的系統是受重力作用的球以及彈簧 (至此刻為止它還沒有任何作用)。因此

$$\frac{1}{2}mv_1^2+mgy_1=\frac{1}{2}mv_2^2+mgy_2$$
$$0\quad+mgh\ =\frac{1}{2}mv_2^2+\quad 0$$

解 $v_2=\sqrt{2gh}=\sqrt{2(9.80\ \text{m/s}^2)(0.550\ \text{m})}=3.283\ \text{m/s}\sim 3.28\ \text{m/s}$。這是球剛碰到彈簧上端時的速率 (圖 8-13b)。

第 2 部分：當球壓縮彈簧時 (圖 8-13b 至 c)，有兩個保守的力——重力和彈力作用在球上。因此，我們的能量守恆方程式為

$$E_2\,(\text{球碰到彈簧})=E_3\,(\text{被壓縮的彈簧})$$
$$\frac{1}{2}mv_2^2+mgy_2+\frac{1}{2}ky_2^2=\frac{1}{2}mv_3^2+mgy_3+\frac{1}{2}ky_3^2$$

代入 $y_2=0$，$v_2=3.283$ m/s，$v_3=0$ (球在此一瞬間停止移動)，以及 $y_3=-Y=-0.150$ m，得出

$$\frac{1}{2}mv_2^2+0+0=0-mgY+\frac{1}{2}k(-Y)^2$$

我們已知 m 、v_2 和 Y，因此可以解出 k

$$k=\frac{2}{Y^2}\left[\frac{1}{2}mv_2^2+mgY\right]=\frac{m}{Y^2}\left[v_2^2+2gY\right]$$
$$=\frac{(2.60\ \text{kg})}{(0.150\ \text{m})^2}\left[(3.283\ \text{m/s})^2+2(9.80\ \text{m/s}^2)(0.150\ \text{m})\right]$$
$$=1590\ \text{N/m}$$

問題解答
另一個解答

另一個解答 不必將解答分成兩部分，我們可以同時解它。畢竟我們必須選擇兩個點用於能量方程式的左邊與右邊。讓我們針對圖 8-13 中的點 1 和點 3 寫出能量方程式。點 1 是球剛開始落下之前的

初始點 (圖 8-13a)，所以 $v_1 = 0$ 且 $y_1 = h = 0.550$ m。點 3 則是彈簧被充分壓縮時 (圖 8-13c)，所以 $v_3 = 0$，$y_3 = -Y = -0.150$ m。在這個過程中，球所受到的作用力是重力與 (至少部分時間) 彈力。因此能量守恆告訴我們

$$\frac{1}{2}mv_1^2 + mgy_1 + \frac{1}{2}k(0)^2 = \frac{1}{2}mv_3^2 + mgy_3 + \frac{1}{2}ky_3^2$$

$$0 \; + mgh + \; 0 \; = \; 0 \; - mgY + \frac{1}{2}kY^2$$

其中，我們對於點 1 的彈簧設 $y = 0$，因為它沒作用，而且沒有壓縮或拉長。我們解得 k

$$k = \frac{2mg(h+y)}{Y^2} = \frac{2(2.60\text{ kg})(9.80\text{ m/s}^2)(0.550\text{ m} + 0.150\text{ m})}{(0.150\text{ m})^2}$$
$$= 1590\text{ N/m}$$

正如第一種解答方法。

例題 8-9 **搖動的單擺** 圖 8-14 中的單擺是由一條長度為 ℓ 的無質量細繩與一個質量為 m 的小擺錘所組成。於 $t = 0$ 時將擺錘釋放 (未施以推力)，此時細繩與垂直方向之夾角為 $\theta = \theta_0$，(a) 以動能和位能來描述擺錘的運動。然後計算 (b) 作為位置 θ 之函數的擺錘來回擺動之速率，(c) 位於擺動之最低點時的速率，(d) 試求細繩中的張力 $\vec{\mathbf{F}}_T$。忽略摩擦及空氣阻力。

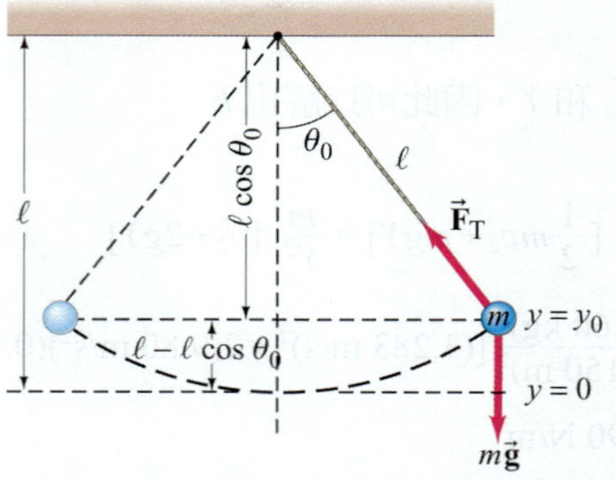

圖 8-14 例題 8-9：一個單擺；y 被定義成向上為正方向。

方法 除了在 (d) 中利用牛頓第二運動定律之外，我們都利用機械能守恆定律 (只有保守的重力作功)。

解答 (a) 在釋放的瞬間，擺錘是靜止的，因此其動能 $K=0$。當擺錘向下擺動時，它逐漸失去位能而且獲得動能。當它到達最低點時，動能為最大值，而位能為最小值。擺錘繼續擺動，直到它在另一側到達相同的高度和角度 (θ_0) 為止，而在該點處的位能為最大值，並且動能 $K=0$。它繼續擺動的運動像 $U\to K\to U$ 等的變化方式持續擺動，但它絕不可能高於 $\theta=\pm\theta_0$ (機械能守恆)。

(b) 假設繩子無質量，因此只需考慮擺錘的動能與重力位能。擺錘上有兩個力隨時對它作用：重力 mg 和細繩對它施加的力 $\mathbf{F}_T$。後者 (一個約束力) 始終與運動方向正交，因此它沒有作功。我們只需注意重力，並且寫出位能。系統的機械能為

$$E=\frac{1}{2}mv^2+mgy$$

其中，y 是任一時刻擺錘的垂直高度。取 $y=0$ 為擺錘擺動的最低點。因此於 $t=0$ 時，由圖中可以看出

$$y=y_0=\ell-\ell\cos\theta_0=\ell(1-\cos\theta_0)$$

當釋放瞬間，因為 $v=v_0=0$，所以

$$E=mgy_0$$

在擺動路徑上其他任何一點處

$$E=\frac{1}{2}mv^2+mgy+mgy_0$$

我們解 v，得到

$$v=\sqrt{2g(y_0-y)}$$

以細繩的角度 θ 表示，我們可以寫出

$$(y_0-y)=(\ell-\ell\cos\theta_0)-(\ell-\ell\cos\theta)=\ell(\cos\theta-\cos\theta_0)$$

所以

$$v=\sqrt{2g\ell(\cos\theta-\cos\theta_0)}$$

(c) 在最低點處，$y=0$，因此

$$v=\sqrt{2gy_0}$$

或

$$v=\sqrt{2g\ell(1-\cos\theta_0)}$$

(d) 細繩中的張力是細繩對擺錘施加的力 $\vec{\mathbf{F}}_T$。我們已經知道，此力沒有作功，但是可以利用牛頓第二運動定律 $\Sigma\vec{\mathbf{F}}=m\vec{\mathbf{a}}$ 來計算這個力，並注意到擺錘在任何一點處向內的徑向加速度是 v^2/ℓ，因為擺錘被限制在一個半徑為 ℓ 的圓之圓弧上移動。在徑向方向中，$\vec{\mathbf{F}}_T$ 向內作用，並且重力的一個分量 $mg\cos\theta$ 向外作用，因此，

$$m\frac{v^2}{\ell}=F_T-mg\cos\theta$$

我們解 F_T，而且將 (b) 中的結果應用於 v^2。

$$\begin{aligned}F_T&=m\left(\frac{v^2}{\ell}+g\cos\theta\right)=2mg(\cos\theta-\cos\theta_0)+mg\cos\theta\\&=(3\cos\theta-2\cos\theta_0)mg\end{aligned}$$

8-5 能量守恆定律

我們現在考慮非保守的力，例如摩擦力，因為它們在實際情況中是重要的。例如，我們再次考慮圖 8-8 中的雲霄飛車，但這次將摩擦力列入考量。在這種情況下，由於摩擦力的作用，雲霄飛車在第二座山上將不會到達與它在第一座山上相同的高度。

在這一個以及其他許多自然過程中，機械能 (動能與位能之總和) 並未保持恆定，而會減少。由於摩擦力會減少機械能 (但不是總能量)，故稱為**耗散力** (dissipative force)。歷史上，在十九世紀之前，耗散力的存在始終阻礙著全面性能量守恆的公式化。直到後來，總是隨著摩擦而產生的熱 (試著將你的雙手互相摩擦) 被解釋為能量的一種形式之後，公式化的表述才得以完成。在十九世紀時的定量研究 (第 19 章) 證實，如果熱被視為一種能量的轉移 [有時稱為**熱能** (thermal energy)]，則在任何過程中總能量是守恆的。例如，假使圖 8-8 中的雲霄飛車受到摩擦力的作用，則雲霄飛車最初的總能量就會等於隨後沿著它路徑上任何一點處的動能與位能以及在過程中所產生之熱能的總和。例如，一塊積木自由地在桌面上滑動，最後由於摩擦而停止。它最初的動能全部轉換成熱能。由於這個過程，使積木和桌面略為增溫，兩者都吸收了一些熱能。動能轉換為熱能的另一個實例，就是觀察以

鐵鎚用力地敲擊一根鐵釘好幾下之後，再用手指小心地觸摸鐵釘。

根據原子理論，熱能代表快速移動之分子的動能。我們將在第 18 章看到溫度的上升相當於分子平均動能的增加。因為熱能代表組成一個物體之原子和分子的能量，所以通常稱為**內能** (internal energy)。就原子的觀點而言，因為原子在分子內部的相對位置，內能不僅包括分子的動能，而且還包含位能 (通常是電的性質)。在巨觀的層級，熱能或內能是與非保守的力 (如摩擦力) 相應的。但是在原子的層級上，能量的一部分是動能，一部分則是與保守的力相應的位能。例如，儲存在食物或汽油等燃料中的能量，可以視為由於原子之間電力的作用，而藉著原子在分子內之相對位置 (指化學鍵) 而儲存的位能。為了使這個能量可用來作功，通常必須經由化學反應來釋放它 (圖 8-15)。這與一個被壓縮的彈簧類似，當釋放時可以作功。

圖 8-15　燃料燃燒 (一個化學反應) 釋放能量而將蒸汽機的水煮沸。產生的蒸氣因膨脹而對活塞作功並且推動車輪。

為了建立較一般性的能量守恆定律，十九世紀的物理學家必須辨識除了熱能之外的電能、化學能以及其他形式的能量在實際上是否適用於守恆定律。對於各類型保守或非保守的力，它總可以定義一個與此力所作的功相關的能量形式。並且它已由實驗發現，總能量 E 始終是保持不變的。亦即，動能、位能以及其他形式的總能量之變化等於零

$$\Delta K+\Delta U+[\text{所有其他形式之能量的變化}]=0 \qquad \textbf{(8-14)}$$

能量守恆定律

這是物理學中最重要的原理之一。它稱為**能量守恆定律** (law of conservation of energy)，而且可以敘述如下

能量守恆定律

> 在任何過程中總能量既不會增加也不會減少。能量可以由某一種形式轉換為另一種形式，並且從某一個物體轉移到另一個物體，但總數量保持不變。

對於保守的機械系統而言，這個定律可以由牛頓定律 (第 8-3 節) 導出，因此為它們是同義的。但在它的普遍性中，能量守恆定律的有效性是建立在實驗的觀察上。

即使在次微觀的原子世界中已經發現牛頓定律是有誤的，但是到目前為止，在每個實驗的情況中，能量守恆定律依然成立。

8-6 帶有耗散力的能量守恆：解答問題

在第 8-4 節中，我們曾經對於保守系統討論幾個與能量守恆定律有關的實例。現在讓我們詳細考慮與非保守的力有關的一些例子。

例如，假設圖 8-8 中在山坡上滑行的雲霄飛車受到摩擦力的作用。它從某點 1 移動到點 2 的過程中，由作用在雲霄飛車上的摩擦力 $\vec{\mathbf{F}}_{\mathrm{fr}}$ 所消耗的能量是 $\int_1^2 \vec{\mathbf{F}}_{\mathrm{fr}} \cdot d\vec{\boldsymbol{\ell}}$。如果 $\vec{\mathbf{F}}_{\mathrm{fr}}$ 的大小固定不變，則消耗的能量只是 $F_{\mathrm{fr}}\ell$，其中 ℓ 是物體沿著路徑從點 1 移動到點 2 的實際距離。因而我們將 (8-14) 式的能量守恆方程式寫成

$$\Delta K + \Delta U + F_{\mathrm{fr}}\ell = 0$$

或是

$$\frac{1}{2}m(v_2^2 - v_1^2) + mg(y_2 - y_1) + F_{\mathrm{fr}}\ell = 0$$

我們可以改寫此式以比較初始能量 E_1 與最終能量 E_2

$$\frac{1}{2}mv_1^2 + mgy_1 = \frac{1}{2}mv_2^2 + mgy_2 + F_{\mathrm{fr}}\ell \quad \begin{bmatrix}\text{重力以及}\\ \text{摩擦力作用}\end{bmatrix} \qquad \textbf{(8-15)}$$

即

$$E_1 = E_2$$

初始能量 = 最終能量 (包含熱能)

左邊是系統最初的機械能。它等於隨後在路徑上任一點處的機械能以及在過程中所產生之熱能 (或內能) 的總和。

其他非保守的力可以用相同的方式處理。如果你無法確定右邊最後一項 ($\int \vec{\mathbf{F}} \cdot d\vec{\boldsymbol{\ell}}$) 的符號，就用你的直覺：在過程中機械能是增加或減少。

功−能原理與能量守恆之對比

能量守恆定律比功能原理更為普遍而且更有效力。的確，功能原理不應該被視為能量守恆的一種表述方式。但是它對於一些機械問題而言仍然是很有用的；而且無論你利用它或是利用更有效力的能量守恆，都與你所研究之系統的選擇有關。如果你選擇的系統是外力對它作功的質點或剛性物體，則可以利用功能原理：物體上被外力所作的功等於它的動能變化。

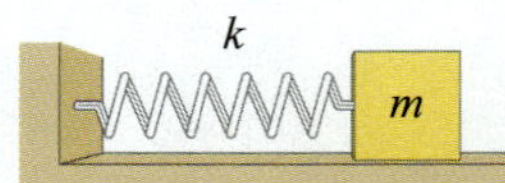

圖 8-16 無摩擦的桌面上，一根彈簧與一塊積木連接。如果你選擇的系統是積木和彈簧，則

$$E = \frac{1}{2}mv^2 + \frac{1}{2}kx^2$$

是守恆的。

另一方面，如果你選擇的系統並無外力對它作功，則必須直接對系統應用能量守恆。

例如，考慮在無摩擦的桌面上與彈簧連接的一塊積木 (圖 8-16)。如果你選擇積木作為系統，則彈簧對積木所作的功等於積木動能的變化：功能原理。(能量守恆不能適用於這個系統——積木的能量改變。) 如果改選積木與彈簧作為你的系統，則沒有外力作功 (因為彈簧

是系統的一部分)。你必須對這個系統應用能量守恆：如果你壓縮彈簧，然後再釋放它，彈簧會對積木施加一個力，但是隨後的運動可以用動能 ($1/2\,mv^2$) 加上位能 ($1/2\,kx^2$) 的方式討論，其總量依然保持不變。

解答問題不是只依循一組規則就能夠完成的呆板程序。以下的解答問題策略和其他一樣，它不是祕訣，而是幫助你開始解答與能量有關之問題的摘要。

解答問題策略

能量守恆

1. **畫**一個物理情況的**圖**。
2. 決定你將應用能量守恆定律的**系統**：物體和作用力。
3. 問自己你正在尋求的是什麼量，並且**選擇初始** (點 1) **和最終** (點 2) **的位置**。
4. 如果研究的物體之高度在問題中會改變，則為重力位能**選擇一個 $y=0$ 方便的參考座標**；問題中的最低點通常是一個不錯的選擇。

   如果問題與彈簧有關，則選擇未拉長之彈簧的位置為 x (或 y) $=0$。
5. **機械能守恆嗎？**如果沒有摩擦或其他非保守的力作用，機械能守恆就可以適用

$$K_1+U_1=K_2+U_2$$

6. **應用能量守恆**。如果有摩擦 (或其他非保守的力) 存在，則將需要另外一項形式 $\int \vec{\mathbf{F}}\cdot d\vec{\boldsymbol{\ell}}$。若恆定的摩擦力作用一段距離 ℓ，則

$$K_1+U_1=K_2+U_2+F_{\rm fr}\ell$$

   對於其他非保守的力則利用你的直覺來判斷 $\int \vec{\mathbf{F}}\cdot d\vec{\boldsymbol{\ell}}$ 的符號：在過程中總機械能是增加或減少？
7. 利用你列出的方程式**解**未知數。

例題 8-10 估算 作用在雲霄飛車上的摩擦力 例題 8-4 中的雲霄飛車在第二座山上的短暫停頓之前只到達 25 m 的垂直高度 (圖 8-17)。它滑行的總距離為 400 m。試求產生的熱能並且估算平均摩擦力 (假設它大致是恆定的)，而雲霄飛車之質量為 1000 kg。

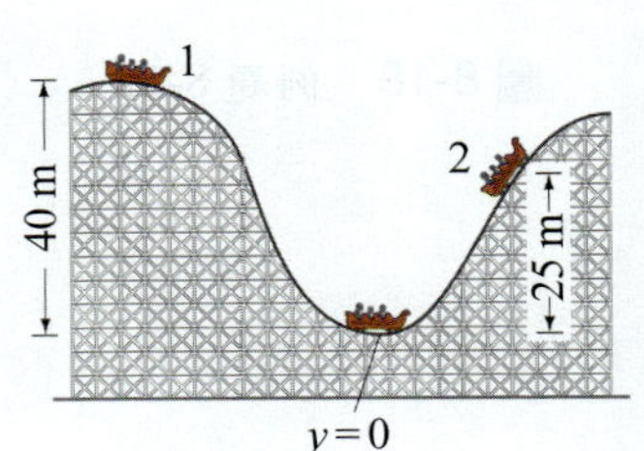

圖 8-17 例題 8-10。由於摩擦力作用，雲霄飛車在第二座山上無法到達原來的高度。

方法 我們可以明確地依照上述的解答問題策略。

解答

1. **畫圖**。見圖 8-17。
2. **系統**。此系統是雲霄飛車和地球 (它施加重力)。作用在雲霄飛車上的力是重力和摩擦。(正向力也作用在雲霄飛車上，但未作功，因此它不會影響能量。)

3. **選擇初始和最終的位置**。我們取點 1 為雲霄飛車剛開始滑行的瞬間(在第一座山的山頂)，而點 2 是它在第二座山上高 25 m 處停頓的瞬間。

4. **選擇參考座標**。對於重力位能，我們選擇在運動中的最低點為 $y=0$。

5. **機械能守恆嗎？**不！因為有摩擦存在。

6. **應用能量守恆**。雲霄飛車上有摩擦作用，因此利用 (8-15) 式的能量守恆方程式，以 $v_1=0$、$y_1=40$ m、$v_2=0$、$y_2=25$ m 與 $\ell=400$ m 代入。所以

$$0+(1000\text{ kg})(9.8\text{ m/s}^2)(40\text{ m})$$
$$=0+(1000\text{ kg})(9.8\text{ m/s}^2)(25\text{ m})s+F_{fr}\ell$$

7. **求解**。我們由上式解 $F_{fr}\ell$，能量消耗為熱能：$F_{fr}\ell=(1000\text{ kg})(9.8\text{ m/s}^2)(40\text{ m}-25\text{ m})=147000\text{ J}$。平均摩擦力為 $F_{fr}=(1.47\times10^5\text{ J})/400\text{ m}=370\text{ N}$。[這個結果只是粗略的平均值：在各不同地點的摩擦力視正向力而定，它隨著斜度變化。]

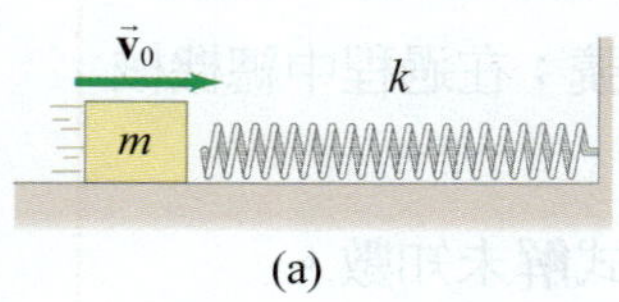

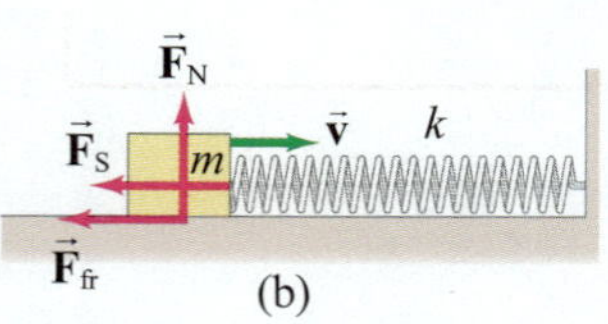

圖 8-18 例題 8-11。

例題 8-11 **受摩擦作用的彈簧** 一塊質量為 m 的積木在粗糙的水平表面上滑動，當它迎面碰撞到無質量的彈簧時，其速率為 v_0 (見圖 8-18)，隨後將彈簧壓縮的最大距離為 X。如果彈簧的彈力常數為 k，試求積木與表面之間的動摩擦係數。

方法 在碰撞的瞬間，積木的動能 $K=1/2\,mv_0^2$，並且因為彈簧是未壓縮的，因此 $U=0$。系統最初的機械能是 $1/2\,mv_0^2$。當彈簧到達最大的壓縮量時，$K=0$ 且 $U=1/2\,kX^2$。在此期間，摩擦力 $(=\mu_k F_N=\mu_k mg)$ 已經將能量 $F_{fr}X=\mu_k mgX$ 轉變為熱能。

解答 依能量守恆可以寫出

$$\text{能量 (初始)}=\text{能量 (最終)}$$
$$\frac{1}{2}mv_0^2=\frac{1}{2}kX^2+\mu_k mgX$$

我們解 μ_k，得到

$$\mu_k=\frac{v_0^2}{2gX}-\frac{kX}{2mg}$$

8-7 重力位能與脫離速度

到目前為止在本章中我們已經討論過假設重力為常數 $\vec{\mathbf{F}}=m g$ 的重力位能。對於地球表面附近的普通物體而言，這是一項正確的假設。但為了更廣泛地討論重力，對於地球表面附近以外的地點，我們必須考慮地球對一個質量為 m 的質點所施加的萬有引力隨著它與地球中心之距離 r 的平方成反比而減少。其精確的關係就是牛頓的萬有引力定律 (第 6-1 與 6-2 節)

$$\vec{\mathbf{F}}=-G\frac{mM_{\mathrm{E}}}{r^2}\hat{\mathbf{r}} \qquad [r>r_{\mathrm{E}}]$$

其中，M_{E} 是地球的質量，而 $\hat{\mathbf{r}}$ 則是遠離地心沿徑向方向的單位向量 (在 m 的位置)。式中的負號表示在 m 上的作用力是指向地心的方向，它與 $\hat{\mathbf{r}}$ 的方向相反。這個方程式也能用來描述在其他天體如月球、行星或太陽附近的一個物體 m 所受到的引力，在這種情況下，M_{E} 必須更換為該天體的質量。

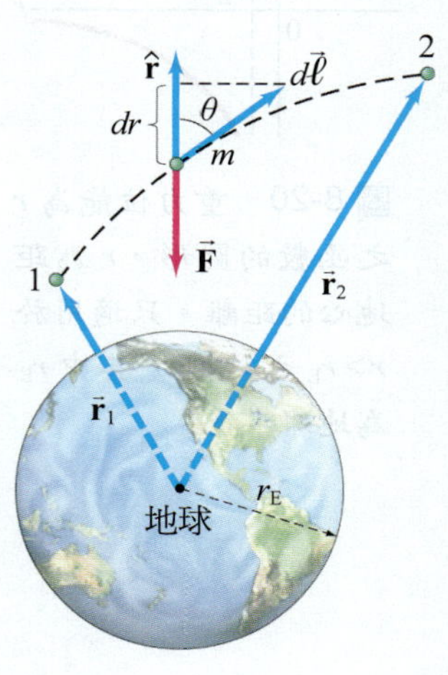

圖 8-19 一個質量為 m 的質點，沿任意路徑從點 1 移動到點 2。

假設一個質量為 m 的物體，沿著一條任意的路徑從某一個位置移動到另一個位置 (圖 8-19)。因此使它距地心的距離由 r_1 變成 r_2。則重力所作的功為

$$W=\int_1^2\vec{\mathbf{F}}\cdot d\vec{\boldsymbol{\ell}}=-GmM_{\mathrm{E}}\int_1^2\frac{\hat{\mathbf{r}}\cdot d\vec{\boldsymbol{\ell}}}{r^2}$$

$d\vec{\boldsymbol{\ell}}$ 代表一個極小的位移向量。因為 $\hat{\mathbf{r}}\cdot d\vec{\boldsymbol{\ell}}=dr$ 是 $d\vec{\boldsymbol{\ell}}$ 沿著 $\hat{r}$ 方向的分量 (見圖 8-19)，於是

$$W=-GmM_{\mathrm{E}}\int_{r_1}^{r_2}\frac{dr}{r^2}=GmM_{\mathrm{E}}\left(\frac{1}{r_2}-\frac{1}{r_1}\right)$$

或

$$W=\frac{GmM_{\mathrm{E}}}{r_2}-\frac{GmM_{\mathrm{E}}}{r_1}$$

由於積分值只與端點的位置 (r_1 和 r_2) 有關而與選取的路徑無關，所以重力是保守的力，因此我們可以利用重力位能的觀念。因為位能的變化始終被定義 (第 8-2 節) 為力所作的負功，所以我們得到

$$\Delta U=U_2-U_1=-\frac{GmM_{\mathrm{E}}}{r_2}+\frac{GmM_{\mathrm{E}}}{r_1} \qquad \textbf{(8-16)}$$

由 (8-16) 式，距離地球中心為 r 處的位能可以寫成

$$U(r)=-\frac{GmM_{\mathrm{E}}}{r}+C$$

其中的 C 是常數，通常選擇 $C=0$，所以

$$U(r) = -\frac{GmM_E}{r} \qquad \begin{bmatrix}\text{重力}\\ (r>r_E)\end{bmatrix} \qquad \textbf{(8-17)}$$

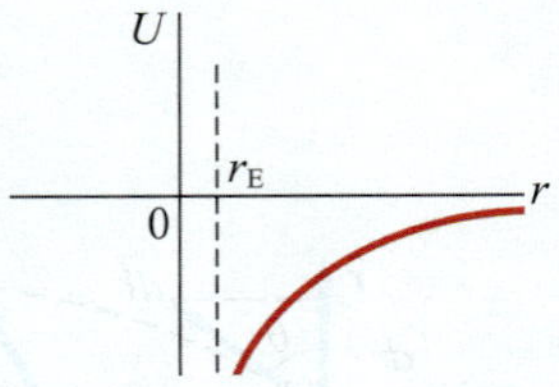

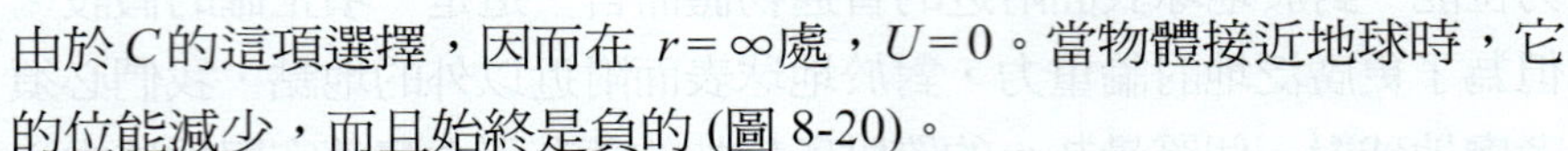

由於 C 的這項選擇，因而在 $r=\infty$ 處，$U=0$。當物體接近地球時，它的位能減少，而且始終是負的 (圖 8-20)。

圖 8-20　重力位能為 r 之函數的圖形，r 為距地心的距離。只適用於 $r>r_E$ 之地點，其中 r_E 為地球半徑。

對地球表面附近的物體而言，(8-16) 式會簡化為 (8-2) 式，$\Delta U = mg(y_2-y_1)$ (見習題 48)。

對一個只受地球重力作用的質量為 m 之質點而言，因為重力是保守的力，所以總能量是守恆的。因此我們可以寫出

$$\frac{1}{2}mv_1^2 - G\frac{mM_E}{r_1} = \frac{1}{2}mv_2^2 - G\frac{mM_E}{r_2} = \text{常數} \qquad \begin{bmatrix}\text{只有}\\ \text{重力}\end{bmatrix} \qquad \textbf{(8-18)}$$

例題 8-12　從高速火箭投下的包裹　火箭以 1800 m/s 之速率從地球向外飛行，當它位於地球表面上方 1600 km 處時，投下一個裝有空底片筒的盒子。最後包裹落到地面上。計算它剛撞擊地面之前的速率。忽略空氣阻力。

方法　我們利用能量守恆。包裹最初相對於地球的速率等於火箭的速率。

解答　在這種情況下的能量守恆以 (8-18) 式表示

$$\frac{1}{2}mv_1^2 - G\frac{mM_E}{r_1} = \frac{1}{2}mv_2^2 - G\frac{mM_E}{r_2}$$

其中，$v_1 = 1.80\times10^3$ m/s，$r_1 = (1.60\times10^6\text{ m}) + (6.38\times10^6\text{ m}) = 7.98\times10^6$ m 且 $r_2 = 6.38\times10^6$ m (地球的半徑)。我們解 v_2，得到

$$v_2 = \sqrt{v_1^2 - 2GM_E\left(\frac{1}{r_1}-\frac{1}{r_2}\right)}$$

$$= \sqrt{(1.80\times10^3\text{ m/s})^2 - 2(6.67\times10^{-11}\text{ N}\cdot\text{m}^2/\text{kg}^2)(5.98\times10^{24}\text{ kg})\times\left(\frac{1}{7.98\times10^6\text{ m}}-\frac{1}{6.38\times10^6\text{ m}}\right)}$$

$$= 5320\text{ m/s}$$

備註　實際上，由於空氣阻力的影響，速率將比以上計算結果還低。注意，順便一提的是，在計算過程中從未考慮速度的方向，而這正是能量守恆法的優點之一。本題中的火箭可能遠離地球，或朝向地球，或以其他某種角度飛行，但是其結果將會是相同的。

脫離速度

當一個物體從地球向空中發射時，除非它的速率非常高，否則物體將回到地球。但是如果速率夠高，它將繼續進入太空中，並且永遠不再回到地球 (除非有其他力量或碰撞)。使物體不致重回地球所需要的最小初始速度稱為自地球的**脫離速度** (escape velocity) v_{esc}。為了求得自地球表面 (忽略空氣阻力) 的 v_{esc}，我們利用 (8-18) 式，其中 $v_1 = v_{esc}$ 且 $r_1 = r_E = 6.38 \times 10^6$ m 為地球的半徑。因為我們想要求得脫離的最低速率，需要物體以幾近於零的速率 $v_2 = 0$ 到達 $r_2 = \infty$ 處。應用 (8-18) 式，我們得到

$$\frac{1}{2}mv_{esc}^2 - G\frac{mM_E}{r_E} = 0 + 0$$

或是

$$v_{esc} = \sqrt{2GM_E/r_E} = 1.12 \times 10^4 \text{ m/s} \qquad \textbf{(8-19)}$$

或 11.2 km/s。此處要特別注意，雖然物體可以從地球 (或太陽系) 脫離而且永遠不再返回，但是對有限值的 r 而言，由地球重力場對物體施加的引力實際上絕不會為零。

例題 8-13 **脫離地球或月球** (a) 比較火箭從地球和月球的脫離速度。(b) 比較發射火箭所需要的能量。月球質量為 $M_M = 7.35 \times 10^{22}$ kg 且半徑為 $r_M = 1.74 \times 10^6$ m；地球質量為 $M_E = 5.98 \times 10^{24}$ kg 且半徑為 $r_E = 6.38 \times 10^6$ m。

方法 我們利用 (8-19) 式，將 M_E 和 r_E 更換為 M_M 和 r_M 以求出月球的 v_{esc}。

解答 (a) 利用 (8-19) 式，脫離速度之比為

$$\frac{v_{esc}(\text{地球})}{v_{esc}(\text{月球})} = \sqrt{\frac{M_E}{M_M}\frac{r_M}{r_E}} = 4.7$$

脫離地球的速度是脫離月球的 4.7 倍。(b) 燃燒的燃料所提供的能量與 v^2 成正比 ($K = 1/2\, mv^2$)，因此發射火箭脫離地球所需要的能量是從月球脫離的 $(4.7)^2 = 22$ 倍。

8-8 功 率

功率 (power) 定義為作功的速率。平均功率 $\overline{P}$，等於所作的功 W 除以所經歷的時間 t

$$\overline{P} = \frac{W}{t} \tag{8-20a}$$

因為在過程中所作的功涉及能量類型的轉換，所以功率也可以定義為能量轉換的速率

$$\overline{P} = \frac{W}{t} = \frac{\text{轉換的能量}}{\text{時間}}$$

瞬時功率 P 為

$$P = \frac{dW}{dt} \tag{8-20b}$$

在過程中所作的功等於從某個物體轉移到另一個物體的能量。例如，圖 8-6c 的彈簧中所儲存的位能被轉換為球的動能時，彈簧正在對球作功。同樣地，若你拋一個球或推一輛手推車，每當作功時，能量就從一個物體轉移到另一個物體。因此我們也可以說功率是能量轉換的速率

$$P = \frac{dE}{dt} \tag{8-20c}$$

馬的功率指的是每單位時間它能作多少功。引擎的額定功率指的是每單位時間內有多少化學能或電能可以轉換為機械能。在 SI 單位制中，功率是以焦耳／秒計量的，我們並且給這個單位一個特別的名字——**瓦特** (watt, W)：1 瓦特 = 1 焦耳／秒。我們非常熟悉瓦特為電氣設備的功率單位：電燈泡或電熱器將電能轉換為光或熱能的速率。但是瓦特也作為其他類型之能量轉換的單位。在英制中，功率單位是呎－磅／秒 (ft · lb/s)。實際上，我們經常使用一個更大的單位，那就是**馬力** (horsepower)。一馬力[3] (hp) 定義為 550 ft · lb/s，相當於 746 瓦特。引擎的功率通常是用馬力或千瓦 (1 千瓦 ≈ $1\frac{1}{3}$ 馬力) 來規定。

3 這個單位是瓦特 (1736-1819) 所選定的，他需要一種方式來規定他新發明的蒸汽機之功率。他由實驗發現一匹好馬全天的平均工作效率大約為 360 ft · 1b/s。為了避免遭人指控其誇大蒸汽機的銷售，當他對馬力下定義時，他將這個數字約略地乘上 $1\frac{1}{2}$。

為了要明瞭能量與功率之間的區別，我們考慮以下的例子。一個人可以作的功是受限的，它不僅受到所需之總能量的限制，也受到此能量被轉換得有多快（即功率）的限制。例如，一個人在消耗許多能量而必須休息之前，或許能夠走一段長距離的路程或爬好幾層的樓梯。但是另一方面，這個人若以快步跑上樓梯，可能只跑了一、兩段之後就感到精疲力盡。在這種情況下，他是受到功率——也就是他的身體能夠將化學能轉換為機械能之速率的限制。

圖 8-21　例題 8-14。

例題 8-14　爬樓梯的功率　一位 60 kg 的慢跑者在一段很長的樓梯上跑了 4.0 s (圖 8-21)。樓梯的垂直高度是 4.5 m。(a) 估算慢跑者輸出功率的瓦特數與馬力數，(b) 所需要的能量是多少？

方法　慢跑者對抗重力所作的功等於 $W = mgy$。為了求出她的平均輸出功率我們將 W 除以所花的時間。

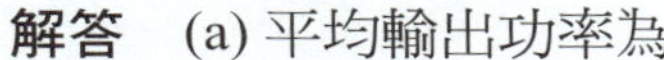

解答　(a) 平均輸出功率為

$$\overline{P} = \frac{W}{t} = \frac{mgy}{t} = \frac{(60\ \text{kg})(9.8\ \text{m/s}^2)(4.5\ \text{m})}{4.0\ \text{s}} = 660\ \text{W}$$

因為 1 hp 為 746 W，所以慢跑者作功的速率不到 1 hp。而且人也不可能長時間以如此的速率作功。

(b) 所需的能量為 $E = \overline{P}t = (660\ \text{J/s})(4.0\ \text{s}) = 2600\ \text{J}$。這個結果等於 $W = mgy$。

備註　此人所轉換的能量必須比 2600 J 還多。人或引擎所轉換的總能量之中經常包含一些熱能 (回想你跑上樓梯時有多麼熱)。

物理應用

汽車的功率需求

汽車為克服摩擦力 (和空氣阻力)、爬山以及加速而必須作功。汽車的性能受到作功速率的限制，這也正是為何汽車引擎以馬力作為額定的原因。當汽車爬山與加速時，它最需要高功率。在下一個例子中，將計算一輛合理大小的汽車在這些情形下所需要的功率。即使當汽車以等速率在水平的道路上行駛時，它也需要一些功率來作功以克服內部摩擦與空氣阻力的阻滯。這些力視汽車的狀況和速率而定，但典型的數值在 400 N 至 1000 N 之範圍內。

用施加於一個物體上的淨力 $\vec{\mathbf{F}}$ 及其速度 $\vec{\mathbf{v}}$ 來表示功率通常是很方便的。因為 $P = dW/dt$ 且 $dW = \vec{\mathbf{F}} \cdot d\vec{\boldsymbol{\ell}}$ [(7-7) 式]，於是

$$P = \frac{dW}{dt} = \vec{\mathbf{F}} \cdot \frac{d\vec{\boldsymbol{\ell}}}{dt} = \vec{\mathbf{F}} \cdot \vec{\mathbf{v}} \qquad \textbf{(8-21)}$$

例題 8-15 **汽車的功率需求** 計算一輛 1400 kg 的汽車在以下情況中所需要的功率：(a) 汽車以穩定的 80 km/h 之速率爬上坡度 10° (相當陡峭) 的山坡；(b) 汽車沿一條水平的道路在 6.0 s 內將車速從 90 km/h 加速至 110 km/h 而超越另一輛車。假設汽車的平均阻滯力始終是 $F_R = 700$ N，見圖 8-22。

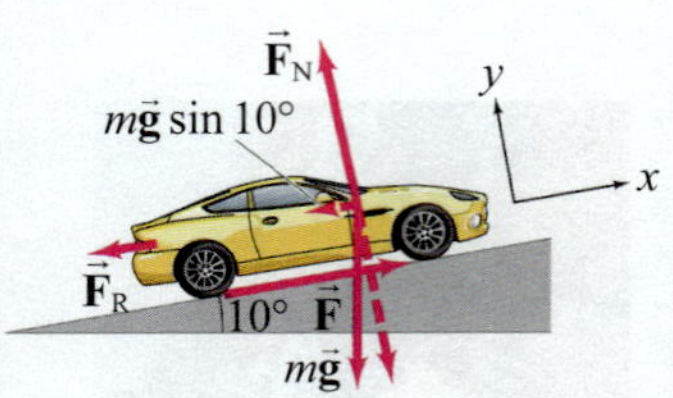

圖 8-22 例題 8-15：計算汽車爬坡所需的功率。

方法 首先我們必須小心不要將 $\vec{F}_R$ 與 $\vec{F}$ 混淆。$\vec{F}_R$ 是由空氣阻力與摩擦所造成而阻滯運動的力，而 $\vec{F}$ 則是路面對輪胎施加的摩擦力（這是受馬達驅動的輪胎推路面的反作用力），它用來對汽車加速。我們在計算功率之前必需求出後者的力 F。

解答 (a) 為了要在山坡以穩定的速率行駛，依牛頓第二運動定律，汽車施加的力 F 必須等於阻滯力 700 N 以及重力與山坡平行之分量 $mg\sin 10°$ 的總和。因此

$$F = 700\ \text{N} + mg\sin 10°$$
$$= 700\ \text{N} + (1400\ \text{kg})(9.80\ \text{m/s}^2)(0.174) = 3100\ \text{N}$$

因為 $\bar{v} = 80\ \text{km/h} = 22\ \text{m/s}$，並且與 $\vec{F}$ 平行，所以功率 [(8-21) 式] 為

$$\bar{P} = F\bar{v} = (3100\ \text{N})(22\ \text{m/s})$$
$$= 6.80\times 10^4\ \text{W} = 68.0\ \text{kW} = 91\ \text{hp}$$

(b) 汽車從 25.0 m/s 加速至 30.6 m/s (90 至 110 km/h)。因此汽車必須施加一個力以克服 700 N 的阻滯力並且產生以下的加速度

$$\bar{a}_x = \frac{(30.6\ \text{m/s} - 25.0\ \text{m/s})}{6.0\ \text{s}} = 0.93\ \text{m/s}^2$$

我們應用牛頓第二運動定律並且以 x 為運動的方向

$$ma_x = \Sigma F_x = F - F_R$$

我們解 F

$$F = ma_x + F_R$$
$$= (1400\ \text{kg})(0.93\ \text{m/s}^2) + 700\ \text{N} = 1300\ \text{N} + 700\ \text{N} = 2000\ \text{N}$$

因為 $P = \vec{F}\cdot\vec{v}$，所需要的功率隨著速度而增加，而馬達必須能夠提供的最大輸出功率為

$$\bar{P} = (2000\ \text{N})(30.6\ \text{m/s}) = 6.12\times 10^4\ \text{W} = 61.2\ \text{kW} = 82\ \text{hp}$$

備註 其實只有 60 至 80% 的引擎功率輸出至輪胎，由這些計算的結果可以很清楚地知道 75-100 kw (100-130 hp) 的引擎從實際觀點來看才是適當的。

我們在以上的例題中提到，汽車引擎的輸出能量只有一部分到達輪胎。不是只有從引擎到輪胎的過程中有一些能量被浪費，在引擎本身中有許多的輸入能量 (來自汽油) 最終不是全作有用的功。所有引擎的一個重要特性就是它們的整體效率 e，它定義為引擎的有效輸出功率 P_{out} 與輸入功率 P_{in} 之比

$$e=\frac{P_{out}}{P_{in}}$$

因為引擎不可能創造能量，所以效率永遠小於 1.0。而實際上，能量由某種形式轉換為另一種形式時，甚至無法避免其中有一些會變成摩擦、熱能和其他無用形式的能量。例如，汽車引擎將汽油燃燒所釋放的化學能轉換為移動活塞以及車輪的機械能。但是有幾近 85% 的輸入能量“被浪費”作為進入冷卻系統或由排氣管排出的熱能，以及運轉機件的摩擦。因此汽車引擎的效率大約只有 15%。我們將在第 20 章中詳細地討論效率。

*8-9 位能圖；穩定與不穩定平衡

如果只有保守的力對一個物體作功，我們只要檢視位能圖── $U(x)$ 對 x 的曲線圖，就可以得知許多與運動相關的特性。圖 8-23 中所示是一個位能圖的實例，這個複雜的曲線代表某一複雜的位能 $U(x)$。總能量 $E=K+U$ 為常數，並且可以用圖中的一條水平線來表示。圖中 E 有四個不同的可能數值，分別標記示為 E_0、E_1、E_2 和 E_3。一個系統實際的 E 值視初始條件而定。(例如，一個在彈簧末端振盪之物體的總能量 E 視彈簧最初被壓縮或拉長的量而定。) 動能 $K=1/2\,mv^2$ 不可能小於零 (v 將是虛數)，並且因為 $E=U+K=$ 常數，所以在所有情況下 $U(x)$ 必須小於或等於 E：$U(x)\le E$。因此，對圖 8-23 中所示的位能曲線而言，總能量的最小值就是圖中標示的 E_0。就這個 E 值而言，物體只能靜止於 $x=x_0$ 處。在這個位置上系統只有位能但沒有動能。

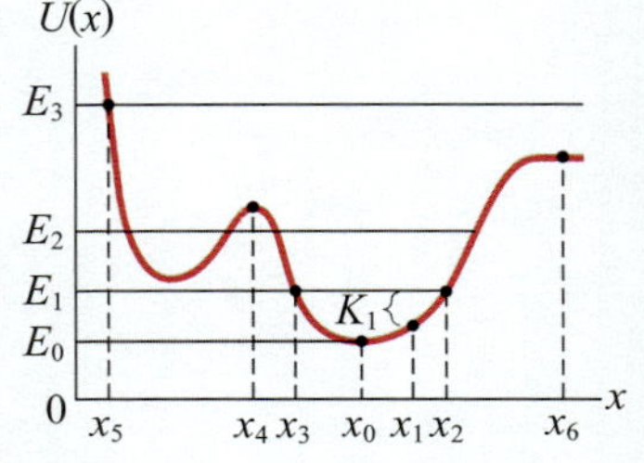

圖 8-23 位能曲線圖。

如果系統的總能量 E 大於 E_0，例如圖中的 E_1，則系統可以兼具動能和位能。因為能量是守恆的，故

$$K=E-U(x)$$

由於曲線代表每個 x 處的 $U(x)$，因此在任何 x 處的動能為 E 水平線和曲線 $U(x)$ 之間的距離。在圖中，對一個在 x_1 位置的物體而言，當它的總能量為 E_1 時，其動能就是圖中標示的 K_1。

一個能量為 E_1 的物體只能在點 x_2 與 x_3 之間振盪。這是因為若 $x>x_2$ 或 $x<x_3$，位能就會大於 E，意指 $K=1/2\,mv^2<0$，而 v 將是虛數，所以這是不可能的。在點 x_2 與 x_3 處的速度為零，這是因為這些點的 $E=U$。因此 x_2 和 x_3 稱為運動的**轉折點** (turning point)。如果物體位於 x_0，並且向右移動，則它的動能 (與速率) 將逐漸減少，直到它在 $x=x_2$ 處減為零為止。然後物體倒轉方向向左行進，直到它再度通過 x_0 之前，速率一直持續增加。它繼續移動，速率逐漸減少，直到它到達 $x=x_3$ 為止，此處的速率再次為 $v=0$，而且物體再度倒轉方向。

如果物體的能量為 $E=E_2$，在圖 8-23 中就有四個轉折點。視物體的初始位置，它只能在這兩個位能的"低凹處"其中之一移動。由於它們之間有障礙存在，所以物體不能從一個低凹處移動到另一個低凹處。例如，在點 x_4 處，$U>E_2$，意指 v 將會是虛數[4]。對能量 E_3 而言，因為對所有的 $x>x_5$，其 $U(x)<E_3$，所以只有一個轉折點。因此，物體如果最初是向左移動，當它通過低凹處時，速率會改變，但是最後在 $x=x_5$ 處停止，並且掉頭。然後它一直向右行進，永不返回。

我們怎麼知道物體在轉折點會倒轉方向？因為對物體施力。由 (8-7) 式，$F=-dU/dx$，力 F 與位能 U 有關。在任何一點 x 的力 F 等於 U 對 x 曲線之切線斜率的負值。例如，在 $x=x_2$ 處，斜率為正，因此力為負，意指它的作用方向朝左 (朝 x 值減少的方向)。

在 $x=x_0$ 處，斜率是零，因此 $F=0$。在這樣的位置上，我們稱質點是在**平衡** (equilibrium) 中。這個術語的意思是指作用在物體上的淨力為零。因此，它的加速度是零，並且如果它最初是靜止，它就會

4 根據牛頓物理學，雖然這是正確的，但是近代量子力學預料物體可以"穿隧"能量障壁，而此種過程已在原子與次原子的層級被觀測到。

繼續保持靜止。如果靜止在 $x=x_0$ 的物體被輕微地向左或向右移動，就有一個非零的力對它朝著移回 x_0 的方向作用。當物體輕微位移時會返回它的平衡點，則稱物體是位於一個**穩定平衡** (stable equilibrium) 的點上。在位能曲線上的任何一個最小值都代表穩定平衡的點。

由於 $F=-dU/dx=0$，所以位於 $x=x_4$ 的物體也在平衡中。若物體朝 x_4 的任何一側稍微移開，就會有一個力作用在物體上，將它拉離平衡點。像點 x_4 這種位能曲線具有一個最大值的點，是**不穩定平衡** (unstable equilibrium) 的點。如果物體稍微移開，它將不會恢復平衡，反而更為遠離。

當物體位於一個 U 是常數的區域中時，例如圖 8-23 中的 $x=x_6$ 附近，則在某段距離內的力是零。物體處在平衡中，若將它略微地移至一邊，力仍然是零。這個物體被稱為是在這個區域中處於**中性平衡** (neutral equilibrium) 狀態。

摘 要

保守的力 (conservative force) 是指將物體從某處移動到另一處時，此力所作的功只與這兩處的位置有關，而與所行經的路徑無關。保守力所作的功是可恢復的，而非保守的力則否，例如摩擦。

位能 (potential energy) U，是一種與保守力相關的能量，它依物體的位置或組態而定。重力位能為

$$U_{\text{grav}}=mgy \tag{8-3}$$

其中，物體 m 位於地球表面附近，在某參考點上方高度 y 處。一彈力常數為 k 的彈簧，自平衡處拉長或壓縮一段位移 x 時的彈性位能為

$$U_{\text{el}}=\frac{1}{2}kx^2 \tag{8-5}$$

其他的位能還包括化學能、電能和核能。

位能永遠與保守的力有關，在一個保守的力 $\vec{\mathbf{F}}$ 作用下，兩點之間位能的變化定義為此力所作的負功

$$\Delta U=U_2-U_1=-\int_1^2\vec{\mathbf{F}}\cdot d\vec{\boldsymbol{\ell}} \tag{8-4}$$

相反地，對於一維的情況，我們可以寫出

$$F = -\frac{dU(x)}{dx} \tag{8-7}$$

位能的變化才是具有物理意義的，所以可以為了方便而選擇 $U = 0$ 的位置。位能不是物體的性質，而是與兩個或多個物體的相互作用有關。

當只有保守的力作用時，定義為動能與位能之和的總**機械能** (mechanical energy) E，是守恆的

$$E = K + U = \text{常數} \tag{8-10}$$

如果也有非保守的力作用，就會涉及其他類型的能量，如熱能。經實驗發現，當所有形式的能量都包含在其中時，總能量是守恆的。這就是**能量守恆定律** (law of conservation of energy)

$$\Delta K + \Delta U + \Delta\,(\text{其他形式的能量}) = 0 \tag{8-14}$$

牛頓的萬有引力定律所描述的引力是一個保守的力。由於地球施加的萬有引力，一個質量為 m 的物體所具有的位能是

$$U(r) = -\frac{GmM_{\mathrm{E}}}{r} \tag{8-17}$$

其中，M_{E} 為地球的質量，r 是物體距地球中心的距離 ($r \geq$ 地球半徑)。

功率 (power) 定義為作功的速率，或能量從某種形式轉換為另一種形式的速率

$$P = \frac{dW}{dt} = \frac{dE}{dt} \tag{8-20}$$

或

$$P = \vec{\mathbf{F}} \cdot \vec{\mathbf{v}} \tag{8-21}$$

問 題

1. 列出日常生活中的一些非保守的力，並解釋它為何不是保守的力。

2. 你從桌上拿起一本重的書，並放到一個高架子上。試列出這個過程中，書上的各種作用力，並說明哪個力是保守的或非保守的。

3. 作用在某質點上的淨力是保守的力，並且增加了 300 J 的動能。質點的 (a) 位能，與 (b) 總能量有什麼變化？
4. 當一個“超級球”被扔下時，它反彈的高度可否比原來的高度更高？
5. 一座小山高度為 h，一個小孩在雪橇上 (總質量為 m)，由靜止狀態從山頂往下滑行。如果 (a) 坡道結冰，不計摩擦力，和 (b) 有摩擦 (坡道上有積雪)，則到達山腳下的速度與山坡的坡度之關係為何？
6. 為什麼即使沒有作任何的功，用力推著牆壁仍然是很辛苦的？
7. 以能量的觀點來分析一個單擺的運動，(a) 忽略摩擦力，和 (b) 考慮摩擦力。試解釋為什麼爺爺的鐘是需要上發條的？
8. 圖 8-24 是著名的 Escher 圖畫，明確地描述圖中有哪些是“違反”了自然規律。

圖 8-24 問題 8。

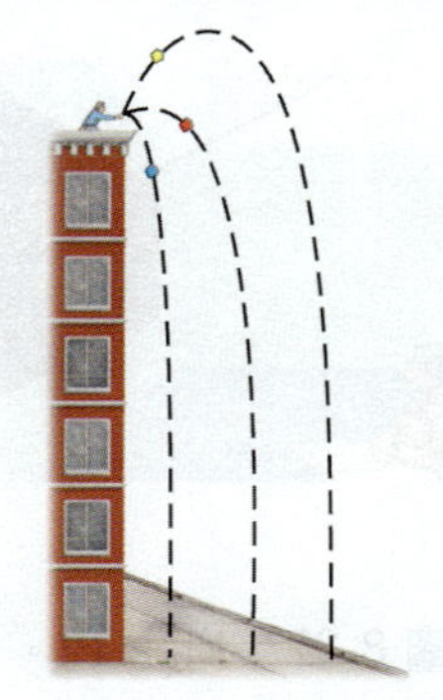

圖 8-25 問題 9。

9. 在圖 8-25 中，各個水球以相同的速率但不同的發射角從大廈的屋頂上扔出。當它碰撞地面時，哪一個的速率最高？忽略空氣阻力。
10. 一個質量為 m 的彈簧，直立在桌子上。如果你用手使勁壓縮彈簧，然後再放手，彈簧會離開桌面嗎？試利用能量守恆定律來解釋。
11. 當水從瀑布頂端落至瀑布下方的水池中時，其重力位能有何變化？
12. 經驗豐富的徒步旅行者遇到一棵倒在路中的樹木時，通常會選擇跨越過去，而不是先踩在樹上，再跳到另一邊。請說明原因。
13. (a) 當一輛汽車從靜止開始以等加速前進時，其動能來自何處？(b) 動能的增加與道路對輪胎施加的摩擦力有何關聯？
14. 地球距太陽最近的時候是冬季 (北半球)。什麼時候的重力位能為最大？
15. 總機械能 $E = K + U$ 可以為負值嗎？請說明原因。
16. 假設你想從地球表面發射火箭，並且使用最少的燃料來脫離地球的重力場。你應該從地球表面的哪個地點發射？朝什麼方向發射？發射的地點和方向有什麼影響嗎？試解釋之。

17. 回想第 4 章的例題 4-14，你可以使用滑輪和繩索來減輕提起一個重物所需的力 (見圖 8-26)。但是重物被每拉升 1 m 時，必須將繩子拉起多少長度？試利用能量的觀念考慮這個問題。

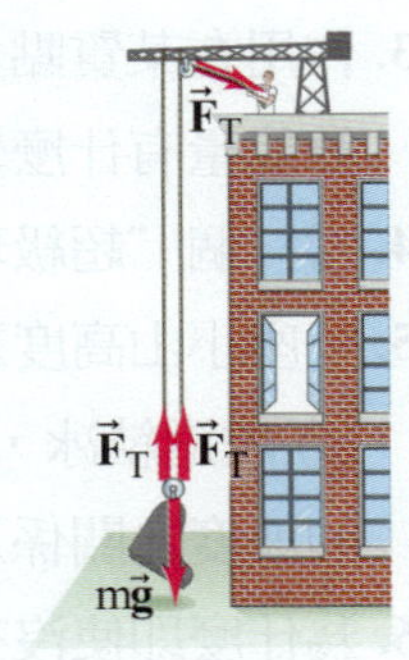

圖 8-26 問題 17。

18. 有兩支相同的箭，其中一支的速率為另一支的兩倍，同時射入一捆乾草中。假設乾草對箭施加一恆定的“摩擦力”，較快的箭會比較慢的箭多穿入多少距離？試解釋之。

19. 以鋼鐵線將一個保齡球吊在天花板上 (圖 8-27)。教練將球拉回貼近鼻子並且背部靠牆站立。為避免受傷，教練將球釋放時，不應對球施力。為什麼？

圖 8-27 問題 19。

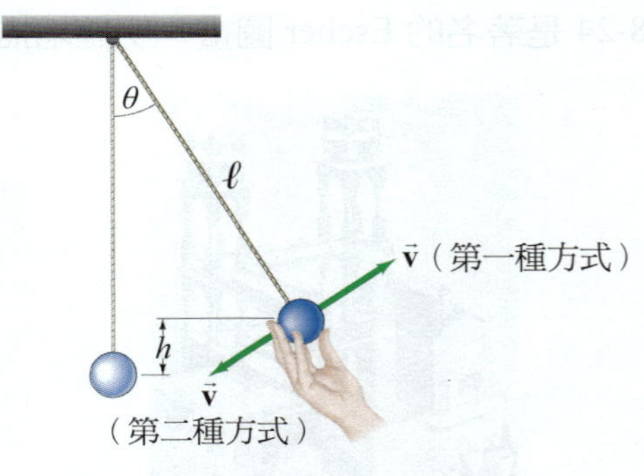

圖 8-28 問題 20。

20. 一個擺錘從某一點以兩種不同的方式開始擺動，此點較最低點高出 h (圖 8-28)。兩種方式皆對擺錘施予 3.0 m/s 的初速率。第一種方式，擺錘的初速度是沿著軌跡向上，第二種方式則是沿著軌跡向下。試問哪一種方式會使擺錘通過最低點時的速率為最高？試解釋之。

21. 描述當一個孩子踩著彈簧高蹺到處跳行時的能量轉換。

22. 一名滑雪者從山上滑下，經過一段時間後，滑雪者因衝撞一個雪堆而停住。試描述其過程中的能量轉換。

23. 假設你將一個手提箱從地板上提到桌上。你對手提箱所作的功與下列何者有關：(a) 你是將手提箱垂直提起或是沿著一個較複雜的路徑提起手提箱，(b) 提起手提箱所花的時間，(c) 桌子的高度，以及 (d) 手提箱的重量。

24. 將功改為功率，重作問題 23。

25. 為什麼爬山時，沿著曲折的山徑攀登要比直接向上攀登來得容易？

*26. 圖 8-29 所示是一個位能曲線 $U(x)$。(a) 在哪一個點的力為最大？(b) 對於圖中標示的各點，說明力的作用方向是朝左或朝右，亦或為零。(c) 哪些點為平衡點，且類型為何？

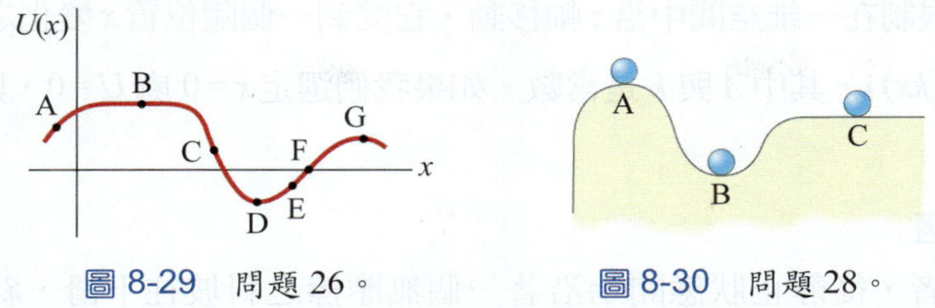

圖 8-29 問題 26。 圖 8-30 問題 28。

*27. (a) 詳細描述圖 8-23 中一個具有能量 E_3 之質點，從 x_6 移動到 x_5，再回到 x_6，其過程中的速度變化。(b) 動能達到最大和最小時，分別位於何處？

*28. 請說出圖 8-30 中，在各個不同位置的球的平衡類型。

習題

8-1 與 8-2 保守的力與位能

1. (I) 有一個彈力常數 K 為 82.0 N/m 的彈簧，它必須壓縮多少，方可儲存 35.0 J 的位能？

2. (I) 一隻 6.0 kg 的猴子，從一樹枝盪到比原樹枝高 1.3 m 的另一樹枝上，其重力位能有何變化？

3. (II) 有一根 $k=63$ N/m 的彈簧垂直掛在一直尺旁，彈簧的終端位於 15 cm 的刻度位置，如果在彈簧終端加上一個 2.5 kg 的物體，彈簧終端將會對著直尺的哪一個刻度？

4. (II) 一位 56.5 kg 的徒步旅行者，從海拔 1270 m 處開始往上爬到海拔 2660 m 的頂峰。(a) 他的位能變化是多少？(b) 他至少要作多少功？ (c) 實際上所作的功可能會更大嗎？試解釋之。

5. (II) 一位身高為 1.60 m 的人，將一本 1.95 kg 的書舉高至離地面 2.20 m 處，則書相對於 (a) 地面與 (b) 人的頭頂的位能是多少？(c) 此人所作的功與 (a) 和 (b) 中的答案有何關聯？

6. (II) 一輛 1200 kg的汽車在水平路面上以 $v=75$ km/h的速率行駛，後來撞到一個水平的線圈彈簧，使它在 2.2 m 的距離內停住，彈簧的彈力常數是多少？

7. (II) 有一個特殊的彈簧遵守力方程式 $\vec{\mathbf{F}}=(-kx+ax^3+bx^4)\,\hat{\mathbf{i}}$。(a) 這個力是保守的力嗎？試解釋為什麼是或不是。(b) 如果它是保守的力，試求其位能函數。

8. (II) 如果位能 $U=3x^2+2xy+4y^2z$，則其力 $\vec{\mathbf{F}}$ 為何？

9. (II) 有一個質點被限制在一維空間中沿 x 軸移動，並且受一外力 $\vec{\mathbf{F}}(x)=-\frac{k}{x^3}\,\hat{\mathbf{i}}$ 作用，其中 k 是常數，並具備適合 SI 系統的單位。如果任意選定於 $x=2.0$ m 處的 U 為零，$U(2.0\text{ m})=0$，試求其位能函數 $U(x)$。

10. (II) 有一個質點被限制在一維空間中沿 x 軸移動，它受到一個隨位置 x 變化之外力 $F(x)$ 的作用，$\vec{\mathbf{F}}(x)=A\sin(kx)\hat{\mathbf{i}}$，其中 A 與 k 是常數。如果我們選定 $x=0$ 處 $U=0$，則位能函數 $U(x)$ 為何？

8-3 與 8-4　機械能守恆

11. (I) 一個滑雪初學者，從靜止狀態開始沿著一個無摩擦之斜坡往下滑，斜坡的坡度為 13.0°，垂直高度為 125 m。當她到達底部時，其速率為多少？

12. (I) 珍以最高速率 5.0 m/s 奔跑要尋找泰山，她抓住叢林中垂直懸吊在一棵大樹上的藤蔓開始擺盪。她可以向上擺盪多高？藤的長度會影響你的答案嗎？

13. (II) 跳高時，在沒有跳竿支撐的情況下選手的動能被轉換成重力位能，選手為了將質心提高 2.10 m 並且以 0.7 m/s 的速率越過橫桿，他離地時的最低速率必須是多少？

14. (II) 一台雪橇在坡度 23° 的無摩擦斜面上起初被人短暫地用力向上一推，它達到的最大垂直高度要比起點高出 1.12 m，其初始速率為何？

15. (II) 一位 55 kg 的高空彈跳者從橋上跳下，她繫緊彈跳繩。此繩未伸長時的長度為 12 m，而落下時的總長度達 31 m。(a) 假設虎克定律可以適用，試計算彈跳繩的彈力常數 k。(b) 試計算她承受的最大加速度。

16. (II) 一位 72 kg 的彈簧墊彈跳能手以 4.5 m/s 的速率自跳台頂端往上直躍，(a) 當他落到位於 2.0 m 下方的彈簧墊時速率有多快？(圖 8-31) (b) 如果彈簧墊形同一個彈力常數為 5.8×10^4 N/m 的彈簧，則他能將彈簧墊壓下多深？

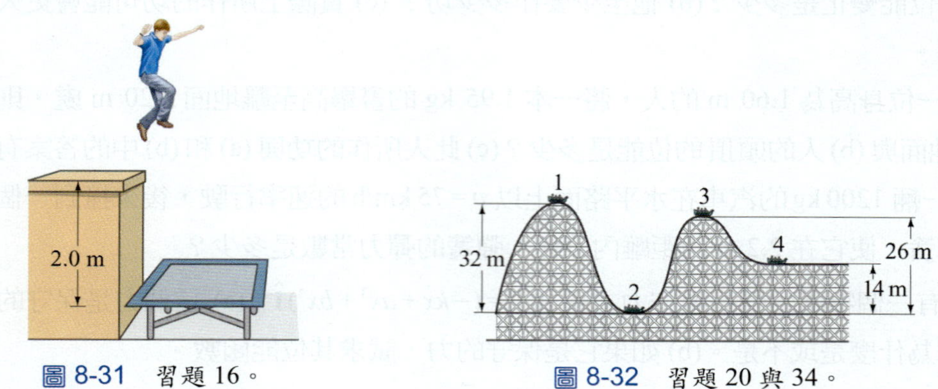

圖 8-31　習題 16。　　圖 8-32　習題 20 與 34。

17. (II) 一個質量為 m 的物體受保守的力作用，在一維空間中移動，其總能量 E 可以寫成 $E=\frac{1}{2}mv^2+U$，利用能量守恆，$dE/dt=0$，以預言牛頓第二運動定律。

18. (II) 一個 0.40 kg 的球以仰角 36° 以及 8.5 m/s 的速率被投出去。(a) 它在最高點的速率為何？(b) 它可以達到多高？(利用能量守恆)

19. (II) 一根垂直的彈簧 (忽略其質量) 被固定在桌子上，其彈力常數為 875 N/m，並且已被壓縮 0.160 m 之距離。(a) 當放鬆時，它可以對一個 0.380 kg 的球提供多大的向上速率？(b) 球最高可以離原來的位置 (即彈簧壓縮時) 多高？

20. (II) 圖 8-32 中的雲霄飛車，它被拉到點 1 之後，由靜止開始下滑。假設無摩擦，試計算它到達點 2、3 與 4 時之速率。

21. (II) 當質量為 m 的物體靜置於一根彈簧上時，彈簧自其未變形之長度被壓縮的距離為 d (圖 8-33a)。假設將物體改為僅僅與未壓縮之彈簧接觸，再將它由靜止狀態釋放 (圖 8-33b)，試求物體停止前彈簧被壓縮的距離 D 為何？試問是否 $D=d$？如果不是，為什麼不是？

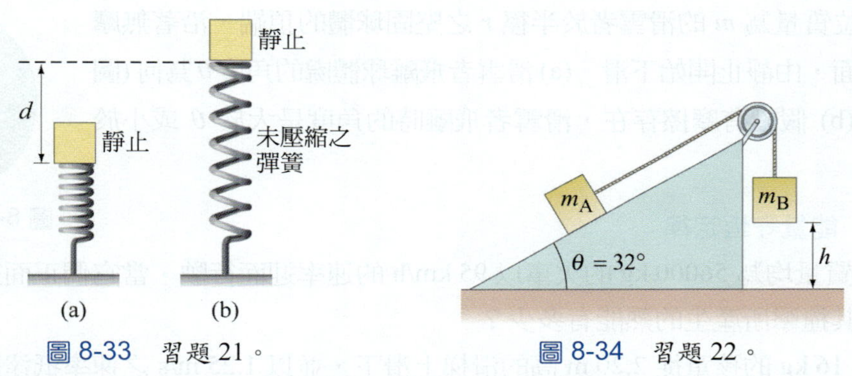

圖 8-33 習題 21。 圖 8-34 習題 22。

22. (II) 兩個物體利用繩索連接，如圖 8-34 所示。物體 A 的質量為 $m_A=4.0$ kg，靜止在無摩擦的斜面上，而質量為 $m_B=5.0$ kg 的物體 B 最初被支撐在距地板高度為 $h=0.75$ m 處。(a) 假設讓 m_B 落下，則物體將產生多少加速度？(b) 假設二者最初為靜止，試利用運動學方程式 [(2-12) 式] 求出 m_B 剛落到地板前的速度。(c) 應用能量守恆求出 m_B 剛落到地板前的速度。你應該可以獲得與 (b) 中相同的答案。

23. (II) 一塊質量為 m 的木塊被連接於彈簧的端點，彈簧之彈力常數為 k，如圖 8-35 所示。已知木塊距平衡點的初始位移為 x_0，初始速率為 v_0。忽略摩擦與彈簧的質量，試利用能量守恆法求出 (a) 其最大的速率，與 (b) 距平衡點的最大拉長量。

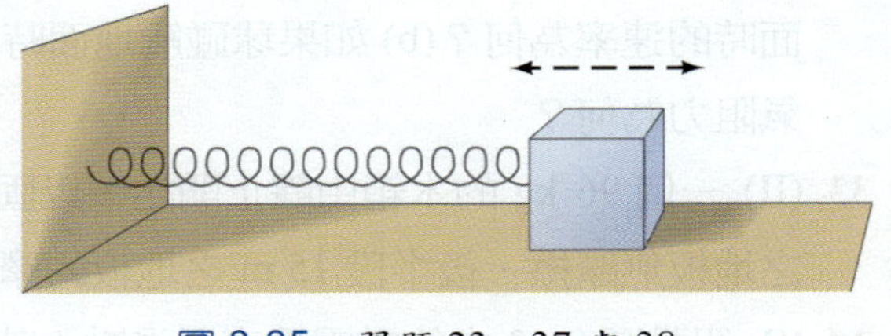

圖 8-35 習題 23、37 與 38。

24. (II) 單車騎士想要騎上坡度 9.50° 且垂直高度為 125 m 的山坡，踏板在一個直徑為 36.0 cm 之圓周上轉動。假設單車與人的總質量為 75.0 kg，(a) 試計算對抗重力所需作的功？(b) 假設踏板轉動一周，可以使單車前進 5.10 m 之距離，試計算施加於踏板上且與其圓周路徑相切的平均力量。忽略由摩擦及其他損耗所作的功。

25. (II) 一個長 2.00 m 的單擺，以角度 $\theta_0 = 30.0°$ 由靜止開始釋放 (圖 8-14)。試求 70.0 g 之擺錘的速率，於 (a) 最低點 ($\theta = 0$) 處；(b) $\theta = 15.0°$ 處；(c) $\theta = -15.0°$ 處 (在另一側)。(d) 試求在以上三個地點處的細繩中之張力；(e) 如果擺錘在 $\theta = 30.0°$ 被釋放時的初始速率為 $v_0 = 1.20$ m/s，重新計算 (a)、(b) 與 (c) 的速率。

26. (II) 試設計一個彈簧的彈力常數 k，可使一輛 1200 kg 的汽車從 95 km/h 之車速至停止的過程中，車中乘客所感受到的最大加速度為 5.0g。

27. (III) 一位工程師設計一個裝設於電梯軸底部之彈簧。如果電梯在位於彈簧頂端之上方高度 h 處時鋼索斷裂，為使電梯停止前乘客所感受的加速度不超過 5.0g，試計算其彈力常數 k 之值。M 為電梯與乘客的總質量。

28. (III) 一位質量為 m 的滑雪者於半徑 r 之堅固球體的頂端，沿著無摩擦的表面，由靜止開始下滑。(a) 滑雪者飛離球體處的角度 θ 為何 (圖 8-36)？(b) 假設有摩擦存在，滑雪者飛離時的角度是大於 θ 或小於 θ？

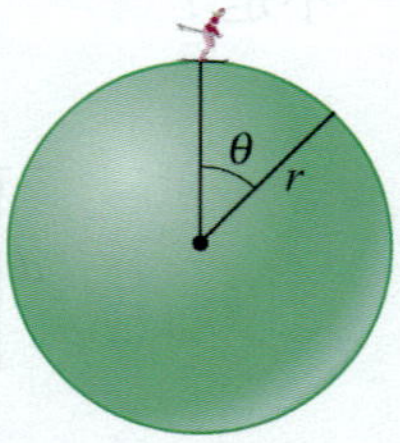

圖 8-36　習題 28。

8-5 與 8-6　能量守恆定律

29. (I) 兩列質量均為 56000 kg 的火車以 95 km/h 的速率迎面行駛，當它們正面對撞至完全停止時，其撞擊所產生的熱能有多少？

30. (I) 一位 16 kg 的孩童從 2.20 m 高的滑梯上滑下，並以 1.25 m/s 之速率抵達底部。在這個過程中因摩擦所產生的熱能有多少？

31. (II) 一位滑雪者由靜止開始從坡度 28°、長 85 m 的坡道上滑下。(a) 若摩擦係數為 0.090，則滑雪者到達坡道底部時的速率為何？(b) 假設坡道底部的積雪是平坦的，且具有相同的摩擦係數，則滑雪者沿著平坦的積雪可滑行多遠？(利用能量守恆法)

32. (II) 一個 145 g 的棒球，由離地 14.0 m 高的樹上掉落，(a) 若忽略空氣阻力，則球碰觸地面時的速率為何？(b) 如果球碰觸地面時的實際速率為 8.00 m/s，則作用在球上的平均空氣阻力為何？

33. (II) 一個 96 kg 的木箱由靜止開始，以固定的水平力 350 N 在地板上拖行，前半段 15 m 之地板無摩擦，後半段 15 m 之地板的摩擦係數為 0.25，則木箱最終的速率為何？

34. (II) 假設圖 8-32 中的雲霄飛車通過點 1 時的速率為 1.70 m/s，如果平均摩擦力等於其重量之 0.23 倍，則當它行進了 45.0 m 之距離而到達點 2 時的速率為何？

35. (II) 一位滑雪者以 9.0 m/s 之速率抵達一坡度為 19° 之斜坡底部之後，又沿著斜坡向上滑行了 12 m 之距離才停止，其平均的摩擦係數為何？

36. (II) 考慮圖 8-37 中所示的軌道，AB 部分為一個半徑 2.0 m 之圓周的 1/4，並且無摩擦；B 至 C 為水平，長度為 3.0 m，且動摩擦係數為 $\mu_k = 0.25$；彈簧下方的 CD 部分無摩擦。一個質量為 1.0 kg 的物體，在 A 點自靜止釋放，於軌道上滑行後，將彈簧壓縮 0.20 m。試求 (a) 物體到達 B 點時的速率；(b) 物體自 B 至 C 之間滑行時所產生的熱能；(c) 物體到達 C 點時的速率；(d) 彈簧的彈力常數 k。

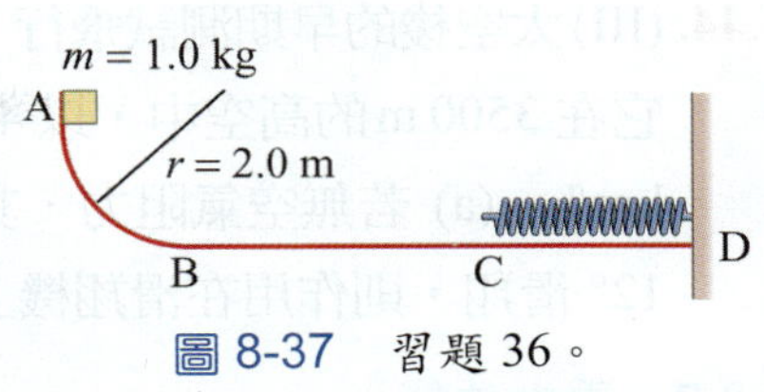

圖 8-37 習題 36。

37. (II) 一個 0.620 kg 的木塊，牢牢的連接在一個極輕的水平彈簧 ($k = 180$ N/m) 端，如圖 8-35 所示。這個木塊－彈簧系統，被壓縮 5.0 cm 後再釋放，它在停止滑動且轉向之前，會較平衡點拉長 2.3 cm。則木塊與桌面之間的動摩擦係數為何？

38. (II) 一個 180 g 的木塊牢牢的連接在一個極輕的水平彈簧端，如圖 8-35 所示。此木塊可以沿著桌面滑行，其摩擦係數為 0.30。當施加 25 N 的力時，彈簧會壓縮 18 cm。如果彈簧自此位置釋放，則它在第一個循環中會超出平衡位置多長？

39. (II) 你從高 2.0 m 處扔下一個球，其反彈高度達 1.5 m。(a) 反彈過程中所損失的初始能量有多少比率？(b) 球在反彈前後瞬間的速率分別為何？(c) 能量的去處為何？

40. (II) 一位 56 kg 的滑雪者從 1200 m 長的滑雪道頂端由靜止開始下滑，而頂端至底部的落差為 230 m，當滑雪者到達底部時，其速率為 11.0 m/s，則由摩擦所消耗的能量有多少？

41. (II) 當你盡力跳高時 (例如，1.0 m)，你的重力位能改變多少？

42. (III) 一根彈簧 ($k = 75$ N/m) 的平衡長度為 1.00 m。位於一個與水平面成 41° 角的無摩擦之斜面上。彈簧被壓縮至 0.50 m，並且其自由的一端放置一個 2.0 kg 之物體 (圖 8-38)。將彈簧釋放後，(a) 如果物體並未與彈簧連接，則物體在靜止前會在斜面上向上移動多遠？(b) 如果物體與彈簧連接，則物體在靜止前會在斜面上向上移動多遠？(c) 若斜坡具有動摩擦係數 μ_k，並且物體與彈簧連接，經觀察物體是在正好到達彈簧的平衡位置時停止，則其摩擦係數 μ_k 為何？

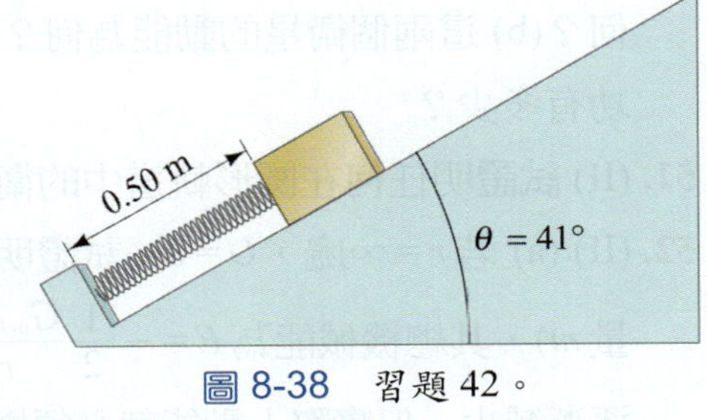

圖 8-38 習題 42。

43. (III) 一個 2.0 kg 的木塊在動摩擦係數為 $\mu_k = 0.30$ 的水平面上滑行，當木塊與一個無質量的彈簧正面碰撞時，其速率為 $v = 1.3$ m/s (如圖 8-18)。(a) 如果彈簧的彈力常數為 $k = 120$ N/m，則彈簧的壓縮量為何？(b) 為確保彈簧維持在最大的壓縮位置，靜摩擦係數 μ_s 的最小值為何？(c) 若 μ_s 較此一數值小，當木塊與未壓縮之彈簧分離時，其速率為何？[提示：當彈簧回復至自然長度 ($x = 0$) 時，木塊與彈簧分離，試解釋之。]

44. (III) 太空梭的早期測試飛行，是使用滑翔機 (含飛行員的總質量為 980 kg) 作為實驗工具。它在 3500 m 的高空中，以 480 km/h 的速率水平發射後，滑翔機最後降落時的速率為 210 km/h。(a) 若無空氣阻力，其降落時的速率為何？(b) 當滑翔機對地球表面以固定的角度 12° 滑翔，則作用在滑翔機上的平均空氣阻力為何？

8-7 重力位能

45. (I) 一個質量為 m_S 的衛星，在半徑為 r_S 的圓形軌道上環繞地球運行。試求它的 (a) 動能 K，(b) 位能 U (在無窮遠處 $U=0$)，以及 (c) K/U 之比？

46. (I) 吉爾和她的朋友們製造了一個小型火箭，它在升空後很快地達到 850 m/s 的速率。它可以上升到多高的高度？忽略空氣阻力。

47. (I) 自行星 A 脫離的速度是行星 B 的兩倍，兩個行星具有相同的質量。其半徑比 r_A/r_B 為何？

48. (II) 針對位於地球表面附近的物體，試證明 (8-16) 式的重力位能可以簡化為 (8-2) 式的 $\Delta U = mg(y_2 - y_1)$。

49. (II) 試求一個物體自太陽的脫離速度，物體位於 (a) 太陽表面 ($r = 7.0\times10^5$ km，$M = 2.0\times10^{30}$ kg)，以及 (b) 距地球的平均距離處 (1.50×10^8 km)；試與地球在軌道上的速率相比較。

50. (II) 兩個地球的衛星 A 與 B，質量均為 $m = 950$ kg，被發射至繞行地球的圓形軌道中。衛星 A 軌道的高度為 4200 km，衛星 B 軌道的高度為 12600 km。(a) 這兩個衛星的位能為何？(b) 這兩個衛星的動能為何？(c) 要將衛星 A 的軌道改變為與衛星 B 相稱，所需作的功有多少？

51. (II) 試證明任何在圓形軌道中的衛星，其脫離速度為其速度的 $\sqrt{2}$ 倍。

52. (II) (a) 若 $r=\infty$ 處，$U=0$，試證明在距地球中心 (質量 M_E) 為 r 之軌道上運行的衛星 (質量 m)，其總機械能為 $E = -\dfrac{1}{2}\dfrac{G_m M_E}{r}$。(b) 證明如果軌道維持圓形，則雖然摩擦會造成 E 值逐漸減少，但實際上動能就必須增加。

53. (II) 考慮到地球的自轉速率 (1 rev/day)，試求當一枚火箭以 (a) 朝東；(b) 朝西；(c) 垂直朝上的方向在地球赤道發射，為使它脫離地球，其相對於地球所需的速率。

54. (II) (a) 一枚火箭自地球表面以速率 v_0 ($< v_{esc}$) 垂直發射升空，試求它可以到達之最大高度 h 的公式。以 v_0、r_E、M_E 與 G 表示。(b) 若 $v_0 = 8.35$ km/s，則火箭可到達多高？忽略空氣阻力與地球自轉。

55. (II) (a) 試求自地球的脫離速度隨著距地球中心之距離而變化的變化率 dv_{esc}/dr；(b) 利用近似式 $\Delta v \approx (dv/dr)\,\Delta r$ 求一艘在高度為 320 km 之軌道中環繞地球運行的太空船之脫離速度。

56. (II) 一個隕石當它位於地球上方 850 km 時，其速率為 90.0 m/s，其垂直墜落 (忽略空氣阻力) 後撞擊沙地至停止，其深度達 3.25 m；(a) 它在剛撞擊沙地前的速率是多少？(b) 沙地將隕石 (質量 = 575 kg) 停止住所作的功有多少？(c) 沙地對於隕石施加的平均力量為何？(d) 一共產生多少熱能？

57. (II) 將一個繞行地球，且質量為 m 的人造衛星自半徑為 $r_1 = 2r_E$ 的圓形軌道中移至半徑為 $r_2 = 3r_E$ 的圓形軌道，其所需的功為多少？(r_E 為地球半徑)

58. (II) (a) 假設有三個物體 m_1、m_2 與 m_3，最初它們彼此之間相距無限遠，試證明將它們移至圖 8-39 中之位置所需的功為 $W = -G\left(\frac{m_1 m_2}{r_{12}} + \frac{m_1 m_3}{r_{13}} + \frac{m_2 m_3}{r_{23}}\right)$；(b) 我們能說這個公式也提供了系統的位能，或是其中一、二個物體的位能嗎？(c) W 等於系統的束縛能，也就是等於將其中成員彼此分隔至無窮遠的距離所需的能量嗎？試解釋之。

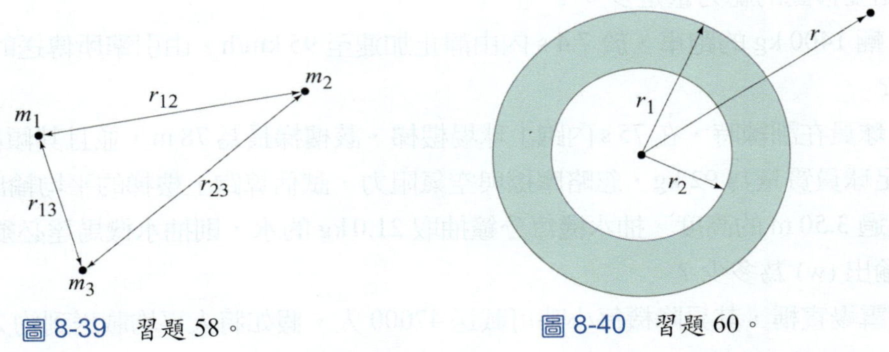

圖 8-39 習題 58。 圖 8-40 習題 60。

59. (II) 美國太空總署 (NASA) 的人造衛星剛觀察到一個小行星正朝著與地球碰撞的方向行進。根據小行星的大小，估計其質量約為 5×10^9 kg。它以相對於地球 660 m/s 之速度迎面朝地球而來，並且目前距地球 5.0×10^6 km 遠。它撞擊地球表面時的速率為何？忽略大氣層的摩擦。

60. (II) 一個半徑為 r_1 的球體，其內部有一個同心且半徑為 r_2 的空腔 (圖 8-40)，假設球殼的厚度 $r_1 - r_2$ 是均勻的，且總質量為 M。試證明一個距離球殼中心 r ($r > r_1$) 處的物體 m 之重力位能為 $U = -\frac{G_m M}{r}$。

61. (III) 為了脫離太陽系，一艘星際太空船必須克服地球與太陽二者的重力吸引。忽略太陽系中其他物體的影響。(a) 證明脫離速度為 $v = \sqrt{v_E^2 + (v_S - v_0)^2} = 16.7$ km/s，其中 v_E 為自地球的脫離速度 [(8-19) 式]；$v_S = \sqrt{2GM_S / r_{SE}}$ 為在地球軌道上但遠離地球影響的自太陽重力場的脫離速度(r_{SE} 為太陽與地球之距離)；v_0 為地球繞行太陽的速度。(b) 證明太空船所需能量為 1.40×10^8 J/kg。[提示：寫下自地球脫離之能量方程式；其相對於地球且遠離地球影響的速度為 v'，則自太陽脫離的速度為 $v' + v_0$]

8-8 功率

62. (I) 一部 1750 W 的電動機吊起一台 335 kg 的鋼琴至 16.0 m 高的第六樓窗口，需要多少時間？

63. 如果一部以穩定速率 95 km/h 行駛的汽車產生 18 hp 的功率，則由摩擦與空氣阻力作用於汽車上的平均力量為何？

64. (I) 一位 85 kg 並且以 5.0 m/s 之速度奔跑的足球員，受一阻截球員攔阻而在 1.0 s 停住。(a) 該球員最初的動能是多少？(b) 攔阻他所需的平均功率為何？

65. (II) 一位駕駛者注意到，她 1080 kg 的汽車於空檔下在 7.0 s 內速率自 95 km/h 減為 65 km/h。要使汽車以定速 80 km/h 行駛所需的功率 (w 與 hp) 大約是多少？

66. (II) 一部 3.0 hp 的電動機工作 1.0 小時所作的功有多少？

67. (II) 某艘船的舷外馬達之額定為 55 hp，如果它能以穩定的速率 35 km/h 來驅動船隻，則阻止船隻移動的總力量是多少？

68. (II) 一輛 1400 kg 的跑車，於 7.4 s 內由靜止加速至 95 km/h，由引擎所傳送的平均功率是多少？

69. (II) 足球員在訓練時，在 75 s 內跑上球場樓梯，該樓梯長為 78 m，並且其傾斜角為 33°。如果足球員質量為 92 kg，忽略摩擦與空氣阻力，試估算跑上樓梯的平均輸出功率。

70. (II) 通過 3.50 m 的高度，抽水機每分鐘抽取 21.0 kg 的水，則抽水機馬達必須具有的最小額定輸出 (w) 為多少？

71. (II) 滑雪場宣稱，其昇降機每小時可載送 47000 人。假如將人平均載送到約 200 m 以上的高度，試估算所需的最大總功率。

72. (II) 一位 75 kg 的滑雪者緊握著一條由引擎驅動的移動繩索，並且以固定的速率被拉到坡度 23° 之山頂。滑雪者沿著斜坡被拉行了 $x=220$ m 之距離，並且花了 2.0 分鐘的時間抵達山頂。如果雪與滑雪板之間的動摩擦係數為 $\mu_K=0.10$，並且有 30 位這樣的滑雪者同時握住此一繩索，則需要多少馬力的引擎？

73. (III) 已知一個 280 g 之物體的位置為 $x=5.0t^3-8.0t^2-44t$，其中 t 以秒 (s) 為單位。試求此物體的功率，(a) 於 $t=2.0$ s 與 (b) 於 $t=4.0$ s。(c) 由 $t=0$ s 至 $t=2.0$ s 以及 (d) 由 $t=2.0$ s 至 $t=4.0$ s 期間的平均淨輸入功率為何？

74. (III) 一位單車騎士沿著坡度為 6° 的山坡，以穩定的速率 4.0 m/s 滑行；假設總質量為 75 kg (單車與騎士)，若以相同之速率爬相同的山坡，單車騎士的輸出功率為何？

*8-9 位能圖

*75. (II) 一個質量為 m 的物體，靜置於無摩擦的水平桌面上，並與水平彈簧連接，該彈簧的彈力常數為 k。然後物體被往右拉使得彈簧最初被拉長一段距離 x_0，接著將物體由靜止狀態釋放。試分析物體的運動，並繪出 U 對 x 的位能圖。

*76. (II) 習題 75 的彈簧之彈力常數為 $k = 160\ \text{N/m}$，物體之質量為 $m = 5.0\ \text{kg}$。當彈簧自平衡點被拉長 $x_0 = 1.0\ \text{m}$ 時，將物體由靜止狀態釋放。試求 (a) 系統的總能量；(b) 當 $x = \frac{1}{2}x_0$ 時，系統的動能；(c) 最大的動能；(d) 最大速率以及達最大速率時的位置；(e) 最大的加速度，以及達最大加速度時的位置？

*77. (III) 雙原子分子中的兩個原子之位能可以寫成 $U(r) = -\frac{a}{r^6} + \frac{b}{r^{12}}$，其中 r 為兩個原子之間的距離，而 a 與 b 為正常數。(a) 當 $U(r)$ 為最小與最大時，r 值為多少？(b) 當 $U(r) = 0$ 時，r 值為多少？(c) 試繪出 $r = 0$ 至 r 間，$U(r)$ 為 r 之函數的圖形，r 值須大到足以呈現在 (a) 與 (b) 所示的所有特色，(d) 試描述當 $E < 0$ 與 $E > 0$ 時，一個原子相對於第二個原子的運動；同樣情形，於 $E > 0$ 時情況為何？(e) 令 F 為一個原子對另一個原子所施加的力，當 $F > 0$、$F < 0$ 與 $F = 0$ 時，r 值分別為多少？(f) 試求 F 為 r 之函數的函數式。

*78. (III) 雙質點系統的束縛能定義為將兩個質點由它們的最低能量狀態分隔至 $r = \infty$ 所需的能量。試求習題 77 中所討論的分子之束縛能。

一般習題

79. 一部電梯在 11 s 內，載送 885 kg 的貨物送達 32 m 的垂直高度，其平均輸出功率為何？

80. 一個拋體自 135 m 高的懸崖以 165 m/s 的速率以及 48.0° 之仰角向上投射，當它落到崖底時的速率為何？（利用能量守恆）

81. 水以 580 kg/s 之流速流過水壩，在垂直落下 88 m 後，沖擊渦輪機的葉片。試計算 (a) 水流在剛沖擊渦輪機葉片前的速率(忽略空氣阻力)？；(b) 機械能被轉移至渦輪機葉片的速率。(假設效率為 55%)

82. 單車騎士與單車的總質量為 75 kg，他以 12 km/h 的穩定速率沿著坡度為 4.0° 之山坡向下滑行。當車胎打滿氣時，單車騎士能夠以 32 km/h 的速率下滑。使用相同的功率，單車騎士以何種速率才能爬上相同的山坡？假設摩擦力與速率 v 的平方成正比，即 $F_{fr} = bv^2$，其中 b 為常數。

83. 一位 62 kg 的滑雪者由助滑道的頂端 (圖 8-41 中的 A 點) 從靜止開始沿著斜坡下滑。如果摩擦及空氣阻力可以忽略，試求 (a) 當她到達助滑道水平端的 B 點時的速率 v_B；(b) 當她觸及地面 C 點的距離 s。

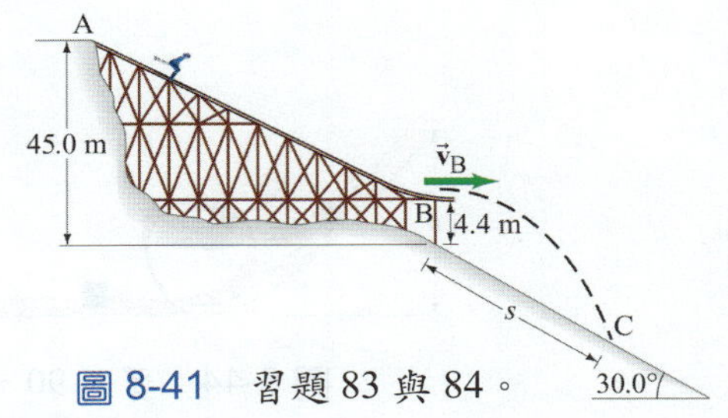

圖 8-41 習題 83 與 84。

84. 重作習題 83，現在假設助滑道在 B 點處變成向上，因而對她提供一個垂直的速度分量 3.0 m/s (於 B 點)。

85. 一條長度為 ℓ 的水平細繩繫著一個小球，細繩的另一端則加以固定 (圖 8-42)。(a) 如果將球釋放，當它到達路徑最低點時的速率為何？(b) 有一根木栓位於細繩固定點的下方 h 處，假如 $h = 0.80\ell$，當球到達環繞木栓之圓形路徑的頂點時，其速率是多少？

86. 試證明如果圖 8-42 中的小球要環繞木栓完整地繞行一個圓周，則 h 必須大於 0.60ℓ。

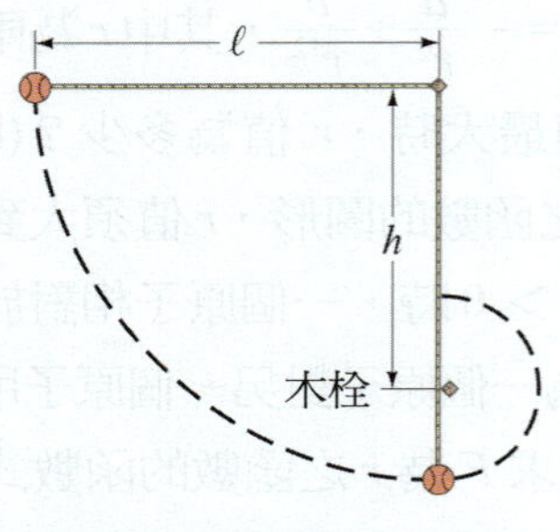

圖 8-42 習題 85 (與 86)。

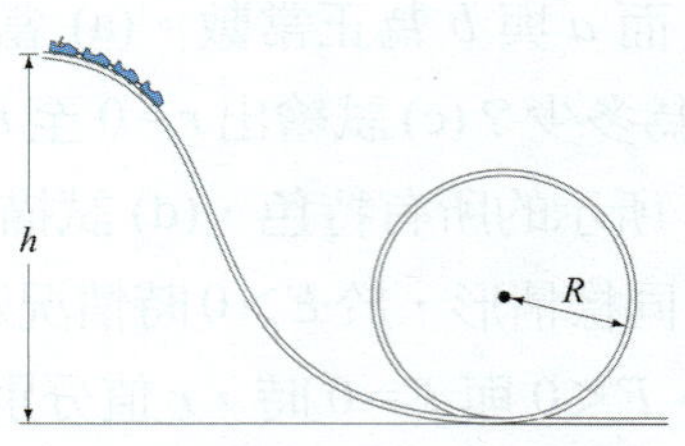

圖 8-43 習題 87。

87. 試證明一台以垂直的圓形迴路繞行的雲霄飛車上 (圖 8-43)，其迴路頂端與底部的視重差異為 $6g$，亦即你的體重的 6 倍。忽略摩擦，再證明只要你的速率高於所需的最低速率，這個答案就與迴路的大小或是你通過的速率無關。

88. 如果你站在體重計上，其內部彈簧被壓縮了 0.50 mm，並且它告訴你體重為 760 N。現在你如果從高 1.0 m 處跳上體重計，則你讀到的瞬間峰值為何？

89. 一位 65 kg 的遠足者爬上 4200 m 高的高山頂峰，他是從海拔 2800 m 處出發，並且在 5.0 小時內登上頂峰。試計算 (a) 遠足者對抗重力所作的功；(b) 平均輸出功率 (分別以 w 及 hp 表示)；(c) 假設身體的效率為 15%，求所需的輸入功率。

90. 圖 8-44 中有一個小物體 m 沿著半徑為 r 的無摩擦環形軌道滑行。即使在環形軌道的頂端，它也要一直保持在軌道上。(a) 以已知的量表示，試求將它釋放的最低高度 h。如果實際的釋放高度為 $2h$，試計算由以下各部分所施加的正向力；(b) 環形底部的軌道；(c) 環形頂端的軌道；與 (d) 物體自環形離開後進入平坦路段的軌道。

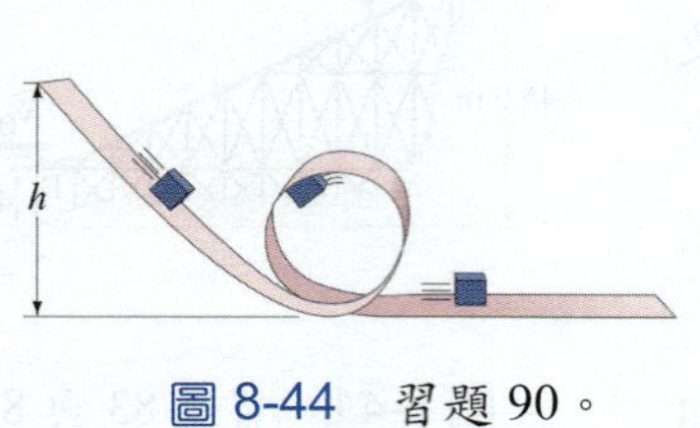

圖 8-44 習題 90。

圖 8-45 習題 91。

91. 一位 56 kg 的學生以 5.0 m/s 的速率奔跑，他抓住懸吊在樹上的繩索，擺盪越過一個湖 (圖 8-45)，當速度為零時他將手鬆開。(a) 當他鬆手時，角度 θ 為何？(b) 在他剛鬆手前，繩索中的張力為何？(c) 繩索中的最大張力為何？

92. 原子核中兩個中子之間的核子力，大致以湯川位能描述為 $U(r) = -U_0 \frac{r_0}{r} e^{-r/r_0}$，其中 r 是中子之間的距離，U_0 與 r_0 ($\approx 10^{-15}$ m) 為常數。(a) 試求力 $F(r)$；(b) $F(3r_0)/F(r_0)$ 之比為何？(c) 針對兩個帶電質點之間的力，計算此一比率，其中 $U(r) = -C/r$，而 C 為常數；為何湯川力被稱為"短距離"的力？

93. 用於都市地區的消防水帶必須能夠射出高達 33 m 的水柱。水是以直徑 3.0 cm 的圓形水柱由地面的水帶射出。要射出這樣的水柱所需的最小功率為何？每立方公尺的水的質量為 1.00×10^3 kg。

94. 一台 16 kg 的雪橇以 2.4 m/s 的初速率在坡度為 28° 的坡道上向上滑行，其動摩擦係數為 $\mu_k = 0.25$。(a) 雪橇能夠向上滑行多遠？(b) 如果要使雪橇不致困在 (a) 中所求出的地點，你必須對靜摩擦係數設定什麼條件？(c) 如果雪橇下滑，當它回到起點時的速率為何？

95. 如果登月艙的垂直速度為 3.0 m/s 或更小，它就可以安全著陸。假設你想求出登陸者相對於月球表面的速度為 (a) 零；(b) 2.0 m/s 向下；(c) 2.0 m/s 向上時，駕駛員可以關掉引擎的最大高度 h，試利用能量守恆求出以上各種狀況的 h，而月球表面的重力加速度為 1.62 m/s^2。

96. 正確設計的汽車煞車系統，必須衡量在用力煞車時的熱量累積。一輛 1500 kg 的汽車在坡度為 17° 的山坡上向下行駛，當車速為 95 km/h 時開始煞車，並且在 0.30 km 的距離內車速減為 35 km/h。試計算其煞車所消耗的熱能。

97. 某些電力公司利用水儲存能量。水是由可逆式渦輪抽水機從低的蓄水池抽取至高的蓄水池。為了儲存一個 180 MW 的電廠於一小時中所產生的能量，試問從低的蓄水池必須抽取多少的水至高的蓄水池中？假設高的蓄水池比低的蓄水池高出 380 m，並且忽略二者深度的少量變化。每 1.0 m^3 的水之質量為 1.00×10^3 kg。

98. 估算一枚 1465 kg 的人造衛星自發射到進入地表上方 1375 km 的軌道其所需的能量。考慮以下兩種情形：(a) 衛星自地球赤道的某一點發射進入赤道軌道，與 (b) 由北極發射進入極地軌道。

99. 某衛星是以一個橢圓形軌道繞行地球 (圖 8-46)，在近地點 A 時的速率為 8650 m/s。(a) 利用能量守恆求它在 B 點時的速率。地球的半徑為 6380 km。(b) 利用能量守恆，求它在遠地點 C 時的速率。

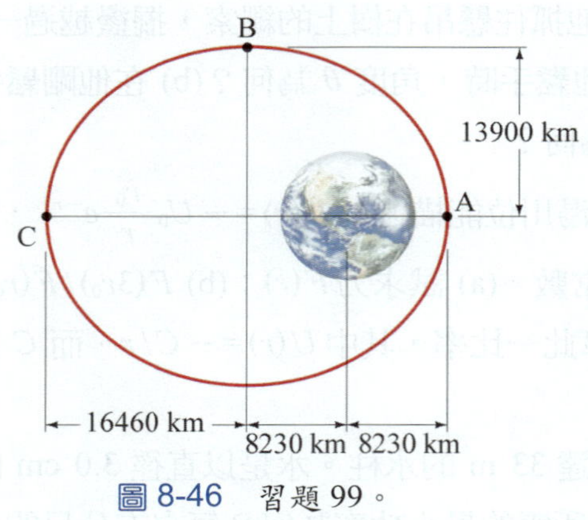

圖 8-46　習題 99。

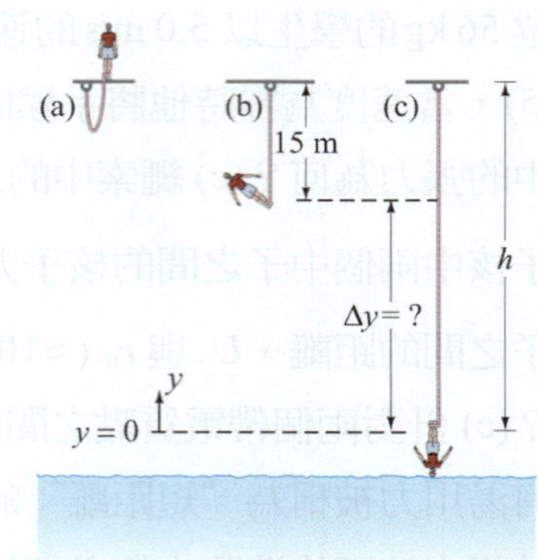

圖 8-47　習題 103。(a) 高空彈跳者準備躍下。(b) 彈跳繩尚未拉長。(c) 彈跳繩拉到最長。

100. 假設一個質量為 m，且距離地球中心為 r 之物體的重力位能為 $U(r)=-\dfrac{GMm}{r}e^{-\alpha r}$，其中，$\alpha$ 是一個正常數，而 e 為指數函數。($\alpha=0$ 時，即為牛頓萬有引力定律)。(a) 物體上的作用力為 r 的函數，其函數式為何？(b) 以地球半徑 R_E 表示，物體的脫離速度為何？

101. (a) 如果人體可以將一塊糖直接轉換為功，而一位 76 kg 的男子吃了一塊糖後 (= 1100 kJ)，他能爬上多高的梯子？(b) 如果這位男子隨後跳下梯子，當他落到地面時的速率為何？

102. 電能的單位通常以“千瓦－小時”的形式表示。(a) 試證明一仟瓦－小時 (kWh) 等於 3.6×10^6 J。(b) 假如一個典型的四口之家用電的平均功率為 580 W，他們一個月的電費帳單有多少 kWh？(c) 換算成焦耳是多少？(d) 每 kWh 的成本為 0.12 美元，他們每月帳單有多少元？每月的用電帳單是依用電功率來計算嗎？

103. 克里斯將一條彈跳繩 (結實的伸縮繩) 繫於腳踝，自橋上一躍而下，如圖 8-47 所示。當彈跳繩開始拉長之前，他已躍下 15 m。克里斯的質量為 75 kg，並且我們假設此繩遵循虎克定律 $F=-kx$。其中 $k=50$ N/m。如果忽略空氣阻力以及繩索質量 (雖然與實際不符)，並將克里斯視為一個質點，則在剛達到停止之前克里斯的腳離橋下有多遠？

104. 在一個常見的心臟功能測試中 (即“壓力測試”)，病人在有斜坡的跑步機上行走 (圖 8-48)。當跑步機之斜坡的坡度為 12°，並且速率為 3.3 km/h 時，試估算一位 75 kg 之病人所需的功率。(此一功率與燈泡的額定功率相比較之下有何差異？)

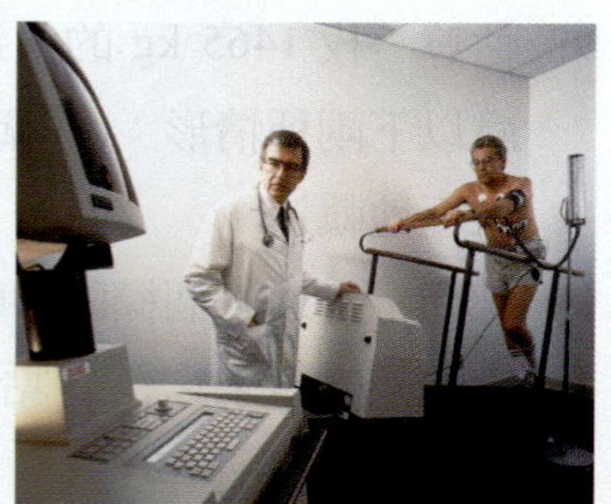
圖 8-48　習題 104。

105. (a) 如果一座火山垂直向上噴出一個 450 kg 的岩石達 320 m 之高度，當岩石離開火山時的速度為何？(b) 如果火山每分鐘噴出 1000 個這般大小的岩石，試估算其輸出功率。

106. 1936 年的奧運會中，傑西歐文斯的著名跳遠 (圖 8-49) 的一段影片顯示，從起跳點到弧線頂端，他的質心上升了 1.1 m。如果他到達弧線頂端時的速率為 6.5 m/s，則他起跳時所需的最低速率為何？

圖 8-49 習題 106。

107. 當一部 920 kg 之電梯的鋼纜斷裂時，它正好在一個位於軸底部之大型彈簧 ($k = 2.2 \times 10^5$ N/m) 之上方 24 m 處。試求 (a) 在電梯碰撞彈簧前，重力對電梯所作的功；(b) 電梯在剛碰撞彈簧前的速率；(c) 彈簧的壓縮量。(注意，此處的功是由彈簧與重力二者所作。)

108. 一個移動的質點已知其位能為 $U(r) = U_0[(2/r^2) - (1/r)]$。(a) 請繪製 $U(r)$ 對 r 的圖形。曲線與 r 軸的交點在何處？$U(r)$ 的最小值發生於何處？(b) 假設該質點所具有的能量為 $E = -0.050\,U_0$。在圖上標示出質點運動的近似轉折點。質點的最大動能為何，而此處的 r 值為多少？

109. 一個質量為 m 的質點，受位能 $U(x) = \dfrac{a}{x} + bx$ 的影響而運動，其中 a 與 b 是正的常數，質點被限制於 $x > 0$ 之區域。試尋找質點的一個平衡點，並且證明它是穩定的。

*數值／計算機

***110.** (III) 雙原子分子中的兩個原子在長距離時互相吸引，在短距離時則互相排斥；其兩個原子之間作用力的大小可以近似地以雷納德－瓊斯 (Lennard-Jones) 力表示，即 $F(r) = F_0\,[2(\sigma/r)^{13} - (\sigma/r)^7]$，其中 r 為兩個原子之間的距離，而 σ 與 F_0 為常數。對於氧分子 (它是雙原子分子) 而言，其 $F_0 = 9.60 \times 10^{-11}$ N 且 $\sigma = 3.50 \times 10^{-11}$ m。(a) 將 $F(r)$ 積分，以求出氧分子的位能 $U(r)$；(b) 試求兩個原子之間的平衡距離 r_0；(c) 試繪出 $0.9\,r_0$ 至 $2.5\,r_0$ 之間的 $F(r)$ 與 $U(r)$ 之圖形。

練習題答案

A: (e)，(e)；(e)，(c)。

B: (b)。

C: (c)。

D: 速率相等。

線動量

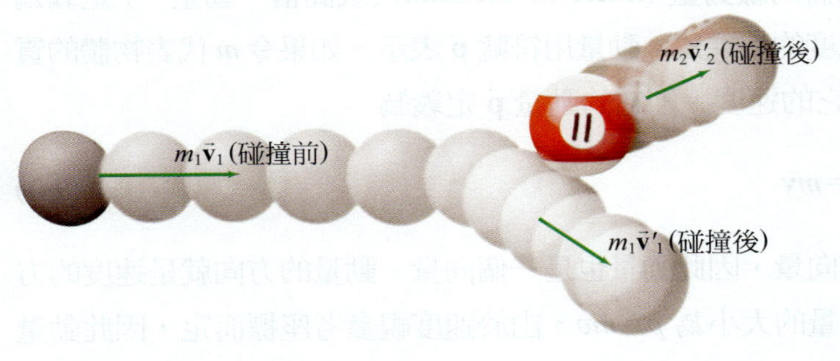

線動量守恆是另一個偉大的物理守恆定律。碰撞，如撞球，說明這個向量定律非常出色：碰撞前的總向量動量等於碰撞後的總向量動量。在這張照片中，移動中的白球撞擊靜止的 11 號球。在碰撞後，兩個球互成一個角度而移動，但是它們的向量動量之和等於白球原來的向量動量。

我們將考慮彈性碰撞 (其動能也是守恆的) 與非彈性碰撞。我們也會檢視質心的觀念，以及它如何幫助我們研究複雜的運動。

章前問題——試著想想看！

1. 裝載石塊的火車在無摩擦的水平軌道上滑行。車上的工人開始向車後方水平地扔出石塊。接著會發生什麼事？

(a) 火車減速。
(b) 火車加速。
(c) 火車先加速後減速。
(d) 火車速度保持不變。
(e) 以上皆非。

2. 如果石塊從火車地板上的洞逐一地掉出來，你會選擇哪一個答案？

我們在前一章中所討論能量守恆定律，是物理學中幾個偉大的守恆定律之一。其他被發現的守恆量是線動量、角動量和電荷。因為守恆定律是科學中最重要的概念，所以這些我們全部都將討論。在本章中，我們討論線動量以及它的守恆。動量守恆定律本質上是牛頓定律的修訂，它對我們提供極深刻的物理理解以及解答問題的能力。

我們利用線動量守恆以及能量守恆定律分析碰撞。的確，當處理彼此相互作用的兩個或更多個物體的系統時，動量守恆定律特別地有用，例如，普通物體或核粒子的碰撞。

到目前為止我們的重點主要放在單一物體的運動上，且經常將它認為是一個“質點”而忽略了任何轉動或內部的運動。在本章中，我們將討論兩個或更多個物體的系統，以及本章末尾之質量中心的觀念。

9-1 動量以及它與力的關係

一個物體的**線動量** (linear momentum) (或簡稱“動量”) 定義為其質量和速度的相乘積。動量用符號 $\vec{\mathbf{p}}$ 表示。如果令 m 代表物體的質量，$\vec{\mathbf{v}}$ 代表它的速度，則它的動量 $\vec{\mathbf{p}}$ 定義為

$$\vec{\mathbf{p}} = m\vec{\mathbf{v}} \tag{9-1}$$

速度是一個向量，因此動量也是一個向量。動量的方向就是速度的方向，並且動量的大小為 $p = mv$。由於速度視參考座標而定，因此動量亦然，所以必須指定參考座標。動量的單位就是質量×速度的單位，在 SI 制中為公斤．公尺／秒。這個單位並沒有特別的名字。

平常對於動量這個名詞的用法是依據上述的定義。根據 (9-1) 式，快速行駛的汽車要比同質量緩慢行駛的汽車具有較大的動量；而以相同速度行駛的重型卡車要比一輛小汽車具有較大的動量。物體所具有的動量愈大，就愈難將它停止，並且若藉由碰撞該物體而使它停止，則它對另一個物體所產生的影響也就愈大。如果一位橄欖球員被又重又快的對手擒抱摔倒要比被較輕也較慢的對手擒抱更容易受到較大的衝擊。一輛又重又快的卡車比一輛慢速行駛的機車所產生的傷害更大。

要改變一個物體的動量，不論是將動量增加、減少或是改變它的方向都需要力。牛頓最初是以動量 (雖然也稱 mv 為“運動的量”) 說

明他的第二定律。牛頓對**第二運動定律** (second law of motion) 的表述，可以改用現代語言敘述如下

一個物體動量的變化率等於對它作用的淨力。

我們可以將它寫成以下的等式，

$$\Sigma\vec{\mathbf{F}} = \frac{d\vec{\mathbf{p}}}{dt} \tag{9-2}$$

注意

動量向量的變化是朝向淨力的方向

其中，$\Sigma\vec{\mathbf{F}}$ 是作用在物體上的淨力 (所有對它作用的力之向量和)。對於質量恆定的情況，我們可以輕易地由 (9-2) 式推導出熟悉的第二運動定律方程式之形式 $\Sigma\vec{\mathbf{F}} = m\vec{\mathbf{a}}$。如果 $\vec{\mathbf{v}}$ 是物體在任一時刻的速度，則 (9-2) 式成為

$$\Sigma\vec{\mathbf{F}} = \frac{d\vec{\mathbf{p}}}{dt} = \frac{d(m\vec{\mathbf{v}})}{dt} = m\frac{d\vec{\mathbf{v}}}{dt} = m\vec{\mathbf{a}} \qquad \text{[質量恆定]}$$

因為依定義，$\vec{\mathbf{a}} = d\vec{\mathbf{v}}/dt$，並且假設 m = 常數。牛頓的表述〔(9-2) 式〕實際上要比一般較熟悉的表示式更具概括性，因為它包括了質量可能會改變的情形。在某些情況中這是很重要的，例如，當火箭燃燒燃料時，它們的質量逐漸減少 (第 9-10 節)，以及相對論中 (第 36 章，本書未譯)。

練習 A 光具有動量，因此若光束碰撞一個表面，它將對表面施加一個力。如果光被反射而不是被吸收，力將 (a) 相同，(b) 較小，(c) 較大，(d) 不可能知道，(e) 以上皆非。

例題 9-1 估算 發網球的力 一位頂尖的網球選手，發球時球以 55 m/s 的速率 (約 120 mi/h) 離開球拍 (圖 9-1)。如果球的質量為 0.060 kg，而且與球拍接觸大約 4 ms，估算作用在球上的平均力。這個力是否足以抬起一個 60 kg 的人？

圖 9-1 例題 9-1。

方法 我們應用 (9-2) 式的牛頓第二運動定律，平均力為

$$F_{\text{avg}} = \frac{\Delta p}{\Delta t} = \frac{mv_2 - mv_1}{\Delta t}$$

其中，mv_1 和 mv_2 分別是最初和最終的動量。當網球被向上拋而剛被擊中前，它的初速度 v_1 非常接近零，因此設 $v_1 = 0$ 且 $v_2 = 55$ m/s 朝水平方向。我們忽略在球上的其他作用力，如重力(與網球拍施加的

力相比較之下可以忽略)。

解答 球拍對球施加的力是

$$F_{avg} = \frac{\Delta p}{\Delta t} = \frac{mv_2 - mv_1}{\Delta t} = \frac{(0.060\ \text{kg})(55\ \text{m/s}) - 0}{0.004\ \text{s}}$$
$$\approx 800\ \text{N}$$

這是一個比 60 kg的人之體重還大的力，若將此人抬起需要 $mg = (60\,\text{kg})(9.8\ \text{m/s}^2) \approx 600\ \text{N}$ 的力。

備註 作用在網球上的重力為 $mg = (0.060\ \text{kg})(9.8\ \text{m/s}^2) = 0.59\ \text{N}$，這證實了與球拍施加的力相比較時，我們可以忽略它。

備註 高速攝影和雷達可以提供我們接觸的時間以及球離開球拍之速度的估計值。但直接測量這個力是不切實際的。這個計算展示了在真實世界中，求未知力的一個便利技巧。

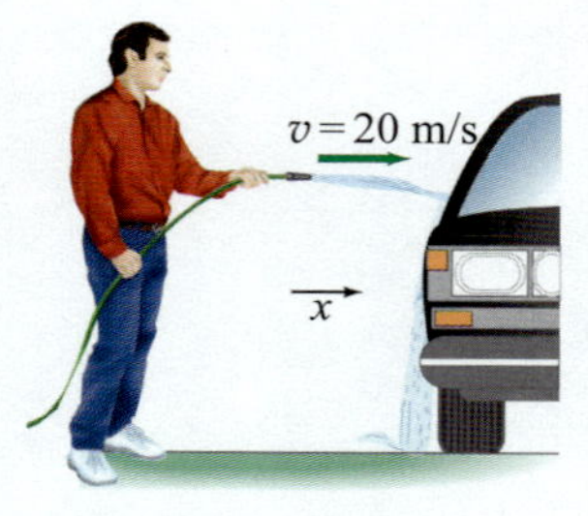

圖 9-2 例題 9-2。

例題 9-2 洗車：動量的變化與力 水以 1.5 kg/s 的流量以及 20 m/s 之速率自水管噴出，對準汽車的側面沖洗車身 (圖 9-2)。若忽略水花的四處飛濺，水施加在汽車上的力為多少？

方法 離開水管的水具有質量和速度，因此它有水平 (x) 方向的動量 $p_{initial}$，我們並且假設重力並未明顯地將水柱向下拉。當水碰到汽車時，水失去此一動量 ($p_{final} = 0$)。我們利用動量形式的牛頓第二運動定律，求汽車對水施加並且使水停止的力。依牛頓第三運動定律，它與水對汽車施加的力是相等且反向的。我們有一個連續的過程：每秒內有 1.5 kg 的水離開水管。因此，我們寫出 $F = \Delta p / \Delta t$，其中 $\Delta t = 1.0\ \text{s}$，以及 $mv_{initial} = (1.5\text{kg})(20\ \text{m/s})$。

解答 汽車必須對水施加以改變水的動量的力為 (假設為常數)

$$F = \frac{\Delta p}{\Delta t} = \frac{p_{final} - p_{initial}}{\Delta t} = \frac{0 - 30\ \text{kg} \cdot \text{m/s}}{1.0\ \text{s}} = -30\ \text{N}$$

負號表示汽車對水施加的力是與水的初始速度之方向相反。汽車向左施加一個 30 N的力使水停止；因此由牛頓第三運動定律，水向右對汽車施加一個 30 N 的力。

備註 記下符號的資訊，雖然只是常識，但對解題也有幫助。水向右移動，因此常識告訴我們，作用在汽車上的力必定向右。

練習 B 例題 9-2 中的水如果從汽車濺回，作用在汽車上的力會變得較大或較小？

9-2 動量守恆

因為如果沒有淨外力作用在系統上，則系統的總動量是一個守恆量，所以動量的觀念特別重要。例如，兩個撞球正面碰撞，如圖 9-3 所示。我們假設這兩個球之系統上的淨外力是零——亦即在碰撞期間唯一重要的力是每個球對另一個所施加的力。雖然每個球的動量都因碰撞而改變，但是它們的動量總和在碰撞前與碰撞後是相同的。如果 $m_A\,\vec{v}_A$ 是球 A 的動量，$m_B\,\vec{v}_B$ 是球 B 的動量，且二者都是在剛碰撞前所測得的，則這兩個球在碰撞前的總動量為向量和 $m_A\,\vec{v}_A+m_B\,\vec{v}_B$。在碰撞之後，每個球的速度和動量與碰撞前不同，我們在速度上加 “ ′ ” 符號，分別成為 $m_A\,\vec{v}_A'$ 與 $m_B\,\vec{v}_B'$。碰撞後的總動量為向量和 $m_A\vec{v}_A'+m_B\vec{v}_B'$。不論速度與質量為何，實驗證實，只要沒有淨外力作用，無論是否為正面碰撞，碰撞前的總動量與碰撞後相等

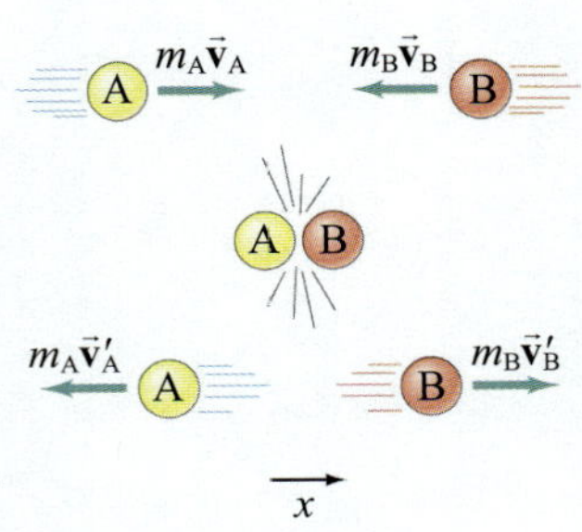

圖 9-3 A 和 B 兩個球在碰撞過程中動量是守恆的。

動量守恆（兩個物體碰撞）

碰撞前的總動量 = 碰撞後的總動量

$$m_A\vec{v}_A+m_B\vec{v}_B=m_A\vec{v}_A'+m_B\vec{v}_B' \qquad [\Sigma\vec{F}_{ext}=0] \qquad \textbf{(9-3)}$$

亦即兩個球碰撞的系統之總向量動量守恆：它保持不變。

雖然動量守恆定律是經由實驗而發現的，但是它也可以由牛頓的運動定律推導出，現在證明如下。

讓我們考慮質量為 m_A 和 m_B 的兩個物體，它們在碰撞前的動量為 $\vec{p}_A$ 和 $\vec{p}_B$，而且它們在碰撞之後的動量為 $\vec{p}_A'$ 和 $\vec{p}_B'$，如圖 9-4 所示。在碰撞期間，假設物體 A 在任何瞬間對物體 B 施加的力為 $\vec{F}$。再依牛頓第三運動定律，物體 B 對物體 A 所施加的力為 $-\vec{F}$。在短暫的碰撞期間內，我們假設沒有其他 (外部) 的力作用 (或 $\vec{F}$ 遠大於其他所有的外力)。因此可得

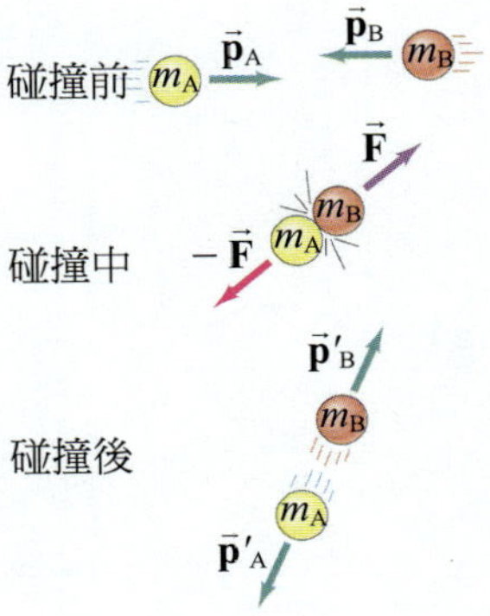

$$\vec{F}=\frac{d\vec{p}_B}{dt}$$

與

$$-\vec{F}=\frac{d\vec{p}_A}{dt}$$

將這兩式相加，得到

$$0=\frac{d(\vec{p}_A+\vec{p}_B)}{dt}$$

圖 9-4 兩個物體的碰撞。它們在碰撞前的動量為 $\vec{p}_A$ 和 $\vec{p}_B$，碰撞後的動量為 $\vec{p}_A'$ 和 $\vec{p}_B'$。在碰撞中的任何時刻，兩個物體互相施以大小相同、方向相反的作用力。

此式告訴我們

$$\vec{\mathbf{p}}_A + \vec{\mathbf{p}}_B = \text{常數}$$

因此，總動量是守恆的。

我們已經將其來歷在碰撞的上下文中說明。只要沒有外力作用，動量守恆永遠是適用的。在真實世界裡，有外力的作用：作用在撞球上的摩擦力、作用在網球上的重力等等。因此動量守恆看來似乎不能適用，或者還可以適用？在碰撞中，每個物體對其他物體施力只有極短暫的時間，而且與其他的力相比較之下，它是非常強的力。如果我們是在剛碰撞之前與之後測量動量，則動量將非常接近守恆。在測量 $\vec{\mathbf{p}}'_A$ 和 $\vec{\mathbf{p}}'_B$ 之前，我們不能等待外力產生它們的作用。

例如，當球拍擊中網球或球棒擊中棒球時，球在“碰撞”前後受重力和空氣阻力的作用下形成拋射體運動。不過，當球棒或球拍擊中球時，在短暫的碰撞期間內，這些外力與球棒或球拍對球所施加的碰撞力相比是微不足道的。我們只要在剛碰撞之前測量 $\vec{\mathbf{p}}_A$ 與 $\vec{\mathbf{p}}_B$，並且在剛碰撞之後測量 $\vec{\mathbf{p}}'_A$ 與 $\vec{\mathbf{p}}'_B$，動量就是守恆的 (或者幾乎是) [(9-3) 式]。

我們對動量守恆的推導可以擴充到包含任何數目之相互作用的物體上。令 $\vec{\mathbf{P}}$ 代表有 n 個相互作用的物體之系統的總動量，我們將它們編號為 1 至 n

$$\vec{\mathbf{P}} = m_1\vec{\mathbf{v}}_1 + m_2\vec{\mathbf{v}}_2 + \cdots + m_n\vec{\mathbf{v}}_n = \Sigma\vec{\mathbf{p}}_i$$

將此式對時間微分，得到

$$\frac{d\vec{\mathbf{P}}}{dt} = \Sigma\frac{d\vec{\mathbf{p}}_i}{dt} = \Sigma\vec{\mathbf{F}}_i \tag{9-4}$$

其中，$\vec{\mathbf{F}}_i$ 代表作用在第 i 個物體上的淨力。力可以是兩種類型：(1) 由系統以外的物體所施加，而作用於系統內之物體上的外力；以及 (2) 由系統內的物體對系統內另一物體所施加的內力。由牛頓第三運動定律，內力是成對出現的：如果一個物體對第二個物體施力，則第二個物體會對第一個物體施加相等且相反的力。因此，在 (9-4) 式中，求所有力的總和時，所有的內力彼此成對地互相消掉。所以，我們得到

牛頓第二運動定律 (對包含多個物體之系統)

$$\frac{d\vec{\mathbf{P}}}{dt} = \Sigma\vec{\mathbf{F}}_{\text{ext}} \tag{9-5}$$

其中，$\Sigma\vec{\mathbf{F}}_{\text{ext}}$ 是作用在系統上的所有外力之總和。如果淨外力為零，則 $d\vec{\mathbf{P}}/dt=0$，所以 $\Delta\vec{\mathbf{P}}=0$ 或 $\vec{\mathbf{P}}=$ 常數。因此我們明白

線動量守恆定律

> 當包含多個物體之系統所受的淨外力為零時，系統的總動量保持不變。

這就是**動量守恆定律** (law of conservation of momentum)。它也可以敘述為

> 一個被隔離的系統其總動量保持不變。

一個被**隔離的系統** (isolated system) 意指一個沒有外力作用的系統——其僅有的作用力只存在於系統內的物體之間。

若有淨外力作用在系統上，則動量守恆定律就不能適用。不過，如果可以重新定義“系統”而將施加這些力的其他物體納入其中，則動量守恆原理就可以適用。例如，若我們以一個下落的石塊作為我們的系統，則動量不會守恆，因為有一個外力，也就是地球施加的重力對它作用使它改變動量。不過，如果我們將地球納入系統中，則石塊與地球的總動量守恆。(這個意思當然是指地球向上而與石塊相碰。但是因為地球的質量太大，它向上的速度極為微小。)

如我們所見，雖然動量守恆定律源自於牛頓第二運動定律，但實際上它比牛頓運動定律更為普遍。在微小的原子世界裡，牛頓定律無法成立，但是那些偉大的能量、動量、角動量以及電荷守恆定律在每一個經測試的實驗情況中都是成立的。正由於這個原因，使守恆定律被視為比牛頓定律更為基本。

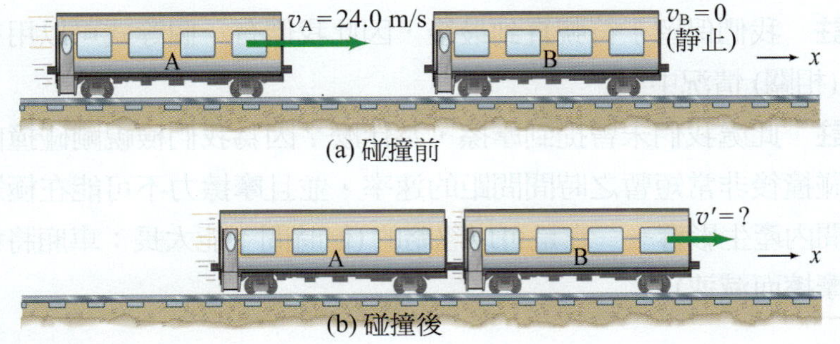

圖 9-5 例題 9-3。

例題 9-3 火車車廂的碰撞：動量守恆 一節 10000 kg 的火車車廂 A，以 24.0 m/s 的速率行駛而碰撞另一節相同而靜止的車廂 B。如果兩節車廂因碰撞而銜接在一起，則在碰撞之後它們共同的速度為何？見圖 9-5。

方法　我們選擇的系統是兩節火車車廂，並且考慮從剛碰撞之前到剛碰撞之後的一個極短的時間間距，因而可以忽略如摩擦力之類的外力，然後再應用動量守恆

$$P_{\text{initial}} = P_{\text{final}}$$

解答　最初的總動量為

$$P_{\text{initial}} = m_A v_A + m_B v_B = m_A v_A$$

這是因為車廂 B 最初是靜止的 ($v_B = 0$)。正 x 方向是向右。在碰撞後，兩節車廂連接在一起，因此它們的速率相同，稱之為 v'。則碰撞後的總動量為

$$P_{\text{final}} = (m_A + m_B)\,v'$$

我們已經假設沒有外力作用，因此動量守恆

$$P_{\text{initial}} = P_{\text{final}}$$

$$m_A v_A = (m_A + m_B)\,v'$$

解 v'，可得

$$v' = \frac{m_A}{m_A + m_B} v_A = \left(\frac{10000\text{ kg}}{10000\text{ kg} + 10000\text{ kg}}\right)(24.0\text{ m/s})$$

$$= 12.0\text{ m/s}$$

方向向右。因為它們的質量相等，所以碰撞後它們共同的速度是車廂 A 之初速度的一半。

備註　我們保留了符號直到最後，因此我們有一個等式可以用在其他 (相關) 情況中。

備註　此處我們未曾提到摩擦，為什麼？因為我們檢視剛碰撞前與剛碰撞後非常短暫之時間間距的速率，並且摩擦力不可能在極短的時間內產生影響——它是可以忽略的 (但時間不能太長：車廂將會因為摩擦而減速)。

練習 C　一個 50 kg 的小孩以 2.0 m/s 之速率 (水平地) 跑離碼頭而且跳上一艘質量 150 kg 之等待的小船。小船會以什麼速率離開碼頭？

練習 D　在例題 9-3 中，你將得到什麼結果，若 (a) $m_B = 3m_A$，(b) m_B 遠大於 m_A ($m_B >> m_A$)，與 (c) $m_B << m_A$？

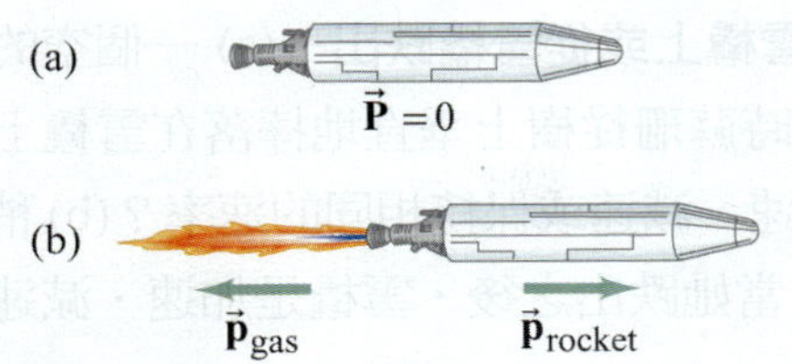

圖 9-6 (a) 裝有燃料的火箭在某參考座標中保持靜止。(b) 在同一參考座標中，火箭發射，它從後方以高速噴出氣體，總動量為 $\vec{\mathbf{P}}=\vec{\mathbf{p}}_{gas}+\vec{\mathbf{p}}_{rocket}$ 保持為零。

當我們處理相當簡單的系統時，如相互碰撞的物體和某些類型的“爆炸”，動量守恆定律是特別地有用。例如，我們在第 4 章中可以用作用力與反作用力為基礎而理解的火箭推進，現在也可以根據動量守恆來解釋。如果它遠在太空中 (沒有外力)，我們可以將火箭和燃料視為一個隔離的系統。在燃料被點燃噴發之前的火箭參考座標中，火箭與燃料的總動量是零。當燃料點燃時，總動量保持不變：由火箭所噴出之氣體的向後動量恰與火箭本身所獲得的向前動量平衡 (見圖 9-6)。因此，火箭可以在太空中加速。它並不需要噴出的氣體推地球或大氣 (這有時是不正確的想法)。(幾近於) 隔離系統之動量守恆的實例還有當子彈射出時槍的反衝，以及從小船上丟出一個包裹之後船的移動。

物理應用
火箭推進

注意
火箭推著由燃料所排出的氣體而前進，而不是地球或其他物體。

例題 9-4 **步槍的反衝** 一支 5.0 kg 之步槍以 620 m/s 的速率發射 0.020 kg 子彈，試計算步槍的反衝速度 (圖 9-7)。

方法 在扣扳機之前，系統是兩個最初均為靜止的步槍和子彈。扣下扳機時，發生爆炸，我們觀察當子彈剛離開槍管時的步槍與子彈。子彈向右 $(+x)$ 移動，步槍向左反衝。在極短暫的爆炸時間間距內，我們可以假設外力與火藥爆炸所產生的作用力相比是很小的。因此至少可以近似地應用動量守恆。

解答 下標 B 代表子彈而 R 則代表步槍；末速度用“ ′ ”表示。x 方向中的動量守恆

射擊前的動量 = 射擊後的動量

$$m_Bv_B+m_Rv_R=m_Bv'_B+m_Rv'_R$$

$$0\ +\ 0\ =m_Bv'_B+m_Rv'_R$$

所以

$$v'_R=-\frac{m_Bv'_B}{m_R}=-\frac{(0.020\text{ kg})(620\text{ m/s})}{(5.0\text{ kg})}=-2.5\text{ m/s}$$

因為步槍的質量比子彈大得多，所以它 (反衝) 的速度比子彈小得多。負號表示步槍的速度 (與動量) 是朝著負 x 方向，與子彈相反。

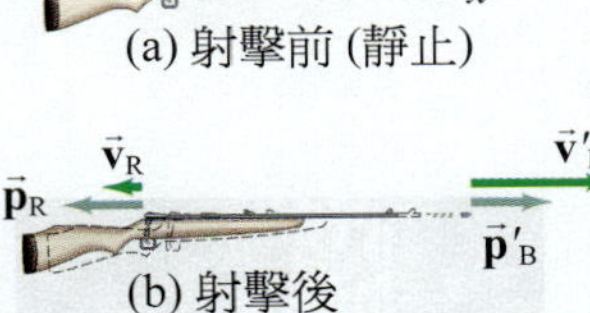

圖 9-7 例題 9-4。

觀念例題 9-5 **摔落到雪橇上或從雪橇跌出** (a) 一個空的雪橇在無摩擦的冰面上滑行，此時蘇珊從樹上垂直地摔落在雪橇上。當她落在雪橇上時，雪橇是加速、減速或保持相同的速率？(b) 稍後不久，蘇珊從側面跌出雪橇。當她跌出之後，雪橇是加速、減速或保持相同的速率？

回答 (a) 由於蘇珊是垂直地摔落在雪橇上，所以她沒有最初的水平動量。因此後來的總水平動量等於雪橇最初的動量。因為系統的質量 (雪橇與人) 增加，所以速率必定減少。(b) 在蘇珊跌出後的瞬間，她正以與她在雪橇上時相同的水平速率移動。此刻，她離開雪橇，而她所具有的動量與前一刻相同。由於動量守恆，因此雪橇保持相同的速率。

練習 E 回到第 345 頁的章前問題，並且再次回答它，試解釋為什麼你的答案可能已經與第一次不同。

9-3 碰撞與衝量

對於處理日常的碰撞過程而言，動量守恆是一個非常有用的工具，例如球拍或球棒擊球、兩個撞球碰撞、與錘子敲擊釘子等等。在次原子的層級中，科學家藉由仔細研究原子核與／或基本粒子之間的碰撞，而得知原子核的結構與它們組成要素，以及相關力量的性質。

圖 9-8 網球拍揮擊一個球。由於彼此互相施加一個很大的力，所以球與球拍的弦都產生變形。

在兩個普通物體的碰撞期間，由於涉及很大的力量，因此兩個物體通常會產生相當大的變形 (圖 9-8)。當碰撞發生時，各物體對另一物體所施加的力通常會在極短的時間內由接觸瞬間的零，突增為一個非常大的值，然後再度突然地減為零。在碰撞期間，某物體對另一物體所施加的力，其大小作為時間之函數的圖形有點像是圖 9-9 中的紅色曲線。時間間距 Δt 通常是非常清楚而且非常小的。

由 (9-2) 式的牛頓第二運動定律，作用在物體上的淨力等於其動量的變化率

$$\vec{\mathbf{F}} = \frac{d\vec{\mathbf{p}}}{dt}$$

(其中我們將淨力寫成 $\vec{\mathbf{F}}$，而非 $\Sigma\vec{\mathbf{F}}$，因為我們假設碰撞期間完全是由於這個短暫又大的力所作用。) 這個方程式適用於碰撞中的每一個物

體。在無限小的時間間距 dt 內，動量的變化為

$$d\vec{\mathbf{p}} = \vec{\mathbf{F}} dt$$

如果將此式在碰撞的期間內積分，得到

$$\int_{\mathrm{i}}^{\mathrm{f}} d\vec{\mathbf{p}} = \vec{\mathbf{p}}_{\mathrm{f}} - \vec{\mathbf{p}}_{\mathrm{i}} = \int_{t_{\mathrm{i}}}^{t_{\mathrm{f}}} \vec{\mathbf{F}} dt$$

其中，$\vec{\mathbf{p}}_{\mathrm{i}}$ 和 $\vec{\mathbf{p}}_{\mathrm{f}}$ 是物體在剛碰撞之前和之後的動量。淨力在它作用的時距內所作的積分稱為**衝量** (impulse) $\vec{\mathbf{J}}$

$$\vec{\mathbf{J}} = \int_{t_{\mathrm{i}}}^{t_{\mathrm{f}}} \vec{\mathbf{F}} dt$$

因此物體動量的變化 $\Delta\vec{\mathbf{p}} = \vec{\mathbf{p}}_{\mathrm{f}} - \vec{\mathbf{p}}_{\mathrm{i}}$，等於對它作用的衝量

$$\Delta\vec{\mathbf{p}} = \vec{\mathbf{p}}_{\mathrm{f}} - \vec{\mathbf{p}}_{\mathrm{i}} = \int_{t_{\mathrm{i}}}^{t_{\mathrm{f}}} \vec{\mathbf{F}} dt = \vec{\mathbf{J}} \qquad \textbf{(9-6)}$$

衝量的單位與動量相同，在 SI 制中為公斤．公尺／秒 (或牛頓．秒)。因為 $\vec{\mathbf{J}} = \int \vec{\mathbf{F}}\, dt$，所以我們可以說一個力的衝量 $\vec{\mathbf{J}}$ 與 F 對 t 之曲線下方的面積相等，如圖 9-9 中的陰影區域所示。

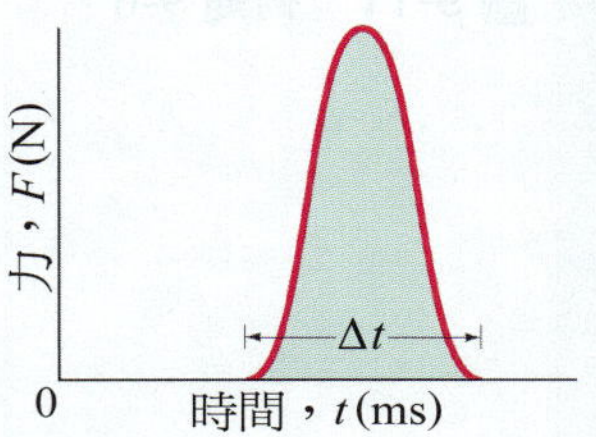

圖 9-9　在典型的碰撞期間，力作為時間之函數的圖形：力可以變得非常大；對巨觀碰撞而言，Δt 通常是毫秒。

只有當 $\vec{\mathbf{F}}$ 是作用在物體上的淨力時，(9-6) 式才是正確的。它對於所有的淨力 $\vec{\mathbf{F}}$ 而言都是適用的，而 $\vec{\mathbf{p}}_{\mathrm{i}}$ 和 $\vec{\mathbf{p}}_{\mathrm{f}}$ 正好與時間 t_{i} 和 t_{f} 相對應。但是衝量觀念對於所謂的衝力而言確實是最有用的——也就是像圖 9-9 中所示，一個在極短的時間間距內具有非常大的值，而且在此時距之外基本上為零的力。就大多數的碰撞過程而言，衝力遠大於其他任何的作用力，因而可以將其他的力忽略。對於這樣的衝力，我們在 (9-6) 式中所作的積分，只要是在 t_{i} 之前開始和 t_{f} 之後結束，其積分的時間間距就不是那麼重要的，這是因為在這個時距之外的 $\vec{\mathbf{F}}$ 基本上是零。(當然，如果選擇的時間間距太大，其他力的影響就變得重要——例如，在球拍提供衝力以後，網球的飛行開始受到重力的作用而落下。)

在碰撞期間，談到平均力 $\vec{\mathbf{F}}_{\mathrm{avg}}$ 有時是有用的，它定義為作用的時間間距與實際的力同為 $\Delta t = t_{\mathrm{f}} - t_{\mathrm{i}}$，而且產生相同的衝量與動量變化的一個固定的力。因此

$$\vec{\mathbf{F}}_{\mathrm{avg}} \Delta t = \int_{t_{\mathrm{i}}}^{t_{\mathrm{f}}} \vec{\mathbf{F}}\, dt$$

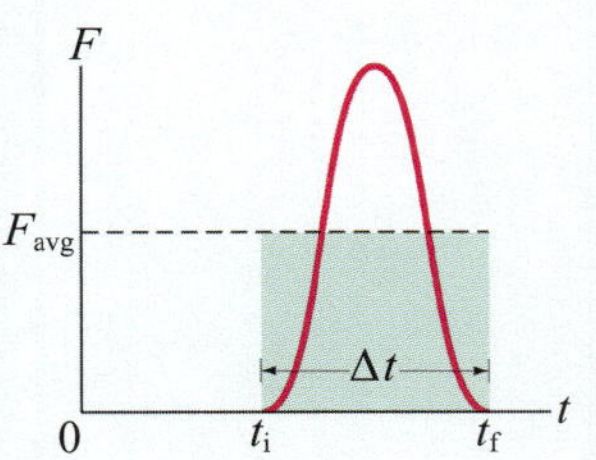

圖 9-10　在一極短的時間間距 Δt 內的平均力 F_{avg}，它會產生與實際的力相同之衝量 $(F_{\mathrm{avg}}\,\Delta t)$。

圖 9-10 對於圖 9-9 的衝力顯示了其平均力 $\vec{\mathbf{F}}_{\mathrm{avg}}$ 的大小，長方形的面積 $\vec{\mathbf{F}}_{\mathrm{avg}}\Delta t$ 等於衝力曲線下方的面積。

圖 9-11 例題 9-6。

例題 9-6 估算 **空手道的猛擊** 估算空手道一擊將數公分厚的木板擊破所產生的平均力和衝量 (圖 9-11)。在剛擊中木板前，假設手大約以 10 m/s 的速率移動。

方法 我們利用 (9-6) 式的動量－衝量之關係。手的速率可能在 1 cm 的距離內由 10 m/s 變成零 (這大約是你的手在停住以及木板開始斷裂之前，手與木板被緊壓的距離)。手的質量應該包括一部分的手臂在內，而且我們大致將它選定為 $m \approx 1$ kg。

解答 衝量 J 等於動量的變化

$$J = \Delta p = (1\ \text{kg})(10\ \text{m/s} - 0) = 10\ \text{kg} \cdot \text{m/s}$$

我們從衝量的定義 $F_{\text{avg}} = J/\Delta t$ 得到力；但 Δt 為何？手大約在 1 cm 的距離內停止：$\Delta x \approx 1$ cm。在撞擊期間的平均速率為 $\bar{v} = (10\ \text{m/s} + 0)/2 = 5$ m/s並且等於 $\Delta x / \Delta t$。因此，$\Delta t = \Delta x / \bar{v} \approx (10^{-2}\ \text{m})/(5\text{m/s}) = 2 \times 10^{-3}$ s 或約 2 ms。故力量 [(9-6) 式] 約為

$$F_{\text{avg}} = \frac{J}{\Delta t} = \frac{10\ \text{kg} \cdot \text{m/s}}{2 \times 10^{-3}\ \text{s}} \approx 5000\ \text{N} = 5\ \text{kN}$$

9-4 碰撞過程中的能量與動量守恆

在大多數的碰撞期間，我們通常不知道碰撞力隨著時間的變化情形，因此要利用牛頓第二運動定律分析就變得很困難或不可能。但是若已知碰撞前的運動情形，則利用動量與能量守恆定律，我們依然能夠求出許多有關碰撞後的運動特性。在第 9-2 節中我們看到如撞球之類的兩個物體的碰撞，其總動量是守恆的。如果兩個物體非常堅硬，並且在碰撞時沒有熱或其他形式的能量產生，則兩個物體在碰撞之後的總動能與碰撞之前是相等的。在兩個物體短暫的接觸期間，某些 (或全部) 能量以彈性位能的形式暫時地被儲存起來。但如果我們比較在剛碰撞之前與碰撞之後的總動能，會發現它們是相同的，因此我們稱之為總動能守恆。這類的碰撞稱為**彈性碰撞** (elastic collision)。如果使用下標 A 和 B 代表兩個物體，我們可以將總動能守恆的等式寫成

碰撞前的總動能＝碰撞後的總動能

$$\frac{1}{2}m_A v_A^2 + \frac{1}{2}m_B v_B^2 = \frac{1}{2}m_A v_A'^2 + \frac{1}{2}m_B v_B'^2 \qquad \text{[彈性碰撞]} \qquad \textbf{(9-7)}$$

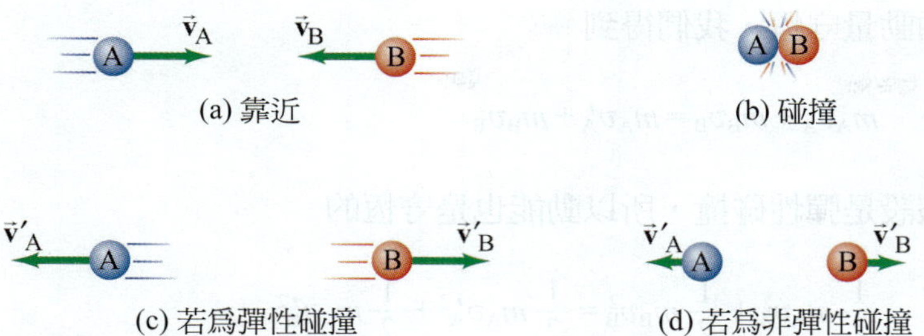

圖 9-12　兩個相等質量的物體 (a) 以相等的速率彼此接近，(b) 發生碰撞，(c) 如為彈性碰撞，則將朝反方向以同樣的速率反彈，或 (d) 如為非彈性碰撞，則將只有極少或完全沒有反彈。

撇量 (′) 代表碰撞之後的量，而非撇量則代表碰撞之前的量，正如動量守恆的 (9-3) 式。

在原子層級的原子和分子的碰撞通常是彈性的。但是在普通物體的“巨觀”世界中，彈性碰撞是一個從未達成的理想，因為在碰撞過程中，至少都會產生少許的熱能 (或者聲音與其他形式的能量)。然而，兩個堅硬彈性球的碰撞 (如撞球)，是非常接近完全彈性的，因此我們通常將它視為如此。

我們必須記住的是，即使動能無法守恆，總能量始終是守恆的。

動能無法守恆的碰撞，稱為**非彈性碰撞** (inelastic collision)。失去的動能將變為其他形式的能量，通常是熱能，因此總能量 (一如既往) 是守恆的。在這種情況下，

$$K_A + K_B = K'_A + K'_B + \text{熱能和其他形式的能量}$$

見圖 9-12 以及其詳細的說明。我們將在第 9-6 節討論非彈性碰撞。

9-5　一維的彈性碰撞

我們將動量和動能守恆定律應用於兩個小物體之間的彈性碰撞，而它們是正面碰撞，因此所有的運動是沿著一條直線進行。假設兩個物體在碰撞之前以 v_A 和 v_B 之速度沿著 x 軸移動 (圖 9-13a)。在碰撞之後，它們的速度變成 v'_A 和 v'_B (圖 9-13b)。若 $v>0$，物體向右移動 (朝 x 值增加的方向)；若 $v<0$，物體向左移動 (朝 x 值減少的方向)。

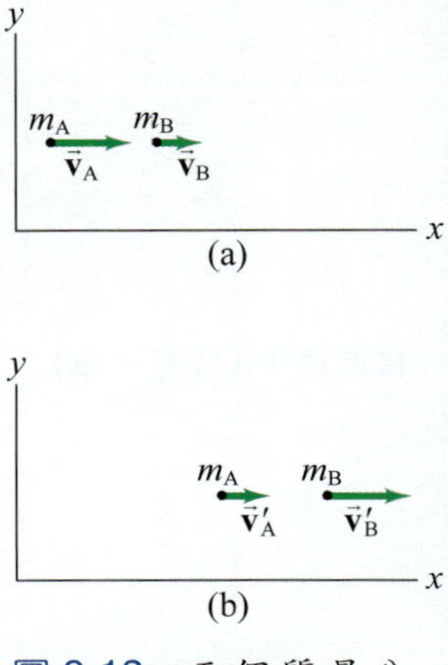

圖 9-13　兩個質量分別為 m_A 和 m_B 的小物體在 (a) 碰撞前，與 (b) 碰撞後。

由動量守恆，我們得到

$$m_A v_A + m_B v_B = m_A v'_A + m_B v'_B$$

因為假設是彈性碰撞，所以動能也是守恆的

$$\frac{1}{2} m_A v_A^2 + \frac{1}{2} m_B v_B^2 = \frac{1}{2} m_A v_A'^2 + \frac{1}{2} m_B v_B'^2$$

我們有兩個方程式，因此可以解出兩個未知數。如果我們知道質量和碰撞前的速度，就可以解這兩個方程式而求出碰撞之後的速度 v'_A 和 v'_B。我們將動量方程式改寫為

$$m_A(v_A - v'_A) = m_B(v'_B - v_B) \quad \textbf{(i)}$$

再將動能方程式改寫為

$$m_A(v_A^2 - v_A'^2) = m_B(v_B'^2 - v_B^2)$$

由於 $(a-b)(a+b) = a^2 - b^2$，所以我們可以將最後一式寫成

$$m_A(v_A - v'_A)(v_A + v'_A) = m_B(v'_B - v_B)(v'_B + v_B) \quad \textbf{(ii)}$$

將 (ii) 式除以 (i) 式 (假設 $v_A \neq v'_A$ 和 $v_B \neq v'_B$)，[1] 得到

$$v_A + v'_A = v'_B + v_B$$

我們將此式改寫為

$$v_A - v_B = v'_B - v'_A$$

或

相對速率 (只有一維)

$$v_A - v_B = -(v'_A - v'_B) \qquad \text{[正面 (一維) 的彈性碰撞]} \quad \textbf{(9-8)}$$

這是一個有趣的結果：它告訴我們任何彈性的正面碰撞，無論質量為何，兩個物體在碰撞之後的相對速度與碰撞之前的大小相同 (但方向相反)。

1 注意動量和動能守恆定律的 (i) 與 (ii) 式，同時都可以被 $v'_A = v_A$ 和 $v'_B = v_B$ 的解答所滿足。這是一個合理的解答，但卻令人絲毫不感興趣。它相當於根本沒有任何碰撞發生——兩個物體彼此錯過對方。

(9-8) 式是針對彈性碰撞而由動能守恆所導出的，它可以作為替代之用。由於 (9-8) 式中的 v 沒有平方，所以它的計算要比動能守恆方程式 [(9-7) 式] 來得簡單。

例題 9-7 **相等的質量** 質量為 m 的撞球 A 以 v_A 的速率移動與相等質量的球 B 正面碰撞。假設它是彈性的，兩個球在碰撞以後的速率為何？如果 (a) 兩個球最初都在移動 (速率為 v_A 和 v_B)，(b) 球 B 最初是靜止 ($v_B = 0$)。

方法 有兩個未知數 v'_A 和 v'_B，因此我們需要兩個獨立的方程式。我們關注的重點在剛碰撞之前到剛碰撞之後的時間間距。由於沒有淨外力作用在這兩個球的系統上 (mg 與正向力量互相抵消)，因此動量為守恆。因為碰撞是彈性的，所以也可以應用動能守恆。

解答 (a) 由於質量是相等的 ($m_A = m_B = m$)，因此由動量守恆可得

$$v_A + v_B = v'_A + v'_B$$

因為有兩個未知數，所以我們需要第二個方程式。我們可以利用動能守恆方程式或是更簡單的 (9-8) 式

$$v_A - v_B = v'_B - v'_A$$

將兩式相加，得到

$$v'_B = v_A$$

將兩式相減，得到

$$v'_A = v_B$$

亦即由於碰撞，使得兩球的速度互換：球 B 獲得球 A 在碰撞之前的速度，且反之亦然。

(b) 如果球 B 最初是靜止，因此 $v_B = 0$，我們得到

$$v'_B = v_A \quad 與 \quad v'_A = 0$$

圖 9-14 在這張兩個相同質量的球之間的正面碰撞多重閃光照片中，白色球受球桿撞擊由靜止加速後碰撞靜止的紅色球。然後白色球停止在路徑上，而紅色球 (同等質量) 則以與白色球在碰撞前相同的速率前進。見例題 9-7。

亦即球 A 因碰撞而停止，而球 B 獲得球 A 原有的速度。這個結果經常被撞球選手注意到，只有當兩個球的質量相等時 (而且未使球旋轉)，才能成立。見圖 9-14。

例題 9-8 不相等的質量，目標靜止 一個很常見的實際情形就是一個移動的物體 (m_A) 撞擊另一個靜止的物體 (“目標” m_B，$v_B=0$)。假設兩個物體的質量不同，並且是沿著一條直線發生的彈性碰撞 (正面地)。(a) 試推導以 m_A 之初速度 v_A 以及 m_A 和 m_B 所表示的 v'_A 與 v'_B 之方程式。(b) 如果移動的物體之質量比目標大得多 $(m_A >> m_B)$，試求最終速度。(c) 如果移動的物體之質量比目標小得多 $(m_A << m_B)$，試求最終速度。

方法 動量方程式 (其中 $v_B=0$) 為

$$m_B v'_B = m_A(v_A - v'_A)$$

動能也是守恆的，我們利用 (9-8) 式，並改寫為

$$v'_A = v'_B - v_A$$

解答 (a) 將上式中的 v'_A 代入動量方程式並重新整理，得到

$$v'_B = v_A\left(\frac{2m_A}{m_A+m_B}\right)$$

我們將這個 v'_B 代入方程式 $v'_A = v'_B - v_A$ 中，得到

$$v'_A = v_A\left(\frac{m_A-m_B}{m_A+m_B}\right)$$

為了檢查已經導出的這兩個方程式，我們令 $m_A=m_B$，得到

$$v'_B = v_A \quad 與 \quad v'_A = 0$$

這與例題 9-7 所討論的情形相同，而且得到相同的結果：相同質量的物體，其中之一原來是靜止，而原來移動的物體之速度完全轉移到原來靜止的物體上。

(b) 假設 $v_B=0$ 且 $m_A >> m_B$。一個非常重的移動之物體碰撞一個輕的靜止之物體，我們利用以上的 v'_B 和 v'_A 之關係式，得到

$$v'_B \approx 2v_A$$

$$v'_A \approx v_A$$

因此，非常重的物體之速度實際上幾乎沒有改變，然而原來輕的靜止之物體以重物體之速度的兩倍而快速離開。例如，一個重的保齡球之速度，幾乎不受撞擊一個輕得多的球瓶所影響。

(c) 這次我們已知 $v_B=0$ 且 $m_A << m_B$。一個輕的移動之物體碰撞一個非常重的靜止之物體。在這個情況下，利用 (a) 中的結果，得到

$$v'_B \approx 0$$

$$v'_A \approx -v_A$$

重的物體基本上保持靜止，而非常輕的物體基本上以原來相同的速率朝相反方向反彈。例如，與一個靜止的保齡球正面碰撞的網球幾乎不會影響保齡球，但幾乎以原來的相同速率反彈，就好像它撞到了堅硬的牆壁一般。

對於任何正面的彈性碰撞，可以很容易地證明 (作為習題 40)

$$v'_B = v_A\left(\frac{2m_A}{m_A+m_B}\right)+v_B\left(\frac{m_B-m_A}{m_A+m_B}\right)$$

和

$$v'_A = v_A\left(\frac{m_A-m_B}{m_A+m_B}\right)+v_B\left(\frac{2m_B}{m_A+m_B}\right)$$

然而，不應該死記這些一般性的等式。因為它們始終都可以很快地從守恆定律導出。對於許多問題而言，只要從頭開始，就是最簡單的，正如上述的特殊情況以及下一個例題中的情形。

例題 9-9　核子的碰撞　一個質量為 1.01 u (統一的原子質量單位) 的質子 (p) 原來以 3.60×10^4 m/s 的速率移動，然後與一個靜止的氦核 (He) ($m_{He}=4.00$ u) 產生正面的彈性碰撞。氦核和質子在碰撞之後的速度為何？ (第 1 章曾提到，1 u $=1.66\times10^{-27}$ kg，但我們並不需要這個事實。) 假設這個碰撞是在幾近真空的空間中發生。

方法　這是正面的彈性碰撞。唯一的外力是地球的重力，但是它與碰撞期間強大的力相比是微不足道的。所以我們再次利用動量與動能守恆定律，並且將它們應用於兩個粒子的系統。

解答　設質子 (p) 為粒子 A，而氦核 (He) 為粒子 B。我們已知 $v_B=v_{He}=0$ 以及 $v_A=v_p=3.60\times10^4$ m/s。我們想要求得碰撞以後的速度

v'_p 與 v'_{He}。由動量守恆，可得

$$m_p v_p + 0 = m_p v'_p + m_{He} v'_{He}$$

因為是彈性碰撞，所以兩個粒子之系統的動能守恆，我們利用 (9-8) 式，得到

$$v_p - 0 = v'_{He} - v'_p$$

因此，

$$v'_p = v'_{He} - v_p$$

將此式代入上述的動量方程式中，得到

$$m_p v_p = m_p v'_{He} - m_p v_p + m_{He} v'_{He}$$

解 v'_{He}，可得

$$v'_{He} = \frac{2m_p v_p}{m_p + m_{He}} = \frac{2(1.01\ \text{u})(3.60\times10^4\ \text{m/s})}{5.01\ \text{u}} = 1.45\times10^4\ \text{m/s}$$

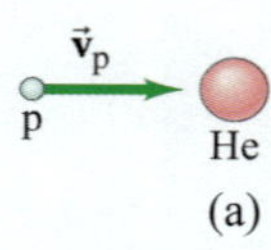

另一個未知數為 v'_p，現在可求得如下

$$v'_p = v'_{He} - v_p = (1.45\times10^4\ \text{m/s}) - (3.60\times10^4\ \text{m/s})$$
$$= -2.15\times10^4\ \text{m/s}$$

圖 9-15　例題 9-9。(a) 碰撞前，(b) 碰撞後。

v'_p 的負號告訴我們質子在碰撞後朝反方向移動，而且它的速率比它的初速率還慢 (見圖 9-15)。

備註　這個結果是有道理的，即較輕的質子預期會自較重的氦核“反彈”，但是速度不會完全如從堅硬的牆壁反彈一般 (相當於極大或無限大的質量)。

9-6　非彈性碰撞

動能不是守恆的碰撞稱為**非彈性碰撞** (inelastic collisions)。最初的動能其中有一部分變換成其他類型的能量，例如熱能或位能，因此碰撞後的總動能比碰撞前少。當位能 (例如化學的或核子的) 被釋放的時候，也可能出現相反的現象，在這種情況下，交互作用後的總動

能可能比最初的動能大。爆炸就是這種類型的實例。

至少在某種程度上，典型的巨觀碰撞是非彈性的。如果兩個物體由於碰撞而黏在一起，則碰撞被稱為是**完全非彈性的** (completely inelastic)。因碰撞而黏在一起的兩個油灰球或連接在一起的兩節火車車廂都是完全非彈性碰撞的實例。在某些情況下非彈性碰撞的全部動能會變換成其他形式，但在其他情況下只有一部分如此。例如在例題 9-3 中，當一節移動的火車車廂與另一節靜止的車廂碰撞時，我們看見連接在一起的兩節車廂仍具有一些動能而移動。在完全非彈性碰撞中，有與動量守恆符合的最大數量之動能被轉換成其他形式。即使在非彈性碰撞中動能並未守恆，但總能量始終是守恆的，並且總向量動量也是守恆的。

例題 9-10　火車車廂　對於我們在例題 9-3 中所討論的兩節火車車廂完全非彈性的碰撞，試計算有多少的初始動能被轉換為熱能或其他形式的能量。

方法　兩節火車車廂在碰撞之後連接在一起，因此這是完全非彈性碰撞。將碰撞之前的總初始動能減去碰撞之後的總動能，我們就可以求出轉換成其他形式的能量有多少。

解答　在碰撞之前，僅有 A 車廂移動，因此總初始動能為 $\frac{1}{2}m_A v_A^2 = \frac{1}{2}(10000\text{ kg})(24.0\text{ m/s})^2 = 2.88\times10^6\text{ J}$。碰撞之後，依動量守恆，兩節車廂以 12.0 m/s 的速率移動 (例題 9-3)。所以總動能為 $\frac{1}{2}(20000\text{ kg})(12.0\text{ m/s})^2 = 1.44\times10^6\text{ J}$。因此轉換成其他形式的能量為

$$(2.88\times10^6\text{ J}) - (1.44\times10^6\text{ J}) = 1.44\times10^6\text{ J}$$

這是初始動能的一半。

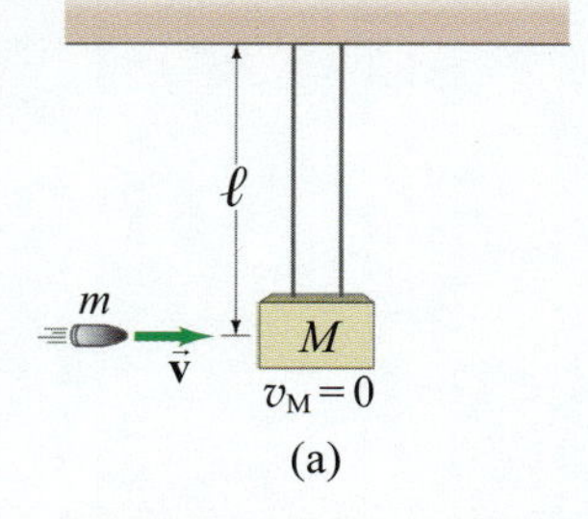

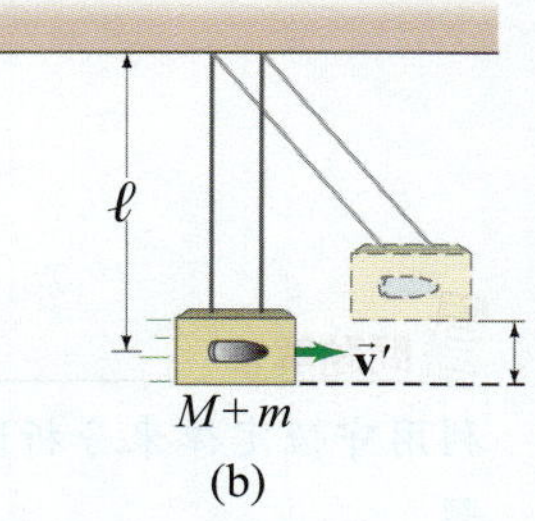

圖 9-16　衝擊擺。例題 9-11。

例題 9-11　衝擊擺　衝擊擺是一個用來測量如子彈等發射體之速率裝置。質量 m 的發射體被射入一塊質量為 M 的大型物體中 (木材或其他材料)；它像是一個懸吊的單擺。(通常 M 會比 m 大一些。) 由於碰撞的緣故，單擺和發射體一起搖擺到最大高度 h (圖 9-16)。試求發射體最初的水平速度 v 與最大高度 h 之間的關係。

方法　我們可以將這個過程分成兩個部分或兩個時間間距來分析：(1) 從剛碰撞之前到剛碰撞之後的時間間距；以及 (2) 衝擊擺從垂直

懸掛的位置移動到最大高度 h 的時間間距。

第 (1) 部分，圖 9-16a，我們假設碰撞時間極短，因而在大塊物體從靜止的位置開始移動之前，發射體已經射入並且嵌在內部。因此沒有淨外力，並且我們可以對這個完全非彈性的碰撞應用動量守恆。第 (2) 部分，圖 9-16b，擺受到淨外力作用而開始移動 (重力想把它拉回到垂直的位置)；因此對第 (2) 部分，不能使用動量守恆。但是因為重力是保守的力，所以可利用機械能守恆 (第 8 章)。當擺達到最大高度 h 時，在剛碰撞之後的動能完全轉變為重力位能。

解答　第 (1) 部分中，動量是守恆的

碰撞之前的總動量＝碰撞之後的總動量

$$mv = (m+M)v' \tag{i}$$

其中 v' 是大塊物體與嵌入之發射體在剛碰撞後以及明顯地移動前的速率。

第 (2) 部分中，機械能是守恆的。我們選擇擺垂直懸掛時 $y=0$，然後當它到達最大高度時 $y=h$。因此可以寫出

剛碰撞之後的 $(K+U)$＝擺於最大高度時的 $(K+U)$

或是

$$\frac{1}{2}(m+M)v'^2 + 0 = 0 + (m+M)gh \tag{ii}$$

解 v' 得到

$$v' = \sqrt{2gh}$$

將 v' 這個結果代入上述的 (i) 式中，並且解 v，得到

$$v = \frac{m+M}{m}v' = \frac{m+M}{m}\sqrt{2gh}$$

這是我們最後的結果。

問題解答

利用守恆定律來分析問題

備註　將過程分成兩個部分是極為重要的。這樣的分析法是解答問題的一個有力工具。但是你怎麼決定該如何區分？想一想守恆定律。它們是你的工具。試問你自己守恆定律可否應用於已知的情況中而做為解題的開始。在本題中，我們判斷只有在第 (1) 部分的短暫碰撞期間，動量是守恆的。但是在第 (1) 部分中，由於碰撞是非

彈性的，所以機械能守恆就不能適用。接著在第 (2) 部分中，機械能守恆可以成立，但是動量守恆則否。

不過，要注意到若發射體在大塊物體中的減速期間內，擺已經有明顯的移動，則碰撞期間就有外力 (重力) 作用，因此第 (1) 部分中就不能適用動量守恆。

9-7 二維或三維的碰撞

動量和能量守恆也可以應用於二或三維中的碰撞，其中動量的向量特性是特別地重要。非正面碰撞一個常見的類型是一個移動的物體 (稱為“發射體”) 碰撞第二個最初為靜止的物體 (“目標”)。例如在撞球遊戲中以及在原子與核子物理的實驗中 (由來自放射性衰變或高能加速器的發射體撞擊一個靜止的核子目標；圖 9-17)，這是一個常見的情況。

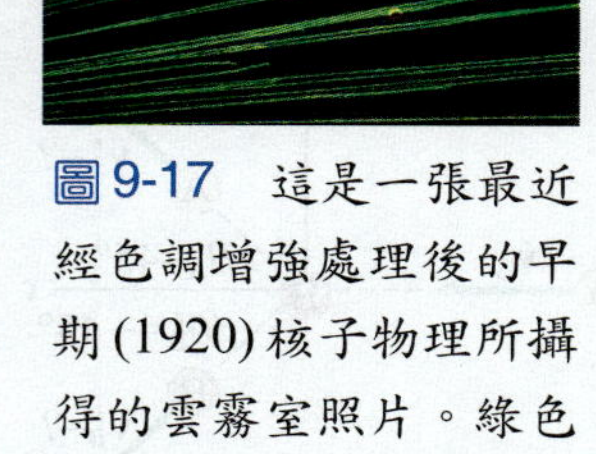

圖 9-17 這是一張最近經色調增強處理後的早期 (1920) 核子物理所攝得的雲霧室照片。綠色線條為來自左方的氦原子核 (He) 的路徑。其中一個以黃色標示的氦原子核，撞擊雲霧室中氫氣體的質子，兩者都以某個角度散射；散射之質子的路徑以紅色表示。

圖 9-18 顯示入射的發射體 m_A 沿 x 軸朝向最初為靜止的目標物體 m_B 前進。如果這些物體是撞球，而 m_A 不是正面撞擊 m_B，則它們會分別以 θ'_A 和 θ'_B 的角度滾開，這些角度是相對於 m_A 最初的方向 (x 軸) 而測量的 [2]。

我們將動量守恆定律應用於圖 9-18 中的碰撞情形。我們選擇 xy 平面為最初和最後動量所在的平面。動量是向量，並且因為總動量守恆，所以它在 x 與 y 方向的分量也是守恆。動量守恆的 x 分量為

$$p_{Ax} + p_{Bx} = p'_{Ax} + p'_{Bx}$$

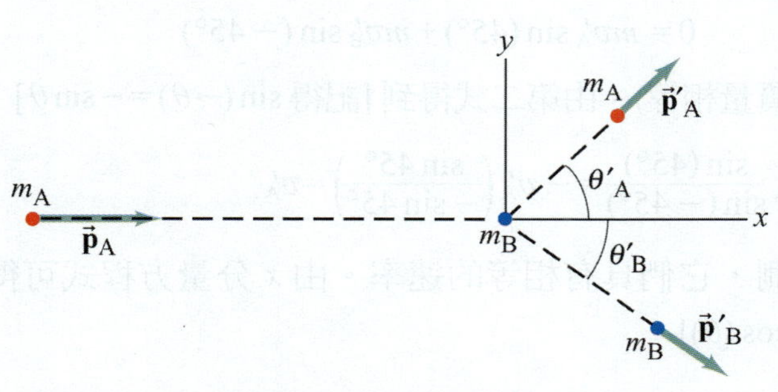

圖 9-18 發射體 A 與目標物體 B 碰撞。碰撞後，它們分別以動量 $\vec{p}'_A$ 和 $\vec{p}'_B$ 和角度 θ'_A 和 θ'_B 之方向前進。此處是將物體以粒子表示，我們可以將它們想像成是原子或核子物理中的粒子。但它們也可以是巨觀的撞球。

2 物體之間如果互相作用的力是電力、磁力或核子力，則它們在碰觸前可能就會開始偏向。比如說，你可以思考兩個排列成互斥方向的磁鐵，當其中一個朝另一個移動時，第二個會在與第一個碰觸之前移開。

因 $p_{Bx}=m_B v_{Bx}=0$，故

p_x 守恆

$$m_A v_A = m_A v'_A \cos\theta'_A + m_B v'_B \cos\theta'_B \quad \textbf{(9-9a)}$$

其中，($'$)所指的是碰撞後的量。因為最初在 y 方向中並沒有運動，所以碰撞前總動量的 y 分量是零。因此，動量守恆的 y 分量方程式為

p_y 守恆

$$p_{Ay}+p_{By}=p'_{Ay}+p'_{By}$$

$$0 = m_A v'_A \sin\theta'_A + m_B v'_B \sin\theta'_B \quad \textbf{(9-9b)}$$

當我們有兩個獨立方程式時，最多可以解出兩個未知數。

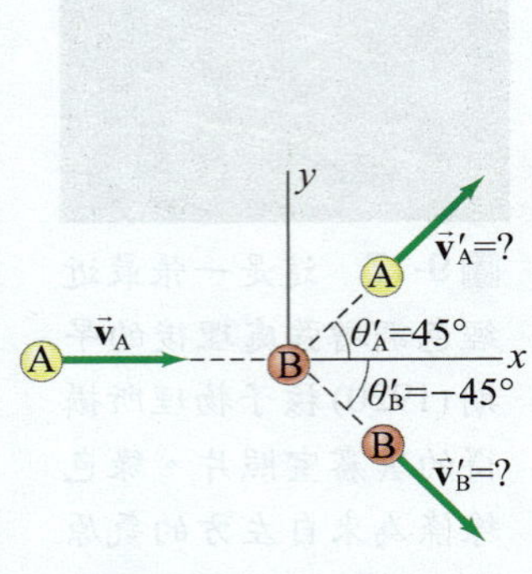

圖 9-19 例題 9-12。

例題 9-12 二維的撞球碰撞 A 撞球以 $v_A=3.0$ m/s 的速率往 $+x$ 方向移動 (圖 9-19)，撞擊相等質量且最初是靜止的 B 撞球。碰撞後兩個球朝與 x 軸成 45° 之方向離去，球 A 在 x 軸之上，球 B 在 x 軸之下。亦即在圖 9-19 中 $\theta'_A=45°$ 與 $\theta'_B=-45°$。兩個球在碰撞之後的速率為何？

方法 假設球桌是水平的，在這兩個球的系統上沒有淨外力作用 (正向力與重力平衡)。因此應用動量守恆，我們並且利用圖 9-19 中的 xy 座標系統將它應用到 x 和 y 分量。我們得到兩個方程式，並且有兩個未知數 v'_A 和 v'_B。由對稱性我們可以猜測這兩個球或許有相同的速率。但是現在不作如此的假設。即使我們不知道碰撞是彈性或非彈性，仍然可以利用動量守恆。

解答 我們對 x 和 y 分量應用動量守恆，(9-9a) 與 (9-9b) 式，並且解 v'_A 與 v'_B。已知 $m_A=m_B\ (=m)$，所以

$$(x\text{ 分量})\quad mv_A = mv'_A\cos(45°)+mv'_B\cos(-45°)$$

和

$$(y\text{ 分量})\quad 0 = mv'_A\sin(45°)+mv'_B\sin(-45°)$$

在兩式中消去 m (質量相等)。由第二式得到 [記得 $\sin(-\theta)=-\sin\theta$]

$$v'_B = -v'_A\frac{\sin(45°)}{\sin(-45°)} = -v'_A\left(\frac{\sin 45°}{-\sin 45°}\right)=v'_A$$

如我們最初所猜測，它們具有相等的速率。由 x 分量方程式可得 [記得 $\cos(-\theta)=\cos(\theta)$]

$$v_A = v'_A\cos(45°)+v'_B\cos(45°)=2v'_A\cos(45°)$$

故

$$v'_A=v'_B=\frac{v_A}{2\cos(45°)}=\frac{3.0\text{ m/s}}{2(0.707)}=2.1\text{ m/s}$$

如果我們知道碰撞是彈性的，則除了 (9-9a) 與 (9-9b) 式之外，也可以應用動能守恆獲得第三個方程式

$$K_A + K_B = K'_A + K'_B$$

或者針對圖 9-18 或 9-19 中所示的碰撞，寫出

$$\frac{1}{2} m_A v_A^2 = \frac{1}{2} m_A v_A'^2 + \frac{1}{2} m_B v_B'^2 \qquad \text{[彈性碰撞]} \quad \textbf{(9-9c)}$$

若碰撞是彈性的，我們就有三個獨立方程式，而且可以解出三個未知數。如果已知 m_A、m_B、v_A (與 v_B，如果它不等於零)，我們無法預測最後的變數 v'_A、v'_B、θ'_A 和 θ'_B，因為它們共有四個。然而，若我們測量其中一個變數，例如 θ'_A，我們就可以利用 (9-9a)、(9-9b) 與 (9-9c) 式求出另外三個變數 (v'_A、v'_B 和 θ'_B) 唯一的解答。

要注意，(9-8) 式不能應用在二維的碰撞中。它只能用於發生在一條直線上的碰撞。

注意

(9-8) 式只能用於一維中

例題 9-13 **質子與質子的碰撞** 一個質子以 8.2×10^5 m/s 的速率移動，彈性地碰撞一個靜止的目標氫質子 (圖 9-18)。經觀察發現其中一個質子以 60° 角散開，則第二個質子散開的角度，以及兩個質子在碰撞之後的速度為何？

方法 在例題 9-12 中我們看到二維的碰撞，其中只需使用動量守恆。現在我們已知的資料較少，有三個未知數而不是兩個。因為碰撞是彈性的，所以我們可以利用動能方程式和兩個動量方程式。

解答 由於 $m_A = m_B$，(9-9a)、(9-9b) 和 (9-9c) 式變成

$$v_A = v'_A \cos\theta'_A + v'_B \cos\theta'_B \qquad \textbf{(i)}$$

$$0 = v'_A \sin\theta'_A + v'_B \sin\theta'_B \qquad \textbf{(ii)}$$

$$v_A^2 = v_A'^2 + v_B'^2 \qquad \textbf{(iii)}$$

其中，$v_A = 8.2 \times 10^5$ m/s 且 $\theta'_A = 60°$。在第一和第二式中，我們將含有 v'_A 的各項移到左邊並且將等式的兩邊平方

$$v_A^2 - 2v_A v'_A \cos\theta'_A + v_A'^2 \cos^2\theta'_A = v_B'^2 \cos^2\theta'_B$$

$$v_A'^2 \sin^2\theta'_A = v_B'^2 \sin^2\theta'_B$$

我們將這兩式相加並使用 $\sin^2\theta+\cos^2\theta=1$ 得到

$$v_A^2-2v_Av'_A\cos\theta'_A+v_A'^2=v_B'^2$$

再將由 (iii) 式所得到的 $v_B'^2=v_A^2-v_A'^2$ 代入上式中，得到

$$2v_A'^2=2v_Av'_A\cos\theta'_A$$

或

$$v'_A=v_A\cos\theta'_A=(8.2\times10^5\ \text{m/s})(\cos 60°)=4.1\times10^5\ \text{m/s}$$

我們利用上述的 (iii) 式解 v'_B (動能守恆)

$$v'_B=\sqrt{v_A^2-v_A'^2}=7.1\times10^5\ \text{m/s}$$

最後由 (ii) 式，可得

$$\sin\theta'_B=-\frac{v'_A}{v'_B}\sin\theta'_A=-\left(\frac{4.1\times10^5\ \text{m/s}}{7.1\times10^5\ \text{m/s}}\right)(0.866)=-0.50$$

所以 $\theta'_B=-30°$。(如果粒子 A 在 x 軸上方，則負號的意思是指粒子 B 以一個角度在 x 軸下方移動，如圖 9-19 所示。) 圖 9-20 中的氣泡室照片所示，就是這種碰撞的一個例子。注意在碰撞之後的兩個軌跡互成直角。這可以證明對於相同質量的兩個質點 (其中之一最初是靜止的) 的非正面彈性碰撞而言這是真實的 (參見習題 61)。

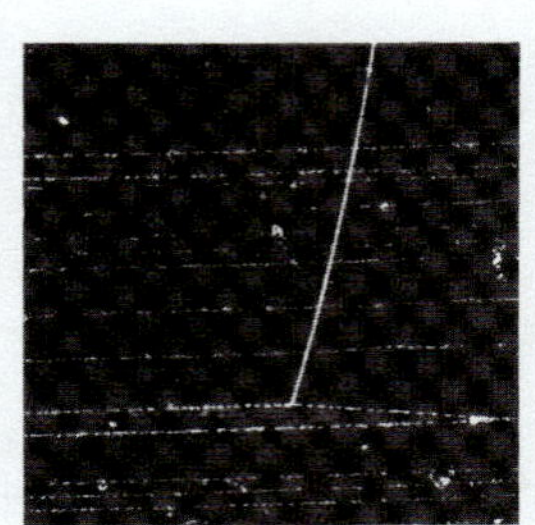

圖 9-20 氫氣泡室中質子－質子的碰撞照片 (一種可以將基本粒子路徑視覺化的設備)。其中許多的線代表入射的質子，它們會撞擊室中氫原子的質子。

解答問題策略

動量守恆與碰撞

1. 選擇你的**系統**。若情況複雜，當應用一個或更多的守恆定律時，你要思考該如何將它分成幾個單獨的部分。
2. 如果有明顯的**淨外力**作用在系統上，必須確定時間間距 Δt 很短，因而可以忽略對動量的影響。亦即如果利用動量守恆，則作用在互相影響物體之間的力量必須是唯一明顯的力。[註：如果這對問題的一部分可以適用，則你只能對那個部分應用動量守恆。]
3. 畫一個在交互作用 (碰撞、爆炸) 剛發生之前，初始情況的**圖**，而且用箭號和標記代表每個物體的動量。在剛交互作用之後，也為最後的情況做同樣的工作。
4. 選擇一個**座標系統**，以及 "+" 和 "−" 方向。(對於正面碰撞，你只需要 x 軸。) 選擇物體初速度的方向為 $+x$ 軸通常較為方便。
5. 應用**動量守恆**方程式：

最初的總動量＝最終的總動量

對於每個分量 (x，y，z) 你有一個方程式，而正面碰撞只有一個方程式。

6. 如果碰撞是彈性的，你可以寫出**動能守恆**的方程式：

最初的總動能＝最終的總動能

[如果是一維 (正面) 的碰撞，你也可以利用 (9-8) 式：$v_A - v_B = v'_B - v'_A$。]

7. 解**未知數**。

8. **檢查**你所作的工作，核對單位，並且試問自己其結果是否合理。

9-8 質心

動量不僅對於碰撞的分析，也對於真實伸展的物體之平移運動的分析都是強有力的觀念。直到現在，每當我們討論一個伸展之物體 (即有大小尺寸的物體) 的運動，都假設它可以近似地視為點粒子或只發生平移的運動。然而，真實伸展的物體也可以發生旋轉和其他類型的運動。例如，圖 9-21a 中的跳水者只經歷平移運動 (物體的所有部分都沿著相同的路徑行進)，而在圖 9-21b 中的跳水者則經歷平移與轉動運動。我們將不是純粹的平移運動稱為一般的運動。

觀察指出，即使一個物體轉動，或是由多個物體所組成之系統的某些部分彼此相對地移動，其中有一個點會沿著與一個受到同樣淨力作用之質點的相同路徑移動。這個點稱為**質心** (center of mass, CM)。一個伸展之物體 (或多個物體之系統) 的一般運動可以視為質心的平移運動與在質心周圍的旋轉、振動或其他類型之運動的總和。

以圖 9-21 中的跳水者之質心的移動為例，即使跳水者的身體轉動，質心仍沿著一條拋物線的路徑前進，如圖 9-21b所示。這是與只有重力作用時，一個投射的質點相同的拋物線路徑 (第 3-7 節，拋體運動)。在轉動的跳水者身體上的其他各點，例如她的腳或頭，則依更複雜的路徑前進。

圖 9-22 顯示一個無淨力作用的扳手，沿著水平的表面平移和旋轉。注意，以紅色叉號標示的質心，沿著一直線移動，如白色虛線所示。

我們將在第 9-9 節中證實，如果質心以下列方式定義，則質心的重要性質就會依循牛頓定律。我們可以將任何伸展的物體視為由許多極小的質點所組成。但首先我們只考慮由兩個質點 (或是小的物體) 組

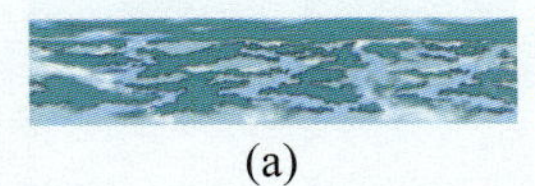

(a)

(b)

圖 9-21 圖 (a) 中跳水者的移動是純粹的平移，而圖 (b) 則同時包括了平移與旋轉。黑點代表跳水者在各個時刻的質心。

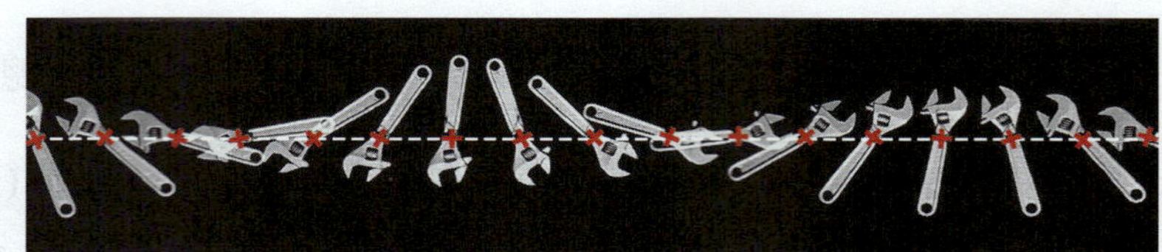

圖 9-22 平移連同旋轉：一支扳手在水平面上移動。以紅色叉號標示的質心沿著直線移動。

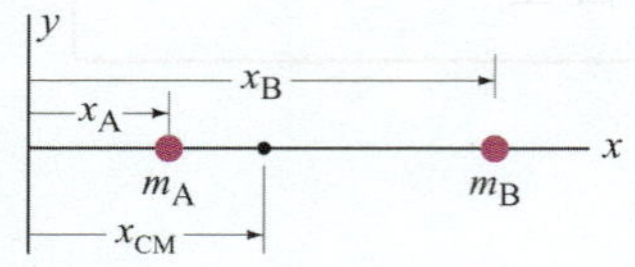

圖 9-23 兩個質點之系統的質心位於兩個物體的連接線上。此處因為 $m_A > m_B$，所以質心比較接近 m_A。

成的系統，其質量為 m_A 與 m_B。我們選擇一個座標系統，使兩個質點位於 x 軸上的 x_A 與 x_B 的位置 (圖 9-23)。這個系統的質心定義為位於 x_{CM} 的位置，而

$$x_{CM}=\frac{m_A x_A+m_B x_B}{m_A+m_B}=\frac{m_A x_A+m_B x_B}{M}$$

其中，$M=m_A+m_B$ 為系統的總質量。質心位於 m_A 與 m_B 的連接線上。若二者質量相等 ($m_A=m_B=m$)，則 x_{CM} 位於它們中央，因為在這種情況下，

$$x_{CM}=\frac{m(x_A+x_B)}{2m}=\frac{(x_A+x_B)}{2}$$

如果其中一個的質量大於另一個，比如說 $m_A>m_B$，則質心比較接近較大的質量。若所有的質量集中於 x_B，因此 $m_A=0$，則 $x_{CM}=(0\,x_A+m_B x_B)/(0+m_B)=x_B$，正如我們所預期。

我們現在討論包含 n 個質點的系統，而 n 可以非常大。這個系統可以是由 n 個微小質點所組成的一個伸展的物體。如果這 n 個質點全部都沿著直線 (稱它為 x 軸) 排列，則我們定義系統的質心位於

$$x_{CM}=\frac{m_1x_1+m_2x_2+\cdots+m_nx_n}{m_1+m_2+\cdots+m_n}=\frac{\sum_{i=1}^{n}m_ix_i}{M} \tag{9-10}$$

其中 $m_1, m_2, ..., m_n$ 為各個質點的質量，而 $x_1, x_2, ..., x_n$ 則是它們的位置。符號 $\Sigma_{i=1}^{n}$ 是累加符號，意指求所有質點的總和，其中 i 為由 1 至 n 的整數。(我們通常只寫 $\Sigma m_i x_i$，而省去 $i=1$ 至 n。) 系統的總質量為 $M=\Sigma m_i$。

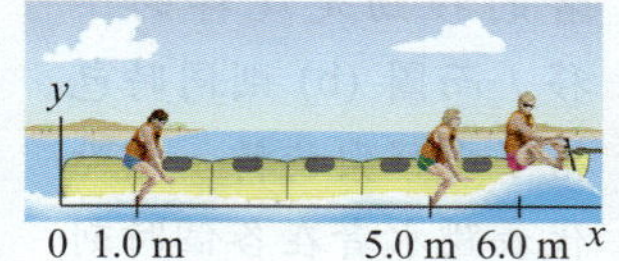

圖 9-24 例題 9-14。

例題 9-14 **乘坐三個人之橡皮艇的質心** 質量大約同為 m 的三個人在一艘輕的 (空氣填充的) 香蕉船上沿著 x 軸坐在從左端量起的 $x_A=1.0\text{ m}$、$x_B=5.0\text{ m}$ 和 $x_C=6.0\text{ m}$ 的位置，如圖 9-24 所示。試求其質

心的位置。忽略船的質量。

方法 已知三個人的質量和位置，因此我們在 (9-10) 式中使用前三項。我們將每個人大致視為質點，而每個人的位置就是他自己質心的位置。

解答 我們使用 (9-10) 式中的三項

$$x_{CM}=\frac{mx_A+mx_B+mx_C}{m+m+m}=\frac{m(x_A+x_B+x_C)}{3m}$$

$$=\frac{(1.0\ \mathrm{m}+5.0\ \mathrm{m}+6.0\ \mathrm{m})}{3}=\frac{12.0\ \mathrm{m}}{3}=4.0\ \mathrm{m}$$

質心是距離船的左端 4.0 m。這是有道理的——它應該比較接近前面的兩個人。

注意，質心的座標視被選擇的參考座標或座標系統而定。但是質心的實際位置與選擇方式無關。

練習 F 在例題 9-14 中將原點設定為位於右邊的駕駛處 ($x_C=0$)，計算三個人的質心。質心的實際位置相同嗎？

如果質點分佈在二或三維空間中，正如一個典型伸展的物體，則我們定義質心的座標為

$$x_{CM}=\frac{\Sigma m_i x_i}{M},\quad y_{CM}=\frac{\Sigma m_i y_i}{M},\quad z_{CM}=\frac{\Sigma m_i z_i}{M} \tag{9-11}$$

其中 x_i、y_i、z_i 是質量為 m_i 之質點的座標，$M=\Sigma m_i$ 為總質量。

雖然從實用觀點我們通常計算質心的分量 [(9-11) 式]，但是有時將 (9-11) 式寫成向量形式是比較方便的。如果 $\vec{\mathbf{r}}_i=x_i\hat{\mathbf{i}}+y_i\hat{\mathbf{j}}+z_i\hat{\mathbf{k}}$ 是第 i 個質點的位置向量，並且 $\vec{\mathbf{r}}_{CM}=x_{CM}\hat{\mathbf{i}}+y_{CM}\hat{\mathbf{j}}+z_{CM}\hat{\mathbf{k}}$ 是質心的位置向量，則

$$\vec{\mathbf{r}}_{CM}=\frac{\Sigma m_i\vec{\mathbf{r}}_i}{M} \tag{9-12}$$

例題 9-15 **二維中的三個質點** 三個質量均為 2.50 kg 的質點，分別位於一直角三角形的頂點處，其兩邊長為 2.00 m 與 1.50 m，如圖 9-25 所示。試求其質心。

方法 我們選擇如圖中所示的座標系統 (為了簡化計算)，以 m_A 為原點，而 m_B 位於 x 軸上。則 m_A 之座標為 $x_A=y_A=0$；m_B 之座標為 x_B

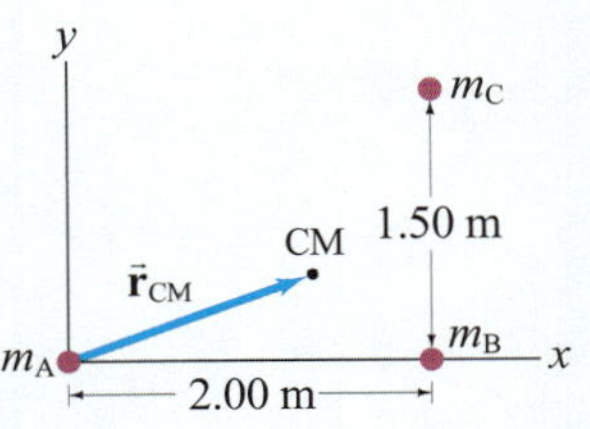

圖 9-25 例題 9-15。

$=2.0\text{ m}$，$y_B=0$；以及 m_C 之座標為 $x_C=2.0\text{ m}$、$y_C=1.5\text{ m}$。

解答 由(9-11)式，

$$x_{CM}=\frac{(2.50\text{ kg})(0)+(2.50\text{ kg})(2.00\text{ m})+(2.50\text{ kg})(2.00\text{ m})}{3(2.50\text{ kg})}=1.33\text{ m}$$

$$y_{CM}=\frac{(2.50\text{ kg})(0)+(2.50\text{ kg})(0)+(2.50\text{ kg})(1.50\text{ m})}{7.50\text{ kg}}=0.50\text{ m}$$

質心和位置向量 $\vec{\mathbf{r}}_{CM}$ 標示在圖 9-25 中，它位於“三角形”內，正如我們所預期。

練習 G 一位跳水者做空翻和半曲體（腿和手臂伸直，但身體一半彎曲）的高空跳水。跳水者之質心的移動情形如何？(a) 它以 9.8 m/s^2 的大小加速（忽略空氣摩擦），(b) 因為跳水者的旋轉，它以圓周路徑移動，(c) 它大致上一直位於跳水者的身體內，大約在幾何中心處，(d) 以上皆是。

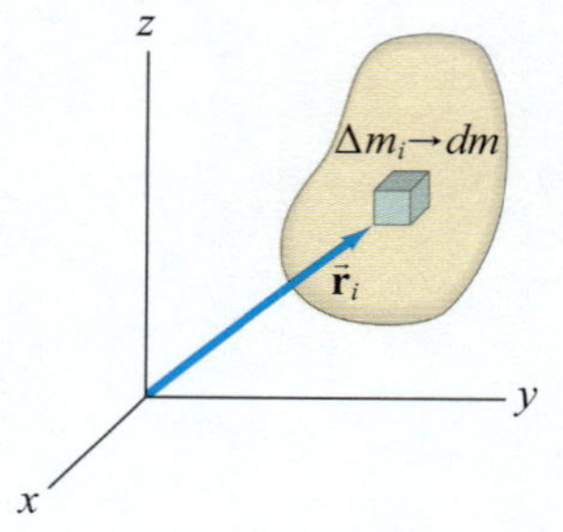

圖 9-26 一個伸展的物體（這裡只顯示了二維）可以被視為是由許多小質點 (n) 所組成，各質點之質量為 Δm_i。其中一個質點位於 $\vec{\mathbf{r}}_i=x_i\hat{\mathbf{i}}+y_i\hat{\mathbf{j}}+z_i\hat{\mathbf{k}}$。我們取 $n\to\infty$ 的極限後，Δm_i 就變成為無限小的 dm。

將一個伸展的物體視為由連續分佈的物質所組成通常是很方便的。換言之，我們考慮物體是由 n 個質點所組成，每一個圍繞點 x_i、y_i、z_i 之微小體積內的質量為 Δm_i，並且取 n 的極限為接近無限大（圖 9-26）。則在點 x、y、z 處，Δm_i 成為無限小的質量 dm。在 (9-11) 和 (9-12) 式中的總和則變成積分

$$x_{CM}=\frac{1}{M}\int x\,dm,\quad y_{CM}=\frac{1}{M}\int y\,dm,\quad z_{CM}=\frac{1}{M}\int z\,dm \qquad \textbf{(9-13)}$$

其中所有質量單元的總和為 $\int dm=M$，即物體的總質量。在向量標記法中，這變成

$$\vec{\mathbf{r}}_{CM}=\frac{1}{M}\int \vec{\mathbf{r}}\,dm \qquad \textbf{(9-14)}$$

有一個與質心類似的觀念就是**重心** (center of gravity, CG)。一個物體的重心是重力可以被視為集中作用的那一點。實際上重力作用在物體的所有不同部分或是質點上，但整體而言，為了確定物體的平移運動，我們可以假設物體的全部重量（它所有部分的重量總和）作用在重心。重心和質心之間有一個觀念上的差異，但是幾乎對所有的實用目的而言，它們是相同的一點。[3]

3 只有在物體大到使得物體的各不同部分有不同的重力加速度 g 的罕見情形時，質心與重心之間才有差異。

例題 9-16 **細桿的質心** (a) 試證明一根長度為 ℓ 和質量為 M 的均匀細桿，其質心位於它的中心，(b) 假設桿的線質量密度 λ (每單位長度的質量) 從左端的 $\lambda=\lambda_0$ 依線性變化成右端的 $\lambda=2\lambda_0$，試求桿的質心。

方法 我們選擇一個座標系統，使細桿位於 x 軸上，其左端位於 $x=0$，如圖 9-27 所示。則 $y_{CM}=0$ 和 $z_{CM}=0$。

解答 (a) 由於細竿是均匀的，因此它每單位長度的質量 (線質量密度 λ) 為常數，並且可以寫成 $\lambda=M/\ell$。我們現在想像細桿被劃分成無限小的單元 dx，各單元質量為 $dm=\lambda\,dx$。我們利用 (9-13) 式

$$x_{CM}=\frac{1}{M}\int_{x=0}^{\ell}x\,dm=\frac{1}{M}\int_{0}^{\ell}\lambda x\,dx=\frac{\lambda}{M}\frac{x^2}{2}\bigg|_0^{\ell}=\frac{\lambda\ell^2}{2M}=\frac{\ell}{2}$$

其中，我們使用了 $\lambda=M/\ell$。x_{CM} 位於中心的這個結果，正如我們所預期。(b) 已知 $x=0$ 處，$\lambda=\lambda_0$，而且在 $x=\ell$ 處，λ 線性地增加為 $\lambda=2\lambda_0$。因此我們可以寫出

$$\lambda=\lambda_0(1+\alpha x)$$

它必須滿足在 $x=0$ 處，$\lambda=\lambda_0$；以及 $x=\ell$ 處，線性增加為 $\lambda=2\lambda_0$。因此，$(1+\alpha\ell)=2$。換言之 $\alpha=1/\ell$，我們以 $\lambda=\lambda_0(1+x/\ell)$ 再次利用 (9-13) 式

$$x_{CM}=\frac{1}{M}\int_{x=0}^{\ell}\lambda x\,dx=\frac{1}{M}\lambda_0\int_0^{\ell}\left(1+\frac{x}{\ell}\right)x\,dx=\frac{\lambda_0}{M}\left(\frac{x^2}{2}+\frac{x^3}{3\ell}\right)\bigg|_0^{\ell}$$
$$=\frac{5}{6}\frac{\lambda_0}{M}\ell^2$$

現在我們寫出以 λ_0 和 ℓ 所表示的 M，

$$M=\int_{x=0}^{\ell}dm=\int_0^{\ell}\lambda\,dx=\lambda_0\int_0^{\ell}\left(1+\frac{x}{\ell}\right)dx=\lambda_0\left(x+\frac{x^2}{2\ell}\right)\bigg|_0^{\ell}=\frac{3}{2}\lambda_0\ell$$

所以，

$$x_{CM}=\frac{5}{6}\frac{\lambda_0}{M}\ell^2=\frac{5}{9}\ell$$

它是位於沿細桿過半處，正如我們所預期，因為右側的質量較多。

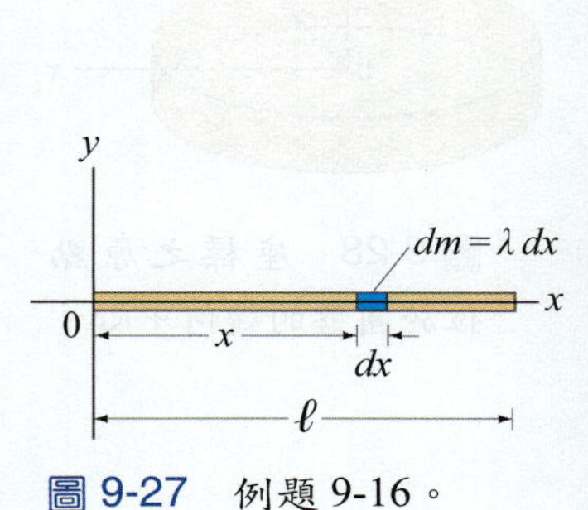

圖 9-27 例題 9-16。

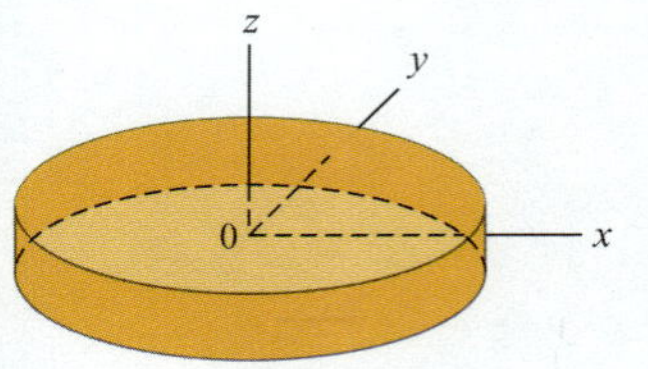

圖 9-28 座標之原點位於圓盤的幾何中心。

對於成分均匀且形狀對稱的物體，如球體、圓柱體和長方體而言，其質心位於物體的幾何中心。考慮一個均匀的圓柱體，例如一個實心的圓盤。我們預期質心位於圓心。為此我們首先選擇一個原點位於圓心，並且 z 軸與圓盤垂直的座標系統 (圖 9-28)。當我們做 (9-11) 式中的總和 $\Sigma m_i x_i$ 時，在任何 $+x_i$ 處的質量與 $-x_i$ 處是相等的，因而所有各項都成對地抵消，所以 $x_{CM}=0$。而對 y_{CM} 而言，也是同樣的情形。在垂直的 (z) 方向中，質心必須位於兩個圓形表面的中間：如果我們將座標原點選擇為該點，則在任何 $+z_i$ 和 $-z_i$ 處的質量相等，所以 $z_{CM}=0$。對於其他均匀且形狀對稱的物體，我們可以用類似的論點證明質心必定位於對稱線上。如果一個對稱的物體不是均匀的，則這個論點就不能適用。例如，一側加重的輪子或圓盤，其質心就不是位於幾何中心，而是較接近加重的一側。

為找出一群伸展之物體的質心，我們可以利用 (9-11) 式，其中 m_i 是這些物體的質量，而 x_i、y_i 和 z_i 是各個物體質心的座標。

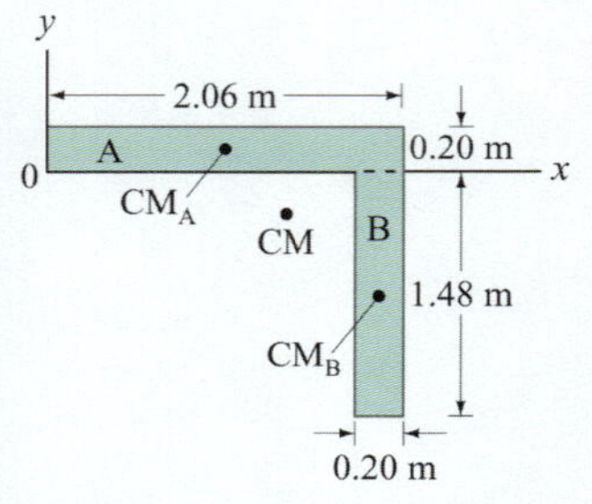

圖 9-29 例題 9-17。這個 L 形物體的厚度為 t (圖上沒有顯示)。

例題 9-17 **L 形平面物體的質心** 試求圖 9-29 中，一個均匀的薄 L 形建築支架的質心。

方法 我們可以將物體視為兩個長方形：長方形 A 為 2.06 m×0.20 m，長方形 B 為 1.48 m×0.20 m。我們選擇 0 點為原點。假設厚度是均匀的。

解答 長方形 A 的質心位於

$$x_A = 1.03 \text{ m}, \quad y_A = 0.10 \text{ m}$$

長方形 B 的質心位於

$$x_B = 1.96 \text{ m}, \quad y_B = -0.74 \text{ m}$$

A 的質量 (厚度為 t) 為

$$M_A = (2.06 \text{ m})(0.20 \text{ m})(t)(\rho) = (0.412 \text{ m}^2)(\rho t)$$

其中 ρ 為密度 (每單位體積的質量)。B 的質量為

$$M_B = (1.48 \text{ m})(0.20 \text{ m})(\rho t) = (0.296 \text{ m}^2)(\rho t)$$

總質量為 $M=(0.708 \text{ m}^2)(\rho t)$。因此

$$x_{CM}=\frac{M_A\,x_A+M_B\,x_B}{M}=\frac{(0.412\text{ m}^2)(1.03\text{ m})+(0.296\text{ m}^2)(1.96\text{ m})}{(0.708\text{ m}^2)}$$

$$=1.42\text{ m}$$

其中在分子和分母的 ρt 互相抵消。同樣地，

$$y_{CM}=\frac{(0.412\text{ m}^2)(1.10\text{ m})+(0.296\text{ m}^2)(-0.74\text{ m})}{(0.708\text{ m}^2)}=-0.25\text{ m}$$

質心大約位於圖中標示的點處 (圖 9-29)。因為假設物體是均勻的，所以在厚度的方向中 $z_{CM}=t/2$。

注意在最後的例題中，質心竟然可以位於物體外部。另一個實例則是甜甜圈的質心位於洞的中央。

以實驗法求一個伸展之物體的質心或重心通常比解析法來得容易。如果將一個物體從任一點懸吊起來，由於重力的作用它將會搖擺 (圖 9-30)，除非它的重心正好直接位於在懸吊點下方的垂直線上。如果物體是二維的，或是具有對稱的平面，它只需要從兩個不同的樞軸點懸吊，並且分別畫出鉛垂線，則重心將位於兩條線的交點 (圖 9-31)。若物體沒有對稱的平面，則有關第三維的重心是藉由將物體至少懸吊在三個其鉛垂線不在相同平面上的點而求出。對於形狀對稱的物體而言，其質心位於物體的幾何中心。

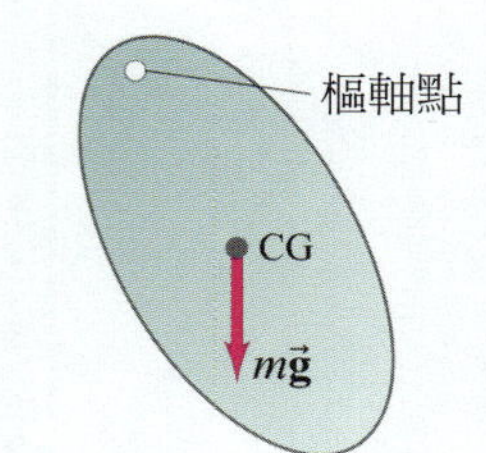

圖 9-30 測定一個平的均勻物體之質心。

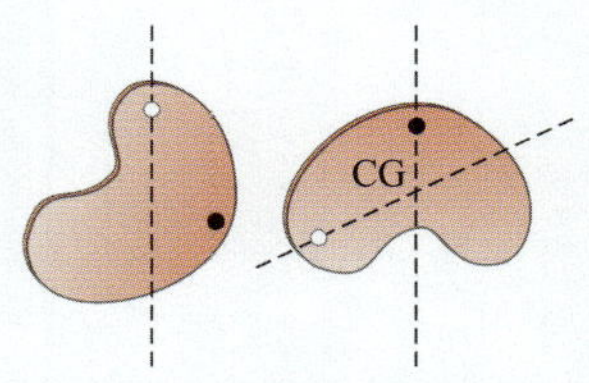

圖 9-31 尋找物體的重心。

9-9 質心與平移運動

如第 9-8 節所述，質心觀念之所以重要的主要原因是整體而言，質點系統 (或一個伸展的物體) 其質心的平移運動是直接地與作用在系統上的淨力有關。我們藉由檢查總質量為 M 的 n 質點系統之運動，並假設所有的質量均保持不變來證明這個觀念。我們重寫 (9-12) 式為

$$M\mathbf{r}_{CM}=\Sigma m_i\,\mathbf{r}_i$$

將此式對時間微分

$$M\frac{d\mathbf{r}_{CM}}{dt}=\Sigma m_i\frac{d\mathbf{r}_i}{dt}$$

或是

$$M\vec{\mathbf{v}}_{CM}=\Sigma m_i\,\vec{\mathbf{v}}_i \tag{9-15}$$

其中，$\vec{\mathbf{v}}_i = d\vec{\mathbf{r}}_i/dt$ 是質量為 m_i 的第 i 個質點的速度，而 $\vec{\mathbf{v}}_{\mathrm{CM}}$ 是質心的速度。我們將上述結果再次對時間微分，得到

$$M\frac{d\vec{\mathbf{v}}_{\mathrm{CM}}}{dt} = \Sigma m_i \vec{\mathbf{a}}_i$$

其中，$\vec{\mathbf{a}}_i = d\vec{\mathbf{v}}_i/dt$ 是第 i 個質點的加速度。現在，$d\vec{\mathbf{v}}_{\mathrm{CM}}/dt$ 是質心的加速度 $\vec{\mathbf{a}}_{\mathrm{CM}}$。依牛頓第二運動定律 $m_i\vec{\mathbf{a}}_i = \vec{\mathbf{F}}_i$，其中，$\vec{\mathbf{F}}_i$ 是作用在第 i 個質點上的淨力。所以

$$M\vec{\mathbf{a}}_{\mathrm{CM}} = \vec{\mathbf{F}}_1 + \vec{\mathbf{F}}_2 + \cdots + \vec{\mathbf{F}}_n = \Sigma\vec{\mathbf{F}}_i \qquad \textbf{(9-16)}$$

亦即作用在系統上所有力的向量和等於系統的總質量乘以質心的加速度。注意，n 質點系統可以是由 n 個質點所組成的一個或更多的伸展物體。

對系統之質點施加的力 $\vec{\mathbf{F}}_i$ 可以分成兩種類型：(1) 由系統外部之物體所施加的*外力*，以及 (2) 系統內的質點對彼此施加的*內力*。由牛頓第三運動定律，內力是成對地發生：如果系統中一個質點對第二個質點施力，則第二個質點必定對第一個施加相等且相反的力。因此，在 (9-16) 式所有力的總和中，這些內力成對地互相抵消。於是 (9-16) 式的右邊只剩下外力

$$M\vec{\mathbf{a}}_{\mathrm{CM}} = \Sigma\vec{\mathbf{F}}_{\mathrm{ext}} \qquad [M\text{為常數}] \qquad \textbf{(9-17)}$$

其中，$\Sigma\vec{\mathbf{F}}_{\mathrm{ext}}$ 是作用在系統上的所有外力之總和，它是作用在系統上的*淨力*。因此

系統的牛頓第二運動定律

作用在系統上的所有力量之總和等於系統的總質量乘以其質心的加速度。

這是關於質點系統的**牛頓第二運動定律** (Newton's second law)。它也適用於一個伸展的物體 (可視為質點的積聚)，以及一個由物體組成的系統。因此我們推斷出，

質心的平移運動

總質量為 M 的質點 (或物體) 系統之質心的移動與質量為 M 的單一質點受相同淨外力作用時的移動相同。

亦即系統的平移似乎它所有的質量都集中在質心，並且所有外力都作用在該點上。因此我們可以將任何物體或系統的*平移運動*視為一個質

點的運動 (參見圖 9-21 與 9-22)。這個結果明確地簡化了我們對複雜系統與伸展物體之運動的分析。雖然系統各個不同部分的運動可能很複雜，但只要了解質心的運動通常就可以滿足我們的需要。這個結果也讓我們非常容易地解決某些特定類型的問題，如下列例題所述。

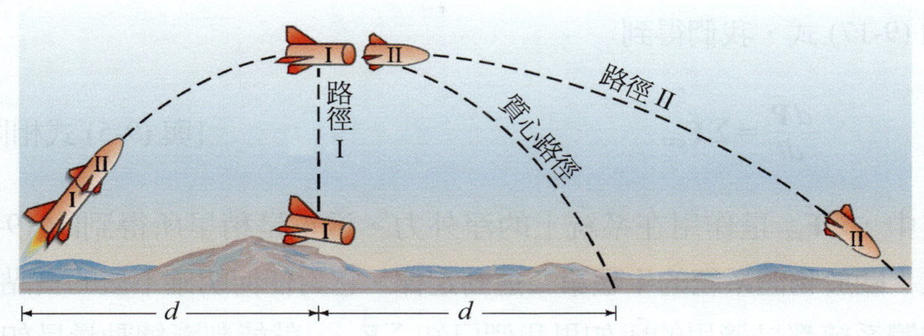

圖 9-32 例題 9-18。

例題 9-18 **兩段的火箭** 一枚火箭發射至空中，如圖 9-32 所示。當它到達最高點時，距出發點的水平距離為 d，此時預先安排的爆炸將它分離成質量相等的兩個部分。第 I 部分因爆炸而停在半空中，然後垂直地落到地面。第 II 部分落在何處？假設 $\vec{\mathbf{g}}$ 為常數。

回答 在火箭發射之後，系統質心的路徑將持續依循一個只受固定重力作用之拋射體的拋物線軌跡。因此質心將到達距離出發點 $2d$ 處。因為質量 I 與 II 相等，所以質心必定位於它們的中間。因此第 II 部分落在距離出發點 $3d$ 處。

備註 如果第 I 部分在爆炸時受到一個向上或向下的反衝力，則它將不只是落下，解答方法將略微複雜些。

練習 H 一位女士站在一艘小船上，並且從船的一端走向另一端。從岸上觀看，小船會如何移動？

我們可以將 (9-17) 式 $M\vec{\mathbf{a}}_{\mathrm{CM}} = \Sigma\vec{\mathbf{F}}_{\mathrm{ext}}$ 以質點系統的總動量 $\vec{\mathbf{P}}$ 表示。如我們在第 9-2 節中所見，$\vec{\mathbf{P}}$ 的定義為

$$\vec{\mathbf{P}} = m_1\vec{\mathbf{v}}_1 + m_2\vec{\mathbf{v}}_2 + \cdots + m_n\vec{\mathbf{v}}_n = \Sigma\vec{\mathbf{p}}_i$$

由 (9-15) 式 ($M\vec{\mathbf{v}}_{\mathrm{CM}} = \Sigma m_i\vec{\mathbf{v}}_i$)，可得

$$\vec{\mathbf{P}} = M\vec{\mathbf{v}}_{\mathrm{CM}} \tag{9-18}$$

因此，質點系統的總線動量等於總質量 M 與系統質心速度的相乘積。或者，一個伸展之物體的線動量為物體的質量與其質心速度的相乘積。

若將 (9-18) 式對時間微分，我們得到 (假設總質量 M 為常數)

$$\frac{d\vec{\mathbf{P}}}{dt} = M\frac{d\vec{\mathbf{v}}_{\mathrm{CM}}}{dt} = M\vec{\mathbf{a}}_{\mathrm{CM}}$$

由 (9-17) 式，我們得到

系統的牛頓第二運動定律

$$\frac{d\vec{\mathbf{P}}}{dt} = \Sigma\vec{\mathbf{F}}_{\mathrm{ext}} \qquad \text{[與 (9-5) 式相同]}$$

其中，$\Sigma\vec{\mathbf{F}}_{\mathrm{ext}}$ 是作用在系統上的淨外力。這正是稍早所得到的 (9-5) 式：**關於物體系統的牛頓第二運動定律**。它對任何明確不變的質點或物體系統都是適用的。如果我們已知 $\Sigma\vec{\mathbf{F}}_{\mathrm{ext}}$，就能判斷總動量是如何變化。

物理應用
探索遙遠的行星

一種令人感興趣的應用就是探索附近看似在“晃動”的恆星 (見第 6-5 節)。是什麼原因能引起這樣的晃動？它可能是一個行星環繞恆星運行，並且每一個對另一個施加引力所引起的。行星太小又太遠，因而無法以現有的望遠鏡直接觀察。但恆星運動中的輕微晃動令人想到行星和恆星環繞著它們共同的質心而運行，因而恆星看來似乎在晃動。我們能夠以高準確度獲得恆星運動的不規則性，並且由這項資料可以得到行星軌道的大小以及它們的質量。見第 6 章中的圖 6-18。

*9-10 質量可變的系統；火箭推進

我們現在要討論質量會變化的物體或系統。這樣的系統可以視為一種非彈性碰撞的型態，但是此處利用 (9-5) 式，$d\vec{\mathbf{P}}/dt = \Sigma\vec{\mathbf{F}}_{\mathrm{ext}}$ 較為簡單，其中 $\vec{\mathbf{P}}$ 是系統的總動量，並且 $\Sigma\vec{\mathbf{F}}_{\mathrm{ext}}$ 是對系統施加的淨外力。必須非常用心地定義系統並且算入動量所有的變化。一項重要的應用就是火箭，它噴出燃燒的氣體而將自己向前推進：氣體對火箭施力，因而使火箭加速。當火箭噴出氣體時，它的質量 M 逐漸減少，因此 $dM/dt < 0$。另一項應用則是將材料 (碎石、包裝的物品) 投到輸送帶上。在這種情況中，裝載的輸送帶的質量 M 逐漸增加，而 $dM/dt > 0$。

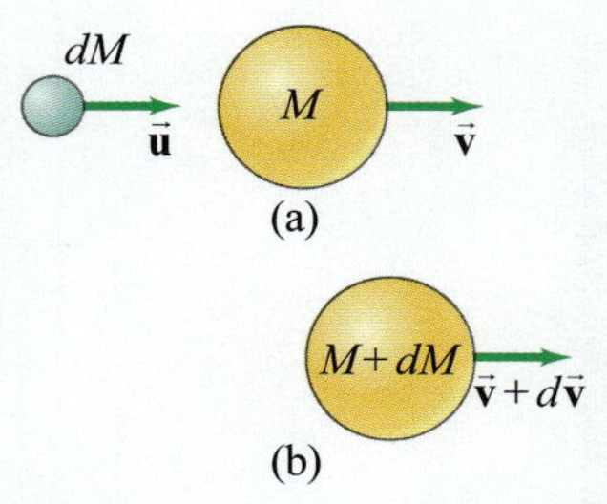

圖 9-33 (a) 在時間 t 時，質量 dM 即將加入我們的系統 M 中。(b) 在時間 $t+dt$ 時，質量 dM 已經加入我們的系統中。

為了探討質量可變化的一般情形，我們考慮圖 9-33 中所示的系統。在某時間 t，我們有一個質量 M 和動量為 $M\vec{v}$ 的系統。同時還有一個速度為 $\vec{u}$ 的極小 (無限小的) 質量 dM 即將進入我們的系統。在無限小的時間 dt 之後，質量 dM 與系統結合。為了簡單起見，我們稱這是"碰撞"。因此在時間 dt 內，系統的質量已經由 M 改變為 $M+dM$。注意 dM 可以小於零，例如火箭利用噴出的氣體推進，質量 M 因而減少。

為了應用 (9-5) 式，$d\vec{P}/dt=\Sigma\vec{F}_{ext}$，我們必須考慮一個明確不變的質點系統。亦即考慮動量變化 $d\vec{P}$ 時，也必須考慮相同質點最初和最後的動量。我們定義總系統為包括 M 與 dM。最初在時間 t 時，總動量為 $M\vec{v}+\vec{u}\,dM$ (圖 9-33)。而在 dM 與 M 結合之後的時間 $t+dt$ 時，此刻整體的速度為 $\vec{v}+d\vec{v}$，而且總動量為 $(M+dM)(\vec{v}+d\vec{v})$。因此動量變化 $d\vec{P}$ 為

$$
\begin{aligned}
d\vec{P} &= (M+dM)(\vec{v}+d\vec{v}) - (M\vec{v}+\vec{u}\,dM) \\
&= M\,d\vec{v}+\vec{v}\,dM+dM\,d\vec{v}-\vec{u}\,dM
\end{aligned}
$$

即使在"除以 dt"以後，$dM\,d\vec{v}$ 仍是兩個微分項的相乘積，並且為零，因此我們應用 (9-5) 式得到

$$\Sigma\vec{F}_{ext}=\frac{d\vec{P}}{dt}=\frac{M\,d\vec{v}+\vec{v}\,dM-\vec{u}\,dM}{dt}$$

因此

$$\Sigma\vec{F}_{ext}=M\frac{d\vec{v}}{dt}-(\vec{u}-\vec{v})\frac{dM}{dt} \tag{9-19a}$$

注意，其中 $(\vec{u}-\vec{v})$ 是 dM 相對於 M 的相對速度 $\vec{v}_{rel}$。亦即，

$$\vec{v}_{rel}=\vec{u}-\vec{v}$$

是在 M 上的觀察者所見到的 dM 之速度。我們重新整理 (9-19a) 式

$$M\frac{d\vec{v}}{dt}=\Sigma\vec{F}_{ext}+\vec{v}_{rel}\frac{dM}{dt} \tag{9-19b}$$

我們可以將這個方程式解釋如下。$M\,d\vec{v}/dt$ 是質量乘以 M 的加速度。右邊第一項 $\Sigma\vec{F}_{ext}$，則是作用在質量 M 上的外力 (對火箭而言，它包括

重力與空氣阻力)。它並不包括 dM 因碰撞而對 M 所施加的撞擊力。這由右邊第二項 $\vec{\mathbf{v}}_{\mathrm{rel}}(dM/dt)$ 來處理，因為質量增加 (或減少)，所以它代表動量被轉入 (或轉出) 質量 M 的速率。因此它可以解釋為，由於質量的加入 (或噴出)，而對質量 M 所施加的力。就火箭而言，這一項稱為推力，因為它代表噴出的氣體對火箭所施加的力。由於火箭噴出燃燒的燃料，故 $dM/dt<0$，但是 $\vec{\mathbf{v}}_{\mathrm{rel}}$ 也是如此 (氣體向後噴出)，因此 (9-19b) 式中第二項的作用是使 $\vec{\mathbf{v}}$ 增加。

物理應用

移動中的輸送帶

例題 9-19 **輸送帶** 你正為一個碎石場設計輸送帶系統。料斗以 75.0 kg/s 的速率投下碎石，輸送帶以等速 $v=2.20$ m/s 移動 (圖 9-34)。(a) 試求當碎石落下時，為保持輸送帶繼續移動，所需要的額外的力 (除內部摩擦之外)。(b) 驅動輸送帶的馬達所需要的輸出功率為何？

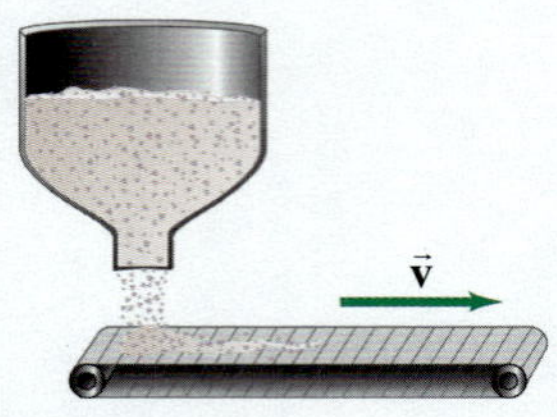

圖 9-34 例題 9-19。碎石從料斗落到輸送帶上。

方法 我們假設料斗是靜止的，所以 $u=0$，並且料斗已經始投下碎石，所以 $dM/dt=75.0$ kg/s。

解答 (a) 輸送帶必須以等速移動 $(dv/dt=0)$，因此在一維中可以將 (9-19a) 式寫成

$$
\begin{aligned}
F_{\mathrm{ext}} &= M\frac{dv}{dt}-(u-v)\frac{dM}{dt} \\
&= 0-(0-v)\frac{dM}{dt} \\
&= v\frac{dM}{dt}=(2.20\ \mathrm{m/s})(75.0\ \mathrm{kg/s})=165\ \mathrm{N}
\end{aligned}
$$

(b) 此力的功率為 [(8-21) 式]

$$\frac{dW}{dt}=\vec{\mathbf{F}}_{\mathrm{ext}}\cdot\vec{\mathbf{v}}=v^2\frac{dM}{dt}=363\ \mathrm{W}$$

這就是馬達所需要的輸出功率。

備註 這些功並未完全成為碎石的動能，因為

$$\frac{dK}{dt}=\frac{d}{dt}\left(\frac{1}{2}Mv^2\right)=\frac{1}{2}\frac{dM}{dt}v^2$$

這只是 $\vec{\mathbf{F}}_{\mathrm{ext}}$ 所作之功的一半。另一半的外力所作的功成為碎石與輸送帶之間因摩擦而產生的熱能 (相同的摩擦力使碎石加速)。

例題 9-20 **火箭的推進** 一枚裝滿燃料之火箭的質量為 21000 kg，其中 15000 kg 是燃料。燃燒的燃料以 190 kg/s 的消耗率以及相對於火箭為 2800 m/s 之速率由火箭後方噴出。如果火箭垂直向上發射 (圖 9-35)，試計算 (a) 火箭的推力；(b) 在升空時和燃料剛耗盡 (當所有燃料用盡) 之前作用在火箭上的淨力；(c) 火箭之速度的時間函數，(d) 它在燃料耗盡時的最終速度。假設重力加速度是常數 $g = 9.80\ \mathrm{m/s^2}$，並忽略空氣阻力。

物理應用
火箭的推進

方法 推力定義為 (9-19b) 式中最後的一項 $v_{\text{rel}}(dM/dt)$ [見 (9-19b) 式後面的討論]。淨力是推力與重力的向量和。速度可從 (9-19b) 式求得。

解答 (a) 推力是

$$F_{\text{thrust}} = v_{\text{rel}}\frac{dM}{dt} = (-2800\ \mathrm{m/s})(-190\ \mathrm{kg/s}) = 5.3\times10^5\ \mathrm{N}$$

其中我們選擇向上為正，由於 v_{rel} 向下，所以它是負的，並且因為火箭質量逐漸減少，所以 dM/dt 也是負的。

(b) 最初 $F_{\text{ext}} = Mg = (2.1\times10^4\ \mathrm{kg})(9.80\ \mathrm{m/s^2}) = 2.1\times10^5\ \mathrm{N}$，在燃料耗盡時 $F_{\text{ext}} = (6.0\times10^3\ \mathrm{kg})(9.80\ \mathrm{m/s^2}) = 5.9\times10^4\ \mathrm{N}$。因此，火箭升空時的淨力為

$$F_{\text{net}} = 5.3\times10^5\ \mathrm{N} - 2.1\times10^5\ \mathrm{N} = 3.2\times10^5\ \mathrm{N} \qquad [\text{火箭升空}]$$

在燃料剛耗盡之前它是

$$F_{\text{net}} = 5.3\times10^5\ \mathrm{N} - 5.9\times10^4\ \mathrm{N} = 4.7\times10^5\ \mathrm{N} \qquad [\text{燃料耗盡}]$$

當然，在燃料燒盡以後，淨力是重力 $-5.9\times10^4\ \mathrm{N}$。

(c) 由 (9-19b) 式可得

$$dv = \frac{F_{\text{ext}}}{M}dt + v_{\text{rel}}\frac{dM}{M}$$

其中，$F_{\text{ext}} = -Mg$，而 M 是火箭的質量並且是時間的函數。因為 v_{rel} 是常數，所以我們可以很容易地將此式積分

$$\int_{v_0}^{v} dv = -\int_0^t g\,dt + v_{\text{rel}}\int_{M_0}^{M}\frac{dM}{M}$$

或

$$v(t) = v_0 - gt + v_{\text{rel}}\ln\frac{M}{M_0}$$

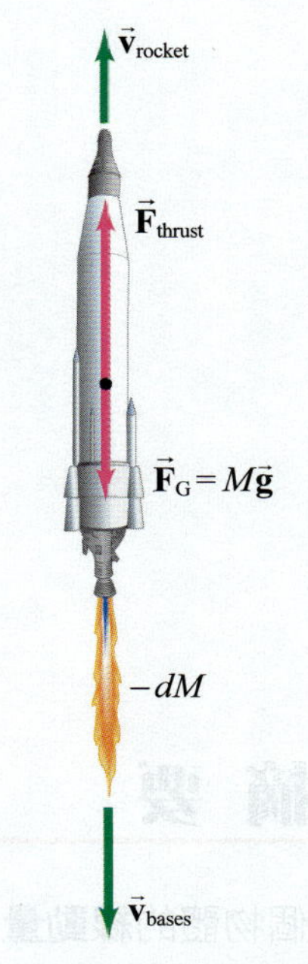

圖 9-35 例題 9-20。$\vec{\mathbf{v}}_{\text{rel}} = \vec{\mathbf{v}}_{\text{gases}} - \vec{\mathbf{v}}_{\text{rocket}}$。$M$ 是在任何時刻的火箭質量，它在燃料耗盡前不斷地減少。

其中，$v(t)$ 是火箭的速度，而 M 則是它在任何時刻 t 的質量。注意 v_{rel} 是負的 (在本題中為 -2800 m/s)，因為它與運動的方向相反；並且因為 $M_0 > M$，所以 $\ln(M/M_0)$ 也是負的。因此，最後一項——它代表推力——是正的，而且它的作用是使火箭的速度增加。

(d) 燃料耗盡所需的時間就是以 190 kg/s 的消耗率將所有燃料 (15000 kg) 用完的時間；因此燃料耗盡時，

$$t = \frac{1.50 \times 10^4 \text{ kg}}{190 \text{ kg/s}} = 79 \text{ s}$$

如果我們取 $v_0 = 0$，然後利用 (c) 中的結果，則

$$v = -(9.80 \text{ m/s}^2)(79 \text{ s}) + (-2800 \text{ m/s})\left(\ln \frac{6000 \text{ kg}}{21000 \text{ kg}}\right) = 2700 \text{ m/s}$$

摘要

一個物體的**線動量** (linear momentum) $\vec{\mathbf{p}}$，定義為物體的質量與它的速度之相乘積

$$\vec{\mathbf{p}} = m\vec{\mathbf{v}} \tag{9-1}$$

以動量表示，**牛頓第二運動定律** (Newton's second law) 可以寫成

$$\Sigma\vec{\mathbf{F}} = \frac{d\vec{\mathbf{p}}}{dt} \tag{9-2}$$

亦即一個物體動量的變化率等於對它作用的淨力。

當一個物體系統上的淨外力為零時，其總動量保持不變。這就是**動量守恆定律** (law of conservation of momentum)。換句話說，一個隔離的物體系統其總動量保持不變。

動量守恆定律在處理碰撞之類的問題時是非常有用的。在碰撞的過程中，兩個 (或更多) 物體在極短的時間內相互作用，而且在這個時間間距內每個物體對另一個所施加的力與其他的力相比較是非常大的。物體上這樣的一個力之**衝量** (impulse) 定義為

$$\vec{\mathbf{J}} = \int \vec{\mathbf{F}}\, dt$$

只要 $\vec{\mathbf{F}}$ 是作用在物體上的淨力，它就等於物體動量的變化

$$\Delta\vec{\mathbf{p}} = \vec{\mathbf{p}}_f - \vec{\mathbf{p}}_i = \int_{t_i}^{t_f} \vec{\mathbf{F}}\, dt = \vec{\mathbf{J}} \tag{9-6}$$

在任何的碰撞中，總動量是守恆的

$$\vec{\mathbf{p}}_A + \vec{\mathbf{p}}_B = \vec{\mathbf{p}}'_A + \vec{\mathbf{p}}'_B$$

總能量也是守恆的；但是除非動能守恆，否則這可能不太實用，在那個特殊情況中的碰撞稱為**彈性碰撞** (elastic collision)

$$\frac{1}{2}m_A v_A^2 + \frac{1}{2}m_B v_B^2 = \frac{1}{2}m_A v'^2_A + \frac{1}{2}m_B v'^2_B \tag{9-7}$$

如果動能沒有守恆，則碰撞稱為**非彈性的** (inelastic)。若兩個物體因碰撞而互黏在一起，則碰撞稱為**完全非彈性** (completely inelastic)。

對於一個質點系統，或是一個可以視為具有連續之物質分佈的伸展物體而言，**質心** (center of mass, CM) 定義為

$$x_{CM} = \frac{\Sigma m_i x_i}{M}, \quad y_{CM} = \frac{\Sigma m_i y_i}{M}, \quad z_{CM} = \frac{\Sigma m_i z_i}{M} \tag{9-11}$$

或是

$$x_{CM} = \frac{1}{M}\int x\,dm, \quad y_{CM} = \frac{1}{M}\int y\,dm, \quad z_{CM} = \frac{1}{M}\int z\,dm \tag{9-13}$$

其中 M 為系統的總質量。

一個系統的質心是很重要的，因為這個點的移動與一個質量為 M 的單一質點受到同樣的淨外力 $\Sigma\vec{\mathbf{F}}_{ext}$ 作用的移動是相同的。若以方程式形式表示，這正是質點系統 (或伸展的物體) 的牛頓第二運動定律

$$M\vec{\mathbf{a}}_{CM} = \Sigma\vec{\mathbf{F}}_{ext} \tag{9-17}$$

其中 M 為系統的總質量，$\vec{\mathbf{a}}_{CM}$ 為系統質心的加速度，而 $\Sigma\vec{\mathbf{F}}_{ext}$ 則是作用在系統所有部分的總 (淨) 外力。

對一個總線動量為 $\vec{\mathbf{P}} = \Sigma m_i\vec{\mathbf{v}}_i = M\vec{\mathbf{v}}_{CM}$ 的質點系統而言，牛頓第二運動定律為

$$\frac{d\vec{\mathbf{P}}}{dt} = \Sigma\vec{\mathbf{F}}_{ext} \tag{9-5}$$

[*若一個物體的質量 M 不是常數，則

$$M\frac{d\vec{\mathbf{v}}}{dt} = \Sigma\vec{\mathbf{F}}_{ext} + \vec{\mathbf{v}}_{rel}\frac{dM}{dt} \tag{9-19b}$$

其中 $\vec{\mathbf{v}}$ 是物體在任何時刻的速度，而 $\vec{\mathbf{v}}_{rel}$ 則是質量進入 (或離開) 物體的相對速度。]

問題

1. 我們聲稱動量是守恆的。不過，大多數正在移動的物體最後都會逐漸減速而停止。試解釋之。
2. 兩個質量分別為 m_1 與 m_2 的木塊，以彈簧連接並且放在無摩擦的桌面上。將木塊拉開，使彈簧伸長，然後釋放。試描述兩個木塊隨後的運動情形。
3. 一個輕的物體和一個重的物體具有相同的動能。哪一個具有較大的動量？試解釋之。
4. 一個人從樹上跳下，當他跳到地面時動量有何變化？
5. 以動量守恆為基礎，試解釋魚如何藉由尾巴來回擺動來驅使自己向前進。
6. 兩個小孩在太空航站中不動地飄浮著。其中 20 kg 的女孩推了 40 kg 的男孩後，男孩以 1.0 m/s 的速率飄離。則女孩會 (a) 保持不動；(b) 以 1.0 m/s 的速率朝相同方向移動；(c) 以 1.0 m/s 的速率朝相反方向移動；(d) 以 2.0 m/s的速率朝相反方向移動；(e) 以上皆非。
7. 一輛時速為 15 km/h 的卡車正面碰撞一輛時速為 30 km/h 的小汽車，以下哪種說法最能描述這種情況？(a) 卡車的動量變化較大，因為它的質量較大。(b) 小汽車的動量變化較大，因為它的速率較高。(c) 碰撞過程中，因為動量是守恆的，所以小汽車與卡車的動量皆不變。(d) 因為動量是守恆的，所以它們都有相同大小的動量變化。(e) 以上皆非。
8. 如果一個球落下，而與地板作完全的彈性碰撞，它會反彈至原來的高度嗎？試解釋之。
9. 一位男孩站在一艘小船的後方，接著跳入水中。當男孩跳入水中時，小船會發生什麼變化？試解釋之。
10. 據說古時候有一位富翁帶著一袋金幣被困在結冰的湖面上。因為冰沒有摩擦力，所以富翁因無法將自己推到岸邊而凍死在湖上。如果他不是如此吝嗇，他可以如何拯救自己？
11. 即使沒有快速地揮拍，網球回擊時的球速還是能與原來發球時的球速一樣快。為什麼？
12. 一個物體是否可能從小的力量所獲得的衝量比從一個大的力量所獲得的衝量來得大？試解釋之。
13. 即使一個力至少在時間間距的一部分中不為零，則如何使一個力在不為零的時間間距中，產生一個零衝量？
14. 在以下兩輛車的兩種碰撞情形中，你預料何者的乘客傷勢會較為嚴重：兩輛車碰撞後連接在一起，或者兩輛車在碰撞後反彈？試解釋之。
15. 一顆超級球從高度 h 掉落到一塊硬鋼板上 (固定在地面)，它彈回時的球速非常接近其原速率。 (a) 在這個過程中的任何一部分，球的動量是守恆的嗎？(b) 如果將超級球與地球視為同一個系統，則在這個過程中的哪一個部分動量是守恆的？(c) 如果是一塊灰泥掉落且黏在鋼板上，則 (b) 的答案為何？

16. 汽車過去都製造成愈堅固愈好，以承受碰撞。然而，今天的汽車設計具有在碰撞時可崩塌的“防撞緩衝部位”。這種新設計的優點是什麼？

17. 在水力發電廠中，水以高速沖向裝在軸上的渦輪葉片，並驅動發電機。為了產生最大的電力，渦輪葉片應設計成使水全然停止，或使水彈回？

18. 有一個壁球以 45° 角擊中牆壁，如圖 9-36 所示。(a) 球的動量變化方向為何，(b) 對牆的作用力之方向為何？

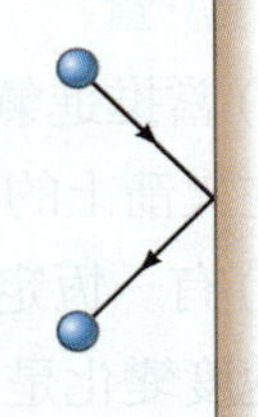

圖 9-36 問題 18。

19. 為什麼棒球打擊手打擊別人投出的球所飛出去的距離要比打擊他自己向上拋的球來得遠？

20. 試描述一個會失去所有動能的碰撞。

21. 非彈性與彈性碰撞的類似之處是 (a) 動量與動能皆守恆；(b) 動量皆守恆；(c) 動量與位能皆守恆；(d) 動能皆守恆。

22. 如果一架 20 人座的飛機尚未客滿，有時乘客會被告知他們一定要坐在某些座位上，不得換到其他的空位。為什麼如此？

23. 當你懷裡抱著重物時，為什麼身體會想要向後傾斜？

24. 為什麼一根 1 m 長的管子的質心位於中點，而這對你的手臂或腿而言就不是如此？

25. 當你從橫臥起身到坐著時，請畫圖說明你的質心如何移動。

26. 試描述一個判斷任一薄的均勻三角平板之質量中心的分析方法。

27. 你面對一個打開的門邊緣，把你的腳分跨在門的兩邊，並將你的鼻子和腹部接觸門的邊緣。試著抬起你的腳跟，而以腳尖站立。為什麼無法這樣做？

28. 如果只有外力可以改變一個物體質心的動量，為什麼引擎的內力能夠使汽車加速？

29. 有一枚以拋物線路徑在空中飛行的火箭突然爆炸成許多碎片。試描述這個碎片系統的移動情形。

30. 在遠離地球而基本上是真空狀態的外太空中，火箭要如何改變方向？

31. 在觀察原子核的 β-衰變時，電子與彈回的原子核往往沿著不同的直線分離。試利用二維的動量守恆來說明為何這意味著在衰變時至少有一個其他的質點發射。

32. 鮑勃和吉姆決定在無摩擦的表面 (冰) 上玩拔河遊戲。吉姆比鮑勃強壯許多，但鮑勃重達 160 磅，而吉姆重 145 磅。試問誰會先越過中線而輸掉比賽？

33. 在嘉年華遊戲中，你試圖扔一個小球來打翻一個沉重的圓柱。你可以選擇投擲第一球，而它會附著於圓柱上，或是同等質量和速度的第二球，但它會從圓柱反彈。哪一個球比較可能使圓柱移動？

習　題

9-1　動　量

1. (I) 當推進氣體的排放率為 1300 kg/s，且火箭以 4.5×10^4 m/s 的速率前進時，試計算施加在火箭上的力為多少？
2. (I) 有一恆定的摩擦力 25 N，作用在一位 65 kg 的滑雪者上持續達 15 s 的時間。滑雪者的速度變化是多少？
3. (II) 以SI單位制表示，某質點的動量為 $\vec{\mathbf{p}}=4.8t^2\,\hat{\mathbf{i}}-8.0\,\hat{\mathbf{j}}-8.9t\,\hat{\mathbf{k}}$，則力的時間函數式為何？
4. (II) 作用於一質量為 m 之質點上的力為 $\vec{\mathbf{F}}=26\,\hat{\mathbf{i}}-12t^2\,\hat{\mathbf{j}}$（$F$ 之單位為 N，t 之單位為 s），試問在 $t=1.0$ s 與 $t=2.0$ s 之間，質點的動量會有何改變？
5. (II) 一個 145 g 的棒球，沿著 x 軸方向以 30.0 m/s 之速率飛行，接著以 45° 角碰撞圍欄，再沿著 y 軸方向以相同的速率彈回。請利用單位向量標記法描述其動量的變化。
6. (II) 一顆 0.145 kg 的棒球以水平方向投出，它以 32.0 m/s 之速率擊中球棒，接著直線上升到 36.5 m 的高度處。如果球棒與球的接觸時間為 2.5 ms，試計算在接觸過程中球與球棒之間的平均力。
7. (II) 一枚總質量為 3180 kg 的火箭正以 115 m/s 之速度在外太空中飛行。為了將方向改變 35.0° 角，可以朝與原路線垂直的方向將火箭短暫地點燃。如果火箭的氣體以 1750 m/s 之速率噴出，則需要噴出多少質量的氣體？
8. (III) 風速 120 km/h 之風中的空氣迎面吹向寬 45 cm、高 65 cm 的建築物後停止。如果空氣的密度為 1.3 kg/m^3，試計算風對建築物施加的平均力。

9-2　動量守恆

9. (I) 一輛 7700 kg 以 18 m/s 之速率行駛的貨車撞上第二輛車。這兩輛車連在一起，並以 5.0 m/s 之速率離去。第二輛車的質量為多少？
10. (I) 一節 9150 kg 的火車廂以 15.0 m/s 的穩定速率在水平無摩擦的鐵軌上行進，有一箱 4350 kg 原先為靜止的貨物，掉落到車廂中。火車的新速率為多少？
11. (I) 一個靜止的原子核放射性地衰變為一個 α 粒子以及一個較小的原子核。如果這個 α 粒子的速率為 2.8×10^5 m/s，則反彈的原子核之速率為多少？假設反彈的原子核之質量為 α 粒子的 57 倍。
12. (I) 一位 130 kg 的橄欖球員以 2.5 m/s 之速率奔跑，迎面撞上一位 82 kg 且以 5.0 m/s 之速率奔跑的中衛。在剛碰撞後的瞬間，他們共同的速率是多少？

13. (II) 小船上有一個孩子，以 10.0 m/s 之速率水平地拋出一個 5.70 kg 的包裹 (圖 9-37)。假設船最初是靜止的，試計算包裹剛丟出後，船的瞬時速度。孩子的質量為 24.0 kg，船的質量為 35.0 kg。

圖 9-37　習題 13。

14. (II) 一原子核原先以 420 m/s 之速率移動，接著朝原速度方向放射出一個 α 粒子，而剩下的原子核則減速至 350 m/s。如果 α 粒子的質量為 4.0 u，而原先原子核的質量為 222 u，則 α 粒子被放射時的速率是多少？

15. (II) 一個靜止的物體，突然爆炸而破碎成兩塊碎片。其中一塊碎片所獲得的動能為另一片的兩倍。這兩塊碎片的質量比為多少？

16. (II) 一顆 22 g 且速率為 210 m/s 的子彈穿入一塊質量為 2.0 kg 的木塊中，並以 150 m/s 之速率從木塊的另一側穿出。若木塊原來靜置於無摩擦的表面上，則子彈穿出後，木塊的速率為多少？

17. (II) 有一質量為 m 的火箭以速率 v_0 沿 x 軸飛行，突然以 $2v_0$ 之速率朝 y 軸方向噴出相當於火箭質量三分之一的燃料。試以 $\hat{\mathbf{i}}$、$\hat{\mathbf{j}}$、$\hat{\mathbf{k}}$ 標記法表示火箭最終的速度。

18. (II) 中子衰變為質子、電子和微中子，是三粒子衰變過程的一個例子。利用動量的向量性質證明，如果中子最初是靜止的，則三個速度向量必定是共平面 (即全部都在同一平面上)。如果粒子數目超過三個，此結果就不正確。

19. (II) 一個物體 $m_A = 20$ kg 以速度 $\vec{\mathbf{v}}_A = (4.0\hat{\mathbf{i}} + 5.0\hat{\mathbf{j}} - 2.0\hat{\mathbf{k}})$ m/s 移動，碰撞原為靜止的物體 m_B，而 $m_B = 3.0$ kg。在剛碰撞後觀察到 m_A 之速度為 $\vec{\mathbf{v}}'_A = (-2.0\hat{\mathbf{i}} + 3.0\hat{\mathbf{k}})$ m/s。假設碰撞過程中無外力作用。試求碰撞後 m_B 的速度？

20. (II) 一枚 925 kg 的兩段式火箭，以 6.60×10^3 m/s 速率遠離地球，預先設定的爆炸將火箭分成同等質量的兩個部分，它們以 2.80×10^3 m/s 的彼此相對速率沿著原來的路線行進。(a) 爆炸後，每個部分的速率和方向 (相對於地球) 為何？(b) 爆炸所提供的能量有多少？[提示：由於爆炸所造成的動能變化是多少？]

21. (III) 一個 224 kg 的拋射體以 116 m/s 之速率朝 60.0° 角之方向發射。它在到達其拋物線的最高點 (此時速度是水平的) 時，因爆炸而斷裂成三片同等質量的碎片。其中兩片碎片在剛爆炸後的速率與爆炸前相同，其中之一垂直向下掉落，另一片朝水平方向移動。試求 (a) 第三片碎片在剛爆炸後的速度，與 (b) 爆炸所釋放的能量。

9-3　碰撞與衝量

22. (I) 一個 0.145 kg 並且以 35.0 m/s 之速率投出的棒球被筆直地朝水平方向擊回，當它回到投手處時的速率為 56.0 m/s。假如棒球與球棒的接觸時間為 5.00×10^{-3} s，試計算球與球棒之間的作用力？(假定此力為常數)。

23. (II) 一個質量為 0.045 kg 的高爾夫球在球座上以 45 m/s 之速率被擊出。高爾夫球桿與球接觸的時間為 3.5×10^{-3} s，試求 (a) 球所獲得的衝量，與 (b) 高爾夫球桿對球施加的平均力量？

24. (II) 一支 12 kg 的鐵鎚以 8.5 m/s 之速率敲擊釘子，並且在 8.0 ms 之時距內停住。(a) 鐵鎚施予釘子的衝量為何？(b) 作用於釘子上的平均力為何？

25. (II) 一個質量為 $m=0.060$ kg 且速率為 $v=25$ m/s 的網球，以 45° 角撞擊牆面，並且以 45° 角和相同的速率反彈 (圖 9-38)。牆面施予網球的衝量 (大小和方向) 為何？

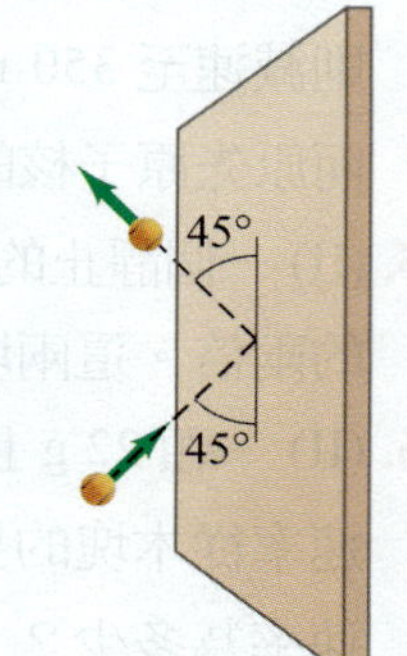

圖 9-38 習題 25。

26. (II) 一位 130 kg 的太空人 (包含太空衣) 以雙腿推 1700 kg 的太空船使自己獲得 2.50 m/s 的速率。(a) 太空船的速率變化是多少？(b) 如果推力持續 0.500 s 的時間，則它們彼此之間互相施加的平均力為多少？(c) 在推擠之後，它們的動能分別是多少？

27. (II) 雨水以 5.0 cm/h 的增加率積聚在一平底鍋中。如果雨滴以 8.0 m/s 的速度落下，而且雨滴不反彈，試計算面積為 1.0 m^2 之鍋底所受的力為多少？每立方公尺的水之質量為 1.00×10^3 kg。

28. (II) 假設有一個力作用於網球 (質量為 0.060 kg) 上，此力朝 $+x$ 方向，並且圖 9-39 為其時間之函數的圖形。利用圖解法估算 (a) 施予網球的總衝量，(b) 假設網球原為發球的靜止狀態，受到此力打擊之後，網球的速度是多少？

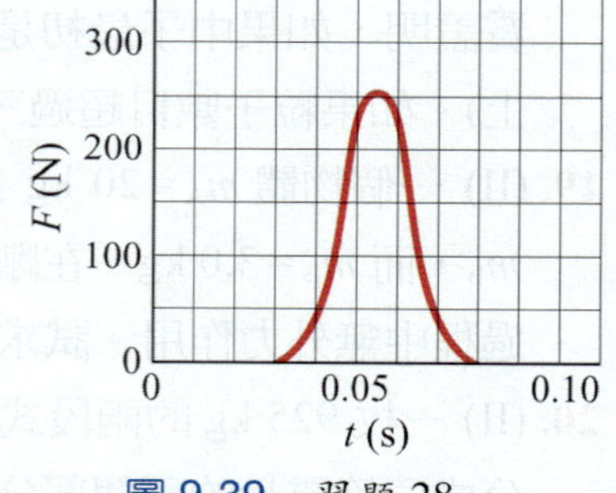

圖 9-39 習題 28。

29. (II) 將一份 0.50 kg 的報紙以 3.0 m/s 之速度拋出，則需對報紙施加多少衝量？

30. (II) 在 $t=0$ 至 $t=3.0\times10^{-3}$ s 之時距內，一顆子彈上的作用力為 $F=[740-(2.3\times10^5\ \text{s}^{-1})\,t]$ N。(a) 繪製 $t=0$ 至 $t=3.0$ ms 期間的 F 對 t 之圖形。(b) 使用這個圖形估算作用於子彈的衝量。(c) 利用積分求出衝量。(d) 如果子彈是在槍管中因這個衝量而使它的速率達到 260 m/s，則子彈的質量應為多少？(e) 槍的質量為 4.5 kg，試問它的反彈速率為多少？

31. (II) (a) 一個質量為 m 且速率為 v 的分子，垂直撞擊牆面並以相同的速率彈回。假如撞擊時間為 Δt，則在碰撞期間牆所受到的平均力是多少？ (b) 如果相同類型的分子，以 t 的時間間隔依序撞擊牆面，則牆在一段長時間內所受到的平均力是多少？

32. (III) (a) 計算一個 65 kg 的人從高度 3.0 m 處跳到堅硬的地面所感受的衝量。(b) 如果是以伸直的腿著地，試計算地面對雙腳施加的平均力，(c) 若以彎曲的腿著地，重作 (b)。若雙腿伸直，在碰撞時身體移動 1.0 cm；若雙腿彎曲，在碰撞時身體約移動 50 cm。[提示：她所受到的與衝量有關之平均淨力是重力和地面施加的力的向量總和。]

33. (III) 校準一個秤，使得一個大的淺盤放在秤上時，它的讀數為零。一個打開的水龍頭位於秤上方高度 $h=2.5$ m 處，水以 $R=0.14$ kg/s 之速率落入盤中。試求 (a) 秤之讀數的時間 t 函數式，(b) $t=9.0$ s 時的讀數。(c) 重作 (a) 和 (b)，但將淺盤換成一個又高又窄的圓柱形容器，容器底面積為 $A=20$ cm^2 (在這種情況下水平面會上升)。

9-4 和 9-5　彈性碰撞

34. (II) 一個 0.060 kg 並且以 4.50 m/s 之速率移動的網球正向撞上了一個 0.090 kg 並且以 3.00 m/s 之速率朝向同一方向移動的球。假設這是完全彈性碰撞，試求這兩個球在碰撞後的速率及方向。

35. (II) 一個 0.450 kg 的曲棍球，以 4.80 m/s 速率向東移動，接著迎面撞上了一個原為靜止且質量為 0.900 kg 的曲棍球。假設這是完全彈性碰撞，這兩個球在碰撞後的速率及方向分別為何？

36. (II) 一個 0.280 kg 的槌球以正向彈性碰撞第二個原為靜止的槌球。碰撞後，第二個球以第一個球原速率的一半離去。(a) 第二個球的質量為何？(b) 有多少比例的原動能 ($\Delta K/K$) 轉移給第二個球？

37. (II) 有一質量為 0.220 kg 的球以 7.5 m/s 之速率移動，接著與原為靜止的另一個球正向彈性碰撞。它在碰撞後立即以 3.8 m/s 之速率反彈。試計算第二個球的 (a) 質量，與 (b) 碰撞後的速度。

38. (II) 一個質量為 m 的球與第二個球 (靜止) 做正面彈性碰撞，而且以原速率的 0.350 倍反彈。第二個球的質量為多少？

39. (II) 試求一個中子 ($m_1=1.01$ u) 對原為靜止的目標粒子做正面彈性碰撞後所損失的動能。目標粒子為 (a) $^1_1$H ($m=1.01$ u)；(b) $^2_1$H ($m=2.01$ u)；(c) $^{12}_6$C ($m=12.00$ u)；(d) $^{208}_{82}$Pb ($m=208$ u)。

40. (II) 試證明，在一般情況下，對任何一維的正向彈性碰撞而言，碰撞後的速率為

$$v'_B=v_A\left(\frac{2m_A}{m_A+m_B}\right)+v_B\left(\frac{m_B-m_A}{m_A+m_B}\right) \text{ 與 } v'_A=v_A\left(\frac{m_A-m_B}{m_A+m_B}\right)+v_B\left(\frac{2m_B}{m_A+m_B}\right)$$

其中 v_A 與 v_B 分別為質量 m_A 及 m_B 之兩個物體的原速率。

41. (III) 一個 3.0 kg 的木塊，以 8.0 m/s 之速率沿著無摩擦的桌面朝質量為 4.5 kg 的第二個木塊 (靜止) 滑行。有一根彈簧裝在第二塊木塊上，其遵守虎克定律且彈力常數為 $k=850$ N/m，當第一塊木塊撞上時它會被壓縮 (圖 9-40)。(a) 彈簧的最大壓縮量為何？(b) 兩個木塊在

碰撞後的最終速度是多少？(c) 這是彈性碰撞嗎？忽略彈簧的質量。

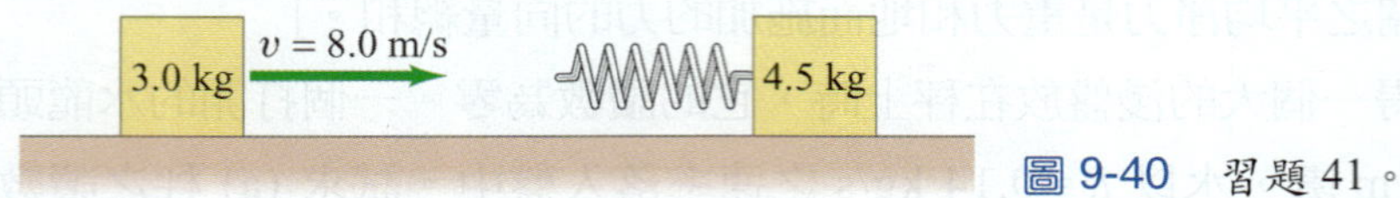

圖 9-40　習題 41。

9-6　非彈性碰撞

42. (I) 在一個衝擊擺的實驗中，發射第一彈使擺到達的最大高度 h 為 2.6 cm。若發射第二彈 (同一質量) 會使擺的擺動高度成為兩倍，$h_2 = 5.2$ cm，則第二彈的速度是第一彈的多少倍？

43. (II) (a) 針對例題 9-11 的衝擊擺碰撞，試推導一個以 m 與 M 表示的動能損失之比例 $\Delta K / K$ 的公式。(b) 以 $m = 16.0$ g 與 $M = 380$ g 估算其值。

44. (II) 一顆 28 g 的步槍子彈，以 210 m/s 之速率射入質量為 3.6 kg 的擺中，擺的長度為 2.8 m。子彈的射入使得擺沿弧線向上擺動。試求擺最大位移的垂直和水平分量？

45. (II) 一個最初為靜止的物體，因內部爆炸而斷裂成兩片碎片，其中一片的質量為另一片的 1.5 倍。如果在爆炸中釋放出 7500 J 的能量，則這兩片碎片各獲得多少動能？

46. (II) 一輛 920 kg 的跑車，撞到一輛停在紅燈前的越野車的車尾，越野車質量為 2300 kg。保險槓及煞車是鎖死的，兩輛車在停止前，滑行了 2.8 m。警察估計輪胎和道路之間的摩擦係數是 0.80，試計算碰撞時跑車的速度。

47. (II) 將一個質量為 12 g 的球從高度為 1.5 m 處落下，球反彈的高度只有 0.75 m。當球落至地面時的總衝量是多少？(忽略空氣阻力)。

48. (II) A 車以 35 m/s 之速率從後方撞擊 B 車 (原為靜止且質量相同)，在剛碰撞後，B 車以 25 m/s 之速率前進，而 A 車停止。在碰撞過程中失去了多少比例的初始動能？

49. (II) 在兩個物體的正向碰撞中，有一項非彈性的量度法就是恢復係數 e，定義為 $e = \dfrac{v'_A - v'_B}{v_B - v_A}$，其中，$v'_A - v'_B$ 為碰撞後兩物體的相對速度，而 $v_B - v_A$ 為碰撞前兩物體的相對速度。(a) 證明一個完全彈性碰撞的 $e = 1$，而一個完全非彈性碰撞的 $e = 0$。(b) 使用一個簡單的方法測量一物體撞擊一個極堅硬表面 (如鋼材) 之恢復係數的一個簡單方法就是將此物體掉落在厚重的鋼板上，如圖 9-41 所示。試求以原高度 h 和碰撞後到達的最大高度 h' 所表示的 e 之公式。

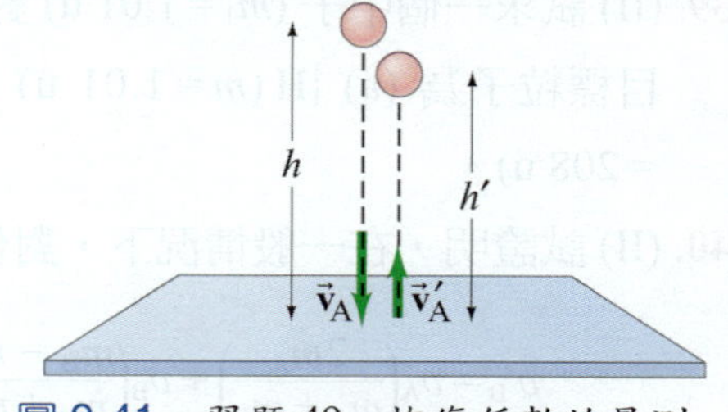

圖 9-41　習題 49。恢復係數的量測。

50. (II) 某單擺是由一根長度為 ℓ 且無質量的桿以及掛在桿之底端而質量為 M 的物體所組成，其頂端有一無摩擦的支點。有一個速度為 v 之物體撞擊 M 並且嵌入 M 中，如圖 9-42 所示。試求足以使單擺 (連同嵌入的物體 m) 擺動至圓弧頂端的 v 之最小值。

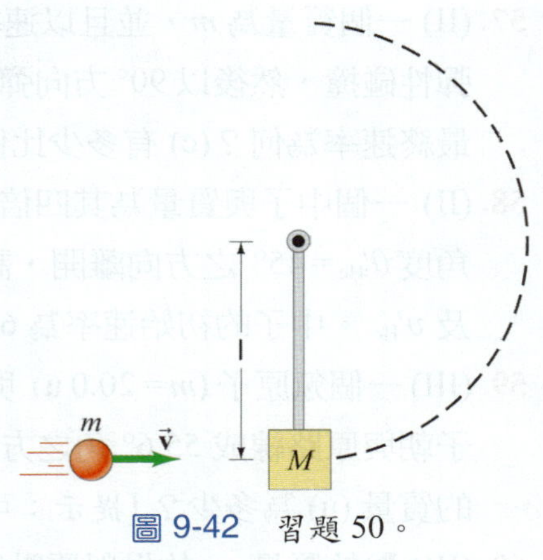

圖 9-42 習題 50。

51. (II) 一顆質量 $m = 0.0010$ kg 的子彈射入質量為 $M = 0.999$ kg 的木塊中，然後一起將彈簧 ($k = 120$ N/m) 壓縮了 $x = 0.050$ m 的距離才停止。木塊與桌面之間的動摩擦係數 $\mu = 0.50$。(a) 子彈的初速率是多少？(b) 在子彈和木塊的碰撞過程中，有多少比例的子彈初始動能被消耗掉 (損壞木塊，使溫度升高等)？

52. (II) 一個 144 g 的棒球以 28.0 m/s 之速率撞擊一質量為 5.25 kg 且靜置於小滾筒上的磚塊，因此它沒有明顯的摩擦。在撞擊磚塊後，棒球沿直線彈回，磚塊以 1.10 m/s 之速率向前移動。(a) 棒球在碰撞後的速率是多少？(b) 試求碰撞之前和碰撞之後的總動能。

53. (II) 一個 6.0 kg 的物體，以 5.5 m/s 之速率往 $+x$ 方向移動，與一個 8.0 kg，以 4.0 m/s 之速率往 $-x$ 方向移動之物體正向碰撞。試求各物體的最終速度，如果 (a) 兩物體連在一起；(b) 碰撞是彈性的；(c) 6.0 kg 的物體在碰撞後停止；(d) 8.0 kg 的物體在碰撞後停止；(e) 6.0 kg 的物體在碰撞後具有朝 $-x$ 方向的速度 4.0 m/s。(c)、(d) 與 (e) 的結果“合理”嗎？試解釋之。

9-7 二維的碰撞

54. (II) 質量為 $m_A = 0.120$ kg 的撞球 A，以 $v_A = 2.80$ m/s 之速率碰撞質量為 $m_B = 0.140$ kg 且原為靜止的撞球 B。因而球 A 朝 30.0° 偏向且以 $v'_A = 2.10$ m/s 之速率離去。(a) 以球 A 的原運動方向為 x 軸，對於 x 與 y 方向中的分量，分別寫出動量守恆的方程式。(b) 解這些方程式，求出球 B 之速率 v'_B 及角度 θ'_B。不要假設這是彈性碰撞。

55. (II) 一個靜止的放射性原子核衰變成次等的原子核、電子與微中子。電子和微中子是以互相垂直的方向射出，並且分別具有 9.6×10^{-23} kg · m/s 及 6.2×10^{-23} kg · m/s 的動量。試求次等原子核 (反彈) 動量的大小與方向。

56. (II) 兩個具有相同質量的撞球以互相垂直的方向移動，並且在 xy 座標系統的原點處發生碰撞。最初，球 A 是以 +2.0 m/s 之速率沿 y 軸向上移動，球 B 是以速度 +3.7 m/s 之速率沿 x 軸向右移動。在碰撞後 (假設為彈性碰撞)，球 B 沿著 y 軸向上移動 (圖 9-43)。試問，球 A 最終的方向為何？這兩個球在碰撞後的速率為何？

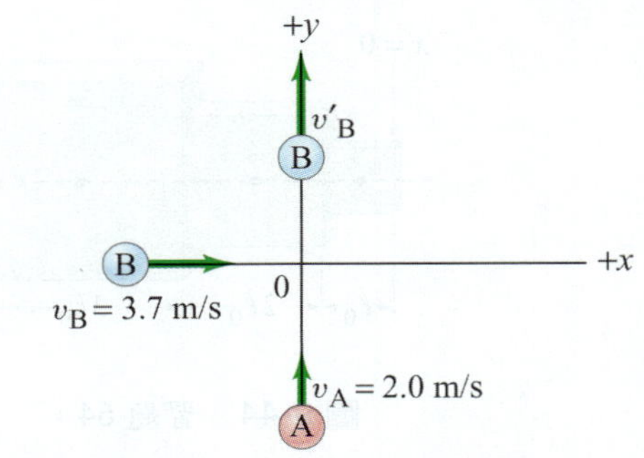

圖 9-43 習題 56。圖中未繪出碰撞後的球A。

57. (II) 一個質量為 m，並且以速率 v 移動的原子核與質量為 $2m$ (原先為靜止) 的目標粒子做彈性碰撞，然後以 90° 方向彈開。(a) 目標粒子在碰撞後的移動方向為何？(b) 兩個粒子的最終速率為何？(c) 有多少比例的原動能轉移到目標粒子上？

58. (II) 一個中子與質量為其四倍的氦原子核 (原為靜止) 做彈性碰撞。經觀察，氦原子核以角度 $\theta'_{He} = 45°$ 之方向離開，試求中子的角度 θ'_n，以及這兩個粒子在碰撞之後的速率 v'_n 及 v'_{He}。中子的初始速率為 6.2×10^5 m/s。

59. (III) 一個氖原子 ($m = 20.0$ u) 與另一個靜止的未知原子發生完全彈性碰撞。碰撞後，氖原子朝與原路線成 55.6° 角之方向離開，而未知原子則以 −50.0° 角之方向離開。未知原子的質量 (u) 為多少？[提示：可利用正弦定律。]

60. (III) 對於質量 m_A 的拋射質點與質量 m_B 的目標質點 (靜止) 之間的彈性碰撞，證明拋射質點的散射角 θ'_A (a) 若 $m_A < m_B$ 時，可以為 0 至 180°之間的任何值，但 (b) 若 $m_A > m_B$ 時，則具有一個符合 $\cos^2\phi = 1 - (m_B / m_A)$ 的最大角度 ϕ。

61. (III) 證明具有相同質量的兩個物體 (其中的目標物體最初原為靜止) 在彈性碰撞後，兩物體的最終速度向量之間永遠成 90° 角。

9-8 質心

62. (I) 一輛 1250 kg 的空車，質心位於車頭後方 2.50 m 處。當兩個人坐在距離車頭 2.80 m 的前座，且 3 個人坐在距離車頭 3.90 m 的後座時，其質心的位置距離車頭有多遠？假設每個人的質量均為 70.0 kg。

63. (I) 在 CO 分子中，碳原子 ($m = 12$ u) 與氧原子 ($m = 16$ u) 之間的距離為 1.13×10^{-10} m，此分子的質心距離碳原子有多遠？

64. (II) 邊長分別為 ℓ_0、$2\ell_0$ 及 $3\ell_0$ 的三個正立方體並列放置 (互相接觸)，且它們的質心均位於同一直線上，如圖 9-44 所示。此系統的質心位於這條直線上的什麼位置？假設三個立方體都是由同樣的材料製成。

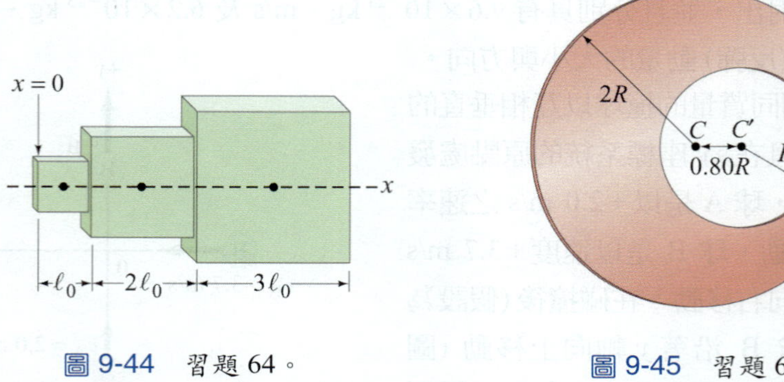

圖 9-44 習題 64。

圖 9-45 習題 66。

65. (II) 一個面積 18 m 乘 18 m 且質量為 6200 kg 的均勻方形木筏，作為渡船使用。如果有三輛均為 1350 kg 的汽車，分別放置於渡船的東北、東南與西南三個角落。則裝載之渡船的質心相對於木筏中心的位置為何？

66. (II) 一片半徑為 $2R$ 的均勻圓形平板，被切除一個半徑為 R 的圓孔。小圓孔的圓心 C' 與大圓板圓心 C 的距離為 $0.80R$ (圖 9-45)。此圓板的質心位於何處？[提示：嘗試減法。]

67. (II) 一條均勻細線被彎曲成一個半徑為 r 的半圓形，令"完整"圓形的質心為原點，則半圓形的質心座標為何？

68. (II) 求氨分子 (NH_3) 的質心。其中氫原子位於一個等邊三角形 (邊長 0.16 nm) 的頂點，構成一個三角錐的底，氮原子位於三角錐的頂點 (三角形平面上方高 0.037 nm 處)。

69. (III) 試求一機器零件的質心。此零件是一個高度為 h 且半徑為 R 的均勻圓錐 (圖 9-46)。[提示：將圓錐細分成無限個厚度為 dz 的圓盤。]

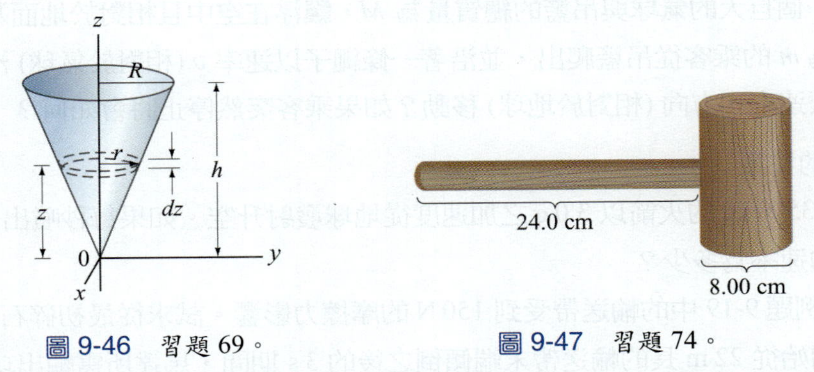

圖 9-46 習題 69。 圖 9-47 習題 74。

70. (III) 試求一個均勻的角錐體之質心，此角錐體具有四個正三角形側面和一個邊長為 s 的正方形底座，[提示：參考習題 69]

71. (III) 試求一片薄的均勻半圓平板的質心。

9-9 質心與平移運動

72. (II) 兩個物體 $M_A = 35$ kg 與 $M_B = 25$ kg，其速度 (m/s) 分別為 $\vec{v}_A = 12\hat{i} - 16\hat{j}$ 與 $\vec{v}_B = -20\hat{i} + 14\hat{j}$。試求此系統之質心的速度。

73. (II) 地球與月球的質量分別為 5.98×10^{24} kg 與 7.35×10^{22} kg，並且二者中心的距離為 3.84×10^8 m。(a) 此系統的質心位於何處？(b) 對於地球－月球系統繞行太陽的運動，以及地球與月球分別繞行太陽的運動，你能如何描述？

74. (II) 一支木槌是由質量為 2.80 kg 且直徑為 0.0800 m 的均勻圓柱頭，以及一個質量為 0.500 kg 且長度為 0.240 m 的均勻手柄所組成，如圖 9-47 所示。如果將木槌以自旋方式拋到空中，距離手柄底端多遠的一點將沿拋物線的軌跡行進？

75. (II) 一個 55 kg 的女人與一個 72 kg 的男人分隔 10.0 m 站在無摩擦的冰上。(a) 他們的質心距離女人有多遠？(b) 如果兩人各自握住繩子的一端，而男人用力拉扯繩子，使自己移動了 2.5 m，則此時男人與女人的距離為多少？(c) 當男人與女人碰撞時，男人移動了多少距離？

76. (II) 假設在例題 9-18 中 (圖 9-32)，$m_{II} = 3m_I$，(a) 則 m_{II} 將落在何處？(b) 若 $m_I = 3m_{II}$ 結果又是如何？

77. (II) 質量分別為 85 kg 與 55 kg 的兩個人，同乘一艘質量為 78 kg 的小船。船原先為靜止，兩人分別坐在船的兩端，彼此相距 3.0 m。現在交換位置，船將朝什麼方向移動多遠？

78. (III) 一台 280 kg 且 25 m 長的平板車，沿著無摩擦的水平軌道以 6.0 m/s 之速率移動。一位 95 kg 的工人以相對於平板車的速率 2.0 m/s 朝著車的移動方向由車的一端走向另一端。當他走到另一端時，平板車移動了多少距離？

79. (III) 有一個巨大的氣球與吊籃的總質量為 M，飄浮在空中且相對於地面為靜止狀態。一位質量為 m 的乘客從吊籃爬出，並沿著一條繩子以速率 v (相對於氣球) 滑了下去。氣球將以什麼速率和方向 (相對於地球) 移動？如果乘客突然停止將會如何？

*9-10 可變的質量

***80.** (II) 一枚 3500 kg 的火箭以 3.0 g 之加速度從地球發射升空。如果每秒噴出 27 kg 之氣體，則噴出的速率為多少？

***81.** (II) 假設例題 9-19 中的輸送帶受到 150 N 的摩擦力影響。試求從最初碎石開始落下 ($t = 0$) 至碎石開始從 22 m 長的輸送帶末端傾倒之後的 3 s 期間，馬達所需輸出功率 (hp) 的時間函數。

***82.** (II) 一架噴射機的噴射引擎每秒吸入 120 kg 的空氣，並且燃燒 4.2 kg 的燃料。燃燒的氣體以 550 m/s 之速率 (相對於飛機) 自飛機噴出。如果這架飛機以 270 m/s (600 mi/h) 之速率飛行，試求 (a) 燃燒燃料的噴射推力；(b) 穿過引擎之加速氣體的推力；及 (c) 傳送的功率 (hp)。

***83.** (II) 一枚火箭以 1850 m/s 之速率遠離地球，它位於距地面高度為 6400 km 處時，點燃其推進器，而以 1300 m/s (相對於火箭) 之速率噴射出氣體。如果此時的火箭質量為 25000 kg，並且需達到 1.5 m/s^2 之加速度，則每秒必須噴射出多少氣體？

***84.** (III) 一部裝滿沙子的雪橇沿著無摩擦力的 32° 之斜坡滑下。沙子以 2.0 kg/s 之速率從雪橇上的洞漏出。如果雪橇從靜止開始滑動，且最初的總質量為 40.0 kg，則雪橇滑行 120 m 需時多久？

一般習題

85. 一個撞球新手對著角落球袋擊球，如圖 9-48 所示。相關的尺寸標示於圖中。他是否應該擔心這“一擊”可能會將母球也擊入球袋中嗎？請詳細說明。假設兩球的質量相等並且二者之間為彈性碰撞。

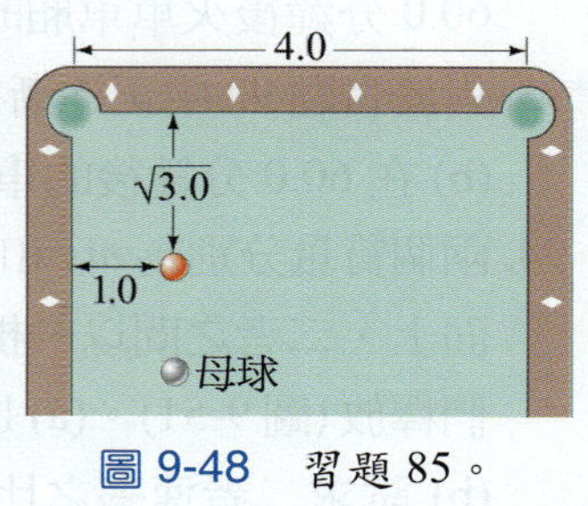

圖 9-48 習題 85。

86. 芝加哥暴風雨的風速在水平方向可以高達 120 km/h。如果風以每平方公尺 45 kg/s 的風力吹襲一個人而後停止，試計算風對此人的施力為多少。假設此人身高 1.60 m 且寬 0.50 m。如果這個人的質量為 75 kg，將結果與人和地面之間的典型最大摩擦力 ($\mu \approx 1.0$) 相比較。

87. 一個球從高 1.50 m 處落下，並且反彈高度為 1.20 m。球大約反彈幾次之後會失去 90% 的能量？

88. 為了克服難擊倒的保齡球瓶，有時必須利用斜擊，如圖 9-49 所示。假設保齡球原先以 13.0 m/s 之速率移動，並且其質量為球瓶的 5 倍，而球瓶朝與保齡球原移動路線成 75° 的方向被擊開。試計算在剛碰撞後 (a) 球瓶的速率，和 (b) 保齡球的速率，以及 (c) 計算保齡球碰撞後的偏向角度。假設這是彈性碰撞並且忽略球的旋轉。

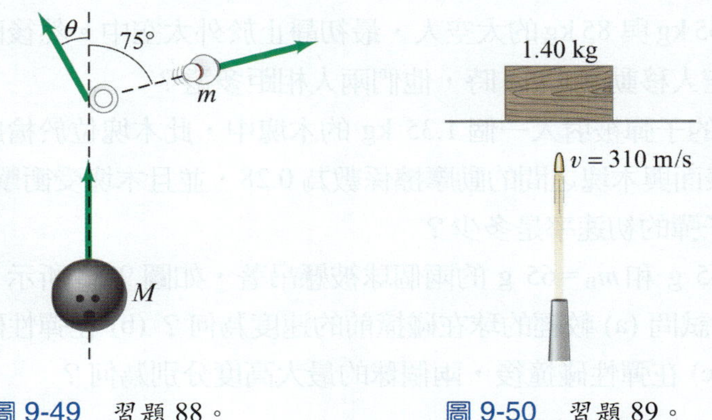

圖 9-49 習題 88。　　圖 9-50 習題 89。

89. 一支槍發射子彈垂直地射入一個質量 1.40 kg 且靜置於水平薄板上的木塊中 (圖 9-50)。如果子彈質量為 24.0 g 且速率為 310 m/s，當子彈嵌入後，木塊將會上升多高？

90. 一個質量為 $4m$ 的冰球受操控而爆炸，作為惡作劇的一部分。起初冰球靜置於無摩擦力的溜冰場上，然後爆裂成三塊。其中一塊質量為 m，在冰上以速度 $v\hat{\mathbf{i}}$ 滑行。另一塊質量為 $2m$，在冰上以速度 $2v\hat{\mathbf{j}}$ 滑行。試求第三塊的速度。

91. 對於例題 9-3 中，兩節火車車廂的完全非彈性碰撞，試計算有多少的初動能被轉換為熱能或其他形式的能量。

92. 一節 4800 kg 的無頂火車車廂在水平軌道上，藉著慣性以 8.60 m/s 之速率滑行。此時，雪開始垂直降下，並且以 3.80 kg/min 之速率逐漸填滿車廂。忽略與軌道之間的摩擦力，60.0 分鐘後火車車廂的速率為何？(參見第 9-2 節)。

*__93.__ 對於習題 92 中正逐漸被雪填滿的火車車廂，(a) 利用 (9-19) 式來求出車速的時間函數式。(b) 在 60.0 分鐘後的車速為何？這與使用簡單計算 (習題 92) 的結果是否相同？

94. 兩個質量分別為 m_A 和 m_B 的物體靜置於無摩擦的桌面上，二者之間以一根拉緊的彈簧連接，然後將它們釋放 (圖 9-51)。(a) 是否有淨外力作用在系統上？(b) 試求二者速率之比 v_A/v_B，(c) 它們的動能之比是多少？(d) 描述此系統之質心的運動。(e) 摩擦力的存在對上述結果有何影響？

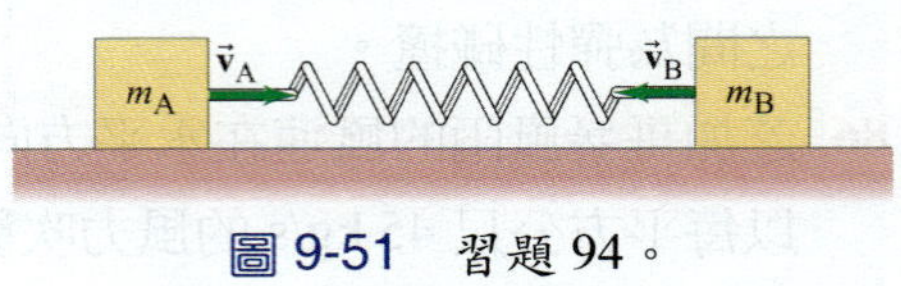

圖 9-51 習題 94。

95. 你被聘為法庭上有關車禍案件的專門證人。質量為 1500 kg 之肇事的 A 車，撞向 1100 kg 且停止不動的 B 車。A 車的駕駛在打滑而撞上 B 車之前 15 m 處踩煞車。在碰撞之後，A 車滑行了 18 m，且 B 車滑行了 30 m。若路面與鎖死的輪胎之間的動摩擦係數為 0.60。試證明，A 車的駕駛在踩煞車之前的車速超過 55 mi/h (90 km/h) 的時速限制。

96. 一個質量約為 2.0×10^8 kg 的流星以大約 25 km/s 之速率撞擊地球 ($m_E=6.0\times10^{24}$ kg) 而後停止在地球上。(a) 地球反衝的速率是多少 (相對於地球在碰撞前的靜止狀態)？ (b) 有多少比例的流星動能被轉換為地球的動能？ (c) 由於此次碰撞，地球的動能有何變化？

97. 兩名質量分別為 65 kg 與 85 kg 的太空人，最初靜止於外太空中。然後兩名太空人用力互推。當較輕的太空人移動了 12 m 時，他們兩人相距多遠？

98. 一顆質量為 22 g 的子彈被射入一個 1.35 kg 的木塊中，此木塊位於槍口正前方一個水平的表面上。如果表面與木塊之間的動摩擦係數為 0.28，並且木塊受衝擊而移動了 8.5 m 之距離才停止，則子彈的初速率是多少？

99. 質量分別為 $m_A=45$ g 和 $m_B=65$ g 的兩個球被懸吊著，如圖 9-52 所示。較輕的球被拉起 66° 角後再釋放。試問 (a) 較輕的球在碰撞前的速度為何？ (b) 在彈性碰撞後，兩個球的速度分別為何？ (c) 在彈性碰撞後，兩個球的最大高度分別為何？

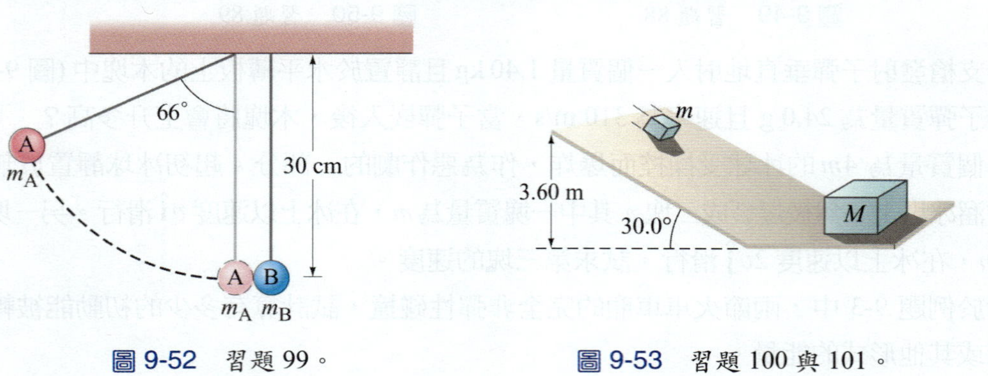

圖 9-52 習題 99。

圖 9-53 習題 100 與 101。

100. 一個質量為 $m = 2.20$ kg 的木塊從 3.60 m 高且坡度為 30.0° 的斜坡滑下。滑至底部時碰撞一塊靜置於水平表面且質量為 $M = 7.00$ kg 的木塊，如圖 9-53 所示。(假設在斜坡底部有平滑的過渡區。) 如果這是彈性碰撞並且摩擦可以忽略，試求 (a) 兩個木塊在碰撞後的速率，與 (b) 較小的木塊會反彈至斜坡多高處？

101. 在習題 100 中 (圖 9-53)，如果較小的木塊 m，與 M 撞擊後反彈回斜坡上，在停止之後再沿著斜坡滑下，與 M 再次碰撞，試問 m 質量的上限為何？

102. 具有同等質量且初速率均為 v 的兩個物體，發生完全非彈性碰撞後，這兩個物體結合並以 $v/3$ 之速率移動。兩物體原先運動方向的夾角為何？

103. 一個 0.25 kg 的飛靶 (黏土靶) 以 25 m/s 之速率朝仰角 28° 方向發射 (圖 9-54)。當它到達最大高度 h 時，它被垂直向上的子彈擊中，並且子彈嵌入飛靶中。子彈的質量為 15 g 且速率為 230 m/s。(a) 飛靶還會再升高多高 h'？(b) 飛靶由於此碰撞而飛行了多少額外的距離 Δx？

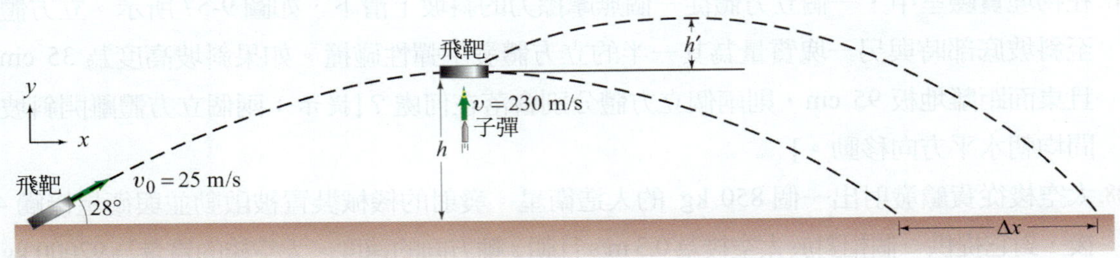

圖 9-54 習題 103。

104. 一根彈力常數 k，且無質量的彈簧被置於一塊質量為 m 與一塊質量為 $3m$ 的木塊之間。最初，兩個木塊靜置於無摩擦的表面上，並且同時被握住而使中間的彈簧被壓縮了一段長度 D。然後將兩木塊釋放，於是彈簧將它們朝相反方向推開。試求當兩木塊與彈簧分離時的速率。

105. 引力彈弓效應。圖 9-55 顯示了土星以其軌道速率 9.6 km/s (相對於太陽) 朝負 x 方向移動。土星的質量為 5.69×10^{26} kg。有一艘 825 kg 的太空船正接近土星。當距離土星很遙遠時，太空船朝 $+x$ 方向以 10.4 km/s 的速率移動。由於土星的引力 (保守的力) 作用於太空船上，使得它繞過土星而轉向 (其軌道如虛線所示) 並朝反方向行進。估算太空船離開得夠遠而完全不受土星引力影響之後的最終速率。

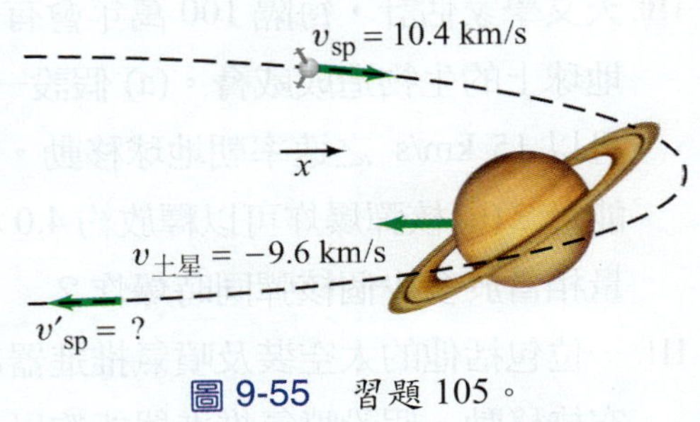

圖 9-55 習題 105。

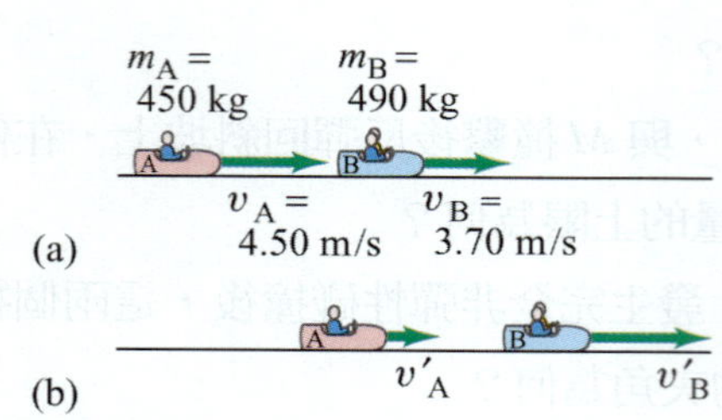

圖 9-56 習題 106：(a) 碰撞前，(b) 碰撞後。

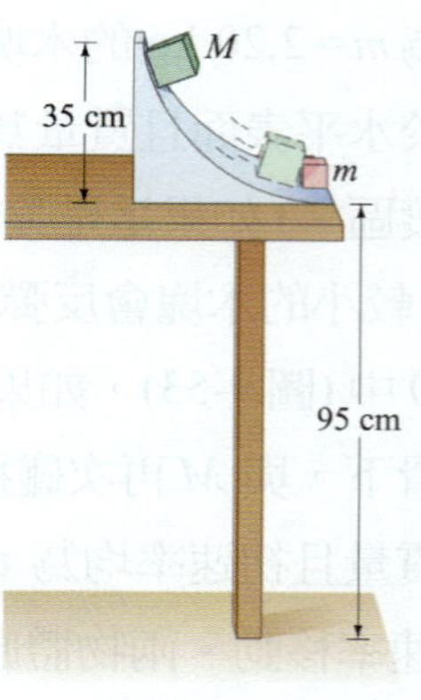

圖 9-57 習題 107。

106. 遊樂園中的兩輛碰碰車做彈性碰撞，其中一輛碰碰車從正後方朝另一輛接近 (圖 9-56)。因為乘客的質量不同，A 車的質量為 450 kg，而 B 車為 490 kg。如果 A 車的速率為 4.50 m/s，而 B 車的速率為 3.70 m/s，試求 (a) 它們在碰撞後的速度以及 (b) 它們動量的變化。

107. 在物理實驗室中，一個立方體從一個無摩擦力的斜坡上滑下，如圖 9-57 所示。立方體滑至斜坡底部時與另一塊質量為其一半的立方體發生彈性碰撞。如果斜坡高度為 35 cm，且桌面距離地板 95 cm，則兩個立方體分別會落在何處？[提示：兩個立方體離開斜坡瞬間均朝水平方向移動。]

108. 太空梭從貨艙發射出一個 850 kg 的人造衛星。發射的機械裝置被啟動並與衛星接觸 4 s 後，對它提供一個相對於太空梭為 0.3 m/s 且朝 z 軸方向的速度。太空梭的質量為 92000 kg。(a) 試求由發射所產生的太空梭朝負 z 軸方向的速度分量。(b) 試求在發射過程中，太空梭對衛星施加的平均力量。

109. 你是負責新型汽車防撞性的設計工程師。將汽車以 45 km/h 之速率撞擊一個固定的巨大障礙物，作為新車的測試之用，新型汽車的質量為 1500 kg，從撞上障礙物直到停止需 0.15 s 的時間。(a) 計算障礙物對新車施加的平均力。(b) 計算新車的平均減速度。

110. 天文學家估計，每隔 100 萬年會有一個 2.0 km 寬的小行星撞擊地球。此一撞擊可能會對地球上的生物造成威脅。(a) 假設一個球形的小行星每立方公尺具有 3200 kg 之質量，並且以 15 km/s 之速率朝地球移動。當小行星撞擊並嵌入地球時將會釋放出多少破壞性的能量？(b) 核彈爆炸可以釋放約 4.0×10^{16} J的能量。則小行星撞擊地球所釋放的破壞性能量相當於多少個核彈同時爆炸？

111. 一位包括他的太空裝及噴氣推進器之總質量為 210 kg 的太空人想以 2.0 m/s 之速度朝太空梭移動。假設噴氣推進器能夠以 35 m/s 之速度噴射氣體，則需要噴射出多少質量的氣體？

112. 一個太陽系外的行星可以經由觀察它對所環繞之恆星所產生的晃動而被察覺。假設一個太陽系外的質量為 m_B 的行星環繞質量為 m_A 的恆星運行。如果沒有外力作用在這個簡單的兩個物體之系統上，則它的質心是固定不動的。假設 m_A 與 m_B 位於環繞系統質心而半徑為 r_A 與 r_B 的圓形軌道中。(a) 證明 $r_A = \dfrac{m_B}{m_A} r_B$。(b) 現在考慮一個類似太陽的恆星以及一個與木星具有同樣特點的單一行星。亦即，$m_B = 1.0 \times 10^{-3} m_A$，而且此行星的軌道半徑為 8.0×10^{11} m。試求恆星繞行此系統質心的軌道半徑 r_A。(c) 從地球觀察，此一遙遠的系統看似在一個 $2r_A$ 的距離內晃動。如果天文學家能夠檢測出 1 毫秒 (1 秒 $= \dfrac{1}{3600}$ 度) 的角位移 θ，則從多遠距離 d (光年) 可以檢測出恆星的晃動 (1 光年 $= 9.46 \times 10^{15}$ m)？(d) 距離太陽最近的恆星約 4 ly 遠。假設恆星均匀分佈於整個銀河系，對太陽系外的行星系統而言，這項技術可以被應用來探索大約多少個恆星？

113. 假設兩個小行星發生正向碰撞。碰撞前行星 A ($m_A = 7.5 \times 10^{12}$ kg) 的速度為 3.3 km/s，而行星 B ($m_B = 1.45 \times 10^{13}$ kg) 則朝反方向以 1.4 km/s 之速度移動。如果兩個小行星因碰撞而黏在一起，則碰撞後新行星的速度 (大小和方向) 為何？

*數值／計算機

***114.** (III) 一個質量為 m_A 的質點，以 v_A 之速率與質量為 m_B 之較小的靜止質點發生正向彈性碰撞。(a) 證明 m_B 在碰撞之後的速率為 $v'_B = \dfrac{2v_A}{1 + m_B/m_A}$。(b) 現在考慮第三個靜置於 m_A 與 m_B 之間的質點 m_C。因此，m_A 先與 m_C 正向碰撞，然後 m_C 再與 m_B 正向碰撞，兩次碰撞均為彈性碰撞。證明在這種情況中，$v'_B = 4v_A \dfrac{m_C m_A}{(m_C + m_A)(m_B + m_C)}$。(c) 由 (b) 中的結果，證明：當 m_B 具有最大速率 v'_B 時，$m_C = \sqrt{m_A m_B}$。(d) 假設 $m_B = 2.0$ kg、$m_A = 18.0$ kg 且 $v_A = 2.0$ m/s。利用電腦試算表來計算，並且以圖形表示由 $m_C = 0.0$ kg 至 $m_C = 50.0$ kg，每次增加 1.0 kg 時的 v'_B 值。m_C 值為多少時，v'_B 為最大值？你的數值計算結果與 (c) 中的結果是否相符？

練習題答案

A：(c)，因為動量的變化較大。

B：較大 (Δp 較大)。

C：0.50 m/s。

D：(a) 6.0 m/s；(b) 幾乎為零；(c) 幾近於 24.0 m/s。

E：(b)；(d)。

F：$x_{CM} = -2.0$ m；是的。

G：(a)。

H：船朝反方向移動。

轉 動

你也可以體驗快速旋轉的樂趣——如果你的胃能夠適應遊樂園中具有高角速度和向心加速度的高速遊樂設施。如果無法適應，可以嘗試較慢的旋轉木馬或摩天輪。旋轉的遊樂設施具有轉動動能與角動量。角加速度是由淨力矩所產生的，而旋轉的物體則具有轉動動能。

章前問題——試著想想看！

一個堅硬的球和圓筒從斜坡上滾下來。它們同時從靜止開始滾動，哪一個先到達底部？

(a) 它們同時到達。

(b) 要不是由於摩擦力不同，它們幾乎同時到達。

(c) 球先到達。

(d) 圓筒先到達。

(e) 因為不知道它們的質量和半徑，所以無法判斷。

直到目前為止，我們主要討論的是平移運動，我們曾經討論了平移運動的運動學和動力學 (力的作用)，以及與其相關的能量和動量。在本章與下一章中將討論轉動。我們將討論轉動運動學與它的動力學 (包括力矩)，以及轉動動能和角動量 (線動量的轉動類比)。我們對周遭世界的理解將明顯地增加——從轉動的腳踏車輪和 CD 到遊樂設施、旋轉的溜冰者、轉動的地球和離心機——以及一些可能令人驚訝的事。

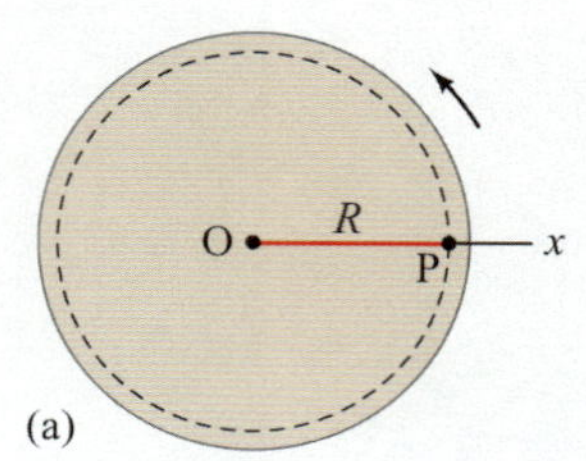

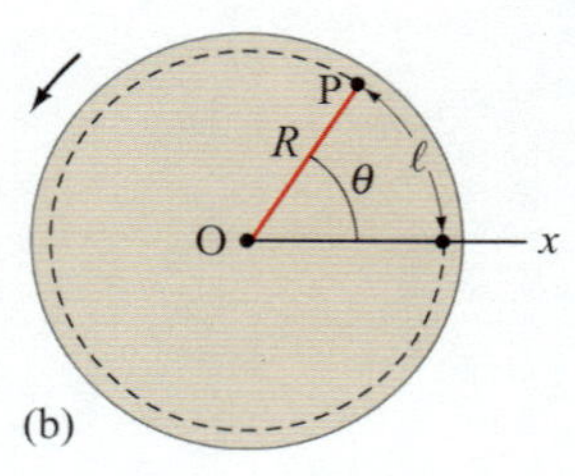

圖 10-1 觀看一個以逆時針方向環繞轉軸轉動的輪子，而轉軸通過位於 O 點的輪子中心 (軸與頁面垂直)。每一個點，如 P 點，都在圓形的路徑上移動；ℓ 是當輪子轉動 θ 角度時，P 點所行經的距離。

我們主要將考慮剛體的旋轉。**剛體** (rigid object) 是一個具有明確外形的物體，所以它的組成粒子保持在彼此相對的固定位置上。任何實際的物體當它受到外力作用時，會產生振動或變形。但這些效應通常都極小，因此，理想剛體的觀念是一個非常有用而令人滿意的近似。

我們對於轉動的闡述將與平移運動的討論類似：轉動的位置、角速度、角加速度、轉動慣量以及力的轉動類比——“力矩”。

10-1 角量

剛體的運動可以視為其質心的平移運動加上環繞其質心的轉動來分析 (第 9-8 和 9-9 節)。我們已經詳細地討論過平移運動，所以我們現在要將重點放在純粹的轉動上。就一個物體環繞著固定軸的純粹轉動而言，我們的意思是指物體上所有的點都在圓周上運動，如圖 10-1 中在轉動的輪子上之 P 點，而這些圓心全都位於一條稱為**轉軸** (axis of rotation) 的直線上。在圖 10-1 中，轉軸通過 O 點並與頁面垂直。我們假設此軸是固定在一個慣性參考座標中，但不會始終堅持此軸一定要通過質心。

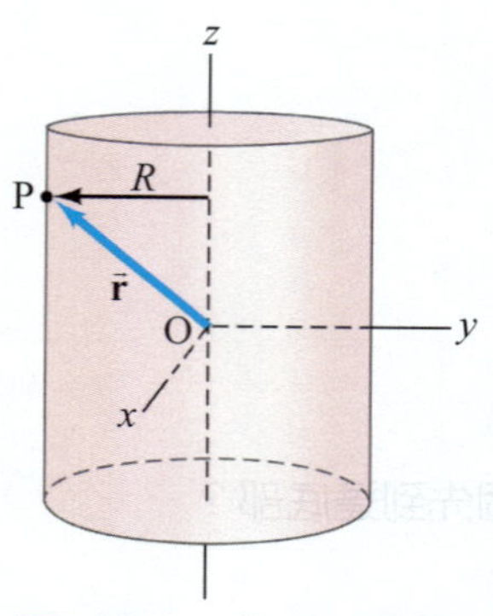

圖 10-2 對於一個環繞 z 軸轉動之圓筒邊緣上的 P 點，顯示 $\vec{\mathbf{r}}$ (位置向量) 與 R (距轉軸的距離) 之間的區別。

對於一個環繞固定軸轉動的三維的剛體而言，我們使用符號 R 代表某一點或質點距轉軸的垂直距離。我們用 R 與 r 做區別，而 r 將繼續代表與某些座標系統之原點相關的質點位置。這項區別在圖 10-2 中說明。這項區別看似一件小事，但是當它用於轉動時，若未充份了解，將可能造成重大的錯誤。對於一個非常薄的平面物體而言，例如一個輪子，而原點位於物體平面上 (例如，輪子的中心)，R 與 r 幾乎相同。

一個環繞固定軸轉動之物體上的每一點都是在圓周上運動 (如圖 10-1 中 P 點之虛線)，其圓心位於轉軸上，而且其半徑 R 為該點距轉軸之距離。圖中繪出一根由轉軸至物體上任一點的直線，它在相同的時間間距內，可以掃過相同的角度 θ。

為了指出物體的角度位置或是它已經轉動了多遠，我們規定物體中某特定直線 (圖 10-1 中的紅線) 相對於某參考線 (例如圖 10-1 中的 x 軸) 的角度 θ。物體中的某一點，如圖 10-1b 中的 P 點，當它沿著圓周路徑移動了一段距離 ℓ 時，它也通過了一個角度 θ。角度通常以度表示，但是如果我們使用*弧度*作為角度的計量，則圓周運動的數學演算會簡單得多。一個**弧度** (radian, 縮寫為 rad) 定義為長度與半徑相等之圓弧所對的角度。例如，在圖 10-1 中，P 點與轉軸的距離為 R，而且它已經沿著圓弧移動了一段距離 ℓ。弧長 ℓ 被稱為是"對著"角度 θ。一般來說，對於任何角度 θ

$$\theta=\frac{\ell}{R} \qquad [\theta\text{以弧度計}] \qquad \textbf{(10-1a)}$$

其中，R 是圓的半徑，且 ℓ 是角度 θ 所對的弧長，而 θ 是以弧度計量。如果 $\ell=R$，則 $\theta=1$ rad。

注意
計算時使用弧度，而不用度。

為兩個長度之比的弧度，是無因次的。因此我們不一定要在計算中提到它，但是通常最好將它納入以提醒我們它是以弧度計量而不是度。我們將 (10-1a) 式改寫為

$$\ell=R\theta \qquad \textbf{(10-1b)}$$

弧度與度的關聯如下。一個完整的圓有 360°，它必定相當於與圓周長 $\ell=2\pi R$ 相等的圓弧長度。因此在一個完整的圓中，$\theta=\ell/R=2\pi R/R=2\pi$ rad，所以

$$360°=2\pi\ \text{rad}$$

因此一個弧度為 $360°/2\pi\approx 360°/6.28\approx 57.3°$。一個物體轉動一周 (rev) 就是已經通過 360° 或 2π rad

$$1\ \text{rev}=360°=2\pi\ \text{rad}$$

例題 10-1 **猛禽的弧度** 一隻特別的鳥眼睛只能識別所對的角度不小於 3×10^{-4} rad 的物體。(a) 它相當於多少度？(b) 當鳥在 100 m 的高度飛時，牠可以辨識的物體有多小 (圖 10-3a)？

方法 在 (a) 我們利用 $360°=2\pi$ rad 的關係。在 (b) 中，我們利用 (10-1b) 式，$\ell=R\theta$，求弧長。

解答 (a) 我們將 3×10^{-4} rad 轉換為度

$$(3\times10^{-4}\ \text{rad})\left(\frac{360°}{2\pi\ \text{rad}}\right)=0.017°$$

或約 0.02°。

(b) 我們利用 (10-1b) 式，$\ell = R\theta$。對於很小的角度，弧長 ℓ 和弦長大約相同 (圖 10-3b)。由於 $R = 100$ m 且 $\theta = 3 \times 10^{-4}$ rad，得到

$$\ell = (100\ \text{m})(3 \times 10^{-4}\ \text{rad}) = 3 \times 10^{-2}\ \text{m} = 3\ \text{cm}$$

鳥可以在高度 100 m 處辨識出一隻小老鼠 (約 3 cm 長)。那是好眼力。

備註　若已知的是角的度數，我們首先必須將它轉換成弧度之後再進行計算。只有當角度指明為弧度時，(10-1) 式才可以適用。度數 (或轉數) 則不行。

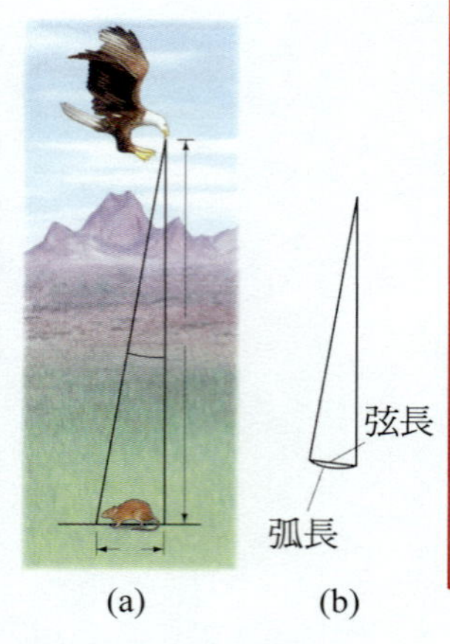

圖 10-3　(a) 例題 10-1。(b) 對於小角度而言，弧長和弦長 (直線) 幾乎相等。(b) 對於一個 15° 的角度而言，此項估計的誤差約為 1%。對於較大的角度，其誤差會迅速地增加。

為了描述轉動，我們利用角量，例如角速度和角加速度。這些量被以與直線運動中對應的量類比的方式而定義，並且用以描述轉動物體整體的運動情形，所以在轉動物體中的每一點，它們都具有相同的數值。轉動物體中的每一點也具有平移的速度和加速度，但是對於物體中不同的點，它們具有不同的數值。

當一個物體，例如圖 10-4 中的腳踏車車輪，從某個最初的位置 θ_1 轉動到最後的位置 θ_2 時，它的**角位移** (angular displacement) 為

$$\Delta\theta = \theta_2 - \theta_1$$

角速度 (以希臘字母 Ω 的小寫 ω 表示) 以類比於第 2 章中所討論的線性 (平移) 速度的方式而定義。不再是線性位移，我們現在使用角位移。因此環繞一固定軸轉動的物體之**平均角速度** (average angular velocity) 定義為角位移的時變率

$$\overline{\omega} = \Delta\theta / \Delta t \tag{10-2a}$$

其中 $\Delta\theta$ 是物體在時間間距 Δt 內轉動的角度。**瞬時角速度** (instantaneous angular velocity) 是 Δt 趨近於零時，這個比率的極限值

$$\omega = \lim_{\Delta t \to 0} \frac{\Delta\theta}{\Delta t} = \frac{d\theta}{dt} \tag{10-2b}$$

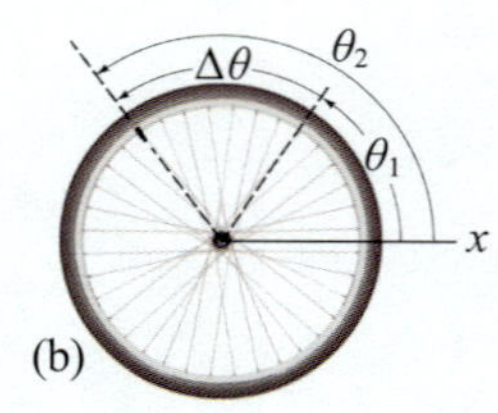

圖 10-4　一個車輪從 (a) 最初的位置 θ_1 轉動到 (b) 最終的位置 θ_2。角位移為 $\Delta\theta = \theta_2 - \theta_1$。

角速度的單位為弧度／秒 (rad/s)。注意剛體中所有的點都以同樣的角速度轉動，這是因為物體中的每個位置在相同的時距內通過相同的角度。

像是圖 10-4 中之車輪的一個物體，它可以朝順時針或逆時針方向轉動。方向可以用 + 或 − 符號來規定，正如我們曾在第 2 章中對於朝 $+x$ 或 $-x$ 方向的直線運動所做的規定一般。當車輪朝逆時針方

向轉動時，平常的慣例是將角位移 $\Delta\theta$ 與角速度 ω 選定為正。如果朝順時針方向轉動，則 θ 將會減少，因此 $\Delta\theta$ 和 ω 是負的。

角加速度 (以希臘小寫字母 α 表示) 與線加速度類似，定義為角速度的變化除以這項變化所需的時間。**平均角加速度** (average angular acceleration) 定義為

$$\bar{\alpha} = \frac{\omega_2 - \omega_1}{\Delta t} = \frac{\Delta\omega}{\Delta t} \qquad \textbf{(10-3a)}$$

其中，ω_1 是初始角速度，而 ω_2 則是在時距 Δt 之後的角速度。**瞬時角加速度** (instantaneous angular acceleration) 定義為當 Δt 趨近於零時這個比率的極限值

$$\alpha = \lim_{\Delta t \to 0} \frac{\Delta\omega}{\Delta t} = \frac{d\omega}{dt} \qquad \textbf{(10-3b)}$$

因為一個轉動物體中所有的點之 ω 都是相同的，所以 (10-3) 式告訴我們所有的點之 α 也是相同的。因此整體而言，ω 和 α 是轉動物體的特性。由於 ω 的單位為弧度／秒，而 t 的單位為秒，因此 α 的單位為弧度／秒^2 (rad/s^2)。

一個轉動的剛體中的每個點或粒子，在任何瞬間，都有線速度 v 和線加速度 a。我們可以將轉動的物體每一點的線量 v 和 a，與角量 ω 和 α 的關係聯繫在一起。考慮圖 10-5 中距離轉軸為 R 的 P 點。若物體以角速度 ω 轉動，則任何一點都有一個與其圓形路徑相切的線速度。那一點線速度的大小為 $v = d\ell / dt$。由 (10-1b) 式，旋轉角度的變化 $d\theta$(弧度) 與行進的直線距離之關係為 $d\ell = R\, d\theta$。因此

$$v = \frac{d\ell}{dt} = R\frac{d\theta}{dt}$$

或

$$v = R\omega \qquad \textbf{(10-4)}$$

其中，R 為與轉軸之間的固定距離，而 ω 之單位為 rad/s。因此，雖然在任何瞬間轉動物體中每一點的 ω 都相同，但是距轉軸較遠的點，其線速度 v 也較大(圖 10-6)。注意(10-4)式對於瞬時與平均速度都是適用的。

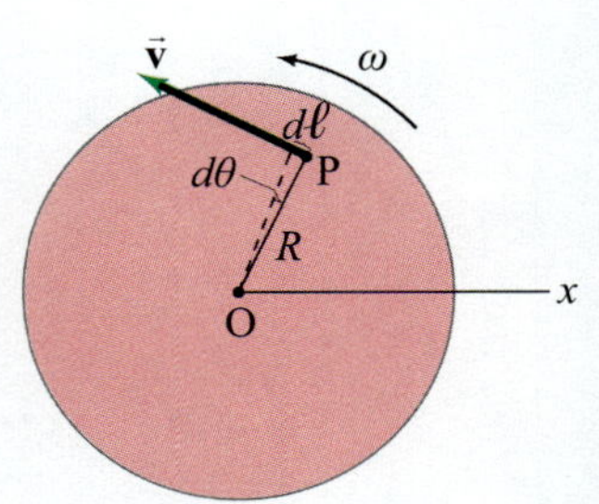

圖 10-5 位於轉動之車輪上的 P 點在任何時刻都具有線速度 $\vec{v}$。

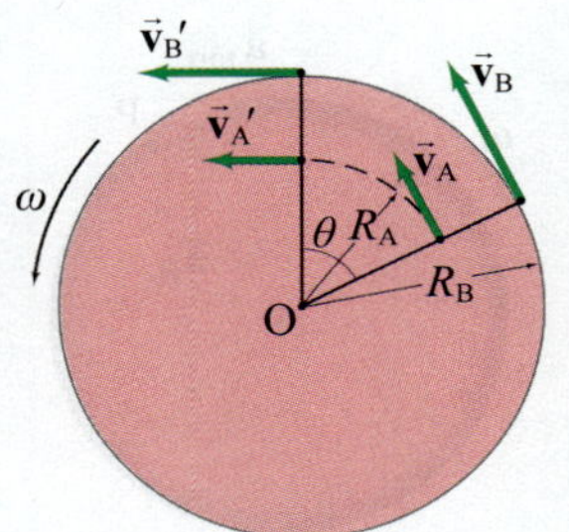

圖 10-6 一個車輪以等速朝逆時針方向轉動。車輪上與中心相距 R_A 與 R_B 的兩個點具有相同的角速度 ω，因為它們在同樣的時距內，通過相同的角度 θ。但是這兩點卻具有不同的線速度，因為它們在同樣的時距內，行經不同的距離。由於 $R_B > R_A$，所以 $v_B > v_A$ (因為 $v = R\omega$)。

觀念例題 10-2 **獅子跑得比馬快嗎？** 在一個轉動的旋轉木馬轉盤上，有一個小孩坐在靠近外緣的馬上，而另一個小孩坐在距中心一半距離的獅子上。(a) 哪一個小孩具有較大的線速度？(b) 哪一個小孩具有較大的角速度？

回答 (a) 線速度是行經的距離除以時距。當轉動一圈時，在外緣的小孩所行經的距離要比較靠近中心的小孩來得長，但是兩人的時距是相同的。因而靠近外緣坐在馬上的小孩具有較大的線速度，(b) 角速度是轉動的角度除以時距。當轉動一圈時，兩個小孩都通過相同的角度 ($360° = 2\pi$ rad)。因此，這兩個小孩具有相同的角速度。

假如一個轉動物體的角速度發生變化，則整個物體——和物體中的每個點——都有角加速度。而每個點也都有線加速度，其方向與該點之圓形路徑相切。我們利用 (10-4) 式 ($v = R\omega$) 可以證明，在轉動的物體中某一點的角加速度 α 與切線加速度 a_{tan} 的關係為

$$a_{tan} = \frac{dv}{dt} = R\frac{d\omega}{dt}$$

或

$$a_{tan} = R\alpha \tag{10-5}$$

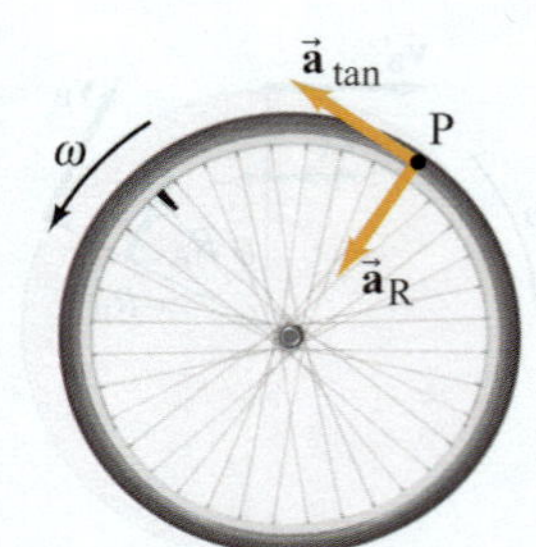

圖 10-7 一個角速率正在增加中的轉動車輪上，一個點 P 同時具有切線和徑向 (向心) 分量的線加速度。(參見第 5 章。)

在這個方程式中，R 是粒子移動之圓形路徑的半徑，而且在 a_{tan} 中的下標“tan”代表“切線的”。

在任何瞬間，某一點的總線加速度是兩個分量的向量和

$$\vec{\mathbf{a}} = \vec{\mathbf{a}}_{tan} + \vec{\mathbf{a}}_R$$

其中的徑向分量 $\vec{\mathbf{a}}_R$ 為徑向或“向心”加速度，並且它的方向是朝向點的圓形路徑之中心，見圖 10-7。我們在第 5 章中看到 [(5-1) 式]，一個以線速率 v 在半徑為 R 之圓周上移動的質點具有徑向加速度 $a_R = v^2/R$。我們利用 (10-4) 式，將它改寫為以 ω 表示之形式

$$a_R = \frac{v^2}{R} = \frac{(R\omega)^2}{R} = \omega^2 R \tag{10-6}$$

(10-6) 式適用於轉動物體中的任何質點。因此，你距轉軸愈遠，向心加速度就愈大：位於旋轉木馬最外緣的小孩感受到最大的加速度。

表 10-1 歸納了描述一個物體轉動的角量與該物體中每一點線性量之間的關係。

表 10-1 線性與轉動的量

線性	種類	轉動	關係 (θ 以弧度計量)
x	位移	θ	$x = R\theta$
v	速度	ω	$v = R\omega$
a_{tan}	加速度	α	$a_{tan} = R\alpha$

例題 10-3 角和線的速度與加速度 旋轉木馬最初是靜止的。在 $t = 0$ 時，它被施以一個固定的角加速度 $\alpha = 0.060\ \text{rad/s}^2$，使它的角速度逐漸增加達 8.0 s 的時間。在 $t = 8.0$ s 時，試求以下各量的大小：

(a) 旋轉木馬的角速度；(b) 位於圖 10-8b 中距離中心 2.5 m 處之 P 點的小孩 (圖 10-8a) 之線速度，(c) 小孩的切線 (線性) 加速度；(d) 小孩的向心加速度；(e) 小孩的總線加速度。

方法 角加速度 α 是常數，因此我們可以利用 $\alpha = \Delta\omega / \Delta t$ 求出經過時間 $t = 8.0$ s 之後的 ω。利用這個 ω 和已知的 α，以及剛導出的關係式 (10-4)、(10-5) 與 (10-6) 式，就可以求出其他的量。

解答 (a)(10-3a) 式中，$\bar{\alpha} = (\omega_2 - \omega_1)/\Delta t$，我們代入 $\Delta t = 8.0\,\text{s}$，$\bar{\alpha} = 0.060\ \text{rad/s}^2$ 以及 $\omega_1 = 0$。解 ω_2，我們得到

$$\omega_2 = \omega_1 + \bar{\alpha}\,\Delta t = 0 + (0.060\ \text{rad/s}^2)(8.0\ \text{s}) = 0.48\ \text{rad/s}$$

在 8.0 s 的時距內，旋轉木馬已經由 $\omega_1 = 0$ (靜止) 加速至 $\omega_2 = 0.48$ rad/s。

(b) 以 $R = 2.5$ m，利用 (10-4) 式求得 $t = 8.0$ s 時小孩的線速度為

$$v = R\omega = (2.5\ \text{m})(0.48\ \text{rad/s}) = 1.2\ \text{m/s}$$

注意其中的 “rad” 已經被捨去了，因為它是無因次的 (只供提示之用) ——它是兩個距離之比 [(10-1a) 式]。

(c) 依 (10-5) 式，小孩的切線加速度為

$$a_{\tan} = R\alpha = (2.5\ \text{m})(0.060\ \text{rad/s}^2) = 0.15\ \text{m/s}^2$$

而且它在整個 8.0 s 的加速期間內都是相同的。

(d) 依 (10-6) 式，小孩在 $t = 8.0$ s 時的向心加速度為

$$a_R = \frac{v^2}{R} = \frac{(1.2\ \text{m/s})^2}{(2.5\ \text{m})} = 0.58\ \text{m/s}^2$$

(e) 在 (c) 與 (d) 中所計算的兩個分量的線加速度是互相垂直的。因此在 $t = 8.0$ s 時，總線加速度的大小為

$$a = \sqrt{a_{\tan}^2 + a_R^2} = \sqrt{(0.15\ \text{m/s}^2)^2 + (0.58\ \text{m/s}^2)^2} = 0.60\ \text{m/s}^2$$

它的方向 (圖 10-8b) 是

$$\theta = \tan^{-1}\left(\frac{a_{\tan}}{a_R}\right) = \tan^{-1}\left(\frac{0.15\ \text{m/s}^2}{0.58\ \text{m/s}^2}\right) = 0.25\ \text{rad}$$

所以 $\theta \approx 15°$。

(a)

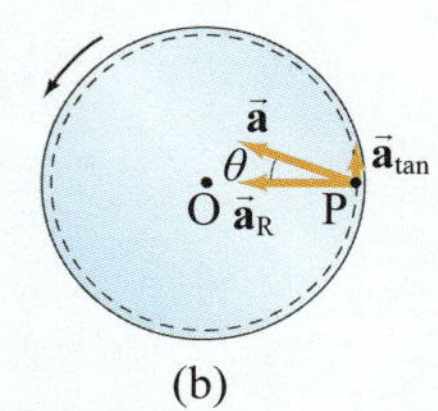

(b)

圖 10-8 例題 10-3。於 $t = 8.0$ s 時，總加速度向量為 $\vec{\mathbf{a}} = \vec{\mathbf{a}}_{\tan} + \vec{\mathbf{a}}_R$。

備註 在選擇的這個瞬間，線加速度大部分是向心的，它將小孩保持在旋轉木馬的圓周中移動。使運動速率加快的切線分量比較小。

我們可以求出角速度 ω 與轉動頻率 f 之間的關聯。**頻率** (frequency) 是每秒內的完整轉數 (rev)，正如我們在第 5 章中所見。轉動一轉相當於 2π 弧度的角度，因此 1 rev/s = 2π rad/s。因此，頻率 f 與角速度 ω 的關係為

$$f = \frac{\omega}{2\pi}$$

或

$$\omega = 2\pi f \qquad \textbf{(10-7)}$$

頻率的單位轉/秒 (rev/s)，有個特別的名字叫做赫茲 (Hz)。亦即

$$1\ \text{Hz} = 1\ \text{rev/s}$$

注意"轉數"並不是真正的單位，因此我們可以也寫成 1 Hz = 1 s^{-1}。

轉動一轉所需的時間稱為**週期** (period) T，它與頻率的關係為

$$T = \frac{1}{f} \qquad \textbf{(10-8)}$$

如果質點以每秒三轉的頻率轉動，則每一轉的週期為 1/3 秒。

練習 A 在例題 10-3 中，我們發現旋轉木馬在 8.0 s 以後，以 $\omega = 0.48$ rad/s 之角速度轉動。因為加速度停止，所以在 $t = 8.0$ s 之後持續以此一速率轉動。在旋轉木馬達到恆定的角速度之後，試求它的頻率與週期。

物理應用
硬碟與位元速率

例題 10-4 **硬碟** 電腦的硬碟轉盤以 7200 rpm 之轉速轉動 (rpm = 每分鐘的轉數 = rev/min)。(a) 轉盤的角速度 (rad/s) 是多少？(b) 如果讀取頭距離轉軸 3.00 cm，則在轉盤上位於讀取頭正下方某一點的線速率為多少？(c) 如果一位元在沿著運動的方向上需要佔用 0.50 μm 的長度，當讀取頭距離轉軸 3.00 cm 時，讀取頭每秒能讀取多少位元？

方法 你可以利用已知的頻率 f 求出轉盤的角速度 ω，然後再求出轉盤上某一點的線速率 ($v = R\omega$)。將線速率除以一位元所佔用的長度就可以得到位元率 (v = 距離 / 時間)。

解答 (a) 已知 $f = 7200$ rev/min，首先我們要求出 rev/s

$$f=\frac{(7200\ \text{rev/min})}{(60\ \text{s/min})}=120\ \text{rev/s}=120\ \text{Hz}$$

則角速度為

$$\omega=2\pi f=754\ \text{rad/s}$$

(b) 由 (10-4) 式，距離轉軸 3.00 cm 的某一點之線速率為

$$v=R\omega=(3.00\times10^{-2}\ \text{m})(754\ \text{rad/s})=22.6\ \text{m/s}$$

(c) 每位元佔用 0.50×10^{-6} m，因此以 22.6 m/s 之速率，每秒內通過讀取頭的位元數是

$$\frac{22.6\ \text{m/s}}{0.50\times10^{-6}\ \text{m/bit}}=45\times10^{6}\ \text{bit/s}$$

或 45 百萬位元／秒 (Mbps)。

例題 10-5 **作為時間之函數的 ω** 一個半徑 $R=3.0$ m的圓盤以角速度 $\omega=(1.6+1.2\,t)$ rad/s 轉動，其中 t 以秒計。在 $t=2.0$ s 之瞬間，試求 (a) 角加速度，(b) 圓盤邊緣某一點的速率 v 以及加速度 a 的分量。

方法 我們利用 (10-3b)、(10-4)、(10-5) 與 (10-6) 式的 $\alpha=d\omega/dt$、$v=R\omega$、$a_{\tan}=R\alpha$ 與 $a_R=\omega^2R$。我們可以將其中之常數的單位明確地表示，而寫出 $\omega=[1.6\ \text{s}^{-1}+(1.2\ \text{s}^{-2})t]$。

解答 (a) 角加速度為

$$\alpha=\frac{d\omega}{dt}=\frac{d}{dt}(1.6+1.2\,t)\ \text{s}^{-1}=1.2\ \text{rad/s}^2$$

(b) 利用 (10-4) 式，在 $t=2.0$ s 時，距離轉動之圓盤中心 3.0 m 處某一點的速率 v 為

$$v=R\omega=(3.0\ \text{m})(1.6+1.2\,t)\ \text{s}^{-1}=(3.0\ \text{m})(4.0\ \text{s}^{-1})=12.0\ \text{m/s}$$

於 $t=2.0$ s 時，這一點的線加速度之分量為

$$a_{\tan}=R\alpha=(3.0\ \text{m})(1.2\ \text{rad/s}^2)=3.6\ \text{m/s}^2$$

$$a_R=\omega^2R=[(1.6+1.2\,t)\ \text{s}^{-1}]^2\,(3.0\ \text{m})$$
$$=(4.0\ \text{s}^{-1})^2\,(3.0\ \text{m})=48\ \text{m/s}^2$$

10-2 角量的向量本質

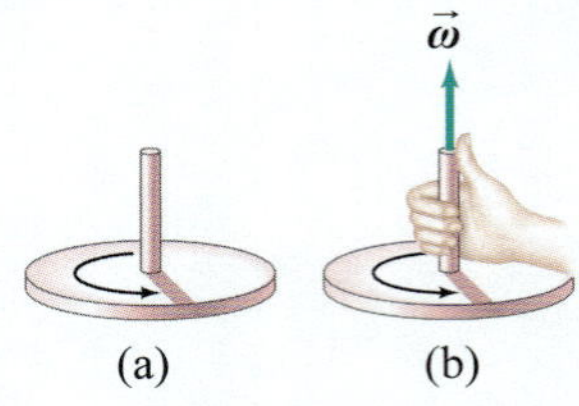

圖 10-9 (a) 轉動中的車輪。(b) 求得 $\vec{\omega}$ 之方向的右手定則。

$\vec{\omega}$ 和 $\vec{\alpha}$ 都可以視為向量，我們以下列方式來定義它們的方向。考慮圖 10-9a 中之轉動的輪子。輪子中不同質點的線速度指向各個不同的方向。在空間中，唯一與轉動相關的方向就是沿著轉軸的方向，它與實際的運動垂直。因此我們將轉軸選定為角速度向量 $\vec{\omega}$ 的方向。實際上，這樣依然有些模稜兩可，因為 $\vec{\omega}$ 可能指向沿轉軸的任何一個方向 (圖 10-9a 中的向上或向下)。我們使用的慣例稱為**右手定則** (right-hand rule)：當右手的手指圍繞著轉軸而彎曲並且指向轉動的方向時，拇指就朝著 $\vec{\omega}$ 的方向，如圖 10-9b 所示。注意，$\vec{\omega}$ 的方向就是當一根右旋式的螺釘依物體的轉動方向被旋動時，它的移動方向。因此，若圖 10-9a 中的車輪以逆時針旋轉，則 $\vec{\omega}$ 的方向是朝上的，如圖 10-9b 所示。如果車輪以順時針旋轉，則 $\vec{\omega}$ 的方向是朝下的。[1] 注意轉動的物體中沒有任何部分會朝 $\vec{\omega}$ 的方向移動。

如果轉軸的方向固定，則 $\vec{\omega}$ 只能在量的大小發生變化。因此 $\vec{\alpha}=d\vec{\omega}/dt$ 也必須沿著轉軸方向。若是如圖 10-9a 所示而以逆時針旋轉，而且 ω 的大小正在增加，則 $\vec{\alpha}$ 朝上；但如果 ω 正在減少 (輪子減速)，則 $\vec{\alpha}$ 朝下。如果以順時針旋轉，而且 ω 正在增加，則 $\vec{\alpha}$ 朝下；如果 ω 正在減少，則 $\vec{\alpha}$ 朝上。

10-3 等角加速度

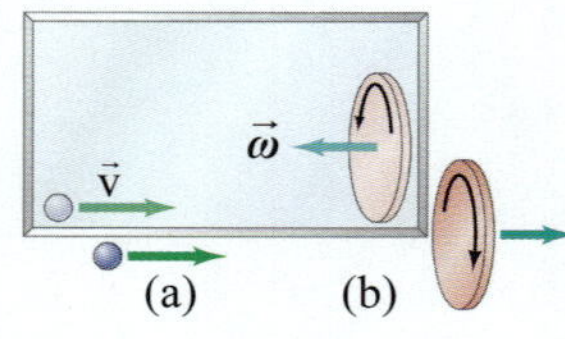

圖 10-10 (a) 速度是一個純正的向量，$\vec{v}$ 的映像朝著相同的方向。(b) 因為角速度沒有依循此規則，所以它是偽向量。由圖中可以看出，車輪的映像朝相反的方向轉動，所以映像中 $\vec{\omega}$ 的方向是相反的。

在第 2 章中，我們針對等加速度直線運動的特殊情形，推導出將加速度、速度、距離與時間聯繫在一起而非常有用的運動學方程式 [(2-12) 式]。那些方程式源自於線速度與等加速度的規定。角速度和

1 嚴格地說，$\vec{\omega}$ 與 $\vec{\alpha}$ 並不完全是向量。問題在於它們的映像特性並不像是向量。假設鏡面前有一個質點以平行於鏡面的速度 $\vec{v}$ 向右移動；在鏡中的映像，$\vec{v}$ 依然向右，如圖 10-10a。因此，真正的向量，如速度，當方向與鏡面平行時，其映像的方向與實際相同。現在考慮一個在鏡子前面轉動的輪子，而 $\vec{\omega}$ 指向右方 (我們將查看輪子的邊緣)。如圖 10-10b，觀察鏡中映像，輪子將以反方向旋轉，所以鏡中的 $\vec{\omega}$ 將朝相反方向 (朝左)。因為映像中的 $\vec{\omega}$ 之方向與真正向量不同，所以 $\vec{\omega}$ 稱為偽向量或軸向量。角加速度 $\vec{\alpha}$ 也是偽向量，如所有真正向量的叉乘積一般 (見第 11-2 節)。真正的向量與偽向量之間的差異在基本粒子物理學中是很重要的，但在本書中我們並不感興趣。

角加速度的定義與它們直線運動的對應量是相同的，除了 θ 取代了直線位移 x，ω 取代了 v，以及 α 取代了 a。因此，**等角加速度** (constant angular acceleration) 運動的方程式將與 (2-12) 式類似，其中 x 由 θ，v 由 ω 以及 a 由 α 取代，而且它們能夠以完全相同的方式導出。此處，我們將它們加以歸納，而與它們的線性等值量相對應 (我們已經選擇於初始時間 $t=0$ 時，$x_0=0$ 以及 $\theta_0=0$)

等角加速度的運動學方程式 ($x_0=0$，$\theta_0=0$)

角量	線性		
$\omega=\omega_0+\alpha t$	$v=v_0+at$	[α 與 a 為常數]	**(10-9a)**
$\theta=\omega_0 t+\frac{1}{2}\alpha t^2$	$x=v_0 t+\frac{1}{2}at^2$	[α 與 a 為常數]	**(10-9b)**
$\omega^2=\omega_0^2+2\alpha\theta$	$v^2=v_0^2+2ax$	[α 與 a 為常數]	**(10-9c)**
$\overline{\omega}=\frac{\omega+\omega_0}{2}$	$\overline{v}=\frac{v+v_0}{2}$	[α 與 a 為常數]	**(10-9d)**

注意 ω_0 代表在 $t=0$ 時的角速度，而 θ 和 ω 分別代表在時間 t 時的角位置和角速度。因為角加速度為常數，所以 $\alpha=\overline{\alpha}$。

例題 10-6　離心機的加速度　離心機的轉子在 30 s 內從靜止加速到 20000 rpm。(a) 它的平均角加速度是多少？(b) 假設它是等角加速度，在加速期間，離心機的轉子完成多少轉數？

物理應用
離心機

方法　要求出 $\overline{\alpha}=\Delta\omega/\Delta t$，我們需要最初和最終的角速度。對於 (b)，我們可以利用 (10-9) 式 (回想一轉相當於 $\theta=2\pi$ rad)。

解答　(a) 最初的角速度為 $\omega=0$。最終的角速度為

$$\omega=2\pi f=(2\pi\ \text{rad/rev})\frac{(20000\ \text{rev/min})}{(60\ \text{s/min})}=2100\ \text{rad/s}$$

因為 $\overline{\alpha}=\Delta\omega/\Delta t$ 而 $\Delta t=30$ s，所以我們得到

$$\overline{\alpha}=\frac{\omega-\omega_0}{\Delta t}=\frac{2100\ \text{rad/s}-0}{30\ \text{s}}=70\ \text{rad/s}^2$$

即每秒內轉子的角速度增加 70 rad/s，或 $(70/2\pi)=11$ rev/s。

(b) 我們可以利用 (10-9b) 或 (10-9c) 式的任何一式來求 θ，或利用兩者來檢查答案。由先前之結果可得

$$\theta=0+\frac{1}{2}(70\ \text{rad/s}^2)(30\ \text{s})^2=3.15\times10^4\ \text{rad}$$

其中我們保留了一個額外的數字，因為這是一個中間的結果。欲求出總轉數，我們將它除以 2π rad/rev 而得到

$$\frac{3.15\times10^4\ \text{rad}}{2\pi\ \text{rad/rev}}=5.0\times10^3\ \text{rev}$$

備註 我們利用 (10-9c) 式計算 θ

$$\theta=\frac{\omega^2-\omega_0^2}{2\alpha}=\frac{(2100\text{ rad/s})^2-0}{2(70\text{ rad/s}^2)}=3.15\times10^4\text{ rad}$$

以此核對我們利用 (10-9b) 式所得到答案是完全正確的。

10-4 力矩

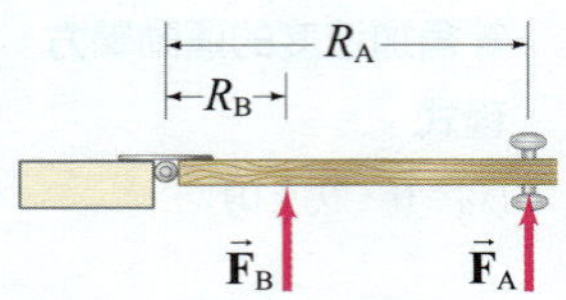

圖 10-11 門的俯視圖。以不同的力臂 R_A 與 R_B 施加相同的力。如果 $R_A=3R_B$，為了產生相同的效果，F_B 必須是 F_A 的三倍，或者 $F_A=\frac{1}{3}F_B$。

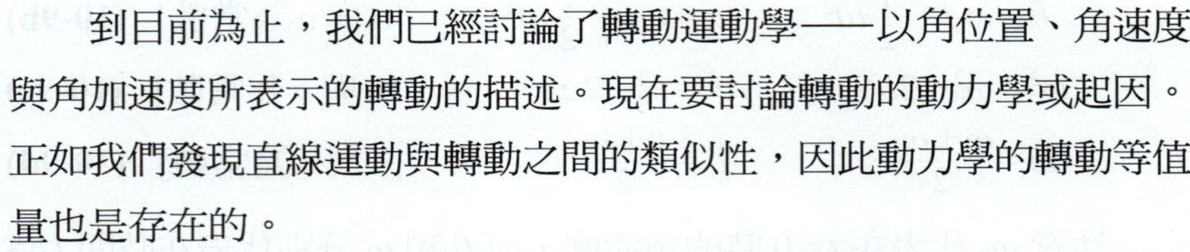

到目前為止，我們已經討論了轉動運動學——以角位置、角速度與角加速度所表示的轉動的描述。現在要討論轉動的動力學或起因。正如我們發現直線運動與轉動之間的類似性，因此動力學的轉動等值量也是存在的。

為了使物體開始繞著轉軸旋轉顯然需要一個力。但是這個力的方向，以及它作用的位置也是很重要的。例如圖 10-11 中的一個平常情況——門的俯視圖。假如你依圖中所示對門施力 $\vec{\mathbf{F}}_A$，你會發現 F_A 愈大，門開得愈快。但現在如果你對比較靠近鉸鏈的點施加相同大小的力，例如圖 10-11 中的 $\vec{\mathbf{F}}_B$，門將不會這麼快地被打開。力的效果比較少：力的作用地點，以及它的大小和方向，都會影響門是多快地被打開。的確，如果只有這一個力作用，門的角加速度不僅與力的大小成正比，也與力的作用線和轉軸之間的垂直距離成正比。這個距離稱為力的**槓桿臂** (lever arm)，或**力矩臂** (moment arm)，並且在圖 10-11 中以 R_A 和 R_B 標示。因此，假設力的大小相同，若圖 10-11 中的 R_A 是 R_B 的三倍大，則門的角加速度將大三倍。換言之，如果 $R_A=3R_B$，為了得到相同的角加速度，則 F_B 必須是 F_A 的三倍大。(圖 10-12 所示的兩個工具的實例，它們的長力臂是非常有效用的。)

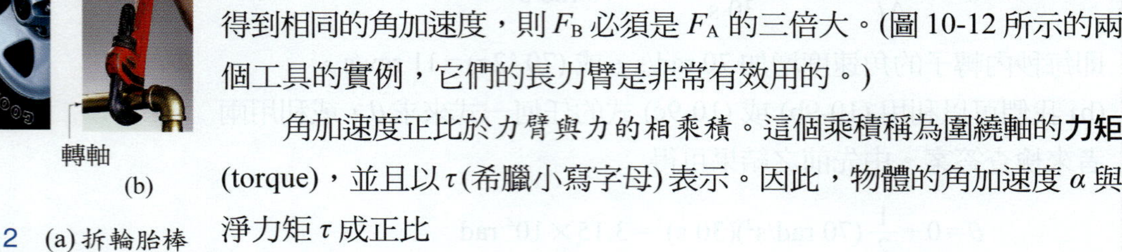

圖 10-12 (a) 拆輪胎棒也可以有很長的力臂。(b) 鉛管工可以用長力臂的扳手施加更大的力矩。

角加速度正比於力臂與力的相乘積。這個乘積稱為圍繞軸的**力矩** (torque)，並且以 τ (希臘小寫字母) 表示。因此，物體的角加速度 α 與淨力矩 τ 成正比

$$\alpha\propto\tau$$

因此我們看到產生角加速度的是力矩。這是直線運動之牛頓第二運動定律的轉動類比，$\alpha\propto F$。

我們將力臂定義為由轉軸至力的作用線的垂直距離——亦即與轉軸以及沿著力的方向所畫的一根假想直線均垂直的距離。我們這麼做是為了考慮力以不同角度作用的效應。在圖 10-13 中可以清楚地看出以某一角度作用的力 $\vec{\mathbf{F}}_C$ 所產生的效應要比垂直作用在門上之同樣大小的力 (例如 $\vec{\mathbf{F}}_A$) 來得較小。而且如果你用力推門的外緣，使力的方向朝著鉸鏈 (轉軸)，如 $\vec{\mathbf{F}}_D$ 所示，則門根本不會轉動。

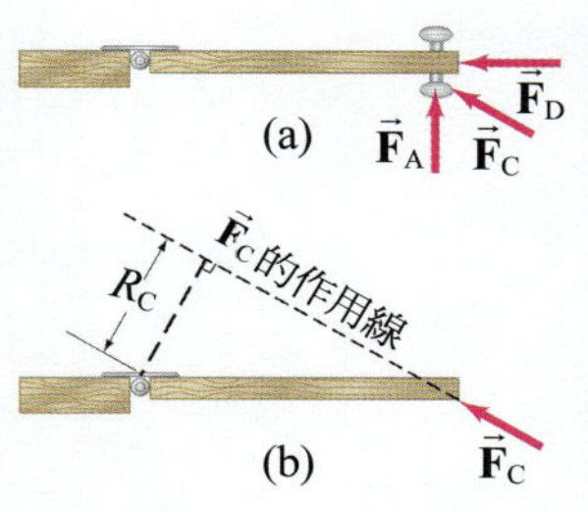

圖 10-13 (a) 以不同角度作用在門把上的力。(b) 力臂的定義是從轉軸(鉸鏈) 至力的作用線的垂直距離。

一個如 $\vec{\mathbf{F}}_C$ 的力之力臂可以藉由沿著 $\vec{\mathbf{F}}_C$ 的方向畫一根直線 (這是 $\vec{\mathbf{F}}_C$ 的"作用線") 而求得。然後我們另外畫一根與此一作用線垂直，並且通過轉軸而與轉軸垂直的直線。第二條線的長度就是 $\vec{\mathbf{F}}_C$ 的力臂，並且在圖 10-13b 中以 R_C 標記。$\vec{\mathbf{F}}_A$ 的力臂則是由鉸鏈到門把手的全部距離 R_A；因此 R_C 遠小於 R_A。

與 $\vec{\mathbf{F}}_C$ 相關的力矩大小為 $R_C F_C$。與 $\vec{\mathbf{F}}_C$ 相關的短力臂以及較小的力矩，是與我們所觀察到的 $\vec{\mathbf{F}}_C$ 對門的加速效果要比 $\vec{\mathbf{F}}_A$ 來得差完全一致。當力臂以此種方式定義時，實驗證實 $\alpha \propto \tau$ 的關係一般而言都是合理的。注意圖 10-13 中力 $\vec{\mathbf{F}}_D$ 的作用線通過鉸鏈，因此它的力臂為零。結果，與 $\vec{\mathbf{F}}_D$ 相關的力矩為零，因而不會產生角加速度，這與日常經驗一致。

一般而言，我們可以將圍繞一特定轉軸的力矩大小寫成

$$\tau = R_\perp F \tag{10-10a}$$

其中，$R_\perp$ 為力臂，而且垂直的符號 (⊥) 提醒我們必須使用由轉軸至力的作用線之間的垂直距離 (圖 10-14a)。

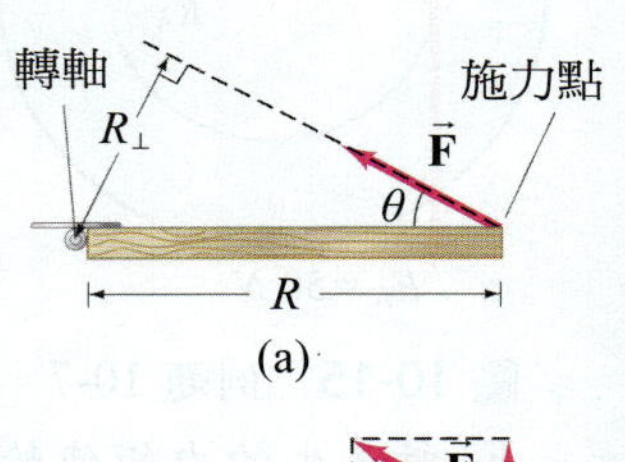

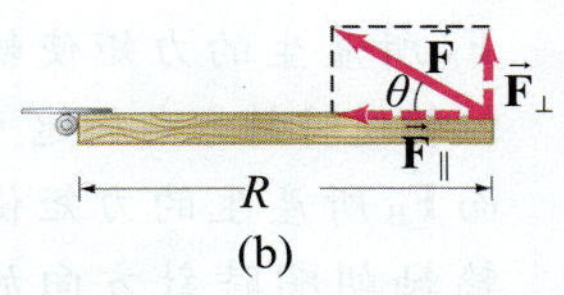

圖 10-14 力矩 $= R_\perp F = RF_\perp$。

判斷與一個力相關之力矩的另一個等效的方法就是將力在轉軸與施力點的連接線上分解成平行分量和垂直分量，如圖 10-14b 所示。因為分量 $F_\parallel$ 的方向是朝著轉軸，所以它不會產生力矩 (它的力臂是零)。因此力矩等於 $F_\perp$ 乘以施力點至轉軸的距離 R

$$\tau = RF_\perp \tag{10-10b}$$

這個結果與 (10-10a) 式相同，因為 $F_\perp = F\sin\theta$，且 $R_\perp = R\sin\theta$。所以在任一種情況中，

$$\tau = RF\sin\theta \tag{10-10c}$$

[注意：θ 是 $\vec{\mathbf{F}}$ 之方向與 R (由轉軸至施力點的直線) 之間的夾角]。我們可以利用 (10-10) 式其中最容易的一個來計算力矩。

因為力矩是距離乘以力量，所以它在 SI 制中的單位是公尺 · 牛

頓 (m · N)，[2] 在 cgs 制中是公分 · 達因 (cm · dyne)，在英制中是呎 · 磅 (ft · lb)。

當有一個以上的力矩作用在物體上時，我們發現角加速度 α 與淨力矩成正比。如果作用在物體上的所有力矩傾向於將物體圍繞著一個固定轉軸而朝同一方向轉動，則淨力矩是所有力矩的總和。但如果一力矩將物體朝某一方向轉動，而第二個力矩將物體朝相反方向轉動 (如圖 10-15)，則淨力矩是這兩個力矩之差。當轉軸固定時，我們通常將使物體朝逆時針方向轉動的力矩指定為正號 (正如同逆時針方向的 θ 通常為正)，使物體朝順時針方向轉動的力矩則指定為負號。

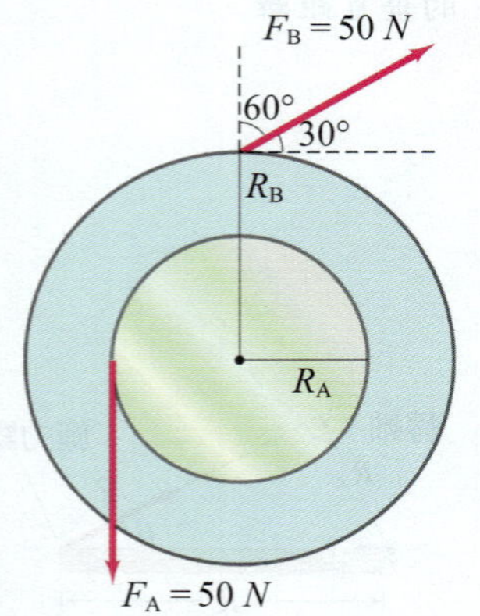

圖 10-15 例題 10-7。$\vec{\mathbf{F}}_A$ 所產生的力矩使輪軸朝逆時針方向加速，而 $\vec{\mathbf{F}}_B$ 所產生的力矩使輪軸朝順時針方向加速。

例題 10-7 **輪軸上的力矩** 兩個薄的圓盤形輪子，半徑為 $R_A = 30$ cm 與 $R_B = 50$ cm，彼此相連並安裝於通過二者中心的轉軸上，如圖 10-15 所示。計算圖中的兩個均為 50 N 而作用於輪軸上的力所產生的淨力矩。

方法 力 $\vec{\mathbf{F}}_A$ 使系統朝逆時針方向旋轉，而 $\vec{\mathbf{F}}_B$ 則使系統朝順時針方向旋轉。因此這兩個力彼此朝相反方向作用。我們必須選擇一個旋轉的方向為正——比如，逆時針方向。則 $\vec{\mathbf{F}}_A$ 產生正的力矩 $\tau_A = R_A F_A$，因為其力臂為 R_A。另一方面，$\vec{\mathbf{F}}_B$ 產生負的 (順時針) 力矩，而且不與 R_B 垂直，因此我們必須使用它的垂直分量來計算它所產生的力矩：$\tau_B = -R_B F_{B\perp} = -R_B F_B \sin\theta$，其中 $\theta = 60°$。(注意，θ 必須是 $\vec{\mathbf{F}}_B$ 與由轉軸畫出的一條徑向直線之間的夾角。)

解答 淨力矩為

$$\begin{aligned}\tau &= R_A F_A - R_B F_B \sin 60° \\ &= (0.30\ \text{m})(50\ \text{N}) - (0.50\ \text{m})(50\ \text{N})(0.866) = -6.7\ \text{m} \cdot \text{N}\end{aligned}$$

這個淨力矩使輪軸朝順時針方向加速旋轉。

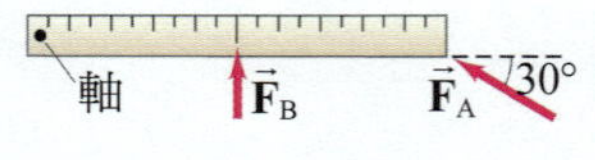

圖 10-16 練習 B。

練習 B 兩個力 ($F_B = 20$ N 和 $F_A = 30$ N) 作用於可以繞著其左端旋轉的直尺上 (圖 10-16)。力 $\vec{\mathbf{F}}_B$ 垂直地作用在中點上。哪一個力能夠產生較大的力矩：F_A、F_B 或兩者相同？

---

2 注意，力矩的單位與能量相同。此處我們將力矩的單位寫成 m · N (SI 制) 而與能量 (N · m) 區分，因為這兩種量有極大的差異。一個明顯的差異就是能量為純量，而力矩則是具有方向的向量 (可參閱第 11 章)。焦耳 (joule) (1 J = 1 N · m) 這個特別的名稱只能用在能量 (及作功)，絕不能用於力矩。

10-5 轉動動力學；力矩與轉動慣量

我們在第 10-4 節中曾經討論到轉動物體的角加速度 α 與作用於物體上的淨力矩 τ 成正比

$$\alpha \propto \Sigma\tau$$

其中，$\Sigma\tau$ 提醒我們，與 α 成正比的是淨力矩(作用在物體上所有力矩的總和)。這個關係相當於平移運動的牛頓第二運動定律，$a \propto \Sigma F$；但是其中的力矩取代了力，而角加速度 α 取代了線加速度 a。在直線運動中，加速度不但與淨力成正比，它也與我們稱之為質量 m 的物體之慣性成反比。因此可以寫成 $a = \Sigma F / m$。但是在轉動的情況中，究竟是什麼扮演著質量的角色？這正是我們現在要著手確定的事情。同時，我們也看到 $\alpha \propto \Sigma\tau$ 的關係直接地依循牛頓第二運動定律，$\Sigma F = ma$。

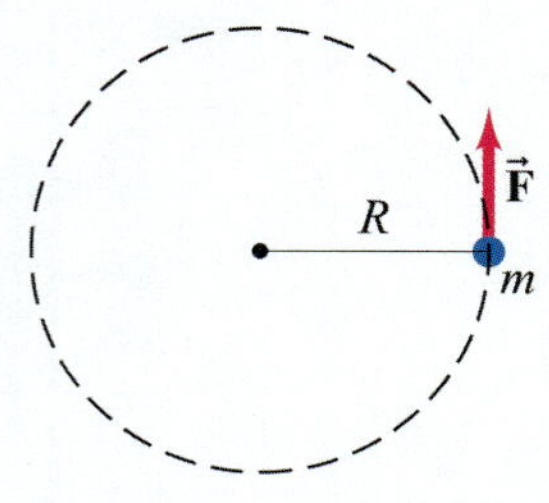

圖 10-17 一質量為 m 的質點圍繞一個固定的點在半徑為 R 的圓周上轉動。

我們首先考慮一個非常簡單的情況：一個質量為 m 的質點在半徑為 R 的圓周上轉動，此質點被繫在一根質量可忽略的細繩或桿的末端(圖 10-17)。同時我們假設作用在 m 上的單一力 F 與圓周相切，如圖中所示。引起角加速度的力矩為 $\tau = RF$，如果我們利用直線運動的牛頓第二運動定律 $\Sigma F = ma$，以及將角加速度與切線加速度聯繫在一起的 (10-5) 式 $a_{\tan} = R\alpha$，則可得到

$$F = ma = mR\alpha$$

其中，α 的單位為 rad/s^2。當我們將這個等式的兩邊乘以 R 時，發現力矩 $\tau = RF = R(mR\alpha)$，或

$$\tau = mR^2\alpha \qquad \text{[單一質點]} \qquad \textbf{(10-11)}$$

在這裡，我們最後得到一個角加速度與力矩 τ 之間的直接關係式。mR^2 代表質點的轉動慣量，並且稱之為慣性矩。

現在我們考慮一個轉動的剛體，例如一個圍繞通過其中心之固定轉軸而轉動的輪子。我們可以將輪子視為是由距轉軸各種不同距離的許多質點所組成。我們可以將 (10-11) 式應用於物體的每個質點上；亦即我們對物體的第 i 個質點可寫出 $\tau_i = m_i R_i^2 \alpha$，然後求所有質點的總和。各個不同力矩的總和就是總力矩 $\Sigma\tau$，因此得到

$$\Sigma\tau_i = (\Sigma m_i R_i^2)\alpha \qquad \text{[固定的軸]} \qquad \textbf{(10-12)}$$

其中，我們分解出因數 α，因為對於剛體所有的質點而言，它都是相同的。合成力矩 $\Sigma\tau$ 代表每個質點對另一個所施加的所有內力矩的總和，再加上由外部所施加的所有外力矩：$\Sigma\tau = \Sigma\tau_{ext} + \Sigma\tau_{int}$。依牛頓第三運動定律，內力矩的總和是零。因此 $\Sigma\tau$ 代表合成的外部力矩。

(10-12) 式中的 $\Sigma m_i R_i^2$，代表物體中每個質點至轉軸之距離的平方與該質點之質量相乘積的總和。若給每個質點一個號碼 (1, 2, 3, ...)，則

$$\Sigma m_i R_i^2 = m_1 R_1^2 + m_2 R_2^2 + m_3 R_3^2 + \cdots$$

這項總和稱為物體的**慣性矩** (moment of inertia) 或轉動慣量 (rotational inertia) I

$$I = \Sigma m_i R_i^2 = m_1 R_1^2 + m_2 R_2^2 + \cdots \quad \textbf{(10-13)}$$

結合 (10-12) 與 (10-13) 式，我們可以寫出

轉動的牛頓第二運動定律

$$\Sigma\tau = I\alpha \qquad \begin{bmatrix}\text{轉軸固定於慣}\\\text{性參考座標中}\end{bmatrix} \quad \textbf{(10-14)}$$

這是牛頓第二運動定律的轉動等值量。它適用於圍繞一固定轉軸轉動的剛體。[3] 只要 I 與 α 是在物體質心周圍所計算，而且通過質心的轉軸並未改變其方向，即使當物體正在以加速度平移，(10-14) 式也可以被證明是適用的 (見第 11 章)。(從斜坡上滾落的球就是一個實例。) 於是

$$(\Sigma\tau)_{CM} = I_{CM}\,\alpha_{CM} \qquad \begin{bmatrix}\text{轉軸之方向固定，}\\\text{但是可以加速度}\end{bmatrix} \quad \textbf{(10-15)}$$

其中的下標 CM 意指“圍繞質心周圍所計算”。

慣性矩 I 是物體轉動慣性的量度，對轉動而言，它扮演著與質量在平移運動中相同的角色。由 (10-13) 式可以看出，一個物體的轉動慣量不僅視它的質量而定，並且與質量相對於轉軸的分佈情形有關。例如：一個直徑較大的圓柱體要比相同質量但直徑較小的圓柱體 (因而長度較長) 具有較大的轉動慣量 (圖 10-18)。前者的轉動較難起動，

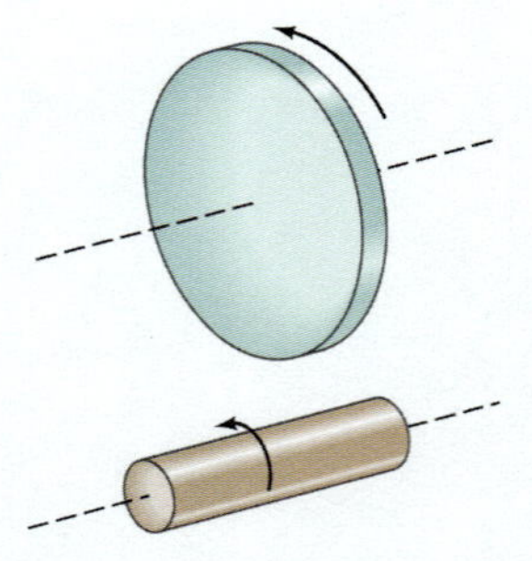

圖 10-18　直徑較大的圓柱體其轉動慣量比同等質量而直徑較小的圓柱體來得大。

3 換言之，相對於物體而言，轉軸是固定的，並且固定於一個慣性參考座標中。這包括以等速在一慣性座標中移動的轉軸，因為此軸可以視為是固定在與第一個做相對運動的第二個慣性座標中。

並且也較難停止。當質量的聚集距離轉軸愈遠，其轉動慣量就愈大。就轉動而言，不能將物體的質量視為集中在它的質心。

注意 對轉動而言，質量不能被視為集中在質心。

例題 10-8 **橫桿上的兩個砝碼：不同的軸，不同的 I** 兩個質量為 5.0 kg 和 7.0 kg 的小"砝碼"分隔 4.0 m 安裝在一根輕的橫桿上 (可以忽略質量)，如圖 10-19 所示。計算系統的轉動慣量，(a) 當圍繞位於兩者中間的轉軸轉動時 (圖 10-19a)，與 (b) 當圍繞位於 5.0 kg 砝碼左方 0.5 m 處的轉軸轉動時 (圖 10-19b)。

方法 在各個情況中，將 (10-13) 式的前兩個部分相加就可以求得系統的轉動慣量。

解答 (a) 兩個砝碼距離轉軸均為 2.0 m。因此

$$I = \Sigma mR^2 = (5.0\ \text{kg})(2.0\ \text{m})^2 + (7.0\ \text{kg})(2.0\ \text{m})^2$$
$$= 20\ \text{kg}\cdot\text{m}^2 + 28\ \text{kg}\cdot\text{m}^2 = 48\ \text{kg}\cdot\text{m}^2$$

(b) 現在 5.0 kg 的砝碼距離轉軸 0.50 m，而 7.0 kg 的砝碼距離轉軸 4.50 m。所以

$$I = \Sigma mR^2 = (5.0\ \text{kg})(0.50\ \text{m})^2 + (7.0\ \text{kg})(4.5\ \text{m})^2$$
$$= 1.3\ \text{kg}\cdot\text{m}^2 + 142\ \text{kg}\cdot\text{m}^2 = 143\ \text{kg}\cdot\text{m}^2$$

備註 這個例題說明了兩個重點。首先，對於不同的轉軸，一特定系統的轉動慣量是不同的。其次，我們在 (b) 中看到接近轉軸的質量對於總轉動慣量所產生的作用很少，此處，5.0 kg 之物體所產生的作用還不到全部的 1%。

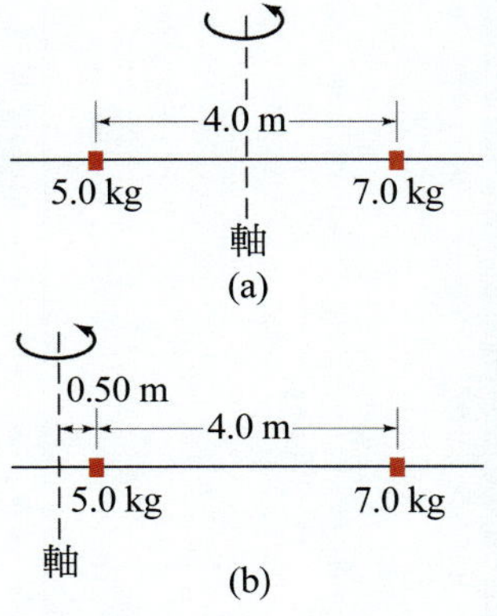

圖 10-19 例題 10-8。計算轉動慣量。

注意 轉動慣量 I 視轉軸和質量的分佈而定。

對於大多數的一般物體而言，質量的分佈是連續的，因而轉動慣量的計算 ΣmR^2 可能較為困難。然而，對於形狀規則之物體，可以利用微積分求出以物體之尺寸大小所表示的轉動慣量之算式，這些我們將在第 10-7 節中討論。圖 10-20 中列出一些圍繞指定軸轉動之物體的轉動慣量之算式。唯一的一個當然結果就是環繞一根通過其中心並與其平面垂直之轉軸而轉動的細薄圓環 (圖 10-20a)。這個圓環的所有質量集中在距轉軸相同距離 R_0 處。因此，$\Sigma mR^2 = (\Sigma m)R_0^2 = MR_0^2$，其中 M 為圓環的總質量。

當計算不容易進行時，可以利用實驗測量由一已知的淨力矩 $\Sigma\tau$ 所產生的環繞一固定軸轉動的角加速度 α，並且應用牛頓第二定律 $I = \Sigma\tau/\alpha$ [(10-14) 式] 而求出 I。

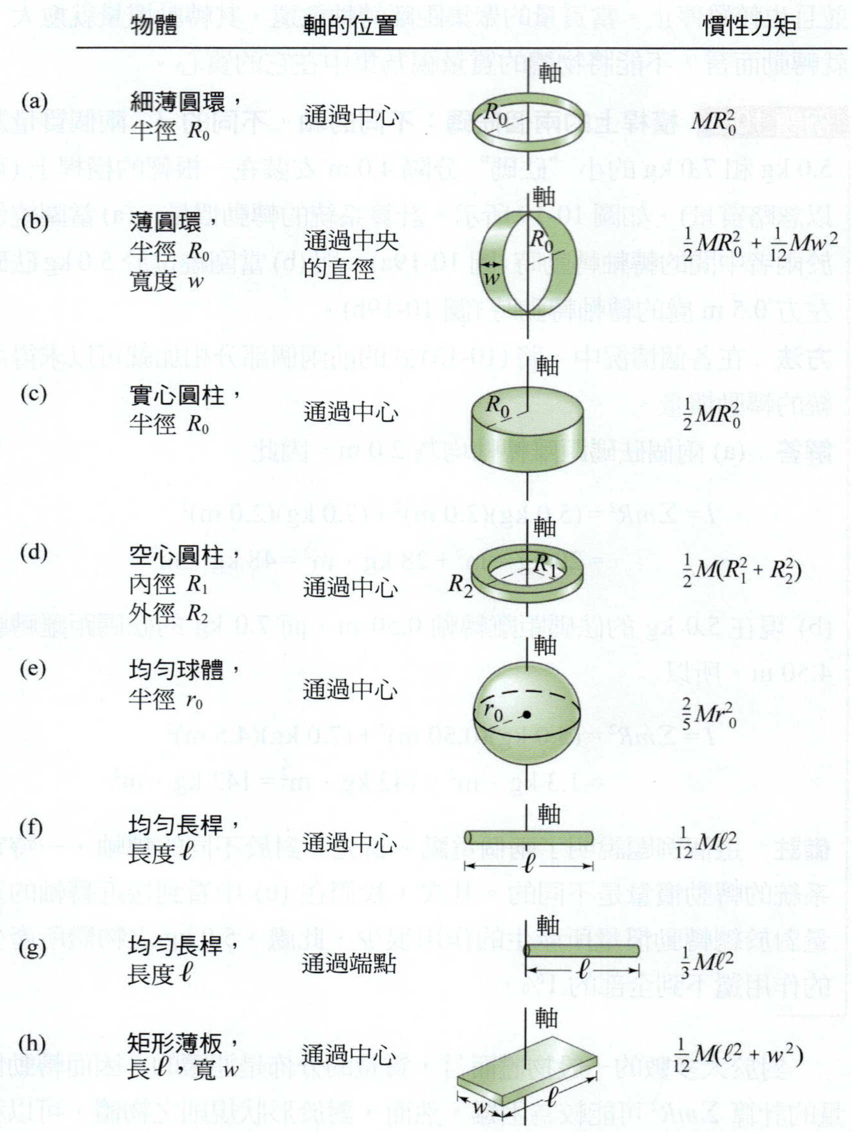

	物體	軸的位置	慣性力矩
(a)	細薄圓環，半徑 R_0	通過中心	MR_0^2
(b)	薄圓環，半徑 R_0 寬度 w	通過中央的直徑	$\frac{1}{2}MR_0^2 + \frac{1}{12}Mw^2$
(c)	實心圓柱，半徑 R_0	通過中心	$\frac{1}{2}MR_0^2$
(d)	空心圓柱，內徑 R_1 外徑 R_2	通過中心	$\frac{1}{2}M(R_1^2 + R_2^2)$
(e)	均勻球體，半徑 r_0	通過中心	$\frac{2}{5}Mr_0^2$
(f)	均勻長桿，長度 ℓ	通過中心	$\frac{1}{12}M\ell^2$
(g)	均勻長桿，長度 ℓ	通過端點	$\frac{1}{3}M\ell^2$
(h)	矩形薄板，長 ℓ，寬 w	通過中心	$\frac{1}{12}M(\ell^2 + w^2)$

圖 10-20 成份均勻的各種不同物體的轉動慣量。[我們以 R 代表距轉軸的徑向距離，以 r 代表距某一點的距離(只用於 e 中的球體)，如圖 10-2 所述。]

10-6 轉動動力學的問題解答

當使用力矩與角加速度時 [(10-14) 式]，使用一組前後一致的單位是很重要的。在 SI 制中，α 的單位是 rad/s^2；τ 是 m · N；而轉動慣量 I 是 kg · m^2。

解答問題策略

轉動

1. 一如往常，**畫**一個清楚而完整的**圖**。
2. **選擇**要進行研究之系統的物體。
3. 對於所考慮的物體分別畫出**自由體圖**，標示物體上所有的作用力以及它們作用的地點，所以你可以判斷由各個力所產生的力矩。重力作用在物體的重心上 (第 9-8 節)。
4. 確認轉軸，並且判斷圍繞它的**力矩**。選擇轉動的正和負的方向 (逆時針和順時針)，並且對各個力矩指定正確的符號。
5. **應用轉動的牛頓第二運動定律** $\Sigma\tau = I\alpha$。如果轉動慣量為未知，而且它不是要尋求的未知數，則你必須先確定它。使用前後一致的單位，在 SI 制中是：α 為 $\mathrm{rad/s^2}$；τ 為 m・N，而轉動慣量 I 為 $\mathrm{kg \cdot m^2}$。
6. 如有需要也可運用平移的**牛頓第二運動定律** $\Sigma\vec{\mathbf{F}} = m\vec{\mathbf{a}}$ 以及**其他的**定律或原理。
7. 由產生的方程式**解**未知數。
8. 做一個粗略**估計**來判斷你的答案是否合理。

例題 10-9 **一個重的滑輪**　一個 15.0 N 的力 (以 $\vec{\mathbf{F}}_T$ 表示) 作用在纏繞於滑輪的繩子上，滑輪的質量為 $M = 4.00$ kg 且半徑為 $R_0 = 33.0$ cm (圖 10-21)。在 3.00 s 內，滑輪從靜止而等加速到 30.0 rad/s 的角速率。如果輪軸上有一摩擦力矩 $\tau_{fr} = 1.10$ m・N 作用，試求滑輪的轉動慣量。

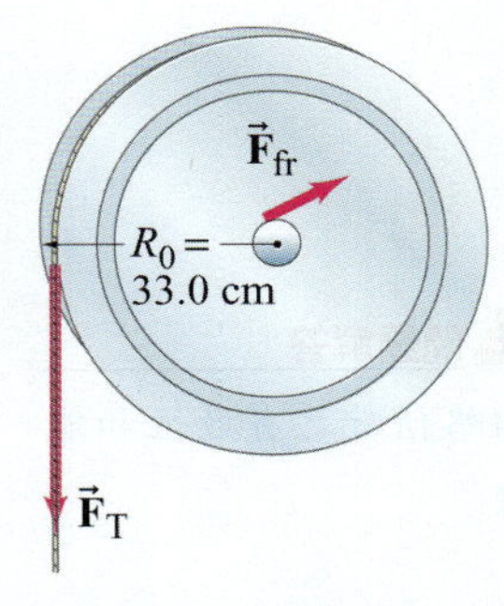

圖 10-21　例題 10-9。

方法　我們依循上述的解答問題策略。

解答

1. **畫圖**。滑輪和纏繞的繩子如圖 10-21 所示。
2. **選擇系統**。滑輪。
3. **畫自由體圖**。如圖 10-21 所示，繩子對滑輪施加一個力 F_T。摩擦力使轉動受到阻滯，並以順時針方向作用在輪軸的周圍，如圖 10-21 中的箭號 $\vec{\mathbf{F}}_{fr}$ 所示；我們已知它的力矩，這正是我們全部所需要的。圖中還應該包括其他的兩個力：向下的重力 mg，以及支撐輪軸的力。它們並不會對力矩產生作用 (它們的力臂為零)。因此為了方便起見，我們將它們省略。
4. **確定力矩**。繩子所施加的力矩等於 $R_0 F_T$ 而且是逆時針方向，我們將它選定為正。摩擦力矩為 $\tau_{fr} = 1.10$ m・N；它對抗此一運動而且為負。

5. 運用轉動的牛頓第二運動定律。淨力矩是

$$\Sigma\tau = R_0 F_T - \tau_{fr} = (0.330\text{ m})(15.0\text{ N}) - 1.10\text{ m}\cdot\text{N}$$
$$= 3.85\text{ m}\cdot\text{N}$$

已知滑輪在 3.0 s 內，由靜止加速至 $\omega = 30.0$ rad/s，由此可求出角加速度 α

$$\alpha = \frac{\Delta\omega}{\Delta t} = \frac{30.0\text{ rad/s} - 0}{3.00\text{ s}} = 10.0\text{ rad/s}^2$$

現在利用牛頓第二運動定律解 I (見第 7 步驟)。

6. 其他計算。無此需要。

7. 解未知數。我們利用轉動的牛頓第二運動定律 $\Sigma\tau = I\alpha$ 解 I，代入 $\Sigma\tau$ 和 α 之值

$$I = \frac{\Sigma\tau}{\alpha} = \frac{3.85\text{ m}\cdot\text{N}}{10.0\text{ rad/s}^2} = 0.385\text{ kg}\cdot\text{m}^2$$

8. **粗略估計**。我們假設滑輪是均勻的圓柱體，並利用圖 10-20c 來粗略估計其轉動慣量

$$I \approx \frac{1}{2}MR_0^2 = \frac{1}{2}(4.00\text{ kg})(0.33\text{ m})^2 = 0.218\text{ kg}\cdot\text{m}^2$$

⚠問題解答
粗略估計之有效性和能力

這與我們的結果之數量級相同，但是數值少了一些。這是有道理的，因為滑輪通常不是一個均勻的圓柱體，其質量反而較為集中於外緣。這樣的滑輪其轉動慣量預計會比相同質量的圓柱體來得大。一個細薄的圓環 (圖 10-20a)，它的 I 應該比我們的滑輪更大，事實上它的確如此：$I = MR_0^2 = 0.436\text{ kg}\cdot\text{m}^2$。

例題 10-10 **滑輪和水桶** 以相同的摩擦再次考慮圖 10-21 中的滑輪和例題 10-9。但這次不是對繩子施加 15.0 N 固定的力，而是將繩子懸吊一個 $w = 15.0$ N 重的水桶 (質量 $m = w/g = 1.53$ kg)，見圖 10-22a。我們假設繩子的質量可以忽略，而且在滑輪上不會伸長也不會滑動。(a) 計算滑輪的角加速度 α 以及水桶的線加速度 a，(b) 如果滑輪 (與水桶) 是在 $t = 0$ 時由靜止開始移動，試求 $t = 3.00$ s 時，滑輪的角速度 ω 與水桶的線速度 v。

方法 這個情況看起來很像例題 10-9，圖 10-21。但其中有一個大的區別：現在繩子中的張力是未知數，並且若水桶加速，張力就不再等於水桶的重量。我們的系統有兩個部分：可以平移運動的水桶

(圖 10-22b 是它的自由體圖) 與滑輪。滑輪不會平移，但是它可以轉動。將轉動的牛頓第二運動定律 $\Sigma\tau = I\alpha$ 應用於滑輪上，再將平移的牛頓第二運動定律 $\Sigma F = ma$ 應用於水桶上。

解答 (a) 令繩子中的張力為 F_T。於是力 F_T 作用在滑輪的邊緣上，並且我們針對滑輪的轉動應用牛頓第二運動定律，(10-14) 式

$$I\alpha = \Sigma\tau = R_0 F_T - \tau_{fr} \quad \text{[滑輪]}$$

接著我們觀察水桶 (質量為 m) 的 (直線) 運動。圖 10-22b 中，水桶的自由體圖標示了兩個作用在水桶上的力：重力 mg 向下作用，以及繩子的張力 F_T 向上拉。對水桶應用牛頓第二運動定律 $\Sigma F = ma$，我們得到 (取向下為正)

$$mg - F_T = ma \quad \text{[水桶]}$$

注意張力 F_T 是施加在滑輪邊緣的力量，不等於水桶的重量 ($= mg = 15.0$ N)。如果水桶正在加速，則它必須有一個淨力作用，因此 $F_T < mg$。從以上最後一個式子可得 $F_T = mg - ma$。

為了求得 α，我們注意到，如果繩子沒有伸長也不會滑動，則滑輪邊緣某一點的切線加速度就會等於水桶的加速度。因此我們可以利用 (10-5) 式，$a_{tan} = a = R_0\alpha$。將 $F_T = mg - ma = mg - mR_0\alpha$ 代入以上第一個式子中 (滑輪轉動的牛頓第二運動定律)，我們得到

$$\begin{aligned} I\alpha = \Sigma\tau = R_0 F_T - \tau_{fr} &= R_0(mg - mR_0\alpha) - \tau_{fr} \\ &= mgR_0 - mR_0^2\alpha - \tau_{fr} \end{aligned}$$

變數 α 出現在左邊以及右邊的第二項中，所以我們將它們移到左邊，並且解 α

$$\alpha = \frac{mgR_0 - \tau_{fr}}{I + mR_0^2}$$

分子 $(mgR_0 - \tau_{fr})$ 是淨力矩，而分母 $(I + mR_0^2)$ 則是系統的總轉動慣量。然後，因為 $I = 0.385$ kg · m²，$m = 1.53$ kg 且 $\tau_{fr} = 1.10$ m · N (由例題 10-9)，所以

$$\alpha = \frac{(15.0\ \text{N})(0.330\ \text{m}) - 1.10\ \text{m}\cdot\text{N}}{0.385\ \text{kg}\cdot\text{m}^2 + (1.53\ \text{kg})(0.330\ \text{m})^2} = 6.98\ \text{rad/s}^2$$

在這種情況下的角加速度比例題 10-9 的 10.0 rad/s² 還少一些。為什

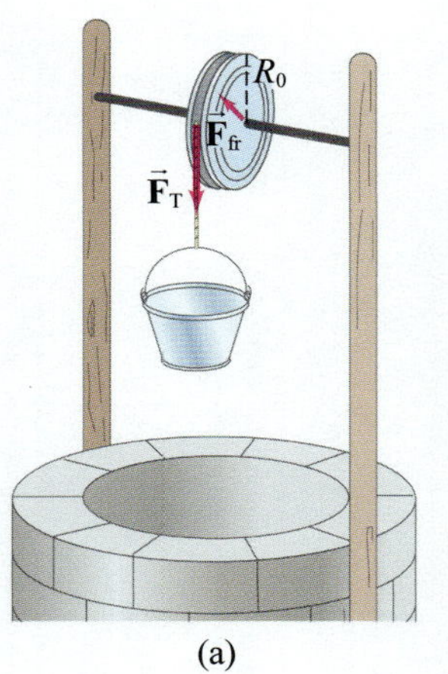

(a)

(b)

圖 10-22 例題 10-10。(a) 滑輪與下降的水桶，(b) 水桶的自由體圖。

麼？這是因為 $F_T(=mg-ma)$ 小於 15.0 N 的水桶重量 mg。水桶的線加速度為

$$a=R_0\,\alpha=(0.330\text{ m})(6.98\text{ rad/s}^2)=2.30\text{ m/s}^2$$

備註 因為水桶加速，所以繩子中的張力 F_T 比 mg 小。(b) 因為角加速度是常數，所以在 3.00 s 之後

$$\omega=\omega_0+\alpha t=0+(6.98\text{ rad/s}^2)(3.00\text{ s})=20.9\text{ rad/s}$$

水桶的速度等於輪子邊緣的一個點之速度

$$v=R_0\omega=(0.330\text{ m})(20.9\text{ rad/s})=6.91\text{ m/s}$$

利用直線運動的方程式也可以得到相同的結果，$v=v_0+at=0+(2.30\text{ m/s}^2)(3.00\text{s})=6.90\text{ m/s}$ (差異是因四捨五入所造成。)

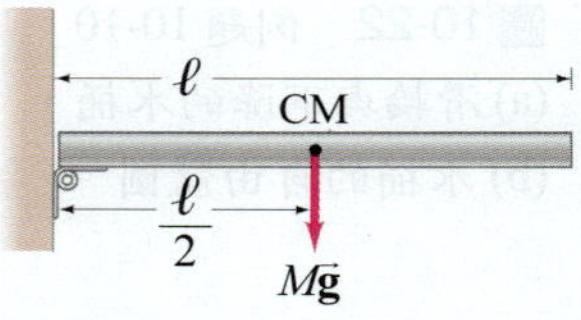

圖 10-23 例題 10-11。

例題 10-11 **轉動的桿** 一根質量為 M 及長度為 ℓ 的均勻的桿可以自由地 (即忽略摩擦力) 以附在大型機器外箱上的鉸鏈或栓梢為中心而轉動，如圖 10-23 所示。桿起初被水平地握住然後再放開。在放開的瞬間 (當你不再施力握住它的時候)，試求 (a) 桿的角加速度及 (b) 桿頂端的線加速度。如圖示，假設重力作用在桿的質心。

方法 (a) 作用在桿上的唯一力矩是由重力所造成的。在放開的瞬間，力 $F=Mg$ 向下作用，其力臂為 $\ell/2$ (質心位於均勻桿的中心)。此外，也有力作用在鉸鏈處的桿上，但是以鉸鏈作為轉軸，此力的力臂是零。以端點為中心而轉動的一根均勻桿之轉動慣量為 (圖 10-20g) $I=1/3\,M\ell^2$。在 (b) 中，我們利用 $a_{\tan}=R\alpha$。

解答 我們利用 (10-14) 式解 α，得到桿的初始角加速度

$$\alpha=\frac{\tau}{I}=\frac{Mg\dfrac{\ell}{2}}{\dfrac{1}{3}M\ell^2}=\frac{3}{2}\frac{g}{\ell}$$

當桿向下傾斜時，作用在桿上的重力是恆定的，但因為力臂的變化，所以此力所產生的力矩就不是恆定的。因此桿的角加速度不是常數。

(b) 由 $a_{\tan}=R\alpha$ [(10-5) 式]，且 $R=\ell$，可以求得桿頂端的線加速度

$$a_{\tan}=\ell\alpha=\frac{3}{2}g$$

備註 桿的頂端以大於 g 的加速度落下！在桿被放開後，一個原先放穩在桿頂端的小物體將被遺落在桿的後方。對比之下，位於距轉軸 $\frac{\ell}{2}$ 處的桿之質心，具有 $a_{\tan}=(\ell/2)\alpha=\frac{3}{4}g$ 的加速度。

10-7 測定轉動慣量

經由實驗

圍繞任一軸轉動的任何物體之轉動慣量可以經由實驗確定，例如測量對一物體提供特定角加速度的淨力矩 $\Sigma\tau$，再利用 (10-14) 式，$I=\Sigma\tau/\alpha$。見例題 10-9。

利用微積分

對於質量或粒子的簡單系統，其轉動慣量可以直接地計算，如例題 10-8。許多物體都可以視為一個連續的質量分佈。在這種情況下，定義轉動慣量的 (10-13) 式成為

$$I=\int R^2\,dm \qquad \textbf{(10-16)}$$

其中 dm 代表物體的任一個無限小粒子之質量，而 R 則是此一粒子與轉軸之間的垂直距離。式中的積分是對整個物體進行。這只有對具簡單幾何形狀的物體才容易完成。

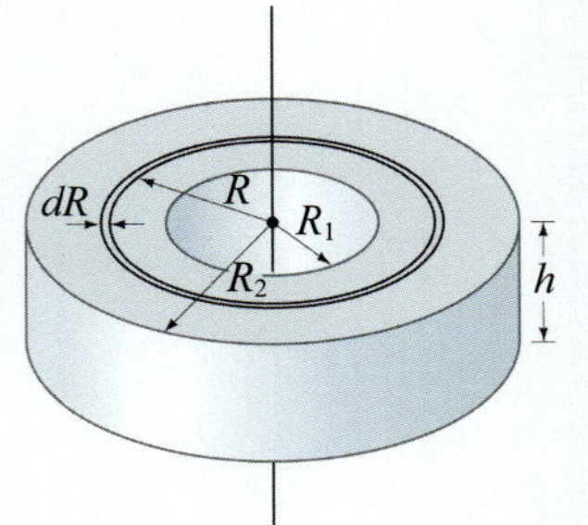

圖 10-24 求一空心圓柱的轉動慣量 (例題 10-12)。

例題 10-12 實心或空心的圓柱體 (a) 如圖 10-20d 所示的空心圓柱體，如果轉軸沿著對稱軸通過其中心，試證明此一內徑為 R_1，外徑為 R_2 且質量為 M 的均勻空心圓柱，其轉動慣量為 $I=\frac{1}{2}M(R_1^2+R_2^2)$，(b) 求實心圓柱體的轉動慣量。

方法 我們已知一個半徑為 R 的細薄圓環轉動慣量為 mR^2。因此我們把圓柱體劃分成許多厚度為 dR 的細薄同心圓環，其中之一示於圖 10-24 中。如果密度 (每單位體積的質量) 為 ρ，則

$$dm=\rho\,dV$$

其中 dV 為半徑 R，厚度 dR 和高度 h 的細薄圓環之體積。所以 $dV=(2\pi R)(dR)(h)$，我們得到

$$dm = 2\pi\rho hR\,dR$$

解答 (a) 將上式對所有的這類圓環積分 (總計)，就可以得到轉動慣量

$$I=\int R^2\,dm=\int_{R_1}^{R_2} 2\pi\rho hR^3\,dR=2\pi\rho h\left[\frac{R_2^4-R_1^4}{4}\right]=\frac{\pi\rho h}{2}\,(R_2^4-R_1^4)$$

其中我們已知圓柱體具有均勻的密度，$\rho=$ 常數。(如果不是如此，在進行積分之前，我們必須知道 ρ 為 R 之函數的函數式。) 這個空心圓柱體的體積為 $V=(\pi R_2^2-\pi R_1^2)\,h$，因此它的質量 M 為

$$M=\rho V=\rho\pi(R_2^2-R_1^2)h$$

因為 $(R_2^4-R_1^4)=(R_2^2-R_1^2)(R_2^2+R_1^2)$，所以

$$I=\frac{\pi\rho h}{2}\,(R_2^2-R_1^2)(R_2^2+R_1^2)=\frac{1}{2}\,M(R_1^2+R_2^2)$$

如圖 10-20d 中所述。

(b) 如果圓柱體為實心，則 $R_1=0$，並且若我們設 $R_2=R_0$，則

$$I=\frac{1}{2}\,MR_0^2$$

這正是圖 10-20c 中的一個質量為 M 且半徑為 R_0 之實心圓柱體的轉動慣量。

平行軸定理

有兩個有助於求得轉動慣量的簡單定理。第一個稱為**平行軸定理** (parallel-axis theorem)。它把總質量為 M 的物體圍繞任何軸的轉動慣量 I 與圍繞一根和第一軸平行並通過其質心之軸的轉動慣量 I_{CM} 聯繫起來。如果這兩個軸分隔的距離是 h，則

$$I=I_{CM}+Mh^2 \qquad \text{[平行軸]} \quad \textbf{(10-17)}$$

因此，若已知圍繞通過質心之軸的轉動慣量，則圍繞任何與此軸平行之軸的轉動慣量就可以很容易地求得。

例題 10-13 **平行軸** 試求一個半徑為 R_0 且質量為 M 的實心圓柱體圍繞一根與其對稱軸平行並且與其邊緣相切之軸的轉動慣量，如圖 10-25 所示。

方法 我們利用平行軸定理以及 $I_{\text{CM}}=\frac{1}{2}MR_0^2$ (圖 10-20c)。

解答 因為 $h=R_0$，由 (10-17) 式，得到

$$I=I_{\text{CM}}+Mh^2=\frac{3}{2}MR_0^2$$

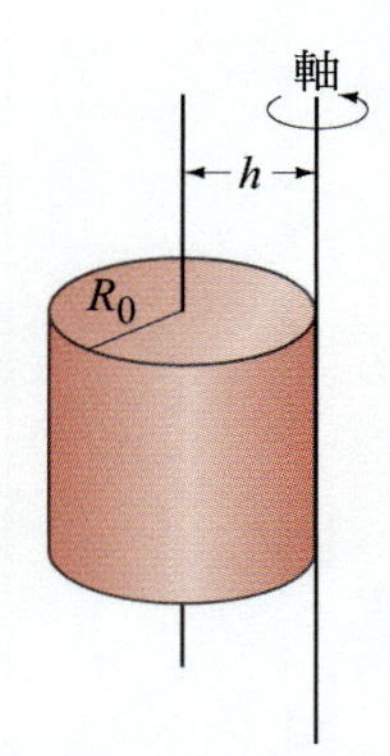

圖 10-25 例題 10-13。

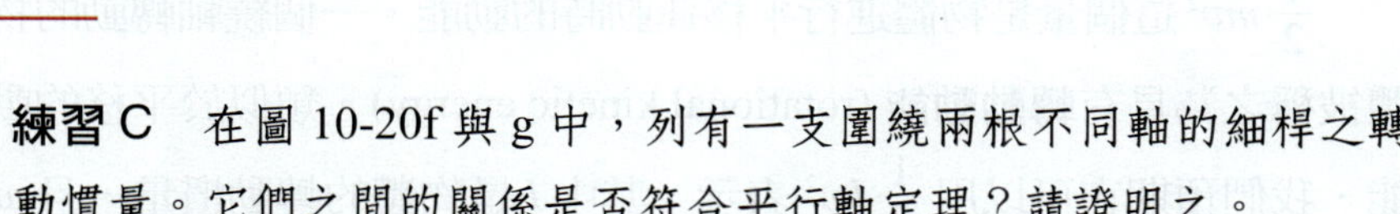

練習 C 在圖 10-20f 與 g 中，列有一支圍繞兩根不同軸的細桿之轉動慣量。它們之間的關係是否符合平行軸定理？請證明之。

*平行軸定理的證明

平行軸定理的證明如下。我們選擇座標系統使其原點位於物體的質心並且 I_{CM} 為圍繞 z 軸的轉動慣量。圖 10-26 所示是一個任意形狀物體在 xy 平面上的橫切面。我們令 I 代表物體繞一根通過 A 點並與 z 軸平行之軸的轉動慣量，而 A 的座標為 x_{A} 與 y_{A}。令 x_i、y_i 與 m_i 代表物體中任一質點的座標與質量。由這一點至 A 點之距離的平方為 $[(x_i-x_{\text{A}})^2+(y_i-y_{\text{A}})^2]$。因此圍繞通過 A 點之軸的轉動慣量 I 為

$$\begin{aligned}I&=\Sigma m_i\,[(x_i-x_{\text{A}})^2+(y_i-y_{\text{A}})^2]\\&=\Sigma m_i\,(x_i^2+y_i^2)-2x_{\text{A}}\Sigma m_ix_i-2y_{\text{A}}\Sigma m_iy_i+(\Sigma m_i)(x_{\text{A}}^2+y_{\text{A}}^2)\end{aligned}$$

因為質心位於原點，所以右邊第一項正好是 $I_{\text{CM}}=\Sigma m_i\,(x_i^2+y_i^2)$。依質心的定義，因為 $x_{\text{CM}}=y_{\text{CM}}=0$，所以 $\Sigma m_ix_i=\Sigma m_iy_i=0$，因此第二與第三項為零。由於 $\Sigma m_i=M$，且 $(x_{\text{A}}^2+y_{\text{A}}^2)=h^2$，所以末項為 Mh^2，而 h 是由 A 點到質心的距離。因此，我們證明了 $I=I_{\text{CM}}+Mh^2$，這正是 (10-17) 式。

圖 10-26 平行軸定理的推導。

*正交軸定理

平行軸定理可以應用於任何物體。但是第二個定理，**正交軸定理** (perpendicular-axis theorem)，僅能應用於平面 (平坦的) 物體上——亦即二維的物體，或厚度均勻而且其厚度與其他尺寸相比較可以忽略的物體。這個定理說明，一個平面物體圍繞位於物體平面上任何兩根正交軸的轉動慣量之和等於圍繞一根通過它們的交點而與物體平面正交之軸的轉動慣量。亦即，如果物體位於 xy 平面上 (圖 10-27)，則

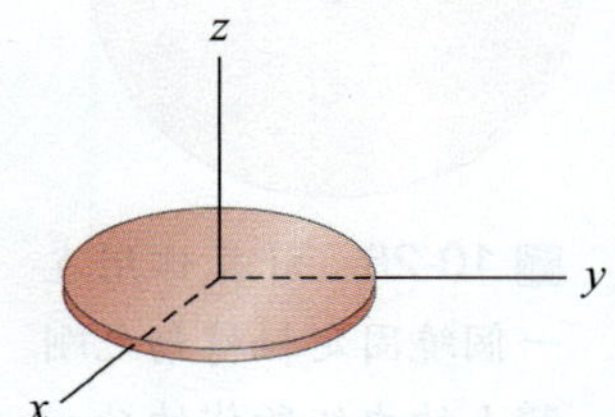

圖 10-27 正交軸定理。

$$I_z = I_x + I_y \qquad \text{[物體位於 } xy \text{ 平面]} \qquad \textbf{(10-18)}$$

其中I_z、I_x與I_y分別是圍繞z、x與y軸的轉動慣量。其證明很簡單：因為$I_x = \Sigma m_i y_i^2$、$I_y = \Sigma m_i x_i^2$且$I_z = \Sigma m_i (x_i^2 + y_i^2)$，所以直接得到(10-18)式。

10-8 轉動動能

$\frac{1}{2}mv^2$這個量是物體進行平移運動時的動能。一個繞軸轉動的物體被稱之為具有**轉動動能** (rotational kinetic energy)。類似於平移的動能，我們預期它可以用$\frac{1}{2}I\omega^2$表示，其中I是物體的轉動慣量，且ω是它的角速度。我們的確可以證明這是正確的。

將任一個轉動的剛體視為由許多微小的質點所組成，每一個的質量為m_i。如果我們設R_i代表任何一個質點距轉軸的距離，則它的線速度為$v_i = R_i\omega$。整個物體的總動能將是其所有質點之動能的總和

$$K = \Sigma\left(\frac{1}{2}m_i v_i^2\right) = \Sigma\left(\frac{1}{2}m_i R_i^2\,\omega^2\right)$$

$$= \frac{1}{2}\Sigma(m_i R_i^2)\,\omega^2$$

其中我們已經將$\frac{1}{2}$和ω^2析出，因為對於剛體的每個質點而言，它們都是相同的。由於$\Sigma m_i R_i^2 = I$即轉動慣量，所以我們看到一個圍繞固定軸轉動之物體的動能K正如預期的為

$$K = \frac{1}{2}I\omega^2 \qquad \text{[繞固定軸轉動]} \qquad \textbf{(10-19)}$$

如果軸並未固定在空間中，則轉動動能的形式可能較為複雜。

對一個繞固定軸轉動之物體所作的功可以用角量表示。假設一個力$\vec{\mathbf{F}}$施加在距轉軸為R的點上，如圖 10-28 所示。這個力所作的功是

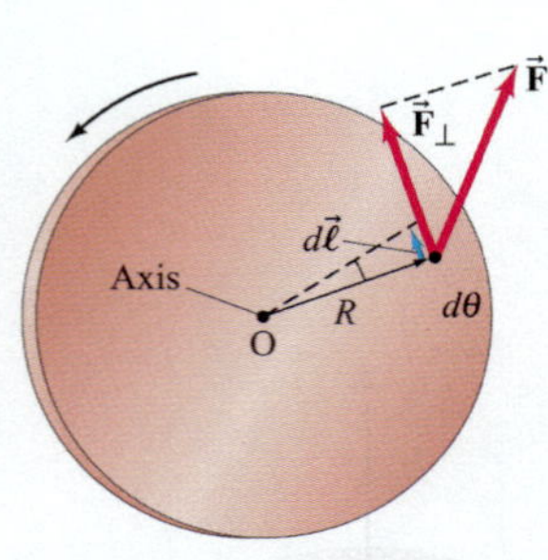

圖 10-28　計算作用在一個繞固定軸轉動之剛體上的力矩所作的功。

$$W = \int \vec{\mathbf{F}} \cdot d\vec{\boldsymbol{\ell}} = \int F_{\perp}\, R\, d\theta$$

其中$d\vec{\boldsymbol{\ell}}$是一段大小為$d\ell = R\,d\theta$而與R正交的無限小距離，而$F_{\perp}$是$\vec{\mathbf{F}}$與R正交並與$d\vec{\boldsymbol{\ell}}$平行的分量(圖 10-28)。但$F_{\perp}R$是繞軸的力矩，所以

$$W = \int_{\theta_1}^{\theta_2} \tau\, d\theta \qquad \textbf{(10-20)}$$

是一力矩 τ 將一個物體轉動一個角度 $\theta_2-\theta_1$ 所作的功。在任何瞬間的功率 P 是

$$P=\frac{dW}{dt}=\tau\frac{d\theta}{dt}=\tau\omega \quad \textbf{(10-21)}$$

功能原理適用於一個繞固定軸轉動的剛體。由 (10-14) 式，我們得到

$$\tau=I\alpha=I\frac{d\omega}{dt}=I\frac{d\omega}{d\theta}\frac{d\theta}{dt}=I\omega\frac{d\omega}{d\theta}$$

其中我們使用鏈鎖律以及 $\omega=d\theta/dt$。於是 $\tau\,d\theta=I\omega\,d\omega$，並且

$$W=\int_{\theta_1}^{\theta_2}\tau\,d\theta=\int_{\omega_1}^{\omega_2}I\omega\,d\omega=\frac{1}{2}I\omega_2^2-\frac{1}{2}I\omega_1^2 \quad \textbf{(10-22)}$$

這是繞固定軸轉動之剛體的功能原理。它說明將一物體轉動一個角度 $\theta_2-\theta_1$ 所作的功等於物體轉動動能的變化。

例題 10-14 估算 **飛輪** 飛輪是一個簡單的大型旋轉圓盤，曾被建議作為太陽能發電系統儲存能量的方法之一。估計一個直徑為 10 m，且質量為 80000 kg (80 噸) 之飛輪所儲存的動能。假設它能夠以 100 rpm 相連 (未因內部壓力而飛離)。

物理應用
來自飛輪的能量

方法 我們利用 (10-19) 式 $K=\frac{1}{2}I\omega^2$，但必須將 100 rpm 轉換成以 rad/s 為單位的 ω。

解答 已知

$$\omega=100\text{ rpm}=\left(100\frac{\text{rev}}{\text{min}}\right)\left(\frac{1\text{ min}}{60\text{ sec}}\right)\left(\frac{2\pi\text{ rad}}{\text{rev}}\right)=10.5\text{ rad/s}$$

圓盤 $(I=\frac{1}{2}MR_0^2)$ 儲存的動能為

$$K=\frac{1}{2}I\omega^2=\frac{1}{2}\left(\frac{1}{2}MR_0^2\right)\omega^2$$
$$=\frac{1}{4}(8.0\times10^4\text{ kg})(5\text{ m})^2(10.5\text{ rad/s})^2=5.5\times10^7\text{ J}$$

備註 以千瓦小時計 [$1\text{ kWh}=(1000\text{ J/s})(3600\text{ s/h})(1\text{ h})=3.6\times10^6\text{ J}$]，這個能量大約只有 15 kWh，並不是很多 (一個 3 kW 的烤箱在 5 小時內就會用盡)。因此飛輪看來似乎不太適合做為這種用途。

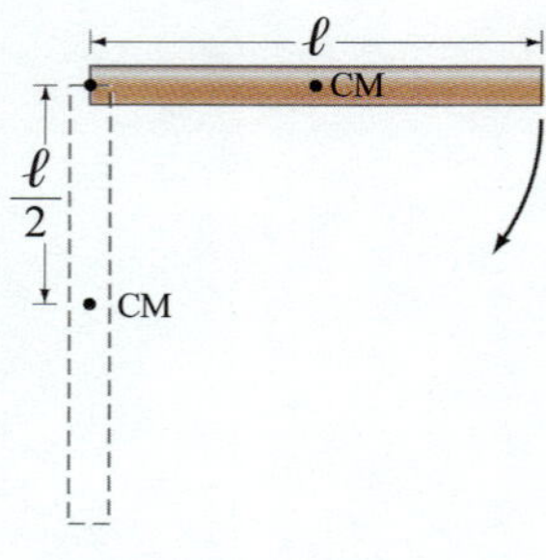

圖 10-29 例題 10-15。

例題 10-15 **轉動的桿** 一根質量為 M 的桿以一無摩擦的鉸鏈為中心而轉動，如圖 10-29 所示。桿被水平地握住然後再放開。試求當桿到達垂直位置時的角速度，以及此刻桿末端的速率。

方法 這裡可以利用功能原理。功是由重力所作，並且等於桿的重力位能之變化。

解答 因為桿的質心落下 $\ell/2$ 的垂直距離，所以重力所作的功是

$$W = Mg\frac{\ell}{2}$$

初始動能為零。因此，由功能原理

$$\frac{1}{2}I\omega^2 = Mg\frac{\ell}{2}$$

一根以端點為中心而轉動的桿之轉動慣量為 $I = \frac{1}{3}M\ell^2$ (圖 10-20g)，所以我們可以解出 ω

$$\omega = \sqrt{\frac{3g}{\ell}}$$

桿的末端之線速度為 [(10-4) 式]

$$v = \ell\omega = \sqrt{3g\ell}$$

備註 相較之下，一個由高度 ℓ 處垂直落下之物體的速率為 $v = \sqrt{2g\ell}$。

練習 D 估計在颶風的轉動中所儲存的能量。將颶風模型化為一個高 5 km 且直徑 300 km 的均勻圓柱體，並且是由質量為 1.3 kg/m^3 之空氣所構成。颶風外緣以 200 km/h 的速率移動。

10-9 轉動加上平移運動；滾動

無滑動的滾動

在日常生活中，球或輪子的滾動是很常見的：球在地板上滾動以及汽車或腳踏車中的輪胎與輪子沿著路面滾動。無滑動的純滾動視滾動的物體與地面之間的靜摩擦而定。因為滾動的物體與地面的接觸點

在該瞬間是靜止的，所以摩擦是靜摩擦。

無滑動的滾動包括轉動與平移。輪軸的線速度 v 與轉動之車輪或球體的角速度 ω 之間有一個簡單的關係：即 $v=R\omega$，而 R 是半徑。圖 10-30a 所示是一個向右滾動的輪子，它沒有滑動。在此一瞬間，輪子上的 P 點與地面接觸並且是短暫地靜止。位於輪中心 C 之輪軸的速度為 $\vec{\mathbf{v}}$。在圖 10-30b 中，我們已經置身於輪子的參考座標中——亦即我們以相對於地面為 $\vec{\mathbf{v}}$ 速度向右移動。在這個參考座標中，輪軸 C 是靜止的，然而地面和 P 點則以 $-\vec{\mathbf{v}}$ 之速度向左移動。這時，我們所看到的是純轉動。然後我們可以使用 (10-4) 式而得到 $v=R\omega$，其中 R 是輪子的半徑。這是與圖 10-30a 中相同的 v，因此我們看到輪軸相對於地面的線速率 v 與角速度 ω 的關係為

$$v=R\omega \qquad \text{[無滑動的滾動]}$$

只有在無滑動時，這才是適用的。

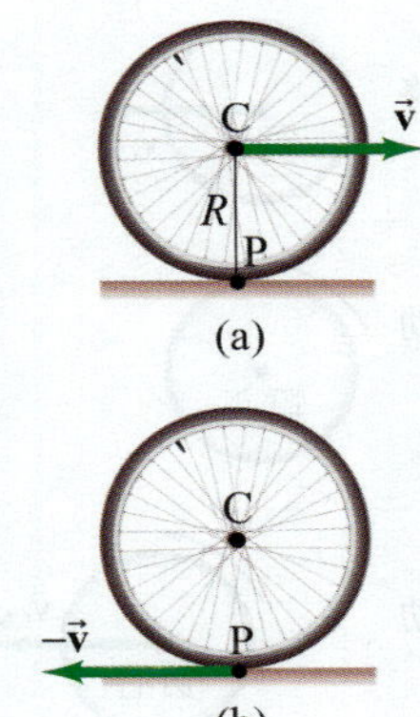

圖 10-30 (a) 一個向右滾動的車輪。其中心以速度 $\vec{\mathbf{v}}$ 向右移動。此一瞬間，P 點是靜止的。(b) 從一個車軸 C 在其中為靜止的參考座標中，所看到的相同車輪。亦即，我們以相對於地面為 $\vec{\mathbf{v}}$ 的速度向右移動。在 (a) 中的 P 點是靜止的，在 (b) 中則以速度 $-\vec{\mathbf{v}}$ 向左移動。(見第 3-9 節的相對速度。)

瞬時軸

當輪子以無滑動之方式滾動時，輪子與地面的接觸點在該瞬間是靜止的。有時候將輪子的運動想像成是繞著這個通過 P 點之“瞬時軸”的純轉動是很有用的 (圖 10-31a)。接近地面的點當它們靠近瞬時軸時，具有一個小的線速率，然而較遠的點則具有較高的線速率。這個情形可以在一個真正的滾動車輪之照片中看出 (圖 10-31b)：接近車輪頂端的輪輻看起來較為模糊，這是因為它們移動的速率比接近車輪底部的輪輻來得快。

總動能 $=K_{\mathrm{CM}}+K_{\mathrm{rot}}$

一個轉動的物體，當它的質心 (CM) 同時也進行平移運動時，將具有平移和轉動的動能。如果轉軸是固定的，則 (10-19) 式 $K=$

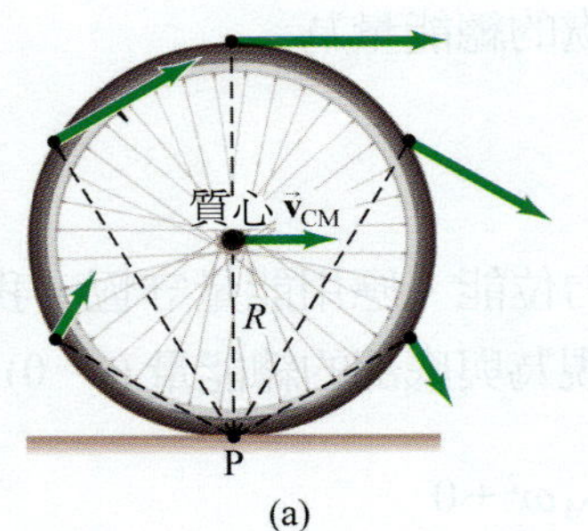

圖 10-31 (a) 一個滾動的車輪繞著一根通過與地面接觸的 P 點之瞬時軸 (垂直於頁面) 轉動。箭號代表每個點的瞬時速度。(b) 一滾動車輪的照片，速度較快處的輪輻較為模糊。

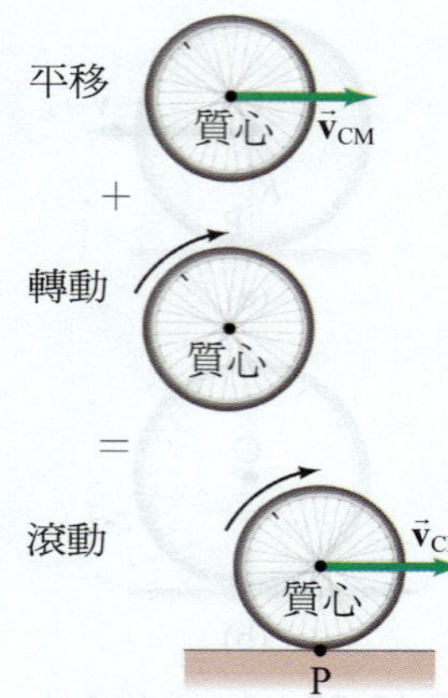

圖 10-32 一個滾動而無滑動的車輪可以視為速度是 $\vec{v}_{CM}$ 的車輪整體之平移加上圍繞著其質心的轉動。

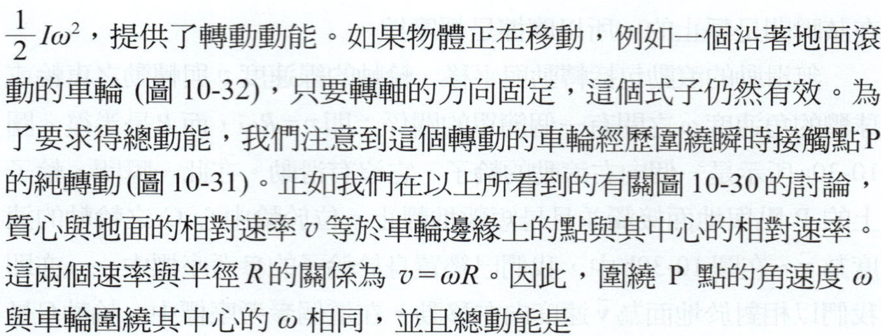

$\frac{1}{2}I\omega^2$，提供了轉動動能。如果物體正在移動，例如一個沿著地面滾動的車輪 (圖 10-32)，只要轉軸的方向固定，這個式子仍然有效。為了要求得總動能，我們注意到這個轉動的車輪經歷圍繞瞬時接觸點 P 的純轉動 (圖 10-31)。正如我們在以上所看到的有關圖 10-30 的討論，質心與地面的相對速率 v 等於車輪邊緣上的點與其中心的相對速率。這兩個速率與半徑 R 的關係為 $v=\omega R$。因此，圍繞 P 點的角速度 ω 與車輪圍繞其中心的 ω 相同，並且總動能是

$$K_{tot}=\frac{1}{2}I_P\omega^2$$

其中 I_P 為滾動物體繞著位於 P 點之瞬時軸的轉動慣量。利用平行軸定理：$I_P=I_{CM}+MR^2$，其中已經將 $h=R$ 代入 (10-17) 式，我們可以寫出就質心而論的 K_{tot}。因此

$$K_{tot}=\frac{1}{2}I_{CM}\omega^2+\frac{1}{2}MR^2\omega^2$$

但是 $R\omega=v_{CM}$ 為質心的速率。因此滾動之物體的總動能為

$$K_{tot}=\frac{1}{2}I_{CM}\omega^2+\frac{1}{2}Mv_{CM}^2 \tag{10-23}$$

其中，v_{CM} 是質心的線速度，I_{CM} 是圍繞一根通過質心之轉軸的轉動慣量，ω 是繞此軸轉動的角速度，而 M 則是物體的總質量。

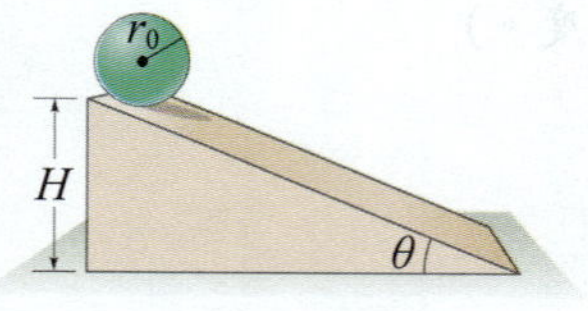

圖 10-33 例題 10-16。一個沿著斜坡滾落的球體同時具有平移與轉動動能。

例題 10-16 **沿著斜坡滾落的球體** 如果一個質量為 M 且半徑為 r_0 的實心球體在垂直高度 H 處由靜止開始滾落但無滑動，當它到達斜坡底部時，其速率為何？見圖 10-33。(假設是因為靜摩擦而沒有產生滑動，它就沒有作功。) 將你的結果與物體沿著無摩擦的斜坡滑落的情形相比較。

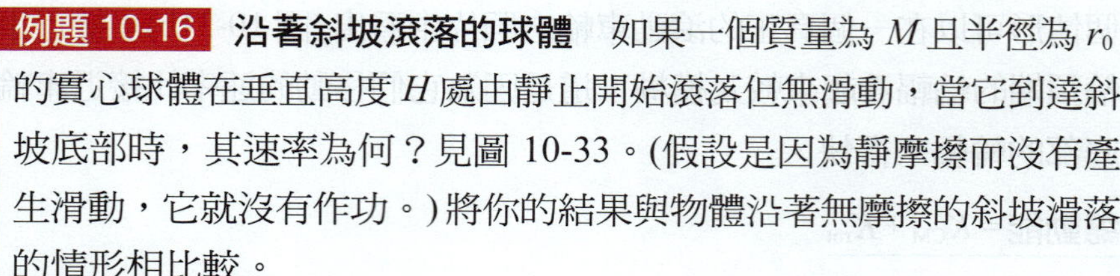

方法 我們利用包括重力位能在內的能量守恆定律，現在包括轉動與平移的動能。

解答 在斜坡底部上方垂直距離 y 處的總能量為

$$\frac{1}{2}Mv^2+\frac{1}{2}I_{CM}\omega^2+Mgy$$

其中，v 為質心的速率，Mgy 為重力位能。應用能量守恆，我們將頂端的總能量 ($y=H$，$v=0$，$\omega=0$) 視為與底部的總能量 ($y=0$) 相等

$$0+0+MgH=\frac{1}{2}Mv^2+\frac{1}{2}I_{CM}\omega^2+0$$

實心球體繞通過其質心之軸的轉動慣量為 $I_{CM}=2/5\,Mr_0^2$ (圖 10-20e)。因為球體只有滾動而無滑動，故 $\omega=v/r_0$ (回想圖 10-30)。因此

$$MgH=\frac{1}{2}Mv^2+\frac{1}{2}\left(\frac{2}{5}Mr_0^2\right)\left(\frac{v^2}{r_0^2}\right)$$

消去 M 與 r_0，得到

$$\left(\frac{1}{2}+\frac{1}{5}\right)v^2=gH$$

或

$$v=\sqrt{\frac{10}{7}gH}$$

我們可以將這個結果與一個物體以無轉動且無摩擦之方式沿著斜坡滑落之情形相比較。對於滑落的物體而言，$\frac{1}{2}Mv^2=MgH$ (見上述的能量方程式，除去轉動項)，故 $v=\sqrt{2gH}$，它比滾落的球體大。一個沒有摩擦與轉動的滑落物體將它的初始位能全部轉換為平移動能 (完全沒有轉換為轉動動能)，因此它的質心速度較大。

備註 對於滾落的球體我們所得到的結果顯示 (或許令人驚訝) v 與質量 M 和球體半徑 r_0 均無關。

注意

因為有轉動動能，所以滾動物體要比滑動物體的速度來得慢。

觀念例題 10-17 **哪一個最快？** 幾個物體在同一時刻由靜止開始從垂直高度為 H 的斜坡上以無滑動之方式滾落。這些物體是一個環 (或簡單的婚戒)、一個大理石圓球、一個實心的圓柱體 (D 號電池) 和一個空的罐頭。它們會依什麼次序到達斜坡的底部？再比較一個沿著相同坡度之斜坡而滑落的塗上潤滑油的盒子，忽略滑落的摩擦。

回答 我們利用包括重力位能以及轉動與平移動能在內的能量守恆。盒子將滑落得最快，這是因為位能 (MgH) 完全被轉換成盒子的平移動能。不過，對於滾動的物體而言，其最初的位能由平移與轉動動能共同分配，因而其質心的速度較小。對於每一個滾動的物體而言，位能的損失等於動能的增加

$$MgH=\frac{1}{2}Mv^2+\frac{1}{2}I_{CM}\,\omega^2$$

我們所有的滾動物體，其轉動慣量 I_{CM} 是一個數值因數乘以質量 M 與半徑 R^2 (圖 10-20)。質量 M 出現在式中的每一項中，所以平移速率 v_{CM} 與 M 無關；並且由於 $\omega=v/R$，因此所有滾動物體的 R^2 會抵

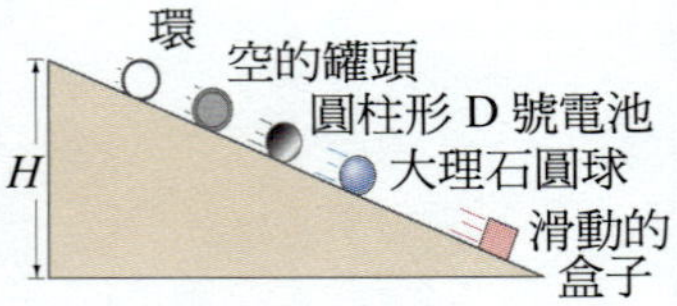

圖 10-34　例題 10-17。

消，所以它也與半徑 R 無關。因此在斜坡底部的速率 v 僅依 I_{CM} 中表示質量如何分佈的數值因數而定。環的質量全部集中在半徑 R 上，它具有最大的轉動慣量 ($I_{CM}=MR^2$)，因此它具有最低的 v_{CM}，而且落於 D 號電池 ($I_{CM}=\frac{1}{2}MR^2$) 之後才到達底部，而電池則落在大理石圓球之後 ($I_{CM}=\frac{2}{5}MR^2$)。空罐頭主要是一個環加上小圓盤所組成，它的質量大部分集中在 R 處；因此它的速率比 D 號電池稍慢而比純粹的環稍快，見圖 10-34。

備註　物體不一定要有相同的半徑：在底部的速率與物體的質量 M 或半徑 R 無關，而只與形狀 (和斜坡的高度 H) 有關。

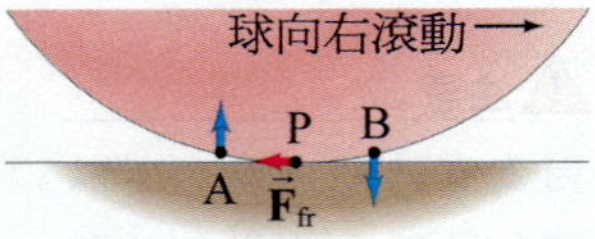

圖 10-35　一個球體在平面上向右滾動。在任何時刻與地面之接觸點 P 皆靜止。在 P 點左邊的 A 點幾乎是垂直向上移動，而在 P 點右邊的 B 點則幾乎是垂直向下移動。稍後，B 點將接觸到地面並且暫時靜止。因此靜摩擦力沒有作功。

在這些範例中，如果滾動的物體與平面之間的靜摩擦很小或根本沒有，則圓的物體會滑動而不是滾動，或是兩種的組合。要使一個圓的物體滾動一定要有靜摩擦存在。在能量方程式中，我們不需要考慮滾動物體的摩擦，因為它是靜摩擦並且沒有作功——當球體滾動的時候，它在任何時間與平面的接觸點不會滑動，而是朝與平面正交的方向移動 (先向下然後再向上，如圖 10-35 所示)。因為力量和運動 (位移) 方向是正交的，所以靜摩擦力沒有作功。在例題 10-16 和 10-17 中沿著斜坡滾動的物體其速度要比滑動物體來得慢的原因並不是因為摩擦而使它們減慢。而是因為部分的重力位能被轉換成轉動動能，因而剩下較少的平移動能。

練習 E　回到章前問題，第 401 頁，現在再次作答。試解釋為什麼你的答案可能已經與第一次不同。

利用 $\Sigma\tau_{CM}=I_{CM}\alpha_{CM}$

我們不僅可以如例題 10-16 與 10-17 一般，由動能的觀點來檢視沿著平面滾動的物體，也可以由力矩的觀點著手。如果我們計算圍繞一方向固定的軸 (即使軸正在加速) 的力矩，而此軸通過滾動球體的質心，則

$$\Sigma\tau_{CM}=I_{CM}\,\alpha_{CM}$$

注意
$\Sigma\tau=I\alpha$ 何時無效？

是適用的，正如第 10-5 節中所述。(10-15) 式的有效性將在第 11 章中證明。然而，要注意：不要以為 $\Sigma\tau=I\alpha$ 永遠是適用的。除非軸是 (1) 固定在慣性參考座標中，或 (2) 方向固定，但通過物體的質心，否則你不能只計算圍繞任何軸的 τ、I 與 α。

例題 10-18 **利用力分析斜面上的球體** 以力和力矩的觀點分析例題 10-16 中的滾動球體 (圖 10-33)。特別是求速度 v 以及摩擦力 F_{fr} 的大小 (圖 10-36)。

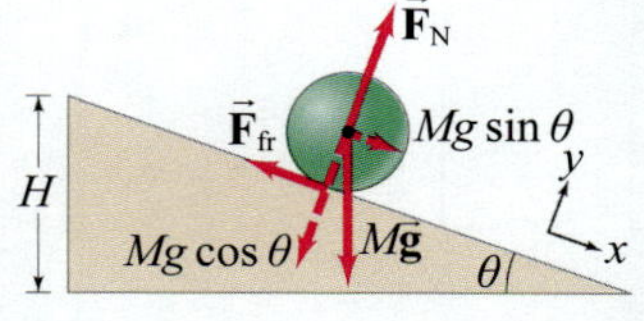

圖 10-36 例題 10-18。

方法 我們將此一運動分析為質心的平移加上圍繞質心的轉動。F_{fr} 是由靜摩擦所造成，而且我們不能假設 $F_{\text{fr}}=\mu_s F_{\text{N}}$，只能是 $F_{\text{fr}}\leq\mu_s F_{\text{N}}$。

解答 對於 x 方向的平移，我們由 $\Sigma F=ma$ 得到

$$Mg\sin\theta-F_{\text{fr}}=Ma$$

而且在 y 方向中

$$F_{\text{N}}-Mg\cos\theta=0$$

這是因為沒有與平面正交的加速度。最後的這個式子只是提供了正向力的大小，

$$F_{\text{N}}=Mg\cos\theta$$

對於圍繞質心的轉動，我們利用轉動的牛頓第二運動定律 $\Sigma\tau_{\text{CM}}=I_{\text{CM}}\alpha_{\text{CM}}$ [(10-15) 式]

$$F_{\text{fr}}r_0=\left(\frac{2}{5}Mr_0^2\right)\alpha$$

其他的力 $\vec{\mathbf{F}}_{\text{N}}$ 和 $M\vec{\mathbf{g}}$，方向通過轉軸 (質心)，因此力臂等於零，而且未在式中出現。如同我們在例題 10-16 與圖 10-30 中所見，$\omega=v/r_0$，而 v 是質心的速率。將 $\omega=v/r_0$ 對時間微分，我們得到 $\alpha=a/r_0$；將它代入最後一式，得到

$$F_{\text{fr}}=\frac{2}{5}Ma$$

當我們將此式代入最前面一式時，得到

$$Mg\sin\theta-\frac{2}{5}Ma=Ma$$

或

$$a=\frac{5}{7}g\sin\theta$$

我們因而看到一個滾動球體之質心的加速度比無摩擦的滑動物體小 ($a=g\sin\theta$)。球體是在斜面的頂端 (高度 H) 由靜止開始滾落。

我們利用 (2-12c) 式求到達底部時的速率 v，而其中沿著平面移動的總距離為 $x=H/\sin\theta$(見圖 10-36)。因此

$$v=\sqrt{2ax}=\sqrt{2\left(\frac{5}{7}g\sin\theta\right)\left(\frac{H}{\sin\theta}\right)}=\sqrt{\frac{10}{7}gH}$$

這個結果與例題 10-16 相同，雖那裡所花的工夫較少。為了求得摩擦力的大小，我們利用上述的等式

$$F_{fr}=\frac{2}{5}Ma=\frac{2}{5}M\left(\frac{5}{7}g\sin\theta\right)=\frac{2}{7}Mg\sin\theta$$

備註　如果靜摩擦係數非常小或 θ 非常大，使得 $F_{fr}>\mu_s F_N$ (亦即，如果[4] $\tan\theta>\frac{7}{2}\mu_s$)，則當球體往下移動時，它將不再是簡單地滾動，而是滑動。

＊較高階的例題

這裡再做三個例題，全部都是好玩而有趣的。當它們利用 $\Sigma\tau=I\alpha$ 時，我們必須記得只有當 τ、α 和 I 的計算是繞著 (1) 固定在慣性參考座標中的軸，或 (2) 通過物體之質心且方向保持固定的軸，這個式子才是適用的。

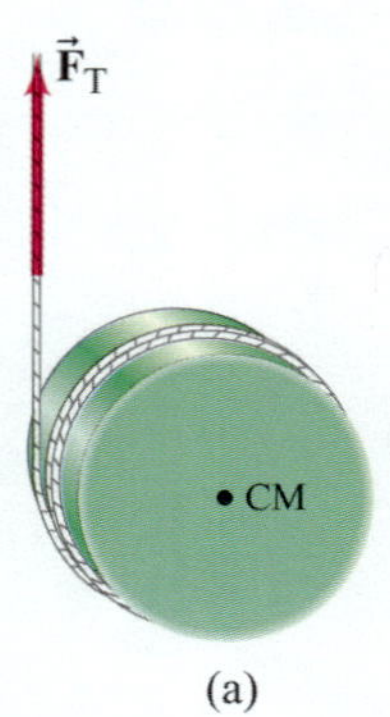

(a)

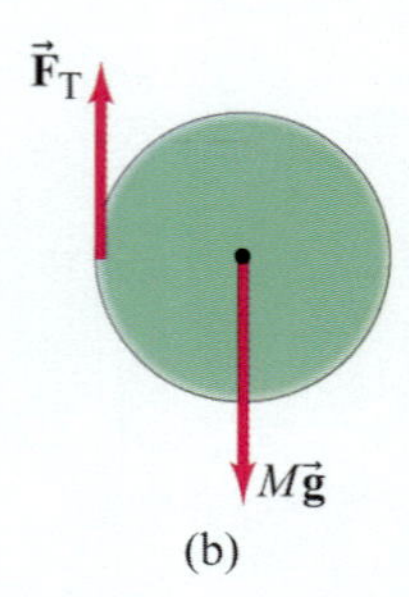

(b)

圖 10-37　例題 10-19。

例題 10-19　**下落的溜溜球**　細繩纏繞在一個質量為 M 且半徑為 R 的均勻實心圓柱體上 (有點像是溜溜球)，圓柱體從靜止開始落下，圖 10-37a。當圓柱體落下時，試求 (a) 它的加速度，與 (b) 繩中的張力。

方法　一如往常，我們從自由體圖開始 (圖 10-37b)，圖中標示作用在質心的圓柱體之重量以及作用在圓柱體邊緣的繩中之張力 $\vec{F}_T$。我們寫出直線運動的牛頓第二運動定律 (往下是正的方向)

$$Ma=\Sigma F=Mg-F_T$$

因為我們不知道繩中的張力，所以我們不能立刻解出 a。因此嘗試轉動的牛頓第二運動定律，它是繞質心而計算的

4　因為 $F_{fr}=\frac{2}{7}Mg\sin\theta$ 且 $\mu_s F_N=\mu_s Mg\cos\theta$，所以 $F_{fr}>\mu_s F_N$ 相當於 $\tan\theta>\frac{7}{2}\mu_s$。

$$\Sigma\tau_{CM}=I_{CM}\,\alpha_{CM}$$

$$F_T R=\frac{1}{2}MR^2\,\alpha$$

由於圓柱體是以無滑動之方式沿著繩子滾落，所以我們有一個附加的關係 $a=\alpha R$ [(10-5) 式]。

解答 力矩方程式變成

$$F_T R=\frac{1}{2}MR^2\left(\frac{a}{R}\right)=\frac{1}{2}MRa$$

所以

$$F_T=\frac{1}{2}Ma$$

將它代入力方程式中，得到

$$Ma=Mg-F_T=Mg-\frac{1}{2}Ma$$

解 a，我們求得 $a=\frac{2}{3}g$。亦即圓柱體的線加速度要比它如果只是落下時來得小。這是說得通的，因為重力不是唯一垂直的作用力，此外還有繩中的張力作用。(b) 因為 $a=\frac{2}{3}g$，故 $F_T=\frac{1}{2}Ma=\frac{1}{3}Mg$。

練習 F 求主軸半徑為 $\frac{1}{2}R$ 之溜溜球的加速度 a。假設轉動慣量仍然是 $\frac{1}{2}MR^2$ (忽略主軸的質量)。

例題 10-20 **若滾動的球滑動會如何？** 一個質量為 M 且半徑為 r_0 的保齡球沿水平表面被擲出，它最初 ($t=0$) 以線速率 v_0 滑動但未轉動。當它滑動時才開始旋轉，最後變成滾動而無滑動。它開始以無滑動之方式滾動需要多少時間？

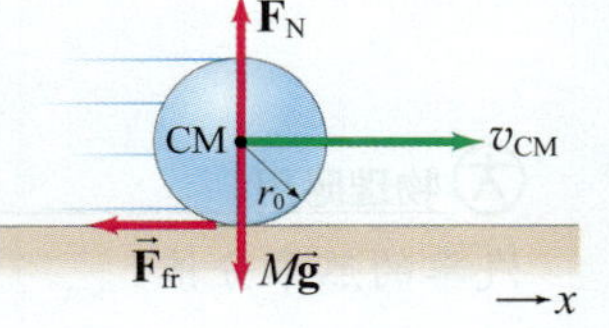

圖 10-38 例題 10-20。

方法 自由體圖如圖 10-38 所示，其中球向右移動。摩擦力做了兩件事：它使質心的平移運動減速，並且它立刻使球開始朝順時針方向轉動。

解答 由平移的牛頓第二運動定律得到

$$Ma_x=\Sigma F_x=-F_{fr}=-\mu_k F_N=-\mu_k Mg$$

因為球正在滑動，所以 μ_k 是動摩擦係數。因此 $a_x = -\mu_k g$。質心的速度為

$$v_{CM} = v_0 + a_x t = v_0 - \mu_k gt$$

然後我們應用繞質心轉動的牛頓第二運動定律，$I_{CM}\alpha_{CM} = \Sigma\tau_{CM}$

$$\frac{2}{5}Mr_0^2\alpha_{CM} = F_{fr}r_0 = \mu_k Mgr_0$$

因此角加速度為常數 $\alpha_{CM} = 5\mu_k g/2r_0$。球的角速度為 [(10-9a) 式]

$$\omega_{CM} = \omega_0 + \alpha_{CM}t = 0 + \frac{5\mu_k gt}{2r_0}$$

在球接觸地面之後，它立刻開始滾動，但它是在同時開始滾動和滑動。最後它不再滑動，而以無滑動之方式滾動。滾動而無滑動的條件是

$$v_{CM} = \omega_{CM}r_0$$

這是 (10-4) 式，如果有滑動，它就不能適用。這個無滑動的滾動是在 $t = t_1$ 時，且 $v_{CM} = \omega_{CM}r_0$ 之條件下開始的。我們應用以上的 v_{CM} 和 ω_{CM} 之方程式

$$v_0 - \mu_k gt_1 = \frac{5\mu_k gt_1}{2r_0}r_0$$

所以

$$t_1 = \frac{2v_0}{7\mu_k g}$$

物理應用
汽車的煞車分佈

例題 10-21 估算 **汽車煞車** 當汽車煞車時，汽車的前端會下降一些；並且前車胎上的作用力會大於後車胎。為了了解原因，試估計當圖 10-39 中的汽車以 $a = 0.50\,g$ 之減速度煞車時，作用在前後車胎

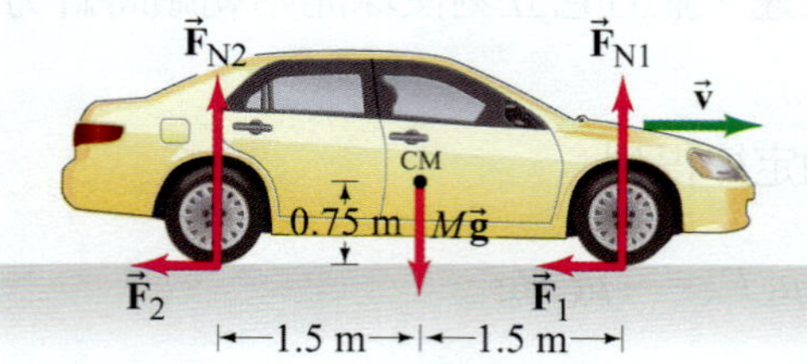

圖 10-39 一輛正在煞車之汽車的作用力。(例題 10-21)。

上之正向力 F_{N1} 和 F_{N2} 的大小。汽車的質量為 $M=1200$ kg，前後輪軸間的距離為 3.0 m，並且它的質心 (重力的作用點) 是位於輪軸中間距地面高 75 cm 處。

方法 圖 10-39 是標示汽車所有作用力的自由體圖。F_1 和 F_2 是使汽車減速的摩擦力。我們令 F_1 為兩個前車胎上作用力的總和，而 F_2 則是兩個後車胎上作用力的總和。F_{N1} 和 F_{N2} 是路面對輪胎施加的正向力，並且假設作用在所有輪胎上的靜摩擦力都是相同的，因此 F_1 和 F_2 分別與 F_{N1} 和 F_{N2} 成正比

$$F_1=\mu F_{N1} \quad 且 \quad F_2=\mu F_{N2}$$

解答 摩擦力 F_1 和 F_2 使汽車減速，因此由牛頓第二運動定律得到

$$\begin{aligned} F_1+F_2 &= Ma \\ &= (1200\ \text{kg})(0.50)(9.8\ \text{m/s}^2)=5900\ \text{N} \qquad \textbf{(i)} \end{aligned}$$

當汽車煞車時，它只有平移運動，因此作用在汽車上的淨力矩是零。如果我們計算以質心為軸的力矩，力 F_1、F_2 和 F_{N2} 都使汽車朝順時針方向轉動，而只有 F_{N1} 使它朝逆時針方向轉動；因此 F_{N1} 必須與其他三個力平衡。F_{N1} 必定明顯地大於 F_{N2}。數學上，我們計算繞質心的力矩為

$$(1.5\ \text{m})F_{N1}-(1.5\ \text{m})F_{N2}-(0.75\ \text{m})F_1-(0.75\ \text{m})F_2=0$$

因為 F_1 和 F_2 分別與 F_{N1} 和 F_{N2} 成正比[5] ($F_1=\mu F_{N1}$，$F_2=\mu F_{N2}$)，所以我們可以將它寫為

$$(1.5\ \text{m})(F_{N1}-F_{N2})-(0.75\ \text{m})(\mu)(F_{N1}+F_{N2})=0 \qquad \textbf{(ii)}$$

同時，因為汽車沒有垂直加速度，故

$$Mg=F_{N1}+F_{N2}=\frac{F_1+F_2}{\mu} \qquad \textbf{(iii)}$$

比較 (iii) 與 (i) 式，我們看到 $\mu=a/g=0.50$。我們現在解 (ii) 求 F_{N1}，並且利用 $\mu=0.50$，得到

5 除非汽車正要打滑，否則比例常數 μ 並不等於靜摩擦係數 μ_s ($F_{fr}\le\mu_s F_N$)。

$$F_{N1} = F_{N2}\left(\frac{2+\mu}{2-\mu}\right) = \frac{5}{3}F_{N2}$$

因此 F_{N1} 是 F_{N2} 的 $\frac{5}{3}$ 倍。由 (iii) 和 (i) 式可以求出實際的大小：$F_{N1}+F_{N2} = (5900\ \text{N})/(0.50) = 11800\ \text{N}$，它等於 $F_{N2}\left(1+\frac{5}{3}\right)$；所以 $F_{N2} = 4400\ \text{N}$ 且 $F_{N1} = 7400\ \text{N}$。

備註　由於前車胎的作用力一般都大於後車胎，因此通常將汽車設計成前輪比後輪具有較大的煞車墊。或者換另一種說法，如果煞車墊是相同的，則前面的磨損較快。

*10-10　為什麼滾動的球會減速？

一個質量為 M 且半徑為 r_0 而在水平表面上滾動的球最後會停止。是什麼力量使它停止？你也許認為是摩擦力，但是當你從一個簡單直接的觀點檢視這個問題時，似乎會出現矛盾。

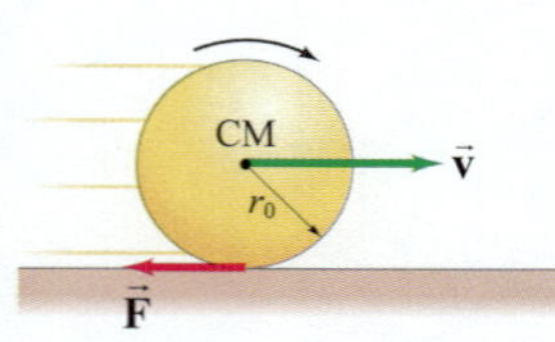

圖 10-40　球向右滾動。

假設一個球向右滾動，如圖 10-40 所示，而且正在減速。依牛頓第二運動定律 $\Sigma\vec{\mathbf{F}} = M\vec{\mathbf{a}}$，如圖所示，必定有一個力 $\vec{\mathbf{F}}$ (大概是摩擦力) 向左作用，使得加速度 $\vec{\mathbf{a}}$ 也向左，並且 v 將減少。說來也奇怪，如果我們現在觀察力矩方程式 (繞質心的計算) $\Sigma\tau_{CM} = I_{CM}\,\alpha$，將看到力 $\vec{\mathbf{F}}$ 會使角加速度 α 增加，因而增加球的速度。這是自相矛盾的。如果我們著眼於平移運動，力 $\vec{\mathbf{F}}$ 會使球減速；但是如果我們著眼於轉動，則它的速度會加快。

這個明顯矛盾的解答是必定有其他的力作用。僅有的其他作用力是重力 $M\vec{\mathbf{g}}$ 以及正向力 $\vec{\mathbf{F}}_N$ $(= -M\vec{\mathbf{g}})$。這些力都是垂直作用，並不會影響水平的平移運動。如果我們假設球和平面都是堅硬的，因此球只有一點與平面接觸，因為這兩個力通過質心，所以它們不會產生繞質心的力矩。

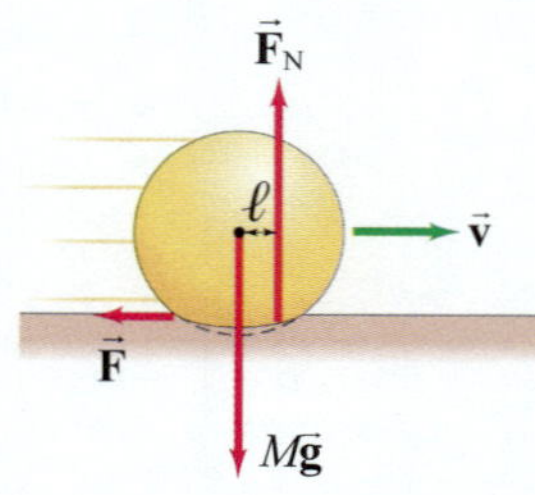

圖 10-41　正向力 $\vec{\mathbf{F}}_N$ 施加一力矩使球減速。為了詳細描述，圖中球與水平表面的變形已經被誇大。

我們要解決此一矛盾的唯一辦法就只有放棄物體是剛體的理想化假設。事實上，所有的物體都是可以變形至某種程度。在兩者接觸處，我們的球有略微地變平，而且水平表面也被稍微地壓低。二者之間有一個接觸區域，而不是一個點。因此在這個接觸區域內可以有一個力矩朝著與 $\vec{\mathbf{F}}$ 相關之力矩的相反方向作用，因而使球的轉動減慢。這個力矩與表面在整個接觸區域內對球施加的正向力 $\vec{\mathbf{F}}_N$ 有關。其淨效應是我們可以認為 $\vec{\mathbf{F}}_N$ 垂直地作用在質心前方一個距離 ℓ 處，如圖

10-41 所示 (圖中的變形是極誇大的)。

如圖 10-41 所示，正向力 $\vec{\mathbf{F}}_N$ 應該實際上作用在質心前方是合理的嗎？是的。球正在滾動，因而其前緣以一個微小的衝力撞擊表面。所以水平表面對球的前緣部分所施加的向上推力要比球靜止時稍強一些。在接觸區域的後端部分，球正要開始向上移動，所以水平表面對球的後緣所施加的向上推力要比球靜止時稍弱一些。水平表面對接觸區域前端所施加的較強推力造成了必需的力矩，因而證實了 $\vec{\mathbf{F}}_N$ 的實際作用點位於質心前方。

當有其他的力存在時，由 $\vec{\mathbf{F}}_N$ 所產生的微小力矩 τ_N 通常可以忽略。例如，當一個球體或圓柱體沿著斜面滾落時，重力的影響要比 τ_N 大得多，因此後者可以忽略。為了許多目的(但非全部)，我們可以假設一個硬的球體基本上是與硬的表面接觸在一個點上。

摘要

當一個剛體繞固定軸轉動時，物體的每一點都以圓周路徑移動。在相同的時距中，所有與轉軸正交而連接至物體中各個不同點的線全部都掃過相同的角度 θ。

用**弧度** (radian) 可以方便地測量角度。一個弧度是長度與半徑相等的一個圓弧所對的角度，或

$$2\pi \text{ rad} = 360° \qquad \text{所以} \qquad 1 \text{ rad} \approx 57.3°$$

一個圍繞固定軸轉動之剛體的所有部分在任何瞬間都有相同的**角速度** (angular velocity) ω，以及相同的**角加速度** (angular acceleration) α，

$$\omega = \frac{d\theta}{dt} \tag{10-2b}$$

與

$$\alpha = \frac{d\omega}{dt} \tag{10-3b}$$

ω 和 α 的單位分別是 rad/s 和 rad/s^2。

一個繞固定軸轉動之物體中任何一點的線速度和加速度與角量的關係為

$$v = R\omega \tag{10-4}$$

$$a_{\tan} = R\alpha \tag{10-5}$$

$$a_R = \omega^2 R \tag{10-6}$$

其中 R 為該點與轉軸之間的垂直距離，並且 $a_{\tan}$ 和 a_R 為線加速度的切線和徑向分量。頻率 f 和週期 T 與 ω (rad/s) 的關係為

$$\omega = 2\pi f \tag{10-7}$$

$$T = 1/f \tag{10-8}$$

角速度與角加速度都是向量。對一個繞固定軸轉動的剛體而言，$\vec{\boldsymbol{\omega}}$ 和 $\vec{\boldsymbol{\alpha}}$ 指向轉軸的方向。$\vec{\boldsymbol{\omega}}$ 的方向是根據**右手定則**(right-hand rule) 所得出。

如果剛體是以等角加速度轉動 (α = 常數)，則與直線運動類似的方程式都是適用的

$$\omega = \omega_0 + \alpha t\text{；}\quad \theta = \omega_0 t + \frac{1}{2}\alpha t^2$$

$$\omega^2 = \omega_0^2 + 2\alpha\theta\text{；}\overline{\omega} = \frac{\omega + \omega_0}{2} \tag{10-9}$$

由施加於剛體上的一個力 $\vec{\mathbf{F}}$ 所產生的**力矩** (torque) 等於

$$\tau = R_\perp F = RF_\perp = RF\sin\theta \tag{10-10}$$

其中 $R_\perp$ 稱為**力臂** (lever arm)，是由轉軸至力的作用線之垂直距離，而 θ 為 $\vec{\mathbf{F}}$ 與 R 之間的夾角。

牛頓第二運動定律的轉動同義式為

$$\Sigma\tau = I\alpha \tag{10-14}$$

其中 $I = \Sigma m_i R_i^2$ 是物體繞轉軸的**轉動慣量** (moment of inertaia)。這個關係式對於一個圍繞慣性參考座標中之固定軸轉動的剛體，或是即使當物體之質心正在移動，而 τ、I 和 α 是繞質心所計算時，它都是適用的。

一物體以角速度 ω 繞一固定軸轉動時，其**轉動動能** (rotational kinetic energy) 為

$$K = \frac{1}{2}I\omega^2 \tag{10-19}$$

對一個同時具有轉動與平移運動的物體而言，只要轉軸方向固定，其總動能為物體質心的平移動能與物體繞質心之轉動動能的總和

$$K_{\text{tot}} = \frac{1}{2}Mv_{\text{CM}}^2 + \frac{1}{2}I_{\text{CM}}\,\omega^2 \tag{10-23}$$

下表是各個角 (或轉動) 量與其類比之平移量的對照摘要。

平 移	轉 動	關 係
x	θ	$x = R\theta$
v	ω	$v = R\omega$
a	α	$a = R\alpha$
m	I	$I = \Sigma mR^2$
F	τ	$\tau = RF\sin\theta$
$K = \frac{1}{2}mv^2$	$\frac{1}{2}I\omega^2$	
$W = Fd$	$W = \tau\theta$	
$\Sigma F = ma$	$\Sigma\tau = I\alpha$	

問題

1. 一個腳踏車里程表 (用以計算轉數與校準後記錄行進距離) 安裝於接近輪轂處，並且針對 27 吋車輪做校準。如果你將它用於 24 吋車輪的腳踏車上會發生什麼狀況？
2. 假設某圓盤是以等速旋轉，則輪緣的點具有徑向與／或切線加速度嗎？假設圓盤的角速度均勻地逐漸增加，則該點具有徑向與／或切線加速度嗎？前述哪一種狀況的線加速度的每個分量大小有所改變？
3. 非剛體可以用角速度 ω 的單一值描述嗎？試解釋之。
4. 一個小的力量能夠產生比較大的力量還大的力矩嗎？試解釋之。
5. 為什麼將你的雙手置於頭的後方坐起來，要比你的手臂在你的前方伸直時來得困難？繪圖可以幫你解答。
6. 善於快速奔跑的哺乳動物具有修長的小腿並且肌肉集中在接近軀幹的較高處 (圖 10-42)。以轉動動力學為基礎，試解釋為什麼這種質量的分佈是有利的。

圖 10-42　問題 6。一隻羚羊。

圖 10-43　問題 11。

7. 假設作用在某系統上的淨力為零，則淨力矩也是零嗎？如果作用在系統上的淨力矩是零，則淨力也是零嗎？
8. 兩個斜坡具有同樣的高度，但是坡度不同。兩個相同的鋼球分別由各個斜坡滾落，哪一個斜坡的鋼球到達底部時的速率較高？試說明之。
9. 兩個球體看似完全相同，並且具有相同的質量，然而其中一個為空心，而另一個為實心。如何以實驗判斷兩者？
10. 兩個實心圓球同時由靜止開始沿著斜坡向下滾落，其中一個球的半徑與質量均為另一個球的兩倍。哪一個球會先到達斜坡底部？哪一個球在到達底部時的速率較高？哪一個球體在到達底部時的總動能較高？
11. 為何走鋼索的人 (圖 10-43) 會拿著一根細長的橫桿？
12. 一球體與一圓柱體具有相同的半徑與質量，它們由靜止開始從斜坡的頂端滾落。何者會先到達底部？何者在到達底部時的速率較高？何者在到達底部時的總動能較高？何者具有較高的轉動動能？

13. 圍繞通過本書中心的哪一個對稱軸，本書的轉動慣量為最小？

14. 圍繞通過實心圓盤質心之軸的圓柱轉動慣量為 $\frac{1}{2}MR^2$ (圖 10-20c)；假設轉軸由一通過圓盤邊緣的平行軸所替代，則其轉動慣量將相同、較大或較小？

15. 一個在水平軸上轉動之車輪的角速度方向朝西，則車輪頂部某一點的線速度方向為何？若角加速度方向朝東，試描述位於車輪頂部之該點的切線加速度。而角速率正在增加或減少？

習 題

10-1 角 量

1. (I) 試將下列角度以弧度表示 (a) 45.0°，(b) 60.0°，(c) 90.0°，(d) 360.0°，與 (e) 445°。以數值與 π 的分數表示。

2. (I) 太陽朝地球上的我們所對的角度約 0.5°，距離 150 百萬公里。試估計太陽的半徑。

3. (I) 雷射光束對準距地球 380000 km 遠處的月球，雷射光束叉開的角度 θ (圖 10-44) 為 1.4×10^{-5} rad。則月球上被雷射光照射之區域的直徑為何？

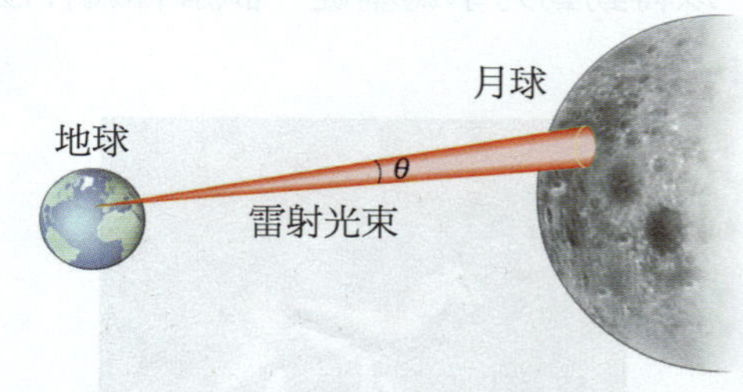

圖 10-44 習題 3。

4. (I) 攪拌器的葉片以 6500 rpm 之轉速旋轉，當運轉中將馬達電源切斷時，葉片在 4.0 s 內減速至停止。當葉片減速時的角加速度為何？

5. (I) (a) 一個直徑為 0.35 m 的砂輪以 2500 rpm 之轉速旋轉，試計算其角速度 (以 rad/s 表示)，(b) 砂輪邊緣某一點的線速率與加速度各為何？

6. (II) 輪胎直徑為 68 cm 的一輛腳踏車行進了 7.2 km，則車輪共旋轉了多少轉數？

7. (II) 試計算時鐘的 (a) 秒針、(b) 分針與 (c) 時針的角速度，以 rad / s 表示；(d) 以上三者之角加速度各為何？

8. (II) 轉動中之旋轉木馬，轉動一周需時 4.0 s (圖 10-45)。(a) 坐在距中心 1.2 m 處的小孩，其線速率為何？(b) 她的加速度為何 (請提供分量)？

圖 10-45 習題 8。

9. (II) 由於地球自轉，下列各點之線速率為何？(a) 赤道上，(b) 北極圈上 (北緯 66.5°)，與 (c) 北緯 45.0° 處。

10. (II) 試計算地球 (a) 在繞行太陽的軌道中 (公轉)，與 (b) 繞自軸 (自轉) 的角速度。

11. (II) 如果一個距離轉軸 7.0 cm 的質點感受到 100000 g 的加速度，則離心機的轉速 (rpm) 需要多快？

12. (II) 直徑為 64 cm 的車輪於 4.0 s 內轉速由 130 rpm 等加速至 280 rpm。試求 (a) 其角加速度，與 (b) 它開始加速 2.0 s 後，車輪邊緣某一點的線加速度之徑向分量與切線分量。

13. (II) 在探月之行中，**阿波羅**太空船上的太空人緩緩地轉動太空船，使太陽能均勻地分佈。在行程開始時，他們在 12 分鐘內，從無轉動加速至每分鐘轉動 1.0 轉。太空船可以視為直徑 8.5 m的圓柱體，試求 (a) 角加速度，(b) 開始加速 7.0 分鐘之後太空船外殼上的某一點之線加速度的徑向與切線分量。

14. (II) 一個半徑為 R_1 的轉盤，係由一半徑為 R_2 的圓形橡膠滾輪所驅動，滾輪與轉盤外緣接觸。其角速度之比 ω_1 / ω_2 為何？

10-2 $\vec{\omega}$ 和 $\vec{\alpha}$ 的向量本質

15. (II) 車輪的軸被安裝在位於一個轉動之轉盤上的支架上，如圖 10-46 所示。車輪繞軸的角速度為 $\omega_1 = 44.0$ rad / s，而轉盤繞一垂直軸的角速度為 $\omega_2 = 35.0$ rad/s。[注意圖中標示這些運動的箭號] (a) 在圖中所示之瞬間，$\vec{\boldsymbol{\omega}}_1$ 與 $\vec{\boldsymbol{\omega}}_2$ 的方向為何？(b) 在圖中所示之瞬間，由外部觀測者所見到的車輪的合成角速度為何？(提供大小與方向) (c) 此刻車輪的角加速度之大小與方向為何？取 z 軸為垂直向上，而圖中所示之轉軸方向為指向右方的 x 軸。

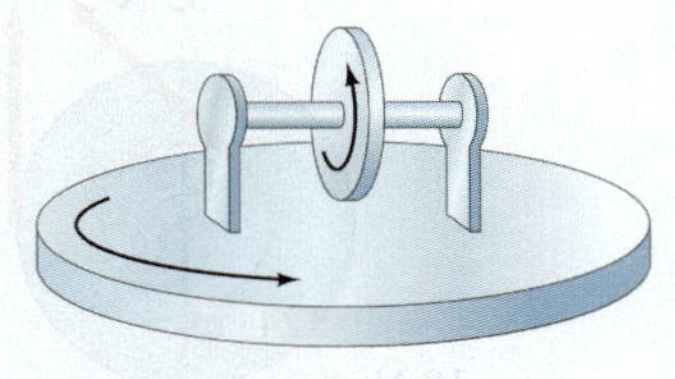

圖 10-46　習題 15。

10-3 等角加速度

16. (I) 一輛汽車的引擎於 2.5 s 內由 3500 rpm 減速至 1200 rpm。試計算 (a) 其角加速度 (假定為常數)，與 (b) 這段時間的引擎總轉數。

17. (I) 一台離心機於 220 s 內，其轉速由靜止等加速至 15000 rpm，在這段時間內，它的總轉數為何？

18. (I) 飛行員接受噴射機高速旋轉飛行時人體離心狀況的應力測試，它在達到最終速率前，於一分鐘內完成 20 轉。(a) 它的角加速度為何？(假設為常數) (b) 它的最終角速率 (rpm) 為何？

19. (II) 一台冷卻風扇於轉速到達 850 rev/min 時被關掉，它在停止前轉了 1350 轉，(a) 風扇的角加速度為何？(假定為常數) (b) 風扇至完全停止需要多久時間？

20. (II) 應用微積分，推導 10-9a 與 10-9b 式的等角加速度之角量運動學方程式。以 $\alpha = d\omega / dt$ 開始。

21. (II) 一小型橡膠輪用來推動一大型陶質輪，這兩個輪子的圓形邊緣互相接觸，小型輪的半徑為 2.0 cm，且加速度為 7.2 rad/s^2，它與陶質輪 (半徑 21.0 cm) 接觸而且無滑動產生。試求 (a) 陶質輪的角加速度，與 (b) 陶質輪達到 65 rpm 之轉速所需的時間。

22. (II) 一個轉動的輪子在時間 t 內所轉的角度為 $\theta = 8.5\,t - 15.0\,t^2 + 1.6\,t^4$，其中 θ 以弧度計，t 以秒計。試求 (a) 瞬時角速度 ω 的表示式，(b) 瞬時角加速度 α 的表示式，(c) 估算 $t = 3.0$ s 時的 ω 與 α，(d) 在 $t = 2.0$ s 至 $t = 3.0$ s 之間的平均角速度以及 (e) 平均角加速度為何？

23. (II) 一個輪子角加速度的時間函數式為 $\alpha = 5.0t^2 - 8.5t$，其中 α 以 rad/s^2 計，t 以秒計。假如輪子由靜止開始轉動 (在 $t = 0$ 時，$\theta = 0$，$\omega = 0$)，試求 (a) 角速度 ω 的函數式，與 (b) 角位置 θ 的函數式 (c) 估算 $t = 2.0$ s 時的 ω 與 θ？

10-4 力 矩

24. (II) 一個 62 kg 的人騎腳踏車爬坡，其重量全放在踏板上，而踏板在半徑為 17 cm 的圓周上轉動。(a) 她所施加的最大力矩為何？(b) 她要如何施加更大的力矩？

25. (II) 試求圖 10-47 中繞車輪輪軸的靜力矩。假設摩擦力矩為 0.40 m · N，與運動方向相反。

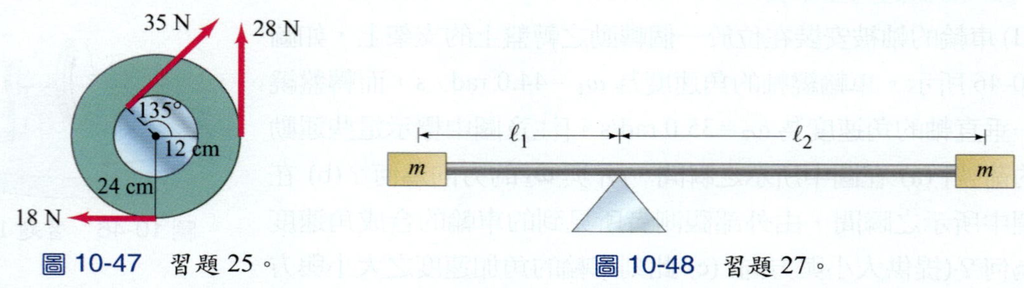

圖 10-47 習題 25。 圖 10-48 習題 27。

26. (II) 某人施加一個水平力 32 N 於 96 cm 寬的門邊緣，如果力作用於 (a) 與門面垂直之方向，以及 (b) 與門面成 60° 角之方向，則力矩的大小為何？

27. (II) 兩個質量均為 m 的木塊安裝在無質量的橫桿之兩端，並繞軸旋轉，如圖 10-48 所示。起初橫桿被支撐在水平的位置，然後再放開。試求剛放開時，作用於此系統之淨力矩的大小與方向。

28. (II) 一個直徑 27.0 cm 的輪子被限定在 xy 平面上繞著通過其中心之 z 軸轉動。在某一瞬間，力 $\vec{\mathbf{F}} = (-31.0\hat{\mathbf{i}} + 43.4\hat{\mathbf{j}})$ N 作用在位於輪子邊緣且正好位於 x 軸的某一點上。此刻繞轉軸的力矩為何？

29. (II) 拴緊引擎之柱形頭上的螺栓所需的力矩為 75 m · N。假設扳手長度為 28 cm，則技工對扳手端點施加且與其垂直的力為何？假如六角螺栓的頭寬度為 15 mm，如圖 10-49 所示，試估算由套筒扳手施加於 6 個點附近的力。

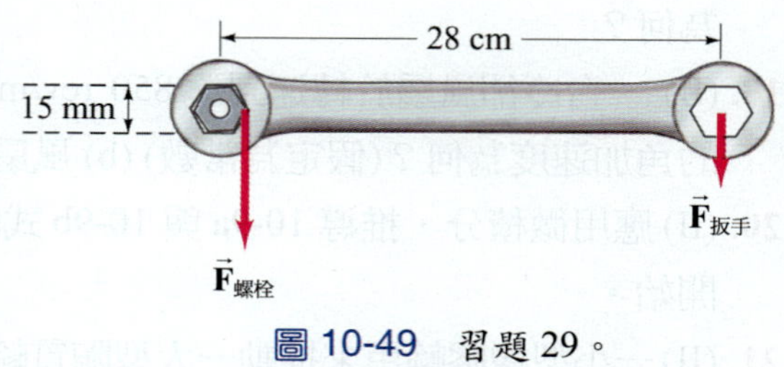

圖 10-49 習題 29。

30. (II) 試求圖 10-50 中所示一根 2 m 長之均勻吊桿上的淨力矩。繞 (a) 質心 C 點，與 (b) 末端 P 點計算。

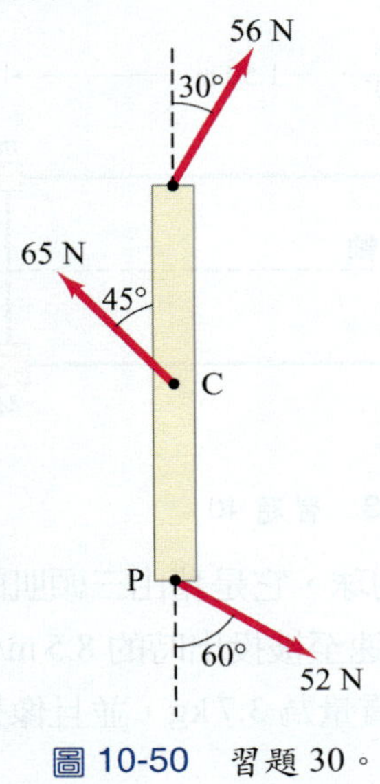

圖 10-50 習題 30。

圖 10-51 習題 33。

10-5 與 10-6 轉動動力學

31. (I) 某球體之質量為 10.8 kg，半徑為 0.648 m，當轉軸通過其中心時，試求其轉動慣量。

32. (I) 腳踏車輪直徑為 67 cm，輪圈與輪胎的總質量為 1.1 kg，試計算其轉動慣量。輪轂的質量可以忽略 (為何？)。

33. (II) 一位陶藝家在等速轉動的拉坯轉盤上塑造一個酒杯 (圖 10-51)，其雙手與黏土之間的摩擦力總共為 1.5 N。(a) 假如酒杯之直徑為 12 cm，則她作用於轉盤上的力矩有多大？(b) 轉盤的初始轉速為 1.6 rev/s，而轉盤及酒杯的轉動慣量為 0.11 kg · m^2。如果這個作用在轉盤上的唯一力矩是由陶藝家的手所產生，則使轉盤停止需要多久時間？

34. (II) 一個氧分子是由兩個氧原子所組成，其總質量為 5.3×10^{-26} kg，它繞一根垂直於兩個原子之連線並位於二者中間之轉軸的轉動慣量為 1.9×10^{-46} kg · m^2。從這些數據，試估計兩個原子之間的有效距離。

35. (II) 一位壘球選手揮動球棒，於 0.20 s 內將它由靜止加速至 2.7 rev/s。假如將球棒視為一根長 0.95 m，且質量為 2.2 kg 的均勻棒子，試計算選手對棒端所施加的力矩。

36. (II) 一個均勻圓柱形的砂輪，半徑為 8.50 cm 且質量為 0.380 kg。試求 (a) 繞其中心的轉動慣量，(b) 假如已知它在 55.0 s 內其轉速可以由 1500 rpm 自行降至停止，則於 5.00 s 內將它由靜止加速至 1750 rpm 所需施加的力矩。

37. (II) 一個 650 g 的小球連接在一根輕的細桿端，並且在半徑為 1.2 m 的水平圓周上轉動。試求 (a) 球繞圓周中心轉動的轉動慣量，(b) 如果球的空氣阻力為 0.020 N，要使球維持等速轉動所需的力矩。忽略桿的空氣阻力與轉動慣量。

38. (II) 圖 10-52 中的前臂用三頭肌以 7.0 m/s^2 將一個 3.6 kg 的球加速。試求 (a) 所需的力矩，與 (b) 由三頭肌所施加的力。忽略手臂的質量。

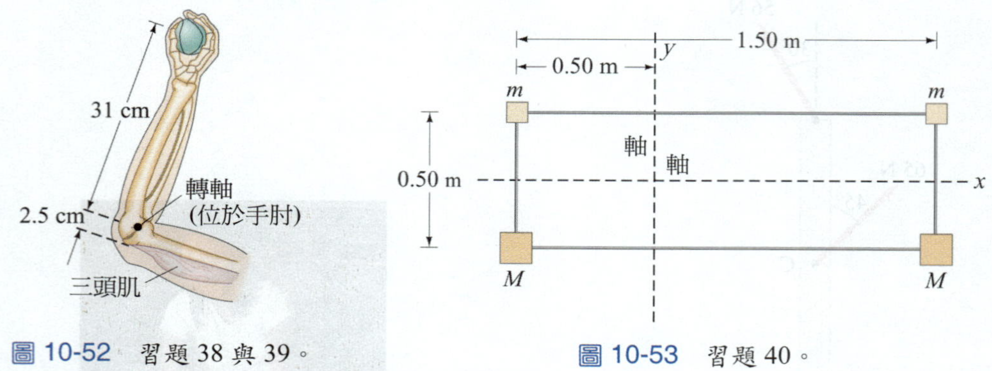

圖 10-52　習題 38 與 39。

圖 10-53　習題 40。

39. (II) 圖 10-52 中，假設由前臂單獨地投擲一個 1.00 kg 的球，它是藉由三頭肌的動作並繞著手肘關節轉動而完成的。球在 0.35 s 內，由靜止等加速至被投出時的 8.5 m/s。試求 (a) 手臂的角加速度，與 (b) 三頭肌所需的力。假設前臂的質量為 3.7 kg，並且像是一根均勻的桿繞著位於其端點的軸轉動。

40. (II) 試求圖 10-53 中所示之點狀物體陣列的轉動慣量，(a) 繞垂直軸，與 (b) 繞水平軸。假設物體質量為 $m = 2.2$ kg，$M = 3.1$ kg，並且以極輕又堅硬之金屬線綁在一起。此陣列為矩形，由水平軸自中間分開，(c) 繞哪一個軸較不易將此陣列加速？

41. (II) 一個旋轉木馬於 24 s 內，由靜止加速至 0.68 rad/s。假設旋轉木馬是一個半徑為 7.0 m 且質量為 31000 kg 的均勻轉盤。試求將它加速所需的淨力矩。

42. (II) 一個直徑為 0.72 m 的實心圓球受 10.8 m · N 之力矩的作用，繞著一根通過其中心的軸轉動。它以等角加速度由靜止開始轉動，在 15.0 s 內總轉數為 180 轉。圓球的質量為何？

43. (II) 假設例題 10-9 (圖 10-21) 中吊在滑輪上之繩子中的力 F_T 之關係式為 $F_T = 3.00t - 0.20t^2$ (N)，其中 t 以秒計。假如滑輪自靜止開始轉動，忽略摩擦，於 8.0 s 後其邊緣上某一點之線速率為何？

44. (II) 一位爸爸以切線方向推動小型手推式旋轉木馬，於 10.0 s 內由靜止加速至 15 rpm 之轉速。假設旋轉木馬是一個直徑為 2.5 m 且質量為 760 kg 的均勻圓盤，並且有兩個小孩 (質量皆為 25 kg)，彼此對坐在兩邊上。試計算產生此一加速度所需之力矩，摩擦力矩可以忽略。而其邊緣處所需的力為何？

45. (II) 四個質量均為 M 的質點，分別固定於一根水平直桿上，彼此間隔均為 ℓ，直桿的質量可以忽略。此系統繞著一根通過直桿左端質點並與桿正交的垂直軸轉動。(a) 此系統繞此軸的轉動慣量為何？(b) 欲產生一個角加速度 α，則在最遠的質點上所必須施加的最小的力為何？(c) 這個力的方向為何？

46. (II) 兩個方塊繫於一根跨過半徑為 0.15 m 之滑輪上的細繩兩端，滑輪的轉動慣量為 I，方塊以 1.00 m/s^2 之加速度，沿著無摩擦斜面朝右方移動 (見圖 10-54)。(a) 分別繪出兩個方塊與滑輪的自由體圖，(b) 試求繩子兩個部分中的張力 F_{TA} 與 F_{TB}，(c) 試求作用在滑輪上的淨力矩以及它的轉動慣量 I。

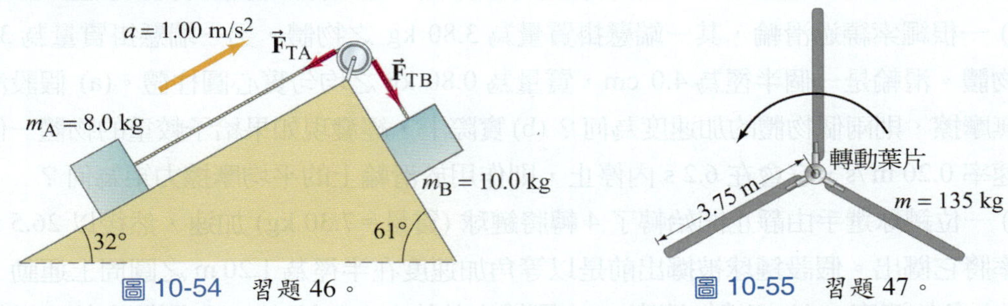

圖 10-54 習題 46。 圖 10-55 習題 47。

47. (II) 直昇機之轉動葉片可視為長的細桿，如圖 10-55 所示。(a) 如果各轉動葉片長為 3.75 m，質量為 135 kg，試求三個轉動葉片繞轉軸轉動的轉動慣量。(b) 馬達必須施加多大的力矩才能使葉片在 8.0 s 內由靜止加速至 5.0 rev/s 之轉速？

48. (II) 一個以 10300 rpm 之轉速轉動的離心機轉子突然被切斷電源，然後因為一個 1.20 m · N 之摩擦力矩的作用，使它穩定地減速，最後完全停止。假如轉子質量為 3.80 kg，並且可以大致地視為一個半徑為 0.0710 m 之實心圓柱體。轉子在停止前會轉動多少轉數，並且需要多少時間？

49. (II) 當討論轉動慣量時，尤其是對於罕見的或形狀不規則的物體，使用**旋轉半徑** (radius of gyration) k 有時是很方便的。此半徑定義為假如物體所有的質量均集中於距轉軸為此一距離處，其轉動慣量將與原來的物體相同。因此，任何物體的轉動慣量都能夠以其質量 M 與旋轉半徑 k 而寫成 $I = Mk^2$。試求圖 10-20 中各物體(圓環、圓柱體、球體等)的旋轉半徑。

50. (II) 為了使一個圓柱形衛星以正確的速率平穩地自旋，工程師點燃 4 個正切火箭，如圖 10-56 所示。假如衛星質量為 3600 kg，半徑為 4.0 m，每個火箭的質量為 250 kg，而衛星的轉速於 5 分鐘內，由靜止加速至 32 rpm，則每個火箭所需的固定力量為何？

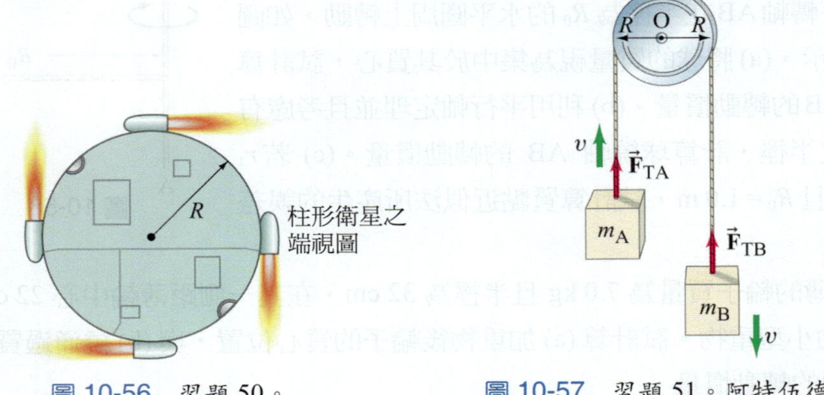

圖 10-56 習題 50。 圖 10-57 習題 51。阿特伍德機。

51. (III) 阿特伍德機是由兩個質量分別為 m_A 與 m_B 的物體以一條繞過滑輪的無質量、非彈性的繩索相連接所組成，如圖 10-57 所示。假如滑輪的半徑為 R，轉動慣量為 I，試求 m_A 與 m_B 的加速度，並將結果與忽略滑輪之轉動慣量的情況相比較。[提示：張力 F_{TA} 與 F_{TB} 並不相等。我們曾在例題 4-13 中討論阿特伍德機，當時假設滑輪的轉動慣量 $I=0$。]

52. (III) 一根繩索繞過滑輪，其一端懸掛質量為 3.80 kg 之物體，另一端懸掛質量為 3.15 kg 之物體。滑輪是一個半徑為 4.0 cm，質量為 0.80 kg 之均勻實心圓柱體。(a) 假設滑輪軸承無摩擦，則兩個物體的加速度為何？(b) 實際上，經發現如果給予較重的物體一個向下的速率 0.20 m/s，它會在 6.2 s 內停止，則作用於滑輪上的平均摩擦力矩為何？

53. (III) 一位鏈球選手由靜止開始轉了 4 轉將鏈球 (質量 = 7.30 kg) 加速，然後以 26.5 m/s 之速率將它擲出。假設鏈球被擲出前是以等角加速度在半徑為 1.20 m 之圓周上運動，試計算 (a) 角加速度，(b) 切線加速度，(c) 剛擲出前的向心加速度，(d) 剛擲出前，這位選手對鏈球施加的淨力，(e) 這個力與圓周運動之半徑的夾角。忽略重力的影響。

54. (III) 一根長度為 ℓ 的細桿，垂直立於桌子上。細桿開始倒下，但是其底端並未滑動。(a) 試求作為桿與桌面之夾角 ϕ 之函數的細桿角速度。(b) 桿的頂端在剛撞及桌面前的速率為何？

10-7 轉動慣量

55. (I) 利用平行軸定理證明一根細棒繞垂直於棒端之軸的轉動慣量為 $I=\frac{1}{3}M\ell^2$，已知若軸通過中心，則其轉動慣量為 $I=\frac{1}{12}M\ell^2$ (圖 10-20f 與 g)。

56. (II) 一扇高 2.5 m，寬 1.0 m 且質量為 19 kg 的門，其一側安裝鉸鏈，忽略門的厚度，試求其轉動慣量。

57. (II) 兩個質量為 M 且半徑為 r_0 的均勻實心球體，以長度 r_0 之無質量的細桿相連，使二者之中心相距 $3r_0$。(a) 試求繞垂直於桿中心之軸的系統之轉動慣量。(b) 假如每個球體的質量均集中於其中心，如以極簡易的計算為之，其誤差百分比為何？

58. (II) 一個質量為 M 且半徑為 r_1 而連接於無質量之細桿端的球繞著轉軸 AB 在半徑為 R_0 的水平圓周上轉動，如圖 10-58 所示。(a) 將球的質量視為集中於其質心，試計算球繞軸 AB 的轉動慣量。(b) 利用平行軸定理並且考慮有限的球之半徑，計算球繞軸 AB 的轉動慣量。(c) 若 $r_1=9.0$ cm 且 $R_0=1.0$ m，試計算質點近似法所產生的誤差百分比。

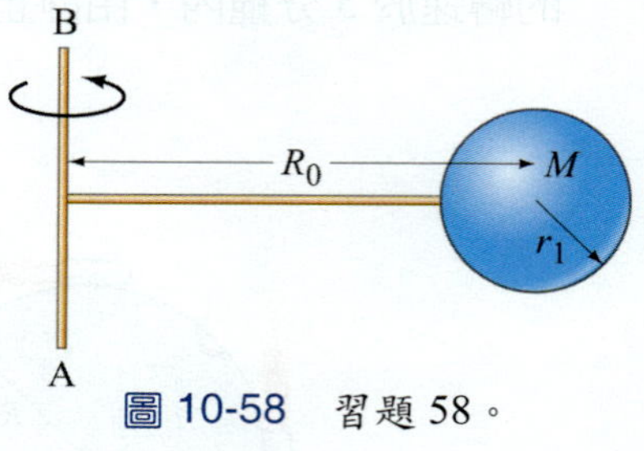

圖 10-58　習題 58。

59. (II) 一個薄的輪子質量為 7.0 kg 且半徑為 32 cm，在其一側距薄輪中心 22 cm 處加上一個 1.50 kg 的小型重物。試計算 (a) 加重物後輪子的質心位置，與 (b) 繞通過質心且垂直於其表面之軸的轉動慣量。

60. (III) 試推導長度 ℓ 的均勻細桿繞一通過桿中心，並與桿垂直之軸的轉動慣量之公式 (見圖 10-20f)。

61. (III) (a) 圖 10-20h 中之均勻的矩形平板，其長寬尺寸為 $\ell \times \omega$，試推導繞通過其中心且垂直於平板之軸的轉動慣量之公式。(b) 繞每個通過中心且平行於平板邊之軸的轉動慣量為何？

10-8 轉動動能

62. (I) 一輛汽車引擎於轉速為 3750 rpm 時產生的力矩為 255 m · N，則引擎的馬力為何？

63. (I) 一台離心機之轉子的轉動慣量為 4.25×10^{-2} kg · m^2，它由靜止加速至 9750 rpm 之轉速所需的能量是多少？

64. (II) 一個質量為 220 kg 且半徑為 5.5 m 的圓柱形旋轉舞台，於驅動電動機切斷後，在 16 s 內的轉速由 3.8 rev/s 減至停止。試估算要維持穩定的 3.8 rev/s 之轉速，電動機所需的輸出功率為何？

65. (II) 旋轉木馬的質量為 1640 kg 且半徑為 7.50 m。假設它是實心圓柱體，將它由靜止開始加速至每 8.00 s 轉 1.00 圈的轉速，其所需的淨功是多少？

66. (II) 一根長度為 ℓ 與質量為 M 的均勻細桿，其一端被懸掛起來。現在將它朝旁邊拉起一個角度 θ 之後再放開。假如摩擦可以忽略，當它到達最低點時，其角速度以及其自由端的速率為何？

67. (II) 兩個質量分別為 $m_A = 35.0$ kg 與 $m_B = 38.0$ kg 的物體，由一根懸掛於滑輪上的繩子連接在一起 (圖 10-59)。滑輪是一個半徑為 0.381 m 而質量為 3.1 kg 的均勻圓柱體。起初 m_A 位於地面上，而 m_B 則靜止於距地面高 2.5 m 處。假如系統被放鬆，應用能量守恆求 m_B 在剛撞擊地面之前的速率，假定滑輪軸承無摩擦。

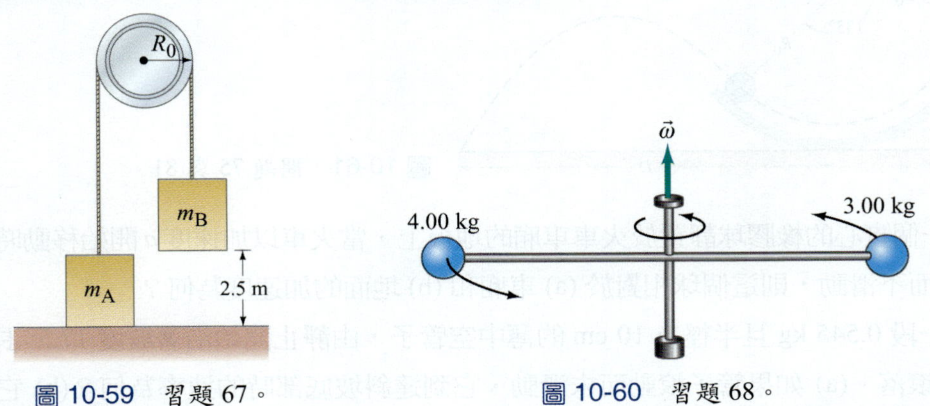

圖 10-59 習題 67。 圖 10-60 習題 68。

68. (III) 兩個質量分別為 4.00 kg 與 3.00 kg 的物體固定於一支 42.0 cm 長之細桿的兩端 (圖 10-60)。此系統以 $\omega = 5.60$ rad/s 之角速度繞著位於桿中心之垂直軸轉動。試求 (a) 系統的動能 K，與 (b) 作用在各個物體上的淨力。(c) 假設軸是通過系統的質心，重做 (a) 與 (b)。

69. (III) 一根桿子原先穩定地直立在地面上，現在桿子開始倒下，並且其底端沒有滑動，則它在剛碰撞地面之前，桿子頂端的速率為何？

10-9 轉動加上平移運動

70. (I) 試求一個圓柱體由 7.20 m 高之斜坡上滾落至底部時的平移速率。假設它是由靜止開始滾動，而且無滑動。

71. (I) 一個質量為 7.3 kg 且直徑為 9.0 cm 的保齡球以 3.7 m/s 之速率沿著球道滾動而無滑動。試求其總動能。

72. (I) 試估算地球相對於太陽的動能，它相當於以下 (a) 與 (b) 二項之和，(a) 地球每日自轉的動能與 (b) 地球每年繞行太陽公轉的動能 [假設地球是一個質量為 6.0×10^{24} kg 且半徑為 6.4×10^{6} m 的均勻球體，並且距離太陽 1.5×10^{8} km。]

73. (II) 一個半徑 $r_0 = 24.5$ cm 與質量 $m = 1.20$ kg 的球體由靜止開始沿著一個長 10.0 m 且坡度為 30.0° 的斜坡滾落，但無滑動。(a) 試計算當它到達底部時的平移速率與轉動速率，(b) 到達底部時的平移動能與轉動動能之比為何？直到結束之前，避免代入已知的數字，所以你可以回答：(c) 你在 (a) 與 (b) 中所得到的答案與球體的半徑或質量相關嗎？

74. (II) 一個實心的窄線軸半徑為 R 且質量為 M。如果你抓住線頭，將線不停地向上拉，使得線軸的質心在線被解開的過程中始終懸吊在空中相同的位置。(a) 你必須對線施加的力是多少？(b) 到線軸以角速度 ω 旋轉時，你已經對線軸作了多少的功？

75. (II) 一個半徑為 r_0 的球在半徑為 R_0 的軌道內側滾動 (見圖 10-61)。假如球從軌道垂直邊緣由靜止開始滾動，當它到達軌道最低點時的速率為何？(只有滾動而無滑動)

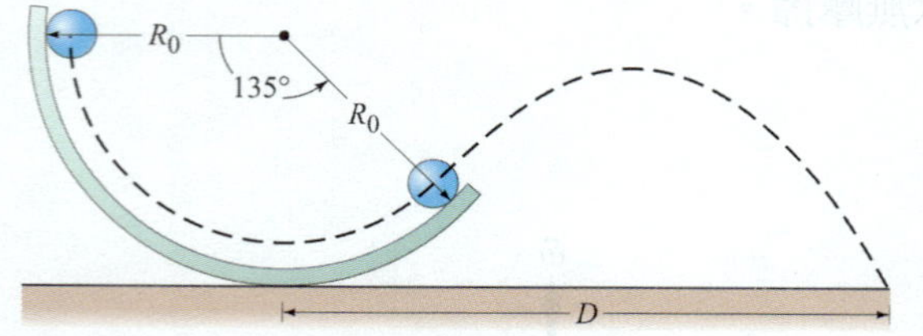

圖 10-61 問題 75 與 81。

76. (II) 一個實心的橡膠球靜置於火車車廂的地板上，當火車以加速度 a 開始移動時，假設球滾動而不滑動，則這個球相對於 (a) 車廂和 (b) 地面的加速度為何？

*77. (II) 一段 0.545 kg 且半徑為 10 cm 的薄中空管子，由靜止開始沿著坡度 17.5° 長 5.6 m 之斜坡滾落。(a) 如果管子滾動而未滑動，它到達斜坡底部時的速率為何？(b) 它到達斜坡底部時的總動能為何？(c) 如果管子沒有滑動，則靜摩擦係數的最小值為何？

*78. (II) 在例題 10-20 中，(a) 當保齡球開始滾動而不滑動時，它已經沿著球道移動了多遠距離？(b) 它最終的線速率和轉動速率為何？

79. (III) 一輛質量為 1100 kg 的汽車有四個輪胎，每個輪胎 (含車輪) 的質量為 35 kg 且直徑為 0.80 m。假設每個輪胎和車輪的組合形同一個實心圓柱體，試求 (a) 當車速為 95 km/h 時的總動能，與 (b) 輪胎和車輪中之動能所佔的比率。(c) 如果汽車原本是停止的，後來被一輛拖吊車以 1500 N 的力拉動，則汽車的加速度為何？忽略摩擦損失。(d) 如果在 (c) 中你忽略了輪胎和車輪的轉動慣量，則百分誤差為何？

*__80.__ (III) 一個車輪繞中央軸的轉動慣量為 $I=\frac{1}{2}MR^2$，它原先以角速率 ω_0 旋轉，然後將它降低放到地面上。它剛接觸地面時，沒有水平速率。起初車輪滑動，然後開始前進，最後成為滾動而不滑動。(a) 作用在滑動的輪子上之摩擦力的方向為何？(b) 在滾動而不再滑動前，輪子滑動了多長距離？(c) 輪子最終的平移速率為何？[提示：利用 $\Sigma\vec{\mathbf{F}}=m\vec{\mathbf{a}}$，$\Sigma\tau_{CM}=I_{CM}\,\alpha_{CM}$，並且回想只有在滾動而無滑動時 $v_{CM}=\omega R$。]

81. (III) 一個半徑為 $r_0=1.5$ cm 的小球在圖 10-61 中所示半徑為 $R_0=26.0$ cm 的軌道上滾動而無滑動。這個球由距軌道底部高度為 R_0 處開始滾落。當它通過圖中的角度 135° 處之後而離開軌道時，(a) 其速率為何？與 (b) 球落到地面時，距軌道底部的距離 D 為何？

*10-10 滾動的球體減速

*__82.__ (I) 一個滾動的球減速係因為正向力並未正好通過其質心，而是通過質心前方。利用圖 10-41，證明由正向力所產生的力矩 (圖 10-41 中的 $\tau_N=\ell F_N$) 是摩擦力距 $\tau_{fr}=r_0 F$ 的 $\frac{7}{5}$ (r_0 為球的半徑)；亦即證明 $\tau_N=\frac{7}{5}\tau_{fr}$。

一般習題

83. 一個大型的纜繩軸在地面上滾動，繩的一端位於繩軸的上緣。一個人抓住繩端，行走一段距離 ℓ，如圖 10-62 所示。繩軸在此人的後方滾動，並無滑動，由繩軸鬆開的纜繩有多長？繩軸的質心移動了多遠？

圖 10-62　習題 83。

84. 在一張直徑 12.0 cm 的音訊光碟 (CD) 上，其數位資訊位元係沿著螺旋路徑向外循序編碼。螺旋路徑起始於半徑 $R_1=2.5$ cm 處，向外擴張至 $R_2=5.8$ cm 處，為了讀取數位資訊，CD 播放器轉動 CD 使播放器以 1.25 cm/s 的固定線速率沿著螺旋的位元系列進行雷射掃描。因此當雷射向外移動時，播放器必須準確地調節 CD 的旋轉頻率 f。試求雷射分別位於 R_1 與 R_2 時的 f 值 (單位：rpm)。

85. (a) 溜溜球係由兩個實心圓柱形碟所組成，二者質量均為 0.050 kg 且直徑均為 0.075 m，並以一個細的實心圓柱形輪轂連接，輪轂質量為 0.0050 kg，直徑為 0.010 m。利用能量守恆，計算溜溜球由靜止釋放至剛到達其 1.0 m 長之繩子端之前的線速率。(b) 其轉動動能佔總動能的多少比例？

86. 一位單車騎士由靜止開始以 1.00 m/s^2 之加速度加速，在移動 2.5 s 後輪胎 (直徑＝68 cm) 邊緣頂端某一點的速率為何？[提示：在任何時刻，輪胎的最低點與地面接觸並且為靜止，見圖 10-63。]

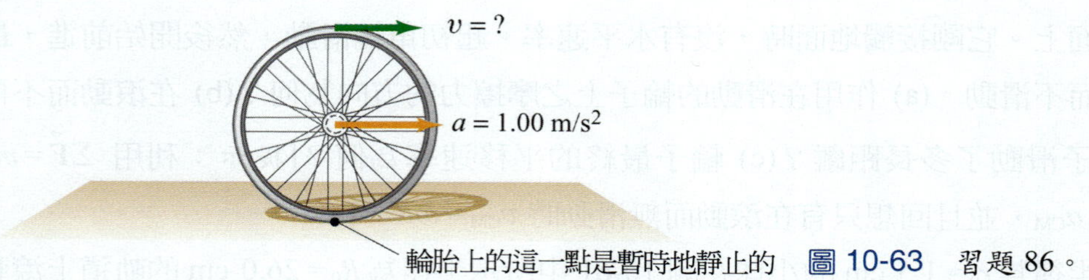

圖 10-63　習題 86。

87. 假設大衛將一個 0.50 kg 石頭放入 1.5 m 長的投石環索內，並且開始將石頭在一個近似於水平的圓周上旋轉，其轉速於 5.0 s 後由靜止加速至 85 rpm，要達成這項技藝所需之力矩為何？此力矩來自何處？

88. 一個 1.4 kg 且半徑為 0.20 m 的均勻圓柱形砂輪需要在 6.0 s 內以等角加速度由靜止加速度至 1800 rev/s 之轉速。試計算電動機所提供的力矩。

89. 關於腳踏車的自行車齒輪：(a) 腳踏車後輪的角速度 ω_R 與前扣鏈齒輪和踏板之角速度 ω_F 的關係為何？設 N_F 與 N_R 分別代表前、後輪之扣鏈齒數，如圖 10-64 所示。前、後扣鏈齒輪之齒距是相同的，而後扣鏈齒輪則牢固地固定在後輪上。(b) 若前、後扣鏈齒輪分別是 52 齒與 13 齒，則 ω_R/ω_F 的比值為何？(c) 若前、後的扣鏈齒輪分別是 42 齒與 28 齒，則 ω_R/ω_F 的比值為何？

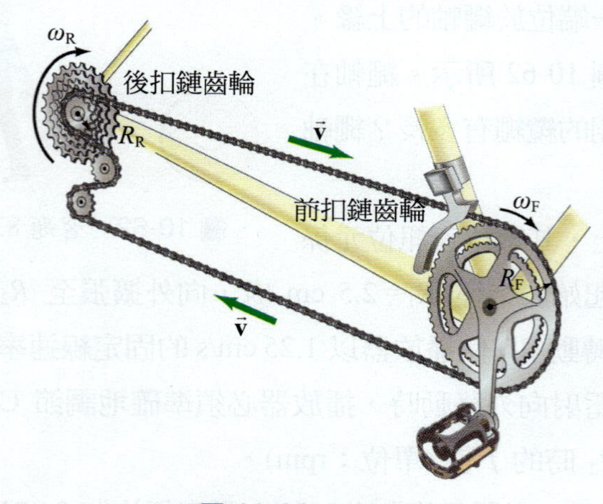

圖 10-64　習題 89。

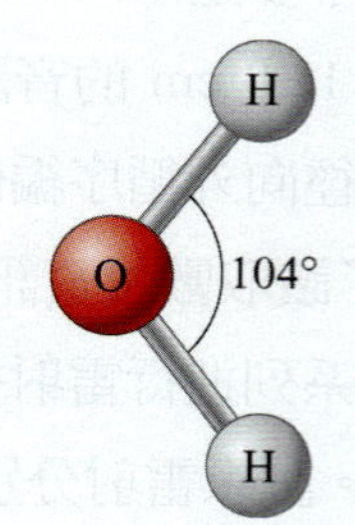

圖 10-65　習題 90。

90. 圖 10-65 中所示是一個 H_2O 分子，其 O—H 鍵長度為 0.96 nm，且 H—O—H 鍵形成一個 104° 的角度。試計算 H_2O 分子繞通過氧原子中心之軸的轉動慣量，(a) 當軸垂直於分子平面時；與 (b) 軸位於分子平面上，且平分 H—O—H 鍵時。

91. 低污染汽車的一種可能性就是利用重型轉動之飛輪中的儲能。假設這種汽車的質量為 1100 kg，使用一個直徑為 1.50 m 且質量為 240 kg 的均勻圓柱形飛輪，而且應該能夠行進 350 km 而無須飛輪的“自旋加速”。(a) 做合理的假設 (平均摩擦阻滯力 = 450 N；在整段行程中，需要 20 個由靜止至 95 km/h 的加速週期；上坡與下坡情況相同；汽車下坡時，能量可以回到飛輪中)，估計飛輪中必須儲存多少能量。(b) 當飛輪儲滿能量時，其角速度為何？(c) 啟程前，利用 150 hp 的電動機將飛輪儲滿能量，需要多久的時間？

92. 一個空心圓筒在水平表面上滾動，當它到達坡度 15° 之斜坡時的速率為 $v = 3.3$ m/s。(a) 它能夠往斜坡上滾動多遠？(b) 它返回底部之前，在斜坡上的時間有多久？

93. 一個質量為 M 且半徑為 R 的輪子直立於地板上。我們要對其軸施加一個水平的力 F，使輪子爬過一段階梯 (圖 10-66)。階梯高度為 h，而 $h < R$，所需最小的力 F 為何？

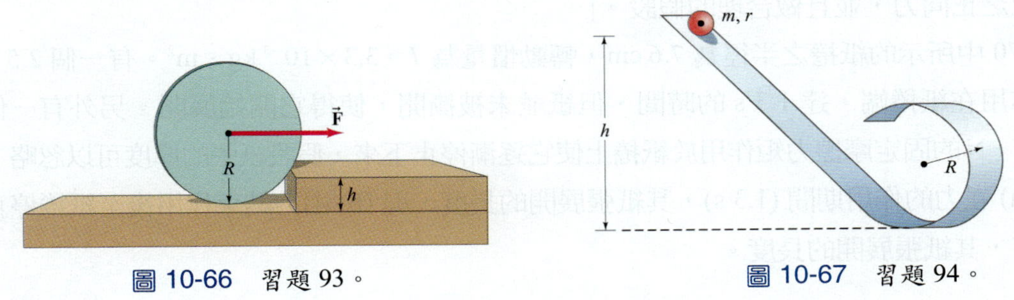

圖 10-66　習題 93。

圖 10-67　習題 94。

94. 一個質量為 m 且半徑為 r 的大理石沿著圖 10-67 中的環形軌道滾動。假如它必須在到達環路的最高點時掉落，並且先前未脫離軌道，則其垂直高度 h 的最小值為何？(a) 假設 $r \ll R$；(b) 如果不做這項假設，答案又如何？忽略摩擦損失。

95. 一根長度為 ℓ 的細桿之密度 (單位長度之質量) 由一端的 λ_0 均勻增加至另一端的 $3\lambda_0$。試求其繞一垂直於此桿，且通過幾何中心之軸的轉動慣量。

96. 假如一個撞球受到球桿向右撞擊，在剛脫離球桿之際，馬上滾動而無滑動。考慮一個靜止於水平球台上的撞球 (半徑 r，質量 M)，球桿在距離球桌桌面高度 h 處以一個固定水平力 F，施加於球上達 t 時間 (見圖 10-68)。假設球與桌面之間的動摩擦係數為 μ_k，試求球剛與球桿脫離後，只有滾動而無滑動的高度 h 值。

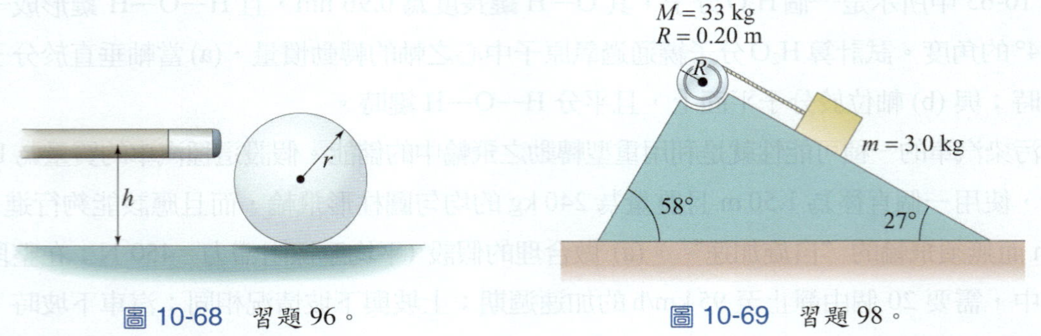

圖 10-68 習題 96。 圖 10-69 習題 98。

97. 假如輪胎與路面之間的靜摩擦係數為 0.65，試計算為了將靜止的汽車突然加速，使輪胎在路面上留下一道胎痕 (汽車加速時，使輪胎旋轉、打滑)，必須作用於質量 950 kg 之汽車其直徑為 66 cm 之輪胎上的最小力矩。假設每個輪胎分攤的重量相等。

98. 一根繩索的一端繫著一個可在斜面上滑行的物體，另一端則捲繞在位於斜面頂端之下凹處的圓柱體上，如圖 10-69 所示。試求物體由靜止開始沿著斜面移動 1.80 m 後的速率。假設 (a) 無摩擦，(b) 面與面之間的摩擦係數為 $\mu = 0.055$ [提示：在 (b) 中先求出作用於圓柱體上之正向力，並且做合理的假設。]

99. 圖 10-70 中所示的紙捲之半徑為 7.6 cm，轉動慣量為 $I = 3.3 \times 10^{-3}$ kg · m^2。有一個 2.5 N 的力作用在紙捲端，達 1.3 s 的時間，但紙並未被撕開，使得它開始展開。另外有一個 0.11 m · N 的固定摩擦力矩作用於紙捲上使它逐漸停止下來，假設紙張的厚度可以忽略。試求 (a) 在力的作用期間 (1.3 s)，其紙張展開的長度，與 (b) 由力結束作用後至紙捲停止轉動時，其紙張展開的長度。

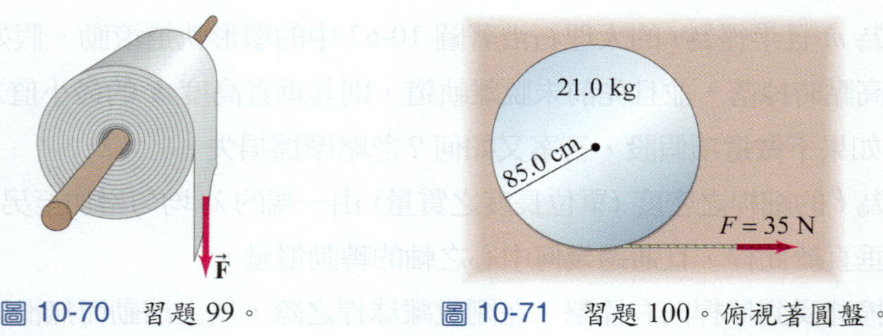

圖 10-70 習題 99。 圖 10-71 習題 100。俯視著圓盤。

100. 一個質量為 21.0 kg 且半徑為 85.0 cm 的實心均勻圓盤靜置於平坦而無摩擦表面上。圖 10-71 所示為由上往下看的俯視圖，有一根繩索緊繞於圓盤邊緣，同時有一固定的力 35.0 N 作用於繩索上。繩索並未在邊緣滑動。(a) 質心朝什麼方向移動？當圓盤移動了 5.5 m 的距離後，試求 (b) 它移動得有多快？(c) 它旋轉得有多快 (單位：rad/s)？(d) 繞在邊緣的繩索展開了多長？

101. 當腳踏車與機車騎士做前輪離地的平衡特技時，需要一個大的加速度，使車子的前輪離開地面。假設 M 為車與騎士的總質量，而 x 與 y 分別為系統質心與後輪觸地點的水平與垂直距離 (圖 10-72)。(a) 試求只舉起前輪離地所需的水平加速度 a。(b) 為了使將前輪舉起後輪平衡所需的加速度減至最小，則 x 應該儘量減小或加大？而 y 又如何？為了達到這些理想的 x 與 y 值，騎士應該將他的身體置於車上何處？(c) 若 $x = 35$ cm 與 $y = 95$ cm，試求 a。

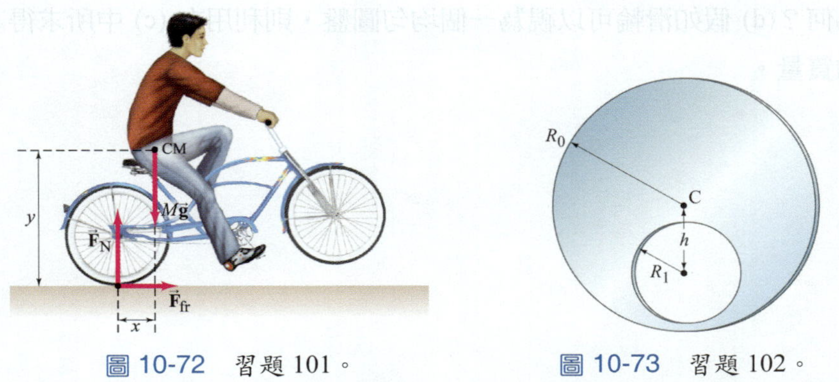

圖 10-72 習題 101。

圖 10-73 習題 102。

102. 某機械結構的一個重要部分是一平坦而均勻的圓柱形碟，其半徑為 R_0 且質量為 M。它的上面鑽有一個半徑為 R_1 的圓洞 (圖 10-73)，圓洞中心與碟中心之間的距離為 h。試求這個含有不是位於中心之圓洞之柱形碟，當它繞其中心 C 旋轉時的轉動慣量。[提示：考慮一個實心的碟，再扣除圓洞；並應用平行軸定理。]

103. 一根質量為 M 與長度為 ℓ 的均勻細棒垂直立於無摩擦的桌面上。它被放鬆並且倒下。試求細棒剛碰到桌面前，其質心的速率 (圖 10-74)。

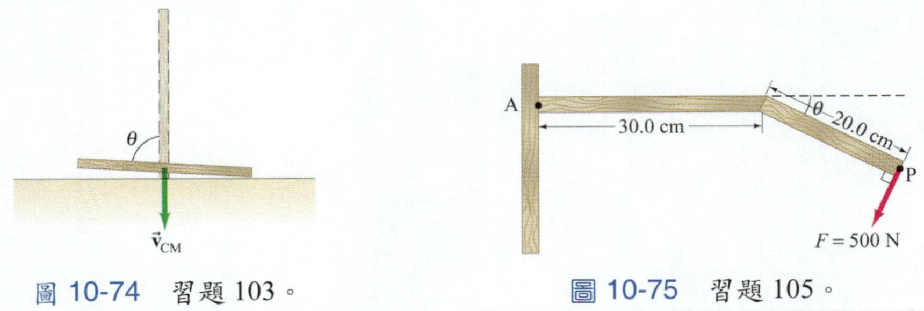

圖 10-74 習題 103。

圖 10-75 習題 105。

*__104.__ (a) 例題 10-19 中類似溜溜球的圓柱體，其質心的向下加速度為 $a = \frac{2}{3}g$。假如它是自靜止開始落下，當它落下一段距離 h 之後，其質心的速度為何？(b) 現在利用能量守恆求圓柱體由靜止落下一段距離 h 之後其質心的速度。

*數值／計算機

105. (II) 圖 10-75 中所示之剛體結構，有一個力 $F = 500$ N 與支臂正交作用在末端的 P 點上。

試求繞支柱 A 之力矩為角度 θ 之函數的函數式。試繪出由 $\theta = 0°$ 至 90°，而每次增量為 1° 的力矩 τ 為 θ 之函數的圖形。

106. (II) 利用習題 51 中所推導的阿特伍德機上之物體的加速度表示式來研究滑輪的轉動慣量在什麼條件下可以忽略。假設 $m_A = 0.150$ kg、$m_B = 0.350$ kg 且 $R = 0.040$ m；(a) 試繪出加速度為轉動慣量之函數的圖形。(b) 當轉動慣量趨近於零時，試求物體的加速度。(c) 應用 (a) 中所繪的圖，當計算所得的加速度與 (b) 中所求得之加速度偏離 2.0% 時，其 I 的最小值為何？(d) 假如滑輪可以視為一個均勻圓盤，則利用在 (c) 中所求得之 I 值，來求出滑輪的質量。

練習題答案

A: $f = 0.076$ Hz；$T = 13$ s。

B: $\vec{\mathbf{F}}_A$。

C: 是；$\frac{1}{12}M\ell^2 + M\left(\frac{1}{2}\ell\right)^2 = \frac{1}{3}M\ell^2$。

D: 4×10^{17} J。

E: (c)。

F: $a = \frac{1}{3}g$。

角動量；一般的轉動

這位選手正在做滑冰旋轉，當她的手臂朝兩側水平伸直時，要比兩臂合起繞軸旋轉來得慢。這是角動量守恆的一個實例。

我們在本章中學習的角動量只有當沒有淨力矩作用於物體或系統時，它才是守恆的，否則，角動量的變化率與淨力矩成正比。換句話說，如果淨力矩為零，則角動量守恆。在本章中我們還會研究更複雜的轉動問題。

章前問題——試著想想看！

你站立在可以自由轉動的靜止平台上，並且握住一個正在轉動中之車輪的軸，如圖所示。然後你翻轉車輪使軸朝下，接下來會發生什麼事？

(a) 平台朝車輪最初轉動的方向開始轉動。

(b) 平台朝車輪最初轉動的相反方向開始轉動。

(c) 平台保持靜止。

(d) 只有當翻轉車輪時平台才會轉動。

(e) 以上皆非。

在第 10 章中，我們討論了剛體轉動的運動學和動力學，其轉軸的方向固定於慣性參考座標中。我們曾經分析與牛頓定律等同的轉動運動 (力矩扮演著平移運動中力的角色)，以及轉動動能。

為了使物體的轉軸保持固定，物體通常必須藉由外物的支撐 (如在輪軸的末端的軸承)。沒有繞固定軸轉動之物體的運動，會更難以描述和分析。要完整分析一般的轉動之物體 (或系統) 的運動是非常複雜的，所以我們在本章中只討論一般轉動的某些觀點。

本章首先介紹的是線動量之轉動類比的角動量之觀念。先討論物體繞一固定軸轉動的角動量和角動量守恆。接著再檢視力矩和角動量的向量本質。我們將推導某些一般性的定理並且將它們應用在一些令人感興趣的運動類型上。

11-1 角動量 — 繞固定軸轉動的物體

在第 10 章中我們知道如果使用適當的角量變數，轉動的運動學和動力學方程式會類似於一般的直線運動。同樣的，線動量 $p = mv$ 有一個轉動的類比物理量。它稱為**角動量** (angular momentum) L，對於一個以角速度 ω 繞固定軸轉動的物體而言，它定義成

$$L = I\omega \tag{11-1}$$

其中，I 為轉動慣量。SI 單位制中，L 的單位為 kg · m²/s；這個單位沒有特別的名稱。

我們在第 9 章 (第 9-1 節) 中看到牛頓第二運動定律不僅可以寫成 $\Sigma F = ma$，也可以更廣泛地用的動量 $\Sigma F = dp/dt$ [(9-2) 式] 表示。用類似的方法，與牛頓第二運動定律等同的轉動方程式 (10-14) 和 (10-15) 式 $\Sigma\tau = I\alpha$，也能以角動量的形式描述：因為角加速度 $\alpha = d\omega/dt$ [(10-3) 式]，故 $I\alpha = I\,(d\omega/dt) = d\,(I\omega)/dt = dL/dt$，所以

轉動的牛頓第二運動定律

$$\Sigma\tau = dL/dt \tag{11-2}$$

這項推導是假設轉動慣量 I 保持不變。不過，即使轉動慣量改變，(11-2) 式仍然是成立的，並且也適用於繞定軸轉動的物體系統，其中 $\Sigma\tau$ 是淨外力矩 (將在第 11-4 節中討論)。(11-2) 式為繞定軸轉動的牛頓第二運動定律，也可以適用於繞通過其質心之轉軸轉動的移動物體

[如(10-15)式]。

角動量守恆

角動量在物理學中是一項重要的觀念，因為在某些特定的情況下，它是一個守恆量。它守恆的條件是什麼？由(11-2)式可知，若物體(或系統)的淨外力矩 $\Sigma\tau$ 是零，則

$$dL/dt = 0 \quad \text{故} \quad L = I\omega = \text{常數} \qquad [\Sigma\tau = 0]$$

此為轉動之物體的**角動量守恆定律** (law of conservation of angular momentum)

角動量守恆

> 如果作用於一轉動之物體上的淨外力矩是零，則它的總角動量保持不變。

角動量守恆定律與能量和線動量守恆同時都是物理學中重要的守恆定律。

當作用在物體上的淨力矩為零，而且物體是繞定軸或繞通過質心而方向不變的軸轉動時，我們可以寫出

$$I\omega = I_0\omega_0 = \text{常數}$$

I_0 和 ω_0 分別是在初始時刻 ($t=0$) 的轉動慣量和角速度，而 I 和 ω 為在另一時刻的值。物體的組成部分其彼此之間的相對位置可能會改變，所以 I 會改變，同時 ω 亦改變，但是 $I\omega$ 的乘積保持不變。

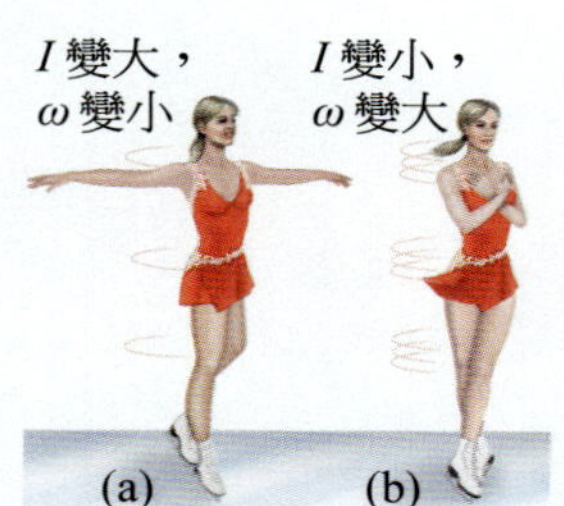

圖 11-1 溜冰選手在冰面上的旋轉，說明了角動量守恆：(a) 當 I 變大則 ω 變小；(b) I 變小，則 ω 變大。

許多有趣的現象都能以角動量守恆為基礎而理解。考慮圖 11-1 中的溜冰者，她在溜冰鞋尖上做旋轉動作。當她向兩側伸直手臂時，她以較低的速度轉動，但是當她將手臂縮回緊貼著身體時，她會突然地加速轉動。由轉動慣量的定義 $I=\Sigma mR^2$，可以很清楚地看出當她的手臂比較靠近轉軸時，手臂的 R 減小，因此她的轉動慣量減少。因為角動量 $I\omega$ 保持不變(我們忽略由摩擦所引起的少量力矩)，所以如果 I 減少，則角速度 ω 必定增加。如果溜冰者的轉動慣量減少 2 倍，則她將以兩倍的角速度轉動。

圖 11-2 跳水者將雙臂和雙腿縮起時的轉動比伸直時快，這說明了角動量守恆。

另一個相似的實例請見圖 11-2。跳水者跳離跳板時的推力給她一個相對於質心的初始角動量。當她彎曲自己身體成抱膝姿勢時，迅速地轉動一圈或多圈。然後，她再度伸直身體，增加轉動慣量使她的角

速度減為很小值，最後進入水中。她從伸直到抱膝姿勢，其轉動慣量的變化可以高達 $3\frac{1}{2}$ 倍。

注意，由於角動量守恆，淨力矩必須為零，但淨力並不一定是零。如圖 11-2 所示，作用於跳水者上的淨力不是零 (重力作用)，但是因為重力作用於她的質心上，所以繞質心的淨力矩是零。

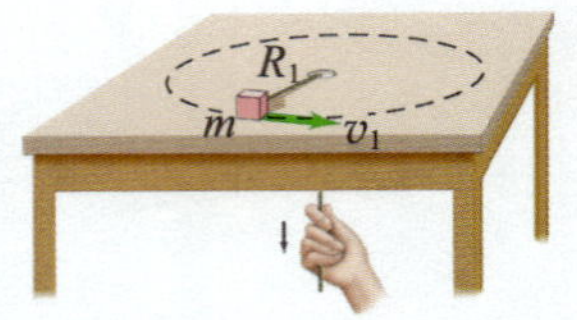

圖 11-3　例題 11-1。

例題 11-1　在長度會改變的線上轉動的物體　一個小質量 m 的物體繫於線的末端，在無摩擦的桌面上做圓周轉動。線的另一端穿過桌子中間的洞 (圖 11-3)。最初，物體在半徑為 $R_1 = 0.80$ m 的圓周上以 $v_1 = 2.4$ m/s 的速率旋轉。藉著緩緩拉動穿過洞的線使半徑減少為 $R_2 = 0.48$ m。現在物體的速率 v_2 是多少？

方法　因為使物體保持在圓周上運動的力為線施加的力，其作用方向為軸向，所以物體 m 上沒有淨力矩，同時力臂為零。我們因此可以應用角動量守恆。

解答　依角動量守恆，可得

$$I_1\omega_1 = I_2\omega_2$$

基本上小質量 m 是一個質點，它繞洞的轉動慣量 $I = mR^2$ [(10-11) 式]。所以

$$mR_1^2\omega_1 = mR_2^2\omega_2$$

或者

$$\omega_2 = \omega_1\left(\frac{R_1^2}{R_2^2}\right)$$

然後因為 $v = R\omega$，所以可以將它寫成

$$v_2 = R_2\omega_2 = R_2\omega_1\left(\frac{R_1^2}{R_2^2}\right) = R_2\frac{v_1}{R_1}\left(\frac{R_1^2}{R_2^2}\right) = v_1\frac{R_1}{R_2}$$

$$= (2.4\text{ m/s})\left(\frac{0.80\text{ m}}{0.48\text{ m}}\right) = 4.0\text{ m/s}$$

當半徑減少時速率會增加。

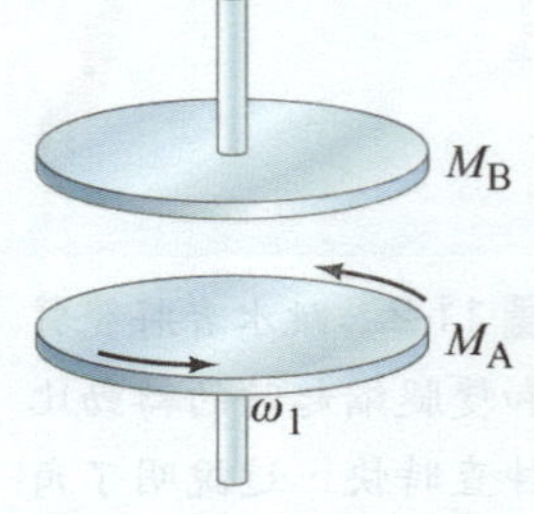

圖 11-4　例題 11-2。

例題 11-2　離合器　在機器零件中，一個簡單的離合器是由兩塊圓板組成，將它們壓在一起可以連接兩節輪軸。兩塊圓板的質量各為 $M_A = 6.0$ kg 和 $M_B = 9.0$ kg，而半徑均為 $R_0 = 0.60$ m。它們最初是分

開的 (圖 11-4)。圓板 M_A 在時間 $\Delta t = 2.0$ s 內從靜止加速到角速度 $\omega_1 = 7.2$ rad/s。計算 (a) M_A 的角動量，(b) 使 M_A 從靜止加速到 ω_1 所需的力矩。(c) 圓板 M_B 最初為靜止，可以沒有摩擦地自由旋轉，接著它與自由旋轉的 M_A 緊密接觸，最後兩塊圓板以恆定的角速度 ω_2 轉動，它比 ω_1 還小得多。為什麼會發生此事，而 ω_2 為何？

方法　我們利用角動量的定義 $L = I\omega$ [(11-1) 式] 以及轉動的牛頓第二運動定律，(11-2) 式。

解答　(a) M_A 的角動量為

$$L_A = I_A\omega_1 = \frac{1}{2}M_A R_0^2 \omega_1 = \frac{1}{2}(60\ \text{kg})(0.60\ \text{m})^2(7.2\ \text{rad/s})$$
$$= 7.8\ \text{kg}\cdot\text{m}^2/\text{s}$$

(b) 圓板由靜止起動，假設力矩為常數

$$\tau = \frac{\Delta L}{\Delta t} = \frac{7.8\ \text{kg}\cdot\text{m}^2/\text{s} - 0}{2.0\ \text{s}} = 3.9\ \text{m}\cdot\text{N}$$

(c) 最初 M_A 以等速 ω_1 轉動 (忽略摩擦力)。當圓板 B 與之接觸時，為什麼它們結合的轉速變小？這可以用接觸時彼此相互作用的力矩之方式思考，但數量上，因為沒有外力矩的作用，所以利用角動量守恆的觀念比較容易。因此

接觸前的角動量＝接觸後的角動量

$$I_A\omega_1 = (I_A + I_B)\,\omega_2$$

解 ω_2，我們得到

$$\omega_2 = \left(\frac{I_A}{I_A + I_B}\right)\omega_1 = \left(\frac{M_A}{M_A + M_B}\right)\omega_1 = \left(\frac{6.0\ \text{kg}}{15.0\ \text{kg}}\right)(7.2\ \text{rad/s})$$
$$= 2.9\ \text{rad/s}$$

例題 11-3 估算　**中子星**　天文學家發現到轉動非常快速的星球，稱為中子星。中子星被認為是從一個更大恆星的內核塌縮所形成，在它本身的重力作用之下，變成半徑很小和密度極高的星球。在塌縮之前，假定恆星的核心大小與太陽相當 ($r \approx 7 \times 10^5$ km)，而質量為太陽的 2.0 倍，並且轉動頻率是每 100 天自轉一周。如果經歷重力塌縮為半徑 10 km 的中子星，它的轉動頻率為何？假設恆星在任何時候都是均勻的球體，而且沒有質量損失。

物理應用
中子星

方法 假設恆星是被隔離的 (沒有外力)，因此我們可以利用角動量守恆。我們以 r 代表球體的半徑，以別於距轉軸或圓柱對稱軸的距離 R，見圖 10-2。

解答 由角動量守恆，

$$I_1\omega_1 = I_2\omega_2$$

其中，下標 1 和 2 分別表示初始 (正常恆星) 和最終 (中子星)。並且假設在過程中沒有質量的損失，

$$\omega_2 = \left(\frac{I_1}{I_2}\right)\omega_1 = \left(\frac{\frac{2}{5}m_1 r_1^2}{\frac{2}{5}m_2 r_2^2}\right)\omega_1 = \frac{r_1^2}{r_2^2}\omega_1$$

頻率為 $f = \omega/2\pi$，所以

$$f_2 = \frac{\omega_2}{2\pi} = \frac{r_1^2}{r_2^2} f_1$$

$$= \left(\frac{7\times10^5\ \text{km}}{10\ \text{km}}\right)^2 \left(\frac{1.0\ \text{rev}}{100\ \text{d}(24\ \text{h/d})(3600\ \text{s/h})}\right)$$

$$\approx 6\times10^2\ \text{rev/s}$$

角動量的方向本質

角動量是一個向量，稍後將在本章中討論。我們現在討論一個物體繞定軸轉動的簡單情形，$\vec{\mathbf{L}}$ 的方向以正或負號規定，正如在第 2 章中所討論的一維直線運動一般。

對於一個繞對稱軸轉動的對稱物體 (如圓筒或輪子) 而言，角動量[1]的方向可以定為角速度 $\vec{\boldsymbol{\omega}}$ 的方向，亦即

$$\vec{\mathbf{L}} = I\vec{\boldsymbol{\omega}}$$

舉一個簡單的例子，某人靜立在圓形平台上，而平台可以繞著通過其中心的軸無摩擦地轉動 (亦即一個簡化的旋轉木馬)。如果此人現在開始沿著平台的邊緣走動 (圖 11-5a)，平台會開始往相反方向轉動。

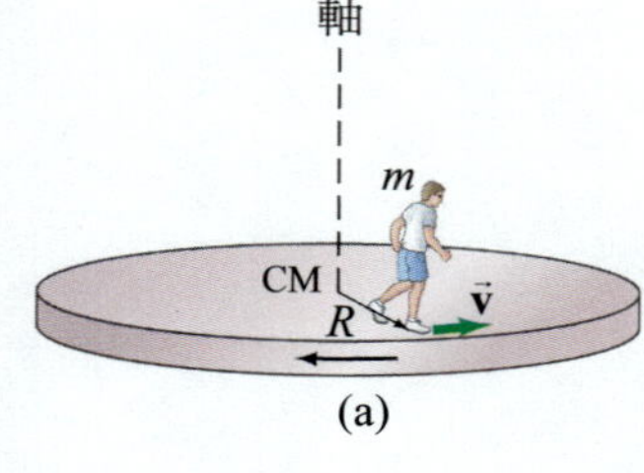

圖 11-5 (a) 一個人站在圓形的平台上，人與平台最初都是靜止的。此人沿著平台邊緣以速度 v 開始行走，假設平台安裝於無摩擦力的軸承上，則平台開始朝相反的方向轉動，使得總角動量保持為零，見圖 (b)。

1 在多個物體繞定軸轉動的較複雜之情況中，$\vec{\mathbf{L}}$ 會有一個沿著 $\vec{\boldsymbol{\omega}}$ 方向的分量，其大小等於 $I\vec{\boldsymbol{\omega}}$，同時也會有其他分量。如果總角動量是守恆的，則分量 $I\vec{\boldsymbol{\omega}}$ 也會守恆。因此上述的結論可以應用於任何繞定軸的轉動。

為什麼？其中一種解釋方式是人的腳對平台施力。另一種解釋 (在這裡是最有用的分析) 則是角動量守恆。如果此人開始朝逆時針方向行走，此人的角動量方向將沿著轉軸指向上方 (記得我們在第 10-2 節中如何使用右手定則定義 $\vec{\omega}$ 的方向)。此人的角動量大小為 $L=I\omega=(mR^2)(v/R)$，其中 v 是人的速度 (其相對於地球，不是相對於平台)，R 是他與轉軸之間的距離，m 是他的質量；如果我們視他為質點 (質量集中在一點)，mR^2 則是他的轉動慣量。平台朝相反方向轉動，因此平台的角動量方向指向下方。如果最初的總角動量為零 (人與平台皆靜止)，當人開始走動之後，總角動量仍然保持為零。亦即人的向上角動量剛好與平台朝相反方向的向下角動量平衡 (圖 11-5b)，因此總角動量向量保持為零。即使人對平台施力 (和力矩)，平台會對人施加相等且相反的力矩。因此作用在人與平台之系統的淨力矩為零 (忽略摩擦)，並且總角動量保持不變。

例題 11-4 **在圓形平台上奔跑** 假設一位 60 kg 的人站立在直徑為 6.0 m的圓形平台邊緣，平台安裝在無摩擦的軸承上，而且轉動慣量為 1800 kg · m²。平台最初是靜止的，但是當此人繞著平台邊緣開始以 4.2 m/s的速率 (相對於地球) 奔跑時，平台開始往相反方向轉動，(圖 11-5)。試計算平台的角速度。

方法 我們應用角動量守恆。總角動量最初是零。因為沒有淨力矩，所以 $\vec{\mathbf{L}}$ 守恆並且保持為零，如圖 11-5 所示。此人的角動量為 $L_{per}=(mR^2)(v/R)$，我們規定此為正值。平台的角動量為 $L_{plat}=-I\omega$。

解答 由角動量守恆得知

$$L=L_{per}+L_{plat}$$

$$0=mR^2\left(\frac{v}{R}\right)-I\omega$$

$$\omega=\frac{mRv}{I}=\frac{(60\ \text{kg})(3.0\ \text{m})(4.2\ \text{m/s})}{1800\ \text{kg}\cdot\text{m}^2}=0.42\ \text{rad/s}$$

備註 轉動頻率為 $f=\omega/2\pi=0.067$ rev/s，每轉的週期為 $T=1/f=15$ s。

觀念例題 11-5 **轉動的腳踏車輪** 你的物理老師拿著一個轉動的腳踏車輪站在靜止無摩擦的轉盤上 (圖 11-6)。如果老師突然將車輪翻轉，使它朝相反方向轉動，接著將發生什麼事？

圖 11-6 例題 11-5。

回答 我們考慮轉盤、老師和車輪所組成的系統。初始的總角動量$\vec{\mathbf{L}}$的方向是垂直向上，這也必定是後來該系統的角動量，因為沒有淨力矩作用時，$\vec{\mathbf{L}}$是守恆的。因此，若車輪翻轉之後的角動量是方向朝下的$-\vec{\mathbf{L}}$，則老師加上轉盤的角動量必須是$+2\vec{\mathbf{L}}$，而方向向上。所以我們可以有把握地預測，老師將朝與車輪最初轉動的相同方向轉動。

練習 A 在例題 11-5 中，如果只把軸轉動 90°，使之成水平，會發生什麼事？(a) 方向和速率與上述相同；(b) 如同上述，但速率較慢；(c) 結果相反。

練習 B 回到章前問題，第 457 頁，再次作答。試解釋為什麼你的答案可能已經與第一次不同。

練習 C 假設你站在一個大的自由旋轉之轉盤的邊緣。如果你朝中央走去，則 (a) 轉盤減速；(b) 轉盤加速；(c) 它的轉速沒有改變；(d) 你需要知道步行的速度才能回答。

11-2 向量叉乘積；力矩向量

向量叉乘積

一般而言，處理角動量和力矩的向量本質需要向量叉乘積的觀念 (通常簡稱為向量積或叉乘積)。通常，兩個向量$\vec{\mathbf{A}}$與$\vec{\mathbf{B}}$的**向量積** (vector product) 或**叉乘積** (cross product) 定義為另一個向量 $\vec{\mathbf{C}}=\vec{\mathbf{A}}\times\vec{\mathbf{B}}$，其大小為

$$C=|\vec{\mathbf{A}}\times\vec{\mathbf{B}}|=AB\sin\theta \tag{11-3a}$$

其中 θ 是$\vec{\mathbf{A}}$與$\vec{\mathbf{B}}$之間的夾角 (<180°)；$\vec{\mathbf{C}}$的方向是依右手定則同時與$\vec{\mathbf{A}}$和$\vec{\mathbf{B}}$正交的方向 (圖 11-7)。角度 θ 是當$\vec{\mathbf{A}}$與$\vec{\mathbf{B}}$的尾端為同一點時所量測的$\vec{\mathbf{A}}$與$\vec{\mathbf{B}}$的夾角。根據右手定則，如圖 11-7 所示，你將右手四指朝向$\vec{\mathbf{A}}$，然後彎曲四指使其向$\vec{\mathbf{B}}$靠近。此時拇指將會指向$\vec{\mathbf{C}}=\vec{\mathbf{A}}\times\vec{\mathbf{B}}$的方向。

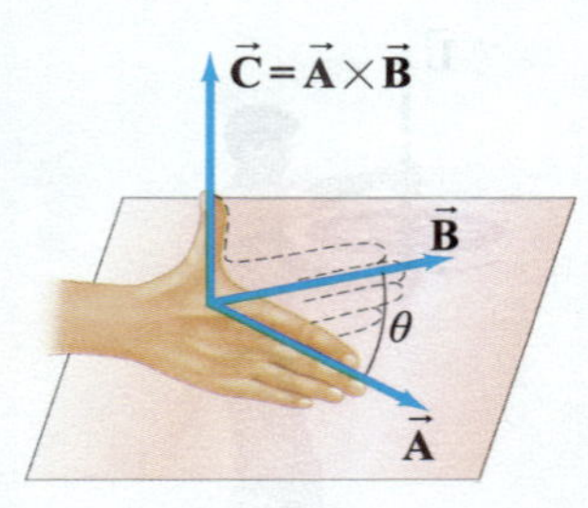

圖 11-7 向量 $\vec{\mathbf{C}}=\vec{\mathbf{A}}\times\vec{\mathbf{B}}$ 垂直於包含$\vec{\mathbf{A}}$與$\vec{\mathbf{B}}$的平面；其方向由右手定則定義之。

兩個向量 $\vec{\mathbf{A}}=A_x\hat{\mathbf{i}}+A_y\hat{\mathbf{j}}+A_z\hat{\mathbf{k}}$ 和 $\vec{\mathbf{B}}=B_x\hat{\mathbf{i}}+B_y\hat{\mathbf{j}}+B_z\hat{\mathbf{k}}$ 的叉乘積可以用分量形式寫成 (見習題 26)

$$\vec{\mathbf{A}}\times\vec{\mathbf{B}}=\begin{vmatrix}\hat{\mathbf{i}} & \hat{\mathbf{j}} & \hat{\mathbf{k}}\\ A_x & A_y & A_z\\ B_x & B_y & B_z\end{vmatrix} \quad \textbf{(11-3b)}$$

$$=(A_yB_z-A_zB_y)\hat{\mathbf{i}}+(A_zB_x-A_xB_z)\hat{\mathbf{j}}+(A_xB_y-A_yB_x)\hat{\mathbf{k}} \quad \textbf{(11-3c)}$$

(11-3b) 式使用行列式法則計算 [並獲得 (11-3c) 式]。

叉乘積的某些性質如下

$$\vec{\mathbf{A}}\times\vec{\mathbf{A}}=0 \quad \textbf{(11-4a)}$$

$$\vec{\mathbf{A}}\times\vec{\mathbf{B}}=-\vec{\mathbf{B}}\times\vec{\mathbf{A}} \quad \textbf{(11-4b)}$$

$$\vec{\mathbf{A}}\times(\vec{\mathbf{B}}+\vec{\mathbf{C}})=(\vec{\mathbf{A}}\times\vec{\mathbf{B}})+(\vec{\mathbf{A}}\times\vec{\mathbf{C}}) \quad [\text{分配律}] \quad \textbf{(11-4c)}$$

$$\frac{d}{dt}(\vec{\mathbf{A}}\times\vec{\mathbf{B}})=\frac{d\vec{\mathbf{A}}}{dt}\times\vec{\mathbf{B}}+\vec{\mathbf{A}}\times\frac{d\vec{\mathbf{B}}}{dt} \quad \textbf{(11-4d)}$$

(11-4a) 與 (11-4b) 式是由 (11-3) 式推導而來，因為 $\theta=0$，可得 (11-4a) 式。而 $\vec{\mathbf{B}}\times\vec{\mathbf{A}}$ 的大小與 $\vec{\mathbf{A}}\times\vec{\mathbf{B}}$ 相等，並由右手定則可知二者之方向相反 (見圖 11-8)。因此這兩個向量的次序是很重要的。如果你改變次序，結果就會不同。雖然交換律適用於兩向量的點乘積和純量乘積，但並不適用於叉乘積 ($\vec{\mathbf{A}}\times\vec{\mathbf{B}}\neq\vec{\mathbf{B}}\times\vec{\mathbf{A}}$)。注意在 (11-4d) 式右邊這兩項叉乘積中的量其次序不能改變 [因為 (11-4b) 式]。

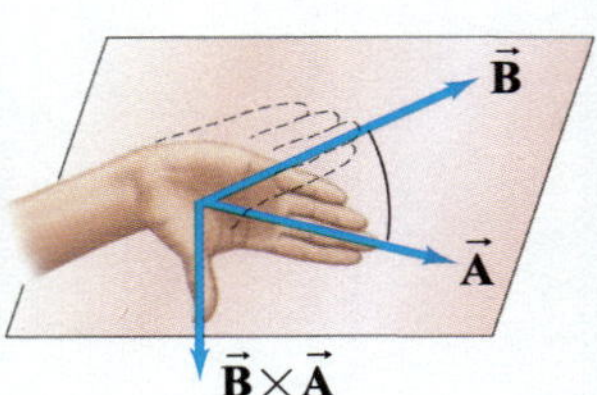

圖 11-8　向量 $\vec{\mathbf{B}}\times\vec{\mathbf{A}}$ 等於 $-\vec{\mathbf{A}}\times\vec{\mathbf{B}}$；與圖 11-7 相比較。

練習 D　對於圖 11-9 中所示，位於頁面的向量 $\vec{\mathbf{A}}$ 和 $\vec{\mathbf{B}}$，試問 (i) $\vec{\mathbf{A}}\cdot\vec{\mathbf{B}}$，(ii) $\vec{\mathbf{A}}\times\vec{\mathbf{B}}$，(iii) $\vec{\mathbf{B}}\times\vec{\mathbf{A}}$ 的方向為何？(a) 指向頁內；(b) 指出頁外；(c) 在 $\vec{\mathbf{A}}$ 和 $\vec{\mathbf{B}}$ 之間；(d) 它是一個純量，因而沒有方向；(e) 它是零，因而沒有方向。

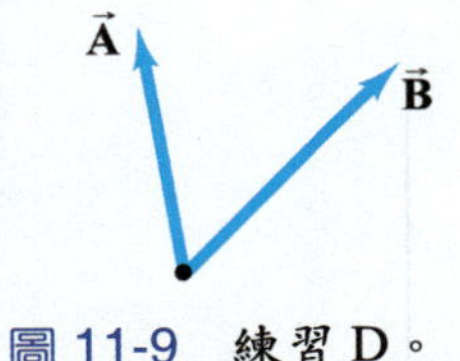

圖 11-9　練習 D。

力矩向量

力矩是一個可以用叉乘積表示的量之實例。為了進一步說明，讓我們舉一個簡單的例子：在圖 11-10 中有一個薄的輪子，繞著通過其中心點 O 的軸自由轉動。有一個力 $\vec{\mathbf{F}}$ 作用在輪子的邊緣，如圖示施力點相對於中心 O 的位置為位置向量 $\vec{\mathbf{r}}$ 處。力 $\vec{\mathbf{F}}$ 具有使輪子朝逆時針方向轉動的傾向 (假設起初為靜止)，則角速度 $\vec{\boldsymbol{\omega}}$ 將朝向觀察者而指出頁面 (根據第 10-2 節的右手定則)。由 $\vec{\mathbf{F}}$ 造成的力矩會增加 $\vec{\boldsymbol{\omega}}$，

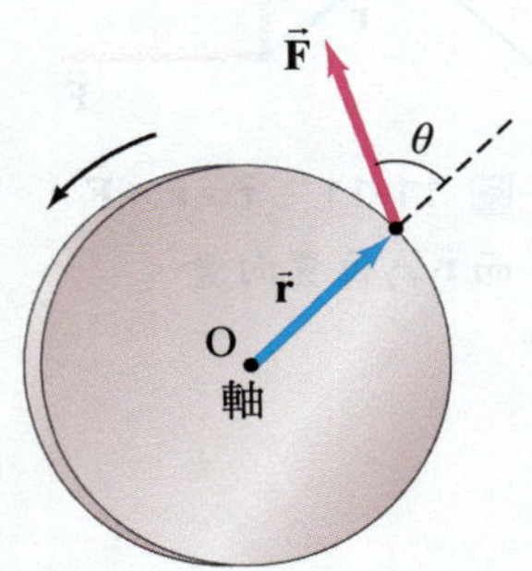

圖 11-10　力 $\vec{\mathbf{F}}$(位於輪子之平面上) 所產生的力矩，使輪子朝逆時針方向轉動，因此 $\vec{\boldsymbol{\omega}}$ 和 $\vec{\boldsymbol{\alpha}}$ 的方向指出頁面。

因此 $\vec{\alpha}$ 的方向也是沿著轉軸指向外。我們在第 10 章中對於繞定軸轉動的物體推導了角加速度與力矩之間的關係

$$\Sigma\tau = I\alpha$$

[(10-14) 式] 其中 I 是轉動慣量。此純量方程式是 $\Sigma F = ma$ 的轉動同義式，而且我們希望使它成為一個如同$\Sigma\vec{\mathbf{F}} = m\vec{\mathbf{a}}$的向量方程式。在圖 11-10 的情形中，我們必須使 $\vec{\boldsymbol{\tau}}$ 的方向為沿著轉軸指向外，這是因為 $\vec{\boldsymbol{\alpha}}$ $(= d\vec{\boldsymbol{\omega}}/dt)$ 的方向為此之故。力矩的大小則是 [見 (10-10) 式和圖 11-10] $\tau = rF_{\perp} = rF\sin\theta$。我們因此定義**力矩向量** (torque vector) 為 $\vec{\mathbf{r}}$ 與 $\vec{\mathbf{F}}$ 的叉乘積

$$\vec{\boldsymbol{\tau}} = \vec{\mathbf{r}} \times \vec{\mathbf{F}} \tag{11-5}$$

由上述叉乘積的定義 [(11-3a) 式]，$\vec{\boldsymbol{\tau}}$ 的大小為 $rF\sin\theta$，而方向為沿著轉軸的方向，正如這個特定的情況之所需。

我們將在第 11-3 至 11-5 節中看到，如果選用 (11-5) 式作為力矩的一般定義，則向量的關係式 $\Sigma\vec{\boldsymbol{\tau}} = I\vec{\boldsymbol{\alpha}}$ 通常都是適用的。因此我們現在陳述 (11-5) 式是力矩的一般定義，它包含大小和方向在其中。值得注意的是，此定義包含位置向量 $\vec{\mathbf{r}}$，其力矩是繞某一點而計算出來的。我們可以依需要而選取此點 O。

對於受力 $\vec{\mathbf{F}}$ 作用之質量為 m 的質點，我們定義對於點 O 的力矩為

$$\vec{\boldsymbol{\tau}} = \vec{\mathbf{r}} \times \vec{\mathbf{F}}$$

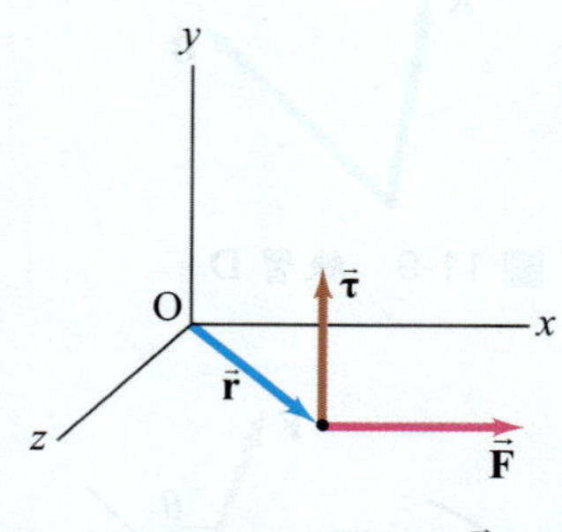

圖 11-11　$\vec{\boldsymbol{\tau}} = \vec{\mathbf{r}} \times \vec{\mathbf{F}}$，而 $\vec{\mathbf{r}}$ 為位置向量。

其中，$\vec{\mathbf{r}}$ 是質點相對於點 O 的位置向量 (圖 11-11)。如果我們有一個質點系統 (可能是由多個質點所組成的剛體)，則作用於系統的總力矩 $\vec{\boldsymbol{\tau}}$ 是各個質點的力矩總和

$$\vec{\boldsymbol{\tau}} = \Sigma(\vec{\mathbf{r}}_i \times \vec{\mathbf{F}}_i)$$

其中，$\vec{\mathbf{r}}_i$ 是第 i 個質點的位置向量，$\vec{\mathbf{F}}_i$ 則是第 i 個質點上的淨力。

例題 11-6　**力矩向量**　假設一向量 $\vec{\mathbf{r}}$ 位於 xz 平面上，如圖 11-11 所示，並且已知 $\vec{\mathbf{r}} = (1.2\text{ m})\hat{\mathbf{i}} + (1.2\text{ m})\hat{\mathbf{k}}$。如果 $\vec{\mathbf{F}} = (150\text{ N})\hat{\mathbf{i}}$，計算力矩向量 $\vec{\boldsymbol{\tau}}$。

方法　我們利用 (11-3b) 式的行列式。

解答

$$\vec{\tau}=\vec{r}\times\vec{F}=\begin{vmatrix}\hat{i} & \hat{j} & \hat{k}\\ 1.2\text{ m} & 0 & 1.2\text{ m}\\ 150\text{ N} & 0 & 0\end{vmatrix}=0\hat{i}+(180\text{ m}\cdot\text{N})\hat{j}+0\hat{k}$$

因此 τ 的大小為 180 m・N，並且指向 y 軸的正方向。

練習 E 如果 $\vec{F}=5.0\text{ N}\hat{i}$ 且 $\vec{r}=2.0\text{ m}\hat{j}$，則 $\vec{\tau}$ 是多少？(a) 10 mN，(b) −10 mN，(c) 10 mN$\hat{k}$，(d) −10 mN$\hat{j}$，(e) −10 mN$\hat{k}$。

11-3 質點的角動量

對於質點 (或質點系統) 的平移運動，其牛頓第二運動定律最普遍的寫法就是如 (9-2) 或 (9-5) 式以線動量 $\vec{p}=m\vec{v}$ 所表示的

$$\Sigma\vec{F}=d\vec{p}/dt$$

線動量的轉動類比就是*角動量*。正如 $\vec{p}$ 的變化率與淨力 $\Sigma\vec{F}$ 的關係，所以我們期望角動量的變化率與淨力矩有關。的確，我們在第 11-1 節中看到，對於繞定軸轉動的剛體這種特殊情況而言，這是正確的。現在我們將證明它在一般情況下也適用。我們首先探討單一質點的情形。

假設某一質量為 m 之質點具有動量 $\vec{p}$，並且相對於某慣性參考座標之原點 O 的位置向量為 $\vec{r}$。則此質點相對於點 O 之**角動量** (angular momentum) $\vec{L}$ 的一般性定義是 $\vec{r}$ 與 $\vec{p}$ 的叉乘積

$$\vec{L}=\vec{r}\times\vec{p} \quad \text{[質點]} \quad \textbf{(11-6)}$$

角動量是一個向量。[2] 根據右手定則，它同時與 $\vec{r}$ 和 $\vec{p}$ 正交 (圖 11-12)。它的大小為

$$L=rp\sin\theta$$

或

$$L=rp_{\perp}=r_{\perp}p$$

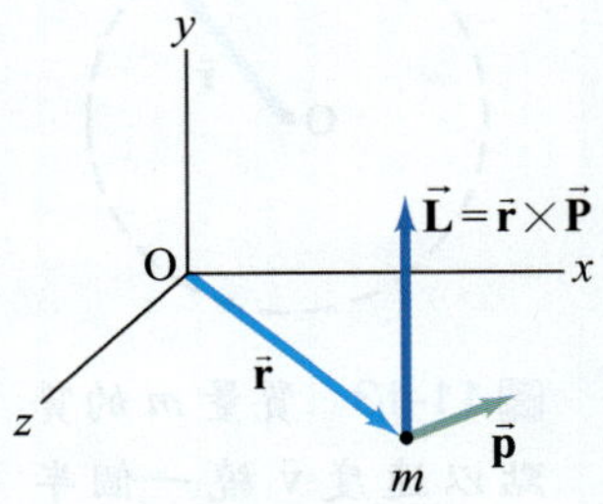

圖 11-12 質量為 m 之質點的角動量為 $\vec{L}=\vec{r}\times\vec{p}=\vec{r}\times m\vec{v}$。

2 事實上它是一個偽向量，請參閱第 10-2 節中的註腳 1。

其中，θ 為 $\vec{\mathbf{r}}$ 與 $\vec{\mathbf{p}}$ 之間的夾角，並且 $p_{\perp}(=p\sin\theta)$ 與 $r_{\perp}(=r\sin\theta)$ 分別是 $\vec{\mathbf{p}}$ 和 $\vec{\mathbf{r}}$ 正交以及 $\vec{\mathbf{r}}$ 和 $\vec{\mathbf{p}}$ 正交的分量。

現在我們要找出質點的角動量和力矩之間的關係。將 $\vec{\mathbf{L}}$ 對時間微分，得到

$$\frac{d\vec{\mathbf{L}}}{dt}=\frac{d}{dt}(\vec{\mathbf{r}}\times\vec{\mathbf{p}})=\frac{d\vec{\mathbf{r}}}{dt}\times\vec{\mathbf{p}}+\vec{\mathbf{r}}\times\frac{d\vec{\mathbf{p}}}{dt}$$

但

$$\frac{d\vec{\mathbf{r}}}{dt}\times\vec{\mathbf{p}}=\vec{\mathbf{v}}\times m\vec{\mathbf{v}}=m(\vec{\mathbf{v}}\times\vec{\mathbf{v}})=0$$

因為 $\sin\theta=0$。

所以 $$\frac{d\vec{\mathbf{L}}}{dt}=\vec{\mathbf{r}}\times\frac{d\vec{\mathbf{p}}}{dt}$$

如果令 $\Sigma\vec{\mathbf{F}}$ 表示質點所受的合力，則在慣性參考座標中 $\Sigma\vec{\mathbf{F}}=d\vec{\mathbf{p}}/dt$，並且

$$\vec{\mathbf{r}}\times\Sigma\vec{\mathbf{F}}=\vec{\mathbf{r}}\times\frac{d\vec{\mathbf{p}}}{dt}=\frac{d\vec{\mathbf{L}}}{dt}$$

但 $\vec{\mathbf{r}}\times\Sigma\vec{\mathbf{F}}=\Sigma\vec{\boldsymbol{\tau}}$ 為作用在質點上的淨力矩，因此

$$\Sigma\vec{\boldsymbol{\tau}}=d\vec{\mathbf{L}}/dt \qquad \text{[質點，慣性座標]} \qquad \textbf{(11-7)}$$

質點的角動量隨時間的變化率等於它所受的淨力矩。(11-7) 式是對於一個質點的牛頓第二運動定律的轉動類比最一般的形式。因為在證明中使用到 $\Sigma\vec{\mathbf{F}}=d\vec{\mathbf{p}}/dt$，所以 (11-7) 式僅適用於慣性座標。

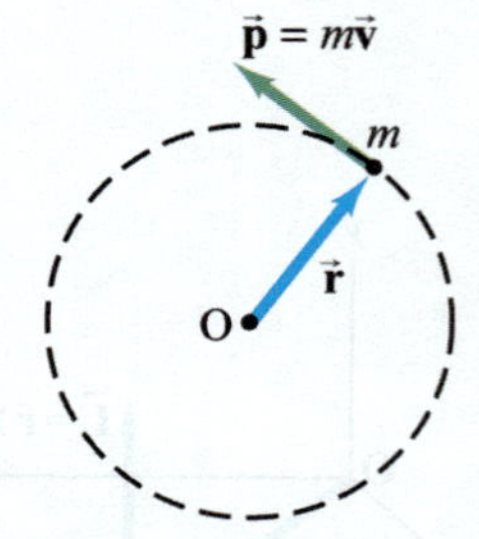

圖 11-13 質量 m 的質點以速度 $\vec{\mathbf{v}}$ 繞一個半徑 $\vec{\mathbf{r}}$ 的圓周轉動，其角動量為 $\vec{\mathbf{L}}=\vec{\mathbf{r}}\times m\vec{v}$ (例題 11-7)。

觀念例題 11-7 **質點的角動量** 一個質量為 m 的質點，在半徑 r 的圓周上以速度 v 朝逆時針方向轉動。試求其角動量？

回答 角動量的值視點 O 的選擇而定。我們計算相對於圓心的 $\vec{\mathbf{L}}$ (圖 11-13)。$\vec{\mathbf{r}}$ 與 $\vec{\mathbf{p}}$ 正交，所以 $L=|\vec{\mathbf{r}}\times\vec{\mathbf{p}}|=rmv$。由右手定則，$\vec{\mathbf{L}}$ 的方向是與圓的平面正交，朝觀察者指出頁面。因為單一質點以 r 距離繞軸旋轉時，$v=\omega r$ 且 $I=mr^2$，所以我們可以寫出

$$L=mvr=mr^2\omega=I\omega$$

11-4 質點系統的角動量與力矩；一般運動

角動量和力矩之間的關係

考慮一個有 n 個質點的系統，其角動量為 $\vec{\mathbf{L}}_1$、$\vec{\mathbf{L}}_2$、⋯、$\vec{\mathbf{L}}_n$。系統可以是一個剛體到彼此間的相對位置可以不固定的鬆散質點之組合的任何東西。系統的總角動量 $\vec{\mathbf{L}}$ 定義為系統中所有質點之角動量的向量和

$$\vec{\mathbf{L}} = \sum_{i=1}^{n} \vec{\mathbf{L}}_i \tag{11-8}$$

作用在系統上的總力矩是作用在所有質點上的淨力矩之總和

$$\vec{\boldsymbol{\tau}}_{\text{net}} = \Sigma \vec{\boldsymbol{\tau}}_i$$

這個總和包括 (1) 由系統中的質點對系統的其他質點施加的內力所造成的內力矩，以及 (2) 由系統外之物體的施力所造成的外力矩。根據牛頓第三運動定律，質點間的相互作用力為大小相等且方向相反 (而且作用在同一條直線上)。因此所有內力矩的總和為零，並且

$$\vec{\boldsymbol{\tau}}_{\text{net}} = \sum_i \vec{\boldsymbol{\tau}}_i = \Sigma \vec{\boldsymbol{\tau}}_{\text{ext}}$$

現在我們將 (11-8) 式對時間微分，並且利用 (11-7) 式，得到

$$\frac{d\vec{\mathbf{L}}}{dt} = \sum_i \frac{d\vec{\mathbf{L}}_i}{dt} = \Sigma \vec{\boldsymbol{\tau}}_{\text{ext}}$$

或

$$\frac{d\vec{\mathbf{L}}}{dt} = \Sigma \vec{\boldsymbol{\tau}}_{\text{ext}} \qquad \text{[慣性參考座標]} \tag{11-9a}$$

牛頓第二運動定律
(質點系統的轉動)

這個基本結果指出，質點系統 (或剛體) 總角動量的時間變化率等於作用在系統上的合成外力矩。它是平移運動的 (9-5) 式，$d\vec{\mathbf{p}}/dt = \Sigma \vec{\mathbf{F}}_{\text{ext}}$ 的轉動同義式。注意 $\vec{\mathbf{L}}$ 和 $\Sigma \vec{\boldsymbol{\tau}}$ 必須是對於相同的原點 O 所計算的。

當 $\vec{\mathbf{L}}$ 和 $\vec{\boldsymbol{\tau}}_{\text{ext}}$ 是對於固定在慣性參考座標中的某一點所計算時，(11-9a) 式才是有效的。[在推導過程中，我們應用了只有在此情況中才能適用的 (11-7) 式。] 當 $\vec{\boldsymbol{\tau}}_{\text{ext}}$ 和 $\vec{\mathbf{L}}$ 是對於在慣性座標中等速移動的一點所計算時，它也是適用的，因為此點可視為第二個慣性參考座標

的原點。當 $\vec{\boldsymbol{\tau}}_{\text{ext}}$ 和 $\vec{\mathbf{L}}$ 是對於一個正在加速中的點所計算時，它通常就不能適用，除了一個特殊 (非常重要) 的情況——當該點是系統的質心 (CM) 時

牛頓第二運動定律 (即使加速度，對於質心亦成立)

$$\frac{d\vec{\mathbf{L}}_{\text{CM}}}{dt} = \Sigma\vec{\boldsymbol{\tau}}_{\text{CM}} \qquad \text{[即使是加速度時]} \quad \textbf{(11-9b)}$$

無論質心如何移動，(11-9b) 式都是有效的，而 $\Sigma\vec{\boldsymbol{\tau}}_{\text{CM}}$ 為繞質心所計算的淨外力矩。其推導過程請見下段的選讀部分。

因為 (11-9b) 式的正確性，我們有足夠的理由在第 10 章中將質點系統的一般運動描述為質心的平移運動加上繞質心的轉動。(11-9b) 和 (9-5) 式 ($d\vec{\mathbf{p}}_{\text{CM}}/dt = \Sigma\vec{\mathbf{F}}_{\text{ext}}$) 提供此原理更一般性的表述方式。(參見第 9-8 節)

* $d\vec{\mathbf{L}}_{\text{CM}}/dt = \Sigma\vec{\boldsymbol{\tau}}_{\text{CM}}$ 的推導

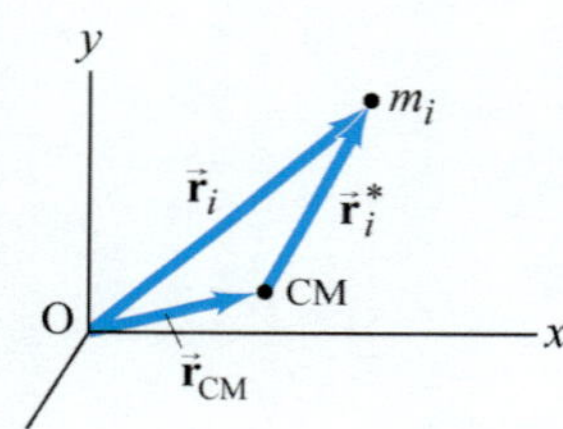

圖 11-14 在慣性座標中，質點 m_i 的位置向量為 $\vec{\mathbf{r}}_i$；其相對於質心 (它可能正在加速度) 的位置向量是 $\vec{\mathbf{r}}_i^*$，其中 $\vec{\mathbf{r}}_i = \vec{\mathbf{r}}_i^* + \vec{\mathbf{r}}_{\text{CM}}$，而 $\vec{\mathbf{r}}_{\text{CM}}$ 為質心在慣性座標中的位置向量。

(11-9b) 式的證明如下。令 $\vec{\mathbf{r}}_i$ 為慣性參考座標中第 i 個質點的位置向量，而 $\vec{\mathbf{r}}_{\text{CM}}$ 為此系統之質心在參考座標中的位置向量，$\vec{\mathbf{r}}_i^*$ 是第 i 個質點相對於質心的位置向量 (圖 11-14)。

$$\vec{\mathbf{r}}_i = \vec{\mathbf{r}}_{\text{CM}} + \vec{\mathbf{r}}_i^*$$

將各項乘以 m_i 之後再對時間微分，可以寫出

$$\vec{\mathbf{p}}_i = m_i\frac{d\vec{\mathbf{r}}_i}{dt} = m_i\frac{d}{dt}(\vec{\mathbf{r}}_i^* + \vec{\mathbf{r}}_{\text{CM}}) = m_i\vec{\mathbf{v}}_i^* + m_i\vec{\mathbf{v}}_{\text{CM}} = \vec{\mathbf{p}}_i^* + m_i\vec{\mathbf{v}}_{\text{CM}}$$

而相對於質心的角動量為

$$\vec{\mathbf{L}}_{\text{CM}} = \sum_i(\vec{\mathbf{r}}_i^* \times \vec{\mathbf{p}}_i^*) = \sum_i\vec{\mathbf{r}}_i^* \times (\vec{\mathbf{p}}_i - m_i\vec{\mathbf{v}}_{\text{CM}})$$

然後，再對時間微分，得到

$$\frac{d\vec{\mathbf{L}}_{\text{CM}}}{dt} = \sum_i\left(\frac{d\vec{\mathbf{r}}_i^*}{dt} \times \vec{\mathbf{p}}_i^*\right) + \sum_i\left(\vec{r}_i^* \times \frac{d\vec{\mathbf{p}}_i^*}{dt}\right)$$

等號右邊第一項為 $\vec{\mathbf{v}}_i^* \times m\vec{\mathbf{v}}_i^*$，因為 $\vec{\mathbf{v}}_i^*$ 與它自己平行 ($\sin\theta = 0$)，所以該項等於零。因此

$$\begin{aligned}\frac{d\vec{\mathbf{L}}_{\text{CM}}}{dt} &= \sum_i\vec{\mathbf{r}}_i^* \times \frac{d}{dt}(\vec{\mathbf{p}}_i - m_i\vec{\mathbf{v}}_{\text{CM}}) \\ &= \sum_i\vec{\mathbf{r}}_i^* \times \frac{d\vec{\mathbf{p}}_i}{dt} - \left(\sum_i m_i\vec{\mathbf{r}}_i^*\right) \times \frac{d\vec{\mathbf{v}}_{\text{CM}}}{dt}\end{aligned}$$

根據 (9-12) 式 $\Sigma m_i \vec{\mathbf{r}}_i^* = M\vec{\mathbf{r}}_{\mathrm{CM}}^*$，並且依定義 $\vec{\mathbf{r}}_{\mathrm{CM}}^* = 0$ (質心之位置位於質心參考座標之原點)，所以等號右邊第二項為零。此外，由牛頓第二運動定律

$$\frac{d\vec{\mathbf{p}}_i}{dt} = \vec{\mathbf{F}}_i$$

$\vec{\mathbf{F}}_i$ 為 m_i 上的淨力。(注意，$d\vec{\mathbf{p}}_i^* / dt \neq \vec{\mathbf{F}}_i$，因為質心可能正在加速度，而牛頓第二運動定律不適用於非慣性參考座標中。) 因此

$$\frac{d\vec{\mathbf{L}}_{\mathrm{CM}}}{dt} = \sum_i \vec{\mathbf{r}}_i^* \times \vec{\mathbf{F}}_i = \sum_i (\vec{\boldsymbol{\tau}}_i)_{\mathrm{CM}} = \Sigma \vec{\boldsymbol{\tau}}_{\mathrm{CM}}$$

其中 $\Sigma \vec{\boldsymbol{\tau}}_{\mathrm{CM}}$ 是整個系統繞質心所計算的合成外力矩。(依牛頓第二運動定律，所有 $\vec{\boldsymbol{\tau}}_i$ 的總和抵消了由內力造成的淨力矩，如第 469 頁所見。) 以上最後一個方程式就是 (11-9b) 式，其證明完成。

總 結

總之，關係式

$$\Sigma \vec{\boldsymbol{\tau}}_{\mathrm{ext}} = \frac{d\vec{\mathbf{L}}}{dt}$$

只有當 $\vec{\boldsymbol{\tau}}_{\mathrm{ext}}$ 和 $\vec{\mathbf{L}}$ 是對於 (1) 慣性參考座標的原點，或 (2) 質點系統 (或一個剛體) 的質心所計算時才能成立。

11-5 剛體的角動量與力矩

利用以上剛推導的一般原則來討論在空間中繞一方向固定之軸而轉動的剛體。

我們計算轉動物體沿著轉軸的角動量分量。因為角速度 $\vec{\boldsymbol{\omega}}$ 的方向為指向轉軸的方向，所以我們稱這個分量為 L_ω。對物體中的每個質點，

$$\vec{\mathbf{L}}_i = \vec{\mathbf{r}}_i \times \vec{\mathbf{p}}_i$$

令 ϕ 為 $\vec{\mathbf{L}}_i$ 與轉軸之間的角度 (見圖 11-15；ϕ 不是 $\vec{\mathbf{r}}_i$ 與 $\vec{\mathbf{p}}_i$ 之間的角度，$\vec{\mathbf{r}}_i$ 與 $\vec{\mathbf{p}}_i$ 之間的角度為 90°)，則 $\vec{\mathbf{L}}_i$ 沿轉軸的分量為

$$L_{i\omega} = r_i p_i \cos\phi = m_i v_i r_i \cos\phi$$

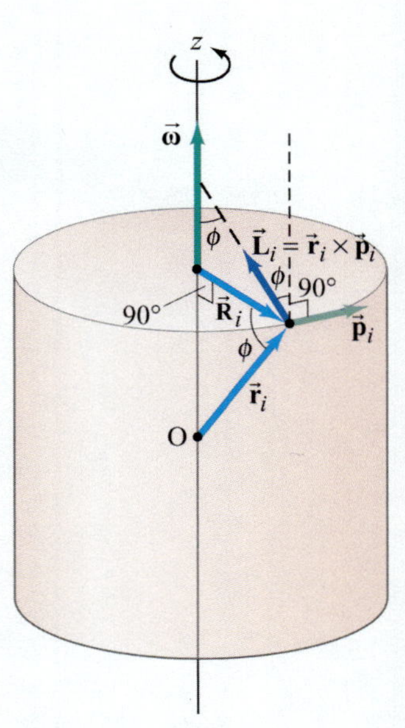

圖 11-15　計算 $L_\omega = L_z = \Sigma L_{iz}$，注意 $\vec{\mathbf{L}}_i$ 與 $\vec{\mathbf{r}}_i$ 正交，且 $\vec{\mathbf{R}}_i$ 與 z 軸正交，所以圖中三個標示為 ϕ 的角度相等。

其中 m_i 與 v_i 分別是第 i 個質點的質量與速度。現在 $v_i = R_i\omega$，其中 ω 為物體的角速度，而 R_i 為 m_i 至轉軸的垂直距離。此外 $R_i = r_i\cos\phi$，如圖 11-15 所示，因此

$$L_{i\omega} = m_i v_i (r_i\cos\phi) = m_i R_i^2 \omega$$

我們對所有的質點求總和，得到

$$L_\omega = \sum_i L_{i\omega} = \left(\sum_i m_i R_i^2\right)\omega$$

而 $\Sigma m_i R_i^2$ 是物體繞轉軸的轉動慣量 I。因此，總角動量沿轉軸的分量是

$$L_\omega = I\omega \qquad \textbf{(11-10)}$$

值得注意的是，無論點 O 如何選取，只要它位於轉軸上，我們就能得到 (11-10) 式。(11-10) 式與 (11-1) 式相同，我們現在已經由角動量的一般定義得到證明。

如果物體是繞著通過質心的對稱軸轉動，則 L_ω 會是 $\vec{\mathbf{L}}$ 的唯一分量。對於位在軸的某一側的各個點而言，在軸的另一側會有相對應的點。由圖 11-15 中我們可以看到，每一個 $\vec{\mathbf{L}}_i$ 都有一個與軸平行的分量 ($L_{i\omega}$)，以及與軸正交的分量。每一對相對應的點其平行於軸的分量會相加，但是與軸正交的分量則是大小相等、方向相反，所以互相抵消。因此，對於繞對稱軸轉動的物體而言，其角動量向量與軸平行，可寫成

$$\vec{\mathbf{L}} = I\vec{\boldsymbol{\omega}} \qquad \text{[轉軸＝通過質心的對稱軸]} \qquad \textbf{(11-11)}$$

其中 $\vec{\mathbf{L}}$ 是相對於質心所計量的。

角動量與力矩的一般關係式為 (11-9) 式

$$\Sigma\vec{\boldsymbol{\tau}} = \frac{d\vec{\mathbf{L}}}{dt}$$

其中 $\Sigma\vec{\boldsymbol{\tau}}$ 和 $\vec{\mathbf{L}}$ 是對於 (1) 慣性參考座標的原點，或 (2) 系統的質心所計算的。此為一向量關係式，因此必定對每個分量都成立。所以，對一個剛體而言，力矩沿轉軸的分量是

$$\Sigma\tau_{\text{axis}} = \frac{dL_\omega}{dt} = \frac{d}{dt}(I\omega) = I\frac{d\omega}{dt} = I\alpha$$

此式對剛體繞著一相對於剛體為固定不動的軸轉動是成立的；同時，這個軸必須是 (1) 固定在慣性系統中，或 (2) 通過物體的質心。這與 (10-14) 和 (10-15) 式是同義的，也是 (11-9) 式 $\Sigma\boldsymbol{\tau}=d\vec{\mathbf{L}}/dt$ 的特殊情形。

例題 11-8　阿特伍德機　阿特伍德機由兩個質量為 m_A 和 m_B 的物體，經由一條質量可忽略，且無彈性的繩子跨過滑輪連接而成 (圖 11-16)。如果滑輪的半徑為 R_0，並且繞軸的轉動慣量為 I，試求物體 m_A 與 m_B 的加速度，並且與忽略滑輪之轉動慣量的情況相比較。

方法　我們首先考慮系統的角動量，然後應用牛頓第二運動定律 $\tau=dL/dt$。

解答　角動量是繞通過滑輪之中心 O 的軸所計算的。滑輪的角動量為 $I\omega$，其中 $\omega=v/R_0$，而 v 則是在任何瞬間 m_A 和 m_B 的速度。m_A 的角動量為 R_0m_Av，m_B 的角動量為 R_0m_Bv。總角動量為

$$L=(m_A+m_B)vR_0+I\frac{v}{R_0}$$

作用在系統上繞軸 O 的外力矩 (順時針方向為正) 為

$$\tau=m_BgR_0-m_AgR_0$$

(在輪軸上的支撐物對滑輪施加的力因為力臂為零，所以不會產生力矩。) 我們利用 (11-9a) 式

$$\tau=\frac{dL}{dt}$$

$$(m_B-m_A)gR_0=(m_A+m_B)R_0\frac{dv}{dt}+\frac{I}{R_0}\frac{dv}{dt}$$

解 $a=dv/dt$，可得到

$$a=\frac{dv}{dt}=\frac{(m_B-m_A)g}{(m_A+m_B)+I/R_0^2}$$

如果忽略 I，則 $a=(m_B-m_A)g/(m_B+m_A)$。由此可知，滑輪的轉動慣量會使系統減速。這正如我們所預期的。

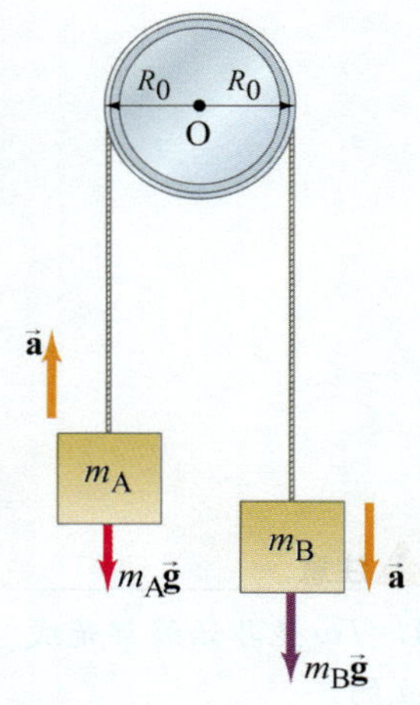

圖 11-16　阿特伍德機，例題 11-8。我們曾在例題 4-13 中討論過。

觀念例題 11-9　腳踏車車輪　假設你利用一個把手握住腳踏車車輪的軸，如圖 11-17a。此時車輪快速地轉動，其角動量 $\vec{\mathbf{L}}$ 朝著圖中所示的水平方向。然後你突然試圖將輪軸向上翹起，如圖 11-17a的虛

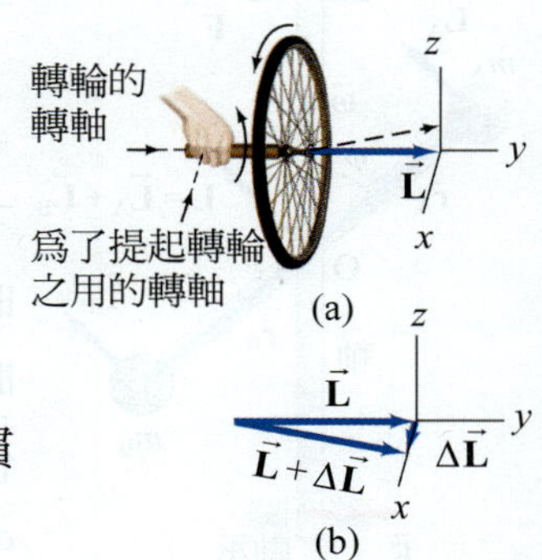

圖 11-17　你試圖將旋轉中的腳踏車車輪垂直向上翹起，它卻突然偏向另一邊。

線 (因此質心垂直移動) 所示。你預期車輪會往上移動 (如果沒有轉動，它的確會如此)，但它卻出乎意料地偏向右邊。試解釋之。

回答 為了解釋這個奇怪的現象，你只需使用 $\boldsymbol{\tau}_{\text{net}} = d\vec{\mathbf{L}}/dt$ 的關係。在短時間 Δt 內，你施加一個淨力矩 (繞通過你手腕的軸)，此力矩沿 x 軸方向並與 $\vec{\mathbf{L}}$ 正交。$\vec{\mathbf{L}}$ 的變化是

$$\Delta\vec{\mathbf{L}} \approx \boldsymbol{\tau}_{\text{net}}\Delta t$$

因為 $\boldsymbol{\tau}_{\text{net}}$ 之方向沿著 x 軸，所以 $\Delta\vec{\mathbf{L}}$ 的方向也必須 (近似地) 指向 x 軸 (圖 11-17b)。因此新的角動量 $\vec{\mathbf{L}}+\Delta\vec{\mathbf{L}}$ 方向指向右，如圖 11-17b 所示。因為角動量的方向是沿著輪軸的方向，而輪軸現在朝著 $\vec{\mathbf{L}}+\Delta\vec{\mathbf{L}}$ 的方向，所以可以觀察到車輪輪軸向右傾斜的情形。

注意

$\vec{\mathbf{L}} = I\vec{\boldsymbol{\omega}}$ 並非始終都是成立的

雖然 (11-11) 式，$\vec{\mathbf{L}} = I\vec{\boldsymbol{\omega}}$ 通常是很有用的，但如果轉軸不是通過質心的對稱軸，它就不能適用。但是它可以證明每一個剛體無論其形狀如何，都具有三個“主軸”，對它們而言，(11-11) 式是可以適用的。(這裡不討論細節)。舉一個 (11-11) 式不能成立的例子，考慮圖 11-18 中之非對稱的物體。二個相等質量的物體 m_A 和 m_B，附著在桿子 (無質量) 末端，桿與轉軸成一個角度 ϕ。我們計算繞質心 O 點的角動量。在圖中所示之時刻，m_A 朝觀察者運動，而 m_B 遠離觀察者，因此 $\vec{\mathbf{L}}_A = \vec{\mathbf{r}}_A \times \vec{\mathbf{p}}_A$ 且 $\vec{\mathbf{L}}_B = \vec{\mathbf{r}}_B \times \vec{\mathbf{p}}_B$ 如圖中所示。如果 $\phi \neq 90°$，總角動量 $\vec{\mathbf{L}} = \vec{\mathbf{L}}_A + \vec{\mathbf{L}}_B$ 的方向，顯然不是沿 $\vec{\boldsymbol{\omega}}$ 的方向。

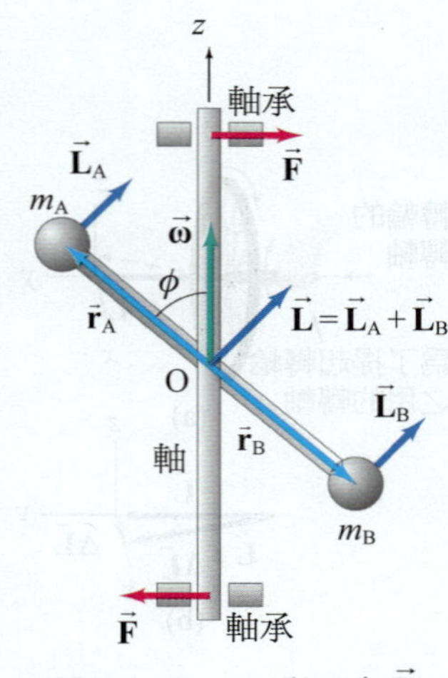

圖 11-18 該系統中 $\vec{\mathbf{L}}$ 和 $\vec{\boldsymbol{\omega}}$ 是不平行的。這是一個轉動不平衡的例子。

*轉動不平衡

讓我們更進一步地討論圖 11-18 所示的系統，因為它是說明 $\Sigma\boldsymbol{\tau} = d\vec{\mathbf{L}}/dt$ 一個很好的例子。如果系統以等角速度 ω 轉動，$\vec{\mathbf{L}}$ 的大小將不會改變，但是它的方向將會改變。當桿子和兩個物體繞 z 軸轉動時，$\vec{\mathbf{L}}$ 也繞 z 軸轉動。在圖 11-18 中所示之時刻，$\vec{\mathbf{L}}$ 位於紙面。經過時間 dt 之後，桿子轉動一個角度 $d\theta = \omega\, dt$，而 $\vec{\mathbf{L}}$ 亦轉動了角度 $d\theta$ (它依然保持與桿垂直)。此時 $\vec{\mathbf{L}}$ 有一個指入頁面的分量。因此 $d\vec{\mathbf{L}}$ 和 $d\vec{\mathbf{L}}/dt$ 的方向指入頁面。因為

$$\Sigma\boldsymbol{\tau} = \frac{d\vec{\mathbf{L}}}{dt}$$

我們看到在圖示之時刻指入頁面的淨力矩必定施加於安裝桿子的軸

上。此力矩由位於軸兩端的軸承 (或其他限制) 所提供。軸承對軸施加的力 $\vec{\mathbf{F}}$ 如圖 11-18 所示。每一個力 $\vec{\mathbf{F}}$ 的方向隨著系統而轉動，但始終位於 $\vec{\mathbf{L}}$ 和 $\vec{\boldsymbol{\omega}}$ 所在的平面上。如果這些力造成的力矩不存在，系統則不會如預期地繞軸轉動。

軸有朝 $\vec{\mathbf{F}}$ 之方向移動的傾向，因此當轉動時會有擺動的情形發生。這有許多實際應用的例子，例如在車輪不平衡之汽車中的振動氈。考慮一輛汽車，其車輪是對稱的，但是有一個額外質量 m_A 位於輪圈的外緣，以及一個相等質量 m_B 位於另一側輪圈對面的外緣，如圖 11-19 所示。由於 m_A 和 m_B 為非對稱，因此車輪軸承必須一直對軸施加正交的力以保持車輪轉動，正如圖 11-18 中的情形一般。軸承過度磨損，乘客會感覺到車輪的擺動。當車輪得到平衡時，車輪會平順地轉動而不會擺動。這就是為什麼車輪和輪胎的“動態平衡”是很重要的原因。圖 11-19 中的車輪正好處於靜態平衡。如果在 m_A 之下和 m_B 之上對稱地增加同等質量 m_C 和 m_D，車輪也會處於動態平衡 ($\vec{\mathbf{L}}$ 將平行於 $\vec{\boldsymbol{\omega}}$，且 $\vec{\boldsymbol{\tau}}_{ext}=0$)。

物理應用
汽車車輪平衡

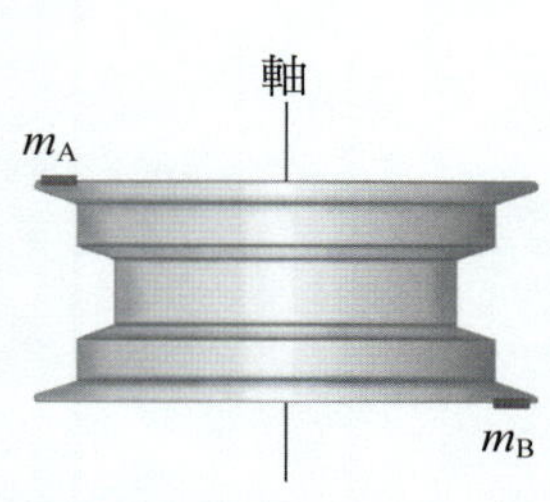

圖 11-19 不平衡的汽車車輪。

例題 11-10 **不平衡系統的力矩** 試求保持圖 11-18 之系統旋轉所需淨力矩 τ_{net} 的大小。

方法 圖 11-20 是當圖 11-18 中之物體轉動時，從轉軸 (z 軸) 向下俯視的角動量向量圖。$L\cos\phi$ 為 $\vec{\mathbf{L}}$ 與軸正交的分量(在圖 11-18 中指向右方)。我們由圖 11-20 找出 dL，並利用 $\tau_{net}=dL/dt$。

解答 在時間 dt 內，$\vec{\mathbf{L}}$ 的變化量為 [圖 11-20 與 (10-2b) 式]

$$dL=(L\cos\phi)\,d\theta=L\cos\phi\,\omega\,dt$$

其中 $\omega=d\theta/dt$。因此

$$\tau_{net}=\frac{dL}{dt}=\omega L\cos\phi$$

現在 $L=L_A+L_B=r_Am_Av_A+r_Bm_Bv_B=r_Am_A\,(\omega r_A\sin\phi)+r_Bm_B\,(\omega r_B\sin\phi)=(m_Ar_A^2+m_Br_B^2)\,\omega\sin\phi$。因為 $I=(m_Ar_A^2+m_Br_B^2)\sin^2\phi$ 是繞轉軸的轉動慣量，故 $L=I\omega/\sin\phi$。所以

$$\tau_{net}=\omega L\cos\phi=(m_Ar_A^2+m_Br_B^2)\,\omega^2\sin\phi\cos\phi=I\omega^2/\tan\phi$$

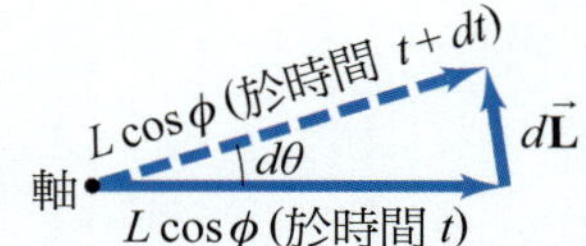

圖 11-20 當圖 11-18 之系統轉動時，在時間 dt 內沿轉軸向下俯視的角動量向量圖。

圖 11-18 的情況說明了力矩和角動量之向量本質的實用性。如果只考慮沿轉軸的角動量和力矩分量，則無法計算由軸承造成的力矩 (因為力 $\vec{\mathbf{F}}$ 作用在軸上，因而沒有產生沿著軸向的力矩)。藉由角動量向量的觀念，我們有更強有力的技巧去了解和處理問題。

11-6 角動量守恆

在第 9 章中我們看到，對於質點或質點系統的平移運動，牛頓第二運動定律最普遍的形式為

$$\Sigma\vec{\mathbf{F}}_{\text{ext}}=\frac{d\vec{\mathbf{P}}}{dt}$$

其中 $\vec{\mathbf{P}}$ 為 (線) 動量，對質點而言，其定義為 $m\vec{\mathbf{v}}$，或對質心以速度 $\vec{\mathbf{v}}_{\text{CM}}$ 移動且總質量為 M 的質點系統而言，定義為 $M\vec{\mathbf{v}}_{\text{CM}}$，而 $\Sigma\vec{\mathbf{F}}_{\text{ext}}$ 則是作用在質點或系統上的淨外力。此關係式只有在慣性參考座標中才是適用的。

在本章中，我們已經找到描述質點系統 (包括剛體) 一般轉動的類似關係式

$$\Sigma\vec{\boldsymbol{\tau}}=\frac{d\vec{\mathbf{L}}}{dt}$$

其中 $\Sigma\vec{\boldsymbol{\tau}}$ 是作用在系統上的淨外力矩，而 $\vec{\mathbf{L}}$ 為總角動量。當 $\Sigma\vec{\boldsymbol{\tau}}$ 和 $\vec{\mathbf{L}}$ 是對於慣性參考座標中固定的一點或系統的質心所計算時，這個關係式才能成立。

就平移運動而言，如果作用於系統上的淨力為零，則 $d\vec{\mathbf{P}}/dt=0$，因此系統的總線動量保持不變。這就是線動量守恆定律。同樣地，就轉動而言，如果作用於系統上的淨力矩為零，則

$$\frac{d\vec{\mathbf{L}}}{dt}=0 \text{ 且 } \vec{\mathbf{L}}=\text{常數} \qquad [\Sigma\vec{\boldsymbol{\tau}}=0] \qquad \textbf{(11-12)}$$

換言之

角動量守恆

> 如果作用在系統上的淨外力矩為零，則系統的總角動量保持不變。

這是向量形式的**角動量守恆定律** (law of conservation of angular momentum)。此定律與能量守恆和線動量守恆定律 (還有其他以後會討論的定律) 同為物理學的偉大定律。在第 11-1 節中，我們看到這個重要的定律應用在剛體繞固定軸轉動的一些特殊情況的例子。在這裡，我們得到了其一般的形式。我們現在要將它應用在有趣的例題上。

例題 11-11 **推導克卜勒第二定律** 克卜勒第二定律指出，當行星移動時，太陽與行星的連線在相等的時間內會掃過相等的面積 (第 6-5 節)。利用角動量守恆證明之。

方法 由圖 11-21，以行星掃過的面積表示行星的角動量。

解答 行星的橢圓運動如圖 11-21 所示。在時間 dt 內，行星移動一段距離 $v\,dt$，而且掃過的面積 dA 等於底為 r 且高度為 $v\,dt\sin\theta$ 的三角形面積 (見圖 11-21 中的放大示意圖)。因此

$$dA = \frac{1}{2}(r)(v\,dt\sin\theta)$$

且

$$\frac{dA}{dt} = \frac{1}{2}rv\sin\theta$$

因為繞太陽的角動量 $\vec{\mathbf{L}}$ 之大小為

$$L = |\vec{\mathbf{r}} \times m\vec{\mathbf{v}}| = mrv\sin\theta$$

所以

$$\frac{dA}{dt} = \frac{1}{2m}L$$

但是 L = 常數，因為重力 $\vec{\mathbf{F}}$ 指向太陽，所以它產生的力矩等於零 (忽略其他行星的引力)。因此 dA/dt = 常數，故得證。

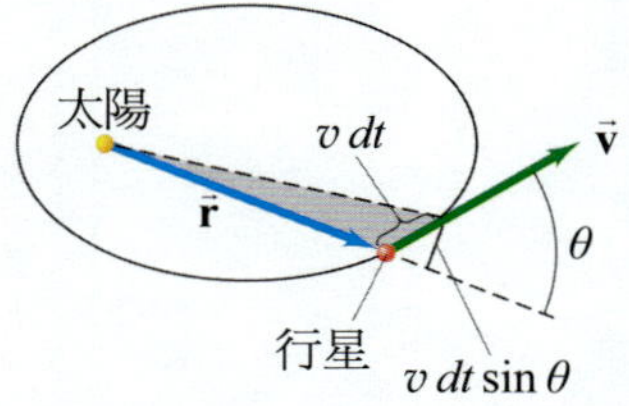

圖 11-21 克卜勒行星運動第二定律 (例題 11-11)。

例題 11-12 **子彈擊中圓柱體的邊緣** 一顆質量 m 的子彈以速度 v 擊中而且嵌入質量為 M 且半徑為 R_0 之圓柱體的邊緣，如圖 11-22 所示。圓柱體最初為靜止，被子彈擊中後開始繞對稱軸轉動，但其位置保持固定。假設忽略摩擦所造成的力矩，則撞擊之後圓柱體的角速度為何？其動能守恆嗎？

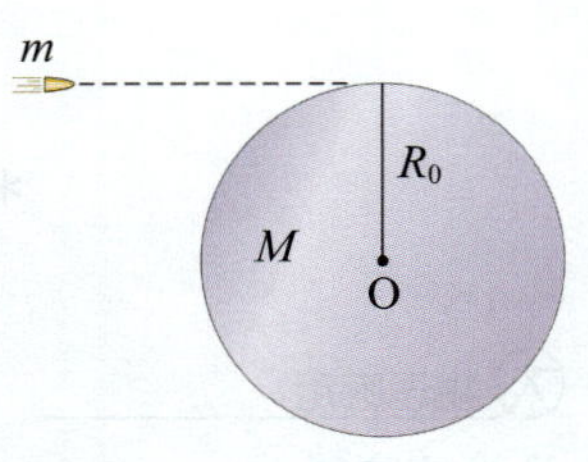

圖 11-22 子彈擊中並且嵌入圓柱體的邊緣 (例題 11-12)。

方法 我們的系統包括子彈和圓柱體，而且沒有淨外力矩作用。因而適用角動量守恆，我們計算繞圓柱體中心 O 點的所有角動量。

解答 最初，因為圓柱體是靜止的，所以繞中心O點的總角動量只是由子彈所產生的

$$L=|\vec{\mathbf{r}}\times\vec{\mathbf{p}}|=R_0\,mv$$

R_0 是從 O 點到 $\vec{\mathbf{p}}$ 的垂直距離。在碰撞之後，圓柱體 $(I_{\text{cyl}}=\frac{1}{2}MR_0^2)$ 與嵌入的子彈 $(I_{\text{b}}=mR_0^2)$ 一起以角速度 ω 轉動

$$L=I\omega=(I_{\text{cyl}}+mR_0^2)\omega=\left(\frac{1}{2}M+m\right)R_0^2\omega$$

因為角動量守恆，所以我們求得 ω 為

$$\omega=\frac{L}{\left(\frac{1}{2}M+m\right)R_0^2}=\frac{mvR_0}{\left(\frac{1}{2}M+m\right)R_0^2}=\frac{mv}{\left(\frac{1}{2}M+m\right)R_0}$$

碰撞中角動量守恆，但動能並沒有守恆

$$\begin{aligned}K_{\text{f}}-K_{\text{i}}&=\frac{1}{2}I_{\text{cyl}}\omega^2+\frac{1}{2}(mR_0^2)\omega^2-\frac{1}{2}mv^2\\&=\frac{1}{2}\left(\frac{1}{2}MR_0^2\right)\omega^2+\frac{1}{2}(mR_0^2)\omega^2-\frac{1}{2}mv^2\\&=\frac{1}{2}\left(\frac{1}{2}M+m\right)\left(\frac{mv}{\frac{1}{2}M+m}\right)^2-\frac{1}{2}mv^2\\&=-\frac{mM}{2M+4m}v^2\end{aligned}$$

它小於零，因此 $K_{\text{f}}<K_{\text{i}}$。由於非彈性碰撞，因此使能量轉換為熱能。

*11-7 旋轉的陀螺與陀螺儀

物理應用
旋轉的陀螺

快速旋轉的陀螺或陀螺儀的運動，是轉動和以下向量方程式之運用的有趣實例

$$\Sigma\vec{\boldsymbol{\tau}}=\frac{d\vec{\mathbf{L}}}{dt}$$

考慮一個質量為 M 而繞著其對稱軸快速地轉動的對稱陀螺，如圖 11-23 所示。陀螺在位於慣性參考座標中之 O 點的尖端上保持平衡。假如陀螺的軸與垂直方向 (z 軸) 成角度 ϕ，當小心地鬆開陀螺時，它的軸將會移動，而掃出如圖 11-23 中虛線所示的一個垂直的圓錐。力矩引起轉軸方向變化的運動稱為**進動** (precession)。轉軸繞著縱 (z) 軸移動的速率稱為進動角速度 Ω (希臘子母 ω 的大寫)。現在讓我們設法了解這個運動的原理，並且計算 Ω。

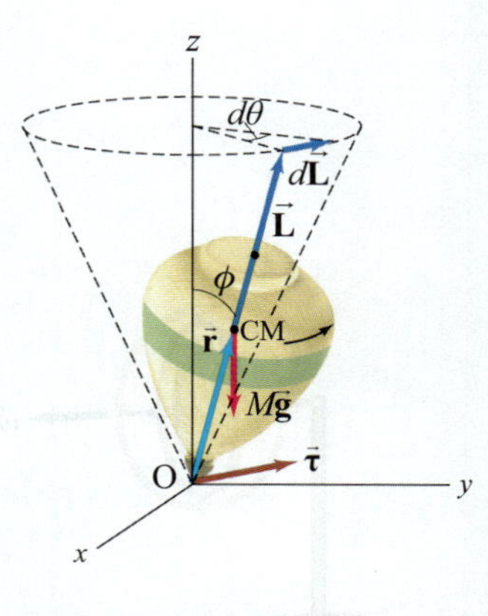

圖 11-23　旋轉的陀螺。

如果陀螺沒有轉動，當它被鬆開時，由於重力的吸引，它將立即倒在地上。但是當陀螺轉動時，奇怪的是它不但不會立即倒在地上，而是進動——斜向一邊慢慢運動。如果我們由繞 O 點的角動量和力矩的觀點來檢視此一現象，它就不是那麼的不可思議。當陀螺以角速度 ω 繞其對稱軸轉動時，它具有一個朝著軸向的角動量 $\vec{\mathbf{L}}$，如圖 11-23 所示。(另外還有一個由進動造成的角動量，因此總角動量 $\vec{\mathbf{L}}$ 的方向並不會正好朝著陀螺之軸的方向；但是通常 $\Omega \ll \omega$，所以我們可以忽略進動所造成的角動量。) 為使角動量產生變化，就需要力矩的作用。如果沒有力矩施加於陀螺上，$\vec{\mathbf{L}}$ 的大小和方向將保持不變；即陀螺既不會倒下也不會進動。但是傾向一邊的最細小的尖端造成了繞 O 點的淨力矩 $\vec{\boldsymbol{\tau}}_{\text{net}} = \vec{\mathbf{r}} \times M\vec{\mathbf{g}}$，其中 $\vec{\mathbf{r}}$ 為陀螺的質心相對於 O 點的位置向量，而 M 為陀螺的質量。根據右手定則，$\vec{\boldsymbol{\tau}}_{\text{net}}$ 的方向同時與 $\vec{\mathbf{r}}$ 和 $M\vec{\mathbf{g}}$ 正交，並且位於水平面 (xy 平面) 上，如圖 11-23 所示。在時間 dt 內，$\vec{\mathbf{L}}$ 的變化量為

$$d\vec{\mathbf{L}} = \vec{\boldsymbol{\tau}}_{\text{net}}\, dt$$

其方向與 $\vec{\mathbf{L}}$ 正交而且是水平的 (平行於 $\vec{\boldsymbol{\tau}}_{\text{net}}$)，如圖 11-23 所示。因為 $d\vec{\mathbf{L}}$ 與 $\vec{\mathbf{L}}$ 正交，所以 $\vec{\mathbf{L}}$ 的大小沒有改變，只有 $\vec{\mathbf{L}}$ 的方向產生變化。而 $\vec{\mathbf{L}}$ 的方向是沿著陀螺的軸向，由圖 11-23 可知軸會向右移動。即陀螺軸的頂端朝著與 $\vec{\mathbf{L}}$ 正交的水平方向移動。這說明了為什麼陀螺會進動而不是倒下。向量 $\vec{\mathbf{L}}$ 和陀螺的軸一起在水平的圓周上移動。同時，$\vec{\boldsymbol{\tau}}_{\text{net}}$ 和 $d\vec{\mathbf{L}}$ 也會轉動，以保持水平方向並且與 $\vec{\mathbf{L}}$ 正交。

接下來計算 Ω，我們由圖 11-23 中看到角度 $d\theta$ (位於一水平面上) 與 dL 的關係為

$$dL = L \sin\phi \, d\theta$$

因為 $\vec{\mathbf{L}}$ 與 z 軸形成一角度 ϕ。進動角速度為 $\Omega = d\theta / dt$，它可以寫成

(由於 $d\theta = dL / L\sin\phi$)

$$\Omega = \frac{1}{L\sin\phi}\frac{dL}{dt} = \frac{\tau}{L\sin\phi} \qquad \text{[旋轉的陀螺]} \quad \textbf{(11-13a)}$$

但由於 $\tau_{\text{net}} = |\,\vec{\mathbf{r}} \times M\vec{\mathbf{g}}\,| = rMg\sin\phi$ [因為 $\sin(\pi - \phi) = \sin\phi$]，因此我們也可以將它寫成

$$\Omega = \frac{Mgr}{L} \qquad \text{[旋轉的陀螺]} \quad \textbf{(11-13b)}$$

由此可知，進動角速度與角度 ϕ 無關，但與陀螺的角動量成反比。陀螺轉動得愈快，L 就愈大，並且陀螺進動得就愈慢。

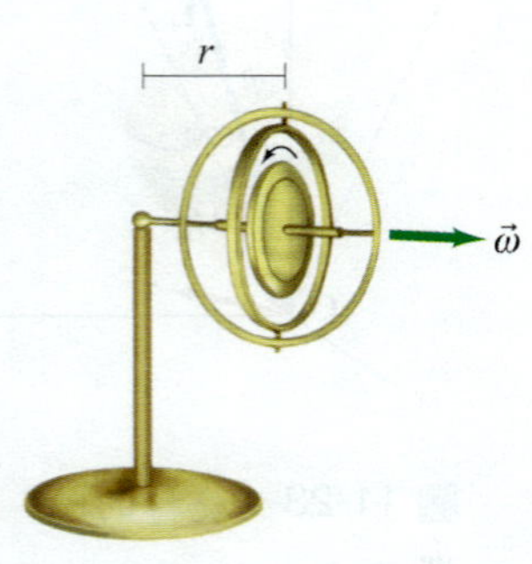

圖 11-24　玩具陀螺儀。

由 (11-1) 式 [或 (11-11) 式] 得知 $L = I\omega$，I 和 ω 是陀螺繞自身轉軸的轉動慣量和角速度。由此，陀螺之進動角速度的 (11-13b) 式變成

$$\Omega = \frac{Mgr}{I\omega} \qquad \textbf{(11-13c)}$$

(11-13) 式也適用於玩具陀螺儀 (圖 11-24)，它是由安裝在輪軸上之快速旋轉的輪子所組成。軸的一端擱在支架上，而另一端可自由運動。如果它的“自旋”角速度 ω 遠大於進動速率 ($\omega \gg \Omega$)，它將像陀螺一樣地進動。當 ω 因摩擦和空氣阻力而減小時，陀螺儀會像陀螺一樣倒下。

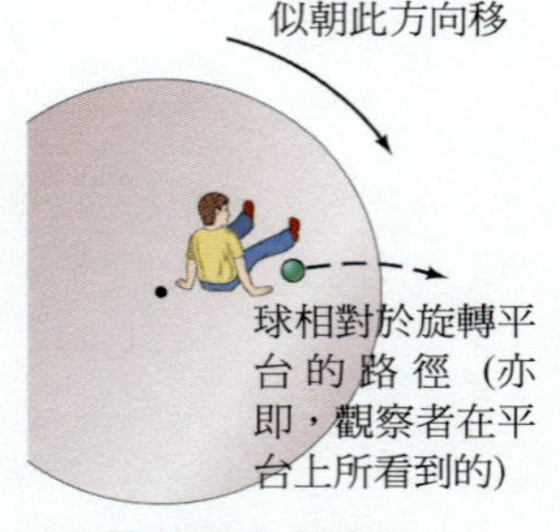

(a) 轉動的參考座標

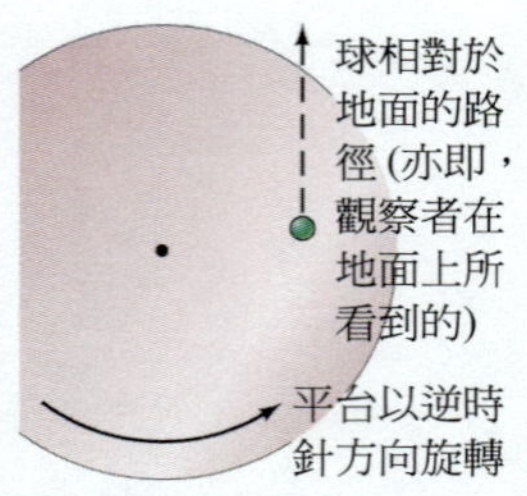

(b) 慣性參考座標

圖 11-25　將一個球放在旋轉的平台上之後，球的移動路徑，(a) 參考座標為旋轉平台，(b) 參考座標為地面。

*11-8 轉動的參考座標；慣性力

慣性與非慣性參考座標

到目前為止，我們已經以固定在地球上之觀察者的立場由外部檢視了物體的圓周運動和轉動。有時把自己 (就理論上而言，不是真實地) 放入轉動的參考座標中會較容易解答問題。讓我們從旋轉木馬一般的轉動平台或參考座標的觀點來檢視物體的運動。對觀察者而言，世界好像是繞著他們轉動。我們要注意的是當他們在轉動平台的無摩擦之地板上放一個網球時，他們會觀察到什麼情形。如果他們輕輕地把球放下，而不對它施以任何推力，則他們將觀察到球會從靜止狀態加速向外滾動，如圖 11-25a 所示。根據牛頓第一運動定律，如果物體上沒有淨力作用，則最初為靜止的物體會保持靜止狀態。但對於轉

動平台上的觀察者而言，球雖然沒有受到淨力作用，也會開始移動。對於地面上的觀察者而言，可以很清楚地看到，當球被放下時具有初速度 (因為平台正在移動)，並且它沿著直線路徑移動，如圖 11-25b 所示，其符合牛頓第一運動定律。

但是關於轉動平台上之觀察者的參考座標，我們應如何解釋？因為球在沒有任何淨力作用下移動，牛頓第一運動定律 (慣性定律) 在這個轉動的參考座標中不能成立。因此，我們稱此種座標為**非慣性參考座標** (noninertial reference frame)。而**慣性參考座標** (inertial reference frame) (如第 4 章中所討論) 則是慣性定律——牛頓第一運動定律——和牛頓第二、第三運動定律可以成立的座標。牛頓第二運動定律也不能適用於如轉動平台的非慣性參考座標中。例如，在上述的情形中，球雖然沒有受到淨力作用，但是相對於轉動平台，卻有加速運動的情形。

虛擬 (慣性) 力

因為當觀察者位於轉動的參考座標時，牛頓運動定律不能成立，所以運動的計算可能會很複雜。然而，如果我們使用一些訣竅，依然可以在此種參考座標中運用牛頓運動定律。當球放在圖 11-25a 的轉動平台上時，會向外飛走 (雖然實際上沒有受力的作用)。此時，我們運用的技巧是寫下方程式 $\Sigma F = ma$，除了其他任何可能作用的力之外，好像有一個力 mv^2/r (或 $m\omega^2 r$) 朝徑向向外作用在球上。這個額外的力稱為**虛擬力** (fictitious force) 或**假想力** (pseudo force)，因為看似向外作用，所以也可以稱為“離心力”。因為實際上並沒有物體施加此力，所以它是假想的力。此外，當由慣性參考座標上觀察時，其作用根本不存在。我們已經虛構了這個假想力，以便能夠利用牛頓第二運動定律 $\Sigma F = ma$ 在非慣性座標中進行計算。因此在圖 11-25a 的非慣性座標中的觀察者，藉由假設球受到力 mv^2/r 的作用而對球的向外運動應用牛頓第二運動定律。這樣的假想力的產生只是因為參考座標不是慣性座標，所以也可以稱之為**慣性力** (inertial force)。

地球繞著自身的軸轉動。因此嚴格地說來，牛頓運動定律在地球上是不適用的。不過，地球自轉的影響通常是很小的，可以被忽略，雖然它會影響大氣團與洋流的運動。因為地球的自轉，使得有稍微多一點的物質集中在赤道處，所以地球是一個赤道處比兩極處略厚一點的不完美球體。

*11-9 科里奧利效應

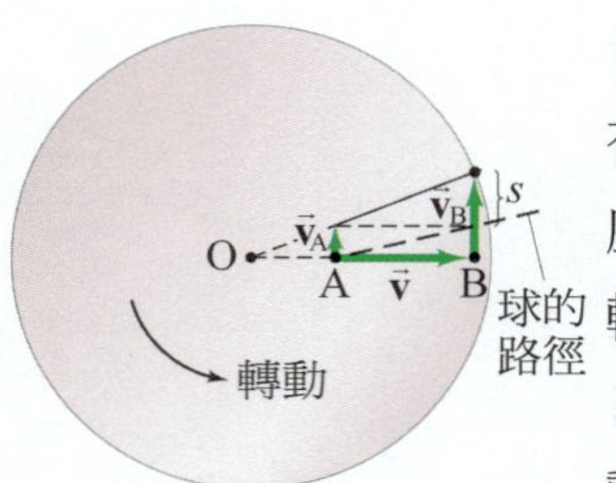

(a) 慣性的參考座標

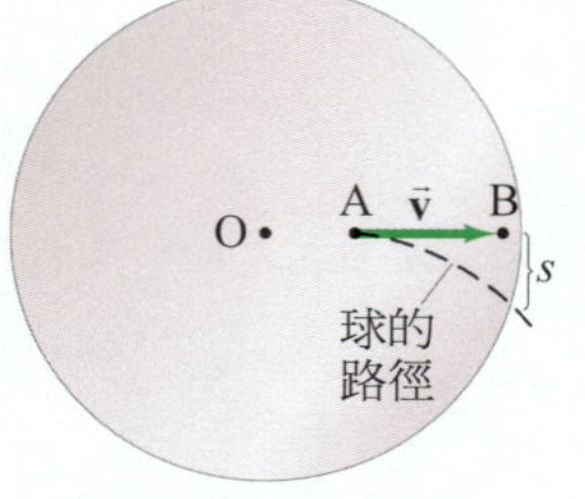

(b) 轉動的參考座標

圖 11-26　科里奧利效應的由來。俯視一旋轉平台，(a) 由非轉動的慣性參考座標觀察，(b) 由作為參考座標的旋轉平台觀察。

在一個以等角速度 ω 旋轉 (相對於一個慣性座標) 的參考座標中，存在著另一個假想力，稱為科里奧利力。當物體有相對於轉動的參考座標之運動時，這個力才會作用於物體上使其偏向。它也是非慣性之轉動參考座標的效應，所以稱為慣性力。它也會對氣候造成影響。

欲了解科里奧利力是如何形成的，我們考慮靜止在以角速度 ω 轉動之平台上的 A 與 B 兩人，如圖 11-26a 所示。他們分別位於距離轉軸 (O 點) 為 r_A 和 r_B 處。A 女以水平速度 $\vec{\mathbf{v}}$ (在她的參考座標中) 沿著徑向朝位於平台外緣的 B 男向外投擲一個球。圖 11-26a 是我們由慣性參考座標所觀察到的情形。球最初不僅具有徑向向外的速度 $\vec{\mathbf{v}}$，而且還具有由於平台的旋轉而產生的切線速度 $\vec{\mathbf{v}}_A$。而 (10-4) 式告訴我們 $v_A = r_A\omega$，其中 r_A 是從轉軸 O 到 A 女的徑向距離。如果 B 男具有相同的速度 $\vec{\mathbf{v}}_A$，則球會剛好傳到他的手中。但是因為 $r_B > r_A$，所以他的速度是大於 v_A 的 $v_B = r_B\omega$。因此，當球抵達平台邊緣時，球所經過的那一點是 B 男先前已經通過的點，因為他在該方向的速率要比球來得快。所以球是從他的後方通過。

圖 11-26b 則是由作為參考座標的轉動平台所看到的情形。A 與 B 都是靜止的，球以速度 $\vec{\mathbf{v}}$ 朝 B 拋去，但是球會向右偏向，並且如先前所述，它從 B 的後方通過。這並非離心力效應，因為離心力是以徑向朝外作用。此效應反而與 $\vec{\mathbf{v}}$ 正交，朝向一邊作用，並且被稱為科里奧利加速度。它據稱是由科里奧利力所引起，而此力為一虛擬慣性力。如先前由慣性系統所作的解釋：它是一個在轉動系統中的效應，其中距轉軸較遠的點具有較高速率。另一方面，當從轉動系統上觀察時，如果我們加入對應此科里奧利效應的“假想力”，就可以利用牛頓第二運動定律 $\Sigma\vec{\mathbf{F}} = m\vec{\mathbf{a}}$ 有效地描述運動。

我們針對上述簡單的情況計算科里奧利加速度的大小。(假設 v 值很大而且距離很短，因此可以忽略重力的影響。) 我們由慣性參考座標進行計算 (圖 11-26a)。球在短時間 t 內以速度 v 以徑向朝外移動的距離 $r_B - r_A$ 為

$$r_B - r_A = vt$$

在這段時間內，球往旁邊移動的距離 s_A 是

$$s_A = v_A t$$

在時間 t 內，B 男移動的距離為

$$s_B = v_B t$$

因此，球從他後方通過的距離 s (圖 11-26a) 為

$$s = s_B - s_A = (v_B - v_A)\,t$$

因為 $v_A = r_A\omega$ 且 $v_B = r_B\,\omega$，所以

$$s = (r_B - r_A)\,\omega t$$

將 $r_B - r_A = vt$ 代入，得到

$$s = \omega v t^2 \qquad \textbf{(11-14)}$$

此 s 等於由非慣性轉動系統所見到的斜向位移 (圖 11-26b)。

我們立刻發現 (11-14) 式相當於等加速度的運動。其類似於第 2 章中 [(2-12b) 式] 等加速度運動的 $y = \frac{1}{2}at^2$ (y 方向的初速度為零)。因此，如果我們將 (11-14) 式寫成 $s = \frac{1}{2}a_{Cor}t^2$ 的形式，則可看出科里奧利加速度 a_{Cor} 為

$$a_{Cor} = 2\omega v \qquad \textbf{(11-15)}$$

此關係式對於任何位於與轉軸正交之轉動平面上的速度均成立 [3] (圖 11-26 中，轉軸通過 O 點並垂直於頁面)。

由於地球的自轉，科里奧利效應在地球上造成一些有趣的現象。它影響氣團的移動進而影響氣候。如果沒有科里奧利效應，空氣將直接衝入低氣壓的區域，如圖 11-27a 所示。但由於科里奧利效應，因地球由西向東轉動，所以北半球的風會向右偏轉 (圖 11-27b)，而圍繞低氣壓區形成逆時針方向的風型態。在南半球的情形恰好相反。同理，北半球的氣旋朝逆時針方向轉動，而南半球的氣旋朝順時針方向

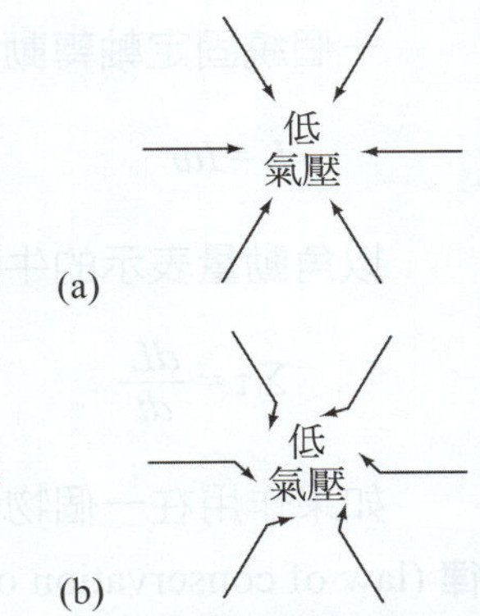

圖 11-27 (a) 如果地球沒有自轉，風 (移動的氣團) 將直接朝著低氣壓區域移動。(b) 與 (c)：由於地球的自轉，北半球的風向右偏轉 (圖 11-26)，好像有一假想 (科里奧利) 力作用。

3 科里奧利加速度通常可以用向量叉乘積的形式寫成 $\vec{\mathbf{a}}_{Cor} = -2\vec{\boldsymbol{\omega}} \times \vec{\mathbf{v}}$，其中 $\vec{\boldsymbol{\omega}}$ 為沿著轉軸的方向。其大小為 $a_{Cor} = 2\omega v_{\perp}$，而 $v_{\perp}$ 為與轉軸正交的速度分量。

轉動。相同的作用說明了位於赤道附近的東信風：任何往南朝向赤道的風將往西偏轉 (亦即它似乎來自東方)。

科里奧利效應也作用於下落中的物體上。從高塔頂端落下一物體，它不會直接落在釋放點正下方的地面上，而會稍微向東偏移。由慣性座標來觀察，這是因為塔頂隨地球旋轉的速度比塔底稍快，所以產生此一現象。

摘 要

一個繞固定軸轉動之剛體的**角動量** (angular momentum) $\vec{\mathbf{L}}$ 為

$$L = I\omega \tag{11-1}$$

以角動量表示的牛頓第二運動定律為

$$\Sigma\tau = \frac{dL}{dt} \tag{11-2}$$

如果作用在一個物體上的淨力矩為零，則 $dL/dt = 0$，故 $L =$ 常數。這就是**角動量守恆定律** (law of conservation of angular momentum)。

兩個向量 $\vec{\mathbf{A}}$ 與 $\vec{\mathbf{B}}$ 的**向量積** (vector product) 或**叉乘積** (cross product) 是另一個向量 $\vec{\mathbf{C}} = \vec{\mathbf{A}} \times \vec{\mathbf{B}}$，其大小為 $AB\sin\theta$，並且依右手定則，其方向同時與 $\vec{\mathbf{A}}$ 和 $\vec{\mathbf{B}}$ 正交。

由力 $\vec{\mathbf{F}}$ 所產生的**力矩** (torque) $\vec{\boldsymbol{\tau}}$ 是一個向量，而且繞某一點 O (座標系統的原點) 所計算之力矩為

$$\vec{\boldsymbol{\tau}} = \vec{\mathbf{r}} \times \vec{\mathbf{F}} \tag{11-5}$$

其中 $\vec{\mathbf{r}}$ 為力 $\vec{\mathbf{F}}$ 之施力點的位置向量。

角動量也是一個向量。對一動量為 $\vec{\mathbf{p}} = m\vec{\mathbf{v}}$ 的質點而言，其繞某一點 O 的角動量 $\vec{\mathbf{L}}$ 為

$$\vec{\mathbf{L}} = \vec{\mathbf{r}} \times \vec{\mathbf{p}} \tag{11-6}$$

其中 $\vec{\mathbf{r}}$ 為質點在任何瞬間相對於點 O 的位置向量。而作用在質點上的淨力矩 $\Sigma\vec{\boldsymbol{\tau}}$ 與其角動量之關係為

$$\Sigma\vec{\boldsymbol{\tau}} = \frac{d\vec{\mathbf{L}}}{dt} \tag{11-7}$$

對質點系統而言，總角動量為 $\vec{\mathbf{L}} = \Sigma\vec{\mathbf{L}}_i$。系統的總角動量與作用在系統上之總淨力矩 $\Sigma\vec{\boldsymbol{\tau}}$ 的關係為

$$\Sigma\vec{\boldsymbol{\tau}}=\frac{d\vec{\mathbf{L}}}{dt} \tag{11-9}$$

最後的關係式為牛頓第二運動定律向量形式的轉動之同義式。它只有當 $\vec{\mathbf{L}}$ 和 $\Sigma\vec{\boldsymbol{\tau}}$ 是繞 (1) 慣性參考系統中固定的一點，或 (2) 系統之質心所計算時才能成立。對一個繞固定軸轉動的剛體而言，其繞轉軸的角動量分量為 $L_\omega=I\omega$。如果物體是繞對稱軸轉動，則向量關係式 $\vec{\mathbf{L}}=I\vec{\boldsymbol{\omega}}$ 才會成立，但一般而言此關係式是不成立的。

如果作用在系統上的總淨力矩為零，則總向量角動量 $\vec{\mathbf{L}}$ 將保持不變。此即為重要的**角動量守恆定律** (law of conservation of angular momentum)。它適用於向量 $\vec{\mathbf{L}}$，因而也適用於 $\vec{\mathbf{L}}$ 的每一個分量。

問 題

1. 如果有一大批人往地球赤道遷移，則一天的長度會 (a) 因為角動量守恆而變長；(b) 因為角動量守恆而變短；(c) 因為能量守恆而變短；(d) 因為能量守恆而變長；或 (e) 維持不變？
2. 圖 11-2 中的跳水者可以在離開跳板時沒有任何初始轉動的情況下翻筋斗嗎？
3. 假設你的雙手朝左右伸直各握著 2 kg 的重物坐在一張轉動中的椅子上。如果突然丟下重物，你的角速度將會增加、減少或維持不變？試解釋之。
4. 當機車騎士欲使機車離開地面作跳躍動作時油門沒有放開（所以後輪持續轉動），為什麼機車的前端會翹起來？
5. 假設你站在一個可以自由轉動的大轉盤邊緣，當你朝中心走動時會發生什麼事？
6. 游擊手可以跳起來接球，並且很快地傳球出去。當他傳球時，上半身會轉動。如果注意觀察，你會發現他的臀部與腳會轉向另一方向 (圖 11-28)。試解釋之。
7. 如果向量 $\vec{\mathbf{V}}_1$ 和 $\vec{\mathbf{V}}_2$ 的所有分量都作方向上的反轉，則 $\vec{\mathbf{V}}_1\times\vec{\mathbf{V}}_2$ 會有何變化？
8. 指出會使 $\vec{\mathbf{V}}_1\times\vec{\mathbf{V}}_2=0$ 的四種不同情況。
9. 假設原點位於質心，對一位置為 $\vec{\mathbf{r}}=x\hat{\mathbf{i}}+y\hat{\mathbf{j}}+z\hat{\mathbf{k}}$ 的物體施加一力 $\vec{\mathbf{F}}=F\hat{\mathbf{j}}$。其繞質心的力矩會與 x、y 或 z 相關嗎？
10. 一個質點沿著直線作等速運動，以不在質點路徑上的任何一點為參考點，計算角動量隨時間之變化率？
11. 如果作用於一系統上的淨力為零，則淨力矩也會是零嗎？反之，如果作用於一系統上的淨力矩為零，則淨力會是零嗎？試舉例說明之。

圖 11-28 問題 6。游擊手在空中傳球。

12. 試解釋盪鞦韆的小孩要如何 “用力” 才能使鞦韆盪得更高。
13. 在圖 11-17 中，試描述要使轉動中車輪的軸不偏向地垂直向上翹起所需要的力矩。
14. 太空人可以自由地飄浮在無重力的環境中，請描述他要如何運用手跟腳 (a) 使自己倒立以及 (b) 使她的身體向後轉。
15. 根據角動量守恆定律，討論為什麼直昇機必須具有一個以上的螺旋槳 (或旋轉翼)。試描述一種或數種可以使直昇機保持穩定的第二個推進器之操作方法。
16. 一個輪子繞一垂直軸以等角速度自由地轉動，假設輪子上的一小部分鬆脫，它對輪子的轉速有何影響？角動量是否守恆？動能是否守恆？試解釋之。
17. 考慮以下向量：位移、速度、加速度、動量、角動量和力矩，(a) 哪些與座標原點的選取無關？(在相對都是靜止的情形下考慮不同的點為原點。(b) 哪些與座標系統的速度無關？
18. 行進中的汽車如何右轉？改變角動量所需的力矩來自何處？
*19. 類似於陀螺進動，地球自轉軸的進動週期約為 25000 年。試解釋地球赤道處的凸起如何會引起太陽與月球對地球施加一力矩；見圖 11-29，其為冬至時的示意圖。由太陽引起之力矩會使地球的轉軸繞什麼軸而進動？三個月後此力矩還存在嗎？試解釋之。

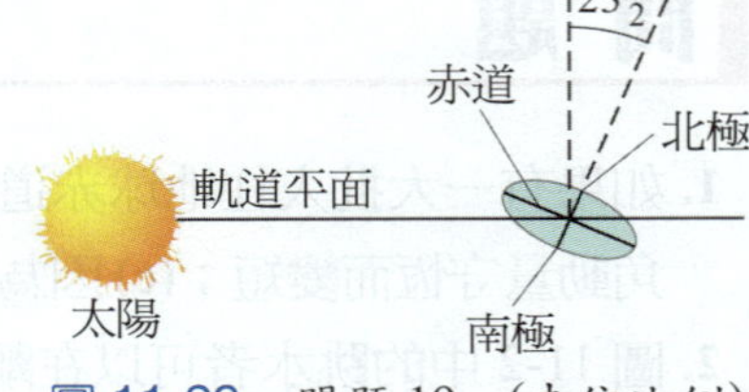

圖 11-29 問題 19。(未依比例)

*20. 為什麼在地球上大部分的地方懸掛一鉛錘時，鉛錘並不會準確地指向地球中心？
*21. 在轉動的參考座標中，如果我們假設有一假想力 $m\omega^2 r$ 作用，則牛頓第一與第二運動定律依然成立。此假設對牛頓第三運動定律的有效性有何影響？
*22. 在 1914 年的福克蘭群島戰役中，英軍砲手由於根據在北半球的海軍戰役所計算的彈道使得他們無法射中目標。福克蘭群島位於南半球。試解釋無法射中目標的原因。

習 題

11-1 角動量

1. (I) 一細繩末端連結一 0.210 kg 的球，它以 10.4 rad/s 之角速度在半徑為 1.35 m 之圓周上轉動，其角動量為何？
2. (I) (a) 一半徑為 18 cm，質量為 2.8 kg 材質均勻的圓柱磨輪，以 1300 rpm 的速度轉動，其角動量為何？(b) 如果要將此磨輪於 6 s 內停住，需要多大的力矩？
3. (II) 一人站在轉速為 0.90 rev/s 的平台上，雙手垂放於兩側。如果他將雙手向左右平伸 (圖 11-30)，則轉速降低至 0.70 rev/s。(a) 為什麼？(b) 他的轉動慣量改變為幾倍？

圖 11-30 習題 3。

4. (II) 一位花式溜冰選手可以將她的旋轉速率從最初的每 1.5 s 轉一圈增加至 2.5 rev/s，如果她最初的轉動慣量為 4.6 kg · m^2，則她最後的轉動慣量為何？她是如何改變其轉速？

5. (II) 某跳水選手 (如圖 11-2 所示) 可以將伸直的身體彎曲至抱膝姿勢，而將轉動慣量降低 3.5 倍。如果她在抱膝時做出 1.5 s 轉動 2 圈的動作，則她於身體伸直時的角速度 (rev/s) 是多少？

6. (II) 一質量為 M，長度為 ℓ 且均勻的水平桿，以角速度 ω 繞通過其中心的垂直軸轉動，在桿的兩端各連結質量為 m 的小物體，試求此系統繞此轉軸的角動量。

7. (II) 試求在以下情況下地球的角動量：(a) 繞自身轉軸 (假設地球是均勻的球體)，與 (b) 沿軌道繞行太陽 (視地球為繞行太陽的一個質點)。已知地球的質量為 6.0×10^{24} kg 且半徑為 6.4×10^{6} m，地球與太陽的距離為 1.5×10^{8} km。

8. (II) (a) 試求花式溜冰選手將雙臂貼近身體，並且以 2.8 rev/s 之轉速旋轉時的角動量 (假設她是高 1.5 m，半徑為 15 cm，質量為 48 kg 的均勻圓柱體)，(b) 如果維持雙臂的姿勢，她需要多大的力矩才能在 5 s 內停止？

9. (II) 某人站在一個平台上，此平台最初是靜止狀態，它可以在沒有摩擦力的狀況下自由地轉動。人與平台的總轉動慣量為 I_P，此人握著一個轉動中的腳踏車車輪，而車輪的轉軸朝水平方向，並且其轉動慣量與角速度分別為 I_W 與 ω_W，如果將車輪的轉軸方向改成 (a) 垂直向上，(b) 與垂直方向成 60°，(c) 垂直向下時，此平台的角速度 ω_P 為何？(d) 如果在 (a) 情況之後，此人將車輪向上舉起並停止其轉動，試求角速度 ω_P。

10. (II) 如圖 11-31 所示，一個均勻的圓盤以 3.7 rev/s 之轉速繞著無摩擦的中心軸自由轉動，一根質量與圓盤相同，而長度等於圓盤直徑且沒有轉動的棒子掉到此自由轉動的圓盤上，圓盤與棒子的中心重疊在一起且繞著中心軸轉動，試求兩者結合後的角速度 (rev/s)？

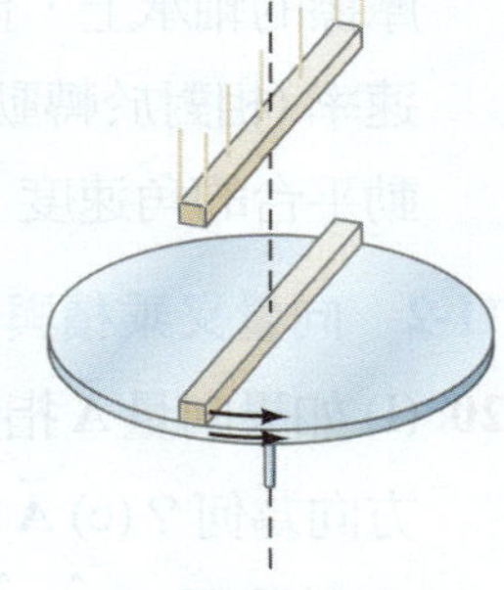

圖 11-31 習題 10。

11. (II) 一位質量為 75 kg 的人站在一半徑為 3.0 m 且轉動慣量為 920 kg · m^2 的旋轉木馬平台中心，此平台在沒有摩擦的情況下以 0.95 rad/s 的角速度轉動。然後此人沿著徑向向外走向平台邊緣。(a) 計算此人到達平台邊緣時，平台的角速度，(b) 計算人走動前與走動後，人與平台整體系統的轉動動能。

12. (II) 一製陶用的轉盤繞通過其中心的垂直軸以 1.5 的 rev/s 轉速轉動。此轉盤可以視為一質量為 5 kg 且直徑為 0.40 m 的均勻圓盤。陶工將一塊 2.6 kg 厚厚的黏土丟到轉盤中心上，其形狀略似半徑為 8.0 cm 的平面圓盤。黏土黏在轉盤上之後，轉盤的轉速為何？

13. (II) 直徑 4.2 m 的旋轉木馬以 0.80 rad/s 之角速度自由地轉動，已知總轉動慣量為 1760 kg · m^2，四個均為 65 kg 且站在地面上的人，忽然跳上旋轉木馬平台的邊緣，此時旋轉木馬的角速度為何？如果這四個人原本在旋轉木馬的平台上，然後朝徑向 (相對於旋轉木馬) 跳下平台，此時的角速度為何？

14. (II) 有一質量為 m 的女士站在質量為 M 且半徑為 R 的圓柱形平台邊緣。當 $t=0$ 時，平台繞通過其中心的垂直軸以 ω_0 之角速度轉動，而摩擦可忽略。此時她開始以 v 的速率 (相對於平台) 走向平台中心。(a) 計算以時間函數表示的此系統之角速度，(b) 當她走到中心時，平台的角速度為何？

15. (II) 一個轉動慣量為 I 之未轉動的圓柱型圓盤掉落到另一個以角速度 ω 轉動的相同圓盤上。假設沒有外部力矩的作用，這兩個圓盤最後的共同角速度為何？

16. (II) 假設太陽最終會崩塌成白矮星，在這個轉變過程中，會失去大約一半的質量，半徑會變成現有半徑的 1.0%。假設質量減少不會影響角動量，則太陽新的轉動速率為何 (以當前的太陽轉動週期為 30 天來考量)？以現在的動能表示，其最後的動能為何？

17. (III) 颶風外圍邊緣的風速可能超過 120 km/h，若將其視為一個轉動的均勻圓柱形空氣 (密度為 1.3 kg/m^3)，且半徑為 85 km，高度為 4.5 km，試粗略估算此颶風的 (a) 能量及 (b) 角動量。

18. (III) 一個質量為 1.0×10^5 kg 的小行星以相對於地球為 35 km/s 的速率移動，它沿著切線方向且順著地球的轉向撞擊赤道。試以角動量的概念估算此撞擊所造成的地球角速度變化量之百分比。

19. (III) 假設一個 65 kg 的人站在直徑為 6.5 m 之旋轉木馬轉動平台的邊緣，此平台架設於無摩擦的軸承上，且轉動慣量為 1850 kg · m^2。平台原先處於靜止狀態，當此人以 3.8 m/s 的速率 (相對於轉動平台) 沿著邊緣奔跑時，轉動平台開始朝著相反方向轉動。試計算此轉動平台的角速度。

11-2 向量叉乘積與力矩

20. (I) 如果向量 $\vec{\mathbf{A}}$ 指向負 x 軸方向，且向量 $\vec{\mathbf{B}}$ 指向正 z 軸方向，則 (a) $\vec{\mathbf{A}}\times\vec{\mathbf{B}}$，與 (b) $\vec{\mathbf{B}}\times\vec{\mathbf{A}}$ 的方向為何？(c) $\vec{\mathbf{A}}\times\vec{\mathbf{B}}$ 及 $\vec{\mathbf{B}}\times\vec{\mathbf{A}}$ 的大小為何？

21. (I) 試證明 (a) $\hat{\mathbf{i}}\times\hat{\mathbf{i}}=\hat{\mathbf{j}}\times\hat{\mathbf{j}}=\hat{\mathbf{k}}\times\hat{\mathbf{k}}=0$，(b) $\hat{\mathbf{i}}\times\hat{\mathbf{j}}=\hat{\mathbf{k}}$、$\hat{\mathbf{i}}\times\hat{\mathbf{k}}=-\hat{\mathbf{j}}$ 及 $\hat{\mathbf{j}}\times\hat{\mathbf{k}}=\hat{\mathbf{i}}$。

22. (I) 向量 $\vec{\mathbf{A}}$ 與 $\vec{\mathbf{B}}$ 之方向有以下幾種情形，試分別指出各種情形之 $\vec{\mathbf{A}}\times\vec{\mathbf{B}}$ 的方向，(a) $\vec{\mathbf{A}}$ 指向東方，$\vec{\mathbf{B}}$ 指向南方，(b) $\vec{\mathbf{A}}$ 指向東方，$\vec{\mathbf{B}}$ 指向下方，(c) $\vec{\mathbf{A}}$ 指向上方，$\vec{\mathbf{B}}$ 指向北方，(d) $\vec{\mathbf{A}}$ 指向上方，$\vec{\mathbf{B}}$ 指向下方。

23. (II) 如果 $|\vec{\mathbf{A}}\times\vec{\mathbf{B}}|=\vec{\mathbf{A}}\cdot\vec{\mathbf{B}}$，則 $\vec{\mathbf{A}}$ 與 $\vec{\mathbf{B}}$ 兩向量之間的夾角 θ 為何？

24. (II) 某質點位於 $\vec{\mathbf{r}}=(4.0\,\hat{\mathbf{i}}+3.5\,\hat{\mathbf{j}}+6.0\,\hat{\mathbf{k}})$ m 處，一個力 $\vec{\mathbf{F}}=(9.0\,\hat{\mathbf{j}}-4.0\,\hat{\mathbf{k}})$ N 作用在該質點上，則它繞原點的力矩為多少？

25. (II) 考量一個繞固定軸轉動的剛體質點，試證明線加速度之切線與徑向向量分量為

$$\vec{\mathbf{a}}_{\tan}=\vec{\boldsymbol{\alpha}}\times\vec{\mathbf{r}} \quad 與 \quad \vec{\mathbf{a}}_{R}=\vec{\boldsymbol{\omega}}\times\vec{\mathbf{v}}。$$

26. (II) (a) 試證明 $\vec{\mathbf{A}}=A_x\hat{\mathbf{i}}+A_y\hat{\mathbf{j}}+A_z\hat{\mathbf{k}}$ 與 $\vec{\mathbf{B}}=B_x\hat{\mathbf{i}}+B_y\hat{\mathbf{j}}+B_z\hat{\mathbf{k}}$ 兩個向量的叉乘積為

$$\vec{\mathbf{A}}\times\vec{\mathbf{B}}=(A_yB_z-A_zB_y)\hat{\mathbf{i}}+(A_zB_x-A_xB_z)\hat{\mathbf{j}}+(A_xB_y-A_yB_x)\hat{\mathbf{k}}$$

(b) 然後，試證明叉乘積可以寫成

$$\vec{\mathbf{A}}\times\vec{\mathbf{B}}=\begin{vmatrix}\hat{\mathbf{i}} & \hat{\mathbf{j}} & \hat{\mathbf{k}}\\ \mathbf{A_x} & \mathbf{A_y} & \mathbf{A_z}\\ \mathbf{B_x} & \mathbf{B_y} & \mathbf{B_z}\end{vmatrix}$$

其中我們應用了求行列式值的規則。(不過，須注意實際上這並不是一個行列式，而是作為幫助記憶之用。)

27. (II) 某工程師評估在最惡劣的天氣情況下，作用於圖 11-32 中公路標誌牌之質心的外力是 $\vec{\mathbf{F}}=(\pm 2.4\hat{\mathbf{i}}-4.1\hat{\mathbf{j}})$ kN。試求此外力所產生之繞底座 O 的力矩為何？

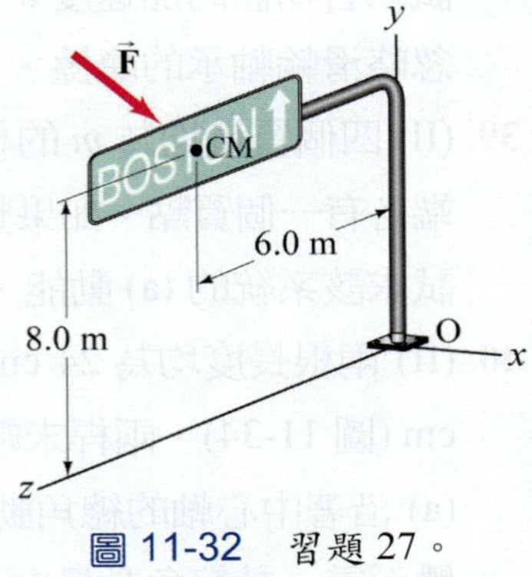

圖 11-32 習題 27。

28. (II) 某座標系統的原點位於一輪子的中心，此輪子在 xy 平面上繞 z 軸轉動。一外力 $F=215$ N 作用於 xy 平面上的一點 ($x=28.0$ cm，$y=33.5$ cm)，並與 x 軸成 $+33.0°$ 角。試求此外力所產生之繞軸之力矩的方向及大小。

29. (II) 如果 $\vec{\mathbf{A}}=5.4\hat{\mathbf{i}}-3.5\hat{\mathbf{j}}$，且 $\vec{\mathbf{B}}=-8.5\hat{\mathbf{i}}+5.6\hat{\mathbf{j}}+2.0\hat{\mathbf{k}}$，利用習題26的結果求 (a) $\vec{\mathbf{A}}\times\vec{\mathbf{B}}$ 的向量積，與 (b) $\vec{\mathbf{A}}$ 與 $\vec{\mathbf{B}}$ 的夾角。

30. (III) 試證明一個以角速度 $\vec{\boldsymbol{\omega}}$ 繞固定軸轉動之物體上任一點速度 $\vec{\mathbf{v}}$ 可以寫成 $\vec{\mathbf{v}}=\vec{\boldsymbol{\omega}}\times\vec{\mathbf{r}}$，其中 $\vec{\mathbf{r}}$ 是該點相對於在轉軸上之原點 O 的位置向量。試問 O 可以是轉軸上的任何一點嗎？如果 O 不在轉軸上，則 $\vec{\mathbf{v}}=\vec{\boldsymbol{\omega}}\times\vec{\mathbf{r}}$ 還成立嗎？

31. (III) 假設 $\vec{\mathbf{A}}$、$\vec{\mathbf{B}}$ 與 $\vec{\mathbf{C}}$ 三個向量不在同一平面上，試證明 $\vec{\mathbf{A}}\cdot(\vec{\mathbf{B}}\times\vec{\mathbf{C}})=\vec{\mathbf{B}}\cdot(\vec{\mathbf{C}}\times\vec{\mathbf{A}})=\vec{\mathbf{C}}\cdot(\vec{\mathbf{A}}\times\vec{\mathbf{B}})$。

11-3 質點的角動量

32. (I) 一個位於 $\vec{\mathbf{r}}=x\hat{\mathbf{i}}+y\hat{\mathbf{j}}+z\hat{\mathbf{k}}$ 處之質點的角動量為 $\vec{\mathbf{p}}=p_x\hat{\mathbf{i}}+p_y\hat{\mathbf{j}}+p_z\hat{\mathbf{k}}$，試求其角動量之 x、y 與 z 分量。

33. (I) 一質量為 m 的質點沿一圓形路徑移動，其角動量為 L，且繞圓心的轉動慣量為 I，試證明該質點的動能 $K=L^2/2I$。

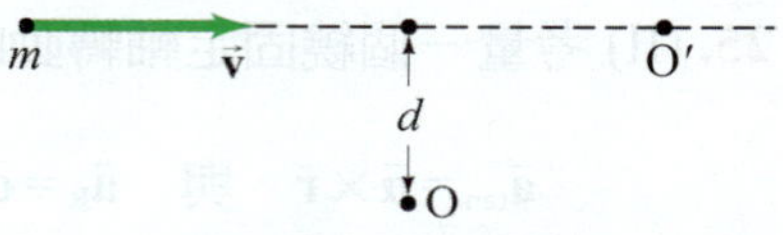

34. (I) 一質量為 m 的質點以等速度 v 移動，試求該質點於以下兩個條件下 (圖 11-33) 的角動量：(a) 對於原點 O，(b) 對於 O'。

圖 11-33 習題 34。

35. (II) 兩個完全相同的質點具有相等且方向相反的動量 $\vec{\mathbf{p}}$ 與 $-\vec{\mathbf{p}}$，但是它們不在相同的直線上行進。試證明此系統的總角動量與原點的選取無關。

36. (II) 當一個 75 g 的質點位於 $x=4.4$ m，$y=-6.0$ m 處，且速度為 $v=(3.2\,\hat{\mathbf{i}}-8.0\,\hat{\mathbf{k}})$ m/s 時，試求該質點對於座標原點的角動量。

37. (II) 一個質量為 3.8 kg 之質點位於 $(x, y, z)=(1.0, 2.0, 3.0)$ m 處，它以 $(-5.0, 2.8, -3.1)$ m/s 的向量速度行進，試求該質點對於原點的向量角動量。

11-4 與 11-5 角動量與力矩；一般運動；剛體

38. (II) 阿特伍德機 (圖 11-16) 是由兩個質量分別為 $m_A=7.0$ kg 及 $m_B=8.2$ kg 的物體經由一條繞過滑輪的繩子連接所組成。滑輪是半徑為 $R_0=0.40$ m 且質量為 0.80 kg 的圓柱體。(a) 試求各物體的加速度 a，(b) 如果忽略滑輪的轉動慣量，則加速度 a 的誤差百分比為何？忽略滑輪軸承的摩擦。

39. (II) 四個質量均為 m 的相同質點以等距固定在長度為 ℓ 且質量為 M 的細桿上，細桿的兩端各有一個質點。如果整個系統以角速度 ω 繞著通過其一端之質點而與桿正交的軸轉動，試求該系統的 (a) 動能，(b) 角動量。

40. (II) 兩根長度均為 24 cm 的輕桿子垂直地連接於一轉軸，兩桿方向成 180°，彼此相距 42 cm (圖 11-34)，兩桿末端各連接 480 g 的物體，且中心軸以 4.5 rad/s 的角速度轉動。試求 (a) 沿著中心軸的總角動量的分量，(b) 角動量向量與中心軸的夾角。[提示：對這兩個物體而言，計算角動量向量的參考點必須相同，此點可以為質心。]

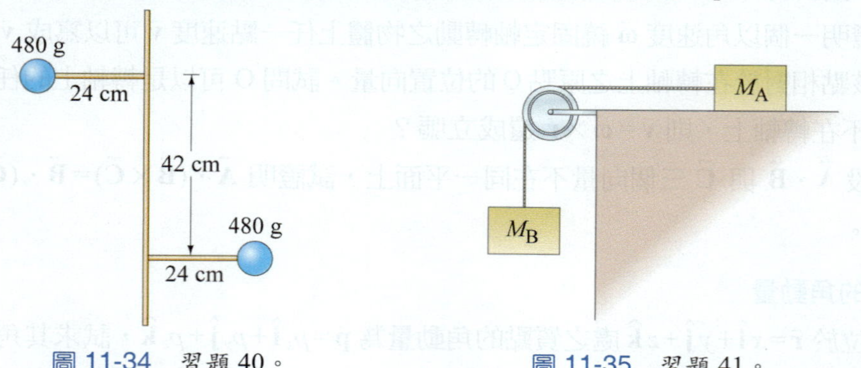

圖 11-34 習題 40。　圖 11-35 習題 41。

41. (II) 圖 11-35 表示兩個物體經由繞過滑輪的繩子所連接，此滑輪半徑為 R_0，轉動慣量為 I。物體 M_A 在無摩擦力的表面上滑動，而物體 M_B 則懸吊在空中，試推導 (a) 以 M_A 或 M_B 之速度 v 所表示的此系統繞滑輪軸的角動量，與 (b) 兩個物體的加速度。

42. (III) 一根長度為 ℓ 且質量為 M 的細桿以角速度 ω 繞著通過其中心之垂直軸轉動，細桿與轉軸成 ϕ 角，試求 $\vec{\mathbf{L}}$ 的大小與方向。

43. (III) 試證明質點系統繞一慣性參考座標之原點的總角動量 $\vec{\mathbf{L}}=\Sigma\vec{\mathbf{r}}_i\times\vec{\mathbf{p}}_i$ 可以寫成繞質心的角動量總和 $\vec{\mathbf{L}}^*$ (旋轉角動量)，加上質心繞原點的角動量 (軌道角動量)：$\vec{\mathbf{L}}=\vec{\mathbf{L}}^*+\vec{\mathbf{r}}_{\rm CM}\times M\vec{\mathbf{v}}_{\rm CM}$。[提示：參考 (11-9b) 式的推導]

*__44.__ (III) 圖 11-18 (例題 11-10) 中各個軸承所施的力 $\vec{\mathbf{F}}$ 之大小為何？軸承與 O 點的距離為 d。忽略重力的影響。

*__45.__ (III) 假設圖 11-18 中之 $m_{\rm B}=0$；亦即僅有 $m_{\rm A}$ 存在。如果各軸承與 O 點的距離為 d，試求作用在上下軸承的力 $F_{\rm A}$ 及 $F_{\rm B}$。[提示：選擇不同於 O 點之位置為原點，使得 $\vec{\mathbf{L}}$ 平行於 $\vec{\boldsymbol{\omega}}$。忽略重力的影響。]

*__46.__ (III) 假設圖 11-18 中之 $m_{\rm A}=m_{\rm B}=0.60$ kg，$r_{\rm A}=r_{\rm B}=0.30$ m，並且兩軸承相距 0.23 m。若 $\phi=34.0°$，$\omega=11.0$ rad/s，試計算每個軸承必須作用在軸上的力。

11-6 角動量守恆

47. (II) 一根質量為 M 且長度為 ℓ 的細桿垂直懸掛在位於其上端之無摩擦力的樞軸上。一塊質量為 m 的油灰以速度 v 朝水平方向撞擊桿子的質心位置，並黏在上面。請問桿子的底端會擺動多高？

48. (II) 一根長 1.0 m 的棒子，總質量 270 g，其中心處裝設一樞軸。一顆 3.0 g 的子彈從末端與樞軸中間處將棒子射穿 (圖 11-36)，射入的速度為 250 m/s，射出的速度為 140 m/s。試求棒子於碰撞後轉動的角速度。

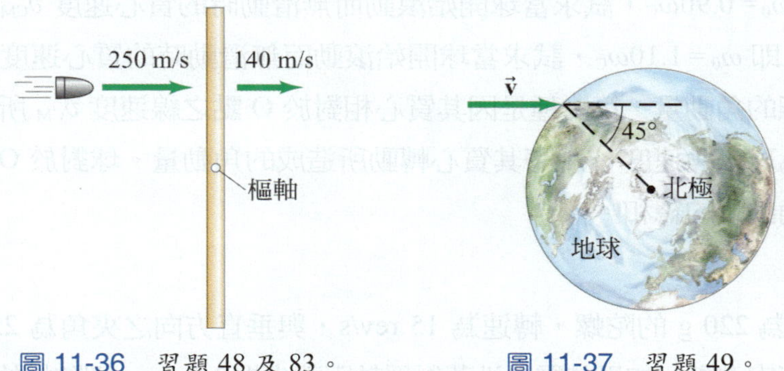

圖 11-36 習題 48 及 83。 圖 11-37 習題 49。

49. (II) 假設一個 5.8×10^{10} kg 的流星以 $v=2.2\times10^4$ m/s 之速率撞擊地球赤道處 (圖 11-37)，並嵌在地球上。它對地球轉動頻率 (1 rev/day) 的影響有多大？

50. (III) 一根長 2.7 m，且質量為 230 kg 之橫樑以 18 m/s 的速率在冰上滑過某人的身邊 (圖 11-38)。此人體重 65 kg，原先為靜止狀態，當橫樑通過身邊時，他抓住樑的末端，他與樑都在冰上旋轉。假設摩擦可以不計，試求 (a) 碰撞後，此系統質心的移動速度有多快？(b) 此系統繞其質心轉動的角速度為何？

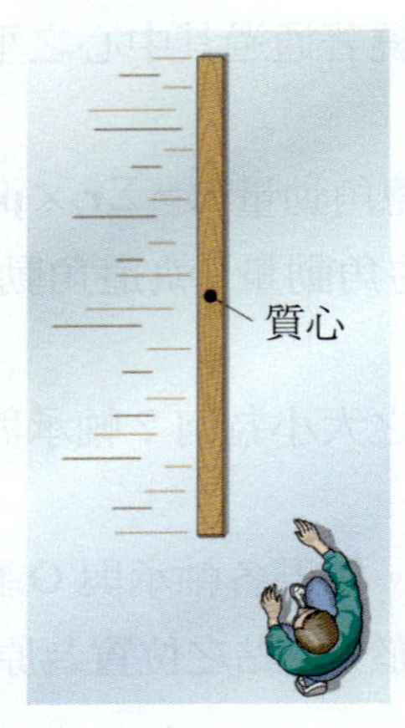

圖 11-38　習題 50。

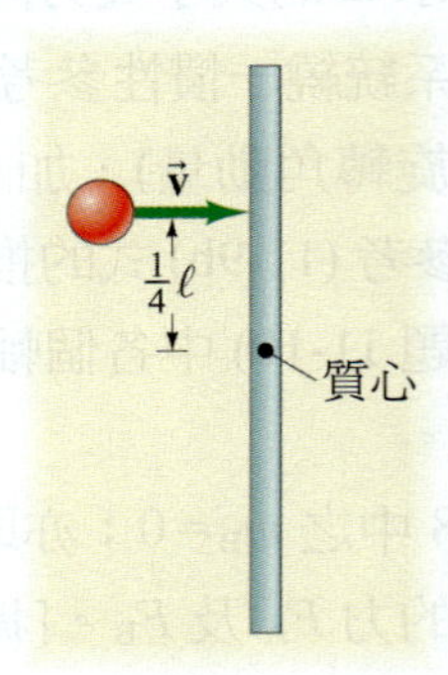

圖 11-39　習題 51 與 84。

51. (III) 一根質量為 M 且長為 ℓ 的細桿靜置於無摩擦的桌面上，一顆質量為 m 的黏土球以速率 v 撞擊桿上距質心 $\ell/4$ 處 (圖 11-39)。球黏在桿上，試求於撞擊後桿的平移及轉動速率。

52. (III) 在平坦的撞球桌上，白色球起初是靜止於 O 點，受撞擊後以質心速度 v_0 以及"反"旋角速度 ω_0 行進 (圖 11-40)。球在最初滑動時受到動摩擦力的作用，(a) 試解釋為什麼球對於 O 點的角動量為守恆。(b) 利用角動量守恆定律，試求出臨界角速率 ω_C，使得如果 $\omega_0=\omega_C$，則動摩擦力會使球在最後會完全停住 (非短暫停止)；(c) 如果 ω_0 比 ω_C 小 10%，即 $\omega_0=0.90\omega_C$，試求當球開始滾動而無滑動時的質心速度 v_{CM}，(d) 如果 ω_0 比 ω_C 大 10%，即 $\omega_0=1.10\omega_C$，試求當球開始滾動而無滑動時的質心速度 v_{CM}。[提示：球具有兩種型態的角動量，第一種是因其質心相對於 O 點之線速度 v_{CM} 所造成的角動量，第二種是因為球以角速度 ω 繞著其質心轉動所造成的角動量。球對於 O 點的總角動量 L 等於這兩種角動量的總和。]

圖 11-40　習題 52。

*11-7　陀　螺

*__53.__ (II) 一個質量為 220 g 的陀螺，轉速為 15 rev/s，與垂直方向之夾角為 25°，它以每 6.5 s 轉 1.00 圈的速率進動，如果其質心沿著對稱軸距離尖端 3.5 cm，則陀螺的轉動慣量為何？

*__54.__ (II) 一玩具陀螺儀是由一 170 g 且半徑為 5.5 cm 的圓盤安裝於長 21 cm 的細軸中央所組成 (圖 11-41)。陀螺儀以 45 rev/s 的轉速旋轉，軸的一端置於基座上，另一端則水平地繞基座進動。(a) 陀螺儀進動一圈需要多長的時間？(b) 如果陀螺儀的尺寸加倍 (半徑為 11 cm，軸長為 42 cm)，則進動一圈需要多長的時間？

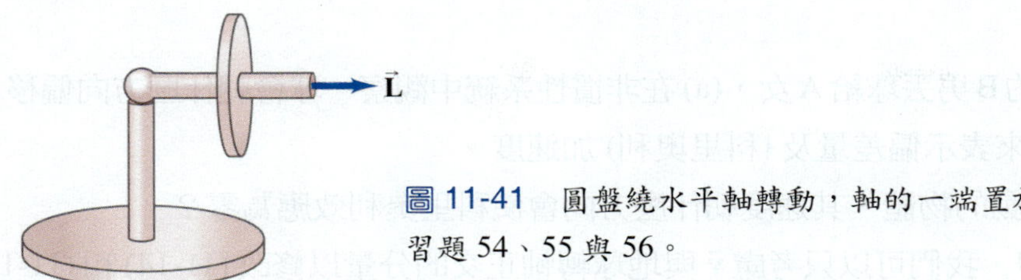

圖 11-41 圓盤繞水平軸轉動，軸的一端置於基座上。習題 54、55 與 56。

*55. (II) 假設圖 11-41 之實心圓盤質量為 300 g，以 85 rad/s 之轉速轉動，其半徑為 6.0 cm，且安裝在長 25 cm 之水平細軸的中央，該軸的進動速率為何？

*56. (II) 如果將一質量為習題 55 中圓盤之一半的物體置於軸的自由端。則進動速率為何？視此外加的物體之尺寸為零。

*57. (II) 一個直徑為 65 cm 且質量為 m 的腳踏車輪繞著它的軸轉動，兩個 20 cm 長的木質把手分別連接於車輪的兩側而作為轉軸。將繩子繫在其中一個把手末端的小鉤子上，然後用手輕拍腳踏車輪，使其轉動，當你將轉動中的車輪放開時，車輪會繞著由繩子所界定的垂直軸而進動，而且車輪不會掉落 (若車輪沒有轉動就會掉落)。如果車輪以 2.0 rev/s 之轉速朝逆時針方向轉動，且轉軸保持水平，試估算進動速率及方向。

*11-8 轉動的參考座標

*58. (II) 如果讓一顆種子在轉動平台上生長成植物，其生長方向將成一個角度朝內側傾斜。試以 g、r 與 ω 表示此一角度 (將你自己置於轉動的座標中)。為什麼植物向內側生長，並非向外側生長？

*59. (III) 已知 $\vec{g}'$ 為自轉的地球上某一點的有效重力加速度，它等於 "真實" $\vec{g}$ 值加上轉動參考座標效應 ($m\omega^2 r$ 項) 的向量總和，如圖 11-42。試求在 (a) 北極，(b) 北緯 45.0° 與 (c) 赤道上 $\vec{g}'$ 之大小以及相對於來自地球中心之徑向線的方向。假設 g (如果 ω 為零) 為常數 9.80 m/s^2。

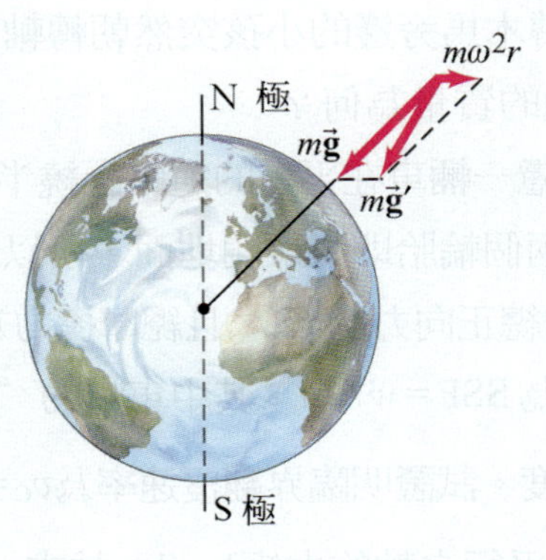

圖 11-42 習題 59。

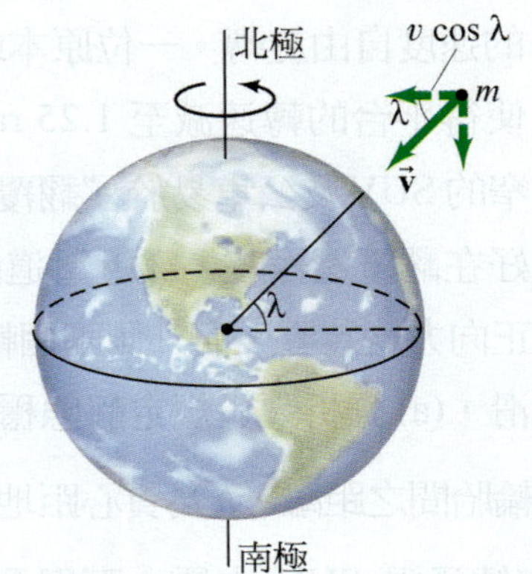

圖 11-43 習題 62。在緯度為 λ 處，質量 m 的物體垂直掉落在地球上。

*11-9 科里奧利效應

*60. (II) 假設圖 11-26 中的 B 男丟球給 A 女，(a) 在非慣性系統中觀察，球會朝什麼方向偏移？(b) 試推導一公式，來表示偏差量及 (科里奧利) 加速度。

*61. (II) 在地球赤道上移動的物體，其速度朝什麼方向會使科里奧利效應為零？

*62. (III) 對地球上的物體，我們可以只考慮 $\vec{\mathbf{v}}$ 與地球轉軸正交的分量以修改 (11-14) 和 (11-15) 式。由圖 11-43 可知，對一個垂直落下的物體而言，此分量為 $v\cos\lambda$，其中 λ 為該地點之緯度。如果一個鉛球從位於義大利佛羅倫斯 (北緯 44 度) 之高度為 110 m的高塔上垂直落下，則當鉛球著地時，它受到科里奧利力造成的偏移為多少？

*63. (III) 一個輪子以固定的角速度 ω 繞著垂直軸轉動，輪子上有一隻螞蟻以固定的速率沿輪子的徑向輪輻向外爬行。試針對作用在螞蟻身上所有的力 (包含慣性力)，寫出一向量方程式。選取輪輻方向為 x 軸，y 軸與輪輻垂直，且指向螞蟻的左方，z 軸為垂直向上。由上往下俯視時，輪子朝逆時針方向轉動。

一般習題

64. 將一條細線纏繞在半徑 R 且質量為 M 的圓柱型鐵環上。線的一端固定，當鬆開細線時，鐵環由靜止垂直落下，(a) 以時間的函數表示鐵環繞其質心的角動量。(b) 以時間函數表示細線中的張力。

65. 一個質量為 1.00 kg 的質點以 $\vec{\mathbf{v}} = (7.0\,\hat{\mathbf{i}} + 6.0\,\hat{\mathbf{j}})$ m/s 的速度移動，(a) 當質點位於 $\vec{\mathbf{r}} = (2.0\,\hat{\mathbf{j}} + 4.0\,\hat{\mathbf{k}})$ m 處時，試求相對於原點的角動量 $\vec{\mathbf{L}}$。(b) 若質點在 $\vec{\mathbf{r}}$ 處受到外力 $\vec{\mathbf{F}} = 4.0\,\text{N}\,\hat{\mathbf{i}}$ 的作用，試求相對於原點的力矩。

66. 一個轉動慣量為 1260 kg · m^2 且半徑為 2.5 m 的旋轉木馬在摩擦可忽略的情形下以 1.70 rad/s 的速度自由旋轉。一位原本站在旋轉木馬旁邊的小孩突然朝轉軸方向跳上平台的邊緣，使得平台的轉速減至 1.25 rad/s。她的質量為何？

67. 為何高且窄的 SUV 及公車易於 “翻覆” ？考慮一輛車在平坦的道路上繞半徑 R 的彎道行駛，當剛好在翻覆邊緣時，靠近彎道內側的兩個輪胎即將離開地面，所以這兩個輪胎的摩擦力及正向力均為零，而外側兩個輪胎上的總正向力為 F_N，且總摩擦力為 F_{fr}。假設汽車沒有打滑，(a) 分析人員規定靜態穩定係數為 SSF $= w/2h$，其中車輪的 “軸距” w 為同軸上兩個輪胎間之距離，h 為質心距地面的高度。試證明臨界翻覆速率為 $v_C = \sqrt{Rg\left(\frac{w}{2h}\right)}$。[提示：取繞通過 SUV 之質心而與運動方向平行之軸的力矩]，(b) 試求一般客車 (SSF $= 1.40$) 及 SUV (SSF $= 1.05$) 在 90 km/h 的車速下，公路彎道最小半徑的比值。

68. 某球形小行星的半徑為 $r = 123$ m，質量為 $M = 2.25\times10^{10}$ kg，每天繞轉軸轉動四圈。有一艘“牽引”太空船降落在行星的南極 (依轉軸定義)，然後發動引擎，因而對行星表面施加一個切線方向的力 F，如圖 11-44 中所示。如果 $F = 265$ N，這個方法需要花多少時間才能使行星之轉軸轉動 10.0°？

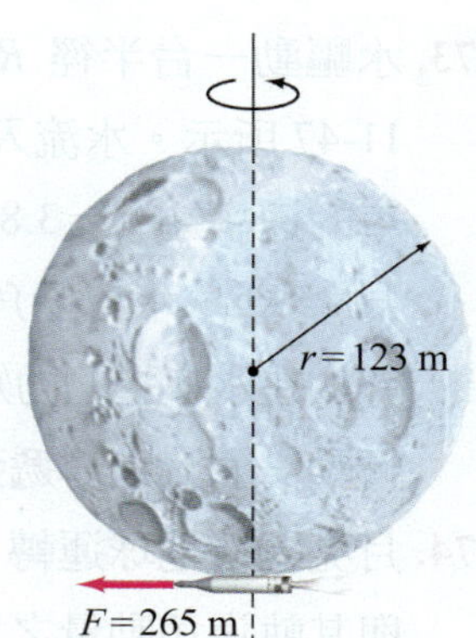

圖 11-44 習題 68。

69. 一個點物體在 xy 平面上，以固定的速率 v 沿著半徑 R 的圓周朝逆時針方向移動，其位置的時間關係式為

$$\vec{\mathbf{r}} = \hat{\mathbf{i}}\,R\cos\omega t + \hat{\mathbf{j}}\,R\sin\omega t$$

其中，常數 $\omega = v/R$。試求此物體的速度 $\vec{\mathbf{v}}$ 以及角速度 $\vec{\boldsymbol{\omega}}$，並且證明這三個向量遵守 $\vec{\mathbf{v}} = \vec{\boldsymbol{\omega}}\times\vec{\mathbf{r}}$ 的關係。

70. 一個質量為 m 的質點在螺旋狀路徑上 (圖 11-45) 行進的位置為

$$\vec{\mathbf{r}} = R\cos\left(\frac{2\pi z}{d}\right)\hat{\mathbf{i}} + R\sin\left(\frac{2\pi z}{d}\right)\hat{\mathbf{j}} + z\,\hat{\mathbf{k}}$$

其中，R 與 d 分別是螺旋路徑的半徑與截距，而 z 與時間相關 $z = v_z t$，其中 v_z 為常數，係 z 方向的速度分量。試求該質點對於原點的時間相依角動量 $\vec{\mathbf{L}}$。

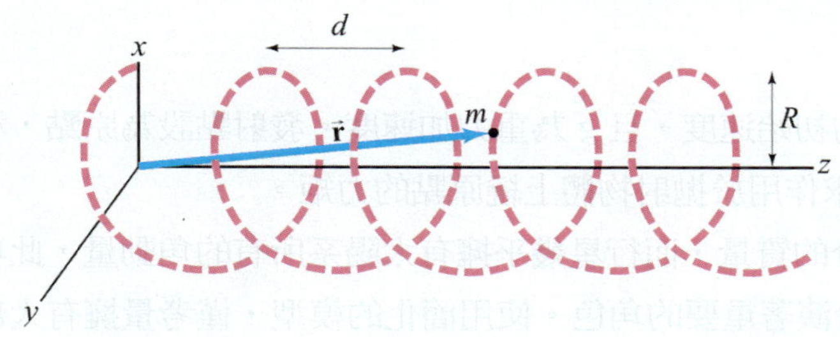

圖 11-45 習題 70。

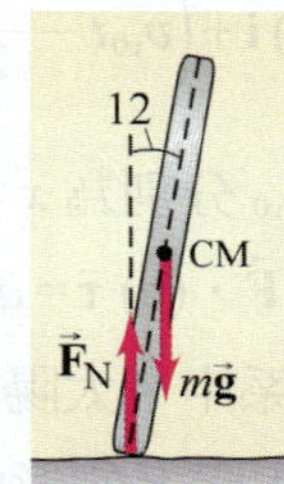

圖 11-46 習題 71。

71. 一個小男孩沿著筆直平坦的街道滾動一個輪胎。輪胎的質量為 8.0 kg、半徑為 0.32 m，且繞其對稱中心軸的轉動慣量為 0.83 kg · m²。男孩以 2.1 m/s 的速率將輪胎向前推出去，然後他看到輪胎向右傾斜 12° (圖 11-46)，(a) 合成的力矩對輪胎後續的移動會造成什麼影響？(b) 試將剛開始的角動量與 0.2 s 內由此力矩所造成的角動量變化相比較。

72. 某位 70 kg 的人站在些微轉動的平台上，雙臂向外平伸，(a) 利用以下的近似值估算此人的轉動慣量：將軀體 (包含頭與腿) 視為質量為 60 kg、半徑為 12 cm 且高度為 1.70 m 的圓柱體，將手臂視為質量為 5.0 kg、長度為 60 cm 的桿子，與圓柱體相連。(b) 利用相同的近似方式，估算雙臂緊貼軀體時的轉動慣量。(c) 如果雙臂向外平伸時轉動一圈需要 1.5 s，則雙臂緊貼軀體時轉動一圈需要多少時間？忽略平台的轉動慣量。(d) 試求雙臂從軀體側抬高至向外平伸位置之動能的變化。(e) 從 (d) 中的答案，你預期是在轉動或靜止時抬起雙臂較容易？

73. 水驅動一台半徑 R 為 3.0 m 的水車 (或渦輪)，如圖 11-47 所示。水流入水車的速率為 $v_1 = 7.0$ m/s，流出水車的速率為 $v_2 = 3.8$ m/s。(a) 如果每秒內流過水車的水為 85 kg，水傳遞角動量至水車的速率是多少？(b) 水施加在水車上的力矩是多少？(c) 如果水使水車每 5.5 s 轉動一圈，則傳遞到水車上的功率是多少？

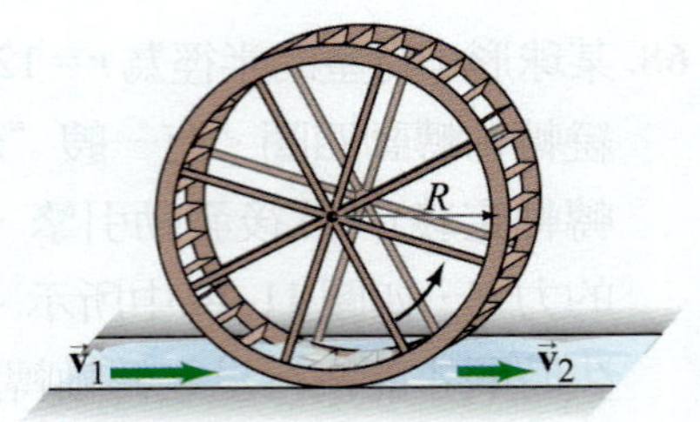

圖 11-47 習題 73。

74. 月亮繞行地球運轉，總是以同一側朝向地球。試求月亮的旋轉角動量 (繞月亮本身的軸) 與其軌道角動量之比。(在後者的情況中，視月亮為一個繞行地球的質點。)

75. 一個質量為 m 的質點，沿著半徑為 R 的圓周，以等加速度朝逆時針方向移動，其位置為

$$\vec{\mathbf{r}} = \hat{\mathbf{i}} R\cos\theta + \hat{\mathbf{j}} R\sin\theta$$

$\theta = \omega_0 t + \frac{1}{2}\alpha t^2$，其中的常數 ω_0 與 α 分別是初始角速度與角加速度。試求物體的切線加速度 $\vec{\mathbf{a}}_{\tan}$，並且利用 (a) $\vec{\boldsymbol{\tau}} = \vec{\mathbf{r}} \times \vec{\mathbf{F}}$，(b) $\vec{\boldsymbol{\tau}} = I\vec{\boldsymbol{\alpha}}$ 求出作用於物體上的力矩。

76. 某質量為 m 之拋射體從地面射出，其軌道為

$$\vec{\mathbf{r}} = (v_{x0})\,\hat{\mathbf{i}} + \left(v_{y0}t - \frac{1}{2}gt^2\right)\hat{\mathbf{j}}$$

其中 v_{x0} 與 v_{y0} 分別為 x 與 y 方向的初始速度，且 g 為重力加速度。發射點設為原點，利用 (a) $\vec{\boldsymbol{\tau}} = \vec{\mathbf{r}} \times \vec{\mathbf{F}}$，(b) $\vec{\boldsymbol{\tau}} = d\vec{\mathbf{L}}/dt$，試求作用於拋射物體上繞原點的力矩。

77. 我們的太陽系中，太陽擁有大部分的質量，而行星幾乎擁有太陽系所有的角動量，此項觀察在解釋太陽系的形成理論中扮演著重要的角色。使用簡化的模型，僅考量擁有大部分角動量的外圍大型行星，試估算行星擁有之角動量佔太陽系之總角動量的比例。中央的太陽 (質量為 1.99×10^{30} kg，半徑為 6.96×10^8 m) 繞著本身的軸每 25 天轉動一圈，而木星、土星、天王星、海王星在幾近圓形的軌道中繞著太陽運行，其相關資料如下表。忽略每個行星的自轉。

行星	距太陽的平均距離 ($\times 10^6$ km)	軌道週期 (地球年)	質量 ($\times 10^{25}$ kg)
木星	778	11.9	190
土星	1427	29.5	56.8
天王星	2870	84.0	8.68
海王星	4500	165	10.2

78. 一位腳踏車騎士以 $v = 9.2$ m/s 速度行駛在平坦的道路上，正要在半徑為 12 m 的彎道上轉彎。作用於騎士及車子上的力有由路面對輪胎施加的正向力 ($\vec{\mathbf{F}}_N$) 及摩擦力 ($\vec{\mathbf{F}}_{fr}$)，以及騎

士與車子的總重量 $m\vec{g}$。忽略輪子的質量，(a) 試詳細解釋，如果騎士要維持平衡，為什麼腳踏車與垂直方向的夾角 θ (圖 11-48) 必須是 $\tan\theta = F_{fr}/F_N$，(b) 利用已知數計算 θ [提示：將腳踏車及騎士視為"圓形的"平移運動。] (c) 如果道路與輪胎之間的靜摩擦係數為 $\mu_s = 0.65$，則最小的轉彎半徑是多少？

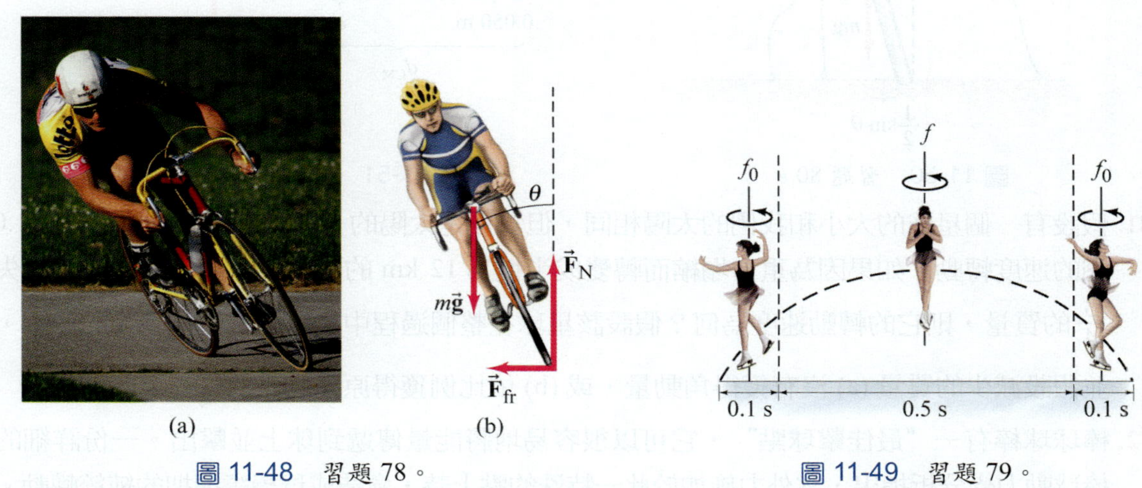

圖 11-48　習題 78。　　圖 11-49　習題 79。

79. 花式溜冰競賽者通常會表演單、二及三軸的轉體跳躍，分別在空中完成繞垂直軸的 $1\frac{1}{2}$、$2\frac{1}{2}$ 及 $3\frac{1}{2}$ 圈旋轉。要做出這些跳躍動作，一般花式溜冰表演者在空中的時間約有 0.70 s。假設某位選手離開地面時呈現"張開" (open) 的姿勢 (例如，雙臂向外伸展)，其轉動慣量為 I_0，轉動頻率為 $f_0 = 1.2$ rev/s，並維持此姿勢 0.10 s。然後改以"緊縮" (closed) 的姿勢，此時轉動慣量為 I，轉動頻率為 f，並維持 0.50 s。最後再恢復成"張開"的姿勢，並維持 0.10 s，直到落地 (圖 11-49)。(a) 為何花式溜冰者在跳躍的過程中其角動量守恆？(b) 為了成功完成單軸與三軸跳躍，試求停留在空中之中間階段的最小轉動頻率 f，(c) 根據此模型，試證明花式溜冰者必定可以分別在表演單軸與三軸跳躍時，於停留在空中之中間階段減少 2 及 5 倍的轉動慣量。

80. 一無線電發射塔之質量為 80 kg，高度為 12 m。塔的底部用彈性接頭固定於地面，並利用三條相距 120° 的纜繩使其更為牢固 (圖 11-50)。於潛在風險分析中，力學工程師需要判斷塔在某條纜繩斷裂時的情形。塔可能會朝遠離斷裂纜繩的方向傾倒，繞著其底部轉動。試以轉動角 θ 之函數表示塔頂的速率。利用轉動動力學方程式 $d\vec{\mathbf{L}}/dt = \vec{\boldsymbol{\tau}}_{net}$ 進行分析，並將塔大致視為高且細的桿。

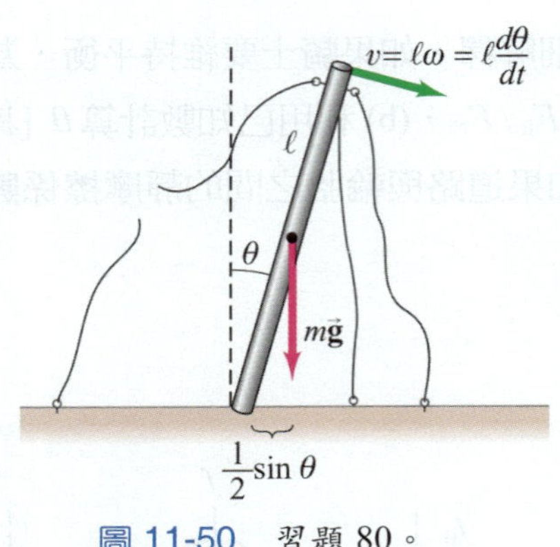

圖 11-50 習題 80。

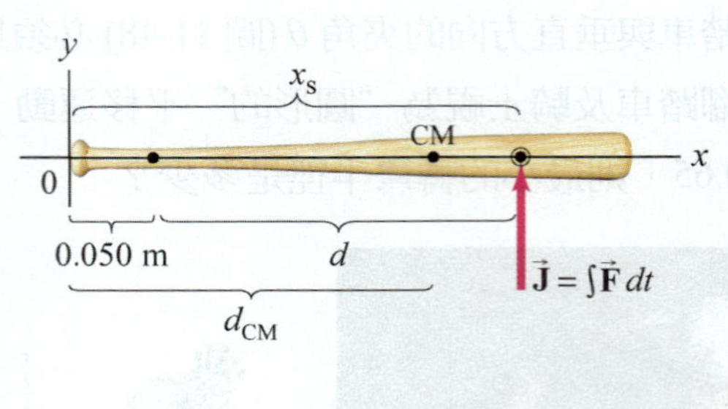

圖 11-51 習題 82。

81. 假設有一個星球的大小和我們的太陽相同，但質量是太陽的 8 倍，它以每 9.0 天轉動 1.0 圈的速度轉動。如果因為重力塌縮而轉變成半徑為 12 km 的中子星，並且在過程中損失 $\frac{3}{4}$ 的質量，則它的轉動速度為何？假設該星球在整個過程中始終都維持是均勻的球體，並假設減少的質量 (a) 沒有獲得角動量，或 (b) 依比例獲得原角動量的 $\frac{3}{4}$。

82. 棒球球棒有一"最佳擊球點"，它可以很容易地將能量傳遞到球上並擊出。一份詳細的棒球動力學分析指出，當外力施加於此一特殊的點上時，會造成球棒繞握把的純粹轉動。試求出圖 11-51 中球棒之最佳擊球點的位置。球棒的線質量密度大約為 $(0.61 + 3.3x^2)$ kg/m，其中 x 是距握把末端的距離，球棒總長為 0.84 m，期望的轉動點是距離末端 5.0 cm 的握棒處。[提示：球棒的質心在哪裡？]

*數值／計算機

***83.** (II) 一根長 1.00 m、總質量為 330 g 的均勻棒子以中心為樞軸，一顆 3.0 g 的子彈在距樞軸 x 處射穿棒子，子彈射入的速度為 250 m/s，射出的速度為 140 m/s (圖 11-36)，(a) 試以 x 之函數式表示棒子在受到衝擊之後轉動的角速度，(b) 畫出由 $x = 0$ 至 $x = 0.50$ m 的角速度變化。

***84.** (III) 圖 11-39 顯示一根靜置於無摩擦桌面上之質量為 M 且長度為 ℓ 的細桿。它受到一顆質量為 m 的黏土球以速率 v 撞擊距質心處 x 的位置。然後球黏在桿子上。(a) 試求系統於衝擊之後的轉動方程式，(b) 畫出系統在 $M = 450$ g、$m = 15$ g、$\ell = 1.20$ m 及 $v = 12$ m/s 的條件下，由 $x = 0$ 至 $x = \ell/2$ 的轉動情形，(c) 平移運動是否與 x 相關？試解釋之。

練習題答案

A: (b)。

B: (a)。

C: (b)。

D: (i)(d)；(ii)(a)；(iii)(b)。

E: (e)。

靜態平衡；彈性與斷裂

我們的整個建築環境，從現代橋樑到摩天大樓，都需要建築師和工程師確定這些結構中的力和應力。其目的是使這些結構保持靜止穩定而不會移動，尤其更不能倒塌。

章前問題——試著想想看！

圖中所示的跳板有兩個支撐點 A 和 B。關於施加在跳板上 A 和 B 兩處的力，哪一個敘述是正確的？

(a) $\vec{\mathbf{F}}_A$ 朝下，$\vec{\mathbf{F}}_B$ 朝上，且 F_B 大於 F_A。

(b) 兩個力都朝上，且 F_B 大於 F_A。

(c) $\vec{\mathbf{F}}_A$ 朝下，$\vec{\mathbf{F}}_B$ 朝上，且 F_A 大於 F_B。

(d) 兩個力都朝下，且二者大致相等。

(e) $\vec{\mathbf{F}}_B$ 朝下，$\vec{\mathbf{F}}_A$ 朝上，且大小相等。

圖 12-1　1981 年堪薩斯市一家飯店的天橋崩塌。如何以簡單的物理計算來防止損失 100 多條生命的悲劇發生是例題 12-9 的內容。

我們現在研究力學中的一個特殊情況——當作用在物體或物體系統上的淨力與淨力矩兩者均為零時，物體或系統的線加速度與角加速度也都是零。此時物體不是靜止就是其質心以等速度移動。我們將討論的是物體為靜止的第一種情況。

我們將學習如何準確計算結構中的力(與力矩)。這些力的作用方式與地點對於建築物、橋樑與其他結構體，甚至對人體都是非常重要的。

靜力學 (statics) 是計算處於平衡狀態之結構上或內部的作用力。這些力的計算是本章的第一部分，接下來則是在結構不致變形或斷裂的條件下，確定結構體是否能夠承受這些力，因為如果施加過多的力，任何材料都可能會斷裂或彎曲變形 (圖 12-1)。

12-1　平衡的條件

日常生活中的物體至少都受到一個力的作用 (重力)。如果它們是靜止的，就必定還受到其他的力作用，而使得其淨力為零。例如，一本靜置於桌上的書則受到兩個力的作用，向下的重力以及桌子對書所施加的向上的正向力 (圖 12-2)。由於書是靜止的，因此牛頓第二運動定律告訴我們，作用在書上的淨力為零。所以桌子對書向上施加的力其大小必定等於書向下作用的重力。這樣的一個物體被稱為是處於兩個力作用之下的**平衡** (equilibrium) 狀態中。

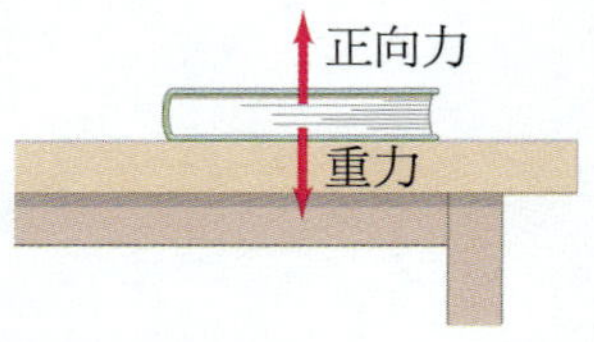

圖 12-2　這本書處於平衡狀態；書上的淨力為零。

不要將圖 12-2 中的兩個力與牛頓第三運動定律中作用在不同物體上的大小相等且方向相反的力混為一談。此處的兩個力是作用在同一個物體上，因而它們的總和為零。

平衡的第一個條件

對於靜止的物體而言，牛頓第二運動定律告訴我們作用在物體上的力其總和必定是零。因為力是向量，所以淨力的每個分量也必定是零。因此，平衡的一個條件是

$$\Sigma F_x = 0，\Sigma F_y = 0，\Sigma F_z = 0 \qquad \textbf{(12-1)}$$

我們主要討論的是作用在平面上的力，因此通常只需要 x 和 y 分量。記住，如果特定的力分量朝著負的 x 或 y 軸方向，它必須有一個負號。(12-1) 式稱為**平衡的第一個條件** (first condition for equilibrium)。

例題 12-1 **吊燈繩索中的張力** 兩條繩索連接到支撐 200 kg 之吊燈的垂直繩索上。計算這兩條繩索中的張力 $\vec{\mathbf{F}}_\mathrm{A}$ 和 $\vec{\mathbf{F}}_\mathrm{B}$ (圖 12-3)。忽略繩索的質量。

方法 我們需要一個自由體圖，但是哪一個物體是自由體呢？如果選擇吊燈，則支撐它的繩索所施加的力必須等於吊燈的重量 $mg=(200\ \mathrm{kg})(9.8\ \mathrm{m/s^2})=1960\ \mathrm{N}$。但是如此並未將力 $\vec{\mathbf{F}}_\mathrm{A}$ 和 $\vec{\mathbf{F}}_\mathrm{B}$ 包括在內。因此我們反而選擇三條繩索的連接點當作自由體(它可能是一個結)。自由體圖如圖 12-3a 所示。這三個力——$\vec{\mathbf{F}}_\mathrm{A}$、$\vec{\mathbf{F}}_\mathrm{B}$ 以及等於 200 kg 吊燈之重量的垂直繩索之張力——同時作用在三條繩索的連接點。因為這是二維的問題，所以對於此連接點我們可以寫出 $\Sigma F_x=0$ 與 $\Sigma F_y=0$。由於繩索中的張力只能朝著繩索之方向，正如第 4 章所指出，其他方向的任何張力將造成繩索彎曲——所以 $\vec{\mathbf{F}}_\mathrm{A}$ 和 $\vec{\mathbf{F}}_\mathrm{B}$ 的方向為已知。因此未知數只有 F_A 和 F_B。

解答 我們首先將 $\vec{\mathbf{F}}_\mathrm{A}$ 分解為水平 (x) 和垂直 (y) 分量。雖然我們不知道 F_A 值，但是可以寫出 (參見圖 12-3b) $F_{\mathrm{A}x}=-F_\mathrm{A}\cos 60°$ 和 $F_{\mathrm{A}y}=F_\mathrm{A}\sin 60°$。而 $\vec{\mathbf{F}}_\mathrm{B}$ 只有 x 分量。在垂直方向中，有由垂直繩索向下施加而等於吊燈的重量 $=(200\ \mathrm{kg})(g)$ 的力，以及 $\vec{\mathbf{F}}_\mathrm{A}$ 垂直向上的分量

$$\Sigma F_y=0$$

$$F_\mathrm{A}\sin 60°-(200\ \mathrm{kg})(g)=0$$

所以

$$F_\mathrm{A}=\frac{(200\ \mathrm{kg})\,g}{\sin 60°}=(231\ \mathrm{kg})\,g=2260\ \mathrm{N}$$

在水平方向中，$\Sigma F_x=0$，

$$\Sigma F_x=F_\mathrm{B}-F_\mathrm{A}\cos 60°=0$$

因此

$$F_\mathrm{B}=F_\mathrm{A}\cos 60°=(231\ \mathrm{kg})(g)(0.500)=(115\ \mathrm{kg})\,g=1130\ \mathrm{N}$$

$\vec{\mathbf{F}}_\mathrm{A}$ 和 $\vec{\mathbf{F}}_\mathrm{B}$ 的大小決定繩索或金屬線的強度。在本題中，繩索至少必須能夠支撐 230 kg。

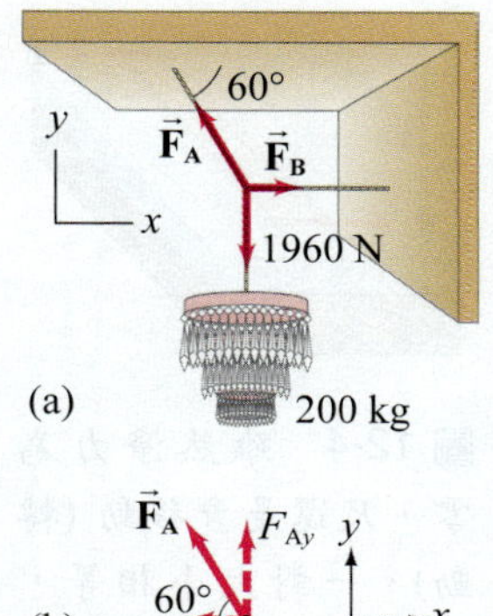

圖 12-3 例題 12-1。

練習 A 在例題 12-1 中，為什麼 F_A 必須大於吊燈的重量 mg？

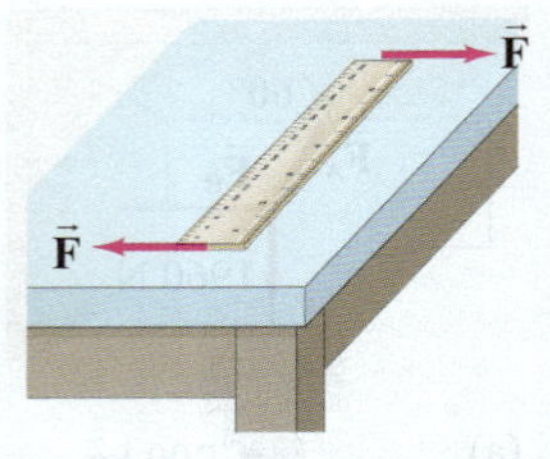

圖 12-4 雖然淨力為零，尺還是會移動 (轉動)。一對大小相等，方向相反且作用在一物體不同位置上的力 (如圖所示) 稱為力偶。

⚠ 注意

軸的選擇對 $\Sigma\tau=0$ 而言是任意的。所有力矩必須繞同一軸計算。

物理應用

槓桿

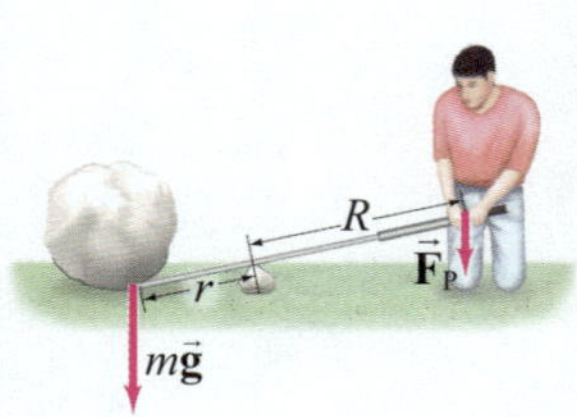

圖 12-5 例題 12-2。槓桿可以"增加"你的力量。

平衡的第二個條件

雖然 (12-1) 式是物體平衡的一個必要條件，但卻不是充分條件。圖 12-4 顯示一個淨作用力為零的物體。雖然標記為 $\vec{\mathbf{F}}$ 的兩個力之總和使得作用於物體上的淨力為零，但是它們會造成一個淨力矩而使物體轉動。根據 (10-14) 式，$\Sigma\tau=I\alpha$，如果物體處於靜止狀態，則施加在物體上的淨力矩 (對於任一軸) 必須為零。所以我們得到**平衡的第二個條件** (second condition for equilibrium)：作用在物體上繞任何一軸的力矩總和必須為零

$$\Sigma\tau=0 \qquad \textbf{(12-2)}$$

這項條件將保證繞任何一軸的角加速度 α 為零。如果物體原先並未轉動 ($\omega=0$)，則它就會保持非轉動的狀態。(12-1) 與 (12-2) 式為物體處於平衡狀態的唯一必要條件。

我們主要將討論所有的力都作用於同一平面 (稱為 xy 平面) 上的例子。在這種情況中，力矩是繞著與 xy 平面正交的軸所計算的，而此軸可以任意選取。如果物體為靜止，則不論繞任何的軸 $\Sigma\tau=0$ 都成立。所以，我們可以選擇能使計算簡化的任何一軸。而且，一旦選定了軸，所有的力矩都必須繞此軸計算。

觀念例題 12-2 **槓桿** 圖 12-5 中的棒子被作為撬起大石頭的槓桿之用，其中以小石頭為支點 (樞軸)。因為繞支點的力矩平衡，所以棒子較長端所需的力 F_P 比石頭的重量 mg 小。不過，如果槓桿效率欠佳，則無法移動大石頭。請問有哪兩種方法可以增加槓桿效率？

回答 方法之一為增加力 F_P 的力臂，可以在力 F_P 端塞入一根管子以增加力臂長度。第二種方法則是移動支點以縮短支點與大石頭之間的距離。這種方法雖然只會使長力臂略增，但會使短力臂減小可觀的比例，因此 R/r 之比會有顯著的改變。為了撬起大石頭，F_P 所產生的力矩至少要與 mg 所產生的力矩平衡，即 $mgr=F_PR$

$$\frac{r}{R}=\frac{F_P}{mg}$$

當 r 愈小，就可以用較小的力 F_P 來平衡重量 mg。負荷力與你所施的力之比值 ($=mg/F_P$) 為系統的**機械效益** (mechanical advantage)，

此處它等於 R/r。槓桿是一種“簡單機械”。在第 4 章的例題 4-14 中我們曾經討論過另一種簡單機械——滑輪。

練習 B 為了簡化問題，我們在例題 12-2 中所寫出的方程式好像是槓桿與力互相正交。如果槓桿與力成一角度，如圖 12-5 所示，則此方程式依然成立嗎？

12-2 解答靜力學問題

靜力學是一個很重要的主題，因為當結構體上的某些力為已知時，我們可以利用靜力學來計算結構體上 (或內部) 其他未知的力。我們接下來主要討論的是所有的力都作用在同一平面的情形。所以我們有兩個力的方程式 (x 與 y 分量) 以及一個力矩方程式，一共有三個方程式。如果沒有需要，當然不必解全部的三個方程式。在應用力矩方程式時，使物體朝逆時針方向轉動的力矩通常定義為正；相對地，使物體朝順時針方向轉動的力矩則定義為負。(但是相反的規定也可以使用。)

問題解答
逆時針方向 $\tau>0$
順時針方向 $\tau<0$

作用在物體上的力其中之一就是重力。如第 9-8 節中所述，我們可以將重力視為作用在物體的重心 (CG) 或質心 (CM) 上，而就實用目的而言，這兩者是同一點。材質均勻且形狀對稱的物體，其重心位於幾何中心。對於比較複雜的物體，其重心可以利用第 9-8 節中所述的方法來測定。

沒有單一的技巧可以解答靜力學的所有問題，但是以下所述的步驟可能會有所幫助。

解答問題策略

靜力學

1. 每次考慮一個物體。畫一個詳細的**自由體圖**顯示作用在物體上所有的力，其中包括重力以及這些力的作用點。如果你無法確定力的方向，可以任意選擇一個方向；如果實際的方向相反，則計算的結果會有負號。
2. 選取一個方便的**座標系統**，然後將力分解為每個軸的分量。
3. 以字母代表未知數，寫出**力的平衡方程式**

$$\Sigma F_x=0 \quad 與 \quad \Sigma F_y=0$$

假設所有的力都作用在同一平面上。

4. **對力矩方程式**而言，

$$\Sigma\tau = 0$$

選取一個與 xy 平面正交而且可以簡化計算的軸。(例如，你可以選擇一個軸，使得其中一個未知的力作用在該軸上，因而減少方程式中未知數的數目。而此未知的力之力臂為零，因此不會產生力矩，所以不會出現在力矩方程式中。) 小心正確地判斷每一個力的力臂。以＋或－符號表示力矩的方向。例如，若使物體朝逆時針方向轉動的力矩為正號，則朝順時針方向的力矩即為負號。

5. **解**這些方程式求出未知數。三個方程式最多可以解出三個未知數。它們可以是力、距離或角度。

物理應用

平衡蹺蹺板

例題 12-3 **平衡蹺蹺板** 有兩個小孩坐在一塊質量 $M = 2.0$ kg 的木板上玩蹺蹺板遊戲，如圖 12-6a 所示。A 小孩質量為 30 kg 坐在距離支點 P 為 2.5 m 處 (他的重心距支點 2.5 m)。質量為 25 kg 的 B 小孩應坐在距支點多遠 x 處才能平衡蹺蹺板？假設木板是均勻的且中心位於支點上。

方法 我們依循上述之解答問題策略的步驟。

解答

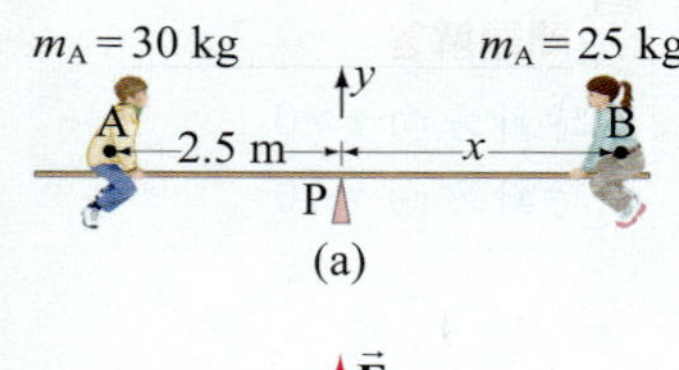

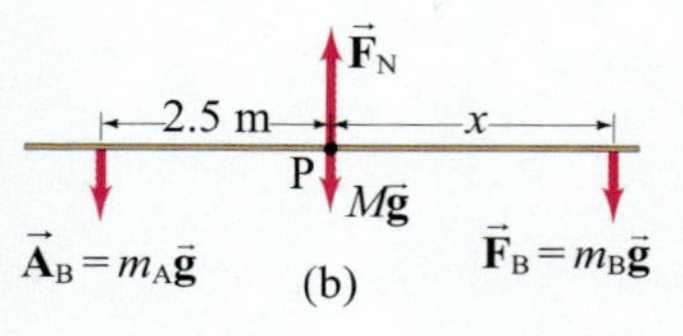

圖 12-6 (a) 兩個小孩坐在蹺蹺板上，例題 12-3。(b) 蹺蹺板的自由體圖。

1. **自由體圖**。我們選擇木板為考慮的物體，並假設它是水平的。其自由體圖如圖 12-6b 所示。作用在木板上的力是兩個小孩分別向下施加的力 $\vec{F}_A$ 和 $\vec{F}_B$，支點向上施加的力 $\vec{F}_N$，以及作用於均勻木板中央的重力 ($= M\vec{g}$)。

2. **座標系統**。我們選擇垂直方向為 y 軸，以向上為正，並且水平向右為＋x 軸之方向，而原點位於支點上。

3. **力的方程式**。所有的力都朝 y (垂直) 軸方向，所以

$$\Sigma F_y = 0$$

$$F_N - m_A g - m_B g - Mg = 0$$

其中 $F_A = m_A g$ 和 $F_B = m_B g$，因為當蹺蹺板平衡時，每個小孩也同時處於平衡狀態。

4. **力矩方程式**。計算繞在支點 P 處通過木板之軸的力矩。此時 F_N 與木板重量的力臂均為零，所以不會產生繞點 P 的力矩。所以力矩方程式中只包含表示兩個小孩重量的 $\vec{F}_A$ 和 $\vec{F}_B$。每位小孩施加的力矩為 mg 乘以對應的力臂，而力臂即為每位小孩距支點的距離。

因此，力矩方程式為

$$\Sigma\tau = 0$$

$$m_A g\,(2.5\text{ m}) - m_B g x + Mg\,(0\text{ m}) + F_N\,(0\text{ m}) = 0$$

或

$$m_A g\,(2.5\text{ m}) - m_B g x = 0$$

其中有兩項消失，因為其力臂為零。

5. 解。我們解力矩方程式求出 x 為

$$x = \frac{m_A}{m_B}(2.5\text{ m}) = \frac{30\text{ kg}}{25\text{ kg}}(2.5\text{ m}) = 3.0\text{ m}$$

為了要平衡蹺蹺板，B 小孩必須坐在其質心距支點 3.0 m 處。這是有道理的，因為 B 小孩比較輕，所以必須坐在距支點較遠處，以產生相等的力矩。

練習 C 因為軸的選取，所以我們不需要利用力的方程式解例題 12-3。試利用力的方程式求由支點所施加的力。

圖 12-7 中，有一個橫樑延伸至其支柱之外，如跳水板一般。這樣的橫樑稱為**懸臂樑** (cantilever)。作用於圖 12-7 中之橫樑上的力有由支柱施予的力 $\vec{\mathbf{F}}_A$ 與 $\vec{\mathbf{F}}_B$，以及作用於重心的重力，而重心位於右邊支柱的右側 5.0 m 處。假如你依循上一個例題的步驟，計算 F_A 與 F_B，並假設其方向向上，如圖 12-7 所示，將得到負值的 F_A。如果橫樑的質量為 1200 kg 且重量為 $mg = 12000$ N，則 $F_B = 15000$ N 且 $F_A = -3000$ N (參見習題 9)。當未知的力結果為負值時，表示此力的實際方向與原先假設的方向相反。所以圖 12-7 中，$\vec{\mathbf{F}}_A$ 的方向實際上朝下。稍加思考後，就會很清楚地知道，如果橫樑處於平衡狀態，左側的支柱必須對橫樑向下施加拉力 (藉由螺栓、螺絲釘、扣件和／或黏著劑)；否則，繞重心 (或繞 $\vec{\mathbf{F}}_B$ 作用的點) 的所有力矩總和不會是零。

物理應用
懸臂樑

問題解答
如果力為負值

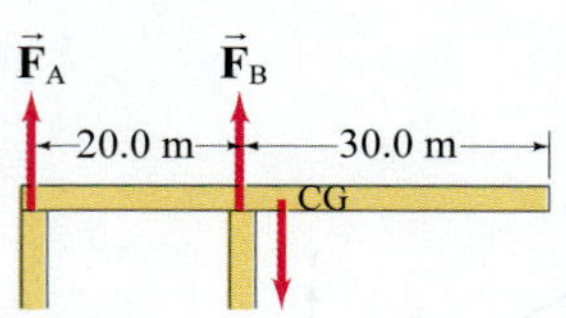

圖 12-7 懸臂樑。圖示的力向量是假設的，其方向可能與實際不同。

練習 D 回到第 499 頁的章前問題，現在再次作答。試解釋為什麼你的答案可能已經與第一次不同。

物理應用
作用在肌肉和關節上的力

例題 12-4 **二頭肌施加的力** 手中握著一個 5.0 kg 的球，(a) 當前臂平伸時，如圖 12-8a，以及 (b) 當前臂與水平成 45° 角時，如圖

12-8b，二頭肌必須施力多少？二頭肌由距肘關節 5.0 cm 的肌腱連接至前臂。假設前臂與手的總質量為 2.0 kg，並且其重心如圖中所示。

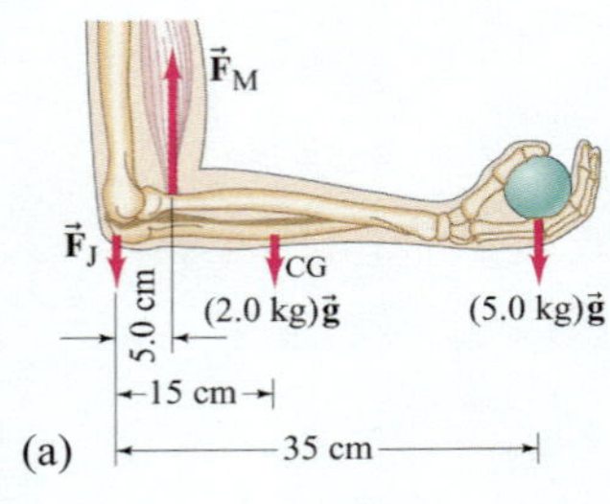

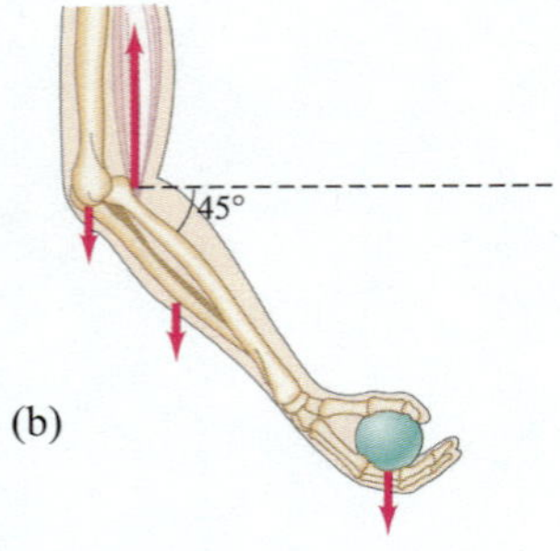

圖 12-8　例題 12-4。

方法　圖 12-8 為前臂的自由體圖；其中的力有手臂和球的重量，肌肉向上施加的力 $\vec{F}_M$，以及上臂關節骨骼施加的力 $\vec{F}_J$(假設所有的力都朝垂直方向)。我們想要求出 $\vec{F}_M$ 的大小，最容易的方法為選取通過關節的軸，使 $\vec{F}_J$ 產生的力矩為零，再利用力矩方程式求解。

解答　(a) 我們計算圖 12-8a 中繞 $\vec{F}_J$ 作用點之力矩。由 $\Sigma\tau=0$ 得到

$$(0.050\text{ m})F_M-(0.15\text{ m})(2.0\text{ kg})g-(0.35\text{ m})(5.0\text{ kg})g=0$$

解 F_M

$$F_M=\frac{(0.15\text{ m})(2.0\text{ kg})g+(0.35\text{ m})(5.0\text{ kg})g}{0.050\text{ m}}$$
$$=(41\text{ kg})g=400\text{ N}$$

(b) 此時，三個力繞關節的力臂減小為原來的 cos 45°。力矩方程式將與 (a) 中類似，只有其中各項的力臂減少。但是由於三個力臂改變的倍數相同，可以消去，所以得到相同的結果，$F_M=400$ N。

備註　肌肉所需的力 (400 N) 要比舉起的物體重量 ($=mg=49$ N) 大得多。的確，身體的肌肉和關節通常會承受相當大的力。

練習E　在例題 12-4 中，如果肌腱距肘關節 6.0 cm 而不是 5.0 cm，試問施力 450 N 的二頭肌可以使手中握住多大的質量？

下一個例題與一根以纜繩或繩索支撐且利用鉸鏈安裝在牆上的橫樑有關(圖 12-9)。務必要記住，一條有彈性的纜繩只能提供朝著其長度方向的力。(因為纜繩是有彈性的，所以力與纜繩正交的分量會造成纜繩的彎曲。) 但是對一個剛性裝置而言，如圖 12-9 中的鉸鏈，其作用力可能朝任何方向，而我們只有在解題之後才能知道方向為何。假設鉸鏈是又小又光滑，因此不能對橫樑施加內力矩 (繞其中心)。

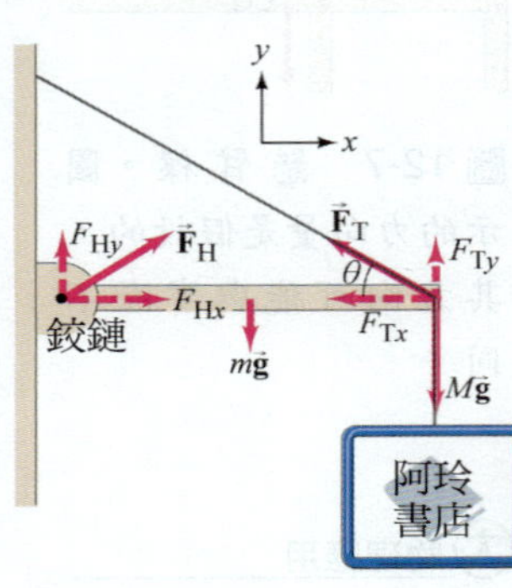

圖 12-9　例題 12-5。

例題 12-5　有鉸鏈的橫樑和纜繩　如圖 12-9 所示，一根長度為 2.20 m 且質量為 $m=25.0$ kg 的均勻橫樑，用一個小鉸鏈安裝在牆壁上。橫樑由一條纜繩支撐於水平位置，兩者之夾角為 $\theta=30.0°$。橫樑的末端掛著一個質量為 $M=28.0$ kg 的招牌。計算 (光滑的) 鉸鏈作

用在橫樑上的力 $\vec{\mathbf{F}}_{\mathrm{H}}$ 之分量，以及纜繩中的張力 F_{T}。

方法　圖 12-9 是橫樑的自由體圖，其中標示了作用在橫樑上所有的力，以及 $\vec{\mathbf{F}}_{\mathrm{T}}$ 和預測的 $\vec{\mathbf{F}}_{\mathrm{H}}$ 之分量。我們有三個未知數 $F_{\mathrm{H}x}$、$F_{\mathrm{H}y}$ 與 F_{T} (θ 為已知)，因此一共需要三個方程式 $\Sigma F_x = 0$、$\Sigma F_y = 0$ 與 $\Sigma\tau = 0$。

解答　在垂直 (y) 方向中，力的總和是

$$\Sigma F_y = 0$$

$$F_{\mathrm{H}y} + F_{\mathrm{T}y} - mg - Mg = 0 \qquad \textbf{(i)}$$

在水平 (x) 方向中，力的總和是

$$\Sigma F_x = 0$$

$$F_{\mathrm{H}x} - F_{\mathrm{T}x} = 0 \qquad \textbf{(ii)}$$

就力矩方程式而言，我們選取通過 $\vec{\mathbf{F}}_{\mathrm{T}}$ 和 $M\mathbf{g}$ 之作用點的軸 (因此，方程式只有一個未知數 $F_{\mathrm{H}y}$)。同時規定使橫樑朝逆時針方向轉動的力矩為正，且 (均勻的) 橫樑的重量 mg 作用在它的中心，因此得到

$$\Sigma\tau = 0$$

$$-(F_{\mathrm{H}y})(2.20\ \mathrm{m}) + mg\,(1.10\ \mathrm{m}) = 0$$

解 $F_{\mathrm{H}y}$

$$F_{\mathrm{H}y} = \left(\frac{1.10\ \mathrm{m}}{2.20\ \mathrm{m}}\right) mg = (0.500)(25.0\ \mathrm{kg})(9.80\ \mathrm{m/s^2}) = 123\ \mathrm{N} \qquad \textbf{(iii)}$$

接著，因為纜繩中的張力 $\vec{\mathbf{F}}_{\mathrm{T}}$ 朝著纜繩方向 ($\theta = 30.0°$)，由圖 12-9 可知 $\tan\theta = F_{\mathrm{T}y}/F_{\mathrm{T}x}$，或

$$F_{\mathrm{T}y} = F_{\mathrm{T}x}\tan\theta = F_{\mathrm{T}x}(\tan 30.0°) = 0.577\,F_{\mathrm{T}x} \qquad \textbf{(iv)}$$

由 (i) 式得到

$$F_{\mathrm{T}y} = (m+M)\,g - F_{\mathrm{H}y} = (53.0\ \mathrm{kg})(9.80\ \mathrm{m/s^2}) - 123\ \mathrm{N} = 396\ \mathrm{N}$$

再由 (iv) 與 (ii) 式得到

$$F_{Tx} = F_{Ty}/0.577 = 687\ \text{N}$$
$$F_{Hx} = F_{Tx} = 687\ \text{N}$$

$\vec{\mathbf{F}}_H$ 的分量為 $F_{Hy} = 123$ N 與 $F_{Hx} = 687$ N。纜繩中的張力為 $F_T = \sqrt{F_{Tx}^2 + F_{Ty}^2} = 793$ N。

另一種解法　我們來看計算力矩時選擇不同的軸有何影響，例如選取通過鉸鏈的軸。此時，F_H 的力臂為零，而力矩方程式 $(\Sigma\tau = 0)$ 變成

$$-mg\,(1.10\ \text{m}) - Mg\,(2.20\ \text{m}) + F_{Ty}\,(2.20\ \text{m}) = 0$$

解 F_{Ty}，得到

$$F_{Ty} = \frac{m}{2}g + Mg = (12.5\ \text{kg} + 28.0\ \text{kg})(9.80\ \text{m/s}^2)$$
$$= 397\ \text{N}$$

在有效數字的精確性範圍內，我們得到相同的結果。

備註　對 $\Sigma\tau = 0$ 而言，我們選取哪個軸都無關緊要，可以用第二個軸的計算作為核對之用。

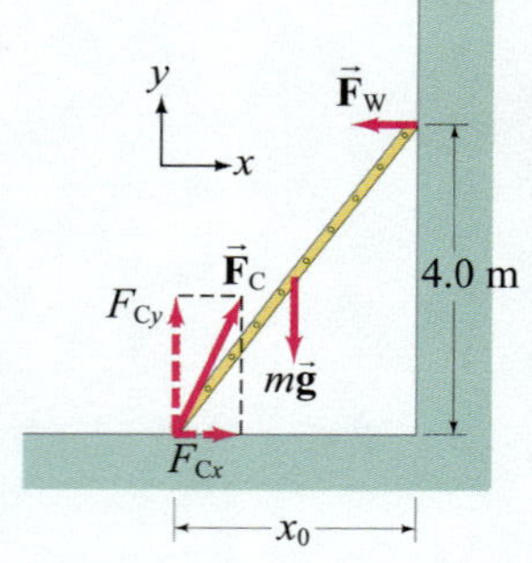

圖 12-10　例題 12-6。傾斜靠牆的梯子。

例題 12-6　**梯子**　如圖 12-10 所示，一個 5.0 m 長的梯子倚靠在光滑牆壁上距水泥地板高 4.0 m 處。梯子是均勻的且質量為 $m = 12.0$ kg。假設牆壁是無摩擦的 (但地板不是)，計算由地板和牆壁對梯子施加的力。

方法　圖 12-10 是梯子的自由體圖，圖中標示出作用在梯子上所有的力。因為牆壁是無摩擦的，所以它只能施加與牆壁正交的力，我們將此力標示為 $\vec{\mathbf{F}}_W$。水泥地板施加一個力 $\vec{\mathbf{F}}_C$，它同時具有水平和垂直的分量：F_{Cx} 為摩擦力而 F_{Cy} 為正向力。最後，因為梯子是均勻的，所以重力 $mg = (12.0\ \text{kg})\,(9.80\ \text{m/s}^2) = 118$ N 作用於梯子的中點。

解答　我們再次利用平衡條件 $\Sigma F_x = 0$，$\Sigma F_y = 0$，$\Sigma\tau = 0$。因為有三個未知數：F_W、F_{Cx} 與 F_{Cy}，所以我們一共需要三個方程式。力的方程式之 y 分量為

$$\Sigma F_y = F_{Cy} - mg = 0$$

所以

$$F_{Cy} = mg = 118\ \text{N}$$

力的方程式之 x 分量為

$$\Sigma F_x = F_{Cx} - F_W = 0$$

為了求出 F_{Cx} 與 F_W，我們需要一個力矩方程式。如果選擇通過梯子與水泥地板之接觸點的軸來計算力矩，因為 $\vec{F}_C$ 作用在這一點上，力臂將會是零，所以它不會出現在方程式中。梯子與地板的接觸點距牆壁的距離為 $x_0 = \sqrt{(5.0\ \text{m})^2 - (4.0\ \text{m})^2} = 3.0\ \text{m}$ (直角三角形，$c^2 = a^2 + b^2$)，而 mg 的力臂為其一半，也就是 1.5 m，並且 F_W 的力臂為 4.0 m (圖 12-10)。我們得到

$$\Sigma\tau = (4.0\ \text{m})\, F_W - (1.5\ \text{m})\, mg = 0$$

因此

$$F_W = \frac{(1.5\ \text{m})(12.0\ \text{kg})(9.8\ \text{m/s}^2)}{4.0\ \text{m}} = 44\ \text{N}$$

然後，由力方程式的 x 分量，得到

$$F_{Cx} = F_W = 44\ \text{N}$$

因為 $\vec{F}_C$ 分量為 $F_{Cx} = 44\ \text{N}$ 與 $F_{Cy} = 118\ \text{N}$，所以

$$F_C = \sqrt{(44\ \text{N})^2 + (118\ \text{N})^2} = 126\ \text{N} \approx 130\ \text{N}$$

(四捨五入至兩位有效數字)，而且它作用於地板的角度為

$$\theta = \tan^{-1}(118\ \text{N} / 44\ \text{N}) = 70°$$

備註 因為梯子是剛性的並且不像繩子或纜繩般具有彈性，所以力 $\vec{F}_C$ 並不會必然朝著梯子的方向作用。

練習 F 為什麼忽略沿著牆壁的摩擦是合理的，但忽略沿著地板的摩擦則是不合理的？

12-3 穩定與平衡

一個處於靜態平衡的物體，如果未受干擾，則因為作用在物體上所有力的總和與所有力矩的總和為零，所以將沒有平移或轉動的加速度。不過，如果將物體稍微地移開，則可能產生三種結果：(1) 物體回復至原來的位置，這種情形稱為**穩定平衡** (stable equilibrium)；(2) 物體離原來的位置更遠，這稱為**不穩定平衡** (unstable equilibrium)；或是 (3) 物體處於它的新位置上，這稱為**中性平衡** (neutral equilibrium)。

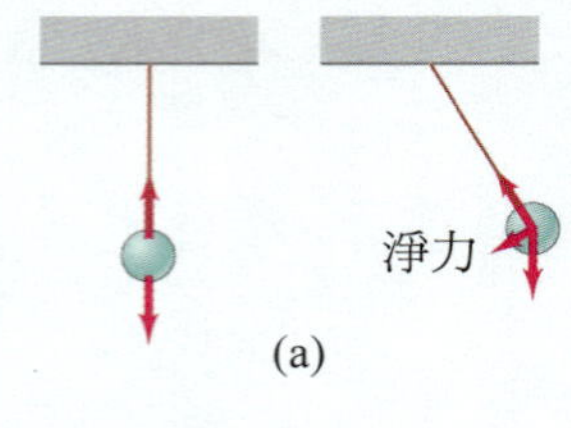

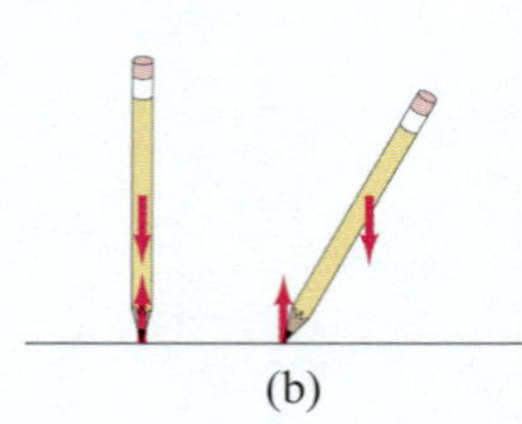

圖 12-11 (a) 穩定平衡和 (b) 不穩定平衡。

考慮以下的例子。一個自由地懸掛在線上的球處於穩定平衡。如果它被移向一邊，由於球受到淨力和力矩的作用，它將回到原來的位置 (圖 12-11a)。另一方面，以尖端豎立的鉛筆處於不穩定平衡。如果其重心正好位於鉛筆的尖端上方 (圖 12-11b)，則它所受到的淨力和淨力矩為零。但是如果鉛筆只是略微偏移一點——例如受到輕微的振動或微小的氣流干擾——則將有力矩作用於鉛筆上，而且此力矩會使鉛筆持續朝原先位移的方向倒下。最後，物體處於中性平衡的例子是，一個靜置於水平桌面上的球體。如果球稍微地被移到一邊，它將會停留在新的位置上——沒有淨力矩對它作用。

在大多數的情況中，如結構設計以及人體的動作，我們對維持穩定平衡感到興趣。一般而言，如果物體的重心是位於支撐點之下，例如線上懸吊的球，則是處於穩定平衡。如果重心位於支撐面之上，則情況較為複雜。考慮一台直立冰箱 (圖 12-12a)。如果將冰箱略微地傾斜，由於力矩的作用它將回復到原來的位置，如圖 12-12b 所示。但如果冰箱過度地傾斜，如圖 12-12c，它將會倒下。當重心從支點的一邊轉移到另一邊時，就到達了臨界點。當重心在原來那一邊時，力矩會將物體拉回到原來的支撐面上 (圖 12-12b)。如果物體更加傾斜，使重心越過支點，則力矩將使物體倒下 (圖 12-12c)。通常，如果通過重心的垂直線往下通過支撐底面，也就是重心位於支撐底面之上，則物體是穩定的。這是因為向上作用在物體上的正向力 (與重力平衡) 僅能施加在接觸範圍內，所以如果重力的作用超出這個範圍，淨力矩將使物體倒下。

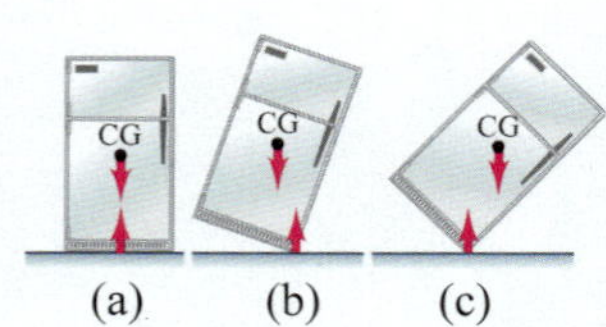

圖 12-12 在一平坦地板上冰箱的平衡。

穩定可以是相對的。一塊以最寬面平放的磚塊要比以側面直立的磚塊穩定，因為需要更大的力才能翻倒它。在圖 12-11b 之鉛筆的極端例子中，其底面實際上只是一個點，極輕微的干擾就會使它倒下。大體而言，底面愈大且重心愈低，物體就愈穩定。

一樣的道理，四足動物有較大的支撐底面，並且大多數也有較低的重心，所以比人類更穩定。當人步行或做其他運動時，會下意識地不斷地移動身體使重心位於腳的上方。即使是彎腰時臀部向後移動這麼簡單的動作，就是為了使重心保持在腳的上方，這是不必經過思考的動作。為了證明這點，你可以把腳跟和背部緊貼牆壁並試著觸摸腳趾，若不摔倒就無法做到。當人搬運重物時會自動地調整姿勢，使總質量的重心維持在他們的腳上方 (圖 12-13)。

圖 12-13　人攜帶重物時會調整姿勢以達到穩定。

12-4　彈性；應力與應變

在本章的第一部分我們學習了如何在平衡時計算物體上的作用力。在本節中，我們學習這些力的效應：任何物體在外力作用下都會改變形狀。如果力夠大，物體就會破碎或斷裂，我們將在第 12-5 節中討論。

彈性和虎克定律

如果有一個力施加於物體上，例如圖 12-14 中垂直懸吊的金屬桿，則物體的長度就會發生變化。如果伸長量 $\Delta\ell$ 比物體的長度小得多，實驗證明 $\Delta\ell$ 會與施加在物體上的力成正比。這個比例關係，如第 7-3 節中所述，可以寫成方程式

$$F = k\,\Delta\ell \tag{12-3}$$

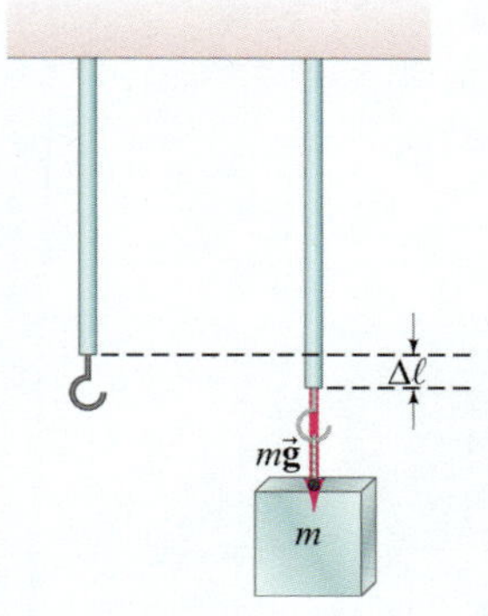

圖 12-14　虎克定律：$\Delta\ell \propto$ 作用力。

其中 F 代表物體上的拉力，$\Delta\ell$ 為長度的變化量，而 k 為比例常數。(12-3) 式有時稱為**虎克定律** (Hooke's law)[1]，它最早是由虎克 (1635-1703) 所發現的。從鐵到骨頭，它幾乎對所有的固體材料都適用——但只有在某個範圍內才能成立。如果力過大，物體將過度伸展

1　“定律”這個名詞用於此關係式實際上並不恰當。第一個原因是，它只是一個近似關係式；第二個原因，它只適用有限的現象。大部分的物理學家傾向於將“定律”一詞保留給如牛頓運動定律或能量守恆定律等具有更深入、更廣泛及更準確的關係式。

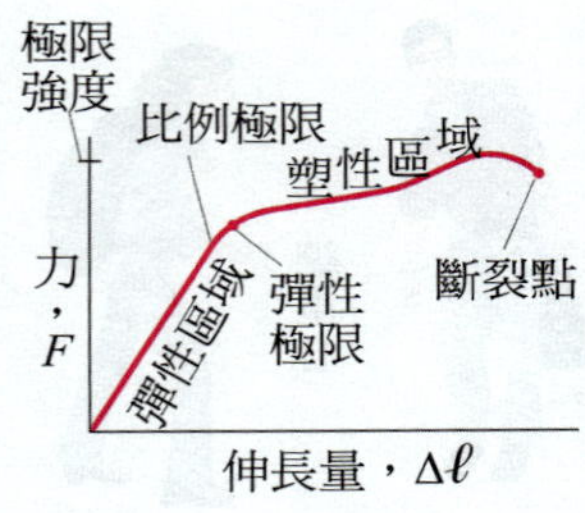

圖 12-15 典型的金屬在張力作用下之作用力與伸長量的關係圖。

而斷裂。

圖 12-15 為作用力與伸長量的典型曲線圖。對於許多常見的材料而言，一直到一個稱為**比例極限** (proportional limit) 的點，(12-3) 式是一個良好的近似式，而且曲線是一條直線。超過這一點之後，曲線不再是直線，F 和 $\Delta\ell$ 之間沒有簡單的關係式存在。不過，再沿曲線向上直到一個稱為**彈性極限** (elastic limit) 的點，在此範圍內，如果移除作用力，物體將回復到原來的長度。從原點至彈性極限的區域稱為彈性區域。如果將物體拉長而超過彈性極限，則進入塑性區域：將外力移去也無法回復原來的長度而永久變形 (如折彎的迴紋針)。在斷裂點處達到最大的伸長量。不會使材料斷裂而可以對材料施加的最大的力稱為**極限強度** (ultimate strength) (它是每單位面積的力，將在第 12-5 節中討論)。

表 12-1 彈性係數

材料	楊氏係數 E (N/m²)	剪切係數 G (N/m²)	體積彈性係數 B (N/m²)
固體			
鑄鐵、鑄鋼	100×10^9	40×10^9	90×10^9
鋼	200×10^9	80×10^9	140×10^9
黃銅	100×10^9	35×10^9	80×10^9
鋁	70×10^9	25×10^9	70×10^9
混凝土	20×10^9		
磚塊	14×10^9		
大理石	50×10^9		70×10^9
花崗石	45×10^9		45×10^9
木材 (松樹) (順木紋)	10×10^9		
(垂直木紋)	1×10^9		
尼龍	5×10^9		
骨 (四肢)	15×10^9	80×10^9	
液體			
水			2.5×10^9
酒精 (乙醇)			1.5×10^9
水銀			2.5×10^9
氣體*			
空氣、H_2、He、CO_2			1.01×10^5

*在正常大氣壓力下，過程中為定溫。

楊氏係數

如圖 12-14 中所示的金屬桿，物體的伸長量不僅與作用力的大小有關，也與材料以及其尺寸的大小有關。亦即 (12-3) 式中的常數 k 可以用這些參數表示。

如果我們將材質相同，但長度與截面積均不同的桿子相比較，會發現在相同的外力作用下，其伸長量 (假設遠小於總長度) 與原來的長度成正比，並且與截面積成反比。亦即，對一特定的作用力而言，物體愈長，伸長量愈大；同時，物體愈粗，伸長量愈小。這些發現可以與 (12-3) 式合併為

$$\Delta\ell = \frac{1}{E}\frac{F}{A}\ell_0 \qquad \textbf{(12-4)}$$

其中 ℓ_0 為物體的原始長度，A 為截面積，且 $\Delta\ell$ 為作用力 F 所造成的長度變化。E 是一個比例常數[2]，稱為**彈性係數** (elastic modulus)，或**楊氏係數** (Young's modulus)；它的值只依材料而定。各種不同材料的楊氏係數列於表 12-1 中 (表中的剪切係數與體積彈性係數將於本節稍後討論)。由於 E 只是材料的特性，並且與物體的大小或形狀無關，因此實際計算時 (12-4) 式會比 (12-3) 式有用得多。

例題 12-7 鋼琴琴弦中的張力 有一根 1.60 m 長且直徑為 0.20 cm 的鋼琴琴弦，當拉緊伸長 0.25 cm 時，琴弦中的張力是多少？

方法 假設此處可以適用虎克定律，而且應用 (12-4) 式，由表 12-1 找出鋼的 E 值。

解答 我們利用 (12-4) 式解 F，而琴弦的截面積為 $A = \pi r^2 = (3.14)(0.0010\ \text{m})^2 = 3.14\times10^{-6}\ \text{m}^2$。因此得到

$$F = E\frac{\Delta\ell}{\ell_0}A = (2.0\times10^{11}\ \text{N/m}^2)\left(\frac{0.0025\ \text{m}}{1.60\ \text{m}}\right)(3.14\times10^{-6}\ \text{m}^2)$$
$$= 980\ \text{N}$$

備註 受到強大張力作用的琴弦必須由堅固的框架支撐。

2 事實上 E 位於分母，$1/E$ 才是實際的比例常數。當我們將 (12-4) 式改寫為 (12-5) 式時，E 則改變至分子。

練習 G 兩條相同長度的鋼線受到相同的張力作用，且鋼線 A 的直徑是鋼線 B 的兩倍。下列哪一項是正確的？(a) 鋼線 B 的伸長量為 A 的兩倍。(b) 鋼線 B 的伸長量為 A 的四倍。(c) 鋼線 A 的伸長量為 B 的兩倍。(d) 鋼線 A 的伸長量為 B 的四倍。(e) 兩條鋼線的伸長量相同。

應力與應變

由 (12-4) 式可知，物體的伸長量與物體長度 ℓ_0 和每單位面積所受的力 F/A 之乘積成正比。通常定義每單位面積的力為**應力** (stress)

$$\text{應力} = \frac{\text{力}}{\text{面積}} = \frac{F}{A}$$

它在 SI 制中的單位是 N/m^2。而**應變** (strain) 則定義為長度的變化量與原始長度之比

$$\text{應變} = \frac{\text{長度的變化量}}{\text{原始長度}} = \frac{\Delta\ell}{\ell_0}$$

它是無因次的 (沒有單位)。因此應變是物體長度的分數變化，為桿子變形程度的計量。應力是由外部物體施加於材料上，而應變則是材料對應力的反應。(12-4) 式可以改寫為

$$\frac{F}{A} = E\frac{\Delta\ell}{\ell_0} \qquad \textbf{(12-5)}$$

或是

$$E = \frac{F/A}{\Delta\ell/\ell_0} = \frac{\text{應力}}{\text{應變}}$$

因此我們看到圖 12-15 的線性 (彈性的) 區域中，應力與應變成正比。

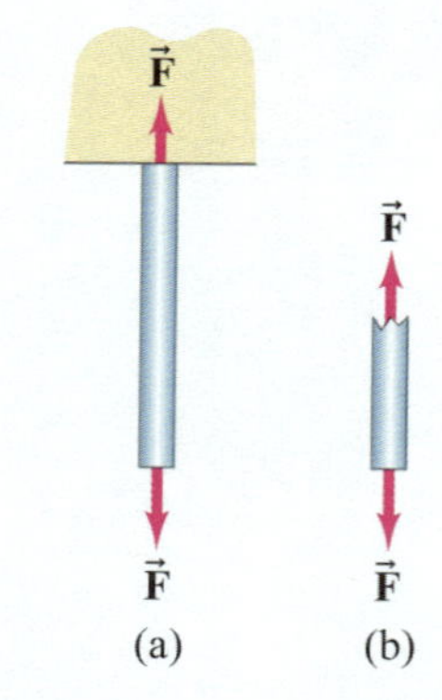

圖 12-16 材料內部有應力存在。

張力、壓縮和剪應力

圖 12-16a 中的桿子被稱為是受到*張力*或**張應力** (tensile stress) 的作用。因為桿子處於平衡狀態，桿子不僅在底端受到向下拉的力，位於頂端的支座也對桿子施加相等[3]且向上的力，如圖 12-16a 所示。其實，此張應力遍佈於整段材料中。例如考慮圖 12-16b 中一根懸掛桿

3 如果桿子的重量與 F 相比較是不可忽略的，則此力會較大。

子的下半部。其下半段處於平衡狀態，所以一定有一個向上的力來平衡底端向下的力。這個向上的力是由什麼施加的呢？答案必定是桿子的上半段。所以施加於物體上的外力會在材料內部造成內力，或應力。

由張應力所引起的應變或變形，只是材料能夠承受之應力的其中一種類型。應力的其他兩種常見的類型是壓縮和剪力。**壓縮應力** (compressive stress) 與張應力正好相反。材料不是拉長，而是壓縮：力向內作用於物體上。例如希臘神殿的圓柱 (圖 12-17)，圓柱支撐一個重量，亦即承受了壓縮應力。(12-4) 和 (12-5) 式同樣地適用於壓縮和張力，係數 E 值也通常是相同的。

圖 12-17 位於西西里島阿格里琴托城的希臘神殿，它建於 2500 年前，展現了樑柱結構的運用。其圓柱受到壓縮。

圖 12-18 將張應力、壓縮應力以及第三種類型的剪應力加以比較。一個受到**剪應力** (shear stress) 作用之物體具有大小相等且方向相反的力作用於它對立的兩面上。一個簡單的實例就是平穩地附於桌面上的一本書或是一塊磚塊，它受到一個與物體頂面平行的力作用，同時桌子也沿著書或磚塊的底面施加大小相等且方向相反的力。雖然物體的大小並無明顯的改變，但是物體的形狀卻發生了變化 (圖 12-18c)。有一個與 (12-4) 式類似的方程式可以用來計算剪應變

$$\Delta\ell = \frac{1}{G}\frac{F}{A}\ell_0 \qquad \textbf{(12-6)}$$

但必須重新詮釋 $\Delta\ell$、ℓ_0 和 A，如圖 12-18c 所示。注意 A 是與施力

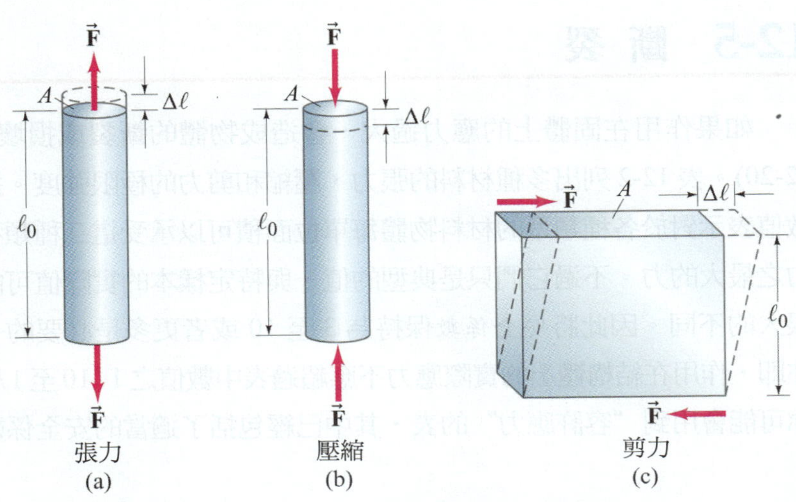

圖 12-18 三種類型應力作用在堅硬的物體上。

(a)

(b)
圖 12-19　在相同的剪力作用下較厚的書 (a) 比薄的書 (b) 其形狀偏移得較多。

平行之表面的面積 (而不是張力和壓縮情況中的正交)，並且 $\Delta\ell$ 與 ℓ_0 垂直。比例常數 G 稱為**剪切係數** (shear modulus)，它通常是楊氏係數 E 值的 1/2 到 1/3 (參閱表 12-1)。圖 12-19 說明 $\Delta\ell \propto \ell_0$ 的原因：在相同的剪力作用下，愈厚的書其形狀偏移得愈多。

體積的變化——體積彈性係數

如果物體受到來自四面八方的外力作用，其體積將會減小。常見的情形是沉浸於液體中的一個物體。在這種情況下，流體會以各種方向對物體施加壓力，我們將在第 13 章中討論。壓力定義為每單位面積的力，其等同於應力。就這種情況而言，體積的變化量 ΔV 與原來的體積 V_0 以及壓力的變化量 ΔP 成正比。因此除了比例常數稱為**體積彈性係數** (bulk modulus) B 之外，我們得到一個與 (12-4) 式相同形式的關係式

$$\frac{\Delta V}{V_0} = -\frac{1}{B}\Delta P \tag{12-7}$$

或者

$$B = -\frac{\Delta P}{\Delta V / V_0}$$

其中負號的意思是體積會隨著壓力的增加而減小。

體積彈性係數列於表 12-1 中。因為液體和氣體沒有固定的形狀，所以只有體積彈性係數 (而不是楊氏係數或剪切係數) 適用於它們。

12-5　斷　裂

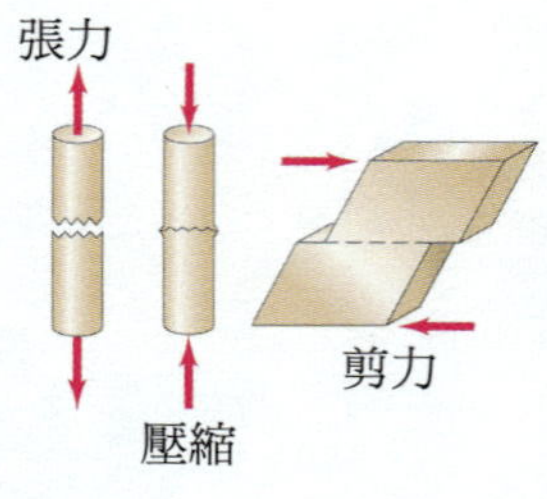

圖 12-20　三種形式的應力所造成的斷裂。

如果作用在固體上的應力過大，會造成物體的斷裂或損壞 (圖 12-20)。表 12-2 列出多種材料的張力、壓縮和剪力的極限強度。這些數值表示對於各種類型的材料物體每單位面積可以承受這三種類型應力之最大的力。不過它們只是典型的值，與特定樣本的實際值可能有很大的不同。因此將安全係數保持為 3 至 10 或者更多是必要的——亦即，作用在結構體上的實際應力不應超過表中數值之 1/10 至 1/3。你可能會用到"容許應力"的表，其中已經包括了適當的安全係數。

例題 12-8 估算 **斷裂的琴弦** 在例題 12-7 中討論的鋼琴琴弦長度是 1.60 m 且直徑為 0.20 cm。會使琴弦斷掉的張力大約是多少？

方法 我們設張應力 F/A 等於表 12-2 中鋼的抗張強度。

解答 琴弦的面積為 $A=\pi r^2$，其中 $r=0.10\ \text{cm}=1.0\times10^{-3}\ \text{m}$。表 12-2 告訴我們

$$\frac{F}{A}=500\times10^{6}\ \text{N/m}^2$$

因此如果力超過以下的值，琴弦很可能會斷掉

$$F=(500\times10^{6}\ \text{N/m}^2)(\pi)(1.0\times10^{-3}\ \text{m})^2=1600\ \text{N}$$

如表 12-2 中所示，混凝土 (如石頭和磚塊) 可以承受很大的壓縮，但在張力作用下是非常脆弱的。所以混凝土適合作為在壓縮力作用之下的垂直圓柱。因為它不能承受由樑的下緣不可避免的中間下陷所產生的張力，所以不適合當作橫樑 (見圖 12-21)。

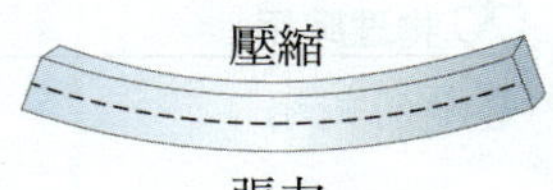

圖 12-21 橫樑即使在本身重量作用下也多少會有些中間下陷的現象 (圖中所示是較誇大的情形)，橫樑因此而變形：其上緣被壓縮且下緣受張力的作用 (拉長)。同時，在樑內部也有剪力之作用。

把鐵條埋入混凝土裡 (圖 12-22) 的**鋼筋混凝土**會堅固得多。但是更堅固的還有預應力混凝土，其中也包含鐵條或鐵絲網，但是在灌注混凝土的時候，有張力作用於鐵條或鐵絲網上。混凝土乾了之後，會釋放出鐵條或鐵絲網上的張力，使混凝土處於壓縮狀態。事先仔細計

圖 12-22 混凝土灌注在鋼筋上以增加強度。

表 12-2 材料的極限強度 (力／面積)

材料	抗張強度 (N/m²)	抗壓強度 (N/m²)	抗剪強度 (N/m²)
鑄鐵	170×10^6	550×10^6	170×10^6
鋼	500×10^6	500×10^6	250×10^6
黃銅	250×10^6	250×10^6	200×10^6
鋁	200×10^6	200×10^6	200×10^6
混凝土	2×10^6	20×10^6	2×10^6
磚塊		35×10^6	
大理石		80×10^6	
花崗石		170×10^6	
木材 (松樹) (平行於木紋)	40×10^6	35×10^6	5×10^6
(垂直於木紋)		10×10^6	
尼龍	500×10^6		
骨 (四肢)	130×10^6	170×10^6	

算壓縮應力，當載重作用在橫樑上的時候，可以減少下緣的壓縮，但不會對混凝土施加張力。

物理應用

悲慘的倒塌

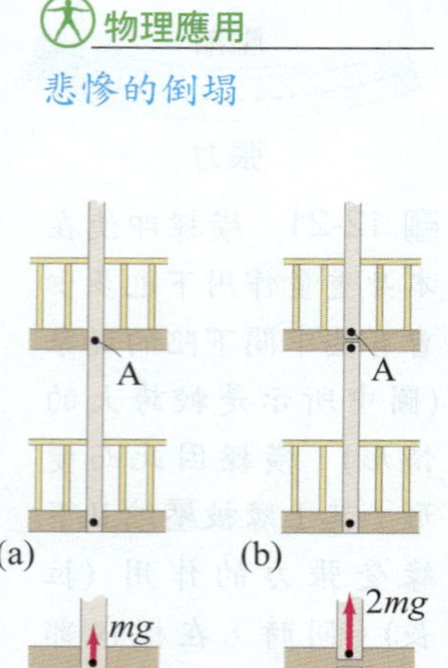

(c) 垂直桿對A釘所施的力 (d) 各垂直桿對各釘所施的力

圖 12-23 例題 12-9。

觀念例題 12-9 **不幸的替換** 兩條走道上下排列，並且用垂直桿懸吊在飯店大廳挑高的天花板上 (圖 12-23a)。原始的設計需要用長 14 m 的桿子懸吊，但是因為如此長的桿子難以安裝，所以改用兩根較短的桿子替換，如圖 12-23b 所示。兩種設計中，計算桿子施加在支撐釘子 A (假設大小相同) 上的淨力。假設每支垂直的桿子支撐質量為 m 的一座橋。

回答 圖 12-23a 中單一的垂直長桿對釘子 A 施加向上的力 mg 以支撐位於上層的橋之質量 m。為什麼？因為釘子處於平衡狀態，而且使之平衡的另一個力為上層的橋對它向下施加的力 mg (圖 12-23c)。因為桿子將釘子的一側向上拉，同時，橋將釘子的另一側向下拉，所以有剪應力作用於釘子上。當改用兩根較短的桿子支撐橋時 (圖 12-23b)，其情況則如圖 12-23d 所示，圖中只說明上層的橋之連接處。因為下面的桿子支撐下層的橋，所以它對下面的釘子施加向下的力 mg。因為上面的桿子支撐兩座橋，所以它對上面的釘子 (標記 A) 施加 $2mg$ 的力。因此我們可知，當建造者以兩根較短的桿子代替單獨一根長桿時，支撐的釘子 A 中的應力會增加一倍。或許這看起來只是一個簡單的替換，但事實上卻在 1981 年因此產生悲慘的倒塌事件造成一百多人死亡 (圖 12-1)。理解物理，並根據物理觀念進行簡單的計算，對人的生命確實會有很大的影響。

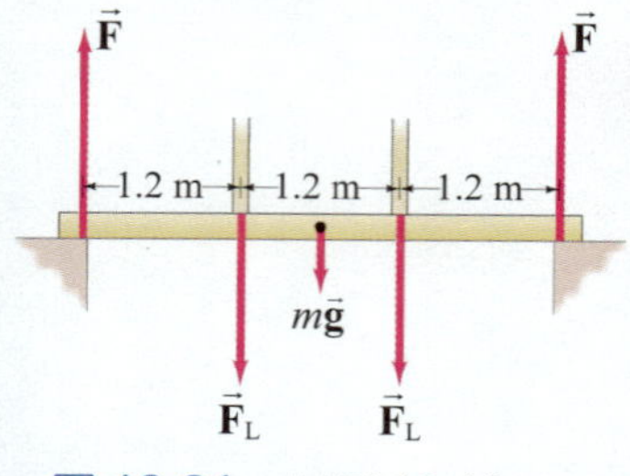

圖 12-24 例題 12-10。

例題 12-10 **樑的剪力** 一根長 3.6 m 且截面為 9.5 cm × 14 cm 的均勻松木樑靜置於其兩端處的兩個支撐物上，如圖 12-24 所示。樑的質量為 25 kg，有兩根垂直的屋頂支柱，各放在距離樑兩端的三分之一處。在不致對支撐處的松木樑施加剪力的狀況下，各屋頂支柱所能施加的最大負載力 F_L 是多少？已知安全係數為 5.0。

方法 幾何上的對稱性可以簡化計算。我們首先從表 12-2 中得知松木的抗剪強度，並使用安全係數 5.0 由 $F/A \le 1/5$ (抗剪強度) 得到 F。最後利用 $\Sigma\tau = 0$ 求得 F_L。

解答 每個支撐物 (對稱地) 對樑施加最大向上的力 F (見表 12-2) 為

$$F=\frac{1}{5}A(5\times10^6\ \text{N/m}^2)=\frac{1}{5}(0.095\ \text{m})(0.14\ \text{m})(5\times10^6\ \text{N/m}^2)$$
$$=13000\ \text{N}$$

為求得最大負載力 F_L，我們計算繞樑左端的力矩 (逆時針方向為正)

$$\Sigma\tau=-F_L(1.2\ \text{m})-(25\ \text{kg})(9.8\text{m/s}^2)(1.8\ \text{m})-F_L(2.4\ \text{m})+F(3.6\ \text{m})$$
$$=0$$

所以每個屋頂支柱可以施加的力為

$$F_L=\frac{(13000\ \text{N})(3.6\ \text{m})-(250\ \text{N})(1.8\ \text{m})}{(1.2+2.4)}=13000\ \text{N}$$

樑可以承受的屋頂總質量為 $(2)(13000\ \text{N})/(9.8\ \text{m/s}^2)=2600\ \text{kg}$。

*12-6 桁架與橋樑

就如橋樑一般，作為大跨距應用的橫樑會受到如圖 12-20 所示的三種類型的強大應力之作用：壓縮、張力和剪力。桁架是支撐大跨距的基礎工程設施，圖 12-25 所示是一個實例。以設計公共建築和別墅著稱的偉大的建築師 Andrea Palladio (1518-1580) 設計第一座木製桁架橋。由於十九世紀開始引進鋼材，人們開始使用更堅固的鋼桁架，但是木製桁架仍被使用於支撐屋頂或山林小屋 (圖 12-26)。

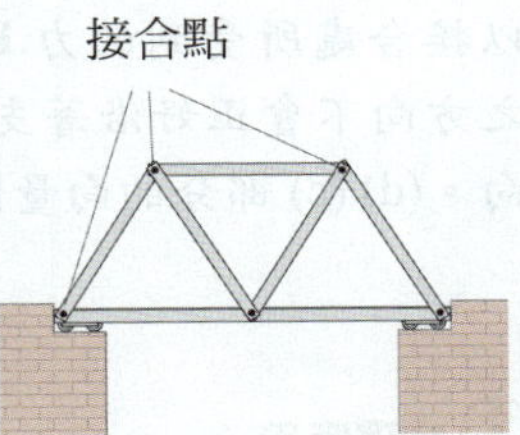

圖 12-25 桁架橋。

基本上，**桁架** (truss) 是由桿子或支柱組成，並且用栓或鉚釘將其末端接合的三角形框架。(三角形比長方形穩定，長方形容易在側向力作用下成為平行四邊形而倒塌。) 支柱之間由栓相連接之處稱為**接合點** (joint)。

圖 12-26 屋頂的桁架。

通常都假設桁架的支柱處於純粹的壓縮或張力作用下——亦即力沿著支柱的長度方向作用 (圖 12-27a)。但這是理想狀態，只有當支柱沒有質量而且沿著它的長度方向沒有支撐重量時才成立。在這種情形下，支柱只有兩端受到力的作用，如圖 12-27a 所示。如果支柱處於平衡狀態，這兩個力必須是大小相等且方向相反 ($\Sigma\vec{\mathbf{F}}=0$)。但它們不能如圖 12-27b 中所示，而與支柱成一夾角嗎？答案為否，因為如此會造成 $\Sigma\vec{\boldsymbol{\tau}}$ 不為零。如果支柱處於平衡狀態，兩個力必須沿著支柱的方向作用。但實際上，支柱具有質量，所以有三個力作用在支柱上，如圖 12-27c 所示，$\vec{\mathbf{F}}_1$ 和 $\vec{\mathbf{F}}_2$ 未沿著支柱作用；而圖 12-27d 中的向量圖說明 $\Sigma\vec{\mathbf{F}}=\vec{\mathbf{F}}_1+\vec{\mathbf{F}}_2+m\vec{\mathbf{g}}=0$。你知道為什麼 $\vec{\mathbf{F}}_1$ 和 $\vec{\mathbf{F}}_2$ 都指向支柱上方嗎？(計算相對於各端點的 $\Sigma\tau$。)

參閱圖 12-9，再次考慮例題 12-5 中的簡單橫樑。鉸鏈施加的力 $\vec{\mathbf{F}}_H$ 不是沿著橫樑的方向，而是以一個角度向上作用。如果橫樑無質量，我們由例題 12-5 中之方程式 (iii) 可以得知，當 $m=0$ 時 $F_{Hy}=0$，即 $\vec{\mathbf{F}}_H$ 的方向將會沿著橫樑的方向。

當負載僅作用在接合點上，並且遠大於支柱的重量時，桁架每根支柱上的作用力只沿著支柱方向的假設仍然是非常有用的。

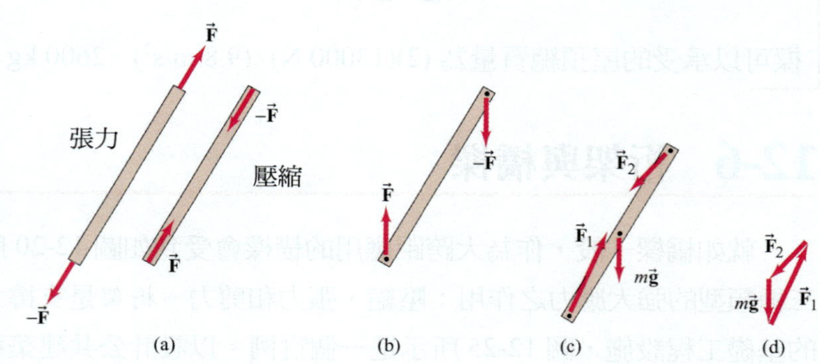

圖 12-27 (a) 桁架的每根無質量之支柱 (或桿) 假定受到張力或壓縮的作用。(b) 兩個大小相等且方向相反的力必須沿同一直線作用，否則將產生淨力矩。(c) 真實的支柱有質量，所以接合處所受到的力 $\vec{\mathbf{F}}_1$ 和 $\vec{\mathbf{F}}_2$ 之方向不會正好沿著支柱的方向。(d) (c) 部分的向量圖。

物理應用
桁架橋

問題解答
接點法

例題 12-11 桁架橋 計算圖 12-28a 中之桁架橋每根支柱的張力或壓縮。此橋樑長 64 m，支撐一條均勻水平的混凝土道路，道路總質量為 1.40×10^6 kg。使用**接點法** (method of joints)，其中包括 (1) 繪出整個桁架的自由體圖，(2) 為每個栓 (接合點) 逐一畫出自由體圖，而且設每個栓的 $\Sigma\vec{\mathbf{F}}=0$。忽略支柱的質量，並且假設所有的三角形均為等邊三角形。

方法 所有橋樑都有兩個桁架，各位於道路的兩邊。圖 12-28a 中只考慮一個桁架，它只支撐道路一半的重量。亦即圖中桁架支撐的總質量為 $M=7.0\times10^5$ kg。首先，視整個桁架為一個單位畫出自由體圖，其中假設位於兩端的支撐點對桁架施加向上的力 $\vec{\mathbf{F}}_1$ 和 $\vec{\mathbf{F}}_2$ (圖 12-28 b)。我們並假設道路的質量全部地作用於中心，即栓 C。由於對稱的緣故，我們看到兩端的支撐點各支撐一半的重量 [或計算繞 A 點的力矩方程式：$(F_2)(\ell)-Mg(\ell/2)=0$]，所以

$$F_1=F_2=\frac{1}{2}Mg$$

解答 我們考慮栓 A 並且應用 $\Sigma\vec{\mathbf{F}}=0$。用兩個下標標示由每根支柱作用於栓 A 的力：$\vec{\mathbf{F}}_{AB}$ 代表支柱 AB 施加的力，而 $\vec{\mathbf{F}}_{AC}$ 則是支柱 AC 施加的力。$\vec{\mathbf{F}}_{AB}$ 和 $\vec{\mathbf{F}}_{AC}$ 均沿著各自的支柱方向；但是目前並不知道其為壓縮或張力，因此可以畫出四個不同的自由體圖，如圖 12-28c。只有最左邊的圖滿足 $\Sigma\vec{\mathbf{F}}=0$，我們由此得知 $\vec{\mathbf{F}}_{AB}$ 和 $\vec{\mathbf{F}}_{AC}$ 的方向。[4] 這些力作用於栓上。而栓 A 對支柱 AB 施加的力之方向與 $\vec{\mathbf{F}}_{AB}$ 的方向相反 (牛頓第三運動定律)，所以支柱 AB 受到壓縮，而支柱 AC 則受到張力的作用。接下來計算 $\vec{\mathbf{F}}_{AB}$ 和 $\vec{\mathbf{F}}_{AC}$ 的大小。在栓 A 處

$$\Sigma F_x = F_{AC} - F_{AB}\cos 60° = 0$$
$$\Sigma F_y = F_1 - F_{AB}\sin 60° = 0$$

因此

$$F_{AB} = \frac{F_1}{\sin 60°} = \frac{\frac{1}{2}Mg}{\frac{1}{2}\sqrt{3}} = \frac{1}{\sqrt{3}}Mg$$

它等於 $(7.0\times10^5\ \text{kg})(9.8\ \text{m/s}^2)/\sqrt{3} = 4.0\times10^6\ \text{N}$；並且

$$F_{AC} = F_{AB}\cos 60° = \frac{1}{2\sqrt{3}}Mg$$

接著，考慮栓 B 和圖 12-28d 的自由體圖。[你必須相信如果 $\vec{\mathbf{F}}_{BD}$ 或 $\vec{\mathbf{F}}_{BC}$ 朝相反方向，則 $\Sigma\vec{\mathbf{F}}$ 不會是零；注意，因為我們現在考慮的是支柱 AB 的另一端，所以 $\vec{\mathbf{F}}_{BA}=-\vec{\mathbf{F}}_{AB}$ (且 $F_{BA}=F_{AB}$)。] 我們可知支柱 BC 受到張力，並且支柱 BD 受到壓縮。(回想支柱受到的力與栓受到的力為相反方向。) 我們設 $\Sigma\vec{\mathbf{F}}=0$

$$\Sigma F_x = F_{BA}\cos 60° + F_{BC}\cos 60° - F_{BD} = 0$$
$$\Sigma F_y = F_{BA}\sin 60° - F_{BC}\sin 60° = 0$$

然後，因為 $F_{BA}=F_{AB}$，得到

$$F_{BC} = F_{AB} = \frac{1}{\sqrt{3}}Mg$$

以及

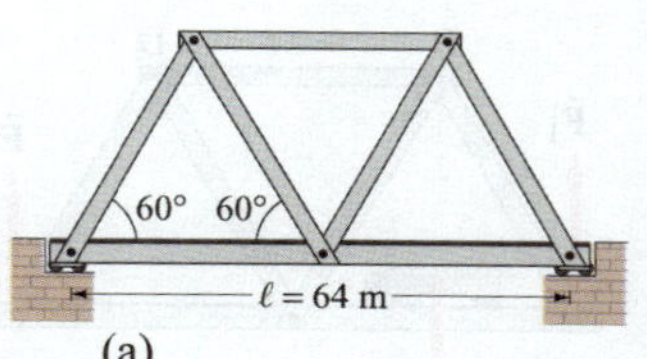

(a)

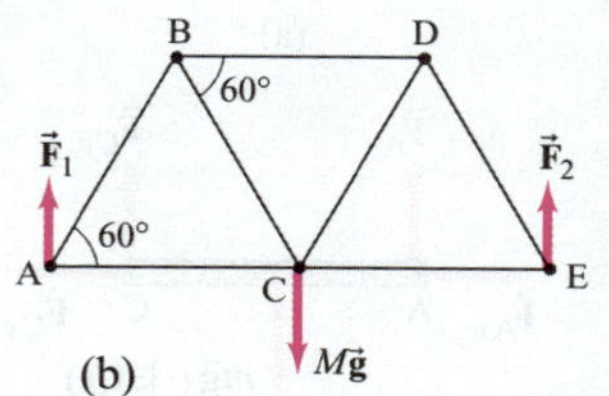

(b)

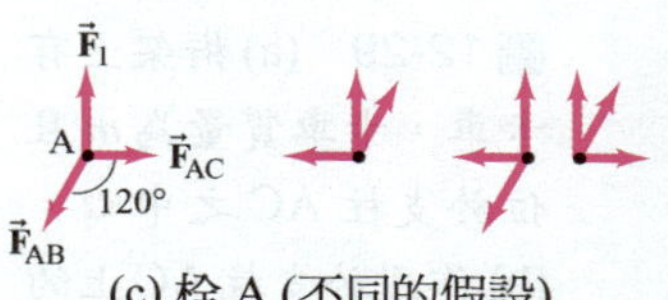

(c) 栓 A (不同的假設)

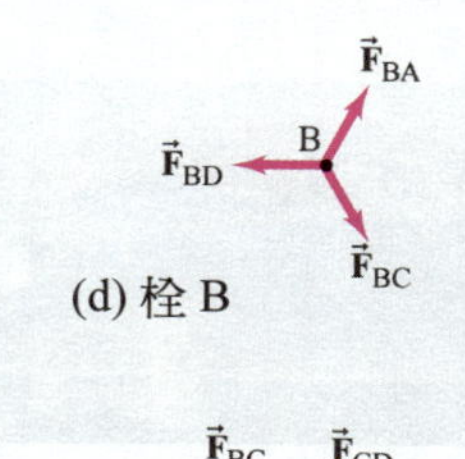

(d) 栓 B

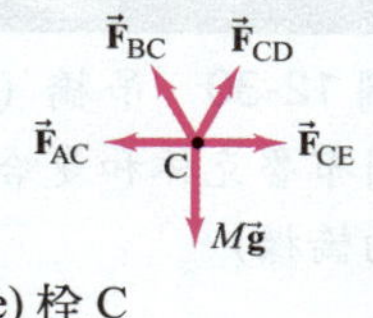

(e) 栓 C

圖 12-28 例題 12-11。(a) 桁架橋。自由體圖：(b) 整個桁架，(c) 栓 A (不同的假設)，(d) 栓 B 和 (e) 栓 C。

---

4 如果圖中選取的力之方向與事實相反，則會得到負值。

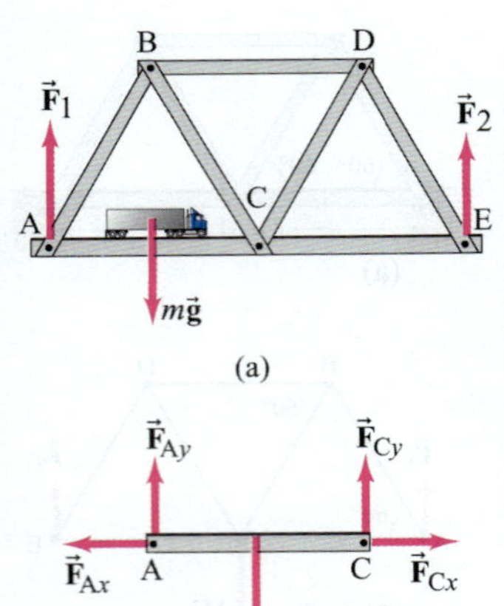

圖 12-29 (a) 桁架上有卡車，卡車質量為 m 且位於支柱 AC 之中心。(b) 作用於支柱 AC 上的力。

圖 12-30 吊橋 (紐約州布魯克林和曼哈頓間的橋樑)。

物理應用

吊橋

$$F_{\mathrm{BD}} = F_{\mathrm{AB}}\cos 60° + F_{\mathrm{BC}}\cos 60°$$
$$= \frac{1}{\sqrt{3}}Mg\left(\frac{1}{2}\right) + \frac{1}{\sqrt{3}}Mg\left(\frac{1}{2}\right) = \frac{1}{\sqrt{3}}Mg$$

至此解答已經全部完成。並且由於對稱，因此 $F_{\mathrm{DE}} = F_{\mathrm{AB}}$、$F_{\mathrm{CE}} = F_{\mathrm{AC}}$ 和 $F_{\mathrm{CD}} = F_{\mathrm{BC}}$。

備註 作為檢查之用，試針對栓 C 計算其 ΣF_x 和 ΣF_y 是否等於零。圖 12-28e 為其自由體圖。

例題 12-11 中，將道路的重量置於中心 C 點。現在考慮如一輛重型卡車的重負載，由支柱 AC 的中央支撐此負載，如圖 12-29a 所示。在這負載作用下支柱 AC 中間下陷，這表示支柱 AC 中有剪應力作用。圖 12-29b 標示出作用在支柱 AC 上的力有：卡車的重量 $m\vec{\mathbf{g}}$，栓 A 和 C 施加於支柱上的力 $\vec{\mathbf{F}}_{\mathrm{A}}$ 和 $\vec{\mathbf{F}}_{\mathrm{C}}$。[注意，其中沒有 $\vec{\mathbf{F}}_1$，因為它是作用在栓 A 的力 (由外部支撐物施加)，而不是作用在支柱 AC 上。] 栓 A 和 C 施加於支柱 AC 上的力不只沿著支柱方向作用，同時也有垂直分量，亦即與支柱垂直以平衡卡車的重量 $m\vec{\mathbf{g}}$，此分量因而產生剪應力。其他沒有承受重量的支柱，只有受到單純的張力或壓縮之作用。習題 53 和 54 討論這種情況，而解題的先前步驟即是針對此支柱利用力矩方程式計算力 $\vec{\mathbf{F}}_{\mathrm{A}}$ 和 $\vec{\mathbf{F}}_{\mathrm{C}}$。

對於大型的橋樑而言，桁架結構可能會過重。解決方法之一是建造吊橋，由相對較輕的纜繩支撐負載，且由間隔緊密的垂直纜線支撐道路，如圖 12-30 以及本章首頁的照片所示。

例題 12-12 吊橋 試求吊橋中兩座塔之間纜繩的形狀 (如圖 12-30)，假設道路的重量均勻分佈。同時忽略纜繩的重量。

方法 我們設 $x=0$、$y=0$ 為跨距的中心，如圖 12-31 所示。設 $\vec{\mathbf{F}}_{\mathrm{T0}}$ 是纜繩在 $x=0$ 處的張力，它朝水平方向作用，如圖中所示。並且設 F_{T} 是纜繩在水平座標為 x 的其他某地點處的張力。因為假設道路是均勻的，所以這段纜繩所支撐的這一部分道路的重量 w 與距離 x 成正比；即

$$w = \lambda x$$

其中 λ 是單位長度的重量。

解答 令 $\Sigma\vec{\mathbf{F}} = 0$

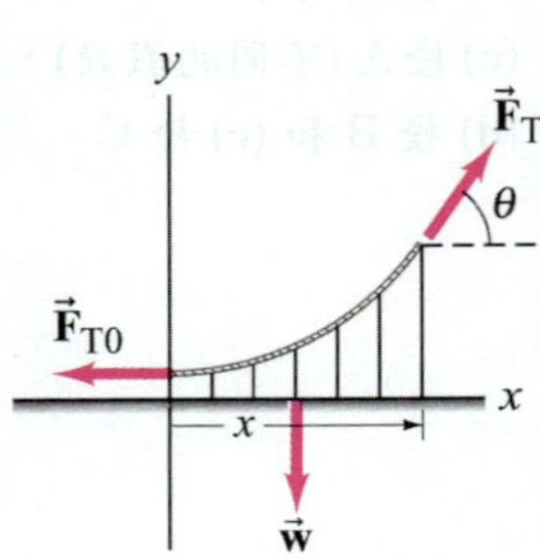

圖 12-31 例題 12-12。

$$\Sigma F_x = F_T \cos\theta - F_{T0} = 0$$

$$\Sigma F_y = F_T \sin\theta - w = 0$$

兩式相除，得到

$$\tan\theta = \frac{w}{F_{T0}} = \frac{\lambda x}{F_{T0}}$$

曲線 (纜繩) 在任何一點的斜率是

$$\frac{dy}{dx} = \tan\theta$$

或

$$\frac{dy}{dx} = \frac{\lambda}{F_{T0}} x$$

將此式積分

$$\int dy = \frac{\lambda}{F_{T0}} \int x\,dx$$

$$y = Ax^2 + B$$

其中 $A = \lambda / F_{T0}$，而 B 則是積分常數。這正是拋物線方程式。

備註　實際橋樑的纜繩具有質量，雖然其形狀通常是極接近拋物線，但還是只能稱為近似於拋物線。

*12-7 拱門與圓頂

物理應用

建築物：橫樑、拱門與圓頂

工程師和建築師可以用各種不同的方法跨越空間，例如橫樑、桁架與吊橋。在本節中我們討論拱門和圓頂。

2000 年前的古羅馬人採用了半圓形**拱門** (arch) (圖 12-32 和 12-33)。除了具有美學上的吸引力之外，它還是了不起的技術創新。如果設計良好，“真拱”或半圓拱的優點是楔形的石頭所承受的主要是壓縮的應力，即使

圖 12-32　羅馬廣場中的圓形拱門。在後方背景中的是提圖斯拱門。

圖 12-33　拱形橋用在跨越加州海岸的峽谷具有很好的效果。

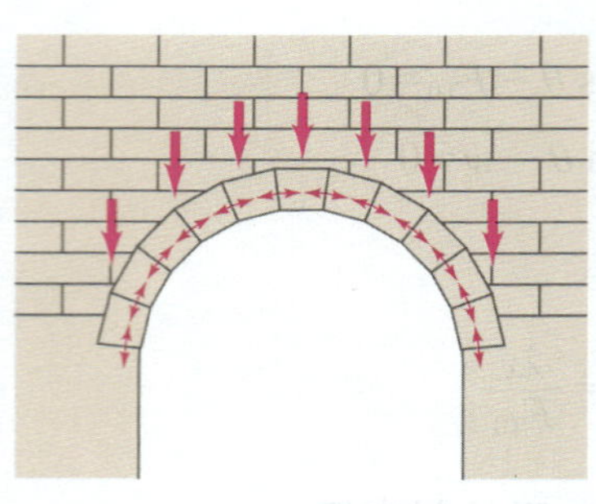

圖 12-34　在圓形拱門中的石塊 (見圖 12-32) 主要受到壓縮作用。

圖 12-35　飛拱 (巴黎聖母院大教堂)。

當它支撐如大教堂的牆壁或屋頂等大型負載時也是如此。石頭在壓縮之下會因為石塊彼此互相擠壓，所以它們主要承受的是壓縮力 (見圖 12-34)。注意，拱門把水平和垂直的力轉移到支撐處。由許多勻稱的石塊所組成的圓拱，可以跨過非常寬廣的空間。所以兩邊需要相當大的拱壁以支撐力的水平分量。

尖拱門大約於西元 1100 年啟用，而且成為偉大的哥德式大教堂的特徵。它也是重要的技術創新，最初是用來支撐重型負載，如大教堂的塔和拱門。建造者顯然了解到由於尖拱門的陡峭，上方重量的力可能會以更幾近垂直的方向下降，所以需要較少的水平拱壁。尖拱門減少了牆壁上的負荷，因此會更開闊和明亮。其所需的較小扶壁則是由外側的優美的飛拱壁 (圖 12-35) 所提供。

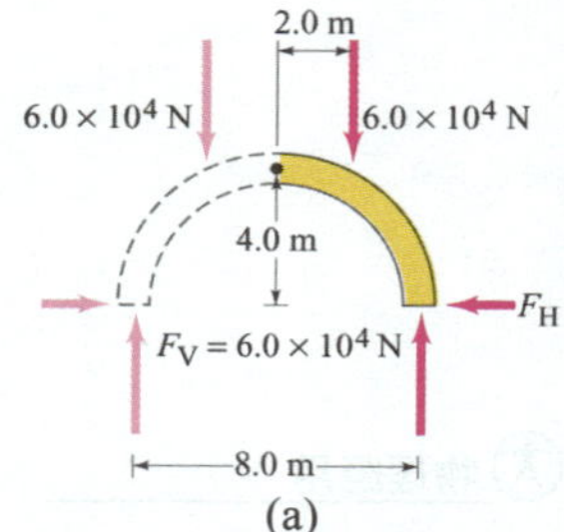

圖 12-36　比較 (a) 作用於圓拱門中的力，和 (b) 尖拱門中的力。

要對石拱門作準確的分析實際上是相當困難的。但如果我們做一些簡化的假設，則能說明為什麼尖拱門底部的力之水平分量會比圓拱門小。圖 12-36 表示有 8.0 m 之跨距的圓拱和尖拱門。圓拱的高度是 4.0 m，而尖拱門的高度比較高，為 8.0 m。每個拱門支撐 12.0×10^4 N ($=12000\ \mathrm{kg}\times g$) 之重量。為了簡化計算，我們將力分成兩部分 (每一個為 6.0×10^4 N)，分別作用在各拱門的兩半部。為了保持平衡，每個支撐處必須施加 6.0×10^4 N 向上的力。由於轉動的平衡，每個支撐處也施加水平的力 F_{H} 於拱門的底部，而它就是我們所要計算的量。我們只考慮右半邊的拱門。我們設由作用於半邊拱門上的力所產生之繞拱門頂點的總力矩等於零。對於圓拱門而言，力矩方程式 ($\Sigma\tau=0$) 為 (見圖 12-36a)

$$(4.0\ \mathrm{m})(6.0\times10^4\ \mathrm{N})-(2.0\ \mathrm{m})(6.0\times10^4\ \mathrm{N})-(4.0\ \mathrm{m})(F_{\mathrm{H}})=0$$

所以圓拱門的 $F_{\mathrm{H}}=3.0\times10^4$ N。而尖拱門的力矩方程式為 (見圖 12-36b)

$$(4.0\ \text{m})(6.0\times10^4\ \text{N})-(2.0\ \text{m})(6.0\times10^4\ \text{N})-(8.0\ \text{m})(F_\text{H})=0$$

由此得到尖拱門的 $F_\text{H}=1.5\times10^4$ N——它只有圓拱門的一半！由計算中我們得知，因為尖拱門比較高，扶壁的支撐力具有較長的力臂，所以水平的扶壁支撐力比較小。的確，愈陡的拱門，所需要的力之水平分量就愈小，因此施加於拱門底部的力更幾近於垂直。

拱門跨越二維空間，而**圓頂** (dome) ——基本上是拱形物繞垂直軸轉動而成的——則跨越三維空間。羅馬人建造第一個大型圓頂。它們的形狀是半球形，並且有些至今依然屹立不搖，如 2000 年前建造的羅馬萬神殿 (圖 12-37)。

十四世紀之後，在佛羅倫斯建造了一座新的大教堂。它的直徑 43 公尺的圓頂可與萬神殿匹敵，至今，其建築方式依然是一個謎。新的圓頂沒有外部的鄰接而被支撐於一個"鼓狀物"上。Filippo Brunelleschi (1377-1446) 設計了一個尖的圓頂(圖 12-38)，因為尖的圓頂像尖的拱門一般，會對底部施加一個較小的側向推力。圓頂如同圓拱門，必須等到所有石塊均置於適當的位置時才會穩定。當時在施工期間，曾經使用木製框架支撐較小的圓頂。但是並沒有找到夠大或夠強的樹而能夠跨越 43 公尺的空間。Brunelleschi 決定嘗試以水平層建造圓頂，每個石塊與前一個砌合，直到圓圈中的最後一個石塊被置於適當的位置為止。因此，每個封閉環的強度夠牢固而足以支撐下一層。這是令人驚嘆的技藝。較大的圓頂在二十世紀才建造完成，位於紐奧良於 1975 年完成的超級圓頂是最大的圓頂，其直徑 200 公尺的圓頂是由鋼桁架和混凝土所製成。

圖 12-37 羅馬萬神殿的內部，約於 2000 年前所建造。這個視野顯示了大圓頂和引導光線進入的中央開孔。此圖是由 Panini 在 1740 年所繪製。一般的照片無法捕捉到如本畫作一般的莊嚴與宏偉。

圖 12-38 佛羅倫斯的天際，圖中顯示了大教堂上的 Brunelleschi 圓屋頂。

摘要

靜止的物體被稱為是處於**平衡** (equilibrium) 狀態。判斷靜止之結構體中的力之主題稱為**靜力學** (statics)。

物體處於平衡狀態的兩個必要條件是 (1) 物體上所有作用力的向量和必須是零，和 (2) (對任意軸) 所有力矩的總和也必須是零。對於二維的問題而言，我們可以寫出

$$\Sigma F_x = 0，\Sigma F_y = 0，\Sigma \tau = 0 \quad \textbf{(12-1，12-2)}$$

當處理靜力學問題時，每次只對一個物體應用平衡條件是很重要的。

一個處於靜態平衡的物體可能是 (a) **穩定** (stable) 、(b) **不穩定** (unstable) 或 (c) **中性平衡** (neutral equilibrium)，其情況視些微的移位是否會使它 (a) 回到原來的位置，(b) 從原先的位置移動到更遠處，或 (c) 靜止在新的位置上。處於穩定平衡的物體也可說是在**平衡** (balance) 狀態。

虎克定律 (Hooke's law) 適用於許多彈性固體，並說明物體長度的變化量與作用力成正比

$$F = k\Delta\ell \quad \textbf{(12-3)}$$

如果作用力太大，物體將超出它的**彈性極限** (elastic limit)，意指即使將作用力移除，也不會回復原來的形狀。如果作用力更大，可能會超出材料的**極限強度** (ultimate strength)，而使物體**斷裂** (fracture)。作用在物體上每單位面積的力是**應力** (stress)，而所造成的長度之分數變化則是**應變** (strain)。物體上的應力存在於物體內部，它具有三種類型：**壓縮** (compression)、**張力** (tension) 和**剪力** (shear)。應力與應變之比例稱為材料的**彈性係數** (elastic modulus)。**楊氏係數** (Young's modulus) 適用於壓縮和張力，**剪切係數** (shear modulus) 適用於剪力。**體積彈性係數** (bulk modulus) 適用於物體的每一面受到壓力作用而引起體積改變的情況。當一特定材料在彈性區域中被扭曲時，這三個係數均為常數。

問題

1. 描述一物體即使受到的淨力為零也不處於平衡狀態的數種情況。

2. 一位高空彈跳者往下俯衝，當他到達最低點而即將向上彈回之瞬間，他是處於平衡狀態嗎？試解釋之。

3. 要找出米尺的重心，可以把尺水平放在兩根食指之上，然後慢慢地靠攏食指。米尺會先滑向某一食指，然後再滑向另一食指，但是最後兩根食指會在重心處接觸。試解釋為什麼此方法可以找出尺的重心？

4. 醫院用的體重計，可以滑動橫臂上的砝碼以測量體重 (圖 12-39)。砝碼比人的體重要輕得多。其測量體重的原理為何？

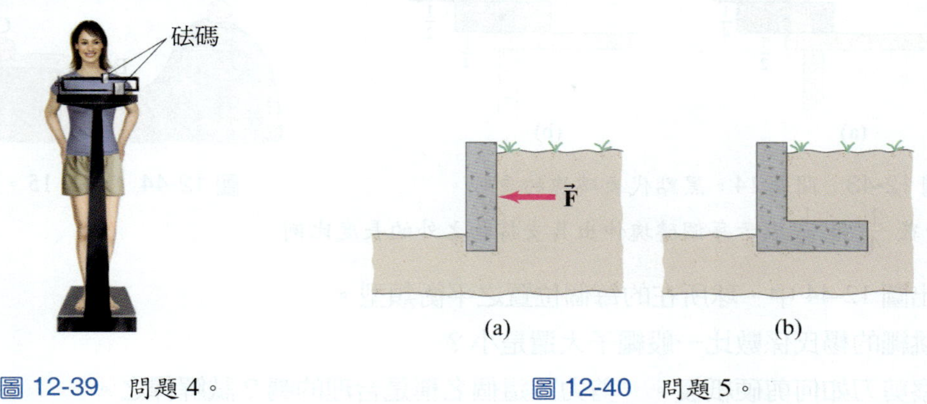

圖 12-39　問題 4。　圖 12-40　問題 5。

5. 圖 12-40a 中所示為庭園中的擋土牆。尤其當土壤潮濕的時候會對牆施予一個很大的力 F。(a) 什麼力造成的力矩會使牆保持直立？(b) 試解釋為什麼圖 12-40b 中的擋土牆遠比圖 12-40a 中的不易翻倒。

6. 當某物體受到的淨力不等於零的時候，它受到的淨力矩會是零嗎？試解釋之。

7. 有一個梯子與地面成 60° 角靠在牆上。當有一個人站在梯子上時，請問他接近頂端或是底部會使樓梯較易滑動？試解釋之。

8. 一根均勻的米尺以支點支撐於刻度為 25 cm 處，並有一個 1 kg 的石頭懸吊於刻度為 0 cm 的端點處，此時米尺處於平衡狀態（如圖 12-41 所示）。米尺的質量大於、等於或小於石頭的質量？試說明原因。

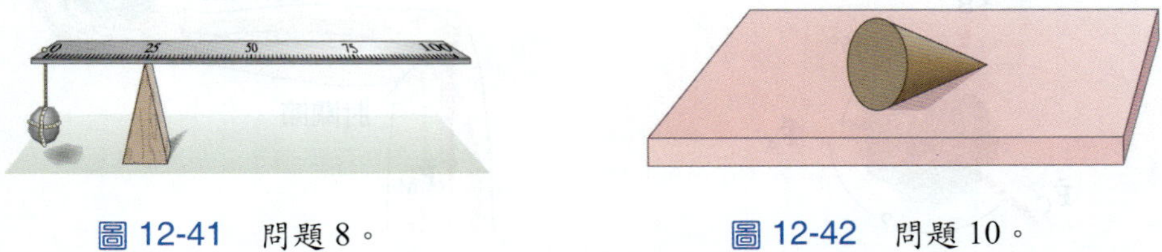

圖 12-41　問題 8。　圖 12-42　問題 10。

9. 當你的手中抱著重物時，為什麼身體會往後傾斜？

10. 有一個圓錐體，見圖 12-42。試解釋要如何將它放置在平坦的桌面上而使其處於 (a) 穩定平衡，(b) 不穩定平衡，和 (c) 中性平衡。

11. 將你自己面對已開的門之邊緣，雙腳分跨在門的兩側並且鼻子與腹部接觸門的邊緣，然後試著抬起腳尖。請解釋為什麼不可能？

12. 當你背部挺直地坐在椅子上時，為什麼如果沒有先向前傾就無法將雙腳抬起？

13. 為什麼膝蓋彎曲時作仰臥起坐會比雙腿伸直時困難？

14. 圖 12-43 中的 (a) 或 (b) 圖的磚塊配置方式，哪一個比較穩定？為什麼？

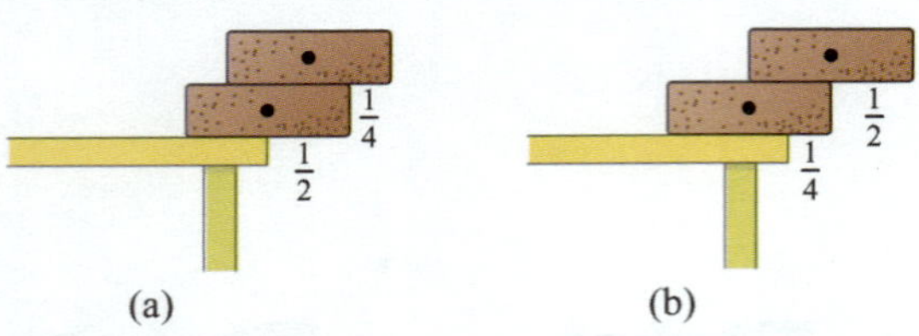

圖 12-43　問題 14。黑點代表磚塊的重心。分數 $\frac{1}{4}$ 和 $\frac{1}{2}$ 表示每個磚塊伸出其支撐物之外的長度比例。

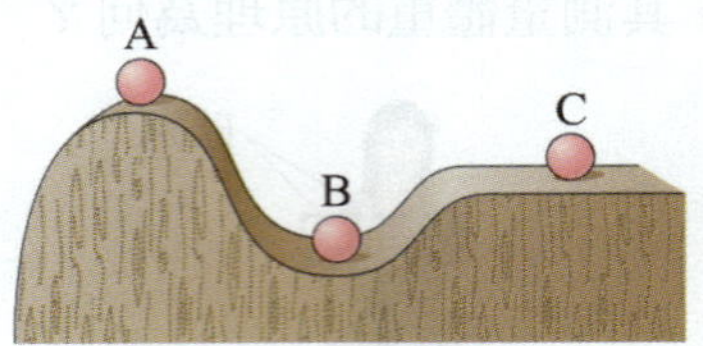

圖 12-44　問題 15。

15. 指出圖 12-44 中，球所在的每個位置之平衡類型。

16. 彈跳繩的楊氏係數比一般繩子大還是小？

17. 觀察剪刀如何剪硬紙板。“剪力”這個名稱是合理的嗎？試解釋之。

18. 一般的混凝土或石頭這類材料在張力或剪力作用下是非常脆弱的。圖 12-7 中懸臂樑的任一支柱使用這類的材料是明智的嗎？如果是，為哪一根支柱？試解釋之。

習題

12-1 與 12-2　平衡

1. (I) 如圖 12-45 所示，三個外力施加在一棵樹苗上使之平衡。已知 $\vec{\mathbf{F}}_A = 385$ N 且 $\vec{\mathbf{F}}_B = 475$ N，試求 $\vec{\mathbf{F}}_C$ 的方向與大小。

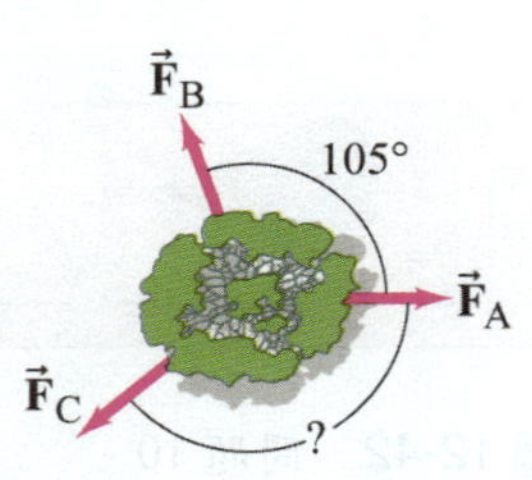

圖 12-45　習題 1。

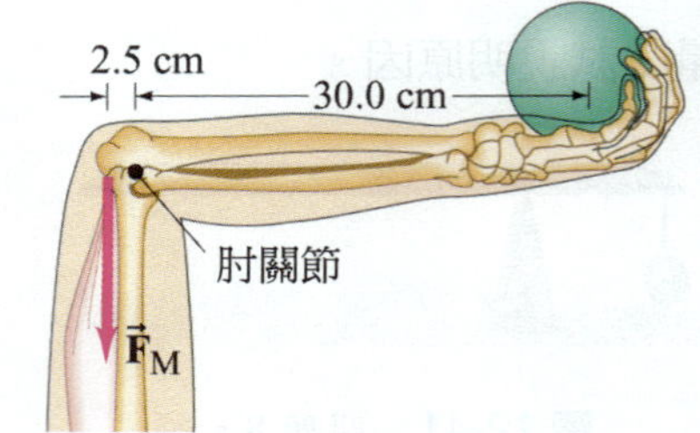

圖 12-46　習題 2。

2. (I) 當手中握著一個 7.3 kg 的鉛球時，上臂中的伸肌對下臂施加的力 F_M 的大小大約是多少 (圖 12-46)？假設下臂的質量為 2.3 kg，並且其重心距離肘關節軸為 12.0 cm。

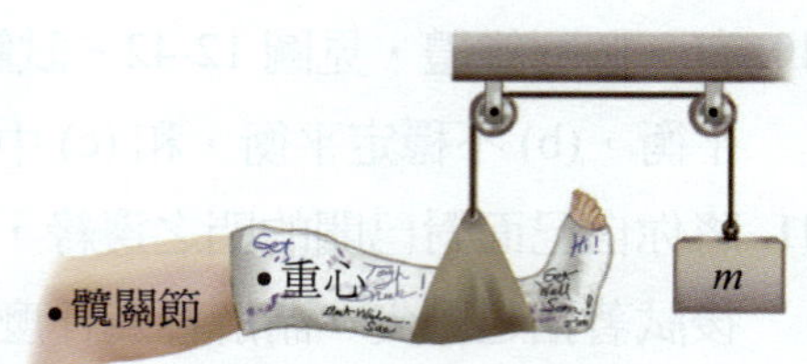

圖 12-47　習題 3。

3. (I) 試計算圖 12-47 中要將腿吊起所需要的質量 m。假設腿 (包括敷料) 的質量為 15.0 kg，其重心距離髖關節 35.0 cm，吊帶距離髖關節 78.0 cm。

4. (I) 塔型起重機 (圖 12-48a) 始終必須仔細地維持在平衡狀態，以確定沒有淨力矩作用而使其傾斜。某建築工地的一部起重機即將吊起 2800 kg 的冷氣機，起重機的大小如圖 12-48b 所示。(a) 從地面上吊起此重物時，起重機之 9500 kg 的平衡錘必須置於何處？(請注意，通常平衡錘是由感測器及馬達控制而自動移動，以準確地對消負載) (b) 如果平衡錘置於於最外側，試求它可以吊起的最大負載。忽略橫樑的質量。

(a)

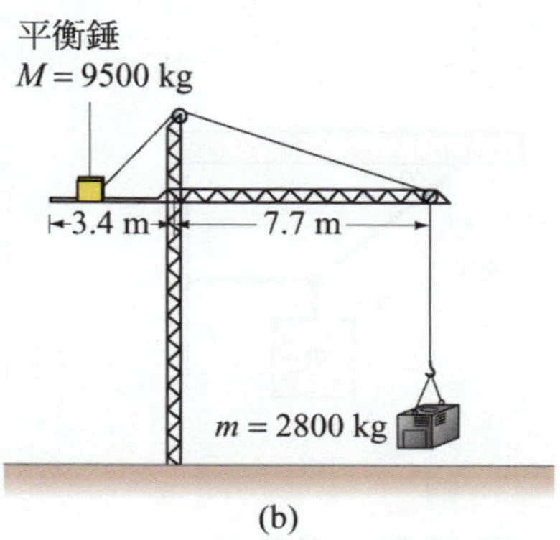

(b)

圖 12-48 習題 4。

5. (II) 如圖 12-49 所示，當一位 52 kg 的人站在跳水板末端時，在以下狀況下，試計算支座對跳水板施加的力 F_A 與 F_B。(a) 忽略板的重量，(b) 將板的質量 28 kg 列入考量。假設跳水板的重心位於其中心點。

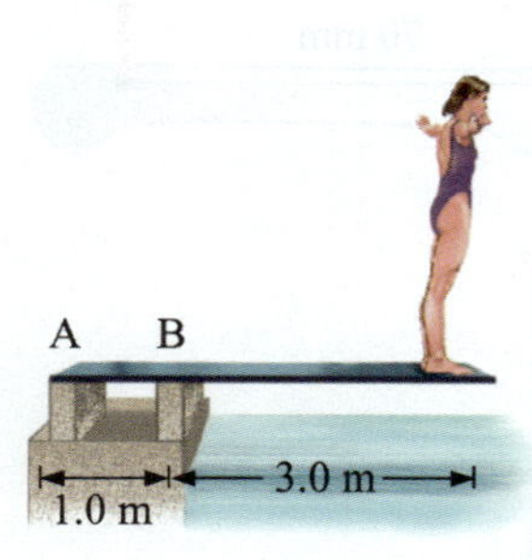

圖 12-49 習題 5。

圖 12-50 習題 7 與 83。

6. (II) 如圖 12-3 所示之方式，用兩條繩子支撐吊燈，不同之處是上方的繩子與天花板成 45°。如果繩子可以承受 1660 N 的力而不致斷裂，試求可支撐的吊燈最大重量為何？

7. (II) 圖 12-50 中的兩棵樹相距 6.6 m，某背包客試著將他的背包吊起，以免被熊取走，當繩子中點處下垂 (a) 1.5 m，(b) 0.15 m 時，試計算他必須向下施力 $\vec{F}$ 的大小，以支撐 19 kg 的背包。

8. (II) 一根 110 kg 水平樑的兩端被支撐著，一台 320 kg 重的鋼琴置於距離樑一端的 1/4 處。兩端支撐處的垂直作用力是多少？

9. (II) 圖 12-7 中所示 之均勻懸臂樑的質量為 1200 kg，試計算力 F_A 及 F_B。

10. (II) 某位 75 kg 的成人坐在 9.0 m 長板的一端，他的小孩 25 kg 坐在板的另一端，(a) 支點應該位於長板的何處，才會維持平衡？忽略長板的質量。(b) 如果長板的材質均勻，且質量為 15 kg，試求其支點的位置。

11. (II) 試求圖 12-51 中兩條繩子中的張力。忽略繩子的質量，並假設 θ 為 33° 且 m 為 190 kg。

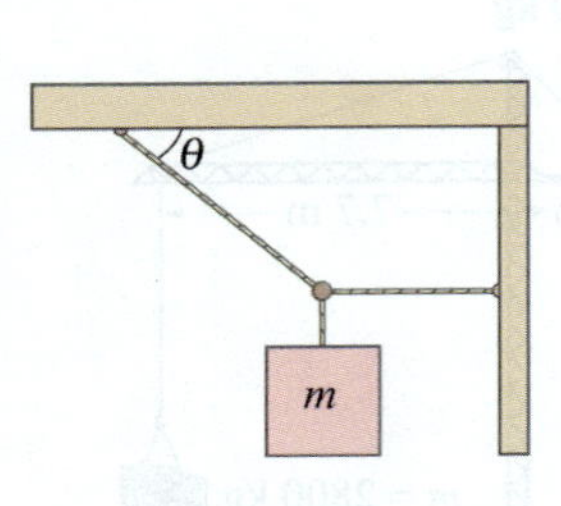

圖 12-51　習題 11。

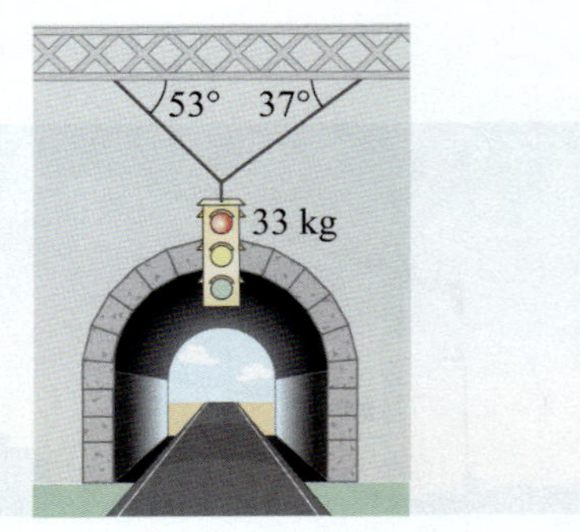

圖 12-52　習題 12。

12. (II) 試求圖 12-52 中所示，支撐交通號誌燈之兩條纜線中的張力。

13. (II) 如圖 12-53 中所示的 24 kg 之桌子，試求一位 66.0 kg 的人可以坐在距離邊緣多近的位置而不會傾倒？

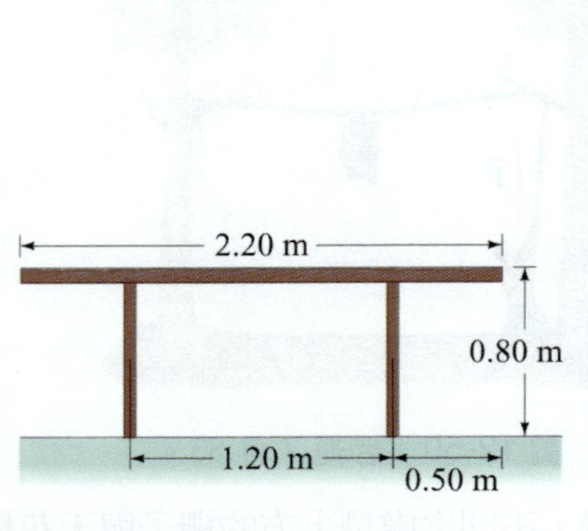

圖 12-53　習題 13。

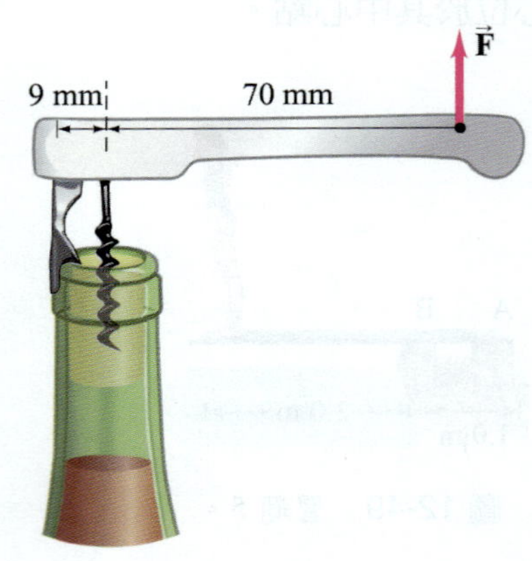

圖 12-54　習題 14。

14. (II) 將軟木塞從酒瓶瓶口拉出所需的力在 200 至 400 N 之間。圖 12-54 中所示為一常見的開瓶器，若使用此裝置開酒瓶，所需的力 F 之範圍為何？

15. (II) 針對圖 12-55 中之橫樑，計算力 F_A 及 F_B。向下的力代表樑上機器的重量。假設樑的材質均勻，且質量為 280 kg。

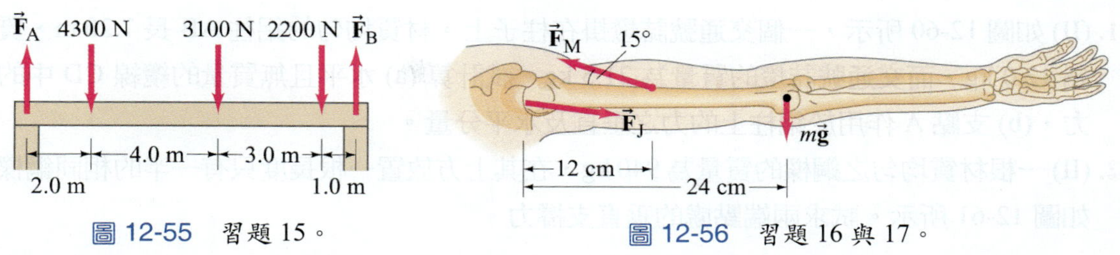

圖 12-55 習題 15。 圖 12-56 習題 16 與 17。

16. (II) (a) 如圖 12-56 中所示向外手伸的手臂，已知手臂的總質量為 3.3 kg。試計算維持此姿勢三角肌所需的力 F_M 之大小。(b) 試計算肩關節施加於上臂的力 F_J 以及其作用的角度 (相對於水平)。

17. (II) 假設習題 16 中的手握住一個 8.5 kg 的物體，則三角肌所需的力 F_M 為何？假設該物體距離肩關節 52 cm。

18. (II) 有三個小孩試著將翹翹板平衡，翹翹板以位於中點的石頭為其支點，長度為 3.2 m，且板子非常輕 (圖 12-57)。有兩人已經坐上翹翹板的兩端，男孩 A 的質量為 45 kg，男孩 B 的質量為 35 kg，質量為 25 kg 的女孩 C，應該坐在哪裡才可以平衡翹翹板？

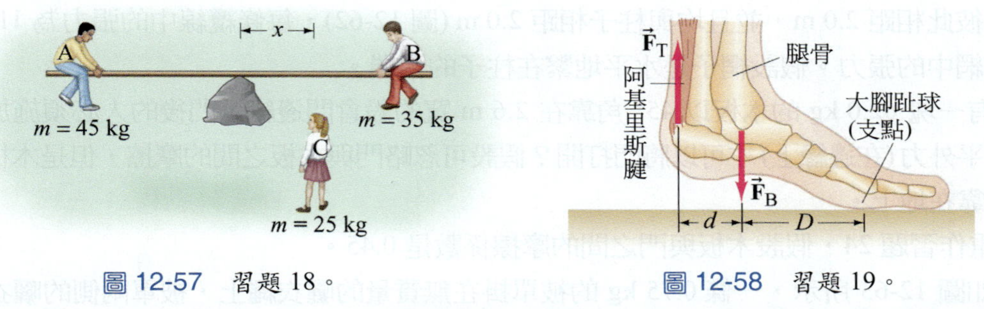

圖 12-57 習題 18。 圖 12-58 習題 19。

19. (II) 如圖 12-58 所示，阿基里斯腱與腳跟相連。某人靠“一隻腳的大腳趾球”將身體抬高，當腳掌剛剛離開地板時，試估算阿基里斯腱中的張力 F_T (向上)、小腿骨對腳施加的力 F_B (向下)。假設此人的質量為 72 kg，且 D 值是 d 值的兩倍。

20. (II) 如圖 12-59 所示，某商店重 215 N 的招牌由重 155 N 的橫樑支撐，試求拉索中的張力以及鉸鏈對橫樑施加的水平與垂直力。

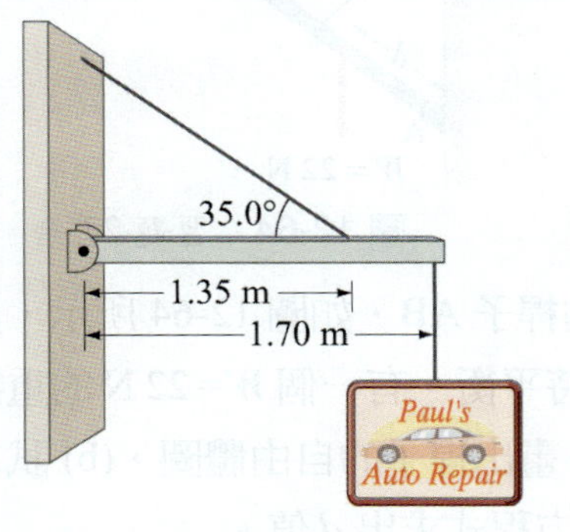

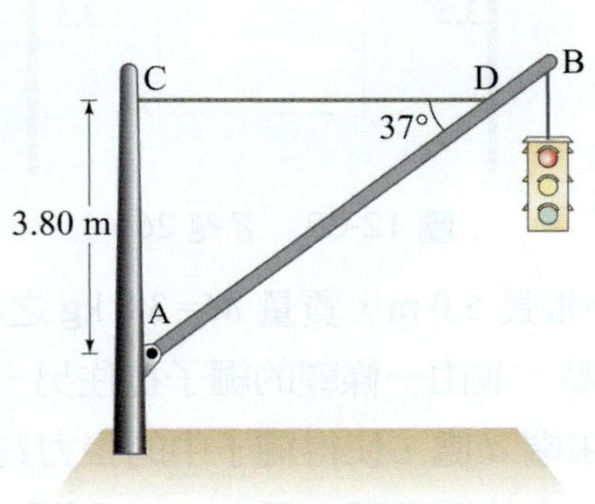

圖 12-59 習題 20。 圖 12-60 習題 21。

21. (II) 如圖 12-60 所示，一個交通號誌燈掛在柱子上。材質均勻的鋁柱 AB 長 7.20 m，質量為 12.0 kg，而交通號誌燈的質量為 21.5 kg。試計算 (a) 水平且無質量的纜線 CD 中的張力，(b) 支點 A 作用於鋁柱上的力之垂直及水平分量。

22. (II) 一根材質均勻之鋼樑的質量為 940 kg，在其上方放置一根長度只有一半的相同鋼樑，如圖 12-61 所示。試求兩端點處的垂直支撐力。

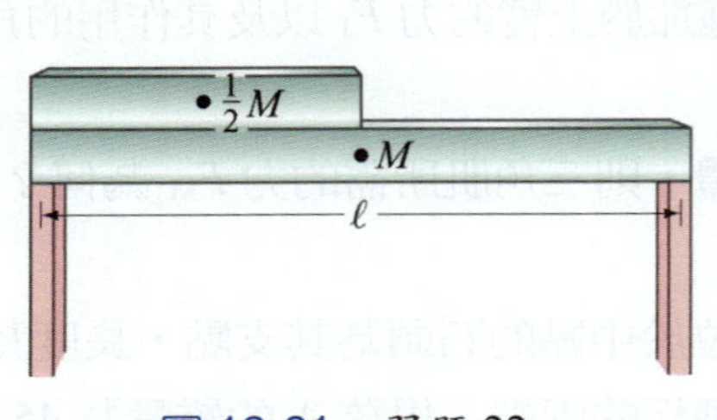

圖 12-61 習題 22。

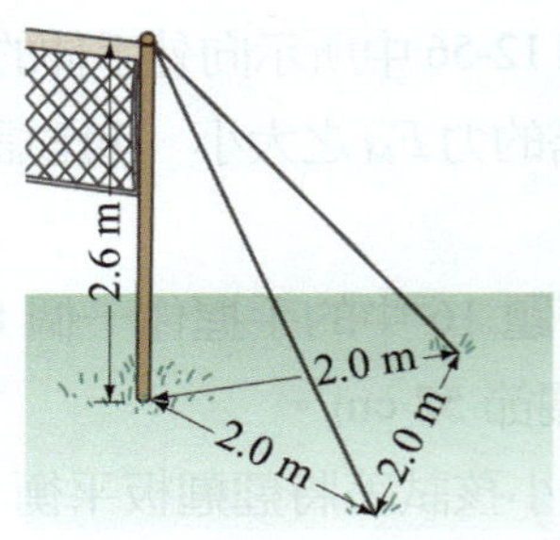

圖 12-62 習題 23。

23. (II) 兩條纜線從 2.6 m 高的柱子頂端拉至地面，用以支撐排球網。兩條纜線固定於地面上，彼此相距 2.0 m，並且均與柱子相距 2.0 m (圖 12-62)，每條纜線中的張力為 115 N，試求網中的張力。假設網子是水平地繫在柱子的頂端。

24. (II) 有一塊 62.0 kg 的木板以 45° 角靠在 2.6 m 寬的穀倉門邊緣，門後的人必須施加多大的水平外力 (在邊緣上) 才可以將門打開？假設可忽略門與木板之間的摩擦，但是木板穩固地緊靠在地上。

25. (II) 重作習題 24，假設木板與門之間的摩擦係數是 0.45。

26. (II) 如圖 12-63 所示，一條 0.75 kg 的被單掛在無質量的曬衣繩上，被單兩側的曬衣繩與水平方向成3.5° 角。試計算被單兩側曬衣繩中的張力。為什麼此張力比被單的重量大得多？

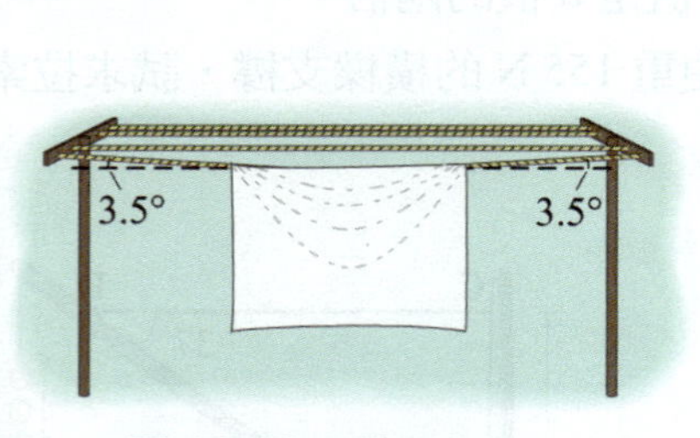

圖 12-63 習題 26。

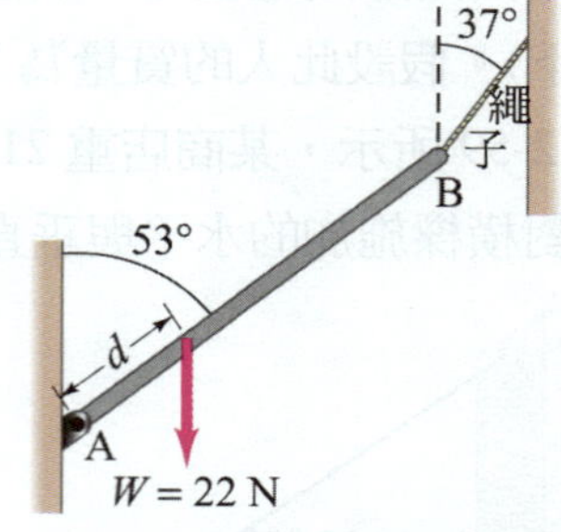

圖 12-64 習題 27。

27. (II) 一根長 5.0 m、質量 $M = 3.8$ kg 之材質均勻的桿子 AB，如圖 12-64 所示，用鉸鏈固定於 A 點，並由一條輕的繩子拉住另一端，以維持平衡。有一個 $W = 22$ N 的重物掛在距離桿子末端 d 處，使得繩子中的張力為 85 N，(a) 畫出桿子的自由體圖，(b) 試求鉸鏈作用在桿子上的垂直與水平力，(c) 利用適當的力矩方程式求出 d 值。

28. (III) 如圖 12-65 所示，一位 56.0 kg 的人站在摺梯上，她距離摺梯底部 2.0 m。試求 (a) 位於梯子中央之水平連桿中的張力，(b) 地面對梯子兩側施加的正向力，(c) 梯子左側作用在右側頂端鉸鏈上的力 (大小與方向)。忽略梯子的質量並且假設地面沒有摩擦。[提示：分別考慮梯子兩側的自由體圖。]

圖 12-65 習題 28。 圖 12-66 習題 29。

29. (III) 一扇高 2.30 m、寬 1.30 m 的門質量為 13.0 kg，位於頂端下方 0.40 m 處以及底端上方 0.40 m 處的兩個鉸鏈各支撐門的一半重量 (圖 12-66)。假設重心位於大門之幾何中心，試求每個鉸鏈施加於門上的水平及垂直力。

30. (III) 一個邊長 $s=2.0$ m 的立方形木箱上端比較重，它的重心位於實際中心的上方 18 cm 處。此木箱可以放在一個多麼陡峭的斜面上而不致翻倒？如果木箱沿著斜面以等速滑動而不會翻倒，你的答案變成什麼？[提示：正向力作用於最下方的邊角。]

31. (III) 某台冰箱是幾近均勻的實心長方體，其高 1.9 m，寬 1.0 m，深 0.75 m。如果冰箱直立放在卡車上，寬 1.0 m 側與行駛方向相同，且不能在卡車上滑動，則卡車可以加速多快而不致使冰箱翻倒？[提示：正向力作用於其中一個邊角。]

32. (III) 一個質量為 m、長度為 ℓ 的均勻梯子以 θ 角靠在無摩擦的牆上 (圖 12-67)，如果梯子與地面之間的靜摩擦係數為 μ_s，試推導一公式，用以計算梯子不會滑動的最小角度。

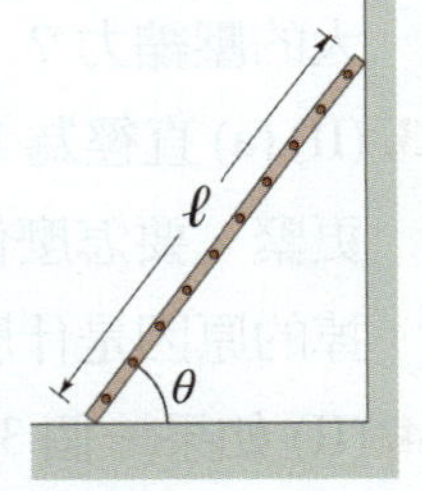

圖 12-67 習題 32。

12-3 穩定與平衡

33. (II) 比薩斜塔高 55 m，直徑約為 7.0 m，頂端偏離中心 4.5 m，此塔是否處於穩定平衡？如果是，它在變成不穩定之前還可以傾斜多少？假設塔的結構均勻。

12-4 彈性；應力與應變

34. (I) 網球拍上之尼龍線中的張力是 275 N，如果尼龍線的直徑是 1.00 mm，沒有承受張力時的長度為 30.0 cm，則它伸長多少？

35. (I) 一根截面積為 1.4 m^2 的大理石柱支撐 25000 kg 的物體，(a) 試求石柱內的應力，(b) 試求石柱的應變。

36. (I) 在習題 35 中，如果石柱高為 8.6 m，則它縮短了多少？

37. (I) 一塊招牌 (質量為 1700 kg) 掛在截面積為 0.012 m^2 之垂直鋼樑的末端，(a) 鋼樑內的應力為何？(b) 鋼樑上的應變為何？(c) 如果鋼樑的長度為 9.50 m，則它會伸長多少？(忽略鋼樑本身的質量)

38. (II) 將鐵塊的體積壓縮 0.10% 需要多大的壓力？以 N/m^2 表示壓力，並與大氣壓力 (1.0×10^5 N/m^2) 相比較。

39. (II) 長 15 cm 之肌腱受 13.4 N 的力作用而伸長 3.7 mm，此肌腱之截面近似於圓形，其平均直徑約為 8.5 mm。試計算此肌腱的楊氏係數。

40. (II) 在海深 2000 m 處的壓力約為大氣壓力的 200 倍 (1 atm $=1.0\times10^5$ N/m^2)。鐵製球形潛水裝置的內部空間容積在此深度時會改變多少百分比？

41. (III) 一根桿子從商店正面的牆水平伸出，一塊 6.1 kg 的招牌懸掛在桿上距離牆壁 2.2 m 處 (圖 12-68)，(a) 試求這塊招牌對桿與外牆連接處所產生之力矩，(b) 如果桿子不會掉落，必定有另一個力矩作用才能使它平衡。此力矩來自何處？使用簡圖表示此力矩如何作用。(c) 討論壓力、張力及／或剪力是否在 (b) 中產生作用。

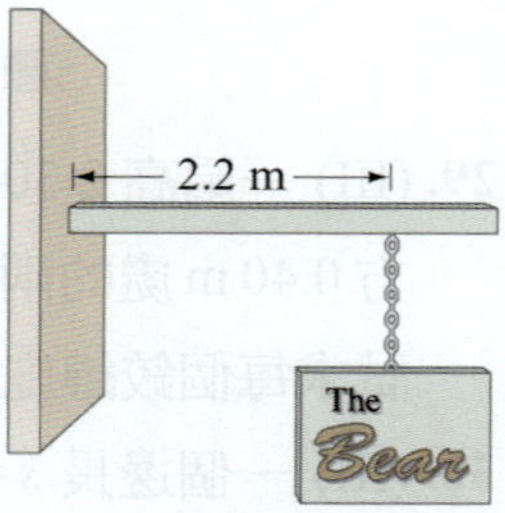

圖 12-68 習題 41。

12-5 斷裂

42. (I) 人類腿部的股骨之最小有效截面約為 3.9 cm^2 ($=3.0\times10^{-4}$ m^2)，它在斷裂之前可承受多大的壓縮力？

43. (II) (a) 直徑為 1.00 mm 之網球拍尼龍線中可能的最大張力是多少？(b) 如果你想把線繃得更緊，要怎麼做才可以避免線斷掉：使用較細或較粗的線？為什麼？線被球擊中後而斷掉的原因是什麼？

44. (II) 如果一個 3.3×10^4 N 的壓縮力施加在一根長 22 cm、截面積為 3.6 cm^2 的骨頭上，(a) 骨頭是否會斷裂？(b) 如果不會，骨頭會縮短多少？

45. (II) (a) 一條垂直鋼纜懸掛一 270 kg 的吊燈，鋼纜所需之最小截面積為何？假設安全係數為 7.0。(b) 如果鋼纜長 7.5 m，它會伸長多少？

46. (II) 如圖 12-69 所示，假設支撐均勻之懸臂樑 ($m=2900$ kg) 的支柱是木頭製造，試計算各支柱所需的最小截面積。假設安全係數為 9.0。

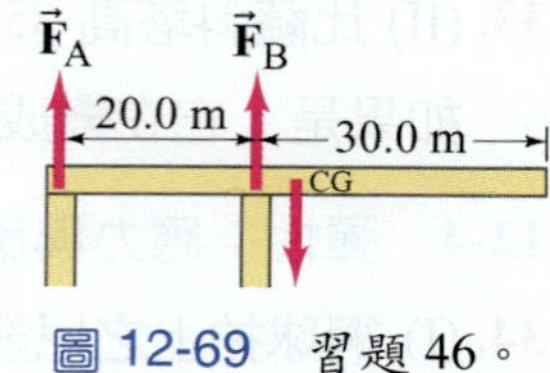

圖 12-69 習題 46。

47. (II) 一鐵製螺栓用來連結兩塊鐵板，該螺栓必須承受高達 3300 N 之剪力。如果安全係數為 7.0，試計算螺栓的最小直徑。

48. (III) 某鋼纜用來支撐總 (搭載) 質量不超過 3100 kg 的電梯，如果電梯的最大加速度為 1.2 m/s^2，試計算鋼纜所需之直徑。假設安全係數為 8.0。

*12-6 桁架與橋樑

*49. (II) 如圖 12-70 所示，一個 $Mg = 66.0$ kN 的重物掛在單懸臂桁架的 E 點處，(a) 將桁架視為一體，利用力矩方程式求出支撐纜線中的張力 F_T，以及桁架中 A 點所受到的力 $\vec{F}_A$。(b) 試求桁架每個組件中的力。因為與負載相比，桁架重量較小，所以可以忽略桁架的重量。

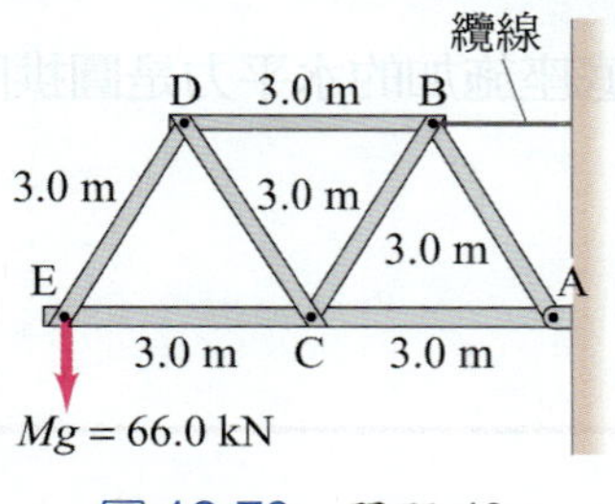

圖 12-70 習題 49。

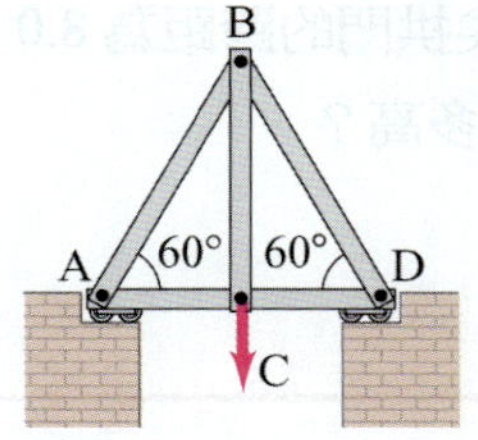

圖 12-71 習題 50。

*50. (II) 圖 12-71 所示是一個簡單的衍架，其中心 C 點承載 1.35×10^4 N 的負載。(a) 試計算接合點 A、B、C、D 處作用於各支柱上的力，(b) 並且指出哪些支柱 (忽略支柱的質量) 承受張力，哪些支柱承受壓縮力。

*51. (II) (a) 如果例題 12-11 的桁架材質是鋼 (尺寸皆相同)，安全係數為 7.0，則最小截面積必須是多少？(b) 如果橋樑隨時可能承載 60 輛卡車，平均每輛卡車的質量為 1.3×10^4 kg，試再次估算桁架組件所需要的截面積。

*52. (II) 再次思考例題 12-11，但這次假設道路被均勻地支撐，其質量 M 的 $\frac{1}{2}$ $(=7.0\times10^5$ kg) 作用在中心，而 $\frac{1}{4}M$ 作用在各端的支撐點 (將橋樑想像成 AC 及 CE 兩個跨距，中心處的栓支撐兩個跨距末端)。試計算每個桁架組件中的力，並與例題 12-11 的結果作比較。

*53. (III) 圖 12-72 所示的桁架支撐一座鐵路橋樑，如果一部 53 ton (1 ton $=10^3$ kg) 的火車頭停在橋樑中心與一端的中央，試求每個支柱中的張力或壓縮力。忽略鐵路及桁架的質量。因為該鐵路橋樑有兩座桁架 (位於火車的兩側)，所以僅用火車質量的 $\frac{1}{2}$ 來計算。假設所有三角形均為等邊三角形。[提示：參閱圖 12-29。]

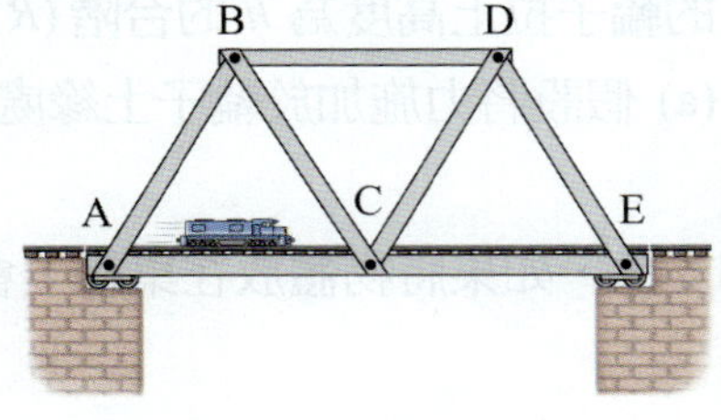

圖 12-72 習題 53。

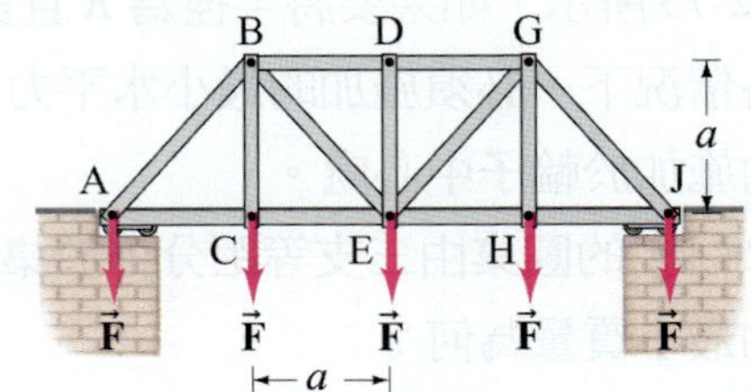

圖 12-73 習題 55。

*54. (III) 假設例題 12-11 中，有一輛 23 ton 的卡車 ($m=23\times10^3$ kg) 其質心位於距離橋樑左端 (A 點) 22 m 處，試求各支柱中的力之大小與應力的類型。[提示：參閱圖 12-29。]

*55. (III) 對於圖 12-73 所示的“普拉特桁架”，試求每個組件上的力，並判斷是張力或壓縮力。假設桁架的負載如圖中所示，並且將結果以 F 表示。垂直高度為 a，並且下方四個水平跨距之長度均為 a。

12-7 拱門與圓頂

*56. (II) 如果一個尖拱門的跨距為 8.0 m 寬，其對底座施加的水平力是圓拱門的三分之一，則尖拱門必須是多高？

一般習題

57. 圖 12-74 中的風鈴處於平衡狀態，B 物體之質量為 0.748 kg，試求 A、C 及 D 物體的質量 (忽略橫桿的重量)。

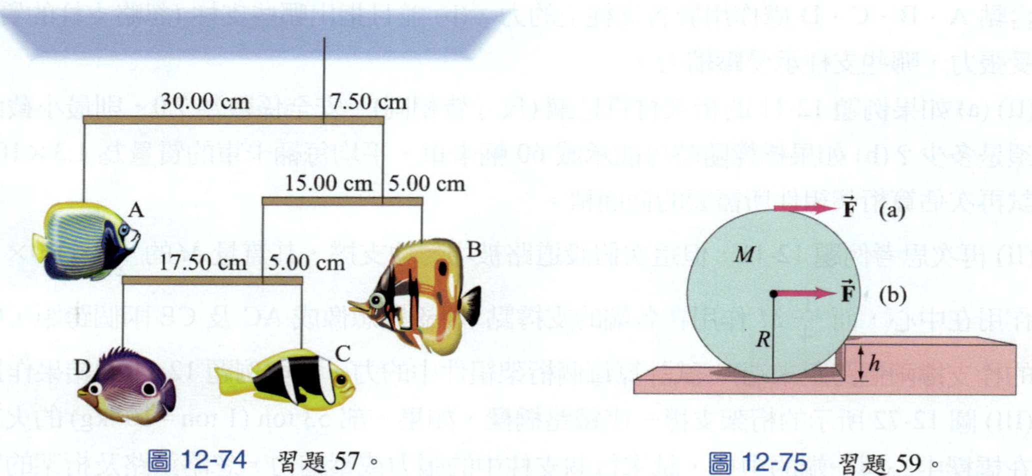

圖 12-74 習題 57。 圖 12-75 習題 59。

58. 一條拉直緊綳的“空中鋼絲”長 36 m。當一位 60.0 kg 的走鋼絲者站在鋼絲中心時，造成鋼絲中央下垂 2.1 m，鋼絲中的張力為何？有沒有可能增加鋼絲中的張力，使之不會下垂？

59. 如圖 12-75 所示，如果要將半徑為 R 且質量為 M 的輪子拉上高度為 h 的台階 ($R>h$)，在下列各情況下，必須施加的最小水平力 F 為何？(a) 假設將力施加於輪子上緣處，(b) 假設將力施加於輪子中心處。

60. 一張 28 kg 的圓桌由三支等距分佈於桌緣的桌腳支撐，如果將物體放在桌緣，會使桌子翻覆的最小質量為何？

61. 如圖 12-76 所示，當一塊 6.6 kg 的木製擱板被扣緊在垂直支柱上的槽中時，支柱會對擱板施加一力矩。(a) 假設有三個垂直力 (兩個由支柱的槽所施加，試解釋之)，試畫出擱板的自由體

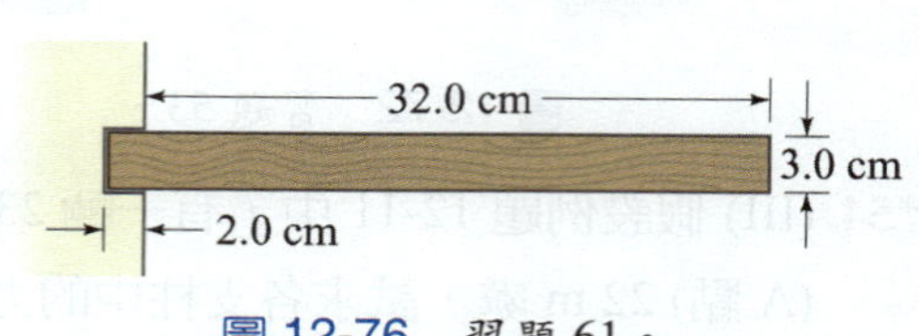

圖 12-76 習題 61。

圖，並且計算 (b) 三個力的大小，以及 (c) 支柱所施加的力矩 (對擱板的左端)。

62. 一棟 50 層的建築物正在規劃中，它的高度為 180.0 m，基底為 46.0 m × 76.0 m，總質量約 1.8×10^7 kg，因此重量約為 1.8×10^8 N，假設風速為 200 km/h 的風對寬 76.0 m 的面上施加 950 N/m² 的力 (圖 12-77)，試計算對潛在支點的力矩，該支點位於建築物的後緣 (圖 12-77 中，$\vec{\mathbf{F}}_E$ 作用的位置)，並判斷此建築物是否會倒塌。假設風的總力施加於建築物迎風面的中心點，並且該建築物沒有錨定於基岩上。[提示：圖 12-77 中的 $\vec{\mathbf{F}}_E$ 是當建築物正要倒塌的瞬間，地球施加於建築物上的力。]

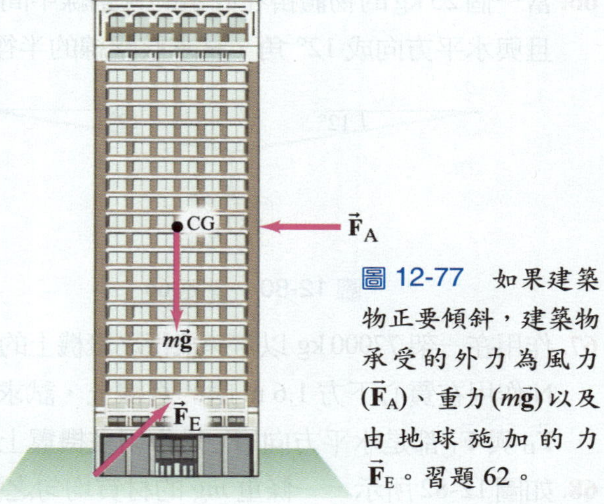

圖 12-77 如果建築物正要傾斜，建築物承受的外力為風力 ($\vec{\mathbf{F}}_A$)、重力 ($m\vec{g}$) 以及由地球施加的力 $\vec{\mathbf{F}}_E$。習題 62。

63. 載有貨物之卡車的重心位置視卡車如何裝載貨物而定，如果它的高為 4.0 m、寬為 2.4 m，並且重心位於地面上方 2.2 m 處，該卡車可以停在多麼陡的斜坡上而不會翻覆 (圖 12-78)？

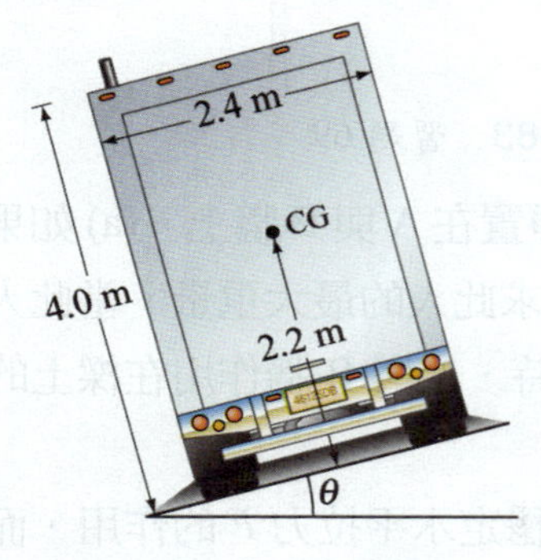

圖 12-78 習題 63。

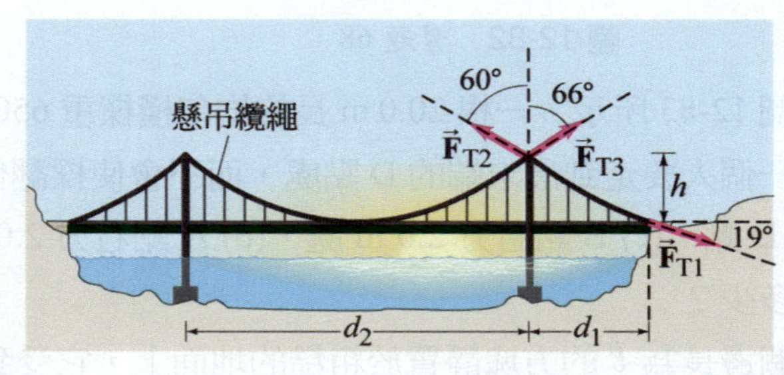

圖 12-79 習題 64 與 65。

64. 圖 12-79 中，舊金山金門大橋右端 (最北端) 部分的長度為 $d_1 = 343$ m，假設此墩距的重心位於塔與錨定點的中間，試以最北之墩距的重量 mg 表示 F_{T1} 與 F_{T2} (作用在最北端的纜繩上)，並計算為達平衡狀態塔樓所需之高度 h。假設道路只由纜繩支撐，並忽略纜繩與垂直纜線的質量。[提示：F_{T3} 並未作用在此部分。]

65. 假設某單墩距的吊橋，如舊金山金門大橋，具有如圖 12-79 中的對稱結構。假設道路沿著橋面均勻地分佈，而且懸吊纜繩的各部分對其正下方的道路提供唯一的支撐，纜繩末端固定在地面上，而非固定在道路上。d_2 與 d_1 的比值必需是多少，才會使懸吊纜繩沒有對塔施加淨水平力？忽略纜繩的質量，以及道路並非完全水平的事實。

66. 當一個 25 kg 的物體掛在固定的直鋁線中間時，如圖 12-80 所示，鋁線中央因此下垂，並且與水平方向成 12° 角，試求該鋁線的半徑。

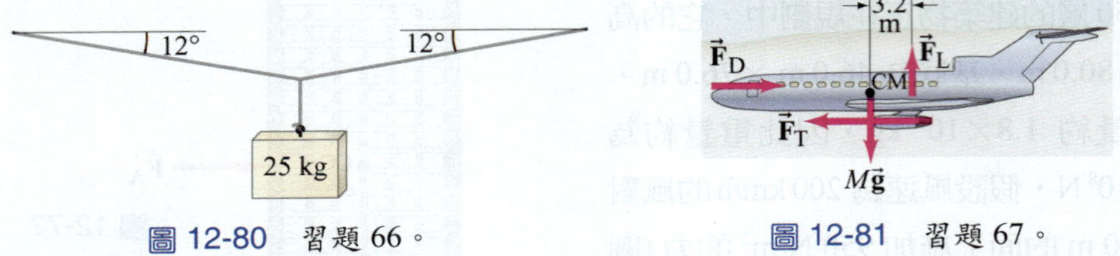

圖 12-80 習題 66。

圖 12-81 習題 67。

67. 作用在一架 77000 kg 以定速飛行之飛機上的力標示於圖 12-81 中。引擎的推力 $F_T = 5.0 \times 10^5$ N 作用在質心下方 1.6 m 處的直線上，試求阻力 F_D 以及它作用於質心上方的距離。假設 $\vec{F}_D$ 與 $\vec{F}_T$ 都是水平方向 ($\vec{F}_L$ 是作用在機翼上的 "抬升" 力)。

68. 如圖 12-82 所示，一條重 mg 的材質均勻之彈性鋼纜，吊在高度相同的兩點之間，其中，$\theta = 56°$，試求 (a) 最低點處及 (b) 連接點處之纜線中的張力，(c) 以上兩小題中張力的方向各為何？

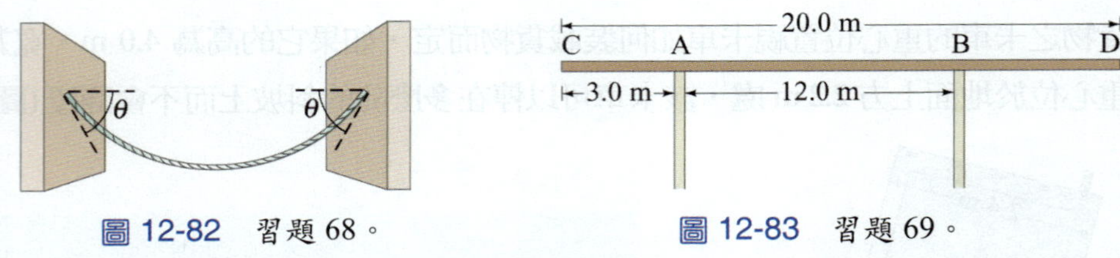

圖 12-82 習題 68。

圖 12-83 習題 69。

69. 如圖 12-83 所示，一根 20.0 m 長的均勻橫樑重 650 N，靜置在 A 與 B 牆上。(a) 如果樑上有一個人要走到最末端的 D 點處，而不會使樑翻倒，試求此人的最大重量。當此人站在 (b) D 點，(c) B 點右方 2.0 m 處，(d) A 點右方 2.0 m 處時，A 與 B 牆作用在樑上的力各為多少？

70. 一個邊長為 ℓ 的方塊靜置於粗糙的地面上，它受到一個穩定水平拉力 F 的作用，而施力點位於地面上方 h 處，如圖 12-84 所示。當 F 增加時，該方塊將會開始滑動或翻倒。試求以下各情況下的靜摩擦係數 μ_s，(a) 方塊開始滑動，而不會翻倒，(b) 方塊開始翻倒。[提示：如果翻倒，正向力作用在方塊上的什麼位置？]

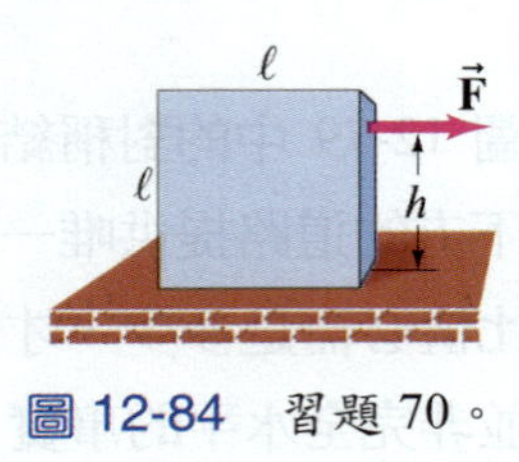

圖 12-84 習題 70。

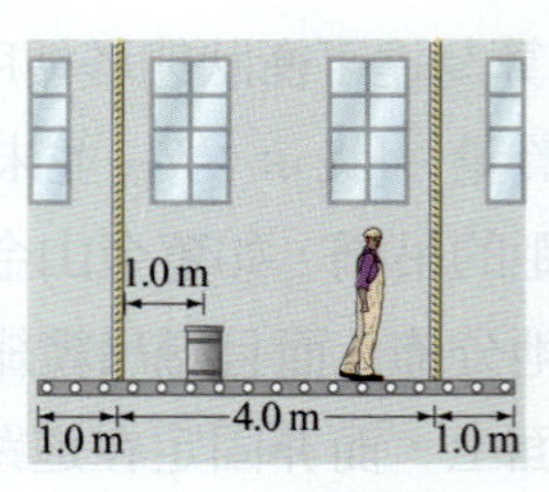

圖 12-85 習題 71。

71. 一位 65.0 kg 的油漆工人站在材質均勻之 25 kg 的鷹架上，該鷹架由繩索支撐 (圖 12-85)，一桶 4.0 kg 的油漆放在圖中的位置，該油漆工人是否可以安全地走到鷹架的兩端？如果不行，哪一端是危險的？且油漆工最多可距離該危險端多近？

72. 某人正在做伏地挺身，並暫停在圖 12-86 中所示的位置，他的質量為 $m = 68$ kg。試求地面作用在 (a) 每隻手；(b) 每隻腳上的正向力。

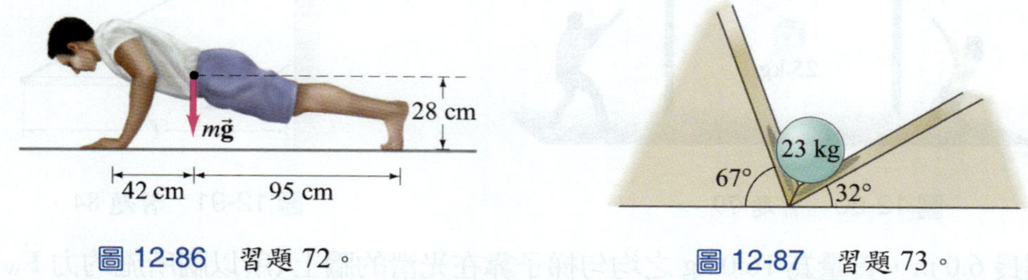

圖 12-86 習題 72。 圖 12-87 習題 73。

73. 如圖 12-87 所示，一個 23 kg 的球體靜止於兩個光滑的平面中間，試求各平面作用在球體上的力。

74. 一個 15.0 kg 的球用繩索 A 吊在天花板上，繩索 B 將球往下拉向一邊。如果繩索 A 與垂直方向成 22°，繩索 B 與垂直方向成 53° (圖 12-88)，試求繩索 A 與 B 中的張力。

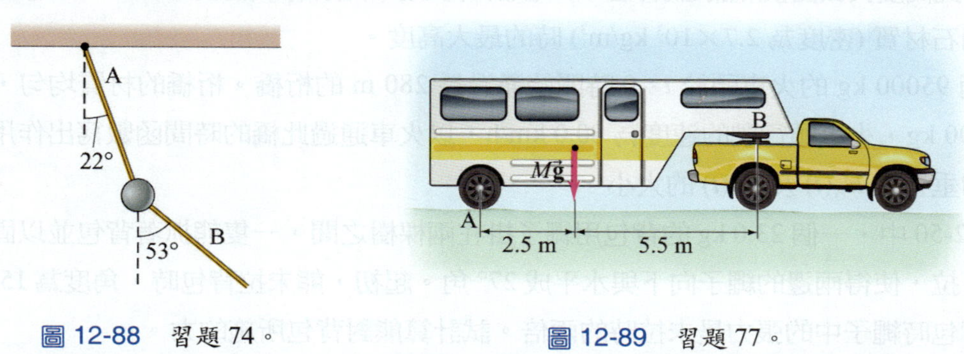

圖 12-88 習題 74。 圖 12-89 習題 77。

75. 無法打開降落傘的人都知道，如果在深雪的地方著陸，他們可能就會存活。假設某位 75 kg 的跳傘者以 55 m/s 的速度落到地面，著地的碰撞面積為 0.30 m^2，軀體組織的極限強度為 5×10^5 N/m^2，他落在雪中深 1.0 m 後即停止，試證明此人可能不會受到嚴重的傷害。

76. 一條直徑 2.3 mm 的鋼索吊著某物體後伸長 0.030%，試求該物體的質量。

77. 一輛 2500 kg 的拖車與靜止的卡車在 B 點處連接 (圖 12-89)，試求道路作用在後輪 A 點上的正向力以及支座 B 作用在拖車上的垂直力。

78. 學校裡有一個面積為 9.0 m×10.0 m 的房間，其上方屋頂的總質量為 13600 kg，由沿著 10.0 m 的邊且等距排列的垂直木柱 "2×4s" (實際上約為 4.0 cm×9.0 cm) 支撐著屋頂。每邊需要幾根支柱？需間隔多遠？只考慮壓縮，並假設安全係數為 12。

79. 如圖 12-90 所示，將一個 25 kg 的重物體懸掛在尼龍繩的中間，尼龍繩之直徑為 1.15 mm 且跨在高 3.00 m，且相距 4.0 m 的兩根柱子上。同時拉繩子的兩端將物體升起，重物距離地面多高時繩子會斷掉？

圖 12-90 習題 79。

圖 12-91 習題 84。

80. 有一個長 6.0 m，質量為 16.0 kg 之均勻梯子靠在光滑的牆上 (所以牆所施的力 $\vec{\mathbf{F}}_W$ 與牆正交)，梯子與垂直的牆面成 20.0° 角，且地面粗糙。當一個 76.0 kg 的人站在梯子上距底端四分之三處時，如果梯子不會滑動，試求梯子底部的靜摩擦係數。

81. 任何材料製造的均勻垂直圓柱都有一個可以支撐本身的重量，而不會彎曲變形的最大高度。此高度與截面積無關 (為什麼？)。試計算使用 (a) 鋼材質 (密度為 7.8×10^3 kg/m^3) 與 (b) 花崗石材質 (密度為 2.7×10^3 kg/m^3) 時的最大高度。

82. 一輛 95000 kg 的火車頭於 $t=0$ 時開始通過長 280 m 的桁橋。桁橋的材質均勻，質量為 23000 kg，火車頭行駛的速度為 80.0 km/h，以火車通過此橋的時間函數寫出作用在支撐點的垂直力 $F_A(t)$ 及 $F_B(t)$ 的大小。

83. 圖 12-50 中，一個 23.0 kg 的背包用繩子掛在兩棵樹之間，一隻熊抓著背包並以固定的力向下拉，使得兩邊的繩子向下與水平成 27° 角。起初，熊未拉背包時，角度為 15°，而熊拉背包時繩子中的張力是未拉時的兩倍。試計算熊對背包所施的力。

84. 如圖 12-91 所示，一根質量為 M、長度為 ℓ 的均勻橫樑架設在牆上的鉸鏈上，此樑藉由一條繩索維持在水平位置，並與繩索成角度 θ。一個質量為 m 的物體放在樑上與牆相距 x 處，而且此位置可以改變。試以 x 的函數表示 (a) 繩索中的張力與 (b) 橫樑施加在鉸鏈上的分力。

85. 將兩根相同的均勻樑放在地面上，並對稱地靠在一起 (圖 12-92)，它們與地面之間的摩擦係數為 $\mu_s = 0.50$。兩根樑要維持原狀而不會傾倒，它們與地面的夾角最小為多少？

86. 如圖 12-93 所示，如果某人手臂手肘處維持 105° 角的姿勢，手可以握住的最大質量為 35 kg，則二頭肌施加於前臂上的最大力 F_{max} 為何？。假設前臂與手的總質量為 2.0 kg，重心位於距離手肘 15 cm 處，且二頭肌連接在距離手肘 5.0 cm 處。

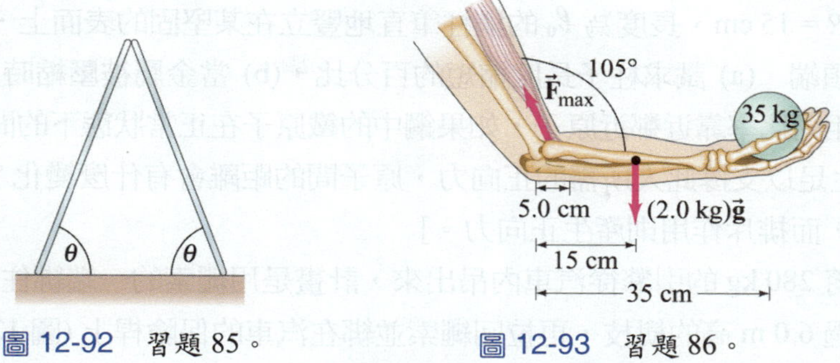

圖 12-92 習題 85。

圖 12-93 習題 86。

87. (a) 試估算某人彎腰向前時，肌肉施加在後背上以支撐上軀幹之力 $\vec{F}_M$ 的大小。使用圖 12-94b 所示的模型。(b) 估算作用在第五節腰椎的力 $\vec{F}_V$ 之大小與方向 (由下方的脊椎所施加)。

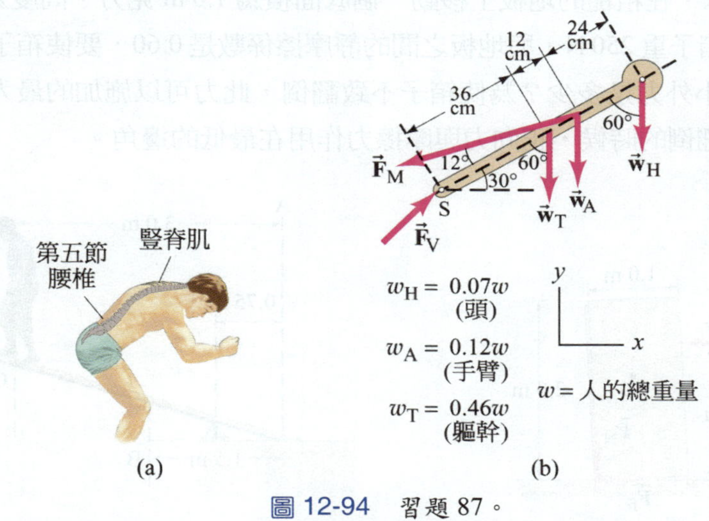

圖 12-94 習題 87。

88. 圖 12-95 中所示之正方形框架中的一個桿子上裝有一個鬆緊螺旋扣，轉動後可以讓桿子承受張力或壓縮。如果螺旋扣讓 AB 桿子承受壓縮力 F，試求其他的桿子中所產生的力。忽略桿子的質量，並假設對角桿子在中心點處無阻礙地交叉，而無摩擦力。[提示：使用對稱性。]

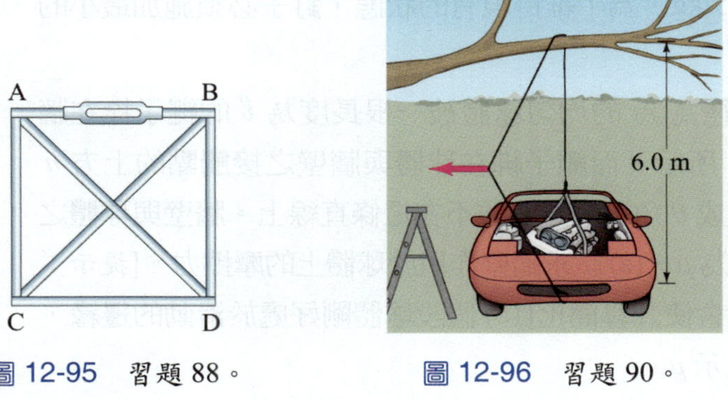

圖 12-95 習題 88。

圖 12-96 習題 90。

89. 一根半徑為 $R = 15\ \text{cm}$、長度為 ℓ_0 的鋼柱筆直地豎立在某堅固的表面上，一個 65 kg 的人爬到柱子的頂端，(a) 試求柱子長度縮短的百分比，(b) 當金屬被壓縮時，物體內的每個原子都會以相同比率靠近鄰近原子，如果鋼中的鐵原子在正常狀態下的間距為 2.0×10^{-10} m，為了產生足以支撐此人所需的正向力，原子間的距離會有什麼變化？[注意：相鄰原子互相排斥，而排斥作用則產生正向力。]

90. 某技工想要將 280 kg 的引擎從汽車內吊出來，計畫是用繩索的一端綁住引擎，將繩索另一端垂直繞過 6.0 m 高的樹枝，再拉回繩索並綁在汽車的保險桿上 (圖 12-96)。當技工爬上摺梯，並以水平方向拉動繩索中央，引擎就可以拉升至車外。(a) 技工必須施加多大的力方可使引擎維持在原位置正上方 0.5 m 處？(b) 此系統的機械效益為何？

91. 如圖 12-97 所示，在粗糙的地板上移動一個底面積為 1.0 m 見方，高度為 2.0 m 的箱子。此材質均勻之箱子重 250 N，與地板之間的靜摩擦係數是 0.60，要使箱子在地板上滑動，必須施加的最小外力是多少？為使箱子不致翻倒，此力可以施加的最大高度 h 是多少？注意，當箱子翻倒的時候，正向力與摩擦力作用在最低的邊角。

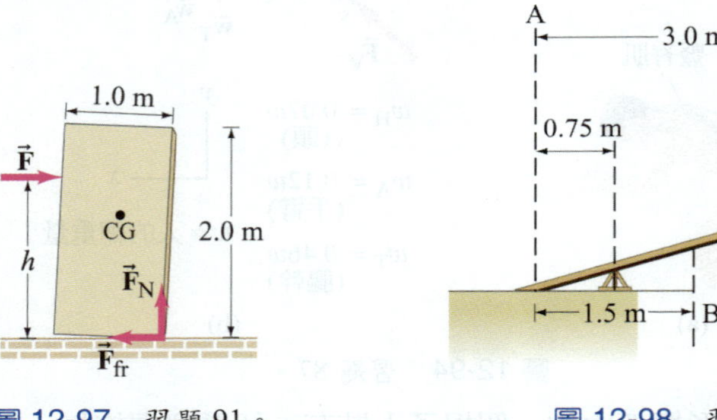

圖 12-97 習題 91。

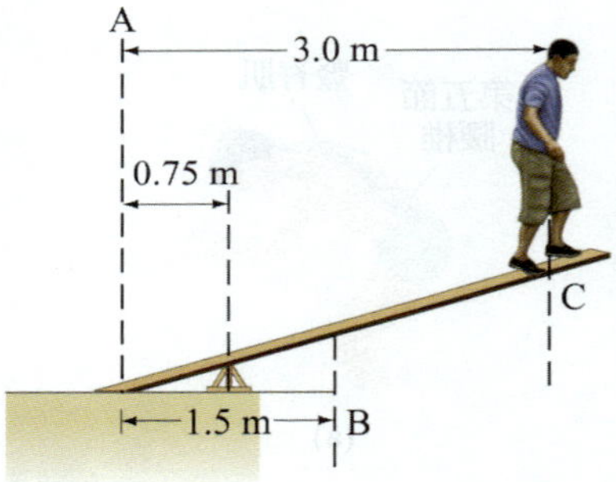

圖 12-98 習題 92。

92. 假設你在海盜船上，被強迫走在木板條上 (圖 12-98)，你正站在 C 點處。該木板條被釘在甲板上 A 點處，並且被支撐在距 A 為 0.75 m 處的支點上。均勻木板條的質心位於 B 點，你的質量為 65 kg，木板條的質量為 45 kg，為了維持現有的狀態，釘子必須施加最小的向下力為何？

93. 一個重 mg、半徑為 r_0 的均勻球體被一根長度為 ℓ 的繩子拴在牆上，如圖 12-99 所示，而繩子綁在球體與牆壁之接觸點的上方 h 處，繩子與牆壁成 θ 角，且球心並不在這條直線上。牆壁與球體之間的靜摩擦係數為 μ。(a) 試求牆壁作用於球體上的摩擦力。[提示：聰明地選擇轉軸會使計算簡化] (b) 假設球體剛好處於滑動的邊緣，試以 h 及 θ 來表示 μ。

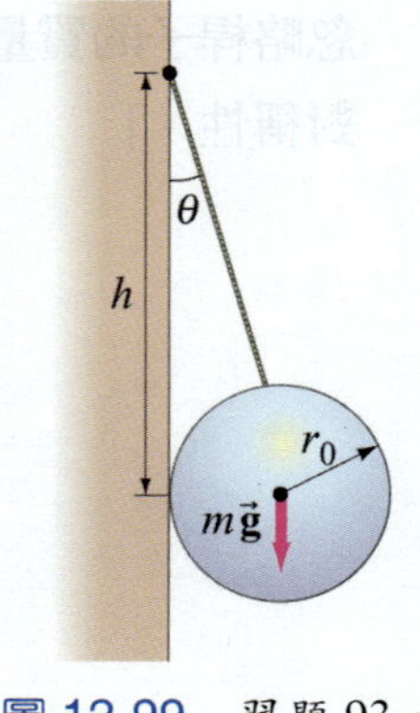

圖 12-99 習題 93。

*94. 使用接合點法求出圖 12-100 中桁架組件中的作用力，並說明每個組件所承受的是張力或壓縮力。

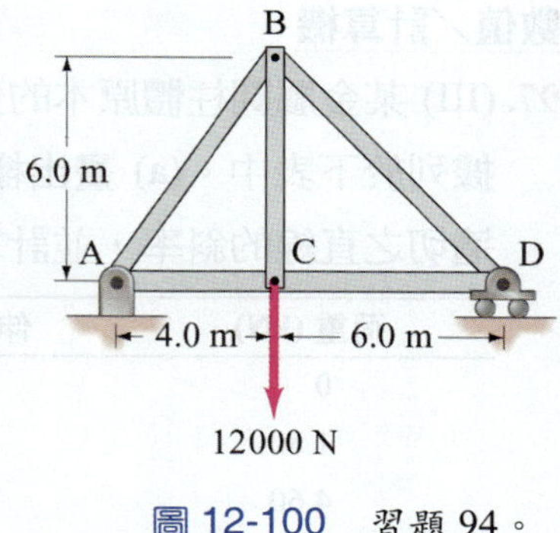

圖 12-100 習題 94。

95. 一個質量為 m、長度為 ℓ 的均勻梯子以 θ 角靠在牆上 (圖 12-101)。梯子與地面以及梯子與牆壁之間的靜摩擦係數分別為 μ_G 和 μ_W。當由地面與牆壁所產生的靜摩擦力達到最大值時，梯子便處於滑動邊緣。(a) 試證明如果 $\theta \geq \theta_{min}$，則梯子將處於穩定狀態，而最小角度 θ_{min} 可由下式求得

$$\tan\theta_{min} = \frac{1}{2\mu_G}(1-\mu_G\mu_W)。$$

(b)“梯子斜靠的問題”常常在牆面沒有摩擦之不符合真實狀況的假設下進行分析 (見例題 12-6)。如果牆面實際上有摩擦力存在，你想要評估牆面無摩擦之模型的計算結果之誤差值，利用在 (a) 中所求出的關係式，以及 $\mu_G = \mu_W = 0.40$，針對有摩擦的牆壁計算 θ_{min} 的實際值。然後，再用 $\mu_G = 0.40$ 與 $\mu_W = 0$，計算不考慮牆壁摩擦之模型的 θ_{min} 之近似值。最後，計算 θ_{min} 之近似值與實際值的誤差百分比。

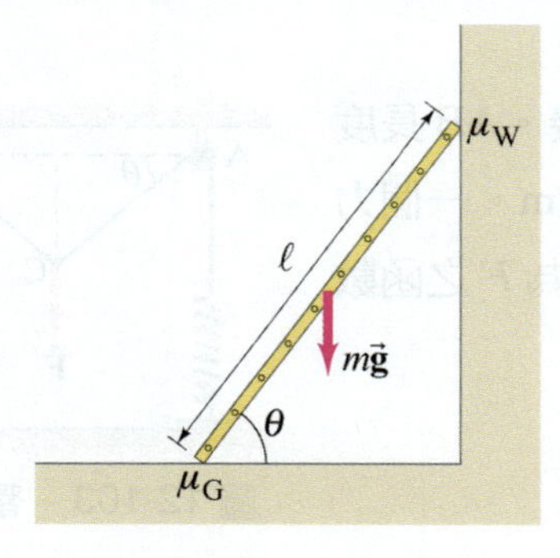

圖 12-101 習題 95。

圖 12-102 習題 96。

96. 在名為“提洛爾橫越法”的登山技巧中，繩索是越過峽谷而固定在兩側 (岩石或牢固的樹木)，然後登山者用圖 12-102 中的方式，將吊索掛在繩索上橫越峽谷。這種技巧會在繩索中以及固定處產生巨大的作用力。因此基於安全性的考量，對物理有基本的了解是非常重要的。一般的登山繩索在斷掉前可以承受 29 kN 的張力，建議的“安全係數”通常為 10，而用於提洛爾橫越法的繩索必須允許某種程度的“下陷”以保持在安全範圍內。現在考慮一位 75 kg 的登山者使用提洛爾橫越法，垂掛在寬度為 25 m 的峽谷中間。(a) 在建議的安全範圍內，繩索下陷的最小距離 x 是多少？(b) 如果未正確使用提洛爾橫越法，繩索下陷的距離僅有 (a) 中的四分之一，試求繩中的張力。繩索會不會斷掉？

*數值／計算機

*97. (III) 某金屬圓柱體原本的直徑為 1.00 cm、長度為 5.00 cm，對該樣品進行張力試驗，數據列於下表中。(a) 畫出樣品上應力與應變的關係，(b) 如果只考慮彈性區域，試求出最適切之直線的斜率，並計算此金屬的彈性係數。

荷重 (kN)	伸長量 (cm)
0	0
1.50	0.0005
4.60	0.0015
8.00	0.0025
11.00	0.0035
11.70	0.0050
11.80	0.0080
12.00	0.0200
16.60	0.0400
20.00	0.1000
21.50	0.2800
19.50	0.4000
18.50	0.4600

*98. (III) 兩根彈簧與一條繩索以圖 12-103 所示之方式連接。AB 長度為 4.0 m，且 AC = BC，各彈簧的彈力常數 $k = 20.0$ N/m。一個力 F 向下作用於繩索的 C 點，從 $\theta = 0$ 至 75°，繪出 θ 作為 F 之函數的圖形。假設 $\theta = 0$ 時彈簧沒有伸長。

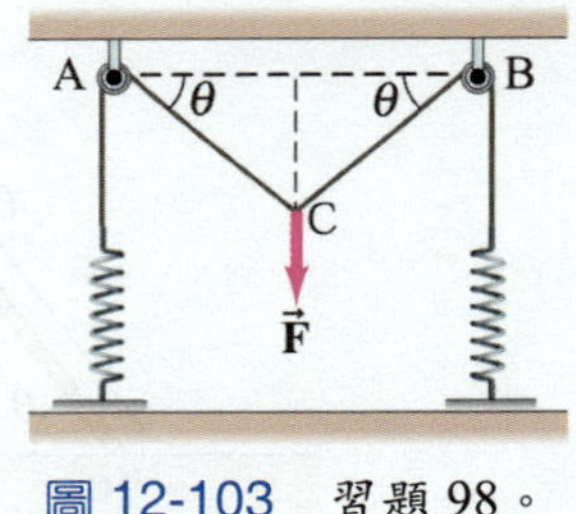

圖 12-103 習題 98。

練習題答案

A. F_A 要有一分量來平衡向旁邊的力 F_B。

B. 是的：cos θ (槓桿和地面間的角度) 會出現在兩邊因而抵消。

C. $F_N = m_A g + m_B g + Mg = 560$ N。

D. (a)。

E. 7.0 kg。

F. 水泥地的靜摩擦力 ($= F_{Cx}$) 是關鍵性的，否則梯子會滑動。在頂部，梯子可移動和調整，所以我們不需要或預期該處有強大的靜摩擦力。

G. (b)。

流 體

水中的潛水夫以及海洋生物都會感受到浮力 ($\vec{F}_B$) 的作用，浮力幾乎與它們的重量 $m\vec{g}$ 平衡。浮力等於它所排開之液體體積的重量 (阿基米德原理)，並且是因為壓力隨著液體中的深度而增加所以產生的。海洋生物的密度非常接近水的密度，因而其體重幾乎等於浮力。人的密度略小於水，所以他們可以漂浮在水面上。當流體流動時，因為流體速度較高處之流體中的壓力反而較低 (柏努利原理)，所以會產生令人感興趣的效應。

章前問題——試著想想看！

1. 假設每個容器裝有相同體積的水，哪一個容器底部的壓力為最大？

(a) (b) (c) (d) (e)

(e) 壓力是相等的

2. 兩個氣球並列懸掛，且它們最近的邊緣相距約 3 cm。如果你在氣球中間吹氣 (不是吹在氣球上，而是朝它們之間的空隙吹)，會發生什麼情形？

(a) 不變。

(b) 氣球會靠得較近。

(c) 氣球會分開得較遠。

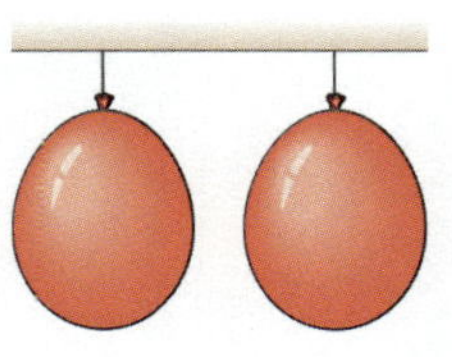

在先前的各章中，我們討論的是固態物體，除了少量的彈性變形之外，均假設它們的形狀不變。我們有時還將物體視為質點。現在我們要將注意力轉移到很容易變形而且能夠流動的材料上。這類的“流體”包括液體和氣體。我們將討論流體在靜止 (流體靜力學) 和運動 (流體動力學) 中的情況。

13-1 物質的相

物質的三種常見的**相** (phase) 或**狀態** (state) 是固體、液體和氣體。我們可以將這三種狀態區分如下。**固體** (solid) 保持固定的形狀和固定的大小；即使有大的力量作用在固體上，也不會立即改變其形狀或體積。**液體** (liquid) 的形狀不保持固定——它的形狀即為容器的形狀——但像固體一樣，它是不能立即壓縮的，而只有在很大的力量作用下，其體積才會有明顯的改變。**氣體** (gas) 沒有固定的形狀也沒有固定的體積——它會擴張而充滿它的容器。例如，當空氣充入汽車的輪胎時，空氣不會像液體一般全部都跑到輪胎的底部，而是散開充滿輪胎的整個體積。因為液體和氣體不會保持固定的形狀，並且都有能力流動，因此通常總稱為**流體** (fluid)。

要將物質分成三相並非始終都是簡單的。例如，奶油該怎麼分類？此外，物質還可以區分成第四種相——**電漿相** (plasma)，它只發生在極高溫和含有離子化之原子 (電子與原子核分離) 的情形下。有些科學家認為，所謂的膠體 (極小的質點懸浮在液體中) 也應視為物質另一種個別的相。用於電視和電腦螢幕、計算機、電子錶等等的**液晶** (liquid crystal)，可以視為介於固體和液體之間的中間物質的相。然而，我們現在的目的，主要是討論物質三種一般的相。

13-2 密度與比重

人們有時會說鐵比木頭“重”，這不全然是正確的，因為一根大原木顯然要比一根鐵釘來得重。我們應該說鐵比木頭較密實。

物質的**密度** (density) ρ (希臘字母 rho 的小寫)，定義為每單位體積的質量

$$\rho = \frac{m}{V} \tag{13-1}$$

其中 m 是物質之樣品的質量，V 為體積。密度是所有純物質的特性。例如由純金這種特定的純物質所製成的物體，可能具有任何的大小或質量，但是密度都相同。

我們有時會使用密度的觀念，(13-1) 式，寫出物體的質量為

$$m = \rho V$$

和物體的重量為

$$mg = \rho V g$$

密度的 SI 單位是 kg/m^3。有時密度會以 g/cm^3 表示。因為 $1\ kg/m^3 = 1000\ g/(100\ cm)^3 = 10^3\ g/10^6\ cm^3 = 10^{-3}\ g/cm^3$，所以如果密度以 g/cm^3 為單位，就必須乘以 1000 以得到 kg/m^3 的結果。因此鋁的密度 $\rho = 2.70\ g/cm^3$ 也等於 $2700\ kg/m^3$。表 13-1 中列有多種物質的密度。表中並規定了特定的溫度和大氣壓力，因為它們會影響物質的密度 (雖然對液體和固體的影響是輕微的)。注意空氣的密度大致上比水小 1000 倍。

表 13-1 物質的密度*

物質	密度 $\rho(kg/m^3)$	物質	密度 $\rho(kg/m^3)$
固體		液體	
鋁	2.70×10^3	水 (4℃)	1.00×10^3
鋼鐵	7.8×10^3	血液 (血漿)	1.03×10^3
銅	8.9×10^3	血液 (完整的)	1.05×10^3
鉛	11.3×10^3	海水	1.025×10^3
金	19.3×10^3	水銀	13.6×10^3
混凝土	2.3×10^3	酒精	0.79×10^3
花崗石	2.7×10^3	汽油	0.68×10^3
木頭 (一般的)	$0.3-0.9 \times 10^3$	氣體	
玻璃 (常見的)	$2.4-2.8 \times 10^3$	空氣	1.29
冰 (H_2O)	0.917×10^3	氦	0.179
骨	$1.7-2.0 \times 10^3$	二氧化碳	1.98
		蒸氣 (水，100℃)	0.598

*除了特別說明之外，皆為 0℃ 和 1 大氣壓時的密度。

例題 13-1 已知體積和密度求質量 半徑 18 cm 之 (用以撞毀舊建築物的) 大鐵球的質量是多少？

方法 首先我們使用標準公式 $V=\frac{4}{3}\pi r^3$ (見書後附表) 得到球體的體積。然後由 (13-1) 式與表 13-1 得到質量 m。

解答 球體的體積為

$$V=\frac{4}{3}\pi r^3=\frac{4}{3}(3.14)(0.18\text{ m})^3=0.024\text{ m}^3$$

由表 13-1，得知鐵的密度為 $\rho=7800\text{ kg/m}^3$，因此由 (13-1) 式得到

$$m=\rho V=(7800\text{ kg/m}^3)(0.024\text{ m}^3)=190\text{ kg}$$

物質的**比重** (specific gravity) 定義為該物質的密度與 4.0°C 水的密度之比。由於比重(縮寫為 SG) 是一個比率，所以它只是一個沒有因次或單位的簡單數字。水的密度是 $1.00\text{ g/cm}^3=1.00\times10^3\text{ kg/m}^3$，因此任何物質之比重的數值等於以 g/cm^3 所表示的密度之值，或以 kg/m^3 所表示之值的 10^{-3} 倍。例如，鉛的比重是 11.3，酒精的比重是 0.79 (見表 13-1)。

密度和比重的觀念在流體的研究中特別有幫助，因為我們並非永遠都是處理固定體積或質量的問題。

13-3 流體中的壓力

壓力與力是相關的，但它們並不是同一件事。**壓力** (pressure) 定義為每單位面積上的力，這個力 F 是與表面積 A 正交作用的力之大小

$$\text{壓力}=P=\frac{F}{A} \tag{13-2}$$

注意

壓力是純量，不是向量。

雖然力是向量，但是壓力卻是純量，只有大小。壓力的 SI 單位是牛頓／平方公尺。這個單位有一個正式名稱**帕斯卡 (帕)** (Pascal, Pa)，以紀念布萊斯．帕斯卡 (見第 13-5 節)；亦即 1 帕 = 1 牛頓／平方公尺。為了簡單起見，我們通常使用 N/m^2。其他偶爾會使用的單位是達因／平方公分 (dyne/cm^2) 與磅／平方吋 ($\ell\text{b/in.}^2$) (縮寫為 psi)。第 13-6 節中將討論其他的壓力單位，以及它們之間的轉換 (請參閱書後附表)。

例題 13-2 **計算壓力** 已知一個 60 kg 的人，她的兩隻腳涵蓋 500 cm^2 的面積。(a) 求兩隻腳施加在地面上的壓力。(b) 如果此人單腳站立，那隻腳下的壓力為多少？

方法 假設此人是靜止的，則地面向上推她的力等於她的重量 mg，並且，她對與腳接觸的地面施加一個力 mg。因為 $1\ cm^2=(10^{-2}\ m)^2=10^{-4}\ m^2$，所以 $500\ cm^2=0.050\ m^2$。

解答 (a) 兩隻腳對地面施加的壓力為

$$P=\frac{F}{A}=\frac{mg}{A}=\frac{(60\ \text{kg})(9.8\ \text{m/s}^2)}{(0.050\ \text{m}^2)}=12\times10^3\ \text{N/m}^2$$

(b) 如果此人單腳站立，力仍然等於人的重量，但接觸面積為原來的一半，因此壓力變成原來的兩倍：$24\times10^3\ \text{N/m}^2$。

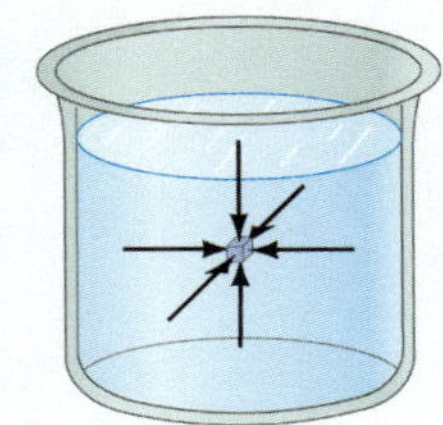

圖 13-1 在一個未流動之流體中的某一特定深度處，朝所有方向的壓力都是相同的。如果不是如此，流體將會移動。

壓力對處理流體的問題特別有用。經實驗觀察，流體朝所有的方向施加壓力。這是游泳者和潛水者都知道的，他們的全身各處都感受到水壓的作用。在靜止的流體中，於某一特定深度處，朝所有方向的壓力是相同的。為了了解其原因，考慮一個極小的立方體之流體 (圖 13-1)，它小到我們可以將它視為一點，而且可以忽略其重力。作用在它某一邊的壓力必須等於對邊的壓力。如果不是如此，將有淨力作用在此立方體上，使它開始移動。如果流體沒有流動，則壓力必定是相等的。

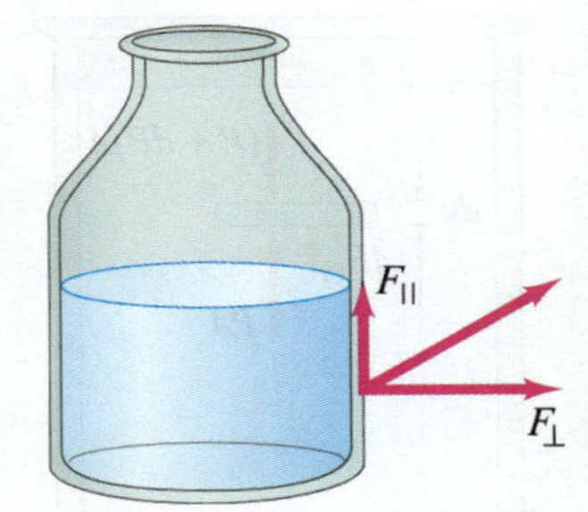

圖 13-2 如果力具有與容器固體表面平行的分量，則液體將會對此力作出回應而移動。對靜止的液體而言，$F_{\parallel}=0$。

對靜止的流體而言，由流體壓力所產生的力始終是垂直地作用於與之接觸的任何固體表面。如果此力具有與表面平行的分量，如圖 13-2 所示，則依牛頓第三運動定律，固體表面也會對流體施加一個具有與表面平行之分量的力。此分量將造成流體的流動，與我們所作的流體為靜止的假設相矛盾。所以靜止的流體中，由壓力所產生的力始終與表面垂直。

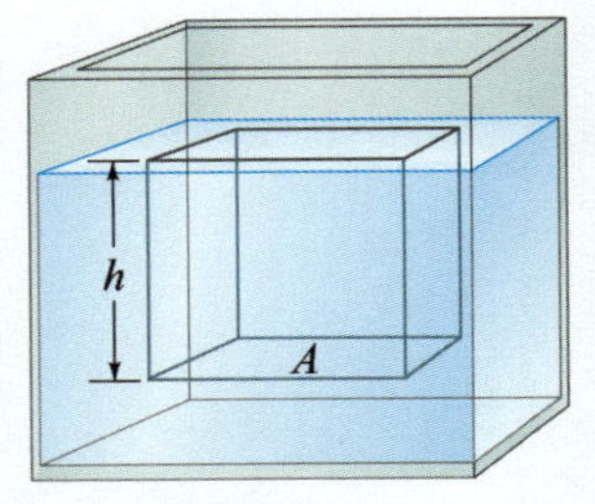

圖 13-3 計算液體中於深度 h 處的壓力。

現在讓我們定量地計算密度均勻的液體中其壓力如何隨著深度而變化。考慮位於液體表面下方深度為 h 的一個點 (亦即表面位於此點上方高度為 h 處)，如圖 13-3 所示。在深度 h 處的液體壓力是由位於此點上方的液柱重量所造成的。作用在面積 A 上由液體的重量所產生的力為 $F=mg=(\rho V)g=\rho Ahg$，其中 Ah 為液柱的體積，ρ 為液體的密度 (假設為常數)，而 g 則是重力加速度。因此由液體重量所造成的壓力 P 為

$$P=\frac{F}{A}=\frac{\rho Ahg}{A}$$

$$P=\rho gh \qquad [\text{液體}] \quad \textbf{(13-3)}$$

注意面積 A 並不會影響某一特定深度的壓力。流體壓力與液體的密度以及液體中的深度成正比。一般來說，在均勻的液體中，相同深度處的壓力是相等的。

練習 A 回到章前問題，第 545 頁，再次回答問題 1。試解釋為什麼你的答案可能已經與第一次不同。

(13-3) 式告訴我們，於流體中，在深度 h 處由液體本身所造成的壓力為何。但若有其他的壓力 (如大氣壓力或向下推擠的活塞) 施加在液體表面時將會如何？或是液體的密度不是常數時又會如何？氣體是相當可以壓縮的，所以其密度可以隨著深度而有明顯的變化。液體也是可以壓縮的，但是我們經常忽略密度的變化。(有一個例外，就是於深海中，上面的水的巨大重量將水壓縮而使密度增加。) 為了涵蓋各類情況，我們現在探討流體中的壓力如何隨著深度而變化的一般情形。

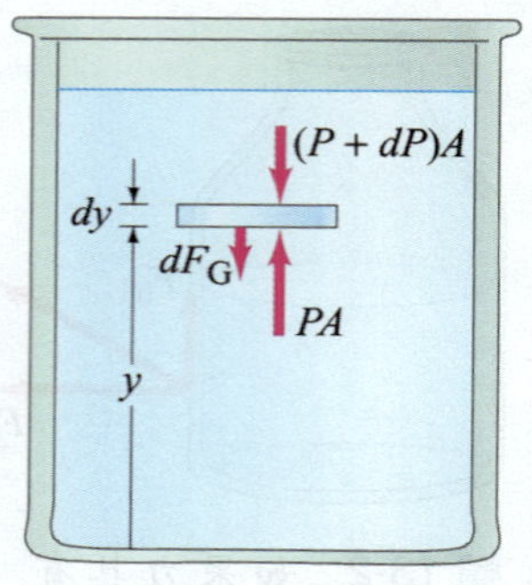

圖 13-4 作用在平板狀流體體積上的力，以求出流體中位於高度 y 處的壓力 P。

如圖 13-4 所示，我們要求出某參考點[1] (如海底、貯水槽或游泳池的底部) 上方高度 y 處的壓力。在流體中高度為 y 處，我們考慮一個極小、平坦、平板狀的流體體積，其面積為 A 且厚度為 (無限小的) dy，如圖中所示。設作用於底面 (高度為 y) 的向上壓力為 P，而作用在此一極小的平板頂面上 (高度為 $y+dy$) 的向下壓力為 $P+dP$。作用在平板上的流體壓力，因而對平板施加一個向上的力 PA 以及一個向下的力 $(P+dP)A$。此外，唯一垂直作用於平板上的力是 (無限小的) 重力 dF_G，已知平板質量為 dm，故

$$dF_G=(dm)g=\rho g\,dV=\rho gA\,dy$$

其中 ρ 是位於高度 y 處的流體密度。因為我們假設流體是靜止的，平板處於平衡中，所以平板上的淨力必定為零。因此

1 現在我們測量 y 以向上為正，這與我們在求得 (13-3) 式時，測量深度的方式 (亦即以向下為正) 相反。

$$PA-(P+dP)A-\rho gA\,dy=0$$

將此式簡化，得到

$$\frac{dP}{dy}=-\rho g \tag{13-4}$$

這個關係式告訴我們，流體中的壓力如何隨著距任一參考點上方的高度而改變。負號表示壓力會隨著高度的增加而減小；或壓力隨著深度的增加 (高度減少) 而增大。

如果流體中高度 y_1 處的壓力為 P_1，而高度 y_2 處的壓力為 P_2，我們將 (13-4) 式積分，得到

$$\int_{P_1}^{P_2} dP=-\int_{y_1}^{y_2}\rho g\,dy$$

$$P_2-P_1=-\int_{y_1}^{y_2}\rho g\,dy \tag{13-5}$$

其中我們假設 ρ 是高度 y 的函數：$\rho=\rho(y)$。這是一個普遍的關係式，我們現在將它應用到兩種特殊的情況：(1) 在密度均勻液體中的壓力，以及 (2) 地球大氣層中的壓力變化。

對於密度的任何變化均可忽略的液體而言，$\rho=$ 常數，所以可以很容易地求出 (13-5) 式的積分

$$P_2-P_1=-\rho g(y_2-y_1) \tag{13-6a}$$

對平日常見的在開放容器中的液體而言——例如玻璃杯、游泳池、湖或海洋中的水——其頂部有一個自由表面暴露在大氣中。從頂部表面測量距離是很方便的，亦即設 h 是液體中的深度，其中 $h=y_2-y_1$，如圖 13-5 所示。如果我們設 y_2 為表面的位置，則 P_2 就代表表面的大氣壓力 P_0。因此，由 (13-6a) 式，在液體中深度 h 處的壓力 $P\,(=P_1)$ 為

$$P=P_0+\rho gh \qquad [h\text{是液體中的深度}] \tag{13-6b}$$

注意，(13-6b) 式只是液體的壓力 [(13-3) 式] 加上其上方的大氣壓力 P_0。

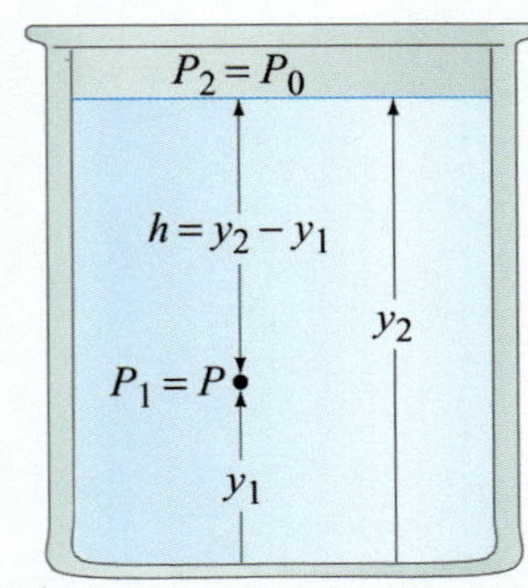

圖 13-5　密度為 P 之液體中深度為 $h=(y_2-y_1)$ 處的壓力為 $P=P_0+\rho gh$，其中 P_0 為液體頂端表面的外部壓力。

例題 13-3　**水龍頭的壓力**　貯水槽的水面較屋內廚房中的水龍頭高出 30m (圖 13-6)。計算水龍頭與貯水槽水面之間的水壓差。

方法　水實際上是不能壓縮的，因此即使 $h=30$ m 應用於 (13-6b) 式中時，ρ 依然是常數。所以只有 h 相關；我們可以忽略管子的"路

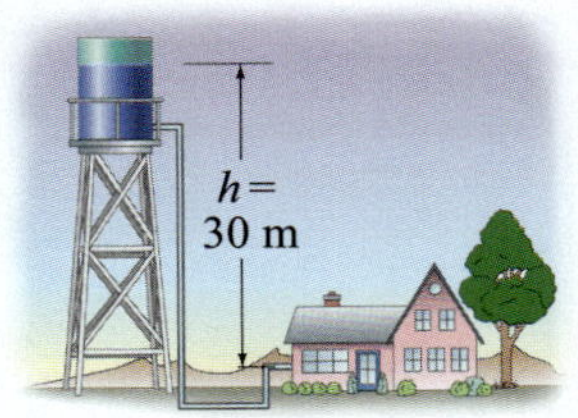

圖 13-6　例題 13-3。

徑”和彎曲。

解答　我們假設貯水槽的水面處與水龍頭的大氣壓力是相同的。因此，水龍頭與貯水槽水面之間的水壓差為

$$\Delta P = \rho g h = (1.0\times 10^3\ \text{kg/m}^3)(9.8\ \text{m/s}^2)(30\ \text{m}) = 2.9\times 10^5\ \text{N/m}^2$$

備註　有時稱高度 h 為**壓力上端** (pressure head)。在本例題中，水頭在水龍頭上方 30 m。貯水槽與水龍頭直徑的極大差距並不會影響結果。

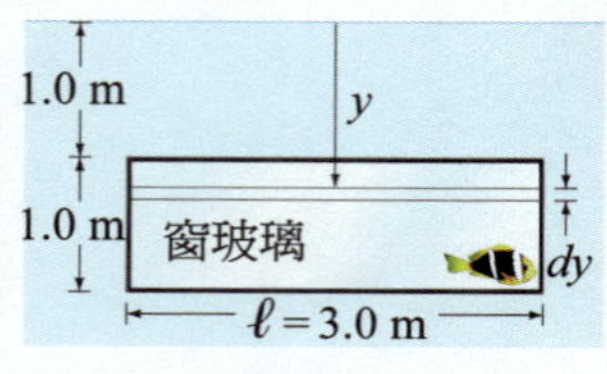

圖 13-7　例題 13-4。

例題 13-4　**水族箱窗玻璃上的力**　計算由水壓施加在 1.0 m×3.0 m 之水族箱窗玻璃上的力，窗的上緣位於水面下方 1.0 m (圖 13-7)。

方法　在深度 h 處，由 (13-6b) 式可得知水的壓力。把窗玻璃分成長度為 $\ell = 3.0$ m 且厚度為 dy 的水平細條，如圖 13-7 所示。我們選取水面的座標為 $y=0$，並且以向下為正 y。[以這種選擇方式，(13-6a) 式中的負號變成加號，或以 $y=h$ 而使用 (13-6b) 式。] 由水壓作用在各細條上的力為 $dF = PdA = \rho g y \ell\, dy$。

解答　由積分可得到作用於窗玻璃上的總力為

$$\begin{aligned}\int_{y_1=1.0\ \text{m}}^{y_2=2.0\ \text{m}} \rho g y \ell\, dy &= \frac{1}{2}\rho g \ell (y_2^2 - y_1^2)\\ &= \frac{1}{2}(1000\ \text{kg/m}^3)(9.8\ \text{m/s}^2)(3.0\ \text{m})[(2.0\ \text{m})^2 - (1.0\ \text{m})^2]\\ &= 44000\ \text{N}\end{aligned}$$

備註　為了檢查答案，我們可以作一項估計：利用 (13-3) 式求窗玻璃中央 (h=1.5 m) 的壓力，$P=\rho g h=$ (1000 kg/m³) (9.8 m/s²) (1.5 m) ≈ 1.5×10^4 N/m²。再將此壓力乘以窗玻璃之面積 (3.0 m²)。所以 $F = PA \approx (1.5\times 10^4\ \text{N/m}^2)(3.0\ \text{m})(1.0\ \text{m}) \approx 4.5\times 10^4$ N。答案令人滿意！

練習 B　一座水壩攔蓄一個湖，水壩處的湖深為 85 m，如果 20 km 的湖長與只有 1.0 km 的湖長相比，壩體的厚度應該更厚多少？

我們現在將 (13-4) 或 (13-5) 式應用於氣體上。由於氣體的密度通常很小，所以如果 $y_2 - y_1$ 不大，不同高度的壓力差通常就可以忽略。(這就是為什麼在例題 13-3 中，我們忽略水龍頭和貯水槽水面之間空

氣壓力差的原因)。的確，對大多數一般的氣體容器而言，我們可以假設壓力處處都是相同的。不過，如果 y_2-y_1 非常大，我們就不能做這樣的假設。一個有趣的例子就是地球大氣層的空氣，海平面處的大氣壓力大約為 $1.013\times10^5\ \text{N/m}^2$，並且會隨高度而緩慢地減小。

例題 13-5 **高度對大氣壓的影響** (a) 試求地球大氣層中的氣壓隨著距海平面之高度 y 而變化的函數式，假設 g 是常數並且空氣的密度與壓力成正比。(最後一項假設並不是非常準確，部分原因是溫度和其他的天氣效應也是很重要的。) (b) 氣壓等於海平面之壓力的一半處之高度是多少？

方法 我們從 (13-4) 式開始，將此式從地球表面 $y=0$ 且 $P=P_0$ 至高度 y 且壓力 P 處積分。(b) 選取 $P=\frac{1}{2}P_0$。

解答 (a) 假設 ρ 與 P 成正比，因此我們可以寫出

$$\frac{\rho}{\rho_0}=\frac{P}{P_0}$$

其中 $P_0=1.013\times10^5\ \text{N/m}^2$ 是海平面的大氣壓力，而 $\rho_0=1.29\ \text{kg/m}^3$ 是 0°C 時海平面處的空氣密度 (表 13-1)。由壓力隨高度變化的 (13-4) 式，我們得到

$$\frac{dP}{dy}=-\rho g=-P\left(\frac{\rho_0}{P_0}\right)g$$

所以

$$\frac{dP}{P}=-\frac{\rho_0}{P_0}g\,dy$$

我們將此式從 $y=0$ (地球的表面) 且 $P=P_0$ 積分至高度 y 且壓力 P

$$\int_{P_0}^{P}\frac{dP}{P}=-\frac{\rho_0}{P_0}g\int_0^y dy$$

$$\ln\frac{P}{P_0}=-\frac{\rho_0}{P_0}gy$$

因為 $\ln P-\ln P_0=\ln(P/P_0)$。所以

$$P=P_0e^{-(\rho_0 g/P_0)y}$$

依據我們的假設，我們發現大氣中的氣壓大約隨高度以指數形式遞減。

備註　大氣層沒有明顯的頂部表面，因此大氣層中沒有如液體一般可以測量深度的自然點。

(b) 常數 $(\rho_0 g/P_0)$ 的值為

$$\frac{\rho_0 g}{P_0}=\frac{(1.29\ \text{kg/m}^3)(9.80\ \text{m/s}^2)}{(1.013\times 10^5\ \text{N/m}^2)}=1.25\times 10^{-4}\ \text{m}^{-1}$$

然後，在 (a) 中導出的式子中令 $P=\dfrac{1}{2}P_0$，得到

$$\frac{1}{2}=e^{-(1.25\times 10^{-4}\,\text{m}^{-1})y}$$

兩邊取自然對數，

$$\ln\frac{1}{2}=(-1.25\times 10^{-4}\ \text{m}^{-1})y$$

所以 [由 $\ln\dfrac{1}{2}=-\ln 2$，附錄 A-7，方程式 (ii)]

$$y=(\ln 2.00)/(1.25\times 10^{-4}\ \text{m}^{-1})=5550\ \text{m}$$

因此，大氣壓力於海拔約 5550 m 處 (18000 ft) 下降為海平面的一半。所以登山者在高海拔處經常使用氧氣罐是不足為奇的。

13-4　大氣壓力與計示壓力

大氣壓力

地球上某特定地點的空氣壓力會略微地隨著天氣而變化。在海平面處的空氣壓力之平均值為 $1.013\times 10^5\ \text{N/m}^2$ (或 14.7 ℓb/in^2.)。這個值讓我們定義為一個常用的壓力單位，**大氣壓** (atmosphere) (縮寫為 atm)

$$1\ \text{atm}=1.013\times 10^5\ \text{N/m}^2=101.3\ \text{kPa}$$

另一個有時會使用 (在氣象學和天氣圖) 的壓力單位是**巴** (bar)，定義為

$$1\ \text{bar}=1.000\times 10^5\ \text{N/m}^2$$

因此標準大氣壓略大於 1 bar。

由大氣的重量所引起的壓力施加在置身於廣大的“空氣海洋”中的所有物體上，其中包括我們的身體在內。人體如何承受其表面的巨大壓力？答案是活細胞維持一個幾乎與外壓力相等的內壓力，正如氣球內部的壓力幾乎等於外面的大氣壓力一般。而汽車輪胎則由於其堅硬性，所以能將內部的壓力保持為遠大於外部的壓力。

活細胞的壓力

觀念例題 13-6　手指吸住吸管中的水　你將一根長度為 ℓ 的吸管插入一杯水中。你把手指放在吸管的上端，封住水面上方的一些空氣，但防止其他任何的空氣進出，然後自水中舉起吸管。你會發現，吸管中保有大部分的水 (見圖 13-8a)。請問手指和水面之間空間中的空氣壓力 P 是大於、等於或小於吸管外的大氣壓力 P_0？

回答　考慮水柱上的作用力 (圖 13-8b)。吸管外的大氣壓力於吸管底部將水向上推，重力將水向下拉，而吸管內上方的空氣壓力將水向下推。因為水處於平衡狀態，所以大氣壓力 P_0 所造成的向上的力必定與兩個向下的力平衡。唯一可能的情況是，在吸管內的空氣壓力要比吸管外的大氣壓力來得小。(當你最初把吸管從杯中移開時，有少許的水可能會從吸管底部流出，因此增加吸管中空氣的體積並且減少它的密度和壓力。)

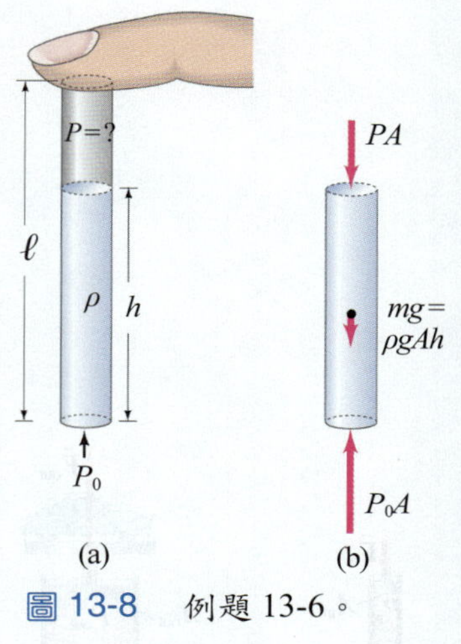

圖 13-8　例題 13-6。

計示壓力

務必要注意的是，胎壓計和其他大多數的壓力計所指示的是高於或超出大氣壓力的壓力。這稱為**計示壓力** (gauge pressure)。因此為了得到**絕對壓力** (absolute pressure) P，我們必須把大氣壓力 P_0 與計示壓力 P_G 相加

$$P = P_0 + P_G$$

如果胎壓計指示 220 kPa，輪胎內的絕對壓力則是 220 kPa + 101 kPa = 321 kPa，大約相當於 3.2 atm (計示壓力 2.2 atm)。

13-5 帕斯卡原理

地球的大氣對所有與之接觸的物體施加壓力，包括其他的流體在內。作用在流體上的外壓力會傳送到整個流體各處。例如，根據 (13-3) 式，位於湖面下方深度 100 m 處的水壓為 $P=\rho gh=(1000\ \text{kg/m}^3)(9.8\ \text{m/s}^2)(100\ \text{m})=9.8\times10^5\ \text{N/m}^2$ 或 9.7 atm。不過，此處的總壓力等於水壓加上水面上的氣壓。因此總壓力 (如果湖面高與海平面相近) 為 9.7 atm + 1.0 atm = 10.7 atm。這是法國哲學家和科學家帕斯卡 (Blaise Pascal) (1623-1662) 所發表的普遍性原理中的一個例子。**帕斯卡原理** (Pascal's principle) 指出如果有外部壓力作用在受限制的流體上，則流體中每一點的壓力就會以此數量而增加。

有一些實用的裝置是利用帕斯卡原理製造而成。液壓升降機就是一個例子，如圖 13-9a 所示，它是將輸出活塞之面積做成比輸入活塞大，因而一個小的輸入力量可用以施加一個大的輸出力量。為了了解其如何運作，我們假設輸入與輸出活塞 (至少大約) 位於相同的高度。由帕斯卡原理，輸入的外力 F_{in} 會均等地增加液體中各處的壓力。所以，在相同的高度下 (見圖 13-9a)，

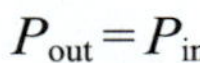

$$P_{out}=P_{in}$$

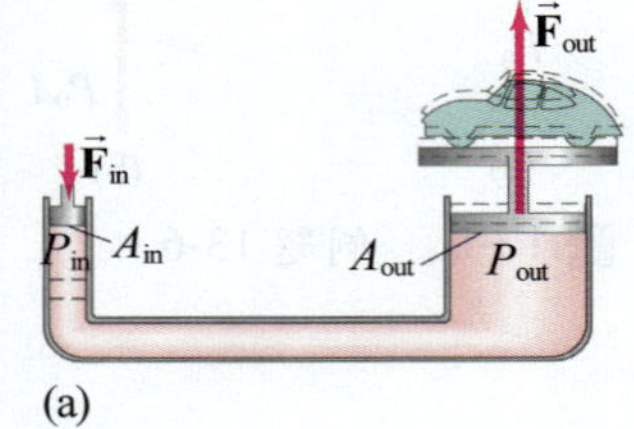

(a)

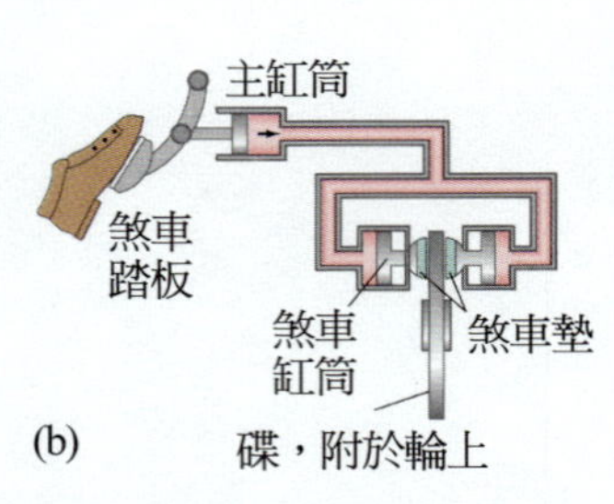

(b)

圖 13-9 帕斯卡原理的應用：(a) 液壓升降機；(b) 汽車中的液壓煞車。

其中的輸入量以下標 "in" 代表，而輸出量以 "out" 代表。由於 $P=F/A$，我們可以將上式寫成

$$\frac{F_{out}}{A_{out}}=\frac{F_{in}}{A_{in}}$$

或

$$\frac{F_{out}}{F_{in}}=\frac{A_{out}}{A_{in}}$$

F_{out}/F_{in} 的值稱為液壓升降機的**機械效益** (mechanical advantage)，而且它與面積的比例相等。例如，假使輸出活塞的面積是輸入活塞的 20 倍，則力就要乘以 20。因此 200 ℓb 的力量能夠舉起 4000 ℓb 的汽車。

物理應用
液壓升降機

圖 13-9b 說明汽車的煞車系統。當司機踩煞車時，主缸筒中的壓力增加。這個壓力的增加遍及在煞車油中的各處，因此推動煞車墊使其緊靠在附著於車輪的煞車碟上。

物理應用
液壓煞車

13-6 壓力的測量；測量儀與氣壓計

目前已經發明了許多裝置來測量壓力，圖 13-10 所示是其中一部分。最簡單的是開管壓力計 (圖 13-10a)，它是部分填注液體 (通常是水銀或水) 的 U 形管。被測量的壓力 P 與兩個液面之高度差 Δh 的關係為

$$P = P_0 + \rho g \Delta h$$

其中 P_0 為大氣壓力 (作用在左邊管中液體的頂端)，而 ρ 為液體的密度。注意 $\rho g \Delta h$ 是計示壓力——P 較大氣壓力 P_0 高出之值。如果左邊的液面低於右邊，則 P 必定小於大氣壓力 (而 Δh 為負)。

有時只是指明高度的變化 Δh，而不計算乘積 $\rho g \Delta h$。事實上，壓力有時是以多少"毫米汞柱" (mm-Hg) 或"毫米水柱" (mm-H_2O) 來表示的。單位 mm-Hg 相當於 133 N/m^2 的壓力，因為 1 mm ($= 1.0 \times 10^{-3}$ m) 的汞之 $\rho g \Delta h$ 為

$$\rho g \Delta h = (13.6 \times 10^3 \text{ kg/m}^3)(9.80 \text{ m/s}^2)(1.00 \times 10^{-3} \text{ m}) \\ = 1.33 \times 10^2 \text{ N/m}^2$$

為了紀念伽利略的學生——托里切利 (Evangelista Torricelli) (1608-1647)，單位 mm-Hg 也稱為**托** (torr)。他發明了氣壓計。表 13-2 列有各種不同壓力單位之間的轉換因數。重要的是只有適當的 SI 單位 $N/m^2 = Pa$，才能用於與其他以 SI 單位所表示的量有關的計算中。

計算時，使用 SI 單位：$1Pa = 1 \text{ N/m}^2$。

另一種類型的壓力計是無液壓力計 (圖 13-10b)，其指針連接到柔

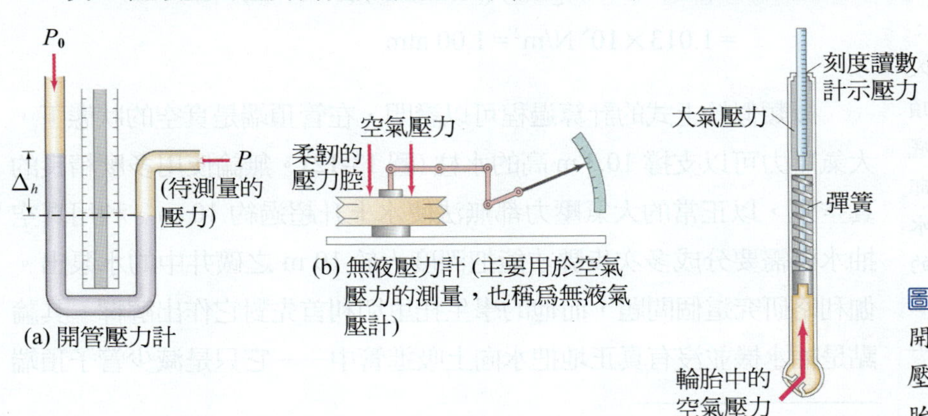

圖 13-10 壓力計：(a) 開管壓力計，(b) 無液壓力計，與 (c) 普通的胎壓計。

表 13-2 不同壓力單位之間的轉換因數

以 **1 Pa = 1 N/m²** 表示的不同壓力單位	以不同單位表示的 **1** 大氣壓
$1\ \text{atm} = 1.013 \times 10^5\ \text{N/m}^2$	$1\ \text{atm} = 1.013 \times 10^5\ \text{N/m}^2$
$= 1.013 \times 10^5\ \text{Pa}$	
$= 101.3\ \text{kPa}$	
$1\ \text{bar} = 1.000 \times 10^5\ \text{N/m}^2$	$1\ \text{atm} = 1.013\ \text{bar}$
$1\ \text{dyne/cm}^2 = 0.1\ \text{N/m}^2$	$1\ \text{atm} = 1.013 \times 10^6\ \text{dyne/cm}^2$
$1\ \text{lb/in.}^2 = 6.90 \times 10^3\ \text{N/m}^2$	$1\ \text{atm} = 14.7\ \text{lb/in.}^2$
$1\ \text{lb/ft}^2 = 47.9\ \text{N/m}^2$	$1\ \text{atm} = 2.12 \times 10^3\ \text{lb/ft}^2$
$1\ \text{cm-Hg} = 1.33 \times 10^3\ \text{N/m}^2$	$1\ \text{atm} = 76.0\ \text{cm-Hg}$
$1\ \text{mm-Hg} = 133\ \text{N/m}^2$	$1\ \text{atm} = 760\ \text{mm-Hg}$
$1\ \text{torr} = 133\ \text{N/m}^2$	$1\ \text{atm} = 760\ \text{torr}$
$1\ \text{mm-H}_2\text{O}\ (4℃) = 9.80\ \text{N/m}^2$	$1\ \text{atm} = 1.03 \times 10^4\ \text{mm-H}_2\text{O}(4℃)$

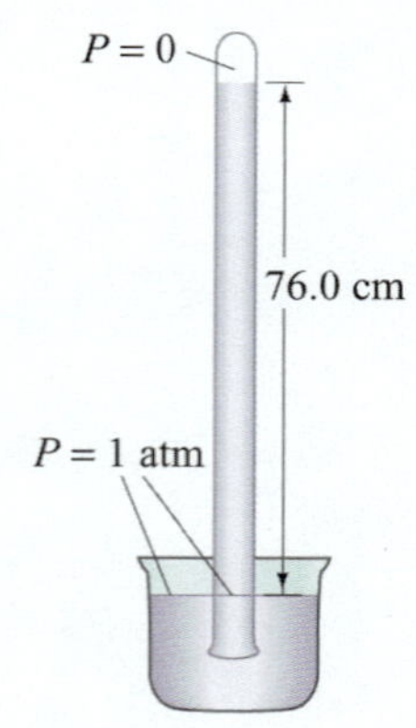

圖 13-11 由托里切利所發明的水銀氣壓計，此時的空氣壓力為標準大氣壓 76.0 cm-Hg。

韌有彈性的薄金屬空腔。而在電子測量儀中，壓力可以作用在一張薄的金屬膜片上，其產生的變形會經由一轉換器而轉換為電的信號。圖 13-10c 中所示則是一個普通的胎壓計。

利用一端封閉的改良式水銀壓力計可以測量大氣壓力，它稱為水銀**氣壓計** (barometer) (圖 13-11)。玻璃管中完全注滿水銀，然後將玻璃管倒立插入一杯水銀裡。如果玻璃管夠長，水銀面的高度將會下降，而在管的頂端留下一段真空區域，因為大氣壓力可以支撐的水銀柱之高度大約只有 76 cm (在標準大氣壓下正好是 76.0 cm)。即 76 cm 高的水銀柱施加的壓力與大氣相同 [2]

$$P = \rho g \Delta h$$
$$= (13.6 \times 10^3\ \text{kg/m}^3)\ (9.80\ \text{m/s}^2)\ (0.760\ \text{m})$$
$$= 1.013 \times 10^5\ \text{N/m}^2 = 1.00\ \text{atm}$$

圖 13-12 水氣壓計：一根注滿水的水管插入一桶水中，並將該管頂端的栓保持封閉。當底端的塞子拔掉時，有部分的水會從管子流入水桶中，而使管子頂端的栓與水面之間呈現真空狀態。為什麼？因為空氣壓力不能支撐高 10 m 以上的水柱。

以類似於上式的計算過程可以證明，在管頂端是真空的狀態下，大氣壓力可以支撐 10.3 m 高的水柱 (圖 13-12)。無論使用多麼精良的真空泵，以正常的大氣壓力都無法使水上升超過約 10 m。利用真空抽水機需要分成多次步驟才能把深度大於 10 m 之礦井中的水泵出。伽利略研究這個問題，而他的學生托里切利首先對它作出解釋。其論點是抽水機並沒有真正地把水向上吸進管中——它只是減少管子頂端

2 此計算證實了表 13-2 中的內容，1 atm = 76.0 cm-Hg。

的壓力。如果頂端處於低壓狀態(處於真空中)，大氣壓力會將管中的水向上推，正如氣壓計中的空氣壓力將水銀柱推(或保持)在76 cm的高度一般。[從底部向上推的壓水泵(第13-14節)就夠施加較高的壓力而將水推到10 m以上的高度。]

觀念例題 13-7 **吸力** 一位學生建議太空人在太空船外工作時穿吸盤鞋。學習過本章之後，你委婉地提醒他這項計畫的謬誤。其原因為何？

回答 吸盤是靠著推出吸盤底下的空氣而產生其作用。外面的空氣壓力使吸盤固定在適當的位置上。(在地球上，這可能是一個很大的力。例如，一個直徑 10 cm 之吸盤的面積是 $7.9\times10^{-3}\ \mathrm{m}^2$。大氣對它的作用力是 $(7.9\times10^{-3}\ \mathrm{m}^2)(1.0\times10^5\ \mathrm{N/m}^2)\approx 800\ \mathrm{N}$，約180磅！)但在外太空中，並沒有氣壓可以推吸盤使之固定在太空船上。

我們有時會誤認為吸力像我們經常做的某些事一樣。例如，我們直覺地認為我們是經由吸管把汽水向上拉。其實，我們做的是降低吸管頂端的壓力，而是大氣把吸管中的汽水向上推。

13-7 浮力與阿基米德原理

置身於流體中之物體的重量似乎要比它們在流體外面時來得小。例如，一塊你必須極費力地才能從地面抬起的大石頭，卻往往能夠輕易地從河流的底部將它抬起。當石頭剛被抬出水面時，它似乎突然變重許多。有許多物體，例如木頭，能夠漂浮在水面上。這些是浮力的兩個例子。在每個例子中，重力向下作用。但除此之外，還有由液體所施加的向上的浮力。魚和水中潛水者的浮力(如本章開頭的照片)幾乎正好與向下的重力平衡，因而使他們可以在平衡中"盤旋"。

由於流體中的壓力隨深度而增加因而產生浮力。因此作用在流體中之物體底面上的向上壓力大於作用在其頂面上的向下壓力。為了觀察此一效應，考慮一個高度為 Δh 的圓柱體，其上下端的面積為 A，並且完全浸在密度為 ρ_F 的流體中，如圖 13-13 所示。流體施加一個壓力 $P_1=\rho_F gh_1$ 於圓柱的頂面上[(13-3)式]。由此壓力對圓柱頂面所產生的作用力是 $F_1=P_1A=\rho_F gh_1A$，而且方向朝下。同理，流體對圓柱底

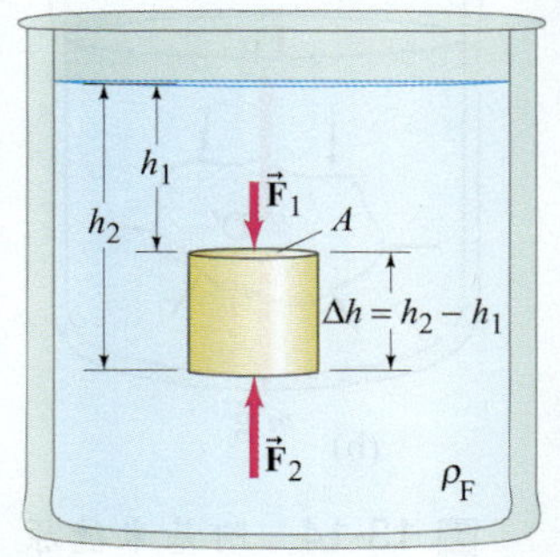

圖 13-13 浮力的計算。

面所向上施加的力等於 $F_2 = P_2 A = \rho_F g h_2 A$。由流體壓力施加於圓柱體上的淨力為向上作用的**浮力** (buoyant force) $\vec{\mathbf{F}}_B$，其大小為

$$\begin{aligned} F_B = F_2 - F_1 &= \rho_F gA(h_2 - h_1) \\ &= \rho_F gA\Delta h \\ &= \rho_F Vg \\ &= m_F g \end{aligned}$$

其中 $V = A\Delta h$ 為圓柱體的體積，而乘積 $\rho_F V$ 為被排開之流體的質量，且 $\rho_F Vg = m_F g$ 是佔用一個與圓柱體相等之體積的流體重量。因此作用在圓柱體上的浮力等於被圓柱體所排開之流體的重量。

無論物體的形狀如何，這個結果都是成立的。這項發現歸功於阿基米德 (Archimedes) (287？-212 B.C.)，並稱為**阿基米德原理** (Archimedes' principle)：物體在流體中所受的浮力等於被物體所排開之流體的重量。

依"被排開的流體"，意指體積與物體浸沒在流體中的體積 (或物體被浸沒的部分) 相等之流體。如果將物體放入原先裝滿水的玻璃杯或木盆裡，則溢出的水就代表被物體所排開的水。

我們可以藉由下列簡要而明確的論證導出阿基米德原理。圖 13-14a 中一個形狀不規則的物體 D 受到重力 (它的重量 $m\vec{\mathbf{g}}$，方向向下) 以及向上的浮力 $\vec{\mathbf{F}}_B$ 的作用。而我們想要求出 F_B。為此，我們接下來考慮一個物體 (圖 13-14b 中的 D′)，它是由流體本身所組成，與原來物體的形狀和大小相同，並且位於同樣的深度。你也許可以將此一流體物體想像成是有一層假想的薄膜把它從其餘的流體分隔開。因為周圍施加 F_B 的流體其配置形狀完全相同，因此作用在此一流體物體上的浮力 F_B 與原來的物體完全相同。流體物體 D′ 處於平衡狀態 (流體整體上是靜止的)。所以 $F_B = m'g$，其中 $m'g$ 是流體物體的重量。因此浮力 F_B 等於體積與最初浸沒之物體體積相同之流體的重量，這就是阿基米德原理。

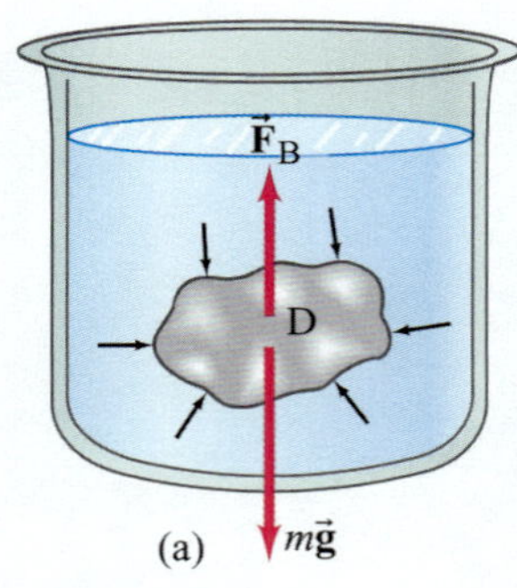

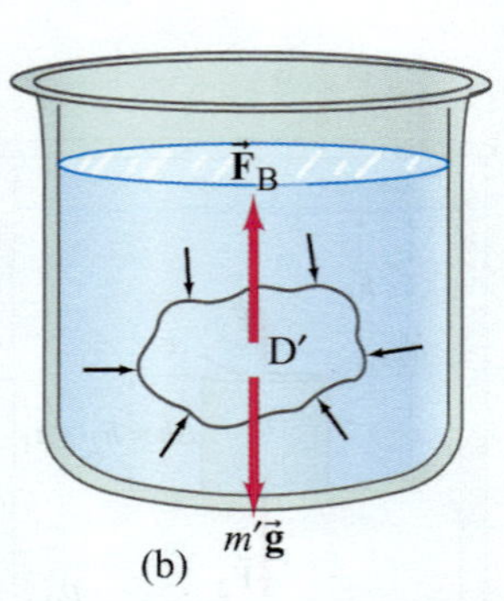

圖 13-14 阿基米德原理。

阿基米德的發現是由實驗所獲得的。以上兩段說明了阿基米德原理可以由牛頓運動定律推導。

觀念例題 13-8 **兩桶水** 考慮兩個完全相同且裝滿水的桶子。一桶中只有水，而另一桶則有一塊木頭浮在上面。哪一個桶的重量比較重？

回答 兩個桶的重量相同。依阿基米德原理：木頭所排開的水之重量等於木頭的重量。有一些水會從桶中溢出來，但阿基米德原理告訴我們，溢出的水重等於木頭的重量；因此兩桶的重量相同。

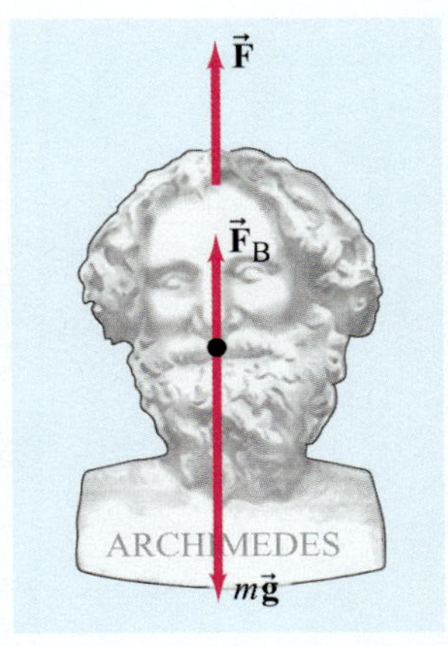

圖 13-15 例題 13-9。舉起雕像所需的力是 $\vec{F}$。

例題 13-9 **尋回被淹沒的雕像** 一個 70 kg 的古老雕像沉在海底。它的體積為 $3.0\times10^4\ \text{cm}^3$。需要多大的力才能抬起它？

方法 抬起雕像所需的力 F 等於雕像的重量 mg 減去浮力 F_B。圖 13-15 是它的自由體圖。

解答 由水作用在雕像上的浮力等於 $3.0\times10^4\ \text{cm}^3=3.0\times10^{-2}\ \text{m}^3$ 的水重量 (海水的 $\rho=1.025\times10^3\ \text{kg/m}^3$)

$$
\begin{aligned}
F_B=m_{H_2O}\,g&=\rho_{H_2O}Vg\\
&=(1.025\times10^3\ \text{kg/m}^3)(3.0\times10^{-2}\ \text{m}^3)(9.8\ \text{m/s}^2)\\
&=3.0\times10^2\ \text{N}
\end{aligned}
$$

雕像的重量為 $mg=(70\ \text{kg})(9.8\ \text{m/s}^2)=6.9\times10^2\ \text{N}$。因此抬起它所需的力 F為 690 N − 300 N = 390 N。雕像的質量似乎只有 (390 N) / (9.8 m/s²) = 40 kg。

備註 當雕像在水中時，$F=390$ N是在沒有加速度的情形下抬起它所需的力。而當雕像被抬出水面時，力 F 增加，直到雕像完全被抬出水面時，力 F 增為 690 N。

阿基米德據說是在一面泡澡一面思考如何判斷國王的新皇冠是純金或仿造的時候發現了他的原理。黃金的比重是 19.3，比大多數的金屬高，但是比重或密度並不是那麼容易直接測定的，因為即使質量為已知，形狀不規則之物體的體積也不容易計算。然而，如果測量物體在空氣中的重量 ($=w$) 以及在水中的“重量” ($=w'$)，就可以利用阿基米德原理求出其密度，如以下例題所示。w' 稱為是在水中的視重，它是物體沉浸在水中時秤的讀數 (見圖 13-16)；w' 等於真正的重量 ($w=mg$) 減去浮力。

例題 13-10 **阿基米德：皇冠是金製的嗎？** 當質量為 14.7 kg 的皇冠浸沒在水中時，一個準確的秤之讀數只有 13.4 kg。這個皇冠是由黃金製成的嗎？

方法 如果皇冠是由黃金製成的，則它的密度和比重一定非常大，SG = 19.3 (參閱第 13-2 節與表 13-1)。我們利用阿基米德原理以及圖 13-16 中的兩個自由體圖求比重。

解答 浸沒在水中之物體 (皇冠) 的視重為 w' (秤的讀數)，它是將秤鉤向下拉的力。依牛頓第三運動定律，w' 等於秤對皇冠施加的力 F'_T (圖 13-16b)。皇冠上作用力的總和是零，因此 w' 等於實際重量 w (= mg) 減去浮力 F_B

$$w' = F'_T = w - F_B$$

所以

$$w - w' = F_B$$

設 V 為完全浸沒在水面下之物體的體積，且 ρ_O 是它的密度 (因此 $\rho_O V$ 為其質量)，並且設 ρ_F 為流體 (水) 的密度。則 $(\rho_F V)g$ 是被排開之流體的重量 (= F_B)，我們現在可以寫出

$$w = mg = \rho_O Vg$$
$$w - w' = F_B = \rho_F Vg$$

將這兩式相除後得到

$$\frac{w}{(w - w')} = \frac{\rho_O Vg}{\rho_F Vg} = \frac{\rho_O}{\rho_F}$$

如果物體是被浸沒在水中 ($\rho_F = 1.00 \times 10^3\ \text{kg/m}^3$)，則 $w/(w - w')$ 就等於

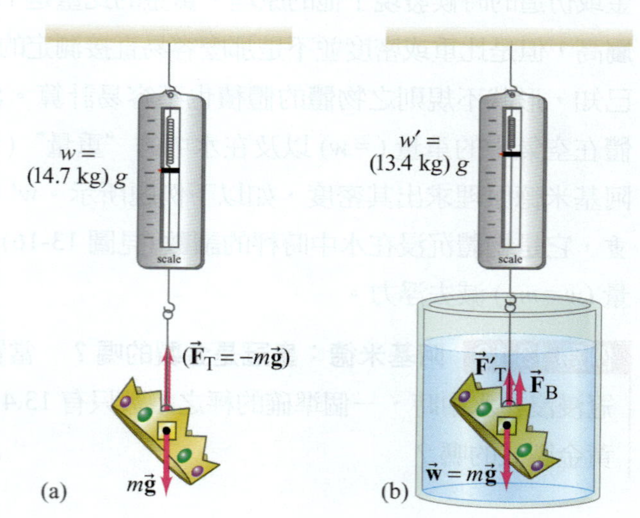

圖 13-16 (a) 一個秤可讀出空氣中物體的質量，如例題 13-10 中的皇冠。所有的物體均為靜止的，所以繩中的張力 F_T 等於物體的重量 w: $F_T = mg$。由皇冠的自由體圖可知，F_T 是使秤產生讀數的力 (由牛頓第三運動定律，它等於作用在秤上向下的淨力)。(b) 當皇冠沉入液體中時，它受到一個額外的力作用，浮力 F_B。因淨力為零，所以 $F'_T + F_B = mg\ (= w)$。此時秤的讀數為 $m' = 13.4$ kg，其中 m' 與有效重量的關係為 $w' = m'g$。因此 $F'_T = w' = w - F_B$。

物體的比重。因此

$$\frac{\rho_O}{\rho_{H_2O}} = \frac{w}{w - w'} = \frac{(14.7\text{ kg})g}{(14.7\text{ kg} - 13.4\text{ kg})g} = \frac{14.7\text{ kg}}{1.3\text{ kg}} = 11.3$$

這相當於 11300 kg/m^3 的密度。所以皇冠不是由黃金而似乎是由鉛製成的 (參閱表 13-1)。

阿基米德原理也同樣適用於漂浮的物體，例如木頭。一般而言，如果物體的密度 (ρ_O) 小於流體的密度 (ρ_F)，物體就會浮在流體上。由圖 13-17a 可以輕易地看出，如果 $F_B > mg$，亦即 $\rho_F Vg > \rho_O Vg$ 或 $\rho_F > \rho_O$，則水中的原木會受到向上的淨力而浮出水面。當它處於平衡狀態中——即漂浮時——物體浮力的大小等於物體的重量。例如，一根比重為 0.60 且體積為 2.0 m^3 的原木其質量為 $m = \rho_O V = (0.60 \times 10^3\text{ kg/m}^3)(2.0\text{ m}^3) = 1200$ kg。若原木完全沒入水中，它將排開質量為 $m_F = \rho_F V = (1000\text{ kg/m}^3)(2.0\text{ m}^3) = 2000$ kg 的水。因此原木的浮力大於它的重量，而使其向上漂浮至水面 (圖 13-17)。當它排開 1200 kg 的水時，原木將達到平衡狀態，這表示原木將有 1.2 m^3 的體積浸沒在水裡。1.2 m^3 相當於原木體積的 60% (1.2/2.0 = 0.60)，因此原木有 60% 的部分浸沒在水中。

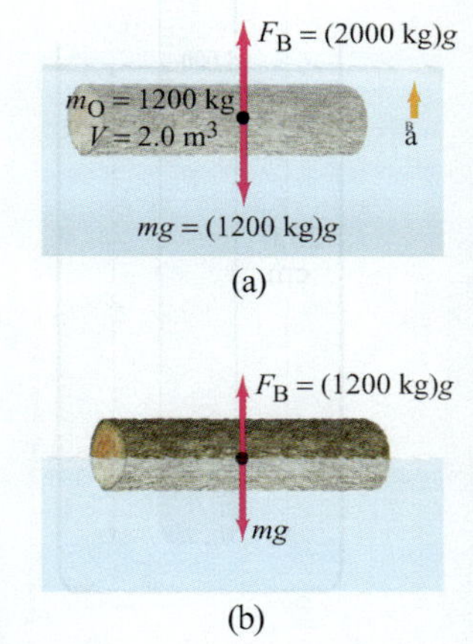

圖 13-17 (a) 完全沒入水中的原木，因為 $F_B > mg$ 而加速上升。當 $\Sigma F = 0$ 時，達到平衡，(b) 故 $F_B = mg = (1200\text{ kg})g$。因此有 1200 kg 或 1.2 m^3 的水被排開。

一般而言，當物體漂浮時，其 $F_B = mg$，我們可以寫成 (參閱圖 13-18)

$$F_B = mg$$

$$\rho_F V_{displ}\, g = \rho_O V_O\, g$$

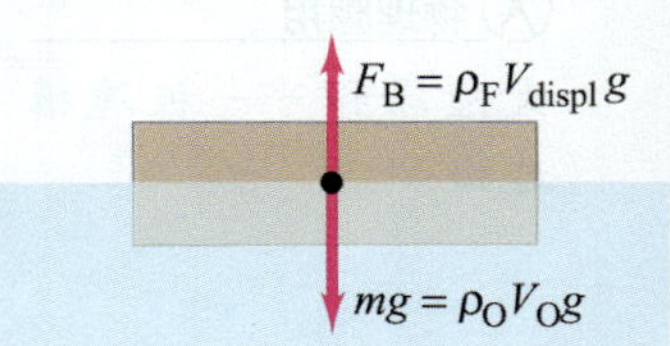

圖 13-18 在平衡狀態中漂浮的物體：$F_B = mg$。

其中 V_O 為物體全部的體積，而 V_{displ} 為它所排開之流體的體積 (= 物體浸沒在水中的體積)。因此

$$\frac{V_{displ}}{V_O} = \frac{\rho_O}{\rho_F}$$

亦即物體浸沒在流體中的比例是物體與流體的密度之比。若流體是水，這個比例就等於物體的比重。

例題 13-11 液體比重計校準 液體比重計 (hydrometer) 是藉由指示儀器在液體中下沉得多深以測量液體比重的簡單儀器。一個特殊的

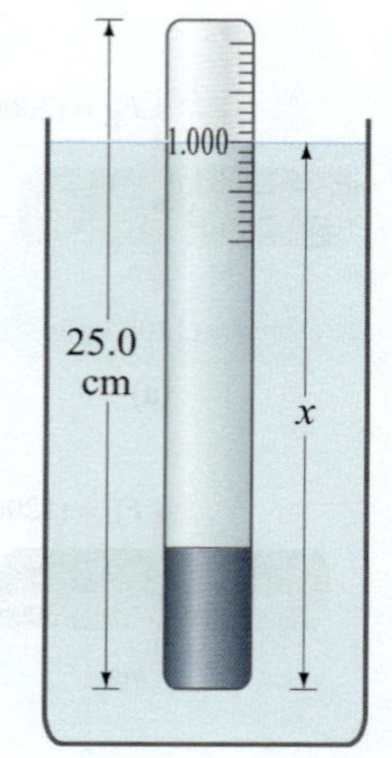

圖 13-19 液體比重計。例題 13-11。

液體比重計 (圖 13-19) 是由一個長 25.0 cm 而截面積為 2.00 cm^2，且質量為 45.0 g 之底部加重的玻璃管構成。請問 1.000 的記號應標示於距末端多遠處？

方法 如果比重計的密度 ρ 小於水的密度 $\rho_W = 1.000\ g/cm^3$，它將會浮在水中。比重計浸沒的比例 $(V_{displaced}/V_{total})$ 等於密度之比 ρ/ρ_W。

解答 比重計總體密度為

$$\rho = \frac{m}{V} = \frac{45.0\ g}{(2.00\ cm^2)(25.0\ m)} = 0.900\ g/cm^3$$

因此，當它放在水中時，體積的 0.900 部分會浸沒在水裡而達到平衡。因為比重計的截面是均勻的，所以會有 (0.900)(25.0 cm) = 22.5 cm 的長度會浸沒於水中。水的比重定義為 1.000，因此記號應該標示於距離加重的底端 22.5 cm 處。

練習C 在例題 13-11 中的比重計上，標示於 1.000 上方的記號代表測量的液體密度比 1.000 大或小？

物理應用
大陸漂移——板塊構造論

阿基米德原理在地質學中也是有用的。根據板塊構造和大陸漂移理論，大陸漂浮在稍可變形的岩石 (風化層) 之流體“海洋”上。使用非常簡單的模型可以做一些有趣的計算，我們將在本章末的習題中討論。

空氣是流體，它也會施加浮力。一般物體在空氣中的重量要比真空中輕。由於空氣的密度很小，所以對普通固體的影響是微不足道的。不過，有些物體會漂浮在空氣中，例如氦氣球，因為氦氣的密度比空氣小。

練習D 以下哪一個浸沒在水中的物體感受到的浮力為最大？(a) 1 kg 的氦氣球；(b) 1 kg 的木頭；(c) 1 kg 的冰；(d) 1 kg 的鐵；(e) 全部相同。

練習E 以下哪一個浸沒在水中的物體感受到的浮力為最大？(a) 1 m^3 的氦氣球；(b) 1 m^3 的木頭；(c) 1 m^3 的冰；(d) 1 m^3 的鐵；(e) 全部相同。

例題 13-12 **氦氣球** 如果一個氣球欲升起 180 kg (包括空氣球的重量) 的負載，需要多少體積 V 的氦氣？

方法 氦氣球的浮力 F_B 等於排開之空氣的重量，它必定至少等於氦氣之重量加上氣球與負載的重量 (圖 13-20)。由表 13-1 得知氦的密度為 0.179 kg/m³。

解答 浮力必須具有一個最小值

$$F_B = (m_{He} + 180\ \text{kg})g$$

利用阿基米德原理，上式可以用密度表示成

$$\rho_{air} Vg = (\rho_{He} V + 180\ \text{kg})g$$

解 V，我們求得

$$V = \frac{180\ \text{kg}}{\rho_{air} - \rho_{He}} = \frac{180\ \text{kg}}{(1.29\ \text{kg/m}^3 - 0.179\ \text{kg/m}^3)} = 160\ \text{m}^3$$

備註 這是位於地球表面附近所需之體積的最小值，$\rho_{air} = 1.29\ \text{kg/m}^3$。因為空氣的密度隨高度而減少，所以如果要到達高海拔處，就需要更大的體積。

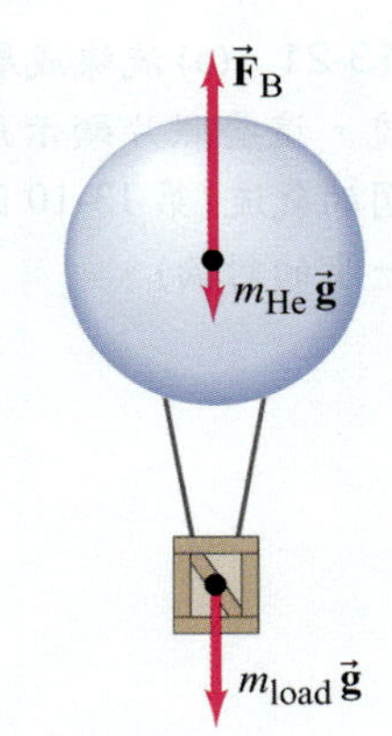

圖 13-20 例題 13-12。

13-8 流體運動；流率與連續方程式

現在我們將主題轉向運動的流體，稱為**流體動力學** (fluid dynamics or hydrodynamics)。

我們可以將流體的運動分成兩種主要的類型。如果流動是平順的，流體的相鄰兩層會相互平順地滑動，就稱為流線型或**層流** (streamline or laminar flow)[3]。在層流中，流體的每個質點沿著一條平順的路徑行進，此路徑稱為**流線** (streamline)，而且這些路徑彼此不會交叉 (圖 13-21a)。如果速率超過某種程度，流動就會變得混亂。**紊流** (turbulent flow) 的特點是不規則的、小的、像漩渦般的圓圈，稱為渦流或漩渦 (圖 13-21b)。渦流吸收大量的能量，雖然即使在層流期間，

3 層流的意思是"一層一層的"。

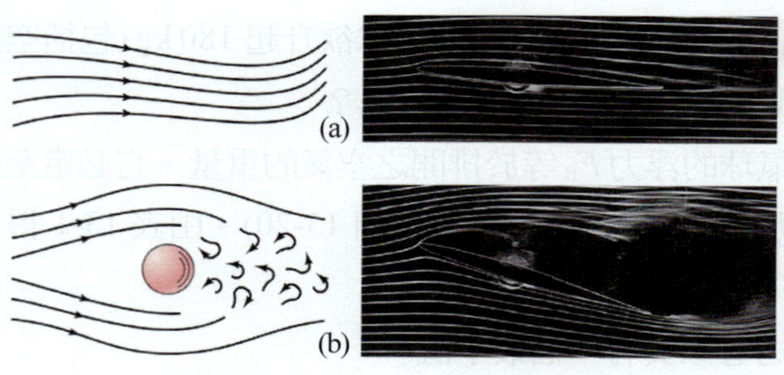

圖 13-21　(a) 流線或層流；(b) 紊流。這些照片顯示飛機機翼周圍的氣流(第 13-10 節會有更進一步的討論)。

就有一定量的稱為**黏滯性** (viscosity) 的內摩擦力存在；當它是紊流時，其值更大得多。將幾小滴墨水或食用色素滴入流動的液體中，就能很快地顯示出流動是流線的或混亂的。

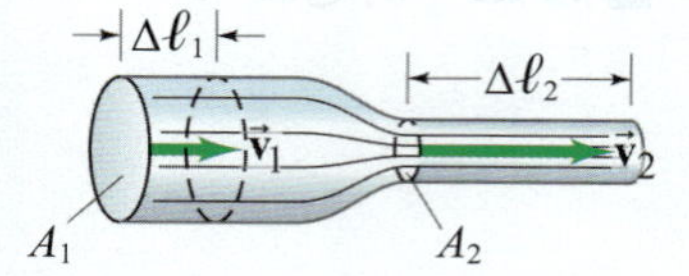

圖 13-22　流體在管徑不均的管子中流動。

讓我們考慮流經一個封閉管子之流體的穩定層流，如圖 13-22 所示。首先，我們判斷流體的速率如何隨著管子的大小而改變。**質量流率** (flow rate) 定義為單位時間 Δt 內通過一特定點的流體質量 Δm

$$質量流率 = \frac{\Delta m}{\Delta t}$$

圖 13-22 中，在時間 Δt 內通過點 1 (即通過面積 A_1) 的流體體積為 $A_1 \Delta\ell_1$，其中 $\Delta\ell_1$ 是流體在時間 Δt 內移動的距離。因為流體通過點 1 的速度[4] 為 $v_1 = \Delta\ell_1 / \Delta t$，所以通過面積 A_1 的質量流率為

$$\frac{\Delta m_1}{\Delta t} = \frac{\rho_1 \Delta V_1}{\Delta t} = \frac{\rho_1 A_1 \Delta\ell_1}{\Delta t} = \rho_1 A_1 v_1$$

其中 $\Delta V_1 = A_1 \Delta\ell_1$ 為質量 Δm_1 的體積，而 ρ_1 為流體的密度。同理，在點 2 處 (通過面積 A_2)，流率為 $\rho_2 A_2 v_2$。因為旁邊沒有流體之進出，所以通過 A_1 和 A_2 的流率必定相等。因此

$$\frac{\Delta m_1}{\Delta t} = \frac{\Delta m_2}{\Delta t}$$

於是

$$\rho_1 A_1 v_1 = \rho_2 A_2 v_2 \qquad \textbf{(13-7a)}$$

此式稱為**連續方程式** (equation of continuity)。

---

4 如果沒有黏滯性，穿過管中某截面上各處的流速皆相同。而實際的流體是有黏滯性的，這種內部的摩擦造成流體中不同的各層以不同的速率流動。在此例中，v_1 與 v_2 分別代表各截面處之平均速率。

如果流體是不能壓縮的 (ρ 不會因壓力而改變)，這對液體 (有時為氣體) 而言，在多數情況下是一個極佳的近似，則 $\rho_1=\rho_2$，而連續方程式就變成

$$A_1 v_1 = A_2 v_2 \qquad [\rho=\text{常數}] \quad \textbf{(13-7b)}$$

Av 的乘積表示體積流率 (每秒內通過特定一點的流體體積)，這是因為 $\Delta V/\Delta t = A\Delta\ell/\Delta t = Av$，它的 SI 單位是 m^3/s。(13-7b) 式告訴我們截面積大，速度就小；而截面積小，速度就大。觀察河流就可以知道這是合理的。河水緩慢地流過寬廣的草地，但是會以湍急的速度通過狹窄的峽谷。

例題 13-13 估算 **血流** 人體中，血液從心臟流經主動脈後再流至較大的動脈。這些又分叉流入小動脈 (支動脈) 後接著再分叉流入無數細小的微血管 (圖 13-23)。血液最後經由靜脈回到心臟。血液以大約 40 cm/s 的速率流過半徑約 1.2 cm 的主動脈。並且以大約 5×10^{-4} m/s 的速率流過半徑約 4×10^{-4} cm 的典型微血管。試估計人體中微血管的數目。

方法 我們假設從主動脈到微血管的血液密度差異不大。由連續方程式，主動脈中的體積流率必須等於通過所有微血管的體積流率。所有微血管的總面積為一條微血管的面積乘以微血管的總數目 N。

解答 設 A_1 為主動脈的面積，而 A_2 為所有微血管的面積。則 $A_2=N\pi r_{\text{cap}}^2$，其中 $r_{\text{cap}}\approx 4\times10^{-4}$ cm 是一條微血管平均半徑的估計值。由連續方程式 [(13-7b) 式]，得到

$$v_2 A_2 = v_1 A_1$$
$$v_2 N\pi r_{\text{cap}}^2 = v_1 \pi r_{\text{aorta}}^2$$

所以

$$N=\frac{v_1}{v_2}\frac{r_{\text{aorta}}^2}{r_{\text{cap}}^2}=\left(\frac{0.40\ \text{m/s}}{5\times10^{-4}\ \text{m/s}}\right)\left(\frac{1.2\times10^{-2}\ \text{m}}{4\times10^{-6}\ \text{m}}\right)\approx 7\times10^9$$

或大約 100 億條微血管。

物理應用
血流

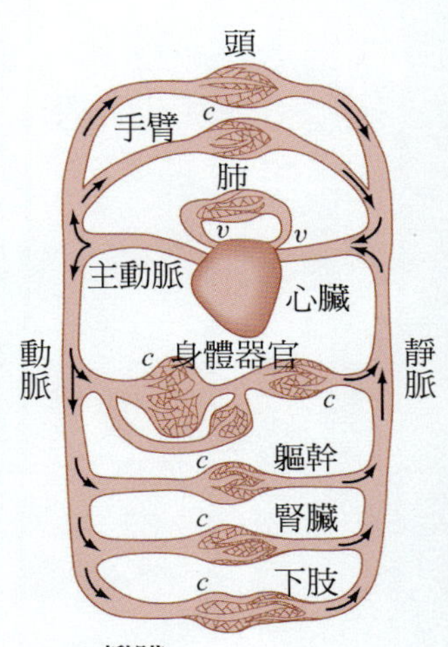

圖 13-23 人體的循環系統。

例題 13-14 **房間的加熱管** 如果空氣以 3.0 m/s 之速率沿著加熱管流動，使其每 15 分鐘可以補充空氣至體積為 300 m^3 的房間裡。則

物理應用
加熱管

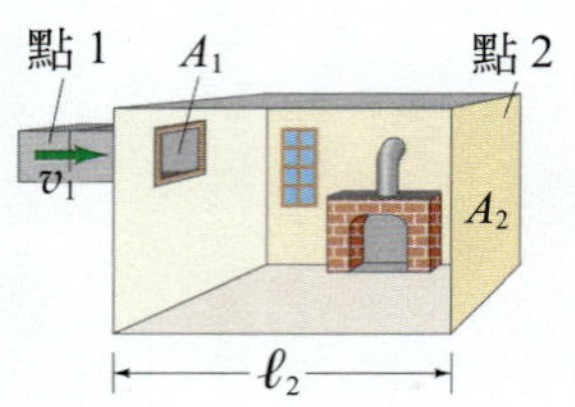

圖 13-24 例題 13-14。

加熱管的面積必須是多少？假設空氣的密度為常數。

方法 我們將密度為固定的連續方程式 (13-7b) 式應用於流經管子 (圖 13-24 中的點 1) 然後進入房間 (點 2) 的空氣上。房間中的體積流率等於房間的體積除以 15 分鐘的補充時間。

解答 見圖 13-24，將房間視為管子的大截面，並且有與房間體積相等之空氣在 $t = 15$ 分鐘 $= 900$ 秒之內通過點 2。以推導 (13-7a) 式的相同方式 (Δt 更改為 t)，我們寫出 $v_2 = \ell_2/t$ 所以 $A_2 v_2 = A_2 \ell_2/t = V_2/t$，其中 V_2 是房間的體積。於是連續方程式變成 $A_1 v_1 = A_2 v_2 = V_2/t$，所以

$$A_1 = \frac{V_2}{v_1 t} = \frac{300\ \mathrm{m}^3}{(3.0\ \mathrm{m/s})(900\ \mathrm{s})} = 0.11\ \mathrm{m}^2$$

如果加熱管為正方形，則邊長為 $\ell = \sqrt{A} = 0.33$ m 或 33 cm。或者 20 cm×55 cm 的長方形加熱管也可以適用。

13-9 柏努利方程式

你是否曾經想知道飛機為什麼能夠飛行，或是帆船如何對著風航行？這些是柏努利 (Daniel Bernoulli) (1700-1782) 有關流體運動所發明之原理的實例。在本質上，**柏努利原理** (Bernoulli's principle) 說明流體之速度快的地方，其壓力低；而流體之速度慢的地方，其壓力高。例如，如果在圖 13-22 中測量點 1 和點 2 處之流體中的壓力，將發現點 2 的壓力比點 1 低，而點 2 處的流速卻比點 1 快。乍看之下，這似乎很奇怪；你或許會認為點 2 處的流速較快就意味著其壓力較高。但情況並非如此。因為如果在點 2 處流體中的壓力比點 1 高，則這個較高的壓力將會使流體減速，然而事實上它是從點 1 加速至點 2。因此點 2 處的壓力一定比點 1 還小，才能與流體加速的事實一致。

流速較快的流體會對路徑上的障礙物施加較大的力。但這並不是我們所說的流體中的壓力，此外我們也未考慮阻斷流動的障礙物，只討論平順的層流。流體的壓力施加於管壁上或流體通過的任何物質之表面上。

柏努利推導出一個可以定量地表達這個原理的方程式。為了推導

柏努利方程式，我們假設流動是平穩且流線的，流體是不可壓縮的，而且其黏滯性夠小而可以忽略。為求廣義起見，我們假設流體在橫截面不均的管中流動，而管的橫截面在某參考水平面之上方隨高度變化 (圖 13-25)。我們考慮圖中有顏色的流體體積，並計算將它由圖 13-25a 之位置移動到圖 13-25b 之位置所作的功。在這個過程中，進入面積 A_1 之流體流動一段距離 $\Delta\ell_1$ 並且迫使位於面積 A_2 之流體流動一段距離 $\Delta\ell_2$。面積 A_1 左邊的流體對我們這段流體施加一個壓力 P_1，並且所作的功為

$$W_1 = F_1\Delta\ell_1 = P_1 A_1 \Delta\ell_1$$

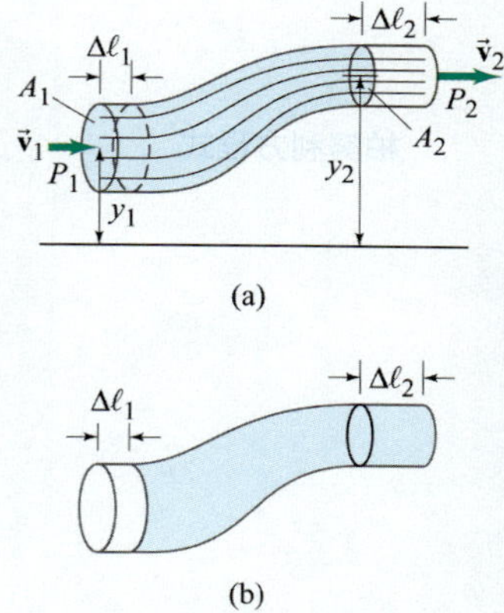

圖 13-25 流動的流體：作為柏努利方程式的推導之用。

在面積 A_2 處，作用於我們的流體橫截面上的功是

$$W_2 = -P_2 A_2 \Delta\ell_2$$

負號表示施加於流體上的力與其運動方向相反 (因此有顏色的流體對點 2 右邊的流體作功)。重力也會對流體作功。圖 13-25 所示之過程的淨效應是將體積 $A_1\Delta\ell_1$ ($=A_2\Delta\ell_2$，因為流體是不可壓縮的) 的質量 m 從點 1 移動至點 2，所以重力所作的功為

$$W_3 = -mg(y_2 - y_1)$$

其中 y_1 和 y_2 是管的中心位於某 (任意) 參考水平面上方的高度。在圖 13-25 的情形中，因為運動方向是向上而與重力相反，所以此項為負。因此對流體所作的淨功 W 為

$$W = W_1 + W_2 + W_3$$

$$W = P_1 A_1 \Delta\ell_1 - P_2 A_2 \Delta\ell_2 - mgy_2 + mgy_1$$

根據功能原理 (第 7-4 節)，對系統所作的淨功等於其動能的變化。因此

$$\frac{1}{2}mv_2^2 - \frac{1}{2}mv_1^2 = P_1 A_1\Delta\ell_1 - P_2 A_2\Delta\ell_2 - mgy_2 + mgy_1$$

對不可壓縮的流體而言，質量 m 的體積 $A_1\Delta\ell_1 = A_2\Delta\ell_2$。因此我們將 $m = \rho A_1\Delta\ell_1 = \rho A_2\Delta\ell_2$ 代入，再除以 $A_1\Delta\ell_1 = A_2\Delta\ell_2$，得到

$$\frac{1}{2}\rho v_2^2 - \frac{1}{2}\rho v_1^2 = P_1 - P_2 - \rho g y_2 + \rho g y_1$$

重新整理上式，得到

柏努利方程式

$$P_1+\frac{1}{2}\rho v_1^2+\rho g y_1=P_2+\frac{1}{2}\rho v_2^2+\rho g y_2 \quad \textbf{(13-8)}$$

這是**柏努利方程式** (Bernoulli's equation)。因為點 1 和點 2 可以是沿著管子流動的任何兩點，所以流體中每一點的柏努利方程式可以寫成

$$P+\frac{1}{2}\rho v^2+\rho g y=\text{常數}$$

其中 y 是管的中心位於固定參考水平面上方的高度。[注意，如果液體沒有流動 ($v_1=v_2=0$)，則 (13-8) 式就簡化為 (13-6a) 式的流體靜力學方程式：$P_2-P_1=-\rho g(y_2-y_1)$。]

因為我們是由功能原理推導出柏努利方程式，所以它是能量守恆定律的表示式。

練習 F 當水在水平的管子中，從窄的橫截面流到寬的橫截面時，它對管壁的壓力有何變化？

例題 13-15 熱水加熱系統中的流動與壓力 熱水加熱系統的水在房屋的各處循環。如果地下室的水在 3.0 atm 的壓力下以 0.50 m/s 之速率通過直徑為 4.0 cm 的管子，則水在位於地下室上方 5.0 m 高之二樓上的直徑為 2.6 cm 之水管中的流速與壓力各為多少？假設水管沒有分支。

方法 我們利用密度固定的連續方程式，計算水在二樓上的流速，然後利用柏努利方程式求壓力。

解答 設 (13-7) 式之連續方程式中的 v_2 為水在二樓上的流速，並且 v_1 為地下室中的流速。注意，面積與半徑之平方成正比 ($A=\pi r^2$)，我們得到

$$v_2=\frac{v_1 A_1}{A_2}=\frac{v_1 \pi r_1^2}{\pi r_2^2}=(0.50\text{ m/s})\frac{(0.020\text{ m})^2}{(0.013\text{ m})^2}=1.2\text{ m/s}$$

為了求二樓的水壓，我們利用柏努利方程式 [(13-8) 式]

$$\begin{aligned}P_2&=P_1+\rho g(y_1-y_2)+\frac{1}{2}\rho(v_1^2-v_2^2)\\&=(3.0\times10^5\text{ N/m}^2)+(1.0\times10^3\text{ kg/m}^3)(9.8\text{ m/s}^2)(-5.0\text{ m})\\&\quad+\frac{1}{2}(1.0\times10^3\text{ kg/m}^3)[(0.50\text{ m/s})^2-(1.2\text{ m/s})^2]\end{aligned}$$

$$= (3.0\times10^5\ \mathrm{N/m^2}) - (4.9\times10^4\ \mathrm{N/m^2}) - (6.0\times10^2\ \mathrm{N/m^2})$$
$$= 2.5\times10^5\ \mathrm{N/m^2} = 2.5\ \mathrm{atm}$$

備註 在這種情況中，含有速度的項其作用很小。

13-10 柏努利原理的應用：托里切利、飛機、棒球與 TIA

柏努利方程式可以應用於許多情況。其中一個例子就是計算從儲水槽底部之水龍頭流出的液體之速度 v_1 (圖 13-26)。我們選擇 (13-8) 式中的點 2 為液體的頂面。假設儲水槽的直徑比水龍頭的直徑大得多，則 v_2 將幾乎為零。點 1 (水龍頭) 和點 2 (頂面) 是位於大氣中的，因此這兩點的壓力都等於大氣壓力：$P_1 = P_2$。於是柏努利方程式變成

$$\frac{1}{2}\rho v_1^2 + \rho g y_1 = \rho g y_2$$

或

$$v_1 = \sqrt{2g(y_2 - y_1)} \tag{13-9}$$

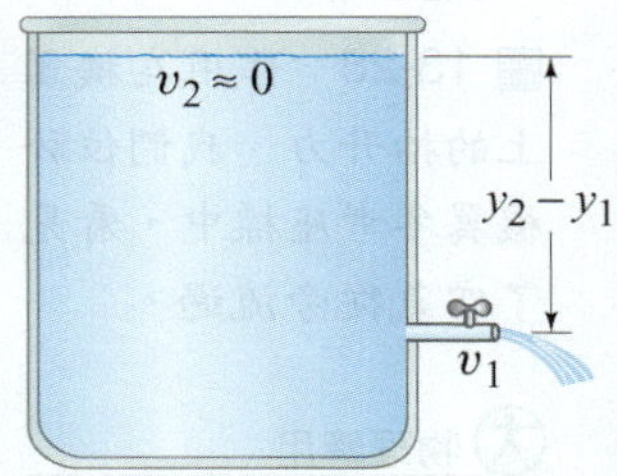

圖 13-26 托里切利定理：$v_1 = \sqrt{2g(y_2 - y_1)}$。

這個結果稱為**托里切利定理** (Torricelli's theorem)。雖然它被認為是柏努利方程式的一種特殊情況，但卻是由托里切利在早一個世紀之前所發現的。(13-9) 式告訴我們，液體離開水龍頭的速率與物體從相同高度自由落下的速率相等。因為柏努利方程式是依能量守恆推導而來，所以不必對此結果感到太意外。

柏努利方程式另一個特殊的例子，就是當流體水平地流動而高度沒有明顯的改變時，即 $y_1 = y_2$，則 (13-8) 式成為

$$P_1 + \frac{1}{2}\rho v_1^2 = P_2 + \frac{1}{2}\rho v_2^2 \tag{13-10}$$

它定量地告訴我們速度高的地方則壓力小，反之亦然。它解釋了許多常見的現象，圖 13-27 至圖 13-32 中說明了其中的一部分。香水噴霧器 (圖 13-27a) 的垂直管頂端以高速噴出之空氣中的壓力比作用在瓶內液體表面的正常空氣壓力還小。因為頂端的壓力較低，所以香水瓶中的大氣壓力將香水向上推至管的頂端。空氣噴嘴可使乒乓球飄浮在

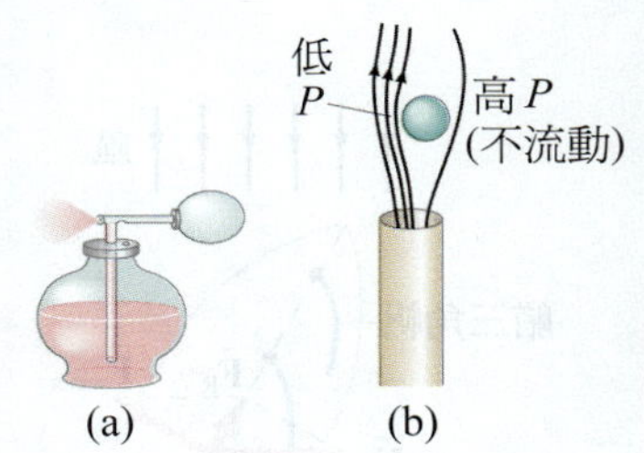

圖 13-27 柏努利原理的實例：(a) 噴霧器，(b) 在空氣噴嘴上方的乒乓球。

其上方(有些真空吸塵器能夠吹出空氣)(圖 13-27b);如果乒乓球欲離開空氣噴嘴,則噴嘴外部靜止之空氣中的較高壓力會把球推回來。

練習 G 回到章前問題,第 545 頁的第 2 題,請再次作答。試解釋為什麼你的答案可能與第一次不同。

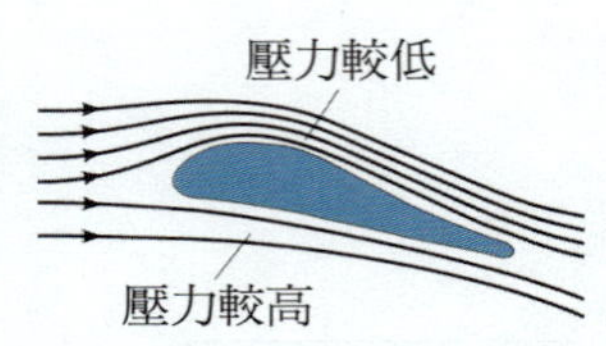

圖 13-28 作用在機翼上的抬升力。我們位於機翼參考座標中,看見了空氣從旁流過。

物理應用

飛機和動態升力

機翼和動態升力

如果飛機相對於空氣以足夠高的速率移動,並且機翼以一個小的角度"攻角"向上翹起如圖 13-28 所示,空氣流線衝撞機翼,則機翼會受到"升力"的作用而使其保持在空中。(我們位於機翼的參考座標中,猶如坐在機翼上。) 機翼向上翹起以及其圓弧形的上表面迫使流線向上並且在機翼上方聚集。當流線變得較為靠近時,任何兩條流線之間空氣流動的面積減少,因此由連續方程式 ($A_1v_1 = A_2v_2$) 可知,機翼上方流線被擠壓在一起的氣流速率增加。(回想圖 13-22 在管中緊縮處之擁擠的流線如何指出緊縮管中的速度較高。) 由於機翼上方的氣流速度比下方快,所以機翼上方的壓力比下方小(柏努利原理)。因此機翼上有向上的淨力作用,稱為**動態升力** (dynamic lift)。經實驗顯示,機翼上方的空氣速率甚至可達下方的兩倍。(空氣與機翼之間的摩擦向後方施加一個拖曳阻力,必須由飛機引擎克服。)

平的機翼或截面對稱的機翼,只要機翼的前部向上翹起(攻角),就會受到向上抬升的力。圖 13-28 中所示的機翼,即使攻角為零,機翼也能感受到抬升的力,因為圓弧形的上表面使空氣向上偏斜,將流線壓縮在一起。如果攻角足以讓流線向上偏斜並且彼此更加壓縮,則飛機就能倒著飛。

我們的圖片考慮到流線,但如果攻角大於 15°,就會產生亂流(圖 13-21b),導致較大的阻力與較小的升力,造成機翼"失速"而使飛機掉落。

從另一個觀點,機翼向上翹起意指在機翼前水平移動的空氣向下偏斜:反彈的空氣分子的動量變化使機翼產生向上的力(牛頓第三運動定律)。

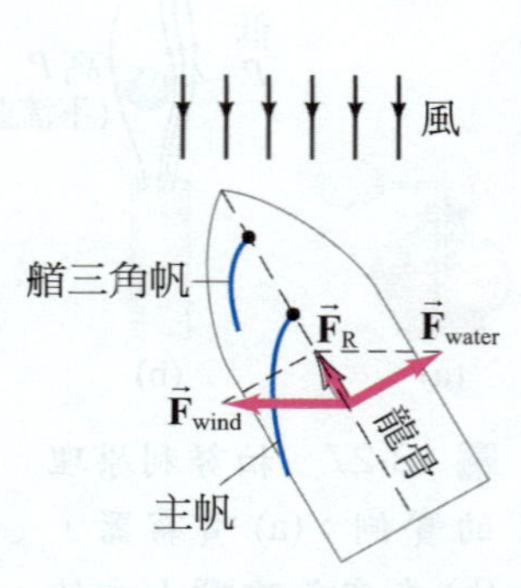

圖 13-29 帆船逆風航行。

帆 船

藉助於柏努利效應,將帆設定於某一角度,可以使帆船逆風航行,如圖 13-29 所示。空氣在帆鼓起的前表面上快速地流動,而使帆鼓脹且相對為靜止的空氣對帆背面施加一個更大的壓力，因而對帆產生一個淨力 $\vec{F}_{wind}$。如果此力對龍骨而言不是垂直向下延伸到水面下，則會使船朝側向移動：水對船龍骨幾近垂直地施加一個力 ($\vec{F}_{water}$)。因此，這兩個力的合力 ($\vec{F}_R$) 幾乎是如圖中所示的朝向前方。

棒球曲線

為什麼柏努利原理也可以解釋已投出的旋轉之棒球 (或網球) 的曲線。如果我們把自己置於球的參考座標中，空氣快速地從球旁流過，如同我們在機翼問題中所採用的方式，則問題是最容易分析的。假設由上方俯視球是以逆時針方向轉動，如圖 13-30 所示。有一層薄薄的空氣 (“邊緣層”) 在球周圍被球拖動。我們正在俯視球，在圖 13-30 中的 A 點處，這個邊緣層使迎面而來的空氣減慢速度。而在 B 點處，與球一同旋轉的空氣其速率與迎面而來的空氣相加，因此 B 處的氣流速率比 A 快。B 處的速率較快意指 B 處的壓力比 A 低，因而產生一個朝向 B 的淨力。所以球的路徑會朝左彎 (由投手所見)。

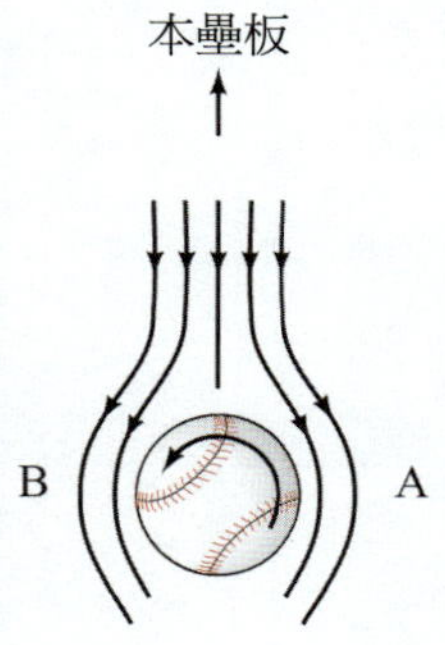

圖 13-30　俯視一個投向本壘板的棒球。我們位於棒球的參考座標中，而空氣從球旁流過。

腦部缺血——TIA

在醫學上，柏努利原理的許多應用之一是解釋 TIA，暫時性局部缺血 (意指暫時性對腦部缺乏供血)。TIA 患者可能的症狀有暈眩、複視、頭痛和四肢無力。TIA 可能因以下情形而發生。通常血液經由兩條椎動脈向上流入位於頭後方的腦部——兩條各分別從頸部的兩側進入——在腦下方會集而形成腦底動脈，如圖 13-31 所示。椎動脈是由鎖骨下動脈傳送到手臂之前流出的。當手臂劇烈運動的時候，血流增加以因應手臂肌肉之所需。然而，如果身體某一側的鎖骨下動脈部分阻塞，像是動脈硬化，則該側的血流速度必須較快以供應所需的血液。[回想連續方程式：就同樣的流率而言，較小的面積意味者其速度較快，(13-7) 式。] 流經通往椎動脈之開口處的血液流速增加導致壓力降低 (柏努利原理)。因此，在“良好”的一側以正常的壓力在椎動脈中上升的血液，可能會因另一側的低壓而向下轉移至另一條椎動脈中，而非向上進入腦中。因此減少對腦的供血。

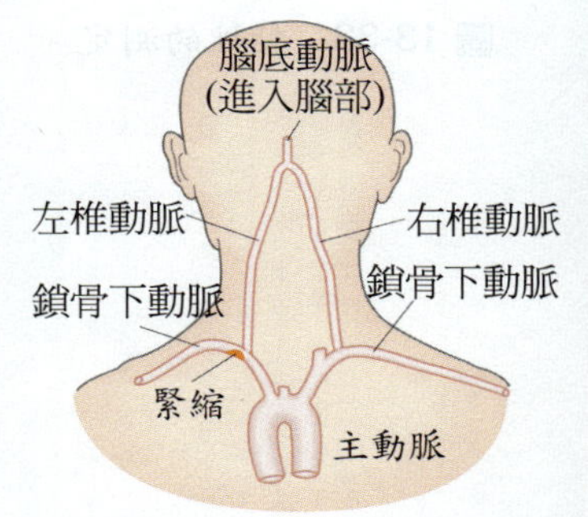

圖 13-31　頭部和肩膀的後視圖顯示導入腦部和手臂的動脈。當高流速的血液流經左鎖骨下動脈的緊縮處時，造成了左椎動脈中血壓的下降，於是可能產生反向 (向下) 的血流，而導致 TIA，流到腦部的血液短缺。

其他應用

文丘里管 (venturi tube) 實質上是一個具有局部狹窄緊縮 (咽喉) 的管子。當流體經過這個緊縮處時，流動速度加快，因此咽喉處的壓力

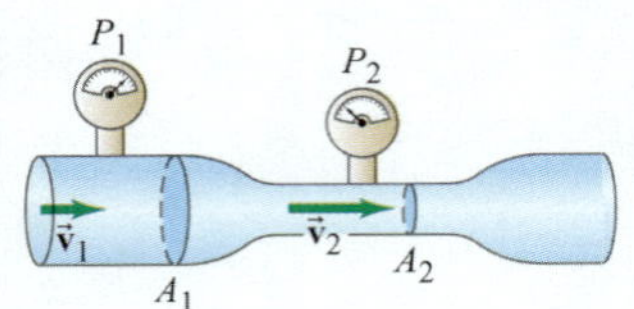

圖 13-32 文丘里流量計。

比較低。文丘里流量計 (圖 13-32) 是用來測量氣體與液體的流動速率，包括動脈中的血液流速。

為什麼煙會從煙囪中向上竄升？它一部分是因為熱氣上升 (其密度較低，因此能浮起)。但柏努利原理也是原因之一。當風吹過煙囪的頂端時，該處的壓力會比房子裡面低。因此，空氣和煙會被較高的室內壓力由煙囪向上推升。即使在看似寂靜無風的夜晚，煙囪頂端的周遭通常也有足夠的氣流幫助煙向上竄升。

柏努利方程式忽略了流體的摩擦 (黏性) 與壓縮性的效應。因壓縮性而被轉換成內能 (或位能) 以及因摩擦而被轉換成熱能的能量，可以將相關項目加入 (13-8) 式中而列入考慮。這些項目在理論上難以計算，而且通常依經驗決定。它們並不會明顯地改變對前述之現象所作的說明。

*13-11 黏 性

圖 13-33 黏性的測定。

如第 13-8 節中曾提到的，真實的流體有一定量稱為**黏性** (viscosity) 存在的內摩擦。黏性存在於液體和氣體中，它實質上是當相鄰的流層以不同速度流動時，彼此之間的摩擦力。在液體中，黏性是由於分子之間電的內聚力所形成。在氣體中，它則是由分子之間的碰撞所產生。

不同流體的黏性可以定量地用黏滯係數 η 表示，其定義方式如下。將一層薄的流體置於兩塊平板之間。其中一塊平板是固定的，另一塊是可以移動的 (圖 13-33)。與每塊平板直接接觸的流體藉由流體與平板分子之間的黏著力而使其表面被吸住。因此流體的上表面以和上層平板相同的速度 v 移動，同時與固定的下層平板接觸的流體則保持靜止。固定層的流體阻滯了上一層流體的流動，接著又依次地阻滯緊鄰的另一層的流動，等等。因此其速度如圖中所示從 0 連續地變化到 v。速度的增加量除以此一變化所歷經之距離——等於 v/ℓ——稱為速度梯度。要移動上層的平板，需要一個力。你可以將一塊平板橫過桌面的一灘糖漿來驗證此一現象。對一特定的流體而言，其所需要的力 F 與流體和各板的接觸面積 A 以及速率 v 成正比，並且與兩板的間距 ℓ 成反比：$F \propto vA/\ell$。對不同的流體而言，流體愈黏，所需要的力就愈大。因此這個方程式的比例常數定義為黏滯係數 η

$$F=\eta A\frac{v}{\ell} \tag{13-11}$$

我們得到 $\eta=F\ell/vA$。η 的 SI 單位是 N · s/m² = Pa · s (帕斯卡 · 秒)。在 cgs 制中其單位則是 dyne · s/cm²，稱為泊 (Poise, P)。黏性通常以厘泊表示 (1 cP = 10^{-2} P)。表 13-3 列出了多種流體的黏滯係數。因為溫度具有很大的影響，所以也指明其溫度。當溫度增加時，如機油之類的液體之黏性會迅速地減小 [5]。

表 13-3 黏滯係數

流體 (溫度 °C)	黏滯係數 η (Pa · s)*
水 (0°)	1.8×10^{-3}
(20°)	1.0×10^{-3}
(100°)	0.3×10^{-3}
全血 (37°)	$\approx4\times10^{-3}$
血漿 (37°)	$\approx1.5\times10^{-3}$
乙醇 (20°)	1.2×10^{-3}
機油 (30°) (SAE 10)	200×10^{-3}
甘油 (20°)	1500×10^{-3}
空氣 (20°)	0.018×10^{-3}
氫氣 (0°)	0.009×10^{-3}
水蒸氣 (100°)	0.013×10^{-3}

*1 Pa · s = 10 P = 1000 cP。

*13-12 管中的流動：普修葉方程式、血流

如果流體沒有黏性，它可以在沒有力的作用之情形下流過水平的管子。黏性的作用像是一種摩擦 (存在於以些微不同之速率移動的流體層之間)，水平管兩端的壓力差對於任何實際流體的穩定流動是必要的，例如管中為水、油或人體循環系統中的血液。

法國科學家普修葉 (J. L. Poiseuille) (1799-1869) 對血液循環的物理學感興趣 (後來就以他的 poise 命名)。他研究在圓柱管中的層流中，各變數如何影響不可壓縮之流體的流率。他的結果稱為普修葉方程式

$$Q=\frac{\pi R^4(P_1-P_2)}{8\eta\ell} \tag{13-12}$$

其中，R 為管子的內半徑，ℓ 為管子的長度，P_1-P_2 為兩端的壓力差，η 為黏滯係數，而 Q 則是體積流率 (每單位時間內通過一特定點的流體體積，其 SI 單位為 m³/s)。(13-12) 式只適用於層流。

普修葉方程式告訴我們流率 Q 與"壓力梯度" $(P_1-P_2)/\ell$ 成正比，並且與流體的黏性成反比，這正如我們所預期的。不過令人驚訝的是，Q 也依管徑的*四次方*而定。這意指在相同的壓力梯度作用下，當如果管徑減半，則流率會減少為原來的 1/16！因此，流率或是維持

5 美國汽車工程師學會以數字表示油的黏性：30 重 (SAE 30) 比 10 重黏。而多級通用油 (如 20-50) 是設計成當溫度增加時亦可維持黏性；20-50 的意思是當溫度低時油為 20 重，而當溫度高時(引擎運轉之溫度)，則像 50 重的純油。

一特定流率所需的壓力，會因為管徑的小小改變而受到很大的影響。

物理應用
血流

與 R^4 相依性有關的一個有趣實例是人體中的血流。普修葉方程式只適用於不可壓縮的流體層流。因此它對其中含有亂流與血液細胞(其直徑幾乎等於微血管之直徑)的血液而言並不是完全準確的。但是普修葉方程式提供了合理的第一近似。由於動脈硬化(動脈壁變厚、硬化)以及膽固醇積累導致動脈半徑減小，因此壓力梯度必須增加以維持相同的流率。如果半徑減為一半，則心臟就必須將壓力增為 $2^4=16$ 倍以維持相同的血液流率。在這種情況下心臟必須更費力地運作，但通常仍然無法維持原來的流率。因此，高血壓是心臟費力運作與血液流率減少的一個徵兆。

*13-13 表面張力與毛細現象

圖 13-34 葉片上露水所形成的球形水滴。

靜止的液體表面是很有趣的，它幾乎像是一張在張力作用下繃緊的薄膜。例如一個濕淋淋的水龍頭出口處的水滴，或懸在細枝上的朝露(圖 13-34)，其外形近似於球形，好像是一個注滿水的小氣球。密度比水大的鋼針可以漂浮在水面上。液體表面的行為形同處於張力作用之下，而且這個沿著表面作用的張力是由分子之間的引力所造成。這種效應稱為**表面張力** (surface tension)。更具體地說，表面張力 γ 定義為每單位長度 ℓ 的力 F，它垂直作用於液體表面的任何線或缺口，具有拉扯表面使其縮小的傾向

$$\gamma=\frac{F}{\ell} \tag{13-13}$$

為了對此有所了解，考慮圖 13-35 中所示的圍住一層液體薄膜的U形裝置。因為有表面張力，所以需要一個力 F 拉可移動的金屬線而使液體的表面積增加。由金屬線裝置所包含的液體是一層有頂面和底面兩個表面的薄膜。因此這個正在增加中的表面其總長度為 2ℓ，並且表面張力為 $\gamma=F/2\ell$。一種此類型的精細儀器可以用來測量各種不同液體的表面張力。於 20°C 時，水的表面張力是 0.072 N/m。表 13-4 列出一些物質的表面張力。注意，溫度對表面張力有相當大的影響。

表 13-4 一些物質的表面張力

物質 (溫度 °C)	表面張力 (N/m)
水銀 (20°)	0.44
全血 (37°)	0.058
血漿 (37°)	0.073
酒精 (20°)	0.023
水 (0°)	0.076
(20°)	0.072
(100°)	0.059
苯 (20°)	0.029
肥皂水 (20°)	≈0.025
氧氣 (−193°)	0.016

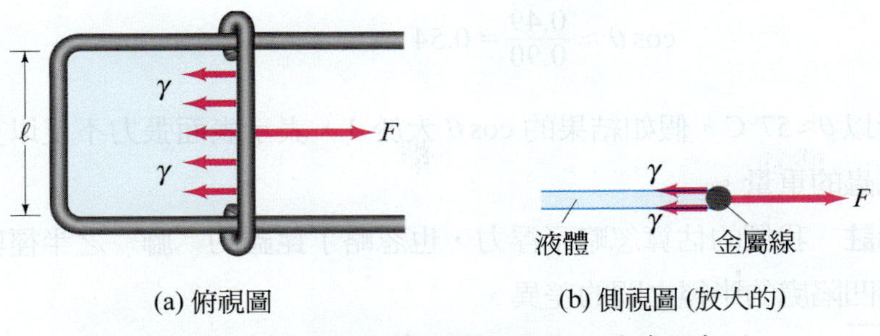

圖 13-35 利用 U-形金屬線撐住一層液體薄膜來測量表面張力 ($\gamma = F/2\ell$)。

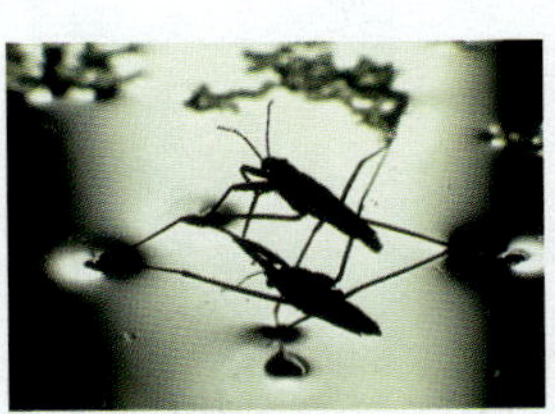

圖 13-36 蚊蟲在水面上跨步。

由於表面張力的作用，有些昆蟲 (圖 13-36) 能夠在水面上行走，此外像是鋼針之類密度比水大的物體也能在表面上漂浮。圖 13-37a 顯示表面張力如何支撐物體的重量 w。實際上，物體是稍微地沉入流體中，因此 w 是物體的“有效重量”——真正的重量減去浮力。

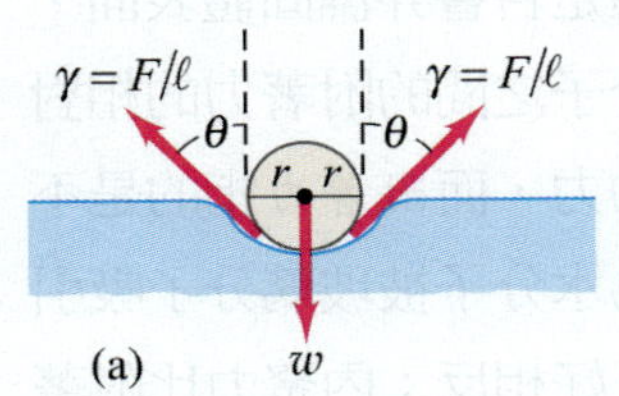

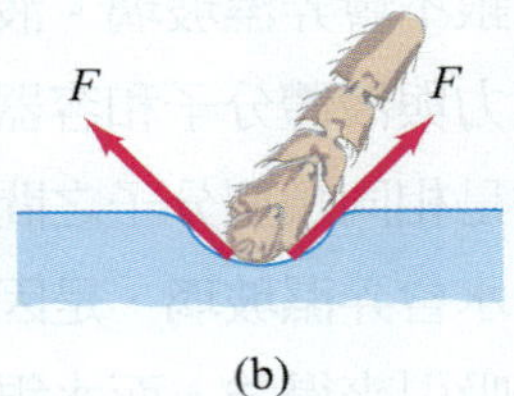

圖 13-37 作用於 (a) 球體，與 (b) 昆蟲的腳上的表面張力。例題 13-16。

例題 13-16 估算 昆蟲在水上行走 昆蟲的腳底近似於球形，其半徑約為 2.0×10^{-5} m。一隻質量為 0.0030 g的昆蟲由牠的六隻腳平均地支撐。試估計這隻昆蟲在水面上的角度 θ (見圖 13-37)。已知水溫為 20°C。

方法 因為昆蟲處於平衡狀態，向上的表面張力與每隻腳向下拉的重力相等。我們忽略浮力。

解答 對於每隻腳我們假設表面張力以角度 θ 作用於半徑為 r 的球體四周，如圖 13-37a 所示。只有垂直分量 $\gamma\cos\theta$ 的作用會平衡重量 mg。所以我們設 (13-13) 式中的長度 ℓ 等於圓周 $\ell \approx 2\pi r$。因此由表面張力產生的向上淨力為 $F_y \approx (\gamma\cos\theta)\,\ell \approx 2\pi r\gamma\cos\theta$。因為昆蟲有六隻腳，所以我們假設此表面張力等於其重量的六分之一

$$2\pi r\gamma\cos\theta \approx \frac{1}{6}mg$$

$$(6.28)(2.0\times10^{-5}\ \text{m})(0.072\ \text{N/m})\cos\theta \approx \frac{1}{6}(3.0\times10^{-6}\ \text{kg})(9.8\ \text{m/s}^2)$$

$$\cos\theta \approx \frac{0.49}{0.90} = 0.54$$

所以 $\theta \approx 57°C$。假如結果的 $\cos\theta$ 大於 1，表示表面張力不足以支撐昆蟲的重量。

備註 我們的估算忽略了浮力，也忽略了昆蟲的“腳”之半徑與表面凹陷處的半徑之間的差異。

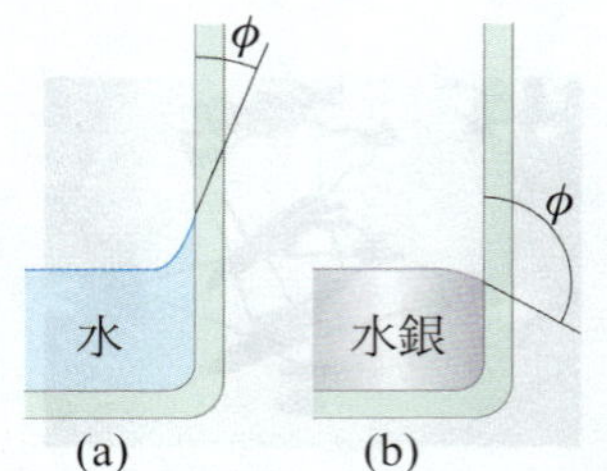

圖 13-38 (a) 水會“弄濕”玻璃表面，而 (b) 水銀不會“弄濕”玻璃表面。

肥皂和洗衣粉會降低水的表面張力，以便於洗滌和清潔。因為純水的高表面張力會防止它輕易地穿透材料的纖維之間而進入極小的縫隙裡。減少液體表面張力的物質稱為*表面活性劑*。

表面張力另一個有趣的例子是毛細現象。玻璃容器裡的水在與玻璃的接觸處有輕微地上升，這是一個普通的觀察 (圖 13-38a)。水被說成是把玻璃“弄濕”。另一方面，在水銀與玻璃的接觸處，它反而會被壓低 (圖 13-38b)；水銀不會弄濕玻璃。液體是否會弄濕固體表面，依液體分子之間的內聚力與液體分子和容器分子之間的附著力的相對大小而定。*內聚力*指的是相同類型分子之間的力，而*附著力*指的是不同類型分子之間的力。水會弄濕玻璃，是因為水分子被玻璃分子吸引要比它們被其他水分子吸引來得強。而水銀正好相反：內聚力比附著力強。

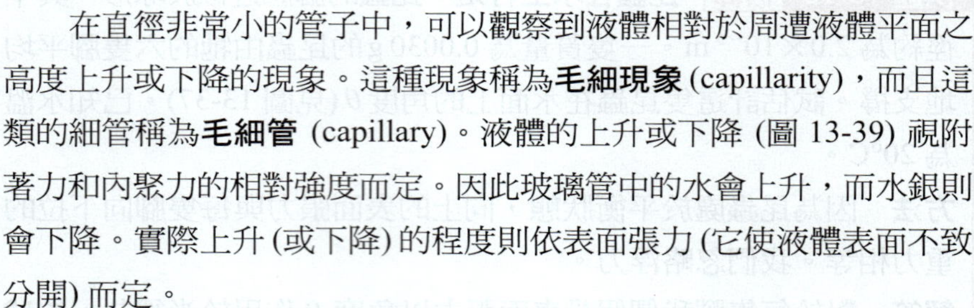

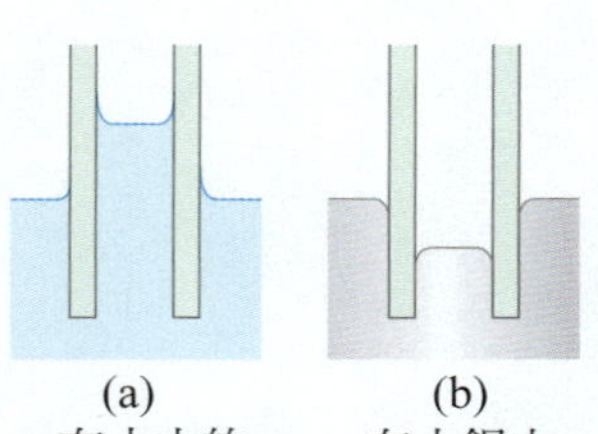

圖 13-39 毛細現象。

在直徑非常小的管子中，可以觀察到液體相對於周遭液體平面之高度上升或下降的現象。這種現象稱為**毛細現象** (capillarity)，而且這類的細管稱為**毛細管** (capillary)。液體的上升或下降 (圖 13-39) 視附著力和內聚力的相對強度而定。因此玻璃管中的水會上升，而水銀則會下降。實際上升 (或下降) 的程度則依表面張力 (它使液體表面不致分開) 而定。

*13-14 泵與心臟

我們以泵和心臟的簡短討論作為本章的結尾。泵可以根據其功能而予以分類。*真空泵*是設計為減少某特定容器中的壓力 (通常是空氣) 之用。另一方面，*壓力泵*則是為了增加壓力之用 —— 例如抬升液體 (如從井裡抽水) 或推動流體在管中流動。圖 13-40 說明一個簡單的往復泵原理。它可能是真空泵，如此其進口與需要排空的容器相連接。類似的機制被用於某些壓力泵中，在這種情況下，流體在增加的壓力下被迫通過出口。

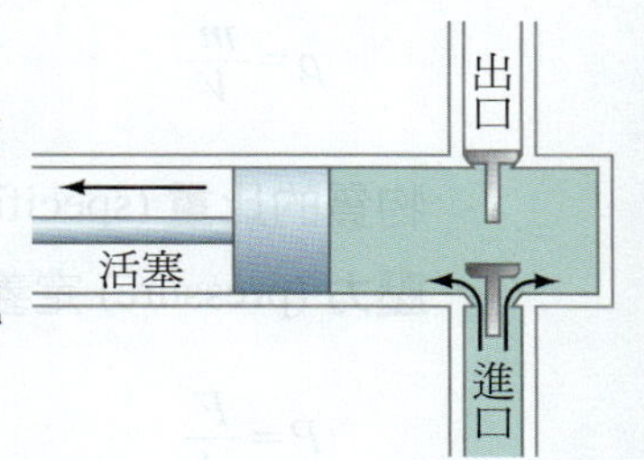

圖 13-40 泵的種類之一：當活塞向左移動時，進口閥開啟，空氣(或其他被抽吸的流體)充滿空的區域。當活塞向右移動時(未繪出)，出口閥開啟，同時流體被迫流出。

離心泵(圖 13-41)或任何的壓力泵，可當作循環泵使用——即流體繞著封閉的路徑循環，例如汽車中的冷卻水或潤滑油。

人類(和其他動物)的心臟基本上是一個循環泵。圖 13-42 表示人類心臟的動作。血流實際上有兩條不同的路徑。血液經由動脈以較長的路徑到達身體各部位，給身體各組織帶來氧氣並且帶走二氧化碳，然後經由靜脈帶回心臟。這些血液接著被泵到肺部(第二條路徑)，在那裡釋放二氧化碳，並且吸收氧氣。帶氧的血液返回心臟，再次被泵到身體的各組織。

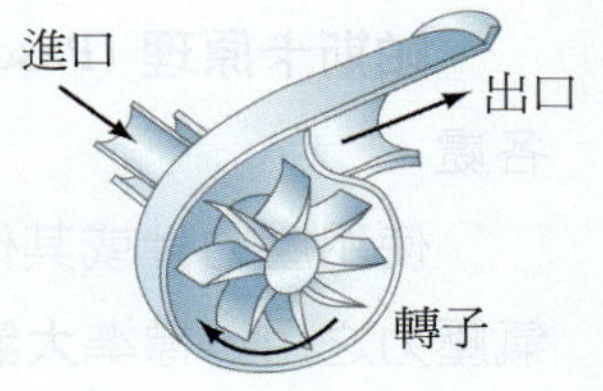

圖 13-41 離心泵：旋轉葉片迫使流體通過出水管；這類的泵用於真空吸塵器中以及汽車的水泵。

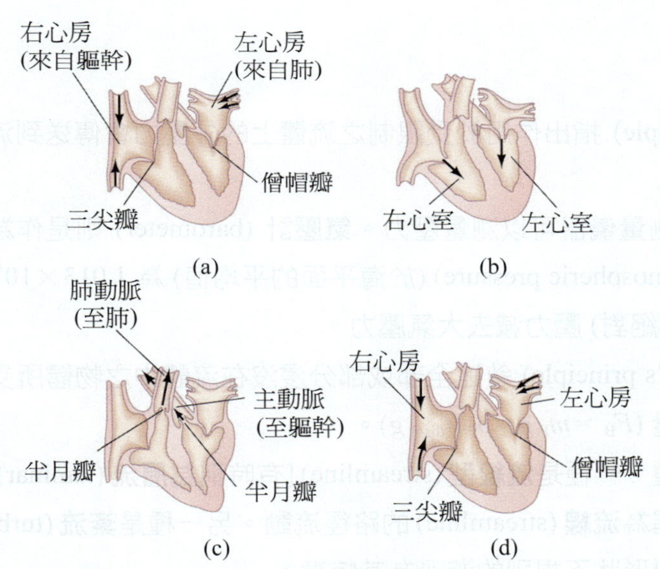

圖 13-42 (a) 在舒張階段，心臟於跳動之間放鬆。血液進入心臟，迅速充滿兩個心房。(b) 當心房收縮時，心臟收縮或泵階段開始。收縮的動作推動血液流經僧帽瓣和三尖瓣進入心室。(c) 心室的收縮迫使血液通過半月瓣進入通往肺的肺動脈，以及進入通往各動脈的主動脈 (人體最大的動脈)。(d) 當心臟放鬆時，半月瓣閉合；血液充滿心房，開始下一次的循環。

摘要

物質三種常見的相是**固體** (soild)、**液體** (liquid) 和**氣體** (gas)。液體與氣體總稱為**流體** (fluid)，意思是指它們都有流動的能力。物質的**密度** (density) 定義為每單位體積的質量

$$\rho = \frac{m}{V} \tag{13-1}$$

物質的**比重** (specific gravity) 定義為該物質與水 (於 4.0°C 時) 的密度之比。

壓力 (pressure) 定義為每單位面積所受的力

$$P = \frac{F}{A} \tag{13-2}$$

在液體中深度為 h 處的壓力 P 為

$$P = \rho g h \tag{13-3}$$

其中 ρ 是液體的密度，g 是重力加速度。如果流體的密度不均勻，則壓力 P 隨高度 y 而變化，其關係為

$$\frac{dP}{dy} = -\rho g \tag{13-4}$$

帕斯卡原理 (Pascal's principle) 指出作用於受限制之流體上的外壓力會傳送到流體內部各處。

使用壓力計或其他類型的測量儀器可以測量壓力。**氣壓計** (barometer) 則是作為測量大氣壓力之用。標準**大氣壓力** (atmospheric pressure) (於海平面的平均值) 為 $1.013 \times 10^5\ \mathrm{N/m^2}$。**計示壓力** (gauge pressure) 是總 (絕對) 壓力減去大氣壓力。

阿基米德原理 (Archimedes's principle) 敘述全部或部分浸沒在流體中之物體所受的浮力等於該物體所排開之流體的重量 ($F_B = m_F g = \rho_F V_{displ} g$)。

流體的流動可以區分為兩種，一種是**流線型** (streamline) [有時稱為**層流** (laminar)]，其中的流層是平順且規律地沿著被稱為**流線** (streamline) 的路徑流動。另一種是**紊流** (turbulent)，其流動不平順也不規則，並且以形狀不規則的漩渦為其特徵。

流體的流率是每單位時間內通過特定一點的流體質量或體積。**連續方程式** (equation of continuity) 敘述，對於在封閉的管子中流動的不可壓縮的流體而言，其流動的速度與管子截面積的相乘積為定值

$$Av = \text{常數} \tag{13-7b}$$

柏努利原理 (Bernoulli's principle) 告訴我們流體速度快的地方，其壓力低；而流體速度慢的地方，其壓力高。對於不可壓縮且無黏性之流體的穩定層流而言，以能量守恆定律為基礎的**柏努利方程式** (Bernoulli's equation) 為

$$P_1+\frac{1}{2}\rho v_1^2+\rho g y_1=P_2+\frac{1}{2}\rho v_2^2+\rho g y_2 \qquad \textbf{(13-8)}$$

1 與 2 是流動路徑上不同的兩點。

[***黏性** (viscosity) 指的是流體內部的摩擦，它基本上是相鄰流層以不同速度流動時，彼此之間的摩擦力。]

[*液體表面會凝聚在一起，猶如受到張力 (**表面張力**) (surface tension) 的作用，它使水滴得以形成，並且使針和昆蟲之類的物體能夠停留在液體表面上。]

問 題

1. 如果某種材料的密度比第二種材料大，則第一種材料的分子必定會比第二種的分子重嗎？

2. 飛機乘客有時候會發現她們的化妝品瓶子或其他容器在飛行中會滲漏。其原因為何？

3. 圖 13-43 中的三個容器，同時注入相同高度的水，且三者的底面積相等。因此，作用在底面上的水壓與總力相等，但是水的總重量並不相等。試解釋此一“流體靜力學的矛盾”。

圖 13-43 問題 3。

4. 如果你用相同的力量去按一根大頭針以及一支筆較鈍的一端，會發生什麼事？試問是何者決定皮膚是否會受傷——施加的淨力或壓力？

5. 用一個一加侖的金屬桶將少量的水煮沸，然後移除熱源並且蓋緊蓋子。當桶冷卻時，桶會扁縮。試解釋之。

6. 當測量血壓時，為什麼袖口要維持在心臟的高度？

7. 有一塊冰塊浮在裝滿水的杯子中，試討論冰塊的密度。當冰塊融化時，水會溢出杯子嗎？試解釋之。

8. 冰塊能浮在一杯酒精中嗎？試解釋為什麼能或不能？

9. 一罐浸在水中的可口可樂會下沉，但是一罐低卡可口可樂卻會浮起來。（試試看！）試解釋之。

10. 為什麼由鐵製造的船不會下沉？

11. 試說明圖 13-44 中所示的**虹吸管** (siphon)，其液體如何從位置較高的容器向上爬升通過虹吸管而轉移到位置較低的容器中。[注意：管中在開始前就必須充滿水。]

12. 一艘裝滿沙的駁船正接近河上一座高度不高的橋，但無法從橋下通過。此時應該從船上加入或移走沙子？[提示：考慮阿基米德原理。]

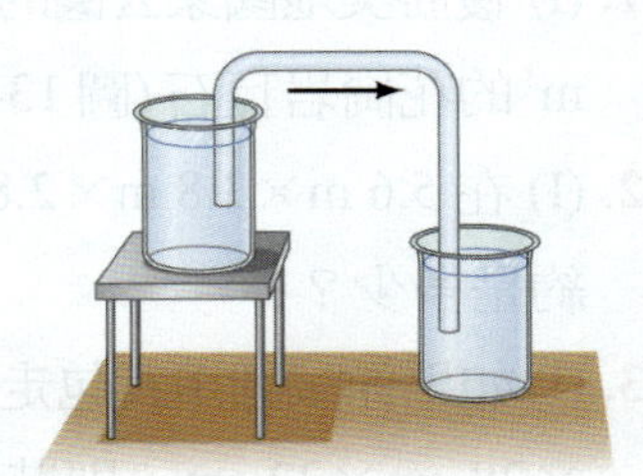

圖 13-44 問題 11。虹吸管。

13. 用來測量高空大氣狀態的氦氣象氣球，為什麼通常只充滿其最大體積的 10～20% 的氦氣後就釋放至空中？

14. 一艘划槳船浮在游泳池中，並且標記此時的水位高度。在以下各種情況中，試解釋水位會升高、下降或不變。(a) 把船從游泳池中移走。(b) 取出船上的鐵錨，並置於岸邊。(c) 取出船上的鐵錨，並丟入池中。

15. 空的氣球和充滿空氣的氣球在秤上的視重正好相同嗎？試解釋之。

16. 為什麼你在鹽水中浮得比在淡水中高？

17. 如果你垂直地提著兩張紙，使其相距數英吋 (圖 13-45)，然後對著兩張紙中間吹氣。你認為紙張會如何移動？動手試試看。試解釋之。

圖 13-45 問題 17。

18. 為什麼從水龍頭流出的水柱，在下降時會變得比較窄？(圖 13-46)？

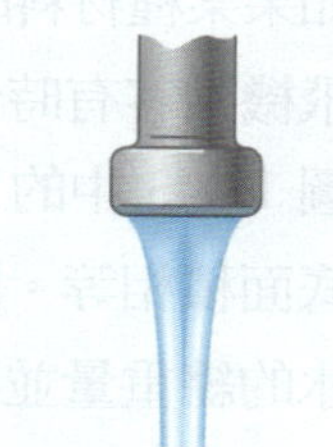

圖 13-46 問題 18。從水龍頭流出的水。

19. 小孩們總是被告誡不要站在距離快速行駛的火車太近的地方，否則會被吸入火車底下。這可能嗎？試解釋之。

20. 在一個裝滿水的高保麗龍杯子上，於接近底部的地方戳兩個洞，而水會從洞中湧出。如果杯子從手上掉落而自由落下，此時水還會繼續從洞中流出嗎？試解釋之。

21. 為什麼飛機通常都朝向風中起飛？

22. 為什麼以平行且非常靠近的路徑航行的兩艘船會冒著相撞的風險？

23. 當活動頂蓬汽車快速行駛時，為什麼車頂帆布會膨脹凸起？[提示：擋風玻璃使風往上偏向，推動流線緊靠在一起。]

24. 龍捲風或颶風有時會把房屋的屋頂“吹掉”（或推掉）。試用柏努利原理解釋之。

習題

13-2 密度與比重

1. (I) 優勝美地國家公園的 El Capitam 峰是體積約為 10^8 m^3 的花崗岩巨石 (圖 13-47)，它的質量大約是多少？

2. (I) 在 5.6 m×3.8 m×2.8 m 的客廳中，空氣的質量大約是多少？

3. (I) 如果你試圖用背包走私金磚，背包的尺寸是 56 cm ×28 cm×22 cm，則裝滿背包的金磚質量是多少？

圖 13-47 習題 1。

4. (I) 請說明你的質量，並估算你的體積。[提示：因為你可以在游泳池的水面上或剛好在水面下游泳，所以你對你的密度應該有具體的概念。]

5. (II) 一個空瓶的質量為 35.00 g，裝滿水時為 98.44 g。當它裝滿某種液體時為 89.22 g，試求該液體的比重。

6. (II) 如果將 5.0 L 的防凍劑 (比重為 0.80) 加到 4.0 L 的水中，成為 9.0 L 的混合物，試求該混合物的比重。

7. (III) 地球不是均勻的球體，而是由數層密度不同的區域所組成。試將地球想像成一個簡單的模型，可分為內核、外核與地幔三個區域。假設各區域的密度為固定值 (於地球中該區域實際密度的平均值)

區域	半徑 (km)	密度 (kg/m^3)
內核	0-1220	13000
外核	1220-3480	11100
地幔	3480-6371	4400

(a) 使用此模型預測整個地球的平均密度，(b) 地球半徑與質量的測量值分別為 6371 km 與 5.98×10^{24} kg。利用這些數據求地球的實際平均密度，並與 (a) 中的答案做比較 (以百分比表示差距)。

13-3 至 13-6 壓力；帕斯卡原理

8. (I) 試估算將水柱升高至與 35 m 高的橡樹相同之高度所需的壓力。

9. (I) (a) 66 kg 的重物由四隻腳的椅子支撐，單一椅腳的面積為 0.020 cm^2，單一椅腳對地板施加的壓力為何？(b) 一頭 1300 kg 的大象，以單腳站立 (面積為 800 cm^2)，單腳對地板施加的壓力為何？

10. (I) 某人身高為 1.70 m，當他垂直站立時，頭頂和腳底之間的血壓差 (mm-Hg) 為多少？

11. (II) 酒精氣壓計在正常大氣壓時的高度是多少？

12. (II) 在電影中，泰山靠著細長的蘆葦呼吸，可以在水下藏身數分鐘。假設他的肺可承受並且可呼吸的最大壓力差為 −85 mm-Hg，試求他可躲藏的最大深度。

13. (II) 某液壓升降機的最大計示壓力是 17.0 atm，如果輸出纜索的直徑為 22.5 cm，試求可升起之最大的汽車之質量 (kg)。

14. (II) 某輛汽車單一輪胎的計示壓力為 240 kPa，如果各輪胎的 “腳印” 為 220 cm^2，試估算汽車的質量。

15. (II) (a) 一個 28.0 m × 8.5 m 的游泳池，深度為 1.8 m。試求作用於池底的總力與絕對壓力，

(b) 池側面接近底部處的壓力為何？

16. (II) 一棟房屋位於山腳下，它由 5.0 m 深的水槽供水，並且經由 110 m 長的水管輸送，水管與水平面成 58° 角 (圖 13-48)。(a) 試求房屋內水的計示壓力，(b) 如果房屋前的水管破裂，其垂直噴出的水之高度有多高？

圖 13-48　習題 16。　　圖 13-49　習題 17。

17. (II) 將水與油先後注入兩端開口的 U 型管中 (兩者不會混合)，最後達到圖 13-49 中的平衡狀態。油的密度為何？[提示：a 與 b 兩點的壓力相同，為什麼？]

18. (II) 帕斯卡在發展他的原理之過程中，他證明了如何用流體壓力使力成倍地增加。他將一根半徑 $r = 0.30$ cm 細長的管子垂直插入半徑 $R = 21$ cm 的酒桶中 (圖 13-50)。當酒桶裝滿水且管中的水滿至高 12 m 處，則酒桶破裂。試計算 (a) 管中水的質量，(b) 在破裂之前，酒桶內的水作用於蓋子上的淨力。

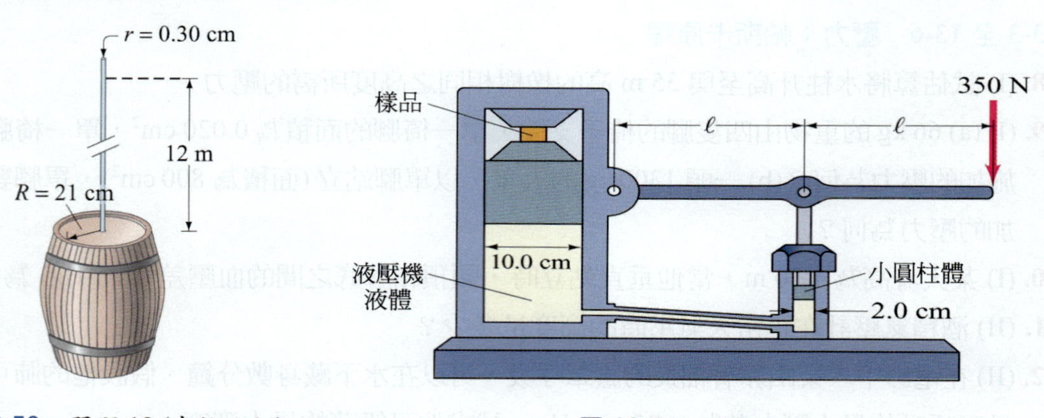

圖 13-50　習題 18 (未按比例)。　　圖 13-51　習題 20。

19. (II) 聖母峰峰頂位於海拔 8850 m，試求其大氣壓力？

20. (II) 如圖 13-51 所示，一台用來將粉末樣品壓實的液壓機有一個直徑為 10.0 cm 的大圓柱體以及一個直徑為 2.0 cm 的小圓柱體。操作桿連接於小圓柱體上，面積為 4.0 cm^2 的樣品放置於大圓柱體上。如果對操作桿施加 350 N 的力，則樣品上的壓力為何？

21. (II) 一個開管型水銀壓力計被用來測量氧氣罐的壓力，當大氣壓力是 1040 mbar 時，如果開口的管中的水銀高度比連接氧氣罐之管中的水銀 (a) 高出 21.0 cm，(b) 低 5.2 cm，則罐內的絕對壓力 (Pa) 為何？

22. (II) 一個裝有液體的燒杯在水平表面上以加速度 a 由靜止朝右方加速。(a) 試證明液體表面與水平方向成一角度 $\theta = \tan^{-1}(a/g)$，(b) 哪一邊的液面較高？(c) 液面下的壓力如何隨深度而變化？

23. (III) 水蓄積在寬度為 b 之垂直水壩的後方，水面高度為 h，(a) 利用積分法證明水作用在水壩上的總力為 $F = \frac{1}{2}\rho g h^2 b$，(b) 試證明由此力所產生的對於水壩底部之力矩相當於此力作用在長 $h/3$ 的力臂上；(c) 對厚度為 t 且高度為 h 的獨立式混凝土大壩而言，防止傾倒的最小厚度是多少？對於最後一部分，你需要將大氣壓力列入考量嗎？試解釋之。

24. (III) 試估算海深 5.4 km 處之水的密度 (見表 12-1 和第 12-4 節的體積彈性係數)。它與海面處之密度的差距比例是多少？

25. (III) 一個裝有液體 (密度為 ρ) 的圓柱形桶繞垂直的對稱軸轉動，如果角速度為 ω，試證明距離轉軸 r 處的壓力為 $P = P_0 + \frac{1}{2}\rho\omega^2 r^2$，其中，$P_0$ 為 $r = 0$ 處的壓力。

13-7 浮力與阿基米德原理

26. (I) 當一塊鐵浮在水銀中時，有多少比例會沒入水銀裡？

27. (I) 地質學家發現一塊質量為 9.28 kg 的月球岩石浸沒於水中時，其視質量為 6.18 kg，該岩石的密度為何？

28. (II) 一部起重機將一艘 16000 kg 沉沒之鋼製船體從水裡打撈起來，試求 (a) 當船體完全浸沒在水裡時，以及 (b) 當船體完全離開水面時，起重機纜線中的張力。

29. (II) 一個球形的熱氣球，半徑為 7.35 m，並且充注氦氣。假設此熱氣球的外皮與結構的質量為 930 kg，該熱氣球可以吊升起多大的貨物？忽略貨物本身的浮力。

30. (II) 因為浮力的緣故，某位 74 kg 的人站在水中，露出髖部以上軀體時的視質量為 54 kg，試估算每條腿的質量。假設軀體的 SG = 1.00。

31. (II) 某金屬樣品在空氣中測得的質量為 63.5 g，浸沒在水中的視質量為 55.4 g，則此金屬可能是什麼？(見表 13-1)

32. (II) 試計算在空氣中測得之視質量為 3.0000 kg 之鋁塊的實際質量 (真空中)。

33. (II) 因為汽油的密度比水小，所以裝有汽油的桶子會浮在水中。假設一個 230 L 的鋼製桶子裝滿汽油，如果要使這個裝滿汽油的桶子漂浮在淡水中，則用來製作桶子的鋼之總體積是多少？

34. (II) 某潛水夫和她的設備之總體積為 65.0 L，總質量為 68.0 kg，(a) 潛水夫在海水中所受的浮力為何？(b) 潛水夫會沉入或是會漂浮在水中？

35. (II) 冰的比重是 0.917，海水的比重是 1.025。一座冰山有多少百分比會浮在水面上？

36. (II) 利用阿基米德原理，我們不但可以用已知的液體來求出某固體的比重 (例題 13-10)，而且相反的情況也是可行的。(a) 例如，一個 3.80 kg 的鋁球浸沒在某液體中時的視質量為 2.10 kg，試計算該液體的密度。(b) 利用解題過程，推導一個求液體密度的公式。

37. (II) (a) 試證明，一個局部浸沒在液體中之物體 (例如船) 上的浮力 F_B 是作用於被排開的液體在排開之前的重心處。這個位置稱為**浮力中心** (center of buoyancy)。(b) 為了確保船處於穩定平衡狀態，其浮力中心最好是位於其重心之上方、下方或相同位置？試解釋之 (見圖 13-52)。

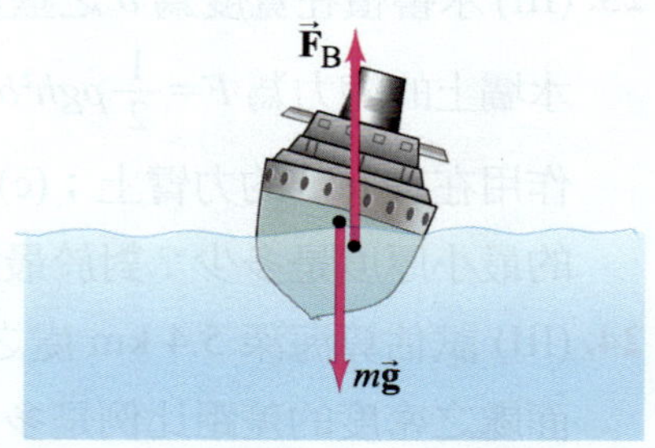

圖 13-52　習題 37。

38. (II) 一個由未知材料製成的邊長為 10.0 cm 之立方體，漂浮在水和油之間的表面處。油的密度為 810 kg/m^3。如果有 72% 的立方體在水中，且 28% 的立方體在油中，則該立方體的質量以及作用在立方體上的浮力為何？

39. (II) 需要多少個氦氣球才可以抬升一個人？假設人的質量是 75 kg，每個氦氣球是直徑為 33 cm 的球體。

40. (II) 某水肺罐完全沒入水中時可排開 15.7 L 的海水，容器本身的質量為 14.0 kg，並且可以裝滿 3.00 kg 的空氣。假設只有重量和浮力作用，試求剛開始潛水時 (罐中充滿空氣) 以及潛水結束時 (罐中沒有空氣) 作用在完全沒入水中之水肺罐上的淨力 (大小和方向)。

41. (III) 如果某物體漂浮在水中，將它綁上一個鉛錘，使物體和鉛錘都沒入水中，則可以藉此求得該物體的密度。試證明其比重為 $w/(w_1 - w_2)$，其中，w 是物體單獨在空氣中的重量，w_1 是綁上鉛錘但只有鉛錘沒入水中時的視重，w_2 是綁上鉛錘且兩者皆沒入水中時的視重。

42. (III) 一塊 3.25 kg 的木頭 (SG = 0.50) 浮在水面上。至少需掛上多大質量的鉛塊，才可以使木頭沉入水中？

13-8 至 13-10　流體的流動，柏努利方程式

43. (I) 利用一根半徑為 15 cm 的通風管，每 12 分鐘補充 8.2 m × 5.0 m × 3.5 m 之房間的空氣。試求管中空氣流動的速度。

44. (I) 使利用例題 13-13 的數據，計算總截面積約為 2.0 cm^2 之較大動脈中的平均血流速率。

45. (I) 一個非常寬且深 5.3 m 之裝滿水的儲水槽底部有一個破洞，試求水從洞中流出的速度。忽略黏性。

46. (II) 某魚缸的尺寸為寬 36 cm，長 1.0 m，高 0.60 m。如果過濾器必須每 4.0 小時過濾魚缸中所有的水，則直徑為 3.0 cm 之進水管中的流速為何？

47. (II) 如果消防水管噴灑的高度是 18 m，則給水幹管中的計示壓力需要多大？

48. (II) 某花園所使用的軟管直徑為 $\frac{5}{8}$ in. (內徑)，用來注水至一直徑為 6.1 m 的圓形游泳池。如果水由軟管流出的速率為 0.40 m/s，則注入深 1.2 m 的水需要多少時間？

49. (II) 風速為 180 km/h 的風吹過一間房屋的平屋頂，使得屋頂被掀離。如果房屋的尺寸是 6.2 m× 12.4 m，試估算屋頂的重量。假設屋頂沒有用釘子固定。

50. (II) 一根直徑為 6.0 cm 的水平輸送管逐漸縮小到直徑為 4.5 cm，當水以某種速率在管中流動時，這兩個部分的計示壓力分別是 32.0 kPa 和 24.0 kPa，則體積流率為何？

51. (II) 5 級颶風的風速為 300 km/h (圖 13-53)，試估算其內部的空氣壓力。

圖 13-53 習題 51。

52. (II) 根據柏努利原理，如果機翼面積為 88 m^2，空氣通過其上方和下方表面的速率分別為 280 m/s 和 150 m/s，則抬升力是多大 (牛頓)？

53. (II) 試證明推動流體通過截面均勻之輸送管所需要的功率等於體積流率 Q 與壓力差 ($P_1 - P_2$) 的相乘積。

54. (II) 如圖 13-54 所示，街道上計示壓力為 3.8 atm 的水以 0.68 m/s 的速率經由直徑為 5.0 cm 的水管進入一棟建築物，再經由管路傳送至 18 m 高之頂樓，管路於頂樓處的直徑縮小為 2.8 cm，頂樓的水龍頭已經打開。試計算頂樓水管內的水流流速以及計示壓力。假設水管沒有分支並且忽略黏性之影響。

55. (II) 圖 13-55 中，考慮容器上方表面的速率，試證明液體從底部開口處流出的速率為 $v_1 = \sqrt{\frac{2gh}{(1 - A_1^2/A_2^2)}}$，其中，$h = y_2 - y_1$，且 A_1 與 A_2 分別是開口與上方表面的面積。假設 $A_1 \ll A_2$，因而液體的流動幾乎維持為穩定的層流。

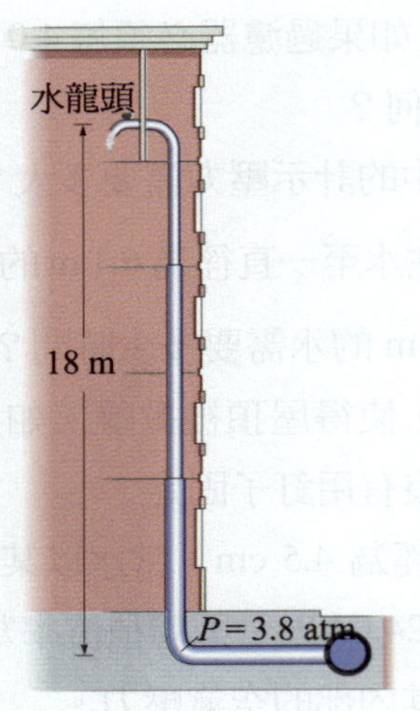

圖 13-54 習題 54。

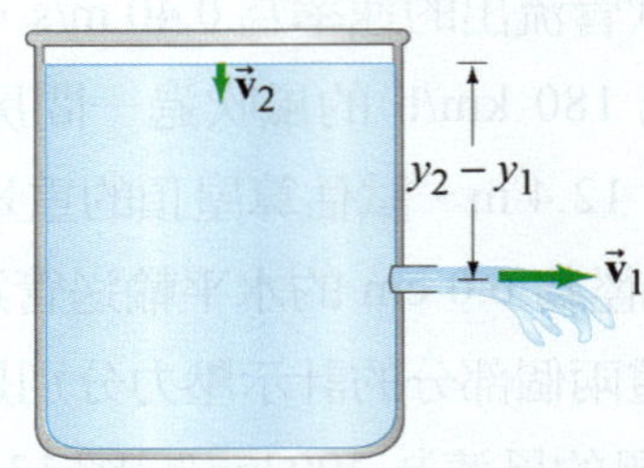

圖 13-55 習題 55、56、58 與 59。

56. (II) 假設圖 13-55 中容器之上方表面的計示壓力為 P_2，(a) 試推導一公式，表示液體從底部開口處流至大氣壓力 P_0 之流速 v_1。假設液體表面的速度 v_2 幾近於零，(b) 如果 $P_2 = 0.85$ atm 且 $y_2 - y_1 = 2.4$ m，該液體為水，試求 v_1。

57. (II) 如果你正在對草坪澆水，並用手指壓著軟管開口處，以增加水噴出的距離。如果軟管所指的角度不變，而水噴出的距離增為四倍，則軟管開口被你堵住的比例是多少？

58. (III) 假設圖 13-55 之容器的開口處距離底部為 h_1，液體表面距離底部為 h_2，容器靜置於平坦的地面上。(a) 試求液體噴到地面的位置與容器底部之間的水平距離，(b) 如果更改開口的位置，則在何種高度 h'_1 處液體可以得到相同的“射程”？假設 $v_2 \approx 0$。

59. (III) (a) 在圖 13-55 中，證明柏努利原理預測液面高度 $h = y_2 - y_1$ 下降的速率是

$$\frac{dh}{dt} = -\sqrt{\frac{2ghA_1^2}{A_2^2 - A_1^2}}$$

其中，A_1 與 A_2 分別為開口處與液體上方表面的面積，假設 $A_1 \ll A_2$，並忽略黏性的影響。(b) 設 $t = 0$ 時 $h = h_0$，使用積分法求出 h 的時間函數式，(c) 對於某一裝滿 1.3 L 水的 10.6 cm 高之圓柱容器，如果開口位於底部，且直徑為 0.50 cm，需要多少時間水才會流光？

60. (III) (a) 試證明文丘里流量計 (圖 13-32) 所測量的流體速度是依以下的關係式

$$v_1 = A_2\sqrt{\frac{2(P_1 - P_2)}{\rho(A_1^2 - A_2^2)}}$$

(b) 一個文丘里流量計正在測量水流，其主管路之直徑為 3.0 cm 並逐漸縮減至直徑為 1.0 cm 的喉部。如果測得的壓力差為 18 mm-Hg，則進入文丘里管喉部的水流速度為何？

61. (III) 火箭的推力，(a) 利用柏努利方程式與連續方程式證明火箭推進氣體的排放速率為 $v=\sqrt{2(P-P_0)/\rho}$，其中，ρ 為氣體的密度，P 為火箭內部之氣體的壓力，且 P_0 是正好在排出口外的大氣壓力。假設氣體密度幾乎維持常數，並且排出口的面積 A_0 遠小於火箭 (將其視為一個龐大的圓柱體) 內部的截面積 A。並假設氣體排放的速率不夠高，不致產生明顯的亂流或不穩定流動。(b) 證明由排放的氣體作用在火箭上的推力為 $F=2A_0(P-P_0)$。

62. (III) 某人握著消防水管，消防水管對此人施加一個力，這是因為水由軟管經噴嘴而加速的緣故。如果消防水管的直徑為 7.0 cm，經由直徑為 0.75 cm 的噴嘴噴出 450 L/min 的水，則握住此水管需要多大的力？

*13-11 黏 性

***63.** (II) 一個黏度計是由兩個同心圓筒所組成，其直徑分別是 10.20 cm 及 10.60 cm。將某液體注入兩筒之間的間隙至 12.0 cm 深，再將外筒固定，並且施加 0.024 m · N 的力矩可使內筒維持 57 rev/min 的轉速轉動。此液體的黏性為何？

***64.** (III) 某垂直長中空管的內直徑為 1.00 cm，被注滿 SAE 10 的機油。有一根直徑為 0.900 cm、長 30.0 cm 且質量為 150 g 的桿子垂直掉入管內的機油中。當桿子掉落時的最大速率為何？

*13-12 管中的流動；普修葉方程式

***65.** (I) 機油 (假設是 SAE 10，表 13-3) 流經一根長 8.6 cm、直徑為 1.80 mm 的纖細管子。如果要維持 6.2 mL/min 的流率，所需的壓力差是多少？

***66.** (I) 某園丁認為使用直徑 $\frac{3}{8}$ in. 的水管給花園澆水所花的時間太長，如果改用直徑為 $\frac{5}{8}$ in. 的水管澆水，則時間可以減少多少比率？假設其他因素均未改變。

***67.** (II) 如果某通風加熱系統需要每 12 分鐘補充一間 8.0 m × 14.0 m × 4.0 m 之房間內的空氣，則 15.5 m 長之通風管的直徑必須是多少？假設泵施加的計示壓力為 0.710×10^{-3} atm。

***68.** (II) 某輸油管 (油的 $\rho=950\ \mathrm{kg/m^3}$，$\eta=0.20$ Pa · s) 的直徑為 29 cm，長度為 1.9 km。如果要維持輸送率為 650 $\mathrm{cm^3/s}$，則兩端點的壓力差必須是多少？

***69.** (II) 如果流速夠高而出現紊流，則普修葉方程式就不能成立。紊流是在**雷諾數** (Reynolds number) Re 約超過 2000 時發生的。Re 定義為 $Re=\frac{2\bar{v}r\rho}{\eta}$，其中，$\bar{v}$ 是流體的平均速率，ρ 是流體的密度，η 是流體的黏性，r 則是管的半徑。(a) 當主動脈內 ($r=0.80$ cm) 血液在心臟循環舒張期間的平均流速約為 35 cm/s 時，主動脈內的血液流動屬於層流或是紊流？(b) 在運動時，血液流動的速率大約增為兩倍，試計算此種情況下的雷諾數，並判斷它是層流或紊流。

*70. (II) 假設壓力梯度為固定，如果血流量減少 85%，則血管半徑會減少多少比率？

*71. (II) 某病人接受輸血，血液從高掛的瓶子裡流經管子，再流到插入靜脈的針頭 (圖 13-56)。25 mm 長的針頭之內直徑為 0.80 mm，且病人所需的血液流率為 2.0 cm^3/min，則瓶子應置於針頭上方多少高度 h 處？從表中找出 ρ 及 η 值。假設血壓是高於大氣壓力 78 torr。

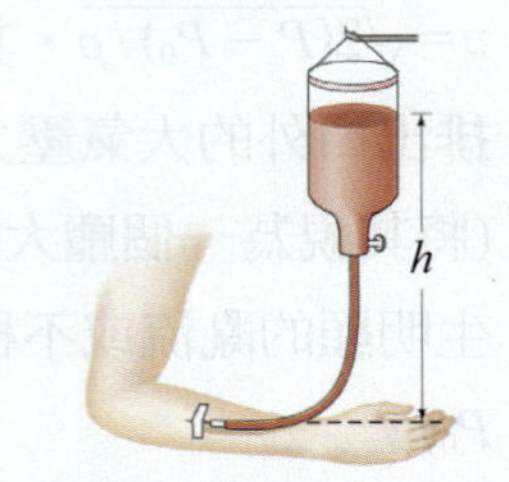

圖 13-56 習題 71 及 79。

*13-13 表面張力與毛細現象

*72. (I) 圖 13-35 中，如果移動金屬線所需的力 F 為 3.4×10^{-3} N，試計算被圍住的液體之表面張力 γ。假設 $\ell=0.070$ m。

*73. (I) 如圖 13-35，如果金屬線的長度為 24.5 cm，並且浸在肥皂水內，試計算移動此線所需要的力。

*74. (II) 測量正好把半徑為 r 的白金環從液體表面拿起的力 F，即可得知液體的表面張力，(a) 推導一個將 γ 以 F 及 r 表示的式子，(b) 於 30°C 時，若 $F=5.80\times10^{-3}$ N 且 $r=2.8$ cm，試計算該受測試液體的 γ 值。

*75. (III) 試估算因表面張力而能夠剛好"浮"在水面上的鋼針之直徑。

*76. (III) 試證明肥皂泡內部的壓力必須較外部壓力高出 $\Delta P=4\gamma/r$，其中 r 為肥皂泡的半徑且 γ 為表面張力。[提示：將肥皂泡想像成兩個黏在一起的半球體，並且記住肥皂泡有兩個表面。注意，這個結果適用於薄膜中每單位長度之張力為 2γ 的任何類型之薄膜。]

*77. (III) 表面張力一個常見的效應是液體由於毛細作用，而在狹窄的管中上升。試證明，一根半徑為 r 的狹窄管子放入密度為 ρ 且表面張力為 γ 的液體中，管中液面的高度會較管外液面高出 $h=2\gamma/\rho gr$，其中 g 為重力加速度。假設液體會"弄濕"毛細管。(液體表面與管內壁垂直)。

一般習題

78. 一個 2.8 N 的力施加於注射針的柱塞上。如果柱塞的直徑為 1.3 cm，針頭的直徑為 0.20 mm，(a) 液體離開針頭時所受的力為何？(b) 將液體注入計示壓力為 75 mm-Hg 的靜脈內所需施加於柱塞上的力為何？針對液體剛開始移動之前的瞬間作答。

79. 如圖 13-56 所示，靜脈注射通常是藉重力的作用來進行。假設液體的密度為 1.00 g/cm^3，則瓶子應放置於什麼高度 h，才能使液體壓力為 (a) 55 mm-Hg，與 (b) 650 mm-H_2O？(c) 如果血壓高於大氣壓力 78 mm-Hg，則瓶子應該放置多高才可以使液體剛好進入靜脈？

80. 一個裝有水的燒杯靜置於電子秤上，其讀數為 998.0 g。有一個連接在彈簧上且直徑為 2.6 cm 的實心銅球，被浸沒在水中，但並未碰到杯子底部，彈簧中的張力以及電子秤新的讀數為何？

81. 試估算紐約市帝國大廈之頂端與底部的空氣壓力差。該大廈的高度為 380 m，座落於海平面高度。以海平面之大氣壓力的比率表示。

82. 某液壓升降機用來將一輛 920 kg 的汽車升高至距地面 42 cm 處。輸出活塞的直徑為 18 cm，輸入的力為 350 N，試求 (a) 輸入活塞的面積。(b) 將汽車升高 42 cm 所作的功。(c) 如果每壓一下會使輸入活塞移動 13 cm，則每壓一下會使汽車上升多高？(d) 將汽車升高 42 cm 需壓幾下？(e) 試證明能量守恆。

83. 當你開車爬坡或下坡相當大的高度時，耳朵會有"嗡嗡"聲，這意味著耳膜後方正在調整壓力，使之等於外部的壓力。若未如此調節，當遇到 950 m 的海拔高度變化時，作用在 0.20 cm^2 之耳膜上的力大約為何？

84. 長頸鹿是心血管工程的奇蹟。試計算當長頸鹿的頭從最高的位置低下到地面喝水時，頭部之血管必須適應的壓力差 (以大氣壓表示)。長頸鹿的平均高度約為 6 m。

85. 假設某人可以將肺部的壓力降低至計示壓力 −75 mm-Hg，他可以用吸管將水吸至多高？

86. 飛機必須將客艙的壓力維持於等同海拔 8000 ft (2400 m) 高之大氣壓力的最小氣壓，以避免因缺氧而對乘客健康造成不良影響。試估算此最小壓力 (以 atm 表示)。

87. 一個簡單模型 (圖 13-57) 將大陸 (密度約為 2800 kg/m^3) 視為漂浮在風化層 (密度約為 3300 kg/m^3) 中的一大片土地。假設大陸的厚度為 35 km (地球大陸地殼的平均厚度)，試估算大陸在周圍風化層岩石上方的高度。

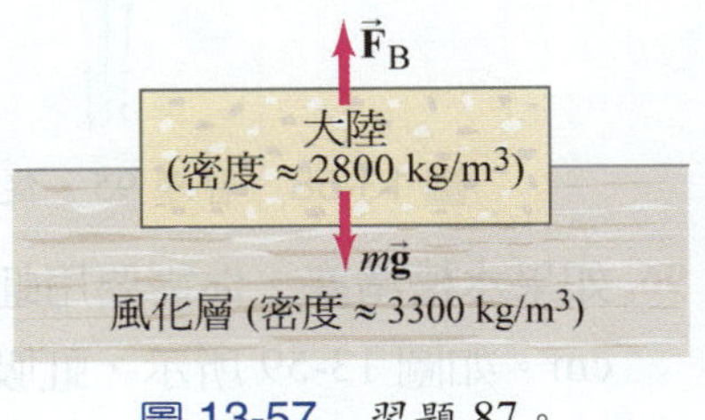

圖 13-57 習題 87。

88. 某艘船載運淡水到加勒比海的熱帶荒島，該船在水線處的水平截面積為 2240 m^2。當卸貨之後，船在海中上升 8.50 m。該船載運了多少立方公尺的水？

89. 在上升以及下降的過程中，中耳內部空氣的體積變化會導致耳朵不適，直到中耳內部壓力和外部壓力達到平衡為止。(a) 如果一般造成耳朵不適的快速下降速率是 7.0 m/s 以上，則多數人可以忍受之大氣壓力最大的增加速率 (即 dP/dt) 為何？ (b) 在 350 m 高的建築物中，電梯從頂樓至地面之最快可能的下降時間為何？假設電梯在設計時即適當地將人的生理機能列入考量。

90. 一木筏是由 12 根原木捆綁在一起所製成，每根原木之直徑為 45 cm、長度為 6.1 m。在木筏完全浸沒在水裡之前，該木筏可以搭載多少人？假設人的平均質量是 68 kg，不可忽略原木的重量，假設原木的比重為 0.60。

91. 利用海平面已知的大氣壓力數值，估算地球大氣層的總質量。

92. 每次心跳約有 70 cm^3 的血液以平均 105 mm-Hg 的壓力從心臟中推擠出。試計算心臟的輸出功率 (瓦)。假設心跳次數為每分鐘 70 次。

93. 四個草坪灑水器的水源是由直徑為 1.9 cm 的輸送管所供應，水以與水平面成 35° 角之方向由灑水頭噴出，並且涵蓋範圍的半徑為 7.0 m，(a) 水由灑水頭噴出的速度為何？(假設沒有空氣阻力)。(b) 如果每個灑水頭的輸出直徑為 3.0 mm，則四個灑水頭每秒鐘可以輸送多少公升的水？(c) 在直徑 1.9 cm 之輸送管內的水流速度是多少？

94. 一桶水以 1.8g 的加速度向上移動，一塊 3.0 kg 浸沒在水中的花崗石 (SG = 2.7) 所受到的浮力為何？石塊會浮起來嗎？為什麼會或不會？

95. 如圖 13-58 所示，從水龍頭流出的水流其直徑在落下時會縮小。試推導一個水流直徑為水龍頭下方距離 y 之函數的表示式。水龍頭出口處之直徑為 d，水離開水龍頭的速度為 v_0。

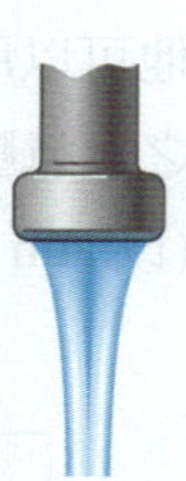

圖 13-58 習題 95，從水龍頭流出的水。

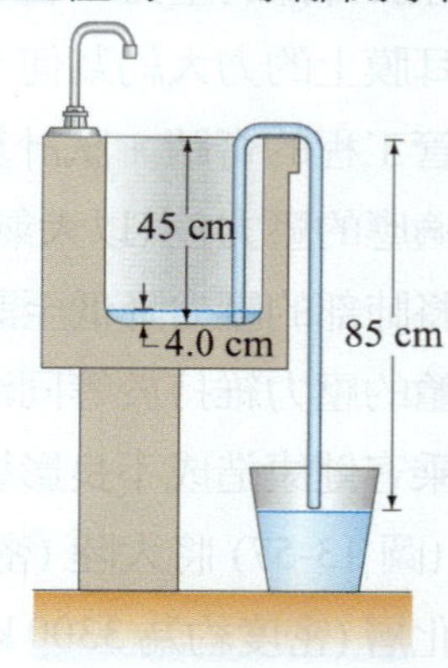

圖 13-59 習題 96。

96. 如果水槽堵塞，你需要用虹吸管將水抽出。該水槽的面積為 0.38 m^2，槽內的水深為 4.0 cm。如圖 13-59 所示，虹吸管從水槽底部上升 45 cm 後再垂下 85 cm 到水桶中。虹吸管的直徑為 2.0 cm，(a) 假設水槽內水面高度變化的速度幾乎為零，試估算水流進水桶中的速度，(b) 試估算需時多久才能把水槽內的水抽光。

97. 一架飛機質量為 1.7×10^6 kg，流經機翼下表面的氣流速度為 95 m/s。如果機翼的表面積是 1200 m^2，要使飛機可以浮在空中，則流經機翼上表面的氣流速度必須要多快？

98. 自動飲水機從直徑為 0.60 cm 的噴嘴噴出高 14 cm 的水柱。位於底座處的泵 (噴嘴下方 1.1 m) 將水打入直徑 1.2 cm 連接至噴嘴的供應管。泵必須提供的計示壓力是多大？忽略黏性的影響，因此你的答案會是低估值。

99. 颱風以 200 km/h 的風速吹過店面的窗戶，窗戶之尺寸為 2.0 m × 3.0 m。試估算由窗內與窗外的大氣壓力差對窗戶所產生的作用力。假設該商店是密閉的，即商店內部的壓力保持在 1.0 atm。(這就是為什麼不應該在做防颱準備時密閉建築物的原因)。

100. 某動物的血液放置在位於長 3.8 cm、內直徑為 0.40 mm 之針頭上方 1.30 m 處的瓶子裡，它由瓶中流出的速率為 4.1 cm^3/min。試求該血液的黏性。

101. 有三個力作用在自由飄浮於空中的氦氣球上：重力、空氣阻力 (或拖曳力) 和浮力。考慮一個半徑為 $r = 15$ cm 的球形氦氣球，它在 0°C 的空氣中上升，氣球本身 (洩了氣的) 的質量為 2.8 g。對於所有的速率 v 而言，除了極慢的氣流之外，經過上升之氣球的氣流為紊流，並且阻力為 $F_D = \frac{1}{2} C_D \rho_{air} \pi r^2 v^2$，其中，常數 $C_D = 0.47$ 是半徑為 r 之平滑球體的"阻力係數"。如果氣球是從靜止釋放，它會非常迅速地加速 (零點幾秒內)，而達到終極速度 v_T，此時浮力被阻力和氣球的總重量所抵消。假設氣球加速過程的時間與距離均可忽略，則氣球被釋放後多久會上升 $h = 12$ m 的距離？

*102. 如果膽固醇的積聚會使動脈直徑減少 15%，則血液的流率會降低多少百分比？假設壓力差相同。

103. 有一個用來量測人體內的體脂肪百分比的雙組件模型，假設人體總質量 m 中的某比率 f (< 1) 是由密度為 0.90 g/cm^3 的脂肪組成，其餘的身體質量是由密度為 1.10 g/cm^3 的無脂肪組織組成。如果整個人體密度的比重為 X，試證明體脂肪百分比 ($= f \times 100$) 為體脂肪百分比 $= \frac{495}{X} - 450$。

*數值／計算機

*104. (III) 空氣壓力隨著高度上升而降低，以下的數據顯示不同高度處的空氣壓力。

高度 (m)	氣壓 (kPa)
0	101.3
1000	89.88
2000	79.50
3000	70.12
4000	61.66
5000	54.05
6000	47.22
7000	41.11
8000	35.65
9000	30.80
10000	26.50

(a) 試找出最適合的二次方程式，用來表示氣壓如何隨著高度而變化，(b) 試找出最適合的指數方程式，用來表示氣壓如何隨著高度而變化，(c) 分別利用這兩個式子求出 K2 頂峰處 (8611 m) 的大氣壓力，並求出誤差百分比。

練習題答案

A: (d)。

B: 一樣。壓力視深度而定，而不是長度。

C: 較小。

D: (a)。

E: (e)。

F: 增加。

G: (b)。

振盪

附著於彈簧上的物體能夠展現振盪運動。許多振盪運動都是時間的正弦函數 (或幾近如此)，並且被稱為簡諧運動。實際的系統通常多少會有摩擦力，而使運動成為阻尼形式。照片中的汽車彈簧有一個減震器 (黃色)，它可以抑制振盪而使行車順暢。當一個能振盪的系統被施加一正弦波的外力時，如果驅動力等於或接近於振盪的自然頻率，就會發生共振。

章前問題——試著想想看！

單擺是由一個質量為 m 的擺錘懸吊在一根長度為 ℓ 且質量可忽略的細繩末端所組成。把擺錘拉向一邊，使細繩與垂直方向成 5° 角。當放開後，它會以頻率 f 來回擺動。如果將擺錘改為拉高至 10° 角，它的頻率將是

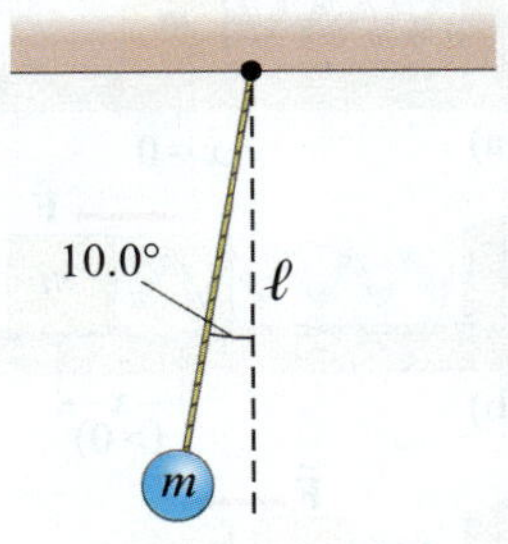

(a) 原來的兩倍。
(b) 原來的一半。
(c) 不變，或極接近原來的值。
(d) 不完全是原來的兩倍大。
(e) 比原來的一半大一點。

許多物體會振動或振盪——彈簧末端的物體，音叉、舊式手錶的擺輪、鐘擺，將塑膠尺緊按在桌緣，然後輕輕的敲擊它，吉他或鋼琴的弦。蜘蛛由網的振動而發現獵物；當汽車撞到地上的凸起物時，會上下振動；當重型卡車通過或狂風吹過時，建築物或橋樑會振動。的確，因為大多數的固體是有彈性的 (參閱第 12 章)，所以當它們受到衝力作用時，會產生振動 (至少短暫地)。電振盪在收音機和電視機中是必要的。在原子的層級，原子在分子內振動，並且固體的原子會在它們相對的固定位置周圍振動。因為它在日常生活中如此普遍，而且在物理學很多的領域中出現，所以振盪運動是非常重要的。機械振動可以充分地以牛頓力學描述。

14-1 彈簧的振盪

當一個物體在相同的路徑上來回**振動** (vibrate) 或**振盪** (oscillate)，並且每次振盪花相同的時間，這個運動就是**週期性的** (periodic) 。最簡單的週期性運動以物體在均勻的螺旋彈簧末端的振盪為代表。由於許多其他類型的振盪運動與這個系統非常類似，所以我們將會對此作詳細的討論。我們假設彈簧的質量可以忽略，而且彈簧是水平地放置，如圖 14-1a 所示，使得質量為 m 的物體可以在無摩擦的水平表面上滑動。任何彈簧都有一個不會對物體 m 施力的自然長度。此時位於該點處之物體的位置稱為**平衡位置** (equilibrium position)。如果物體向左移動而使彈簧壓縮，或是向右移動而使彈簧伸長，彈簧會朝著使物體恢復到平衡位置的方向對物體施加一個力，因而稱為*回復力*。我們考量一般的情況，其中假設回復力 F 與彈簧從平衡位置被拉長 (圖 14-1b) 或壓縮 (圖 14-1c) 的位移 x 成正比

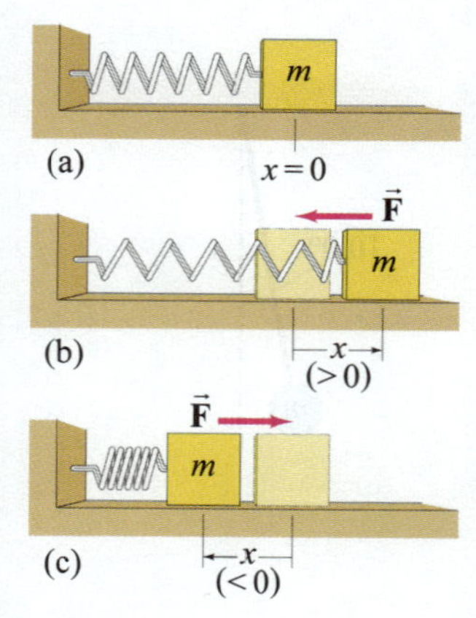

圖 14-1 一物體在均勻的彈簧末端振盪。

$$F = -kx \qquad \text{[彈簧施加的力量]} \qquad \textbf{(14-1)}$$

注意，選取平衡位置為 $x = 0$，而 (14-1) 式中的負號表示回復力始終與位移 x 的方向相反。例如，如果我們在圖 14-1 中選擇向右為正方向，當彈簧拉長時 x 為正 (圖 14-1b)，但回復力的方向是朝左 (負方向)。如果彈簧被壓縮，則 x 為負 (向左)，但是力 F 向右作用 (圖 14-1c)。

(14-1) 式通常稱為虎克定律 (第 7-3、8-2 與 12-4 節)，它只有在

彈簧並未壓縮至線圈彼此密切接觸，或者未拉長超過彈性區域（見圖 12-15）的情況下才是準確的。虎克定律不僅對彈簧成立，同時對其他振盪的固體也都適用；所以即使它僅適用於某種範圍內的 F 和 x 值，依然有廣泛的適用性。

(14-1) 式中的比例常數 k 稱為此彈簧的**彈力常數**或**彈簧剛性常數**。為了將彈簧拉長一段距離 x，必須對彈簧的自由端施加一個（外）力，其大小至少必須等於

$$F_{\text{ext}} = +kx \qquad \text{[彈簧受到的外力]}$$

k 值愈大，將彈簧拉長到特定距離所需的力就愈大。亦即彈簧愈僵硬，彈力常數 k 就愈大。

注意，(14-1) 式中的力 F 不是常數，而是隨著位置變化。所以物體 m 的加速度不是常數，因此我們不能應用在第 2 章中針對等加速度所推導的方程式。

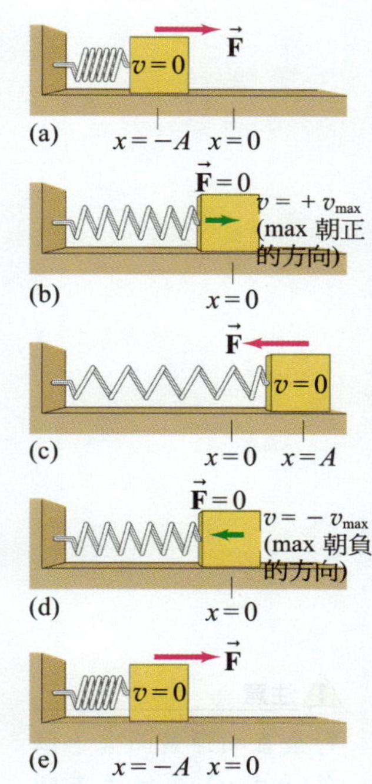

圖 14-2 物體在無摩擦表面上振盪時，於各不同位置所受的力與速度。

我們來檢視當均勻的彈簧最初被壓縮一段距離 $x=-A$（圖 14-2a），然後在無摩擦的表面上釋放時，會發生什麼事。彈簧對物體施加一個力將物體往平衡位置推動。但因為物體具有慣性，所以它會以相當快的速率通過平衡位置。的確，當物體到達平衡位置時，物體上的作用力減小至零，但此處的速率為最大值 v_{max}（圖 14-2b）。當物體繼續向右移動時，其作用力使之減速，並且在到達 $x=A$ 之瞬間停止（圖 14-2c）。然後它開始朝反方向加速移動，直到通過平衡點（圖 14-2d）之後，又開始減速直到它回到原來的出發點 $x=-A$ 處時，速度再度減為零（圖 14-2e）。它以此方式重複地運動，在 $x=A$ 與 $x=-A$ 之間來回對稱地移動。

練習 A 某物體來回振盪。在運動過程中的某些時刻，下列哪一個敘述是正確的？(a) 物體可同時具有零的速度和非零的加速度，(b) 物體可同時具有零的速度和零的加速度，(c) 物體可同時具有零的加速度和非零的速度，(d) 物體可同時具有非零的速度和非零的加速度。

練習 B 一個連接於水平彈簧末端的物體在無摩擦的表面上振盪。物體之加速度為零的位置在哪裡（見圖 14-2）？(a) 在 $x=-A$；(b) 在 $x=0$；(c) 在 $x=+A$；(d) 在 $x=-A$ 和 $x=+A$；(e) 任何地方都不是。

為了討論振盪運動，我們需要定義幾個專有名詞。任何時刻物體至平衡點的距離 x 稱為**位移** (displacement)。最大位移——至平衡點最遠的距離——稱為**振幅** (amplitude) A。一個**循環** (cycle) 指的是從某起點出發，再回到同一點的完整之來回運動——例如，從 $x=-A$ 到 $x=A$，然後再回到 $x=-A$。**週期** (period) T，定義為完成一次循環所需的時間。最後，**頻率** (frequency) f，是每秒內完整循環的數目。頻率通常以赫茲 (Hz) 為單位，1 赫茲＝循環／秒 (s^{-1})。由定義可以很容易地看出，頻率與週期互為倒數，正如我們之前所見 [(5-2) 與 (10-8) 式]

$$f=\frac{1}{T} \quad 且 \quad T=\frac{1}{f} \tag{14-2}$$

例如，如果頻率是每秒 5 次循環，則每次循環需時 1/5 s。

注意

對垂直的彈簧而言，位移(x 或 y) 是從垂直的平衡位置測量。

垂直懸掛之彈簧的振盪基本上與水平的彈簧相同。由於重力的作用，末端連接物體 m 的垂直彈簧於平衡狀態時的長度比水平的相同彈簧來得長，如圖 14-3 所示。當 $\Sigma F=0=mg-kx_0$ 時，彈簧處於平衡狀態，因此彈簧在平衡時伸長一個額外的長度 $x_0=mg/k$。如果 x 是由這個新的平衡位置測量，則以相同的 k 可以直接應用 (14-1)式。

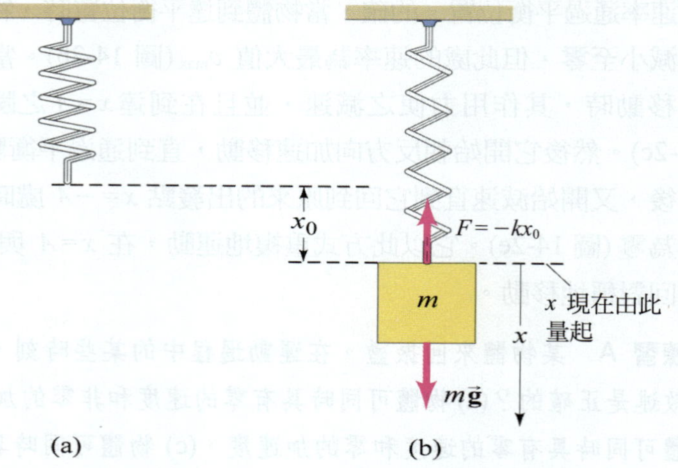

圖 14-3
(a) 垂直懸掛的自由彈簧。
(b) 當 $\Sigma F=0=mg-kx_0$ 時，與彈簧連接的物體 m 位於新的平衡位置。

練習C 如果某物體振盪的頻率為 1.25 Hz，它完成 100 次振盪需時 (a) 12.5 s，(b) 125 s，(c) 80 s，(d) 8.0 s。

例題 14-1 **汽車彈簧** 當總質量為 200 kg 的一家四人踏入 1200 kg 的汽車中時，汽車的彈簧壓縮了 3.0 cm。(a) 將汽車中的所有彈簧視為一個彈簧，則汽車彈簧的彈力常數是多少 (圖 14-4)？(b) 如果汽車乘載 300 kg 而不是 200 kg，汽車將降低多少？

方法 我們應用虎克定律：人的重量 mg 造成 3.0 cm 的位移。

解答 (a) 增加的力 (200 kg)(9.8 m/s²) = 1960 N 造成彈簧壓縮 3.0×10^{-2} m。因此，由 (14-1) 式，彈力常數為

$$k=\frac{F}{x}=\frac{1960\ \text{N}}{3.0\times10^{-2}\ \text{m}}=6.5\times10^{4}\ \text{N/m}$$

(b) 如果汽車乘載 300 kg，由虎克定律得到

$$x=\frac{F}{k}=\frac{(300\ \text{kg})(9.8\ \text{m/s}^2)}{(6.5\times10^{4}\ \text{N/m})}=4.5\times10^{-2}\ \text{m}$$

或 4.5 cm。

備註 在 (b) 中，我們也可以不必解 k 而求得 x：因為 x 與 F 成正比，若 200 kg 可將彈簧壓縮 3.0 cm，則 1.5 倍的力可將彈簧壓縮 1.5 倍或 4.5 cm。

圖 14-4 汽車彈簧的照片。(也可看到減震器，藍色部分——見第 14-7 節)。

14-2 簡諧運動

淨回復力與負的位移成正比 [如 (14-1) 式，$F=-kx$] 的任何振盪系統被稱為是展現了**簡諧運動** (simple harmonic motion, SHM)。這樣的系統通常稱為**簡諧振盪器** (simple harmonic oscillator, SHO)。在第 12 章中 (第 12-4 節) 我們看到大多數的固體材料只要位移不是太大，都是依 (14-1) 式伸長或壓縮。因此，許多自然振盪都是簡諧或幾近於簡諧運動。

練習D 以下何者代表簡諧振盪器？(a) $F=-0.5x^2$，(b) $F=-2.3y$，(c) $F=8.6x$，(d) $F=-4\theta$。

我們現在要求出一個連接於彈力常數為 k 之簡單彈簧的末端之物體其位置 x 的時間函數。為此，我們利用牛頓第二運動定律 $F=ma$。由於加速度 $a=d^2x/dt^2$，因此我們得到

$$ma=\Sigma F$$

$$m\frac{d^2x}{dt^2}=-kx$$

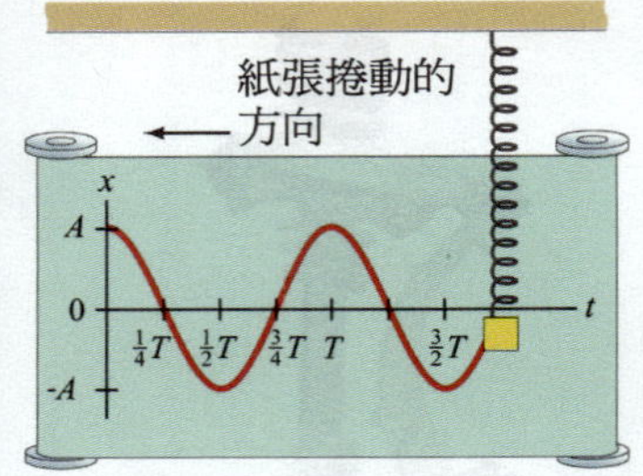

圖 14-5 SHM 作為時間之函數的正弦曲線特性。此處 $x=A\cos(2\pi t/T)$。

其中 m 是振盪物體的質量。[1] 將此式重新整理，得到

$$\frac{d^2x}{dt^2}+\frac{k}{m}x=0 \qquad \text{[SHM]} \qquad \textbf{(14-3)}$$

這就是簡諧振盪器的**運動方程式** (equation of motion)。因為其中包含導數，所以在數學上稱為微分方程式。我們要求出何種時間函數 $x(t)$ 能滿足此一方程式。如果將一枝筆連接於振盪物體上 (圖 14-5)，同時有一張紙在筆尖下以穩定的速率移動，筆將在紙上描繪出軌跡曲線，我們藉此來猜測解答的形式。這個曲線的形狀看來很像是時間函數的**正弦曲線** (sinusoidal) (如餘弦或正弦)，其高度就是振幅 A。所以我們猜測 (14-3) 式的通解可以寫成如下的形式

$$x=A\cos(\omega t+\phi) \qquad \textbf{(14-4)}$$

其中我們為求廣義而將常數 ϕ 包含在輻角中。[2] 現在將這個試驗的解答代入 (14-3) 式，看它是否真的行得通。將 $x=x(t)$ 微分兩次

$$\frac{dx}{dt}=\frac{d}{dt}[A\cos(\omega t+\phi)]=-\omega A\sin(\omega t+\phi)$$

$$\frac{d^2x}{dt^2}=-\omega^2A\cos(\omega t+\phi)$$

我們現在將後者與 (14-4) 式一同代入 (14-3) 式中

$$\frac{d^2x}{dt^2}+\frac{k}{m}x=0$$

$$-\omega^2A\cos(\omega t+\phi)+\frac{k}{m}A\cos(\omega t+\phi)=0$$

或

$$\left(\frac{k}{m}-\omega^2\right)A\cos(\omega t+\phi)=0$$

在 $(k/m-\omega^2)=0$ 的條件下，對於任何時間 t，我們的解答 (14-4) 式的確

1 在彈簧末端連接物體質量 m' 的情況中，彈簧本身也會一起振盪，因此至少必需包含部分的彈簧質量在內。經證實得知 (參閱習題) 大約必須將彈簧質量 m_s 的三分之一包含在內，所以 $m=m'+\frac{1}{3}m_s$。通常 m_s 都很小而可以忽略。

2 另一個可能的解為 $x=a\cos\omega t+b\sin\omega t$，其中 a 和 b 為常數。由三角恆等式 $\cos(A+B)=\cos A\cos B\mp\sin A\sin B$ 可知，此式與 (14-4) 式是相等的。

能滿足 (14-3) 式的運動方程式。因此

$$\omega^2 = \frac{k}{m} \tag{14-5}$$

(14-4) 式是 (14-3) 式的通解，其中包含兩個任意常數 A 與 ϕ，這正是我們所預期的，因為 (14-3) 式中的二階導數意味著需要積分兩次，而每次積分產生一個常數字。這兩個常數在微積分的觀念上是“任意的”，因為它們可以是任何數字，而仍然滿足 (14-3) 式的微分方程式。不過，在實際的物理情況中，A 與 ϕ 是依**初始條件** (initial condition) 而定。例如，假設物體從最大位移處由靜止開始釋放，這正是圖 14-5 中所示的情況。在此例中，$x = A\cos\omega t$。讓我們證實它：已知於 $t=0$ 時，$v=0$，其中

$$v = \frac{dx}{dt} = \frac{d}{dt}\left[A\cos(\omega t+\phi)\right] = -\omega A\sin(\omega t+\phi) = 0 \quad [\text{當 } t=0]$$

因為當 $t=0$ 時，$v=0$，所以若 $\phi=0$，$\sin(\omega t+\phi)=\sin(0+\phi)$ 才會是零，(ϕ 也可能是 π、2π 等等。)。而如果 $\phi=0$，則

$$x = A\cos\omega t$$

正如我們所料。我們立刻發現 A 是運動的振幅，它是由最初物體 m 被釋放之前距平衡位置有多遠所決定的。

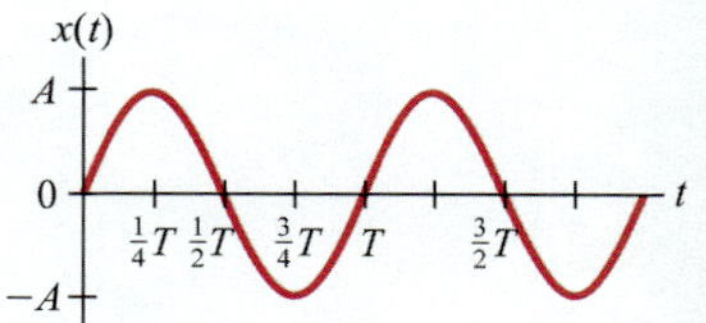

圖 14-6 SHM 的特例，其中物體 m 於 $t=0$ 時，位於 $x=0$ 的平衡位置，並且具有朝正 x 方向的初速度 (在 $t=0$ 時，$v>0$)。

考慮另一個有趣的情形：於 $t=0$ 時，物體 m 在 $x=0$ 處，並且被撞擊而得到初速度往 x 值增加的方向運動。由於 $t=0$ 時，$x=0$，因此我們可以寫出 $x = A\cos(\omega t+\phi) = A\cos\phi = 0$，它只有當 $\phi = \pm\pi/2$ (或 $\pm 90°$) 時才成立。而 $\phi = +\pi/2$ 或 $-\pi/2$ 則視 $t=0$ 時，$v = dx/dt = -\omega A\sin(\omega t+\phi) = -\omega A\sin\phi$ 而定。我們已知於 $t=0$ 時，$v>0$；因為 $\sin(-90°) = -1$，所以 $\phi = -\pi/2$。因此這種情況的解是

$$x = A\cos(\omega t - \pi/2) = A\sin\omega t$$

我們使用了 $\cos(\theta - \pi/2) = \sin\theta$。這個解答為純正弦波，圖 14-6，其中 A 仍然是振幅。

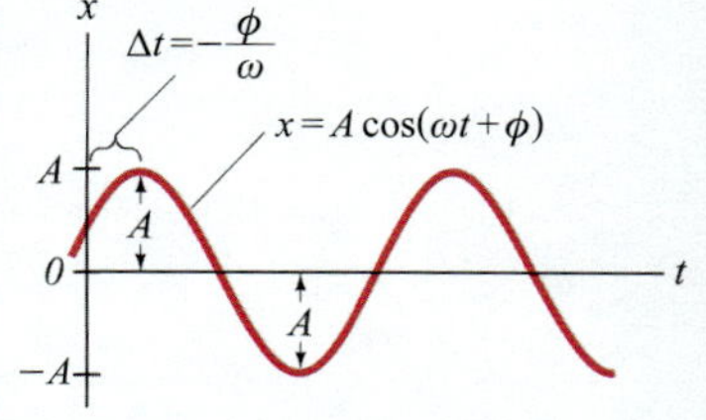

圖 14-7 當 $\phi<0$ 時，$x = A\cos(\omega t+\phi)$ 的圖形。

其他許多情況也是可能的，如圖 14-7 所示。常數 ϕ 稱為**相位角** (phase angle)，它告訴我們在 $t=0$ 之後 (或之前) 多久會達到波峰 $x=A$。注意 ϕ 值不會影響 $x(t)$ 曲線的形狀，但是會影響位移。因此簡諧

運動始終是正弦形式。的確，簡諧運動被定義為純正弦波形式的運動。

因為振盪的物體在一段等於週期 T 的時間後重複運動，所以它在 $t=T$ 時具有與 $t=0$ 時相同的位置以及相同的移動方向。因為正弦或餘弦函數在每 2π 弧度後重複，所以由 (14-4) 式，我們必定有

$$\omega T=2\pi$$

因此

$$\omega=\frac{2\pi}{T}=2\pi f$$

其中 f 是運動的頻率。嚴格地說來，我們稱 ω 為**角頻率** (angular frequency) (單位是 rad/s) 而與頻率 f (單位是 $s^{-1}=Hz$) 區別。有時會省略“角”這個字，因此需要明確指定符號 ω 或 f。由於 $\omega=2\pi f=2\pi/T$，因此 (14-4) 式可以寫成

$$x=A\cos\left(\frac{2\pi t}{T}+\phi\right) \tag{14-6a}$$

或

$$x=A\cos(2\pi ft+\phi) \tag{14-6b}$$

因為 $\omega=2\pi f=\sqrt{k/m}$ [(l4-5) 式]，所以

$$f=\frac{1}{2\pi}\sqrt{\frac{k}{m}} \tag{14-7a}$$

$$T=2\pi\sqrt{\frac{m}{k}} \tag{14-7b}$$

注意，頻率及週期與振幅無關。改變簡諧振盪器的振幅並不會影響它的頻率。(14-7a) 式告訴我們質量愈大，頻率愈低；以及彈簧愈硬，頻率愈高。這是有道理的，因為較大的質量意味著較大的慣性以及較慢的反應 (或加速度)；而較大的 k 則意味著較大的力以及較快的反應。SHO 自然地振盪的頻率 f [(14-7a) 式] 稱為其**自然頻率** (natural frequency) (與它可能受到外力作用而強迫振盪的頻率作區別，這將在第 14-8 節中討論)。

簡諧振盪器在物理學中是很重要的，因為每當我們有一個與位移

成正比的淨回復力 ($F = -kx$)(對各種不同的系統而言，這至少是一個好的近似)，則運動就是簡諧的——亦即正弦曲線形式。

例題 14-2 **汽車彈簧** 試求例題 14-1(a) 中的汽車在撞到凸起物之後的振動週期和頻率。假設減震器性能欠佳，因此汽車上下振動得很厲害。

物理應用
汽車彈簧

方法 由例題 14-1(a) 將 $m = 1400\text{ kg}$ 與 $k = 6.5\times10^4\text{ N/m}$ 代入 (14-7) 式。

解答 由 (14-7b) 式，

$$T = 2\pi\sqrt{\frac{m}{k}} = 2\pi\sqrt{\frac{1400\text{ kg}}{6.5\times10^4\text{ N/m}}} = 0.92\text{ s}$$

或略少於一秒。頻率 $f = 1/T = 1.09\text{ Hz}$。

練習 E 彈簧末端物體的質量應如何改變，才能使它的振盪頻率減半？(a) 沒有改變；(b) 增為兩倍；(c) 增為四倍；(d) 減半；(e) 減為四分之一。

練習 F 已知某一 SHO 的位置為 $x = (0.80\text{ m})\cos(3.14t - 0.25)$，其頻率為 (a) 3.14 Hz，(b) 1.0 Hz，(c) 0.50 Hz，(d) 9.88 Hz，(e) 19.8 Hz。

我們繼續分析簡諧振盪器。將 (14-4) 式 $x = A\cos(\omega t + \phi)$ 微分，就可以得到振盪物體的速度和加速度

$$v = \frac{dx}{dt} = -\omega A\sin(\omega t + \phi) \quad \textbf{(14-8a)}$$

$$a = \frac{d^2x}{dt^2} = \frac{dv}{dt} = -\omega^2 A\cos(\omega t + \phi) \quad \textbf{(14-8b)}$$

SHO 的速度和加速度也是正弦式的變化。在圖 14-8 中，我們針對 $\phi = 0$ 之情況，繪出 SHO 之位移、速度與加速度的時間函數之圖形。

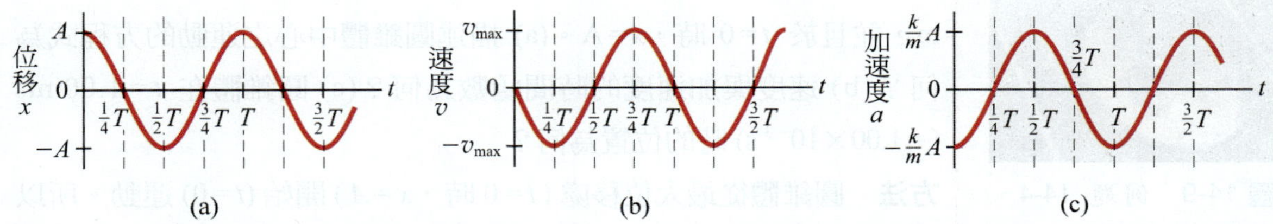

圖 14-8 一個簡諧振盪器當 $\phi = 0$ 時的位移 x、速度 dx/dt 與加速度 d^2x/dt^2。

由圖中可以看出，當振盪的物體通過平衡點 $x=0$ 時，速率達到最大值

$$v_{\max}=\omega A=\sqrt{\frac{k}{m}}A \tag{14-9a}$$

並且在最大位移點 $x=\pm A$ 處的速率為零。這與我們在圖 14-2 中的討論是一致的。同樣地，在 $x=\pm A$ 處，加速度為最大值

$$a_{\max}=\omega^2 A=\frac{k}{m}A \tag{14-9b}$$

並且在 $x=0$ 處，a 為零，如我們所料，因為 $ma=F=-kx$。

對於 $\phi\neq 0$ 的一般情形，我們可以在 (14-4)、(14-8) 與 (14-9) 式中設 $t=0$，而得到 A 和 ϕ 與 x、v 和 a 之初始值之間的關係式

$$x_0=x(0)=A\cos\phi$$
$$v_0=v(0)=-\omega A\sin\phi=-v_{\max}\sin\phi$$
$$a_0=a(0)=-\omega^2 A\cos\phi=-a_{\max}\cos\phi$$

物理應用

令人討厭的地板振動

例題 14-3 估算　振動的地板　某工廠中的大型馬達造成地板以 10 Hz 的頻率振動。馬達附近地板的振幅大約是 3.0 mm。試估計馬達附近地板的最大加速度。

方法　假設地板的振動近似於 SHM，我們可以利用 (14-9b) 式估計其最大加速度。

解答　已知 $\omega=2\pi f=(2\pi)(10\ \mathrm{s}^{-1})=62.8\ \mathrm{rad/s}$，然後由 (14-9b) 式可得

$$a_{\max}=\omega^2 A=(62.8\ \mathrm{rad/s})^2\,(0.0030\ \mathrm{m})=12\ \mathrm{m/s^2}$$

備註　最大加速度比 g 略大一點，所以當地板加速向下時，地板上的物體會暫時與地板失去接觸，因而引起噪音和嚴重的磨損。

圖 14-9　例題 14-4。圓錐形的揚聲器。

例題 14-4　揚聲器　揚聲器 (圖 14-9) 的圓錐體以 262 Hz 之頻率 (“中央C音”) 作 SHM 振盪。圓錐體中心處的振幅為 $A=1.5\times10^{-4}$ m，並且於 $t=0$ 時，$x=A$。(a) 描述圓錐體中心之運動的方程式為何？(b) 速度與加速度的時間函數為何？(c) 圓錐體在 $t=1.00$ ms $(=1.00\times10^{-3}$ s) 時的位置為何？

方法　圓錐體從最大位移處 ($t=0$ 時，$x=A$) 開始 ($t=0$) 運動。所以我們用餘弦函數，$x=A\cos\omega t$ 與 $\phi=0$。

解答 (a) 振幅 $A = 1.5 \times 10^{-4}$ m，且

$$\omega = 2\pi f = (6.28 \text{ rad})(262 \text{ s}^{-1}) = 1650 \text{ rad/s}$$

運動可描述為

$$x = A\cos\omega t = (1.5 \times 10^{-4} \text{ m})\cos(1650t)$$

其中 t 的單位是秒。

(b) 由 (14-9a) 式，最大的速度是

$$v_{max} = \omega A = (1650 \text{ rad/s})(1.5 \times 10^{-4} \text{ m}) = 0.25 \text{ m/s}$$

所以

$$v = -(0.25 \text{ m/s})\sin(1650t)$$

由 (14-9b) 式可知最大的加速度是 $a_{max} = \omega^2 A = (1650 \text{ rad/s})^2 (1.5 \times 10^{-4} \text{ m}) = 410 \text{ m/s}^2$，它超過 40 g。所以

$$a = -(410 \text{ m/s}^2)\cos(1650t)$$

(c) 於 $t = 1.00 \times 10^{-3}$ s 時，

$$\begin{aligned} x = A\cos\omega t &= (1.5 \times 10^{-4} \text{ m})\cos[(1650 \text{ rad/s})(1.00 \times 10^{-3} \text{ s})] \\ &= (1.5 \times 10^{-4} \text{ m})\cos(1.65 \text{ rad}) \\ &= -1.2 \times 10^{-5} \text{ m} \end{aligned}$$

備註 對於這些 $\cos\omega t$ 的計算，請務必確定你的計算機是設定為 RAD 模式，而不是 DEG 模式。

注意

永遠要確定你的計算機設定於正確的角度模式

例題 14-5 **彈簧的計算** 當一個 0.300 kg 的物體輕輕地懸吊在某彈簧端時，彈簧伸長 0.150 m，如圖 14-3b 所示。然後彈簧與 0.300 kg 的物體水平地放置在無摩擦的桌面上，如圖 14-2。推動物體將彈簧壓縮至距離平衡點 0.100 m 處，然後再將物體由靜止釋放。試求 (a) 彈簧的彈力常數 k 和角頻率 ω；(b) 水平振盪的振幅 A；(c) 速度的最大值 v_{max}；(d) 物體的最大加速度 a_{max}；(e) 週期 T 和頻率 f；(f) 位移 x 的時間函數；以及 (g) 於 $t = 0.150$ s 時的速度。

方法 如圖 14-3b 所示，當 0.300 kg 的物體靜止懸掛於彈簧上時，我們針對垂直的力應用牛頓第二運動定律：$\Sigma F = 0 = mg - kx_0$，所以

$k=mg/x_0$。對於水平的振盪，其振幅為已知，而其他的量可以從 (14-4)、(14-5)、(14-7) 和 (14-9) 式求得。我們選擇向右為正 x 方向。

解答 (a) 由於 0.300 kg 的負載，彈簧伸長 0.150 m，所以

$$k=\frac{F}{x_0}=\frac{mg}{x_0}=\frac{(0.300\ \text{kg})(9.80\ \text{m/s}^2)}{0.150\ \text{m}}=19.6\ \text{N/m}$$

由 (14-5) 式，得到

$$\omega=\sqrt{\frac{k}{m}}=\sqrt{\frac{19.6\ \text{N/m}}{0.300\ \text{kg}}}=8.08\ \text{s}^{-1}$$

(b) 彈簧現在是水平的 (在桌子上)。它由平衡被壓縮 0.100 m 而且沒有初速度，所以 $A=0.100$ m。

(c) 由 (14-9a) 式，速度的最大值為

$$v_{\text{max}}=\omega A=(8.08\ \text{s}^{-1})(0.100\ \text{m})=0.808\ \text{m/s}$$

(d) 因為 $F=ma$，所以最大加速度發生在力為最大值之處——即 $x=\pm A=\pm 0.100$ m。其大小為

$$a_{\text{max}}=\frac{F}{m}=\frac{kA}{m}=\frac{(19.6\ \text{N/m})(0.100\ \text{m})}{0.300\ \text{kg}}=6.53\ \text{m/s}^2$$

[這個結果也可以直接由 (14-9b) 式求得，但就像我們這裡所做的，回歸至基本往往是很有用的。]

(e) 由 (14-7b) 和 (14-2) 式得到

$$T=2\pi\sqrt{\frac{m}{k}}=2\pi\sqrt{\frac{0.300\ \text{kg}}{19.6\ \text{N/m}}}=0.777\ \text{s}$$

$$f=\frac{1}{T}=1.29\ \text{Hz}$$

(f) 物體是從最大的壓縮處開始運動。如果我們選取向右為正 x 方向 (圖 14-2)，則於 $t=0$ 時，$x=-A=-0.100$ m。因此我們需要在 $t=0$ 時具有最大負值的正弦曲線，此即為負的餘弦

$$x=-A\cos\omega t$$

為了將此式寫成 (14-4) 式之形式 (沒有負號)，應記得 $\cos\theta=-\cos(\theta-\pi)$。然後代入數字，並且記得 $-\cos\theta=\cos(\pi-\theta)=\cos(\theta-\pi)$，於是我們得到

$$x = -(0.100\ \text{m})\cos 8.08t$$
$$= (0.100\ \text{m})\cos(8.08t - \pi)$$

其中 t 的單位是秒，x 的單位是公尺。注意相位角 [(14-4) 式] 為 $\phi = -\pi$ 或 $-180°$。

(g) 任何時刻 t 的速度為 dx/dt (亦可參閱 (c))

$$v = \frac{dx}{dt} = \omega A \sin \omega t = (0.808\ \text{m/s})\sin 8.08t$$

於 $t = 0.150$ s 時，$v = (0.808\ \text{m/s})\sin(1.21\ \text{rad}) = 0.756$ m/s，並且方向朝右 (+)。

例題 14-6 **推動彈簧** 假設例題 14-5 中的彈簧是由平衡點被壓縮 0.100 m ($x_0 = -0.100$ m)，但被施以一推力而獲得朝 $+x$ 方向的速度 $v_0 = 0.400$ m/s。試求 (a) 相位角 ϕ，(b) 振幅 A，(c) 位移 x 的時間函數 $x(t)$。

方法 我們利用 (14-8a) 式，於 $t = 0$ 時得到 $v_0 = -\omega A \sin\phi$，以及 (14-4) 式得到 $x_0 = A\cos\phi$。將兩式結合可求得 ϕ。我們再次以 $t = 0$ 代入 (14-4) 式求得 A。由例題 14-5，已知 $\omega = 8.08\ \text{s}^{-1}$。

解答 (a) 我們以 $t = 0$ 代入 (14-8a) 和 (14-4) 式，並且得到正切值

$$\tan\phi = \frac{\sin\phi}{\cos\phi} = \frac{(v_0/-\omega A)}{(x_0/A)} = -\frac{v_0}{\omega x_0}$$
$$= -\frac{0.400\ \text{m/s}}{(8.08\ \text{s}^{-1})(-0.100\ \text{m})} = 0.495$$

用計算機求出角度為 26.3°，但是由此式我們注意到正弦和餘弦項皆為負值，所以角度位於第三象限。因此

$$\phi = 26.3° + 180° = 206.3° = 3.60\ \text{rad}$$

(b) 以 $t = 0$ 再次代入 (14-4) 式，如同上述的方法，得到

$$A = \frac{x_0}{\cos\phi} = \frac{(-0.100\ \text{m})}{\cos(3.60\ \text{rad})} = 0.112\ \text{m}$$

(c) $x = A\cos(\omega t + \phi) = (0.112\ \text{m})\cos(8.08t + 3.60)$。

14-3 簡諧振盪器中的能量

當力不是常數時，例如簡諧運動中的情形，利用能量法通常是很方便又實用的，如同我們在第 7 章與第 8 章中所討論的情況。

對於簡諧振盪器而言，例如物體 m 在無質量之彈簧末端振盪，其回復力為

$$F=-kx$$

正如我們在第 8 章中所見，其位能函數為

$$U=-\int F dx=\frac{1}{2}kx^2$$

其中我們設積分常數等於零，所以在 $x=0$ (平衡位置) 處，$U=0$。

總機械能是動能和位能的總和，

$$E=\frac{1}{2}mv^2+\frac{1}{2}kx^2$$

其中 v 為物體 m 距平衡位置為 x 處時之速度。SHM 只能在沒有摩擦的情況下發生，因此總機械能 E 保持定值。當物體來回地振盪時，能量不斷地由位能轉換為動能，再由動能轉換回位能 (圖 14-10)。在 $x=A$ 與 $x=-A$ 的兩個盡頭處，所有的能量都以位能之形式而儲存於彈簧中 (不論彈簧壓縮或伸長到最大振幅)。於盡頭處，當物體改變運動方向之瞬間是停止的，所以 $v=0$ 並且

$$E=\frac{1}{2}m(0)^2+\frac{1}{2}kA^2=\frac{1}{2}kA^2 \qquad \textbf{(14-10a)}$$

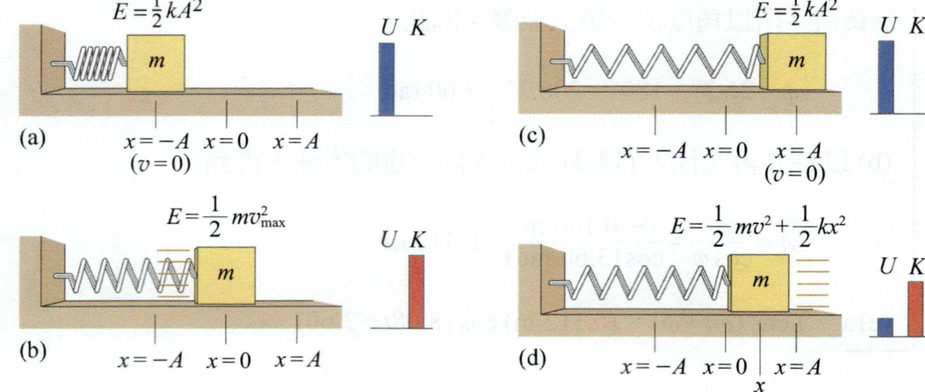

圖 14-10 當彈簧振盪時，能量從位能轉變成動能，再由動能轉變回位能。能量條狀圖 (右) 曾在第 8-4 節中敘述。

因此，簡諧振盪器的總機械能與振幅的平方成正比。在平衡點 $x=0$ 處，所有的能量均為動能

$$E=\frac{1}{2}mv^2+\frac{1}{2}k(0)^2=\frac{1}{2}mv^2_{max} \quad \textbf{(14-10b)}$$

其中 v_{max} 是在運動期間的最大速度。而在中間的各點處，其能量則一部分是動能且一部分是位能。因能量守恆，所以

$$E=\frac{1}{2}mv^2+\frac{1}{2}kx^2 \quad \textbf{(14-10c)}$$

我們可以將 (14-4) 與 (14-8a) 式代入上一個方程式中以明確地證實 (14-10a) 與 (14-10b) 式

$$E=\frac{1}{2}m\omega^2A^2\sin^2(\omega t+\phi)+\frac{1}{2}kA^2\cos^2(\omega t+\phi)$$

將 $\omega^2=k/m$，或 $kA^2=m\omega^2A^2=mv^2_{max}$ 代入，並且利用重要的三角恆等式 $\sin^2(\omega t+\phi)+\cos^2(\omega t+\phi)=1$，我們就可以得到 (14-10a) 與 (14-10b) 式

$$E=\frac{1}{2}kA^2=\frac{1}{2}mv^2_{max}$$

[注意，我們可以解此方程式求出 v_{max} 而檢查它與 (14-9a) 式的一致性。]

我們現在可以藉由解 (14-10c) 式而得到作為 x 之函數的速度 v 之方程式

$$v=\pm\sqrt{\frac{k}{m}(A^2-x^2)} \quad \textbf{(14-11a)}$$

或者因為 $v_{max}=A\sqrt{k/m}$，所以

$$v=\pm v_{max}\sqrt{1-\frac{x^2}{A^2}} \quad \textbf{(14-11b)}$$

由此式我們再次看到，在 $x=0$ 處，v 為最大值，而在 $x=\pm A$ 處，v 為零。

圖 14-11 中繪有位能 $U=\frac{1}{2}kx^2$ 曲線 (參閱第 8-9 節)。上方的水平線代表某特定值的總能量 $E=\frac{1}{2}kA^2$。E 直線和 U 曲線之間的距離代表動能 K，並且此運動侷限於 $-A$ 與 $+A$ 之間的 x 值。當然這些結果

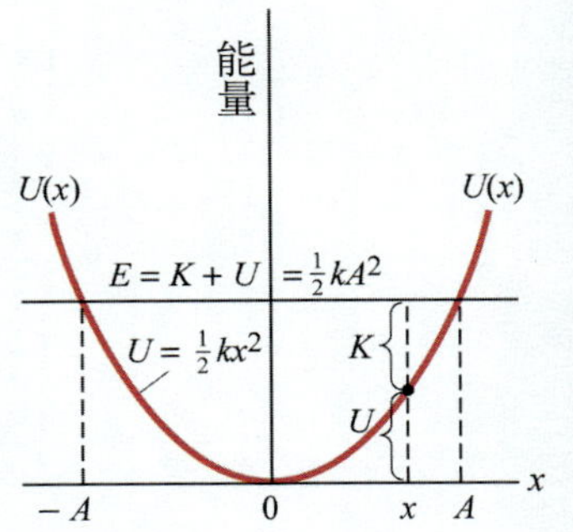

圖 14-11 位能 $U=\frac{1}{2}kx^2$ 的曲線圖。對於 $-A\leq x\leq A$ 的任何一點 x，$K+U=E=$ 常數。圖中標示出任意位置 x 處的 K 與 U 值。

與上一節的解答是一致的。

能量守恆是求取 v 的一個便利的方法，例如，如果已知 x (反之亦然)，就無需處理時間 t。

例題 14-7 **計算能量** 對於例題 14-5 的簡諧振盪，試求 (a) 總能量，(b) 動能和位能的時間函數，(c) 當物體距離平衡點 0.050 m 處時的速度，(d) 位於一半振幅處 ($x=\pm A/2$) 的動能和位能。

方法 我們對於彈簧－物體系統利用能量守恆定律，(14-10) 與 (14-11) 式。

解答 (a) 例題 14-5 中，$k=19.6$ N/m 且 $A=0.100$ m，因此由 (14-10a) 式得知總能量 E 為

$$E=\frac{1}{2}kA^2=\frac{1}{2}(19.6\text{ N/m})(0.100\text{ m})^2=9.80\times10^{-2}\text{ J}$$

(b) 由例題 14-5 的 (f) 和 (g) 部分，$x=-(0.100\text{ m})\cos 8.08t$ 且 $v=(0.808\text{ m/s})\sin 8.08t$，所以

$$U=\frac{1}{2}kx^2=\frac{1}{2}(19.6\text{ N/m})(0.100\text{ m})^2\cos^2 8.08t$$
$$=(9.80\times10^{-2}\text{ J})\cos^2 8.08t$$

$$K=\frac{1}{2}mv^2=\frac{1}{2}(0.300\text{ kg})(0.808\text{ m/s})^2\sin^2 8.08t$$
$$=(9.80\times10^{-2}\text{ J})\sin^2 8.08t$$

(c) 我們利用 (14-11b) 式，得到

$$v=v_{\max}\sqrt{1-(x^2/A^2)}=(0.808\text{ m/s})\sqrt{1-\left(\frac{1}{2}\right)^2}=0.70\text{ m/s}$$

(d) 在 $x=A/2=0.050$ m 處，我們得到

$$U=\frac{1}{2}kx^2=\frac{1}{2}(19.6\text{ N/m})(0.050\text{ m})^2=2.5\times10^{-2}\text{ J}$$

$$K=E-U=7.3\times10^{-2}\text{ J}$$

觀念例題 14-8 **振幅加倍** 假設圖 14-10 中的彈簧伸長量增為兩倍 ($x=2A$)。(a) 系統的能量，(b) 振盪物體的速度最大值，(c) 物體的最大加速度，各有何變化？

回答 (a) 由 (14-10a) 式可知，總能量與振幅 A 的平方成正比，因此彈簧伸長量增為兩倍總能量會增為四倍 ($2^2=4$)。你也許會反對說，“我將彈簧從 $x=0$ 伸長到 $x=A$ 時曾作功，那麼從 A 伸長到 $2A$ 難道不是作相同的功嗎？”不！由於你施加的力與位移 x 成正比，因此從 $x=A$ 到 $2A$ 的第二段位移，你所作的功要比第一段位移 ($x=0$ 到 A) 來得多。(b) 由 (14-10b) 式我們可以看到，當能量增為四倍時，最大速度必須增為兩倍。[$v_{\max} \propto \sqrt{E} \propto A$] (c) 由於當我們將彈簧拉長兩倍時，力也增為兩倍，所以加速度也增為兩倍：$a \propto F \propto x$。

練習 G 假設圖 14-10 中的彈簧被壓縮至 $x=-A$ 處，但是被施予一個向右的推力使物體 m 的初速率為 v_0。此推力對 (a) 系統的能量，(b) 速度的最大值，(c) 加速度的最大值，分別會產生什麼影響？

14-4 與等速圓周運動相關的簡諧運動

簡諧運動與一個作等速圓周運動的質點有一個簡單的關係。考慮圖 14-12 中在桌面上一個以 v_M 之速率於半徑為 A 之圓周中轉動的物體 m。從上方觀看，物體 m 作圓周運動。但如果從桌的邊緣觀看，則是一個來回的振盪運動，並且正如我們即將要討論的，這完全相當於 SHM。此人所看見的，以及我們感興趣的是這個圓周運動在 x 軸上的投影 (圖 14-12)。為了理解此運動類似於 SHM，我們計算圖 14-12 中速度 v_M 的 x 分量 v。圖 14-12 中的兩個直角三角形相似，所以

$$\frac{v}{v_M}=\frac{\sqrt{A^2-x^2}}{A}$$

或

$$v=v_M\sqrt{1-\frac{x^2}{A^2}}$$

這正是作 SHM 振盪之物體的速率方程式 (14-11b) 式，其中 $v_M = v_{\max}$。此外，我們由圖 14-12 中可知，如果在 $t=0$ 時的角位移是 ϕ，則經過時間 t 後，質點將轉動一個角度 $\theta=\omega t$，因此

$$x=A\cos(\theta+\phi)=A\cos(\omega t+\phi)$$

但這裡的 ω 是什麼？轉動之質點的線速度 v_M 與 ω 的關係為 $v_M=\omega A$，

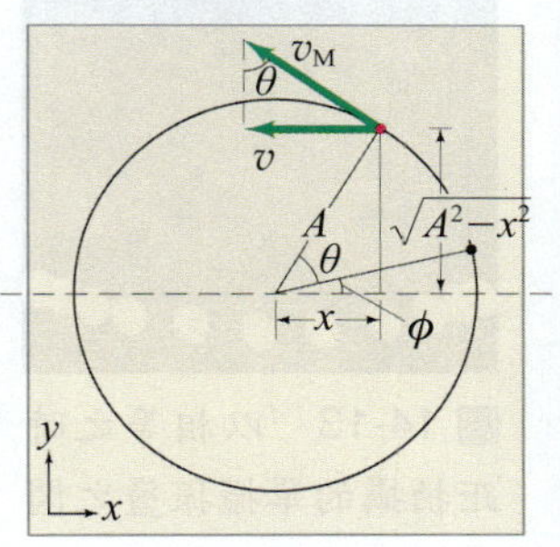

(a)

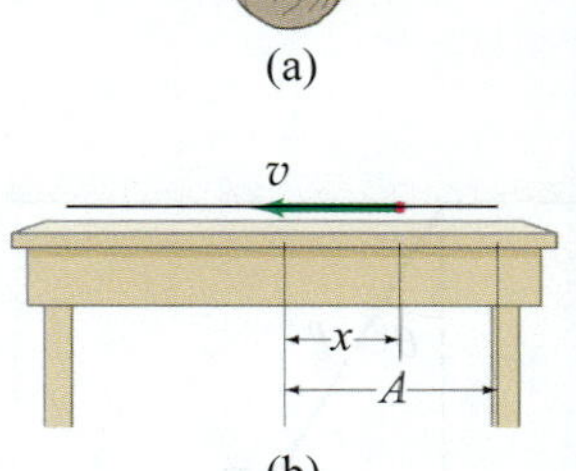

(b)

圖 14-12 由圓周運動 (a) 的側視圖 (b) 來分析簡諧運動。

其中 A 是圓周的半徑 [參閱 (10-4) 式，$v=R\omega$]。旋轉一周需要時間 T，所以我們得到 $v_M=2\pi A/T$，而 $2\pi A$ 是圓周長。因此

$$\omega=\frac{v_M}{A}=\frac{2\pi A/T}{A}=2\pi/T=2\pi f$$

其中 T 是旋轉一周所需的時間，而 f 則是頻率。這正好相當於簡諧振盪器的來回運動。因此，一個在圓周上旋轉的質點於 x 軸上的投影與作 SHM 之物體的運動是相同的。的確，我們可以說圓周運動在直線上的投影就是簡諧運動。

等速圓周運動在 y 軸上的投影也是簡諧運動。因此等速圓周運動可以看作是兩個互成直角的簡諧運動。

14-5 單擺

圖 14-13 以相等之時距拍攝的單擺振盪之閃光燈照片。

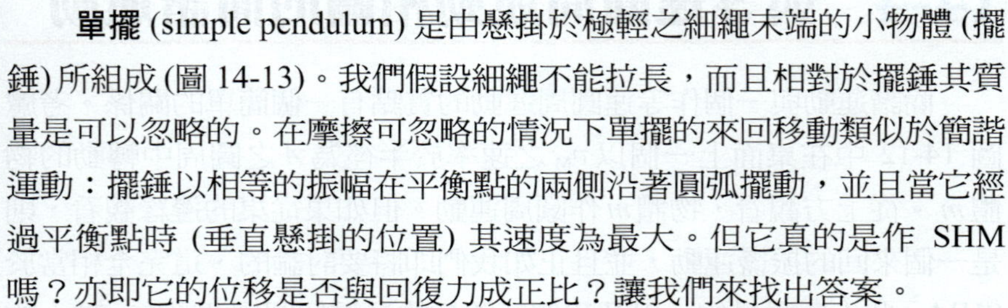

單擺 (simple pendulum) 是由懸掛於極輕之細繩末端的小物體 (擺錘) 所組成 (圖 14-13)。我們假設細繩不能拉長，而且相對於擺錘其質量是可以忽略的。在摩擦可忽略的情況下單擺的來回移動類似於簡諧運動：擺錘以相等的振幅在平衡點的兩側沿著圓弧擺動，並且當它經過平衡點時 (垂直懸掛的位置) 其速度為最大。但它真的是作 SHM 嗎？亦即它的位移是否與回復力成正比？讓我們來找出答案。

擺錘沿著圓弧的位移為 $x=\ell\theta$，其中 θ 是細繩與垂直方向的夾角 (弧度)，ℓ 是細繩的長度 (圖 14-14)。如果回復力與 x 或 θ 成正比，則這將是簡諧運動。回復力是作用於擺錘上的淨力，它等於重量 mg 與圓弧相切的分量

$$F=-mg\sin\theta$$

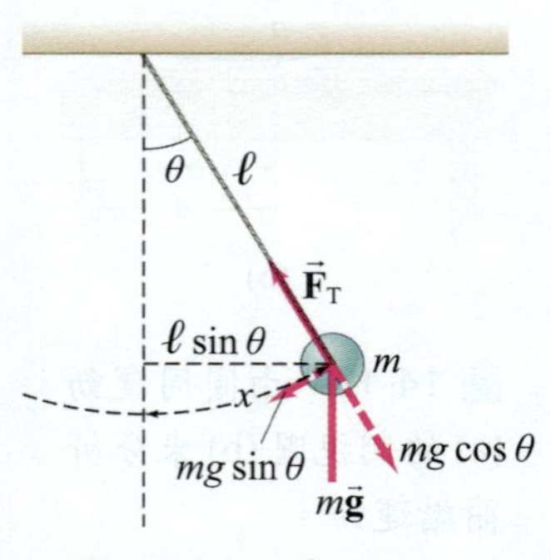

圖 14-14 單擺。

其中 g 為重力加速度。式中的負號如 (14-1) 式一般，意指力的方向與角位移 θ 相反。因為 F 與 θ 的正弦值成正比，而不是與 θ 本身成正比，所以此運動不是 SHM。不過，如果 θ 很小，且 θ 以弧度表示時，$\sin\theta$ 幾乎與 θ 相等。這可以藉由 $\sin\theta$ 的級數展開式而得知[3] (或附錄 A 的三角函數表)，或者只要注意圖 14-14 中，如果 θ 很小，弧長 x

3 $\sin\theta=\theta-\frac{\theta^3}{3!}+\frac{\theta^5}{5!}-\frac{\theta^7}{7!}+\cdots$。

$(=\ell\theta)$ 就幾乎與虛直線所標示的弦長 $(=\ell\sin\theta)$ 相同。如果角度小於 15°，則 θ(弧度) 與 $\sin\theta$ 之間的差距小於 1%。因此，對小角度而言，這是一個非常好的近似，

$$F=-mg\sin\theta\approx-mg\theta$$

將 $x=\ell\theta$ 或 $\theta=x/\ell$ 代入，我們得到

$$F\approx-\frac{mg}{\ell}x$$

因此，當位移很小時，因為這個方程式符合虎克定律 $F=-kx$，所以此運動本質上是簡諧運動。而有效的彈力常數為 $k=mg/\ell$。因此我們可以寫出

$$\theta=\theta_{\max}\cos(\omega t+\phi)$$

其中 $\theta_{\max}$ 是最大的角位移，且 $\omega=2\pi f=2\pi/T$。我們利用 (14-5) 式求 ω，其中 k 用 mg/ℓ 取代：即 $\omega=\sqrt{k/m}=\sqrt{(mg/\ell)/m}$，或 [4]

$$\omega=\sqrt{\frac{g}{\ell}} \qquad [\theta\text{很小}] \quad \textbf{(14-12a)}$$

則頻率 f 為

$$f=\frac{\omega}{2\pi}=\frac{1}{2\pi}\sqrt{\frac{g}{\ell}} \qquad [\theta\text{很小}] \quad \textbf{(14-12b)}$$

且週期 T 為

$$T=\frac{1}{f}=2\pi\sqrt{\frac{\ell}{g}} \qquad [\theta\text{很小}] \quad \textbf{(14-12c)}$$

擺錘的質量 m 並未出現在這些 T 與 f 的式子中。因此我們有這個令人驚訝的結果，即單擺的週期及頻率與擺錘的質量無關。如果你在相同的鞦韆上推一個小孩子然後再推另一個大孩子，你也許已經注意到這個現象。

只要振幅 θ 很小，我們也可以由 (14-12c) 式看出單擺的週期與振

圖 14-15　比薩大教堂裡以長繩懸吊在天花板上的吊燈。據說伽利略曾經觀察它的擺動，因此使他產生靈感，而獲得擺錘的振盪週期與振幅無關的結論。

4 注意，不要將它想成是轉動中的 $\omega=d\theta/dt$。這裡的 θ 是單擺在任一時刻的角度 (圖 14-14)，而且這裡的 ω 不是表示角度 θ 的變化率，而是一個與週期相關的常數，$\omega=2\pi f=\sqrt{g/\ell}$。

幅無關 (像是第 14-2 節中討論的任何 SHM)。據說伽利略在比薩大教堂裡觀察一盞搖擺的燈時，首先注意到這個事實 (圖 14-15)。這項發現導致了擺鐘的發明，它是第一個真正精確的計時器，成為標準裝置達數世紀之久。

物理應用
擺鐘

單擺不是準確的 SHM，其週期與振幅略微地相關；如果振幅愈大，其關聯性更強，擺鐘經過多次的擺動之後，由於摩擦而使振幅減少，因此影響其準確性。但擺鐘的主發條(或落地式大擺鐘的落錘)能夠提供能量以彌補摩擦並使振幅維持不變，因此計時依然是精確的。

練習 H 如果將單擺從海平面拿到高山頂上，而且以相同的角度 5° 開始擺動，它在山頂上的振盪會 (a) 稍微變慢，(b) 稍微變快，(c) 頻率完全相同，(d) 不振盪－停止，(e) 以上皆非。

練習 I 回到章前問題，第 595 頁，並且再次作答。試解釋為什麼你的答案可能已經與第一次不同。

例題 14-9 **測量 g** 一位地質學家在地球上某特定的地點使用長度為 37.10 cm 且頻率為 0.8190 Hz 的單擺。此處的重力加速度是多少？

方法 將單擺的長度 ℓ 和頻率 f 代入 (14-12b) 式中，其中包含未知數 g。

解答 我們解 (14-12b) 式，求 g

$$g=(2\pi f)^2\ell=(6.283\times 0.8190\ \mathrm{s^{-1}})^2\,(0.3710\ \mathrm{m})=9.824\ \mathrm{m/s^2}$$

練習 J (a) 估算單擺每秒來回擺動一次所需的擺長，(b) 擺長為 1.0 m 之單擺的週期是多少？

*14-6 物理擺與扭擺

物理擺

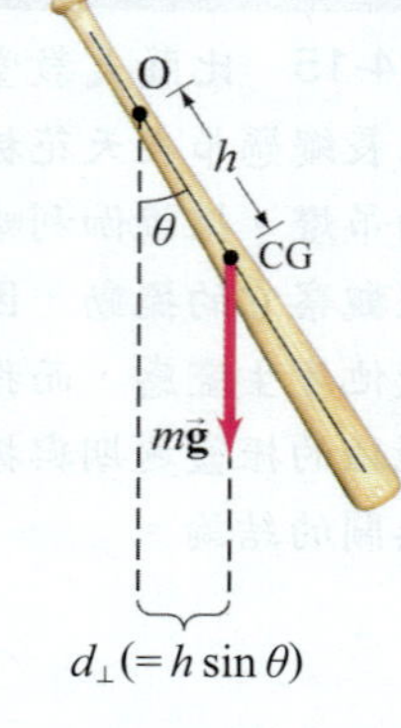

圖 14-16 懸吊在 O 點上的物理擺。

與所有質量均集中在小擺錘中的理想化單擺相比，物理擺是指任何來回擺動的實際伸展之物體。物理擺的一個例子就是懸吊在 O 點上的棒球棒，如圖 14-16 所示。重力作用在距離支點 O 為 h 處的物體重心 (CG) 上。物理擺最好利用轉動方程式作分析。作用在物理擺上繞 O 點的力矩為

$$\tau = -mgh \sin\theta$$

轉動的牛頓第二運動定律 (10-14) 式表示

$$\Sigma\tau = I\alpha = I\frac{d^2\theta}{dt^2}$$

其中 I 是物體繞支點的轉動慣量，而 $\alpha = d^2\theta/dt^2$ 為角加速度。因此我們得到

$$I\frac{d^2\theta}{dt^2} = -mgh \sin\theta$$

或

$$\frac{d^2\theta}{dt^2} + \frac{mgh}{I}\sin\theta = 0$$

其中 I 是繞一個通過 O 點的軸所計算的。若角振幅很小，則 $\sin\theta \approx \theta$，因此我們有

$$\frac{d^2\theta}{dt^2} + \left(\frac{mgh}{I}\right)\theta = 0 \qquad \text{[很小的角位移]} \quad \textbf{(14-13)}$$

此正是 (14-3) 式的 SHM 方程式，其中 x 換成 θ，且 k/m 換成 mgh/I。因此，在小的角位移之情況下，物理擺作 SHM，並且

$$\theta = \theta_{\max}\cos(\omega t + \phi)$$

其中 $\theta_{\max}$ 為最大的角位移，且 $\omega = 2\pi/T$。週期 T 則是 [見 (14-7b) 式，以 I/mgh 取代 m/k]

$$T = 2\pi\sqrt{\frac{I}{mgh}} \qquad \text{[很小的角位移]} \quad \textbf{(14-14)}$$

例題 14-10 **測量轉動慣量** 測量物體繞任何軸之轉動慣量的一種簡單方法就是測量物體繞此軸的振盪週期。(a) 假設一根 1.0 kg 之材質不均勻的棍子，可以在距離末端 42 cm 處得到平衡。如果棍子以末端為支點 (圖 14-17)，它會以 1.6 s 的週期振盪。棍子繞其末端的轉動慣量是多少？ (b) 棍子繞通過質心且與棍子正交之軸的轉動慣量是多少？

方法 我們將已知值代入 (14-14) 式解 I。於 (b) 中，我們利用平行

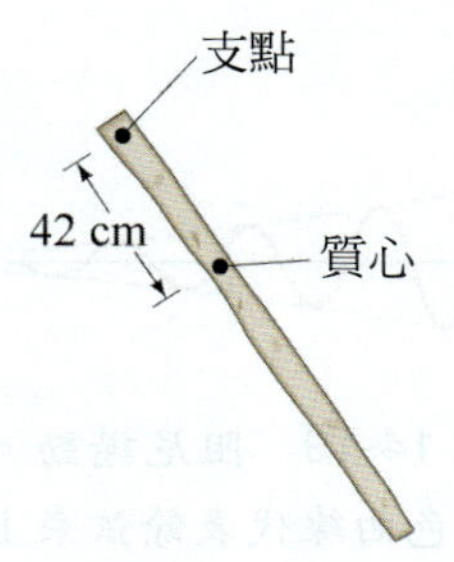

圖 14-17 例題 14-10。

軸定理 (第 10-7 節)。

解答 (a) 已知 $T=1.6$ s 且 $h=0.42$ m，由 (14-14) 式，得到

$$I=mghT^2/4\pi^2=0.27\ \text{kg}\cdot\text{m}^2$$

(b) 我們利用 (10-17) 式的平行軸定理。質心是距離棍子末端 42 cm 處的平衡點，所以

$$I_{CM}=I-mh^2=0.27\ \text{kg}\cdot\text{m}^2-(1.0\ \text{kg})(0.42\ \text{m})^2=0.09\ \text{kg}\cdot\text{m}^2$$

備註 因為物體不是繞其質心振盪，所以我們無法直接測量 I_{CM}，但平行軸定理提供了一個測定 I_{CM} 的簡便方法。

扭擺

振盪運動的另一種類型是**扭擺** (torsion pendulum)，其中有一個圓盤 (圖 14-18) 或棒子 (如圖 6-3 的卡文迪西裝置) 懸掛在線上。線的扭轉 (扭力) 作為彈力。因為回復力矩與負角位移幾近於正比，所以其運動為 SHM，

$$\tau=-K\theta$$

其中 K 是一個與線的堅硬性有關的常數。此外，

$$\omega=\sqrt{K/I}$$

只要線依照虎克定律作線性反應，就沒有如物理擺 (重力作用) 一般之小角度的限制。

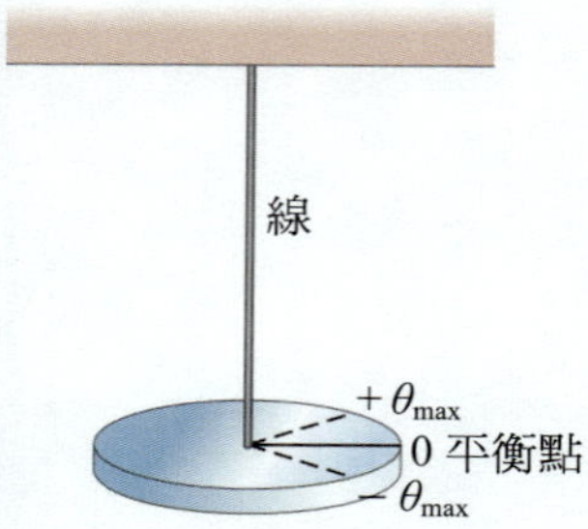

圖 14-18 扭擺。圓盤在 θ_{max} 與 $-\theta_{max}$ 之間作 SHM 振盪。

14-7 阻尼諧動

任何實際的彈簧振盪或單擺擺動之振幅會隨著時間逐漸地減小，直到振盪完全停止。圖 14-19 所示是一個典型的位移之時間函數的曲線圖。這稱為**阻尼諧動** (damped harmonic motion)。阻尼[5]通常是由空氣阻力與振盪系統的內摩擦力所造成的。能量以熱能形式散失反映在振盪振幅的減少上。

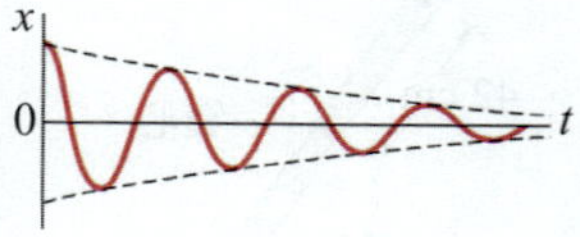

既然自然振盪系統通常都是阻尼式的，為什麼我們還要討論 (無

圖 14-19 阻尼諧動。紅色曲線代表餘弦乘上遞減的指數 (虛線)。

5 “阻尼” 表示減少、抑制或消滅，如 “潑冷水”。

阻尼) 簡諧運動？答案是 SHM 在數學上要容易處理得多。而且如果阻尼不大，振盪可以看成是阻尼疊加的簡諧運動，如圖 14-19 中的虛線所示。雖然阻尼會改變振動頻率，但是如果阻尼很小，此種影響通常也很小。以下我們將對此作詳細討論。

阻尼力視振盪物體的速率而定，而且與運動方向相反。在某些簡單的情形中，阻尼力大致與速率成正比

$$F_{\text{damping}} = -bv$$

其中 b 是常數。[6] 對一個在彈簧末端振盪的物體而言，彈簧的回復力為 $F = -kx$；因此牛頓第二運動定律 ($ma = \Sigma F$) 變成

$$ma = -kx - bv$$

將所有項移至等式左邊並且代入 $v = dx/dt$ 與 $a = d^2x/dt^2$，得到

$$m\frac{d^2x}{dt^2} + b\frac{dx}{dt} + kx = 0 \qquad \textbf{(14-15)}$$

這是運動方程式。為解出這個方程式，我們先猜測一個解，然後再檢查它是否正確。如果阻尼常數 b 很小，則 x 的時間函數圖形如圖 14-19 中所示，它看似一個餘弦函數乘上一個隨時間遞減的因數 (虛線)。與此相符的一個簡單函數是指數 $e^{-\gamma t}$，所以滿足 (14-15) 式的解為

$$x = Ae^{-\gamma t}\cos\omega' t \qquad \textbf{(14-16)}$$

其中 A、γ 與 ω' 均假設為常數，並且於 $t = 0$ 時，$x = A$。我們稱角頻率為 ω'(而不是 ω)，因為它與無阻尼之 SHM 的 ω ($\omega = \sqrt{k/m}$) 不同。

如果我們將 (14-16) 式代入 (14-15) 式中 (詳細過程列於本節末段選讀的部分)，將發現如果 γ 和 ω' 具有下列值，則 (14-16) 式的確是一個解，

$$\gamma = \frac{b}{2m} \qquad \textbf{(14-17)}$$

$$\omega' = \sqrt{\frac{k}{m} - \frac{b^2}{4m^2}} \qquad \textbf{(14-18)}$$

6 這種與速度相依的力曾經於第 5-6 節中討論過。

因此 (輕微的) 阻尼諧振盪器之 x 的時間函數為

$$x = Ae^{(-b/2m)t}\cos\omega' t \tag{14-19}$$

當然可以在 (14-19) 式的餘弦項之輻角中加入相位常數 ϕ。當 $\phi = 0$ 時，很明顯地在 (14-19) 式中的常數 A 是初始位移，於 $t = 0$ 時，$x = A$。頻率 f' 則是

$$f' = \frac{\omega'}{2\pi} = \frac{1}{2\pi}\sqrt{\frac{k}{m} - \frac{b^2}{4m^2}} \tag{14-20}$$

此頻率比無阻尼的SHM低，而週期則較長。(不過，在許多輕阻尼的實際情況中，ω' 與 $\omega = \sqrt{k/m}$ 只有稍許不同)。因為我們預測阻尼會使運動減慢，所以這是合理的。假若無阻尼 ($b = 0$)，(14-20) 式當然就簡化為 (14-7a) 式。常數 $\gamma = b/2m$ 是此振盪減少至零之快慢程度的量度 (圖 14-19)。而時間 $t_L = 2m/b$ 是振盪下降到初始振幅的 $1/e$ 所需的時間；t_L 稱為振盪的"平均壽命"。注意，b 愈大，振盪衰減得愈快。

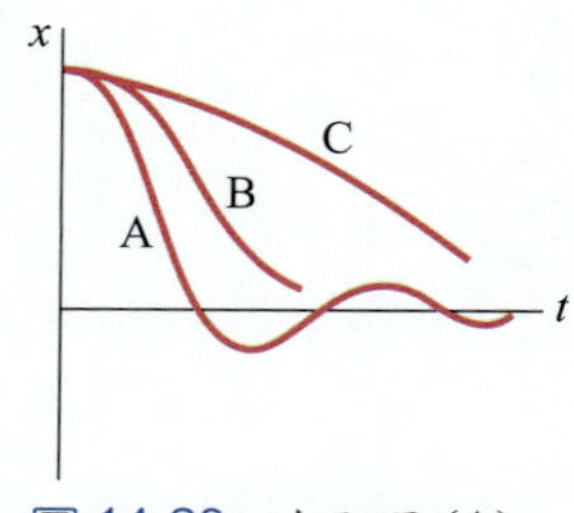

圖 14-20 欠阻尼 (A)、臨界阻尼 (B) 和過阻尼 (C) 的運動。

如果 b 很大，使得 $b^2 > 4mk$，(14-19) 式的解就不能成立。因為此時 ω' [(14-18) 式] 變成虛數。在這種情況下，系統根本不會振盪而直接回到它的平衡位置。接下來討論此種情況。

圖 14-20 中所示為重阻尼系統三種常見的情形。曲線 C 代表阻尼很大 ($b^2 \gg 4mk$)，使得它需要長時間才能達到平衡；此系統為**過阻尼** (overdamped)。曲線 A 代表**欠阻尼** (underdamped) 的情況，其中系統在停止之前作數次擺動 ($b^2 < 4mk$)，並且相當於 (14-19) 式具有較重阻尼的變化形式。曲線B代表**臨界阻尼** (critical damping)：$b^2 = 4mk$；在這種情況下，系統會在最短的時間內達到平衡。這些專有名詞全部都是從實際阻尼系統的應用衍生而來，如關門的機械裝置與汽車的**減震器** (shock absorber) (圖 14-21)，這些通常都設計成臨界阻尼。但是當它們有磨損時，就會發生欠阻尼：門會猛然關上；並且當汽車撞到地面上的凸起物時，汽車會上下振動好幾次。

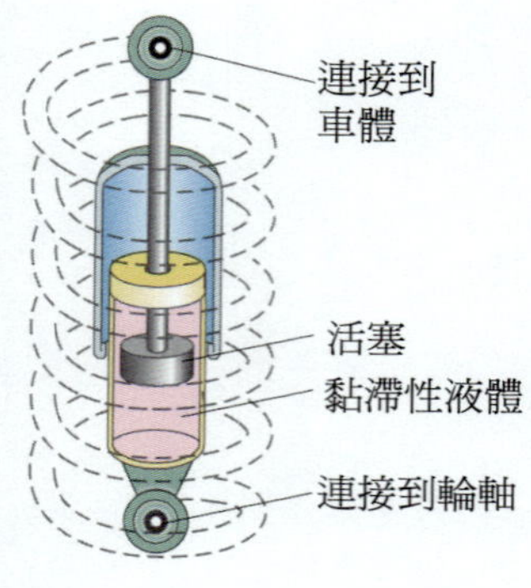

圖 14-21 汽車彈簧和減震器提供足夠的阻尼以避免汽車不停地上下振動。

在許多系統中，振盪運動才是具有重要意義的，例如時鐘與手錶，而且阻尼必須減至最小。但是在其他系統中，振盪才是難題所在，例如汽車的彈簧，所以此時需要適量的阻尼 (即臨界阻尼)。各類應用都需要精心設計的阻尼。新建 (或翻修) 的大型建築物，特別是

在加州，都具備巨大的阻尼器以減少地震的損害。

例題 14-11 **有阻尼的單擺** 某單擺的長度為 1.0 m (圖 14-22)，它以小幅度振盪。5.0 分鐘之後，其振幅只有最初的 50%。(a) 其運動的 γ 值是多少？(b) 頻率 f' (阻尼) 與 f (無阻尼) 的差異比例是多少？

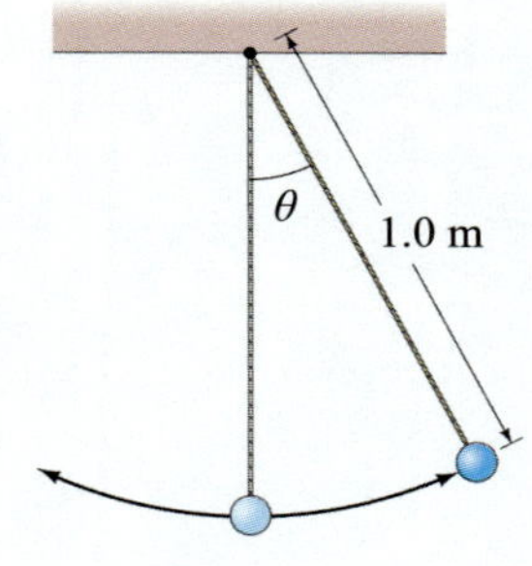

圖 14-22 例題 14-11。

方法 我們假設阻尼力與角速率 $d\theta/dt$ 成正比。彈簧末端之物體的阻尼諧動的運動方程式為

$$x = Ae^{-\gamma t}\cos\omega' t \text{，其中 } \gamma = \frac{b}{2m} \text{ 且 } \omega' = \sqrt{\frac{k}{m} - \frac{b^2}{4m^2}}$$

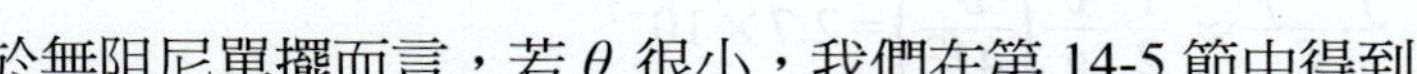

對於無阻尼單擺而言，若 θ 很小，我們在第 14-5 節中得到

$$F = -mg\theta$$

因為 $F = ma$，其中 a 可以用角加速度表示，已知 $\alpha = d^2\theta/dt^2$，所以 $a = \ell\alpha = \ell d^2\theta/dt^2$，於是 $F = m\ell\, d^2\theta/dt^2$，並且

$$\ell\frac{d^2\theta}{dt^2} + g\theta = 0$$

加入阻尼項 $b(d\theta/dt)$，我們得到

$$\ell\frac{d^2\theta}{dt^2} + b\frac{d\theta}{dt} + g\theta = 0$$

除了 x 換成 θ 以及 m 和 k 換成 ℓ 和 g，此式與 (14-15) 式相同。

解答 (a) 比較上式與 (14-15) 式，我們看到方程式 $x = Ae^{-\gamma t}\cos\omega' t$ 變成一個 θ 的方程式，且

$$\gamma = \frac{b}{2\ell} \quad \text{與} \quad \omega' = \sqrt{\frac{g}{\ell} - \frac{b^2}{4\ell^2}}$$

於 $t = 0$ 時，將 x 換成 θ 重寫 (14-16) 式

$$\theta_0 = Ae^{-\gamma\cdot 0}\cos\omega'\cdot 0 = A$$

然後於 $t = 5.0\text{ min} = 300\text{ s}$ 時，由 (14-16) 式所得到的振幅已經減少為 $0.50\,A$，所以

$$0.50\,A = Ae^{-\gamma(300\text{ s})}$$

我們解 γ，得到 $\gamma = \ln 2.0/(300\text{ s}) = 2.3\times10^{-3}\text{ s}^{-1}$。

(b) 已知 $\ell=1.0\text{ m}$，所以 $b=2\gamma\ell=2\,(2.3\times10^{-3}\text{ s}^{-1})\,(1.0\text{ m})=4.6\times10^{-3}$ m/s。因此 $(b^2/4\ell^2)$ 遠小於 g/ℓ $(=9.8\text{ s}^{-2})$，而且此運動的角頻率幾乎與無阻尼運動相同。具體說來 [見 (14-20) 式]，

$$f'=\frac{1}{2\pi}\sqrt{\frac{g}{\ell}\left[1-\frac{\ell}{g}\left(\frac{b^2}{4\ell^2}\right)\right]^{\frac{1}{2}}}\approx\frac{1}{2\pi}\sqrt{\frac{g}{\ell}}\left[1-\frac{1}{2}\frac{\ell}{g}\left(\frac{b^2}{4\ell^2}\right)\right]$$

其中我們使用了二項展開式。接著利用 $f=(1/2\pi)\sqrt{g/\ell}$ [(14-12b) 式]，得到

$$\frac{f-f'}{f}\approx\frac{1}{2}\frac{\ell}{g}\left(\frac{b^2}{4\ell^2}\right)=2.7\times10^{-7}$$

所以 f' 與 f 的差異不到百萬分之一。

*證明 $x=Ae^{-\gamma t}\cos\omega' t$ 是方程式的解

我們從 (14-16) 式開始，看它是否為 (14-15) 式的解。首先我們取一階與二階導數

$$\frac{dx}{dt}=-\gamma Ae^{-\gamma t}\cos\omega' t-\omega' Ae^{-\gamma t}\sin\omega' t$$

$$\frac{d^2x}{dt^2}=\gamma^2Ae^{-\gamma t}\cos\omega' t+\gamma A\,\omega' e^{-\gamma t}\sin\omega' t+\omega'\gamma Ae^{-\gamma t}\sin\omega' t-\omega'^2Ae^{-\gamma t}\cos\omega' t$$

然後我們將這些關係式代入 (14-15) 式中，經整理後得到

$$Ae^{-\gamma t}[(m\gamma^2-m\omega'^2-b\gamma+k)\cos\omega' t+(2\omega'\gamma m-b\omega')\sin\omega' t]=0 \qquad \textbf{(i)}$$

等號左邊在任何時刻 t 都必須等於零，但這只有對某些 γ 和 ω' 值才能成立。為了求得 γ 和 ω'，我們選擇能使計算較為簡易的兩個 t 值。於 $t=0$ 時，$\sin\omega' t=0$，因此上式縮減為 $A(m\gamma^2-m\omega'^2-b\gamma+k)=0$，意指[7]

$$m\gamma^2-m\omega'^2-b\gamma+k=0 \qquad \textbf{(ii)}$$

此外，於 $t=\pi/2\omega'$ 時，$\cos\omega' t=0$ 所以只有當

$$2\gamma m-b=0 \qquad \textbf{(iii)}$$

7 如果 $A=0$，等式依然成立。但因此會得到一個毫無價值且無趣的解，即在所有時刻 $x=0$，這表示沒有振盪。

時，(i) 式才能成立。

由 (iii) 式得到

$$\gamma=\frac{b}{2m}$$

再由 (ii) 式

$$\omega'=\sqrt{\gamma^2-\frac{b\gamma}{m}+\frac{k}{m}}=\sqrt{\frac{k}{m}-\frac{b^2}{4m^2}}$$

因此我們看到，只要 γ 和 ω' 為 (14-17) 和 (14-18) 式中的特定值，(14-16) 式就是阻尼諧動運動方程式的解。

14-8 強迫振盪；共振

當振盪系統開始運動時，它會以其自然頻率振盪 [(14-7a) 與 (14-12b) 式]。不過，系統可能會受外力作用，而外力具有自己特定的頻率，於是產生了**強迫振盪** (forced oscillation)。

例如，我們以頻率 f 來回拉動圖 14-1 之彈簧上的物體。則物體會以外力之頻率 f 振盪，即使此頻率與彈簧的**自然頻率** (natural frequency) 不同。我們現在將自然頻率以 f_0 表示之 [見 (14-5) 與 (14-7a) 式]

$$\omega_0=2\pi f_0=\sqrt{\frac{k}{m}}$$

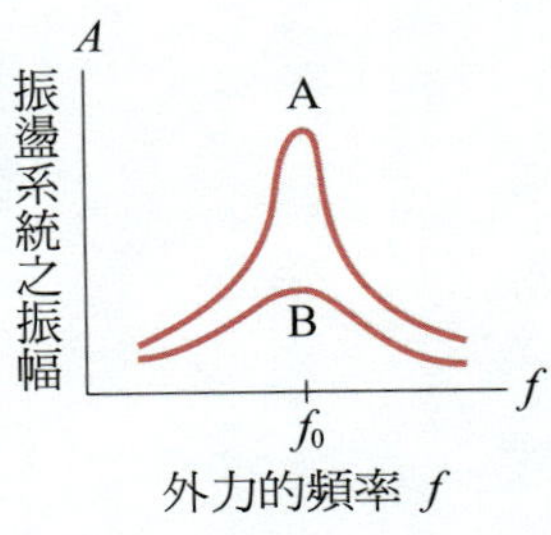

圖 14-23 輕阻尼 (A) 及重阻尼 (B) 系統的共振。(更詳細的曲線見圖 14-26)

在強迫振盪中，振盪的振幅以及轉移至振盪系統的能量視 f 和 f_0 之差與阻尼量而定。當外力的頻率等於系統的自然頻率，即 $f=f_0$ 時，它達到最大值。振幅對外力頻率 f 的函數圖形繪於圖 14-23 中。曲線 A 代表輕阻尼，而曲線 B 則代表重阻尼。只要阻尼不是太大，當驅動頻率 f 在自然頻率附近時，$f\approx f_0$，振幅就會變大。當阻尼小時，在 $f=f_0$ 附近的振幅增加量非常大 (通常是暴增)。這種效應就是**共振** (resonance)。一個系統的自然頻率 f_0 稱為它的**共振頻率** (resonant frequency)。

圖 14-24 當酒杯與小喇叭聲共振時，酒杯破裂。

共振的一個簡單實例就是推著小孩盪鞦韆。鞦韆像所有鐘擺一般，其振盪的自然頻率依它的長度 ℓ 而定。如果你以隨意的頻率推動鞦韆，鞦韆來回晃動但是振幅不會太大。若是你推動的頻率等於鞦韆的自然頻率，振幅會大大地增加。於共振時，只要施加相對較小的力就能獲得大的振幅。

據說偉大的男高音卡羅素能夠用圓潤的聲音唱出頻率恰好的音符而使水晶酒杯碎裂。這是共振的實例，聲音所發出的音波使玻璃產生強迫振盪。在共振時，酒杯的振盪可能大到其振幅使玻璃超出它的彈性極限而破裂 (圖 14-24)。

(a)

(b)

圖 14-25 (a) 由於強陣風引起塔科馬海峽大橋大幅的振盪，導致其崩塌 (1940)。(b) 由 1989 年的地震所造成的加州高速公路崩塌。

物體的材質通常都具有彈性，在各種情況中共振是一種重要的現象。雖然其效應始終無法預知，但它在結構工程中還是特別重要的。例如，曾經有報導指出，因為火車其中一個輪子的裂口造成橋樑共振，而使鐵橋崩塌。的確，當行進的士兵過橋時，會故意弄亂步伐，以避免他們正常的行進步伐節律與橋樑的共振頻率相匹配。發生於 1940 年著名的塔科馬海峽大橋崩塌事件 (圖 14-25a)，是由於強烈的陣風使大橋產生大幅振盪所造成的。1989 年的加州地震中，奧克蘭高速公路的崩塌則與填補泥漿的路段易傳導之頻率的共振運動有關 (圖 14-25b)。

我們以後會遇到共振的一些重要實例。我們也將發現振動的物體通常不是只有一個，而是有許多個共振頻率。

*運動方程式與它的解

我們現在要討論強迫振盪的運動方程式與它的解。假設外力是正弦式的，並且可以表示為

$$F_{\text{ext}}=F_0\cos\omega t$$

其中 $\omega=2\pi f$ 是作用在振盪器上的外加角頻率。而運動方程式 (含阻尼) 為

$$ma=-kx-bv+F_0\cos\omega t$$

此式可以寫成

$$m\frac{d^2x}{dt^2}+b\frac{dx}{dt}+kx=F_0\cos\omega t \tag{14-21}$$

在方程式右邊的外力，是唯一不包括 x 或其導數的項。習題 68 要求你用直接代入的方式證明

$$x=A_0\sin(\omega t+\phi_0) \tag{14-22}$$

為 (14-21) 式的解，其中

$$A_0=\frac{F_0}{m\sqrt{(\omega^2-\omega_0^2)^2+b^2\omega^2/m^2}} \quad \textbf{(14-23)}$$

與

$$\phi_0=\tan^{-1}\frac{\omega_0^2-\omega^2}{\omega(b/m)} \quad \textbf{(14-24)}$$

實際上，(14-21) 式的通解是 (14-22) 式加上具有振盪器自然阻尼運動的 (14-19) 式之形式的另一項；但第二項會隨時間而趨近於零，因此在許多情況下我們只關注 (14-22) 式。

強迫諧動的振幅 A_0 明顯地依外加頻率與自然頻率之差而定。圖 14-26 (圖 14-23 的較詳細之版本) 中所示，是針對三個特定數值的阻尼常數 b 所繪出的 A_0 [(14-23) 式] 作為外加頻率 ω 之函數的圖形。曲線 A ($b=\frac{1}{6}m\omega_0$) 代表輕阻尼，曲線 B ($b=\frac{1}{2}m\omega_0$) 代表頗重的阻尼，而曲線 C ($b=\sqrt{2}m\omega_0$) 則代表過阻尼運動。只要阻尼不是太大，當驅動頻率接近自然頻率時，$\omega\approx\omega_0$，振幅就會變大。當阻尼小時，在 $\omega=\omega_0$ 附近振幅的增加情形是非常大的，並且如我們先前所見，這就是已知的共振。一個系統的自然振盪頻率 f_0 ($=\omega_0/2\pi$) 就是它的共振頻率。[8] 如果 $b=0$，共振發生在 $\omega=\omega_0$ 時，並且共振峰值 (A_0) 為無限大；在這種情況下，能量不斷地轉移至系統而不會耗散。就實際的系統而言，b 絕不會正好是零，所以共振峰值是有限大的。雖然峰值非常接近 ω_0，但除非阻尼很大，否則共振峰值不會正好發生於 $\omega=\omega_0$ [因為 $b^2\omega^2/m^2$ 在 (14-23) 式的分母中]。如果阻尼大，峰值就小或是沒有峰值 (圖 14-26 中的曲線 C)。

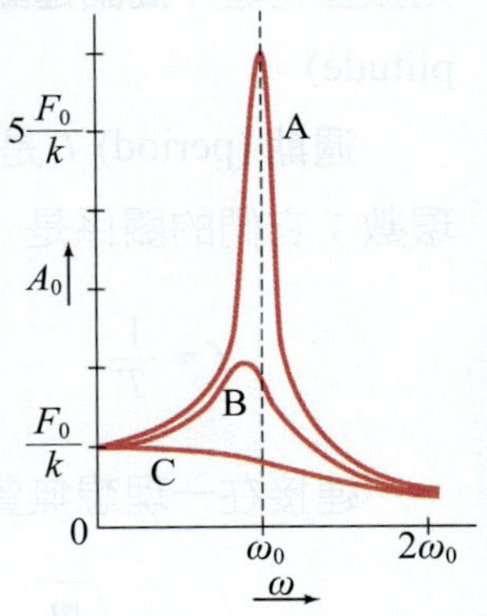

圖 14-26 強迫諧動振盪器之振幅為 ω 的函數。曲線 A、B 和 C 分別相當於輕、重和過阻尼系統 ($Q=m\omega_0/b=6, 2, 0.71$)。

*Q 值

共振尖峰的高度和狹窄度通常是由它的**品質因數** (quality factor) 或 **Q 值** (Q value) 來規定的，其定義為

$$Q=\frac{m\omega_0}{b} \quad \textbf{(14-25)}$$

圖 14-26 中，曲線 A 的 $Q=6$，曲線 B 的 $Q=2$ 且曲線 C 的 $Q=1/\sqrt{2}$。

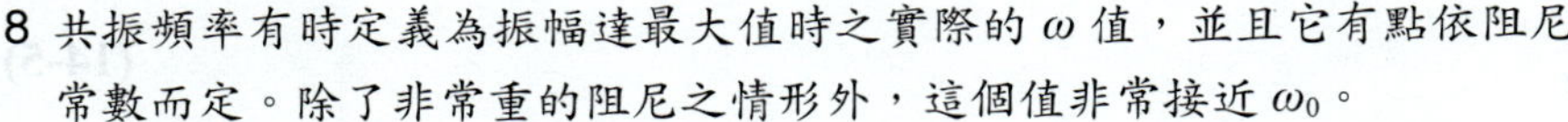

8 共振頻率有時定義為振幅達最大值時之實際的 ω 值，並且它有點依阻尼常數而定。除了非常重的阻尼之情形外，這個值非常接近 ω_0。

阻尼常數 b 愈小，Q 值愈大，共振尖峰也愈高。Q 值也是尖峰寬度的量度。為了解其原因，設 ω_1 和 ω_2 是振幅 A_0 之平方為其最大值平方之一半處的頻率 (這裡使用平方是因為轉移至系統的功率與 A_0^2 成正比)；而 $\Delta\omega = \omega_1 - \omega_2$，稱為共振尖峰寬度，它與 Q 的關係為

$$\frac{\Delta\omega}{\omega_0} = \frac{1}{Q} \qquad \textbf{(14-26)}$$

這個關係只有在弱阻尼的情況下才是正確的。Q 值愈大，共振尖峰的寬度相對於高度會變得愈窄。因此 Q 值大，代表系統的品質高，具有又高又窄的共振尖峰曲線。

摘 要

如果回復力與位移成正比，

$$F = -kx \qquad \textbf{(14-1)}$$

則振盪物體作**簡諧運動** (simple harmonic motion, SHM)。距離平衡點的最大位移稱為**振幅** (amplitude)。

週期 (period) T 是完成一次循環 (來回) 所需的時間，而**頻率** (frequency) f 是每秒內的循環數；它們的關係是

$$f = \frac{1}{T} \qquad \textbf{(14-2)}$$

連接在一理想無質量彈簧末端之物體 m 的振盪週期為

$$T = 2\pi\sqrt{\frac{m}{k}} \qquad \textbf{(14-7b)}$$

SHM 是**正弦式** (sinusoidal) 的，意指位移為依循正弦或餘弦曲線變化的時間函數。其通解可以寫成

$$x = A\cos(\omega t + \phi) \qquad \textbf{(14-4)}$$

其中 A 為振幅，ϕ 為**相位角** (phase angle)，並且

$$\omega = 2\pi f = \sqrt{\frac{k}{m}} \qquad \textbf{(14-5)}$$

A 與 ϕ 值依**初始條件** (initial condition) (於 $t=0$ 時的 x 與 v) 而定。

在 SHM 的過程中，總能量 $E=\frac{1}{2}mv^2+\frac{1}{2}kx^2$ 不斷地在位能與動能之間反覆轉換。

如果一個長度為 ℓ 的**單擺** (simple pendulum) 之振幅很小而且摩擦可忽略，則其運動近似於 SHM。對於小的振幅，它的週期是

$$T=2\pi\sqrt{\frac{\ell}{g}} \tag{14-12c}$$

其中 g 為重力加速度。

當有摩擦存在時 (對所有實際的彈簧和單擺而言)，其運動稱為是**阻尼式的** (damped)。最大位移隨時間而減少，而且機械能最終全部會轉換成熱能。如果摩擦非常大，而沒有產生振盪，則系統稱為是**過阻尼** (overdamped)。如果摩擦夠小而產生振盪，則系統是**欠阻尼** (underdamped)，其位移為

$$x=Ae^{-\gamma t}\cos\omega' t \tag{14-16}$$

其中 γ 與 ω' 為常數。對於**臨界阻尼** (critically damped) 系統而言，它不會產生振盪，而且會在最短的時間內達到平衡。

如果一振盪力施加於一個能夠振動的系統上，若作用力的頻率接近振盪器的**自然** (或**共振**) **頻率** [natural (or resonant) frequency]，則振動振幅會非常大；這稱為**共振** (resonance)。

問 題

1. 試舉出數個每天都會振動之物體的實例，其中哪些展現 (或近似) 為 SHM？

2. 簡諧振盪器的加速度會是零嗎？如果是，請問在何處？

3. 試解釋為什麼汽車引擎中的活塞之運動近似於簡諧運動。

4. 實際的彈簧具有質量。其週期和頻率與連接在無質量之理想彈簧末端的振盪物體相比，是較大還是較小？

5. 你要如何使簡諧振盪器 (SHO) 的最大速率加倍？

6. 一條 5.0 kg 的鱒魚掛在一個垂直彈簧秤上，然後將牠取下。試以時間的函數描述彈簧秤的讀數。

7. 一個擺鐘在海平面處高度時是準確的，當移至高海拔處時，它會走得較快或較慢？為什麼？

圖 14-27 問題 8。

8. 有一個輪胎鞦韆掛在樹枝上且輪胎幾乎碰到地面 (圖 14-27)，你要如何只使用碼錶來估計樹枝的高度？

9. 對簡諧振盪器而言，何時的 (如果可能) 位移與速度向量的方向相同？又何時的位移與加速度向量的方向相同？

10. 一個 100 g 的物體懸掛在長繩上形成一個擺。將物體往旁邊拉一小段距離，然後再由靜止放開。經仔細測量其來回擺動一次所需的時間是 2.0 s。如果將原先 100 g 之物體改為 200 g，然後一樣地將它拉到相同的距離再由靜止放開，則時間會變成 (a) 1.0 s，(b) 1.41 s，(c) 2.0 s，(d) 2.82 s，(e) 4.0 s。

11. 兩個相同的物體，分別連接於兩個相同且相鄰的彈簧端。拉其中一個物體使彈簧伸長 20 cm，而拉另一個物體使其彈簧只伸長 10 cm。然後同時釋放兩個物體。哪一個物體會先到達平衡點？

12. 空車或滿載的車之彈簧會較快彈回？

13. 你走路步伐的週期之近似值是多少？

14. 如果你在遊樂場盪鞦韆，由坐姿改為站立之後，鞦韆的週期有何變化？

***15.** 一根質量為 m 的均勻細桿以一端懸掛，並且以頻率 f 振盪。如果將一個質量為 2 m 的小球連接於細桿的另一端，則細桿的振盪頻率會增加或減少？試解釋之。

16. 一支自然頻率為 264 Hz的音叉放置於房間前面的桌子上。同時在房間後面還有兩支自然頻率各為 260 Hz 與 420 Hz 的音叉，並且原先是無聲的。當位於房間前面的音叉開始振動時，260 Hz 的音叉也自發性地開始振動，但是 420 Hz 的音叉則否。試解釋之。

17. 為什麼只有當你以一特定的頻率搖動鍋子時，才會使鍋子的水來回搖盪？

18. 請舉出數個日常生活中共振的例子。

19. 汽車發出的喀喀聲是否為共振現象？試解釋之。

20. 這幾年來，都採用愈來愈輕的材料作為建築物的建材。它會如何影響建築物的自然振盪頻率，以及由通過的卡車、飛機或風與其他自然的振動源所引起的共振問題？

習 題

14-1 與 14-2 簡諧運動

1. (I) 如果有一個質點以 0.18 m 之振幅作簡諧運動 (SHM)，則它在一週期內所行經的總距離是多少？

2. (I) 一根彈性繩懸掛重 75 N 的物體時長度為 65 cm，當它改掛重 180 N 的物體時長度變成

85 cm。彈性繩的“彈力”常數 k 是多少？

3. (I) 一位 68 kg 的駕駛坐入一輛 1500 kg 的汽車時，使汽車的彈簧壓縮了 5.0 mm。如果汽車從地面的凸起物上駛過，其振盪頻率是多少？可忽略阻尼。

4. (I) (a) 一物體連接於彈簧端，且彈簧自平衡點伸長 8.8 cm。然後將物體由靜止放開，其振盪週期為 0.66 s。試以一方程式描述此物體的運動。(b) 1.8 s 之後，物體的位移是多少？

5. (II) 試估算孩童用的彈簧單高蹺中的彈簧勁度？已知小孩質量為 35 kg，且每 2.0 s 彈回一次。

6. (II) 一條 2.4 kg 的魚懸掛於漁夫的秤上使其伸長 3.6 cm。(a) 彈簧的彈力常數為何？(b) 如果把魚再向下拉 2.5 cm，然後放手使牠上下振盪，則振盪的振幅與頻率為何？

7. (II) 高建築物設計成可以在風中搖擺。例如，當風速為 100 km/h 時，110 樓高的西爾斯大廈頂端以 15 cm 的振幅水平振盪。這棟大廈以其自然頻率振盪，而週期為 7.0 s。假設此振盪為 SHM，並且有一位員工正坐在位於頂樓辦公室的桌前工作，她所感受到的最大水平速度與加速度各為多少？(用百分比) 將此最大加速度與重力加速度相比較。

8. (II) 列表指出圖 14-2 中之物體於時間 $t=0$、$\frac{1}{4}T$、$\frac{1}{2}T$、$\frac{3}{4}T$、T 和 $\frac{5}{4}T$ 時的位置 x，其中 T 為振盪週期。於 x-t 圖上繪出這 6 個點，然後將這些點以平滑曲線連接。基於這些簡單的考量，此曲線看起來像是餘弦還是正弦波？

9. (II) 一隻 0.25 g 的小蒼蠅落入蜘蛛網中。蜘蛛網以 4.0 Hz 之頻率振盪。(a) 蜘蛛網的有效彈力常數 k 是多少？(b) 若網中捕獲的昆蟲為 0.50 g，則網的振盪頻率為何？

10. (II) 一個連接於彈簧端的物體 m 以 0.83 Hz 之頻率振盪。但如果額外增加 680 g 的質量於 m 上，則頻率變成 0.60 Hz。m 之值為何？

11. (II) 一根質量為 M 的均勻量尺以一端為樞軸安裝於樞紐上，且另一端與彈力常數為 k 的彈簧水平連接 (圖 14-28)。如果量尺輕微地上下振盪，其頻率為何？[提示：寫出繞樞紐的力矩方程式。]

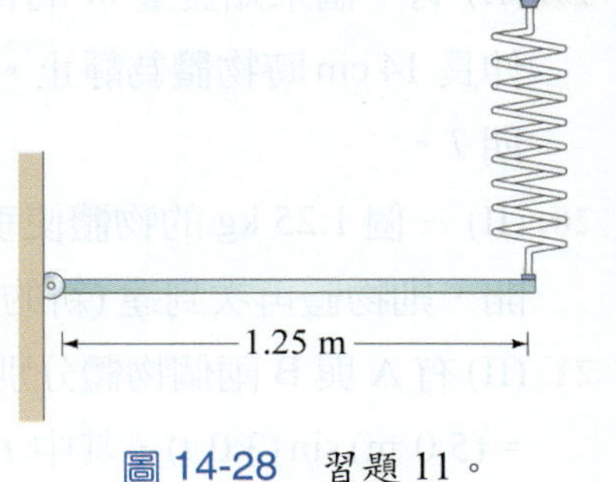

圖 14-28 習題 11。

12. (II) 一塊 55 g 的輕木塊浮在湖面上，並且以 3.0 Hz 之頻率上下快速振動。(a) 水的有效彈力常數值是多少？(b) 有一個未裝滿水的瓶子，其質量為 0.25 kg，並且大小與形狀幾乎與輕木塊相同。將這個瓶子丟入水中，你認為瓶子上下振動的頻率為何？假設其振動為 SHM。

13. (II) 圖 14-29 中所示是 SHM 的兩個例子，分別標示為 A 和 B。每一個例子的 (a) 振幅，(b) 頻率，與 (c) 週期是多少？(d) 試以正弦或餘弦形式寫出 A 和 B 的方程式。

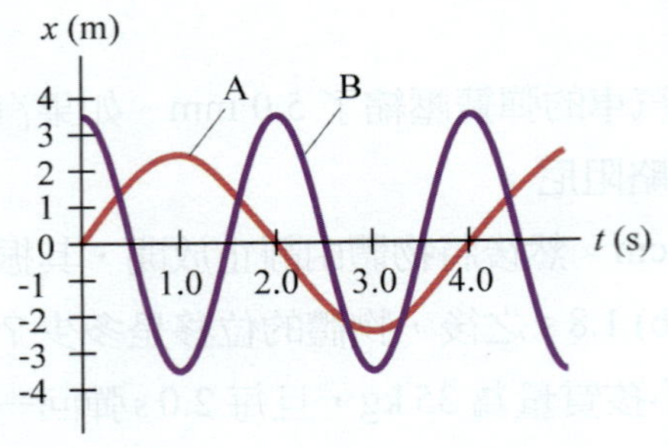

圖 14-29 習題 13。

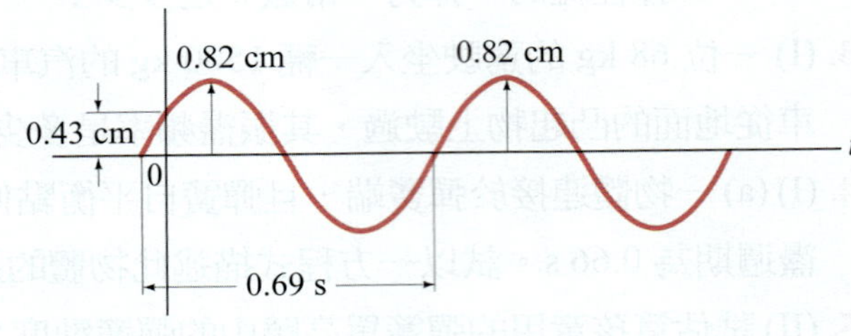

圖 14-30 習題 16。

14. (II) 在 (14-4) 式中，如果於 $t=0$ 時，振盪物體位於 (a) $x=-A$，(b) $x=0$，(c) $x=A$，(d) $x=\frac{1}{2}A$，(e) $x=-\frac{1}{2}A$，(f) $x=A/\sqrt{2}$，試分別求出其相位常數 ϕ。

15. (II) 當一個 0.260 kg 的物體懸掛於彈力常數為 305 N/m 的垂直彈簧末端時，彈簧以 28.0 cm 之振幅振盪。於 $t=0$ 時，物體以正的速度通過平衡點 ($y=0$)。(a) 描述此運動的時間之函數式為何？(b) 彈簧的長度何時為最長和最短？

16. (II) 一個連接於彈簧末端之小物體 m 的位移對時間之變化曲線如圖 14-30 所示。已知於 $t=0$ 時，$x=0.43$ cm。(a) 如果 $m=9.5$ g，試求彈力常數 k。(b) 寫出位移 x 之時間的函數式。

17. (II) 已知一個 SHO 之位置的時間函數式為 $x=3.8\cos(5\pi t/4+\pi/6)$，其中 t 的單位是秒，且 x 的單位是公尺。試求 (a) 週期與頻率，(b) 於 $t=0$ 時的位置與速度，和 (c) 於 $t=2.0$ s 時的速度與加速度。

18. (II) 有一支音叉以 441 Hz之頻率振盪，並且其每個分叉的尖端朝中心的兩邊分別移動 1.5 mm。試計算分叉尖端的 (a) 最大速率，和 (b) 最大加速度。

19. (II) 有一個未知質量 m 的物體懸掛於一彈力常數 k 為未知的垂直彈簧末端，並且當彈簧伸長 14 cm 時物體為靜止。然後對物體施以一輕微的推力，使其作 SHM。試求振盪的週期 T。

20. (II) 一個 1.25 kg 的物體使垂直的彈簧伸長 0.215 m。如果將彈簧再拉長 0.130 m，然後放開，則物體再次到達 (新的) 平衡點需要多少時間？

21. (II) 有 A 與 B 兩個物體分別以不同的頻率作 SHM，其位移為 $x_A=(2.0\text{ m})\sin(2.0\,t)$ 以及 $x_B=(5.0\text{ m})\sin(3.0\,t)$，其中 t 的單位為秒。於 $t=0$ 之後，試求隨後兩個物體同時通過原點的三次時間。

22. (II) 一個 160 kg 之物體在垂直懸掛的輕彈簧端以每 0.55 s 振盪一次。(a) 試寫出位置 y (向上為正) 的時間 t 函數式。假設開始時彈簧被壓縮至距離平衡位置 ($y=0$) 16 cm 處，然後再放開。(b) 物體第一次通過平衡位置所需的時間為何？(c) 最大速度率為何？(d) 最大加速度以及第一次發生時的位置為何？

23. (II) 一位 65.0 kg 的高空彈跳者從一座很高的橋上跳下。在到達最低點後，他上下振盪，並且在 43.0 s 內彈至某低點 8 次。最後，他靜止於橋下方 25.0 m 處。試估算彈跳繩的彈力常數以及未伸長時的長度。假設高空彈跳為簡諧運動 SHM。

24. (II) 一質量為 m 的物體由兩根相同且平行之垂直彈簧支撐，各彈簧的彈力常數為 k (圖 14-31)。其垂直振盪的頻率為何？

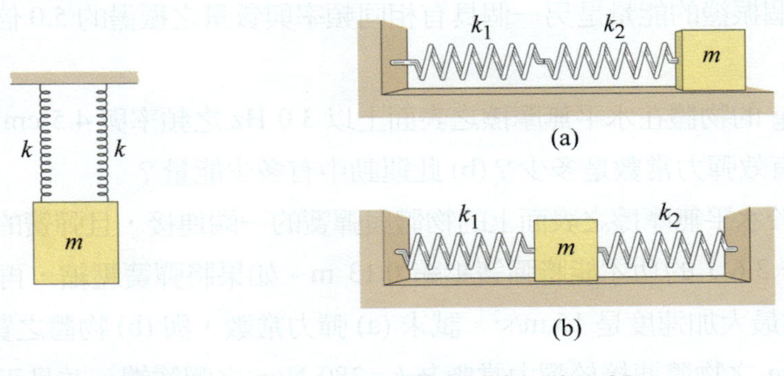

圖 14-31 習題 24。　　圖 14-32 習題 25。

25. (III) 一物體 m 以兩種方式與兩根彈力常數各為 k_1 和 k_2 的彈簧相連接，如圖 14-32a 與 b 所示。試證明 (a) 圖組態之週期為 $T=2\pi\sqrt{m\left(\frac{1}{k_1}+\frac{1}{k_2}\right)}$，且 (b) 圖組態之週期為 $T=2\pi\sqrt{\frac{m}{k_1+k_2}}$，忽略摩擦。

26. (III) 一個靜止的物體 m 連接於彈力常數為 k 的彈簧末端。於 $t=0$ 時，鐵鎚對物體施加一個衝量 J。試寫出以 m、k、J 和 t 所表示的後續運動的方程式。

14-3 SHM 中的能量

27. (I) 一個 1.15 kg 的物體依方程式 $x=0.650\cos 7.40t$ 作振盪，其中 x 的單位為公尺，且 t 的單位為秒。試求 (a) 振幅，(b) 頻率，(c) 總能量，以及 (d) 當 $x=0.260$ m 時的動能與位能。

28. (I) (a) SHO 的位移在何處時，其能量的一半是動能，且另一半是位能？(b) 當位移是振幅的三分之一時，其動能和位能在總能量中各佔多少的比例？

29. (II) 對於一個彈力常數為 95 N/m，且端點有一質量為 55 g 之物體連接的水平彈簧，試繪出一個如圖 14-11 的能量圖。假設彈簧的初始振幅為 2.0 cm，並且忽略彈簧的質量和水平表面上的任何摩擦。利用你的圖估計在 $x=1.5$ cm 處的 (a) 位能，(b) 動能，與 (c) 物體的速率。

30. (II) 一個質量為 0.35 kg 連接於彈簧末端的物體以 0.15 m 之振幅作每秒 2.5 次的振盪。試求 (a) 它通過平衡點時的速度，(b) 它距離平衡點 0.10 m 處之速度，(c) 系統的總能量，與 (d) 描述此物體運動的方程式；假設 $t=0$ 時，x 為最大值。

31. (II) 一把玩具氣槍需要 95.0 N 的力將其中的彈簧壓縮 0.175 m，以“裝填”0.160 kg 的子彈。如果槍朝水平方向發射，則子彈離開槍口時的速率為何？

32. (II) 一顆質量為 0.0125 kg 的子彈撞擊一塊 0.240 kg 的木塊，此木塊原連接於彈力常數為 2.25×10^3 N/m 的固定水平彈簧端，撞擊後木塊以 12.4 cm 之振幅作振盪。如果撞擊後兩物體一起運動，則子彈的初速率為何？

33. (II) 如果某一個振盪的能量是另一個具有相同頻率與質量之振盪的 5.0 倍，則它們的振幅比值是多少？

34. (II) 一個 240 g 的物體在水平無摩擦之表面上以 3.0 Hz 之頻率與 4.5 cm 之振幅作振盪。(a) 此運動的有效彈力常數是多少？(b) 此運動中有多少能量？

35. (II) 一個靜置於水平無摩擦之表面上的物體與彈簧的一端連接，且彈簧的另一端固定於牆壁上。其需作 3.6 J 的功才能將彈簧壓縮 0.13 m。如果將彈簧壓縮，再將物體由靜止釋放，則物體的最大加速度是 15 m/s^2。試求 (a) 彈力常數，與 (b) 物體之質量。

36. (II) 一個 2.7 kg 之物體連接於彈力常數為 $k=280$ N/m 之彈簧端，並且正在作簡諧運動。當物體距離平衡位置 0.020 m 時，其速率為 0.55 m/s。試求 (a) 運動的振幅，與 (b) 物體的最大速率。

37. (II) 艾琳探員設計以下的方法以測量子彈離開步槍槍口的初速度 (圖 14-33)。她將一發子彈射入一塊質量為 4.648 kg 的木塊中，木塊原先靜置於平滑表面上，並且與彈力常數 $k=142.7$ N/m 之彈簧連接。子彈質量為 7.870 g 並且嵌入木塊中。她測得木塊將彈簧壓縮的最大距離為 9.460 cm。子彈的速率 v 為何？

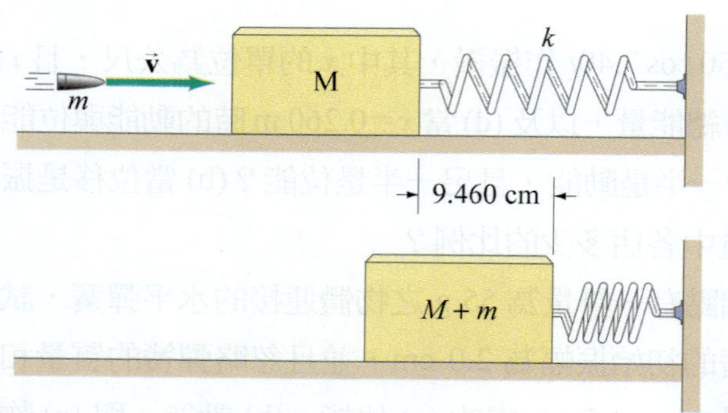

圖 14-33　習題 37。

38. (II) 試利用能量守恆，(14-10) 式，求簡諧振盪器之位移 x 的時間函數。[提示：以 $v=dx/dt$，將 (14-11a) 式積分。]

39. (II) 一個質量為 785 g 的靜止物體連接於水平彈簧 ($k=184$ N/m) 端。在 $t=0$ 時，以鐵鎚敲擊物體並給予一初速率 2.26 m/s。試求 (a) 運動的週期與頻率，(b) 振幅，(c) 最大加速度，(d) 位置的時間函數，(e) 總能量，與 (f) 當 $x=0.40A$ 時的動能，其中 A 為振幅。

40. (II) 彈珠台利用彈簧發射器射出彈珠，將它壓縮 6.0 cm 可將彈珠發射至 15° 的斜坡上。假設彈珠為半徑 $r = 1.0$ cm 且質量 $m = 25$ g 的均勻實心球體。當其離開發射器時，速率為 3.0 m/s，並且只滾動而不滑動。彈簧發射器的彈力常數是多少？

14-5 單 擺

41. (I) 某鐘擺在地球上的週期為 1.35 s。它在火星上的週期是多少？火星上的重力加速度大約為地球上的 0.37 倍。

42. (I) 有一個鐘擺作 32 次振盪正好花了 50 s。其 (a) 週期和 (b) 頻率各為多少？

43. (II) 某單擺長度為 0.30 m。於 $t = 0$ 時，將它以角度 13° 由靜止釋放。若忽略摩擦，則單擺在 (a) $t = 0.35$ s，(b) $t = 3.45$ s，與 (c) $t = 6.00$ s 時的角位置各為何？

44. (II) 長度為 53 cm 的單擺 (a) 在地球上，與 (b) 在自由落下的電梯內的週期是多少？

45. (II) 某單擺以 10.0° 之振幅作振盪。它在 +5.0° 與 − 5.0° 之間所花的時間與週期的比值是多少？假設它是簡諧運動。

46. (II) 你的落地式擺鐘中之鐘擺的長度為 0.9930 m。如果此時鐘每天慢 26 s，你應該如何調整鐘擺的長度？

47. (II) 試推導以 g、長度 ℓ 和最大擺動角度 θ_{max} 所表示的單擺擺錘之最大速率 v_{max} 的公式。

*14-6 物理擺與扭擺

***48.** (II) 某單擺是以質量為 M 的小擺錘與長度為 ℓ 且質量為 m 的均勻細繩所組成。(a) 利用小角度近似法，試求週期的方程式，(b) 如果利用單擺的公式 (14-12c) 式，則分數誤差是多少？

***49.** (II) 手錶中的擺輪是半徑為 0.95 cm 並且以 3.10 Hz 之頻率振盪的細環。如果一個 1.1×10^{-5} m · N 之力矩可使擺輪轉動 45°，試計算擺輪的質量。

***50.** (II) 人類的腿可以比作一個物理擺，它具有一個最容易行走的"自然"擺動週期。將腿視為兩支於膝蓋處緊密連結在一起的棒子，而腿的軸為髖關節。每支棒子的長度大約均為 55 cm。上方的棒子之質量為 7.0 kg，而下方的棒子為 4.0 kg。(a) 試計算此系統的自然擺動週期。(b) 你站在椅子上測量一次或多次完整的來回擺動所需的時間，來檢查你的答案。較短的腿會產生較短的擺動週期，而造成較快的"自然"步伐。

***51.** (II) (a) 試求圖 14-18 中之扭擺的運動方程式 (θ 的時間函數式)，並證明其運動為簡諧運動。(b) 證明週期 $T = 2\pi\sqrt{I/k}$。[機械手錶中的擺輪是扭擺的一個實例，其回復力矩是由圈狀彈簧所提供。]

***52.** (II) 一位學生要用量尺作為鐘擺。她在量尺上鑽一個小孔，然後把量尺懸掛在牆上一根光滑的釘子上 (圖 14-34)。她應該在量尺上何處鑽孔以得到可能為最短的週期？以此方式，

她得到的振盪週期有多短？

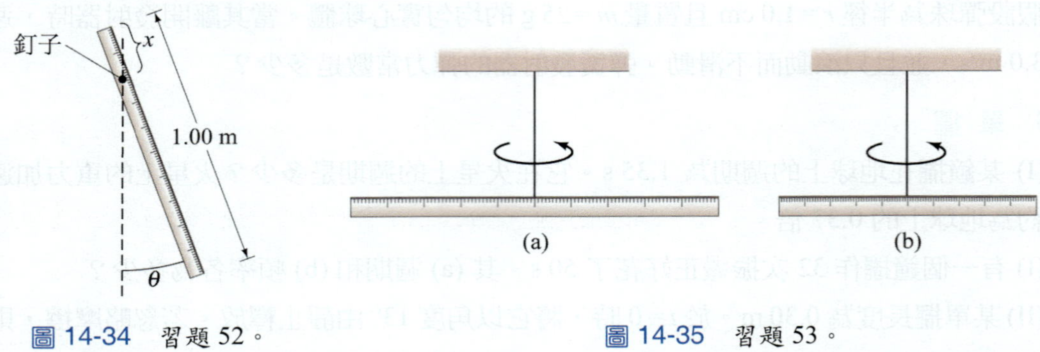

圖 14-34　習題 52。　　圖 14-35　習題 53。

*53. (II) 一支量尺的中心以細繩懸吊 (圖 14-35a)。它以 5.0 s 之週期扭轉振盪。然後將量尺鋸短使其長度成為 70.0 cm。此段依然在中心處保持平衡並且使其振盪 (圖 14-35b)。它的振盪週期為何？

*54. (II) 一個直徑為 12.5 cm 且質量為 375 g 的鋁盤安裝於摩擦極低的垂直軸上 (圖 14-36)。平坦的圈狀彈簧之一端與盤連接，而另一端則固定於此裝置的基部。鋁盤以 0.331 Hz 之頻率轉動振盪。試求扭力的彈力常數 K。($\tau = -K\theta$)

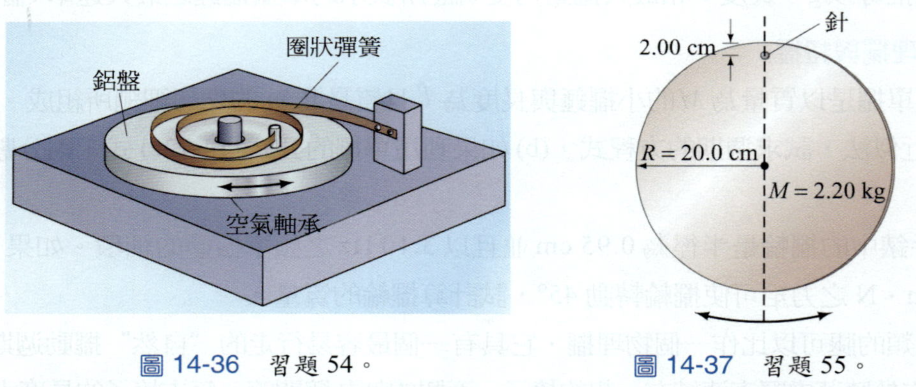

圖 14-36　習題 54。　　圖 14-37　習題 55。

*55. (II) 一個半徑為 20.0 cm 且質量為 2.20 kg 的夾板盤在距離邊緣 2.00 cm 處鑽有一小孔 (圖 14-37)。此盤懸掛在牆上的大頭針上作為一個擺。這個擺小幅振盪的週期是多少？

14-7　阻尼

56. (II) 一個 0.835 kg 的物體在彈力常數 $k = 41.0$ N/m 的彈簧一端振盪。物體在液體中運動，並且此液體產生一個阻力 $F = -bv$，其中 $b = 0.662$ N・s/m。(a) 此運動的週期為何？(b) 每次循環中振幅減少的比例為何？(c) 寫出位移的時間函數，已知 $t = 0$ 時，$x = 0$，且 $t = 1.00$ s 時，$x = 0.120$ m。

57. (II) 某輛汽車的減震器老化，並且駛過凸起物後會彈跳三次。試估計阻尼常數如何變化。

58. (II) 一個物理擺是由一根長 85 cm，且質量為 240 g 的均勻木棒懸掛在木棒一端的釘子上所組成 (圖 14-38)。因為支點有摩擦，所以其運動是阻尼式的，阻尼力大約與 $d\theta/dt$ 成正比。將木棒移至距離平衡點 15° 處後再放開，使其作振盪運動。經過 8.0 s 之後，振盪之振幅已減小為 5.5°。如果角位移可以寫成 $\theta = Ae^{-\gamma t}\cos\omega' t$，試求 (a) γ，(b) 運動的近似週期，與 (c) 使振幅減為原來的 $\frac{1}{2}$ 所需之時間。

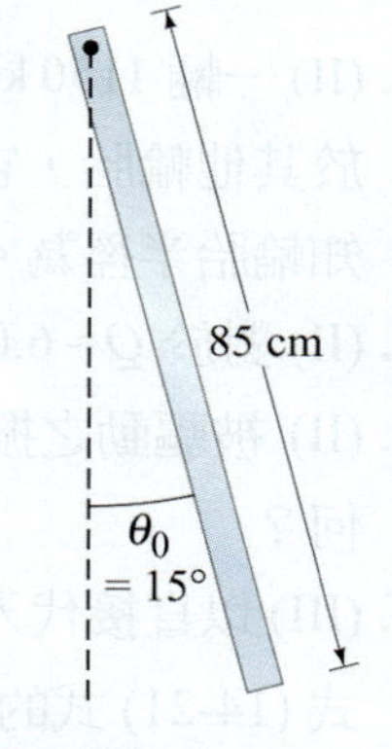

圖 14-38 習題 58。

59. (II) 有一個阻尼諧動振盪器每循環損失 6.0% 的機械能。(a) 其頻率與自然頻率 $f_0 = (1/2\pi)\sqrt{k/m}$ 之差為多少百分比？(b) 經多少週期後其振幅會減為原來的 $\frac{1}{e}$？

60. (II) 一個彈力常數為 115 N/m 的垂直彈簧支撐 75 g 的物體。此物體在充滿液體的管中振盪。已知物體的初始振幅為 5.0 cm，經 3.5 s 後振幅減為 2.0 cm。試估計阻尼常數 b。忽略浮力。

61. (II) (a) 試證明輕阻尼諧助振盪器之總機械能，$E = \frac{1}{2}mv^2 + \frac{1}{2}kx^2$ 的時間函數為

$$E = \frac{1}{2}kA^2e^{-(b/m)t} = E_0e^{-(b/m)t}$$

其中 E_0 為 $t=0$ 時之總機械能。(假設 $\omega' \gg b/2m$。) (b) 試證明每週期的分數能量損失為

$$\frac{\Delta E}{E} = \frac{2\pi b}{m\omega_0} = \frac{2\pi}{Q}$$

其中 $\omega_0 = \sqrt{k/m}$，且 $Q = m\omega_0/b$ 稱為系統的**品質因數** (quality factor) 或 **Q 值** (Q value)。較大的 Q 值表示系統可以經歷較長時間的振盪。

62. (III) 在空氣軌道上的滑動物體以彈簧連結至軌道的兩端 (14-39)。兩根彈簧具有相同的彈力常數 k，且滑動物體的質量為 M。(a) 假設沒有阻尼，且 $k = 125$ N/m 與 $M = 215$ g。試求振盪的頻率。(b) 經過 55 次的振盪後，振幅減為初始值的一半。利用 (14-16) 式，估計 γ 值。(c) 需要多少時間，振幅才會減為初始值的四分之一？

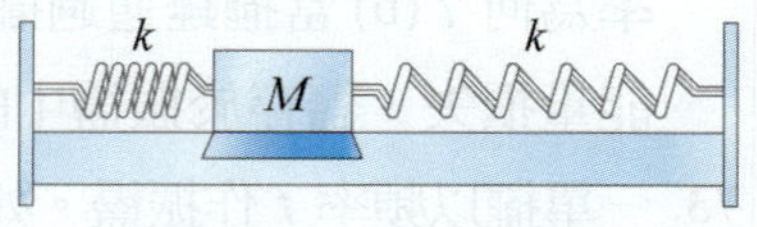

圖 14-39 習題 62。

14-8 強迫振盪；共振

63. (II) (a) 對於共振 ($\omega = \omega_0$) 的強迫振盪而言，(14-22) 式中的相位角 ϕ_0 為何？(b) 當驅動力 F_{ext} 為最大值以及當 $F_{\text{ext}} = 0$ 時的位移分別是多少？(c) 在此種情況中驅動力與位移之間的相位差 (單位為度) 為何？

64. (II) 將 (14-23) 式微分，以證明共振的振幅峰值位於 $\omega = \sqrt{\omega_0^2 - \dfrac{b^2}{2m^2}}$。

65. (II) 一輛 1150 kg的汽車具有 $k = 16000$ N/m的彈簧。其中一個輪胎並未適當地平衡；相較於其他輪胎，它的一側有一額外的小質量附著，使汽車以某速率行駛時會產生振動。已知輪胎半徑為 42 cm，車輪在何種速率下會搖晃得最厲害？

***66.** (II) 對於 $Q = 6.0$，繪出從 $\omega = 0$ 至 $\omega = 2\omega_0$ 的準確共振曲線。

***67.** (II) 被驅動之振盪器的振幅在共振頻率 382 Hz 時達到 $23.7F_0/k$ 之值。此系統的 Q 值為何？

68. (III) 以直接代入法，證明 (14-22) 式，連同 (14-23) 與 (14-24) 式為強迫振盪器之運動方程式 (14-21) 式的解。[提示：為了從 $\tan\phi_0$ 求得 $\sin\phi_0$ 與 $\cos\phi_0$，可畫直角三角形。]

***69.** (III) 考慮一個長 0.50 m 且 Q 值為 350 的單擺 (擺錘為質點)。(a) 振幅 (假設很小) 減少三分之二需要多久的時間？(b) 若振幅為 2.0 cm 且擺錘質量為 0.27 kg，則單擺起初的能量損失率為何？(以瓦特為單位)。(c) 如果我們以正弦的驅動力激發共振，則驅動頻率與單擺的自然頻率需要多接近？(以 $\Delta f = f - f_0$ 表示)

一般習題

70. 一個 62 kg的人從窗戶跳入下方 20.0 m 處的消防救生網中，使網伸長 1.1 m。假設救生網形同一個簡單的彈簧。(a) 如果此人躺在網中，網會伸長多少？(b) 如果此人從 38 m 高處跳下，網會伸長多少？

71. 某汽車吸收能量的保險槓之彈力常數為 430 KN/m。如果汽車質量為 1300 kg，並且以 2.0 m/s (約 5 mi/h) 之速率撞擊牆壁，試求保險槓的最大壓縮量。

72. 某單擺長度為 0.63 m 且擺錘質量為 295 g，將它由與垂直成 15° 角處放開。(a) 其振盪頻率為何？(b) 當擺錘通過擺動的最低點時，其速率為多少？假設此為 SHM。(c) 假設沒有能量損失，儲存於振盪中的總能量是多少？

73. 一單擺以頻率 f 作振盪。如果整個單擺以 0.50 g (a) 向上，和 (b) 向下加速，其頻率是多少？

74. 一個質量為 0.650 kg 之物體依 $x = 0.25\sin(5.50t)$ 作振盪，其中 x 的單位是公尺，且 t 的單位是秒。試求 (a) 振幅，(b) 頻率，(c) 週期，(d) 總能量，以及 (e) 當 $x = 15$ cm 時的動能和位能。

75. (a) 廢棄物場中的起重機吊起一輛 1350 kg 的汽車。起重機的鋼索長 20.0 m 且直徑為 6.4 mm。如果汽車在鋼索端彈跳，其彈跳的週期是多少？[提示：參考表 12-1]。(b) 可能引起鋼索斷裂的彈跳振幅是多少？(見表 12-2，並假設虎克定律在斷裂之前都成立。)

76. 當紅外線照射時，在DNA分子中位於特定的位置的氧原子會作簡諧運動。氧原子以類似彈簧的化學鍵與磷原子鍵結，且磷原子緊緊地附著於 DNA 主幹上。氧原子以頻率 f

$=3.7\times10^{13}$ Hz 作振盪。如果在此位置的氧原子被硫原子取代，鍵的彈力常數不變 (在週期表中，硫位於氧的正下方)，試預測以硫取代之後，DNA 分子的頻率變成多少？

77. 有一個週期恰為 2.000 s的“秒”擺，亦即每個單程的擺動需要 1.000 s。秒擺位於德州奧斯汀時 (其 $g=9.793\ \mathrm{m/s^2}$) 的長度是多少？如果將秒擺移至巴黎 (其 $g=9.809\ \mathrm{m/s^2}$)，則需要將秒擺延長多少毫米？如秒擺在月球上 (其 $g=1.62\ \mathrm{m/s^2}$)，長度為多少？

78. 一艘 320 kg 的木筏浮在湖面上。當一個 75 kg 的人站在木筏上時，它會再下沉 3.5 cm；當他突然離開木筏時，木筏會暫時振盪一段時間。(a) 振盪頻率是多少？(b) 振盪的總能量是多少 (忽略摩擦)？

79. 當簡諧振盪器的速率為最大值的一半時，其距離平衡點的位移是多少？

80. 一跳水板以每秒 2.5 個循環之頻率作簡諧運動。在置於跳水板末端的小卵石 (圖 14-40) 於振盪期間不與跳水板失去接觸的情況下，跳水板末端振盪的最大振幅為多少？

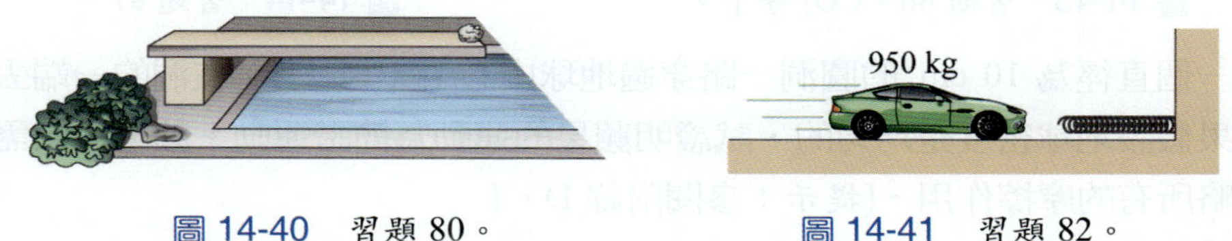

圖 14-40 習題 80。　　圖 14-41 習題 82。

81. 一塊長方形木塊浮在平靜的湖面上。將木塊輕輕地推入水中，然後再放開。若忽略摩擦，試證明其作簡諧運動。同時，求彈力常數的方程式。

82. 一輛 950 kg 的汽車以 25 m/s 之速率撞擊巨大的彈簧 (圖 14-41)，而使它壓縮 5.0 m。(a) 彈簧的彈力常數為何？(b) 汽車朝相反方向彈回之前，它與彈簧接觸的時間為何？

83. 一張 1.60 kg的桌子由四根彈簧支撐。有一塊 0.80 kg的黏土由桌子上方落下，並且以 1.65 m/s 之速率撞擊桌面 (圖 14-42)。黏土與桌子為非彈性碰撞，而且黏土與桌子上下振盪。經一段長時間之後，桌子靜止於原位置下方 6.0 cm 處。(a) 四根彈簧合併的有效彈力常數為何？(b) 桌面振盪的最大振幅是多少？

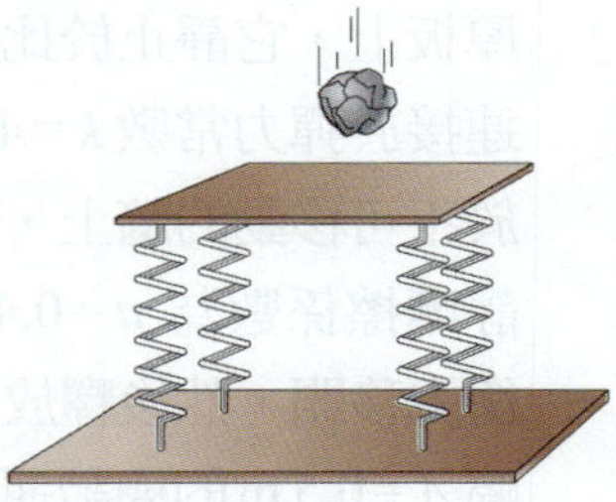

圖 14-42 習題 83。

84. 在某些雙原子分子中，其中一個原子對另一個原子的作用力可以近似地寫成 $F=-C/r^2+D/r^3$，其中 r 為原子間的距離，而 C 與 D 為正常數。(a) 繪製 $r=0.8D/C$ 至 $r=4D/C$ 的 F 對 r 之圖形。(b) 證明平衡發生於 $r=r_0=D/C$ 處。(c) 令 $\Delta r=r-r_0$ 為自平衡點測量的小位移，其中 $\Delta r \ll r_0$。試證明就小位移而言，此運動近似於簡諧運動，與 (d) 計算力常數。(e) 此運動的週期為何？[提示：假設有一個原子保持靜止。]

85. 一個連接於彈簧末端的物體距平衡點被拉長一段距離 x_0，然後再放開。當 (a) 速度為其最大速度的一半，以及 (b) 加速度為其最大加速度的一半時，物體距平衡點的距離是多少？

86. 二氧化碳為線狀分子。分子中的碳－氧鍵非常像是彈簧。圖 14-43 表示分子中氧原子可能振盪的一種方式：位於中心的碳原子保持靜止不動，且氧原子對稱地進進出出而振盪。因此，各個氧原子形同質量與氧原子相等的簡諧振盪器。已知振盪頻率為 $f=2.83\times10^{13}$ Hz。C—O 鍵的彈力常數為何？

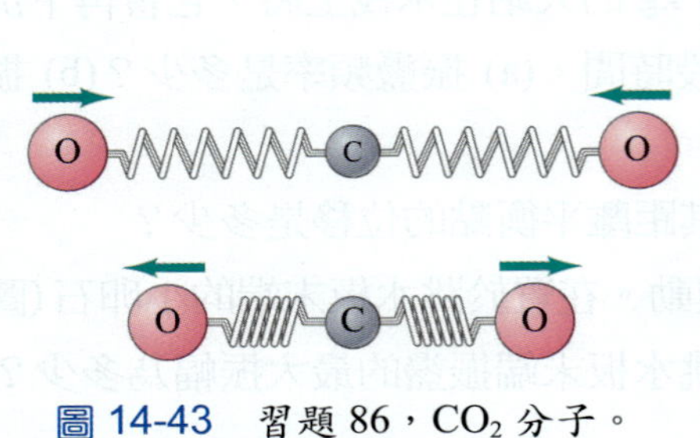

圖 14-43　習題 86，CO_2 分子。

圖 14-44　習題 87。

87. 假想有一個直徑為 10 cm 的圓洞一路穿過地球中心 (圖 14-44)。在洞的一端丟入一個蘋果。如果假設地球密度是均勻的，試證明蘋果的運動為簡諧運動。蘋果返回需要多少時間？忽略所有的摩擦作用。[提示：參閱附錄 D。]

88. 一根長 $\ell=1.00$ m 且質量 $m=215$ g 的均勻直桿懸掛在位於其一端的支點上。(a) 小振幅振盪的週期為何？(b) 具有相同週期的單擺，其長度為何？

89. 將一個物體 m 輕輕地放置於自由懸掛的彈簧末端。物體在停止並開始上升之前下降了 32.0 cm。振盪的頻率為何？

90. 一個質量為 m 的小孩坐在質量 $M=35$ kg 的一塊長方形厚板上，它靜止於比薩店裡無摩擦的水平地板上。厚板連接於彈力常數 $k=430$ N/m 之彈簧的一端 (另一端固定於不可移動的牆上，圖 14-45)。小孩與厚板表面之間的靜摩擦係數為 $\mu=0.40$。店主人想要將厚板和小孩自平衡處移開，然後釋放，使其 (厚板與小孩間無滑動) 作振幅 $A=0.5$ m 的簡諧運動。這有體重限制嗎？如果有，其條件為何？

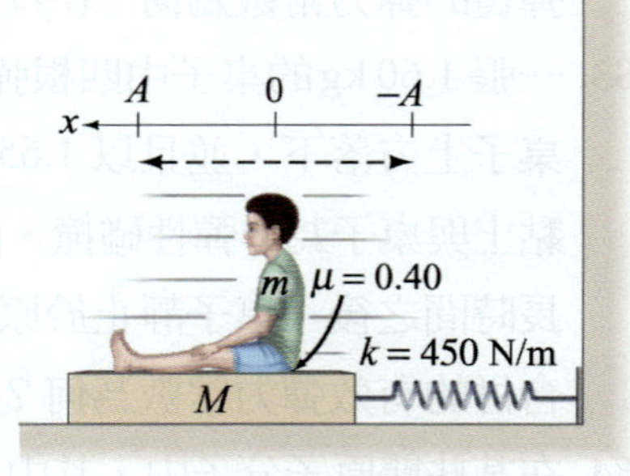

圖 14-45　習題 90。

91. 試估計彈簧床的有效彈力常數？

92. 在第 14-5 節中，單擺的振盪 (圖 14-46) 被視為沿著圓弧長 x 的線性運動，並且經由 $F=ma$ 來分析。另一方面，單擺的運動也可以視為繞支撐點的轉動運動，並且利用 $\tau=I\alpha$ 來分析。試完成這項分析，並證明只要最大值小於 15°，則

$$\theta(t)=\theta_{\max}\cos\left(\sqrt{\frac{g}{\ell}}\,t+\phi\right)$$

其中 $\theta(t)$ 為時間 t 時單擺距垂直線的角位移。

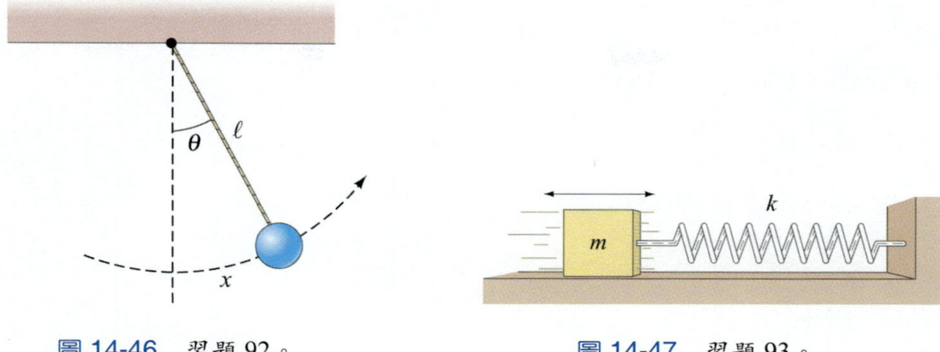

圖 14-46 習題 92。

圖 14-47 習題 93。

*數值／計算機

*93. (II) 在無摩擦的表面上有一個物體 m 連接於彈力常數為 k 的彈簧端，如圖 14-47 所示。經觀察，此質量－彈簧系統進行週期為 T 的簡諧運動。更換質量 m 數次，並且測量相對應的 T 值，記錄於下表中。

質量 m (kg)	週期 T (s)
0.5	0.445
1.0	0.520
2.0	0.630
3.0	0.723
4.5	0.844

(a) 由 (14-7b) 式，證明 T^2 對 m 的圖形為一直線。由直線的斜率如何求得 k 值？直線的 y 截距為何？(b) 根據表中的數據，繪製 T^2 對 m 的圖形，並證明其為一直線。求出斜率和 (非零) y 截距。(c) 如果在 (14-7b) 式中以 $m+m_0$ 取代 m，其中 m_0 為常數。證明理論上在圖中會得到非零的 y 截距。亦即，對 (14-7b) 式中的質量，以 $m+m_0$ 取代，再重複 (a)。然後利用此分析結果由圖中的斜率和 y 截距求 k 與 m_0 值。(d) 對於 m_0 提出一個物理解釋，m_0 為除了已連接的質量 m 之外，還與 m 一起振盪的質量。

*94. (III) 與 v^2 成正比的阻尼。假設例題 14-5 的振盪器受到一個與速度平方成正比的阻尼力作用，$F_{\text{damping}}=-cv^2$，其中 $c=0.275$ kg/m 為一常數。數值上地從 $t=0$ 至 $t=2.00$ s 對微分方程式積分 (見第 2-9 節) 至 2% 的準確度，並且繪出結果。

練習題答案

A: (a)，(c)，(d)。

B: (b)。

C: (c)。

D: (b)，(d)。

E: (c)。

F: (c)。

G: 全部都變大。

H: (a)。

I: (c)。

J: (a) 25 cm; (b) 2.0 s。

第15章 波動

波——例如這些水波——從波源向外擴展。此例中的波源是將一個小石子投入水中而使水上下振盪所形成的 (左圖)。其他類型的波還包括在繩子或細線上的波，它們也是由振動所產生。波從波源向外移動，但我們也研究看似不動的波(“駐波”)。波會反射，而且當它們同時通過任何一點時，彼此之間會互相干擾。

章前問題——試著想想看！

將一顆石頭丟入池塘中，然後水波成圓圈向外擴散開。

(a) 波使水從石頭擊中處向外傳送。此移動的水將能量向外傳送。

(b) 波只有使水上下運動。沒有能量從石頭擊中處向外傳送。

(c) 波只有使水上下運動，但是波將能量從石頭擊中處向外傳送。

當你將石頭丟入湖或水池中時，如前頁照片所示，會形成圓形波並且向外移動。如果你來回搖動一條平放在桌子上的繩子末端，波也會沿著繩子行進，如圖 15-1 所示。水波與繩子上的波是**機械波** (mechanical wave) 兩個常見的實例，它隨著物質的振盪而傳播。我們將在以後各章中討論其他種類的波，包括電磁波和光。

如果你曾經觀察海浪在拍岸之前朝海岸移動的情形，也許你想知道波是否從海的遠處載送海水至海灘上。不會！[1] 水波雖以明顯的速度移動，但水本身的每個質點 (或分子) 只是在平衡點周圍振盪。這可以清楚地藉由觀察當波經過時，池塘上樹葉的波動而得知。因為這是水本身在平衡點周圍的振盪運動，所以樹葉 (或軟木塞) 並不會被波向前推進，而只是上下振動。

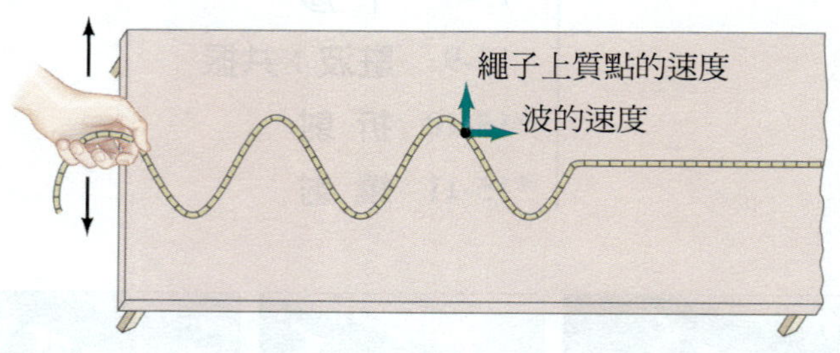

圖 15-1 在繩子上行進的波。波沿著繩子向右行進。繩子上的質點在桌面上來回振盪。

觀念例題 15-1 **波對質點的速度** 波沿著繩子移動的速度與繩子上質點的速度相同嗎？見圖 15-1。

回答 不相同，兩個速度的大小和方向都不一樣。圖 15-1 中繩子上的波沿著桌面向右移動，但繩子的每一段只是來回地振動。(顯然繩子並未朝它上面的波之方向行進。)

波可以移動很遠的距離，但是介質 (水或繩子) 本身僅能作有限的運動，如簡諧運動一般在平衡點周圍振盪。因此，雖然波並不是物質，但是波形可以在物質中行進。波是由未帶著物質一起移動的振盪所構成。

波將能量從一處傳送到另一處。例如，丟入水中的石頭，或外海的風會為水波帶來能量。其能量由波傳送至海岸。圖 15-1 中手的振

---

1 不要被海浪的“拍岸”弄糊塗了，它發生於水波與淺水中的陸地相互作用時，因此不再是一個簡單的波。

盪把能量轉移到繩子上，此能量沿著繩子傳輸並且可以轉移至繩子另一端的物體上。所有形式的行進波都可以傳輸能量。

練習 A 回到章前問題，第 639 頁，並且再次作答。試解釋為什麼你的答案可能已經與第一次不同。

15-1 波動的特性

讓我們更仔細地觀察波是如何形成的，以及它是如何“行進”。首先觀察單一的**脈衝波** (pulse)。圖 15-2 中手拉著繩端上下快速地抖動一次可以形成單一脈衝波。由於繩子的末段與相鄰段連接在一起，所以相鄰段也受到向上的力作用，因而也開始向上移動。當繩子上相鄰的各段接連地向上移動時，波峰沿著繩子向外移動。同時，繩子的末段因手的動作已經回復到原來的位置。當繩子上接連的每一段到達峰值位置時，會受到來自相鄰段的張力作用，再次被向下拉回。因此行進脈衝波的來源是擾動，並且繩子上相鄰各段之間的內聚力使脈衝行進。其他介質中的波是以類似的方式產生並向外傳播。海底地震所造成的海嘯或潮浪為脈衝波一個引人注目的實例。當門砰的一聲猛然關上時，你聽到的是聲波脈衝。

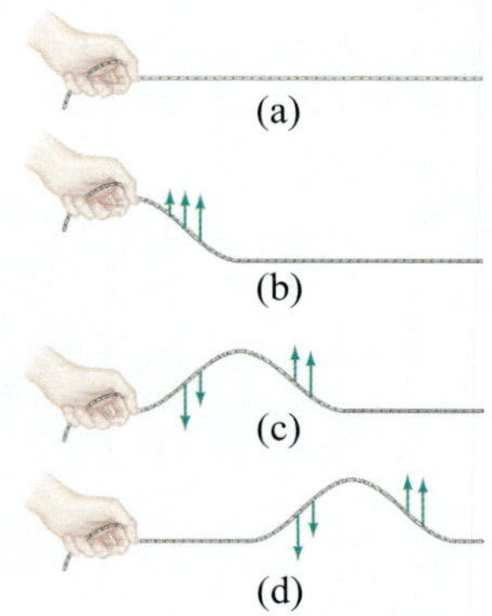

圖 15-2 向右之脈衝波的運動。箭頭代表繩子上質點的速度。

如圖 15-1 中所顯示，一個**連續** (continuous) 或**週期波** (periodic wave) 的來源是連續或振盪式的干擾；亦即來源是振動或振盪。在圖 15-1 中，手擺動繩子的一端。水波可能由表面上的任何振動物體產生，例如你的手或當風吹過或石頭投入時造成水本身的振動。振動的音叉或鼓面會在空氣中產生聲波。並且我們以後將會看到振盪的電荷會產生光波。的確，幾乎所有的振動物體都會發出波。

所有波的來源是振動。振動向外傳播因而形成波。如果波源是以 SHM 正弦式地振動，且介質是完全彈性的，那麼波在空間和時間中都將是正弦式的。(1) 在空間中：如果你在某特定時刻拍一張波在空間中的照片，波將具有位置的正弦或餘弦函數。(2) 在時間上：如果你在某一個地點觀看介質運動一段長時間——例如，當水波經過時，如果你觀察碼頭上緊鄰的杆間或船的舷窗外，這一小部分水的上下運動就是簡諧運動。水隨著時間以正弦式地上下移動。

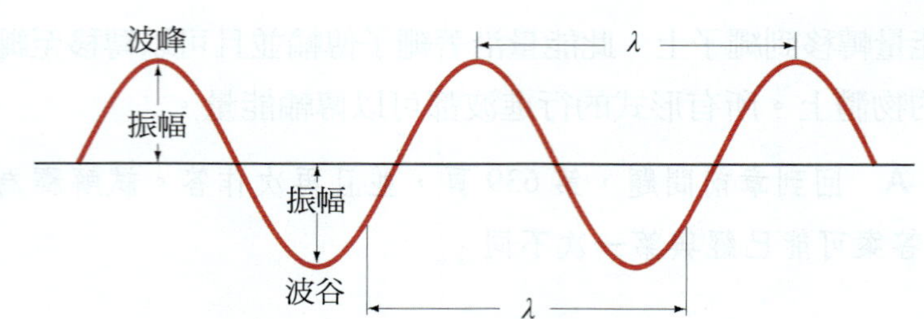

圖 15-3 在空間中移動的單一頻率連續波之特性。

圖 15-3 中標示了一些用來描述週期正弦波之性質的重要的量。波上的最高點稱為*波峰*；最低點稱為*波谷*。**振幅** (amplitude) A 是波峰相對於正規(或平衡)水準的波峰之最大高度，或波谷的最大深度。由波峰至波谷的總擺幅是振幅的兩倍。兩個相鄰的波峰之間的距離稱為**波長** (wavelength) λ。波長也等於波上任何兩個相同且相繼的點之間的距離。**頻率** (frequency) f 為每單位時間內通過某特定點之波峰——或完整循環的數目。**週期** (period) T 等於 $1/f$，而且是兩個相繼的波峰通過某特定點所需的時間。

波速 (wave velocity) v 是波峰(或波形的其他任何部分)前進的速度。波速必須與介質本身之質點的速度區別，如我們在例題 15-1 中所述。

波峰在一個週期 T 的時間裡行進一個波長的距離 λ。因此波速是 $v=\lambda/T$。此外，因 $1/T=f$，所以

$$v=\lambda f \tag{15-1}$$

例如，假設一個波的波長為 5 m，且頻率為 3 Hz。因為每秒有三個波峰通過某特定點，而且波峰之間的距離為 5 m，所以第一個波峰(或波的其他任何部分)在 1 秒內會行進 15 m的距離。因此波速是 15 m/s。

練習 B 你發現水波相鄰的波峰以大約 0.5 s 的時間通過碼頭的末端。因此 (a) 頻率是 0.5 Hz；(b) 速度是 0.5 m/s；(c) 波長是 0.5 m；(d) 週期是 0.5 s。

15-2 波的類型：橫波與縱波

當一個波沿著繩子行進時——例如圖 15-1 中由左朝右——繩子上的質點朝著與波本身之運動橫切 (即正交) 的方向上下振動。這樣

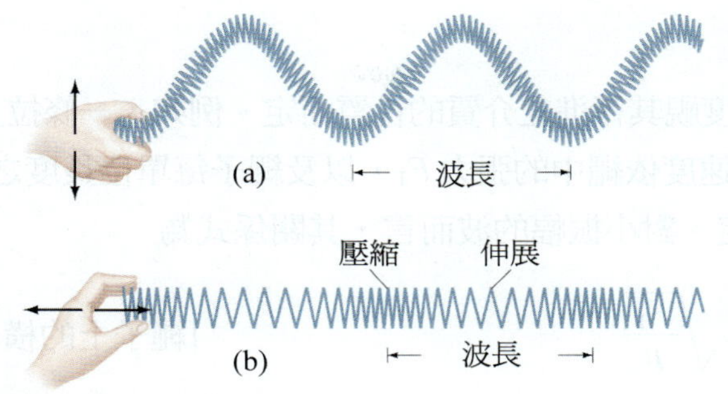

圖 15-4 (a) 橫波；(b) 縱波。

的波稱為**橫波** (transverse wave) (圖 15-4a)。此外還有另一種類型的波稱為**縱波** (longitudinal wave)。在縱波中，介質的質點是沿著波的運動方向振動。交替地壓縮和拉長軟彈簧的一端可以很容易地形成縱波，這顯示在圖 15-4b 中，並且可以與圖 15-4a 的橫波作比較。一連串的壓縮和伸展沿著彈簧傳播。壓縮是線圈暫時緊靠在一起的區域，伸展 (有時稱為疏部) 則是線圈暫時被拉開的區域。壓縮和伸展相當於橫波的波峰和波谷。

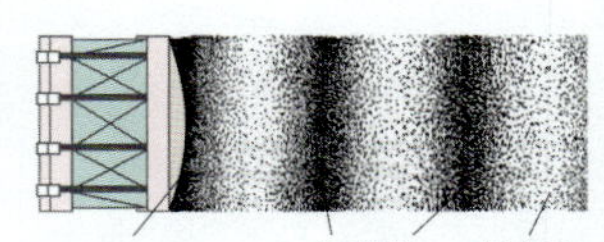

圖 15-5 聲波的產生，它是縱向的。圖中所示是相隔約半週期 ($\frac{1}{2}T$) 的兩個時刻。

縱波的一個重要實例就是空氣中的聲波。例如，振動的鼓面交替地壓縮與其接觸的空氣，在空氣中產生向外行進的縱波，如圖 15-5 所示。

如同橫波一般，介質中縱波通過的每個部分會以一個非常小的距離振盪，然而波本身卻能夠行進很遠的距離。對縱波而言，波長、頻率與波速全部都具有意義。波長是接連的壓縮 (或伸展) 之間的距離，頻率則是每秒內通過某特定點之壓縮的數目。波速是每個壓縮顯現的移動速度，它等於波長與頻率的相乘積，$v = \lambda f$ [(15-1) 式]。

縱波可以由描繪空氣分子 (或軟線圈彈簧) 於某特定時刻的密度對位置的圖形來表示，如圖 15-6 所示。這樣的圖形表述法很容易說明發生了什麼事。注意，此曲線圖看起來很像一個橫波。

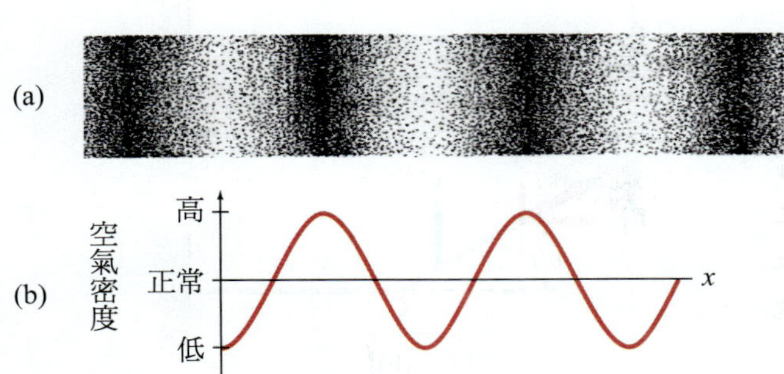

圖 15-6 某瞬間的 (a) 縱波與 (b) 其圖形表示法。

橫波的速度

波的速度視其行進之介質的性質而定。例如，一條拉直的線或繩子上的橫波速度依繩中的張力 F_T，以及繩子每單位長度之質量 μ ($\mu = m/\ell$) 而定。對小振幅的波而言，其關係式為

$$v = \sqrt{\frac{F_T}{\mu}} \qquad \text{[繩子上的橫波]} \qquad \textbf{(15-2)}$$

在推導這個公式之前，值得注意的是至少在定性上根據牛頓力學這是合理的，亦即我們預期張力位於分子而每單位長度之質量位於分母。為什麼？因為當張力愈大時，繩子的每一段與它相鄰的部分就接觸得愈緊密，所以我們預期速度會愈快。而每單位長度之質量愈大，繩子的慣性就愈大，因此預期波的傳播就愈慢。

練習 C 當某人以 2.0 Hz 的頻率來回搖動一條長繩子時，波從繩子的左端開始傳播 (見圖 15-1)。波以 4.0 m/s 之速率向右移動。如果頻率從 2.0 增加到 3.0 Hz，則波的新速率為 (a) 1.0 m/s，(b) 2.0 m/s，(c) 4.0 m/s，(d) 8.0 m/s，(e) 16.0 m/s。

我們可以利用繩子受張力 F_T 作用下的一個簡單模型，如圖 15-7a 所示，來對 (15-2) 式作一個簡單的推導。繩子受力 F_y 作用以速率 v' 被向上拉。如圖 15-7b 所示，在 C 點左側繩子上所有的點以速率 v' 向上移動，而C點右側仍處於靜止。這個脈衝波傳播的速率 v 就是脈衝前緣 C 點的速率。C 點在時間 t 內向右移動一段距離 vt，而繩子的末端則向上移動一段距離 $v't$。由相似三角形，我們得到近似的關係式

$$\frac{F_T}{F_y} = \frac{vt}{v't} = \frac{v}{v'}$$

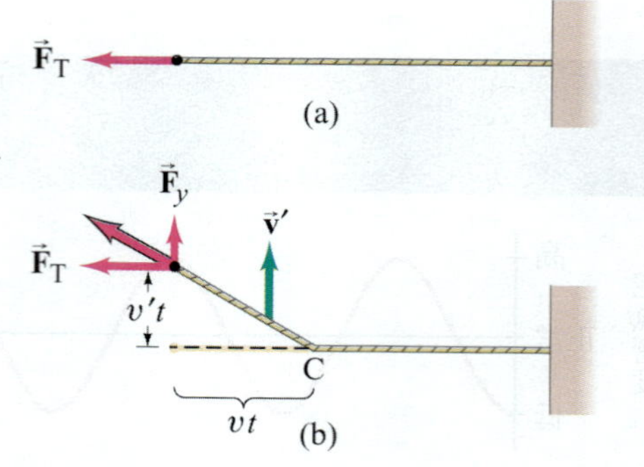

圖 15-7 作為推導 (15-2) 式之用的繩子上簡單的脈衝波之圖形。因為繩子是有彈性的，所以圖 (b) 中所示的 $\vec{F}_T + \vec{F}_y$ 之合成向量必須沿著繩子的方向。(此圖未依比例：我們假設 $v' \ll v$；為了方便觀察，所以將繩子朝上的角度放大。

對於很小的位移 ($v't << vt$)，而 F_T 沒有明顯的變化時，這個式子是準確的。如先前在第 9 章中所述，對物體施加的衝量等於它的動量變化。在時間 t 內向上的總衝量為 $F_y t = (v'/v)\,F_T t$。繩子的動量變化 Δp 是向上移動的繩子質量乘以它的速度。因為繩子向上移動的部分之質量等於單位長度的質量 μ 乘以它的長度 vt，所以我們得到

$$F_y t = \Delta p$$

$$\frac{v'}{v} F_T t = (\mu v t)\, v'$$

解 v，我們得到 $v = \sqrt{F_T/\mu}$，即 (15-2) 式。雖然它是針對特殊情況所推導出來的，但因為其他形狀的波可視為是由許多如此微小的長度所組成，所以它對任何波形都是適用的。但它只有對小位移才能成立 (正如我們的推導)。實驗與這個由牛頓力學所推導出來的結果相符。

例題 15-2 金屬線上的脈衝 一條長 80.0 m 且直徑為 2.10 mm 的銅線被拉直後綁在兩根桿子之間。一隻鳥在銅線的中點停下，因而朝兩個方向發出小的脈衝波。脈衝在端點處反射，並且在鳥停下來 0.750 s 後返回鳥所站立的位置。試求銅線中的張力。

方法 由 (15-2) 式，已知張力為 $F_T = \mu v^2$。速率 v 是距離除以時間。由銅的密度和線的尺寸可以計算每單位長度的質量 μ。

解答 每個脈衝波行進 40.0 m 到達桿子，並且在 0.750 s 內返回 (= 80.0 m)。因此它們的速率為 $v = (80.0\text{ m})/(0.750\text{ s}) = 107\text{ m/s}$。我們取 (表 13-1) 銅的密度為 $8.90\times10^3\text{ kg/m}^3$。銅線的體積是截面積 ($\pi r^2$) 乘以長度 ℓ，而銅線的質量是體積乘以密度：$m = \rho(\pi r^2)\ell$，其中 r 為銅線的半徑且 ℓ 為銅線的長度。所以 $\mu = m/\ell$ 為

$$\mu = \rho\pi r^2 \ell/\ell = \rho\pi r^2 = (8.90\times10^3\text{ kg/m}^3)\,\pi\,(1.05\times10^{-3}\text{ m})^2$$
$$= 0.0308\text{ kg/m}$$

因此，張力為 $F_T = \mu v^2 = (0.0308\text{ kg/m})(107\text{ m/s})^2 = 353\text{ N}$。

縱波的速度

縱波速度的形式與繩子上的橫波 [(15-2) 式] 類似；亦即

$$v = \sqrt{\frac{\text{彈力因數}}{\text{慣性因數}}}$$

特別是對沿著長實心桿行進的縱波而言，

$$v=\sqrt{\frac{E}{\rho}} \qquad \text{[長桿中的縱波]} \quad \textbf{(15-3)}$$

其中 E 是材料的彈性係數 (第 12-4 節)，而且 ρ 是它的密度。對於在液體或氣體中行進的縱波而言，

$$v=\sqrt{\frac{B}{\rho}} \qquad \text{[流體中的縱波]} \quad \textbf{(15-4)}$$

其中 B 為體積彈性係數 (第 12-4 節)，而且 ρ 為密度。

物理應用
動物利用聲波感知空間

例題 15-3 **回聲定位法** 蝙蝠、齒鯨和海豚所使用的回聲定位法是感官知覺的一種表現形式。動物發出一個聲音的脈衝 (縱波)，由物體反射之後返回，再被動物偵測。回聲定位波的頻率約為 100000 Hz。(a) 估計海洋動物回聲定位波的波長。(b) 如果一障礙物距離動物 100 m，動物發出波之後需多久才可以偵側到它的反射？

方法 我們首先利用 (15-4) 式和表 12-1 及 13-1，計算海水中縱波 (聲波) 的速率。波長為 $\lambda=v/f$。

解答 (a) 在密度比純水略大一些的海水中，縱波的速率為

$$v=\sqrt{\frac{B}{\rho}}=\sqrt{\frac{2.0\times10^9\ \mathrm{N/m^2}}{1.025\times10^3\ \mathrm{kg/m^3}}}=1.4\times10^3\ \mathrm{m/s}$$

然後利用 (15-1) 式，得到

$$\lambda=\frac{v}{f}=\frac{(1.4\times10^3\ \mathrm{m/s})}{(1.0\times10^5\ \mathrm{Hz})}=14\ \mathrm{mm}$$

(b) 在動物與物體之間來回所需的時間是

$$t=\frac{\text{距離}}{\text{速率}}=\frac{2(100\ \mathrm{m})}{1.4\times10^3\ \mathrm{m/s}}=0.14\ \mathrm{s}$$

備註 我們以後將會看到只有當波長與物體大小差不多或較小的時候，才可以利用由波來“分辨”(或偵測) 物體。因此，海豚能分辨大小為 1 公分等級或更大的物體。

*推導流體中的波速

我們現在推導 (15-4) 式。考慮在長管內之流體中行進的脈衝波，

因此這是一維的波動。管子末端裝有一個活塞而且管內注滿流體，它在 $t=0$ 時具有均勻的密度 ρ 和均勻的壓力 P_0 (圖 15-8a)。此刻，活塞突然以速率 v' 向右開始移動，因而壓縮它前面的流體。在 (短) 時間 t 內，活塞移動一段距離 $v't$。被壓縮的流體本身也以速率 v' 移動，但被壓縮區域的前緣卻以壓縮波在該流體中特有的速率 v 向右移動。我們假設波的速率 v 遠大於活塞的速率 v'，因此壓縮的前緣 (在 $t=0$ 時，它是活塞的正面) 在時間 t 內移動一段距離 vt，如圖 15-8b 中所示。設壓縮區域中的壓力為 $P_0+\Delta P$，比未壓縮的流體中高出 ΔP。欲將活塞向右移動需要一個向右作用的外力 $(P_0+\Delta P)S$，其中 S 為管子的截面積。(S 為“表面面積”，而 A 為振幅。) 作用於流體壓縮區域上的淨力是

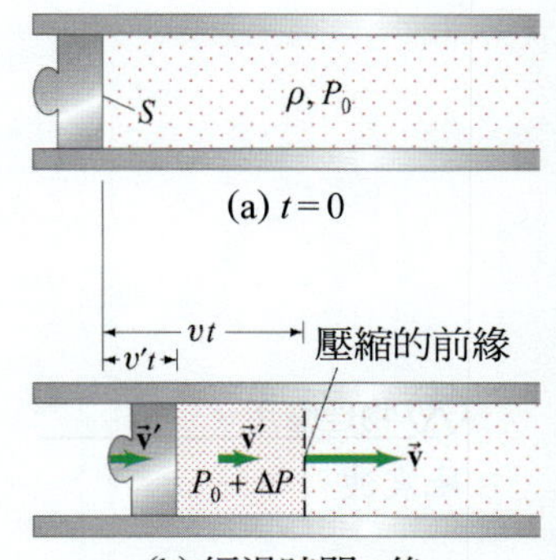

(a) $t=0$

(b) 經過時間 t 後

圖 15-8 求一個在狹長管內之流體中的一維縱波之速率。

$$F_{\text{net}}=(P_0+\Delta P)S-P_0S=S\Delta P$$

這是因為未壓縮的流體於前緣處施加一個向左的力 P_0S。因此施予壓縮流體的衝量等於其動量的變化，為

$$F_{\text{net}}\,t=\Delta mv'$$

$$S\Delta Pt=(\rho S\,vt)v'$$

其中 $(\rho S\,vt)$ 代表速度為 v' 的流體質量 (圖 15-8 中，截面積為 S 的壓縮流體移動一段距離 vt，因此移動的體積是 Svt)。所以我們得到

$$\Delta P=\rho vv'$$

由體積彈性係數 B 的定義 [(12-7) 式] 可知

$$B=-\frac{\Delta P}{\Delta V/V_0}=-\frac{\rho vv'}{\Delta V/\Delta V_0}$$

其中 $\Delta V/V_0$ 是由壓縮所引起的體積變化比率。被壓縮之流體原來的體積為 $V_0=S\,vt$ (見圖 15-8)，而它被壓縮的量為 $\Delta V=-Sv't$ (圖 15-8b)。因此

$$B=-\frac{\rho vv'}{\Delta V/V_0}=-\rho vv'\left(\frac{Svt}{-Sv't}\right)=pv^2$$

所以

$$v=\sqrt{\frac{B}{\rho}}$$

就是我們要推導的 (15-4) 式。

(15-3) 式的推導可循類似的方式，但是當桿子末端被壓縮時，要考慮到桿子側邊的擴張。

其他的波

物理應用

地震波

當地震 (earthquake) 發生時，會同時產生橫波和縱波。穿越地球主體的橫波稱為 S 波 (S 為剪切)，而縱波稱為 P 波 (P 為壓力) 或壓縮波。因為原子或分子可以在它們的相對固定位置周圍朝任何方向振動，所以縱波和橫波可以穿過固體而行進。但只有縱波可以在流體中傳播，這是因為流體很容易變形，所以任何橫向運動都不會有任何的回復力。地球物理學家因此推斷地球核心的一部分必定是液體：在地震過後，經探測發現縱波以直徑式地橫越地球，但是橫波則否。

除了這兩類可以穿越地球主體 (或其他物質) 的波之外，還有沿著兩種材料之間的邊界行進的*表面波*。水波實際上是沿著水和空氣之間的邊界移動的表面波。在表面處水每個質點的運動是圓形或橢圓形的 (圖 15-9)，因此它是橫向與縱向運動的組合。在表面下方，也有橫波與縱波的合成運動。在底部則只有縱向的運動。(當波接近岸邊時，水在底部拖沓地行進並減速，同時波峰以較高的速率在前方行進 (圖 15-10)，並且“溢出”頂端。)

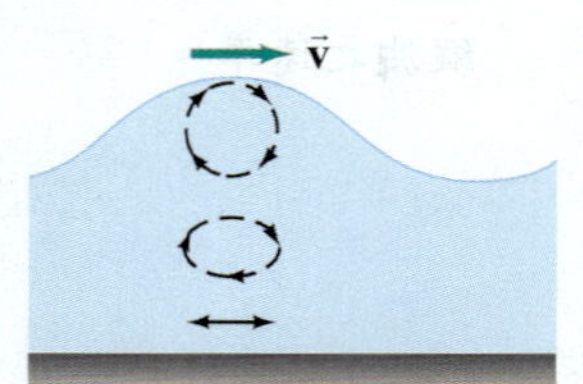

圖 15-9　水波是一個表面波的實例，它是橫波與縱波運動的組合。

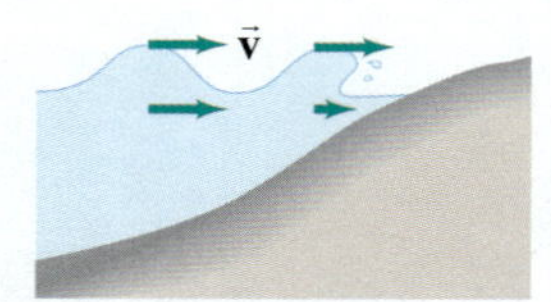

圖 15-10　波如何迸濺。綠色箭號代表水分子的局部速度。

當地震發生時，也會在地球上建立表面波。這個沿著表面傳導的波是造成地震損害的主要原因。

沿著一維直線行進的波，例如在一條拉直之線上的橫波，或桿子上與充滿液體之管子中的縱波，都是*線性*或*一維波*。表面波是*二維波*，例如本章開頭之照片中的水波。最後，由波源朝四面八方向外行進的波是*三維波*，例如揚聲器發出的聲音或貫穿地球的地震波。

15-3 波傳送的能量

波會將能量從一處傳送到另一處。因為波在介質中行進時，能量會以振動能量的形式在介質質點之間傳遞。對於頻率為 f 的正弦波而言，當波通過時，質點作簡諧運動 (第 14 章)，而且每個質點具有能量 $E=\frac{1}{2}kA^2$ [(14-10a) 式]，其中 A 為其橫向或縱向運動的最大位移

(振幅)。利用 (14-7a) 式，我們可以寫出 $k=4\pi^2 m f^2$，其中 m 為介質質點 (或小體積) 的質量。然後將能量以頻率 f 和振幅 A 表示，

$$E=\frac{1}{2}kA^2=2\pi^2 m f^2 A^2$$

對於在彈性介質中行進的三維波而言，其質量 $m=\rho V$，其中 ρ 為介質的密度且 V 為一小片介質的體積。體積 $V=S\ell$，而 S 是波穿越的截面積 (圖 15-11)，並且我們可以將時間 t 內波行進的距離 ℓ 寫成 $\ell=vt$，其中 v 為波速。因此 $m=\rho V=\rho S\ell=\rho Svt$，以及

$$E=2\pi^2\rho S\,vt f^2 A^2 \tag{15-5}$$

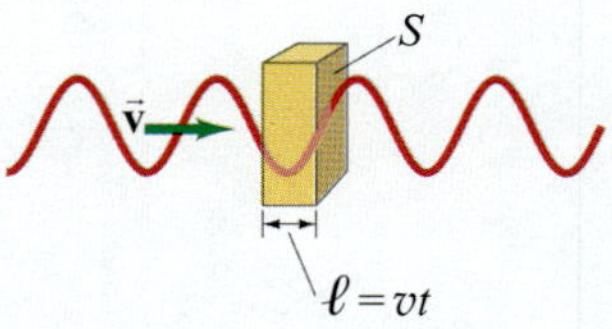

由此式我們得到重要結果：波傳送的能量與振幅的平方成正比，並且也與頻率的平方成正比。能量轉移的平均速率就是平均功率 P

$$\overline{P}=\frac{E}{t}=2\pi^2\rho S\,v f^2 A^2 \tag{15-6}$$

最後，波的**強度** (intensity) I 定義為通過與能量流動之方向正交的單位面積上所傳送的平均功率

$$I=\frac{\overline{P}}{S}=2\pi^2 v\rho f^2 A^2 \tag{15-7}$$

如果波從波源朝四面八方流出，它就是一個三維波。例如在戶外傳播的聲音、地震波與光波。如果介質是等向性的 (各個方向均相同)，則由點波源發出的波是球面波 (圖 15-12)。當波向外行進時，因為半徑 r 的球面之面積為 $4\pi r^2$，所以波載送的能量會散佈到愈來愈大的面積上。因此波的強度為

$$I=\frac{\overline{P}}{S}=\frac{\overline{P}}{4\pi r^2}$$

如果輸出功率 $\overline{P}$ 是常數，則強度隨著與波源之距離的平方成反比而減少

$$I\propto\frac{1}{r^2} \qquad \text{[球面波]} \tag{15-8a}$$

如果我們考慮與波源相距 r_1 和 r_2 的兩個點，如圖 15-12 而示，則 $I_1=\overline{P}/4\pi r_1^2$ 且 $I_2=\overline{P}/4\pi r_2^2$，所以

圖 15-11 計算以速度 v 行進的波所傳送的能量。

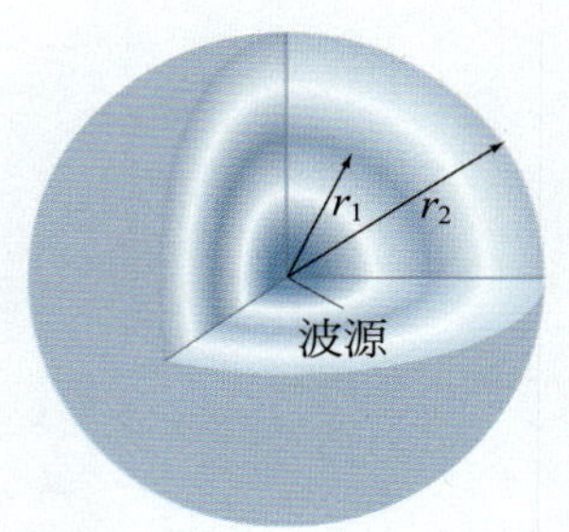

圖 15-12 由點波源向外傳播的波為球面形狀。圖中顯示兩個不同的波峰 (或壓縮)，其半徑分別為 r_1 和 r_2。

$$\frac{I_2}{I_1}=\frac{\overline{P}/4\pi r_2^2}{\overline{P}/4\pi r_1^2}=\frac{r_1^2}{r_2^2} \tag{15-8b}$$

因此，當距離增為兩倍時 $(r_2/r_1=2)$，強度就減少為原來的 $\frac{1}{4}$：$I_2/I_1=\left(\frac{1}{2}\right)^2=\frac{1}{4}$。

波的振幅也會隨著距離而減少。因為強度與振幅的平方成正比 [(15-7) 式]，$I\propto A^2$，所以振幅 A 必定隨 $\frac{1}{r}$ 而減少，因而使 I 與 $1/r^2$ 成正比 [(15-8a) 式]。因此

$$A\propto\frac{1}{r}$$

為了直接從 (15-6) 式看出此一特性，再次考慮距波源兩個不同的距離 r_1 和 r_2。對於固定的輸出功率，$S_1A_1^2=S_2A_2^2$，A_1 和 A_2 分別為波在 r_1 和 r_2 處的振幅。因為 $S_1=4\pi r_1^2$ 且 $S_2=4\pi r_2^2$，我們得到 $(A_1^2r_1^2)=(A_2^2r_2^2)$，或是

$$\frac{A_2}{A_1}=\frac{r_1}{r_2}$$

波在距離波源兩倍遠處，其振幅減半，以此類推 (忽略摩擦阻尼)。

例題 15-4　地震強度　一個穿過地球的地震 P 波在距離震源 100 km 處經測得其強度為 $1.0\times10^6\ \mathrm{W/m^2}$。在距離震源 400 km 處，波的強度是多少？

方法　我們假設波是球面形的，因此強度隨著與波源之距離的平方而減少。

解答　400 km 的距離是 100 km 的 4 倍，因此強度是 100 km 處的 $\left(\frac{1}{4}\right)^2=\frac{1}{16}$，或 $(1.0\times10^6\ \mathrm{W/m^2})/16=6.3\times10^4\ \mathrm{W/m^2}$。

備註　直接利用 (15-8b) 式，得到

$$\begin{aligned}I_2=I_1r_1^2/r_2^2&=(1.0\times10^6\ \mathrm{W/m^2})(100\ \mathrm{km})^2/(400\ \mathrm{km})^2\\&=6.3\times10^4\ \mathrm{W/m^2}\end{aligned}$$

對一維波而言，情況是不一樣的，例如繩子上的橫波或沿著細且均勻之金屬桿行進的縱波脈衝。因為面積保持不變，所以振幅 A 也保持不變 (忽略摩擦)。因此振幅與強度不會隨距離而減小。

實際上，摩擦阻尼通常都是存在的，因而有一部分的能量會轉換成熱能。因此一維波的振幅與強度會隨著與波源的距離而減小。對三維波而言，雖然其作用通常可能很小，但是減少的程度會比以上所述的還大。

15-4 行進波的數學表述

我們現在考慮一個沿 x 軸行進的一維波。它可能是繩子上的橫波，或是在裝滿流體之管子中或桿子上行進的縱波。我們假設波形是正弦曲線，而具有特定的波長 λ 和頻率 f。於 $t=0$ 時，假設波形為

$$D(x)=A\sin\frac{2\pi}{\lambda}x \tag{15-9}$$

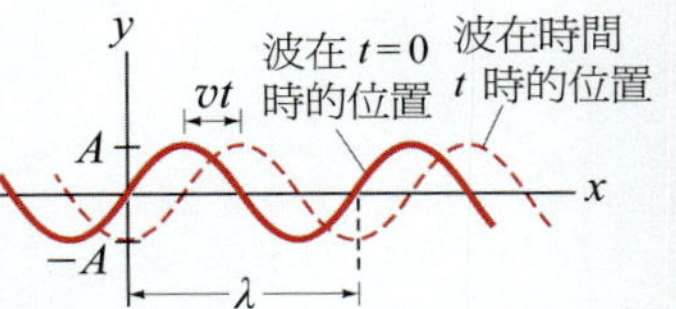

圖 15-13 一個行進波。在時間 t 內，波移動了一段距離 vt。

如圖 15-13 中的實線所示：$D(x)$ 是波 (可以是縱波或橫波) 在 x 位置的**位移**[2] (displacement)，A 是波的**振幅** (amplitude) (最大的位移)。此關係式表示每隔一個波長其本身會重複出現的波形，這是必須的，以便在 $x=0$、$x=\lambda$、$x=2\lambda$ 等處的位移是相同的 (因為 $\sin 4\pi=\sin 2\pi=\sin 0$)。

現在假設波以速度 v 向右行進。過了時間 t 之後，波的每個部分 (整個“波形”) 向右移動了一段距離 vt，如圖 15-13 中的虛線所示。考慮 $t=0$ 時波上的任何一點：比如說，位於某位置 x 的波峰。經過時間 t 後，波峰已經行進了一段距離 vt，因此它的新位置比舊位置多出了一段距離 vt。為了要描述波形上這個相同的點，正弦函數的幅角必須相同，因此我們將 (15-9) 式中的 x 以 $(x-vt)$ 取代

朝正 x 方向行進的一維波

$$D(x,t)=A\sin\left[\frac{2\pi}{\lambda}(x-vt)\right] \tag{15-10a}$$

換另一種說法，如果你騎乘在波峰上，正弦函數的幅角 $(2\pi/\lambda)(x-vt)$ 保持不變 ($=\pi/2$、$5\pi/2$，等等)；當 t 增加時，x 必須以相同的速率增加，而使 $(x-vt)$ 保持不變。

---

2 有些書使用 $y(x)$ 取代 $D(x)$。為了避免混淆，我們保留 y (與 z) 為二維或三維中波的座標位置。$D(x)$ 可以代表壓力 (縱波)、位移 (橫向機械波)，或是我們以後會討論的電場與磁場 (電磁波)。

(15-10a) 式是一個沿 x 軸向右 (x 增加的方向) 行進之正弦波的數學表述。它提供了在任何時刻 t 及任何選擇的點 x 處波的位移 $D(x, t)$。函數 $D(x, t)$ 描述在時間 t 一個代表波在空間中之實際形狀的曲線。由於 $v = \lambda f$ [(15-1) 式]，我們可以將 (15-10a) 式寫成其他較方便的形式

$$D(x, t) = A \sin\left(\frac{2\pi x}{\lambda} - \frac{2\pi t}{T}\right) \quad \textbf{(15-10b)}$$

其中 $T = 1/f = \lambda/v$ 為週期；並且

朝正 x 方向行進的一維波

$$D(x, t) = A \sin(kx - \omega t) \quad \textbf{(15-10c)}$$

其中 $\omega = 2\pi f = 2\pi/T$ 為角頻率，且

$$k = \frac{2\pi}{\lambda} \quad \textbf{(15-11)}$$

稱為**波數** (wave number)。(不要將波數 k 與彈力常數 k 混淆；它們是極不相同的物理量。) (15-10a)、(15-10b) 與 (15-10c) 式三種形式是相等的；(15-10c) 式是最簡單的或許也是最常見的寫法，$(kx - \omega t)$ 這個量以及它在其他兩個方程式中的等值，稱為波的**相位** (phase)。波速 v 通常稱為**相速** (phase velocity)，因為它描述波的相位 (或形狀) 之速度，並且能以 ω 和 k 表示之

⚠ 注意

不要將波數 k 與彈力常數 k 混為一談

$$v = \lambda f = \left(\frac{2\pi}{k}\right)\left(\frac{\omega}{2\pi}\right) = \frac{\omega}{k} \quad \textbf{(15-12)}$$

對於一個沿 x 軸向左 (x 減少的方向) 行進的波而言，我們再度從 (15-9) 式開始，並且注意現在的速度是 $-v$。波的特定一點在時間 t 內位置改變了 $-vt$，所以 (15-9) 式中的 x 必須以 $(x + vt)$ 取代。因此，對一個以速度 v 向左行進的波而言，

朝負 x 方向行進的一維波

$$D(x, t) = A \sin\left[\frac{2\pi}{\lambda}(x + vt)\right] \quad \textbf{(15-13a)}$$

$$= A \sin\left(\frac{2\pi x}{\lambda} + \frac{2\pi t}{T}\right) \quad \textbf{(15-13b)}$$

$$= A \sin(kx + \omega t) \quad \textbf{(15-13c)}$$

換言之，我們只是把 (15-10) 式中的 v 換成 $-v$。

我們看 (15-13c) 式 [或 (15-10c) 式]。於 $t = 0$ 時，得到

$$D(x, 0) = A \sin kx$$

這正是開始的正弦波形。如果在某個特定的時間 t_1 後，再觀察空間中的波形，則我們得到

$$D(x, t_1) = A \sin(kx + \omega t_1)$$

亦即，如果在 $t = t_1$ 時對波拍照，會得到一個含相位常數 ωt_1 的正弦波。因此對固定的 $t = t_1$，波在空間中具有正弦的外形。另一方面，如果我們考慮空間中一個固定的點，比如說 $x = 0$，就可以看到波如何隨著時間而變化

$$D(0, t) = A \sin \omega t$$

其中我們利用了 (15-13c) 式。這正是簡諧運動的方程式 (第 14-2 節)。而對於其他任何固定的 x 值，例如 $x = x_1$，$D = A \sin(\omega t + kx_1)$，它只有相位常數相差 kx_1。因此，在空間中任何固定的一點，位移隨時間作簡諧運動的振盪。(15-10) 與 (15-13) 式結合這兩種觀點並且提供了**行進正弦波** (traveling sinusoidal wave) [也稱為**諧波** (harmonic wave)] 的表述。

(15-10) 與 (15-13) 式中正弦的輻角通常可以包含一個相位角 ϕ，對於 (15-10c) 式則是

$$D(x, t) = A \sin(kx - \omega t + \phi)$$

以便於 $t = 0$ 時及 $x = 0$ 處調整波的位置，正如第 14-2 節所述 (見圖 14-7)。如果如圖 14-6 (或圖 15-13) 一般，於 $t = 0$ 時及 $x = 0$ 處位移為零，則 $\phi = 0$。

現在考慮任何形狀一般性的波 (或波脈衝)。如果摩擦損失很小，實驗顯示，當波行進時它的形狀能夠維持不變。因此我們可以作與 (15-9) 式之後相同的討論。假設波在 $t = 0$ 時具有某種波形，它是

$$D(x, 0) = D(x)$$

而 $D(x)$ 是波在 x 處的位移而且不一定是正弦形式。經一段時間之後，如果波沿著 x 軸向右行進，波將具有相同的波形，但是波的所有部分

都移動了一段距離 vt，其中 v 是波的相速。因此我們必須將 x 替換成 $x-vt$ 以得到時間為 t 時的位移

$$D(x,t)=D(x-vt) \tag{15-14}$$

同理，如果波向左行進，我們就必須將 x 替換成 $x+vt$，所以

$$D(x,t)=D(x+vt) \tag{15-15}$$

因此，任何沿 x 軸行進的波必定具有 (15-14) 或 (15-15) 式的形式。

練習D 一個波已知為 $D(x,t)=(5.0\text{ mm})\sin(2.0x-20.0t)$，$x$ 的單位是公尺且 t 的單位是秒。其波速是多少？(a) 10 m/s，(b) 0.10 m/s，(c) 40 m/s，(d) 0.005 m/s，(e) 2.5×10^{-4} m/s。

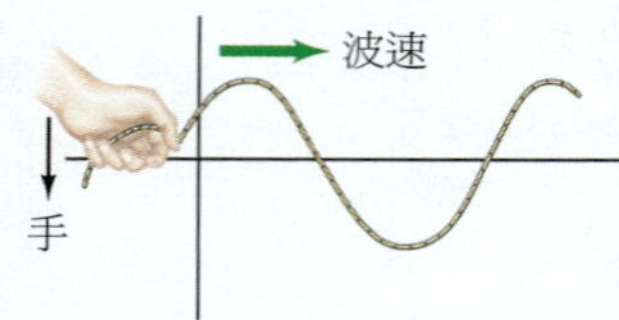

圖 15-14 例題 15-5。$t=0$ 時的波 (手正在往下降)。未按比例繪製。

例題 15-5 行進波 一條水平伸直的長繩子左端以頻率 $f=250$ Hz 和振幅 2.6 cm 作橫向的 SHM 振盪。繩子受 140 N 的張力作用，並且線密度為 $\mu=0.12$ kg/m。於 $t=0$ 時，繩子的末端有 1.6 cm 的向上位移而且正在下降 (圖 15-14)。試求 (a) 波的波長，與 (b) 行進波的方程式。

方法 首先我們由 (15-2) 式求出橫波的相速；再利用 $\lambda=v/f$。在 (b) 中，我們需要用初始條件求相位 ϕ。

解答 (a) 波速為

$$v=\sqrt{\frac{F_T}{\mu}}=\sqrt{\frac{140\text{ N}}{0.12\text{ kg/m}}}=34\text{ m/s}$$

然後

$$\lambda=\frac{v}{f}=\frac{34\text{ m/s}}{250\text{ Hz}}=0.14\text{ m} \quad 或 \quad 14\text{ cm}$$

(b) 設繩子的左端為 $x=0$。於 $t=0$ 時，波的相位通常不是零，如 (15-9)、(15-10) 與 (15-13) 式中的假設。向右行進的波其一般形式為

$$D(x,t)=A\sin(kx-\omega t+\phi)$$

其中 ϕ 為相位角。本例中的振幅為 $A=2.6$ cm；並且於 $t=0$，$x=0$，$D=1.6$ cm。因此

$$1.6 = 2.6 \sin\phi$$

所以 $\phi = \sin^{-1}(1.6/2.6) = 38° = 0.66$ rad。並且 $\omega = 2\pi f = 1570\ \text{s}^{-1}$ 與 $k = 2\pi/\lambda = 2\pi/0.14\ \text{m} = 45\ \text{m}^{-1}$。因此

$$D = (0.026\ \text{m})\sin[(45\ \text{m}^{-1})x - (1570\ \text{s})t + 0.66]$$

此式還可以更簡化地寫成

$$D = 0.026\sin(45x - 1570t + 0.66)$$

並且清楚地指定 D 與 x 的單位是公尺，t 的單位是秒。

*15-5 波動方程式

許多類型的波符合一個重要的一般性方程式，它就是質點的牛頓第二運動定律之等值。這個“波的運動之方程式”稱為**波動方程式** (wave equation)，我們現在針對在一條水平拉直之線上行進的波推導此一方程式。

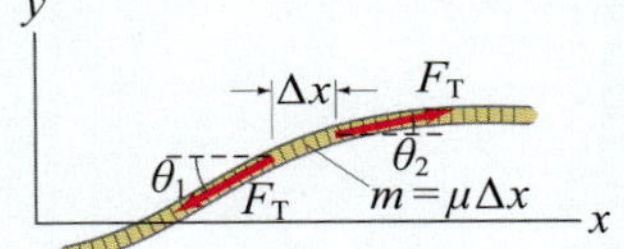

圖 15-15 由牛頓第二運動定律推導波動方程式：線的一小段受張力 F_T 的作用。

我們假設波的振幅與波長相比顯得很小，因而可以假設線上每一點只有垂直移動，而且線中的張力 F_T 在振動期間不會改變。我們將牛頓第二運動定律 $\Sigma F = ma$ 應用於線上極小一段的垂直運動，如圖 15-15 所示。波的振幅很小，因此線與水平方向所成的角度 θ_1 和 θ_2 也很小。這一段的長度近似於 Δx，且質量為 $\mu\Delta x$，其中 μ 是線每單位長度的質量。這一段線上的垂直淨力為 $F_T\sin\theta_2 - F_T\sin\theta_1$。因此將牛頓第二運動定律應用於垂直 ($y$) 方向，得到

$$\Sigma F_y = ma_y$$

$$F_T\sin\theta_2 - F_T\sin\theta_1 = (\mu\Delta x)\frac{\partial^2 D}{\partial t^2} \qquad \textbf{(i)}$$

因為只有垂直方向的運動，所以我們將加速度寫成 $a_y = \partial^2 D/\partial t^2$，並且由於位移 D 是 x 與 t 的函數，因此我們使用偏微分符號。因為已假設角度 θ_1 與 θ_2 很小，所以 $\sin\theta \approx \tan\theta$，並且 $\tan\theta$ 等於線上各點的斜率 s

$$\sin\theta \approx \tan\theta = \frac{\partial D}{\partial x} = s$$

因此 (i) 式成為

$$F_{\mathrm{T}}(s_2 - s_1) = \mu\,\Delta x\,\frac{\partial^2 D}{\partial t^2}$$

或

$$F_{\mathrm{T}}\frac{\Delta s}{\Delta x} = \mu\frac{\partial^2 D}{\partial t^2} \qquad \textbf{(ii)}$$

$\Delta s = s_2 - s_1$ 是此極小一段兩端斜率之差。我們現在取極限 $\Delta x \to 0$，所以

$$F_{\mathrm{T}}\lim_{\Delta x\to 0}\frac{\Delta s}{\Delta x} = F_{\mathrm{T}}\frac{\partial s}{\partial x} = F_{\mathrm{T}}\frac{\partial}{\partial x}\left(\frac{\partial D}{\partial x}\right) = F_{\mathrm{T}}\frac{\partial^2 D}{\partial x^2}$$

其中因為斜率為 $s = \partial D/\partial x$，如以上所述。將此式代入上面的 (ii) 式中，得到

$$F_{\mathrm{T}}\frac{\partial^2 D}{\partial x^2} = \mu\frac{\partial^2 D}{\partial t^2}$$

或

$$\frac{\partial^2 D}{\partial x^2} = \frac{\mu}{F_{\mathrm{T}}}\frac{\partial^2 D}{\partial t^2}$$

我們稍早在本章中 [(15-2) 式] 已知一條線上的波之速度為 $v = \sqrt{F_{\mathrm{T}}/\mu}$，因此最後一式可以寫成

$$\frac{\partial^2 D}{\partial x^2} = \frac{1}{v^2}\frac{\partial^2 D}{\partial t^2} \qquad \textbf{(15-16)}$$

這是**一維的波動方程式** (one-dimensional wave equation)，它不僅可以描述在一條拉直的線上的小振幅波，也能描述在氣體、液體與彈性固體中的小振幅縱波 (如聲波)，其中的 D 可以稱為壓力變化。在這種情況中，波動方程式是將牛頓第二運動定律直接應用於連續彈性介質的結果。波動方程式也可以描述電磁波，其中的 D 則是電場或磁場，我們將在第 31 章中討論。(15-16) 式僅適用於在一維中行進的波。對於在三維中擴張的波，其波動方程式是相同的，只要在 (15-16)

式的左邊加上 $\partial^2 D/\partial y^2$ 和 $\partial^2 D/\partial z^2$ 即可。

波動方程式是一個線性方程式：位移 D 個別地出現在各項中。式中不包含 D^2 或 $D(\partial D/\partial x)$ 或 D 不只出現一次的項。因此，若 $D_1(x, t)$ 和 $D_2(x, t)$ 是波動方程式兩個不同的解答，則其線性組合

$$D_3(x,t) = aD_1(x,t) + bD_2(x,t)$$

也會是一個解答，其中 a 與 b 是常數，將其直接代入波動方程式即可很容易地證明。這是*疊加原理*的本質，我們將在下一節中討論。基本上它說明，如果兩個波同時通過空間中的同一區域，則實際位移會是個別位移的總和。就線上的波或聲波而言，這只有對小振幅波才是適用的。如果振幅不夠小，波的傳播方程式可能會變成非線性，因而不適用疊加原理，並且可能會產生更複雜的效應。

例題 15-6 波動方程式的解 驗證 (15-10c) 式的正弦波 $D(x,t) = A\sin(kx-\omega t)$，滿足波動方程式。

方法 我們將 (15-10c) 式代入波動方程式 (15-16) 式中。

解答 將 (15-10c) 式對 t 微分兩次

$$\frac{\partial D}{\partial t} = -\omega A\cos(kx-\omega t)$$
$$\frac{\partial^2 D}{\partial t^2} = -\omega^2 A\sin(kx-\omega t)$$

對 x 的導數則是

$$\frac{\partial D}{\partial x} = kA\cos(kx-\omega t)$$
$$\frac{\partial^2 D}{\partial x^2} = -k^2 A\sin(kx-\omega t)$$

將兩個二階導數式相除，得到

$$\frac{\partial^2 D/\partial t^2}{\partial^2 D/\partial x^2} = \frac{-\omega^2 A\sin(kx-\omega t)}{-k^2 A\sin(kx-\omega t)} = \frac{\omega^2}{k^2}$$

由 (15-12) 式我們得到 $\omega^2/k^2 = v^2$，所以 (15-10) 式滿足波動方程式 (15-16) 式。

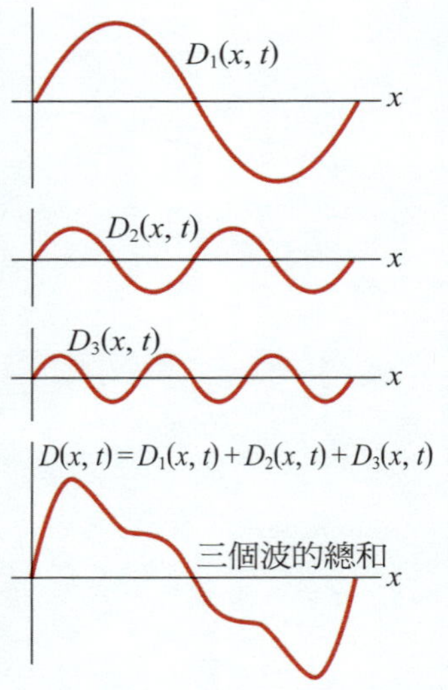

圖 15-16 一維波的疊加原理。於某時刻，由三個不同振幅和頻率 (f_0、$2f_0$、$3f_0$) 的正弦波所組成的合成波。於任何時刻，合成波在空間中每一點的振幅是各個組成波之振幅的代數和。圖中所示的振幅是放大的；疊加原理只有在振幅較波長小的條件下才成立。

15-6 疊加原理

當兩個或兩個以上的波同時通過空間中的相同區域時，這些波產生的實際位移是個別位移的向量 (或代數) 和。這稱為**疊加原理** (principle of superposition)。只要位移不是太大，而且振盪介質的位移與回復力之間的關係為線性，[3] 它對機械波就是適用的。例如，若機械波的振幅很大，而超出介質的彈性區域，則虎克定律就不能成立，疊加原理也不再準確。[4] 在大多數情況下，我們假設考慮的系統適用疊加原理。

疊加原理的結果之一是假若兩個波通過空間中的同一區域，它們彼此會獨立無關地繼續行進。例如，你也許曾經注意到由兩顆石頭擊中水面不同位置所引起的漣波 (二維波) 會互相穿越。

圖 15-16 所示為疊加原理的一個例子。本例中在拉直的線上有三個波，各具有不同的振幅和頻率。在任何時刻，如圖中所示的時刻，於任一位置 x 處的實際振幅是這三個波在該處之振幅的代數和。實際的波不再是簡單的正弦波，而稱為合成波 (或複波)。(圖 15-16 中的振幅已被放大。)

可以證明任何複波都可視為是由許多不同振幅、波長與頻率的簡單正弦波所組成。這就是知名的傅立葉定理。一個週期為 T 的週期性複合波可以表示成純正弦波的總和，其頻率為 $f = 1/T$ 的整數倍。如果波不是週期性的，則總和就變成積分 (稱為傅立葉積分)。雖然我們對此不作詳細討論，但我們看見正弦波 (和簡諧運動) 的重要性：因為其他任何波形都可以視為這類的純正弦波的總和。

物理應用
方波

觀念例題 15-7　組成一個方波　於 $t = 0$ 時，已知三個波為 $D_1 = A\cos kx$，$D_2 = -\frac{1}{3}A\cos 3kx$ 與 $D_3 = \frac{1}{5}A\cos 5kx$，其中 $A = 1.0$ m 且 $k = 10\ \text{m}^{-1}$。繪出由 $x = -0.4$ m 至 $+0.4$ m 之間的三個波之總和。(這三個波是一個“方波”的前三個傅立葉分量。)

回答　第一個波 D_1 之振幅為 1.0 m，且波長 $\lambda = 2\pi/k = (2\pi/10)$ m =

3 對於真空中的電磁波 (第 31 章)，疊加原理始終成立。

4 當兩種頻率在電子器材中不是線性地組合時，高傳真設備中的互調失真是疊加原理不能成立的例子之一。

0.628 m。第二個波 D_2 之振幅為 0.33 m，且波長 $\lambda=2\pi/3k=(2\pi/30)$ m $=0.209$ m。第三個波 D_3 之振幅為 0.20 m，且波長 $\lambda=2\pi/5k=(2\pi/50)$ m $=0.126$ m。每個波都繪於圖 15-17a 中。這三個波的總和則繪於圖 15-17b 中。其總和類似於圖 15-17b 中藍線所示的“方波”。

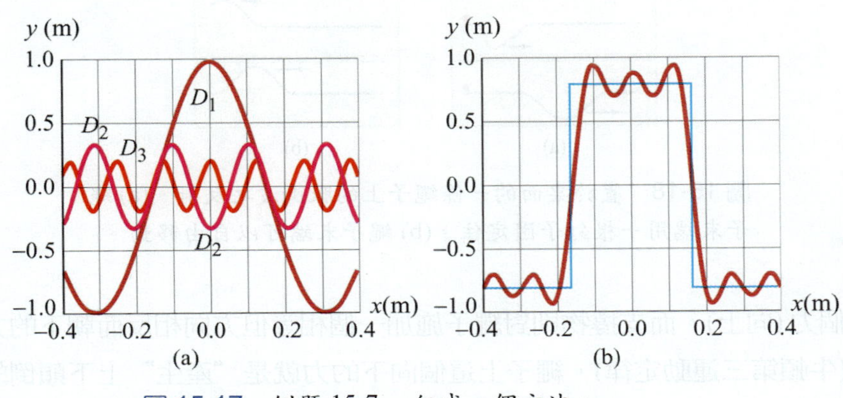

圖 15-17 例題 15-7 。組成一個方波。

在某連續介質中，當機械波的回復力並未正好與位移成正比時，正弦波的速率就會與頻率有關。速率隨著頻率之不同而改變的現象稱為**色散** (dispersion)。在這種情況下，組成複波的各個正弦波會以略微不同的速率行進。因此，如果介質是“色散的”，當複波行進時，其形狀將會改變。然而，除非受到摩擦或耗散力的影響，純正弦波在這些情況下並不會改變形狀，如果沒有色散 (或摩擦)，即使是複雜的線性波也不會改變形狀。

15-7 反射與透射

當波行進時碰到障礙物或行進到介質的末端時，至少有一部分的波會反射。你可能曾經觀察過由石頭或游泳池畔反射的水波。也許你也聽過從遠方的峭壁所反射的呼喊聲——我們稱為“回聲”。

一個沿繩子行進之脈衝波的反射如圖 15-18 所示。如果繩子的末端是固定的，如圖 15-18a，反射脈衝會上下顛倒而返回；如果末端是自由的，如圖 15-18b，脈衝會以正面朝上而返回。當末端固定於支撐物上時，如圖 15-18a 所示，到達該固定端的脈衝會對支撐物施加一

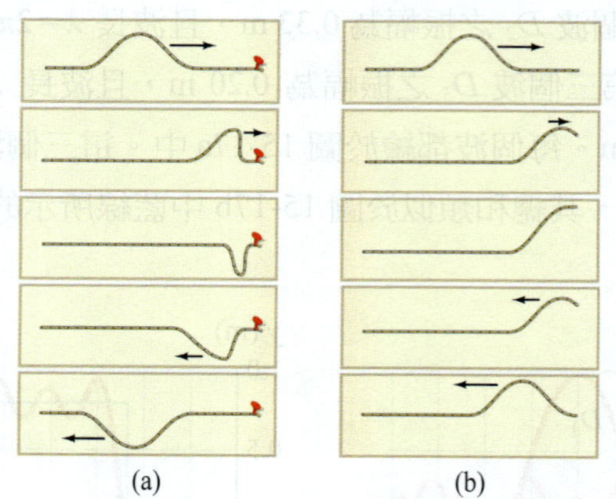

圖 15-18 置於桌面的一條繩子上的脈衝波之反射。(a) 繩子末端用一根釘子固定住。(b) 繩子末端可以自由移動。

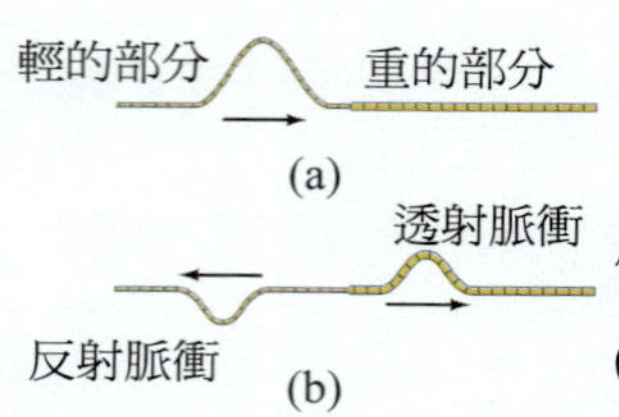

圖 15-19 當脈衝波沿著細繩向右前進 (a) 到達繩子變得又粗又重的不連續點時，一部分會反射，另一部分則會透射 (b)。

個力 (向上)。而支撐物則對繩子施加一個相等但方向相反而朝下的力 (牛頓第三運動定律)。繩子上這個向下的力就是“產生”上下顛倒的反射脈衝之原因。

接著考慮一個沿著具有輕和重兩部分之繩子行進的脈衝，如圖 15-19 所示。當脈衝波到達這兩段的交界處時，有一部分的脈衝反射，另一部分透射。第二段的繩子愈重，透射的能量就愈少。(當第二段是一面牆或剛性支柱時，只有極少的透射，而大部分為反射，如圖 15-18a 所示。) 對於週期波而言，因為邊界點的振盪頻率與波相同，所以透射波在越過邊界時其頻率不會改變。因此，如果透射波的速率較慢，它的波長也比較小 ($\lambda = v/f$)。

對於二維或三維波 (如水波)，我們感興趣的是**波前** (wave front)，意思是指沿著波而形成波峰之所有的點 (我們經常提到的是海邊的“波浪”)。朝著波的傳播方向並且與波前正交所畫出的線稱為**射線** (ray)，如圖 15-20 所示。距離波源很遠的波前幾乎已失去它們所有的曲率 (圖 15-20b) 而幾近於平直的，例如海浪往往就是如此；於是它們稱為**平面波** (plane wave)。

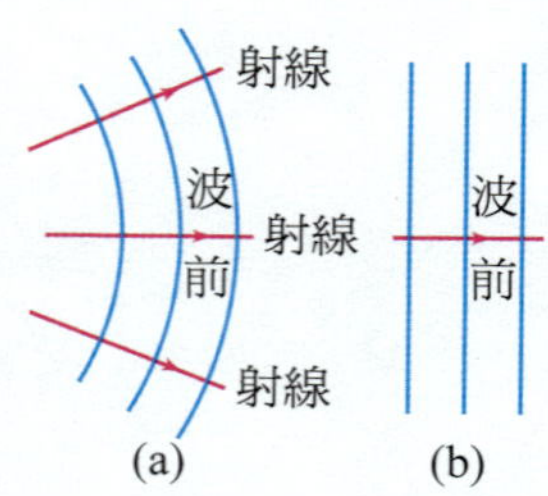

圖 15-20 標示波運動方向的射線始終與波前 (波峰) 正交。(a) 波源附近的圓形或球面波。(b) 距波源較遠處的波前幾近於平直的形狀，因而稱為平面波。

對於二維或三維平面波的反射而言，如圖 15-21 所示，入射波與反射面的夾角等於反射波與反射面的夾角。這是**反射定律** (law of reflection)

反射角等於入射角。

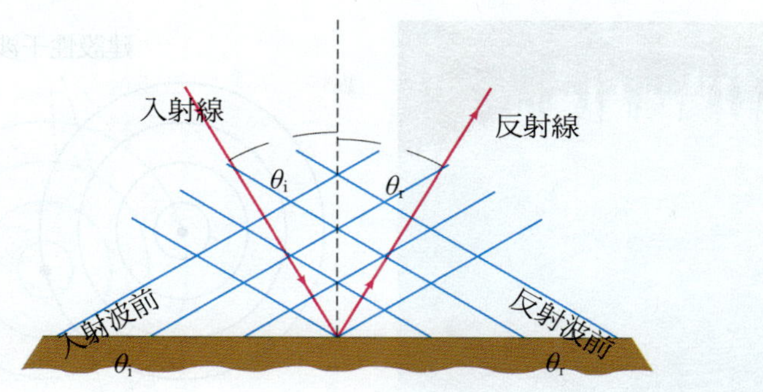

圖 15-21　反射定律 $\theta_r = \theta_i$。

“入射角”定義為入射線與反射面之垂線所成的角度 (θ_i) (或波前與反射面之切線所成的角度)，而“反射角”則是與反射波相關的角度 (θ_r)。

15-8　干 涉

干涉 (interference) 指的是當兩個波同時通過空間中同一區域時所發生的現象。例如，考慮在一條繩子上彼此面對面行進的兩個脈衝波，如圖 15-22 所示。圖 15-22a 中，兩個脈衝具有相同的振幅，但其中一個是波峰而另一個是波谷。而在圖 15-22b 中，兩個都是波峰。這兩種情況中，兩個波相會並彼此穿越。然而，在它們重疊的區域中，合成位移是它們個別位移的代數和 (視波峰為正而波谷為負)。這是疊加原理的另一個例子。在圖 15-22a 中，兩個波在互相穿越的瞬間具有相反的位移，因此他們相加的結果為零。這個結果稱為**破壞性干涉** (destructive interference)。圖 15-22b 中，兩個脈衝在此一瞬間重疊，它們產生的合成位移比任何一個脈衝的位移都來得大，這個結果稱為**建設性干涉** (constructive interference)。

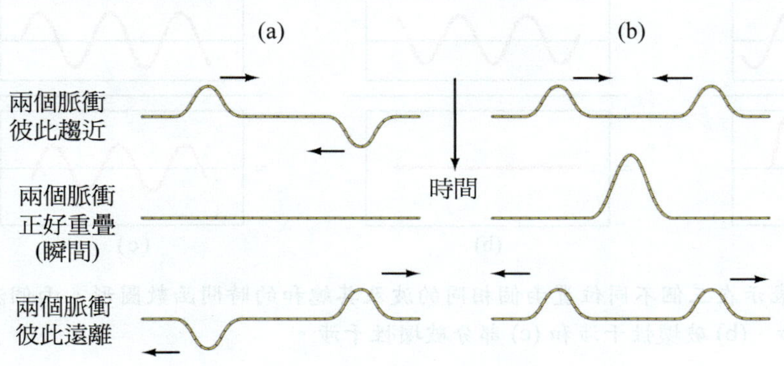

圖 15-22　兩個脈衝波彼此穿越。當它們重疊時會發生干涉：(a) 破壞性與 (b) 建設性。

(a)

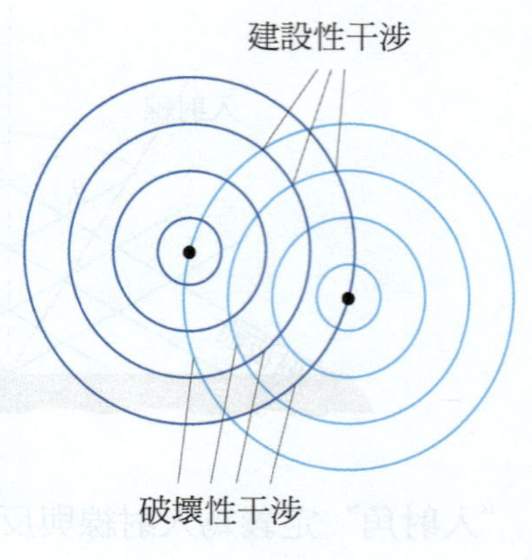

圖 15-23 (a) 水波的干涉。(b) 建設性干涉發生於一個波的最高點 (波峰) 與另一個波的最高點相遇處。破壞性干涉 (“平的水面”) 發生於一個波的最高點 (波峰) 與另一個波的最低點 (波谷) 相遇處。

[你可能想知道圖 15-22a 中在破壞性干涉的瞬間能量在哪裡 (圖 15-22a)；在此一瞬間繩子也許是直的，但是它的中間部分仍在向上或向下移動中。]

當兩個石頭同時丟入池塘中時，兩組圓形波互相干涉，如圖 15-23a 所示。在某些重疊的區域中，一個波的波峰一再地與另一個波的波峰交會 (波谷與波谷交會)，如圖 15-23b。建設性干涉發生在這些點上，並且水以比任一個波還大的振幅連續地上下振盪。在其他區域中，破壞性干涉發生於水不隨時間上下移動之處。這是一個波的波峰與另一個波的波谷交會的地方，反之亦然。圖 15-24a 是針對建設性

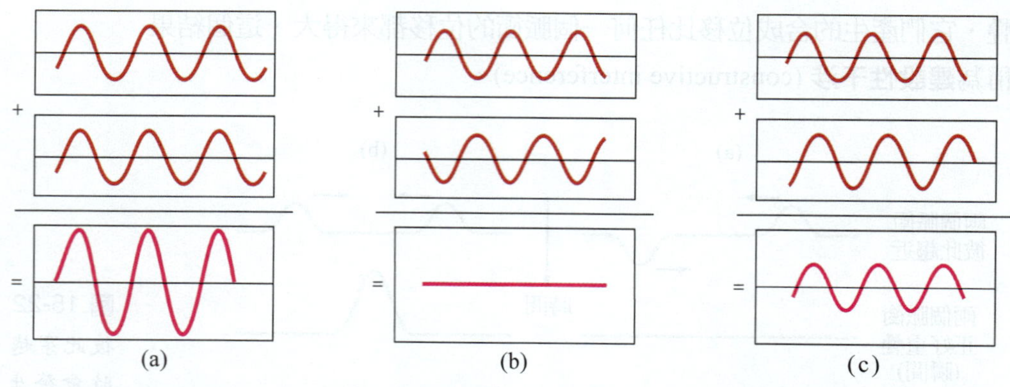

圖 15-24 圖中表示在三個不同位置兩個相同的波及其總和的時間函數圖形。兩個波為 (a) 建設性干涉、(b) 破壞性干涉和 (c) 部分破壞性干涉。

干涉之情況，顯示兩個完全相同的波之位移的時間函數圖形，以及它們的總和。對建設性干涉而言 (圖 15-24a)，這兩個波是**同相的** (in phase)。在破壞性干涉發生的地點 (圖 15-24b)，一個波的波峰與另一個波的波谷一再地交會，而且這兩個波是相差半個波長或 180° 的**異相** (out of phase)，其中一個波的波峰發生在另一個波的波峰之後的半個波長處。在圖 15-23 的大部分區域中，兩個水波的相對相位是介於這兩個極端值之間，造成部分地破壞性干涉，如圖 15-24c 中之說明。如果兩個干涉的波之振幅不相等，就不會發生完全地破壞性干涉 (如圖 15-24b)。

15-9 駐波；共振

如果你搖動繩子的一端，並且另一端保持固定，則會有一個連續波行進到固定端然後上下顛倒而反射，如圖 15-18a 所示。當你繼續搖動繩子時，它上面的波會朝兩個方向行進，而遠離你的手沿著繩子行進的波會與返回的反射波干涉。其情況通常是一團混亂。但是如果你以適當的頻率搖動繩子，則兩個行進波將以產生大振幅之**駐波** (standing wave) 的方式干涉 (圖 15-25)。因為它看起來並沒有行進，所以稱為“駐波”。繩子看起來只是有些部分以固定的形式上下振盪。繩子始終保持不動的點，即破壞性干涉的點，稱為**波節** (node)。繩子上以最大振幅振盪的點，即建設性干涉的點，稱為**波腹** (antinode)。在特定頻率作用下，波節和波腹保持在固定的位置。

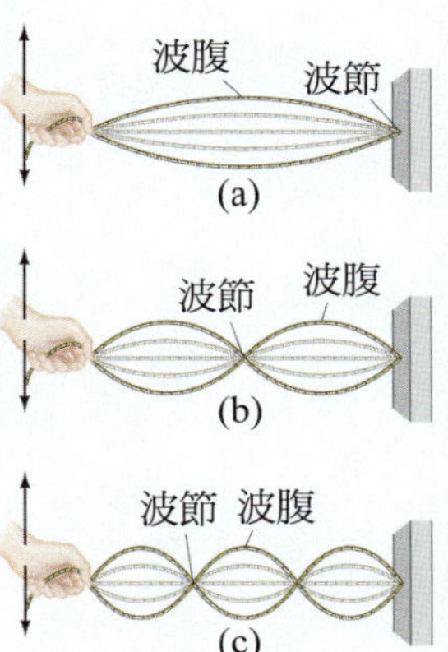

圖 15-25 與三個共振頻率相關的駐波。

駐波可以發生於一個以上的頻率。圖 15-25a 所示為以最低之頻率振動所產生的駐波形式。假設繩子張力相同，圖 15-25b 和 15-25c 分別是頻率恰好為最低頻率之兩倍和三倍的駐波形式。繩子也能以最低頻率的四倍而含有四個圈 (四個波腹) 的方式振動，等等。

產生駐波的頻率是繩子的**自然頻率** (natural frequency) 或**共振頻率** (resonant frequency)，圖 15-25 中所示的不同的駐波形式是不同的“共振振動模式”。繩子上的駐波是兩個朝相反方向行進的波干涉的結果。駐波也可以視為一個在共振狀態的振動物體。駐波表現出與振動的彈簧或擺之共振相同的現象，這些我們曾在第 14 章中討論過。不過，彈簧或擺只有一個共振頻率，而繩子卻有無限多的共振頻率，

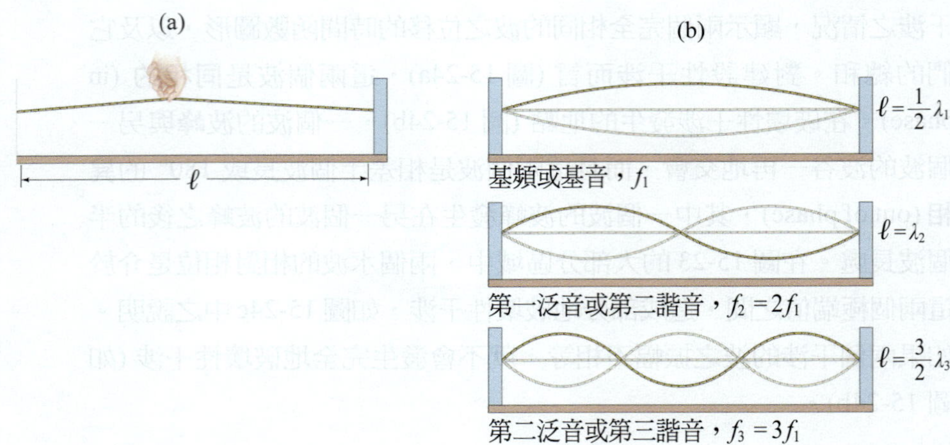

圖 15-26 (a) 細繩被撥動。(b) 只有與共振頻率相應的駐波才會長時間持續。

其每一個頻率都是最低共振頻率的整數倍。

考慮在兩支柱之間一根拉緊的細繩，然後像是吉他或小提琴弦一般地撥動它 (圖 15-26a)。有許多種頻率的波將沿著細繩朝兩個方向行進，而且在末端反射後再往相反方向行進。大多數的這些波會互相干擾並迅速消失。然而，與細繩之共振頻率相應的波會持續存在。由於細繩末端是固定的，所以它們將是波節。此外可能還有其他波節。圖 15-26b 顯示一些可能的共振振動模式 (駐波)。通常，其運動是這些不同共振模式的組合，但只有與共振頻率相應的頻率才會存在。

為了求得共振頻率，我們首先注意到駐波的波長與細繩的長度 ℓ 有一個簡單的關係。最低的頻率稱為**基頻** (fundamental frequency)，對應於一個波腹 (或圈)。並且由圖 15-26b 可看見其全長相當於二分之一波長。因此 $\ell = \frac{1}{2}\lambda_1$，其中 λ_1 代表基頻的波長。其他的自然頻率稱為**泛音** (overtone)；對振動的細繩而言，它們是基頻的整數倍，也稱為**諧音** (harmonic)，而基頻稱為**第一諧音**[5] (first harmonic)。在基頻之後的下一個振動模式具有兩個圈，稱為**第二諧音** (second harmonic) (或第一泛音) (圖 15-26b)。於第二諧音細繩的長度 ℓ 相當於一個完整的波長：$\ell = \lambda_2$。對第三和第四諧音而言，分別是 $\ell = \frac{3}{2}\lambda_3$ 以及 $\ell = 2\lambda_4$，等等。一般來說，我們可以寫成

5 "諧音" 這個名詞來自於音樂，因為這類的整數倍之頻率是 "和諧" 的。

$$\ell=\frac{n\lambda_n}{2}，\quad 其中 \quad n=1, 2, 3,\cdots$$

整數 n 為諧音的編號：$n=1$ 為基音，$n=2$ 為第二諧音，等等。我們解 λ_n，求得

$$\lambda_n=\frac{2\ell}{n}, \quad n=1, 2, 3,\cdots \quad [兩端固定的細繩] \quad \textbf{(15-17a)}$$

我們利用 (15-1) 式，$f=v/\lambda$，求出每個振動的頻率 f，得到

$$f_n=\frac{v}{\lambda_n}=n\frac{v}{2\ell}=nf_1, \quad n=1, 2, 3,\cdots \quad \textbf{(15-17b)}$$

其中 $f_1=v/\lambda_1=v/2\ell$ 為基頻。而且我們看到每個共振頻率是基頻的整數倍。由於駐波相當於兩個朝相反方向移動的行進波，因此波速的觀念仍然是有意義的，在 (15-2) 式中是以繩中的張力 F_T 以及其每單位長度之質量 ($\mu=m/\ell$) 表示波速。亦即，朝兩個方向行進的波之波速為 $v=\sqrt{F_T/\mu}$。

例題 15-8 **鋼琴琴弦** 鋼琴琴弦長 1.10 m 且質量為 9.00 g。(a) 如果弦以 131 Hz 的基頻振動，它的張力必須是多少？(b) 前四個諧音的頻率是多少？

方法 為了要求得張力，我們必須用 (15-1) 式 ($v=\lambda f$) 求波速，然後再利用 (15-2) 式解 F_T。

解答 (a) 基音的波長為 $\lambda=2\ell=2.20$ m [由 (15-17a) 式，其中 $n=1$]。琴弦的波速為 $v=\lambda f=(2.20\ \text{m})\ (131\ \text{s}^{-1})=288\ \text{m/s}$。於是我們得到 [(15-2) 式]

$$F_T=\mu v^2=\frac{m}{\ell}v^2=\left(\frac{9.00\times10^{-3}\ \text{kg}}{1.10\ \text{m}}\right)(288\ \text{m/s})^2=679\ \text{N}$$

(b) 第二、第三和第四諧音的頻率分別是基頻的二、三和四倍：262、393 和 524 Hz。

備註 琴弦上的波速與琴弦在空氣中所產生的聲波之速率不同 (我們將在第 16 章中討論)。

駐波看起來是停留在原地 (而行進波則是移動的)。從能量的觀點來看，“駐”波一詞也是有意義的。因為細繩在波節處是靜止的，沒

有能量通過這些點。因此能量並沒有沿著繩子傳送，而是“停留”在繩中適當的區域。

駐波不僅可以在細繩上產生，而且在任何被撞擊的物體上也會產生，例如鼓面或是由金屬或木頭製成的物體。共振頻率視物體的大小尺寸而定，正如細繩的共振頻率依其長度而定一般。大的物體之共振頻率要比小的物體低。所有的樂器，從弦樂器與管樂器 (其中的柱狀空氣以駐波形式振盪) 到鼓與其他的打擊樂器，都是依靠駐波而產生它們特殊的樂聲，我們將在第 16 章中討論。

駐波的數學表述

如我們先前所見，駐波可以視為由兩個朝相反方向移動的行進波所組成。它們可以寫成 [參閱 (15-10c) 與 (15-13c) 式]

$$D_1(x, t) = A\sin(kx - \omega t) \quad 與 \quad D_2(x, t) = A\sin(kx + \omega t)$$

因為假設沒有阻尼，其振幅、頻率和波長都相等。這兩個行進波的總和產生一個駐波，數學上可以寫成

$$D = D_1 + D_2 = A\,[\sin(kx - \omega t) + \sin(kx + \omega t)]$$

由三角恆等式 $\sin\theta_1 + \sin\theta_2 = 2\sin\frac{1}{2}(\theta_1 + \theta_2)\cos\frac{1}{2}(\theta_1 - \theta_2)$，我們可以將上式改寫為

$$D = 2A\sin kx\cos\omega t \qquad \textbf{(15-18)}$$

假如設定繩子的左端為 $x = 0$，則右端為 $x = \ell$，其中 ℓ 是細繩的長度。因為細繩的兩端是固定的 (圖 15-26)，所以 $D(x, t)$ 在 $x = 0$ 與 $x = \ell$ 處必須為零。(15-18) 式已經符合了第一個條件 (在 $x = 0$ 處，$D = 0$)，並且若 $\sin k\ell = 0$ 則符合第二個條件，意指

$$k\ell = \pi, 2\pi, 3\pi, \cdots, n\pi, \cdots$$

其中 n = 整數。因為 $k = 2\pi/\lambda$，所以 $\lambda = 2\ell/n$，這正是 (15-17a) 式。

在 $\lambda = 2\ell/n$ 的條件下，(15-18) 式是駐波的數學表述。我們看到在任何位置 x 的質點都以簡諧運動之形式振動 (由於 $\cos\omega t$ 的因素)。細繩上的所有質點都以相同的頻率 $f = \omega/2\pi$ 振動，但振幅依 x 而定，

並且等於 $2A\sin kx$。(將其與所有質點都以相同之振幅振動的行進波作比較。) 當 $kx=\pi/2$、$3\pi/2$、$5\pi/2$ 等等，振幅為最大值，並等於 $2A$——亦即在

$$x=\frac{\lambda}{4},\frac{3\lambda}{4},\frac{5\lambda}{4},\ldots$$

當然，這些是波腹的位置 (參閱圖 15-26)。

例題 15-9 **波形**　一根細繩在 $x=0$ 處固定，兩個沿著細繩朝相反方向行進的波可以用以下的函數式表示

$$D_1=(0.20\text{ m})\sin(2.0x-4.0t) \quad 與 \quad D_2=(0.20\text{ m})\sin(2.0x+4.0t)$$

(其中 x 的單位是 m，t 的單位是 s)，並且它們產生一個駐波形式。試求 (a) 駐波的函數式，(b) 於 $x=0.45$ m 處的最大振幅，(c) 另一端被固定在何處 ($x>0$)？(d) 最大振幅以及它出現的位置。

方法　我們利用疊加原理將這兩個波相加。已知的波形其形式與推導 (15-18) 式的相同，因此我們可以利用 (15-18) 式。

解答　(a) 兩個波的形式為 $D=A\sin(kx\pm\omega t)$，所以

$$k=2.0\text{ m}^{-1} \quad 且 \quad \omega=4.0\text{ s}^{-1}$$

兩式結合形成一個如 (15-18) 式之形式的駐波

$$D=2A\sin kx\cos\omega t=(0.40\text{ m})\sin(2.0x)\cos(4.0t)$$

其中 x 的單位是 m，t 的單位是 s。

(b) 在 $x=0.45$ m 處，

$$D=(0.40\text{ m})\sin(0.90)\cos(4.0t)=(0.31\text{ m})\cos(4.0t)$$

這個位置的最大振幅是 $D=0.31$ m，而且出現在 $\cos(4.0t)=1$ 時。

(c) 這些波構成駐波形式，因此細繩的兩端必定是波節。每半個波長產生一個波節，而細繩的半波長為

$$\frac{\lambda}{2}=\frac{1}{2}\frac{2\pi}{k}=\frac{\pi}{2.0}\text{ m}=1.57\text{ m}$$

如果細繩只含有一個圈，則它的長度為 $\ell=1.57$ m。但沒有更多的資

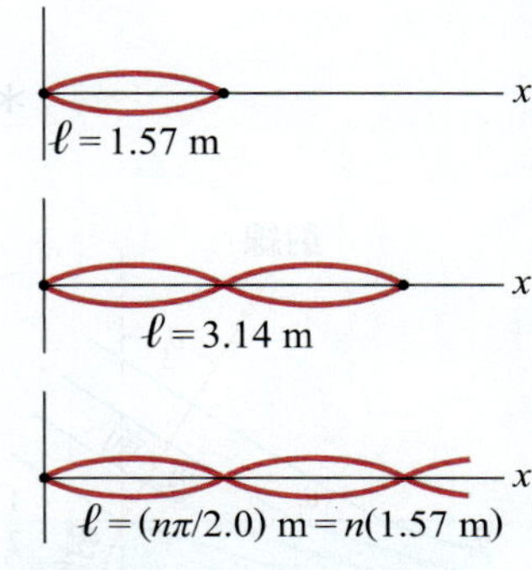

圖 15-27　例題 15-9：細繩可能的長度。

料，長度可以是兩倍 $\ell = 3.14$ m，或是 1.57 m 的任何整數倍，而且依然產生一個駐波的形式 (圖 15-27)。

(d) 波節出現在 $x = 0$，$x = 1.57$ m，而且如果細繩比 $\ell = 1.57$ m 長，波節還會出現在 $x = 3.14$ m、4.71 m，等等。最大振幅 (波腹) 是 0.40 m [由 (b) 中得知]，並且出現在波節中間。若 $\ell = 1.57$ m，則只有一個波腹位於 $x =$ 0.79 m 處。

*15-10 折射[6]

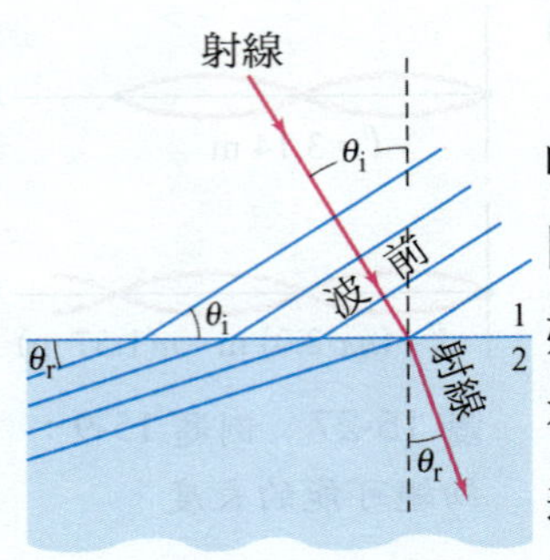

圖 15-28 波通過邊界時的折射。

當任何波碰撞邊界時，一部分的能量被反射，而一部分透射或被吸收。當一個在某介質中行進的二維或三維波穿越邊界進入到速率不同的另一個介質中時，透射波可能會朝著與入射波不同的方向行進，如圖 15-28 所示。這種現象就是**折射** (refraction)。水波是一個實例；在淺水處速度減低，並且水波折射，如圖 15-29 所示。[若無明顯的邊界，當波速逐漸地改變時 (圖 15-29)，波會逐漸地改變方向 (折射)。]

圖 15-29 當水波接近岸邊時速度下降，並且會逐漸地折射。因為波速逐漸改變，所以沒有如圖 15-28 中的明顯邊界。

在圖 15-28 中，介質 2 中的波速比介質 1 小。在這種情況下，波前轉彎，使得它更為接近於與邊界平行。亦即折射角 θ_r 小於入射角 θ_i。為了明瞭其原因，並且幫助我們得到 θ_r 與 θ_i 之間定量的關係，我們把每個波前想像成一列士兵。士兵從硬地 (介質 1) 行進至泥地中 (介質 2)，因此在通過邊界後會減速。最先到達泥地的士兵會先減速，因此各列如圖 15-30a 所示之情形轉彎。現在考慮圖 15-30b 中標示為 A 的波前 (或該列士兵)。在相同的時間 t 內，A_1 移動 $\ell_1 = v_1 t$ 的距離，而 A_2 移動 $\ell_2 = v_2 t$ 的距離。圖 15-30b 中以黃色和綠色陰影表示的兩個直角三角形具有共同邊 a。因此

$$\sin\theta_1 = \frac{\ell_1}{a} = \frac{v_1 t}{a}$$

因為 a 是斜邊，所以

6 本節與下一節將會在第 32 至第 35 章的光學中作更詳細的討論。

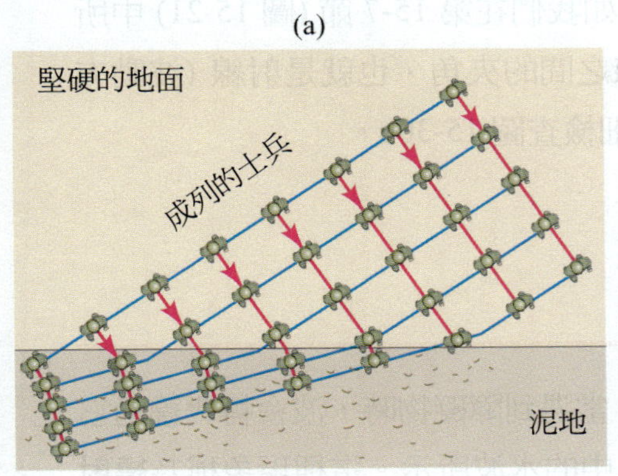

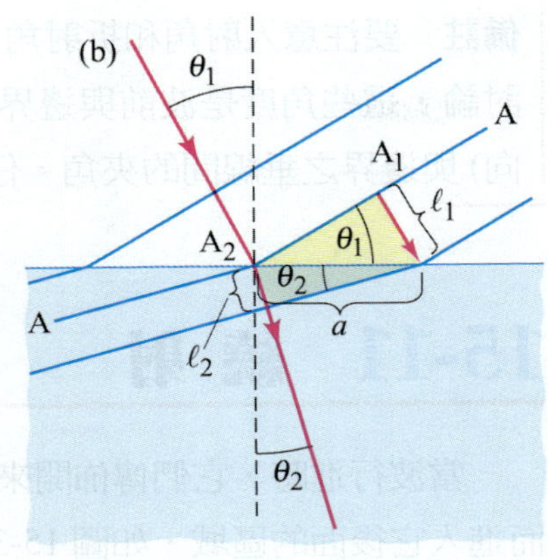

圖 15-30 (a) 士兵的類比用來推導 (b) 波的折射定律。

$$\sin\theta_2 = \frac{\ell_2}{a} = \frac{v_2 t}{a}$$

將兩式相除，我們就得到**折射定律** (law of refraction)

$$\frac{\sin\theta_2}{\sin\theta_1} = \frac{v_2}{v_1} \tag{15-19}$$

因為 θ_1 是入射角 (θ_i)，而 θ_2 是折射角 (θ_r)，所以 (15-19) 式提供了這兩者之間的定量關係。如果波朝相反方向行進，其幾何性質不會改變；只有 θ_1 和 θ_2 的角色改變：θ_1 是折射角而 θ_2 是入射角。顯然若波行進至可以移動得較快的介質中，它會以相反的方式轉彎 $\theta_r > \theta_i$。由 (15-19) 式我們可知，若速度增加，則角度增加，反之亦然。

當地震波穿過地球內部不同密度的岩層 (因此速度是不同的) 時會折射，就像水波一般。光波也會折射，而當我們要討論光的時候，將會發現 (15-19) 式是非常有用的。

例題 15-10 **地震波的折射** 一個地震 P 波穿過一個岩石中的邊界，此處它的速度從 6.5 km/s 增加為 8.0 km/s。如果它以 30° 角與邊界接觸，折射角是多少？

物理應用
地震波折射

方法 我們應用折射定律 (15-19) 式，$\sin\theta_2/\sin\theta_1 = v_2/v_1$。

解答 因為 $\sin 30° = 0.50$，由 (15-19) 式得到

$$\sin\theta_2 = \frac{(8.0\ \text{m/s})}{(6.5\ \text{m/s})}(0.50) = 0.62$$

所以 $\theta_2 = \sin^{-1}(0.62) = 38°$。

備註　要注意入射角和折射角。如我們在第 15-7 節 (圖 15-21) 中所討論，這些角度是波前與邊界線之間的夾角，也就是射線 (波動方向) 與邊界之垂線間的夾角。仔細檢查圖 15-30b。

*15-11　繞射

圖 15-31　波的繞射。波來自左上方。當波通過障礙物時，注意波是如何繞過此障礙物轉彎而進入障礙物後方的“陰影區”。

當波行進時，它們傳佈開來。當遇到障礙物時，波會轉彎繞過它而進入它後面的區域，如圖 15-31 中的水波所示。這種現象稱為**繞射** (diffraction)。

繞射的量視波的波長和障礙物的大小而定，如圖 15-32 所示。如果波長遠大於物體，如圖 15-32a 中的一片草葉，波繞過草葉而轉彎，好似它們不存在一般。對於 (b) 與 (c) 中較大的物體，障礙物後面有較多我們不期望波能穿過的“陰影”區域，——但它們至少可以穿過一點。接著注意 (d)，其障礙物與 (c) 相同，但波長較長，有更多的繞射進入到陰影區域。依經驗法則，只有當波長小於物體的大小時，才有明顯的陰影區域。這個法則也適用於出自障礙物的反射上。除非波長小於障礙物的大小，否則只有極少量的波會被反射。

繞射數量的一個大致標準為

$$\theta\,(\text{弧度}) \approx \frac{\lambda}{\ell}$$

其中θ是波通過一個寬度為 ℓ 的孔徑或繞過寬度為 ℓ 的障礙物之後，波的散佈角度。

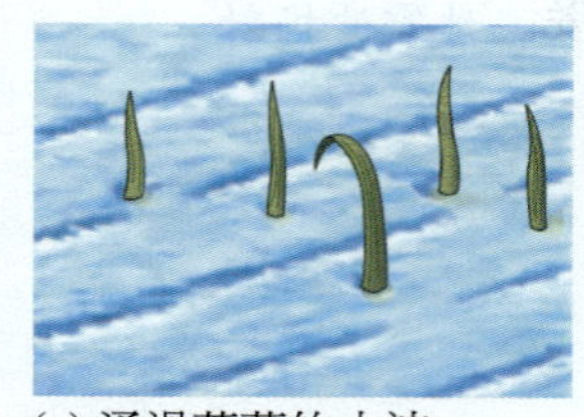

(a) 通過草葉的水波

(b) 水中的枝條

(c) 通過原木的短波長水波

(d) 通過原木的長波長水波

圖 15-32　通過大小不同物體的水波。注意，和物體的尺寸相比，波長愈長，就有愈多的繞射進入“陰影區”。

波能夠轉彎而繞過障礙物，因此可以將能量載送到障礙物後方的區域，這與物質質點所載送的能量有著極大的不同。以下是一個明顯的例子：如果你站在建築物某一邊的角落附近，你不可能被從建築物另一邊所投過來的棒球擊中，但是因為聲波在建築物的邊緣周圍繞射，所以你可以聽見喊叫聲或其他聲音。

摘 要

振動的物體是向外行進的**波** (wave) 之來源。水波和細繩上的波是兩個常見的例子。波可以是**脈衝** (pulse) (單一的波峰) 或是連續的 (許多波峰和波谷)。

連續波的**波長** (wavelength) 是兩個相繼的波峰 (或波形上任何兩個相同的點) 之間的距離。

頻率 (frequency) 是每單位時間內通過某特定點之完整波長 (或波峰) 的數目。

波速 (wave velocity) (波峰移動得多快) 等於波長與頻率的相乘積。

$$v = \lambda f \qquad \textbf{(15-1)}$$

波的**振幅** (amplitude) 是波峰相對於正常 (或平衡) 水平的最大高度，或波谷的最大深度。

在**橫波** (transverse wave) 中，振盪與波行進的方向正交；細繩上的波是一個例子。

在**縱波** (longitudinal wave) 中，振盪是沿著 (平行於) 波行進的路線；聲音是一個例子。

物質中縱波和橫波的速度是與彈力因數除以慣性因數 (或密度) 的平方根成正比。

波可以無須載送物質而將能量從一處傳送到另一處。波的**強度** (intensity) (每單位時間內經單位面積所傳送的能量) 與振幅的平方成正比。

在三維中，從點波源向外行進的波，其強度 (忽略阻尼) 隨著與波源之距離的平方而減小，

$$I \propto \frac{1}{r^2} \qquad \textbf{(15-8a)}$$

而振幅則隨著與波源的距離線性地減小。

介質中一個沿著 x 軸向右行進 (x 增加之方向) 的一維橫波可以用介質在任何一點 x 處距平衡點之位移的時間函數表示為

$$D(x, t) = A \sin\left[\left(\frac{2\pi}{\lambda}\right)(x - vt)\right] \qquad \textbf{(15-10a)}$$

$$= A \sin(kx - \omega t) \qquad \textbf{(15-10c)}$$

其中

$$k=\frac{2\pi}{\lambda} \tag{15-11}$$

並且

$$\omega=2\pi f$$

如果波朝 x 減少的方向行進，則

$$D(x,t)=A\sin(kx+\omega t) \tag{15-13c}$$

[*波可以用**波動方程式** (wave equation) 描述，在一維中它是 $\partial^2 D/\partial x^2=(1/v^2)(\partial^2 D/\partial t^2)$，(15-16) 式。]

當兩個或兩個以上的波同時通過空間中的相同區域時，於任何地點的位移是個別的波之位移的向量和。這就是**疊加原理** (principle of superposition)。如果振幅夠小，而介質的回復力與位移成正比，則它對機械波就是適用的。

波會被它們路徑上的物體所反射。當二維或三維波的波前碰到物體時，其反射角等於入射角，這就是**反射定律** (law of reflection)。當波到達兩種物質之間的邊界時，一部分的波反射，另一部分透射。

當兩個波同時通過空間中的同一個區域時，它們會**干涉** (interfere)。依疊加原理，在任何地點與時間的合成位移是它們個別之位移的總和。依波的振幅與相對相位，這可能會造成**建設性干涉** (constructive interference)、**破壞性干涉** (destructive interference) 或介於兩者之間。

沿固定長度之繩子行進的波會與由末端反射而朝相反方向行進的波干涉。於特定頻率作用下會產生**駐波** (standing wave)，它看起來是靜止而不是行進的。繩子 (或其他介質) 是整體的振動。這是一種共振現象，並且駐波發生的頻率稱為**共振頻率** (resonant frequency)。破壞性干涉的點 (沒有振動) 稱為**波節** (node)。建設性干涉的點 (振動的最大振幅) 稱為**波腹** (antinode)。在一根兩端固定且長度為 ℓ 的繩子上，駐波的波長為

$$\lambda_n=2\ell/n \tag{15-17a}$$

其中 n 為整數。

[*當波從一個介質行進到其速率不同的第二個介質中時，會改變方向或**折射** (refract)。當波行進而遇到障礙物時，波會散佈開來或**繞射** (diffract)。繞射的數量大致為 $\theta\approx\lambda/\ell$，其中 λ 是波長，ℓ 是障礙物或孔徑的寬度。只有當波長 λ 小於障礙物的大小時才有明顯的“陰影區域”。]

問 題

1. 一個簡單週期波的頻率等於其波源的頻率嗎？為什麼？
2. 一橫波沿著繩子行進，試解釋橫波之波速與繩子上一小段之速率的不同。
3. 你發現在大浪中要從一艘小船爬到較高的另一艘船中是很具挑戰性的。假如攀登的高度變化是從 2.5 m 至 4.3 m，則水波的振幅是多少？假設兩艘船的中心相距半個波長。
4. 有一根水平的金屬桿，如果你 (a) 從上方垂直地，或 (b) 與它的長度平行而水平地敲擊末端，各會造成什麼樣的波沿著桿行進？
5. 空氣的密度隨著溫度的升高而減少，但是體積彈性係數 B 幾乎與溫度無關。你認為空氣中聲波的速率會如何隨著溫度變化？
6. 試描述你要如何估計水波橫越池塘表面的速率。
7. 大多數固體中的聲速要比空氣中大，而固體的密度卻比空氣大得多 (10^3 至 10^4 倍)。試解釋之。
8. 當圓形水波遠離波源而行進時，為何其振幅會逐漸減少？請說明兩個可能的原因。
9. 兩個線性波具有相同的振幅與速率，其中一個的波長是另一個的一半，除此之外其他條件完全相同。哪一個波傳送較多的能量？相差多少倍？
10. 任何 $(x - vt)$ 之函數 [見 (15-14) 式] 都可以代表一個波的運動嗎？為什麼？如果不可以，試舉例說明。
11. 當一個正弦波通過繩子中不同的兩段之間的邊界時，如圖 15-19 所示，其頻率不會改變 (而波長和速度會改變)。試解釋之。
12. 如果正弦波在一條兩段的繩子上 (圖 15-19) 上下顛倒而反射，則其透射波的波長較長或較短？
13. 當兩個波干涉時，能量始終是守恆嗎？試解釋之。
14. 如果一根弦以三個弓形的駐波形式振盪，是否有可以讓你用刀片碰觸而不會干擾運動的地方？
15. 當繩子上有駐波出現時，入射波與反射波的振動於波節處互相抵消。這是否意味著能量被破壞了？試解釋之。
16. 圖 15-25 中的駐波振幅會比造成駐波的振動 (手的上下運動) 振幅還大嗎？
17. 用手或機械振盪器振動一根繩子時，如圖 15-25 所示，“波節”並不是真正的波節 (靜止)。試解釋之。[提示：考慮阻尼以及來自手或振盪器的能量流動。]

*18. 通常可以在小山後面收聽到調幅電台的訊號，但卻往往聽不到調頻電台。亦即調幅訊號要比調頻訊號轉彎得更多。試解釋之。(無線電台訊號是由電磁波傳送，調幅的波長通常是 200 至 600 m，而調頻的波長大約為 3 m。)

*19. 如果我們知道能量從某處被傳送至另一處，我們要如何判斷能量是由質點 (物體) 或波所載送？

習題

15-1 與 15-2 波的特性

1. (I) 一位漁夫發現每 3.0 s 有波峰通過已下錨的船之船頭。他測量兩波峰之間的距離是 8.0 m。波行進得多快？
2. (I) 已知空氣中某聲波的頻率為 262 Hz，並且以 343 m/s 之速率行進。其波峰 (壓縮) 相距多遠？
3. (I) 試計算在 (a) 水中，(b) 花崗岩中，和 (c) 鋼中的縱波行進速率。
4. (I) 已知調幅電台訊號的頻率介於 550 kHz 與 1600 kHz 之間，並且以 3.0×10^8 m/s 之速率行進。這些訊號的波長是多少？而調頻訊號的頻率範圍是 88 MHz 至 108 MHz，並且以相同的速率行進。它們的波長是為多少？
5. (I) 試求沿著鐵桿行進的一個 5800 Hz 之聲波的波長。
6. (II) 一根質量為 0.65 kg 的繩子拉直後被綁在相距 8.0 m 的支柱之間。若繩子中的張力為 140 N，脈衝從一根支柱行進至另一根支柱需要多少時間？
7. (II) 一根 0.40 kg 的繩子拉直後被綁在兩根相距 7.8 m 的支柱之間。當一根支柱被鐵錘敲擊時，一個橫波沿著繩子行進，並且在 0.85 s 內到達另一根支柱。繩子中的張力是多少？
8. (II) 有一位水手敲打船身的側邊，其位置正好在水面下方。經過 2.8 s 後他聽到從正下方之海底反射回來的波之回聲。該處海的深度是多少？
9. (II) 滑雪場的纜車由一根長 660 m 且直徑為 1.5 cm 的鋼纜連接至山頂。當纜車到達路程的盡頭時，它撞到端點並且沿著鋼纜發送出一個脈衝波。經觀察脈衝再次返回端點需花 17 s 的時間。(a) 脈衝的速率是多少？ (b) 鋼纜中的張力為何？
10. (II) 由地震引起的 P 與 S 波以不同的速率行進，而且此項差異有助於確定地震震央的位置 (擾動發生的地方)。(a) 假如 P 與 S 波典型的速率分別為 8.5 km/s 與 5.5 km/s，如果地震測站測得這兩種波抵達的時間相隔 1.7 min，地震發生處的距離有多遠？(b) 一個地震測站足以測出震央的位置嗎？試解釋之。
11. (II) 圖 15-33 所示的弦上的波，正以 1.10 m/s之速率向右行進。(a) 試繪出 1.00 s 後弦的形狀，並指出於該瞬間弦的哪些部分正在向下移動，而哪些部分正在向上移

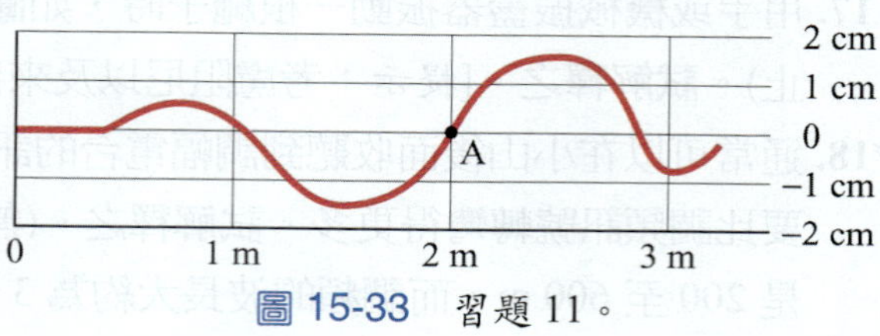

圖 15-33 習題 11。

動。(b) 試估計弦上 A 點於圖中所示之瞬間的垂直速率。

12. (II) 一個 5.0 kg 的球懸吊在直徑為 1.00 mm 且長 5.00 m 的鋼線上。鋼線上的波速為何？

13. (II) 有兩個小孩沿著細繩傳送訊號，細繩總質量為 0.50 kg，並且以 35 N 之張力繫在錫罐之間。繩中的振動從一個小孩行進到另一個小孩處需要 0.50 s 的時間。這兩個小孩相距多遠？

*14. (II) **因次分析** (dimensional analysis)。海面上的波與水的密度或表面張力等性質無關。堆積在波峰中的水，其主要的“返回力”是由於地球重力的吸引所造成的。所以海洋的波速 v (m/s) 視重力加速度 g 而定。而認為 v 也許與水深 h 及波的波長 λ 有關也是合理的。假設波速的函數形式為 $v = Cg^{\alpha}h^{\beta}\lambda^{\gamma}$，其中 α、β、γ 與 C 沒有單位。(a) 在深水區中，下方深處的水並不影響表面的波之運動，所以 v 應該與深度 h 無關 (即 $\beta = 0$)。只利用因次分析 (第 1-7 節)，試求深水區中表面波的速率公式。(b) 在淺水區中，經實驗發現表面波的速率與波長無關 (即 $\gamma = 0$)。只利用因次分析，試求淺水區中表面波的速率公式。

15-3 波傳送的能量

15. (I) 兩個頻率相同的地震波穿過地球的同一區域，但是其中一個波所載送的能量是另一個波的 3.0 倍。這兩個波的振幅之比是多少？

16. (I) 一個地震 P 波穿過地球，在距離波源 15 km 和 45 km 處偵測之。試求這兩處偵測所得的 (a) 強度與 (b) 振幅之比。

17. (II) 試證明如果忽略阻尼，圓形水波的振幅 A 隨著與波源之距離 r 的平方根而減小：$A \propto 1/\sqrt{r}$。

18. (II) 一個穿過地球的地震波在距離波源 48 km 處經測得其強度為 $3.0 \times 10^6\ \text{J/m}^2 \cdot \text{s}$。(a) 當它通過距離波源僅 1.0 km 處時的強度是多少？(b) 在距波源 1.0 km 處，通過 2.0 m^2 之面積的能量速率是多少？

19. (II) 一根直徑為 1.0 mm 的鋼線與振盪器連接，其承受的張力為 7.5 N。振盪器的頻率為 60.0 Hz，且鋼線上的波之振幅為 0.50 cm。(a) 振盪器的輸出功率是多少？假設波沒有反射。(b) 如果輸出功率保持常數而頻率增為原來的兩倍，波的振幅為何？

20. (II) 試證明波的強度等於波中的能量密度 (單位體積的能量) 與波速的相乘積。

21. (II) (a) 試證明由頻率為 f 且振幅為 A 的機械波沿著繩子傳送能量的平均速率為 $\overline{P} = 2\pi^2\mu v f^2 A^2$，其中 v 為波速，μ 為繩子每單位長度的質量。(b) 如果繩子中的張力為 F_T = 135 N，並且每單位長度的質量為 0.10 kg/m，欲傳送振幅為 2.0 cm 的 120 Hz 之橫波所需的功率是多少？

15-4 行進波的數學表述

22. (I) 已知一根線上的橫波為 $D(x, t) = 0.015 \sin(25x - 1200t)$，其中 D 與 x 的單位為公尺，t 的單位為秒。(a) 寫出一個具有相同振幅、波長與頻率但朝相反方向行進的波之表示式。(b) 這兩個波的速率是多少？

23. (I) 假設於 $t = 0$ 時，某波形可以用 $D = A \sin(2\pi x/\lambda + \phi)$ 表示；它與 (15-9) 式不同的是多出一個相位常數 ϕ。則一個沿著 x 軸向左行進的波作為 x 與 t 之函數的方程式為何？

24. (II) 一個在繩子上行進的橫波可以寫成 $D = 0.22 \sin(5.6x + 34t)$，其中 D 與 x 的單位是公尺，t 的單位是秒。試求此波的 (a) 波長，(b) 頻率，(c) 速度 (大小與方向)，(d) 振幅，與 (e) 繩子質點速率的最大值與最小值。

25. (II) 考慮例題 15-5 之繩子上 $x = 1.00$ m 的點。試求 (a) 該點的最大速度，與 (b) 它的最大加速度。(c) 於 $t = 2.50$ s 時，它的速度與加速度各為多少？

26. (II) 繩子上的一個橫波為 $D(x, t) = 0.12 \sin(3.0x - 15.0t)$，其中 D 與 x 的單位是公尺，t 的單位是秒。於 $t = 0.20$ s 時，繩子上位於 $x = 0.60$ m 的點之位移與速度各為多少？

27. (II) 一個橫波脈衝以 $v = 2.0$ m/s 之速率沿著繩子向右行進。於 $t = 0$ 時，脈衝的形狀為 $D = 0.45\cos(2.6x + 1.2)$，其中 D 與 x 的單位為公尺。(a) 試繪出於 $t = 0$ 時，D 對 x 的圖形。(b) 假設沒有摩擦造成的損失，試求任何時刻 t 之脈衝波的公式。(c) 繪出於 $t = 1.0$ s 時，$D(x, t)$ 對 x 的圖形。(d) 假設脈衝向左行進，重作 (b) 與 (c)。將三個圖繪於相同的軸上以便比較。

28. (II) 空氣中一個 524 Hz 之縱波的速率為 345 m/s。(a) 其波長為何？ (b) 空間中波上的某特定點，其相位改變 90° 所需的時間為何？ (c) 在一特定時刻，相距 4.4 cm 的兩點之相位差 (度) 是多少？

29. (II) 試寫出習題 28 中向右行進的波之方程式。已知振幅為 0.020 cm，並且於 $t = 0$ 時，$x = 0$ 處的 $D = -0.020$ cm。

30. (II) 一個在弦上朝負 x 方向行進的正弦波，其振幅為 1.00 cm，波長為 3.00 cm，且頻率為 245 Hz。當 $t = 0$ 時，弦上位於 $x = 0$ 處的質點被移至原點上方一段距離 $D = 0.80$ cm，並且正往上移動。(a) 試繪出 $t = 0$ 時的波形，(b) 試求出描述波之 x 與 t 的函數。

*15-5 波動方程式

***31.** (II) 試判斷函數 $D = A \sin kx \cos \omega t$ 是否為波動方程式的一個解。

***32.** (II) 以直接代入法證明下列的函數滿足波動方程式：(a) $D(x, t) = A \ln(x + vt)$；(b) $D(x, t) = (x - vt)^4$。

***33.** 證明 (15-13) 與 (15-15) 式之形式的波滿足 (15-16) 式的波動方程式。

***34.** (I) 已知兩個線性波可以用 $D_1 = f_1(x, t)$ 與 $D_2 = f_2(x, t)$ 表示。如果這兩個波都滿足 (15-16) 式

的波動方程式，證明其任意的線性組合 $D=C_1D_1+C_2D_2$ 也會滿足，其中 C_1 與 C_2 為常數。

*35. (II) 函數 $D(x,t)=e^{-(kx-\omega t)^2}$ 是否能滿足波動方程式？為什麼？

*36. (II) 在推導 (15-2) 式時，$v=\sqrt{F_T/\mu}$ 為細繩上橫波的速率，其中曾假設波的振幅 A 比波長 λ 小得多。假如正弦波波形為 $D=A\sin(kx-\omega t)$，由偏微分 $v'=\partial D/\partial t$，證明 $A\ll\lambda$ 的假設表示細繩本身的最大橫向速率 v'_{max} 比波速小得多。如果 $A=\lambda/100$，試求比例 v'_{max}/v。

15-7 反射和透射

37. (II) 一根繩子具有線密度為 0.10 kg/m 與 0.20 kg/m 的兩段，如圖 15-34 所示。已知入射波 $D=(0.050\text{ m})\sin(7.5x-12.0t)$ 沿著較輕的繩子行進，其中 x 的單位是公尺，且 t 的單位是秒。(a) 較輕的一段繩子上的波長是多少？(b) 繩子中的張力是多少？(c) 當波在較重的一段繩子上行進時的波長是多少？

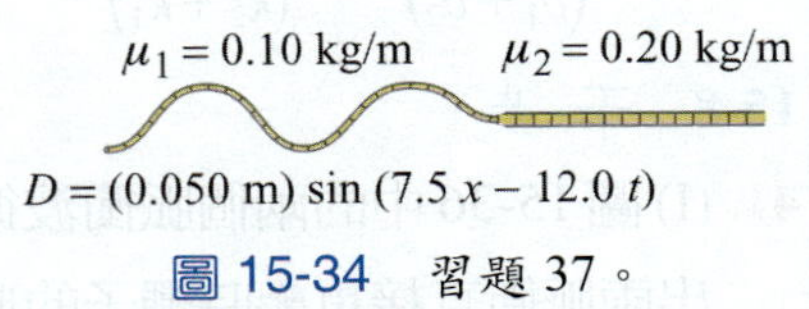

圖 15-34 習題 37。

38. (II) 考慮一個沿著圖 15-19 中拉直的兩段繩子行進的正弦波。試求 (a) 兩段繩子上波速之比 v_H/v_L 的公式，與 (b) 兩段繩子上波長之比的公式 (兩段繩子中的頻率相同，為什麼？) (c) 較長的波長是發生在較重或較輕的繩子上？

39. (II) 震波反射探勘法一般用於勘測深埋的石油組成物。這項技術是在地球表面製造一個震波 (例如，藉由爆炸或落下重物)，它由地表下的組成物反射後返回地表，再於地表檢測之。將地表檢測器置於各種不同的位置，並且觀察波在波源－檢測器行進時間的變化，即可測得地表下組成物的深度。(a) 假設地表檢測器置於距離震波源 x 處，並且地表下組成物與壓在上面的岩石之間的水平邊界之深度為 D (圖 15-35a)。試求反射波從波源行進至檢測器所需之時間 t 的表示式。假設震波以定速 v 傳播。(b) 假設將數個檢測器置放於同一條直線上，並且距波源有不同的距離 x，如圖 15-35b 所示。當震波產生時，在每個檢測器上可測得不同的行進時間 t。由 (a) 的結果，試解釋如何利用 t^2 對 x^2 的圖形求得 D 值。

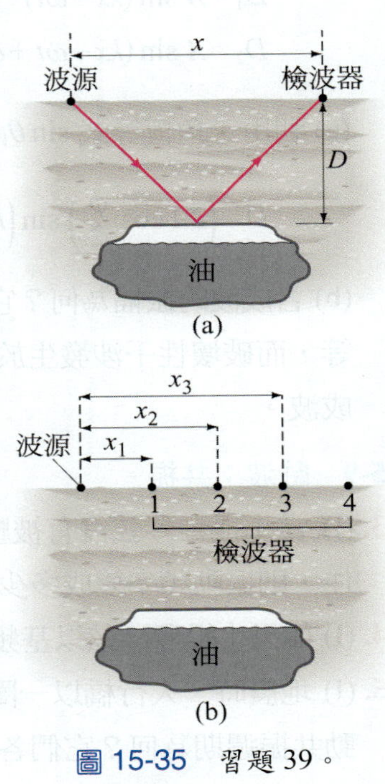

圖 15-35 習題 39。

40. (III) 一根拉直而受張力 F_T 作用的繩子是由兩段所組成 (如圖 15-19)，其線密度為 μ_1 和 μ_2。設兩段的連接點 (結) 為 $x = 0$，且左段的部分為 μ_1，右段的部分為 μ_2。一個正弦波 $D = A \sin[k_1(x - v_1 t)]$ 由繩子的左端開始移動。當它行進至連接處時，一部分反射且一部分透射。已知反射波的方程式為 $D_R = A_R \sin[k_1(x + v_1 t)]$ 且透射波為 $D_T = A_T \sin[k_2(x - v_2 t)]$。因為這兩段中的頻率必定相等，所以我們得到 $\omega_1 = \omega_2$ 或 $k_1 v_1 = k_2 v_2$。(a) 由於繩子是連續的，位於結的左側極微小距離的一點在任何時刻的位移 (由入射波與反射波所引起) 等於正好位於結右側的點之位移 (由透射波造成)。試證明 $A = A_T + A_R$。(b) 假設正好位於結左邊之繩子的斜率 $(\partial D / \partial x)$ 與正好位於結右邊之繩子的斜率相同，試證明反射波的振幅為 $A_R = \left(\dfrac{v_1 - v_2}{v_1 + v_2}\right) A = \left(\dfrac{k_2 - k_1}{k_2 + k_1}\right) A$。(c) 以 A 所表示的 A_T 之方程式為何？

15-8 干 涉

41. (I) 圖 15-36 中的兩個脈衝波彼此迎面移動。(a) 試繪出兩脈衝直接重疊時繩子的形狀。(b) 再繪出片刻之後繩子的形狀。(c) 圖 15-22a 中，於脈衝交會的瞬間，繩子是平直的。此刻的能量為何？

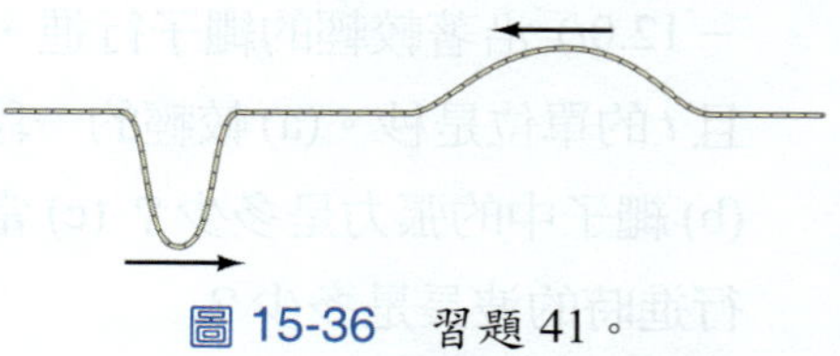

圖 15-36 習題 41。

42. (II) 假設兩個於相同介質中行進的線性波具有相同的振幅與頻率，並且其相位差為 ϕ。它們可以表示成

$$D_1 = A \sin(kx - \omega t)$$
$$D_2 = A \sin(kx - \omega t + \phi)。$$

(a) 利用三角恆等式 $\sin\theta_1 + \sin\theta_2 = 2\sin\frac{1}{2}(\theta_1 + \theta_2)\cos\frac{1}{2}(\theta_1 - \theta_2)$，證明合成波為

$$D = \left(2A\cos\frac{\phi}{2}\right)\sin\left(kx - \omega t + \frac{\phi}{2}\right)。$$

(b) 合成波的振幅為何？它是否為純正弦波？(c) 證明建設性干涉發生於 $\phi = 0, 2\pi, 4\pi$，等等，而破壞性干涉發生於 $\phi = \pi, 3\pi, 5\pi$，等等。(d) 試以方程式和字句描述 $\phi = \pi/2$ 時的合成波。

15-9 駐波；共振

43. (I) 當小提琴琴弦沒有被壓住時的振動頻率為 441 Hz。如果弦在距端點三分之一處被壓住，則振動頻率變成多少？(亦即，只有三分之二的弦作駐波式的振動。)

44. (I) 如果小提琴琴弦以基頻 294 Hz 振動，則最前面的四個諧音之頻率是多少？

45. (I) 地震時，人行橋以一圈 (基頻駐波) 之形式每 1.5 s 上下振盪一次。此橋其他可能的運動共振週期為何？它們各對應的頻率為何？

46. (I) 一根特殊的弦以 280 Hz 之頻率作四圈形式的共振。試指出至少三個其他的共振頻率。

47. (II) 一根長 1.0 m 的繩子具有兩段等長的部分，其線密度各為 0.50 kg/m 與 1.00 kg/m。整條繩子中的張力是固定的。繩子的兩端振盪而產生單一波節的駐波，並且此波節位於繩子不同的兩段之接合處。振盪頻率之比為何？

48. (II) 一根弦上的波速為 96 m/s。如果駐波之頻率為 445 Hz，則相鄰兩個波節之間的距離有多遠？

49. (II) 如果一根振動的弦上兩個接連的諧音是 240 Hz 和 320 Hz，則基頻是多少？

50. (II) 一根吉他弦長 90.0 cm 且質量為 3.16 g。琴馬至支柱 ($=\ell$) 為 60.0 cm，並且弦受到 520 N 的張力作用。基頻和前兩個泛音的頻率各為多少？

51. (II) 一根長度為 ℓ 且線密度為 μ 之拉直的繩子中有張力 F_T，證明繩子上駐波的頻率為 $f=\frac{n}{2\ell}\sqrt{\frac{F_T}{\mu}}$，其中 n 為整數。

52. (II) 一條線密度為 6.6×10^{-4} kg/m 的水平繩子一端連接於 120 Hz 的小振幅之機械振盪器上。繩子繞過位於距離 $\ell=1.50$ m 之外的滑輪上，並且有一個物體懸掛於此端，如圖 15-37 所示。此端必須懸掛多少的質量 m 才能產生 (a) 一圈，(b) 二圈，與 (c) 五圈的駐波？假設位於振盪器處的繩端為波節，這與真實情況頗接近。

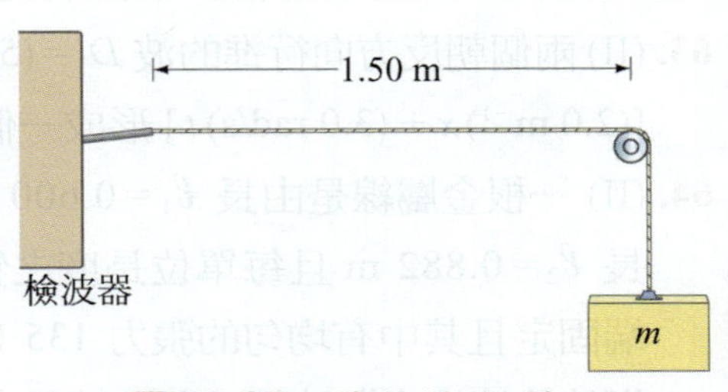

圖 15-37 習題 52 和 53。

53. (II) 習題 52 中 (圖 15-37) 可以移動滑輪的位置以調整繩子的長度。如果懸掛的物體 m 固定為 0.070 kg，將 ℓ 值從 10 cm 至 1.5 m 之間變化，可以得到幾種不同的駐波形式？

54. (II) 一根繩子上駐波的位移為 $D=2.4\sin(0.60x)\cos(42t)$，其中 x 與 D 的單位為公分，且 t 的單位為秒。(a) 波節之間的距離 (cm) 為何？(b) 試求每個組成的波之振幅、頻率和速度。(c) 試求於 $t=2.5$ s 時，位於繩子上 $x=3.20$ cm 處之質點的速率。

55. (II) 一個在繩子上行進的橫波之位移可以寫成 $D_1=4.2\sin(0.84x-47t+2.1)$，其中 D_1 與 x 的單位為公分，且 t 的單位為秒。(a) 試求一個朝相反方向行進的波之表示式，當它與這個波相加時會形成駐波。(b) 描述此駐波的表示式為何？

56. (II) 當你以適當的頻率來回地搖盪盆中的水，水會在兩端交替地上升和下降，而在中央部分則是相對地保持平靜。假設在 45 cm 寬的盆中要產生這樣的駐波需要 0.85 Hz 的頻率，則水波的速率為何？

57. (II) 一根特定的小提琴琴弦以頻率 294 Hz 奏鳴。如果張力增加 15%，則新的頻率是多少？

58. (II) 兩個行進波以下列的函數式表示 $D_1=A\sin(kx-\omega t)$，$D_2=A\sin(kx+\omega t)$，其中 $A=0.15$ m、$K=3.5\ \text{m}^{-1}$ 且 $\omega=1.8\ \text{s}^{-1}$。(a) 試繪出這兩個波從 $x=0$ 到包含一個完整波長的

點 $x\,(>0)$ 處的圖形。選取 $t=1.0$ s。(b) 試繪出兩波之和，並且在圖中找出波節與波腹，並與解析 (數學上的) 表示法作比較。

59. (II) 試以時間的函數從 $t=0$ 至 $t=T$ (一個週期) 繪出習題 58 中的兩個波以及其總和。選取 (a) $x=0$，與 (b) $x=\lambda/4$ 處。說明你的結果。

60. (II) 當一根長 1.64 m 的水平繩子以 120 Hz 之頻率振動時，形成三圈的駐波。位於每個圈中央的繩子最大擺動 (頂端至底部) 為 8.00 cm。(a) 描述此駐波的函數為何？(b) 構成此駐波的兩個以相反方向行進且振幅相同的波其函數式為何？

61. (II) 在電吉他中，每根弦底下的“拾音器”直接將弦的振動轉換為電訊號。如果拾音器置於距離 65.00 cm 長的弦之固定端 16.25 cm 處，則 $n=1$ 至 $n=12$ 中不會被拾音器“拾取”的諧音為何？

62. (II) 一根長 65 cm 吉他弦兩端固定。在 1.0 至 2.0 kHz 之頻率範圍間，弦只會以 1.2、1.5 與 1.8 kHz 之頻率共振。弦上行進波的速率為何？

63. (II) 兩個朝反方向行進的波 $D_1=(5.0\text{ mm})\cos[(2.0\text{ m}^{-1})x-(3.0\text{ rad/s})t]$ 與 $D_2=(5.0\text{ mm})\cos[(2.0\text{ m}^{-1})x+(3.0\text{ rad/s})t]$ 形成一個駐波。試求 x 軸上波節的位置。

64. (II) 一根金屬線是由長 $\ell_1=0.600$ m 和且每單位長度之質量為 $\mu_1=2.70$ g/m 的鋁線，與長 $\ell_2=0.882$ m 且每單位長度之質量為 $\mu_2=7.80$ g/m 的鋼線連接所組成。此合成的線兩端固定且其中有均勻的張力 135 N。試求此線可以產生之駐波的最低頻率。假設鋁線與鋼線的連接處為波節。此駐波具有多少個波節 (包含位於兩端的兩個波節)？

*15-10 折 射

***65.** (I) 一個以 8.0 km/s 之速率行進的地震 P 波在地球內部撞擊兩種材質的交界處。如果它以 52° 入射角接近邊界且折射角為 31°，則它在第二種材質中的速率為何？

***66.** (I) 水波朝水面下的“陸棚”接近，其速度從 2.8 m/s 變成 2.5 m/s。如果入射波峰與陸棚成 35° 角，則折射角是多少？

***67.** (II) 在溫空氣 (25°C) 中行進的聲波碰到冷 (−15°C) 且較密集的空氣層。如果聲波以角度 33° 到達冷空氣交界面。其折射角是多少？聲速的溫度函數可以近似地寫成 $v=(331+0.60\,T)$ m/s，其中 T 的單位是 °C。

***68.** (II) 任何形式的波到達一個通過之後速度會增加的邊界時，如果要有穿透的折射波，其入射角有最大值。這個最大的入射角 θ_{iM} 所對應的折射角為 90°。若 $\theta_i>\theta_{iM}$，全部的波都在邊界反射而且沒有任何折射，因為這相當於 $\sin\theta_r>1$ (其中 θ_r 為反射角)，而這是不可能的。這種現象稱為全內反射。(a) 利用折射定律 [(15-19) 式] 求出 θ_{iM} 的公式。(b)

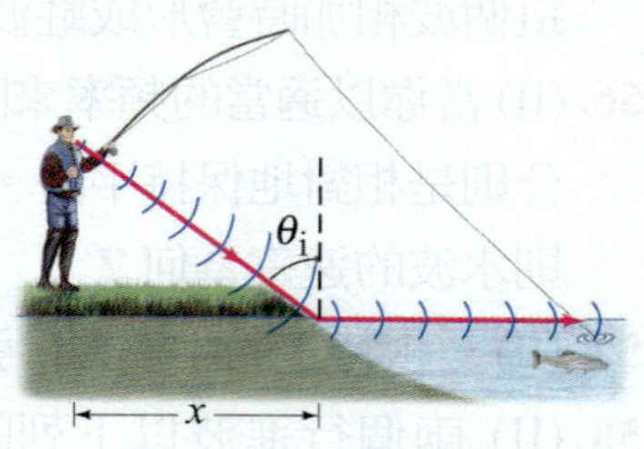

圖 15-38 習題 68b。

圖 15-38 中，捕鱒魚的漁夫要站在距離岸邊多遠處，才不致於使鱒魚被他的聲音 (地面上 1.8 m) 嚇著？已知空氣中的聲速約為 343 m/s，而水中的聲速約為 1440 m/s。

*69. (II) 一個縱向地震波從比重為 3.6 的岩石中以 38° 角越過邊界進入比重為 2.8 的岩石中。假設兩種岩石的彈性係數相同，試求折射角的大小。

*15-11 繞 射

*70. (II) 一個碟形衛星訊號接收器的直徑約為 0.5 m。根據使用手冊，接收器必須指向衛星的方向，但是可容許大約 2° 左右的誤差，而不致產生訊號接收的損失。試估計接收器所接收的電磁波 (波速 $= 3\times10^8$ m/s) 的波長。

一般習題

71. 一個正弦行進波的頻率為 880 Hz 且相速度為 440 m/s。(a) 試求出於特定時刻，相位差為 $\pi/6$ rad 的兩個地點之間的距離？ (b) 在一個固定的地點，於時間間距 1.0×10^{-4} s 內相位的變化是多少？

72. 當你手拿著一杯咖啡 (直徑 8 cm) 以正好的步伐行走，大約一秒走一步，而杯中的咖啡愈盪愈高最後終於濺出杯子外 (圖 15-39)。試估計咖啡中的波速。

圖 15-39 習題 72。

73. 兩根實心桿子具有相同的體積彈性係數，但是其中一根的密度是另一根的 2.5 倍。哪一根桿子中的縱波速率較大？相差多少？

74. 兩個具有相同頻率的波沿著一根拉直的繩子行進，但是其中一個波所傳送的功率是另一個波的 2.5 倍。這兩個波的振幅之比是多少？

75. 當水波通過時，池塘水面上的小蟲由最低點到最高點以總垂直距離 0.10 m 上下振動。(a) 波的振幅是多少？(b) 如果振幅增為 0.15 m，則小蟲的最大動能變化了多少倍？

76. 吉他的弦應該以 247 Hz 振盪，但是經測量其實際的振動頻率為 255 Hz。弦中的張力應調整多少百分比才能獲得正確的頻率？

77. 地震產生的表面波可以大致估計為正弦橫波。假設波的頻率為 0.60 Hz (典型的地震，其實是由不同頻率混雜而成)，欲使物體震離地面所需要的振幅是多少？[提示：設加速度 $a > g$。]

78. 一根長度為 ℓ 且質量為 m 的均勻繩子垂直地懸掛於支撐物上。(a) 試證明繩上的橫波波速為 $\sqrt{gh}$，其中 h 為相對於繩子底端的高度。(b) 脈衝從底端往上行進至另一端所需的時間是多少？

79. 一個橫波脈衝沿著繩子以 $v = 2.4$ m/s 之速率向右行進。於 $t = 0$ 時，脈衝的形狀為 $D = \dfrac{4.0\ \text{m}^3}{x^2 + 2.0\ \text{m}^2}$，其中 D 與 x 的單位為公尺。(a) 試繪出於 $t = 0$ 時，從 $x = -10$ m 至 $x = +10$ m 的 D 對 x 之圖形。(b) 假設沒有摩擦損失，試求出於任何時刻 t 的波脈衝之公式。(c) 繪出於 $t = 1.00$ s 時的 $D(x, t)$ 對 x 之圖形。(d) 假設脈衝向左行進，重作 (b) 與 (c)。

80. (a) 試證明如果一根拉直的繩子中的張力改變一個微小的量 ΔF_T，則基頻之頻率的變化量為 $\Delta f = \frac{1}{2}(\Delta F_T / F_T) f$。(b) 欲使鋼琴琴弦的頻率從 436 Hz 提高至 442 Hz，需要將弦中的張力增加或減少多少百分比？(c) 試問 (a) 中的公式是否也適用於泛音？

81. 調整樂器上的兩根弦使其以 392 Hz (G) 與 494 Hz (B) 奏鳴。(a) 每根弦的前兩個泛音頻率各為多少？(b) 如果兩根弦的長度相同，並且受到相同的張力作用，其質量比 (m_G / m_A) 為多少？(c) 如果兩根弦的每單位長度之質量相同，並且受到相同的張力作用，其長度比 (ℓ_G / ℓ_A) 為多少？(d) 如果兩根弦的長度和質量均相同，其張力之比為多少？

82. 距離 33 rpm 唱機之唱片中心 10.8 cm 處的某特定溝紋中的波紋之波長為 1.55 mm。發出的聲音之頻率是多少？

83. 一根長 10.0 m 且質量為 152 g 的金屬線受 255 N 之張力作用而伸直。線的一端產生一個脈衝，並且於 20.0 ms 之後在另一端產生第二個脈衝。這兩個脈衝第一次交會之位置為何？

84. 一個頻率為 220 Hz 且波長為 10.0 cm 的波沿著繩子行進。繩子上質點的最大速率與波速相同。波的振幅為何？

85. 繩子可以具有一個"自由"端，如果該端連接於一個能夠無摩擦地在垂直柱子上滑動的環上 (圖 15-40)。試求這樣的一根一端固定且另一端自由的繩子上共振振動的波長。

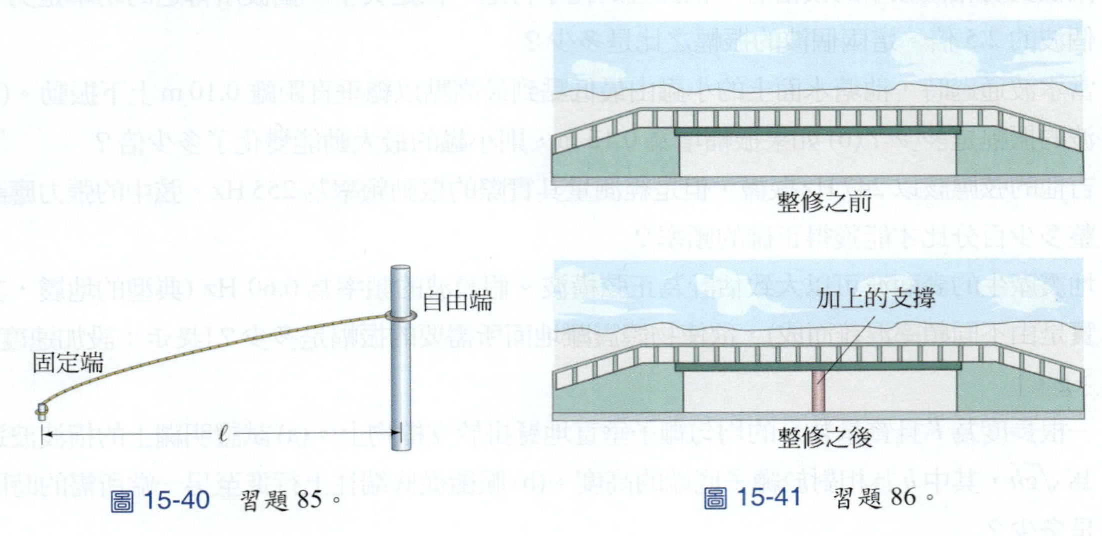

圖 15-40 習題 85。

圖 15-41 習題 86。

86. 當小地震以 3.0Hz 之頻率垂直震動地面時，觀察到高架橋作一個圈 $\left(\frac{1}{2}\lambda\right)$ 的共振。於是公路局在高架橋的中央加裝支柱使其固定在地上，如圖 15-41 所示。現在高架橋的共振頻率為何？值得注意的是地震幾乎沒有 5 或 6 Hz 以上的明顯振動。這種整修有用嗎？試解釋之。

87. (I) 圖 15-42 表示一個向右行進的正弦波於兩個瞬間的波形。這個波的數學表示法為何？

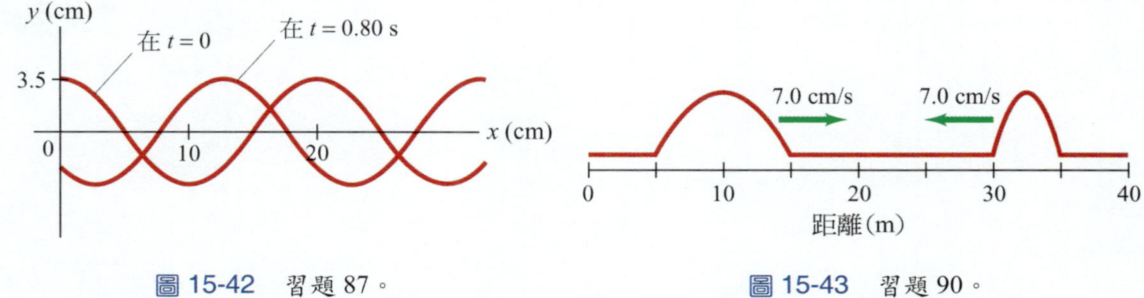

圖 15-42　習題 87。

圖 15-43　習題 90。

88. 一個成人站立於海邊的水中，當水波衝撞一個成人的胸部時，試估計水波的平均功率。假設水波的振幅為 0.50 m、波長為 2.5 m 且週期為 4.0 s。

89. 一個波長為 215 km 的颶風以 550 km/h 之速率行進橫越太平洋。當它接近夏威夷時，人們看到港灣中的海平面不尋常的降低。他們大約還有多少時間可以逃命？(在缺乏知識與警告下，許多人於颶風期間喪命，其中有些人是因為好奇而跑到海邊觀看擱淺的魚和船。)

90. 兩個脈衝波以相同的速率 7.0 cm/s 朝相反方向行進，如圖 15-43 所示。於 $t=0$ 時，兩個波的前緣相距 15 cm。試繪出於 $t=1.0$、2.0 和 3.0 s 時的脈衝波。

91. 對於一個遠離點波源而均勻地行進之球面波，試證明其位移可以表示成 $D=\left(\frac{A}{r}\right)\sin(kr-\omega t)$，其中 r 為距波源的徑向距離，且 A 為常數。

92. 聲波的頻率為多少可使其波長與寬 1.0 m 之窗戶的大小相同？(於 20°C 時的聲速為 344 m/s。) 可繞射過窗戶的頻率是多少？

*數值／計算機

***93.** (II) 某波源以週期振盪方式所產生的波可以寫成 $D(x,t)=A\sin^2 k(x-ct)$，其中 x 代表位置 (公尺)，t 代表時間 (秒)，且 c 為正的常數。我們選取 $A=5.0$ m 與 $c=0.50$ m/s。利用試算表畫出於 $t=0.0$、1.0 與 2.0 s 時，從 $x=-5.0$ m 至 $+5.0$ m，並且以 0.050 m 為一步驟的三條 $D(x,t)$ 曲線。試求波的速率、運動方向、週期與波長。

***94.** (II) 某個鐘形脈衝波的位移可表示成包含指數函數的關係式 $D(x,t)=Ae^{-\alpha(x-vt)^2}$，其中常數 $A=10.0$ m、$\alpha=2.0\ \text{m}^{-2}$ 且 $v=3.0$ m/s。(a) 使用圖形計算機或電腦程式繪出於 $t=0$、$t=1.0$

與 $t = 2.0$ s 三個時刻在 -10.0 m $\leq x \leq +10.0$ m 之範圍內的 $D(x, t)$ 之圖形。這三個圖是否如預期地顯示了脈衝波在每個 1.0 s 的時距內其形狀沿 x 軸所作的移動之情形？(b) 假設 $D(x, t) = Ae^{-\alpha(x+vt)^2}$，重作 (a)。

練習題答案

A: (c)。

B: (d)。

C: (c)。

D: (a)。

聲音

「如果音樂是物理學的糧食，請繼續彈奏。」(請參閱莎士比亞的第十二個夜晚，第 1 行)

弦樂器藉著弦上的橫向駐波產生和諧的聲音。管樂器的聲音則源自於一個空氣柱中的縱向駐波。打擊樂器能產生更複雜的駐波。

除了檢視聲源之外，我們還研究聲音的分貝等級、聲波的干涉與拍音、都卜勒效應、衝擊波與音爆以及超音波影像。

章前問題——試著想想看！

一位鋼琴家彈奏“中央 C”的音符。聲音由鋼琴琴弦的振動所產生，並且因空氣的振動而向外傳播 (傳到你的耳朵)。將弦上與空氣中的振動相比較，以下何者是正確的？

(a) 弦上和空氣中的振動具有相同的波長。

(b) 它們具有相同的頻率。

(c) 它們具有相同的速率。

(d) 空氣中的振動之波長、頻率與速率都與弦上的振動不相同。

聲音與我們的聽覺相關聯，由耳朵的生理機能以及大腦的心理作用解讀到達耳朵的知覺。聲音這個名詞也與刺激耳朵的身體知覺有關：那就是縱波。

我們可以將任何聲音區分為三個方面。首先，必須有一個聲源；如同任何的機械波一般，聲波的來源是一個振動的物體。第二，能量是由聲源以縱向聲波的形式傳遞。第三，聲音是被耳朵或麥克風所檢測。我們首先來看聲波本身某些方面的特性。

16-1 聲音的特性

我們曾經在第 15 章的圖 15-5 中看到一個振動的鼓面如何在空氣中產生聲波。我們通常認為聲波是在空氣中行進，因為它通常是因空氣的振動而迫使我們的耳膜振動。但聲波也可以在其他材料中行進。

水面下的游泳者可以聽到兩塊石頭在水面下的撞擊聲，因為其振動由水傳送至耳朵中。當你將耳朵平貼於地面上時，你可以聽到正在接近中的火車或卡車。在這種情況中，地面實際上並未與耳膜接觸，儘管如此，由地面傳送的縱波還是稱為聲波，因為其振動引起外耳以及耳中空氣的振動。聲音不能在沒有介質的情況下行進。例如，無法聽到真空罐內的鈴聲，聲音也無法在外太空行進。

表 16-1 在各種不同材料中的聲速 (20℃ 及 1 atm)

材料	速率 (m/s)
空氣	343
空氣 (0℃)	331
氦氣	1005
氫氣	1300
水	1440
海水	1560
鋼鐵	≈5000
玻璃	≈4500
鋁	≈5100
硬木	≈4000
水泥	≈3000

在不同材料中的**聲速** (speed of sound) 會有所不同。於 0°C 及 1 atm 的空氣中，聲音行進的速率為 331 m/s。我們由 (15-4) 式 ($v=\sqrt{B/\rho}$) 可知，此速率依材料的彈性係數 B 與密度 ρ 而定。對氦氣而言，其密度遠小於空氣的密度，但是其彈性係數並沒有很大的差異，其中的速率約為空氣中的三倍。在液體與固體中，它們是更不可壓縮的，所以具有大得多的彈性係數且速率也是較大。表 16-1 中列有各種不同材料中的聲速。其數值稍微與溫度有關，但這對氣體而言卻較為明顯。例如，在正常 (周遭的) 溫度的空氣中，速率隨著每度之攝氏溫度的升高而大約增加 0.60 m/s

$$v \approx (331 + 0.60T)\ \text{m/s} \qquad \text{[空氣中的聲速]}$$

其中 T 是溫度且單位為°C。除非另有說明，否則我們在本章中均假定

$T = 20°C$，因此，[1] $v = [331 + (0.60)(20)]$ m/s = 343 m/s。

觀念例題 16-1 **雷擊的距離** 一個與閃電之距離有關的概測法則是"在聽到雷聲之前，每 5 秒相當於一英里"。試解釋為什麼這種方式可行。須注意光速極高(3×10^8 m/s，幾乎為聲速的百萬倍)，所以光行進的時間相較於聲音行進的時間是可以忽略的。

回答 在空氣中的聲速約為 340 m/s，行進 1 km = 1000 m 約需 3 秒鐘。1 英里約為 1.6 公里，因此雷聲行進一英里大約需時 (1.6)(3) ≈ 5 s。

物理應用
閃電在多遠處？

練習 A 在例題 16-1 中，如果以公里表示，則概測法則是什麼？

人耳可以即時察覺聲音的兩個要素："響度"與"音高"。這與人之意識中的知覺有關。這些主觀上的知覺都有可量測的量值與之對應。**響度** (loudness) 與聲波中的強度 (每單位時間內通過單位面積的能量)有關，我們將於第 16-3 節中討論。

聲音的**音高** (pitch) 則論及聲音是高——如短笛或小提琴的聲音，或低——如大鼓或低音提琴的聲音。決定音高的物理量是頻率，這最初是由伽利略所提到的。頻率愈低，音高就愈低；頻率愈高，音高就愈高。[2] 最靈敏的人耳可以聽到的頻率範圍大約是 20 Hz 至 20000 Hz。(1 Hz 為每秒 1 個循環)。此頻率範圍稱為**可聽範圍** (audible range)。此一範圍多少會因人而異。一般的趨勢是年紀愈大的人，愈不能聽見高頻的聲音，所以高頻率的上限也許只有 10000 Hz 或是更少。

雖然頻率在可聽範圍之外的聲波也會進入人耳中，但是我們通常無法察覺。20000 Hz 以上的頻率稱為**超音波** (ultrasonic) (不要與超音速混淆，超音速是用於一個以高於聲速之速率移動的物體)。有許多動物可以聽到超音波的頻率；例如，狗可以聽到頻率高達 50000 Hz 的聲音，而蝙蝠可以偵測到高達 100000 Hz的頻率。超音波在醫學和其他領域中有很多有用的應用，我們將在本章後段中討論。

注意
不要將超音波(高頻率)與超音速(高速率)混淆

---

1 我們視 20°C ("室溫") 為準確至 2 位有效數字。

2 雖然音高主要視頻率而定，但它也略與響度有關。例如，在相同的頻率下，響度很大的聲音之音高似乎略低於輕柔的聲音。

物理應用

自動對焦相機

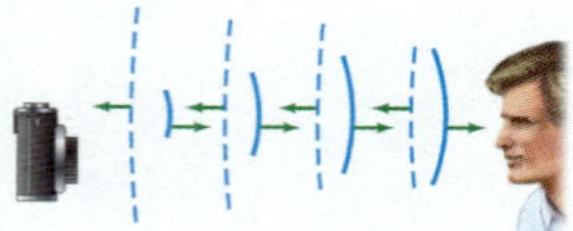

圖 16-1 例題 16-2。自動對焦相機發出一個超音波脈衝。實線代表向右且向外傳播之脈衝波的波前；虛線代表從人的臉部反射回相機的脈衝波前。其時間資訊可使相機的機械作用調整鏡頭於適當的距離對焦。

例題 16-2 **以聲波自動對焦** 老式的自動對焦相機藉由發射極高頻率 (超音波) 的聲音脈衝行進至欲拍攝的物體，再利用感測器偵測由物體反射回來的聲音以測定距離，如圖 16-1 所示。為了得到感測器時間靈敏度的概念，試求物體在 (a) 1.0 m 遠處，和 (b) 20 m 遠處時脈衝的行進時間。

方法 如果我們假定溫度約為 20°C，則聲速為 343 m/s。利用此一速率 v 以及來回的總距離 d，就可以求得時間 ($v=d/t$)。

解答 (a) 脈衝行進 1.0 m 至物體，而返回時也行進 1.0 m，總和為 2.0 m。我們由 $v=d/t$ 求得 t

$$t=\frac{d}{v}=\frac{2.0\ \text{m}}{343\ \text{m/s}}=0.0058\ \text{s}=5.8\ \text{ms}$$

(b) 現在的總距離為 $2\times 20\ \text{m}=40\ \text{m}$，所以

$$t=\frac{40\ \text{m}}{343\ \text{m/s}}=0.12\ \text{s}=120\ \text{ms}$$

備註 新型的自動對焦相機使用紅外線 ($v=3\times10^8$ m/s) 取代超音波，和／或數位感測器陣列於鏡頭自動地前後移動時偵測相鄰接收器之間的光強度之差，並且選取最大強度差 (最清晰的對焦) 時鏡頭的位置。

頻率低於可聽範圍 (低於 20 Hz) 的聲波稱為**次音波** (infrasonic)。次音波的來源包括地震、雷擊、火山以及振動的重型機械所造成的波。其中的最後一個來源可能是工作者最感困擾的，次音波——即使聽不見——卻會對人體造成傷害。這些低頻波以共振形式造成人體器官的移動和刺激。

16-2 縱波的數學表述

在第 15-4 節中，我們曾看到沿著 x 軸行進的一維正弦波可以用關係式 [(15-10c) 式] 表示

$$D=A\sin(kx-\omega t) \tag{16-1}$$

其中 D 為時間 t 時波於位置 x 處的位移，且 A 為其振幅 (最大值)。波數 k 與波長 λ 的關係是 $k=2\pi/\lambda$，且 $\omega=2\pi f$，其中 f 為頻率。就橫波

而言——例如繩子上的波——位移 D 與波沿著 x 軸傳播的方向正交。但是縱波的位移 D 則是沿著波傳播的方向。亦即 D 平行於 x 軸，並且代表介質的一個微小體積單元相對於其平衡位置的位移。

縱 (聲) 波也可以由壓力的變化來考量，而不用位移。的確，縱波通常稱為**壓力波** (pressure wave)。壓力的變化通常比位移容易測量 (參閱例題 16-7)。如圖 16-2 中所示，波的 “密部” 中 (分子間緊密地靠在一起) 壓力較正常值大，而疏部 (或稀薄) 區域中的壓力較正常值小。圖 16-3 所示為空氣中的一個聲波以 (a) 位移與 (b) 壓力表示的圖形。注意位移波與壓力波之間的相位差為四分之一波長，或 90° (π/2 rad)：其中於壓力為最大值或最小值處，其距離平衡點的位移為零；而壓力變化為零之處，其位移為最大值或最小值。

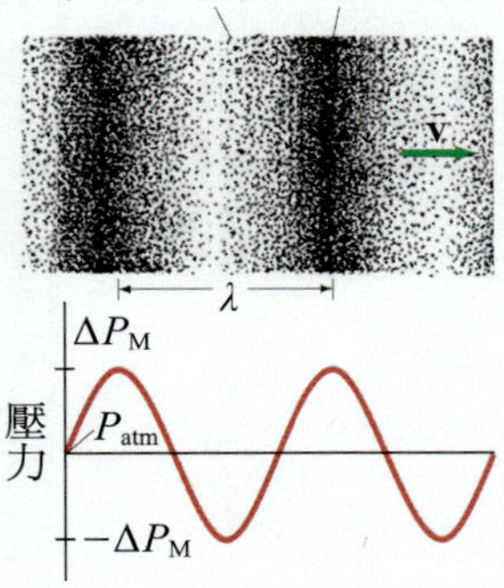

圖 16-2 向右行進的縱向聲波，以及以壓力表示的圖形。

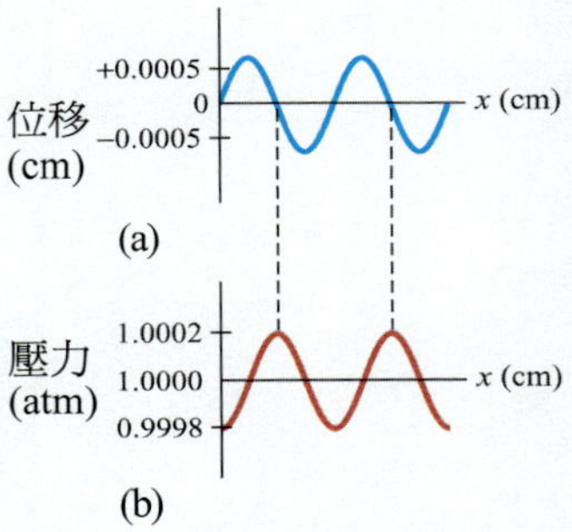

圖 16-3 空間中的聲波在某一瞬間的以 (a) 位移，和 (b) 壓力表示的圖形。

壓力波的推導

我們現在推導縱向行進波壓力變化的數學表示法。由體積彈性係數 B 的定義 [(12-7) 式]，

$$\Delta P = -B(\Delta V/V)$$

其中 ΔP 為與正常壓力 P_0 (沒有波存在時) 之間的壓力差，而 $\Delta V/V$ 為壓力變化 ΔP 所引起的介質體積變化的比率。負號表示壓力增加時體積會減少 ($\Delta V<0$)。現在考慮縱波正在通過的一層流體 (圖 16-4)。若此流體層的厚度為 Δx 且面積為 S，則其體積為 $V=S\,\Delta x$。由於波中的壓力變化，其體積將改變一個量 $\Delta V=S\,\Delta D$，其中 ΔD 為壓縮或膨脹時該流體層的厚度變化。(記得 D 代表介質的位移。) 所以我們得到

$$\Delta P = -B\frac{S\,\Delta D}{S\,\Delta x}$$

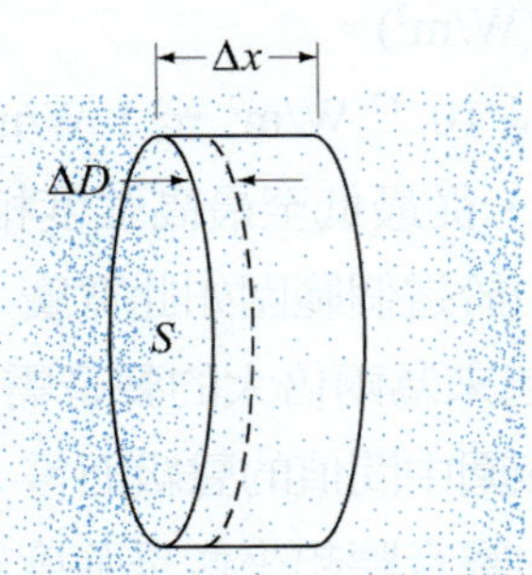

圖 16-4 流體中向右行進的縱波。其中面積為 S 且厚度為 Δx 的一層流體，當波通過時由於壓力的變化而引起體積的改變。於圖中所示的瞬間，因為波向右行進故壓力增加，使該層的厚度減少 ΔD。

或者更準確地令 $\Delta x \to 0$，得到

$$\Delta P = -B\frac{\partial D}{\partial x} \tag{16-2}$$

其中因為 D 為 x 與 t 的函數，所以我們使用偏微分。若位移 D 是如同 (16-1) 式一般的正弦函數，則 (16-2) 式成為

$$\Delta P = -(BAk)\cos(kx-\omega t) \tag{16-3}$$

(此處的 A 是位移振幅，不是面積 S。) 因此壓力也是以正弦函數的形式變化，並且與位移的相位差為 90° 或四分之一波長，如圖 16-3 所示。BAk 這個量稱為**壓力振幅** (pressure amplitude) ΔP_M。它表示相對於正常周遭壓力之壓力變化的最大與最小的量。因此我們可以寫出

$$\Delta P = -\Delta P_M \cos(kx-\omega t) \tag{16-4}$$

再利用 $v=\sqrt{B/\rho}$ [(15-4) 式] 與 $k=\omega/v=2\pi f/v$ [(15-12) 式]，得到

$$\begin{aligned}\Delta P_M &= BAk\\ &= \rho v^2 Ak\\ &= 2\pi\rho v Af\end{aligned} \tag{16-5}$$

16-3 聲音的強度：分貝

響度 (loudness) 是人類意識上的一種知覺，並且與一個可量測的物理量值——波的**強度** (intensity) 有關。強度定義為波在每單位時間內通過與能量流動方向正交之單位面積上所傳送的能量。第 15 章中曾經提到，強度與波振幅的平方成正比。強度的單位為每單位面積的功率，或是瓦特／平方公尺 (W/m^2)。

物理應用
範圍寬廣的人類聽覺

人耳可以察覺的聲音強度是 10^{-12} W/m^2 至 1 W/m^2 之間 (甚至可以更高，雖然會使人感到難受)。從最低至最高強度相差 10^{12} 倍，這是一個不可思議的寬廣範圍。由於這個範圍如此寬廣，我們認為響度不是與強度成正比。要得到聽起來為兩倍大的聲音需要有 10 倍強度的聲波。這對於頻率接近可聽範圍中間值的聲級而言，大致上是適用的。例如，強度為 10^{-2} W/m^2 的聲音聽起來像是強度為 10^{-3} W/m^2 之

聲音的兩倍大，是強度為 10^{-4} W/m^2 之聲音的四倍大。

聲 級

由於響度主觀上的知覺與可量測的物理量值“強度”之間的關係，聲音的強度等級通常以對數規定。這種級別的單位為**貝耳** (bel)，依其發明人 Alexander Graham Bell 之名而命名，而更常用的單位是**分貝** (decibel) (dB)，即為 $\frac{1}{10}$ bel (10 dB = 1 bel)。聲音的**聲級** (sound level) β，以其強度 I 定義為

$$\beta \text{ (in dB)} = 10 \log \frac{I}{I_0} \tag{16-6}$$

其中 I_0 是一個經選取的參考標準之強度，且對數的底為 10。I_0 通常選用人耳可聽見的最低強度——“聽覺底限”，其值為 $I_0 = 1.0 \times 10^{-12}$ W/m^2。例如，強度 $I = 1.0 \times 10^{-10}$ W/m^2 之聲音的聲級為

$$\beta = 10 \log \left(\frac{1.0 \times 10^{-10} \text{ W/m}^2}{1.0 \times 10^{-12} \text{ W/m}^2} \right) = 10 \log 100 = 20 \text{ dB}$$

其中因為 log 100 等於 2.0。(附錄 A 為對數的精簡複習。) 注意，聽覺底限的聲級為 0 dB。亦即 $\beta = 10 \log 10^{-12}/10^{-12} = 10 \log 1 = 0$，因為 $\log 1 = 0$。若強度增為原來的 10 倍，聲級會增加 10 dB；若強度增為原來的 100 倍，聲級則增加 20 dB。因此，50 dB 之聲音的強度為

物理應用

0 dB 並不表示強度為零

表 16-2 各種不同聲音的強度

聲音來源	聲級 (dB)	強度 (W/m^2)
在 30 m 高的噴射機	140	100
痛苦底限	120	1
喧鬧的搖滾音樂會	120	1
在 30 m 遠處的警報器	100	1×10^{-2}
卡車來來往往	90	1×10^{-3}
繁忙的街道交通	80	1×10^{-4}
嘈雜的餐館	70	1×10^{-5}
在 50 cm 遠處的談話	65	3×10^{-6}
輕聲的收音機	40	1×10^{-8}
低語	30	1×10^{-9}
樹葉的沙沙聲	10	1×10^{-11}
聽覺底限	0	1×10^{-12}

30 dB 之聲音的 100 倍，等等。

數種常見的聲音之強度與聲級列於表 16-2 中。

例題 16-3　街道上的聲音強度　一個繁忙的街角其聲級為 75 dB。該處之聲音的強度是多少？

方法　我們必須解 (16-6) 式以求得 I，記得 $I_0 = 1.0\times10^{-12}$ W/m^2。

解答　由 (16-6) 式

$$\log\frac{I}{I_0} = \frac{\beta}{10}$$

所以

$$\frac{I}{I_0} = 10^{\beta/10}$$

已知 $\beta = 75$，所以

$$I = I_0 10^{\beta/10} = (1.0\times10^{-12}\ \text{W/m}^2)(10^{7.5}) = 3.2\times10^{-5}\ \text{W/m}^2$$

備註　應記得 $x = \log y$ 等同於 $y = 10^x$ (附錄 A)。

物理應用
揚聲器的響應 (±3 dB)

例題 16-4　揚聲器的響應　一個高品質的揚聲器宣稱能夠以全音量的均勻聲級 ±3 dB 重現 30 Hz 至 18000 Hz 的頻率。亦即在此頻率範圍內，對一特定的輸入聲級而言，其輸出聲級的變化不會超過 3 dB。於輸出聲級最大變化量 3 dB 時，聲音強度為幾倍？

方法　設平均強度為 I_1 且平均聲級為 β_1。所以最大強度 I_2 對應的聲級為 $\beta_2 = \beta_1 + 3$ dB。然後利用強度與聲級的關係式，(16-6) 式。

解答　由 (16-6) 式，得到

$$\beta_2 - \beta_1 = 10\log\frac{I_2}{I_0} - 10\log\frac{I_1}{I_0}$$

$$3\ \text{dB} = 10\left(\log\frac{I_2}{I_0} - \log\frac{I_1}{I_0}\right)$$

$$= 10\log\frac{I_2}{I_1}$$

其中因為 $(\log a - \log b) = \log a/b$ (參閱附錄 A)。由最後一式得到

$$\log\frac{I_2}{I_1} = 0.30$$

或者

$$\frac{I_2}{I_1} = 10^{0.30} = 2.0$$

所以 ±3 dB 相當於強度加倍或減半。

值得注意的是，3 dB 的聲級差 (相當於方才所提到的強度加倍) 只相當於響度主觀知覺上的一個極微小變化。的確，一般人能分辨的聲級差異大約只有 1 或 2 dB。

練習 B 假如增加 3 dB 意指“強度加倍”，則增加 6 dB 代表什麼意思？

觀念例題 16-5 喇叭演奏者 已知一位喇叭演奏者以聲級 75 dB 吹奏。另外有三位相同音量的喇叭演奏者加入。同時演奏的聲級是多少？

回答 四個喇叭的聲音強度是一個喇叭之強度 $(=I_1)$ 的四倍或 $4I_1$。四個喇叭的聲級即為

$$\beta = 10\log\frac{4I_1}{I_0} = 10\log 4 + 10\log\frac{I_1}{I_0}$$
$$= 6.0\text{ dB} + 75\text{ dB} = 81\text{ dB}$$

練習 C 由表 16-2 得知一般對話的聲級大約為 65 dB。若有兩個人同時說話，則聲級為 (a) 65 dB，(b) 68 dB，(c) 75 dB，(d) 130 dB，(e) 62 dB。

通常當你遠離聲源時，聲音的響度或強度會減小。但是若在室內，因為牆壁的反射，這種效應就會改變。不過如果聲源位於野外，聲音可以朝所有的方向自由地傳播出去，則聲音強度會與距離之平方成反比而減少。

$$I \propto \frac{1}{r^2}$$

正如第 15-3 節中所述。當距離很大時，因為有一部分的能量會轉換成空氣分子的不規則運動，所以其強度會減少得比 $1/r^2$ 快。當頻率較高時，這種損失也就較為明顯，所以任何混頻的聲音在遠處聽起來就較不“嘹亮”。

例題 16-6 飛機的呼嘯聲 距離噴射機 30 m 處測量到的聲級為 140 dB。在 300 m 處的聲級是多少？(忽略地面的反射。)

物理應用
噴射機的噪音

方法 由已知的聲級，我們可以利用 (16-6) 式求得位於 30 m 處的強

度。由於強度隨著距離平方而減少 (忽略反射)，我們可以求得在 300 m 處的 I，並且再次利用 (16-6) 式以求得聲級。

解答 在 30 m 處的強度 I 為

$$140\ \text{dB} = 10\log\left(\frac{I}{10^{-12}\ \text{W/m}^2}\right)$$

或

$$14 = \log\left(\frac{I}{10^{-12}\ \text{W/m}^2}\right)$$

將此式寫成指數的等式 ($10^{\log x} = x$)，得到

$$10^{14} = \frac{I}{10^{-12}\ \text{W/m}^2}$$

所以 $I = (10^{14})(10^{-12}\ \text{W/m}^2) = 10^2\ \text{W/m}^2$。在 10 倍遠的 300 m 處，強度是原來的 $\left(\frac{1}{10}\right)^2 = \frac{1}{100}$ 倍或 $1\ \text{W/m}^2$。因此聲級為

$$\beta = 10\log\left(\frac{1\ \text{W/m}^2}{10^{-12}\ \text{W/m}^2}\right) = 120\ \text{dB}。$$

即使在 300 m 處，聲音還是在痛苦底限。這是為什麼機場的工作人員都會戴上耳罩以保護他們的耳朵而避免受到傷害 (圖 16-5)。

圖 16-5 例題 16-6。機場工作人員戴著降低聲音強度的耳罩 (耳機)。

備註 這裡有一個不必利用 (16-6) 式的較簡單之方法。因為強度隨著距離的平方而減小，距離變為 10 倍使強度減小為 $\left(\frac{1}{10}\right)^2 = \frac{1}{100}$ 倍。我們利用 10 dB 相當於 10 倍的強度變化之結果 (參閱例題 16-3 之前的段落)。所以強度改變 100 倍相當於聲級改變 (2)(10 dB) = 20 dB。這與上面的結果吻合：140 dB − 20 dB = 120 dB。

強度與振幅有關

波的強度 I 與波的振幅之平方成正比，如第 15 章中所述。所以我們可以定量地求出振幅與強度 I 或聲級 β 的關係，如以下的例題所示。

物理應用
不可思議的人耳靈敏度

例題 16-7 **位移有多小** (a) 試求位於聽覺底限且頻率為 1000 Hz 之聲音，其空氣分子的位移。(b) 試求此聲波中最大的壓力變化。

方法 在第 15-3 節中，我們曾求得波的強度 I 與位移振幅 A 之間的關係式，(15-7) 式。我們要求出空氣分子在特定強度的振盪振幅。

利用 (16-5) 式可求得壓力。

解答 (a) 於聽覺底限，$I=1.0\times10^{-12}\ \mathrm{W/m^2}$ (表 16-2)。由 (15-7) 式求得振幅 A

$$A=\frac{1}{\pi f}\sqrt{\frac{I}{2\rho v}}$$

$$=\frac{1}{(3.14)(1.0\times10^3\ \mathrm{s^{-1}})}\sqrt{\frac{1.0\times10^{-12}\ \mathrm{W/m^2}}{(2)(1.29\ \mathrm{kg/m^3})(343\ \mathrm{m/s})}}$$

$$=1.1\times10^{-11}\ \mathrm{m}$$

其中我們採用空氣的密度為 $1.29\ \mathrm{kg/m^3}$ 以及空氣 (假設為 20°C) 中的聲速為 343 m/s。

備註 我們由此看到人耳是如何的敏銳：它可以察覺出小於原子直徑 (約 10^{-10} m) 的空氣分子之位移。(b) 我們現在視聲音為一個壓力波 (第 16-2 節)。由 (16-5) 式，得到

$$\Delta P_{\mathrm{M}}=2\pi\rho vAf$$

$$=2\pi(1.29\ \mathrm{kg/m^3})(343\ \mathrm{m/s})(1.1\times10^{-11}\ \mathrm{m})(1.0\times10^3\ \mathrm{s^{-1}})$$

$$=3.1\times10^{-5}\ \mathrm{Pa}$$

或 3.1×10^{-10} atm。我們再次看到人耳是極度靈敏的。

將 (15-7) 式與 (16-5) 式結合，我們可以寫出以壓力振幅 ΔP_{M} 表示的強度

$$I=2\pi^2 v\rho f^2A^2=2\pi^2 v\rho f^2\left(\frac{\Delta P_{\mathrm{M}}}{2\pi\rho v f}\right)^2$$

$$I=\frac{(\Delta P_{\mathrm{M}})^2}{2v\rho} \quad \textbf{(16-7)}$$

當以壓力振幅表示時，強度與頻率無關。

耳朵的反應

耳朵並非對所有的頻率都是同樣的敏感。對於不同頻率的聲音，要聽到相同的響度，就需要不同的強度。對許多人所作的測試結果得到圖 16-6 中的曲線。圖中同一曲線上的各點，其響度都相同。曲線上標示的數字代表**響度位準** (loudness level) (單位為叻)，其數值與於 1000 Hz 以分貝為單位的聲級相等。例如，標示 40 的曲線代表一般

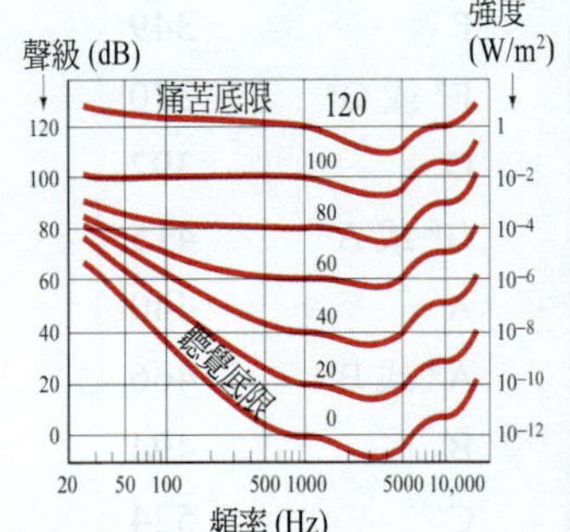

圖 16-6 人耳敏感度的頻率函數 (請參閱正文)。注意，頻率的標度是"對數"，以涵蓋寬廣範圍的頻率。

人所聽到的與聲級 40 dB 的 1000 Hz 之聲音具有相同響度的聲音。在 40 叻曲線上，我們看到 100 Hz 的音調必須以 62 dB 的聲級，才能與只有 40 dB 的 1000 Hz 音調一樣大聲。

圖 16-6 中最低的頻率函數曲線 (標示為 0) 代表*聽覺底限*，它是聽力極好的人耳恰可聽見的最低聲音。值得注意的是，人耳對頻率在 2000 與 4000 Hz 之間的聲音最為敏感，其也是一般談話和音樂的頻率範圍。另外還要注意的是儘管 0 dB 的 1000 Hz 之聲音是可聽見的，但是 100 Hz 的聲音卻必須具有將近 40 dB 的聲級才聽得見。圖 16-6 中位於最上方標示為 120 叻的曲線代表*痛苦底限*。在此等級以上的聲音會令人感到痛苦難耐。

圖 16-6 顯示出在較低的聲級處，人耳對高和低的頻率相對於中間的頻率比較不敏感。而某些立體音響系統上的“響度”控制可以對這種低音量的不靈敏度作補償。當音量轉小時，響度控制會相對於中間頻率提高低頻與高頻，以使聲音具有一個較為“正常發聲”的頻率平衡。然而，很多人卻認為沒有響度控制的聲音較令人滿意或自然。

表 16-3　平均半音音階*

音符	頻率 (Hz)
C	262
$C^{\#}$ 或 $D^{\flat}$	277
D	294
$D^{\#}$ 或 $E^{\flat}$	311
E	330
F	349
$F^{\#}$ 或 $G^{\flat}$	370
G	392
$G^{\#}$ 或 $A^{\flat}$	415
A	440
$A^{\#}$ 或 $B^{\flat}$	466
B	494
C′	524

*僅包含一個八度音。

16-4　聲源：振動的弦與空氣柱

任何聲源都是振動的物體。幾乎所有的物體都可以振動，因此也都可以是聲源。我們現在要討論一些簡單的聲源，特別是樂器。樂器中的聲源是由打擊、彈撥、拉弓或吹奏所形成的振動而產生。它產生駐波，並且聲源以其自然共振頻率振動。振動源接觸並推擠空氣 (或其他介質) 造成向外傳播的聲波。聲波的頻率與聲源相同，但速率與波長則可能不同。鼓有繃緊的鼓面會振動。木琴與馬林巴琴的金屬或木條可以振動。鈴、鐃鈸與鑼也是利用金屬的振動。許多樂器則是利用弦的振動，例如小提琴、吉他和鋼琴；或是利用空氣柱的振動，例如長笛、喇叭和管風琴。我們已經知道純聲音的音高是由頻率所決定。表 16-3 列有從中央 C 開始的八度音之“平均半音音階”中音符的典型頻率。注意一個八度音相當於兩倍的頻率。例如，中央 C 的頻率為 262 Hz，而 C′(中央 C 上面的 C) 之頻率為其兩倍 524 Hz。[中央 C 是位於鋼琴鍵盤中央的 C 或“do”音符。]

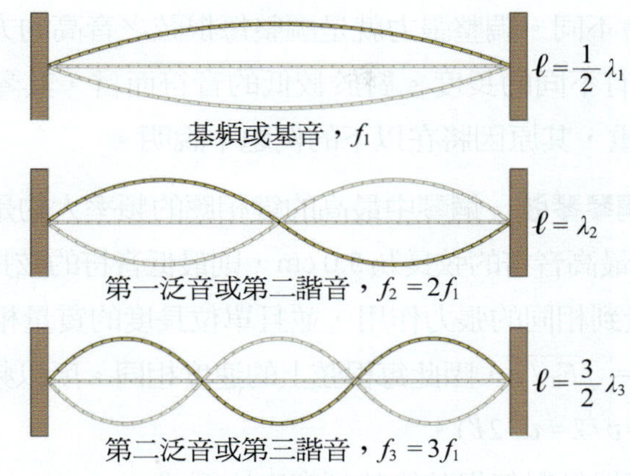

圖 16-7　弦上的駐波——只顯示出最低的三個頻率。

弦樂器

物理應用
弦樂器

我們曾經在第 15 章的圖 15-26b 中看到弦上的駐波是如何形成的，我們在此再次展示於圖 16-7 中。這類的駐波是所有弦樂器的基礎。音高通常由最低的共振頻率——**基音** (fundamental) 所決定，它相當於只有兩端點有波節的情形。其弦整體一起上下振動，相當於半個波長，如圖 16-7 中最上方的圖所示；所以弦上基音的波長等於弦長的兩倍。而基音的頻率為 $f_1 = v/\lambda = v/2\ell$，其中 v 為弦上 (不是空氣中) 的波速。在一根拉直的弦上其駐波可能的頻率是基頻的整數倍

$$f_n = nf_1 = n\frac{v}{2\ell}, \quad n = 1, 2, 3, \cdots$$

其中 $n=1$ 為基音，而 $n=2, 3, \cdots$ 為泛音。$n=1, 2, 3, \cdots$ 的所有駐波稱為諧音，[3] 如第 15-9 節中所述。

當手指放置於吉他或小提琴的弦上時，弦的有效長度會縮短。由於基音的波長縮短，因此其基頻與音高較高 (圖 16-8)。吉他或小提琴上的弦長度均相同，但因為它們每單位長度的質量 μ 不同，所以其音高不同，並影響弦上的速度，(15-2) 式，

$$v = \sqrt{F_T/\mu} \qquad \text{[拉直的弦]}$$

因此較重的弦上速度較慢，其頻率也比相同波長的頻率來得低。而張

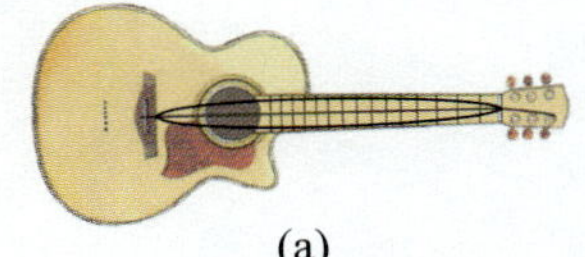

(a)

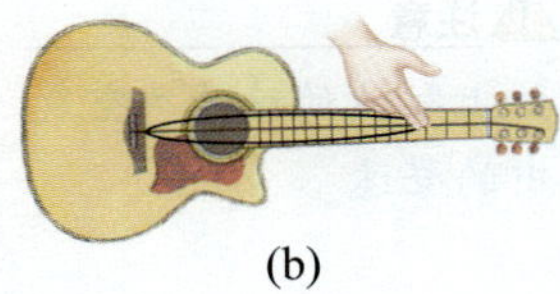

(b)

圖 16-8　(a) 未按住的弦之波長比 (b) 按住的弦長。所以按住的弦具有較高的頻率。圖中的吉他只顯示一根弦以及最簡單的駐波——基音。

3 若基音以上的共振頻率 (即泛音) 為基音的整數倍，則稱為諧音。但是若泛音不是基音的整數倍，例如振動的鼓面，則它們不是諧音。

力 F_T 可能也會不同。調整張力就是調整每根弦之音高的方法。鋼琴與豎琴的琴弦有不同的長度。對於較低的音符而言，其琴弦不但較長，而且也較重，其原因將在以下的例題中說明。

例題 16-8 **鋼琴琴弦** 鋼琴中最高的鍵相應的頻率大約是最低的鍵的 150 倍。若最高音符的弦長為 5.0 cm，則最低音符的弦長是多少？已知每根弦受到相同的張力作用，並且單位長度的質量相同。

方法 由於 $v=\sqrt{F_T/\mu}$，因此每根弦上的速度相同。所以頻率與弦長 ℓ 成反比 ($f=v/\lambda=v/2\ell$)。

解答 我們可以針對每根弦的基頻寫出比例式

$$\frac{\ell_L}{\ell_H}=\frac{f_H}{f_L}$$

其中下標 L 和 H 各代表最低和最高音符。所以 $\ell_L=\ell_H(f_H/f_L)=(5.0\ \text{cm})(150)=750\ \text{cm}$ 或 7.5 m。這個長度 (≈ 25 ft) 對鋼琴而言是很荒謬的。

備註 低頻率較長的弦其重量較重，每單位長度的質量較高，所以，即使是平台鋼琴，其弦長也少於 3 m。

練習 D 具有相同長度和張力的兩根弦，其中一根較重。哪一根的音符較高？

注意

弦上駐波的速率≠空氣中的聲速

例題 16-9 **小提琴的頻率和波長** 一根 0.32 m 長的小提琴琴弦被調音為中央C以上之 440 Hz的A。(a) 琴弦振動的基音波長是多少？(b) 它所產生的聲波之頻率和波長是多少？(c) 為什麼有不同的波長？

方法 琴弦振動的基音波長等於弦長的兩倍 (圖 16-7)。弦振動時會推擠空氣，迫使空氣以與弦相同的頻率振盪。

解答 (a) 由圖 16-7 可知基音的波長為

$$\lambda=2\ell=2(0.32\ \text{m})=0.64\ \text{m}=64\ \text{cm}$$

這是弦上駐波的波長。

(b) 在空氣中向外傳播的聲波 (到達耳朵) 具有相同的頻率 440 Hz。其波長為

$$\lambda = \frac{v}{f} = \frac{343\ \text{m/s}}{440\ \text{Hz}} = 0.78\ \text{m} = 78\ \text{cm}$$

其中 v 為空氣中的聲速 (假設為 20°C)，參閱第 16-1 節。

(c) 聲波的波長與弦上駐波的波長不同，因為空氣中的聲速 (20°C時為 343 m/s) 與弦上的波速不同 ($= f\lambda = 440\ \text{Hz} \times 0.64\ \text{m} = 280\ \text{m/s}$)，而弦上的波速視弦中的張力與其每單位長度的質量而定。

備註 弦上的頻率和空氣中相同：弦與空氣接觸，並且弦“強迫”空氣以相同的頻率振動。但是由於弦上的波速與空氣中的聲速不同，所以兩者具有不同的波長。

(a)

(b)

圖 16-9 (a) 鋼琴，琴弦固定在共鳴板上；(b) 音箱 (吉他)。

弦樂器如果只靠弦的振動而產生聲音，則聲音不會太大，因為弦太細而無法將大量的空氣壓縮和擴張。所以弦樂器使用機械放大器，如共鳴板 (鋼琴) 或音箱 (吉他，小提琴)，它是藉由較大的表面積與空氣接觸以放大聲音 (圖 16-9)。當弦振動時，共鳴板或音箱也會振動。因為它與空氣接觸的面積大得多，所以能夠產生更強的聲波。但是電吉他的音箱就不是如此重要，因為它是利用電力將弦的振動放大。

管樂器

木管樂器、銅管樂器和管風琴等樂器是由管內空氣柱中駐波的振動而產生聲音 (圖 16-10)。駐波可以發生於任何空腔的空氣中，除了如長笛或風琴的均勻且狹窄之形狀簡單的管子之外，它呈現的頻率很複雜。有些樂器需要演奏者由振動簧片或振動嘴唇而使空氣柱產生振動。其他的樂器則由對著開口邊緣或吹口的空氣流所產生的擾動而振動。姑且不論擾動的來源為何，擾動使管中的空氣以多種不同的頻率振動，但只有與駐波相應的頻率會持續。

圖 16-10 管樂器：長笛 (左) 與單簧管。

對於兩端固定的弦而言 (圖 16-7)，其兩端點處是駐波的波節 (沒有移動)，並且兩端點之間有一個或多個波腹 (振動的大振幅)。接連的波腹之間有一個波節。頻率最低的駐波——基音，對應的是單一個波腹，頻率較高的駐波稱為**泛音** (overtone) 或**諧音** (harmonic)，如第 15-9 節中所述。明確地說，第一諧音是基音，第二諧音 (＝第一泛音) 的頻率是基音的兩倍，等等。

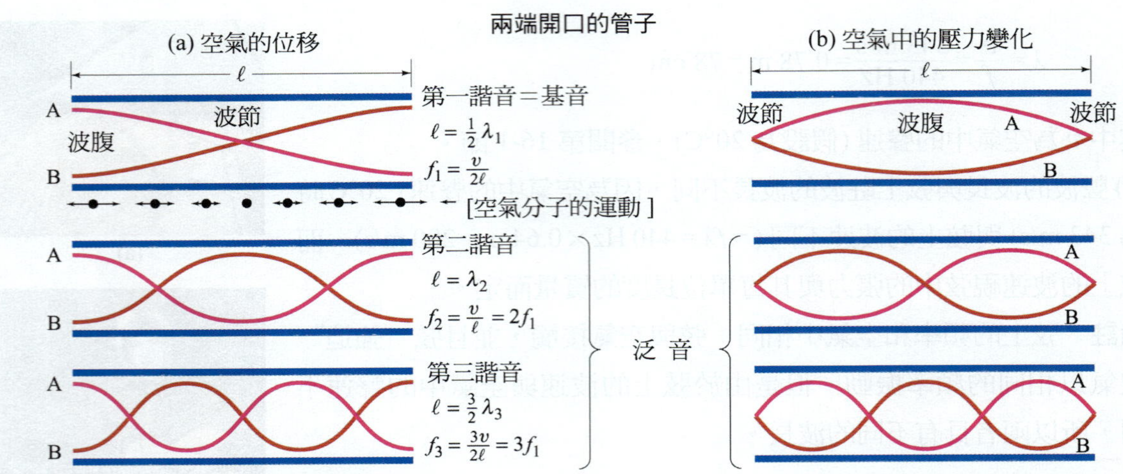

圖 16-11　均勻且兩端開口的管子 (開管) 中，三種最簡單的振動模式 (駐波) 圖。這些最簡單的振動模式在 (a) 左邊，以空氣的運動 (位移) 表示，和在 (b) 右邊，以空氣的壓力表示。每個圖顯示兩個相距半個週期的時刻，A 和 B 時之波形。基音之情況下分子的實際運動情形顯示於左上圖管子的下方。

粗細均勻的管中之空氣柱的情形是類似的，但是此時振動的是空氣本身。我們可以以空氣的流動 (即空氣的位移) 或空氣中的壓力之形式來描述波 (見圖 16-2 和圖 16-3)。若以位移表示，在管的封閉端之空氣為一個位移波節，因為該處的空氣不能自由移動，而管子開口端的附近為波腹，空氣可以自由地進出。管中的空氣以縱向駐波的形式振動。兩端開口的管子 [稱為**開管** (open tube)] 其可能的振動模式如圖 16-11 所示。而一端開口且一端封閉的管子 [稱為**閉管** (closed tube)] 之振動模式則示於圖 16-12 中。[兩端均封閉的管子與外部的空氣沒有關聯，不能作為樂器之用。] (a) 中的每個圖 (左邊) 代表管中振動之空氣的位移振幅。注意這些是位移或壓力的圖形，而空氣分子本身是以與管長平行的方向水平地振盪，如圖 16-11a (左邊) 中最上方的小箭號所示。在管子開口端附近之波腹的正確位置視管子的直徑而定。若直徑較管長小，而這也是常見的情形，則波腹的位置會非常靠近開口端，如圖所示。我們假設以下所討論的都是這種情形。(波腹的位置也稍微地與波長及其他因素有關。)

物理應用
管樂器

我們現在要詳細地討論開管 (圖 16-11a)，它可能是管風琴或長笛。由於空氣在開管的兩個開口端可以自由移動，因此兩個開口端為位移波腹。如果開管中要有駐波，則其中必須至少有一個波節。單一波節相當於管子的基頻。由於兩個連續的波節，或兩個連續的波腹之

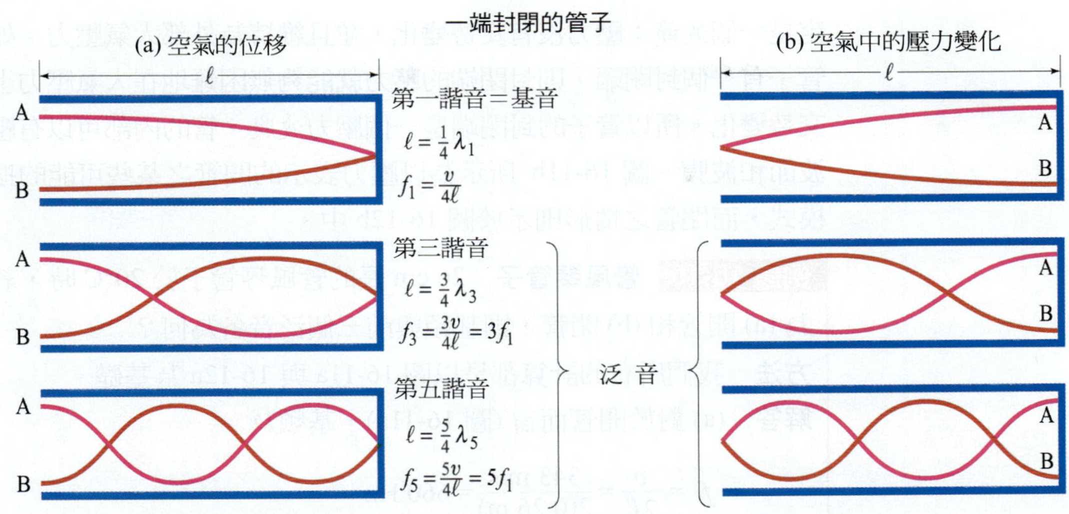

圖 16-12　一端封閉的管子 (“閉管”) 之振動模式 (駐波)。參閱圖 16-11 的說明文字。

間的距離是為 $\frac{1}{2}\lambda$，因此對於基音這個最簡單的情形而言，管長即為半個波長 (圖 16-11a 中最上方的圖)：$\ell = \frac{1}{2}\lambda$ 或 $\lambda = 2\ell$。所以基頻為 $f_1 = v/\lambda = v/2\ell$，其中 v 為空氣 (管中的空氣) 中的聲速。具有兩個波節的駐波是第一泛音或第二諧音，其波長是基音的一半 ($\ell = \lambda$)，而頻率則是基音的兩倍。實際上，在均勻且兩端開口的管子中，每個泛音的頻率是基頻的整數倍，如圖 16-11a 所示。這與弦的情形相同。

對於閉管而言，如圖 16-12a 所示，它可能是管風琴，在封閉端一定有位移波節 (因為空氣不能自由移動)，並且有一個波腹在開口端 (此處空氣可以自由移動)。由於波節與最接近的波腹之間的距離是 $\frac{1}{4}\lambda$，因此我們看到閉管的基音相當於管長中只有四分之一的波長：$\ell = \lambda/4$ 與 $\lambda = 4\ell$。因此基頻為 $f_1 = v/4\ell$，或是相同長度的開管中之基頻的一半。由圖 16-12a 中我們可以看到另一項不同之處，閉管中只有奇數諧音出現：泛音的頻率等於基頻的 3，5，7，⋯ 倍。頻率為基頻之 2，4，6，⋯ 倍的波不可能在管的一端是波節而另一端是波腹，所以它們無法在閉管中形成駐波。

另一種分析均勻管中之振動的方法就是考慮以空氣中之壓力所作的描述方式，如圖 16-11(b) 與圖 16-12(b) (右邊) 所示。波中之空氣被壓縮的區域，其壓力較高，而波中擴張的區域 (或疏部)，其壓力則比正常值小。管子的開口端張開於大氣中。因此在開口端的壓力變化必定是一個波節：壓力沒有交替變化，並且維持為外部大氣壓力。如果管子有一個封閉端，則封閉端的壓力就能夠無困難地在大氣壓力上下交替變化。所以管子的封閉端是一個壓力波腹。管的內部可以有壓力波節和波腹。圖 16-11b 所示為以壓力表示的開管之某些可能的振動模式，而閉管之情形則示於圖 16-12b 中。

例題 16-10 管風琴管子 26 cm 長的管風琴管子於 20°C 時，若其為 (a) 開管和 (b) 閉管，則基頻與前三個泛音各為何？

方法 我們所有的計算都是以圖 16-11a 與 16-12a 為基礎。

解答 (a) 對於開管而言 (圖 16-11a)，基頻為

$$f_1 = \frac{v}{2\ell} = \frac{343\ \text{m/s}}{2(0.26\ \text{m})} = 660\ \text{Hz}$$

速率 v 為空氣中 (管中振動的空氣) 的聲速。泛音包括所有的諧音 1320 Hz、1980 Hz、2640 Hz 等等。

(b) 對於閉管而言 (圖 16-12a)，基頻為

$$f_1 = \frac{v}{4\ell} = \frac{343\ \text{m/s}}{4(0.26\ \text{m})} = 330\ \text{Hz}。$$

只有奇數諧音存在：前三個泛音為 990 Hz、1650 Hz 與 2310 Hz。

備註 閉管吹奏的 330 Hz，由表 16-3，為中央 C 之上的 E，而相同長度的開管吹奏的 660 Hz 為高八度音。

管風琴同時使用開管和閉管，其長度由數公分至 5 m 或更長。長笛為開管，不僅吹奏的開口端，它的另外一端也是張開的。藉著打開沿著管子的孔 (使位移波腹出現於孔處)，縮短振動之空氣柱的長度而奏出長笛不同的音符。振動之空氣柱的長度愈短，基頻愈高。

例題 16-11 長笛 當長笛所有的孔都被按住時，所吹奏的中央 C (262 Hz) 為基音頻率。長笛吹口至較遠一端的距離大約是多少？(此為估計值，因為波腹並不是正好位於吹口處。) 假設溫度是 20°C。

方法 當所有的孔都被按住時，振動之空氣柱的長度即為全長。於 20°C 時，空氣中的聲速為 343 m/s。因為長笛兩端都是張開的，所以我們利用圖 16-11：基頻 f_1 與振動空氣柱之長度 ℓ 的關係為 $f=v/2\ell$。

解答 解 ℓ，我們得到

$$\ell = \frac{v}{2f} = \frac{343\ \text{m/s}}{2(262\ \text{s}^{-1})} = 0.655\ \text{m} \approx 0.66\ \text{m}$$

練習 E 為了了解為什麼管樂器的演奏者需要對樂器作“暖身”準備 (所以樂器才會同調)，試求例題 16-11 中的長笛當所有的孔都被按住，且溫度是 10°C 而不是 20°C 時的基頻，

練習 F 回到章前問題，第 685 頁，並且再次作答。試解釋為什麼你的答案可能已經與第一次不同。

*16-5 音質與噪音；疊加

每當我們聽到聲音，特別是音樂聲時，我們都會意識到它的響度、音高和以及第三種觀點，稱為音色或“音質”。例如，先由鋼琴然後再由長笛奏出相同響度和音高的同一音符時 (如中央C)，整體的聲音會有明顯的不同。我們從來不會將鋼琴聲誤認為長笛聲。這就是音色或音質的意思。

正如響度和音高一般，音質也能與可量測的物理量相關。音質視泛音的存在 (泛音的數目和它們的相對振幅) 而定。一般而言，當樂器彈奏一個音符時，基音與泛音會同時存在。圖 16-13 說明疊加原理 (第 15-6 節) 如何應用於三個波形上，這裡是基音與前兩個泛音 (具有特定的振幅)：於每個地點將它們相加而得到合成波形。通常會有兩個以上的泛音存在。[任何複雜的波都可以分析成具有適當振幅、波長與頻率之正弦波的疊加 (參閱第 15-6 節)。這類的分析稱為傅立葉分析。]

對不同的樂器而言，一特定音符之泛音的相對振幅是不同的，這使得每個樂器具有自己特定的音質或音色。顯示某樂器彈奏的特定音符中泛音之相對振幅的條狀圖形稱為聲譜。圖 16-14 中所示為不同樂器的幾個典型實例。基音通常具有最大的振幅，其頻率就是所聽到的音高。

樂器的演奏方式對音質有極大的影響。例如，彈撥和用弓拉小提琴琴弦所產生的聲音有著極大的不同。一個音符 (例如當音槌敲擊鋼琴琴弦時) 在最開端 (或末尾) 的聲譜與隨後持續的音調可能會有很大的差異。這也會影響樂器主觀上的音質。

一般的聲音，像是兩塊石頭的互相敲擊聲，是具有某種音質的噪音，但無法辨識清楚的音高。這樣的噪音是由許多頻率混合而成，這

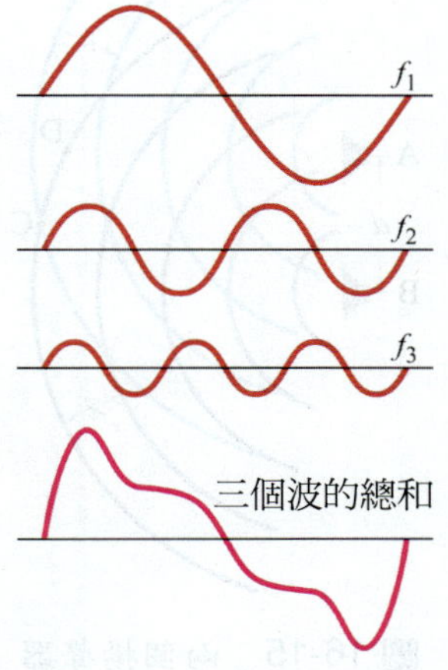

圖 16-13 基音與前兩個泛音的振幅在每個地點相加，得到“總和”或合成波形。

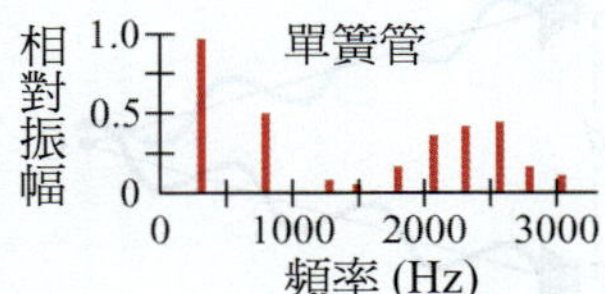

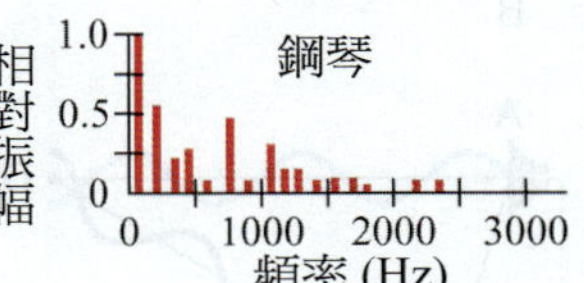

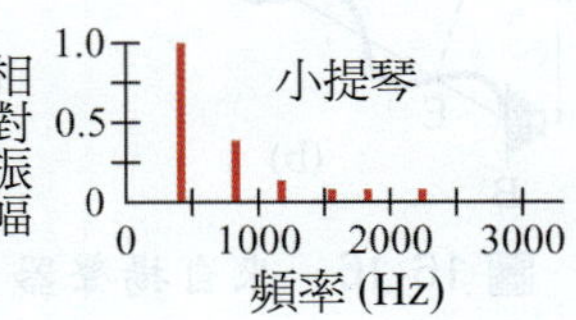

圖 16-14 不同樂器的聲譜。聲譜會因樂器演奏不同的音符而改變。單簧管有點複雜：頻率較低時如同閉管，只有奇數諧音；頻率較高時則如同開管一般具有所有的諧音。

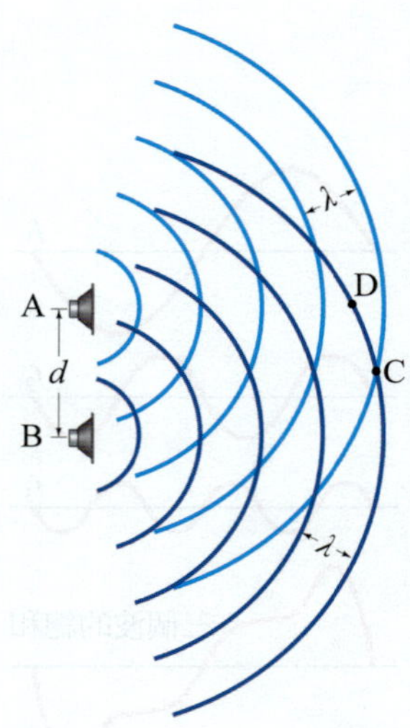

圖 16-15 兩個揚聲器的聲波互相干涉。

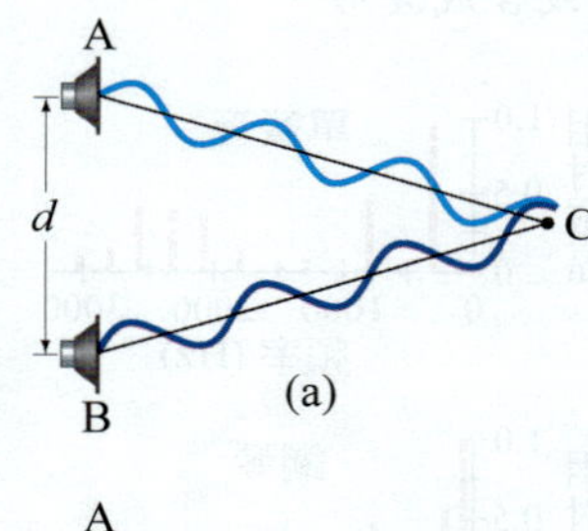

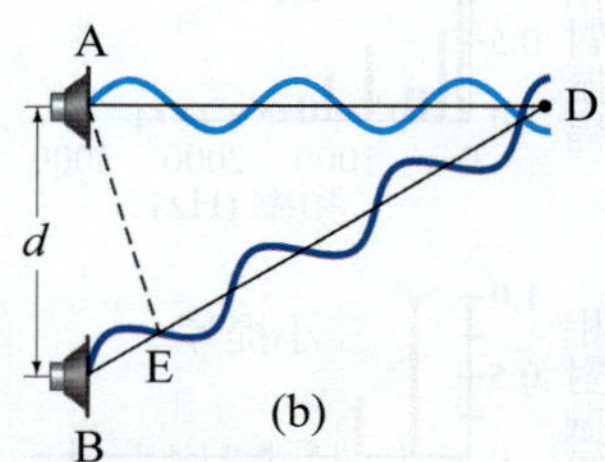

圖 16-16 來自揚聲器A與B之單一頻率的聲波(見圖 16-15)在C點形成建設性干涉，而在D點則形成破壞性干涉。[此為圖示說明，並非實際的縱向聲波。]

些頻率彼此之間沒有多大的關係。噪音的聲譜不會是如圖 16-14 中的互不相連的直線。而是連續的或幾乎連續的頻譜。我們稱這樣的聲音為“噪音”而與較和諧的聲音作對照，和諧的聲音包含基音之簡單倍數的頻率。

16-6 聲波的干涉；拍音

空間干涉

我們曾在第 15-8 節中看到當兩個波同時通過空間中同一區域時，它們會互相干涉。聲波也會發生干涉的情形。

考慮兩個大型的揚聲器A與B，兩者相距 d 置於禮堂的舞台上，如圖 16-15 所示。假設兩個揚聲器以相同的單一頻率發射聲波，並且它們的相位相同：亦即當其中一個揚聲器產生壓縮時，另一個同時也是如此。(我們忽略牆或地板等物體的反射。)圖中的曲線代表在某一瞬間來自各個揚聲器之聲波的波峰。我們必須記住聲波的波峰為是空氣的密部，而波谷 (位於兩波峰之間) 則是疏部。位於與兩個揚聲器等距離之 C 點的人耳或檢測器會感受到大的聲音，因為這是建設性干涉——兩個波峰在同一時間到達，而兩個波谷則在隨後到達。另一方面，在圖中的D點處只能聽見小的聲音，因為這是破壞性干涉——一個波的密部與另一個波的疏部相遇，反之亦然 (參閱圖 15-24 與第 15-8 節中水波的相關討論)。

如果我們以圖 16-16 的方式表示波形，可以更清楚地分析此一情況。在圖 16-16a 中可以看到 C 點處會發生建設性干涉，因為當兩個波到達 C 點時，它們同為波峰或同為波谷。在圖 16-16b 中，我們看到當到達 D 點時，來自揚聲器 B 的波所行進的距離必定比 A 的波來得長。所以來自 B 的波比來自 A 的波落後。在圖中選取 E 點使距離 ED 等於 AD。如果距離 BE 恰好等於聲音的半個波長，則兩個波到達 D 點時將恰好是反相，因而發生破壞性干涉。這就是判斷破壞性干涉發生於何處的準則：破壞性干涉發生於其中一個揚聲器至該點的距離比另外一個揚聲器多出半個波長之處。注意如果多出的距離 (圖 16-16b 中的 BE) 等於整個波長 (或波長的 2、3、⋯ 倍)，則兩個波將是同相，並且發生建設性干涉。如果距離 BE 等於波長的 $\frac{1}{2}$、$1\frac{1}{2}$、$2\frac{1}{2}$、⋯倍，則發生破壞性干涉。

圖 16-15 或圖 16-16 中，位於 D 點的人完全 (或幾乎) 聽不見聲音，可是聲音卻由兩個揚聲器傳送出來。如果關掉其中一個揚聲器，就可以很清楚地聽見由另外一個揚聲器發出來的聲音。

如果揚聲器發出整個範圍的頻率，則在特定地點只有特定的波長會形成破壞性干涉。

例題 16-12 **揚聲器的干涉** 兩個揚聲器相距 1.00 m。有一個人站在距離其中一個揚聲器 4.00 m 處。當揚聲器發出 1150 Hz 的聲音時，此人欲偵測到破壞性干涉，他必須距離另一個揚聲器多遠？假設溫度為 20°。

方法 此人與其中一個揚聲器的距離必須比另一個多或少半個波長，亦即位於距離 = 4.00 m ± λ/2 處，才能偵測到破壞性干涉。由已知的 f 和 v，可以求得 λ。

解答 20°C 時的聲速為 343 m/s，所以此聲音的波長為 [(15-1) 式]

$$\lambda = \frac{v}{f} = \frac{343\ \text{m/s}}{1150\ \text{Hz}} = 0.30\ \text{m}$$

要產生破壞性干涉，此人與其中一個揚聲器的距離必須比另一個多出半個波長，或 0.15 m。所以此人與第二個揚聲器的距離為 3.85 m 或 4.15 m。

備註 如果兩個揚聲器之間的距離少於 0.15 m，就沒有任何地點與其中一個揚聲器的距離會比另一個遠 0.15 m，因此就沒有任何地點會發生破壞性干涉。

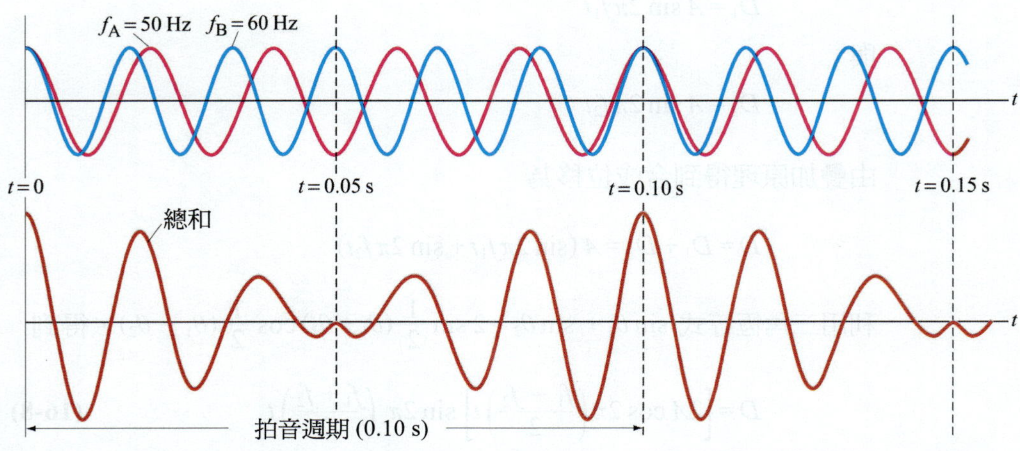

圖 16-17 頻率略微不同的兩個聲波之疊加產生拍頻。

拍音——時間中的干涉

我們已經討論過聲波在空間中所發生的干涉。此外有一個發生在時間上之干涉的有趣且重要的實例就是稱為**拍音** (beat) 的現象：如果兩個聲源——例如兩支音叉——的頻率極為接近但並非完全相同，則由兩個聲源發出的聲波會互相干涉。在特定位置的聲級會隨著時間交替地上升與下降，因為這兩個波由於波長不同而有時候同相，有時候反相。這種間距規則的強度變化稱為拍音。

為了理解拍音如何形成，我們考慮兩個振幅相同的聲波，其頻率各為 $f_A = 50$ Hz 與 $f_B = 60$ Hz。在 1.00 s 內，第一個聲源振動 50 次，而第二個則為 60 次。我們現在觀察在空間中與兩個聲源等距離之一個特定地點的波。每個波的波形在一固定地點都是時間的函數，如圖 16-17 中上方的圖所示；紅線表示 50 Hz 的波，而藍線則是 60 Hz 的波。圖 16-17 中下方的圖顯示兩個波之總和的時間函數。於時間 $t = 0$ 時，兩個波同相因而為建設性干涉。由於這兩個波以不同的頻率振動，因此它們在時間 $t = 0.05$ s 時是完全地反相，因而發生破壞性干涉。然後於 $t = 0.10$ s 時，它們再次同相並且合成振幅再次變大。所以合成振幅每隔 0.10 s 會變大，並且在其中間會急劇地減小。這種強度的上升和下降就是所聽到的拍音。[4] 這個情況中的拍音相距 0.10 s，亦即**拍頻** (beat frequency) 為每秒 10 次，或 10 Hz。一般而言，拍頻等於兩個波的頻率之差，我們現在要證明這個結果。

令頻率各為 f_1 和 f_2 的兩個波在空間中一個固定點可以表示成

$$D_1 = A \sin 2\pi f_1 t$$

與

$$D_2 = A \sin 2\pi f_2 t$$

由疊加原理得到合成位移為

$$D = D_1 + D_2 = A\,(\sin 2\pi f_1 t + \sin 2\pi f_2 t)$$

利用三角恆等式 $\sin\theta_1 + \sin\theta_2 = 2\sin\frac{1}{2}(\theta_1+\theta_2)\cos\frac{1}{2}(\theta_1-\theta_2)$，得到

$$D = \left[2A\cos 2\pi\left(\frac{f_1 - f_2}{2}\right)t\right]\sin 2\pi\left(\frac{f_1 + f_2}{2}\right)t \qquad \textbf{(16-8)}$$

---

4 只要振幅之差不是太大，即使振幅不相等，還是會聽到拍音。

我們可以將 (16-8) 式作以下的解釋。兩個波的疊加形成一個以兩者之平均頻率 $(f_1+f_2)/2$ 振動的波。此振動之振幅為中括號內的表示式，並且由零至最大值 $2A$ (個別振幅的總和) 隨時間變化，其變化頻率為 $(f_1-f_2)/2$。拍音發生於 $\cos 2\pi[(f_1-f_2)/2]t$ 等於 +1 或 −1 時 (見圖 16-17)；亦即每個循環有兩個拍音，所以拍頻為 $(f_1-f_2)/2$ 的兩倍，正好是 f_1-f_2，此為組成的波之頻率差。

任何種類的波都可能形成拍音的現象，對於頻率的比較而言，這是一個非常靈敏的方法。例如，對鋼琴調音，調音師聆聽標準音叉和鋼琴上特定的琴弦之間產生的拍音，當拍音消失時就代表調音完成。交響樂團團員聽他們的樂器與鋼琴或雙簧管發出的標準音調 (通常為中央 C 以上的 A，440 Hz) 之間所形成的拍音來調音。20 Hz 左右以下的拍頻被視為強度調節 (在大小聲之間搖擺不定)，而較高的拍頻 (如果音調夠強，可以聽得見) 則被視為個別的低音。

物理應用
鋼琴調音

例題 16-13 **拍音** 某音叉產生穩定的 400 Hz 之音調。敲擊此音叉後將它靠近振動的吉他弦，經計算得知每 5 秒有二十個拍音。吉他弦可能產生的頻率是多少？

方法 要產生拍音，不論拍頻為何，弦必須以不同於 400 Hz 的頻率振動。

解答 拍頻為

$$f_{\text{beat}} = 20 \text{ 次振動} / 5 \text{ 秒} = 4 \text{ Hz}$$

這是兩個波的頻率之差。由於一個波已知為 400 Hz，所以另一個波必定為 404 Hz 或 396 Hz。

16-7 都卜勒效應

你可能曾經注意到高速行駛的消防車通過你身邊時，警笛的音高會突然下降。或者當高速行駛的汽車經過你身旁時，喇叭聲的音高會改變。賽車通過觀眾前時，引擎噪音的音高也會改變。當聲源朝向觀察者移動時，觀察者聽到的音高比聲源靜止時高；當聲源遠離觀察者時，音高則較低。這個現象就是知名的**都卜勒效應** (Doppler effect)[5]，

5 依 J. C. Doppler (1803-1853) 的名字命名。

(a) 靜止

(b) 移動中的消防車

圖 16-18 (a) 在人行道上的兩個觀察者所聽到的由靜止消防車發出的頻率相同。(b) 都卜勒效應：消防車朝他駛近的觀察者聽到頻率較高的聲音，而消防車後方的觀察者聽到頻率較低的聲音。

並且所有類型的波都會發生。我們現在討論其發生的原因，並計算當聲源和觀察者之間有相對運動時，聲源和感受到的頻率之差。

靜止的消防車之警笛朝四面八方發出特定頻率的聲音，如圖 16-18a 所示。聲波以空氣中的聲速 v_{snd} 行進，它與聲源或觀察者的速度無關。行進中的聲源 (消防車的警笛) 以靜止時相同的頻率發出聲音。但是在它前方的向前發射的聲音波前要比靜止時來得接近，如圖 16-18b 所示。這是因為消防車行進時“追逐”先前發射出的波前，因而發射的每個波峰均與前一個較為接近。所以在消防車前方人行道上的觀察者每秒內會偵測到較多的波峰通過，因此聽到的頻率較高。另一方面，消防車朝後方所發射出的波前比車靜止時分隔得更遠，因為車正以高速離開它們。因此每秒內會有較少的波峰通過車後方的觀察者 (圖 16-18b)，因此聽到的音高較低。

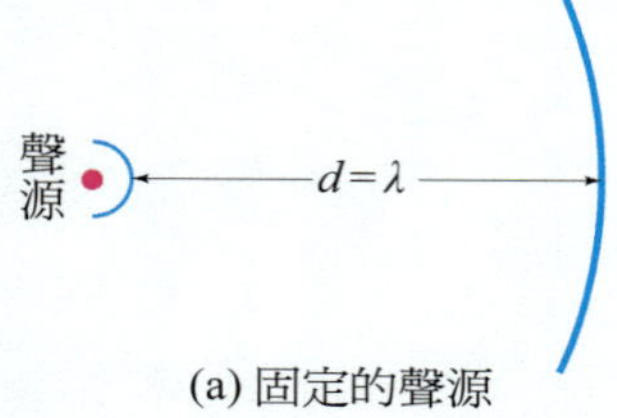

(a) 固定的聲源

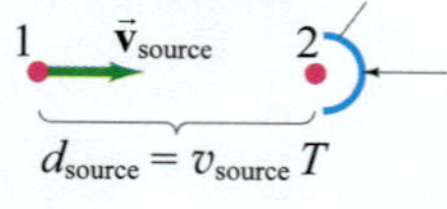

(b) 聲源移動

圖 16-19 計算都卜勒效應中的頻率偏移 (參閱正文)。紅點代表聲源。

我們可以利用圖 16-19 計算感受到的頻率偏移，並假設我們參考座標中的空氣 (或其他介質) 是靜止的。(不動的觀察者在右邊。) 在圖 16-19a 中，聲源以紅點表示，並且是靜止的。兩個接連的波峰如圖中所示，其中的第二個才剛發射出所以仍在聲源附近。波峰之間的距離為波長 λ。若聲源的頻率為 f，則兩個波峰之發射時間的間距為

$$T=\frac{1}{f}=\frac{\lambda}{v_{\text{snd}}}$$

在圖 16-19b 中，聲源以速度 v_{source} 朝觀察者移動。在時間 T 內 (如方才所定義)，第一個波峰已經行進了一段距離 $d=v_{\text{snd}}T=\lambda$，其中 v_{snd} 為空氣中的聲速 (不論聲源是否移動，它是不變的)。在這個相同的時間

內，聲源移動的距離是 $d_{source} = v_{source}T$。因此相繼的波峰之間的距離即為觀察者感受到的波長 λ'，它是

$$\begin{aligned}\lambda' &= d - d_{source}\\ &= \lambda - v_{source}T\\ &= \lambda - v_{source}\frac{\lambda}{v_{snd}}\\ &= \lambda\left(1 - \frac{v_{source}}{v_{snd}}\right)\end{aligned}$$

將此式兩邊同時減去 λ 求得波長之偏移 $\Delta\lambda$ 為

$$\Delta\lambda = \lambda' - \lambda = -\lambda\frac{v_{source}}{v_{snd}}$$

因此，波長的偏移與聲源速率 v_{source} 成正比。地面上不動的觀察者所感受到的頻率 f' 則是

$$f' = \frac{v_{snd}}{\lambda'} = \frac{v_{snd}}{\lambda\left(1 - \frac{v_{source}}{v_{snd}}\right)}$$

因為 $v_{snd}/\lambda = f$，所以

$$f' = \frac{f}{\left(1 - \frac{v_{source}}{v_{snd}}\right)} \qquad \begin{bmatrix}\text{聲源朝不動的}\\ \text{觀察者移動}\end{bmatrix} \qquad \textbf{(16-9a)}$$

由於分母小於 1，因此觀測到的頻率 f' 大於聲源的頻率 f。亦即 $f' > f$。例如，若聲源在靜止時發出的聲音之頻率為 400 Hz，而當聲源以 30 m/s 之速率朝固定不動的觀察者移動時，觀察者聽到的聲音之頻率 (於 20°C 時) 為

$$f' = \frac{400\ \text{Hz}}{1 - \frac{30\ \text{m/s}}{343\ \text{m/s}}} = 438\ \text{Hz}$$

現在考慮聲源以速率 v_{source} 遠離不動的觀察者。利用以上相同的論述，觀察者感受到的波長 λ' 是將 d_{source} 前面的負號 (本頁上方的方程式) 改變為正號。

$$\begin{aligned}\lambda' &= d + d_{source}\\ &= \lambda\left(1 + \frac{v_{source}}{v_{snd}}\right)\end{aligned}$$

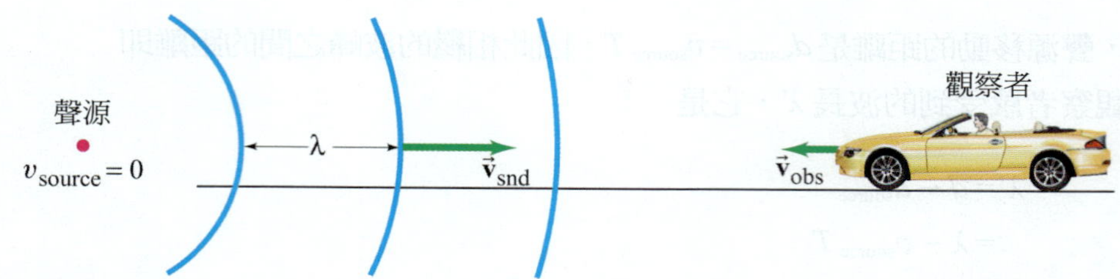

圖 16-20　觀察者以速率 v_{obs} 朝不動的聲源移動，他偵測到波峰以速率 $v' = v_{\text{snd}} + v_{\text{obs}}$ 通過，其中 v_{snd} 是空氣中聲波的速率。

觀測到的和發射出的波長之間的差異則是 $\Delta\lambda = \lambda' - \lambda = +\lambda(v_{\text{source}}/v_{\text{snd}})$。觀測到的波之頻率 $f' = v_{\text{snd}}/\lambda'$ 為

$$f' = \frac{f}{\left(1 + \dfrac{v_{\text{source}}}{v_{\text{snd}}}\right)} \qquad \text{[聲源遠離不動的觀察者]} \qquad \textbf{(16-9b)}$$

如果聲源以 400 Hz 發射聲波，並且以 30 m/s 之速率遠離固定不動的觀察者，則觀察者聽到的聲音之頻率 $f' = (400\ \text{Hz})/[1 + (30\ \text{m/s})/(343\ \text{m/s})] = 368\ \text{Hz}$。

當聲源靜止且觀察者移動時，也會發生都卜勒效應。如果觀察者朝聲源行進，他聽到的音高會比聲源發射出來的頻率高。如果觀察者遠離聲源行進，他聽到的音高則較低。在數量上，頻率的改變與聲源移動的情形不同。在聲源固定不動而觀察者移動的情形中，波峰之間的距離 (波長 λ) 是不變的。但是波峰相對於觀察者的速度已經改變。若觀察者朝聲源移動 (圖 16-20)，波相對於觀察者的速率 v' 只是速度的簡單加法：$v' = v_{\text{snd}} + v_{\text{obs}}$，其中 v_{snd} 是空氣中的聲速 (假設空氣是靜止的)，而且 v_{obs} 是觀察者的速度。所以聽到的頻率為

$$f' = \frac{v'}{\lambda} = \frac{v_{\text{snd}} + v_{\text{obs}}}{\lambda}$$

由於 $\lambda = v_{\text{snd}}/f$，因此

$$f' = \frac{(v_{\text{snd}} + v_{\text{obs}})f}{v_{\text{snd}}}$$

或是

$$f' = \left(1 + \frac{v_{\text{obs}}}{v_{\text{snd}}}\right)f \qquad \text{[觀察者朝不動的聲源移動]} \qquad \textbf{(16-10a)}$$

如果觀察者遠離聲源，則相對速度為 $v' = v_{snd} - v_{obs}$，所以

$$f' = \left(1 - \frac{v_{obs}}{v_{snd}}\right) f \qquad \left[\begin{array}{l}\text{觀察者遠離}\\ \text{不動的聲源}\end{array}\right] \qquad \textbf{(16-10b)}$$

例題 16-14　移動的警笛　警車靜止時發出的警笛聲之主頻率為 1600 Hz。如果你靜止不動，而警車以 25.0 m/s 之速率 (a) 朝你接近，與 (b)遠離你而去時，你聽到的頻率是多少？

方法　觀察者不動而聲源移動，所以我們利用 (16-9) 式。你 (觀察者) 聽到的頻率是發射的頻率 f 除以 $(1 \pm v_{source}/v_{snd})$，其中 v_{source} 為警車的速率。當車子朝你接近時使用負號 (得到較高的頻率)；當車子遠離你而去時使用正號 (較低的頻率)。

解答　(a) 車子朝你接近，因此 [(16-9a) 式]

$$f' = \frac{f}{\left(1 - \dfrac{v_{source}}{v_{snd}}\right)} = \frac{1600\ \text{Hz}}{\left(1 - \dfrac{25.0\ \text{m/s}}{343\ \text{m/s}}\right)} = 1726\ \text{Hz} \approx 1730\ \text{Hz}$$

(b) 車子遠離你而去，因此 [(16-9b) 式]

$$f' = \frac{f}{\left(1 + \dfrac{v_{source}}{v_{snd}}\right)} = \frac{1600\ \text{Hz}}{\left(1 + \dfrac{25.0\ \text{m/s}}{343\ \text{m/s}}\right)} = 1491\ \text{Hz} \approx 1490\ \text{Hz}$$

練習 G　假設例題 16-14 中的警車靜止，並且發射出 1600 Hz 的警笛聲。如果你以 25.0 m/s 之速率 (a) 朝向車子，和 (b) 遠離車子行進，你聽到的頻率各是多少？

當聲波從行進中的障礙物反射時，由於都卜勒效應，反射波的頻率將與入射波不同。以下的例題說明此種情況。

例題 16-15　兩個都卜勒頻移　一個不動的聲源發射 5000 Hz 的聲波。此聲波被一個以 3.50 m/s 之速率朝聲源行進的物體所反射 (圖 16-21)。一個位於聲源附近的靜止檢測器所偵測到的由行進物體反射的波之頻率是多少？

方法　在這個情況中實際上有兩個都卜勒頻移。首先，行進的物體形同一個以速率 $v_{obs} = 3.50$ m/s 朝聲源移動的觀察者 (圖 16-21a)，並

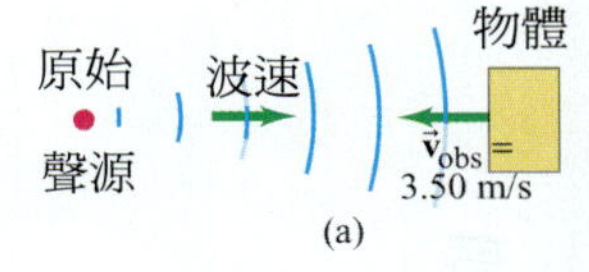

(a)

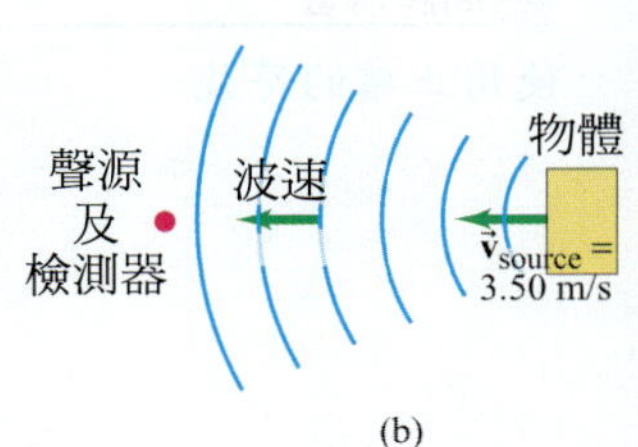

(b)

圖 16-21　例題 16-15。

且“偵測”到頻率 [(16-10a) 式] 為 $f'=f[1+(v_{obs}/v_{snd})]$ 之聲波。第二，波在行進之物體上的反射等同於物體再發射出波，形同一個以速率 $v_{source}=3.50$ m/s 移動的聲源 (圖 16-21b)。最後偵測到的頻率為 $f''=f'/[1-v_{source}/v_{snd}]$，(16-9a) 式。

解答 行進之物體“偵測”到的頻率 f' 為

$$f'=\left(1+\frac{v_{obs}}{v_{snd}}\right)f=\left(1+\frac{3.50\text{ m/s}}{343\text{ m/s}}\right)(5000\text{ Hz})=5051\text{ Hz}$$

行進之物體現在“發射”(反射) 之聲音的頻率 [(16-9a) 式] 為

$$f''=\frac{f'}{\left(1-\dfrac{v_{source}}{v_{snd}}\right)}=\frac{5051\text{ Hz}}{\left(1-\dfrac{3.50\text{ m/s}}{343\text{ m/s}}\right)}=5103\text{ Hz}$$

所以頻率偏移為 103 Hz。

備註 蝙蝠利用這種技巧察覺四周環境。這也是作為汽車與其他物體之測速裝置的都卜勒雷達原理。

物理應用
都卜勒血流計和其他醫學應用

當例題 16-15 中的入射波和反射波混合在一起時 (例如以電子方式)，會互相干涉而產生拍音。拍頻等於兩個頻率之差，103 Hz。這項都卜勒技術被用於多種不同的醫學應用上，並通常使用兆赫頻率範圍的超音波。例如，由紅血球反射的超音波可用來判斷血液流動的速率。同樣地，此技術可用於檢測胎兒胸腔的活動並監測其心跳。

為了方便起見，我們可以將 (16-9) 與 (16-10) 式結合為涵蓋聲源和觀察者運動之所有情況的單一方程式

$$f'=f\left(\frac{v_{snd}\pm v_{obs}}{v_{snd}\mp v_{source}}\right) \qquad \text{[聲源和觀察者均移動]} \qquad \textbf{(16-11)}$$

問題解答
使用正確的符號

為了得到正確的正、負號，回想你自己的經驗，當觀察者與聲源被此互相接近時，頻率較高，而互相遠離時頻率較低。所以分子與分母上方的符號適用於聲源和觀察者互相接近時；而下方的符號則適用於兩者互相遠離時。

練習 H 欲得到高八度 (兩倍) 的觀察頻率，聲源必須以多快的速率接近觀察者？(a) $\frac{1}{2}v_{snd}$，(b) v_{snd}，(c) $2v_{snd}$，(d) $4v_{snd}$。

光的都卜勒效應

都卜勒效應也會發生於其他類型的波。光與其他類型的電磁波 (如雷達) 都表現出都卜勒效應，雖然頻率偏移的方程式與 (16-9) 和 (16-10) 式並不是完全相同，如第 44 章中所述，但效應是類似的。其中一個重要的應用是利用雷達作天氣預測。雷達脈波的發射與它們從雨滴反射後而被接收之間的時間延遲提供了降雨的位置。測量都卜勒頻移 (如例題 16-15) 可提供暴風雨移動之速度和方向的資訊。

物理應用
電磁波的都卜勒效應與天氣預測

另一個重要的應用是天文學，遙遠的銀河之速度可以由都卜勒頻移測得。如果來自遙遠銀河的光朝較低的頻率變動，就表示銀河正遠離我們而去。這種現象稱為**紅移** (redshift)，因為可見光的最低頻率為紅光。頻移愈大，後退的速度就愈大。銀河距離我們愈遠，它們遠離的速度就愈快。這項觀察是宇宙膨脹之概念的基礎，也是宇宙起源於大爆炸之觀念的根本，被稱為 "大霹靂理論"。

物理應用
天文學的紅移

*16-8 衝擊波與音爆

如飛機之類以高於聲速之速率行進的物體稱為具有**超音速** (supersonic speed)。這類的速率通常以**馬赫** (Mach)[6] 數表示，它定義為物體的速率與周遭介質中的聲速之比。例如，一架飛機在大氣中以 600 m/s 之速率飛行，而大氣中的聲速只有 300 m/s，則飛機的飛行速率為 2 馬赫。

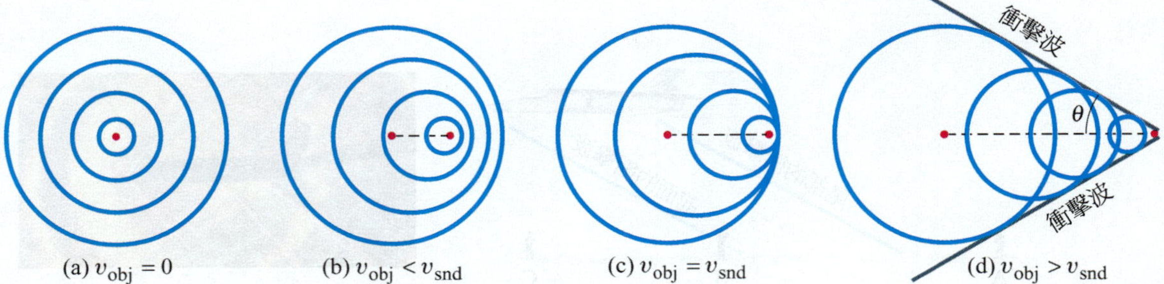

圖 16-22 (a) 靜止或 (b、c 與 d) 移動的物體所發射的聲波。(b) 如果物體的速率低於聲速，則會發生都卜勒效應；(d) 如果物體的速率大於聲速，則會產生衝擊波。

6 依奧地利物理學家 Ernst Mach (1838-1916) 的名字而命名。

當聲源以次音速 (低於聲速) 移動時，如我們先前所述，聲音的音高會改變 (都卜勒效應)；亦可參閱圖 16-22a 與圖 16-22b。但是如果聲源移動得比聲速快，就會發生令人吃驚的效應，稱為**衝擊波** (shock wave)。在這種情形中，聲源實際上“超過”它所產生的波。如圖 16-22c 中所示，當聲源恰以聲速行進時，它朝前方發射的波前直接在它前面“堆積”。當聲源移動得更快而以超音速行進時，波前沿著兩側互相堆積，如圖 16-22d 所示。不同的波峰彼此互相重疊因而形成極大的單一波峰，此即為衝擊波。在這個極大的波峰之後方通常有一個極大的波谷。衝擊波基本上是由許多波前的建設性干涉所形成。空氣中的衝擊波與船以大於其產生之水波的速率行進而形成的舷波類似 (圖 16-23)。

圖 16-23 船所產生的舷波。

當飛機以超音速飛行時，其噪音與空氣的擾動會形成含有極大聲音能量的衝擊波。當衝擊波通過觀察者時，他會聽到巨大聲響的音爆。音爆持續的時間不到一秒鐘，但是它所包含的能量足以震碎窗戶以及造成其他的傷害。音爆實際上是由兩個或兩個以上的轟鳴聲所組成，因為主要的衝擊波可以在飛機的前方、後方與機翼上形成 (圖 16-24)。船的舷波也是由許多部分所組成，如圖 16-23 所示。

物理應用
音爆

當飛機接近聲速時，會在前方遇到一個聲波的障礙 (見圖 16-22c)。為了超過聲速，飛機需要額外的推力以通過這個“音障”。這稱為“突破音障”。一但達到超音速，此音障就不再阻礙其行進。有時會誤認為音爆只是在飛機突破音障的瞬間所產生的。事實上，飛機以超音速飛行時隨時都有衝擊波跟隨。站在地面上的一排人在衝擊

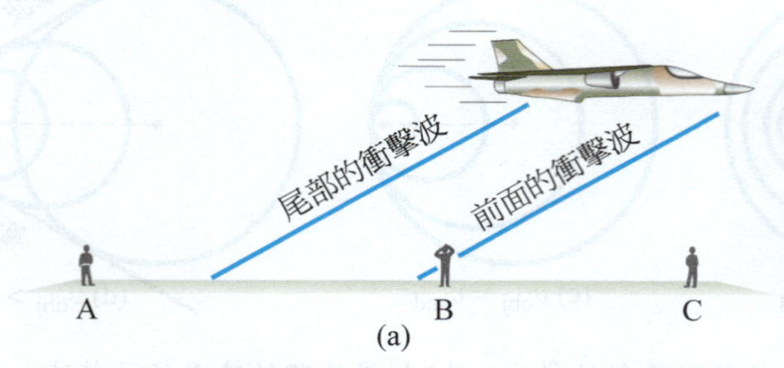

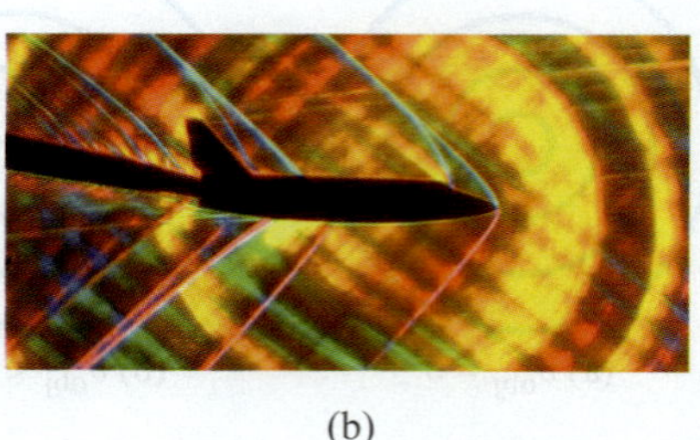

圖 16-24 (a) 左邊的人 A 已經聽到 (雙重) 音爆。位於中央的人 B 剛聽到前面的衝擊波。而右邊的人 C 馬上就會聽到。(b) 超音速飛機的特殊照片顯示在空中所產生的衝擊波。(數個緊接著的衝擊波是由飛機的不同部位所產生)。

波通過時每個人都會聽到巨大的響聲 (圖 16-24)。衝擊波由頂點位於飛機處的圓錐所構成。此圓錐的角度 θ (見圖 16-22d) 為

$$\sin\theta = \frac{v_{snd}}{v_{obj}} \tag{16-12}$$

其中 v_{obj} 為物體 (飛機) 的速度，並且 v_{snd} 為介質中的聲速。(其證明留給習題 75。)

*16-9 應用：聲納、超音波與醫學影像

*聲 納

有很多應用是利用聲音的反射來測定距離。**聲納** (sonar)[7] 或脈波回聲技術被用於尋找水中物體的位置。發射器發出聲音脈波穿過水中，稍後則由檢測器接收其反射波或回聲。由精準地測量其時間間距，因為水中的聲速為已知，所以可以測定與反射物體之間的距離。海的深度以及暗礁、沉船、潛艇或魚群的位置都可以利用這種方法測定。地球內部的結構也是以類似的方法偵測穿過地球的波之反射，其波源是一個人為的爆炸 (稱為 "音測")。來自地球內部不同結構和邊界的反射波之研究可顯示出地層特有的型態，它對於石油或礦產的探勘也是很有用的。

物理應用
聲納：深度探測、地層探測

聲納通常利用**超音波** (ultrasonic) 頻率：亦即頻率大於 20 kHz 的波，這在人耳的聽覺範圍之外。聲納的頻率一般在 20 kHz 至 100 kHz 的範圍內。除了人類聽不見之外，使用超音波的另一個原因就是波長愈短其繞射愈少 (第 15-11 節)，所以波束擴展得較少因而可以偵測較小的物體。

*超音波醫學影像

醫學中以影像形式 (有時稱為*超音波掃描圖* (sonogram)) 的超音波診斷是物理原理一項重要且有趣的應用。它利用**脈波回音技術** (pulse-echo technique)，除了使用的頻率範圍是 1 至 10 MHz (1 MHz = 10^6 Hz) 之外，其餘與聲納非常類似。高頻的聲音脈波進入身體體內，由來自

7 聲納 (sonar) 為 "聲波定位測距" (*so*und *na*vigation *r*anging) 的縮寫。

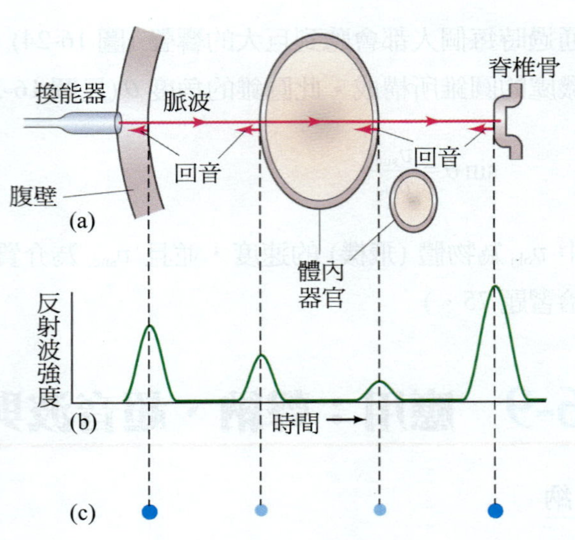

圖 16-25 (a) 超音波脈波穿過腹部，在路徑中的各個表面上反射。(b) 換能器所接收的反射脈波為時間的函數。垂直的虛線指出反射脈波在哪個表面反射。(c) 點顯示相同的回音：每個點的亮度與信號強度有關。

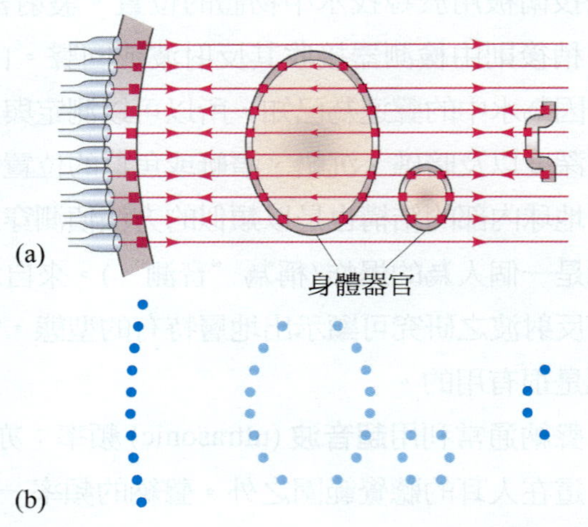

圖 16-26 (a) 移動換能器或者使用一系列的換能器造出 10 條腹部的掃描線。(b) 回音被標繪為圓點以形成影像。間隔更緊密的掃描線會得到更詳細的影像。

器官與其他結構之邊界或交界處的反射可以偵測身體內的器官損害。它可以辨識腫瘤和其他不正常的增生物，或液體囊；可以檢查心臟瓣膜的動作和胎兒的生長；並且可以獲得人體內各類器官，如腦、心臟、肝臟和腎臟的有關資訊。雖然超音波不能取代 X 光，但是對某些診斷而言，是較有幫助的。有些類型的組織或液體無法以 X 光照片偵測，但是超音波會由其邊界反射。“即時”的超音波影像就像是身體內部一部分的電影。

物理應用
超音波醫學影像

接下來討論脈波回音技術在醫學影像上的應用。換能器發射一個短暫的超音波脈波，它將電脈波轉換為聲波脈波。部分的脈波在體內的各個交界面反射成為回音，而大部分的脈波 (通常) 繼續向前 (圖 16-25a)。由相同的換能器對反射脈波所作的檢測可以顯示於終端機或監視器的螢幕上。從發出脈波至接收到反射 (回音) 所需的時間與距反射表面的距離成正比。例如，若由換能器至脊椎骨的距離為 25 cm，則脈波來回行進的距離為 2×25 cm ＝ 0.50 m。人體組織中的聲速約為 1540 m/s (與海水中接近)，所以所需的時間為

$$t=\frac{d}{v}=\frac{(0.50\text{ m})}{(1540\text{ m/s})}=320\ \mu\text{s}$$

反射脈波的強度主要視交界面兩邊物質的密度之差而定，並且可以用脈波或點顯示 (圖 16-25b 與 16-25c)。每一個回音點 (圖 16-25c) 之位置是由時間延遲產生並且其亮度視回音強度而定。以一系列的掃描所產生的點可以形成二維影像。移動換能器或使用一列換能器都會在每一個位置發送出脈波並且接收到回音，如圖 16-26a 所示。彼此具有適當間隔的每條掃描線可以繪成圖形，在監視器螢幕上形成影像，如圖 16-26b 所示。圖 16-26b 中只顯示 10 條線，所以影像是很粗略的。掃描線愈多得到的影像愈準確。[8] 圖 16-27 中所示，是一張超音波影像。

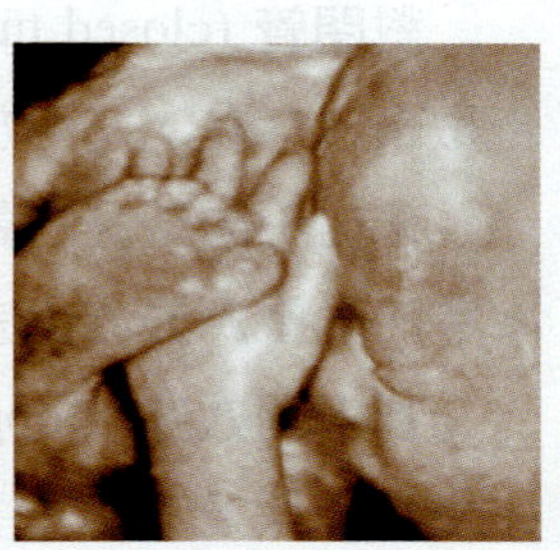

圖 16-27 人類胎兒在子宮內的超音波影像。

8 飛機使用的雷達與類似的脈波回音技術有關，但它是運用電磁 (EM) 波，電磁波像光一般以 3×10^8 m/s 之速率行進。

摘 要

聲音在空氣與其他材料中以縱波形式行進。在空氣中，聲速隨著溫度而增加；在 20°C 時約為 343 m/s。

聲音的**音高** (pitch) 依頻率而定；頻率愈高，音高愈高。

人耳可聽見的頻率範圍大約是 20 Hz 至 20000 Hz (1 Hz＝每秒 1 循環)。

聲音的**響度** (loudness) 或**強度** (intensity) 與波的振幅之平方有關。因為人耳能聽見的聲音強度從 10^{-12} W/m² 至 1 W/m² 以上，所以以對數標度表示聲級。**聲級** (sound level) β 的單位為分貝，以強度 I 表示，其定義為

$$\beta\ (\text{dB})=10\log\left(\frac{I}{I_0}\right) \qquad \textbf{(16-6)}$$

其中的參考強度 I_0 通常是 $10^{-12}\ \mathrm{W/m^2}$。

樂器是簡單的聲音來源，其內部有駐波形成。

弦樂器的弦可以作只有端點為波節的整體振動；此一駐波發生的頻率稱為**基音** (fundamental)。基頻對應的波長等於弦長的兩倍，$\lambda_1=2\ell$。弦也能以較高的頻率振動，稱為**泛音** (overtone) 或**諧音** (harmonic)，其中有一個或更多個額外的波節。各諧音的頻率為基音的整數倍。

在管樂器內，駐波建立在管內的空氣柱中。

開管 (open tube) (兩端張開的) 內振動的空氣在兩端有位移波腹。基頻對應的波長等於管長的兩倍：$\lambda_1=2\ell$。諧音的頻率是基頻的 1，2，3，4，⋯ 倍，恰與弦相同。

對**閉管** (closed tube) (一端封閉) 而言，基頻對應的波長等於管長的 4 倍：$\lambda_1=4\ell$。只有奇數諧音存在，它等於基頻的 1，3，5，7，⋯ 倍。

來自不同聲源的聲波彼此會互相干涉。如果兩個聲音的頻率略有不同，則可以聽到其頻率等於兩聲源頻率之差的**拍音** (beat)。

都卜勒效應 (Doppler effect) 談到由於聲源或是聽者的運動所造成的聲音之音高的改變。如果聲源與聽者彼此接近，感受到的音高會較高；如果它們彼此遠離，感受到的音高會較低。

[*當物體以超音速 (比聲速快) 移動時，會產生衝擊波和音爆。超音波頻率 (高於 20 kHz) 的聲波有很多應用，其中包括聲納和醫學影像。]

問 題

1. 聲音以波的形式行進，其證據為何？
2. 聲音是能量的一種形式，其證據為何？
3. 小孩有時會玩自製的“電話”，將兩個紙杯的底部接上一根細線。當這根線被拉直且一個孩子對著一個杯子講話時，可以在另一個杯子中聽到聲音 (圖 16-28)，試詳細解釋聲波如何從一個杯子傳播到另一個杯子。

圖 16-28 問題 3。

4. 當聲波從空氣傳播到水中時，你預期頻率或是波長會改變？
5. 你能提出什麼證據說明，空氣中的聲速與頻率的關係不大？
6. 吸入氦氣的人聲音的音高變得非常高亢。為什麼？
7. 氫氣中的聲速比空氣中的聲速大，其主要原因是什麼？
8. 兩個音叉以相同的振幅振盪，但其中一個的頻率是另一個的兩倍。哪一個會產生較強烈的聲音？

9. 房間裡的氣溫會如何影響管風琴的音高？

10. 試解釋如何使用管子作為濾聲器，以降低不同頻率範圍內之聲音的振幅。(如汽車消音器。)

11. 為什麼吉他上音格的間隔在靠近琴橋處會愈來愈小 (圖 16-29)？

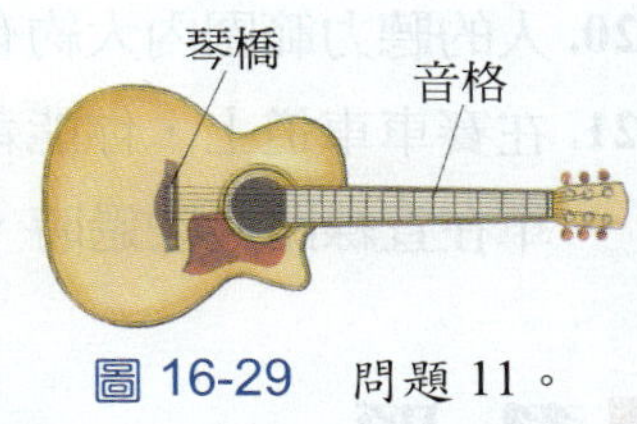

圖 16-29 問題 11。

12. 一輛充滿噪音的卡車從一棟大樓後方接近你。起初你只聽得到它，但卻看不見它。當它出現而你看見它時，它的聲音突然“嘹亮”許多——你聽到更多的高頻噪音。試解釋之。[提示：參閱第 15-11 節的繞射。]

13. 駐波可說是由“空間中的干涉”所形成，而拍音可說是由“時間中的干涉”所形成。試解釋之。

14. 圖 16-15 中，如果將揚聲器的頻率降低，則 D 點和 C 點 (發生破壞性和建設性干涉處) 彼此將移動得相距更遠或是更近？

15. 保護在高噪音地區工作者之聽力的傳統方法，主要是阻擋或降低噪音。戴耳機無法阻絕周遭的噪音。相反地，藉由一項新技術，使用偵測噪音的設備，並將它轉換成電子訊號，然後連同周遭的噪音一同傳送到耳機上。增加的更多噪音如何能降低傳到耳朵中的聲級？

16. 考慮圖 16-30 中的兩個波。每個波都可以視為由兩個頻率略微不同的聲波所疊加而成，如同圖 16-17。(a) 或 (b) 中哪一個波的兩個組成頻率相差得較多？試解釋之。

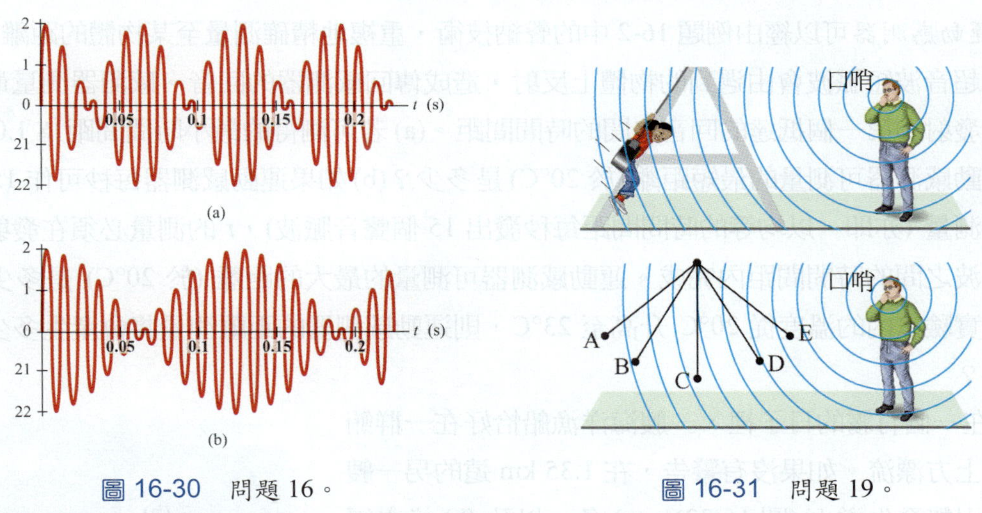

圖 16-30 問題 16。 圖 16-31 問題 19。

17. 如果聲源和觀察者以相同的速度朝相同的方向移動，會有都卜勒頻移嗎？試解釋之。

18. 如果正在刮風，這會改變一個相對於聲源為靜止的人所聽到的聲音之頻率嗎？其波長或是速度會改變？

19. 圖 16-31 顯示一個盪鞦韆的小孩朝站在地上吹口哨的人移動時的各個不同位置。由 A 到

E 的哪一個位置，小孩聽到的口哨聲音其頻率為最高？試說明你的理由。

20. 人的聽力範圍內大約有多少個八度音？

21. 在賽車車道上，你能藉由汽車接近和遠離時引擎聲的音高差異來估計車速。假設某輛汽車在直線路段駛過時，它的聲音下降八度音 (頻率減半)。這輛汽車行駛得多快？

習 題

[除非另有說明，否則均假設 $T = 20°C$，並且空氣中 $v_{sound} = 343$ m/s。]

16-1 聲音的特性

1. (I) 一位徒步旅行者利用聽湖盡頭之懸崖反射她的呼喊聲之回音來判斷湖的長度。她在大叫之後 2.0 s 聽到回音。試估計湖的長度。

2. (I) 一位海員撞擊恰在水線下的船側邊。2.5 s 之後他聽到從正下方的海底反射的回音。此處的海深是多少？假設海水中的聲速是 1560 m/s (表 16-1) 並且不會隨深度改變。

3. (I) (a) 人類聽力的最大範圍為 20 Hz 至 20000 Hz。試計算 20°C 時空氣中聲音的波長。(b) 15 MHz 的超音波波長是多少？

4. (I) 在一個溫暖的夏日 (27°C)，回音從湖對岸的懸崖返回花了 4.70 s。在冬天則需 5.20 s，冬天的氣溫為何？

5. (II) 運動感測器可以經由例題 16-2 中的聲納技術，重複地精確測量至某物體的距離 d。發出的超音波短脈波會由遇到的物體上反射，造成傳回感測器的回音。感測器測量最初的脈波發射和第一個抵達的回音之間的時間間距。(a) 若可測得的最小時間間距為 1.0 ms，則運動感測器可測量的最短距離 (於 20°C) 是多少？(b) 如果運動感測器每秒可作 15 次的距離測量 (亦即，以均等的時間間距每秒發出 15 個聲音脈波)，t 的測量必須在發射接連的脈波之間的時間間距內完成。運動感測器可測量的最大的距離 (於 20°C) 是多少？(c) 假設實驗室內的溫度從 20°C 升高至 23°C，則運動感測器的距離測量將會產生多少百分誤差？

6. (II) 在一個有霧的日子裡，一艘海洋漁船恰好在一群鮪魚的上方漂流。如果沒有警告，在 1.35 km 遠的另一艘小船引擎發生逆火 (圖 16-32)。(a) 魚，以及 (b) 漁夫經過多久之後才會聽到逆火的聲音？

7. (II) 一塊石頭從懸崖頂端落下。在 3.0 s 後聽到石頭的落水聲。此懸崖有多高？

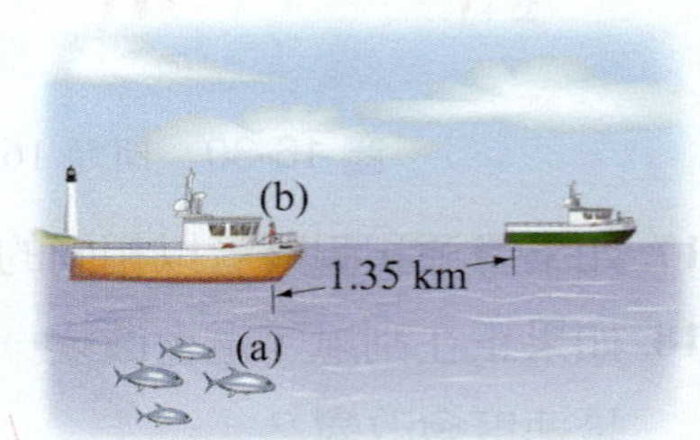

圖 16-32 習題 6。

8. (II) 一個人耳朵貼住地面，他看見一塊大石頭撞擊混凝土路面。片刻之後聽到兩個撞擊聲：一個在空中傳播，另一個在混凝土中傳播，並且它們相隔 0.75 s。撞擊發生在多遠處？參閱表 16-1。

9. (II) 利用“5 秒定則”計算當溫度為 (a) 30°C，和 (b) 10°C 時，在一英里內估計距雷擊處之距離的誤差百分比。

16-2 縱波的數學表述

10. (I) 在 0°C 之空氣 ($\rho=1.29$ kg/m^3) 中，一個聲波的壓力振幅為 3.0×10^{-3} Pa。如果頻率為 (a) 150 Hz 與 (b) 15 kHz，則位移振幅各為多少？

11. (I) 如果空氣分子的最大位移等於一個氧分子的直徑 3.0×10^{-10} m，則空氣 (0°C) 中聲波的壓力振幅是多少？假設聲波的頻率為 (a) 55 Hz 與 (b) 5.5 kHz。

12. (II) 對於習題 11 所描述的波，試寫出 x 與 t 的函數表示波的壓力變化。

13. (II) 一個聲波中的壓力變化為 $\Delta P=0.0035\sin(0.38\pi x-1350\pi t)$，其中 ΔP 的單位是帕，x 的單位是公尺，t 的單位是秒。試求波的 (a) 波長、(b) 頻率、(c) 速率與 (d) 位移振幅。假設介質的密度為 $\rho=2.3\times10^3$ kg/m^3。

16-3 聲音的強度：分貝

14. (I) 120 dB 痛苦等級的聲音強度是多少？把它與 20 dB 的低語作比較。

15. (I) 強度為 2.0×10^{-6} W/m^2 之聲音的聲級是多少？

16. (I) 當聲級為 40 dB 時，耳朵能聽到的最低和最高頻率是多少？(見圖 16-6)

17. (II) 你的聽覺系統能夠適應一個大範圍的聲級。在 (a) 100 Hz，與 (b) 5000 Hz 時最高與最低強度之比各為多少？(見圖 16-6)

18. (II) 你試圖在兩個新的立體聲放大器之間作選擇。其中一個每聲道額定為 100 W，另一個則為每聲道 150 W。以分貝來表示，當兩個放大器產生最大聲級的聲音時，功率較大的放大器響度大多少？

19. (II) 在一場痛苦又喧鬧的音樂會中，一個 120 dB 的聲波以 343 m/s 之速率從揚聲器傳出。在揚聲器附近區域中，每 1.0 cm^3 體積的空氣內含有多少聲波能量？

20. (II) 已知兩串爆竹同時在某地燃放會產生 95 dB 的聲級。如果只燃放一串，聲級會是多少？

21. (II) 有一個人站在距飛機的某距離處，聽到四個相同引擎的噪音聲級是 130 dB。當機長關掉三個而只剩下一個引擎時，聲級是多大？

22. (II) 卡式錄音機的訊雜比為 62 dB，而 CD 播放器是 98 dB。它們的訊號與背景噪音的強度之比分別是多少？

23. (II) (a) 試估計一個人在正常談話時，講話聲音的功率輸出。利用表 16-2。假定聲音以嘴為球心而均勻地散播在球面上。(b) 需要多少人以普通的談話才能產生 75 W 的總聲音功率輸出？[提示：增加強度，並非分貝。]

24. (II) 一個 50 dB 的聲波傳到面積為 $5.0\times10^{-5}\ \text{m}^2$ 的耳膜上。(a) 耳膜每秒接收到多少能量？(b) 以這種速率，需要多少時間耳膜才能接收到 1.0 J 的總能量？

25. (II) 昂貴的放大器 A 之額定為 250 W，而較價廉的放大器 B 為 45 W。(a) 一個揚聲器先後分別與這兩個放大器連接。以分貝為單位，估計距揚聲器 3.5 m 處的聲級。(b) 昂貴的放大器發出的聲音之響度會是價廉的放大器的兩倍嗎？

26. (II) 在搖滾音樂會中，置於舞台揚聲器前方 2.2 m 處的分貝計之讀數為 130 dB。(a) 揚聲器的輸出功率是多少？假設聲音均勻地散播在球面上，並且忽略空氣的吸收。(b) 在多遠處的聲級是合理的 85 dB？

27. (II) 一個煙火彈在地面上方高 100 m 處爆炸，產生多彩生動的火花。位於爆炸正下方的人所聽到的聲級要比水平距離 200 m 遠處的人大多少 (圖 16-33)？

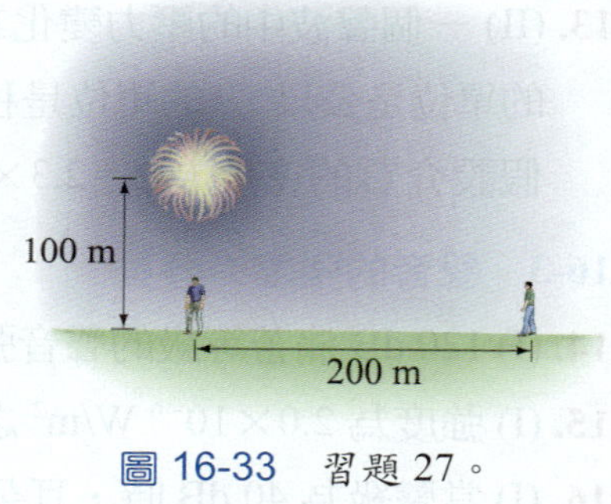

圖 16-33　習題 27。

28. (II) 如果將一個聲波的振幅增為 2.5 倍，則 (a) 強度增加為幾倍？(b) 聲級將增加多少分貝？

29. (II) 兩個聲波具有相等的位移振幅，但是其中一個的頻率為另一個的 2.6 倍。(a) 哪一個具有較大的壓力振幅並且大多少倍？(b) 它們的強度之比是多少？

30. (II) 若空氣分子以 380 Hz 之頻率振動的位移振幅是 0.13 mm，則空氣中與之相當的聲波之聲級 (dB) 為多少？

31. (II) (a) 當一個頻率為 330 Hz 且強度位於痛苦底限 (120 dB) 的聲波通過時，試計算空氣分子的最大位移。(b) 波中的壓力振幅是多少？

32. (II) 一架噴射機每秒發射出 5.0×10^5 J 的聲音能量。(a) 距離 25 m 遠處的聲級是多少？空氣以大約 7.0 dB/km 的比率吸收聲音，考慮空氣的吸收，計算在距離噴射機 (b) 1.00 km 和 (c) 7.50 km 處的聲級。

16-4　聲源：弦與空氣柱

33. (I) 試估計一個低音單簧管的長度，假設可將其模型化為閉管並且演奏的最低音符為 69.3Hz 的 $D^\flat$。

34. (I) 小提琴上的一根琴弦具有 440 Hz 的基頻。振動部分的長度為 32 cm，且質量為 0.35 g。弦中的張力是多少？

35. (I) 一根管風琴管長 124 cm。假如管子是 (a) 一端封閉，與 (b) 兩端開口，試求基音與前三個可聽見的泛音。

36. (I) (a) 在深 21 cm 的空汽水瓶口吹氣，若假設其為閉管，其共振頻率是多少？(b) 如果瓶中有三分之一的汽水，頻率將如何改變？

37. (I) 如果你要製造能演奏人的聽力範圍 (20 Hz 至 20 kHz) 的開管管風琴，所需的管長範圍為何？

38. (II) 當你將一個直徑為 20 cm 的貝殼貼近耳邊，試估計“海洋之聲音”的頻率 (圖 16-34)。

圖 16-34 習題 38。

39. (II) 一根未按壓的吉他弦長為 0.73 m，並且聲音是中央 C 以上的 E (330 Hz)。(a) 需按壓距弦末端多遠處可得到中央 C 以上的 A (440 Hz)？(b) 這個 440 Hz 波在弦上的波長是多少？(c) 被按壓的弦在 25°C 的空氣中所彈奏的聲波之頻率和波長是多少？

40. (II) (a) 於 15°C 時，發出中央 C (262 Hz) 的開管管風琴管的長度是多少？(b) 管內基音駐波的波長和頻率各是多少？(c) 在外部空氣中產生的行進聲波之 λ 與 f 為何？

41. (II) 一台管風琴在 22.0°C 時音調是正確的。在 5.0°C 時頻率偏離的百分比是多少？

42. (II) 在例題 16-11 中，長笛的孔要距離吹口多遠才能以 349 Hz 吹奏中央 C 以上的 F 音？

43. (II) 軍號只是一個長度固定且兩端打開的管。號手正確地調整他的嘴唇並以適當的空氣壓力吹奏，使管內的空氣柱產生諧音 (通常並非基音) 而發出大的聲音。標準的軍用曲調如熄燈號和起床號只需要 4 個音符：G4 (392 Hz)、C5 (523 Hz)、E5 (659 Hz) 與 G5 (784 Hz)。(a) 對於某一長度 ℓ 的軍號，會有一系列連續的 4 個諧音的頻率與音符 G4、C5、E5 和G5 非常接近。試求 ℓ 之值。(b) 什麼諧音 (近似) 相當於四個音符G4、C5、E5 與G5？

44. (II) 一個特定的管風琴管能夠以 264 Hz、440 Hz 和 616 Hz 之頻率共振，但在它們之間的頻率則否。(a) 說明為什麼這是一個張開或封閉的管。(b) 此管的基頻是多少？

45. (II) 當吉他手在音格上按壓吉他的弦時，弦的振動部分之長度縮短，因而增加了弦的基頻 (見圖 16-35)。該弦的張力和每單位長度質量保持不變。如果弦未按壓時的長度為 $\ell = 65.0$ cm，試求前六個音格的位置 x，若每個音格較相鄰的音格升高基音音高的一個音符。在均等調和的半音音階上，相鄰音符的頻率之比為 $2^{1/12}$。

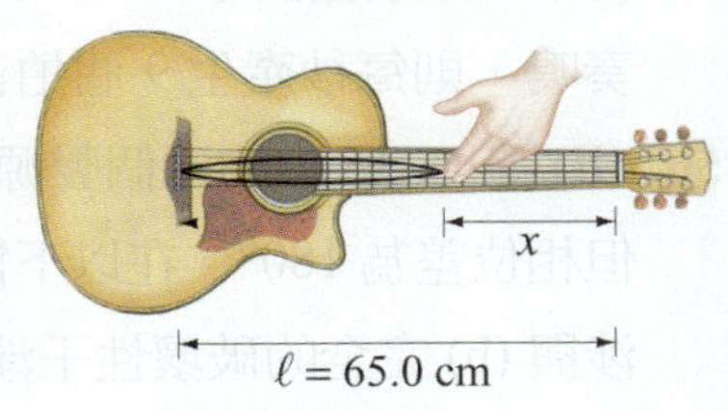

圖 16-35 習題 45。

46. (II) 一根長 1.80 m 的均勻窄管兩端是張開的。它以 275 Hz 與 330 Hz 兩個相繼的諧音頻率共振。(a) 基頻，及 (b) 管內氣體中的聲速是多少？

47. (II) 空氣中的一根管子於 23.0°C 時，產生 240 Hz 和 280 Hz 兩個接連的諧音。此管有多長？它是開管或閉管？

48. (II) 一根 2.48 m 的管風琴於 20°C 時，有多少泛音存在於聽覺範圍內？(a) 如果它是張開的，與 (b) 如果它是封閉的。

49. (II) 一個長度為 8.0 m 且所有的門都關上的門廳，試求其基音與第一泛音的頻率。將門廳視為兩端封閉的管子。

50. (II) 在電子元件裡作為穩定時鐘的石英振盪器中，一個橫向 (剪切) 的聲音駐波在石英盤的厚度 d 上激發，並且其頻率 f 是以電子方式檢測。盤的平行面未受支撐，當聲波由它們反射時，因而形同 "自由端" (見圖 16-36)。如果振盪器設計成以第一諧音操作，若 $f = 12.0$ MHz，試求盤所需的厚度。石英的密度與剪切係數為 $\rho = 2650$ kg/m^3 與 $G = 2.95 \times 10^{10}$ N/m^2。

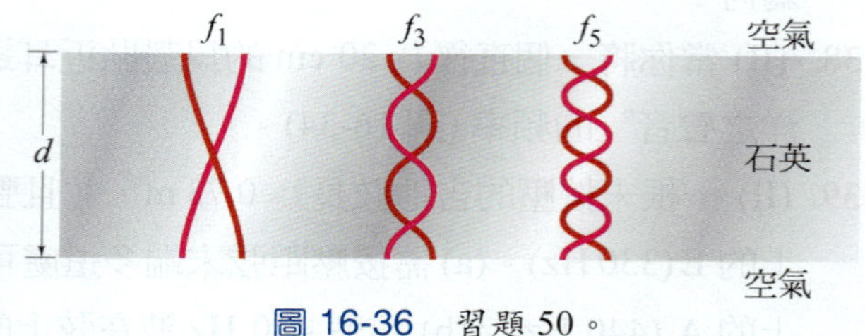

圖 16-36 習題 50。

51. (III) 人的耳道約為 2.5 cm 長。耳道一端是對外張開的，另一端則是封閉的耳膜。估計耳道中駐波的頻率 (在聽覺範圍)。你的答案與圖 16-6 有何關聯？

*16-5 音質，疊加

***52.** (II) 小提琴的前兩個泛音與基音相比，其強度大約是多少？第一與第二泛音低比基音低多少分貝？(見圖 16-14。)

16-6 干涉；拍音

53. (I) 當一位鋼琴調音師試著調整兩根弦時，每 2.0 s 聽見一個拍音。已知其中一根弦的頻率為 370 Hz。另一根弦的頻率偏離是多少？

54. (I) 如果中央 C (262 Hz) 與 C$^{\#}$ (277 Hz) 同時彈奏，則拍頻是多少？如果每個音符降兩個八度音階 (每個頻率減為四分之一) 又會如何？

55. (II) 一根吉他弦與 350 Hz 的音叉同時奏鳴時每秒產生 4 個拍音，若與 355 Hz 的音叉同時奏鳴，則每秒產生 9 個拍音。弦的振動頻率是多少？試解釋你的理由。

56. (II) 圖 16-15 中的兩個聲源彼此正對，並發出具有相同振幅與相同頻率 (294 Hz) 之聲音，但相位差為 180°。在以下情況中兩個揚聲器之間最短的距離是多少？(a) 完全的建設性干涉與 (b) 完全的破壞性干涉。(假設 $T = 20$°C)

57. (II) 如果兩支長度均為 0.66 m 的相同長笛，試著吹奏中央 C (262 Hz)，但是一支是在 5.0°C 吹奏，另一支則在 28°C 吹奏，這將聽到多少拍音？

58. (II) 兩個揚聲器彼此相距 3.00 m，如圖 16-37 所示。它們發出 494 Hz 同相位的聲音。一個麥克風置於距兩個揚聲器之間的中點 3.20 m 處，以記錄該處強度的最大值。(a) 麥克風必須向右移動多遠才能找到第一個強度最小值？(b) 假設揚聲器重新連接，而發出恰為失調不同相位的 494 Hz 之聲音。現在強度最大和最小值位於何處？

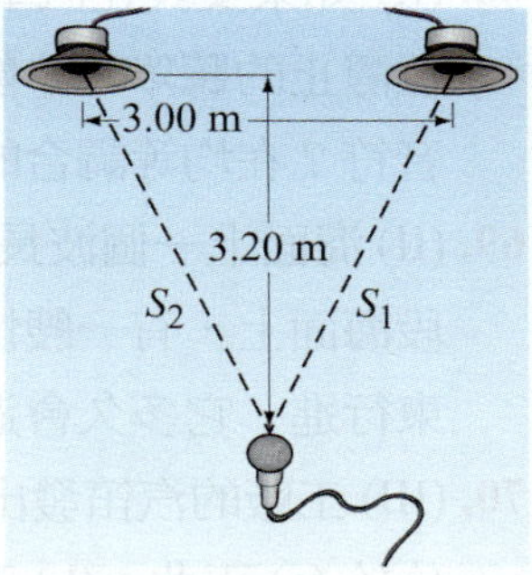

圖 16-37 習題 58。

59. (II) 兩根鋼琴琴弦應該以 220 Hz 之頻率振動，但當它們一起彈奏時，鋼琴調音師每 2 秒聽到 3 個拍音。(a) 如果其中一根以 220.0 Hz 振動，則另一根的頻率必須是多少 (答案只有一個嗎)？(b) 其張力必須增加或減少多少 (百分比) 才能使它們同調？

60. (II) 一個聲源在空氣中發出波長為 2.64 m 與 2.72 m 的聲音。(a) 每秒會聽到多少拍音？(假設 $T = 20°C$) (b) 最大強度區域在空間中相距多遠？

16-7 都卜勒效應

61. (I) 某消防車在停止時警笛的主頻率為 1350 Hz。如果你以 30.0 m/s 之速率 (a) 接近消防車，和 (b) 遠離它，則檢測到的頻率是多少？

62. (I) 一隻靜止的蝙蝠發出 50.0 kHz 超音波的聲波，並接收直接從一個以 30.0 m/s 之速率遠離自己而去的物體反射的回音。蝙蝠接收到的聲音之頻率是多少？

63. (II) (a) 試比較一個 2300 Hz 的聲源以 18 m/s 之速率朝你移動，和你以 18 m/s 之速率朝它移動二者的頻移，這兩個頻率完全相同嗎？它們很接近嗎？(b) 以 160 m/s 然後 (c) 以 320 m/s 再次計算。你對都卜勒公式的不對稱性之結論為何？(d) 於低速時 (相對於聲速而言)，試證明聲源接近和觀察者接近兩種情況的公式會產生同樣的結果。

64. (II) 兩輛汽車裝有兩個相同的單頻喇叭。當一輛車靜止時，另一輛車以 15 m/s 之速率朝它行駛，靜止車中的司機聽到的拍頻為 4.5 Hz。喇叭發射的頻率是多少？假設 $T = 20°C$。

65. (II) 一輛警車以 120.0 km/h 之速率行駛，鳴笛聲的頻率為 1280 Hz。(a) 站在路旁的一位觀察者，在警車接近與遠離時聽到的頻率是多少？(b) 另一輛汽車以 90.0 km/h 的速率朝反方向行駛，它與警車交會之前與之後所聽到的頻率是多少？(c) 警車超過一輛以 80.0 km/h 之速率朝相同方向行駛的汽車，這輛汽車中所聽到的兩個頻率為何？

66. (II) 一隻蝙蝠以 7.0 m/s 之速率朝牆壁飛行。在飛行時，蝙蝠發出頻率為 30.0 kHz 的超音波。蝙蝠聽到的反射波之頻率是多少？

67. (II) 在最初的一個都卜勒實驗中，有一個大喇叭在一個移動中的平板火車上吹奏頻率為 75 Hz 的音調，而第二個大喇叭靜止在鐵路車站上吹奏的同樣的音調。如果火車以 12.0 m/s 之速率接近車站，車站上的人聽到的拍頻為何？

68. (II) 如果安裝在汽車上的揚聲器播放一首歌曲，汽車必須以何種速率 (km/h) 行進接近一位靜止的聽眾，才能使他所聽到的這首歌曲的每個音符都比車中司機所聽到的高出一個音符？在均等調合的半音音階上，相鄰兩音符的頻率之比為 $2^{1/12}$。

69. (II) 海面上一個波長為 44 m 的波浪以相對於海底為 18 m/s 的速率向東行進。如果在這一段海面上，有一艘快艇正以 15 m/s 之速率 (相對於海底) 前進，如果快艇向 (a) 西，與 (b) 東行進，它多久會遇到一個波峰？

70. (III) 工廠的汽笛發出頻率為 720 Hz 的聲音。當北風的風速為 15.0 m/s 時，靜止的觀察者位於 (a) 正北，(b) 正南，(c) 正東，與 (d) 正西，所聽到的汽笛聲之頻率為何？當一位單車騎士以 12.0 m/s 的速率朝 (e) 北或 (f) 西向汽笛前進，他聽到的汽笛聲之頻率為何？假設 $T = 20°C$。

71. (III) 使用頻率為 2.25×10^6 Hz 之超音波的都卜勒效應可用來監測胎兒的心跳。觀察到 (最大) 的拍頻是 260 Hz。假設人體組織中的聲速為 1.54×10^3 m/s，試計算跳動的心臟表面之最大速度。

*16-8 衝擊波；音爆

***72.** (II) 一架飛機以 2.0 馬赫的速度飛行 (聲速為 310 m/s)。(a) 衝擊波與飛機飛行方向的夾角為何？(b) 如果此飛機的飛行高度為 6500 m，它飛過一位站在地面上的人之頭頂正上方多久後，此人將聽到衝擊波？

***73.** (II) 一個太空探測器進入某行星的稀薄大氣層中，該處的聲速大約只有 45 m/s。(a) 如果探測器的初始速率為 15000 km/h，則它的馬赫數是多少？(b) 衝擊波相對於運動方向的角度是多少？

***74.** (II) 一個隕石以 8800 m/s 的速度撞擊海洋。試求 (a) 它在剛進入海中之前的空氣中，與 (b) 剛進入海中時所產生的衝擊波之角度為何？假設 $T = 20°C$。

***75.** (II) 試證明音爆與超音速物體之路徑的夾角 θ 為 (16-12) 式。

***76.** (II) 你垂直往上看，看到一架距地面高度為 1.25 km 的飛機以超音速飛行。當你聽到音爆時，飛機已飛過一段水平距離 2.0 km (見圖 16-38)。試求 (a) 音爆圓錐的角度 θ，與 (b) 飛機的速度 (馬赫數)。假設聲速為 330 m/s。

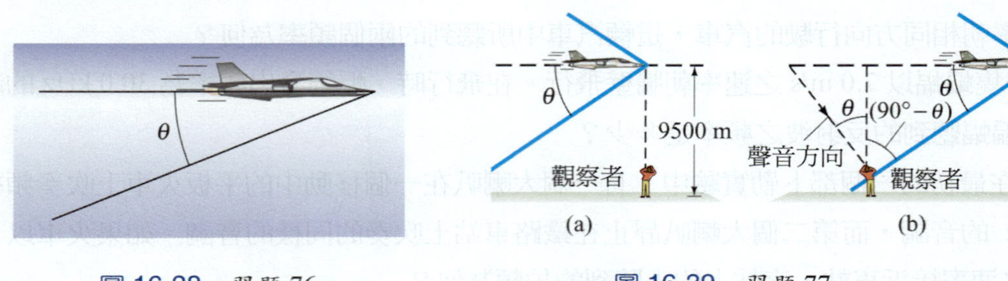

圖 16-38　習題 76。　圖 16-39　習題 77。

*77. (II) 一架超音速飛機在高度 9500 m 處以 2.2 馬赫的速度飛過地面上一位觀察者的正上方。當觀察者聽到音爆時，飛機在相對於觀察者的何處？(見圖 16-39)。

一般習題

78. 魚群探測器利用聲納設備從船底向下發射 20000 Hz 的聲音脈波，然後檢測回音。如果它能探測的最大深度是 75 m，脈波之間最短的時間間距是多少 (在淡水中)？

79. 某科學博物館有一個稱為下水道管交響樂的表演。它是由許多不同長度且兩端張開的塑膠管所組成的。(a) 如果管的長度為 3.0 m、2.5 m、2.0 m、1.5 m 與 1.0 m，則參觀者的耳朵靠近管的末端，將聽到何種頻率？(b) 為什麼這個表演在一個嘈雜的日子進行要比安靜的日子來得好？

80. 距離人 5.0 m 遠的一隻蚊子所發出的聲音接近人的聽覺底限 (0 分貝)。100 隻同樣的蚊子所產生的聲級是多少？

81. 當同時聽見 82 dB 與 89 dB 的聲音時，其合成的聲級是多少？

82. 距離一個戶外揚聲器 9.00 m 處的聲級是 115 dB。假設揚聲器朝各個方向均等地播放聲音，它的聲音功率輸出 (W) 是多少？

83. 一個立體聲放大器於 1000 Hz 的額定輸出功率為 175 W。於 15 kHz，輸出功率下降了 12 dB。於 15 kHz 時，輸出功率為多少瓦特？

84. 噴射機周遭的工人通常將自己的耳朵戴上防護裝置。假設距離噴射機 30 m 處的引擎噪音聲級是 130 dB，而人耳的平均有效半徑為 2.0 cm。則在距離噴射機引擎 30 m 遠處，未加保護的耳朵會承受多少功率？

85. 在音響和通訊系統中，增益 β 以分貝定義為 $\beta = 10 \log (P_{out}/P_{in})$，其中 P_{in} 為輸入至系統的功率，P_{out} 則是輸出功率。某立體聲放大器在輸入功率為 1.0 mW 時有 125 W 的輸出。它的增益是多少分貝？

86. 在大型音樂會裡，揚聲器有時會用來放大歌手的聲音。人腦會把 50 ms 內到達的聲音當作是與原始聲音來自同一來源。因此，如果來自揚聲器的聲音先到達聽者，則聽起來的聲音就好像是來自揚聲器。相反地，如果先聽到歌手的聲音且揚聲器在 50 ms 內加入其聲音，則聲音似乎來自歌手，而且現在歌手的音量似乎變大。第二種情況是我們所要的。由於傳送到揚聲器的訊號是以光速 (3×10^8 m/s) 行進，遠高於聲速，所以我們對傳送到揚聲器的訊號加上延遲。如果揚聲器位於歌手後方 3.0 m 處，則必須加入多久的延遲，才能使它的聲音在歌手的聲音之後 30 ms 到達？

87. 製造商通常會提供一根作為選取直徑之用的特定吉他弦，使彈奏者可以依自己喜好的弦張力調整自己的樂器。例如，尼龍的高 E 弦是用在直徑分別為 0.699 mm 和 0.724 mm 的低和高張力模型中。假設每個模型的尼龍密度 ρ 是相同的，試比較 (以比例) 在經調音的高與低張力弦中的張力。

88. 吉他上的高 E 弦之長度為 $\ell = 65.0$ cm，其兩端固定且基頻 $f' = 329.6$ Hz。在木吉他上，這根弦典型的直徑為 0.33 mm，通常是由黃銅 (7760 kg/m^3) 製作，而在電吉他上，此弦的直徑為 0.25 mm，並且是由鍍鎳鋼 (7990 kg/m^3) 製成。試比較 (以比例) 在木吉他與電吉他上高 E 弦的張力。

89. 小提琴的 A 弦在固定點之間的長度為 32 cm，其基頻為 440 Hz 且每單位長度的質量為 7.2×10^{-4} kg/m。(a) 弦上的波速和張力是多少？(b) 一個簡單的管樂器管子 (如管風琴管) 若其一端封閉且基音也是 440 Hz，而空氣中的聲速為 343 m/s，則管的長度是多少？(c) 各樂器的第一泛音之頻率是多少？

90. 一支音叉被置於一根注滿水的垂直開管上方振動 (圖 16-40)。其水位可以緩慢地下降。在這樣做時，當管中水位與開口端之距離為 0.125 m 與 0.395 m 時，管中水面上的空氣與音叉共振。音叉的頻率為何？

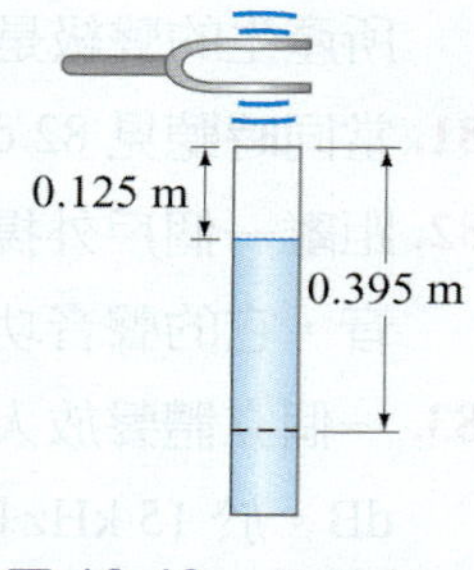

圖 16-40 *習題 90。*

91. 兩根相同的管子，其一端封閉，並且於 25.0°C 時基頻為 349 Hz。現在將其中一管的溫度升至 30.0°C，若此刻使這兩根管子一起發聲，則拍頻是多少？

92. 一個小提琴上每根弦的頻率都被調音為相鄰的弦之 3/2 倍。若這四根長度相等的弦所承受的張力相同，則相對於最低的弦其餘每根弦的每單位長度之質量是多少？

93. 管子的直徑 D 會影響位於管子開口端的波節。管端修正可以大致估計為將管的有效長度加上 $D/3$。對於一根長 0.60 m 且直徑為 3.0 cm 的閉管，考慮管端修正，前四個諧音為何？

94. 有一個人聽到來自兩個聲源且位於 500 至 1000 Hz 之範圍內的純音。最響亮的聲音出現在與兩個聲源等距離的點上。為了要確定頻率為何，此人四處走動，他發現聲級最小的地點距離一聲源較另一聲源遠 0.28 m。聲音的頻率是多少？

95. 當蒸汽火車朝你駛近時，汽笛聲的頻率為 552 Hz。當它經過你之後，經測得其頻率為 486 Hz。火車行進的速度為何 (假設速度恆定)？

96. 兩列火車發出 516 Hz 的汽笛聲，其中一列火車是靜止的。當另一列火車接近時，在靜止的火車上的列車長聽到 3.5 Hz 的拍頻。行進的火車之速率是多少？

97. 兩個揚聲器置於鐵道車的兩端，鐵道車以 10.0 m/s 的速率經過靜止的觀察員，如圖 16-41 所示。若兩個揚聲器具有相同的聲音頻率 348 Hz，當 (a) 他在車前方的位置 A，(b) 他在兩個揚聲器之間的位置 B，和 (c) 兩個揚聲器通過他之後，他在位置 C 所聽到的拍頻是多少？

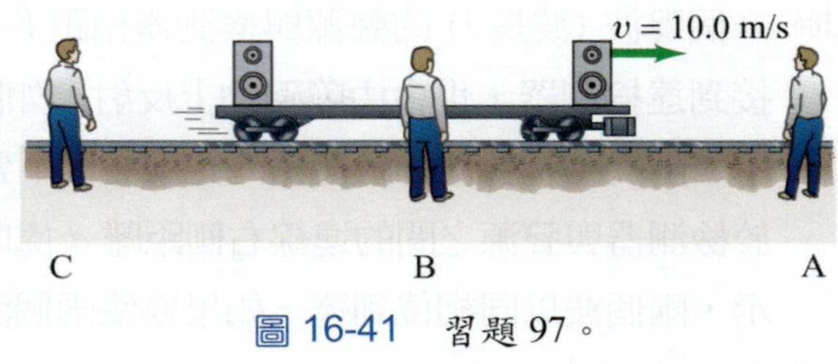

圖 16-41 習題 97。

98. 兩支開口的管風琴管，同時發聲而產生 8.0 Hz 的拍頻。較短的一支管長度為 2.40 m，另一支管的長度是多少？

99. 一隻蝙蝠以 7.5 m/s 之速率朝向一隻蛾飛去，而蛾以 5.0 m/s 之速率朝蝙蝠飛去。蝙蝠發出 51.35 kHz 的聲波。波從蛾的身上反射之後，蝙蝠檢測到的波之頻率是多少？

100. 主動脈中血液流動的速度通常為 0.32 m/s。如果 3.80 MHz 的超音波是對著血流並且由紅血球反射，你預計拍頻是多少？假設波速為 1.54×10^3 m/s。

101. 當蝙蝠飛近一隻蛾時，它發出一系列高頻的聲音脈波。脈波的間隔大約是 70.0 ms 並且每個脈波的長度約為 3.0 ms。為使一個脈波的回音在下一個脈波發射之前返回，蝙蝠可以偵測到的蛾距離有多遠？

102. (a) 利用二項展開式證明當聲源與觀察者之間的相對速度很小時，(16-9a) 式與 (16-10a) 式基本上就變成是相同的。(b) 當相對速度為 18.0 m/s 時，若以 (16-10a) 式取代 (16-9a) 式，會造成多少百分比誤差？

103. 位於走廊兩端的兩個揚聲器彼此正對。它們連接到同一個產生 282 Hz 之純音調的聲源。一個人以 1.4 m/s 的速率從一個揚聲器走向另一個揚聲器，這個人聽到的拍頻是多少？

104. 一個都卜勒流量計用來測量血液流動的速率。發射與接收元件安裝在皮膚上，如圖 16-42 所示。其使用的典型之聲波頻率約為 5.0 MHz，它很可能會被紅血球反射。藉由測量反射波的頻率 (它產生都卜勒頻移，因為紅血球在移動)，可以推斷出血流的速率。“正常”的血流速率約為 0.1 m/s。假設某動脈部分地縮窄，使血流速率增加，此時流量計量測得的都卜勒頻移為 780 Hz。在縮窄區域中的血流速率是多少？聲波 (包括發射和反射) 與血流方向之間的有效角度為 45°。假設組織中的聲速是 1540 m/s。

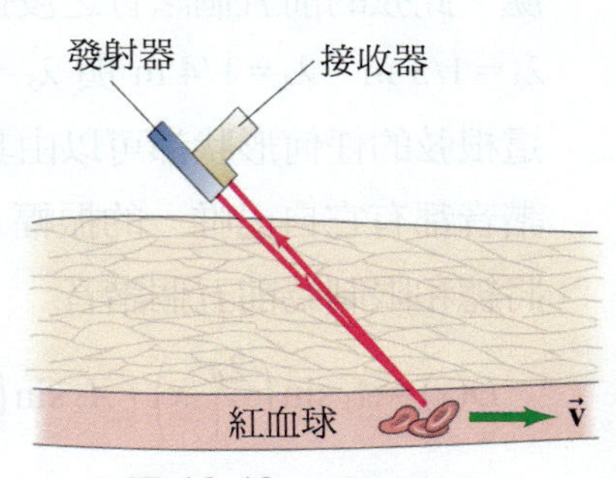

圖 16-42 習題 104。

105. 湖中一艘快艇的尾波為 15°，而水波的波速為 2.2 km/h。快艇的速率是多少？

106. 一個聲波 (波長 λ) 的聲源與檢測器相距 ℓ。聲音會直接到達檢測器，也會由障礙物上反射，如圖 16-43 所示。障礙物至聲源和檢測器的距離相同。當障礙物位於檢測器與聲源之間的連線右側距離 d 處時，如圖所示，兩個波以同相位到達。如果要使兩個波的相位差為波長的 $\frac{1}{2}$，而發生破壞性干涉，則障礙物必須向右移動多遠？(假設 $\lambda \ll \ell, d$)

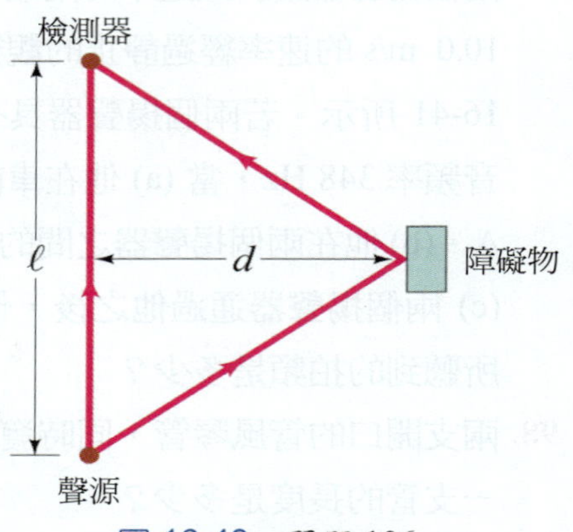

圖 16-43 習題 106。

107. 有一個引人注目的示範，被稱為“唱歌的桿子”，它是用手握著一根細長鋁桿的中點，以另一隻手敲擊鋁桿。只要稍加練習，就能讓鋁桿“唱歌”，或者發出了一個清晰響亮似鈴聲的聲音。對於一支 75 cm 長的鋁桿，(a) 聲音的基頻是多少？(b) 桿中的波長是多少？與 (c) 於 20°C 之空氣中的聲音波長是多少？

108. 假設聲波中空氣分子的最大位移大約與產生此聲音的揚聲器圓錐之最大位移相同 (圖 16-44)，試估計揚聲器圓錐要移動多少才能得到相當響亮 (105 dB) 的 (a) 8.0 kHz 與 (b) 35 Hz 之聲音。

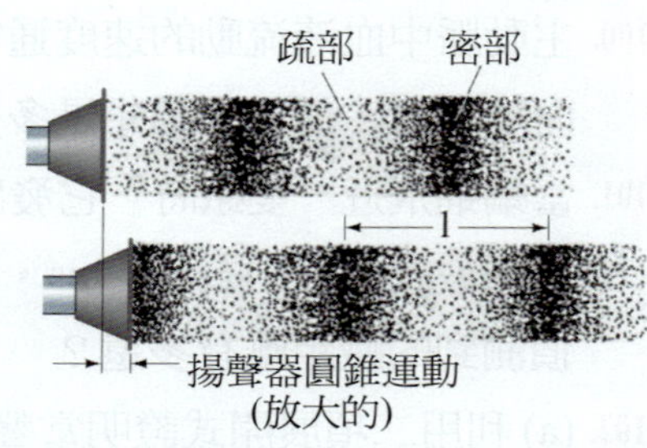

圖 16-44 習題 108。

*數值／計算機

*__109.__ (III) 弦的彈撥方式決定合成波中諧音振幅的混合。有一根長 $\frac{1}{2}$ m 的弦，其兩端固定於 $x=0.0$ 與 $x=\frac{1}{2}$ m 處。此弦的前五個諧音之波長為 $\lambda_1=1.0$ m、$\lambda_2=1/2$ m、$\lambda_3=1/3$ m、$\lambda_4=1/4$ m 與 $\lambda_5=1/5$ m。根據傅立葉定理，這根弦的任何形狀都可以由其諧音的總和組成，而每個諧音都有它自己唯一的振幅 A。在以下的式子中，我們將總和限制為前五個諧音

$$D(x)=A_1\sin\left(\frac{2\pi}{\lambda_1}x\right)+A_2\sin\left(\frac{2\pi}{\lambda_2}x\right)+A_3\sin\left(\frac{2\pi}{\lambda_3}x\right)+A_4\sin\left(\frac{2\pi}{\lambda_4}x\right)+A_5\sin\left(\frac{2\pi}{\lambda_5}x\right)$$

其中 D 是弦在時間 $t=0$ 時的位移。想像彈撥弦的中點 (圖 16-45a)，或是距離左端三分之二處的點 (圖 16-45b)。使用圖形計算器或計算機程式，證明上述表示式可以相

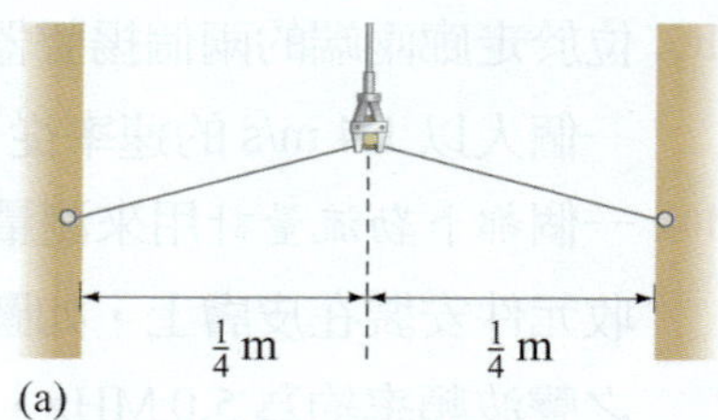

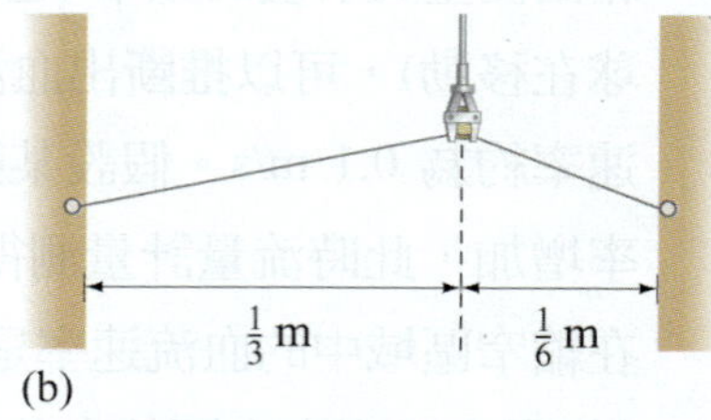

圖 16-45 習題 109。

當準確地代表其形狀：(a) 圖 16-45a 中，若 $A_1 = 1.00$、$A_2 = 0.00$、$A_3 = -0.11$、$A_4 = 0.00$ 與 $A_5 = 0.040$；以及 (b) 圖 16-45b 中，若 $A_1 = 0.87$、$A_2 = -0.22$、$A_3 = 0.00$、$A_4 = 0.054$ 與 $A_5 = -0.035$。

練習題答案

A: 在聽到雷聲前每 3 秒行進 1 km。

B: 強度增為 4 倍。

C: (b)。

D: 較輕的一根。

E: 257 Hz。

F: (b)。

G: (a) 1717 Hz，(b) 1483 Hz。

H: (a)。

溫度、熱膨脹與理想氣體定律

“熱氣”球內的空氣因加熱使溫度上升而膨脹，迫使空氣從底部的開口處離去。內部的空氣量減少表示其密度比外部的空氣低，所以有向上的淨浮力作用於熱氣球上。在本章中我們探討溫度以及溫度對物質的影響：熱膨脹與氣體定律。

章前問題——試著想想看！

一端開口的熱氣球(見上圖)，當內部空氣被火焰加熱時會上升。就以下各項性質而言，氣球內部的空氣比外部空氣較高、較低或相同？

(a) 溫度。

(b) 壓力。

(c) 密度。

在接下來的四章，第 17 章至第 20 章中，我們探討溫度、熱、熱力學以及氣體動力論。

我們往往會考慮特定的**系統** (system)，它表示一特定的物體或一組物體；而宇宙中其他的所有物體則稱為"環境"。我們可以由微觀或巨觀的觀點描述一特定系統 (例如容器中的氣體) 的**狀態** (state) (或情況)。**微觀** (microscopic) 的描述與組成系統的所有原子或分子的運動細節有關，它可能會非常複雜。**巨觀** (macroscopic) 的描述則是由感官或儀器可直接偵測的物理量表示，例如，體積、質量、壓力和溫度。

以巨觀物理量所作的過程描述是屬於**熱力學** (thermodynamics) 的範疇。用以描述系統狀態的物理量稱為**狀態變數** (state variable)。例如，要描述容器中純氣體的狀態，只需三個狀態變數，它們通常是體積、壓力與溫度。更複雜的系統則需要三個以上的狀態變數才能描述。

本章的重點在於溫度的觀念。不過，我們一開始還是要對物質是由原子所組成以及這些原子是處於頻繁的隨機運動狀態之理論作簡短的討論。這個理論稱為*動力論*，我們將在第 18 章中作更詳細的討論。

17-1 物質的原子理論

物質是由原子組成的概念始於古希臘。根據希臘哲學家德謨克利特所述，如果純物質 (如一塊鐵) 被切成愈來愈小，最終會有無法再切割的最一小塊物質。這最小的一塊稱為**原子** (atom)，它在希臘文中的意思是"不可分割"。[1]

原子理論如今已被普遍地接受。十八、十九和二十世紀的實驗也證實此一理論，其中許多結果是由化學反應的分析所得到的。

我們往往會提到個別的原子與分子的相對質量——分別稱為**原子質量** (atomic mass) 與**分子質量** (molecular mass)。[2] 這些是以任意指定的碳原子 ^{12}C 其原子質量恰為 12.0000 **統一原子質量單位** (unified

---

1 如今我們並未將原子看作是不可分割的，而是由原子核 (包含質子與中子) 與電子所組成。

2 對於這些量，有時也會用原子重量和分子重量這些名稱，但是嚴格說來，我們是在比較質量。

atomic mass unit) (u) 為基礎。若以公斤表示

$$1\ \text{u} = 1.6605 \times 10^{-27}\ \text{kg}$$

氫的原子質量為 1.0078 u，其他原子的原子質量則列於本書後面的週期表中，也列於附錄 F 中。化合物的分子質量是組成化合物分子之原子的原子質量總和。[3]

原子理論的一個重要證據稱為**布朗運動** (Brownian motion)，它是以於 1827 年發現此運動的生物學家 Robert Brown 之名命名。當布朗用顯微鏡觀察懸浮在水中的微小花粉粒子時，他發現即使水看似完全地靜止，花粉粒也會以迂迴曲折的路徑四處移動 (圖 17-1)。如果再進一步合理地假設物質中的原子是作頻繁的運動，則原子理論就可以輕易地解釋布朗運動。而布朗的微小花粉粒則是受到快速運動的水分子之推擠。

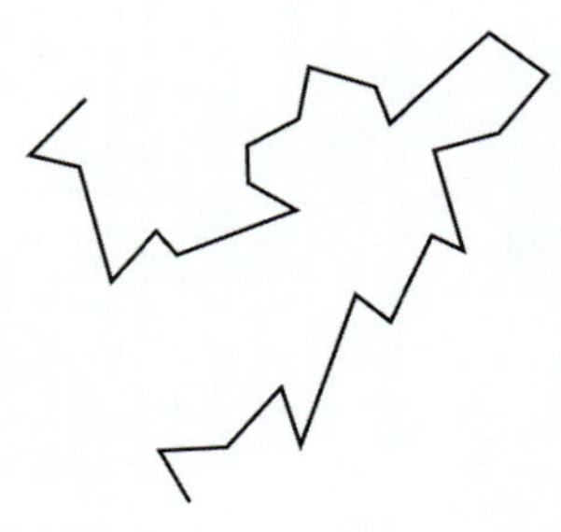

圖 17-1 懸浮在水中之微小粒子 (例如花粉) 的路徑。直線是連接以相同時間間距所觀察到的位置。

於 1905 年，愛因斯坦從理論的觀點檢視布朗運動，並且能夠由實驗數據計算出原子和分子的近似大小與質量。他計算出一般原子的直徑大約為 10^{-10} m。

在第 13 章的開始，我們基於**巨觀** (macroscopic) 或“大尺度”的性質將物質區分為三種常見的相 (或狀態) —— 固體、液體、氣體。現在我們從原子或**微觀** (microscopic) 的觀點看這三相的不同。很顯然地，原子和分子彼此必須施加吸引力。一塊鋁是如何連接在一起？分子之間的吸引力是電的一種自然性質 (後續的章節會有更詳細的討論)。當分子靠得太近時，它們之間的力必定變成排斥力 (外表電子的電排斥力)。物質如何佔據空間？因此，分子與分子之間維持一個最小的距離。在固體材料中，其吸引力夠強，使晶格陣列中的原子或分子只在相對固定的位置周圍稍微地移動 (振盪)，如圖 17-2a 所示。在液體中，原子或分子的運動較快，或者它們之間的作用力較小，所以它們有足夠的自由可以在彼此周圍繞過，如圖 17-2b 所示。在氣體中，原子或分子之間的作用力非常小，或是速度很快，使得它們之間甚

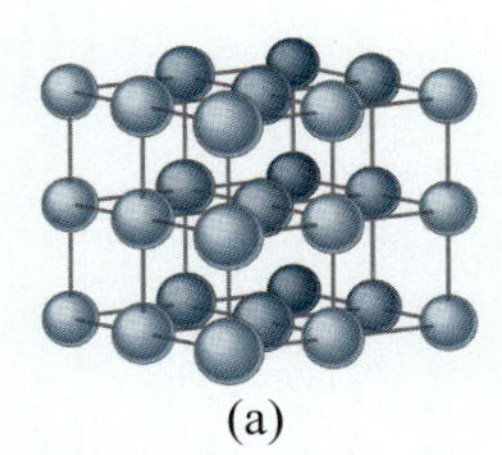

(a)

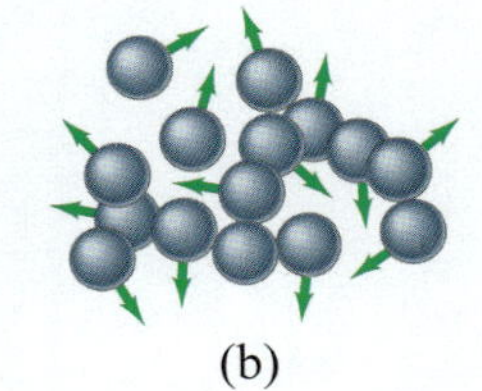

(b)

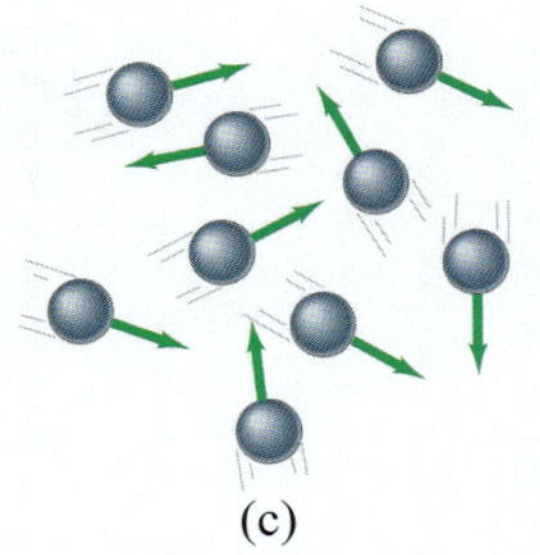

(c)

圖 17-2 在 (a) 結晶固體，(b) 液體，與 (c) 氣體中的原子排列。

3 金、鐵或銅等元素是無法以化學方法再細分的物質。化合物是由元素所組成，並且可以再細分成各類元素，例如二氧化碳和水。元素的最小單元是原子；化合物的最小單元是分子。分子由原子所組成，例如一個水分子是由兩個氫原子和一個氧原子所組成；其化學式為 H_2O。

至無法緊靠在一起。它們朝各個方向快速地移動，如圖 17-2c，而充滿任何容器，並且偶爾會互相碰撞。平均而言，氣體分子的速率夠快，使得當兩個分子碰撞時，其吸引力不足以使它們緊靠在一起，而朝新的方向飛去。

例題 17-1 估算　原子間的距離　銅的密度為 $8.9\times10^3\ \text{kg/m}^3$ 並且每個銅原子的質量為 63 u。試估計相鄰的銅原子中心之間的平均距離。

方法　我們考慮邊長為 1 m 的立方體銅塊。由已知的密度 ρ 可以計算體積 $V=1\ \text{m}^3$ 之銅塊的質量 ($m=\rho V$)。將 m 除以一個原子的質量 (63 u) 可以求出在 $1\ \text{m}^3$ 內的原子數目。假設原子以均勻的陣列排列，且 N 為長度 1 m 中的原子數；所以 $(N)(N)(N)=N^3$ 等於 $1\ \text{m}^3$ 體積內的總原子數。

解答　一個銅原子的質量是為 $63\ \text{u}=63\times1.66\times10^{-27}\ \text{kg}=1.05\times10^{-25}\ \text{kg}$。這表示邊長為 1 m 的立方體銅塊 (體積 $=1\ \text{m}^3$) 中有

$$\frac{8.9\times10^3\ \text{kg/m}^3}{1.05\times10^{-25}\ \text{kg/atom}}=8.5\times10^{28}\ \text{atoms/m}^3$$

邊長為 ℓ 的立方體之體積為 $V=\ell^3$，所以 1 m 長的立方體的一邊有 $(8.5\times10^{28})^{\frac{1}{3}}$ 個原子 $=4.4\times10^9$ 個原子。所以相鄰原子之間的距離為

$$\frac{1\ \text{m}}{4.4\times10^9\ \text{atoms}}=2.3\times10^{-10}\ \text{m}。$$

備註　注意單位的部分，雖然 "atoms" 不是單位，但是將它納入有助於確保計算的正確性。

17-2　溫度與溫度計

在日常生活中，**溫度** (temperature) 是某物體有多熱或多冷的一種量測。熱烤箱具有高溫，而結冰的湖泊則是低溫。

物質的許多性質會隨著溫度而改變。例如，大多數的材料會因溫度升高而膨脹。[4] 鐵棒在熱的時候會比冷的時候長。混凝土道路和人

4 大多數的材料在溫度升高時會膨脹，但並不是全部。例如，水在 0℃ 至 4℃ 之範圍內會因溫度上升而收縮 (參閱第 17-4 節)。

行道會依溫度的變化而稍微膨脹或收縮，這是為什麼需以等間距安裝可壓縮隔板或伸縮接縫的原因 (圖 17-3)。物質的電阻會隨著溫度變化 (第 25 章)。物體在高溫時輻射的顏色也是如此：你可能曾經注意到電爐的加熱元件在高溫時呈現發紅的狀態。在更高的溫度下，鐵之類的固體會發出橙色或甚至是白色的光。一般白熾燈泡的白光是來自於高熱的鎢絲。太陽或其他恆星可藉由它們發射的光之主要顏色 (更準確地說，應該是波長) 來測量其表面的溫度。

圖 17-3 橋面伸縮接縫。

測量溫度的儀器稱為**溫度計** (thermometer)。溫度計有許多種類，但是其操作原理都與物質中隨溫度變化的某種特性有關。許多常見的溫度計是利用材料隨溫度升高而膨脹的性質。伽利略所提出的第一個溫度計的概念是利用氣體的膨脹。今日常用的溫度計是由充滿水銀或染成紅色的酒精之中空玻璃管所組成，如最早可用的溫度計一般 (圖 17-4)。

圖 17-4 由位於義大利佛羅倫斯的義大利科學學院 (1657-1667) 所製造的溫度計，它是已知最早的溫度計之一。這些靈敏且精緻的設備含有酒精，有時會像今天的許多溫度計一般而染色。

在常見的玻璃管液體溫度計中，當溫度升高時內部的液體膨脹得比玻璃多，所以管中的液面會升高 (圖 17-5a)。雖然金屬也會隨著溫度的上升而膨脹，但是金屬桿在一般的溫度變化下其長度的變化通常太小而無法準確地測量。然而，可利用兩條不同且膨脹率不等之金屬的結合做成可用的溫度計 (圖 17-5b)。當溫度升高時，因膨脹程度不同，而造成雙金屬片彎曲。雙金屬片通常製作成線圈的形式，其一端固定而另一端則與指針連接 (圖 17-6)。這種溫度計作為一般的空氣溫度計、烤箱溫度計以及用於電咖啡壺中的自動切斷開關與決定暖氣機或冷氣機何時應開啟或關閉的室內恆溫器中。非常準確的溫度計則是利用電的特性製作 (第 25 章)，例如電阻溫度計、熱電偶與測溫電阻，並且通常具備數位讀取裝置。

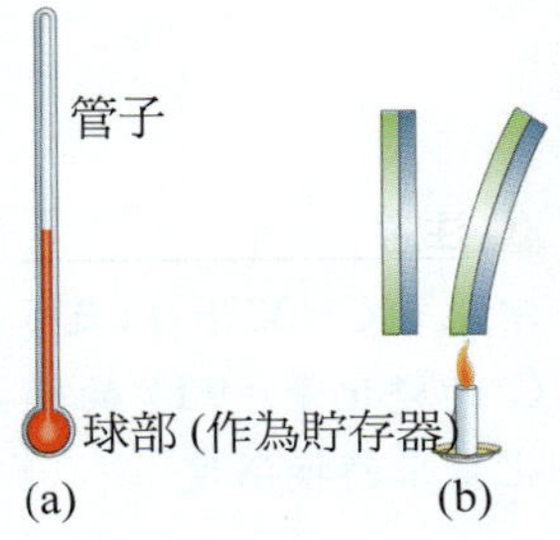

圖 17-5 (a) 玻璃管水銀或酒精溫度計；(b) 雙金屬片。

溫 標

為了以量化的方式測量溫度，必須定義某種數值標度。目前最常用的是**攝氏** (Celsius) 溫標，有時又稱為**百分度** (centigrade) 溫標。**華氏** (Fahrenheit) 溫標在美國也很常見。而科學研究上最重要的溫標是絕對或凱氏溫標，它稍後將於本章中討論。

定義溫標的一個方法是對兩個可以輕易地再現的溫度指定任意的值。對於攝氏和華氏溫標而言，這兩個固定的溫度是選定為水在標準

圖 17-6 利用線圈式雙金屬片的溫度計照片。

大氣壓下的凝固點和沸點。[5] 在攝氏溫標中，水的凝固點被選定為 0°C (“攝氏零度”)，而水的沸點則是 100°C。在華氏溫標中，水的凝固點定義為 32°F 且沸點為 212°F。實際溫度計的校準是將溫度計置於仔細備妥的這兩個溫度的環境中，然後標示液面或指針的位置。就攝氏溫標而言，這兩個標記之間的距離被分成一百個等距，各代表 0°C 至 100°C 之間的每個度數 (所以“百分溫標”的意思是“一百級”)。就華氏溫標而言，這兩個溫度標示為 32°F 與 212°F，而它們之間的距離分成 180 個等距。對於水的凝固點以下以及水的沸點以上的溫度，可以利用相同的等間距將溫標延長。但是由於溫度計本身的限制，它只能測量一個有限範圍內的溫度。例如，玻璃管水銀溫度計中的液態水銀會在某溫度下凝固，所以在此溫度以下溫度計是無法使用的。同樣地，在酒精等液體蒸發之溫度以上時也無法使用。對於極高或極低的溫度，需要特殊的溫度計，我們稍後會討論其中的一部分。

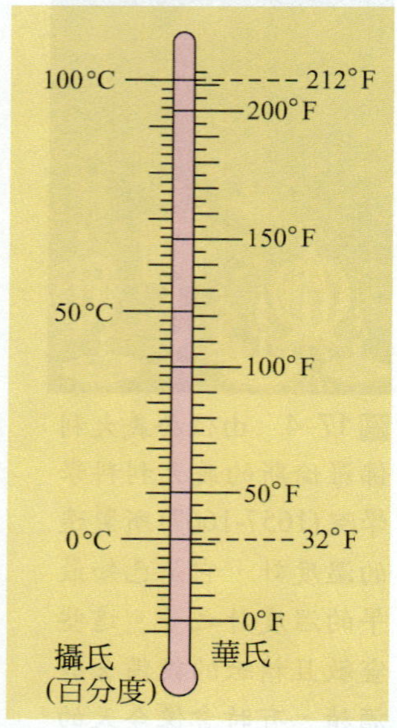

圖 17-7 攝氏與華氏溫標之比較。

攝氏溫標上的每個溫度都與華氏溫標上的一個特定的溫度相對應 (圖 17-7)。你只要記住 0°C 相當於 32°F 以及攝氏溫標上 100° 的範圍相當於華氏溫標上的 180°，就可以很容易地將兩個溫標的溫度互相轉換。所以，華氏一度 (1 F°) 等於攝氏一度的 $100/180 = \frac{5}{9}$ 倍，即 $1\ \mathrm{F}° = \frac{5}{9}\ \mathrm{C}°$。(注意，當我們提到一個特定的溫度時，稱它是“度攝式”，如 20°C；但是當我們提到溫度的變化量或是溫度的間距時，則稱它是“攝氏度”，如 2 C°。) 兩個溫標之間的溫度轉換可以寫成

$$T\,(°\mathrm{C}) = \frac{5}{9}\,[T\,(°\mathrm{F}) - 32]$$

或

$$T\,(°\mathrm{F}) = \frac{9}{5}\,T\,(°\mathrm{C}) + 32$$

注意

牢記 0°C＝32°F 以及 5 C°的變化量＝9 F° 的變化量來轉換溫度

與其死記這些關係式 (它們很容易混淆)，還不如更簡單地只要記住 0°C＝32°F 以及 5C° 的變化量＝9F° 的變化量。

5 物質的凝固點定義為液態和固態平衡共存時的溫度——亦即，沒有任何的淨液體改變為固體或，反之亦然。經實驗得知，在一特定壓力時，這只能發生於一個明確的特定溫度下。類似地，沸點定義為液態與氣態平衡共存時的溫度。因為這些溫度會隨著壓力而變化，所以必須明確指定壓力 (通常為 1 atm)。

例題 17-2 **體溫測量** 正常的體溫是 98.6°F。這相當於攝氏幾度？

方法 利用 0°C = 32°F 與 5 C° = 9 F°。

解答 首先找出已知溫度與水的凝固點 (0°C) 之間的關係。亦即，98.6°F 是在水的凝固點以上 98.6 − 32.0 = 66.6 F°。因為每 F° 等於 $\frac{5}{9}$ C°，所以它相當於凝固點以上 $66.6\times\frac{5}{9}=37.0$°C。凝固點是 0°C，所以體溫為 37.0°C。

練習 A 試求在兩個溫標中具有相同讀數 ($T_C = T_F$) 的溫度。

不同的材料在大的溫度範圍內並不會以相同的方式膨脹。所以，如果以上述的方法校準不同種類的溫度計，通常並不會完全一致。由於校準的方式，它們會於 0°C 與 100°C 處一致。但是因為膨脹特性不同，它們在中間的溫度處可能不會完全地一致 (記得我們在 0°C 和 100°C 之間將溫度計的標度均分成 100 等分)。因此，一支經仔細校準的玻璃管水銀溫度計之讀數為 52.0°C，然而另外一種同樣經仔細校準的溫度計之讀數可能會是 52.6°C。此外，在 0°C 以下和 100°C 以上其差異可能也會很明顯。

因為這類的差異，所以必須選取標準形式的溫度計使所有的溫度可以準確地定義。為此而選取的標準為**定容氣體溫度計** (constant-volume gas thermometer)。如圖 17-8 的簡圖所示，它是由充滿稀釋氣體且經由細管與水銀壓力計連接的球所組成 (第 13-6 節)。將壓力計的右側管子升高或降低可以保持氣體的體積不變，因而使左側管中的水銀面與參考標記一致。溫度升高會引起球中的壓力成正比地增加，因此管必須抬高才能將氣體體積保持不變。右側管中水銀柱的高度因此成為溫度的量測。這個溫度計對於在使球中氣體壓力減少至零之範圍內的所有氣體而言，都會產生相同的結果。它所產生的標度可作為標準溫標 (第 17-10 節) 的基準。

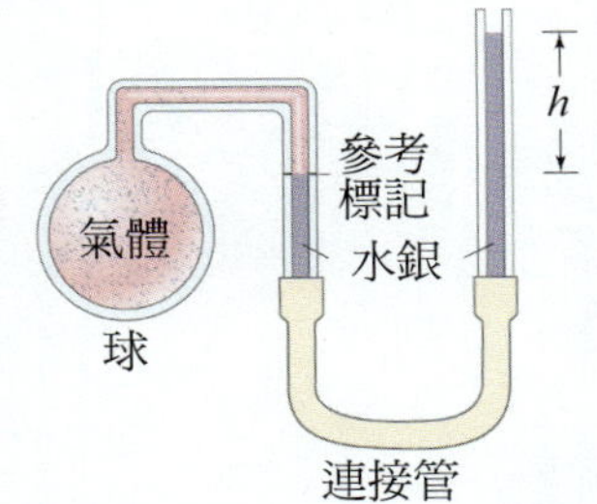

圖 17-8 定容氣體溫度計。

17-3 熱平衡與熱力學第零定律

我們都很熟悉如果兩個溫度不同的物體作熱接觸 (意指熱能可以由一個物體傳遞至另一個)，這兩個物體最終的溫度將會相同。它們稱為是處於**熱平衡** (thermal equilibrium) 中。例如，你在口中放一根體溫計直到與環境達到熱平衡，然後再讀取溫度。當兩個作熱接觸的物體沒有淨能量由其中一個流向另一個，因而沒有溫度的變化時，則這兩個物體定義為處於熱平衡狀態中。實驗指出

> 如果有兩個系統分別與第三個系統達到熱平衡，則這兩個系統彼此處於熱平衡。

這個假設稱為**熱力學第零定律** (zeroth law of thermodynamics)。這個奇特的名稱是因為偉大的熱力學第一與第二定律 (第 19 與 20 章) 發明之後，科學家才認為必須先說明這個明顯的假設。

溫度是一個系統決定其是否會與其他系統達到熱平衡的一種性質。根據定義，當兩個系統達到熱平衡時，它們的溫度相等而且彼此之間沒有淨熱能的交流。這與日常生活中我們對溫度的想法是一致的，因為熱物體與冷物體接觸後，兩個物體最終會有相同的溫度。因此熱力學第零定律的重要性在於它給予溫度一個有用的定義。

17-4 熱膨脹

大部分的物質遇熱時會膨脹而遇冷時會收縮。不過，膨脹或收縮的量會因材料而不同。

線膨脹

實驗指出，只要溫度變化量 ΔT 不是太大，幾乎所有固體的長度變化量 $\Delta \ell$ 會幾近於與 ΔT 成正比。長度的變化量也與物體的原始長度 ℓ_0 成正比。亦即，在相同的溫度增加量下，4 m 長之鐵桿的長度變化量是 2 m 長之鐵桿的兩倍。我們可以將此正比關係寫成

$$\Delta \ell = \alpha \ell_0 \Delta T \tag{17-1a}$$

其中的比例常數 α，稱為此特定材料的線膨脹係數，單位是 $(\mathrm{C}^\circ)^{-1}$。對於圖 17-9，我們寫出 $\ell = \ell_0 + \Delta \ell$，再將此式改寫為 $\ell = \ell_0 + \Delta \ell = \ell_0$

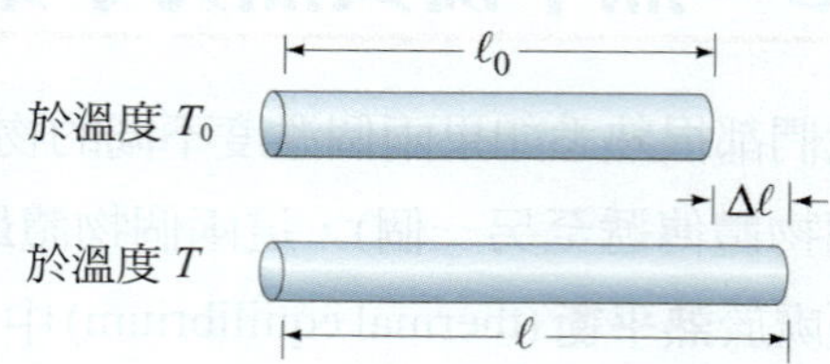

圖 17-9 在溫度 T_0 時一根長度為 ℓ_0 的細桿均勻加熱至新的溫度 T 時，長度變成 ℓ，其中 $\ell = \ell_0 + \Delta \ell$。

表 17-1 膨脹係數 (20°C 附近)

材料	線膨脹係數 $\alpha\,(\mathrm{C}^\circ)^{-1}$	體膨脹係數 $\beta\,(\mathrm{C}^\circ)^{-1}$
固體		
鋁	25×10^{-6}	75×10^{-6}
黃銅	19×10^{-6}	56×10^{-6}
銅	17×10^{-6}	50×10^{-6}
金	14×10^{-6}	42×10^{-6}
鐵或鋼	12×10^{-6}	35×10^{-6}
鉛	29×10^{-6}	87×10^{-6}
玻璃 (派熱克斯耐熱玻璃)	3×10^{-6}	9×10^{-6}
玻璃 (一般)	9×10^{-6}	27×10^{-6}
石英	0.4×10^{-6}	1×10^{-6}
混凝土和磚塊	$\approx12\times10^{-6}$	$\approx36\times10^{-6}$
大理石	$1.4-3.5\times10^{-6}$	$4-10\times10^{-6}$
液體		
石油		950×10^{-6}
水銀		180×10^{-6}
乙醇		1100×10^{-6}
甘油		500×10^{-6}
水		210×10^{-6}
氣體		
空氣 (與大氣壓力下的大部分其他氣體)		3400×10^{-6}

$+\alpha\ell_0\Delta T$，或是

$$\ell=\ell_0(1+\alpha\Delta T) \tag{17-1b}$$

其中 ℓ_0 是在溫度 T_0 時的原始長度，而 ℓ 是加熱或冷卻至溫度為 T 時的長度。如果溫度的變化 $\Delta T=T-T_0$ 是負值，則 $\Delta\ell=\ell-\ell_0$ 也是負值。當溫度降低時，長度會縮短。

表 17-1 中列出各種不同材料在 20°C 時的 α 值。實際上，α 會隨溫度作稍微的變化 (這是為什麼由不同材料製造的溫度計並不會完全一致的原因)。不過，如果溫度的範圍不是太大，就可以忽略這項變化。

例題 17-3 **橋樑的膨脹** 一座吊橋的鋼製基座在 20°C 時長度為 200 m。如果橋會遇到的溫度極限是 −30°C 至 +40°C，則它會收縮和膨脹多少？

物理應用
結構體的膨脹

方法　我們假設橋的基座會隨著溫度以線性方式膨脹或收縮，如 (17-1a) 式。

解答　由表 17-1 得知鋼的 $\alpha = 12\times10^{-6}\,(\mathrm{C}^\circ)^{-1}$。在 40°C 時，長度的增加量為

$$\begin{aligned}\Delta\ell &= \alpha\ell_0\,\Delta T = (12\times10^{-6}/\mathrm{C}^\circ)(200\ \mathrm{m})(40^\circ\mathrm{C}-20^\circ\mathrm{C})\\ &= 4.8\times10^{-2}\ \mathrm{m}\end{aligned}$$

或是 4.8 cm。當溫度減至 −30°C 時，$\Delta T = -50\ \mathrm{C}^\circ$。所以

$$\Delta\ell = (12\times10^{-6}/\mathrm{C}^\circ)(200\ \mathrm{m})(-50\ \mathrm{C}^\circ) = -12.0\times10^{-2}\ \mathrm{m}$$

或長度減少 12 cm。橋面伸縮接縫必須容納的總距離為 12 cm + 4.8 cm ≈ 17 cm (圖 17-3)。

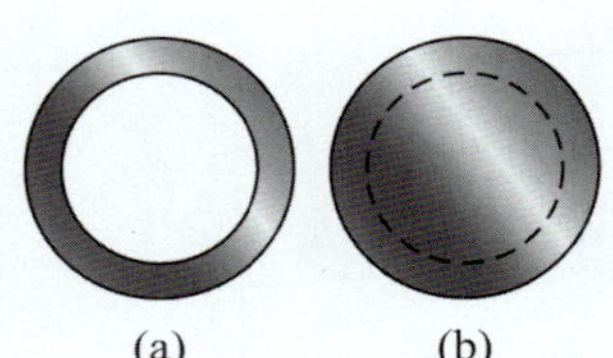
(a)　(b)

圖 17-10　例題 17-14。

觀念例題 17-4　洞會膨脹或收縮？　將一個薄圓環放在烤箱中加熱 (圖 17-10a)，環中的洞會變大或變小？

回答　你可能會認為金屬會往洞內膨脹而使洞變小。但事實並非如此。將環假想成一個如硬幣的固體 (圖 17-10b)，在上面畫一個圓，如圖所示。當金屬膨脹時，圓圈裡面的材料會與其他部分一起膨脹；所以圓圈會膨脹。將圓圈內的金屬剪下後就可以很清楚地知道圖 17-10a 中的洞之直徑會變大。

例題 17-5　桿上的環　一個鐵環想要套在圓鐵桿上。在 20°C 時，桿的直徑為 6.445 cm 且環的內直徑為 6.420 cm。環的內直徑必須比桿的直徑稍微多出 0.008 cm 才能在桿上滑動。環需要多高的溫度才能具有夠大的洞而能在桿上滑動？

方法　環中洞的直徑必須從 6.420 cm 增加至 6.445 cm + 0.008 cm = 6.453 cm。因為洞的直徑會隨溫度線性地增大 (例題 17-4)，所以必須將環加熱。

解答　由 (17-1a) 式求解 ΔT，得到

$$\Delta T = \frac{\Delta\ell}{\alpha\ell_0} = \frac{6.453\ \mathrm{cm} - 6.420\ \mathrm{cm}}{(12\times10^{-6}/\mathrm{C}^\circ)(6.420\ \mathrm{cm})} = 430\ \mathrm{C}^\circ$$

所以環至少需加熱至 $T = (20^\circ\mathrm{C} + 430\ \mathrm{C}^\circ) = 450\ ^\circ\mathrm{C}$。

備註　解題時，不要忘記最後一個步驟，加上初始溫度 (此處為 20°C)。

觀念例題 17-6 **打開旋緊的罐蓋** 當玻璃罐的蓋子旋得很緊時，將它暫時放在熱水下可以使之較容易打開 (圖 17-11)。為什麼？

回答 熱水對蓋子的影響比對玻璃直接，所以蓋子膨脹得較快。即使不是如此，在相同的溫度變化下金屬一般也會膨脹得比玻璃多 (α 較大——見表 17-1)

備註 如果水煮蛋在煮熱後馬上置於冷水中，會比較容易剝殼：殼與蛋不同的熱膨脹會使蛋與殼分離。

物理應用
打開旋緊的蓋子

圖 17-11 例題 17-6。

物理應用
剝水煮蛋的殼

體膨脹

材料因溫度改變所引起的體積變化可以由一個與 (17-1a) 式類似的關係式表示，即

$$\Delta V = \beta V_0 \Delta T \tag{17-2}$$

其中 ΔT 是溫度的變化，V_0 是原來的體積，ΔV 是體積的變化，而 β 則是體膨脹係數。β 的單位為 $(\mathrm{C}^\circ)^{-1}$。

表 17-1 列有多種不同材料的 β 值。固體的 β 值通常大約等於 3 α。為了了解其原因，考慮一個長 ℓ_0、寬 W_0 且高 H_0 的長方體。當溫度改變 ΔT 時，其體積由 $V_0 = \ell_0 W_0 H_0$ 改變為

$$V = \ell_0(1+\alpha\Delta T)\, W_0(1+\alpha\Delta T)\, H_0(1+\alpha\Delta T)$$

其中利用 (17-1b) 式，並假設 α 在所有方向上都是相同的。所以

$$\begin{aligned}\Delta V = V - V_0 &= V_0(1+\alpha\Delta T)^3 - V_0 \\ &= V_0\,[3\alpha\Delta T + 3(\alpha\Delta T)^2 + (\alpha\Delta T)^3]\end{aligned}$$

如果膨脹的量遠小於物體原來的大小，則 $\alpha\Delta T \ll 1$，所以除了第一項之外其餘都可以忽略，因而得到

$$\Delta V \approx (3\alpha)\, V_0 \Delta T$$

這就是 $\beta \approx 3\alpha$ 的 (17-2) 式。然而，對於不是等向性 (各個方向都具有相同的性質) 的固體而言，$\beta \approx 3\alpha$ 就不能適用。注意線膨脹對液體和氣體是沒有意義的，因為它們沒有固定的形狀。

練習 B 一根細長鋁桿在 0°C 時長度為 1.0 m 且體積為 1.0000×10^{-3} m^3。當加熱至 100°C 時，長度變成 1.0025 m。於 100°C 時桿子的體積大約是多少？(a) 1.0000×10^{-3} m^3；(b) 1.0025×10^{-3} m^3；(c) 1.0050×10^{-3} m^3；(d) 1.0075×10^{-3} m^3；(e) 2.5625×10^{-3} m^3。

只有當 $\Delta \ell$ (或者 ΔV) 比 ℓ_0 (或者 V_0) 小得多時，(17-1) 與 (17-2) 式才是準確的。這對於液體，尤其是氣體，是特別重要的，因為它們的 β 值很大。此外，氣體的 β 本身會隨溫度而有明顯的變化。所以，對氣體而言，我們需要一個更方便的方法，這將在第 17-6 節開始討論。

例題 17-7 **太陽下的油箱** 一輛汽車之 70 公升 (L) 的鋼製油箱在 20°C 時裝滿汽油。汽車曝曬在太陽下，並且油箱的溫度高達 40°C (104°F)。你認為會有多少的汽油溢出油箱？

物理應用
汽油溢出油箱

方法 當溫度升高時，汽油和油箱同時都會膨脹，我們假設它們適用 (17-2) 式的線性關係。溢出的汽油之體積等於汽油增加的體積減去油箱增加的體積。

解答 汽油的膨脹量為

$$\Delta V = \beta V_0 \, \Delta T = (950 \times 10^{-6}/\text{C}°)(70\ \text{L})(40°\text{C} - 20°\text{C}) = 1.3\ \text{L}$$

油箱也同時膨脹，我們將它視為鋼殼產生體積膨脹 ($\beta \approx 3\alpha = 36 \times 10^{-6}/\text{C}°$)。如果油箱是實心的，其表層 (殼) 還是會同樣地膨脹。所以油箱的體積增加量是

$$\Delta V = (36 \times 10^{-6}/\text{C}°)(70\ \text{L})(40°\text{C} - 20°\text{C}) = 0.050\ \text{L}$$

由此可知，油箱膨脹的效應很小。有 1 公升以上的汽油會溢出。

備註 想要省一點錢嗎？汽油是以體積計費，所以在汽油較冷也就是密度較高的時候加油——相同的價錢卻有較多的分子。但是不要把油箱完全加滿。

水低於 4°C 時的異常行為

大部分的物質只要沒有相變發生，多少都會隨著溫度增加而均勻地膨脹。然而，水並未依循這個尋常的模式。如果將 0°C 的水加熱，

在達到 4°C 之前實際上它的體積是減少的。在 4°C 以上，水才會隨著溫度的升高而正常地膨脹 (圖 17-12)。因此水在 4°C 時的密度為最大。水的這種異常行為是水中生物在寒冬得以存活的重要關鍵。當湖泊或河流中高於 4°C 的水與冷空氣接觸而冷卻時，表面上的水會因密度變大而下沉，並由下方較溫暖的水取代。這個混合過程持續進行，直到水溫達到 4°C 為止。當表面的水繼續冷卻時，它會停留在表面上，因為它的密度較下方 4°C 的水小。然後表面上的水先結冰，並且因為冰 (比重 = 0.917) 的密度比水小，所以會浮在水面上。底下的水還是液體，除非氣候極為寒冷而使整個湖泊或河流全部結冰。如果水與其他大部分的物質一樣，其密度隨著溫度降低而增加，則湖底的水將會先結冰。湖會較容易地全部凝結成冰，因為循環作用會將較溫暖的水攜至表面使之充份冷卻。湖的完全結冰會對動植物的生命造成嚴重的傷害。由於水在 4°C 以下的異常行為，因此很少會有大量體積的水完全結冰，這是藉助於水面的冰層如同絕緣體一般，能夠減少離開水面而進入上方冷空氣中的熱流。如果水沒有這個獨特且奇妙的特性，地球上可能就沒有生命的存在。

物理應用
冰下的生物

水不只在 4°C 至 0°C 時膨脹，它在凝結成冰時會膨脹得更多。這是為什麼冰塊會浮在水面上以及水管內的水結冰時會使水管破裂的原因。

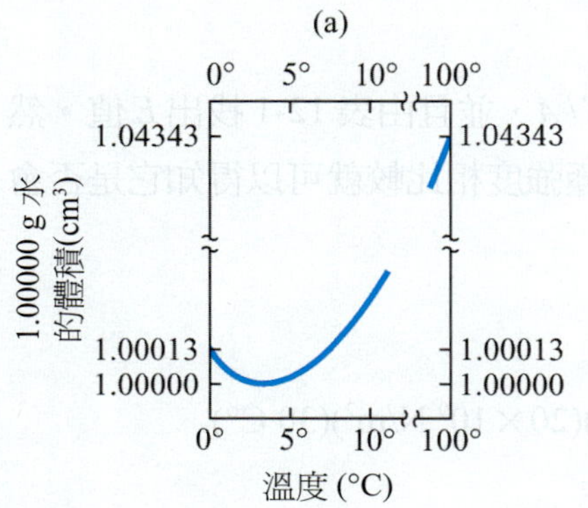

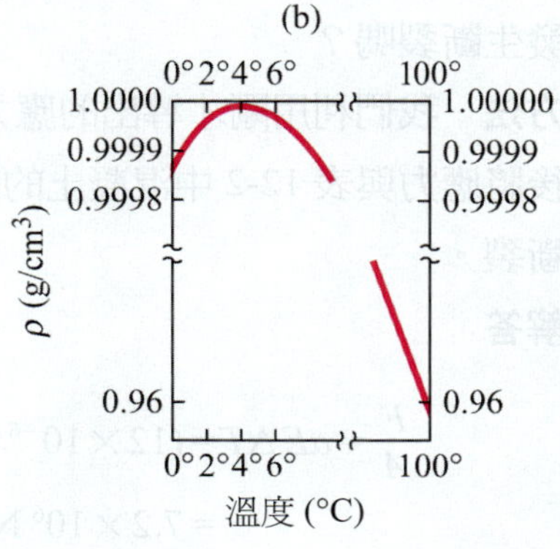

圖 17-12 水在 4°C 附近的特性是溫度的函數。(a) 1.00000 g 的水之體積為溫度的函數。(b) 密度對溫度的圖形。[注意每個軸上的中斷處。]

*17-5 熱應力

在很多情況中，例如建築物與道路，其橫樑或平板的兩端被牢牢地固定住，因而大大地限制其膨脹或收縮。若溫度變化，會發生很大的壓縮力或張力，稱為*熱應力*。這類應力的大小可以利用第 12 章中所討論的彈性係數計算。為了計算此內部應力，我們可以將過程看作兩個步驟：(1) 橫樑依 (17-1) 式試圖膨脹 (或收縮) $\Delta\ell$；(2) 與橫樑接觸的固體對橫樑施力使之壓縮 (或膨脹) 而維持原來的長度。由 (12-4) 式得知所需的力為

$$\Delta\ell = \frac{1}{E}\frac{F}{A}\ell_0$$

其中 E 是材料的楊氏係數。我們令 (17-1a) 式中的 $\Delta\ell$ 等於上式中的 $\Delta\ell$ 而求得內部應力 F/A

$$\alpha\ell_0\Delta T = \frac{1}{E}\frac{F}{A}\ell_0$$

所以，應力為

$$\frac{F}{A} = \alpha E\Delta T$$

物理應用
公路變形

例題 17-8　炎熱天氣下混凝土中的應力　一條公路是由 10 m 長的混凝土塊連接起來排成一行所組成，它們之間沒有預留可容許膨脹的間隙。混凝土塊是在 10°C 時鋪設，當溫度上升至 40°C 時會產生多少的壓縮應力？已知各混凝土塊之間的接觸面積是 0.20 m^2。它會發生斷裂嗎？

方法　我們利用剛才導出的應力 F/A，並且由表 12-1 找出 E 值。然後將應力與表 12-2 中混凝土的終極強度相比較就可以得知它是否會斷裂。

解答

$$\frac{F}{A} = \alpha E\Delta T = (12\times10^{-6}/\text{C}°)(20\times10^{9}\ \text{N/m}^2)(30\ \text{C}°)$$
$$= 7.2\times10^{6}\ \text{N/m}^2$$

此應力與受壓縮之混凝土的終極強度 (表 12-2) 相差不遠，並且超過張力和剪力。如果混凝土塊沒有排列妥當，則部分的力會成為剪力，很可能造成斷裂。這是為什麼混凝土人行道、公路和橋樑使用軟隔板或伸縮接縫 (圖 17-3) 的原因。

練習 C 如果溫度的變化範圍在 0°F 至 110°F 之間，則在 10 m 長的混凝土塊之間要留多少間隙？

17-6 氣體定律與絕對溫度

(17-2) 式對於描述氣體的膨脹並不是很有用的，部分的原因是氣體的膨脹程度很大，而另一個原因則是氣體會膨脹而將所在的任何容器充滿。(17-2) 式只有在壓力保持固定不變時才有意義。氣體的體積與壓力及溫度有極密切的關係。因此求得氣體的體積、壓力、溫度與質量之間的關係式是很有用的。這樣的關係式稱為**狀態方程式** (equation of state)。(狀態這個字表示系統的物理狀況。)

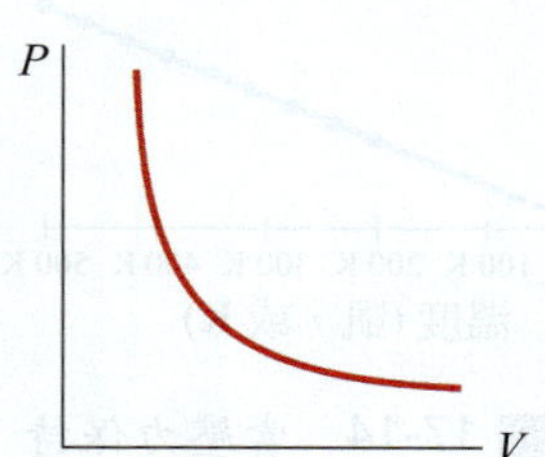

圖 17-13 定量的氣體在固定的溫度下壓力對體積的圖形，它顯示了波以耳定律的反比關係：當壓力減少時，體積會增加。

如果系統的狀態改變，我們將等到整個系統達到相同的壓力和溫度為止。因此我們只考慮系統的**平衡狀態** (equilibrium of state)——當描述系統的變數 (如溫度和壓力) 在整個系統中都是相同的，而且不隨時間而變化。我們也要注意本節所討論的結果只對於密度不大 (壓力不高，大約為一個大氣壓力或者更小) 以及未接近液化 (沸) 點的氣體才是準確的。

實驗發現，定量的氣體當溫度保持不變時，氣體的體積大約與作用於氣體上的絕對壓力成反比。亦即

$$V \propto \frac{1}{P} \qquad \text{(固定的 } T\text{)}$$

其中 P 為絕對壓力 (不是“計示壓力”——參閱第 13-4 節)。例如，如果氣體上的壓力增為兩倍，則體積會減為原來的一半。這個關係式就是知名的**波以耳定律** (Boyle's law)，它是以首先依實驗結果提出此定律的 Robert Boyle (1627-1691) 的名字命名。定溫的 P 對 V 之圖形如圖 17-13 所示。波以耳定律也可以寫成

$$PV = \text{常數} \qquad \text{(固定的 } T\text{)}$$

亦即，在定溫下，如果定量氣體的壓力或體積其中之一發生變化，另一個量也會改變，而使 PV 乘積保持常數。

溫度也會影響氣體的體積，其數量上的 V 與 T 之關係式在波以耳的研究之後一個世紀才被發現。法國人 Jacques Charles (1746-1823)

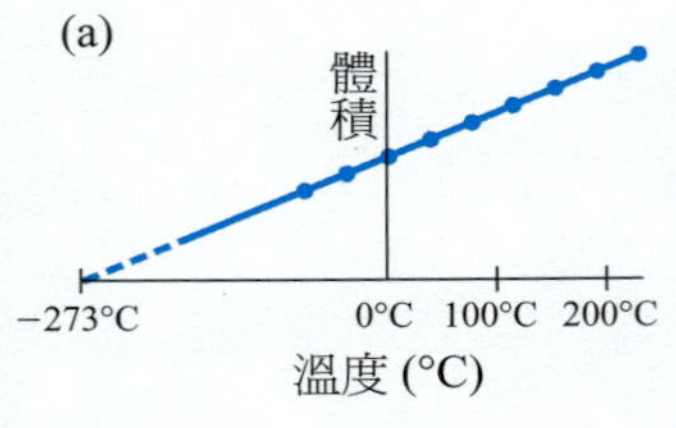

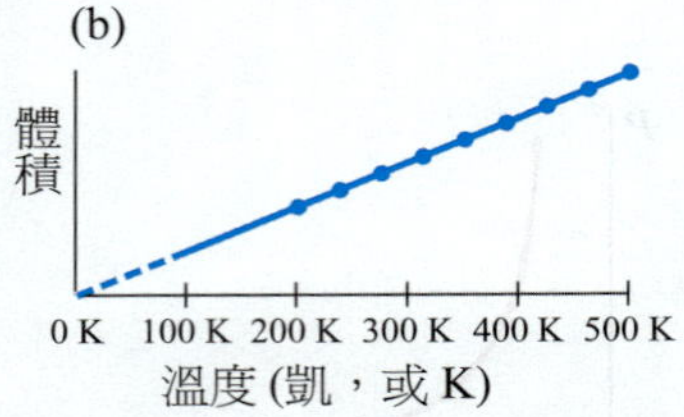

圖 17-14 當壓力保持不變時，定量氣體的體積為 (a) 攝氏溫度，和 (b) 凱氏溫度的函數。

發現，在壓力不是太高並且保持常數的情形下，氣體體積隨著溫度以近乎線性的關係增大，如圖 17-14a 所示。不過，所有的氣體在低溫下都會液化 (例如，氧氣在 −183°C 時液化)，所以曲線圖不能延伸至液化點以下。儘管如此，曲線圖基本上是一根直線，它如果延伸至較低溫度，如圖中的虛線所示，會與橫軸交會於 −273°C。

任何氣體都可以繪出這類的圖形，而且直線往後延伸至零體積時的溫度始終都是 −273°C。這似乎意味著如果氣體可以冷卻至 −273°C，其體積就會是零，並且在更低的溫度下會有負的體積，但這是不合理的。因此可以認為 −273°C 是最低的可能溫度；的確，有許多近期的實驗也證實如此。這個溫度稱為溫度的**絕對零度** (absolute zero)，其數值為 −273.15°C。

絕對零度構成**絕對溫標** (absolute scale) 或**凱氏溫標** (Kelvin scale) 的基礎，並且廣為科學研究所使用。這個溫標上的溫度是以度凱表示，或者只是凱 (K) 而沒有度的符號。凱氏溫標的間距與攝氏溫標相同，但是零 (0 K) 是選定為絕對零度。所以水的凝固點 (0 °C) 為 273.15 K，並且沸點為 373.15 K。因此，任何攝氏溫度加上 273.15 就轉換成凱氏溫度

$$T\,(\mathrm{K}) = T\,(^\circ\mathrm{C}) + 273.15$$

在圖 17-14b 中，氣體體積對絕對溫度的圖形是一條通過原點的直線。因此，當壓力保持不變時，定量氣體的體積與絕對溫度成正比，這稱為**查理定律** (Charles's law)，可以寫成

$$V \propto T \qquad [\text{固定的 } P]$$

第三個氣體定律是**給呂薩克定律** (Gay-Lussac's law)，以 Joseph Gay-Lussac (1778-1850) 的名字命名，它表示在固定的體積下，氣體的絕對壓力與絕對溫度成正比

$$P \propto T \qquad [\text{固定的 } V]$$

波以耳、查理與給呂薩克定律在觀念上並不全然是我們現今使用的定律 (準確、深入、有效性廣泛)。它們只是對真實氣體在壓力和密度不是太大並且未接近於液化 (凝結) 的情況下才是準確的。這三個關係式稱為定律已經成為傳統慣例，所以我們已接受這種用法。

觀念例題 17-9 **為什麼不應該將密封的玻璃瓶丟入營火中？** 請問如果你將一個蓋子旋緊的空玻璃瓶丟入火中會如何？為什麼？

回答 瓶內並不是空的，而是充滿了空氣。當火加熱內部的空氣時，其溫度上升。同時，玻璃瓶的體積因加熱而只是稍微變大。根據給呂薩克定律，瓶內空氣的壓力 P 會大幅增加，足以導致瓶子爆裂並且玻璃碎片四射。

17-7 理想氣體定律

波以耳、查理與給呂薩克定律是以非常實用的科學技術所獲得的：亦即，將一個或多個變數保持固定，觀察改變另一個變數對其餘變數的影響。現在可以將這些定律合併為一個定量氣體的絕對壓力、體積與絕對溫度之間更一般性的單一關係式

$$PV \propto T$$

這個關係式指出當 P、V 與 T 其中兩個量變化時，第三個量的變化情形。當 T、P 與 V 分別保持固定時，這個關係式就簡化為波以耳、查理與給呂薩克定律。

圖 17-15 吹氣球表示驅使更多的空氣 (更多的空氣分子) 進入氣球，它會使體積增加。除了氣球的彈性效應之外，其壓力幾乎為常數 (大氣壓力)。

最後，我們必須納入氣體的量所造成的效應。只要吹過氣球的人都知道，將愈多的空氣吹入氣球，氣球的體積就愈大 (圖 17-15)。而實驗也證明，在固定的溫度和壓力下，被封閉的氣體之體積與氣體的質量成正比。所以，我們可以寫出

$$PV \propto mT$$

加入一個比例常數可使此一比例關係成為一個方程式。實驗指出不同氣體的比例常數具有不同的數值。不過，如果用莫耳數取代質量 m，所有的氣體的比例常數就會相同。

一莫耳 (mole) (縮寫為 mol) 定義為原子或分子數與 12 克的碳-12 (原子質量恰為 12 u) 所含有的原子數相同之物質的數量。另一個較簡單且同義的定義是：1 mol 是物質質量的克數等於其分子質量 (u) 數 (第 17-1 節) 時的物質數量。例如，氫氣 (H_2) 的分子質量為 2.0 u (因

為每個分子含有兩個氫原子，而每個氫原子的質量是 1.0 u)，所以，1 mol 之 H_2 的質量為 2.0 g。同樣地，1 mol 氖氣的質量為 20 g，並且 1 mol 之 CO_2 的質量為 $[12+(2\times16)]=44$ g，因為氧的原子質量為 16 u (參閱本書後的週期表)。莫耳是 SI 單位制中物質數量的正式單位。一般而言，一特定純物質的莫耳數 n 等於此物質質量的克數除以每莫耳分子質量的克數

$$n\,(\text{莫耳})=\frac{\text{質量 (克)}}{\text{分子量 (克／莫耳)}}$$

例如：132 g 之 CO_2 (分子質量為 44 u) 的莫耳數是

$$n=\frac{132\text{ g}}{44\text{ g/mol}}=3.0\text{ 莫耳}$$

我們現在可以將先前討論的比例關係 ($PV\propto mT$) 寫成一個方程式

理想氣體定律

$$PV=nRT \tag{17-3}$$

其中 n 為莫耳數，並且 R 為比例常數。R 稱為**通用氣體常數** (universal gas constant)，因為實驗發現其數值對所有氣體而言均相同。以數種不同單位 (只有第一個是 SI 單位) 表示的 R 值為

$$\begin{aligned}R&=8.314\text{ J/(mol}\cdot\text{K)} &&\text{[SI 單位]}\\&=0.0821\text{ (L}\cdot\text{atm)/(mol}\cdot\text{K)}\\&=1.99\text{ calories/(mol}\cdot\text{K)}\end{aligned}$$ [6]

(17-3) 式稱為**理想氣體定律** (ideal gas law)，或是**理想氣體的狀態方程式** (equation of state for an ideal gas)。我們用“理想”這個字眼是因為真實的氣體並不會準確地依循 (17-3) 式，特別是在高壓 (和高密度) 或者氣體接近液化點 (沸點) 的情況下。然而，在壓力小於一大氣壓，並且 T 未接近氣體液化點時，(17-3) 式對真實氣體是十分準確和有用的。

⚠ 注意

T 的單位為凱耳文，並且 P 為絕對 (不是計示) 壓力。

永遠要記得在利用理想氣體方程式時，溫度的單位為凱耳文 (K)，並且壓力 P 必須是絕對壓力而不是計示壓力 (第 13-4 節)。

6 卡路里將於第 19-1 節中定義；有時候 R 以卡路里表示會很有用。

練習 D 回到章前問題，第 733 頁，並再次作答。試解釋為什麼你的答案可能已經與原先不同。

練習 E 一鋼球內有理想氣體，其溫度為 27°C 且絕對壓力為 1.00 atm。如果氣體不會漏出，並且溫度上升至 127°C，則新的壓力是多少？(a) 1.33 atm；(b) 0.75 atm；(c) 4.7 atm；(d) 0.21 atm；(e) 1.00 atm。

17-8 利用理想氣體定律解答問題

理想氣體定律是一個非常實用的工具，我們現在要討論一些例題。我們將會經常提到"標準狀況"或者**標準溫度與壓力** (standard temperature and pressure, STP)，它的意思是

$$T=273\ \text{K}\ (0°\text{C})\ 與\ P=1.00\ \text{atm}=1.013\times10^{5}\ \text{N/m}^2=101.3\ \text{kPa}$$ *STP*

例題 17-10 一莫耳氣體在 STP 下的體積 求 1.00 莫耳的任何氣體在 STP 下的體積。假設它的特性形同理想氣體。

方法 我們利用理想氣體定律求 V。

解答 由 (17-3) 式求 V

$$V=\frac{nRT}{P}=\frac{(1.00\ \text{mol})(8.314\ \text{J/mol}\cdot\text{K})(273\ \text{K})}{(1.013\times10^{5}\ \text{N/m}^2)}=22.4\times10^{-3}\ \text{m}^3$$

因為 1 公升 (L) 是 $1000\ \text{cm}^3=1.00\times10^{-3}\ \text{m}^3$，所以 1.00 莫耳的任何 (理想) 氣體在 STP 下的體積為 $V=22.4$ L。

問題解答
1 莫耳氣體在 STP 下的體積為 $V=22.4$ L

記住 1 莫耳理想氣體在 STP 下的體積為 22.4 L，有時會使計算更為容易。

練習 F 1.00 莫耳理想氣體在 546 K (=2×273 K) 與 2.0 atm 之絕對壓力下的體積是多少？(a) 11.2 L；(b) 22.4 L；(c) 44.8 L；(d) 67.2 L；(e) 89.6 L。

例題 17-11 **氦氣球** 一個半徑為 18.0 cm 的氦氣球假設是完美的球形。在室溫 (20°C) 下，其內部壓力為 1.05 atm。要使氣球具有以上的條件必須充入的氦氣之莫耳數和質量各為多少？

方法 我們可以利用理想氣體定律求 n，其中 P 與 T 為已知，並且由半徑可以求得 V。

解答 由公式可求得球的體積 V

$$V=\frac{4}{3}\pi r^3$$
$$=\frac{4}{3}\pi(0.180\ \text{m})^3=0.0244\ \text{m}^3$$

已知壓力為 $1.05\ \text{atm}=1.064\times10^5\ \text{N/m}^2$。溫度必須以凱耳文表示，所以我們將 20°C 轉換為 $(20+273)\ \text{K}=293\ \text{K}$。最後，利用 SI 單位制的 $R=8.314\ \text{J/(mol}\cdot\text{K)}$，所以

$$n=\frac{PV}{RT}=\frac{(1.064\times10^5\ \text{N/m}^2)(0.0244\ \text{m}^3)}{(8.314\ \text{J/mol}\cdot\text{K})(293\ \text{K})}=1.066\ \text{mol}$$

氦氣的質量 (由週期表或附錄 F 得知其原子量＝4.00 g/mol) 為

$$\text{質量}=n\times\text{分子量}=(1.066\ \text{mol})(4.00\ \text{g/mol})=4.26\ \text{g}$$

或者 4.26×10^{-3} kg。

例題 17-12 **估算** **室內空氣的質量** 試估計在 STP 下，一個大小為 5 m×3 m×2.5 m 的房間內空氣的質量。

方法 我們先由已知的體積求莫耳數。然後乘上一莫耳的質量後得到總質量。

解答 由例題 17-10 得知 1 莫耳的氣體在 0°C 時的體積為 22.4 L。房間的體積為 5 m×3 m×2.5 m，所以

$$n=\frac{(5\ \text{m})(3\ \text{m})(2.5\ \text{m})}{22.4\times10^{-3}\ \text{m}^3}\approx1700\ \text{mol}$$

空氣大約是 20% 的氧 (O_2) 與 80% 的氮 (N_2) 的混合物。其分子質量分別為 2×16 u＝32 u 與 2×14 u＝28 u，其平均大約為 29 u。因此，1 莫耳的空氣質量大約為 29 g＝0.029 kg，所以房間內空氣的質量為

$$m\approx(1700\ \text{mol})(0.029\ \text{kg/mol})\approx50\ \text{kg}$$

備註 這些空氣大約是 100 磅！

物理應用

室內空氣的質量 (與重量)

練習 G 在 20°C 時室內空氣的質量會比 0°C 時 (a) 多，(b) 少，或 (c) 相同？

由於體積通常是以公升而壓力以大氣壓力表示，所以我們用第 17-7 節中的 R 值 0.0821 L · atm/mol · K 而不轉換成 SI 單位。

在許多情形下其實根本不必使用 R 值。例如，許多問題與定量氣體的壓力、溫度和體積的變化有關。在這種情況中，$PV/T=nR=$ 常數，因為 n 和 R 為常數。我們令初始變數為 P_1、V_1 與 T_1 而改變之後的變數為 P_2、V_2 與 T_2，則

問題解答
以比例方式利用理想氣體方程式

$$\frac{P_1V_1}{T_1}=\frac{P_2V_2}{T_2}$$

如果我們已知方程式中的五個變數之值，就可求出第六個的值。或者，如果三個變數的其中之一是常數 ($V_1=V_2$，或 $P_1=P_2$，或 $T_1=T_2$)，則我們可以由三個已知量求出未知數。

物理應用
熱輪胎的胎壓

例題 17-13 **檢查胎壓** 一個汽車輪胎在 10°C 時充氣至計示壓力 200 kPa (圖 17-16)。它行駛了 100 km 之後，胎內的溫度上升至 40°C。此時胎內的壓力是多少？

圖 17-16 例題 17-13。

方法 我們不知道氣體的莫耳數，或是輪胎的體積，但是假設它們為常數。我們利用比例形式的理想氣體方程式。

解答 因為 $V_1=V_2$，所以

$$\frac{P_1}{T_1}=\frac{P_2}{T_2}$$

這正好是給呂薩克定律。因為已知的壓力是計示壓力 (第 13-4 節)，所以必須加上大氣壓力 (= 101 kPa) 將它轉換成絕對壓力 $P_1=(200\text{ kPa}+101\text{ kPa})=301\text{ kPa}$。將溫度加上 273 轉換為凱氏溫度後可求得 P_2

$$P_2=P_1\left(\frac{T_2}{T_1}\right)=(3.01\times10^5\text{ Pa})\left(\frac{313\text{ K}}{283\text{ K}}\right)=333\text{ kPa}$$

減去大氣壓力後得到計示壓力為 232 kPa，它增加了 16%。此例題說明了為什麼汽車手冊建議在輪胎冷的時候檢查胎壓。

17-9 以分子表示的理想氣體定律：亞佛加厥數

所有氣體的氣體常數 R 都相同的這項事實，反映出大自然的簡單之處。它最初是被義大利科學家亞佛加厥 (Amedeo Avogadro) (1776-1856) 以稍微不同的形式提出。亞佛加厥指出在相同的壓力和溫度下，體積相同的氣體含有相同數目的分子。這有時稱為**亞佛加厥假說** (Avogadro's hypothesis)。如以下所述，這與所有氣體具有相同的 R 是一致的。由 (17-3) 式，$PV=nRT$，我們看到所有氣體在相同的莫耳數 n，以及相同的壓力和溫度下，只要具有相同的 R 值其體積就會相同。再者，1 莫耳的任何氣體都含有相同的分子數。[7] 因此亞佛加厥假說與所有氣體都具有相同的 R 值是同義的。

一莫耳的任何純物質中所含有的分子數就是已知的亞佛加厥數 N_A。雖然亞佛加厥構想出這個概念，但是它卻無法實際測定 N_A 之值。的確，在二十世紀之前是無法進行精確測量的。

目前，已經發明出許多可以測量 N_A 的方法，而今日所接受的值是

亞佛加厥數

$$N_A = 6.02\times10^{23} \quad \text{[分子／莫耳]}$$

由於氣體的分子總數 N 等於每莫耳的分子數乘以莫耳數 ($N=nN_A$)，所以 (17-3) 式的理想氣體定律可以用分子數表示成

$$PV=nRT=\frac{N}{N_A}RT$$

或是

理想氣體定律（以分子表示）

$$PV=NkT \tag{17-4}$$

---

7 例如，H_2 氣體的分子質量是 2.0 倍的原子質量單位 (u)，而 O_2 氣體則是 32.0 u。所以 1 莫耳的 H_2 之質量為 0.0020 kg，並且 1 莫耳的 O_2 之質量為 0.0320 kg。1 莫耳中的分子數等於 1 莫耳的總質量 M 除以 1 個分子的質量 m；因為依莫耳的定義，所有氣體的 (M/m) 比例皆相同，所以 1 莫耳的任何氣體必定包含相同數目的分子。

其中 $k = R/N_A$ 稱為**波茲曼常數** (Boltzmann constant)，其值為

$$k = \frac{R}{N_A} = \frac{8.314\ \text{J/mol}\cdot\text{K}}{6.02\times 10^{23}/\text{mol}} = 1.38\times 10^{-23}\ \text{J/K}$$

例題 17-14 **氫原子的質量**　利用亞佛加厥數求氫原子的質量。

方法　一個原子的質量等於 1 莫耳的質量除以 1 莫耳的原子數 N_A。

解答　1 莫耳的氫原子 (原子質量 = 1.008 u，見第 17-1 節或附錄 F) 之質量為 1.008×10^{-3} kg 並且含有 6.02×10^{23} 個原子。所以一個氫原子的質量為

$$m = \frac{1.008\times 10^{-3}\ \text{kg}}{6.02\times 10^{23}} = 1.67\times 10^{-27}\ \text{kg}$$

例題 17-15 估算 **一口氣中含有多少空氣分子？**　試估計你呼吸 1.0 L 的空氣中含有多少個空氣分子。

方法　我們利用例題 17-10 的結果，1 莫耳氣體在 STP 下的體積是 22.4 L，計算 1.0 L 氣體的莫耳數，然後乘上 N_A 得到其中所含的分子數。

解答　1 莫耳氣體在 STP 下相當於 22.4 L，所以 1.0 L 的空氣為 (1.0 L)/(22.4 L/mol) = 0.045 mol。所以 1.0 L 的空氣中含有

$$(0.045\ \text{mol})(6.02\times 10^{23}\ \text{分子/mol}) \approx 3\times 10^{22}\ \text{個分子}$$

物理應用
一口氣中的空氣分子

*17-10 標準理想氣體溫標

擁有一個準確定義的溫標使得世界上各個不同實驗室的溫度測量能夠正確地比對是很重要的一件事。我們現在要討論已被一般科學界所接受的這樣一個溫標。

這種溫標的標準溫度計是第 17-2 節中所討論的定容氣體溫度計。溫標本身則稱為**理想氣體溫標** (ideal gas temperature scale)，因為它是以壓力與絕對溫度成正比 (給呂薩克定律) 的理想氣體之性質為基礎。而實際定容氣體溫度計中所使用的真實氣體在低密度時的性質幾近於

理想。換言之，空間中任何一點的溫度定義為與溫度計中所使用的(幾近於)理想氣體之壓力成正比。為了建立一個溫標，我們需要兩個固定點。一個固定點是在 $T=0$ K 時 $P=0$。第二個固定點則選取為水的**三相點** (triple point)，它是水的固態、液態和氣態可以平衡共存的點。這只發生於唯一的溫度和壓力下，[8] 並且可以在不同的實驗室中極準確地再現。水的三相點之壓力為 4.58 torr，並且溫度為 0.01°C。這個溫度相當於 273.16 K，因為絕對零度約為 −273.15°C。而事實上，現今的三相點正好定義為 273.16 K。

利用理想氣體的定容氣體溫度計將任何一點的絕對或凱氏溫度 T 定義為

$$T=(273.16\ \text{K})\left(\frac{P}{P_{tp}}\right) \qquad \text{[理想氣體；定容]} \qquad \textbf{(17-5a)}$$

其中 P_{tp} 是溫度計中的氣體在水的三相點溫度下的壓力，而 P 則是在測定溫度 T 處溫度計中的壓力。注意，如果我們在此關係式中令 $P=P_{tp}$，則必定是 $T=273.16$ K。

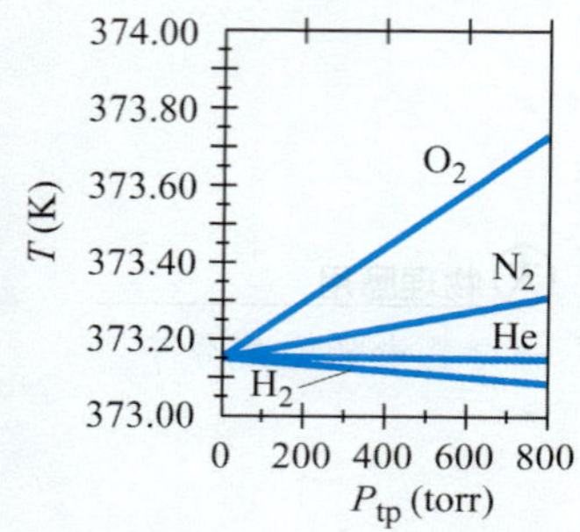

圖 17-17 對於不同的氣體，定容氣體溫度計在水於 1.00 atm 下的沸點溫度讀數。它是在三相點 (P_{tp}) 下，溫度計中氣體壓力的函數。注意，當溫度計中的氣體數量減少使得 $P_{tp}\rightarrow 0$ 時，所有的氣體都有相同的讀數 373.15 K。當壓力小於 0.10 atm (76 torr) 時，其變化小於 0.07 K。

以充滿真實氣體的定容氣體溫度計所作的溫度之定義 [(17-5a) 式] 只是一個近似值，因為我們發現會依溫度計中所使用的不同氣體而得到不同的結果。以這種方式測得的溫度也與溫度計球部中的氣體數量有關。例如，當氣體是 O_2 且 $P_{tp}=1000$ torr 時，由 (17-5a) 式可求得水在 1.00 atm 下的沸點是 373.87 K。若球部中的 O_2 量減少使得三相點之壓力為 $P_{tp}=500$ torr，則水的沸點依 (17-5a) 式所得到的結果是 373.51 K。如果改用 H_2 氣體，則它所對應的值是 373.07 K 與 373.11 K (見圖 17-17)。但是現在假設我們使用特定的真實氣體，並且將溫度計球部中的氣體量逐漸減小，使得 P_{tp} 逐漸變小而作一系列的測量。實驗發現將一特定系統此類的數據作外推至 $P_{tp}=0$ 始終會得到相同的溫度值 (例如，水在 1.00 atm 下的沸點是 $T=373.15$ K)，如圖 17-17 中所示。所以空間中任何一點以使用真實氣體的定容氣體溫度計所測定

8 液態水和蒸氣能夠共存 (沸點) 於一個與壓力相關的溫度範圍內。當壓力較小時(例如在高山上)，水會在較低的溫度下沸騰。水的三相點表示一個可以比例如在 1 atm 下的凝固點或沸點更能準確再現的固定點。參閱第 18-3 節中更深入的討論。

的溫度 T 可利用極限的過程定義為

$$T = (273.16\text{ K}) \lim_{P_{tp}\to 0} \left(\frac{P}{P_{tp}}\right) \qquad [\text{定容}] \quad \textbf{(17-5b)}$$

由此定義了**理想氣體溫標** (ideal gas temperature scale)。此溫標的最大優點之一是 T 值與使用的氣體種類無關。但是標度通常會與氣體的性質有關。在所有氣體中氦氣具有最低的凝結點；在極低的壓力下，它大約於 1 K 液化，所以此溫標無法定義在此以下的溫度。

摘 要

物質的原子論假設所有的物質都是由稱為**原子** (atom) 的微小實體所組成，其典型的直徑為 10^{-10} m。

原子質量 (atomic mass) 和**分子質量** (molecular mass) 是以一般的碳 (^{12}C) 任意選取為 12.0000 u (原子質量單位) 的標度表示。

固體、液體和氣體之間的差異被認為是由其原子或分子間的吸引力之強度或是它們的平均速率所造成。

溫度 (temperature) 是物體冷熱程度的一種計量。**溫度計** (thermometer) 用於測量溫度，溫標有**攝氏** (Celsius) (°C)、**華氏** (Fahrenheit) 和**凱氏** (Kelvin) 溫標。任何溫標的兩個標準點是水的凝固點 (0°C、32°F、273.15 K) 與沸點 (100°C、212°F、373.15 K)。凱氏一度的溫度變化等於攝氏一度或華氏 $\frac{9}{5}$ 度。凱氏和攝式的關係是 $T(\text{K}) = T(°\text{C}) + 273.15$。

當溫度變化 ΔT 時，固體的長度變化 $\Delta\ell$ 與溫度變化量及原先的長度 ℓ_0 成正比。亦即，

$$\Delta\ell = \alpha\ell_0\,\Delta T \qquad \textbf{(17-1a)}$$

其中 α 為線膨脹係數。

大部分的固體、液體和氣體的體積變化 ΔV 與溫度變化量及原先的體積 V_0 成正比

$$\Delta V = \beta V_0\,\Delta T \qquad \textbf{(17-2)}$$

均勻固體的體膨脹係數 β 大約等於 3α。

水不像大部分的物質一般，體積隨著溫度而增加，在 0°C 至 4°C 的範圍內，實際上它的體積隨著溫度的增加而減小。

理想氣體定律 (ideal gas law) 或**理想氣體的狀態方程式** (equation of state for an ideal gas)，是由以下的方程式將 n 莫耳氣體的壓力 P、體積 V 與溫度 T (K) 的關係聯繫起來，

$$PV = nRT \tag{17-3}$$

其中所有氣體的 $R = 8.314$ J/mol · K。如果真實氣體的壓力不是太高，並且未接近液化點，則它們也相當準確地遵循理想氣體定律。

一莫耳 (mole) 是物質質量的公克數等於物質的原子或分子質量 (u) 數時的物質數量。

亞佛加厥數 (Avogadro's number) $N_A = 6.02 \times 10^{23}$，是 1 莫耳的任何純物質中的原子或分子數。

理想氣體定律可以寫成以氣體中分子數目 N 表示的形式

$$PV = NkT \tag{17-4}$$

其中 $k = R/N_A = 1.38 \times 10^{-23}$ J/K 為波茲曼常數。

問 題

1. 下列何者含有較多的原子：1 公斤的鐵或 1 公斤的鋁？參閱週期表或附錄 F。
2. 試列舉可用來製作溫度計之材料的數種性質。
3. 1 C° 或 1 F°，哪一個比較大？
4. 如果系統 A 與系統 B 處於熱平衡，但系統 B 與系統 C 並未處於熱平衡，則系統 A、B 與 C 的溫度有何不同？
5. 假設系統 C 與系統 A 及系統 B 均未處於熱平衡，這是否意味著系統 A 與系統 B 也未處於熱平衡？關於 A、B 與 C 之溫度，你能作何種推斷？
6. 在 $\Delta \ell = \alpha \ell_0 \Delta T$ 這個關係式中，ℓ_0 是指最初的長度，最後的長度，或是它很重要嗎？
7. 一個平的雙金屬片是由鋁片及鐵片鉚接在一起所組成。當遇熱時，金屬片會彎曲。哪一種金屬將位於彎曲部分的外側？為什麼？
8. 兩端固定的長蒸氣管，通常有一段做成 U 型，為什麼？
9. 在 0°C 時，有一個均勻的鉛製圓柱體浮在水銀中，如果溫度升高，鉛柱會浮得較高或較低？
10. 圖 17-18 所示是一個用來控制火爐 (或是其他加熱或冷卻系統) 的簡單恆溫器。雙金屬片是由兩個不同的金屬片結合而成。電動關關 (與雙金屬片連接) 是一個含有液態水銀的玻璃容器，當水銀流動至與兩條接觸線均接

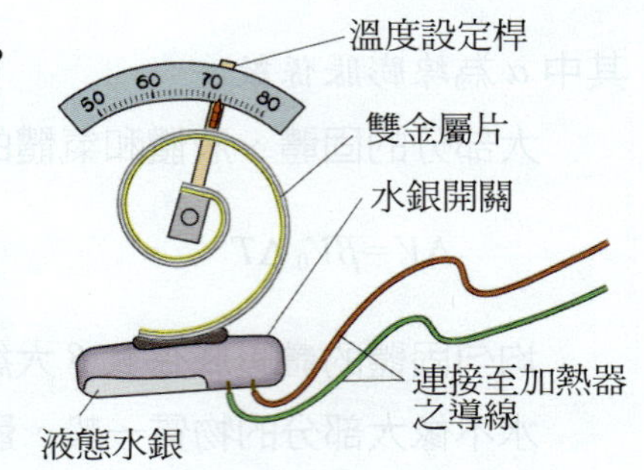

圖 17-18 恆溫器(問題 10)。

觸時，就可以導電。試說明此裝置如何控制爐中溫度，以及如何設定不同的溫度。

11. 試解釋為什麼對過熱的汽車引擎加水最好是在引擎運轉時緩緩地加水。

12. 膨脹係數 α 的單位是 $(C°)^{-1}$，而沒有提到任何長度的單位，例如公尺。如果我們使用英尺或毫米而非公尺，則膨脹係數會改變嗎？

13. 當一支冷的玻璃管水銀溫度計放入一盆熱水中時，水銀最初會略微下降然後再上升。試解釋之。

14. 耐熱玻璃的主要優點是它的線膨脹係數遠小於普通玻璃 (表 17-1)。試解釋為什麼這會使得耐熱玻璃具有較高的抗熱性。

15. 一個落地式大擺鐘在 20°C 時是準確的，它在炎熱天氣 (30°C) 時，時鐘將走得比較快或比較慢？時鐘的擺錘連接在一根細長的黃銅棒上。

16. 將一罐汽水冰凍會使其底部和頂部嚴重地膨脹凸起而無法直立。試解釋之。

17. 為什麼你會認為玻璃管酒精溫度計比水銀溫度計精確？

18. 如果溫度從 20°C 上升 40°C，則浸沒在水中的鋁球其浮力會增加、減少或保持不變？

19. 如果一個原子被測得其質量為 6.7×10^{-27} kg，你認為它是什麼原子？

20. 就實用的觀點而言，定容氣體溫度計中使用何種氣體真的是很重要嗎？如果是，試解釋之。[提示：見圖 17-17。]

21. 一艘船於 4°C 時在海水上裝載，接著溯一條淡水河而上，後來遇到暴風雨而沉沒。試解釋為什麼船在淡水河中比在外海上容易沉沒。[提示：考慮水的浮力。]

習 題

17-1 原子理論

1. (I) 一枚 21.5 g 的金戒指與相同質量的銀戒指中的原子數有何不同？

2. (I) 3.4 g 的一分錢銅幣中含有多少個原子？

17-2 溫度與溫度計

3. (I) (a)“室溫”通常定為 68°F。它相當於攝氏幾度？(b) 電燈泡中燈絲的溫度約為 1900°C，它相當於華氏幾度？

4. (I) 自然界的最高和最低氣溫記錄是在利比亞沙漠的 136°F 以及南極洲的 −129°F。這些溫度分別是攝氏幾度？

5. (I) 溫度計顯示你發燒至 39.4°C。此溫度為華氏幾度？

6. (II) 在玻璃管酒精溫度計中，酒精柱於 0.0°C 時，長 11.82 cm，並且於 100.0°C 時，長 21.85 cm。當酒精柱長度為 (a) 18.70 cm，與 (b) 14.60 cm 時，溫度為多少？

17-4 熱膨脹

7. (I) 艾菲爾鐵塔 (圖 17-19) 高度約為 300 m，它是由鍛鐵建造而成。試估計一月 (月均溫 2°C) 和七月 (月均溫 25°C) 之間，它的高度變化。忽略鐵樑的角度並且將鐵塔視為垂直的樑。

圖 17-19　習題 7。巴黎艾菲爾鐵塔。

8. (I) 一條公路是由 12 m 長 (20°C) 的混凝土板建成。如果溫度的變化範圍是 −30°C 至 +50°C，則板之間應預留多寬的縫隙 (於 15°C) 以防止公路彎曲變形？

9. (I) 超因鋼是一種鐵鎳合金並且具有極低之熱膨脹係數 (0.20×10^{-6}/C°) 的堅固材料。一張以此合金製成的 1.6 m 長之桌面被作為需要極高公差的靈敏雷射測量之用。如果氣溫上升 5.0 C°，此合金桌面會增長多少？將它與鋼製的桌面比較。

10. (II) 你必須將一根銅棒加熱至什麼溫度才能使銅棒的長度較 25°C 時增長 1.0%？

11. (II) 水在 4°C 時的密度是 1.00×10^3 kg/m³。水在 94°C 時的密度是多少？假設體膨脹係數是定值。

12. (II) 在特定的緯度處，"混合層" (由表面至深度約 50 m 處) 中的海水，由於浪潮的混合作用，其溫度大致相同。假設因地球暖化，混合層中所有的海水溫度均上升 0.5°C，但更深層的海水溫度不變。海平面會因此而上升多少？海洋面積約佔地球表面的 70%。

13. (II) 為了能牢固地密合，通常會使用比鉚釘孔大的鉚釘，而且鉚釘在置入孔中之前會先冷卻 (通常使用乾冰)。一根直徑為 1.872 cm 的鋼鉚釘要被置入一個直徑為 1.870 cm 的孔中 (於 20°C 時)。欲使鉚釘能置入孔中，它必須被冷卻至幾度？

14. (II) 一塊均勻的矩形平板，其長度為 ℓ、寬度為 w 且線膨脹係數為 α。試證明，如果忽略非常小的量，當溫度變化 ΔT 時，平板面積的變化量為 $\Delta A = 2\alpha \ell w \Delta T$。見圖 17-20。

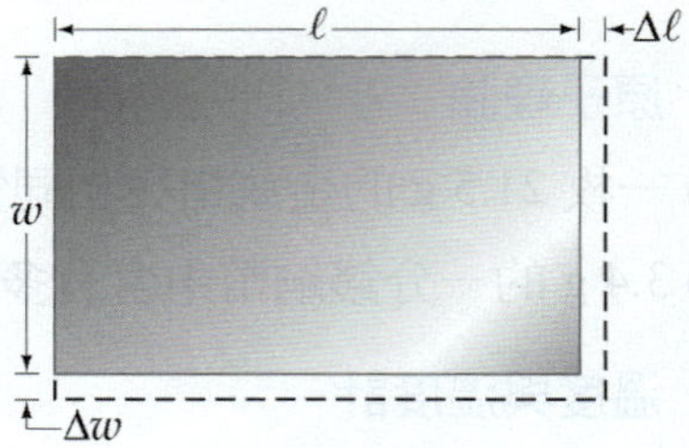

圖 17-20　習題 14。被加熱的矩形平板。

15. (II) 一個鋁球的直徑為 8.75 cm。如果它由 30°C 被加熱至 180°C，則體積的變化是多少？

16. (II) 一輛典型的汽車有 17 L 的液態冷卻劑以 93°C 的溫度在引擎的冷卻系統中循環。假設，在這種正常的情況下，冷卻劑完全填滿 3.5 L 的鋁散熱器以及 13.5 L 的鋼鐵引擎內部的空腔。當汽車過熱時，散熱器、引擎與冷卻劑都會膨脹，有一個小容器與散熱器連接用來接住因此溢出的冷卻劑。如果系統溫度從 93°C 升高至 105°C，試估計有多少冷卻劑溢出至容器中。視引擎與散熱器分別為鋼和鋁的中空殼，並且冷卻劑的體膨脹係數為 $\beta = 410 \times 10^{-6}$ / C°。

17. (II) 經觀察發現 55.50 mL 的水在 20°C 時可以將容器完全裝滿。當水與容器一起被加熱至 60°C 時，失去了 0.35 g 的水。(a) 此容器的體膨脹係數為何？(b) 容器最可能是由什麼材質所製成？已知水在 60°C 時的密度是 0.98324 g/mL。

18. (II) (a) 一個黃銅插塞想要安裝在鐵環中。在 15°C 時，插塞的直徑為 8.753 cm 而鐵環的內直徑為 8.743 cm。它們必須在什麼溫度才能安裝得下？(b) 如果改為鐵插塞與黃銅環，則溫度為何？

19. (II) 如果將液體裝在一個狹長的容器中，因此它基本上只能朝一個方向膨脹。試證明其有效的線膨脹係數 α 大約等於體膨脹係數 β。

20. (II) (a) 試證明當溫度變化 ΔT 時，物質密度 ρ 的變化量為 $\Delta\rho = -\beta\rho\,\Delta T$。(b) 溫度從 25°C 降低至 −55°C 時，鉛球的密度變化比例為何？

21. (II) 酒瓶是絕不會完全裝滿的：有少量的空氣留在玻璃瓶圓柱形狀的瓶頸中 (內直徑 $d = 18.5$ mm)，以預留空間讓熱膨脹係數大的酒膨脹。液面與軟木塞底部之間的距離 H 稱為"頂隙高度" (圖 17-21)，並且在 20°C 裝入 750 mL 的酒瓶中，通常 $H = 1.5$ cm。由於它的酒精含量，酒的體膨脹係數約為水的兩倍；相對之下，玻璃的熱膨脹可以忽視。如果將酒瓶存放於 (a) 10°C，與 (b) 30°C 之下，試估計 H 值。

圖 17-21 習題 21。

22. (III) (a) 一個均勻且半徑為 R 的實心圓球，它的線膨脹係數為 α (假定為常數)，當溫度改變 ΔT 時，試求其表面積變化量的公式。(b) 如果溫度由 15°C 升高至 275°C，則半徑為 60.0 cm 的實心鐵球之表面積會增加多少？

23. (III) 一個落地式擺鐘的鐘擺是由黃銅製成，並且在 17°C 時，能保持時間準確。如果此時鐘在 28°C 的環境下，它一年內會快或慢多少時間？(假設此處可適用單擺的頻率與擺長之間的關係。)

24. (III) 一個 28.4 kg 的實心鋁圓柱輪之半徑為 0.41 m，繞著無摩擦之軸承中的軸以角速度 $\omega = 32.8$ rad/s 轉動。如果溫度由 20.0°C 升高至 95.0°C，則 ω 的變化比例是多少？

*17-5 熱應力

***25.** (I) 一根鋁棒在 18°C 時的長度正符合所需。如果溫度上升至 35°C，則需要多少應力以保持所需的長度？

***26.** (II) (a) 一根截面積為 0.041 m^2 的水平工字鋼樑，牢牢地與兩根垂直鋼樑連接。如果安裝工字樑時的溫度為 25°C，當溫度下降至 −25°C 時，樑中產生的應力是多少？(b) 它超過鋼的終極強度嗎？(c) 如果改用截面積為 0.13 m^2 的混凝土橫樑，則樑中的應力是多少？它是否會斷裂？

*27. (III) 在 20°C 時一個直徑為 134.122 cm 的桶子要用一個鐵箍緊緊圍住。這個環形鐵箍在 20°C 時的內直徑為 134.110 cm，寬度為 9.4 cm，且厚度為 0.65 cm。(a) 鐵箍必須加熱至什麼溫度，才能將桶子緊緊圍住？(b) 當冷卻至 20°C 時，鐵箍中的張力是多少？

17-6 氣體定律；絕對溫度

28. (I) 將以下各溫度換算成凱氏溫度：(a) 66°C，(b) 92°F，(c) −55°C，(d) 5500°C。

29. (I) 絕對零度相當於華氏幾度？

30. (II) 地球與太陽內部的溫度分別約為 4000°C 與 15×10^6 °C。(a) 這些溫度相當於凱氏幾度？(b) 如果有人忘記將 °C 改為 K，在此情況下所造成的誤差百分比是多少？

17-7 與 17-8 理想氣體定律

31. (I) 如果原先在 STP 下體積為 3.80 m^3 的氣體被置於 3.20 atm 之壓力下，並且氣體溫度上升至 38.0°C 時，氣體的體積是多少？

32. (I) 一內燃機中其壓力為大氣壓且溫度約為 20°C 的空氣在氣缸中被活塞壓縮為原先體積的 1/8 (壓縮比＝8.0)。假設壓力達到 40 atm，試估計被壓縮之空氣的溫度。

33. (II) 利用理想氣體定律計算在 STP 下氦的密度。

34. (II) 如果 14.00 mol 的氦氣之溫度為 10.0°C，且計示壓力為 0.350 atm，試求 (a) 在此情況下，氦氣的體積，與 (b) 在 1.00 atm 的計示壓力下，氣體體積被壓縮至一半時的溫度。

35. (II) 一支用塞子塞住的試管內有溫度為 18°C、壓力為 1.00 atm 且體積為 25.0 cm^3 的空氣，試管口有一個直徑為 1.50 cm 的圓柱形塞子，如果對塞子施加一個向上的淨力 10.0 N，塞子將從試管上"彈出"。欲使塞子"彈出"，需將試管內的空氣加熱至幾度？假設試管周圍的空氣壓力恆為 1.00 atm。

36. (II) 儲氣槽內有絕對壓力為 3.85 atm 的氮氣 (N_2) 共 21.6 kg。如果更換為相同質量與相同溫度的 CO_2，其壓力為多少？

37. (II) 在 STP 下，一儲氣槽內含有 28.5 kg 的氮氣 (N_2)。(a) 儲氣槽的體積是多少？(b) 如果額外添加 25.0 kg 的氮氣，而溫度不變，則壓力是多少？

38. (II) 潛水空氣瓶中充滿 29°C 及 204 atm 的空氣，一位潛水員跳進海中，他在海面踩水不久之後，檢查空氣瓶的壓力，發現它只有 194 atm。假設潛水員由空氣瓶吸入的空氣量可以忽略不計，試問海水的溫度是多少？

39. (II) 在 20°C 時，一個 38.0 L 的容器內含有 105.0 kg 的氬氣，容器內部的壓力是多少？

40. (II) 一個氣瓶中含有計示壓力為 8.20 atm 的 O_2 共 30.0 kg。如果溫度不變但改用氦氣，則需要多少公斤的氦氣才能產生 7.00 atm 的計示壓力？

41. (II) 一個密封的金屬容器中含有 20.0°C 及 1.00 atm的氣體。為了使壓力倍增為 2.00 atm，氣體必須被加熱至幾度？(忽略容器的膨脹)

42. (II) 一個輪胎充滿了 15°C 及計示壓力為 250 kPa 的空氣。如果輪胎溫度達到 38°C，為了維持 250 kPa 的壓力，則必須移除多少比例的空氣？

43. (II) 如果溫度為 18.0°C 且絕對壓力為 2.45 atm 的氧氣 61.5 L 被壓縮至 48.8 L，並且溫度同時升高至 56.0°C，則新的壓力是多少？

44. (II) 一個氦氣球在 20.0°C 下，於海平面處從孩子的手中飛離，當它到達海拔 3600 m 處時，溫度為 5.0°C，並且壓力只有 0.68 atm。此時它的體積與在海平面處相差多少？

45. (II) 一個密封的金屬容器可以承受 0.50 atm 的壓力差。該容器最初充滿 18°C 及 1.0 atm 的理想氣體。在容器不破裂的條件下，可以將容器冷卻至幾度？(忽略容器因熱膨脹所產生的體積變化。)

46. (II) 你在海平面高度處買了一袋"密封"的洋芋片並將它帶上飛機。當你從行李中拿出洋芋片時，你發現包裝明顯地"鼓起"。飛機客艙的壓力通常是 0.75 atm，並假設飛機內部的溫度大約與洋芋片加工廠內部的溫度相同，與原先包裝的體積相比，袋子"鼓起"了多少百分比？

47. (II) 一般的潛水空氣瓶完全充滿時，內部含有 204 atm 的 12 L 之空氣。假設有一個"空"瓶內含有 34 atm 的空氣，並且在海平面高度處與一個空氣壓縮機連接。空氣壓縮機從大氣中吸入空氣，將它壓縮至高壓，然後將高壓空氣輸入氣瓶中。如果空氣從大氣進入空氣壓縮機的 (平均) 流速是 290 L/min，則需要多少時間才能將氣瓶充滿？假設在充氣過程中，氣瓶保持與周圍之空氣相同的溫度。

48. (III) 一個含有 4.0 mol 之氣體的密封容器受到擠壓，它的體積從 0.020 m^3 變為 0.018 m^3。在此過程中，溫度降低 9.0 K 而壓力增加 450 Pa，容器內氣體原先的壓力與溫度是多少？

49. (III) 試將水蒸氣在 100°C 及 1 atm 時的密度 (表 13-1) 與理想氣體定律預測之值相比較。你認為造成差別的原因為何？

50. (III) 在 37.0 m 深的湖底有一個體積為 1.00 cm^3 的氣泡。如果湖底的溫度為 5.5°C 而湖面的溫度為 18.5°C，則氣泡剛到達湖面前的體積是多少？

17-9 以分子表示的理想氣體定律：亞佛加厥數

51. (I) 計算在 STP 下理想氣體每立方公尺內所含的分子數。

52. (I) 在 STP 下 1.000 L 的水有多少 mol？有多少個分子？

53. (II) 在溫度為 3 K 且 1 cm^3 含有一個分子的外太空中壓力是多少？

54. (II) 試估計在地球上所有海洋中水的 (a) 莫耳數與 (b) 分子數。假設水涵蓋地球 75% 的面積並且平均深度為 3 km。

55. (II) 利用最佳的真空技術可獲得的最低壓力大約為 10^{-12} N/m^2。在此壓力下，於 0°C 時每立方公分有多少個空氣分子？

56. (II) 氣體通常不佔空間嗎？假設在STP下，一般氣體分子的大小大約是 $\ell_0 = 0.3$ nm，所以一個氣體分子所佔的體積約為 ℓ_0^3。試利用此一假設來核對。

57. (III) 試估計在你每次呼吸所吸入的 2.0 L 空氣中，有多少個空氣分子？[提示：假設大氣層的高度約為 10 km 並且密度為定值。]

*17-10 理想氣體溫標

***58.** (I) 定容氣體溫度計中，在水於一大氣壓下之沸點時的壓力與在三相點時的壓力之比為何？(取五位有效數字。)

***59.** (I) 於硫的沸點 (444.6°C) 時，定容氣體溫度計中的壓力是 187 torr。試估計 (a) 在水的三相點時，壓力是多少？(b) 當溫度計中的壓力為 118 torr 時的溫度為何？

***60.** (II) 利用圖 17-17 計算使用氧氣的定容氣體溫度計的誤差，如果它在水於 1 atm 下之沸點時的壓力讀數為 $P = 268$ torr。將答案以 (a) 絕對溫度與 (b) 百分比表示。

***61.** (III) 一定容氣體溫度計用來測量某物質的熔點。在此溫度時，溫度計中的壓力為 218 torr；在水的三相點時，壓力為 286 torr。如果釋放溫度計球部中的部分氣體，使得在水的三相點時的壓力變成 163 torr。在物質熔點時的壓力為 128 torr。儘可能精確地估計物質的熔點。

一般習題

62. 一個耐熱量杯已在室溫下校準。如果水和杯子的溫度為 95°C 而不是室溫，而食譜上要求 350 mL 的冷水，則會有多少誤差？忽視玻璃的膨脹。

63. 一鋼捲尺已經在 15°C 時校準。當溫度為 36°C 時，(a) 讀數將會偏高或偏低，以及 (b) 會有多少百分比的誤差？

64. 一個體積為 6.15×10^{-2} m^3 的立方體盒子在一大氣壓下及 15°C 時充滿空氣。將這個盒子密封並加熱至 185°C，盒子每一面所承受的淨力是多少？

65. 一氦氣鋼瓶中最初的計示壓力為 32 atm。被用來對許多氣球充氣之後，計示壓力下降至 5 atm。鋼瓶內剩下的氦氣為原來的多少比例？

66. 一根原始長度為 ℓ_1 的桿子，其溫度從 T_1 變成 T_2。試求一個以 T_1、T_2 與 α 所表示的新長度 ℓ_2 之公式，假設 (a) α = 常數，(b) $\alpha = \alpha(T)$ 為溫度的函數，與 (c) $\alpha = \alpha_0 + bT$ 其中 α_0 和 b 為常數。

67. 如果一位潛水員在水面下深度 8.0 m 處，將肺部吸滿 5.5 L 的空氣，如果他迅速地浮出水面，肺部將會擴張成多少體積？這樣做是適當的嗎？

68. (a) 利用理想氣體定律證明，理想氣體在固定壓力下，體膨脹係數為 $\beta = 1 / T$，其中 T 為絕對溫度。與表 17-1 中於 $T = 293$ K 的氣體相比較。(b) 試證明，保持恆溫之理想氣體的體積彈性係數 (第 12-4 節) 為 $B = P$，其中 P 為壓力。

69. 某房屋的體積為 870 m^3。(a) 在 15°C 時，屋內空氣的總質量是多少？(b) 如果溫度下降至 −15°C，有多少質量的空氣將會進入或離開房子？

70. 假設在另一個宇宙中，其物理學定律與我們有極大的差異，並且“理想”氣體的特性如下：(i) 於恆溫下，壓力與體積的平方成反比。(ii) 於恆壓下，體積與溫度的 2/3 次方成正比。(iii) 於 273.15 K 及 1.00 atm 下，1.00 mol 的理想氣體之體積為 22.4 L。試寫出此一宇宙中的理想氣體定律，其中包括氣體常數 R 值。

71. 一個鐵塊浮在一碗 0°C 的液體水銀中。(a) 如果溫度上升至 25°C 時，鐵塊在水銀中會浮的更高或更低？(b) 浸沒的體積有多少百分比的變化？

72. (a) 某一水銀溫度計之玻璃管的內直徑為 0.140 mm，水銀球部的體積為 0.275 cm^3。當溫度從 10.5°C 增為 33.0°C 時，水銀的高度將會移動多少？考慮耐熱玻璃的膨脹。(b) 試求以相關變數表示的水銀柱高度之變化的公式。與水銀球部的體積相較之下，管的體積可以忽略。

73. 由已知的地球表面大氣壓力之值，估計地球大氣層中空氣分子的總數目。

74. 試估計鐵在 STP 下，與在地球深處溫度為 2000°C 且壓力為 5000 atm 情形下的鐵固體之密度的差異百分比。假設體積彈性係數 (90×10^9 N / m^2) 和體膨脹係數不隨溫度而改變並與在 STP 下之值相同。

75. 在 STP 下，氮分子之間的平均距離是多少？

76. 假設氦氣球是一個完美的球體，其半徑為 22.0 cm。於室溫 (20°C) 下，其內部壓力為 1.06 atm。試求氣球內的氦氣莫耳數，以及將氣球充氣至以上數值所需的氦氣質量。

77. 醫院使用的一個標準氧氣筒，已知在溫度 $T = 295$ K 時其計示壓力為 2000 psi (13800 kPa)，並且體積為 14 L (0.014 m^3)、如果在大氣壓力下測得氧氣筒釋放氧氣的穩定流速為 2.4 L/min，則氧氣筒可以使用多久？

78. 在 15°C 時，一個黃銅蓋緊緊地旋在玻璃瓶上，為了打開瓶子，可以將它放入熱水中。經過如此處理之後，蓋子和玻璃瓶的溫度均為 75°C。銅蓋的內直徑為 8.0 cm。試求此一方法所造成的間隙之大小 (半徑差)。

79. 在 0°C 時，汽油的密度為 0.68×10^3 kg/m^3。(a) 在溫度為 35°C 的大熱天中，汽油的密度是多少？(b) 密度變化的百分比是多少？

80. 在壓力為 P_0 且空氣密度為 P_0 的海平面處，一個氦氣球的體積為 V_0 且溫度為 T_0。該氣球可以向上飄到海拔高度為 y 且溫度為 T_1 之處。(a) 試證明氣球的體積因此成為 $V=$

$V_0(T_1/T_0)e^{+cy}$，其中 $c=\rho_0 g/P_0=1.25\times10^{-4}\ \mathrm{m}^{-1}$。(b) 證明浮力與高度 y 無關。假設氣球表層的氦氣壓力固定保持為外部壓力的 1.05 倍。[提示：假設壓力隨高度變化的情形為 $P=P_0e^{-cy}$，參閱第 13 章，例題 13-5。]

81. 在十八世紀被採用的最早的長度標準是一根白金棒，它的上面有兩個非常尖細的標記，其間距正好定義為一公尺。如果此標準棒必須準確至 ± 1.0 μm，則託管人必須將溫度控制在什麼範圍內？線膨脹係數為 9×10^{-6}/C°。

82. 在 20°C 下，一個潛水空氣瓶充滿空氣時的壓力為 180 atm。該空氣瓶的體積為 11.3 L。(a) 在相同溫度以及 1.00 atm 下的空氣體積是多少？(b) 在下水前，某人每次呼吸消耗 2.0 L 之空氣，且每分鐘呼吸 12 次。若以此消耗速率，空氣瓶可以使用多久？(c) 在深度 20.0 m 處，海水的溫度為 10°C，假設呼吸的速率不變，則此空氣瓶可以使用多久？

83. 一個使用於蒸氣環境下的溫度控制器，其中含有由黃銅和鋼所組成的雙金屬帶，其兩端以鉚釘連接。每種金屬厚度均為 2.0 mm。於 20°C 時，金屬帶形狀為筆直且長度為 10.0 cm。於 100°C 時，其曲率半徑 r 為何？見圖 17-22。

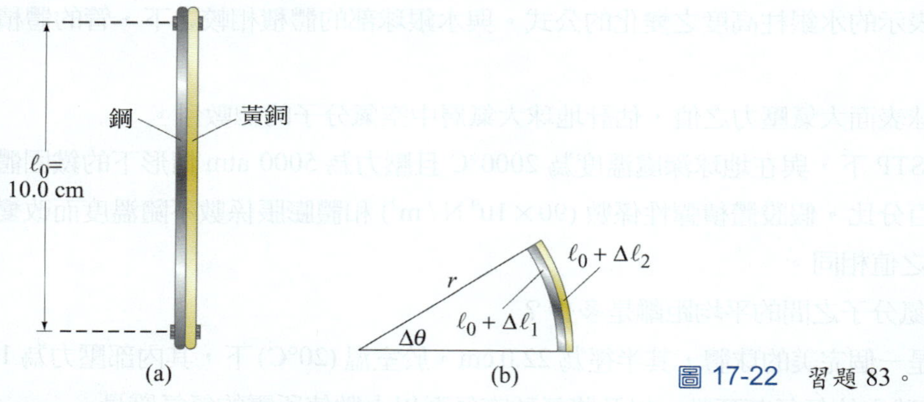

圖 17-22　習題 83。

84. 當溫度為 −15°C 時，一條銅線懸掛在相距 30.0 m 的兩根電線桿間，且中間下陷 50.0 cm。當溫度為 +35°C 時，銅線中間下陷多少？[提示：假設導線的形狀大致為一個圓弧。困難的方程式可以由推測值來求解。]

85. 在非常接近水面處游泳時，潛泳者透過短的呼吸管呼吸。呼吸管的一端與潛泳者的嘴相接，而另一端伸出水面上。不幸的是，呼吸管不能作為更深處的呼吸之用：據說，在水深約 30 cm 以下的潛泳者就無法使用呼吸管呼吸。基於此一主張，一般人呼吸時肺的容積變化之比例大約是多少？假設，潛泳者肺部中的空氣壓力與周圍的水壓是平衡的。

*數值／計算機

***86.** (II) 熱電偶是由兩種不同類型的材料接合而成，它會產生一個電壓，其大小視溫度而定。在不同的溫度下，一個熱電偶的電壓記錄如下

溫度 (°C)	50	100	200	300
電壓 (mV)	1.41	2.96	5.90	8.92

利用試算表，使這些數據與一個三次方程式相符，並求出當熱電偶產生 3.21 mV 之電壓時的溫度。再使這些數據與一個二次方程式相符來解出第二個溫度值。

*87. (III) 你有一小瓶的未知液體，它可能是辛烷 (汽油)、水、甘油或酒精。你試圖利用其體積隨溫度而變化的情形來確定其液體之成份。你將 100.00 mL 的液體裝滿於一個有刻度的耐熱玻璃製成的圓筒中，且液體和筒的溫度均為 0.000°C。每次將溫度提高 5 度，並使圓筒和液體在各個溫度下均達到平衡。在各個溫度下，你所讀取的體積值列於下表中。考慮耐熱玻璃圓筒的膨脹。利用電子表格程式，繪製數據圖，並測定線的斜率以求出有效的 (合併的) 體膨脹係數 β。然後再求出液體的 β 以及瓶中液體的成份。

溫度 (°C)	體積讀數 (mL)
0.000	100.00
5.000	100.24
10.000	100.50
15.000	100.72
20.000	100.96
25.000	101.26
30.000	101.48
35.000	101.71
40.000	101.97
45.000	102.20
50.000	102.46

練習題答案

A: −40°。

B: (d)。

C: 8 mm。

D: (i) 較高，(ii) 相同，(iii) 較低。

E: (a)。

F: (b)。

G: (b) 少。

氣體動力論

在黃石公園冬天的這個景象中，我們識別出就水而言的物質之三種狀態：液態、固態 (雪與冰)，以及氣態 (蒸氣)。在本章中，我們探討物質的微觀理論，而將原子或分子當作始終在運動狀態中，我們稱之為動力論。我們將看到氣體溫度與其分子的平均動能有直接的關聯。我們除了考慮理想氣體外，也考慮真實的氣體，以及它們如何進行相變，其中包括蒸發、蒸氣壓與濕度。

章前問題——試著想想看！

空氣分子在室溫下 (20°C) 的典型速率為

(a) 幾近靜止 (<10 km/h)。
(b) 在 10 km/h 等級。
(c) 在 100 km/h 等級。
(d) 在 1000 km/h 等級。
(e) 幾近光速。

以連續不規則隨機運動的原子所作的物質分析稱為**動力論** (kinetic theory)。我們現在要從動力論的觀點來探討氣體的性質，它是以古典力學定律為基礎的。但是要將牛頓定律應用於氣體中龐大數目的各個分子 (於 STP 下之數目 $>10^{25}/m^3$) 則遠遠超出了目前任何電腦的運算能力。所以我們改採統計的方法，並判斷某些物理量的平均值，而這些平均數則相當於巨觀的變數。當然，我們將要求微觀的描述必須與巨觀的氣體的性質相符。否則，我們的理論將沒有多大的價值。最重要的是，我們將求出氣體分子的平均動能與絕對溫度之間的重要關係。

18-1 理想氣體定律與溫度的分子說

我們對氣體分子作出以下的假設。這些假設反映出氣體一個簡單的觀點，但是儘管如此，它們所預測的結果與真實氣體在低壓和遠離液化點之情況下的基本特性頗為一致。在這些條件下，真實氣體相當遵循理想氣體定律。的確，我們現在要敘述的氣體就稱為**理想氣體** (ideal gas)。

這些代表理想氣體之動力論的基本假設是，

1. 有大量的分子數 N，各分子的質量為 m 並且朝隨機的方向以多種不同的速率移動。這項假設與氣體會將其容器充滿的觀察一致，而地球上的空氣則是因為重力的作用而不致散失。
2. 平均而言，這些分子彼此相距甚遠。亦即，它們的平均間距遠大於各個分子的直徑。
3. 這些分子被假設是遵循古典力學定律，並且它們只有在碰撞時彼此之間才會相互作用。雖然分子在碰撞之間會對彼此施加微弱的引力，但是與這些力相關的位能比動能小得多，我們現在可以將它忽略。
4. 與其他分子或容器壁的碰撞均假定為完全彈性碰撞，如同撞球的完全彈性碰撞一般 (第 9 章)。我們假設碰撞的持續時間比碰撞之間的時間小得多。因此與碰撞之間的動能相比，我們就可以忽略與碰撞相關的位能。

我們馬上就可以得知這個氣體動力學的觀點如何能夠解釋波以耳定律 (第 17-6 節)。氣體之容器壁上的壓力是由於分子持續不斷的碰撞而產生的。如果體積減為一半，則分子間更為靠近，因而每秒內撞擊壁上一特定面積的分子會加倍。因此我們預期壓力也會加倍，這正與波以耳定律相符。

現在讓我們以動力論為基礎，定量地計算氣體施加於容器上的壓力。我們假想分子位於長方形容器 (靜止) 中，其兩側的面積為 A 且長度為 ℓ，如圖 18-1a 所示。根據我們的模型，氣體對容器壁上施加的壓力是由於分子與壁的碰撞所造成的。我們將注意力集中在容器左側面積為 A 的容器壁上，並且檢視一個分子撞擊此壁的情形，如圖 18-1b 所示。此分子施加一個力於容器壁上，根據牛頓第三運動定律，容器壁同時會對分子施加一個大小相等且方向相反的力。而由牛頓第二運動定律，分子上這個作用力的大小等於分子動量的變化率，$F=dp/dt$ [(9-2) 式]。假設此為彈性碰撞，只有分子動量的 x 分量改變，並且由 $-mv_x$ (分子朝負 x 方向移動) 改變為 $+mv_x$。因此，就一次碰撞而言，此分子動量的變化量 $\Delta(mv)$ 為最終的動量減去初始的動量，它是

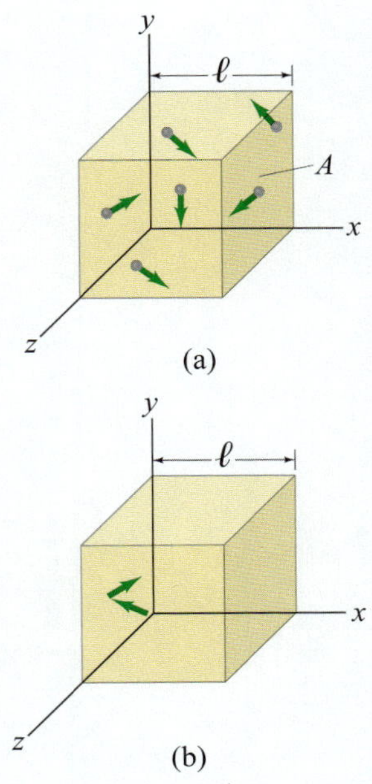

圖 18-1 (a) 氣體分子在長方形容器中四處移動。(b) 箭號表示一個分子由壁上反彈時的動量。

$$\Delta(mv)=mv_x-(-mv_x)=2mv_x$$

這個分子會與容器壁作許多次的碰撞，而且每次相隔的時間為 Δt，這是分子橫越容器後再次返回所需的時間，並且所行進的距離 (x 分量) 等於 2ℓ。因此 $2\ell=v_x\,\Delta t$，或

$$\Delta t=\frac{2\ell}{v_x}$$

碰撞之間的時間 Δt 非常小，所以每秒內的碰撞次數非常大。所以平均作用力——對許多次的碰撞作平均——等於一次碰撞的動量變化除以碰撞的間隔時間 (牛頓第二運動定律)

$$F=\frac{\Delta(mv)}{\Delta t}=\frac{2mv_x}{2\ell/v_x}=\frac{mv_x^2}{\ell} \qquad \text{[由一個分子造成]}$$

分子在容器內來回行進的過程中，可能會與容器的上壁或側壁產生碰撞，但是這並不會影響其動量的 x 分量，因此不會影響我們的結果。

它也可能與其他分子碰撞而改變其 v_x。不過，任何動量的損失 (或獲得) 是被其他的分子所取得，並且因為我們最後會對所有分子作總和，因此這個效應將包含在內。所以上述的結果不會改變。

一個分子所產生的實際力量是間歇性的，但是因為每秒內有大量的分子撞擊容器壁，所以平均而言，這個力幾乎是恆定的。為了計算容器中所有分子所產生的力，我們必須將每個分子所施的力相加。因此，容器壁上所受到的淨力是

$$F=\frac{m}{\ell}\left(v_{x1}^2+v_{x2}^2+\cdots+v_{xN}^2\right)$$

其中 v_{x1} 為 1 號分子 (我們任意地對每個分子編號) 的 v_x 並且將總和擴展至容器中的分子總數 N。而速度的 x 分量之平方的平均值為

$$\overline{v_x^2}=\frac{v_{x1}^2+v_{x2}^2+\cdots+v_{xN}^2}{N} \tag{18-1}$$

其中的 (¯) 表示“平均”。所以我們可以將這個力寫成

$$F=\frac{m}{\ell}N\overline{v_x^2}$$

我們知道任何向量的平方等於其分量的平方和 (畢氏定理)。因此對任何速度 v 而言，$v^2=v_x^2+v_y^2+v_z^2$。取平均值，我們得到

$$\overline{v^2}=\overline{v_x^2}+\overline{v_y^2}+\overline{v_z^2}$$

因為我們假設氣體中分子的速度是隨機的，所以每個方向的情況都相同。因此

$$\overline{v_x^2}=\overline{v_y^2}=\overline{v_z^2}$$

將前兩個方程式結合，得到

$$\overline{v^2}=3\overline{v_x^2}$$

我們將此式代入淨力 F 的方程式中

$$F=\frac{m}{\ell}N\frac{\overline{v^2}}{3}$$

因此容器壁上所受的壓力為

$$P=\frac{F}{A}=\frac{1}{3}\frac{N m\overline{v^2}}{A\ell}$$

或

$$P=\frac{1}{3}\frac{N m\overline{v^2}}{V} \tag{18-2}$$

其中 $V=\ell A$ 為容器的體積。這就是我們尋求的結果，以分子性質所表示的氣體對容器施加的壓力。

將 (18-2) 式兩邊乘上 V，再重新整理等式右邊，就可以得到較簡明的形式

$$PV=\frac{2}{3}N\left(\frac{1}{2}m\overline{v^2}\right) \tag{18-3}$$

其中 $\frac{1}{2}m\overline{v^2}$ 是氣體分子的平均動能 $\overline{K}$。如果我們將 (18-3) 式與 (17-4) 式的理想氣體定律 $PV=NkT$ 相比較，我們發現如果

$$\frac{2}{3}\left(\frac{1}{2}m\overline{v^2}\right)=kT$$

或是

$$\overline{K}=\frac{1}{2}m\overline{v^2}=\frac{3}{2}kT \quad \text{[理想氣體]} \tag{18-4}$$

分子的平均動能與溫度的關係

則兩式是一致的。這個方程式告訴我們

> 理想氣體中隨機而無規則運動之分子的平均平移動能與氣體的絕對溫度成正比。

根據動力論，溫度愈高，分子平均移動得愈快。這個關係式是動力論的一項重大成就。

例題 18-1 **分子動能**　在 37°C 時，理想氣體中分子的平均平移動能是多少？

方法　我們在 (18-4) 式中使用絕對溫度。

解答　我們將 37°C 改為 310 K 並且代入 (18-4) 式

$$\overline{K}=\frac{3}{2}kT=\frac{3}{2}(1.38\times10^{-23}\ \text{J/K})(310\ \text{K})=6.42\times10^{-21}\ \text{J}$$

備註　一莫耳分子具有的總平移動能等於 $(6.42\times10^{-21}\text{ J})(6.02\times10^{23})=3860\text{ J}$，這等於 1 kg 的石頭以 90 m/s 之速率行進時的動能。

練習 A　在氧氣和氦氣的混合物中，下列哪一種說法是成立的：(a) 平均而言，氦分子移動得比氧分子快；(b) 兩種分子移動的速率相同；(c) 平均而言，氧分子移動得比氦分子快；(d) 氦的動能大於氧的動能；(e) 以上皆非。

(18-4) 式不僅對氣體成立，並且應用於液體和固體時也有不錯的準確性。因此，例題 18-1 的結果也適用於體溫 (37°C) 下的活細胞中的分子。

我們可以利用 (18-4) 式計算分子的平均移動速率。注意，(18-1) 式至 (18-4) 式中是對速率的平方作平均。$\overline{v^2}$ 的平方根稱為**均方根** (root-mean-square) 速率 v_{rms} (因為我們取速率平方之平均值的平方根)

$$v_{rms}=\sqrt{\overline{v^2}}=\sqrt{\frac{3kT}{m}} \quad \textbf{(18-5)}$$

例題 18-2　**空氣分子的速率**　在室溫 (20°C) 下，空氣分子 (O_2 與 N_2) 的均方根速率各是多少？

方法　為了求得 v_{rms}，我們需要 O_2 與 N_2 分子的質量，再分別代入 (18-5) 式。

解答　一個 O_2 (分子質量 = 32 u) 分子與 N_2 (分子質量 = 28 u) 分子的質量 (其中 $1\text{ u}=1.66\times10^{-27}\text{ kg}$) 為

$$m(O_2)=(32)(1.66\times10^{-27}\text{ kg})=5.3\times10^{-26}\text{ kg}$$
$$m(N_2)=(28)(1.66\times10^{-27}\text{ kg})=4.6\times10^{-26}\text{ kg}$$

所以，對氧分子而言

$$v_{rms}=\sqrt{\frac{3kT}{m}}=\sqrt{\frac{(3)(1.38\times10^{-23}\text{ J/K})(293\text{ K})}{(5.3\times10^{-26}\text{ kg})}}=480\text{ m/s}$$

對氮分子而言，則是 $v_{rms}=510\text{ m/s}$。這些速率大於 1700 km/h 或 1000 mi/h，也大於 20°C 時的聲速 ≈ 340 m/s (第 16 章)。

備註　速率 v_{rms} 只是一個數值。分子的速度平均為零：速度具有方向，向右與向左移動的分子數量相等，並且向上與向下，以及向內與向外移動的分子數亦相等。

練習 B 現在回到章前問題，第 769 頁，並且再次作答。試解釋為什麼你的答案可能已經與第一次不同。

練習 C 如果將氣體體積增為兩倍，並且壓力和莫耳數保持不變，則分子的平均 (均方根) 速率變為 (a) 兩倍，(b)四倍，(c) $\sqrt{2}$ 倍，(d) 一半，(e) $\frac{1}{4}$ 倍。

練習 D 為使 v_{rms} 加倍，絕對溫度必須增為幾倍？(a) $\sqrt{2}$；(b) 2；(c) $2\sqrt{2}$；(d) 4；(e) 16。

觀念例題 18-3 **罐中的少量氣體** 一個氦氣罐用來對氣球充氣。當對各氣球充氣時，罐中剩餘的氦原子數目逐漸減少。這會如何影響罐中剩餘之分子的均方根速率？

回答 均方根速率為 (18-5) 式：$v_{rms}=\sqrt{3kT/m}$。只有溫度與之相關，而與壓力 P 或莫耳數 n 無關。如果罐子保持固定 (周遭) 的溫度，即使罐中氦氣的壓力減少，其均方根速率依然不變。

在一群分子中，**平均速率** (average speed) $\bar{v}$ 是速率本身大小的平均值；$\bar{v}$ 通常不等於 v_{rms}。為了理解平均速率與均方根速率之間的差異，我們考慮以下的例題。

例題 18-4 **平均速率與均方根速率** 8 個質點具有以下的速率，其單位為 m/s：1.0、6.0、4.0、2.0、6.0、3.0、2.0、5.0。試求 (a) 平均速率，與 (b) 均方根速率。

方法 (a) 求各速率之總和再除以 $N=8$。(b) 我們先求各速率的平方和，並除以 $N=8$，再求平方根。

解答 (a) 平均速率為

$$\bar{v}=\frac{1.0+6.0+4.0+2.0+6.0+3.0+2.0+5.0}{8}=3.6\text{ m/s}$$

(b) 均方根速率為 [(18-1) 式]

$$v_{rms}=\sqrt{\frac{(1.0)^2+(6.0)^2+(4.0)^2+(2.0)^2+(6.0)^2+(3.0)^2+(2.0)^2+(5.0)^2}{8}}\text{ m/s}$$

$$=4.0\text{ m/s}$$

在此例題中，我們看到 $\bar{v}$ 和 v_{rms} 不一定相等。事實上，就理想氣體而言，它們之間會相差約 8%。我們在下一節中會討論如何計算理想氣體的 $\bar{v}$。我們已經知道如何計算 v_{rms} [(18-5) 式]。

在絕對零度附近的動能

(18-4) 式，$\bar{K}=\frac{3}{2}kT$，意味著當溫度接近絕對零度時，分子的動能也會趨近於零。不過現代量子理論告訴我們並非完全如此。當接近絕對零度時，動能會趨近於一個極小的非零最小值。所有的真實氣體在接近 0 K 時即使變成液體或固體，分子的運動在絕對零度下也不會停止。

18-2 分子速率的分佈

馬克斯威爾分佈

氣體中的分子被假設為作隨機不規則的運動，意指其中許多分子的速率低於平均速率，而其他分子的速率則高於平均速率。於 1859 年，馬克斯威爾 (James Clerk Maxwell) (1831-1879) 成功地發展出 N 莫耳的氣體中最可能的速率分佈之公式，此處我們不作公式的推導，而只是引用其結果

$$f(v)=4\pi N\left(\frac{m}{2\pi kT}\right)^{\frac{3}{2}}v^2e^{-\frac{1}{2}\frac{mv^2}{kT}} \tag{18-6}$$

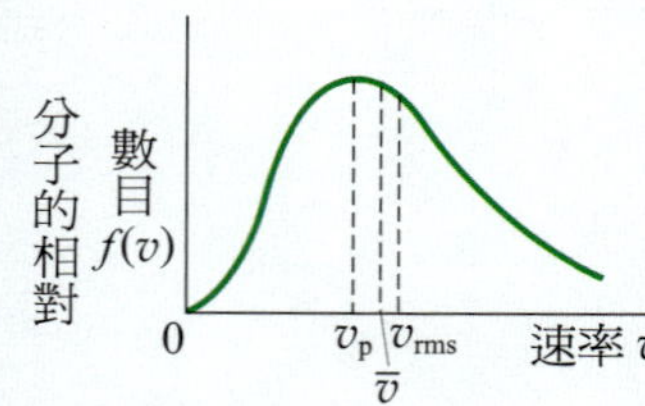

圖 18-2 理想氣體中分子速率的分佈。注意 $\bar{v}$ 和 v_{rms} 並未位於曲線的尖峰上。這是因為曲線向右偏斜：它是不對稱的。曲線尖峰處的速率是“最可能的速率” v_p。

其中 $f(v)$ 稱為**馬克斯威爾速率分佈** (Maxwell distribution of speeds)，並繪於圖 18-2 中。$f(v)\,dv$ 代表速率介於 v 與 $v+dv$ 之間的分子數目。注意 $f(v)$ 不是速率為 v 的分子數目，$f(v)$ 必須乘上 dv 才是分子數目 (分子數目依速度包含的“寬度”或“範圍” dv 而定)。在 $f(v)$ 的公式中，m 是單一分子的質量，T 為絕對溫度，而 k 為波茲曼常數。由於 N 是氣體中的分子總數，所以當我們將氣體中所有的分子相加時，必定會得到 N。因此，

$$\int_0^{\infty} f(v)\,dv=N$$

(習題 22 為此一證明的練習題)

由 1920 年代開始的對真實氣體中的速率分佈所做的實驗以相當的準確性證實了馬克斯威爾分佈 (對壓力不是太高的氣體) 以及平均動能與絕對溫度之間的正比關係，(18-4) 式。

一特定氣體的馬克斯威爾分佈只依絕對溫度而定。圖 18-3 中顯示了兩個不同溫度下的分佈情形。正因 v_{rms} 隨著溫度而增加，因此在較高的溫度下整個分佈曲線向右移動。

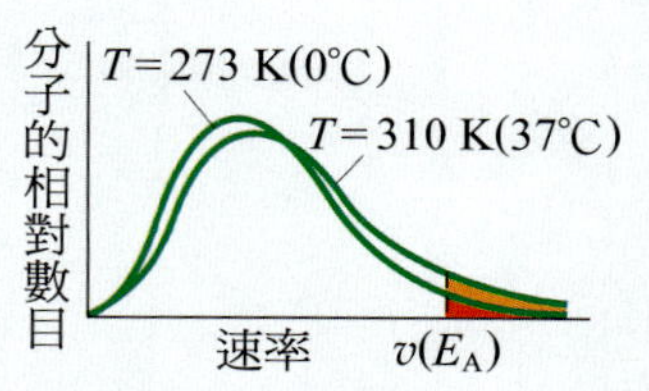

圖 18-3 兩個不同溫度下的分子速率分佈。

圖 18-3 說明了動力論如何能用來解釋化學反應，其中包括生物細胞中的化學反應，當溫度上升時反應較為迅速。大多數的化學反應發生在液體溶液中，而液體中的分子具有與馬克斯威爾分佈相近的速率分佈情形。兩個分子只有當它們的動能大到足以在它們產生碰撞時，能夠部分地彼此穿入對方才會發生化學反應。其所需的最低能量稱為*活化能* E_A，並且每一個化學反應都有一特定的活化能值。與一特定化學反應之 E_A 的動能相應的分子速率標示於圖 18-3 中。能量大於此值之分子的相對數目為 $v(E_A)$ 右側曲線下方的面積，如圖 18-3 中兩個明暗不同的陰影區所示。我們看到雖然溫度只是略為增加，但動能大於 E_A 的分子數目卻大幅增加。化學反應發生的速率與能量大於 E_A 的分子數目成正比，因此我們明白為何反應的速率隨著溫度的增高而迅速地增快。

物理應用
化學反應如何依溫度而定

*使用馬克斯威爾分佈作計算

我們現在討論如何利用馬克斯威爾分佈以獲得一些有趣的結果。

例題 18-5 **計算 $\bar{v}$ 與 v_p** 試求理想氣體之分子在溫度 T 時的 (a) 平均速率 $\bar{v}$ 以及 (b) 最可能之速率 v_p 的公式。

方法 (a) 任何量的平均值是將此量 (此處為速率) 的每個可能值乘以具有該值的分子數目，求其總和之後再除以 N (總數目) 而求得。對 (b) 而言，我們要找出圖 18-2 中曲線之斜率為零的點；所以令 $df/dv=0$。

解答 (a) 我們已知連續的速率分佈 [(18-6) 式]，所以速率的總和變成 v 與速率為 v 的數目 $f(v)\,dv$ 之乘積的積分

$$\bar{v}=\frac{\int_0^\infty v f(v)\,dv}{N}=4\pi\left(\frac{m}{2\pi kT}\right)^{\frac{3}{2}}\int_0^\infty v^3 e^{-\frac{1}{2}\frac{mv^2}{kT}}\,dv$$

我們可以作分部積分或查閱積分表，得到

$$\bar{v} = 4\pi\left(\frac{m}{2\pi kT}\right)^{\frac{3}{2}}\left(\frac{2k^2T^2}{m^2}\right) = \sqrt{\frac{8}{\pi}\frac{kT}{m}} \approx 1.60\sqrt{\frac{kT}{m}}$$

(b) 最可能的速率是發生得比其他還多的速率，即 $f(v)$ 為最大值處的速率。在曲線的最大值處，其斜率為零：$df(v)/dv = 0$。將 (18-6) 式微分得到

$$\frac{df(v)}{dv} = 4\pi N\left(\frac{m}{2\pi kT}\right)^{\frac{3}{2}}\left(2ve^{-\frac{mv^2}{2kT}} - \frac{2mv^3}{2kT}e^{-\frac{mv^2}{2kT}}\right) = 0$$

解 v，我們得到

$$v_p = \sqrt{\frac{2kT}{m}} \approx 1.41\sqrt{\frac{kT}{m}}$$

另一個解答是 $v = 0$，但它對應的是最小值，而不是最大值。

總之，

最可能的速率 v_p

$$v_p = \sqrt{2\frac{kT}{m}} \approx 1.41\sqrt{\frac{kT}{m}} \quad \textbf{(18-7a)}$$

平均速率 $\bar{v}$

$$\bar{v} = \sqrt{\frac{8}{\pi}\frac{kT}{m}} \approx 1.60\sqrt{\frac{kT}{m}} \quad \textbf{(18-7b)}$$

並且由 (18-5) 式

均方根速率 v_{rms}

$$v_{rms} = \sqrt{3\frac{kT}{m}} \approx 1.73\sqrt{\frac{kT}{m}}$$

這些值都標示在圖 18-2 中。由 (18-6) 式與圖 18-2 可以很清楚地看到，氣體中分子的速率從零變化至平均速率的數倍，但是從圖中可以看出大多數的分子速率與平均速率相差不遠。其中有不到 1% 的分子之速率超過 v_{rms} 的四倍。

18-3 真實氣體與相變

只要壓力不是太高，並且溫度距液化點甚遠，則理想氣體定律

$$PV = NkT$$

是一個真實氣體之行為的準確描述。但是如果不符合這兩個標準將會發生什麼事？首先，我們討論實際氣體的行為，然後再檢視動力論如何幫助我們理解這種行為。

我們看到一已知數量之氣體的壓力對體積之圖形。在這類的"*PV* 圖"(圖 18-4) 中，每一點都代表某特定物質的一個平衡狀態。不同的曲線 (標示為 A、B、C 和 D) 是對於各種不同的溫度顯示其體積在定溫下隨著壓力變化的情形。虛線 A′ 代表由理想氣體定律所預測的氣體之行為；亦即 $PV=$ 常數。實線 A 則代表在相同溫度下的真實氣體之行為。注意在高壓時，真實氣體的體積小於理想氣體定律所預測的值。圖 18-4 中的曲線 B 與 C 表示氣體處於更低的溫度下，並且我們看到其行為偏離理想氣體定律所預測的曲線 (如 B′) 更多，且愈接近液化點，會偏離得愈多。

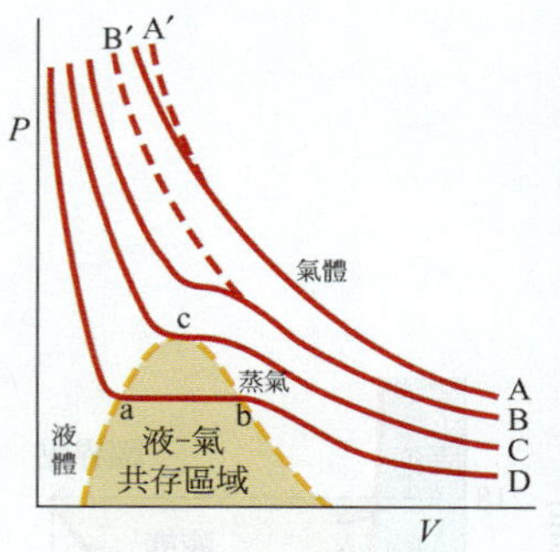

圖 18-4　真實物質的 *PV* 圖。曲線 A、B、C 與 D 代表同一物質在不同溫度下 ($T_A > T_B > T_C > T_D$) 的特性。

為了解釋這種現象，我們特別提到壓力愈高，我們預期分子愈會緊密地靠在一起。而且，特別是在較低的溫度下，與分子之間的吸引力 (先前我們將其忽略) 相關的位能與此時分子已經減小的動能相較之下已不再是可以忽略的。這個吸引力具有將分子之間拉得更為靠近的傾向，因而使得在一特定的溫度下，其體積會小於理想氣體定律所預期的值，如圖 18-4 所示。在更低的溫度下，這些引力會造成液化，而分子之間變得極為接近。第 18-5 節中將更加詳細地討論這些分子吸引力的效應，以及分子本身所佔用之體積的效應。

曲線 D 代表發生液化時的情況。在曲線 D 的低壓部分 (圖 18-4 的右側)，物質是氣體並佔有大的體積。隨著壓力的增加其體積逐漸減小，直到到達b點為止。過了 b 點，體積減小，但壓力並未改變；物質正逐漸地從氣相轉變為液相。在 a 點處，所有的物質都已經變為液體。若進一步增加壓力，體積只會略微地減少——液體幾乎是不可壓縮的——因此曲線左側非常陡峭，如圖中所示。虛線下方有顏色的區域代表氣相和液相共存且處於平衡狀態的區域。

圖 18-4 中的曲線 C 代表物質在其**臨界溫度** (critical temperature) 下的行為；其中的 c 點 (曲線 C 為水平處的一點) 稱為**臨界點** (critical point)。當溫度低於臨界溫度 (這是名詞的釋義) 時，如果施以足夠的壓力，氣體將變成液相。在臨界溫度以上，沒有壓力能使氣體產生相變而成為液體。表 18-1 列有各種氣體的臨界溫度。科學家多年以來

表 18-1　臨界溫度與壓力

物質	臨界溫度 °C	臨界溫度 K	臨界壓力 (atm)
水	374	647	218
CO_2	31	304	72.8
氧	−118	155	50
氮	−147	126	33.5
氫	−239.9	33.3	12.8
氦	−267.9	5.3	2.3

曾經試圖將氧液化而未成功。後來只有在發現物質與臨界點相關的行為之後，才知道只有先將氧冷卻至其臨界溫度 −118°C 以下才能將它液化。

在“氣體”與“蒸氣”這兩個名詞之間通常有一個區分：在臨界溫度以下而處於氣態的物質稱為**蒸氣** (vapor)，若在臨界溫度以上則稱為**氣體** (gas)。

物質的行為不僅可畫成 PV 圖，也可以畫成 PT 圖。而 PT 圖通常稱為**相圖** (phase diagram)，它對於物質不同相的比較是特別地方便。圖 18-5 是水的相圖。圖中標示為 ℓ-v 的曲線代表液相與蒸氣相平衡的各點——因此它是沸點對壓力的圖形。注意，曲線正確地顯示在 1 atm 下水的沸點為 100°C，而沸點隨著壓力的減少而降低。曲線 s-ℓ 代表固態與液態平衡共存的各點，因此它是凝固點對壓力的圖形。在 1 atm 下，水的凝固點是 0°C，如圖中所示。也要注意圖 18-5 中，在 1 atm 下如果溫度介於 0°C 和 100°C 之間，物質為液相；但如果溫度低於 0°C 或高於 100°C 則是固相或氣相。標示為 s-v 的曲線是昇華點對壓力的曲線。**昇華** (sublimation) 指的是在低壓下，固相沒有經過液相而直接轉換成氣相的過程。對水而言，如果水蒸氣的壓力小於 0.0060 atm 就會有昇華發生。固相的二氧化碳稱為乾冰，它即使在大氣壓力下也會昇華 (圖 18-6)。

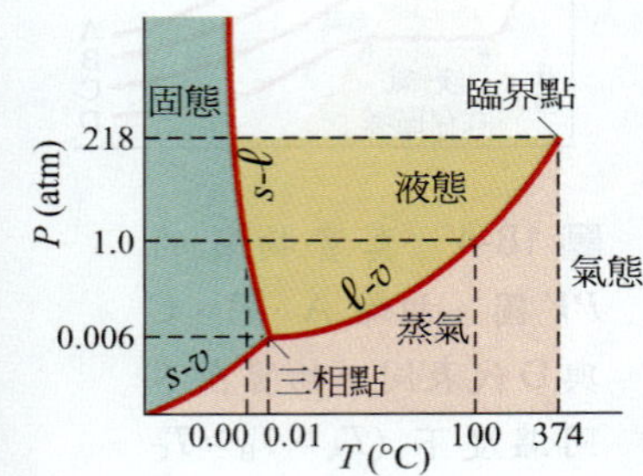

圖 18-5 水的相圖 (注意座標不是線性的)。

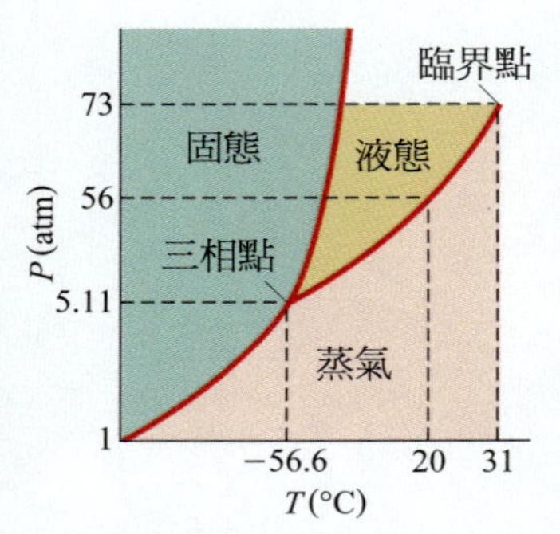

圖 18-6 二氧化碳的相圖。

三條曲線的交點 (圖 18-5) 稱為**三相點** (triple point)。水的三相點發生於 $T = 273.16$ K 與 $P = 6.03 \times 10^{-3}$ atm 處。只有在三相點處三相才能夠平衡共存。因為三相點對應於唯一的溫度與壓力值，所以是可以再現的，因而經常被當作參考點。例如，溫度的標準通常正好指定為水的三相點 273.16 K，而不是水在 1 atm 下的凝固點 273.15 K。

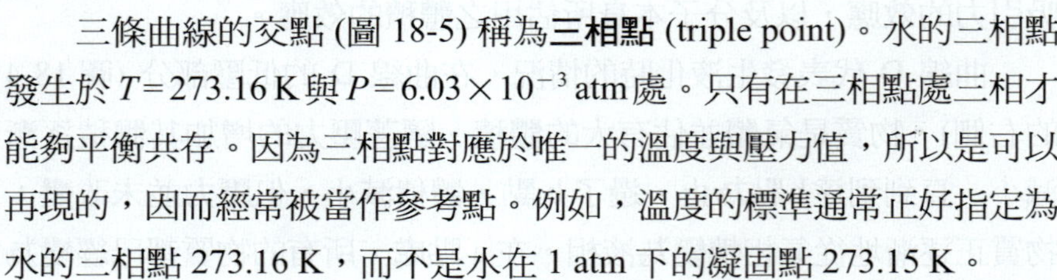

注意，水的固液 (s-ℓ) 曲線往左上方傾斜。這只有對凝固時會膨脹的物質才是正確的：在較高的壓力下，使液體凝固所需要的溫度較低。更常見的是，物質在凝固時會收縮，且 s-ℓ 曲線往右上方傾斜，如圖 18-6 中的二氧化碳 (CO_2) 所示。

我們剛才討論的相轉變是常見的情況。然而，有些物質在固相中能夠以數種形態存在。在特定的溫度和壓力下由一種相轉變成另一種相，就如同尋常的相變一般。例如，經觀察已知冰在極高的壓力下至少有八種形態。一般的氦有兩種截然不同的液相，稱為氦 I 與 II。它們只存在於絕對零度以上幾度的溫度範圍內。而氦 II 呈現出非常罕見的特性，稱為**超流性** (superfluidity)。它基本上黏性為零，並且表現出奇怪的性質，例如在開口容器中爬上容器壁。另一個令人感興趣的是**液晶** (liquid crystal) (用於電視或電腦螢幕，見第 35-11 節)，它可以視為介於液相與固相之間的相。

物理應用
液晶

18-4 蒸氣壓力與濕度

蒸 發

如果一杯水放在室外一整夜，到次日早晨時水位會下降。我們說水已經蒸發，意思是部分的水變成蒸氣或氣相。

物理應用
蒸發冷卻

這個**蒸發** (evaporation) 的過程可以用動力論為基礎來解釋。液體中的分子以不同的速率移動而彼此互相越過，其速率大致遵循馬克斯威爾分佈。這些分子之間有強的吸引力使它們能夠在液相中緊靠在一起。而液面附近的某一個分子因為其速率的緣故可能會暫時地離開液體。就如拋向空中的石頭返回地球一般，其他分子的吸引力會把這個飄盪的分子拉回液面——如果其速度不是太大。然而，速度夠高的分子將會完全地脫離液體 (如同具有足夠高的速率之物體離開地球一般，第 8-7 節) 而成為氣相的一部分。只有動能大於某特定值的分子能夠脫離至氣相。我們已經知道動力論預測動能大於某特定值 (如圖 18-3 中的 E_A) 的相對分子數目會隨溫度而增加。這與眾所皆知的在較高溫度下蒸發速率較快的觀察相符合。

因為從液面脫離的是移動最快的分子，所以留下的分子之平均速率較小。而平均速率減小，絕對溫度也減小。因此動力論預料*蒸發是一個冷卻過程*。你可以毫無疑問地觀察到這個效應，當你從溫水淋浴間走出時，因身上的水開始蒸發使你感到寒冷；或在大熱天中流汗，即使是微風引起的蒸發也會使你感覺涼快。

蒸氣壓力

空氣中通常含有水蒸氣 (氣相的水)，它主要是由蒸發而來。為了更詳細地查看此一過程，考慮裝有部分的水 (或其他液體) 並且移除空氣的密閉容器 (圖 18-7)。移動最快的分子迅速地蒸發到液面上方騰

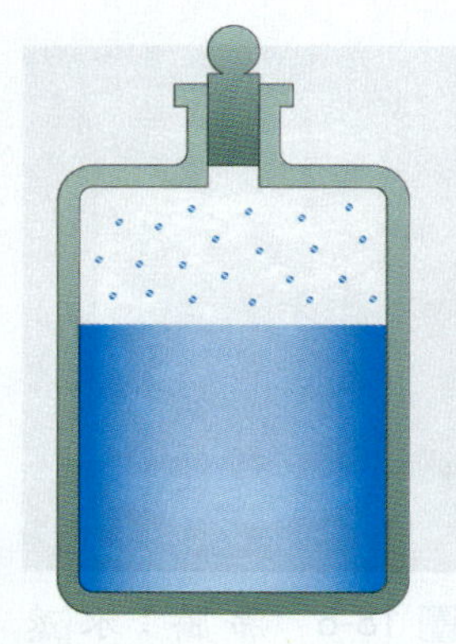

圖 18-7　密閉的容器中液體上方的蒸氣。

表 18-2　水的飽和蒸氣壓

溫度 (°C)	飽和蒸氣壓 torr (=mm-Hg)	飽和蒸氣壓 Pa (=N/m²)
−50	0.030	4.0
−10	1.95	2.60×10^2
0	4.58	6.11×10^2
5	6.54	8.72×10^2
10	9.21	1.23×10^3
15	12.8	1.71×10^3
20	17.5	2.33×10^3
25	23.8	3.17×10^3
30	31.8	4.24×10^3
40	55.3	7.37×10^3
50	92.5	1.23×10^4
60	149	1.99×10^4
70*	234	3.12×10^4
80	355	4.73×10^4
90	526	7.01×10^4
100**	760	1.01×10^5
120	1480	1.99×10^5
150	3570	4.76×10^5

*聖母峰上的沸點。

**海平面上的沸點。

空的空間中。當它們四處移動時，其中有些會撞擊液面而再次成為液相的一部分，這稱為**凝結** (condensation)。蒸氣中的分子數目持續增加直到在相同時距內返回液體的分子數目與離開的數目相等為止。此時達到平衡，而液面上方的空間稱為是*飽和的*。飽和時的蒸氣壓力稱為**飽和蒸氣壓** (saturated vapor pressure) (或簡稱為蒸氣壓)。

飽和蒸氣壓與容器的體積無關。如果液體上方的容積突然減小，氣相中的分子密度會暫時地增加。此時，每秒內會有更多的分子碰撞液面，形成返回液相的淨分子流，直到再度達到平衡為止。只要其中的溫度保持不變，這將會發生於相同的飽和蒸氣壓下。

任何物質的飽和蒸氣壓視溫度而定。在較高的溫度下，有較多的分子具有足夠的動能能夠突破液體表面進入氣相中。因此，將在較高的壓力下達到平衡。水在不同溫度下的飽和蒸氣壓列於表 18-2 中。注意，即使是固體——例如冰——也有可測量的飽和蒸氣壓。

在日常情況中，液體蒸發進入其上方的空氣中，而不是真空。這實質上並不會改變以上與圖 18-7 相關的討論。當氣相中有足夠的分子，而返回液體的分子數目等於離開的數目時，仍然會達到平衡。氣相特定分子 (如水) 的濃度不會受空氣的存在所影響，與空氣分子的碰撞只會延長達到平衡所需的時間。因此它會如同沒有空氣存在一般而在相同的飽和蒸氣壓下達到平衡。

如果容器夠大或者不是密閉的，則所有的液體可能會在達到飽和前全部蒸發。如果容器不是密閉的——例如屋裡的房間——空氣中不可能達到水蒸氣飽和 (除非外面正在下雨)。

沸騰

液體的飽和蒸氣壓隨著溫度升高而增加。當溫度上升至該溫度下的飽和蒸氣壓與外部壓力相等時，就會產生**沸騰** (boiling) (圖 18-8)。當接近沸點時，液體中形成小氣泡，這表示液體轉變為氣相。不過，如果氣泡內部的蒸氣壓小於外部壓力，則氣泡會立刻被擠碎。由於溫度增高，氣泡內的飽和蒸氣壓最終會等於或大於外部的壓力。此時氣泡不再碎裂而是浮上液面，於是開始沸騰。*當液體的飽和蒸氣壓與外部壓力相等時，液體沸騰*。水於壓力 1 atm (760 torr) 下且溫度 100°C 時沸騰，如表 18-2 所示。

圖 18-8　沸騰：水蒸氣氣泡從底部 (具有最高溫度) 向上浮起。

液體的沸點顯然地與外部壓力相關。高海拔處因為空氣壓力較小，水的沸點也比海平面處低一些。例如，聖母峰峰頂的空氣壓力約為海平面處的三分之一，由表 18-2 得知，水會在大約 70°C 時沸騰。因為高海拔處的沸點較低，所以利用水的沸騰烹煮食物需要較長的時間。而壓力鍋可以減少烹煮時間，因為鍋內的壓力高達 2 atm，所以可得到較高的沸騰溫度。

分壓力與濕度

當我們提到天氣是乾燥或潮濕時，我們指的是空氣中的水蒸氣含量。在空氣這類的氣體中，它是數種氣體的混合物，其總壓力是各個氣體分壓力的總和。[1] **分壓力** (partial pressure) 的意思是各氣體單獨存在時所施的壓力。空氣中水的分壓力最低可以為零，最高也可以變化至水在特定溫度下的飽和蒸氣壓。所以，在 20°C 時水的分壓力不會超過 17.5 torr (參閱表 18-2)。**相對濕度** (relative humidity) 定義為於特定溫度下水蒸氣的分壓力與飽和蒸氣壓之比。它通常以百分比表示

$$\text{相對濕度} = \frac{H_2O\text{ 的分壓力}}{H_2O\text{ 的飽和蒸氣壓}} \times 100\%$$

因此當濕度接近 100% 時，空氣中幾乎含有它可以容納的所有水蒸氣。

例題 18-6 **相對濕度** 在一個炎熱的日子裡，溫度為 30°C，且空氣中水蒸氣的分壓力為 21.0 torr。其相對濕度是多少？

方法 由表 18-2 得知水於 30°C 時的飽和蒸氣壓為 31.8 torr。

解答 因此相對濕度為

$$\frac{21.0\text{ torr}}{31.8\text{ torr}} \times 100\% = 66\%。$$

物理應用
濕度和舒適度

人對濕度很敏感。40-50% 的相對濕度對健康和舒適度而言通常是最理想的。特別是在炎熱的日子中，高濕度會減少皮膚水分的蒸發，它是身體調節體溫的極重要機制之一。另一方面，極低的濕度會

1 例如，空氣分子中有 78% (體積) 的氮氣以及 21% 的氧氣，還有極少量的水蒸氣、氬氣與其他氣體。在空氣壓力為 1 atm 時，氧氣施予的分壓力是 0.21 atm，而氮氣則是 0.78 atm。

造成皮膚和黏膜乾燥。

物理應用

天氣

圖 18-9 溫度降至露點以下時形成的薄霧圍繞著城堡。

當空氣中水的分壓力與該溫度下的飽和蒸氣壓相等時，空氣是因水蒸氣而飽和的。如果水的分壓力超過飽和蒸氣壓，空氣則稱為**過飽和** (supersaturated)。這種情況發生於溫度降低時。例如，溫度為 30°C 且水的分壓力為 21 torr 時，這表示濕度是 66%，如例題 18-6 所示。然後假設現在溫度降低至 20°C，這可能發生在傍晚時。由表 18-2 得知於 20°C 時水的飽和蒸氣壓為 17.5 torr，因此相對濕度大於 100%，但是過飽和的空氣無法容納這麼多的水。過量的水則可能會凝結成露珠、霧或雨的形式 (圖 18-9)。

當含有特定數量的水之空氣冷卻時，它將達到一個水的分壓力與飽和蒸氣壓相等的溫度。這個溫度稱為**露點** (dew point)。露點的測量是判斷相對濕度最準確的方法。有一個測量的方法是利用磨光的金屬表面與空氣接觸，並使其溫度會逐漸地下降。當表面開始出現濕氣時的溫度即為露點，而水的分壓力可以由飽和蒸氣壓表中求得。例如，若某一天的溫度是 20°C 且露點是 5°C，則水在 20°C 之空氣中的分壓力 (表 18-2) 為 6.54 torr，而飽和蒸氣壓為 17.5 torr；因此相對濕度為 6.54 / 17.5 = 37%。

練習 E 當下午的空氣變暖時，如果沒有進一步的蒸發，則相對濕度會如何變化？它將 (a) 增加，(b) 減少，(c) 保持不變。

觀念例題 18-7 冬天中的乾燥 為什麼在寒冷的冬天裡，使用暖氣之建築物內的空氣顯得非常乾燥？

回答 假設氣溫為 −10°C 之室外的相對濕度為 50%。由表 18-2 得知空氣中水的分壓力大約為 1.0 torr。如果這些空氣被引入室內並且加溫至 +20°C，則相對濕度為 (1.0 torr) / (17.5 torr) = 5.7%。即使室外的空氣為飽和且分壓為 1.95 torr，室內的相對濕度也只有 11%。

*18-5 凡得瓦狀態方程式

在第 18-3 節中，我們討論了真實氣體的行為與理想氣體之間有何偏離，特別是在高密度或即將凝結為液體時。我們利用微觀 (分子) 的觀點來了解這些偏差。凡得瓦 (J. D. van del Waals) (1837-1923) 曾經分析這個問題，並且於 1873 年得到比理想氣體定律更能準確地符合真實氣體性質的狀態方程式。他的分析是以動力論為基礎並且考慮：(1) 分子的有限大小 (與容器的總容積相較之下，我們先前忽略分子本身實際的體積。當密度增加而分子之間彼此更為接近時，此一假設就難以成立)；(2) 分子之間的力其作用範圍可能大於分子的大小 (我們先前假設分子間的力只有在分子與分子“接觸”的碰撞期間作用)。我們現在進行此一分析並且推導凡得瓦狀態方程式。

假設氣體中的分子為半徑等於 r 的球體。假如這些分子如同硬球一般，則當兩個分子中心之間的距離 (圖 18-10) 為 $2r$ 時，它們發生碰撞然後彈開。因此分子可以四處移動的實際空間體積小於容納此氣體的容器容積 V。這個“不可利用的體積”之大小視分子的數目與大小而定。令 b 代表氣體“每莫耳不可利用的體積”。然後我們將理想氣體定律中的 V 以 $(V-nb)$ 取代，其中 n 為莫耳數，得到

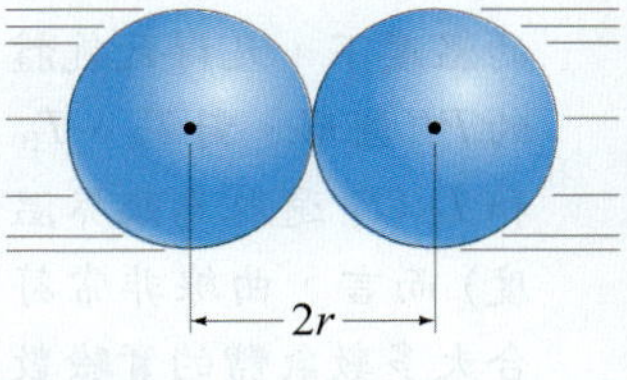

$$P(V-nb)=nRT$$

再除以 n，我們得到

$$P\left(\frac{V}{n}-b\right)=RT \qquad \textbf{(18-8)}$$

這個關係式 [有時稱為**克勞修斯狀態方程式** (Clausius equation of state)] 預測在某一特定溫度 T 與體積 V 下，壓力 P 將比理想氣體的壓力大。這是合理的，因為“可利用”的體積被減少表示與容器壁的碰撞次數增加。

接下來我們要考慮分子之間吸引力的效應，它是在較低溫度下的液態和固態中將分子握住的原因。這些力在本質上是與電有關的，雖然分子彼此之間即使沒有接觸還是有作用，我們仍假設其作用範圍很小——亦即，它們主要作用於最接近的相鄰分子之間。位於氣體邊緣而朝容器壁移動的分子，受到將它們拉回氣體中的淨力作用而減速。所以如果與沒有吸引力作用的情況相比，這些分子對容器壁施加較小的力和較小的壓力。減少的壓力與氣體表層的分子密度成正比，也與下一層的密度成正比，因為它施加向內的力。[2] 因此我們預期減少的

2r

圖 18-10　半徑為 r 的分子作碰撞。

2　這與萬有引力類似，由物體 m_2 對物體 m_1 施加的力與它們質量的相乘積成正比 (牛頓的萬有引力定律，第 6 章)。

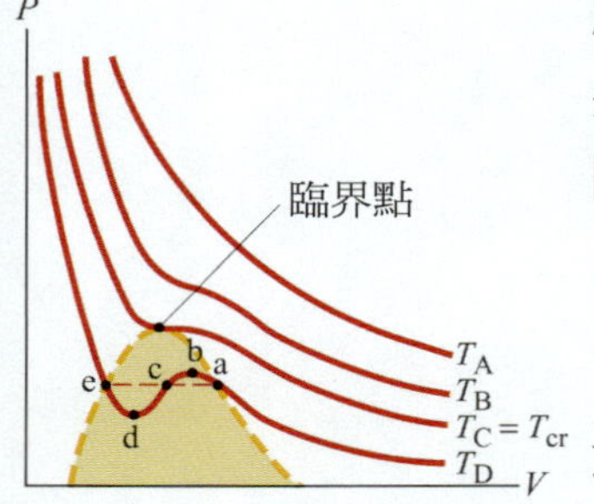

圖 18-11 在四個不同的溫度下，凡得瓦氣體的 PV 圖形。對 T_A、T_B 和 T_C (T_C 選取為臨界溫度) 而言，曲線非常符合大多數氣體的實驗數據。標示為 T_D 的曲線，其溫度低於臨界點，它通過液－氣共存區域。最大值 (b 點) 和最小值 (d 點) 看似人為的，因為水平虛線 (與圖 18-4) 所表示的恆壓才是我們常見的情形。然而，對於非常純的過飽和蒸氣或過冷的液體，已分別觀察到 ab 和 ed 段。(bd 段是不穩定的，並且尚未觀察到。)

壓力正比於密度的平方 $(n/V)^2$，此處以每單位體積的莫耳數表示。如果壓力為 (18-8) 式，則應該再將它減去 $a(n/V)^2$，其中 a 為比例常數。因此我們得到

$$P=\frac{RT}{(V/n)-b}-\frac{a}{(V/n)^2}$$

或

$$\left(P+\frac{a}{(V/n)^2}\right)\left(\frac{V}{n}-b\right)=RT \qquad \textbf{(18-9)}$$

這就是**凡得瓦狀態方程式** (van der Waals equation of state)。

對於不同的氣體，凡得瓦方程式中的常數 a 和 b 是不同的，它是由各種氣體的實驗數據所求得。對 CO_2 氣體而言，最好的搭配是 $a=0.36\ \mathrm{N\cdot m^4/mol^2}$ 與 $b=4.3\times10^{-5}\ \mathrm{m^3/mol}$。圖 18-11 所示為四個不同的溫度下 (18-9) 式 ("凡得瓦氣體") 典型的 PV 圖形，它附有詳細的文字說明，並應與理想氣體的圖 18-4 作比較。

對於所有情況下的各種氣體而言，凡得瓦狀態方程式與其他許多已被提出的狀態方程式都不是完全準確的。但 (18-9) 式仍是一個很有用的關係式。並且因為它在許多情況下都十分準確，所以它的推導過程也提供我們在微觀層級下對氣體本質更深入的了解。注意在低密度時，$a/(V/n)^2 \ll P$ 且 $b \ll V/n$，使得凡得瓦狀態方程式可以簡化為理想氣體的狀態方程式，$PV=nRT$。

*18-6 平均自由路徑

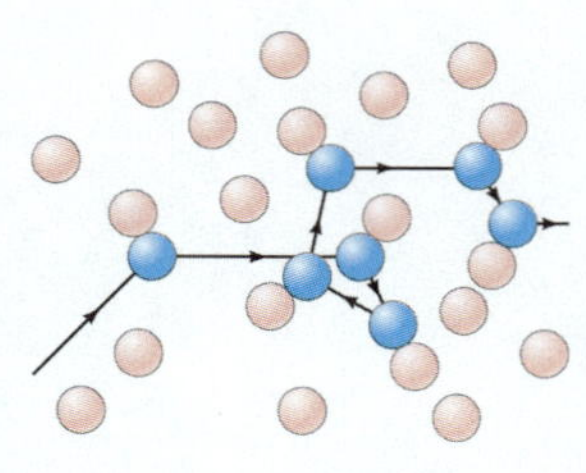

圖 18-12 一個分子與其他分子碰撞的曲折形路徑。

如果氣體分子是真正的質點，它的截面積為零並且不會與其他質點互相碰撞。如果打開香水瓶，整個房間的幾乎可以馬上聞到香水味，因為分子每秒內可以行進數百公尺。而實際上，你需要一點時間才能聞到香味，而且根據動力論，這必定是因為非零尺寸的分子之間產生碰撞所造成的。

如果我們跟著某特定分子的路徑行進，將會發現其路徑為曲曲折折的形狀，如圖 18-12 所示。分子在每次碰撞之間是以直線路徑行進。(如果考慮碰撞之間分子間的小作用力，這就不是十分正確。) 對

一特定情況而言，有一個重要的參數是**平均自由路徑** (mean free path)，它定義為分子在碰撞之間所行進的平均距離。我們預期氣體的密度愈大，並且分子愈大，其平均自由路徑就愈短。我們現在要求理想氣體此一關係的基本性質。

假設氣體分子是半徑為 r 的硬球，每當兩個分子中心的距離小於 $2r$ 時就會發生碰撞。我們跟隨其中一個分子以直線路徑行進。在圖 18-13 中，虛線代表的是沒有產生碰撞之質點的行進路徑。圖中也顯示一個半徑為 $2r$ 的圓柱體。如果另一個分子的中心位於圓柱體內，就會發生碰撞。(當碰撞發生時，質點的路徑與假想的圓柱體當然會改變方向，但是以計算的目的而言，其結果並不會因曲折形的圓柱體變直而改變。) 假設我們的分子在氣體中以平均速率 $\bar{v}$ 行進，並且暫時假設其他分子不動，而分子的密度 (每單位體積的分子數目) 為 N/V。則分子中心位於圓柱體內部 (圖 18-13) 的分子數目為 N/V 乘以該圓柱體的體積，這也代表會發生的碰撞次數。在時間 Δt 內，我們的分子行進一段距離 $\bar{v}\Delta t$，所以圓柱體長度為 $\bar{v}\Delta t$ 並且體積為 $\pi(2r)^2\bar{v}\Delta t$。而在時間 Δt 內發生的碰撞次數為 $(N/V)\pi(2r)^2\bar{v}\Delta t$。**平均自由路徑** (mean free path) ℓ_{M} 的定義為碰撞之間行進的平均距離。此距離等於在時間 Δt 內行進的距離 $(\bar{v}\Delta t)$ 除以時間 Δt 內的碰撞次數

$$\ell_{\mathrm{M}}=\frac{\bar{v}\Delta t}{(N/V)\pi(2r)^2\bar{v}\Delta t}=\frac{1}{4\pi r^2(N/V)} \quad \textbf{(18-10a)}$$

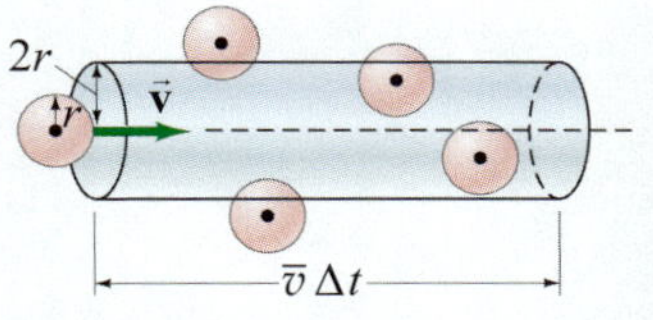

圖 18-13 左邊的分子以速率 $\bar{v}$ 向右行進。它與中心位於半徑為 $2r$ 之圓柱體內的各個分子作碰撞。

因此我們看到 ℓ_{M} 與分子的截面積 $(=\pi r^2)$ 及其密度 (分子數目／體積) N/V 成反比。不過，因為我們假設其他分子都是靜止不動的，所以 (18-10a) 式並不是完全正確。事實上，其他分子是移動的，在時間 Δt 內的碰撞次數必定與碰撞分子的相對速率有關，而不是 $\bar{v}$。所以每秒內的碰撞次數為 $(N/V)\pi(2r)^2 v_{\mathrm{rel}}\Delta t$ [而不是 $(N/V)\pi(2r)^2\bar{v}\Delta t$]，其中 v_{rel} 是碰撞分子的平均相對速率。對馬克斯威爾速率分佈作仔細的計算得到 $v_{\mathrm{rel}}=\sqrt{2}\,\bar{v}$。因此平均自由路徑為

$$\ell_{\mathrm{M}}=\frac{1}{4\pi\sqrt{2}r^2(N/V)} \quad \textbf{(18-10b)}$$

平均自由路徑

例題 18-8 估算 **在 STP 下空氣分子的平均自由路徑** 試估計空氣分子在 STP (0°C，1 atm) 下的平均自由路徑。O_2 和 N_2 分子的直徑約為 3×10^{-10} m。

方法 我們由例題 17-10 得知 1 mol 的理想氣體在 STP 下的體積為 $22.4\times10^{-3}\ \text{m}^3$。因此可以計算 N/V 並且利用 (18-10b) 式。

解答

$$\frac{N}{V}=\frac{6.02\times10^{23}\ \text{分子}}{22.4\times10^{-3}\ \text{m}^3}=2.69\times10^{25}\ \text{分子}/\text{m}^3$$

於是

$$\ell_M=\frac{1}{4\pi\sqrt{2}(1.5\times10^{-10}\ \text{m})^2(2.7\times10^{25}\ \text{m}^{-3})}\approx9\times10^{-8}\ \text{m}$$

備註 這大約是空氣分子之直徑的 300 倍。

在非常低的密度下，例如抽空的容器中，因為分子與容器壁的碰撞會比與其他分子的碰撞更頻繁，所以平均自由路徑的觀念就失去其意義。例如，一個邊長為 20 cm 的立方盒中含有壓力為 10^{-7} torr ($\approx 10^{-10}$ atm) 的空氣，其平均自由路徑大約為 900 m，這表示分子與容器壁的碰撞次數遠大於與其他分子的碰撞次數。(注意，盒中仍然含有 10^{12} 個以上的分子。) 如果平均自由路徑的概念也包括與容器的碰撞，則其數值就會接近 0.2 m，而不是由 (18-10b) 式所計算的結果 900 m。

*18-7 擴散

圖 18-14 數滴的食用色素 (a) 滴入水中，(b) 緩慢地在水中朝四處散佈，最後 (c) 顏色變成均勻的。

如果你小心地將數滴食用色素滴入一杯水中，如圖 18-14 所示，會發現顏色在水中四處散佈。其過程可能會花一點時間 (假設沒有搖動玻璃杯)，但最後顏色會均勻分佈。這種混合過程稱為**擴散** (diffusion)，擴散的發生是因為分子隨機不規則的運動。擴散也會發生在氣體中。常見的例子有香味或煙霧 (或爐子上烹煮食物的氣味) 在空氣中擴散，儘管對流 (移動的空氣流) 通常對氣味的散播比擴散扮演更重要的角色。擴散視濃度——也就是每單位體積的分子數或莫耳數而定。一般而言，擴散中的物質從濃度高的區域移動至濃度低的區域。

以動力論和分子的隨機運動為基礎可以很容易地了解擴散。考慮

一根截面積為 A 的管子，其中左側所含的分子濃度濃度比右側高，見圖 18-15。假設分子作隨機不規則的運動，但依然會有一個向右的淨分子流。為了解其原因，我們考慮管子中一小段長度 Δx，如圖所示。由於分子的隨機運動，有來自區域 1 和 2 的分子移動至中間的這一段中。一個區域中的分子愈多，就有愈多的分子撞擊特定的面積或是通過邊界。由於區域 1 中的分子濃度比區域 2 大，因此由區域 1 進入中間小段的分子就比區域 2 來得多。於是有一個淨分子流由左朝右，由高濃度朝低濃度處流動。只有當濃度變成相等時，淨分子流才會是零。

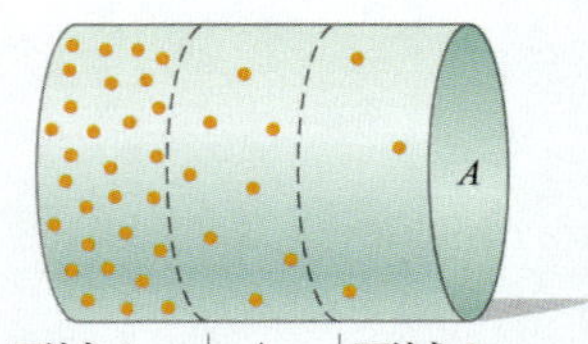

圖 18-15 擴散發生於較高濃度的區域至較低濃度的區域 (圖中只顯示一種分子)。

你可能會以為濃度差愈大，流率就愈大。的確，擴散率 J (每秒的分子數目或莫耳數或公斤) 與每單位距離的濃度差 $(C_1 - C_2)/\Delta x$ [稱為**濃度梯度** (concentration gradient)] 成正比，同時也與截面積 A 成正比 (見圖 18-15)

$$J = DA\frac{C_1 - C_2}{\Delta x}$$

或者以微分形式表示

$$J = DA\frac{dC}{dx} \tag{18-11}$$

其中 D 為比例常數，稱為**擴散常數** (diffusion constant)。(18-11) 式就是**擴散方程式** (diffusion equation)，或**費克定律** (Fick's law)。如果濃度的單位是 mol/m^3，則 J 為每秒內通過某特定點的莫耳數。如果濃度的單位是 kg/m^3，則 J 為每秒內通過的質量 (kg/s)。長度 Δx 的單位是公尺。表 18-3 中列有多種不同物質的 D 值。

表 18-3 擴散常數，D (20°C, 1 atm)

擴散分子	介質	D (m^2/s)
氫	空氣	6.3×10^{-5}
氧	空氣	1.8×10^{-5}
氧	水	100×10^{-11}
血紅素	水	6.9×10^{-11}
甘胺酸 (一種胺基酸)	水	95×10^{-11}
DNA (質量 6×10^6 u)	水	0.13×10^{-11}

例題 18-9 估算 氨氣在空氣中的擴散 為了得到擴散所需之時間的觀念，試估計在打開氨水瓶後，在距離 10 cm 處偵測到氨氣 (NH_3) 所需要的時間，假設只有擴散發生。

物理應用
擴散時間

方法 這是一個數量級的計算。擴散率 J 可以設定為在時間 t 內分子擴散通過面積 A 的分子數目 N：$J = N/t$。於是時間 $t = N/\text{J}$，其中 J 可由 (18-11) 式得知。我們必須對濃度作一些假設與粗略的近似以利用 (18-11) 式。

解答 利用 (18-11) 式，得到

$$t=\frac{N}{J}=\frac{N}{DA}\frac{\Delta x}{\Delta C}$$

平均濃度 (瓶子和鼻子中間處) 可以近似地以 $\overline{C}\approx N/V$ 表示，其中 V 是分子可移動的體積並且大約為 $V\approx A\,\Delta x$，其中 Δx 為 10 cm = 0.10 m。我們將 $N=\overline{C}V=\overline{C}A\,\Delta x$ 代入上式中

$$t\approx\frac{(\overline{C}A\,\Delta x)\,\Delta x}{DA\,\Delta C}=\frac{\overline{C}}{\Delta C}\frac{(\Delta x)^2}{D}$$

瓶子附近的氨氣濃度高 (C) 而鼻子附近處則低 (≈ 0)，所以 $\overline{C}\approx C/2\approx\Delta C/2$，或 $(\overline{C}/\Delta C)\approx\frac{1}{2}$。因為 NH_3 分子的大小大約介於 H_2 和 O_2 之間，由表 18-3，我們可以估計 $D\approx 4\times10^{-5}\ \mathrm{m^2/s}$。所以

$$t\approx\frac{1}{2}\frac{(0.10\ \mathrm{m})^2}{(4\times10^{-5}\ \mathrm{m^2/s})}\approx 100\ \mathrm{s}$$

或大約一至二分鐘。

備註　此結果似乎比經驗中來得長，因此對散播氣味而言，空氣流(對流) 比擴散還重要。

物理應用
色層分析法

觀念例題 18-10　紙巾上的色環　一個小孩用棕色色筆在濕紙巾上畫一個小點。後來，她發現紙巾上不再是棕色點，而是繞著點的同心色環。這期間發生了什麼事？

回答　棕色色筆的墨水是由數種不同的墨水混合而成棕色。其中的每一種墨水以不同的擴散速率在濕紙巾上擴散。經一段時間之後，墨水已擴散得夠遠，而行進的距離差足以區分不同的顏色。化學家和生化學家利用一種類似的技術，稱為*色層分析法*，以不同物質在介質中的不同擴散率來分離物質。

摘要

根據氣體**動力論** (kinetic theory)——這是基於氣體是由快速且隨機運動之分子所組成的觀念——分子的平均動能與凱氏溫度 T 成正比

$$\overline{K} = \frac{1}{2}m\overline{v^2} = \frac{3}{2}kT \qquad \textbf{(18-4)}$$

其中 k 為波茲曼常數。

在任何時刻，氣體中的分子速率分佈在一個寬廣的範圍內。**馬克斯威爾速率分佈** (Maxwell distribution of speeds) 是來自於簡單的動力論假設，並且對於壓力不是太高的氣體而言，它與實驗結果頗為相符。

真實氣體在高壓下，與／或液化點附近的行為，由於分子的有限大小以及分子間的吸引力，使其偏離理想氣體定律。

在**臨界溫度** (critical temperature) 以下，如果施以足夠的壓力，氣體會變成液體，但如果溫度高於臨界溫度，則沒有壓力能使氣體變成液體。

物質的**三相點** (triple point) 是三相——固態、液態和氣態——能夠平衡共存的唯一溫度和壓力。由於它可以準確地再現，所以水的三相點通常被作為一個標準的參考點。

液體的**蒸發** (evaporation) 是移動最快的分子逃離液體表面的結果。由於最快的分子逃離之後，分子的平均速度減小，所以蒸發發生時的溫度會降低。

飽和蒸氣壓 (saturated vapor pressure) 是指氣相和液相處於平衡狀態時液體上方的蒸氣壓力。物質的蒸氣壓 (如水) 與溫度有極密切的關係，它等於沸點下的大氣壓力。

某地點之空氣的**相對濕度** (relative humidity) 為空氣中水蒸氣的分壓力與在該溫度下之飽和蒸氣壓的比值，它通常以百分比表示。

[***凡得瓦狀態方程式** (van der Waals equation of state) 將有限的分子體積以及分子間的吸引力納入考慮，所以與真實氣體的行為較為接近。]

[***平均自由路徑** (mean free path) 是分子在與其他分子的碰撞之間所行進的平均距離。]

[***擴散** (diffusion) 是物質的分子因物質的濃度不同而從一個區域移動 (平均) 至另一個區域的過程。]

問題

1. 為什麼各種不同分子的大小並未構成理想氣體定律的一部分？

2. 當氣體被迅速壓縮時 (例如壓下活塞)，溫度會升高。當氣體對著活塞膨脹時，它會冷卻。利用動力論解釋這種溫度的變化，並特別指出當分子碰撞移動的活塞時其動量有何變化。
3. 在第 18-1 節中，我們假設氣體分子與容器壁作完全彈性碰撞。只要容器壁與氣體的溫度相同，這種假設是沒有必要的，為什麼？
4. 用文字說明如何從動力論以及平均動能與絕對溫度之間的關係得到查理定律。
5. 用文字說明如何從動力論得到給呂薩克定律。
6. 當你走到地球大氣層的更高處，N_2 分子與 O_2 分子的比率會增加，為什麼？
7. 你可以求得真空中的溫度嗎？
8. 溫度是一個巨觀或是微觀的變數？
9. 試解釋為什麼圖 18-3 中之 310 K 曲線的峰值低於 273 K 的峰值。(假設兩者的總分子數是相同的。)
10. 地球的脫離速度是指物體離開地球並且永不返回所需要的最小速率。(a) 由於月球的質量比地球小，所以月球的脫離速度是地球的五分之一。試解釋為什麼月球實際上沒有大氣層。(b) 如果氫氣曾經存在於地球的大氣層中，為什麼它可能會脫離？
11. 如果容器裡的氣體處於靜止狀態，則分子的平均速度必定為零。但平均速率卻不為零。試解釋之。
12. 如果氣體的壓力增為兩倍，而體積維持不變，則 (a) v_{rms} 和 (b) $\bar{v}$ 有何變化？
13. 從日常生活的什麼觀察中可以得知，並非物質中所有的分子都具有相同的速率？
14. 我們看到液體 (例如水) 的飽和蒸氣壓力與外部壓力無關。但是，沸騰的溫度卻視外部壓力而定。這是否矛盾？試解釋之。
15. 在室溫下，酒精蒸發得比水快。你能由此對酒精分子相對於水分子的特性作什麼推論嗎？
16. 試解釋為什麼在潮濕的熱天中要遠比相同溫度的乾燥熱天來得不舒適。
17. 在室溫下 (20°C)，有可能未經加熱而使水沸騰嗎？試解釋之。
18. 我們說氧在 −183°C 沸騰，這是什麼意思？
19. 在 0°C 時，有一根細線橫跨於一大塊的冰塊上，而細線兩端垂掛重物。結果發現，細線會切開且通過冰塊，但它後面會重新結凍為冰塊。這個過程稱為*復冰*。由水的凝固點依壓力而定，說明這是如何發生的？
20. 考慮氣溫相同但濕度不同的兩天。在相同的溫度下，乾燥的空氣或潮濕的空氣之密度較高？試解釋之。
21. (a) 為什麼在壓力鍋裡烹煮食物熟得較快？(b) 為什麼在高海拔處煮麵食或米飯需要較長的煮沸時間？ (c) 水在高海拔處是否較難煮沸？
22. 氣體和蒸氣有何不同？

圖 18-16 問題 26。

23. (a) 在適當的溫度和壓力下，冰可以藉由施加壓力而融化嗎？(b) 在適當的溫度和壓力下，二氧化碳可以藉由施加壓力而融化嗎？

24. 為什麼乾冰在室溫下不能持久？

25. 在什麼條件下液態的 CO_2 可以存在？請具體說明。它可以在正常室溫下以液體形態存在嗎？

26. 為什麼在冬天裡呼出的空氣看似一團小小的白雲 (圖 18-16)？

***27.** 試詳述為什麼聲波只有當波長大於平均自由路徑時才能在氣體中傳播。

***28.** 試舉出可以降低氣體中平均自由路徑的數種方法。

習題

18-1 溫度的分子說

1. (I) (a) 在 STP 下一個氧分子的平均平移動能為何？(b) 在 25°C 時，1.0 mol 之 O_2 分子的總平移動能為何？

2. (I) 計算氦原子在溫度約為 6000 K 的太陽表面附近的均方根速率。

3. (I) 如果溫度由 0°C 上升至 180°C，則氣體分子的均方根速率將增加幾倍？

4. (I) 溫度為 20°C 的氣體。欲使其分子的均方根速率增為原來的 3 倍，溫度應增為多少？

5. (I) 一個 1.0 g 的迴紋針的動能與 15°C 的一個氣體分子相同，此迴紋針的速率為何？

6. (I) 1.0 mol 之氬氣樣本的溫度為 27°C。(a) 此樣本中所有氣體分子的總動能是多少？(b) 一個 65 kg 的人必須跑得多快才能具有相同的動能？

7. (I) 12 個分子的速率如下，其單位可以是任意的：6.0、2.0、4.0、6.0、0.0、4.0、1.0、8.0、5.0、3.0、7.0 和 8.0。試求 (a) 平均速率，與 (b) 均方根速率。

8. (II) 欲使 20.0°C 之氣體分子的均方根速率增加 2.0%，則溫度必須增為多少？

9. (II) 如果某氣體的壓力增為三倍，而其體積保持不變，則 v_{rms} 會變為原來的幾倍？

10. (II) 試證明氣體中分子的均方根速率為 $v_{rms} = \sqrt{3P/\rho}$，其中 P 是氣體的壓力，ρ 是氣體的密度。

11. (II) 試證明兩種氣體在相同溫度下混合，它們的均方根速率之比等於它們的分子質量平方根之比的倒數。

12. (II) 於 3.1 atm 下，在體積 8.5 m^3 中的氮分子之均方根速率為何？已知氮氣的數量為 1800 mol。

13. (II) (a) 對於溫度為 T 的理想氣體，試證明，$\frac{dv_{rms}}{dT}=\frac{1}{2}\frac{v_{rms}}{T}$。並利用近似式 $\Delta v_{rms} \approx \frac{dv_{rms}}{dT}\Delta T$，證明 $\frac{\Delta v_{rms}}{v_{rms}} \approx \frac{1}{2}\frac{\Delta T}{T}$。(b) 如果平均氣溫從冬季的 $-5°C$ 改變為夏季的 $25°C$，試估計因季節變化使空氣分子之均方根速率變化的百分比。

14. (II) 在 STP 下，氧分子之間的平均距離是多少？

15. (II) 鈾的兩種同位素 ^{235}U 和 ^{238}U (上標為其原子質量)，可以藉由與氟結合形成氣態化合物 UF_6 的氣體擴散過程而使其分離。試計算兩種同位素分子在固定溫度下的均方根速率之比。利用附錄 F 中的質量。

16. (II) 真空袋可以存留於理想氣體中嗎？假設一個房間在 20°C 時充滿了空氣，並且其中有半徑為 1 cm 的小球形區域內沒有空氣分子。試估計需要多少時間空氣才能夠充滿此一真空區域？假設空氣的原子質量為 29 u。

17. (II) (a) 計算氮分子在 0°C 時的均方根速率，(b) 試求其每秒內來回橫越 5.0 m 長的房間多少次？假設它極少與其他分子碰撞。

18. (III) 試估計在一般房間中每秒內有多少空氣分子從牆壁上彈回，假設邊長為 ℓ 的立方體房間裡有 N 個理想氣體分子，並且溫度為 T 而壓力為 P。(a) 證明此氣體分子碰撞牆壁的頻率為 $f=\frac{\bar{v}_x}{2}\frac{P}{kT}\ell^2$，其中 $\bar{v}_x$ 是分子速度的平均 x 分量。(b) 證明此方程式可以寫成 $f \approx \frac{P\ell^2}{\sqrt{4mkT}}$，其中 m 為氣體分子的質量。(c) 假設一個充滿空氣的房間位於海平面高度處，並且邊長 $\ell=3$ m，溫度為 20°C。試求 f。

18-2 分子速率的分佈

19. (I) 如果你將氣體分子的質量加倍，是否可能改變溫度而使速度的分佈保持不變？如果可能，需將溫度如何改變？

20. (I) 一組 25 個質點的速率如下：兩個速率是 10 m/s，七個是 15 m/s，四個是 20 m/s，三個是 25 m/s，六個是 30 m/s，一個是 35 m/s 以及兩個是 40 m/s，試求 (a) 平均速率，(b) 均方根速率，與 (c) 最可能的速率。

21. (II) 某氣體含有 15200 個分子，每個分子之質量為 2.00×10^{-26} kg，並具有以下的速率分佈，它大致上像是馬克斯威爾分佈

分子數目	速率 (m/s)
1600	220
4100	440
4700	660
3100	880
1300	1100
400	1320

(a) 試求這個速率分佈的 v_{rms}。(b) 由 v_{rms} 值求氣體的 (有效) 溫度。(c) 試求此一分佈的平均速率 $\bar{v}$，並利用此數值求氣體的 (有效) 溫度。此溫度是否與 (b) 中的結果相符？

22. (III) 從馬克斯威爾速率分佈的 (18-6) 式著手，證明 (a) $\int_0^\infty f(v)\,dv = N$ 與 (b) $\int_0^\infty v^2 f(v)\,dv/N = 3kT/m$。

18-3 真實氣體

23. (I) 當壓力為 30 atm 且溫度為 30°C 時，CO_2 以何種形態存在 (圖 18-6)？

24. (I) (a) 在大氣壓力下，CO_2 能夠以何種形態存在？(b) 在何種壓力和溫度的範圍內，CO_2 能夠以液體之形態存在？參考圖 18-6。

25. (I) 當壓力為 0.01 atm 且溫度為 (a) 90°C，與 (b) − 20°C 時，水的形態為何？

26. (II) 你有一份水的樣本，並且能任意地控制其溫度和壓力。(a) 利用圖 18-5，試描述從 85°C 與 180 atm 開始，然後再將壓力降至 0.004 atm，同時溫度保持固定的相變情況。(b) 將起始溫度改為 0.0°C 後重作 (a)。假設系統在初始條件下穩定後才作進一步的改變。

18-4 蒸氣壓力與濕度

27. (I) 如果濕度為 85%，水蒸氣在 30°C 時的分壓力是多少？

28. (I) 在溫度為 25°C 且相對濕度為 55% 的日子裡，水的分壓力是多少？

29. (I) 在水的沸點為 80°C 的地方，其空氣壓力為何？

30. (II) 如果某一天的濕度為 75% 而溫度為 25°C，則露點為何？

31. (II) 如果高山中某特定地點之空氣壓力為 0.75 atm，試估計水沸騰的溫度。

32. (II) 在一個 5.0 m × 6.0 m × 2.4 m 的密閉的房間中，溫度為 24.0°C 且相對濕度為 65%，其中水的質量是多少？

33. (II) 如果壓力鍋中水沸騰的溫度是 120°C，則其壓力大約是多少？假設它是從 12°C 開始加熱，並且沒有空氣在加熱過程中散逸。

34. (II) 如果一間體積為 440 m^3 的房間在 25°C 時的濕度為 65%，則有多少質量的水仍然可以從打開的鍋中蒸發？

35. (II) **壓力鍋** (pressure cooker) 是一個密封的鍋子，它設計成利用在 100°C 以上沸騰的水蒸氣烹煮食物。圖 18-17 中的壓力鍋使用一個質量為 m 的重物，使蒸氣在特定壓力下可以從鍋蓋上的小孔 (直徑 d) 散逸。如果 $d = 3.0$ mm，欲以 120°C 烹煮食物，則質量 m 應為多少？假設鍋外的大氣壓力為 1.01×10^5 Pa。

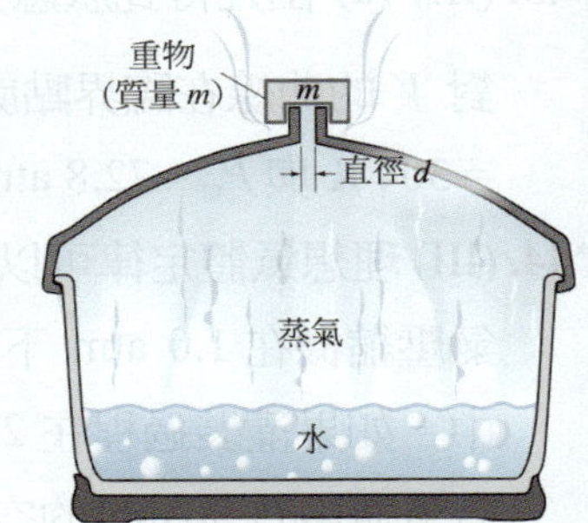

圖 18-17 習題 35。

36. (II) 使用水銀氣壓計時 (第 13-6 節)，通常假定水銀蒸氣壓為 0。在室溫下，水銀的蒸氣壓約為 0.0015 mm-Hg。在海平面處，水銀氣壓計中水銀柱的高度 h 約為 760 mm。(a) 如果忽略水銀蒸氣壓，則實際的大氣壓力會大於或小於由氣壓計所讀取的值？(b) 誤差的百分比是多少？(c) 如果你使用水銀氣壓計並且忽略在 STP 下水的飽和蒸氣壓，則誤差百分比是多少？

37. (II) 如果 30.0°C 時的濕度為 45%，則露點是多少？利用線性內插法求最接近露點的溫度。

38. (III) 在露點 5°C 下的空氣被引入室內溫度為 20°C 的建築物中。在此溫度下的相對濕度是多少？假設壓力固定為 1.0 atm，並且考慮空氣的膨脹。

39. (III) 水的沸騰溫度與大氣壓力之間的數學關係式為何？(a) 利用表 18-2 中的數據，繪製 50°C 至 150°C 之溫度範圍內的 $\ln P$ 對 $(1/T)$ 的圖形，其中 P 為水的飽和蒸氣壓 (Pa) 而 T 為絕對溫度。證明其結果為直線並計算直線之斜率與 y 截距。(b) 證明你的結果表示 $P = Be^{-A/T}$，其中 A 與 B 為常數。由圖中的斜率與 y 截距，證明 $A \approx 5000$ K 與 $B \approx 7\times10^{10}$ Pa。

*18-5 凡得瓦狀態方程式

***40.** (II) 在凡得瓦狀態方程式中，常數 b 代表分子本身佔據的“不可利用的體積”。因此，以 $(V-nb)$ 取代 V，其中 n 為莫耳數。對於氧氣而言，b 約為 3.2×10^{-5} m^3/mol。試估計氧分子的直徑。

***41.** (II) 對於氧氣而言，當 $a = 0.14$ N · m^4/mol^2 和 $b = 3.2\times10^{-5}$ m^3/mol 時得到最相稱的凡得瓦狀態方程式。如果 1.0 mol 氣體在 0°C 時的體積為 0.70 L，試利用 (a) 凡得瓦方程式，與 (b) 理想氣體定律計算其壓力。

***42.** (III) 在一個一端有可移動活塞的大型圓筒中有 0.5 mol 的 O_2 氣體樣品，因此氣體可以壓縮。圓筒的初始體積足夠大，因而使理想氣體定律與凡得瓦方程式所求得的壓力沒有明顯的差異。氣體在恆溫 (300 K) 下慢慢被壓縮，當理想氣體定律與凡得瓦方程式所求得的壓力相差 5% 時，體積為多少？已知 $a = 0.14$ N · m^4/mol^2 且 $b = 3.2\times10^{-5}$ m^3/mol。

***43.** (III) (a) 由凡得瓦狀態方程式，證明臨界溫度和壓力為 $T_{cr} = \dfrac{8a}{27bR}$，$P_{cr} = \dfrac{a}{27b^2}$。[提示：$P$ 對 V 的曲線在臨界點處有一個反曲點，使得其一階與二階導數為零。] (b) 由測量值 $T_{cr} = 304$ K 與 $P_{cr} = 72.8$ atm，求 CO_2 的 a 與 b 值。

***44.** (III) 理想氣體定律可以很恰當地描述氣瓶中被壓縮的空氣嗎？(a) 為了填充氣瓶，一部空氣壓縮機在 1.0 atm 下吸入約 2300 L 的空氣，然後將氣體壓縮輸入容積為 12 L 的氣瓶中。如果灌裝過程在 20°C 下進行，試證明氣瓶中約有 96 mol 的空氣。(b) 假設在 20°C 時氣瓶中有 96 mol的空氣，試利用理想氣體定律預測氣瓶中的空氣壓力。(c) 利用凡得瓦狀態方程式預測氣瓶中的空氣壓力。對於空氣而言，凡得瓦常數為 $a = 0.1373$ N · m^4/mol^2

與 $b=3.72\times10^{-5}$ m^3/mol。(d) 視凡得瓦壓力為真正的空氣壓力，證明理想氣體定律所預測的壓力大約只有 3% 的誤差。

*18-6 平均自由路徑

***45.** (II) 在多大的壓力下，空氣分子的平均自由路徑為 (a) 0.10 m，與 (b) 等於空氣分子的直徑 $\approx 3\times10^{-10}$ m？假設 $T=20$°C。

***46.** (II) 在某一底限壓力以下，一研究用的真空室中的空氣分子 (直徑 0.3 nm) 處於“無碰撞模式”中，意指一特定的空氣分子橫越容器與另一個空氣分子碰撞之前先碰撞對面的牆。試估計邊長為 1.0 m 的真空室於 20°C 時的底限壓力。

***47.** (II) 有極少量的氫氣釋放到空氣中。如果空氣是 1.0 atm 和 15°C，試估計 H_2 分子的平均自由路徑。你要作什麼假設？

***48.** (II) (a) 在 STP 下 CO_2 分子的平均自由路徑經測得大約為 5.6×10^{-8} m。試估計 CO_2 分子的直徑。(b) 同樣地，對在 STP 下 $\ell_M \approx 25\times10^{-8}$ m 的氦氣作估計。

***49.** (II) (a) 試證明一個分子每秒內的碰撞次數 (稱為*碰撞頻率* f) 為 $f=\bar{v}/\ell_M$，因此 $f=4\sqrt{2}\pi r^2\,\bar{v}N/V$。(b) 在 $T=20$°C 且 $P=1.0\times10^{-2}$ atm 時，空氣中 N_2 分子的碰撞頻率是多少？

***50.** (II) 在例題 18-8 中我們看到，在 STP 下空氣分子的平均自由路徑大約為 9×10^{-8} m。試估算其碰撞頻率 f ——每單位時間內的碰撞次數。

***51.** (II) 一個邊長為 1.80 m 的正立方體盒子是抽空的，其內部的空氣壓力為 10^{-6} torr。試估計每一次碰撞容器壁，分子之間會互相碰撞幾次 (0°C)？

***52.** (III) 如果一個長 32 cm 的陰極射線管中有 98% 的電子必須擊中螢幕而不會先與空氣分子碰撞。試估計其中可允許的最大壓力？

*18-7 擴 散

***53.** (I) 例題 18-9 中瓶子打開後經過多久時間可在距離 1.0 m 處檢測到氨氣？擴散和對流對氣味傳播的相對重要性為何？

***54.** (II) 試估計在 20°C 的水中，甘胺酸分子欲擴散 15 μm 的距離所需的時間 (見表 18-3)，如果其濃度在此距離內從 1.00 mol/m^3 變化至 0.50 mol/m^3。將此“速率”與其均方根 (熱) 速率相比較。甘胺酸分子的質量大約是 75 u。

***55.** (II) 氧氣從昆蟲表面通過稱為氣管的細小管子擴散至內部。氣管平均約長 2 mm，且截面積為 2×10^{-9} m^2。假設內部的氧氣濃度為外部大氣中的一半。(a) 試證明在 20°C 時空氣中 (假設 21% 是氧氣) 的氧氣濃度約為 8.7 mol/m^3，然後 (b) 計算擴散率 J，以及 (c) 估計一個分子擴散進入的平均時間。假設擴散常數為 1×10^{-5} m^2/s。

一般習題

56. 一個理想氣體樣本至少必須含 $N=10^6$ 個分子，以使馬克斯威爾分佈可以有效地描述氣體，並指定有意義的溫度。對於在 STP 下的理想氣體而言，最小的長度規格 ℓ (體積 $V=\ell^3$) 為何，可使其指定有效的溫度？

57. 在外太空中，物質的密度大約為每 cm^3 有一個原子，其主要為氫原子，而溫度大約是 2.7 K。試計算這些氫原子的均方根速率與壓力 (以大氣壓為單位)。

58. 約略估計質量為 2.0×10^{-15} kg的大腸桿菌在 37°C 時，所有分子的總平移動能。假設細胞重量的 70% 是水，而其他分子的平均分子質量為 10^5 u。

59. (a) 試估計在 37°C 時，一個活細胞中分子質量為 89 u 之氨基酸的均方根速率。(b) 在 37°C 時，分子質量為 85000 u 之蛋白質的均方根速率是多少？

60. 從地球脫離的速率為 1.12×10^4 m/s，氣體分子以此速率行進，遠離地球至地球大氣層外部邊界時，可以脫離地球的重力場，並自大氣中消失。(a) 氧分子與 (b) 氦原子之平均速率等於 1.12×10^4 m/s時的溫度各為何？(c) 試解釋為什麼大氣層中含有氧氣而不是氦氣？

61. 動力論的第二個假設認為平均而言，分子之間彼此相距甚遠。亦即，它們的平均距離遠大於各個分子的直徑。這個假設是合理的嗎？為核對之用，試計算在 STP 下氣體分子之間的平均距離，並與一般氣體分子約 0.3 nm 的直徑相比較。如果分子的直徑如乒乓球一般大小，例如 4 cm，則緊鄰的乒乓球距離有多遠？

62. 一個液體銫樣品在烤箱中被加熱至 400°C，它產生的蒸氣用來作為原子束。烤箱的體積為 55 cm^3，在 400°C 時銫蒸氣壓為 17 mm Hg，而蒸氣中銫原子的直徑為 0.33 nm。(a) 計算蒸氣中銫原子的平均速率。(b) 單一個銫原子在每秒內與其他銫原子的碰撞次數是多少？(c) 試求蒸氣中所有銫原子在每秒內彼此碰撞的總次數。注意，每次碰撞涉及兩個銫原子並假設理想氣體定律成立。

63. 在溫度為 20°C 時，一個裝有氧氣的容器之高度為 1.00 m。將位於容器頂部之分子的重力位能 (假設底部的位能為零) 與分子的平均動能相比較。將位能忽略是合理的嗎？

64. 在潮濕的氣候裡，人們必須經常對他們的地下室作除濕以防止腐爛和發霉。如果地下室 (保持在 20°C) 的地板面積為 115 m^2 且天花板的高度為 2.8 m，欲使濕度從 95% 降為較合理的 40%，必須移除多少質量的水？

65. 假設一個典型的氮或氧分子的直徑約為 0.3 nm，你所在的房間中有多少百分比的空間被分子本身的體積所佔據？

66. 一個氣瓶的容積為 3100 cm^3。於深海潛水時，氣瓶中充填 50% (體積) 的純氧和 50% 的純氦。(a) 如果在 20°C 時的計示壓力為 12 atm，則氣瓶中兩種類型的分子各有多少個？(b)

兩種分子的平均動能之比是多少？(c) 兩種分子的均方根速率之比是多少？

67. 一艘太空船從月球返回以 42000 km/h 之速率進入大氣層。分子 (假設是氮) 以此一速率撞擊太空船的前端，其對應的溫度為何？(由於此一高溫，太空船的尖端必須是由特殊材料製成。實際上，它蒸發了一部分，這就是重返大氣層時所看到的很亮的火光。)

68. 在室溫下，蒸發 1.00 g 的水大約需要 2.45×10^3 J。試估算蒸發分子的平均速率。它是水分子之 $v_{\rm rms}$ (在 20°C) 的多少倍？[假設 (18-4) 式成立]

69. 計算以下兩天裡空氣中的總水蒸氣壓力。(a) 一個溫度為 30°C 且相對濕度為 65% 的炎熱夏日；(b) 一個溫度為 5°C 且相對濕度為 75% 的寒冷冬日。

***70.** 在 300 K 時，一個 8.50 mol 的二氧化碳樣本佔用 0.220 m^3 之體積。首先由理想氣體定律，然後再利用凡得瓦狀態方程式，計算氣體的壓力。(a 和 b 值參閱第 18-5 節。) 在這個壓力與體積的範圍內，凡得瓦方程式非常準確。在理想氣體定律的情況下，誤差有多少百分比？

***71.** 在星際空間中的原子密度，大部分是氫，大約是每立方公分有一個原子。假設氫原子之直徑為 10^{-10} m，試估計氫原子的平均自由路徑。

***72.** 利用理想氣體定律，試求平均自由路徑 $\ell_{\rm M}$ 的表示式，它與壓力及溫度有關，而不是 (N/V)。利用這個表示式求氮分子在 7.5 atm 與 300 K 下的平均自由路徑。

73. 蒸氣浴的空氣體積為 8.5 m^3，且溫度為 90°C。空氣是完全乾燥的。若欲使相對濕度從 0% 增加至 10%，應蒸發多少的水 (kg)？(參閱表 18-2)。

74. 將許多網球垂直向上拋出撞擊一個 0.50 kg 的垃圾桶蓋，使其懸空。每秒內必須有多少的網球從桶蓋彈性地彈回？已知網球質量為 0.060 kg 且速率為 12 m/s。

***75.** 氣體中的聲波只有在氣體分子以聲波週期的時間等級與其他分子相互碰撞時才能傳播。因此，氣體中聲波最可能的最高頻率 $f_{\max}$ 大約等於分子間平均碰撞時間的倒數。假設由質量為 m 且半徑為 r 之分子所組成的氣體在壓力 P 和溫度 T 下，(a) 證明 $f_{\max}\approx 16Pr^2\sqrt{\dfrac{\pi}{mkT}}$。(b) 計算 20°C 的空氣在海平面處的 $f_{\max}$。$f_{\max}$ 比人類可聽範圍的最高頻率 (20 kHz) 大多少倍？

*數值／計算機

***76.** (II) 若 $T=300$K，利用試算表在 100 m/s 至 5000 m/s 之間，以每 50 m/s 為速率間距計算各有多少部分的分子，並且繪圖。

***77.** (II) 利用數值積分 [第 2-9 節] 來估計 (在 2% 以內) 在 1.00 atm 與 20°C 下，空氣分子中有多少部分的速率大於最可能速率的 1.5 倍。

*78. (II) 氧氣的凡得瓦常數為 $a = 0.14\ \mathrm{N \cdot m^4/mol^2}$ 與 $b = 3.2 \times 10^{-5}\ \mathrm{m^3/mol}$。利用這些數值，對於 1 mol 的氧氣繪製在 $V = 2 \times 10^{-5}\ \mathrm{m^3}$ 至 $2.0 \times 10^{-4}\ \mathrm{m^3}$ 之間，並且在下列溫度時的壓力對體積的 6 條曲線。溫度為 80 K、100 K、120 K、130 K、150 K 和 170 K。由圖中求氧氣之臨界溫度的近似值。

練習題答案

A: (a)。

B: (d)。

C: (c)。

D: (d)。

E: (b)。

熱與熱力學第一定律

在寒冷的天氣中，溫暖的衣物形同絕緣體一般，可以減少因傳導和對流所造成的由身體至四周環境中的熱損失。營火的熱輻射可以溫暖你和你的衣服。火也可以經由熱對流和傳導直接將能量傳遞至烹煮的食物中。熱，如同功一般，代表能量的轉移。熱定義為由溫差所引起的能量轉移。功則是藉由力學方式的能量轉移，而不是由溫差所引起。熱力學第一定律將兩者結合成為能量守恆的一個廣義表述：加入系統的熱 Q 減去系統所作的淨功 W 等於系統內能的變化：$\Delta E_{int} = Q - W$。內能 E_{int} 則是系統之分子所有能量的總和。

章前問題——試著想想看！

一塊 5 kg 的溫 (60°C) 鐵塊與一塊 10 kg 的冷 (15°C) 鐵塊作熱接觸，下列敘述何者正確

(a) 熱自發地從溫鐵塊流向冷鐵塊，直到兩者的熱含量相等為止。

(b) 熱自發地從溫鐵塊流向冷鐵塊，直到兩者的溫度相等為止。

(c) 熱可以自發地從溫鐵塊流向冷鐵塊，也可以自發地從冷鐵塊流向溫鐵塊。

(d) 熱絕不會從冷的物體或區域流向熱的物體或區域。

(e) 熱從較大的鐵塊流向較小的鐵塊，因為較大的鐵塊具有較多的內能。

當一壺冷水置於熱爐火上時，水的溫度會上升。我們說熱從爐火“流”向冷水。當兩個溫度不同的物體互相接觸時，熱會自發地從較熱的物體流向較冷的物體。熱自發的流動是朝向使兩者溫度趨於相等的方向。如果兩個物體接觸的時間夠長，而使兩者的溫度相等，則這兩個物體稱為是處於熱平衡中，同時兩者之間沒有進一步的熱流動。例如，當一支體溫計置於你的口中時，熱從你的口中流向體溫計。當體溫計達到與你的口中相同的溫度時，體溫計與你的口處於平衡狀態，不再有熱的流動。

熱與溫度經常被混為一談。兩者是完全不同的觀念，我們會將它們作清楚的區分。本章從熱的觀念之定義和使用開始。本章中也會開始討論熱力學，它是研究能量以熱或功的形式傳遞之過程。

19-1 熱是能量的轉移

在日常生活中我們使用“熱”這個字是以我們所認知的意義去使用，但是這個字的用法往往並不一致，所以清楚地定義熱以及釐清與熱相關的現象和觀念是很重要的。

⚠注意

熱不是流體

我們通常會提及熱的流動——熱從爐火流向湯鍋、從太陽流向地球、從某人的口中流向體溫計。熱會自發地從溫度較高的物體流向溫度較低的物體。在十八世紀，熱的模型認為熱流是一種稱為熱的流體物質的移動。然而，熱流體卻從未被檢測出。十九世紀時，發現與熱相關的各種不同現象，可以一貫地利用一個將熱視為與功類似的新模型，而加以描述，我們馬上就會討論。首先，我們注意到一個目前仍在使用的熱的常見單位。它稱為**卡路里** (calorie) (cal)，定義為使 1 公克的水上升攝氏 1 度所需的熱。[準確地說，應該是由 14.5°C 上升至 15.5°C，因為在不同的溫度下所需的熱略有不同。在 0°C 至 100°C 的範圍中，其差別不到 1%，因此我們大部分都會將它忽略。] 比卡路里更常用的單位是相當 1000 卡路里的**仟卡** (kilocalorie) (kcal)。所以 1 kcal 是使 1 kg 的水上升 1C° 所需的熱。通常仟卡寫成 Calorie (C 為大寫)，它常用於表示食物中的能量值。在英制單位中，熱是以英熱單位 (Btu) 計量，1 Btu 定義為使 1 lb 的水上升 1 F° 所需的熱。習題 4 中將會證明 1 Btu = 0.252 kcal = 1056 J。

熱與能量轉移相關是十九世紀許多科學家，尤其是英國啤酒商焦耳 (James Prescott Joule) (1818-1889) 所持續探討的觀念。圖 19-1 所示為焦耳的其中一個實驗 (簡化)，向下墜落的重物使槳葉轉動，而水與槳葉之間的摩擦造成水溫略微上升 (事實上焦耳只能勉強地測得)。在這一個以及其他許多的實驗中 (有些與電能相關)，焦耳測得作功的大小始終等於特定數量的熱輸入。在數量上，4.186 焦耳 (J) 的功等於 1 卡路里 (cal) 的熱。此即為**熱功當量** (mechanical equivalent of heat)

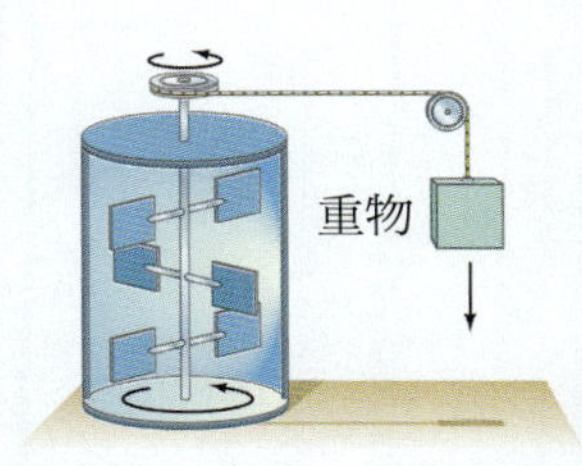

圖 19-1 焦耳的熱功當量實驗。

$$4.186 \text{ J} = 1 \text{ cal}$$
$$4.186 \text{ kJ} = 1 \text{ kcal}$$

由於這些以及其他的實驗，科學家們不把熱當作是物質，也不完全是能量的形式，而是一種能量的轉移：當熱從熱的物體流向較冷的物體時，是能量從熱的物體被轉移至冷的物體。所以**熱** (heat) 是由溫差所引起的由一物體轉移至另一物體的能量。在 SI 單位制中，熱的單位與其他的能量相同，都是焦耳。儘管如此，卡路里和仟卡也是有時會用到的單位。今日的卡路里是以焦耳來定義 (由上述的熱功當量)，而不是由前述水的性質來定義。但是後者很容易記憶：1 cal 可使 1 g 的水升高 1C°，或者 1 kcal 可使 1 kg 的水升高 1C°。

⚠ 注意

熱是由於 ΔT 所引起的能量轉移

焦耳的實驗結果是很重要的，因為它擴展了功能定理而將熱的過程包含在內。它也導引了能量守恆定律的建立，我們將在本章稍後作更完整的討論。

例題 19-1 估算　消耗多餘的卡路里　假設你不在意地吃了太多的冰淇淋和蛋糕，共約 500 kcal。為了加以補救，你必須作相等數量的功，如爬樓梯或登山。你一共必須爬多高？

物理應用

消耗卡路里

方法　你爬樓梯所作的功必須等於重力位能的變化：$W = \Delta PE = mgh$，其中 h 為所爬的垂直高度。以你的質量近似於 $m \approx 60$ kg 來作估算。

解答　500 kcal 換算成焦耳為

$$(500 \text{ kcal})(4.186 \times 10^3 \text{ J/kcal}) = 2.1 \times 10^6 \text{ J}$$

爬垂直高度 h 所作的功為 $W = mgh$。所以 h 為

$$h = \frac{W}{mg} = \frac{2.1 \times 10^6 \text{ J}}{(60 \text{ kg})(9.80 \text{ m/s}^2)} = 3600 \text{ m}$$

這是很高的高度 (超過 11000 呎)。

備註 人體無法以 100% 的效率轉換食物能量——其效率約為 20%。如下一章中所述，部分的能量總是會被“浪費”掉，所以實際上只需爬大約 (0.2)(3600 m) ≈ 700 m，這個答案比較合理 (高度大約為 2300 呎)。

19-2 內能

物體中所有分子全部能量的總和稱為**內能** (internal energy)。(**熱能** (thermal energy) 有時候也代表相同的意義。) 我們現在介紹內能的觀念，藉此釐清與熱相關的概念。

區別溫度、熱與內能

⚠ **注意**
區分熱、內能和溫度

利用動力論我們可以明確地區分溫度、熱與內能。溫度 (單位為 K) 是個別分子平均動能的度量。內能則是物體中所有分子的總能量。(所以兩個相同質量的熱鐵塊也許具有相同的溫度，但是它們兩個的內能會是其中一個的兩倍。) 最後，熱是由於溫差所引起的從一物體至另一物體的能量轉移。

⚠ **注意**
熱流的方向視溫度而定 (而不是內能的多寡)

值得注意的是兩個物體間熱流的方向視兩者的溫度而定，而與兩物體內能的多寡無關。因此，如果有 50 g 且溫度為 30°C 的水與 200 g 且溫度為 25°C 的水接觸 (或混合)，即使 25°C 的水因數量較多而具有較多的內能，熱流還是從 30°C 的水流向 25°C 的水。

練習 A 回到章前問題，第 801 頁，並且再次作答。試解釋為什麼你的答案可能已經與原先不同。

理想氣體的內能

我們現在計算 n 莫耳的單原子分子 (每個分子只有一個原子) 之理想氣體的內能。內能 E_{int} 是所有原子之平移動能的總和，[1] 它等於每個分子的平均動能乘上總分子數 N

$$E_{\text{int}} = N\left(\frac{1}{2}m\overline{v^2}\right)$$

1 有些書用符號 U 代表內能。此處用 E_{int} 以避免與代表位能的 U (第 8 章) 混淆。

利用 (18-4) 式，$\overline{K}=\frac{1}{2}m\overline{v^2}=\frac{3}{2}kT$，我們可以將上式寫成

$$E_{\text{int}}=\frac{3}{2}NkT \quad \text{(19-1a)}$$

或 (由第 17-9 節)

$$E_{\text{int}}=\frac{3}{2}nRT \quad \text{[理想單原子氣體]} \quad \text{(19-1b)}$$

其中 n 為莫耳數。所以理想氣體的內能只與溫度及氣體的莫耳數有關。

如果氣體分子所包含的原子數目不只一個，則應該同時考慮分子的轉動和振動的能量 (圖 19-2)。在一特定溫度下，其內能將比單原子氣體來得大，但對理想氣體而言，它仍然只是溫度的函數。

真實氣體的內能主要也是依溫度而定，但是真實氣體的行為與理想氣體有所偏離，它們的內能也稍微與壓力及體積有關 (由於原子的位能)。

液體和固體的內能十分複雜，因為它包括與原子和分子之間的力 (或"化學"鍵) 相關的電位能。

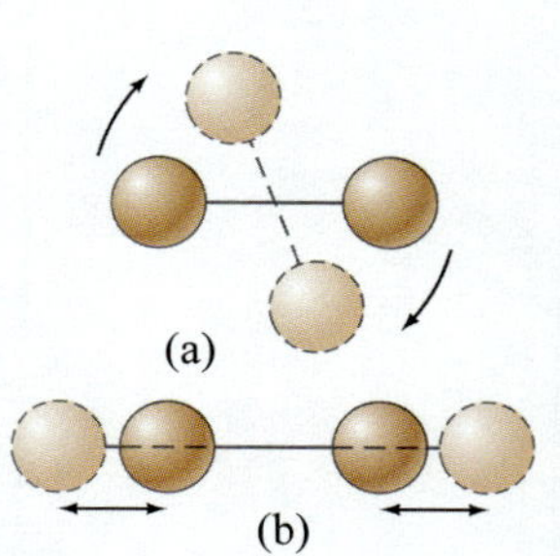

圖 19-2 除了平移動能之外，分子也可以具有 (a) 轉動能量，與 (b) 振動能量 (含動能和位能)。

19-3 比熱

物體的溫度會因為熱的流入而升高 (假設沒有相變)。但是溫度會上升多少？那要視情況而定。早在十八世紀時，實驗者已經認知欲改變一特定物體之溫度所需的熱與物質的質量 m 以及溫度的變化量 ΔT 成正比。這個在本質上的簡易性可以表示成

$$Q=mc\,\Delta T \quad \text{(19-2)}$$

其中 c 稱為**比熱** (specific heat) 是物質的一個數量上的特性。由於 $c=Q/m\Delta T$，因此比熱的單位是 J/kg · C° [2] 或是 kcal/kg · C°。水在 15°C 與恆壓 1 atm 下的 $c=4.19\times10^3$ J/kg · C° 或是 1.00 kcal/kg · C°，因為由卡或焦耳的定義可知，欲使 1 kg 的水上升 1 C° 需要 1 kcal 的熱。表 19-1 列出其他固體與液體在 20℃ 時的比熱。固體和液體的 c 值在某

表 19-1 比熱
(除非另有說明，否則均處於恆壓 1 atm 和 20°C 下。)

物質	比熱 c kcal/kg · C° (= cal/g · C°)	比熱 c J/kg · C°
鋁	0.22	900
酒精 (乙基)	0.58	2400
銅	0.093	390
玻璃	0.20	840
鐵或鋼	0.11	450
鉛	0.031	130
大理石	0.21	860
水銀	0.033	140
銀	0.056	230
木材	0.4	1700
水		
冰 (−5℃)	0.50	2100
液體 (15℃)	1.00	4186
蒸氣 (110℃)	0.48	2010
人體 (平均)	0.83	3470
蛋白質	0.4	1700

2 注意 J/kg · C° 的意思是 $\frac{\text{J}}{\text{kg}\cdot\text{C}^\circ}$，而不是 (J/kg) · C° = J · C°/kg (否則就會寫成此一形式)。

種程度上與溫度相關(也與壓力有稍許相關)，但是在溫度變化量不是太大的情形下，可以將 c 視為常數。[3] 氣體的特性較為複雜，將於第 19-8 節中討論。

例題 19-2 熱的轉移與比熱的相關性 (a) 欲使一個 20 kg 的空鐵桶從 10°C 上升至 90°C 需要多少的熱？(b) 如果鐵桶中裝有 20 kg 的水，又需多少的熱？

方法 我們應用 (19-2) 式至相關的不同材料。

解答 (a) 系統為鐵桶。由表 19-1 得知鐵的比熱是 450 J/kg · C°。溫度的變化為 (90°C − 10°C) = 80 C°。所以

$$Q = mc\,\Delta T = (20\text{ kg})(450\text{ J/kg}\cdot\text{C}^\circ)(80\text{ C}^\circ)$$
$$= 7.2\times10^5\text{ J} = 720\text{ kJ}$$

(b) 系統為鐵桶和水。水需要熱

$$Q = mc\,\Delta T = (20\text{ kg})(4186\text{ J/kg}\cdot\text{C}^\circ)(80\text{ C}^\circ)$$
$$= 6.7\times10^6\text{ J} = 6700\text{ kJ}$$

或者幾乎是相同質量的鐵所需的 10 倍。鐵桶和水總共需要的熱是 720 kJ + 6700 kJ = 7400 kJ

備註 在 (b) 中，鐵桶和水具有相同的溫度變化量 $\Delta T = 80$ C°，但是它們的比熱不同。

物理應用

水的高比熱值之實際效應

如果例題 19-2 的 (a) 中之鐵桶已經從 90°C 冷卻至 10°C，則會有 720 kJ 的熱流出。換句話說，(19-2) 式對於與溫度升高或降低相關之熱的流入或流出都是適用的。在 (b) 中我們看到水幾乎需要 10 倍的熱才能與相同質量的鐵上升相同的溫度變化量。水的比熱是所有物質中最高者之一，這個特性使水成為熱水供熱系統以及對於特定數量的熱轉移而要求溫度下降量為最小之裝置的最佳物質。熱蘋果派中，由於其蘋果而非派餅皮中所含的水份經由熱轉移作用會燙傷我們的舌頭。

3 若考慮 c 與 T 的相關性，我們可以將 (19-2) 式寫成微分形式：$dQ = mc(T)\,dT$，其中 $c(T)$ 表示 c 是溫度 T 的函數。所以溫度由 T_1 改變為 T_2 所需的熱 Q 為

$$Q = \int_{T_1}^{T_2} mc(T)\,dT。$$

19-4 量熱學——解答問題

在討論熱與熱力學時，我們往往會提及特定的系統。如同先前各章中所述，**系統** (system) 是我們要考慮的任何物體或一組物體。而宇宙中的其他物體則是此系統的“環境”或“周遭”。系統有幾種不同的類型。**封閉系統** (closed system) 是沒有質量進入或離開的系統 (但是可以與環境作能量交換)。**開放系統** (open system) 是質量可以進入或離開 (能量也可以) 的系統。在物理學中我們探討的許多 (理想) 系統都是封閉系統。但是包括植物和動物在內的許多系統因為與環境作物質 (食物、氧氣和廢棄物) 的交換，所以是開放系統。如果一個密閉系統之邊界沒有任何形式的能量穿越，則系統稱為是**隔離的** (isolated)；否則，它就不是隔離的。

當一個隔離系統中各部分的溫度不同時，熱會從溫度較高的部分流向 (能量轉移) 溫度較低的部分——亦即在系統內部。若系統是真正隔離，就沒有能量的進出。因此，能量守恆再度扮演重要的角色：系統中某一部分損失的熱等於另一部分所獲得的熱

損失的熱＝獲得的熱

或者

某一部分損失的能量＝另一部分獲得的能量

這些簡單的關係式是非常有用的，但必須視整個系統與隔離系統 (沒有發生其他能量的轉移) 的近似程度而定。接著作以下的例題。

例題 19-3 **杯子使茶冷卻** 體積為 200 cm^3 且溫度為 95°C 的茶倒入初始溫度為 25°C 的一個 150 g 的玻璃杯中 (圖 19-3)，當達到平衡時，它們最終共同的溫度 T 是多少？假設沒有熱流至環境中。

方法 假設茶與杯子的系統是隔離的，我們應用能量守恆：從茶中流出的所有的熱會進入杯子中。利用比熱方程式，(19-2) 式，求出與溫度變化相關的熱流。

解答 茶的主要成份是水，其比熱為 4186 J/kg · C° (表 19-1)，而質量 m 等於密度乘以體積 ($V = 200\text{ cm}^3 = 200 \times 10^{-6}\text{ m}^3$)：$m = \rho V = (1.0 \times 10^3\text{ kg/m}^3)(200 \times 10^{-6}\text{ m}^3) = 0.20\text{ kg}$。我們利用 (19-2) 式與能量守恆，並且令最終溫度為 T

圖 19-3 例題 19-3。

茶損失的熱＝杯子獲得的熱

$$m_{\text{tea}}\, c_{\text{tea}}\, (95°\text{C} - T) = m_{\text{cup}}\, c_{\text{cup}}\, (T - 25°\text{C})$$

利用表 19-1 (玻璃的比熱 $c_{\text{cup}} = 840$ J/kg · C°) 並代入數字可以求得 T

$$(0.20\ \text{kg})(4186\ \text{J/kg} \cdot \text{C°})(95°\text{C} - T) = (0.15\ \text{kg})(840\ \text{J/kg} \cdot \text{C°})(T - 25°\text{C})$$

$$79500\ \text{J} - (837\ \text{J/C°})\ T = (126\ \text{J/C°})\ T - 3150\ \text{J}$$

$$T = 86°\text{C}$$

茶與杯子達到平衡後，茶的溫度下降 9 C°。

備註　杯子的溫度上升 86°C − 25°C = 61 C°，(相對於茶而言) 此溫度變化大得多，原因是杯子的比熱比茶水的比熱小得多。

注意

當利用

損失的熱＝獲得的熱時，等號兩邊的 ΔT 皆為正值

備註　在此計算中，能量守恆方程式兩邊的 ΔT [(19-2) 式，$Q = mc\,\Delta T$] 為正值。左邊為“損失的熱”，其 ΔT 為初始溫度減去最終溫度 (95°C−T)，而右邊為“獲得的熱”，ΔT 為最終溫度減去初始溫度。接下來說明另一種解法。

問題解答

另一種解法：$\Sigma Q = 0$

另一種解答　我們可以用另一種方法解答這個例題 (或其他題目)。我們可以寫成流進或流出隔離系統的總熱為零

$$\Sigma Q = 0$$

其中每一項都寫成 $Q = mc\,(T_{\text{f}} - T_{\text{i}})$，而 $\Delta T = T_{\text{f}} - T_{\text{i}}$ 始終是最終溫度減去初始溫度，而每個 ΔT 可以是正值或負值。在本例題中

$$\Sigma Q = m_{\text{cup}}\, c_{\text{cup}}\, (T - 25°\text{C}) + m_{\text{tea}}\, c_{\text{tea}}\, (T - 95°\text{C}) = 0$$

因為 T 將會小於 95°C，所以第二項為負。解此方程式會得到相同的結果。

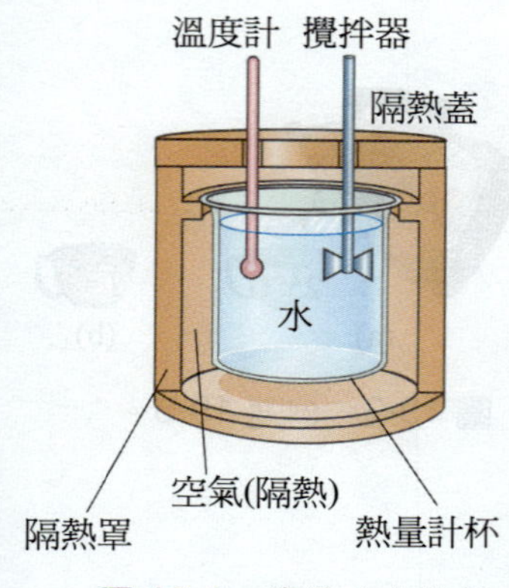

圖 19-4　簡單的水熱量計。

例題 19-3 中的能量交換是一種稱為**量熱學** (calorimetry) 之技術的基礎，它是熱交換定量的測量。為了進行此一測量，必須使用**熱量計** (calorimeter)。圖 19-4 中所示是一個簡單的水熱量計。熱量計務必具有良好的隔熱，如此一來才不會與四周環境作熱交換。熱量計的一個重要用途是測定物質的比熱。在“混合法”的技術中，物質樣本被加熱至高溫並且準確地測量其溫度，然後立即放入熱量計的冷水中。水

與熱量計杯獲得的熱就是樣本所損失的熱。藉由測量混合物的最終溫度，就可以計算物質的比熱，如以下的例題所述。

例題 19-4 **利用量熱學求比熱** 一位工程師想要求得一種新的金屬合金之比熱。一個 0.150 kg 的合金樣本被加熱至 540°C，然後立刻放入質量為 0.200 kg 之鋁製熱量計杯中的 0.400 kg 且溫度為 10.0°C 的水中。(因為隔熱罩與熱量計杯之間的空氣具有良好的隔熱，使隔熱罩的溫度沒有明顯的變化，所以不需要考慮隔熱罩的質量。) 系統最終的溫度為 30.5°C。試求合金的比熱。

方法 我們將能量守恆應用於系統中，系統包含合金樣本、水和熱量計杯。假設系統是隔離的，所以熱合金損失的能量等於水與熱量計杯所獲得的能量。

解答 損失的熱等於獲得的熱

$$\begin{pmatrix}\text{合金}\\\text{損失的熱}\end{pmatrix} = \begin{pmatrix}\text{水}\\\text{獲得的熱}\end{pmatrix} + \begin{pmatrix}\text{熱量計杯}\\\text{獲得的熱}\end{pmatrix}$$

$$m_a\, c_a\, \Delta T_a \;=\; m_w\, c_w\, \Delta T_w \;+\; m_{cal}\, c_{cal}\, \Delta T_{cal}$$

其中的下標 a、w 和 cal 分別代表合金、水和熱量計杯，而且各項的 $\Delta T > 0$。將數字代入並利用表 19-1 中的數據後，這個方程式變成

$$(0.150\text{ kg})(c_a)(540°\text{C} - 30.5°\text{C}) = (0.400\text{ kg})(4186\text{ J/kg}\cdot\text{C}°)(30.5°\text{C} - 10.0°\text{C}) + (0.200\text{ kg})(900\text{ J/kg}\cdot\text{C}°)(30.5°\text{C} - 10.0°\text{C})$$

$$(76.4\text{ kg}\cdot\text{C}°)\, c_a = (34300 + 3690)\text{ J}$$

$$c_a = 497\text{ J/kg}\cdot\text{C}°$$

在這個計算過程中已經忽略任何轉移至溫度計與攪拌器 (用於加快熱的轉移過程因而減少流向外部的熱損失) 的熱。如果考慮這些因素而將相關項目加到上式的右邊，可以對 c_a 值作稍許的修正。

在這一類的例題和習題中，要確定已將所有獲得或損失熱的物體均納入考慮 (合情合理的)。在這個例題中，“損失熱”的一邊只有熱金屬合金。而“獲得熱”的一邊有水與熱量計杯。為了簡化問題，我們已經忽略了如溫度計和攪拌器之類的質量很小的物體，這對能量平衡的影響非常小。

問題解答

確定包含所有可能的能量轉移之來源

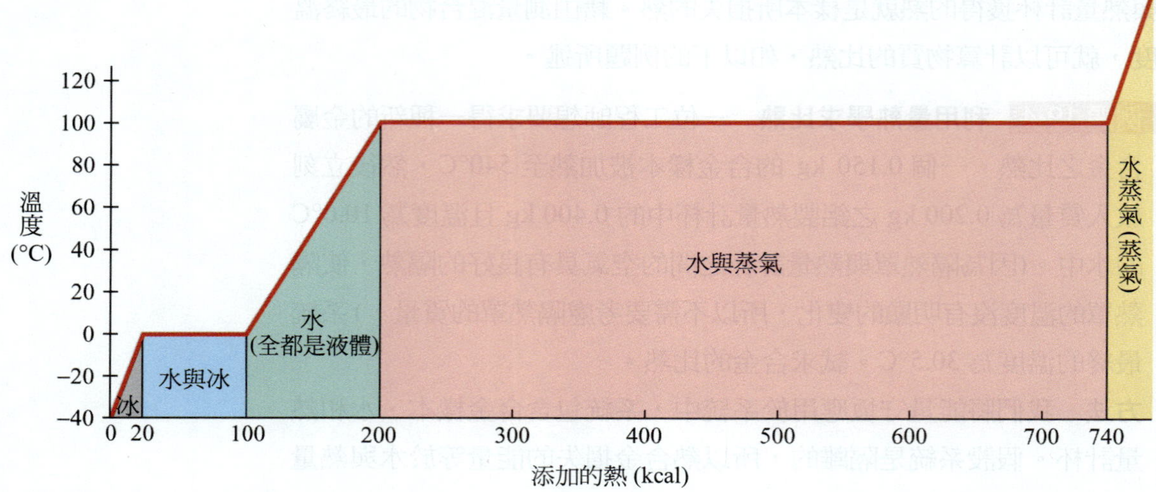

圖 19-5 將 1.0 kg 且溫度為−40℃ 的冰加熱轉變成 100℃ 以上的蒸氣，其溫度為所加的熱之函數。

19-5 潛熱

當物質由固相轉變成液相，或由液相轉變成氣相 (參閱第 18-3 節) 時，這個**相變** (change of phase) 過程與某種數量的能量有關。例如，我們將 1.0 kg 且溫度為 −40°C 的冰塊以穩定的速率緩緩地加熱至其全部轉變成水，然後再將 (液體) 水加熱至 100°C 並且變成蒸氣，最後再將蒸氣加熱使其超過 100°C，而全部過程均在 1 atm 下進行。如圖 19-5 中所示，當冰從 −40°C 開始加熱時，其溫度隨著加熱以大約 2 C°/kcal 的速率上升 (冰的 $c \approx 0.50$ kcal/kg · C°)。然而，當溫度達到 0°C 時，即使持續加熱溫度也不再上升。此時，冰緩緩地變成液態水，而溫度保持不變。於 0°C 時加入大約 40 kcal 之後，有一半的冰變成水，另一半的冰則維持原有狀態。在加入大約 80 kcal，或 330 kJ 之後，所有的冰都已經轉變成水，而溫度仍然為 0°C。繼續加熱會使水的溫度再度上升，此時溫度上升的速率為 1 C°/kcal。當溫度達到 100°C 時，溫度再次保持不變，此時所加的熱使液態的水轉變成水蒸氣 (蒸氣)。大約需要 540 kcal (2260 kJ) 的熱才能使 1.0 kg 的水完全變成蒸氣。接下來之後，圖形再度上升，表示蒸氣的溫度隨著加熱而升高。

使 1.0 kg 的物質從固態轉變為液態所需的熱稱為**熔化熱** (heat of fusion)，以 L_F 表示。水的熔化熱是 79.7 kcal/kg，或以 SI 單位制表示為 333 kJ/kg (= 3.33×10^5 J/kg)。而使物質從液相轉變為氣相所需的熱稱為**汽化熱** (heat of vaporization) L_V。水的汽化熱為 539 kcal/kg 或 2260 kJ/kg。其他的物質雖然熔點及沸點溫度與水不同，而比熱、熔化熱及汽化熱也與水不同，但是圖形與圖 19-5 類似。熔化熱與汽化熱的值也稱為**潛熱** (latent heat)。表 19-2 中列有數種物質的潛熱值。

汽化熱或熔化熱也可以解釋成物質從氣態轉變為液態或由液態轉變為固態所釋放出來的熱。因此，當水蒸氣變成水時會釋放出 2260 kJ/kg，而水變成冰時則釋放出 333 kJ/kg。

相變中的熱不僅與潛熱有關，也與物質的總質量相關。亦即，

$$Q = mL \tag{19-3}$$

其中 L 是特定過程與物質的潛熱，m 為物質的質量，而 Q 則是相變期間加入或釋放的熱。例如，5.00 kg 的水在 0°C 凝固時，會釋放出 (5.00 kg)(3.33×10^5 J/kg) = 1.67×10^6 J 的能量。

練習 B　一壺水在瓦斯爐上沸騰，然後你將爐火調大，接下來會發生什麼事？(a) 水溫開始上升。(b) 水的損失率因蒸發而稍微減少。(c) 水的損失率因為沸騰而增加。(d) 沸騰率與水溫都有明顯的增加。(e) 以上皆非。

量熱學有時會與相變有關，如以下的例題所述。通常利用量熱學測量潛熱。

表 19-2　潛熱 (於 1 atm 下)

物質	熔點 (°C)	熔化熱		沸點 (°C)	汽化熱	
		kcal/kg*	kJ/kg		kcal/kg*	kJ/kg
氧	−218.8	3.3	14	−183	51	210
氮	−210.0	6.1	26	−195.8	48	200
乙醇	−114	25	104	78	204	850
氨	−77.8	8.0	33	−33.4	33	137
水	0	79.7	333	100	539	2260
鉛	327	5.9	25	1750	208	870
銀	961	21	88	2193	558	2300
鐵	1808	69.1	289	3023	1520	6340
鎢	3410	44	184	5900	1150	4800

* 以 kcal/kg 與 cal/g 為單位的數值相同。

例題 19-5 **冰會全部融化嗎？** 一塊 0.50 kg 且溫度為 −10°C 的冰塊放入 3.0 kg 且溫度為 20°C 之冰過的茶中。此混合物最後的溫度和相為何？茶可以視為水，並且忽略流至容器與周遭環境中的熱。

問題解答

先決定（或估計）最終狀態

方法 在利用能量守恆而寫出方程式之前，我們必須先確定混合物的最終狀態是冰、0°C 的冰水混合物，或者全部都是水。使 3.0 kg 的水從 20°C 下降至 0°C 需要釋放出能量 [(19-2) 式]

$$m_w c_w (20°\text{C} - 0°\text{C}) = (3.0\text{ kg})(4186\text{ J/kg}\cdot\text{C°})(20\text{ C°}) = 250\text{ kJ}$$

另一方面，使冰從 −10°C 上升溫度至 0°C 需要

$$m_{ice} c_{ice} [0°\text{C} - (-10°\text{C})] = (0.50\text{ kg})(2100\text{ J/kg}\cdot\text{C°})(10\text{ C°}) = 10.5\text{ kJ}$$

將 0°C 的冰轉變為水需要 ((19-3) 式)

$$m_{ice} L_F = (0.50\text{ kg})(333\text{ kJ/kg}) = 167\text{ kJ}$$

所以一共是 10.5 kJ + 167 kJ = 177 kJ。這並不足以使 3.0 kg 的水從 20°C 下降至 0°C，因此混合物的最終狀態是溫度介於 0°C 與 20°C 之間的水。

問題解答

然後再求最終溫度

解答 我們利用能量守恆求最終的溫度 T：獲得的熱 = 損失的熱，

(使 0.50 kg 的冰從 −10°C 上升至 0°C 的熱) + (使 0.50 kg 的冰轉變成水的熱) + (使 0.50 kg 的水從 0°C 上升至 T 的熱) = (使 3.0 kg 的水從 20°C 冷卻至 T 所損失的熱)

利用以上的部分結果，得到

$$10.5\text{ kJ} + 167\text{ kJ} + (0.50\text{ kg})(4186\text{ J/kg}\cdot\text{C°})(T - 0°\text{C}) = (3.0\text{ kg})(4186\text{ J/kg}\cdot\text{C°})(20°\text{C} - T)$$

由此求得 T 為

$$T = 5.0°\text{C}$$

練習 C 例題 19-5 中還需要多少 −10°C 的冰，當全部的冰融化時正好可以使茶的溫度下降至 0°C？

解答問題策略

量熱學

1. 確定是否有足夠的資訊以應用能量守恆。並且問你自己：**系統是隔離的嗎**(或是極為接近而可以作令人滿意的估量)？我們可以了解或計算能量轉移的所有明顯來源嗎？
2. 應用**能量守恆**

   獲得的熱＝損失的熱

   系統中每個物質的熱(能量)會出現在這個方程式的左邊或右邊。[或是利用 $\Sigma Q = 0$。]
3. 如果**沒有相變發生**，能量守恆方程式中的每一項其形式為

   $$Q\,(\text{獲得}) = mc\,(T_\text{f} - T_\text{i})$$

   或是

   $$Q\,(\text{損失}) = mc\,(T_\text{i} - T_\text{f})$$

   其中 T_i 與 T_f 分別為物質的初始溫度與最終溫度，而 m 與 c 則分別為質量與比熱。
4. 如果**相變可能發生**，則能量守恆方程式中就會有 $Q = mL$ 存在，其中 L 為潛熱。但是在應用能量守恆之前，必須如例題 19-5 一般，先計算熱 Q 的各種不同作用之值以決定 (或估計) 最終狀態的相。
5. 確定**能量方程式**中的每一項位於正確的一邊 (獲得的熱或損失的熱)，並且每個 ΔT 均為正值。
6. 當系統達到熱**平衡**時，每個物質的最終**溫度**都具有相同的值。只有一個 T_f。
7. **解**能量方程式求出未知數。

例題 19-6 **計算潛熱** 液態汞的比熱為 140 J/kg · C°。一塊 1.0 kg 的固態汞於其熔點 −39°C 時被放入裝有 1.2 kg 且溫度為 20°C 的水之 0.50 kg 的鋁製熱量計中，汞熔化後混合物的最終溫度為 16.5°C。汞的熔化熱是多少 J/kg？

方法 依照以上的解答問題策略。

解答

1. 系統是隔離的嗎？我們假設汞被放入隔熱良好的熱量計中。隔離系統為熱量計、水和汞。

2. 能量守恆。汞獲得的熱＝水與熱量計損失的熱。

3. 和 **4. 相變**。本例中有 (汞的) 相變並且我們利用比熱方程式。汞 (Hg) 獲得的熱包括 Hg 的熔化

$$Q\,(\text{熔化固態 Hg}) = m_\text{Hg}\,L_\text{Hg}$$

以及將液態汞由 −39°C 加熱至 +16.5°C

$$Q\,(\text{加熱液態 Hg}) = m_{\text{Hg}}\,c_{\text{Hg}}\,[16.5°\text{C} - (-39°\text{C})]$$
$$= (1.0\text{ kg})\,(140\text{ J/kg}\cdot\text{C}°)\,(55.5\text{ C}°) = 7770\text{ J}$$

這些汞獲得的所有的熱是取自水和熱量計，它們會因此而冷卻

$$Q_{\text{cal}} + Q_{\text{w}} = m_{\text{cal}}\,c_{\text{cal}}\,(20.0°\text{C} - 16.5°\text{C}) + m_{\text{w}}\,c_{\text{w}}\,(20.0°\text{C} - 16.5°\text{C})$$
$$= (0.50\text{ kg})(900\text{ J/kg}\cdot\text{C}°)(3.5\text{ C}°) + (1.2\text{ kg})(4186\text{ J/kg}\cdot\text{C}°)(3.5\text{ C}°)$$
$$= 19200\text{ J}$$。

5. 能量方程式。由能量守恆得知水與熱量計杯損失的熱等於汞獲得的熱

$$Q_{\text{cal}} + Q_{\text{w}} = Q\,(\text{熔化固態 Hg}) + Q\,(\text{加熱液態 Hg})$$

或是

$$19200\text{ J} = m_{\text{Hg}}\,L_{\text{Hg}} + 7770\text{ J}$$

6. 平衡時的溫度。已知為 16.5°C，並且已用於計算中。

7. 求解。能量方程式 (第 5 點) 中唯一的未知數是汞的熔化熱 L_{Hg}。我們將 $m_{\text{Hg}} = 1.0$ kg 代入，得到

$$L_{\text{Hg}} = \frac{19200\text{ J} - 7770\text{ J}}{1.0\text{ kg}} = 11400\text{ J/kg} \approx 11\text{ kJ/kg}$$

其中四捨五入至 2 位有效數字。

蒸 發

使液體轉變成氣體不是只有在沸點時才需要潛熱。即使在室溫下，水也可以從液體變為氣體。這個過程稱為**蒸發** (evaporation) (參閱第 18-4 節)。水的汽化熱隨著溫度的減小而略微增加：例如，於 20°C 時的汽化熱為 2450 kJ/kg (585 kcal/kg)，而 100°C 時則是 2260 kJ/kg (= 539 kcal/kg)。當水蒸發時，剩餘的液體會冷卻下來，因為所需的能量 (汽化潛熱) 來自水本身；所以其內能和溫度必定會下降。[4]

物理應用
體溫

4 根據動力論，蒸發是一個冷卻過程，因為它是移動得最快的分子從表面脫離。所以剩餘的分子之平均速率較小，由 (18-4) 式可知其溫度也會較低。

水從皮膚上蒸發是身體控制溫度的最重要方法之一。當血液的溫度稍微高於正常值時，腦的下視丘部偵測到溫度的上升並且發送出訊號至汗腺，使其增加排汗量。蒸發汗水所需的能量 (潛熱) 來自身體，所以身體會冷卻下來。

潛熱的動力論

我們可以利用動力論了解為何使物質熔化或蒸發需要能量。於熔點時，熔化熱並不會作為增加固體分子的平均動能 (和溫度) 之用，而是用於克服與分子之間的作用力有關的位能。亦即，必須作功以克服這些吸引力，使分子由固體中相對的固定位置鬆脫而可以在液相中自由地互相滾動。同樣地，液相中緊靠在一起的分子也需要能量以脫離而進入氣相。這是一個比熔化還劇烈的分子重組過程 (分子之間的平均距離大幅增加)，所以一特定物質的汽化熱通常比熔化熱大得多。

19-6 熱力學第一定律

至目前為止本章已經討論內能與熱。但是在熱力過程中通常也與功有關。

在第 8 章中我們得知，當能量藉由機械的方法從一個物體轉移至另一物體時，就會作功。而在第 19-1 節中我們看到熱是從一物體至另一個溫度較低之物體的能量轉移。因此，熱與功非常類似。為了將它們區分，*熱定義為由溫差所引起的能量轉移*，而功則不是因溫差所引起的能量轉移。

在第 19-2 節中，我們定義系統的內能為系統內部分子之所有能量的總和。我們可以預期如果對系統作功或加熱至系統會使系統的內能增加。同理，如果系統有熱流出或系統對環境中的某物作功，則系統的內能會減少。

因此，我們合理地將能量守恆擴充並提出一個重要的定律：一個封閉系統的內能變化量 ΔE_{int} 等於系統因加熱而添加的能量減去系統對周遭環境所作的功，並且可寫成

熱力學第一定律

添加的熱為 +
損失的熱為 −
對系統作的功為 −
系統所作的功為 +

$$\Delta E_{\text{int}} = Q - W \tag{19-4}$$

其中 Q 為添加至系統的淨熱，而 W 為系統所作的淨功。[5]我們必須小心且前後一致地使用依循 Q 和 W 的符號慣例。因為 (19-4) 式中的 W 是系統所作的功，所以如果對系統作功，則 W 為負號並且 E_{int} 將會增加。同理，若加熱至系統，則 Q 為正；若熱離開系統，則 Q 為負。

(19-4) 式就是知名的**熱力學第一定律** (first law of thermodynamics)，它是物理學的偉大定律之一，而且其有效性以實驗 (如焦耳實驗) 為基礎而無例外。由於 Q 與 W 代表轉移進入或離開系統的能量，因此內能照著變化。所以熱力學第一定律是能量守恆定律的一個偉大且廣泛的表述。

值得注意的是能量守恆定律直到十九世紀才以公式化表述，因為它與熱為能量的轉移之解釋有關。

(19-4) 式應用於封閉的系統，如果我們將因為物質數量的增加或減少所引起的內能變化列入考慮，則它也適用於開放系統 (第 19-4 節)。對隔離系統而言 (第 807 頁)，沒有作功也沒有熱進入或離開系統，所以 $W = Q = 0$，並且 $\Delta E_{int} = 0$。

一特定的系統在任何時刻都處於一特定的狀態中，並且可以說是具有某些數量的內能 E_{int}。但是系統不會"擁有"某些數量的熱或功。而是對系統作功時 (例如，壓縮某氣體)，或是當熱加至系統或從系統移出時，系統的狀態改變。所以在熱力過程中涉及功與熱，它們會改變系統的狀態；但它們並不是狀態本身的特性。描述系統狀態的物理量，例如內能 E_{int}、壓力 P、體積 V、溫度 T 與質量 m 或莫耳數 n，稱為**狀態變數** (state variable)。Q 與 W 不是狀態變數。

因為 E_{int} 是狀態變數，所以它只依系統的狀態而定，而與系統如何達到該狀態無關，我們可以寫成

$$\Delta E_{int} = E_{int,2} - E_{int,1} = Q - W$$

其中 $E_{int,1}$ 與 $E_{int,2}$ 代表系統於狀態 1 與狀態 2 時的內能，而 Q 與 W 則是使系統從狀態 1 改變為狀態 2 對系統所添加的熱以及系統所作的功。

---

5 這個慣例在歷史上與蒸汽機有關：令人感興趣的是輸入的熱與輸出的功，兩者皆視為正值。你可能會在其他的書中看到熱力學第一定律寫成 $\Delta E_{int} = Q + W$，在那種情況下 W 為對系統所作的功。

將熱力學第一定律寫成微分形式有時是很有用的

$$dE_{\text{int}} = dQ - dW$$

式中的 dE_{int} 代表當無限小的熱 dQ 加至系統中，以及系統作無限小的功 dW 時，所引起的內能無限小的變化。[6]

例題 19-7 **應用熱力學第一定律** 有 2500 J 的熱加入系統中，並且對系統作功 1800 J。系統的內能變化量是多少？

方法 我們對系統應用熱力學第一定律 (19-4) 式。

解答 加入系統的熱為 $Q = 2500$ J。系統所作的功 W 為 -1800 J。為什麼是負號？因為對系統作功 1800 J (已知) 等於系統作功 -1800 J，而後者是我們利用 (19-4) 式所需的符號慣例。所以

$$\Delta E_{\text{int}} = 2500\ \text{J} - (-1800\ \text{J}) = 2500\ \text{J} + 1800\ \text{J} = 4300\ \text{J}$$

你可能會直覺地認為 2500 J 和 1800 J 必須加在一起，因為兩者均為加入系統中的能量。這是正確的想法。

練習 D 例題 19-7 中，如果加入系統的熱依然是 2500 J，但是系統所作的功為 1800 J (即輸出)，則內能的變化為何？

*熱力學第一定律的擴展

為了將熱力學第一定律寫成完整的形式，我們考慮一個具有動能 K (有運動) 以及位能 U 的系統，於是含有這些項目的熱力學第一定律可以寫成

$$\Delta K + \Delta U + \Delta E_{\text{int}} = Q - W \tag{19-5}$$

6 熱力學第一定律的微分形式通常寫成

$$dE_{\text{int}} = đQ - đW,$$

其中微分符號上方的橫槓 ($đ$) 用於提醒我們 W 與 Q 不是狀態變數 (如 P、V、T、n) 的函數。內能 E_{int} 是狀態變數的函數，而 dE_{int} 則代表函數 E_{int} 的微分 (稱為恰當微分)。微分 $đW$ 和 $đQ$ 不是恰當微分 (它們不是某數學函數的微分)；它們只表示無限小的量。這些並不是本書的重點。

例題 19-8 **動能轉換為熱能** 一顆 3.0 g的子彈以 400 m/s 之速率射入樹中，然後以 200 m/s 之速率從樹的另一側射出。子彈損失的動能在哪裡，被轉移的能量為何？

方法 系統為子彈與樹。沒有涉及位能。沒有外力對系統作功而系統也未作功，也沒有任何的熱加入系統，因為沒有能量因溫差而進入或離開系統。因此動能轉換為子彈和樹的內能。

解答 由 (19-5) 式的熱力學第一定律，我們已知 $Q=W=\Delta U=0$，所以得到

$$\Delta K+\Delta E_{\text{int}}=0$$

或者，利用下標 i 與 f 表示初速度與末速度

$$\begin{aligned}\Delta E_{\text{int}} &= -\Delta K=-(K_{\text{f}}-K_{\text{i}})=\frac{1}{2}m\,(v_{\text{i}}^2-v_{\text{f}}^2)\\ &=\frac{1}{2}\,(3.0\times10^{-3}\ \text{kg})\,[(400\ \text{m/s})^2-(200\ \text{m/s})^2]=180\ \text{J}\end{aligned}$$

備註 子彈與樹的內能都增加，因為兩者的溫度均上升。如果只選取子彈為系統，則作功於子彈上，並且有熱的轉移。

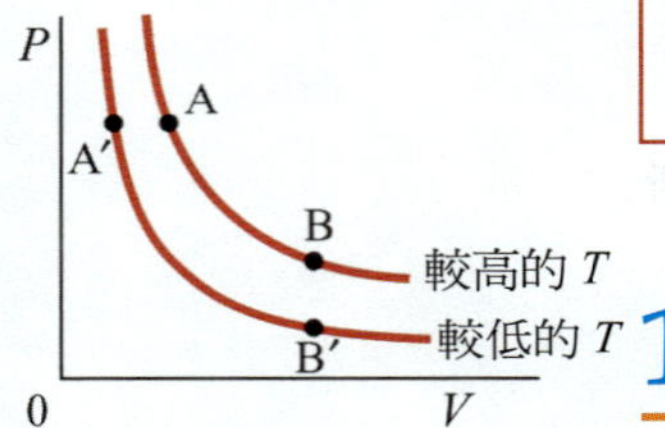

圖 19-6 一理想氣體在兩種不同溫度下經歷等溫過程的 *PV* 圖。

19-7 熱力學第一定律之應用；功的計算

讓我們依據熱力學第一定律分析一些簡單的過程。

等溫過程 ($\Delta T=0$)

首先，我們考慮在恆溫下完成的一個的理想過程。這類的過程稱為**等溫** (isothermal) 過程。如果系統是理想氣體，則 $PV=nRT$ [(17-3) 式]，所以對保持於恆溫的定量氣體而言，$PV=$ 常數。因此，其過程遵循如圖 19-6 中所示之 *PV* 圖的 AB 曲線，它是 $PV=$ 常數的一條曲線。曲線上的每一點 (例如 A 點) 代表系統在某一特定時刻的狀態——亦即，它的壓力 *P* 與體積 *V*。在較低溫度下的另一個等溫過程可以由圖 19-6 中的 A′B′ 曲線表示 (當 *T* 減少時，$PV=nRT=$ 常數中的 *PV* 乘積也會減小)。圖 19-6 中的曲線為等溫線。

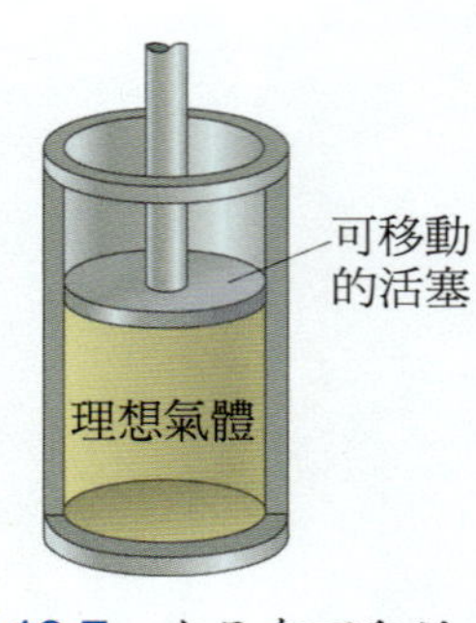

圖 19-7 在具有可動活塞之圓筒中的理想氣體。

我們假設氣體被密閉在一個具有可移動活塞的容器中 (圖 19-7)，並且氣體與**熱庫** (heat reservoir) (一個質量很大的物體，當與系統作熱

交換時其溫度不會有明顯的改變) 接觸。同時也假設壓縮 (體積減小) 或膨脹 (體積增加) 的過程為**準靜態的** (quasistatically) (“幾乎為靜態”)，意思是其過程非常緩慢，使得所有氣體在一連串具有相同恆溫的平衡狀態之間移動。若將熱 Q 加入系統，並且溫度保持不變，氣體將會膨脹而且對周遭環境作功 W (它對活塞施力，使活塞移動一段距離)。由於溫度和質量保持不變，由 (19-1) 式可知內能不會改變：$\Delta E_{\text{int}} = \frac{3}{2}nR\Delta T = 0$。因此依熱力學第一定律，(19-4) 式，$\Delta E_{\text{int}} = Q - W = 0$，得到 $W = Q$：氣體在等溫過程中所作的功等於加至氣體的熱。

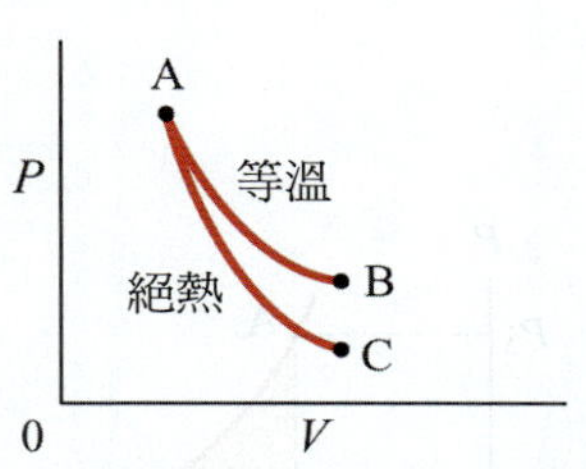

圖 19-8 理想氣體之絕熱 (AC) 和等溫 (AB) 過程的 PV 圖。

絕熱過程 ($Q = 0$)

絕熱 (adiabatic) 過程是不容許熱流入或流出系統的過程：$Q = 0$。如果系統的隔熱極為良好，或是過程發生得太快，使得熱——流得很慢——來不及流入或流出，這種情況就會發生。內燃機中氣體極快速的膨脹是一個非常接近絕熱的過程。一理想氣體的緩慢絕熱膨脹遵循圖 19-8 中標示為 AC 的曲線。由於 $Q = 0$，我們由 (19-4) 式可知 $\Delta E_{\text{int}} = -W$。亦即，若氣體膨脹，則內能會減少；因此溫度也減小 (因為 $\Delta E_{\text{int}} = \frac{3}{2}nR\Delta T$)。在圖 19-8 中，這是很明顯的，其中 C 點的 $PV (= nRT)$ 乘積比 B 點小 (AB 曲線為 $\Delta E_{\text{int}} = 0$ 且 $\Delta T = 0$ 的等溫過程)。在反向操作的絕熱壓縮中 (例如從 C 至 A)，功作用在氣體上，因此內能增加且溫度升高。柴油引擎中的燃料—空氣混合物以 15 倍或更高的倍數被迅速地絕熱壓縮，使溫度上升許多而導致混合物自動地點燃。

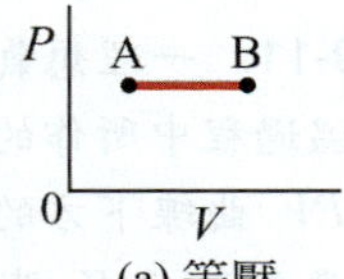

(a) 等壓

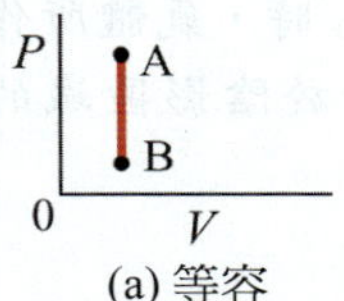

(a) 等容

圖 19-9 (a) 等壓 (“相同的壓力”) 過程。(b) 等容 (“相同的體積”) 過程。

等壓與等容過程

等溫和絕熱過程只是兩個可能發生的過程。其他兩個簡單的熱力過程如圖 19-9 的 PV 圖所示：(a) **等壓** (isobaric) 過程是壓力保持恆定的過程，所以由圖 19-9(a) 中 PV 圖上的一條水平線表示；(b) **等容** (isovolumetric) 過程是體積不會改變的一個過程 (圖 19-9b)。熱力學第一定律適用於這些以及其他所有的過程中。

體積改變所作的功

我們經常需要計算過程中所作的功。假設有氣體位於具有可移動之活塞的圓筒中 (圖 19-10)。我們永遠必須小心定義系統為何。在本例中我們選取系統為氣體，所以容器壁與活塞是環境的一部分。我們

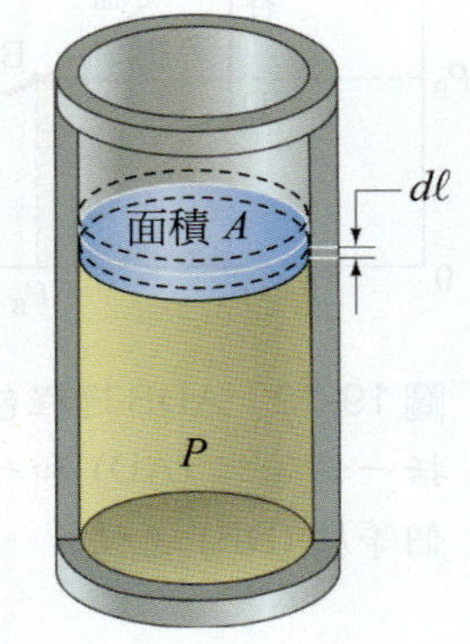

圖 19-10 當氣體體積增加 $dV = A\,d\ell$ 時，氣體所作的功為 $dW = P\,dV$。

現在計算當氣體準靜態地膨脹時，氣體所作的功，而在所有時刻，系統的 P 和 T 都是確定的。[7] 氣體對著面積為 A 的活塞膨脹，氣體施加一個力 $F=PA$ 於活塞上，其中 P 為氣體的壓力。氣體將活塞移動一個極小的位移 $d\vec{\ell}$ 所作的功是

$$dW=\vec{\mathbf{F}}\cdot d\vec{\ell}=PA\,d\ell=PdV \tag{19-6}$$

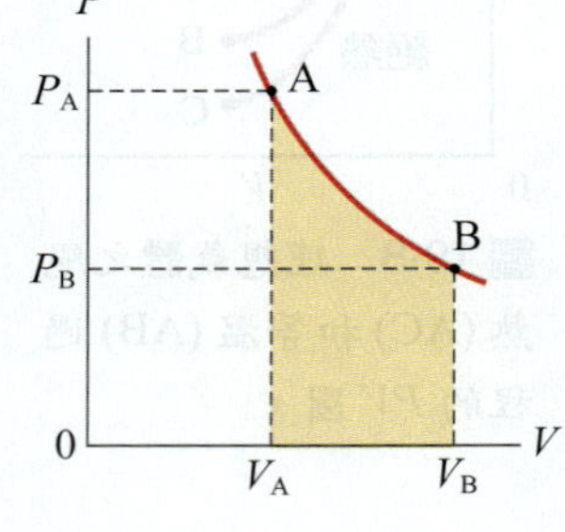

圖 19-11　一理想氣體在等溫過程中所作的功等於 PV 曲線下方的面積。當氣體從 V_A 膨脹至 V_B 時，氣體所作的功等於陰影區域的面積。

其中因為體積極微小的增加量為 $dV=A\,d\ell$。如果氣體被壓縮，$d\vec{\ell}$ 的方向指向氣體，體積會減少而 $dV<0$。在這種情況中，氣體所作的功是負值，它相當於對氣體作正功，而不是氣體作正功。對於氣體體積由 V_A 至 V_B的有限變化而言，氣體所作的功為

$$W=\int dW=\int_{V_A}^{V_B}P\,dV \tag{19-7}$$

(19-6) 與 (19-7) 式對於只要是準靜態之體積變化所作的功——由氣體、液體或固體——都是適用的。

為了對 (19-7) 式作積分，我們需要知道過程中壓力如何變化，並且這與過程的類型有關。我們首先考慮一理想氣體的準靜態等溫膨脹。這個過程以圖 19-11 中 PV 圖上的 A 點和 B 點之間的曲線表示。依 (19-7) 式，氣體在此過程中所作的功為 PV 曲線與 V 軸之間的面積，如圖 19-11 中的陰影區域所示。我們可以利用理想氣體定律 $P=nRT/V$ 針對理想氣體將 (19-7) 式作積分。在固定的 T 下所作的功是

$$W=\int_{V_A}^{V_B}P\,dV=nRT\int_{V_A}^{V_B}\frac{dV}{V}=nRT\ln\frac{V_B}{V_A}\qquad\left[\begin{array}{l}\text{等溫過程；}\\\text{理想氣體}\end{array}\right] \tag{19-8}$$

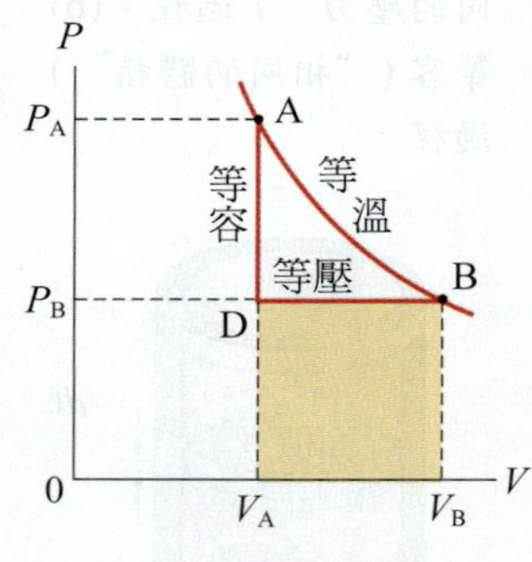

圖 19-12　ADB 過程包括一個等容 (AD) 和一個等壓 (DB) 過程。

接下來我們考慮理想氣體在相同的狀態 A 與 B 之間的一條不同的路徑。這次，先將氣體壓力從 P_A 降至 P_B，如圖 19-12 中的直線 AD 所示。(在這個等容過程中，必須容許熱流出氣體，才能使溫度下降。) 然後使氣體在定壓下 $(=P_B)$ 從 V_A 膨脹至 V_B，如圖 19-12 中的直線 DB 所示。(在這個等壓過程中，對氣體加熱使溫度升高。) 等容過程 AD 中沒有作功，因為 $dV=0$

$$W=0 \qquad [\text{等容過程}]$$

7 如果氣體迅速地膨脹或被壓縮，會引起紊流而導致氣體的各部分有不同的壓力 (和溫度)。

在等壓過程 DB 中，壓力保持恆定，所以

$$W=\int_{V_A}^{V_B} P\,dV = P_B(V_B - V_A) = P\Delta V \qquad [\text{等壓過程}] \qquad \textbf{(19-9a)}$$

所作的功為 PV 圖上之曲線 (ADB) 與 V 軸之間的面積，如圖 19-12 中的陰影區域所示。利用理想氣體定律，我們可以寫出

$$W = P_B(V_B - V_A) = nRT_B\left(1-\frac{V_A}{V_B}\right) \qquad \begin{bmatrix}\text{等壓過程；}\\ \text{理想氣體}\end{bmatrix} \qquad \textbf{(19-9b)}$$

由圖 19-11 與 19-12 中的陰影區域，或是將數字代入 (19-8) 與 (19-9) 式中 (可用 $V_B = 2V_A$ 試試看)，可以發現這兩個過程所作的功不同。這是一個普遍的結果。*系統由某一狀態至另一個狀態所作的功，不僅與初態及末態有關，也與過程的類型 (或"路徑") 有關。*

這個結果再次強調功不能視為系統的所有物。熱也是如此。將氣體從狀態A改變至狀態B所需輸入的熱依過程而定。對於圖 19-11 中的等溫過程而言，輸入的熱結果比圖 19-12 中的 ADB 過程來得多。一般而言，*使系統從某一狀態改變至另一狀態所加入或移除的熱，不但與初態及末態有關，也與路徑或過程有關。*

觀念例題 19-9 **等溫與絕熱過程中所作的功** 在圖 19-8 中我們看到一氣體以等溫與絕熱兩種方式膨脹的 PV 圖。兩種方式的初始體積 V_A 相同，而且最終體積也相同 ($V_B = V_C$)。氣體在哪一個過程中作的功較多？

回答 系統為氣體。氣體在等溫過程中作較多的功。觀察圖 19-8，這可由兩種簡單的方法得知。第一，等溫過程 AB 期間的"平均"壓力較高，所以 $W=\bar{P}\Delta V$ 較大 (兩種過程的 ΔV 相同)。第二，可以觀察在曲線下方的面積：曲線 AB 下方的面積 (代表所作的功)，比曲線 AC 下方的面積大。

練習E *圖 19-12 的過程ADB中氣體所作的功大於、小於或等於等溫過程 AB 中所作的功？*

例題 19-10 **等壓和等容過程中的熱力學第一定律** 一理想氣體在 2.0 atm的固定壓力下緩慢地由 10.0 L 被壓縮至 2.0 L。如圖 19-13 中的路徑 B 至 D 所示。(在這個過程中有某些熱流出氣體，因而溫度

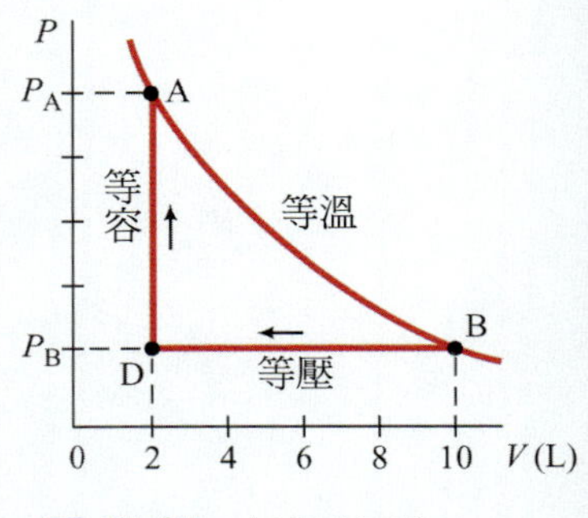

圖 19-13 例題 19-10。

下降。) 然後將氣體加熱且體積保持不變，使壓力和溫度上升 (直線 DA) 至溫度達到初始值 ($T_A = T_B$) 為止。計算 (a) 氣體在過程 BDA 中所作的功，與 (b) 流入氣體的總熱。

方法 (a) 只有在壓縮過程 BD 中才有作功。在過程 DA 中，體積保持不變，$\Delta V = 0$，所以沒有作功。(b) 我們利用熱力學第一定律，(19-4) 式。

解答 (a) 在壓縮的過程 BD 中，壓力為 $2.0 \text{ atm} = 2\,(1.01 \times 10^5 \text{ N/ m}^2)$，因此所作的功為 (因為 $1 \text{ L} = 10^3 \text{ cm}^3 = 10^{-3} \text{ m}^3$)

$$W = P\,\Delta V = (2.02 \times 10^5 \text{ N/ m}^2)(2.0 \times 10^{-3} \text{ m}^3 - 10.0 \times 10^{-3} \text{ m}^3)$$
$$= -1.6 \times 10^3 \text{ J.}$$

氣體所作的總功為 -1.6×10^3 J，其中的負號表示對氣體作 $+1.6 \times 10^3$ J 的功。

(b) 由於過程 BDA 的初始溫度與最終溫度相同，所以內能沒有變化：$\Delta E_{\text{int}} = 0$。由熱力學第一定律，得到

$$0 = \Delta E_{\text{int}} = Q - W$$

所以 $Q = W = -1.6 \times 10^3$ J。因為 Q 為負值，所以整個過程 BDA 中有 1600 J 的熱流出氣體。

練習 F 例題 19-10 中，如果氣體在過程 BD 中損失的熱是 8.4×10^3 J，則在過程 BD 中，氣體內能的變化是多少？

例題 19-11 **引擎所作的功** 引擎中有 0.25 mol 的理想單原子氣體在汽缸中快速且絕熱地對著活塞膨脹。在過程中，氣體的溫度從 1150 K 下降至 400 K。氣體作功多少？

方法 系統為氣體 (活塞是環境的一部分)。壓力不是常數並且其變化值為未知。因為我們已知 $Q = 0$ (絕熱過程) 可求得 ΔE_{int}，所以可以利用熱力學第一定律。

解答 我們利用 (19-1) 式求理想單原子氣體的內能變化 ΔE_{int}，並且利用下標 f 和 i 分別代表末態和初態

$$\Delta E_{\text{int}} = E_{\text{int, f}} - E_{\text{int, i}} = \frac{3}{2}nR(T_{\text{f}} - T_{\text{i}})$$

$$= \frac{3}{2}(0.25\text{ mol})(8.314\text{ J/mol}\cdot\text{K})(400\text{ K} - 1150\text{ K})$$

$$= -2300\text{ J}$$

然後由熱力學第一定律，(19-4) 式，得到

$$W = Q - \Delta E_{\text{int}} = 0 - (-2300\text{ J}) = 2300\text{ J}$$

表 19-3 列出我們已經討論過的過程的簡明摘要。

表 19-3　簡單的熱力過程與熱力學第一定律

過程	常數	熱力學第一定律預料
等溫	T=常數	$\Delta T=0$ 使 $\Delta E_{\text{int}}=0$，所以 $Q=W$
等壓	P=常數	$Q=\Delta E_{\text{int}}+W=\Delta E_{\text{int}}+P\Delta V$
等容	V=常數	$\Delta V=0$ 使 $W=0$，所以 $Q=\Delta E_{\text{int}}$
絕熱	$Q=0$	$\Delta E_{\text{int}}=-W$

自由膨脹

絕熱過程的其中一種類型稱為**自由膨脹** (free expansion)，其氣體可以絕熱地膨脹而沒有作任何的功。圖 19-14 所示，是可以作自由膨脹的裝置。它是由兩個具有充份隔熱的隔間所組成 (沒有熱的流進或流出)，並且以活門或活塞連接。其中一個充滿氣體，另一個則是空的。當活門打開時，氣體會擴充至兩個容器中。沒有熱流入或流出 ($Q=0$)，並且因為氣體沒有推動其他任何物體，所以也沒有作功。因此 $Q=W=0$，同時根據熱力學第一定律，$\Delta E_{\text{int}}=0$。自由膨脹的氣體之內能沒有變化。對理想氣體而言，也是 $\Delta T=0$，因為 ΔE_{int} 只與 T 有關 (第 19-2 節)。經由實驗，自由膨脹已經被作為判斷真實氣體之內能是否只與 T 有關之用。這種實驗非常難以精確地進行，但已發現真實氣體在自由膨脹時溫度會有極輕微的下降。因此真實氣體的內能也稍微地與壓力或體積相關。

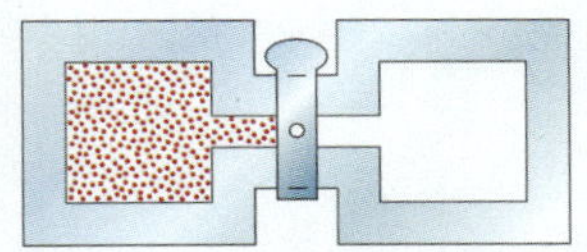

圖 19-14　自由膨脹。

自由膨脹無法繪製成 PV 圖，因為其過程過於快速而不是準靜態的。中間的狀態不是平衡狀態，因此壓力 (甚至某些時刻的體積) 無法明確地界定。

19-8 氣體的莫耳比熱與能量均分

在第 19-3 節中，我們曾經討論比熱的觀念，並且將它應用於固體與液體中。氣體的比熱值與過程如何發生有關。兩個重要的過程其中不是體積保持不變就是壓力保持不變。雖然這對固體與液體而言關係不大，但是表 19-4 顯示氣體的定容比熱 (c_V) 與定壓比熱 (c_P) 有很大的差別。

氣體的莫耳比熱

氣體比熱的差異可以用熱力學第一定律與動力論詳細地解釋。如果我們利用**莫耳比熱** (molar specific heat) C_V 與 C_P 可以使討論簡化，它們的定義是使 1 莫耳的氣體分別在定容與定壓下升高 1 C° 所需要的熱。亦即類似於 (19-2) 式，欲使 n 莫耳之氣體的溫度升高 ΔT 所需的熱 Q 為

$$Q = nC_V \Delta T \qquad [\text{體積不變}] \quad (19\text{-}10a)$$

$$Q = nC_P \Delta T \qquad [\text{壓力不變}] \quad (19\text{-}10b)$$

由莫耳比熱的定義可知 [或是比較 (19-2) 式和 (19-10) 式]

$$C_V = Mc_V$$

$$C_P = Mc_P$$

其中 M 是氣體的分子量 ($M = m/n$，單位是公克／莫耳)。表 19-4 中列

表 19-4　氣體在 15℃ 時的比熱

氣體	比熱 (kcal/kg · K) c_V	比熱 (kcal/kg · K) c_P	莫耳比熱 (cal/mol · K) C_V	莫耳比熱 (cal/mol · K) C_P	$C_P - C_V$ (cal/mol · K)	$\gamma = \frac{C_P}{C_V}$
單原子						
He	0.75	1.15	2.98	4.97	1.99	1.67
Ne	0.148	0.246	2.98	4.97	1.99	1.67
雙原子						
N_2	0.177	0.248	4.96	6.95	1.99	1.40
O_2	0.155	0.218	5.03	7.03	2.00	1.40
三原子						
CO_2	0.153	0.199	6.80	8.83	2.03	1.30
H_2O (100℃)	0.350	0.482	6.20	8.20	2.00	1.32

有莫耳比熱值，我們看到分子具有相同原子數目的不同氣體其莫耳比熱值幾乎相同。

我們現在利用動力論並且想像一理想氣體首先經由等容，再經由等壓在兩個不同之過程被緩緩地加熱的情形。在這兩個過程中，我們設溫度上升相同的量 ΔT。等容過程中，由於 $\Delta V=0$，所以沒有作功。因此，根據熱力學第一定律，加入氣體的熱 (Q_V) 全部作為增加氣體的內能之用

$$Q_V=\Delta E_{\text{int}}$$

而在等壓過程中有作功，所以加入氣體的熱 Q_P 不只用於增加內能，也用於作功 $W=P\Delta V$。因此等壓過程中所加入的熱必定比第一個等容過程來得多。對於等壓過程，由熱力學第一定律，我們得到

$$Q_P=\Delta E_{\text{int}}+P\,\Delta V$$

而兩個過程中的 ΔE_{int} 相同 (因為 ΔT 被選定為相同)，將以上兩個方程式合併，得到

$$Q_P-Q_V=P\,\Delta V$$

根據理想氣體定律 $V=nRT/P$，對於等壓過程我們得到 $\Delta V=nR\Delta T/P$。將它代入上式中，並利用 (19-10) 式，得到

$$nC_P\Delta T-nC_V\Delta T=P\left(\frac{nR\Delta T}{P}\right)$$

經化簡之後成為

$$C_P-C_V=R \tag{19-11}$$

由於氣體常數 $R=8.314\ \text{J/mol}\cdot\text{K}=1.99\ \text{cal/mol}\cdot\text{K}$，我們預期 C_P 會比 C_V 大 1.99 cal/mol．K。這的確非常接近實驗值，如表 19-4 中倒數第二行所示。

我們現在利用動力論計算單原子氣體的莫耳比熱。等容過程沒有作功，因此由熱力學第一定律可知，假如熱 Q 加入氣體，則氣體內能的變化量為

$$\Delta E_{\text{int}}=Q$$

對理想單原子氣體而言，內能 E_{int} 是所有分子的總動能

$$E_{int} = N\left(\frac{1}{2}m\overline{v^2}\right) = \frac{3}{2}nRT$$

如第 19-2 節中所述。然後利用 (19-10a) 式，將 $\Delta E_{int} = Q$ 寫成

$$\Delta E_{int} = \frac{3}{2}nR\,\Delta T = nC_V\,\Delta T \tag{19-12}$$

或

$$C_V = \frac{3}{2}R \tag{19-13}$$

因為 $R = 8.314$ J/mol · K = 1.99 cal/mol · K，所以動力論預測理想單原子氣體的 $C_V = 2.98$ cal/mol · K。這非常接近單原子氣體的實驗值，例如氦與氖(表 19-4)。再利用 (19-11) 式預測 C_P 大約是 4.97 cal/mol · K，這個數值也與實驗值相符。

能量均分

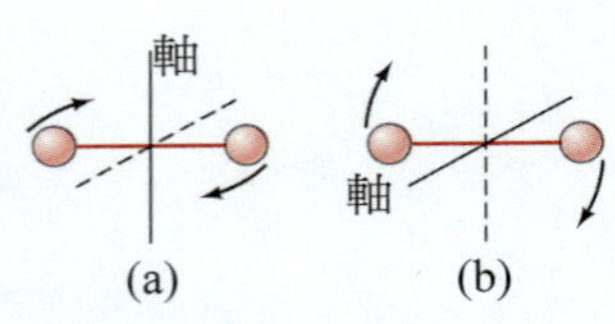

圖 19-15 雙原子分子可以繞兩個不同的軸轉動。

雙原子 (兩個原子) 和三原子 (三個原子) 這些較複雜的氣體，其莫耳比熱之測量值 (表 19-4) 隨著各分子之原子數目的增加而增加。我們假設內能不僅包括平移動能，也包括其他形式的能量，就可以解釋這種情形。例如，雙原子氣體，如圖 19-15 所示，其中兩個原子會繞著兩個不同的軸轉動 (繞著通過兩個原子之第三個軸的轉動能量很小，因為轉動慣量很小)。因此分子具有平移動能和轉動動能。在此介紹**自由度** (degree of freedom) 的觀念是很有用的，它表示分子擁有能量之獨立方式的數目。例如，原單子氣體具有三個自由度，因為一個原子可以擁有沿著 x 軸、y 軸和 z 軸方向的速度。這三個方向的運動被視為獨立的，因為其中任何一個分量的變化並不會影響其他的任何一個分量。而雙原子分子具有與平移動能相關的三個相同的自由度，以及與轉動動能相關的兩個自由度，一共是五個自由度。由表 19-4 中可以很快地看出雙原子氣體的 C_V 大約是單原子氣體的 $\frac{5}{3}$ 倍——亦即，自由度的比率相同。這個結果使十九世紀的物理學家導出一個重要的想法——**能量均分原理** (principle of equipartition of energy)。此原理說明能量被主動的自由度平分，特別是分子的每個主動的自由度平均具有等於 $\frac{1}{2}kT$ 的能量。所以單原子氣體分子的平均能量為

$\frac{3}{2}kT$(我們已經知道)，而雙原子氣體則是 $\frac{5}{2}kT$。因此雙原子氣體的內能為 $E_{\text{int}} = N\left(\frac{5}{2}kT\right) = \frac{5}{2}nRT$，其中 n 為莫耳數。利用與單原子氣體相同的論點，我們可知雙原子氣體在等容時的莫耳比熱是 $\frac{5}{2}R = 4.97$ cal/mol · K，與實驗值相符。而更複雜的分子具有更多的自由度，因而具有更大的莫耳比熱。

然而雙原子氣體的情形是複雜的，它在極低溫下所測得的 C_V 值是 $\frac{3}{2}R$，形同只有三個自由度。但是在極高溫時 C_V 大約為 $\frac{7}{2}R$，形同有七個自由度。其原因是在極低溫時幾乎所有的分子都只有平移動能，亦即沒有能量成為轉動動能，所以只有三個“主動的”自由度。另一方面，在極高溫時有五個主動的自由度另外再加上兩個自由度。我們可以將這兩個新的自由度解釋為與兩個原子之間似乎以彈簧連接的振動有關，如圖 19-16 所示。其中一個自由度是來自振動的動能，而第二個則是來自振動的位能 $(\frac{1}{2}kx^2)$。在室溫下，這兩個自由度顯然是不起作用的，可參閱圖 19-17。

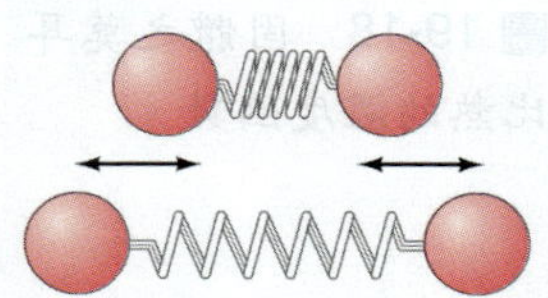

圖 19-16 雙原子分子可以如同以彈簧連接一般地作振動。它們當然並非以彈簧連接，而是彼此施予類似彈簧力的電力。

愛因斯坦最後利用量子理論解釋為什麼在低溫時具有較少的“主動”自由度。[根據量子理論，能量不是連續而是量子化的──它只能具有某些值，而且有一個最小的能量值。最小的轉動和振動能量大於簡單的平移動能，所以在較低的溫度以及較低的平移動能下，沒有足夠的能量來激發轉動或振動動能。] 以動力論和能量均分原理為基

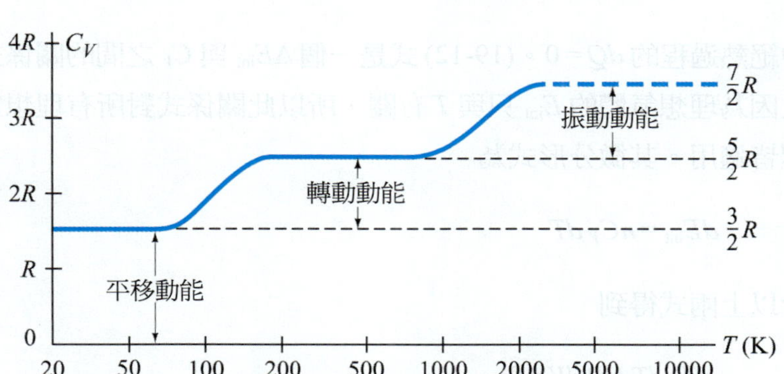

圖 19-17 氫分子 (H_2) 之莫耳比熱 C_V 的溫度之函數。隨著溫度升高，部分的平移動能在碰撞中被轉換成轉動動能，並且在更高的溫度下，還會轉換成振動動能。[備註：H_2 在大約 3200 K 時會分離成兩個原子，所以曲線的最後一部分是虛線。]

礎的計算所得到的數值結果與實驗值一致。

*固 體

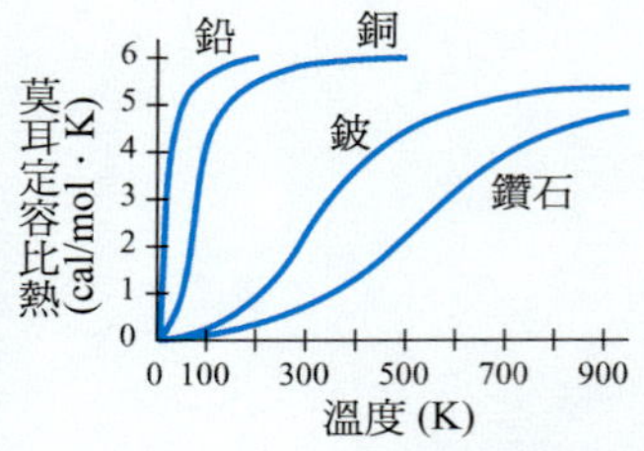

圖 19-18 固體之莫耳比熱的溫度函數。

能量均分原理也適用於固體。於高溫時任何固體的莫耳比熱接近於 $3R$ (6.0 cal/mol · K) (圖 19-18)。這個值稱為杜隆－柏蒂值，它是以於 1819 年首先測得的科學家的名字命名。(注意，表 19-1 中所提供的是每公斤的比熱值，而不是每莫耳。) 雖然在低溫時有部分的自由度不起作用，但是在高溫時每個原子很明顯地有六個自由度。結晶固體中的每個原子都可以在它的平衡位置周圍振動，好像它以彈簧與相鄰的原子連接一般。所以它具有動能的三個自由度以及與 x、y、z 各方向之振動位能相關的另外三個自由度，它與測量值相符。

19-9 氣體的絕熱膨脹

一理想氣體準靜態的 (緩慢的) 絕熱膨脹 ($Q=0$) 之 PV 曲線顯示於圖 19-8 中 (AC 曲線)。它比等溫過程的曲線 ($\Delta T=0$) 還陡峭，這表示在相同的體積變化下其壓力變化較大。因此在絕熱膨脹期間，氣體的溫度必定會下降。相反地，在絕熱壓縮期間，溫度會上升。

我們可以推導一理想氣體緩慢地絕熱膨脹之壓力 P 與體積 V 的關係式。首先將熱力學第一定律寫成微分形式

$$dE_{\text{int}}=dQ-dW=-dW=-P\,dV$$

其中絕熱過程的 $dQ=0$。(19-12) 式是一個 ΔE_{int} 與 C_V 之間的關係式，並且因為理想氣體的 E_{int} 只與 T 有關，所以此關係式對所有理想氣體過程皆適用。其微分形式為

$$dE_{\text{int}}=nC_V\,dT$$

結合以上兩式得到

$$nC_V\,dT+P\,dV=0$$

接下來對理想氣體定律 $PV=nRT$ 微分，並容許 P、V 和 T 可變化

$$P\,dV+V\,dP=nR\,dT$$

由此式解出 dT 後再代入前一個方程式中，得到

$$nC_V\left(\frac{P\,dV+V\,dT}{nR}\right)+P\,dV=0$$

或者，乘以 R 後重新整理成

$$(C_V+R)\,P\,dV+C_V\,V\,dP=0$$

由 (19-11) 式可知 $C_V+R=C_P$，所以我們得到

$$C_P\,P\,dV+C_V\,V\,dP=0$$

或是

$$\frac{C_P}{C_V}P\,dV+V\,dP=0$$

我們定義

$$\gamma=\frac{C_P}{C_V} \tag{19-14}$$

使得最後一個方程式變成

$$\frac{dP}{P}+\gamma\frac{dV}{V}=0$$

積分後得到

$$\ln P+\gamma\ln V=\text{常數}$$

此式可以簡化成 (利用對數加法和乘法法則)

$$PV^{\gamma}=\text{常數}\qquad\begin{bmatrix}\text{準靜態的絕熱}\\ \text{過程；理想氣體}\end{bmatrix} \tag{19-15}$$

這是準靜態的絕熱膨脹或收縮的 P 與 V 之關係式。我們在下一章討論熱機時這會非常有用。表 19-4 提供某些真實氣體的 γ 值。圖 19-8 中比較了絕熱膨脹 [(19-15) 式] 的 AC 曲線與等溫膨脹 ($PV=$常數) 的 AB 曲線。務必記住理想氣體定律，$PV=nRT$，對絕熱膨脹 ($PV^{\gamma}=$常數) 依然成立；很顯然地 PV 不是常數，表示 T 不是常數。

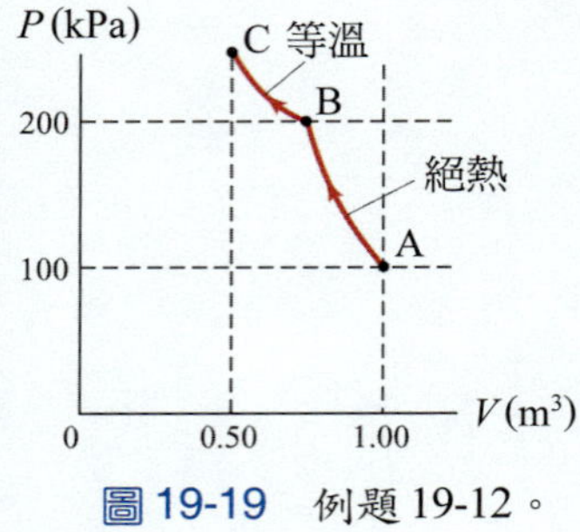

圖 19-19　例題 19-12。

例題 19-12 **壓縮理想氣體**　一理想單原子氣體由圖 19-19 中之 PV 圖上的 A 點開始壓縮，其 $P_A = 100$ kPa、$V_A = 1.00$ m^3 且 $T_A = 300$ K。氣體先絕熱壓縮至狀態 B ($P_B = 200$ kPa)，然後再從 B 點以等溫過程壓縮至 C 點 ($V_C = 0.50$ m^3)。計算 (a) V_B 與 (b) 整個過程中對氣體所作的功？

方法　利用 (19-15) 式可求得體積 V_B。由 (19-7) 式可計算氣體所作的功 $W = \int P\,dV$，而對氣體所作的功則是：$W_{on} = -\int P\,dV$。

解答　在絕熱過程中由 (19-15) 式得知 $PV^\gamma =$ 常數。所以 $PV^\gamma = P_A V_A^\gamma = P_B V_B^\gamma$，其中單原子氣體的 $\gamma = C_P / C_V = (5/2)/(3/2) = \frac{5}{3}$。(a) 由 (19-15) 式得到 $V_B = V_A (P_A / P_B)^{\frac{1}{\gamma}} = (1.00\text{ m}^3)(100\text{ kPa}/200\text{ kPa})^{\frac{3}{5}} = 0.66$ m^3。

(b) 絕熱過程期間任何時刻的壓力 P 為 $P = P_A V_A^\gamma V^{-\gamma}$。從 V_A 至 V_B 對氣體所作的功為

$$W_{AB} = -\int_A^B P\,dV = -P_A V_A^\gamma \int_{V_A}^{V_B} V^{-\gamma}\,dV$$
$$= -P_A V_A^\gamma \left(\frac{1}{-\gamma+1}\right)\left(V_B^{1-\gamma} - V_A^{1-\gamma}\right)$$

因為 $\gamma = \frac{5}{3}$，而 $-\gamma + 1 = 1 - \gamma = -\frac{2}{3}$，所以

$$W_{AB} = -\left(P_A V_A^{\frac{5}{3}}\right)\left(-\frac{3}{2}\right)\left(V_A^{-\frac{2}{3}}\right)\left[\left(\frac{V_B}{V_A}\right)^{-\frac{2}{3}} - 1\right]$$
$$= +\frac{3}{2} P_A V_A \left[\left(\frac{V_B}{V_A}\right)^{-\frac{2}{3}} - 1\right]$$
$$= +\frac{3}{2}(100\text{ kPa})(1.00\text{ m}^3)\left[(0.66)^{-\frac{2}{3}} - 1\right] = +48\text{ kJ}$$

從 B 至 C 的等溫過程，是在定溫下作功，所以過程中任何時刻的壓力為 $P = nRT_B / V$，並且

$$W_{BC} = -\int_B^C P\,dV = -nRT_B \int_{V_B}^{V_C} \frac{dV}{V} = -nRT_B \ln\frac{V_C}{V_B}$$
$$= -P_B V_B \ln\frac{V_C}{V_B} = +37\text{ kJ}$$

所以對氣體所作的總功為 48 kJ + 37 kJ = 85 kJ。

19-10 熱的傳遞：傳導、對流、輻射

熱以三種不同的方法從某個地方或物體傳遞至另一個地方或物體：傳導、對流與輻射。我們現在依序討論各種方法；但是在實際的情況中，其中任何兩種或全部三種方法可能會同時發生。我們先討論傳導。

傳導

當金屬火鉗放入火中，或銀湯匙放在熱湯中時，火鉗或湯匙暴露在空氣中的一端即使沒有直接接觸熱源也會很快地變熱。我們說熱已經從熱的一端傳導至冷的一端。

許多材料中的**熱傳導** (conduction) 可以想像成是經由分子的碰撞所完成。當物體的一端加熱時，該處的分子會移動得愈來愈快。當它們碰撞到鄰近移動較慢的分子時，會傳遞一部分的動能給鄰近分子，如此沿著物體藉由分子的碰撞依序傳遞能量。金屬中自由電子的碰撞是傳導的主要原因。

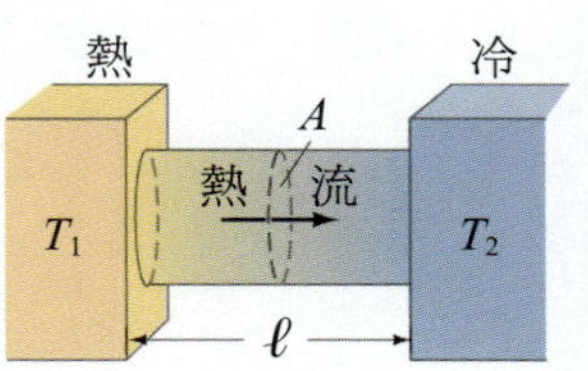

圖 19-20 兩個溫度為 T_1 和 T_2 區域之間的熱傳導。如果 T_1 大於 T_2，熱向右流動，其速率為 (19-16a) 式。

從一點至另一點的熱傳導只有在此兩點之間有溫差時才會發生。的確，經實驗發現物質中熱的流動速率與物質兩端點的溫差成正比，並且也與物體的大小和形狀有關。為了作數量上的探討，我們考慮一均勻圓柱體中的熱流，如圖 19-20 中所示。經實驗發現在時間間距 Δt 內的熱流 ΔQ 之關係式為

$$\frac{\Delta Q}{\Delta t}=kA\frac{T_1-T_2}{\ell} \qquad \textbf{(19-16a)}$$

其中 A 為物體的截面積，ℓ 為兩端之間的距離，兩端的溫度分別為 T_1 與 T_2，而 k 為比例常數，稱為**熱傳導係數** (thermal conductivity)，它是材料的特性。由 (19-16a) 式，我們得知熱流的速率 (單位是 J/s) 與截面積以及溫度梯度 $(T_1-T_2)/\ell$ 成正比。

在某些情況中 (例如 k 或 A 不能視為常數) 時，我們就必須考慮厚度為 dx 的無限小之薄片。於是 (19-16a) 式變成

$$\frac{dQ}{dt}=-kA\frac{dT}{dx} \qquad \textbf{(19-16b)}$$

其中 dT/dx 為溫度梯度，[8] 而負號則表示熱流的方向與溫度梯度的

表 19-5 熱傳導係數

物質	熱傳導係數，k	
	$\frac{\text{kcal}}{(\text{s}\cdot\text{m}\cdot\text{C}^\circ)}$	$\frac{\text{J}}{(\text{s}\cdot\text{m}\cdot\text{C}^\circ)}$
銀	10×10^{-2}	420
銅	9.2×10^{-2}	380
鋁	5.0×10^{-2}	200
鋼	1.1×10^{-2}	40
冰	5×10^{-4}	2
玻璃	2.0×10^{-4}	0.84
磚塊	2.0×10^{-4}	0.84
混凝土	2.0×10^{-4}	0.84
水	1.4×10^{-4}	0.56
人類組織	0.5×10^{-4}	0.2
木材	0.3×10^{-4}	0.1
玻璃纖維	0.12×10^{-4}	0.048
軟木	0.1×10^{-4}	0.042
羊毛	0.1×10^{-4}	0.040
鵝絨	0.06×10^{-4}	0.025
聚氨酯	0.06×10^{-4}	0.024
空氣	0.055×10^{-4}	0.023

8 (19-16) 式與描述擴散 (第 18-7 節) 以及管中液體流動 (第 13-12 節) 的關係式十分相似。在這些情形中，物質的流動與濃度梯度 dC/dx，或壓力梯度 $(P_1-P_2)/\ell$ 成正比。這種相似性是我們稱其為熱"流"的原因之一。我們必須記住在熱的實例中並沒有物質的流動——它是能量的傳遞。

方向相反。

表 19-5 中列有數種不同物質的熱傳導係數 k。k 值大的物質可以快速地導熱，被稱為是良好的熱**導體** (conductor)。大部分的金屬都屬於良好的熱導體，但它們之間的差異很大，這可以由握住放在同一杯熱湯中的銀湯匙和不鏽鋼湯匙觀察出來。而 k 值小的物質，例如羊毛、玻璃纖維、聚氨酯和鵝絨，都是不良的熱導體，或者是良好的熱**絕緣體** (insulator)。

k 值的相對大小可以說明一些簡單的現象，例如在相同的溫度下，磁磚地板比地毯地板感覺上較涼。磁磚比起地毯是較好的熱導體。腳上的熱流向地毯後不會快速地傳導出去，使地毯表面的溫度迅速地上升至腳的溫度，並使人感到舒適。但是磁磚會快速地將熱傳導開，並且很快地從腳傳遞更多的熱至磁磚，所以腳表面的溫度下降。

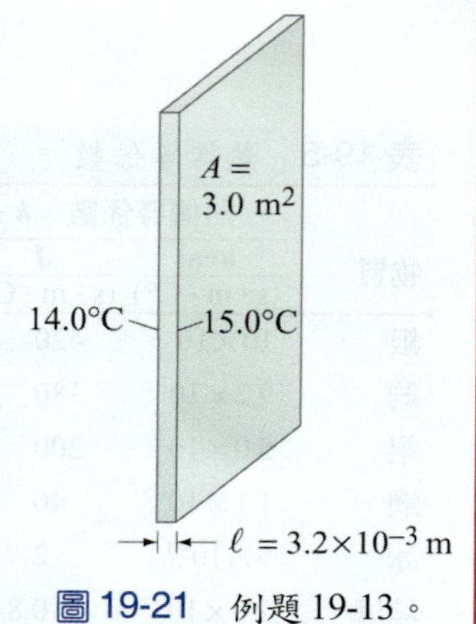

圖 19-21　例題 19-13。

例題 19-13　經由窗戶流失的熱　房屋中的熱主要是經由窗戶流失。試求經由面積為 2.0 m × 1.5 m 且厚度為 3.2 mm 之玻璃窗流失的熱流速率。已知玻璃內側與外側表面的溫度分別為 15°C 與 14°C (圖 19-21)。

方法　熱流是藉由傳導從溫度較高的屋內通過玻璃流向溫度較低的屋外。我們利用 (19-16a) 式的熱傳導方程式。

解答　已知 $A = (2.0\ \text{m})(1.5\ \text{m}) = 3.0\ \text{m}^2$ 且 $\ell = 3.2 \times 10^{-3}\ \text{m}$。由表 19-5 得到 k 值，所以

$$\frac{\Delta Q}{\Delta T} = kA\frac{T_1 - T_2}{\ell} = \frac{(0.84\ \text{J/s}\cdot\text{m}\cdot\text{C°})(3.0\ \text{m}^2)(15.0\text{°C} - 14.0\text{°C})}{(3.2\times 10^{-3}\ \text{m})}$$

$$= 790\ \text{J/s}$$

備註　這個熱流速率等於 $(790\ \text{J/s})/(4.19\times 10^3\ \text{J/kcal}) = 0.19\ \text{kcal/s}$，或是 $(0.19\ \text{kcal/s})\times(3600\ \text{s/h}) = 680\ \text{kcal/h}$。

物理應用
隔熱窗

在例題 19-13 中你也許注意到，對房屋中的客廳而言，溫度 15°C 可能不夠溫暖。事實上房屋本身的溫度可能高得多，而且屋外的溫度也可能低於 14°C。溫度 15°C 和 14°C 是指窗戶表面的溫度，在窗戶內外兩側表面附近的空氣溫度通常會有明顯的下降。亦即，窗戶兩側的空氣層形同熱絕緣體，而且房屋內外之間溫度下降的主要部分就是發生在此空氣層。若在強風下，窗外的空氣會持續地由冷空氣替換，

穿越玻璃的溫度梯度將增大，而且熱的流失速率也會大得多。增加空氣層的厚度，例如利用兩片中間有空氣間隔的玻璃，會比只增加玻璃厚度更能減少熱的流失，因為空氣的熱傳導係數比玻璃小得多。

物理應用
衣服藉由圍住空氣層而絕緣

衣服的絕緣性質是由空氣的絕緣性質而來。在靜止的空氣中身上若沒有穿衣服，會使與皮膚接觸的空氣加熱，因為空氣是非常好的熱絕緣體，所以很快的就會感到還算舒適。但是因為空氣流動——有微風和氣流以及人們四處走動——使冷空氣取代暖空氣，因而增加溫差與身體的熱流失。衣服將空氣圍住使之不能輕易移動而使人保持溫暖。所以不是衣服本身，而是衣服圍住的空氣使我們產生熱絕緣。鵝絨是非常好的熱絕緣體，因為少量的鵝絨就可以抖鬆膨起而圍住許多空氣。

物理應用
熱絕緣的 R-值

[因為實用的目的，建築材料的熱性質，特別是當作熱絕緣材料時，通常以 R-值 (或“熱阻”) 表示，對於一厚度為 ℓ 的特定材料而言，其定義為

$$R = \ell / k$$

一塊特定材料的 R-值結合了厚度 ℓ 與熱傳導係數 k 為一個數字。在美國，R-值的單位為英制的 $\mathrm{ft^2 \cdot h \cdot F°/Btu}$ (例如，R-19 表示 $R = 19\ \mathrm{ft^2 \cdot h \cdot F°/Btu}$)。表 19-6 列出數種常見的建築材料的 R-值。R-值直接隨著材料的厚度而增加：例如，2 吋的玻璃纖維是 R-6，而 4 吋則是 R-12。]

表 19-6 R-值

材料	厚度	R-值 ($\mathrm{ft^2 \cdot h \cdot F°/Btu}$)
玻璃	$\frac{1}{8}$ 吋	1
磚塊	$3\frac{1}{2}$	0.6−1
夾板	$\frac{1}{2}$ 吋	0.6
玻璃纖維絕緣體	4 吋	12

對 流

雖然液體和氣體通常並不是非常令人滿意的熱導體，但是它們可以藉由對流而非常快速地將熱傳遞。**對流** (convection) 是因大量的分子由一個地方移動到另一個地方而形成熱流的一個過程。傳導與分子 (與／或電子) 的短距離運動及碰撞有關，而對流則與大量分子的長距離運動有關。

物理應用
對流的家用暖氣設備

熱風式電暖爐將空氣加熱後再由風扇吹入房間，是強制對流的一個例子。自然對流也會發生，一個熟悉的例子是熱空氣的上升。例如，散熱器 (或其他形式的暖氣機) 上方的空氣在受熱時會膨脹 (第 17 章)，因而其密度減小。因為它的密度小於周遭較冷的空氣，所以它會上升，如同水中的原木，由於其密度小於水的密度，因而向上浮

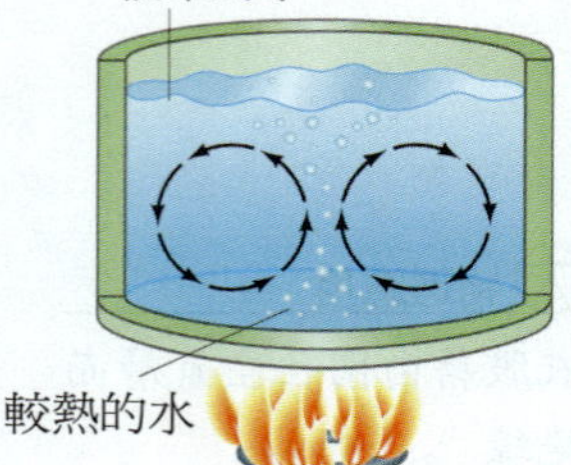

圖 19-22 在爐火上加熱的一壺水中的對流水流。

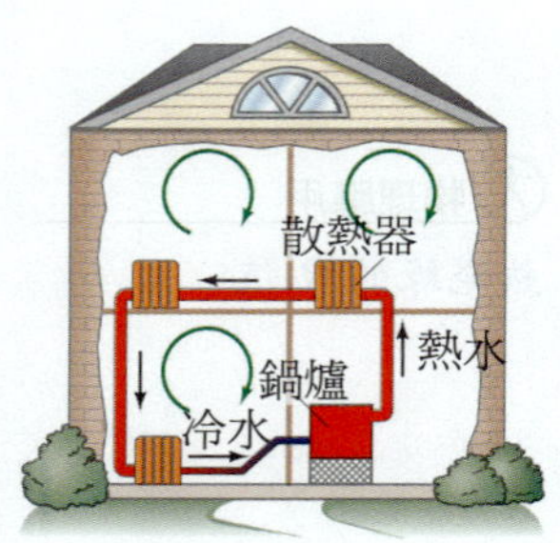

圖 19-23 對流在有暖氣設備的房子中扮演重要的角色。圓形的箭號表示房間內的對流氣流。

起。暖或冷洋流，例如，墨西哥灣暖流，代表全球規模的自然對流。風是對流的另一個例子，並且氣候通常受到對流的氣流極大的影響。

當一壺水加熱時會有對流產生 (圖 19-22)，壺底已加熱的水因密度減小而上升。已加熱的水被來自上方的冷水所取代。這個原理被應用在許多加熱系統中，例如圖 19-23 中的熱水暖氣系統。水在鍋爐中加熱，當溫度上升時它會膨脹並且上升，如圖中所示。這使得水在加熱系統中循環。熱水進入散熱器，而熱經由傳導作用轉移至空氣中，冷卻的水最後回到鍋爐中。因此，水是因為對流而循環；有時候會利用泵來幫助循環。屋內各處的空氣也會因為對流而加溫。被散熱器加熱的空氣會上升，並且由冷空氣取代，因而形成對流的氣流，如圖 19-23 中的綠色箭號所示。

其他類型的鍋爐也與對流有關。安裝於地板附近且具有調風口的熱氣鍋爐通常沒有風扇，而是依靠自然的對流作用，其效應可能是很可觀的。在其他的系統中，則會使用風扇以改善對流。如果房間要均勻地加溫，則冷空氣必須能夠回到鍋爐，使得對流氣流在房間各處循環。對流並非始終都是有利的，例如壁爐中許多的熱上升至煙囪中，而未流入房間內。

輻射

對流和傳導需要物質作為介質，而將熱從熱的區域傳送至冷的區域。但是第三種熱的傳遞方式完全不需要任何介質。地球上所有的生命都依賴太陽傳遞的能量，而這個能量是經過空的 (或幾乎是空的) 空間傳遞至地球。這種能量傳遞的形式是熱——因為太陽表面的溫度 (6000 K) 遠比地球表面高得多——所以稱為**輻射** (radiation)。我們從爐火感受到的溫暖主要也是輻射的能量。

在以後各章中我們將會理解，輻射基本上是由電磁波所組成。目前只要說太陽的輻射是由可見光以及其他人眼無法感知的波長所組成就可以了，其中還包括紅外線 (IR) 輻射。

物體輻射能量的速率與凱氏溫度 T 的四次方成正比。亦即，2000 K 之物體輻射能量的速率是 1000 K 之物體的 $2^4 = 16$ 倍。輻射速率也與發射物體的面積 A 成正比，所以能量離開物體的速率 $\Delta Q/\Delta t$ 為

$$\frac{\Delta Q}{\Delta t} = \epsilon\,\sigma A T^4 \tag{19-17}$$

這個式子稱為**史蒂芬－波茲曼方程式** (Stefan-Boltzmann equation)，而 σ 是一個通用常數且稱為**史蒂芬-波茲曼常數** (Stefan-Boltzmann constant)，其值為

$$\sigma = 5.67 \times 10^{-8}\ \text{W/m}^2 \cdot \text{K}^4$$

因數 ϵ (希臘字母 epsilon) 稱為**發射率** (emissivity)，是介於 0 和 1 之間的一個數字，它是輻射材料表面的特性。非常黑的表面，如木炭，發射率接近於 1，而發亮的金屬表面之 ϵ 接近於零，因此發射較少的輻射。發射率的大小與材料的溫度有一點關係。

物理應用
深色和淺色衣服

發亮的表面不僅發射較少的輻射，也吸收較少落在它們上面的輻射 (大部分被反射)。黑色與極深色的物體是良好的發射體 ($\epsilon \approx 1$)，也幾乎吸收全部落在它們上面的輻射——這是為什麼在炎熱的天氣裡穿淺色衣服要比深色衣服舒適的原因。所以，一個**良好的吸收體也是良好的發射體**。

任何物體不只經由輻射發射能量，同時也吸收其他物體所發射的能量。如果一個發射率為 ϵ 且面積為 A 的物體其溫度為 T_1，則它會以 $\epsilon \sigma A T_1^4$ 之速率發射能量。若物體周遭環境的溫度為 T_2，則周遭發射能量的速率與 T_2^4 成正比，而物體吸收能量的速率與 T_2^4 成正比 。所以出於物體的輻射熱流淨速率為

$$\frac{\Delta Q}{\Delta t} = \epsilon \sigma A (T_1^4 - T_2^4) \qquad \textbf{(19-18)}$$

其中 A 為物體的表面積，T_1 為物體的溫度、ϵ 為其發射率 (在溫度 T_1 時)，並且 T_2 為周遭的溫度。這個方程式與實驗的實際情況一致，當物體的溫度與四周環境相同時，它們達到平衡狀態。亦即當 $T_1 = T_2$ 時，$\Delta Q/\Delta t$ 必定等於零，所以發射與吸收的 ϵ 必須相同。這證實了良好的發射體也是良好的吸收體的概念。由於物體和四周環境都發射能量，所以有淨能量從其中一個轉移至另一個，除非兩者都有相同的溫度。

物理應用
身體的輻射熱損失

例題 19-14 估算 **輻射冷卻** 一位運動員沒有穿衣服地坐在更衣室中，其深色牆壁溫度為 15°C。試估計他經由輻射的熱流失速率。已知皮膚的溫度為 34°C 且 $\epsilon = 0.70$。身體未與椅子接觸的表面積為 1.5 m²。

方法 我們利用 (19-18) 式與凱氏溫度。

解答 由 (19-18) 式，得到

問題解答
必須使用凱氏溫度

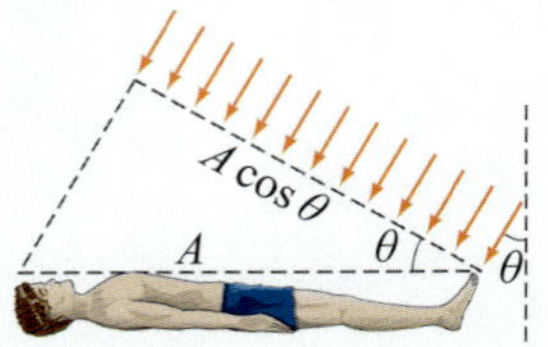

圖 19-24 輻射能量以角度 θ 照射人體。

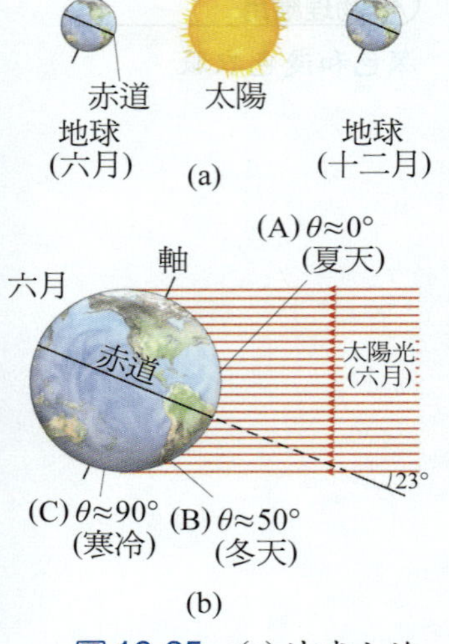

圖 19-25 (a) 地球上的季節是由於地球的軸與環繞太陽運行的軌道成 $23\frac{1}{2}$° 角所引起。(b) 六月的太陽光與赤道的夾角約為 23°，所以美國南部 (A) 的 θ 接近於 0° (夏天直射的陽光)，而南半球 (B) 的 θ 則是 50° 或 60°，吸收的熱較少，因此是冬天。接近南極 (C) 的區域從來沒有強烈的直射陽光；cos θ 的範圍大約是夏天的 $\frac{1}{2}$ 與冬天的 0 之間；因為受熱甚少而形成冰。

$$\frac{\Delta Q}{\Delta t} = \epsilon\,\sigma A(T_1^4 - T_2^4)$$

$$= (0.70)(5.67\times10^{-8}\ \mathrm{W/m^2\cdot K^4})(1.5\ \mathrm{m^2})[(307\ \mathrm{K})^4 - (288\ \mathrm{K})^4]$$

$$= 120\ \mathrm{W}$$

備註 這個人的“輸出”比一個 100 W 的燈泡多一點。

靜止不動的人體內自然產生熱的速率大約是 100 W，小於例題 19-14 所計算的輻射熱損失。所以，此人的體溫下降而感到不舒適。身體對過量的熱損失而作的反應是增加新陳代謝率，而顫抖也是身體增加新陳代謝的一種方法。穿上衣服也有很大的幫助。例題 19-14 中說明此人即使在溫暖的 25°C 之室內可能也可能會感到不舒服。如果牆壁或地板是冷的，無論空氣多麼溫暖都會輻射至牆或地板。在標準房間內一個久坐的人大約有 50% 的熱損失是由輻射造成的。室內最舒適的情況是當牆壁和地板是溫暖的，而空氣溫度不是那麼高的時候。地板與牆壁可以用熱水導管或電熱裝置加熱。這種第一級的加熱系統是現今常見的，有趣的是在 2000 年前的羅馬，甚至在英國偏遠的鄉間，也是用地板中的熱水和蒸氣導管使房屋變暖。

太陽以輻射將物體加熱是不能利用 (19-18) 式計算的，因為這個方程式假定物體四周環境的溫度是均勻的 T_2，而太陽基本上是一個點熱源。所以太陽必須視為個別的能量來源。太陽的加熱則是利用地球大氣層中與太陽光線垂直之每平方公尺的面積上每秒內約有 1350 J 的能量照射來計算。1350 W/m² 這個數字稱為**太陽常數** (solar constant)。太陽光在到達地面之前可能會有 70% 的能量被大氣層吸收，這與雲量有關。在晴朗的天氣裡，大約有 1000 W/m² 的能量到達地球表面。一個面對太陽而發射率為 ϵ 且面積為 A 的物體，其吸收太陽能量的速率 (單位為瓦特) 大約為

$$\frac{\Delta Q}{\Delta t} = (1000\ \mathrm{W/m^2})\,\epsilon A\cos\theta \qquad \textbf{(19-19)}$$

其中 θ 是太陽光線與面積 A 之法線間的夾角 (圖 19-24)。亦即 $A\cos\theta$ 是與太陽光線垂直的“有效”面積。

季節 (season) 和極地冰帽 (見圖 19-25) 的解釋與 (19-19) 式中的因數 cos θ 有關。季節不是因為地球與太陽之間的距離變化所引起——

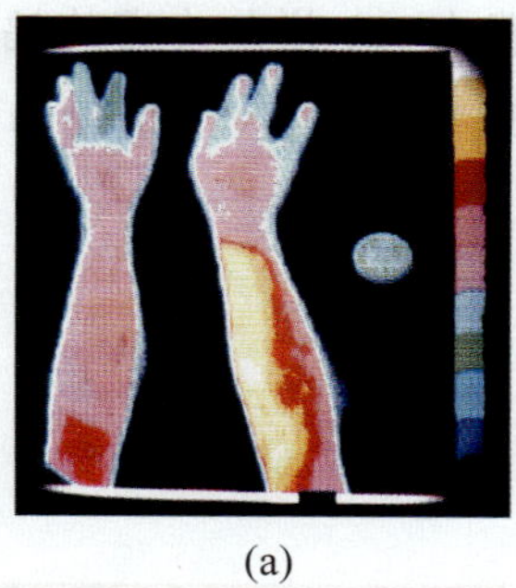

(a)

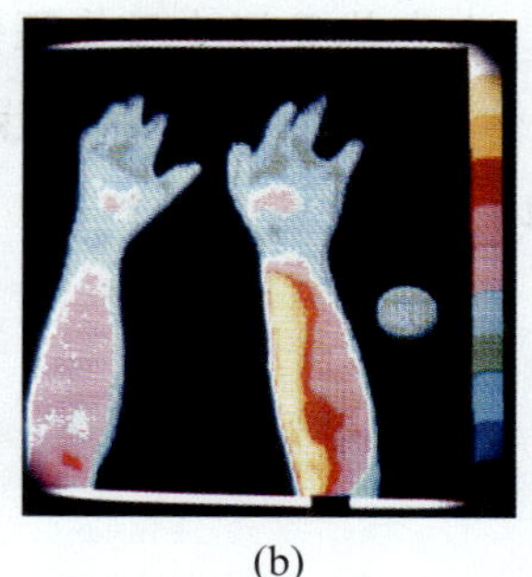

(b)

圖 19-26 一個健康的人體之手臂和手的熱像圖，抽菸之前 (a) 和抽菸之後 (b) 的情形，圖中顯示因抽菸而減弱的血液循環使溫度降低。熱像圖以不同顏色標示不同的溫度；右邊的標度是由藍色 (冷) 至白色 (熱)。

北半球的夏天其實是發生於地球與太陽相距最遠的時候。它是由角度 (即 $\cos\theta$) 所造成的。此外，太陽在中午時對地球的加熱比日出或日落時來得多也與 $\cos\theta$ 這個因數有關。

熱輻射在醫學診斷上一個有趣的應用是**熱影像術** (thermography)。利用一個特殊的儀器——熱像儀，掃描身體並測量許多點的輻射密度而形成類似 X 光的照片 (圖 19-26)。新陳代謝活動高的區域 (如腫瘤) 因為溫度較高產生較多的輻射而在熱像圖上被測得。

例題 19-15 估算 **星球的半徑** 巨大恆星參宿四輻射能量的速率是太陽的 10^4 倍，但是表面溫度只有太陽的一半 (2900 K)。試估計參宿四的半徑。假設兩者的 $\epsilon = 1$，並且已知太陽的半徑為 $r_S = 7\times10^8$ m。

物理應用
天文學——星球的大小

方法 假設參宿四與太陽均為球形，表面積為 $4\pi r^2$。

解答 解 (19-17) 式求 A

$$4\pi r^2 = A = \frac{(\Delta Q/\Delta t)}{\epsilon\,\sigma T^4}$$

於是

$$\frac{r_B^2}{r_S^2} = \frac{(\Delta Q/\Delta t)_B}{(\Delta Q/\Delta t)_S}\cdot\frac{T_S^4}{T_B^4} = (10^4)(2^4) = 16\times10^4$$

所以 $r_B = \sqrt{16\times10^4}\; r_S = (400)(7\times10^8) \approx 3\times10^{11}$ m。

備註 如果參宿四是我們的太陽，它會包覆住地球 (地球與太陽的距離為 1.5×10^{11} m)。

> **練習 G** 在大熱天裡吹風扇驅熱是藉由 (a) 增加皮膚的輻射速率；(b) 增加傳導率；(c) 減小空氣的平均自由路徑；(d) 增加汗水的蒸發；(e) 以上皆非。

摘 要

內能 (internal energy)，E_{int}，意指物體中所有分子的總能量。對於一理想單原子氣體而言，

$$E_{int} = \frac{3}{2}NkT = \frac{3}{2}nRT \tag{19-1}$$

其中 N 為分子的數目而 n 為莫耳數。

熱 (heat) 是由於溫差而從一物體轉移至另一物體的能量。所以熱以能量的單位計量，例如焦耳。

熱與內能有時也以卡或仟卡 (kcal) 表示，其中

$$1 \text{ kcal} = 4.186 \text{ kJ}$$

是使 1 kg 的水升高 1C° 所需的熱量。

物質的**比熱** (specific heat) c 定義為將單位質量的物質之溫度改變 1 度所需的能量 (或熱)；其方程式為

$$Q = mc\,\Delta T \tag{19-2}$$

其中 Q 為吸收或釋出的熱，ΔT 為增加或減少的溫度，而 m 則是物質的質量。

當熱在一隔離系統中的兩個部分之間流動時，能量守恆告訴我們，系統其中一部分獲得的熱等於系統另一部分所損失的熱。這是**量熱學** (calorimetry) 的基礎，它是熱交換的定量性測量。

相變時會發生溫度不變的能量交換。**熔化熱** (heat of fusion) 是熔化 1 kg 的固體為液相所需的熱；它也等於物質從液體改變至固體所釋出的熱。**汽化熱** (heat of vaporization) 為 1 kg 的物質由液相改變至氣相所需的熱；它也是物質由氣相改變為液相所釋出的熱。

熱力學第一定律 (first law of thermodynamics) 說明系統的內能變化 ΔE_{int} 等於加入系統的熱 Q 減去系統所作的功 W

$$\Delta E_{\text{int}} = Q - W \tag{19-4}$$

這個重要的定律是能量守恆一個概括的重新表述，並且適用於所有過程。

兩個簡單的熱力過程是在定溫下進行的**等溫** (isothemal) 過程，以及沒有熱交換的**絕熱** (adiabatic) 過程。此外還有**等壓** (isobaric) (壓力不變) 過程和**等容** (isovolumetric) (體積不變) 過程。

將氣體體積改變 dV 所作的功為 $dW = PdV$，其中 P 為壓力。

功與熱不是系統狀態 (例如 P、V、T、n 和 E_{int}) 的函數，但是與系統由某一狀態至另一狀態的過程類型有關。

一理想氣體在定容下的**莫耳比熱** (molar specific heat) C_V 與定壓下的莫耳比熱 C_P 之關係式為

$$C_P - C_V = R \tag{19-11}$$

其中 R 為氣體常數。對單原子理想氣體而言，$C_V = \frac{3}{2}R$。

對於由雙原子或更複雜的分子所組成的理想氣體而言，C_V 等於 $\frac{1}{2}R$ 乘以**分子之自由度** (degrees of freedom) 的數目。除非溫度很高，否則有些自由度可能不是主動的因而沒有產生作用。根據**能量均分原理** (principle of equipartition of energy)，能量以每個分子平均為 $\frac{1}{2}KT$ 的數量均分於主動的自由度之中。

當一理想氣體絕熱 ($Q = 0$) 膨脹 (或收縮) 時，關係式 $PV^{\gamma} =$ 常數會成立，其中

$$\gamma = \frac{C_P}{C_V} \tag{19-14}$$

熱以三種不同的方式由一個地方 (或物體) 轉移至另一個地方：傳導、對流與輻射。

傳導 (conduction) 是能量藉由具較大動能的分子或電子與鄰近移動較慢的分子或電子之間的碰撞而轉移的過程。

對流 (convection) 是由大量的分子在相當的距離內移動所作的能量轉移。

輻射 (radiation) 不需要物質的存在，它是藉由電磁波傳遞能量，例如太陽的輻射。所有物體能量的輻射量與其凱氏溫度的四次方 (T^4) 以及其表面積成正比。輻射 (或吸收) 的能量也與表面的性質有關，它是以發射率 ϵ 表示 (深色表面比發亮的表面具有較多的吸收與輻射)。

在晴朗的天氣裡，太陽的輻射大約以 1000 W/m^2 的速率到達地球表面。

問題

1. 當劇烈搖晃一瓶柳橙汁時，對它所作的功有何變化？
2. 當一個熱的物體使另一個較冷的物體變暖時，溫度會在它們之間流動嗎？兩個物體的溫度變化量相同嗎？試解釋之。
3. (a) 兩個溫度不同的物體互相接觸，熱會自然地由內能較高的物體流向內能較低的物體嗎？ (b) 如果兩個物體的內能相等，會有熱的流動嗎？試解釋之。
4. 生長在溫暖地區的熱帶植物，冬天時仍有幾次溫度會下降至零度以下，但是可以藉由在夜間灑水而減少結冰對敏感植物的傷害。試解釋之。
5. 水的比熱非常大。試解釋為什麼這個事實使水特別地適用於加熱系統 (即熱水散熱器)。
6. 為什麼包裹水壺的布套保持潮濕可以使水壺中的水保冷？
7. 為什麼 100°C 的蒸氣對皮膚造成的燙傷比 100°C 的水來得嚴重？
8. 利用潛熱和內能的觀念解釋為什麼當水蒸發時水會冷卻 (溫度下降)？
9. 如果水沸騰得更厲害可以使馬鈴薯煮得快一點嗎？
10. 在地球大氣層極高處的溫度可以高達 700°C。在此環境下會使動物凍死而非烤焦。試解釋之。
11. 空氣中的水蒸氣在一杯冷水的外側凝結，其內能有何變化？此種情形為作功或熱交換？試解釋之。
12. 利用能量守恆解釋為什麼當隔熱良好的氣體被壓縮時溫度會上升——例如，壓下活塞——而當氣體膨脹時溫度會下降。
13. 一理想氣體在等溫過程中作 3700 J 的功。由此資訊是否可以得知加入系統的熱有多少？如果可以，熱是多少？
14. 遠征北極失敗的探險家因為用雪覆蓋自己而倖免於難。他們為什麼這麼做？
15. 為什麼走在海灘濕的沙子上比乾的沙子來得涼快？
16. 利用熱空氣暖氣爐提供房子暖氣時，為什麼使空氣流回暖氣爐的通風口是很重要的？如果通風口被書櫥擋住會如何？
17. 即使系統有熱流入或流出，系統的溫度能否保持不變？如果有可能，請舉出幾個例子。
18. 試說明熱力學第一定律如何應用於人體的新陳代謝系統。應特別注意的是，某人作功 W 但是只有很少的熱 Q 流入身體 (或者，熱流出身體)。為什麼內能不會及時地急遽減少？
19. 試以文字說明為什麼 C_P 大於 C_V。
20. 試解釋為什麼當氣體被絕熱壓縮時溫度會上升？
21. 一理想單原子氣體可以經由 (1) 等溫；(2) 絕熱；(3) 等壓過程緩緩地膨脹至兩倍的體積。

在一個 PV 圖上繪出各個過程。哪一個過程的 ΔE_{int} 為最大？哪一個過程的 ΔE_{int} 為最小？哪一個過程的 W 為最大和最小？哪一個過程的 Q 為最大和最小？

22. 吊扇有時可以反向運作，使它在某個季節可以驅使空氣向下流動，而另一個季節可以驅使空氣向上。夏天該用哪一種方法？冬天又如何？

23. 鵝絨睡袋和毛皮大衣通常用英寸或公分表示膨脹高度，它是衣服蓬鬆時的實際厚度。試解釋之。

24. 現今的微處理器晶片上黏有像是一連串鰭狀物的“散熱座”。其形狀為什麼是如此？

25. 晴天時，海岸邊通常有海風吹來，假設陸地的溫度比附近的海水上升得快，試解釋之。

26. 地球在晴朗的夜晚比多雲的夜晚冷卻得快許多。為什麼？

27. 試解釋為什麼氣溫通常要在陰涼處的溫度計讀取。

28. 保溫箱中的早產嬰兒即使保溫箱中的空氣溫度是溫暖的，還是可能有受涼的危險。試解釋之。

29. 房屋的地板安裝在下方有空氣流動的地基上會比地板直接安裝在地面上 (例如，混凝土厚板地基) 涼快。試解釋之。

30. 為什麼**保溫瓶** (thermos bottle) 的內襯鍍銀 (圖 19-27)？為什麼兩層內壁之間為真空？

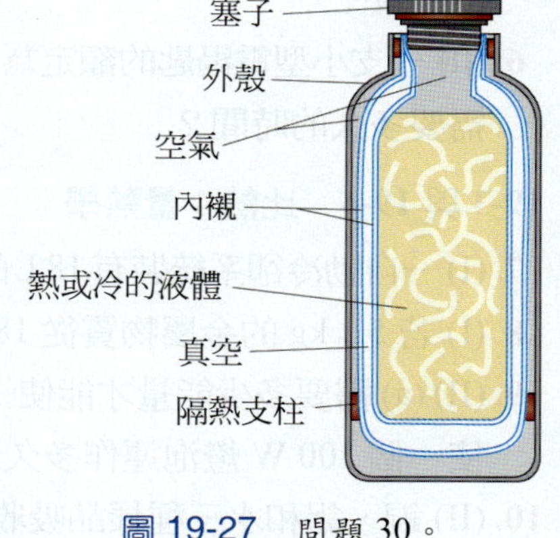

圖 19-27 問題 30。

31. 22°C 的天氣是溫暖的，但是 22°C 的游泳池卻令人覺得涼。為什麼？

32. 在北半球，窗戶朝北的房間會比朝南的房間需要更多的熱才能使房間溫暖。試解釋之。

33. 經由窗戶流失的熱會在以下過程中發生：(1) 邊緣附近的通風；(2) 經由窗框，特別是金屬框；(3) 經由玻璃片；與 (4) 輻射。(a) 前三個過程中，哪些是傳導、對流或輻射？(b) 厚窗簾可以減少哪些過程的熱損失？請詳細說明之。

34. 一大早，在陽光照射到山坡之後，空氣會和緩地向上流動。後來，當山坡被陰影籠罩時，會有和緩的向下氣流。試解釋之。

35. 在陽光照射下的一塊木頭會比閃亮的金屬吸收更多的熱。但是你將它們撿起時會覺得金屬比較熱。試解釋之。

36. “救生毯”是一個薄且閃亮 (鍍金屬) 的塑膠片。試解釋為什麼它可以幫行動不便的人保暖。

37. 試解釋為什麼靠海的城市比同緯度的內陸城市較不會有極端的溫度發生。

習題

19-1 熱是能量的轉移

1. (I) 3.0 kg 的水初始溫度為 10.0°C，8700 J 的熱可使其溫度上升至幾度？
2. (II) 當潛水夫跳入海中時，海水滲入潛水夫皮膚和潛水衣之間的空隙，形成厚度約 0.5 mm 的水層。假設潛水衣覆蓋潛水夫的總面積約為 1.0 m^2，且進入潛水衣之水溫為 10°C，而後因潛水夫的體熱使水溫上升至 35°C。試估計此加熱過程需要多少能量 (以塊狀糖 = 300 kcal 為單位)？
3. (II) 一般人一天大約消耗 2500 kcal。(a) 這相當於多少焦耳？(b) 這相當於多少仟瓦小時？(c) 已知電力公司每仟瓦－小時收費 10 分美元，如果此人向電力公司購買一天所需的能量，要花多少錢？
4. (II) 英熱單位 (Btu) 為英制單位系統中熱的單位。一個 Btu 定義為使 1 lb 的水升高 1 F° 所需的熱。試證明 1 Btu = 0.252 kcal = 1056 J。
5. (II) 一輛 1200 kg 的汽車以 95 km/h 之速率行駛，將它煞車至停止會產生多少焦耳和仟卡的能量？
6. (II) 一支小型電湯匙的額定為 350 W。將一杯湯 (已知為 250 mL 的水) 從 15°C 加熱至 75°C 需要多久的時間？

19-3 與 19-4 比熱；量熱學

7. (I) 一自動冷卻系統裝有 18 L 的水。假如其溫度從 15°C 上升至 95°C，它吸收的熱是多少？
8. (I) 若 5.1 kg 的金屬物質從 18.0°C 上升至 37.2°C 需要 135 kJ 的熱，其比熱是多少？
9. (II) (a) 需要多少能量才能使一個 1.0 L 水壺的水從 20°C 上升至 100°C？(b) 這些能量可以使一個 100 W 燈泡運作多久？
10. (II) 銅、鋁和水三種樣品吸收相同的熱並且升高相同的溫度。它們的質量比是多少？
11. (II) 一個 750 W 的咖啡壺欲將 0.75 L 的水由 8°C 煮至沸騰，需要多久的時間？假設壺的加熱部分是由 280 g 的鋁製成，並且沒有水被燒乾。
12. (II) 一個剛鍛造好的熱馬蹄鐵 (質量 = 0.40 kg) (圖 19-28) 被丟入一個 20°C 的 0.30 kg 鐵鍋中，鍋內有 1.05 L 且溫度為 20.0°C 的水。最終的平衡溫度為 25°C。熱馬蹄鐵的初始溫度為何？

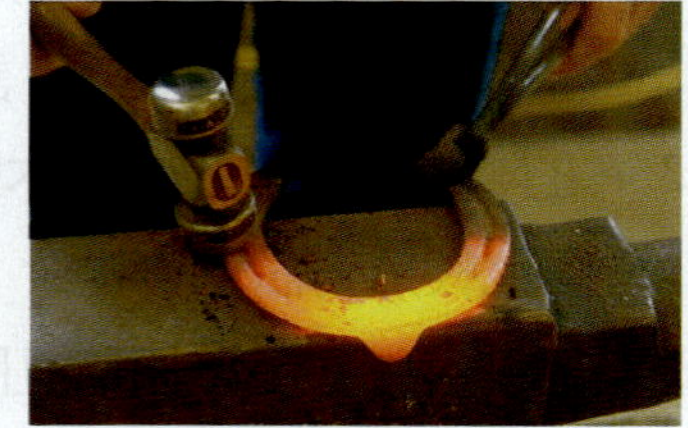

圖 19-28　習題 12。

13. (II) 一支 31.5 g 的玻璃溫度計在放入 135 mL 的水中之前的讀數為 23.6°C。當水與溫度計達到平衡時，溫度計的讀數是 39.2°C。水的溫度原來是多少？[提示：忽略玻璃溫度計內部的液體質量。]

14. (II) 試由以下的測量估計 65 g 之糖果中的卡路里含量。一份 15 g 的糖果樣品置於一個充滿氧氣且質量為 0.325 kg 的小型鋁製容器內，而此容器放置於裝有 2.00 kg 的水且質量為 0.624 kg 的鋁製熱量計杯中。已知熱量計杯的初始溫度為 15°C，點燃小型容器內的氧氣−糖果混合物後，整個系統最終的溫度是 53.5°C。

15. (II) 一塊 290 g 且溫度為 180°C 的鐵塊置於裝有 250 g 且溫度為 10°C 之甘油的 95 g 鋁製熱量計杯中，並測得最終溫度為 38°C。甘油的比熱是多少？

16. (II) 物體的熱容量 C 定義為將其溫度提高 1 C° 所需的熱。因此溫度升高 ΔT 所需的熱是 $Q = C\Delta T$。(a) 試寫出以物質比熱 c 所表示的熱容量 C。(b) 1.0 kg 的水熱容量是多少？(c) 35 kg 的水熱容量是多少？

17. (II) 一個 1.20 kg 的鐵錘頭以 7.5 m/s 之速率敲擊鐵釘 (圖 19-29) 後停止。以此速率快速且連續地敲擊一根 14 g 的鐵釘 10 次後，鐵釘的溫度會升高幾度？假設鐵釘吸收所有的能量。

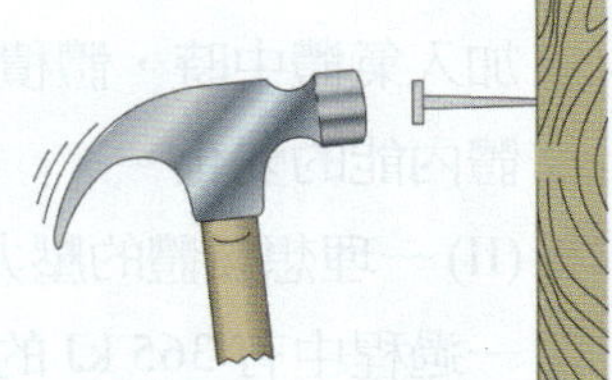

圖 19-29　習題 17。

19-5　潛熱

18. (I) 欲熔化溫度為 25°C 且質量為 26.5 kg 的銀，需要多少熱？

19. (I) 某人在運動時經由皮膚蒸發水份而在 25 分鐘之內流失 180 kcal 的熱。此人失去的水有多少？

20. (II) 一塊 35 g 的冰塊於熔點時被丟入裝有液態氮的隔熱容器中。若液態氮之溫度為沸點 77 K 且蒸發潛熱為 200 kJ/kg，有多少氮會蒸發？為了簡明起見，假設冰的比熱為常數並且等於其熔點附近之值。

21. (II) 高山登山者不直接吃雪，而是先用爐火將雪融化後才食用。為了理解其原因，試計算以下各情況中從你的身體吸收的能量。(a) 你吃 1.0 kg 的 − 10°C 的雪，而身體溫度變暖至 37°C。(b) 你用爐火將 1.0 kg 的 −10°C 的雪融化為 2°C 的水，喝下之後並且身體變暖至 37°C。

22. (II) 一個質量為 180 kg 的鍋爐裝有 730 kg 且溫度為 18°C 的水。加熱器以 52000 kJ/h 之速率供應能量。需要多久之後水 (a) 達到沸點，與 (b) 全部變成蒸氣？

23. (II) 在大熱天的自行車車賽中，一位自行車選手在 3.5 小時內喝了 8.0 L 的水。假設自行車選手的所有能量全部用於將喝入的水蒸發為汗水，這位選手在賽程中使用了多少仟卡的能量？(由於選手的效率大約只有 20%，大部分消耗的能量轉變成熱，所以我們的近似假設不致太離譜。)

24. (II) 水銀的比熱為 138 J/kg · C°。利用以下的熱量計資料計算水銀的熔化潛熱：1.00 kg 的固態 Hg 於其熔點 −39.0°C 時，被置於裝有 0.400 kg 且溫度為 12.8°C 之水的 0.620 kg 之鋁製熱量計中；最後的平衡溫度為 5.06°C。

25. (II) 鑑識專家在犯罪現場發現門框上有一顆 7.2 g 的鉛彈，它很明顯地在撞擊時完全熔化。假設子彈於室溫 (20°C) 下射出，鑑識專家計算最小的槍口初速度是多少？

26. (II) 一位 58 kg 的溜冰者以 7.5 m/s 之速率滑行而後停止。假設冰的溫度為 0°C，而且由摩擦產生的熱有 50% 被冰吸收，有多少的冰會融化？

19-6 與 19-7　熱力學第一定律

27. (I) 繪製以下過程的 PV 圖：2.0 L 的理想氣體在大氣壓力下以定壓冷卻至 1.0 L 之體積，然後再以等溫膨脹至 2.0 L，之後在定容下壓力再增加至原來的壓力。

28. (I) 一氣體被密閉於裝有無摩擦之輕活塞的圓筒內，並保持於大氣壓力。當 1250 kcal 的熱加入氣體中時，體積緩緩地由 12.0 m^3 增加至 18.2 m^3。試求 (a) 氣體所作的功，與 (b) 氣體內能的變化。

29. (II) 一理想氣體的壓力緩緩地減為一半，而氣體被密閉於具有堅固容器壁的容器內。在此一過程中有 365 kJ 的熱離開氣體。過程中氣體 (a) 作功是多少？(b) 內能變化是多少？

30. (II) 體積為 1.0 L 之空氣的初始 (絕對) 壓力為 3.5 atm，它以等溫膨脹至壓力為 1.0 atm。然後以定壓壓縮至原來的體積，最後再以定容加熱至原來的壓力。在 PV 圖上繪製此一過程，包括軸上的數字和標記。

31. (II) 考慮以下兩個步驟的過程。在定容下，熱自理想氣體流出，使得其壓力由 2.2 atm 下降至 1.4 atm。然後氣體在定壓下體積由 5.9 L 膨脹至 9.3 L，而溫度回到原來的值。參閱圖 19-30。計算過程中氣體 (a) 所作的功，(b) 內能的變化，與 (c) 吸收或流失的總熱。

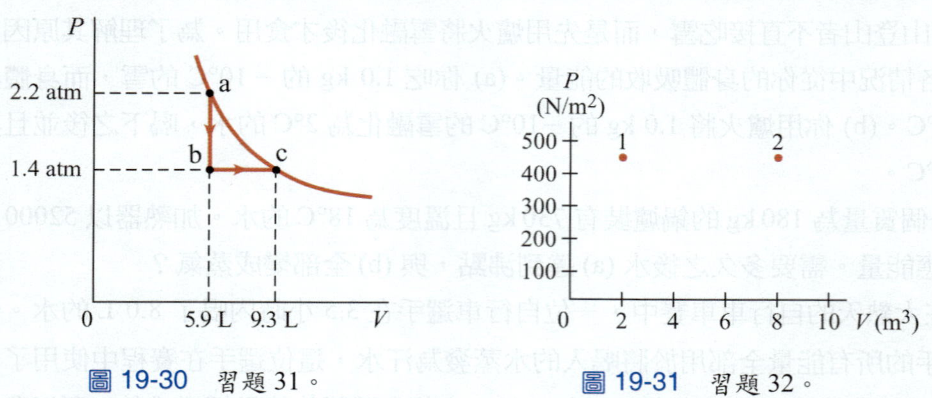

圖 19-30　習題 31。　　圖 19-31　習題 32。

32. (II) 圖 19-31 中的 PV 圖顯示 1.55 莫耳之單原子理想氣體系統兩種可能的狀態。($P_1 = P_2 = 455$ N/m²、$V_1 = 2.00$ m³、$V_2 = 8.00$ m³。) (a) 繪出由狀態 1 至狀態 2 的等壓膨脹過程，並將此過程稱為 A。(b) 求出過程 A 中氣體所作的功與內能的變化。(c) 繪出由狀態 1 至體積 V_2 的等溫膨脹過程，然後在等容下增加溫度至狀態 2 的兩步驟過程，此過程稱為 B。(d) 試求此兩步驟過程 B 中氣體的內能變化。

33. (II) 假設有 2.60 mol 且體積為 $V_1 = 3.50\ \text{m}^3$ 的理想氣體於 $T_1 = 290$ K 時以等溫膨脹至 $V_2 = 7.00\ \text{m}^3$ 且 $T_2 = 290$ K。試求 (a) 氣體所作的功，(b) 加入氣體的熱，與 (c) 氣體的內能變化。

34. (II) 一引擎中幾近於理想的氣體被絕熱壓縮至一半的體積，此過程中對氣體作功 2850 J。(a) 有多少熱流入或流出氣體？(b) 氣體的內能變化為何？(c) 溫度上升或下降？

35. (II) 1.5 mol 的理想單原子氣體作絕熱膨脹且過程中作功 7500 J。膨脹過程中氣體溫度的變化是多少？

36. (II) 1.00 kg 的水在 100°C 時全部沸騰成蒸氣，同時壓力保持固定為 1.00 atm。試求 (a) 所作的功，以及 (b) 內能的變化。

37. (II) 一個泵緩緩地以等溫壓縮 0°C 與 1.00 atm 的 3.50 L 之氮氣至 0°C 與 1.80 L。泵所作的功為何？

38. (II) 當某氣體沿著圖 19-32 中的曲線由 a 轉變至 c 時，氣體所作的功為 $W = -35$ J，並且加入氣體的熱為 $Q = -63$ J。若沿著路徑 abc，則作功為 $W = -54$ J。(a) 路徑 abc 的 Q 是多少？(b) 如果 $P_c = \frac{1}{2} P_b$，則沿路徑 cda 作功多少？(c) 路徑 cda 的 Q 是多少？(d) $E_{\text{int, a}} - E_{\text{int, c}}$ 是多少？(e) 若 $E_{\text{int, d}} - E_{\text{int, c}} = 12$ J，則路徑 da 的 Q 是多少？

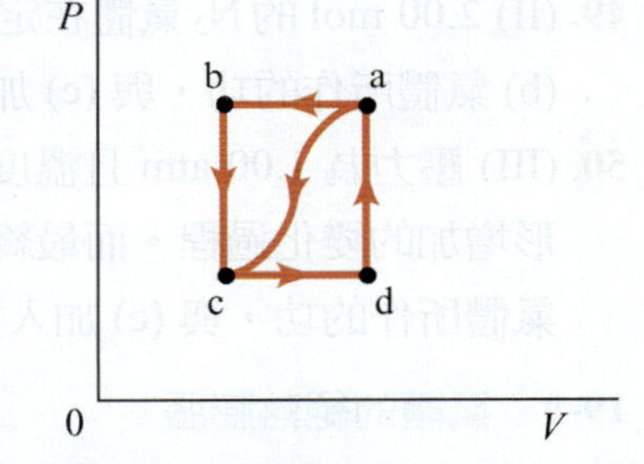

圖 19-32 習題 38、39 與 40。

39. (III) 某氣體沿著圖 19-32 中的曲線由狀態 a 變化至狀態 c，系統釋出 85 J 的熱，並且對系統作功 55 J。(a) 試求內能的變化，$E_{\text{int, a}} - E_{\text{int, c}}$。(b) 當氣體沿著路徑 cda 時，氣體作功為 $W = 38$ J。此過程 cda 中有多少熱 Q 加入氣體？(c) 若 $P_a = 2.2 P_d$，則過程 abc 中氣體作功多少？(d) 路徑 abc 的 Q 是多少？(e) 若 $E_{\text{int, a}} - E_{\text{int, b}} = 15$ J，則過程 bc 的 Q 是多少？已知

$$Q_{a\to c} = -85\ \text{J},\ W_{a\to c} = -55\ \text{J},\ W_{cda} = 38\ \text{J},\ E_{\text{int, a}} - E_{\text{int, b}} = 15\ \text{J},\ P_a = 2.2\,P_d$$

40. (III) 假設某氣體沿著圖 19-32 中的矩形路徑循環，由 b 開始以順時針方向轉變至 a、d、c，最後回到 b。利用習題 39 中已知的數值，(a) 描述過程中的每段步驟，並計算 (b) 循環期間所作的淨功，(c) 循環期間的總內能變化量，與 (d) 循環期間的淨熱流。(e) 吸收的熱中有多少百分比轉變為可用的功；亦即，這個 "矩形" 循環的效率是多少 (百分比)？

***41.** (III) 1.00 mol 的凡得瓦氣體 (第 18-5 節) 從體積 V_1 等溫膨脹至 V_2 所作的功是多少？

19-8 氣體的莫耳比熱；能量均分

42. (I) 4.50 mol 的理想雙原子氣體在 645 K 時的內能是多少？假設所有的自由度都是主動的。

43. (I) 若暖氣機以 1.8×10^6 J/h 對內部空氣為 20 °C 與 1.0 atm 之 3.5 m × 4.6 m × 3.0 m 的房間供暖，假設沒有熱或空氣流失至室外，房間內的溫度每小時會上升幾度？已知空氣為理

想雙原子氣體且分子質量為 29。

44. (I) 試證明如果氣體分子有 n 個自由度，則理論預測 $C_V = \frac{1}{2}nR$ 且 $C_P = \frac{1}{2}(n+2)R$。

45. (II) 某單原子氣體的比熱為 $c_V = 0.0356$ kcal/kg・C°，它在很大的溫度範圍內只有些微的變化。此氣體的原子質量是多少？這是什麼氣體？

46. (II) 試證明 n 莫耳的理想氣體絕熱膨脹時所作的功為 $W = nC_V(T_1 - T_2)$，其中 T_1 與 T_2 為初始與最終溫度，且 C_V 為定容的莫耳比熱。

47. (II) 容積為 22000 m^3 的音樂廳坐滿 1800 位觀眾。如果空氣不流通，由人體的新陳代謝 (70W/人) 會使空氣溫度在 2.0 小時內上升幾度？

48. (II) 一特定氣體在室溫下的定容比熱為 0.182 kcal/kg・K，其分子質量為 34。(a) 其定壓比熱是多少？(b) 此氣體的分子結構為何？

49. (II) 2.00 mol 的 N_2 氣體在定壓 (1.00 atm) 下由 0°C 加熱至 150°C。試求 (a) 內能的變化，(b) 氣體所作的功，與 (c) 加入氣體的熱。

50. (III) 壓力為 1.00 atm 且溫度為 420 K 的 1.00 mol 之理想雙原子氣體進行壓力隨溫度作線形增加的變化過程。而最終的溫度與壓力為 720 K 與 1.60 atm。試求 (a) 內能的變化，(b) 氣體所作的功，與 (c) 加入氣體的熱。(假設有五個主動的自由度。)

19-9 氣體的絕熱膨脹

51. (I) 1.00 mol 的理想雙原子氣體由 1.00 atm 與 20°C 絕熱膨脹至原來體積的 1.75 倍。氣體最終的壓力和溫度各為多少？(假設沒有分子的振動)。

52. (II) 利用 (19-6) 與 (19-15) 式，證明氣體從壓力 P_1 與體積 V_1 緩緩地絕熱膨脹至 P_2 與 V_2 時，氣體所作的功為 $W = (P_1V_1 - P_2V_2)/(\gamma - 1)$。

53. (II) 3.65 mol 的理想雙原子氣體由體積 0.1210 m^3 絕熱膨脹至 0.750 m^3。最初壓力為 1.00 atm。試求 (a) 最初和最終的溫度；(b) 內能的變化；(c) 氣體損失的熱；(d) 對氣體所作的功。(假設沒有分子的振動。)

54. (II) 體積為 0.086 m^3 的 2.8 mol 之理想單原子氣體絕熱膨脹。已知最初和最終的溫度為 25°C和−68°C。氣體最終的體積是多少？

55. (III) 1.00 mol 的理想單原子氣體最初壓力為 1.00 atm，它沿著三個步驟的過程變化：(1) 由 $T_1 = 588$ K 絕熱膨脹至 $T_2 = 389$ K；(2) 定壓壓縮直至溫度達到 T_3；(3) 以定容過程回到初始的壓力與溫度。(a) 於 PV 圖上繪製這些過程。(b) 求出 T_3。(c) 求每個過程和 (d) 整個循環中氣體的內能變化，氣體所作的功以及加入的氣體的熱。

56. (III) 一個**氣塊** (parcel of air) 在地球大氣中朝不同的高度 y 處移動 (圖 19-33)。氣塊需要四周空氣的壓力 P 才能改變其高度。由 (13-4) 式，得到

$$\frac{dP}{dy} = -\rho g$$

其中 ρ 是氣塊與高度相關的質量密度。在移動過程中，氣塊的體積會變化，並且因為空氣是不良的熱導體，所以我們假設其膨脹或收縮過程是絕熱的。(a) 由 (19-15) 式，$PV^{\gamma}=$ 常數，證明經歷絕熱過程的理想氣體，其 $P^{1-\gamma}T^{\gamma}=$ 常數。並證明氣塊的壓力與溫度的關係式為

$$(1-\gamma)\frac{dP}{dy}+\gamma\frac{P}{T}\frac{dT}{dy}=0$$

所以

$$(1-\gamma)(-\rho g)+\gamma\frac{P}{T}\frac{dT}{dy}=0$$

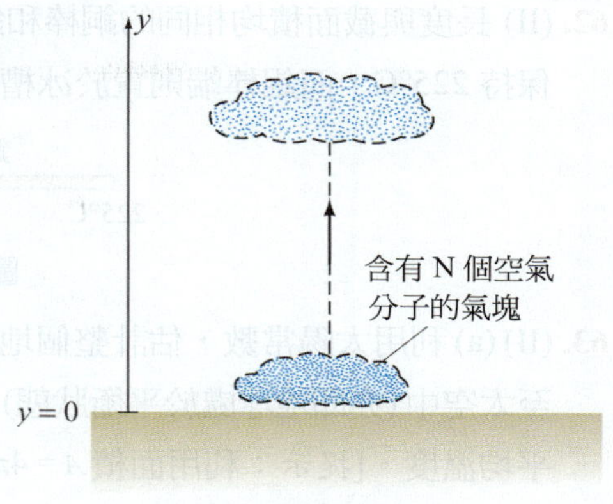

圖 19-33 習題 56。

(b) 以 (a) 中的結果利用理想氣體定律證明氣塊的溫度隨著高度變化的情形為

$$\frac{dT}{dy}=\frac{1-\gamma}{\gamma}\frac{mg}{K}$$

其中 m 為空氣分子的平均質量並且 k 為波茲曼常數。(c) 假如空氣是雙原子氣體且平均分子質量為 29，試證明 $dT/dy=-9.8$ C°/km。這個數值稱為乾燥空氣的**絕熱直減率** (adiabatic lapse rate)。(d) 在加州，常颳的西風從最高的地方之一 (4000 m 高的內華達山脈) 吹向美國內陸最低處之一的死谷 (−100 m)。若內華達山脈頂峰處乾燥的風之溫度為 −5°C，當風向下吹至死谷時的溫度為何？

19-10 傳導、對流、輻射

57. (I) (a) 半徑 16 cm 的鎢球 (發射率 $\epsilon=0.35$) 在 25°C 時的輻射功率是多少？(b) 若球置於牆壁溫度維持於 −5°C 的房間內，由球流出的能量淨流動率是多少？

58. (I) 一根 45 cm 長且直徑為 2.0 cm 的銅桿其一端溫度保持於 460°C，而另一端則浸入 22°C 的水中。試計算沿著桿子的熱傳導速率是多少？

59. (II) 一塊 0°C 的冰塊之水平面積為 1.0 m² 且厚度為 1.0 cm，太陽需要多少時間才能將此冰塊融化？已知太陽光線與垂直線成 35° 角，且冰的發射率為 0.050。

60. (II) *熱傳導至皮膚表面*。假設皮膚下的毛細血管有 150 W 的熱經由傳導流至身體表面，其面積為 1.5 m²。若溫度差為 0.50 C°，試估計毛細血管在皮膚表面下方的平均距離？

61. (II) 一個陶製茶壺 ($\epsilon=0.70$) 和一個表面發亮的茶壺 ($\epsilon=0.10$) 內都裝有 95°C 與 0.55 L 的茶。試估計 (a) 每個茶壺的熱流失率，(b) 30 分鐘後每個茶壺的溫度下降。只考慮輻射，並且假設周遭的溫度為 20°C。

62. (II) 長度與截面積均相同的銅棒和鋁棒相接在一起 (圖 19-34)。銅棒端置於火爐中，溫度保持 225°C，而鋁棒端則置於冰槽中，溫度保持 0.0°C。試求兩棒相接處的溫度。

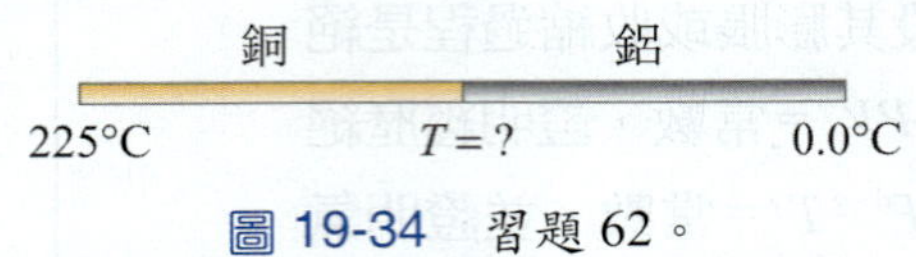

圖 19-34 習題 62。

63. (II) (a) 利用太陽常數，估計整個地球從太陽接收能量的速率。(b) 假設地球輻射相同的量至太空中 (亦即地球處於平衡狀態)，且地球是完美的發射器 ($\epsilon = 1.0$)。試估計地球表面的平均溫度。[提示：利用面積 $A = 4\pi r_E^2$，並說明原因。]

64. (II) 一個 100 W 的燈泡產生 95 W 的熱，它經由半徑為 3.0 cm 且厚度為 0.50 mm 的玻璃球散發出去。玻璃內外表面的溫度相差多少？

65. (III) 房子的恆溫器通常設定於 22°C，但是晚上有 9.0 小時是調降至 12°C。如果晚上未調降恆溫器，試估計還需要多少的熱 (以每天使用量的百分比表示)。假設戶外晚上 9.0 小時的平均溫度為 0°C，並且一天中其餘時刻的溫度為 8°C，同時由房子流失的熱與戶內外的溫差成正比。欲由已知的資料作估算，你必須作簡化問題的假設；試述你所作的假設。

66. (III) 9.5 kg 且溫度為 0°C 的冰置於仔細密封而大小為 25 cm × 35 cm × 55 cm 且盒壁厚度為 1.5 cm 的泡沫塑膠冰盒中。大約需要多少時間冰才會融化？假設泡沫塑膠的傳導性是空氣的兩倍，並且外部的溫度是 34°C。

67. (III) 一根圓柱形管的內徑為 R_1 且外徑為 R_2，管內輸送溫度為 T_1 的熱水，而外部溫度為 $T_2\,(<T_1)$。(a) 試證明長度為 L 的管之熱流失率為 $\dfrac{dQ}{dt} = \dfrac{2\pi k\,(T_1 - T_2)\,L}{\ln(R_2/R_1)}$，其中 k 為管的熱傳導率。(b) 假設管是由鋼製成，且 $R_1 = 3.3$ cm，$R_2 = 4.0$ cm，而 $T_2 = 18$°C。若管中靜止的水溫是為 $T_1 = 71$°C，則最初的溫度變化率是多少？(c) 假設剛進入管中的水為 71 °C，並且以 8.0 cm/s 之速率移動。水每行進一公分溫度會下降多少？

68. (III) 假設一個房屋牆壁的隔熱品質主要是來自於一層 4.0 in. 的磚塊以及一層 R-19 的熱絕緣體，如圖 19-35 所示。經由此牆壁的總熱流失率是多少？已知總面積為 195 ft^2 並且牆內外的溫差是 12 F°。

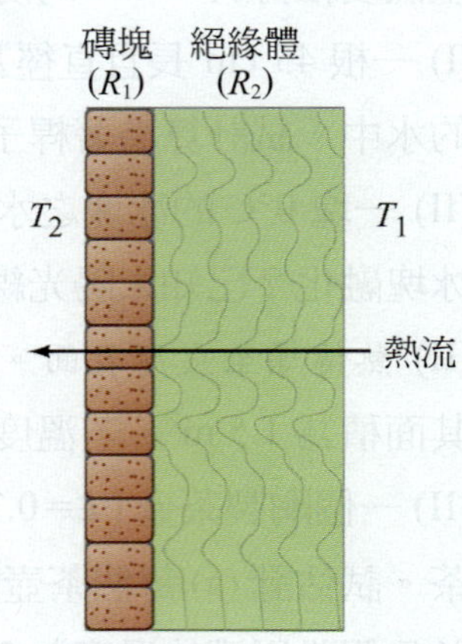

圖 19-35 習題 68。兩層熱絕緣的牆。

一般習題

69. 清涼飲料罐中大約有 0.20 kg 且溫度為 5°C 的液體。飲用此液體可以消耗體內的一些脂肪，因為使液體溫度升高至身體的溫度 (37°C) 需要能量。此飲料應含有多少食用卡路里才能與液體 (基本上是水) 加溫所需的熱達到完美的平衡？

70. (a) 試求太陽輻射至太空的總功率，假設太陽是 $T = 5500$ K 的完美發射器。太陽半徑為 7.0×10^8 m。(b) 計算與太陽相距 1.5×10^{11} m 的地球，每單位面積接收到太陽輻射功率？

71. 為了獲得地球上的海洋含有多少熱能的概念，試估計邊長為 1 km 之立方體的海水溫度下降 1 K 所釋出的熱。(在此估計中，將海水大致視為純水。)

72. 一位登山者穿著一件厚 3.5 cm 且總表面積為 0.95 m^2 的鵝絨外套。衣服表面的溫度是 −18°C ，而皮膚的溫度是 34°C。假設 (a) 外套是乾燥的並且其熱傳導係數 k 與鵝絨相同，和 (b) 外套是潮濕的，所以 k 與水相同，而外套的厚度縮為 0.50 cm。試計算以上兩種情況中經由外套而傳導出去的熱流率。

73. 一個 70 kg 的人作柔和的運動可以產生 200 kcal/h。假設其中有 20% 轉換成有用的功，而其餘 80% 轉變成熱。如果這些熱都不會傳遞至環境中，則 30 分鐘後身體溫度會上升幾度？

74. 試估計從身體內部至表面的熱傳導速率。假設組織的厚度為 4.0 cm，皮膚溫度為 34°C，身體內部溫度為 37°C 且表面積為 1.5 m^2。將答案與一個人少量工作消耗約 230 W 的測量值相比較。由此可知血液對流冷卻的必要性。

75. 馬拉松跑者在比賽中的平均代謝率大約為 950 kcal/h。如果跑者的質量為 55 kg，她在 2.2 小時的比賽中，有多少的水會從皮膚蒸發？

76. 一間房屋具有厚度為 19.5 cm 且面積為 410 m^2 的隔熱良好之牆壁 (假設熱傳導係數與空氣相同)，而木頭屋頂的厚度為 5.5 cm 且面積為 280 m^2，以及未遮蓋的窗戶厚 0.65 cm 且總面積為 33 m^2。(a) 假設熱只有經傳導流失，當戶外溫度為 −15°C 時，欲維持室內溫度為 23°C，必須以何種速率對房屋供熱？(b) 若房屋的初始溫度是 12°C，欲使溫度在 30 分鐘內提高至 23°C 所需的熱是多少？假設只需對體積為 750 m^3 的空氣加熱。(c) 已知天然氣價格為每公斤 \$0.080，且燃燒熱為 5.4×10^7 J/kg，欲使房子每天 24 小時維持於 (a) 中的條件下，每個月需花費多少？假設產生的熱中有 90% 用於對房子加溫。空氣比熱為 0.24 kcal/kg · C°。

77. 在壁球遊戲中(圖 19-36)，兩個人對著牆壁拍擊軟橡膠球直到他們脫水和精疲力竭才停止。假設球以 22 m/s 之速率撞擊牆壁而且反彈速率為 12 m/s，在過程中損失的動能使球加溫。球每彈回一次會使溫度上升多少？(橡膠的比熱約為 1200 J/kg・C°)

圖 19-36 習題 77。

78. 腳踏車充氣泵為長 22 cm 且直徑為 3.0 cm 的圓筒。泵內含有 20°C 與 1 atm 的空氣。如果封住泵底部的出口然後很快地推動把手，將空氣體積壓縮為原來的一半，泵內的空氣會變成多熱？

79. 使用微波爐加熱 250 g 的水。若設定最大的強度，可以使液態水在 1 分 45 秒 (= 105 s) 內由 20°C 上升至 100°C。(a) 微波爐對液態水供應能量的速率是多少？(b) 如果微波爐對水供應的功率為常數，則微波爐在 2 分鐘內 (而不是 1 分 45 秒) 會使多少公克的水燒乾？

80. 地殼內部每深 30 m 溫度大約上升 1.0 C°，地殼的熱傳導係數是 0.80 W/C°・m。(a) 試計算 1.0 小時之內整個地球由內部傳遞至表面的熱。(b) 將這個熱與太陽在 1.0 小時之內輻射至地球的能量相比較。

81. 湖面上有冰層形成，冰層上方空氣的溫度是 −18°C 而水溫則是 0°C。假設冰層下凝固的水之熔化熱經由冰層傳導至冰層上方的空氣。欲形成厚度為 15 cm 的冰層需要多少時間？

82. 一個鐵隕石進入地球大氣層時熔化。如果它在大氣層外的初始溫度為 −105°C，試求隕石在進入地球大氣層之前所需的最小速度。

83. 一個潛水夫在水深 14.0 m 處釋放一個直徑為 3.60 cm (球形) 的空氣氣泡。假設溫度固定為 298 K，並且視空氣為理想氣體。(a) 氣泡到達水面時有多大？(b) 繪製此過程的 PV 圖。(c) 應用熱力學第一定律於氣泡上，求出空氣使氣泡上升至水面所作的功，內能的變化以及當氣泡上升時，對氣泡內之空氣加入或移除的熱。水的密度為 1000 kg/m^3。

84. 往復式壓縮機是一種以來回直線運動壓縮空氣的裝置，如同汽缸中的活塞一般。考慮一部以 150 rpm 運轉的壓縮機。在壓縮的過程中，有 1.00 mol 的空氣被壓縮。空氣的初始溫度為 390 K，壓縮機的引擎提供 7.5 kW 之功率以壓縮空氣，並且熱以 1.5 kW 之速率被移除。試求每次壓縮過程的溫度變化。

85. 在室溫 18°C 下，75 W 燈泡的玻璃表面溫度為 75°C。試估計大小相同的 150 W 之燈泡表面的溫度。只考慮輻射，並且假設有 90% 的能量以熱的形式發散。

86. 假設 3.0 mol 的氖氣 (理想的單原子氣體) 在 STP 下緩慢且等溫壓縮至原來體積的 0.22 倍。然後氣體快速地絕熱膨脹回到原來的體積。試求氣體最高與最低的溫度與壓力，並且在 PV 圖上指出這些值所發生的位置。

87. 在極低溫下，許多物質的莫耳比熱與絕對溫度的立方成正比：$C=k\dfrac{T^3}{T_0^3}$，這有時稱為德拜定律。已知岩鹽的 $T_0=281$ K 且 $k=1940$ J/mol · K。試求欲使 2.75 mol 的岩鹽從 22.0 K 上升至 48.0 K 所需的熱。

88. 柴油引擎不使用火星塞，而是將空氣絕熱壓縮至柴油燃點以上的溫度來點火，柴油是在壓縮到底時注入汽缸中。假設輸入汽缸的空氣溫度為 280 K 且體積為 V_1，它被絕熱壓縮至 560°C (≈1000°F) 與體積 V_2。此外，假設空氣為理想氣體，其 C_P 對 C_V 之比為 1.4，試計算引擎的壓縮比 V_1/V_2。

89. 某汽缸內有無摩擦的輕活塞，並且壓力維持於大氣壓力，當 6.30×10^5 J的熱加入汽缸中密閉的氣體時，其體積從 2.2 m^3 增加為 4.1 m^3。試求 (a) 氣體所作的功，與 (b) 氣體內能的變化。(c) 於 PV 圖上繪製此一過程。

90. 人在寒冷的環境中可能會以大約 200 W 之速率經由傳導和輻射損失熱。若在新陳代謝幾近於停止的情形下，試估計體溫從 36.6°C 下降至 35.6°C 所需的時間。假設人的體重是 70 kg。(參考表 19-1。)

*數值／計算機

***91.** (II) 假設 100°C 而體積為 0.50 m^3 之 1.0 mol 的蒸氣等溫膨脹至體積 1.00 m^3。如果蒸氣遵循凡得瓦方程式 $(P+n^2a/V^2)(V/n-b)=RT$ [(18-9) 式]，其中 $a=0.55$ N · m^4/mol^2 且 $b=3.0\times10^{-5}$ m^3/mol。利用表示式 $dW=PdV$，試以數值法計算所作的總功 W，結果應該與 dW 之表示式的積分結果相差 2% 以內。

練習題答案

A: (b)。

B: (c)。

C: 0.21 kg。

D: 700 J。

E: 小於。

F: -6.8×10^3 J。

G: (d)。

熱力學第二定律

熱機有許多用途，例如老式蒸氣火車以及現代的燃煤發電廠。蒸汽機產生蒸氣，對渦輪機作功而產生電力，以及對活塞作功驅動連動裝置而轉動機車車輪。任何引擎的效率，不論如何細心設計，都受到熱力學第二定律所描述的本質之限制。這個偉大的定律在熵方面作了最好的表述。熵是不守恆的，它在任何實際的過程中始終都會增加。熵是無序的量測。熱力學第二定律告訴我們，隨著時間的增加，宇宙中的無序也增加。我們將討論許多實例，包括熱機、熱泵和冷凍。

◎ 章前問題——試著想想看！

化石燃料的發電廠會產生“熱污染”。燃料燃燒所產生的熱有一部分未能轉換為電能。造成此浪費的原因是

(a) 如果容許部分熱流失會使效率更高。

(b) 工程技術還未能達到 100% 回收廢棄的熱。

(c) 必定會產生浪費的熱：這是當熱轉換成有用的功時，大自然的基本性質。

(d) 發電廠使用化石燃料，而不是核燃料。

(e) 以上皆非。

在這熱與熱力學的最後一章中，我們討論著名的熱力學第二定律，以及由此基本定律而產生的量“熵”。我們也會討論熱機——在發電廠、火車與汽車中將熱轉換為功的機器——因為它們證明這個新的定律是必要的。最後，我們還會簡略地討論熱力學第三定律。

20-1 熱力學第二定律——引言

熱力學第一定律說明能量是守恆的。然而，有許多過程我們可以料想是能量守恆，但是在自然界中卻不會發生。例如，當一個熱的物體與冷的物體接觸時，熱會從熱的物體流向冷的物體，絕不會自動發生相反的流向。如果熱從冷的物體傳送至熱的物體，能量依然是守恆的，但是不會自動地發生。[1] 第二個例子是你扔一個石頭使之撞擊地面。當石頭落下時，石頭的初始位能轉變為動能。接著在撞擊地面時，能量被轉換成石頭與撞擊處附近地面的內能；其分子移動得較快而溫度略微上升。但是你曾看過反向的過程發生嗎—— 一塊靜止於地面上的石頭，因為石頭分子的熱能轉換為整體的動能而突然上升至空中？這個過程中能量是守恆的，可是我們從未看過它。

自然界中還有許多其反向過程不會發生的例子。這裡再舉兩個例子。(1) 在瓶中放一層鹽，鹽上再放一層相同大小的胡椒粒，然後搖晃瓶子使其混合。但不管搖晃多久，混合物不可能再分成原來的兩層。(2) 掉落的咖啡杯或玻璃杯會自動破裂，但是它們不會自動地回復到原來的完整情況 (圖 20-1)。

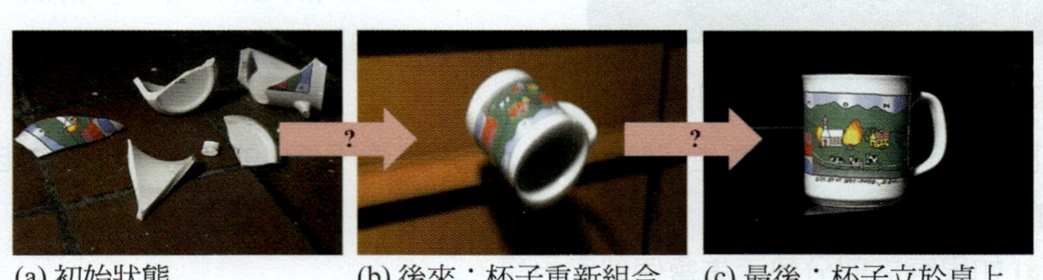

(a) 初始狀態　(b) 後來：杯子重新組合　(c) 最後：杯子立於桌上

圖 20-1　你曾經看過這個過程—— 一個破裂的杯子自動地重新組合並且立在桌上嗎？此一過程滿足能量守恆以及其他的力學定律。

1 自動，意指在沒有任何形式的功輸入之情況下的自發行為。(冰箱雖然將熱從冷的環境移至較溫暖的環境中，但是只因為其馬達作功才會發生——第 20-4 節。)

這些過程假如以反向發生，並不違反熱力學第一定律 (能量守恆)。為了解釋這些過程不具可逆性，科學家們於十九世紀後期將一個新原理以公式表述，稱為熱力學第二定律。

熱力學第二定律 (second law of thermodynamics) 是關於自然界中哪些過程會發生以及哪些不會的一種表述方式。其中一個是由克勞修斯 (R. J. E. Clausius, 1822-1888) 所提出

> 熱會自發地從熱的物體流向冷的物體；熱不會自發地由冷的物體流向熱的物體。

熱力學第二定律
(克勞修斯的表述)

由於這個敘述只適用於一個特定的過程，因此它要如何用於其他的過程就不是那麼容易理解的。我們需要更廣義的表述以較明顯的方式將其他可能的過程包括在內。

熱力學第二定律之廣義表述的發展，一部分是以熱機的研究為基礎。**熱機** (heat engine) 是可以將熱能轉換成機械能的任何裝置，例如蒸汽機與汽車引擎。我們現在要從實用的觀點以及證明它們在熱力學第二定律之發展中的重要性來討論熱機。

20-2 熱機

熱能可以輕易地藉由作功而產生——例如，將你的雙手快速地互相摩擦或利用任何的摩擦過程。但是要從熱能獲得功則較為困難，大約於西元 1700 年因蒸汽機的發展而發明了可以達成此一目的的實際裝置。

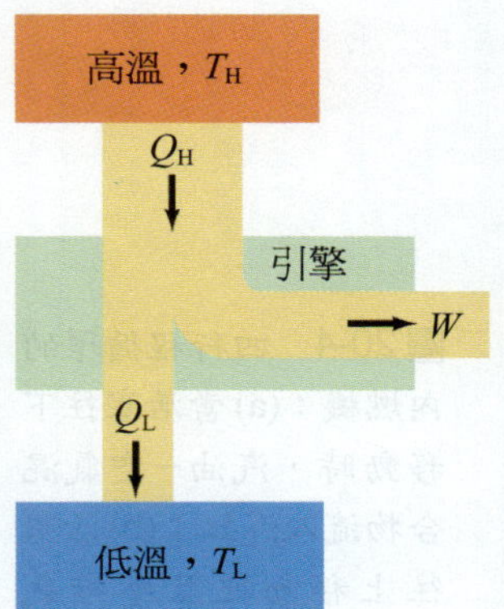

圖 20-2 熱機的能量傳送圖。

熱機的基本概念是，只要熱可以從高溫流向低溫處，就可以將熱能轉換成機械能。在過程中有部分的熱會轉換成機械功，如圖 20-2 所示。我們只對以重複循環 (即系統重複地回到起點) 之方式連續運轉的引擎感興趣，由於每次循環中系統都回到開始的狀態，因此系統內能的變化量 $\Delta E_{int}=0$。在高溫 T_H 下輸入的熱 Q_H，一部分轉換為功 W，而另一部分則在低溫 T_L 下以熱 Q_L 排出 (圖 20-2)。依能量守恆，$Q_H=W+Q_L$。高溫 T_H 和低溫 T_L 稱為引擎的**操作溫度** (operating temperature)。值得注意的是，我們使用新的符號慣例：Q_H、Q_L 與 W 始終為正。每個能量傳送的方向由圖上的箭號表示，例如圖 20-2。

注意
新的符號慣例
$Q_H>0$，$Q_L>0$，$W>0$

物理應用
引擎

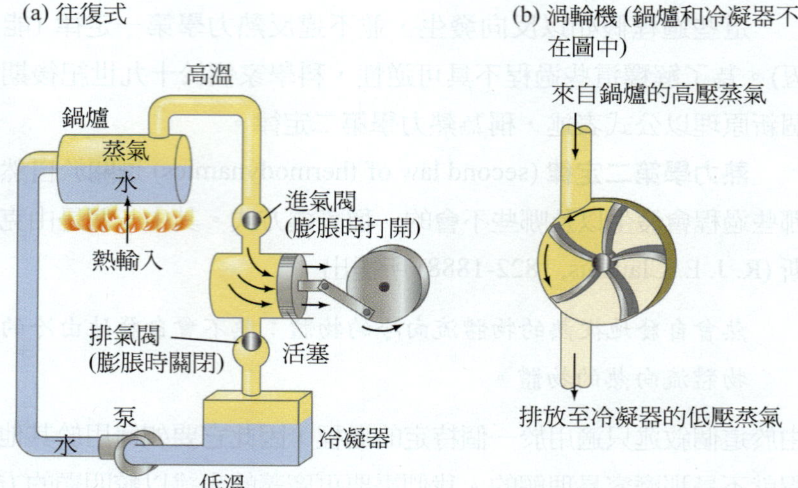

圖 20-3 蒸汽機。

蒸汽機與內燃機

蒸汽機的運作如圖 20-3 中所示。蒸汽機的主要類型有兩種，它們都是利用由煤、油、天然氣的燃燒或核能所加熱的蒸氣。在往復式引擎中 (圖 20-3a)，被加熱的蒸氣通過進氣閥，並且對著活塞膨脹而迫使活塞移動。當活塞回到原來的位置時，它迫使氣體從排氣閥排出。而蒸汽渦輪機 (圖 20-3b) 除了往復式活塞以由許多葉片所組成的轉動渦輪機取代之外，其餘都很類似。我們目前使用的發電裝置多半為蒸氣渦輪機。[2] 在本例中被加熱又冷卻的材料為蒸氣，稱為**工作物質** (working substance)。

內燃機 (使用於大部分的汽車中) 是在汽缸中燃燒汽油－空氣的混合物 (由火星塞點火) 而達到高溫，如圖 20-4 中所述。

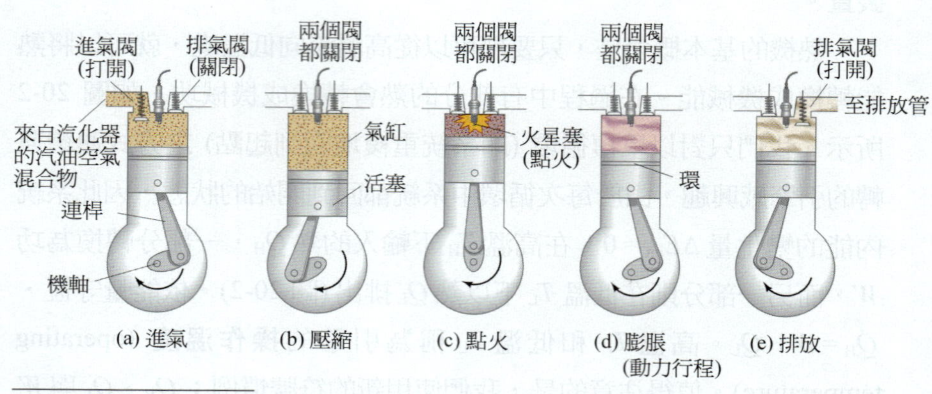

圖 20-4 四行程循環的內燃機：(a) 當活塞往下移動時，汽油－空氣混合物流入汽缸；(b) 活塞往上移動並且壓縮氣體；(c) 火星塞點火使被高度壓縮的汽油－空氣混合物燃燒至高溫；(d) 高溫與高壓的氣體對著活塞膨脹(動力行程)；(e) 燃燒後的氣體被推出排放管；當活塞到達頂端時，排氣閥關閉而進氣閥打開。然後重複整個循環。(a)、(b)、(d) 和 (e) 是循環的四個行程。

2 即使是核能發電廠也使用蒸氣渦輪機；核燃料——鈾——只是加熱蒸氣的燃料。

為什麼需要 ΔT 驅動熱機

為了理解為何使引擎運轉需要溫差，我們來檢視蒸汽機。例如，在往復式引擎中，假設沒有冷凝器或泵 (圖 20-3a)，則整個系統的蒸氣溫度都會相同。這表示被排放之氣體的壓力與進氣時相同。因此，雖然氣體膨脹時會對活塞作功，而活塞也必須作相同大小的功以排放蒸氣；所以系統沒有作淨功。在真實的引擎中，被排放的氣體冷卻至較低的溫度而凝結，所以排放壓力會低於進氣壓力。所以雖然活塞在排放行程中還是必須對氣體作功而將其排放，但是這個功會小於進氣時氣體對活塞所作的功。因此可以獲得淨功——但只有在溫差存在時。同理，如果氣體渦輪機中的氣體未被冷卻，則葉片兩側的壓力將會相同。將排放側的氣體冷卻，葉片背面的壓力就會較小，因而使渦輪機運轉。

效率與第二定律

熱機的**效率** (efficiency) e 定義為它所作的功 W 與在高溫下輸入的熱 Q_H 之比 (圖 20-2)

$$e=\frac{W}{Q_H}$$

這是一個切合實際的定義，因為 W 為輸出 (你從引擎得到的)，而 Q_H 為輸入或燃料的付費。由於能量守恆，所以輸入的熱 Q_H 必須等於所作的功加上於低溫下流出的熱 (Q_L)

$$Q_H=W+Q_L$$

或 $W=Q_H-Q_L$，所以引擎的效率為

$$e=\frac{W}{Q_H} \tag{20-1a}$$

$$=\frac{Q_H-Q_L}{Q_H}=1-\frac{Q_L}{Q_H} \tag{20-1b}$$

(20-1) 式乘上 100 可以得到百分比的效率。注意，只有當 Q_L 為零時，e 才會為 1.0 (或 100%) ——亦即，沒有熱排放至環境中。

例題 20-1 **汽車的效率** 一輛汽車引擎的效率為 20%，並且在運轉時每秒產生平均為 23000 J 的機械功。(a) 每秒需要輸入多少的熱？(b) 每秒排放的廢棄熱是多少？

方法 我們要求出輸入的熱 Q_H 與輸出的熱 Q_L，已知每秒的 $W = 23000$ J 且效率 $e = 0.20$。我們可以利用 (20-1) 式中不同形式的效率之定義，先求出 Q_H，再求出 Q_L。

回答 (a) 由 (20-1a) 式，$e = W/Q_H$，求得 Q_H

$$Q_H = \frac{W}{e} = \frac{23000\ \text{J}}{0.20}$$
$$= 1.15 \times 10^5\ \text{J} = 115\ \text{kJ}$$

引擎需要 115 kJ/s = 115 kW 的熱輸入。

(b) 我們現在利用 (20-1b) 式 ($e = 1 - Q_L/Q_H$)，求得 Q_L

$$Q_L = (1 - e)\,Q_H = (0.80)115\ \text{kJ} = 92\ \text{kJ}$$

引擎以 92 kJ/s = 92 kW 之速率將熱排放至環境中。

備註 每秒有 115 kJ 進入引擎，而其中有 92 kJ 被浪費而作為熱輸出，只有 23 kJ 作有效的功。

備註 此例題是以每秒的能量表示。它也可以用功率表示，1 J/s = 1 W。

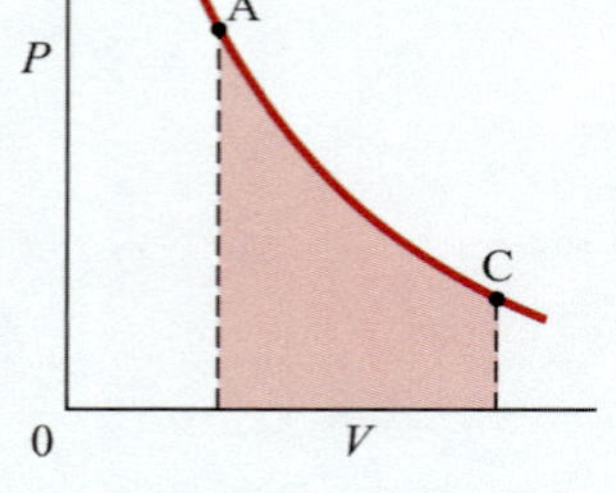

圖 20-5 絕熱過程，練習 A。

練習 A 絕熱過程定義為一個系統沒有熱流入或流出的過程。如果一理想氣體膨脹，如圖 20-5 所示 (亦可參閱圖 19-8)，膨脹過程中所作的功等於曲線下方的面積，亦即圖中的陰影部分。此一過程的效率為 $e = W/Q$，比 100% 大得多 ($= \infty$，因為 $Q = 0$)。這是否違反熱力學第二定律？

由 (20-1b) 式，$e = 1 - Q_L/Q_H$，可以很清楚地看出，減小 Q_L 可以提高引擎的效率。不過，由許多不同系統的經驗得知，不可能使 Q_L 減少為零。假如 Q_L 能夠減為零，我們就會得到一個效率為 100% 的

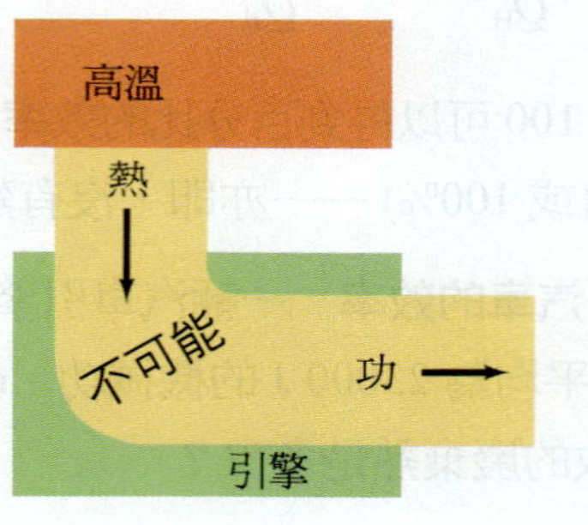

圖 20-6 假想的完美熱機之簡圖。所有輸入的熱都用於作功。

引擎，如圖 20-6 所示。

這樣的完美熱機 (在整個循環中連續運轉) 是不可能存在的，此為熱力學第二定律的另一種表述方式

> 不可能有任何裝置其唯一的作用是將特定數量的熱完全轉換為功。

熱力學第二定律
(凱爾文–普朗克的表述)

這是**熱力學第二定律的凱爾文–普朗克的表述** (kelvin-Planck statement of the second law of thermodynamics)。換言之，沒有如圖 20-6 中所示的完美 (100% 的效率) 熱機。

如果熱力學第二定律不能成立，因而可以製造完美熱機，這將會發生不少相當非凡的事。例如，如果船上的引擎不需要將熱排放至低溫熱庫，船就可以利用海水內能的巨大能源橫越海洋，我們也就根本沒有燃料供應的問題。

20-3 可逆與不可逆過程；卡諾熱機

十九世紀初，法國科學家卡諾 (N. L. Sadi Carnot, 1796-1832) 曾詳細地研究將熱轉換為機械能的過程。他的目的原本是要設法提高熱機的效率，但是他的研究很快地將他導引至熱力學基本原理的探討。於 1824 年，卡諾 (在論文上) 發明了一種理想形式的引擎，我們稱之為卡諾熱機。卡諾熱機實際上是不存在的，但是作為一個理論上的構想，它在熱力學第二定律的建立與理解上扮演著重要的角色。

可逆與不可逆過程

卡諾熱機與可逆過程有關，因此在我們開始討論之前，必須先說明可逆與不可逆過程的意義。**可逆過程** (reversible process) 進行得極其緩慢，因而可視為一系列的平衡狀態，並且整個過程可以在作功或熱交換之大小不變的情形下反向進行。例如，一個裝有緊密、可移動且無摩擦的活塞之汽缸中的氣體，如果以極為緩慢的速率移動活塞，就可以反向地以等溫壓縮。不過並非所有極緩慢 (準靜態) 的過程都是可逆的。例如，若有摩擦存在 (前面剛提到的可移動的活塞與汽缸之間)，朝某方向所作的功 (由狀態 A 至狀態 B) 就不會等於以相反方向所作的負功 (狀態 B 至狀態 A)。這樣的過程不能視為可逆的。完美

的可逆過程實際上是不可能存在的，因為它需要無限長的時間；不過，可逆過程可以任意地接近，並且在理論上它們是非常重要的。

所有實際的過程都是**不可逆的** (irreversible)：它們不是極緩慢地進行。它可能是有摩擦之氣體中的紊流。由於因摩擦而失去的熱本身不能變回，因此任何過程都不能精確地反向進行，而紊流將會不同。對任何特定的體積而言，由於系統不會一直處於平衡狀態，因此就沒有明確的壓力 P 與溫度 T。所以實際且不可逆的過程無法繪成 PV 圖，除了它接近理想的可逆過程之外。但是可逆過程 (因為它是一連串準靜態的平衡狀態) 始終可以繪成 PV 圖；並且以反向進行的可逆過程會在 PV 圖上沿著相同的路徑而折返。雖然所有的實際過程都是不可逆的，但是可逆過程在觀念上是很重要的，正如理想氣體的觀念一般。

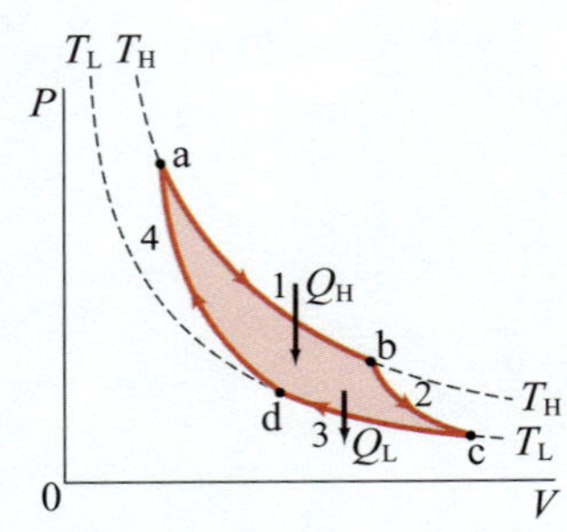

圖 20-7 卡諾循環。熱機在一個循環中運作，卡諾熱機的循環由此 PV 圖中的 a 點開始。(1) 氣體首先在溫度 T_H 下沿著路徑 ab 作等溫膨脹，同時加入熱 Q_H。(2) 接著，氣體從 b 點絕熱膨脹至 c 點——沒有熱的交換，但溫度降為 T_L。(3) 然後氣體於定溫 T_L 下沿路徑 cd 被壓縮，並且有熱 Q_L 流出。(4) 最後，氣體以絕熱壓縮沿著路徑 da，返回原來的狀態。卡諾熱機實際上並不存在，但是作為理論上的概念，它在熱力學的發展上扮演著重要的角色。

卡諾熱機

我們現在討論卡諾的理想化引擎。**卡諾熱機** (Carnot engine) 利用一個**可逆的循環** (reversible cycle)，這表示一系列的可逆過程將特定的物質 (工作物質) 由一個初始平衡狀態經過許多其他的平衡狀態再回到相同的初始狀態。尤其是卡諾熱機利用圖 20-7 中的**卡諾循環** (Carnot cycle)，並且其工作物質假設為理想氣體。我們取 a 點為初始狀態。隨著熱 Q_H 的加入，氣體首先於溫度 T_H 下沿著路徑 ab 作等溫且可逆的膨脹。接著，氣體沿路徑 bc 作絕熱且可逆的膨脹；其中沒有熱的交換，並且氣體溫度降低至 T_L。第三個步驟是沿著路徑 cd 的可逆等溫壓縮，同時熱 Q_L 從工作物質流出。最後，氣體沿著路徑 da 以絕熱壓縮回到原來的狀態。因此，卡諾循環是由兩個等溫與兩個絕熱過程所組成。

卡諾熱機 (或利用可逆循環的其他任何形式之引擎) 在一個循環中所作的淨功等於 PV 圖上代表循環之曲線 (圖 20-7 中曲線 abcd) 所包圍的面積 (見第 19-7 節)。

卡諾效率與熱力學第二定律

卡諾熱機之效率的定義與其他熱機相同，為 (20-1b) 式

$$e = 1 - \frac{Q_L}{Q_H}$$

對於使用理想氣體的卡諾熱機而言，我們可以證明其效率只與熱庫的

溫度 T_H 和 T_L 有關。在圖 20-7 的第一個等溫過程 ab 中，氣體所作的功為 (見圖 19-8)

$$W_{ab} = nRT_H \ln \frac{V_b}{V_a}$$

其中 n 是作為工作物質之用的理想氣體的莫耳數。因為當溫度維持固定時，理想氣體的內能不會變化，所以熱力學第一定律告訴我們加入於氣體的熱等於氣體所作的功

$$Q_H = nRT_H \ln \frac{V_b}{V_a}$$

同理，在等溫過程 cd 中，氣體損失的熱為

$$Q_L = nRT_L \ln \frac{V_c}{V_d}$$

路徑 bc 與 da 是絕熱的，所以由 (19-15) 式我們得到

$$P_b V_b^{\gamma} = P_c V_c^{\gamma} \quad \text{與} \quad P_d V_d^{\gamma} = P_a V_a^{\gamma}$$

其中 $\gamma = C_P / C_V$ 為莫耳比熱 (19-14 式) 之比。由理想氣體定律，得到

$$\frac{P_b V_b}{T_H} = \frac{P_c V_c}{T_L} \quad \text{與} \quad \frac{P_d V_d}{T_L} = \frac{P_a V_a}{T_H}$$

將以上兩組方程式相對應的各項相除，得到

$$T_H V_b^{\gamma-1} = T_L V_c^{\gamma-1} \quad \text{與} \quad T_L V_d^{\gamma-1} = T_H V_a^{\gamma-1}$$

接著再將這兩個方程式相除，得到

$$\left(\frac{V_b}{V_a}\right)^{\gamma-1} = \left(\frac{V_c}{V_d}\right)^{\gamma-1}$$

或是

$$\frac{V_b}{V_a} = \frac{V_c}{V_d}$$

將此結果代入 Q_H 與 Q_L 的方程式中，可得

$$\frac{Q_L}{Q_H} = \frac{T_L}{T_H} \qquad \text{[卡諾循環]} \quad \textbf{(20-2)}$$

因此可逆的卡諾熱機之效率可以寫成

$$e_{\text{ideal}} = 1 - \frac{Q_L}{Q_H}$$

或

$$e_{\text{ideal}} = 1 - \frac{T_L}{T_H} \qquad \text{[卡諾效率；凱氏溫度]} \qquad \textbf{(20-3)}$$

溫度 T_L 與 T_H 為測量理想氣體溫度的絕對或凱氏溫標。所以卡諾熱機的效率只與溫度 T_L 和 T_H 有關。

我們可以想像可用於理想可逆引擎之其他可能的可逆循環。根據卡諾敘述的理論

> 所有在同樣的兩個固定溫度 T_H 與 T_L 之間運作的可逆引擎具有相同的效率。而任何在同樣的兩個固定的溫度之間運作的不可逆引擎的效率會較低。

這稱為**卡諾定理** (Carnot's theorem)。[3] 它告訴我們 (20-3) 式，$e = 1 - (T_L / T_H)$，適用於任何具有固定之輸入與排放溫度 T_H 與 T_L 的理想可逆引擎，此方程式並且代表實際 (即不可逆) 引擎可能的最大效率。

事實上，實際引擎的效率始終低於卡諾效率。設計精良的引擎可以達到卡諾引擎效率的 60% 到 80%。

例題 20-2 **虛假的宣稱？** 一家引擎廠商作以下的宣稱：一部引擎在 435 K 下每秒的熱輸入為 9.0 kJ，而在 285 K 下每秒的熱輸出為 4.0 kJ。你相信這個說法嗎？

方法 引擎的效率可以由其定義，(20-1) 式求得。它必定小於可能的最大值， (20-3) 式。

解答 宣稱的引擎效率為 [(20-1b) 式]

$$e = 1 - \frac{Q_L}{Q_H} = 1 - \frac{4.0\ \text{kJ}}{9.0\ \text{kJ}} = 0.56$$

或 56%。不過，由卡諾效率 [(20-3) 式] 所得到的最大可能效率為

$$e_{\text{ideal}} = 1 - \frac{T_L}{T_H} = 1 - \frac{285\ \text{K}}{435\ \text{K}} = 0.34$$

或 34%。廠商的宣稱違反了熱力學第二定律，所以不可信。

3 卡諾定理可以直接由熱力學第二定律的克勞修斯或凱爾文－普朗克的表述證明。

練習B 一部引擎以吸入溫度 $T_H=400\text{ K}$ 與排放溫度 $T_L=300\text{ K}$ 運轉。下列何者不是引擎可能的效率？(a) 0.10；(b) 0.16；(c) 0.24；(d) 0.30。

由 (20-3) 式可知不可能有 100% 之效率的引擎。只有當排放溫度 T_L 為絕對零度時才會獲得 100% 的效率。但是實際 (和理論) 上要達到絕對零度是不可能的。[4] 所以我們可以說 (如第 20-2 節中所述)，**不可能有任何的裝置其唯一的效應是將特定數量的熱完全轉換為功**。正如我們在第 20-2 節中所看到的，這就是已知的熱力學第二定律的凱爾文－普朗克表述。它告訴我們沒有如圖 20-6 所示之完美 (100% 之效率) 熱機的存在。

練習 C 回到章前問題，第 853 頁，並再次作答。試解釋為什麼你的答案可能已經與第一次不同。

*鄂圖循環

汽車內燃機 (圖 20-4) 的運作可以近似為一個可逆循環，稱為鄂圖循環，其 PV 圖如圖 20-8 所示。與卡諾循環不同的是，鄂圖循環的輸入與排放溫度並不是常數。路徑 ab 和 cd 是絕熱的，而路徑 bc 和 da 則是在定容下進行。氣體 (汽油－空氣混合物) 以 a 點進入汽缸，並且被絕熱壓縮 (壓縮行程) 至 b 點。在 b 點點火 (火星塞)，並且氣體的燃燒將熱 Q_H 在固定的體積下加入系統 (與真實引擎中近似)。溫度和壓力升高，然後在動力行程 cd 中，氣體絕熱膨脹。在排氣行程 da 中，熱 Q_L 被排放至環境中 (在真實引擎中，氣體離開引擎，由新的空氣與燃料混合物取代)。

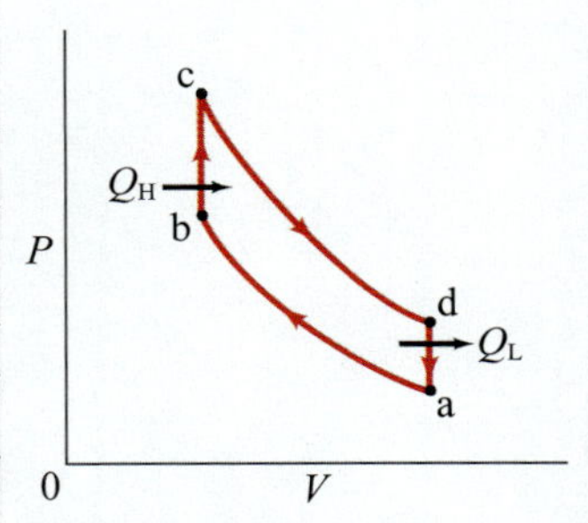

圖 20-8 鄂圖循環。

例題 20-3 鄂圖循環 (a) 試證明以理想氣體作為工作物質的鄂圖循環引擎，其效率為

$$e=1-\left(\frac{V_a}{V_b}\right)^{1-\gamma}$$

其中 γ 為比熱之比 ($\gamma=C_P/C_V$)，(19-14) 式，且 V_a/V_b 為壓縮比。(b) 求壓縮比 $V_a/V_b=8.0$ 時的效率，假設氣體是如 O_2 或 N_2 一般的雙原子氣體。

4 此結果稱為熱力學第三定律，將於第 20-10 節中討論。

方法 我們利用效率的原始定義以及由第 19 章中所得到的定容與絕熱過程的結果 (第 19-8 與 19-9 節)。

解答 理想鄂圖循環中的熱交換發生於定容時，由 (19-10a) 式

$$Q_H = nC_V(T_c - T_b) \quad 與 \quad Q_L = nC_V(T_d - T_a)$$

然後由 (20-1b) 式，得到

$$e = 1 - \frac{Q_L}{Q_H} = 1 - \left[\frac{T_d - T_a}{T_c - T_b}\right]$$

利用第 19-9 節中的 (19-15) 式於絕熱過程 ab 與 cd 中 PV^γ = 常數，可將上式以壓縮比 V_a/V_b 表示。因此，

$$P_aV_a^\gamma = P_bV_b^\gamma \quad 與 \quad P_cV_c^\gamma = P_dV_d^\gamma$$

我們利用理想氣體定律 $P = nRT/V$，將 P 代入以上兩個方程式中，得到

$$T_aV_a^{\gamma-1} = T_bV_b^{\gamma-1} \quad 與 \quad T_cV_c^{\gamma-1} = T_dV_d^{\gamma-1}$$

所以效率為

$$e = 1 - \left[\frac{T_d - T_a}{T_c - T_b}\right] = 1 - \left[\frac{T_c(V_c/V_d)^{\gamma-1} - T_b(V_b/V_a)^{\gamma-1}}{T_c - T_b}\right]$$

但是過程 bc 與 da 為定容，故 $V_c = V_b$ 且 $V_d = V_a$。所以 $V_c/V_d = V_b/V_a$，並且

$$e = 1 - \left[\frac{(V_b/V_a)^{\gamma-1}(T_c - T_b)}{T_c - T_b}\right] = 1 - \left(\frac{V_b}{V_a}\right)^{\gamma-1} = 1 - \left(\frac{V_a}{V_b}\right)^{1-\gamma}$$

(b) 對於雙原子分子而言 (第 19-8 節)，$\gamma = C_P/C_V = 1.4$，所以

$$e = 1 - (8.0)^{1-\gamma} = 1 - (8.0)^{-0.4} = 0.56$$

因為實際的引擎並未完全地依循鄂圖循環，再加上有摩擦、紊流、熱損失以及氣體的不完全燃燒，所以實際的引擎無達到如此高的效率。

20-4 冰箱、冷氣機與熱泵

冰箱、冷氣機和熱泵的運作原理正好與熱機相反。它們將熱從冷的環境轉移至溫暖的環境中。如圖 20-9 中所示，藉由作功 W 將熱從低溫區域 T_L (如冰箱內部) 移去，並且於高溫 T_H (房間) 下排放更多的熱。你經常可以感覺到冰箱底下有熱風吹出。通常是利用電動機壓縮流體而作功 W，如圖 20-10 中所示。

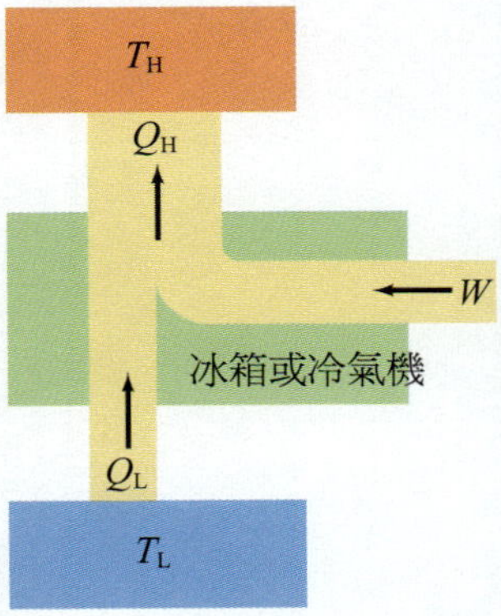

圖 20-9 冰箱或冷氣機之能量傳遞的簡圖。

完美的**冰箱** (refrigerator) ——不需要作功而能將熱由低溫區域轉移至高溫區域——是不可能的。這是曾在第 20-1 節中提過的**熱力學第二定律的克勞修斯表述** (Clausius statement of the second law of thermodynamics)，它可以正式地敘述如下

熱力學第二定律
(克勞修斯的表述)

> 沒有任何裝置的唯一效應是從溫度為 T_L 的系統中將熱轉移至較高溫 T_H 的另一個系統。

要使熱從低溫物體 (或系統) 流至較高溫的物體必定要作功。所以，沒有完美冰箱的存在。

物理應用
冰箱

冰箱的性能係數 (coefficient of performance, COP) 定義為由低溫區域 (冰箱內部) 移除的熱 Q_L 除以將熱移除所作的功 W(圖 20-9 或 20-10b)

$$\text{COP} = \frac{Q_L}{W} \qquad [\text{冰箱與冷氣機}] \qquad \textbf{(20-4a)}$$

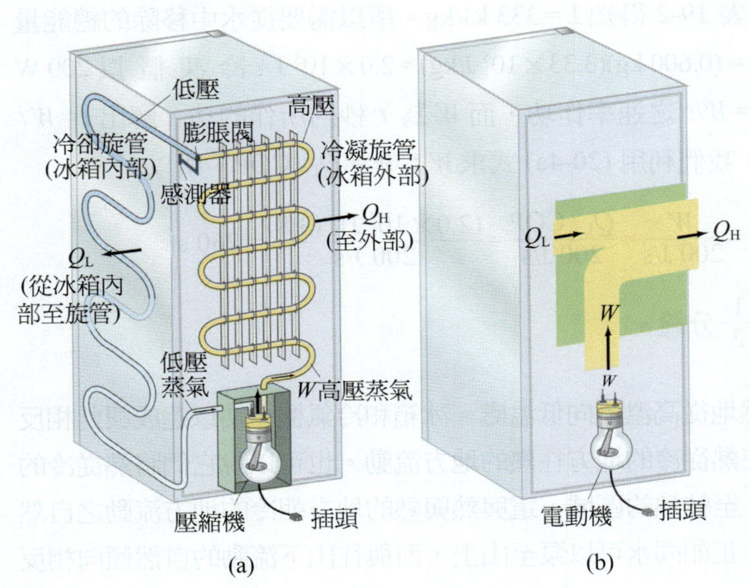

圖 20-10 (a) 一般的冰箱系統。位於冰箱背面外的壓縮電動機迫使高壓氣體通過熱交換器 (冷凝器)，其中排放熱 Q_H 並且氣體冷卻為液體。液體經由閥從高壓區域流至位於冰箱內壁的低壓管；液體在此低壓下蒸發因而從冰箱內部吸收熱 (Q_L)。液體返回壓縮機，循環由此處再度開始。(b) 簡圖，與圖 20-9 類似。

這是合理的，因為對於一特定數量的功而言，從冰箱內部移除的熱 Q_L 愈多，冰箱的性能就愈佳 (愈有效率)。由於能量守恆，所以由熱力學第一定律，我們可以寫出 (參閱圖 20-9 或 20-10b) $Q_L + W = Q_H$，或 $W = Q_H - Q_L$。於是 (20-4a) 式變成

$$\mathrm{COP} = \frac{Q_L}{W} = \frac{Q_L}{Q_H - Q_L} \qquad \text{[冰箱與冷氣機]} \qquad \textbf{(20-4b)}$$

對於理想的冰箱 (不是完美的冰箱，它是不可能的) 而言，可以達到的最佳性能係數為

$$\mathrm{COP}_{\mathrm{ideal}} = \frac{T_L}{T_H - T_L} \qquad \text{[冰箱與冷氣機]} \qquad \textbf{(20-4c)}$$

這與理想 (卡諾) 引擎類似 [(20-2) 與 (20-3) 式]。

物理應用
冷氣機

冷氣機 (air conditioner) 的運作方式和冰箱非常類似，雖然實際上的細部結構不同：冷氣機從低溫的室內或建築物內移走熱 Q_L，將熱 Q_H 排放於戶外較高溫的環境中。(20-4) 式也適用於冷氣機的性能係數。

例題 20-4 **製冰** 一台冷凍櫃的性能係數為 3.8 並且使用 200 W 的電力。這台空的冷凍櫃欲冰凍製冰盒中 600 g 且溫度為 0°C 的水，需要多少的時間？

方法 (20-4b) 式中的 Q_L 是要從水中移除的熱而使其變成冰。我們利用水的融化潛熱 L 與 (19-3) 式 $Q = mL$ 求 Q_L。

解答 由表 19-2 得知 $L = 333$ kJ/kg。所以需要從水中移除的總能量為 $Q = mL = (0.600\ \mathrm{kg})(3.33\times10^5\ \mathrm{J/kg}) = 2.0\times10^5\ \mathrm{J}$。冷凍櫃以 200 W $= 200\ \mathrm{J/s} = W/t$ 之速率作功，而 W 為 t 秒內所作的功。解出 $t = W/(200\ \mathrm{J/s})$。我們利用 (20-4a) 式求 W：$W = Q_L/\mathrm{COP}$。所以

$$t = \frac{W}{200\ \mathrm{J/s}} = \frac{Q_L/\mathrm{COP}}{200\ \mathrm{J/s}} = \frac{(2.0\times10^5\ \mathrm{J})/(3.8)}{200\ \mathrm{J/s}} = 260\ \mathrm{s}$$

或大約 $4\frac{1}{2}$ 分鐘。

熱自然地從高溫流向低溫處。冰箱和冷氣機作功以達成與此相反的運作：使熱從冷的地方往熱的地方流動。也可以說它們將熱從冷的區域“泵”至較熱的區域，這與熱與熱的地方朝冷的地方流動之自然傾向相反，正如同水可以泵至山上，而與往山下流動的自然傾向相反

一般。**熱泵** (heat pump) 通常是指可以在冬天對房屋加溫的裝置，它利用電動機作功 W 而從低溫的戶外將熱 Q_L 取走並且傳送熱 Q_H 至溫暖的屋內；見圖 20-11。如同冰箱一般，它有屋內與屋外的熱交換器(冰箱的旋管) 以及壓縮電動機。其運作原理與冰箱或冷氣機類似，但是熱泵的目的是加熱 (傳送 Q_H) 而不是冷卻 (移除 Q_L)。所以熱泵的性能係數之定義與冷氣機不同，因為它重要的是傳送至屋內的熱 Q_H

$$\mathrm{COP} = \frac{Q_H}{W} \qquad \text{[熱泵]} \qquad \textbf{(20-5)}$$

此 COP 必定大於 1。大部分的熱泵可以 "回轉"，並且在夏天作為冷氣機使用。

物理應用
熱泵

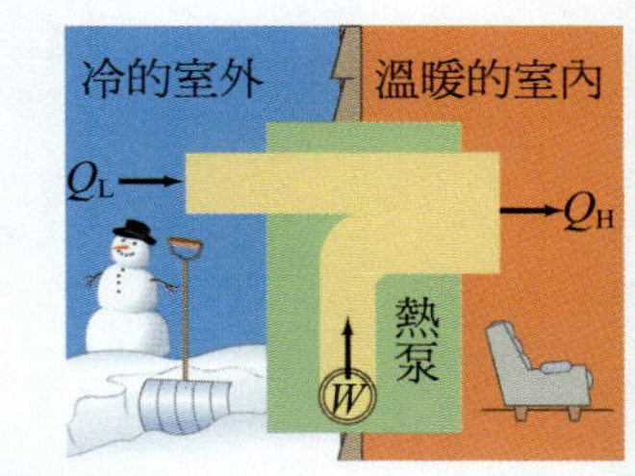

圖 20-11 熱泵使用電動機將熱從冷的室外 "泵" 至溫暖的室內。

注意
熱泵和冷氣機有不同的 COP 定義

例題 20-5 **熱泵** 一個熱泵的性能係數為 3.0 並且額定功率為 1500 W。(a) 它在每秒內傳送至房間的熱是多少？ (b) 如果在夏天使熱泵回轉作為冷氣機使用，其性能係數為何？假設其他條件都維持不變。

方法 我們利用性能係數的定義，(a) 與 (b) 中之裝置的定義不同。

解答 (a) 我們對於熱泵應用 (20-5) 式，由於此一裝置每秒作功 1500 J，所以熱傳送至房間的速率為每秒有

$$Q_H = \mathrm{COP} \times W = 3.0 \times 1500\ \mathrm{J} = 4500\ \mathrm{J}$$

或 4500 W。

(b)如果在夏天中使裝置回轉，它從屋內取走熱 Q_L，每秒作功 1500 J 並且排放熱 Q_H = 4500 J 至炎熱的屋外。因能量守恆，故 $Q_L + W = Q_H$ (見圖 20-11，但屋內和屋外互換)。於是

$$Q_L = Q_H - W = 4500\ \mathrm{J} - 1500\ \mathrm{J} = 3000\ \mathrm{J}$$

冷氣機的性能係數因此為 [(20-4a) 式]

$$\mathrm{COP} = \frac{Q_L}{W} = \frac{3000\ \mathrm{J}}{1500\ \mathrm{J}} = 2.0$$

20-5 熵

到目前為止，我們已經針對特定的狀況敘述了熱力學第二定律。我們實際上需要的是涵蓋所有狀況的熱力學第二定律的廣義表述，其中包括本章先前曾提及的即使未違反熱力學第一定律依然在自然界中不存在的例子。直到十九世紀後期，熱力學第二定律才以廣義的方式表述——那就是由克勞修斯於 1860 年代所提出的一個量來表示，稱為**熵** (entropy)。在第 20-7 節中，我們將會看到熵可以解釋成系統有序或無序的一種量測。

當我們討論熵時——如同位能一般——重要的是過程中熵的變化而不是絕對的數量。根據克勞修斯的表述，當系統在定溫下經可逆過程加入熱 Q 時，系統熵 S 的變化量為

$$\Delta S=\frac{Q}{T} \qquad \textbf{(20-6)}$$

其中 T 為凱氏溫度。

如果溫度不是常數，我們定義熵 S 為

$$dS=\frac{dQ}{T} \qquad \textbf{(20-7)}$$

在兩個狀態 a 與 b 之間，系統熵的變化量為 [5]

$$\Delta S=S_b-S_a=\int_a^b dS=\int_a^b\frac{dQ}{T} \qquad [\text{可逆過程}] \quad \textbf{(20-8)}$$

(以下的) 詳細的分析可證明當一個系統經可逆過程從任一狀態 a 移動至另一狀態 b 時，其熵的變化量與過程無關。亦即 $\Delta S=S_b-S_a$ 只與系統的狀態 a 和 b 有關。所以熵 (與熱不同) 是一個狀態變數。在特定狀態中任何系統都具有溫度、體積、壓力，並且也具有一特定值的熵。

就卡諾循環而言，可以很容易地理解為何熵是狀態變數。在 (20-2)式中，我們得到 $Q_L/Q_H=T_L/T_H$，它可以改寫成

$$\frac{Q_L}{T_L}=\frac{Q_H}{T_H}$$

---

5 (20-8) 式並未提及 S 的絕對值；它只提供 S 的變化量，這與位能很類似 (見第 8 章)。然而，熱力學第三定律的其中一種形式 (參閱第 20-10 節) 說明當 $T\to 0$，$S\to 0$。

在卡諾循環的 PV 圖 (圖 20-7) 上，從狀態 a 沿著路徑 abc 至狀態 c 的熵變化量 $\Delta S = Q/T\ (= Q_H/T_H + 0)$ 與沿著路徑 adc 的相同。亦即，熵的變化量與路徑無關——它只依系統的初始和最終狀態而定。

*證明熵為狀態變數

在卡諾循環的研究中，我們發現 [(20-2) 式] $Q_L/Q_H = T_L/T_H$。它可以改寫成

$$\frac{Q_H}{T_H} = \frac{Q_L}{T_L}$$

此關係式中的 Q_H 和 Q_L 均為正值。但是我們回想在熱力學第一定律中原先所使用的慣例 (第 19-6 節) ，熱流入系統 (如 Q_H) 時，Q 為正值，熱流出系統 (如 $-Q_L$) 時，Q 為負值。所以這個關係式變成

$$\frac{Q_H}{T_H} + \frac{Q_L}{T_L} = 0 \qquad \text{[卡諾循環]} \quad \textbf{(20-9)}$$

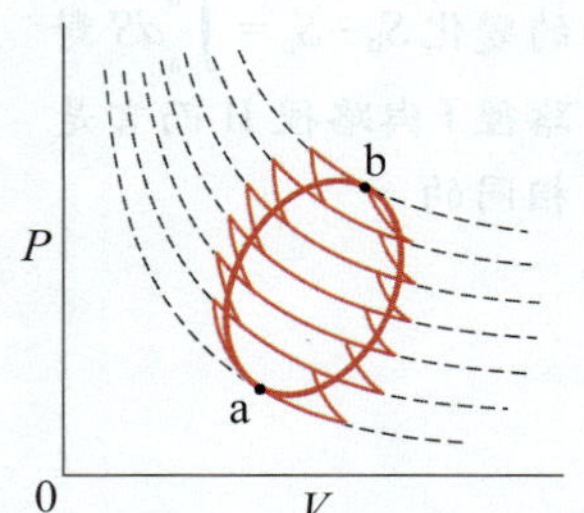

圖 20-12　任何可逆循環都可以近似為一系列的卡諾循環。(虛線代表等溫線)

現在考慮任何一個可逆循環，如圖 20-12 中的平滑 (橢圓形) 曲線所示。任何可逆循環都可以近似為一系列的卡諾循環。圖 20-12 中只顯示六個由絕熱路徑所連接的等溫線 (虛線)——如果增加卡諾循環的數目，其近似程度愈佳。(20-9) 式對其每個循環都成立，所以我們對這些所有循環的總和可以寫出

$$\Sigma \frac{Q}{T} = 0 \qquad \text{[卡諾循環]} \quad \textbf{(20-10)}$$

但是要注意一個循環的熱輸出 Q_L 越過其下方的邊界，並且大約等於其下方之循環的熱輸入 Q_H 之負值 (實際的相等是發生在數目為無限多的無限薄之卡諾循環時)。因此所有這些卡諾循環內部路徑上的熱流動互相抵消，而這一系列的卡諾循環傳遞的淨熱以及所作的功與原來的循環相同。因此，在無限多的卡諾循環之極限中，(20-10) 式可應用於任何可逆循環。在這種情形下，(20-10) 式變成

$$\oint \frac{dQ}{T} = 0 \qquad \text{[可逆循環]} \quad \textbf{(20-11)}$$

其中 dQ 代表無限小的熱流。[6] 符號 $\oint$ 意指在一個封閉路徑上作積

6 dQ 通常寫成 $đQ$：參閱第 19-6 節末的註解。

分；此積分可以從路徑上的任何一點開始，例如圖 20-12 中的 a 點或 b 點，並且朝任何一個方向進行。如果我們將圖 20-12 的循環分成兩個部分，如圖 20-13 所示，則

$$\int_{\mathrm{a}\,\mathrm{I}}^{\mathrm{b}} \frac{dQ}{T} + \int_{\mathrm{b}\,\mathrm{II}}^{\mathrm{a}} \frac{dQ}{T} = 0$$

第一項是沿著圖 20-13 中的路徑 I 由 a 點至 b 點的積分，而第二項則是沿著路徑 II 由 b 點返回 a 點的積分。因為路徑是可逆的，如果路徑 II 取為反方向，則每一點的 dQ 會變成 $-dQ$。所以

$$\int_{\mathrm{a}\,\mathrm{I}}^{\mathrm{b}} \frac{dQ}{T} = \int_{\mathrm{a}\,\mathrm{II}}^{\mathrm{b}} \frac{dQ}{T} \qquad \text{[可逆的路徑]} \quad \textbf{(20-12)}$$

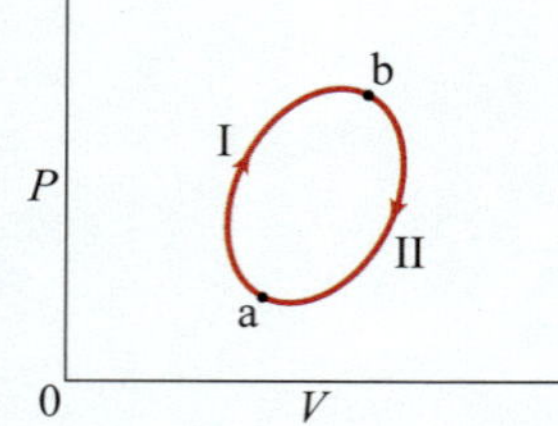

圖 20-13　可逆循環之熵的積分 $\oint dS$ 等於零。因此狀態 a 與 b 之間熵的變化 $S_b - S_a = \int_a^b dS$ 對路徑 I 與路徑 II 而言是相同的。

在任何兩個平衡狀態 a 與 b 之間，dQ/T 的積分與過程的路徑無關。藉由定義熵為 $dS = dQ/T$ [(20-7) 式]，由 (20-12) 式我們可知沿著可逆路徑，任何兩個狀態之間的熵變化量與 a 點和 b 點之間的路徑無關。因此，熵是一個狀態變數——其數值只依系統的狀態而定，而與過程或如何達到此一狀態的過去歷史[7]無關。這與非狀態變數的 Q 和 W 有明顯的區分，它們的值視其過程而定。

20-6　熵與熱力學第二定律

我們已經定義了一個新的量，熵 S，它可以與 P、T、V、E_{int} 和 n 一起用以描述系統的狀態。但是這個頗為抽象的量與熱力學第二定律有何關聯？為了回答這個問題，我們舉幾個例子計算特定過程中的熵變化量。但是要先注意 (20-8) 式只能應用於可逆過程。我們要如何計算不可逆的實際過程之 $\Delta S = S_b - S_a$？我們可以先找出使系統在同樣的兩個狀態之間變化的其他可逆過程，並且計算此一可逆過程的 ΔS。因為 ΔS 只與系統的初始和最終狀態有關，所以此一可逆過程的 ΔS 就與不可逆過程的相同。

7 實際的過程是不可逆的。由於熵是狀態變數，因此不可逆過程之熵的變化 ΔS 可以由計算同樣的兩個狀態之間的可逆過程而求得。

如果過程中的溫度發生變化，通常可以利用微積分或電腦計算溫度變化期間熱流的總和。不過，如果溫度變化不大，就可以利用溫度的平均值作合理的近似，如以下的例題中所述。

例題 20-6 估算 **水混合時的熵變化** 50.0 kg 且溫度為 20.00°C 的水與 50.00 kg 且溫度為 24.00°C 的水混合。試估計熵的變化。

方法 因為起初有等量的水，所以混合物的最終溫度為 22.00°C。利用水的比熱與量熱學法 (第 19-3 和 19-4 節) 求傳遞的熱。然後由每個水樣本的平均溫度估算熵的變化 ($\Delta Q/T$)。

解答 當熱水從 24°C 冷卻至 22°C 時，流出的熱為

$$Q = mc\,\Delta T = (50.0\text{ kg})(4186\text{ J/kg}\cdot\text{C°})(2.00\text{ C°}) = 4.186\times10^5\text{ J}$$

並且此熱流入冷水中使其從 20°C 上升至 22°C。熵的總變化量 ΔS 為熱水的熵變化 ΔS_H 與冷水的熵變化 ΔS_C 之和

$$\Delta S = \Delta S_H + \Delta S_C$$

我們由 $\Delta S = Q/\bar{T}$ 估算熵的變化，其中 $\bar{T}$ 為每個過程的“平均”溫度，因為溫度的變化不大，所以這應該是合理的估計。熱水的平均溫度為 23°C (296 K)，而冷水的平均溫度為 21°C (294 K)。因此，

$$\Delta S_H \approx -\frac{4.186\times10^5\text{ J}}{296\text{ K}} = -1414\text{ J/K}$$

其中的負號是因為熱向外流出，而熱是加入冷水中

$$\Delta S_C \approx \frac{4.186\times10^5\text{ J}}{294\text{ K}} = 1424\text{ J/K}$$

熱水的熵 (S_H) 減少是因為熱從熱水流出。但是冷水的熵 (S_C) 增加的量較大。熵的總變化量為

$$\Delta S = \Delta S_H + \Delta S_C \approx -1414\text{ J/K} + 1424\text{ J/K} \approx 10\text{ J/K}$$

我們看到，雖然系統中一部分的熵減少，但另一部分的熵增加的量較大，所以整個系統的熵淨變化量是正值。

我們現在可以證明，通常在兩個物體的隔離系統中，從較高溫 (T_H) 之物體流向較低溫 (T_L) 之物體的熱會造成總熵的增加。兩物體最

後達到某個中間溫度 T_M。較熱之物體損失的熱 ($Q_H = -Q$，其中 Q 是正值) 等於較冷之物體所獲得的熱 ($Q_L = Q$)，所以熵的總變化量為

$$\Delta S = \Delta S_H + \Delta S_L = -\frac{Q}{T_{HM}} + \frac{Q}{T_{LM}}$$

其中 T_{HM} 為較熱之物體從 T_H 冷卻至 T_M 時介於 T_H 與 T_M 之間的某個溫度，而 T_{LM} 則是與較冷之物體對應之相關的溫度。因為較熱之物體的溫度在整個過程中都高於較冷之物體的溫度，所以 $T_{HM} > T_{LM}$。因此

$$\Delta S = Q\left(\frac{1}{T_{LM}} - \frac{1}{T_{HM}}\right) > 0$$

一個物體的熵減少，而另一個物體的熵增加，但是總變化量為正。

例題 20-7 自由膨脹中熵的變化 考慮 n 莫耳的理想氣體由體積 V_1 至體積 V_2 的絕熱自由膨脹，其中 $V_2 > V_1$，如第 19-7 節圖 19-14 中所討論的過程。試求 (a) 氣體，與 (b) 周遭環境之熵的變化。(c) 計算 1.00 莫耳且 $V_2 = 2.00\,V_1$ 之情形下的 ΔS。

方法 在第 19-7 節中，我們看到氣體起初是在體積為 V_1 的密閉容器中，當閥打開時，氣體絕熱膨脹至原來空的容器中。兩個容器的總體積為 V_2。整個裝置與周遭環境為熱絕緣，因此沒有熱流入氣體，$Q = 0$。氣體未作功，$W = 0$，所以內能沒有變化，$\Delta E_{int} = 0$，並且初始和最終狀態的溫度相同，$T_2 = T_1 = T$。過程發生得非常快，因而是不可逆的，所以我們不能對此過程應用 (20-8) 式。我們必須思考一個在相同溫度下使氣體從體積 V_1 膨脹至 V_2 的可逆過程，並且對此一可逆過程利用 (20-8) 式求得 ΔS。可逆的等溫過程可以解決問題；在這樣的一個過程中，內能不變，所以由熱力學第一定律可得

$$dQ = dW = P\,dV$$

解答 (a) 對氣體而言

$$\Delta S_{gas} = \int \frac{dQ}{T} = \frac{1}{T}\int_{V_1}^{V_2} P\,dV$$

將理想氣體定律 $P = nRT/V$ 代入，得到

$$\Delta S_{gas} = \frac{nRT}{T}\int_{V_1}^{V_2}\frac{dV}{V} = nR\ln\frac{V_2}{V_1}$$

因為 $V_2 > V_1$，所以 $\Delta S_{gas} > 0$。

(b) 由於沒有熱傳遞至周遭環境中，環境狀態並未因此而改變。所以 $\Delta S_{env} = 0$。注意熵的總變化量，$\Delta S_{gas} + \Delta S_{env}$ 大於零。

(c) 已知 $n = 1.00$ 且 $V_2 = 2.00\ V_1$，所以 $\Delta S_{gas} = R \ln 2.00 = 5.76$ J/K。

例題 20-8 **熱傳遞** 一塊 2.00 kg 且溫度為 $T_1 = 880$ K的熾熱鐵塊被丟入湖水溫度為 $T_2 = 280$ K 的大湖中。假設湖夠大以致於溫度的上升不明顯。試求 (a) 鐵塊與 (b) 周遭環境 (湖) 之熵的變化。

方法 此一過程是不可逆的，但是可逆過程會有相同的熵變化，並且我們利用比熱的觀念，(19-2) 式。

解答 (a) 假設鐵的比熱為常數 $c = 450$ J/kg · K。於是 $dQ = mc\,dT$，並且在準靜態可逆過程中

$$\Delta S_{iron} = \int \frac{dQ}{T} = mc\int_{T_1}^{T_2} \frac{dT}{T} = mc \ln \frac{T_2}{T_1} = -\,mc \ln \frac{T_1}{T_2}$$

將數字代入，得到

$$\Delta S_{iron} = -\,(2.00\text{ kg})(450\text{ J/kg}\cdot\text{K}) \ln \frac{880\text{ K}}{280\text{ K}} = -\,1030\text{ J/K}$$

(b) 湖泊的初始和最終溫度相同，$T = 280$ K。湖從鐵塊所接收的熱為

$$Q = mc(T_2 - T_1) = (2.00\text{ kg})(450\text{ J/kg}\cdot\text{K})(880\text{ K} - 280\text{ K})$$
$$= 540\text{ kJ}$$

嚴格說來，這是一個不可逆過程 (達到平衡前湖泊是局部地加熱)，但與等溫可逆過程在 $T = 280$ K 時傳遞相同的熱 $Q = 540$ kJ。所以

$$\Delta S_{env} = \frac{540\text{ kJ}}{280\text{ K}} = 1930\text{ J/K}$$

因此，雖然鐵塊的熵減少，但是鐵塊和環境的熵總變化量為正 1930 J/K − 1030 J/K = 900 J/K。

練習D 一塊 1.00 kg 的冰塊在 0°C 下慢慢地融化成 0°C 的水。假設冰塊與溫度只比 0°C 高出微乎其微的量之熱庫接觸。試求 (a) 冰塊，與 (b) 熱庫的熵之變化。

這些例子中，系統加上環境 (或周遭) 的熵不是保持不變就是增加。對任何可逆過程，如練習 D，總熵的變化量是零。這可以廣義地看作是：任何可逆過程可視為一系列在系統和環境之間準靜態等溫的熱 ΔQ 之傳遞，其溫度的差異微乎其微。因此系統或環境其中之一的熵之變化是 $\Delta Q/T$，而另一個則是 $-\Delta Q/T$，故總和為

$$\Delta S = \Delta S_{\text{syst}} + \Delta S_{\text{env}} = 0 \qquad \text{[任何可逆過程]}$$

在例題 20-6、20-7 與 20-8 中我們發現系統與環境的總熵增加。對所有實際的 (不可逆) 過程而言，總熵的確會增加，並沒有例外。因此我們可以將熱力學第二定律作以下的廣義表述

一個隔離系統的熵絕不會減少。它不是保持不變 (可逆過程) 就是增加 (不可逆過程)。

由於所有的實際過程都是不可逆的，所以我們同樣地可以將熱力學第二定律敘述為

熱力學第二定律 (廣義的表述)

由於任何自然過程，使任一系統與環境的總熵增加為

$$\Delta S = \Delta S_{\text{syst}} + \Delta S_{\text{env}} > 0 \tag{20-13}$$

雖然宇宙中某部分的熵可能會在任一過程中減少 (參閱以上的例題)，但是宇宙中其他某部分的熵始終會增加較大的量，所以總熵永遠是增加的。

現在我們終於有了熱力學第二定律數量上的廣義表述，它是一個不尋常的定律。它與其他的物理定律有很大的不同，其他的定律通常是等式 (如 $F=ma$) 或守恆定律 (如能量與動量)。熱力學第二定律提出一個新的量，熵 S，但是並未告訴我們它是守恆的。十分與眾不同。熵在自然過程中是不守恆的，熵總是隨時間而增加。

“時間的箭”

熱力學第二定律概括出哪些過程在自然界中是可觀察到的，哪些則否。換言之，它告訴我們過程進行的方向。如果以上幾個例題中的任何一個過程反向進行，熵將會減少；但是這是絕不可能觀察到的。例如，我們從未看過熱自動地從冷的物體流向熱的物體——例題 20-8 的反向。我們也不曾看過氣體自動地將自己壓縮至較小的體積——例

題 20-7 的反向 (氣體總是會膨脹而充滿容器)。並且也沒有看過熱能轉換成石頭的動能而使其自動地從地面上升的情形。這些過程都符合熱力學第一定律 (能量守恆)，但是卻與熱力學第二定律不相符，這正是我們需要熱力學第二定律的原因。如果你看到電影倒著放映，很快地就會察覺不對勁，因為你會看到一些古怪的事情──例如石頭自動地從地面上升，或是空氣從大氣中自動進入並充滿空的氣球 (自由膨脹的反向)。當看電影或電視時，我們可以觀察熵是增加或減少而察覺假的時間倒轉。所以熵被稱為**時間的箭** (time's arrow)，因為它可以告訴我們時間行進的方向。

20-7 有序至無序

至目前為止，我們討論的熵之觀念看似相當抽象的。但是我們可以將它與較一般的有序和無序的觀念相連起來。系統的熵其實可以視為系統無序程度的一種量測。而熱力學第二定律可以簡單地敘述為

自然的過程傾向於朝更無序的狀態移動。

熱力學第二定律 (廣義的表述)

無序的意義也許不是很清楚，因此我們現在考慮幾個例子。其中有些例子將告訴我們熱力學第二定律的這個非常廣義的陳述如何應用於我們通常會視為熱力學以外的情形。

我們考慮第 20-1 節中曾經提過的簡單過程。首先，一個裝有分成不同層的鹽和胡椒的罐子要比鹽與胡椒全部混合在一起時來得有次序。搖動其中有分成不同層的罐子使其混合後，再搖晃也不能使混合物恢復至原先分層的情形。自然的過程是從相對上較有序 (分層) 的狀態到相對上較無序 (混合物) 的狀態，而不是反向。亦即，無序會增加。接下來，一個完整的咖啡杯要比破裂的杯子較為“有序”並且有用。杯子因掉落而破裂，本身並不會自行彌合 (如圖 20-1 的假想圖) 此外，正常事件的進程是使無序增加。

我們考慮先前計算熵變化量的一些過程，並且發現熵的增加會造成無序的增加 (反之亦然)。當冰在 0°C 時融化成水，水的熵增加 (練習 D)。在直覺上，我們會認為固態的水 (冰) 會比能朝四處流動的液態的水有序。從分子的觀點可以更清楚地理解此種有序至無序的變化：冰的晶體中水分子有序的排列已經變成液態中分子之無序且隨機

的運動。

當熱的物體與冷的物體接觸時，熱從高溫流向低溫處，直至兩物體達到相同的中間溫度為止。在過程的開始，我們可以將分子區分為兩類：高平均動能的分子 (熱的物體) 以及低平均動能的分子 (較冷的物體)。經過熱流動的過程之後，所有的分子成為同一類，具有相同的平均動能，而不再是較有序的兩類分子。有序已經轉變成無序。此外，這個分開的熱和冷的物體可以當作熱機的熱和冷的溫度區域，因而可用於獲得有用的功。但是一旦兩個物體互相接觸並且達到相同的溫度，就無法獲得功。由於具有作功能力的系統必定比不能作功的系統較為有序，因此無序增加。

當一塊石頭落至地面時，其巨觀上的動能轉換成熱能。熱能與分子無序的隨機運動有關，但是這塊石頭中的分子除了它們自己的隨機速度之外，全部還具有相同的向下速度。因此，當石頭撞擊地面時，石頭整體上較有序的動能轉變為無序的熱能。在此過程中，無序增加，如自然界中發生的所有過程一般。

*生物進化

物理應用

生物進化與成長

熵增加的一個有趣實例是生物進化與有機體的成長。人很顯然的是一個高度有序的有機體。進化論描述從早期的大分子和簡單的生命形式轉變為人類的過程，它是一個有序增加的過程。所以從單一細胞至成人的個人成長也是一個增加有序的過程。這些過程違反熱力學第二定律嗎？不！它們沒有違反。在進化和成長過程中，乃至於個人的成熟期間，廢棄物被清除。由於代謝而餘留的小分子是不具有太多有序的簡單分子。因此它們呈現相對較高的無序或熵。的確，在進化或成長過程中有機體拋棄的分子之總熵要比與成長的個體或物種之有序相關的熵之減少量還大。

*20-8 能量的不可利用；熱寂

熱從熱的物體傳遞至冷的物體的過程中，我們已經看到熵會增加以及有序變成無序。分開的熱和冷的物體當作熱機的高溫和低溫區域，因而可用於獲得有用的功。但是當兩物體互相接觸並且達到相同的溫度之後，就無法由它們獲得功。過程中必須是從有序至無序，才能作有用的功。

相同的情況是落下的石頭撞擊地面後而停止。在撞擊地面之前，石頭所有的動能可用於作有用的功。一旦石頭的機械動能轉換為熱能，就不可能再作有用的功。

這兩個例子說明了熱力學第二定律另一個重要的觀點

在任何自然過程中，有某些能量會變成不能用於作有用的功。

在任何過程中，始終都沒有能量的損失 (能量總是守恆)。而是能量變得較不可利用——它作的有用的功較少。隨著時間流逝，就某種意義而言，**能量被降級** (energy is degraded)；能量從較有序的形式 (如機械能) 最終變成最不有序的形式，內能或熱能。熵是其中的一個因素，因為變成不可用於作功的能量大小與任何過程中熵的變化量成正比。[8]

能量降級的自然結果是預測隨著時間的流逝，宇宙應接近一個最大無序的狀態。物質將變成均勻的混合物，並且熱由高溫區域流向低溫區域，直到整個宇宙達到相同的溫度為止，然後不再作功。宇宙所有的能量將降級至熱能。這個預測稱為**宇宙的熱寂** (heat death)，它已被廣泛地討論，但會在極遠之後的未來發生。它是一個複雜的問題，但也有科學家質疑熱力學的宇宙模型是否合理或恰當。

*20-9 熵與熱力學第二定律在統計上的詮釋

利用系統之分子狀態的統計或機率分析會使熵和無序的觀念更加清楚。統計的方法最初是由波茲曼 (Ludwig Boltzmann, 1844-1906) 於十九世紀末提出，它對系統的“巨觀態”和“微觀態”作清楚的區分。系統的**微觀態** (microstate) 會明確指明每個質點 (或分子) 的位置與速度。而系統的**巨觀態** (macrostate) 則指明系統的巨觀性質——溫度、壓力、莫耳數等等。實際上，我們只能知道系統的巨觀態。不可能知道系統中大量分子在特定時刻每個分子的速度和位置。但是我們仍然可以假設許多能夠與相同的巨觀態相當的不同微觀態。

8 可以證明變成不能用於作有用的功之能量大小等於 $T_L \Delta S$，其中 T_L 為最低可用的溫度，而 ΔS 為過程中熵的總增加量。

我們舉一個非常簡單的例子。假設你重複地搖晃手中四個硬幣然後將它們拋到桌上。我們規定某次拋出的正面的數目與反面的數目為系統的巨觀態，並且規定每個硬幣是正面或反面為系統的微觀態。在下表中我們看到有多少個微觀態與每一個巨觀態對應。

巨觀態	可能的微觀態 (H＝正面，T＝反面)	微觀態的數目
4 個正面	HHHH	1
3 個正面，1 個反面	HHHT, HHTH, HTHH, THHH	4
2 個正面，2 個反面	HHTT, HTHT, THHT, HTTH, THTH, TTHH	6
1 個正面，3 個反面	TTTH, TTHT, THTT, HTTT	4
4 個反面	TTTT	1

統計法的基本假設是每個微觀態的發生機率相同。因此，產生同樣巨觀態的微觀態之數目與該巨觀態發生的相對機率相符。在這個拋擲四個硬幣的例子中，最可能發生的巨觀態是兩個正面與兩個反面。在總共 16 個可能的微觀態中，有 6 個為兩個正面兩個反面，所以拋出兩個正面與兩個反面的機率是 6/16 或 38%。拋出一個正面與三個反面的機率是 4/16 或 25%。四個正面的機率只有 1/16 或 6%。如果你拋擲硬幣 16 次，可能不會得到兩個正面與兩個反面剛好出現 6 次，或四個反面剛好出現一次。這些只是機率或平均值。但如果你拋擲 1600 次，得到兩個正面與兩個反面的次數將會很接近總次數的 38%。拋擲的次數愈多，其百分率會愈接近計算的機率。

練習 E 在上表中，至少得到兩個正面的機率是多少？(a) $\frac{1}{2}$；(b) $\frac{1}{16}$；(c) $\frac{1}{8}$；(d) $\frac{3}{8}$；(e) $\frac{11}{16}$。

如果我們拋擲更多的硬幣── 若一次拋 100 個── 得到全部都是正面 (或全部都是反面) 的相對機率會大大地減少。只有一個微觀態與全部都是正面相對應。由於每個硬幣都有反面，所以有 100 個微觀態與 99 個正面及 1 個反面相對應。其他巨觀態的相對機率則列於表 20-1 中。大約有 1.3×10^{30} 個可能的微觀態。[9] 要碰上全部都是正面的相對機率為 $1/10^{30}$，這是極不可能發生的事情！得到 50 個正面

9 每個硬幣有兩個可能，正面或反面。所以可能的微觀態數目是 $2\times2\times2\times\cdots=2^{100}=1.27\times10^{30}$ (利用計算機或對數)。

及 50 個反面的機率 (參閱表 20-1) 為 $(1.0\times10^{29})/1.3\times10^{30}=0.08$ 或 8%。而得到 45 至 55 個正面的機率則大於 70%。

表 20-1 拋擲 100 個硬幣之各種不同巨觀態的機率

巨觀態			
正面	反面	微觀態的數目	機率
100	0	1	7.9×10^{-31}
99	1	1.0×10^{2}	7.9×10^{-29}
90	10	1.7×10^{13}	1.4×10^{-17}
80	20	5.4×10^{20}	4.2×10^{-10}
60	40	1.4×10^{28}	0.01
55	45	6.1×10^{28}	0.05
50	50	1.0×10^{29}	0.08
45	55	6.1×10^{28}	0.05
40	60	1.4×10^{28}	0.01
20	80	5.4×10^{20}	4.2×10^{-10}
10	90	1.7×10^{13}	1.4×10^{-17}
1	99	1.0×10^{2}	7.9×10^{-29}
0	100	1	7.9×10^{-31}

因此我們看到由於拋擲的硬幣數目增加，要得到最有序的組合 (全部都是正面或反面) 就變得極不可能發生。最無序的組合 (一半是正面一半是反面) 是最可能發生的，在 5% 之範圍內的機率會隨著拋擲的硬幣數目之增加而大幅地增加。同樣的這些概念可以應用於系統中的分子。例如，氣體 (如房間內的空氣) 最可能的狀態是分子佔據整個空間並且隨機地四處運動；這與圖 20-14a (並參閱第 18-2 節) 的馬克斯威爾分佈相符。另一方面，所有的分子都位於房間的一個角落並且都以相同的速度運動 (圖 20-14b) 這種非常有序的情況是極不可能發生的。

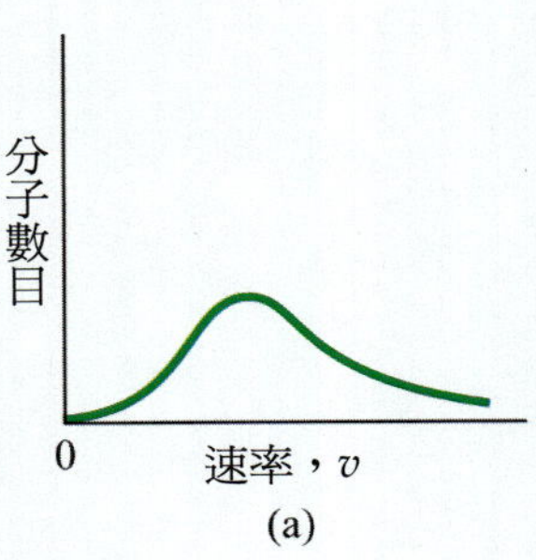

(a)

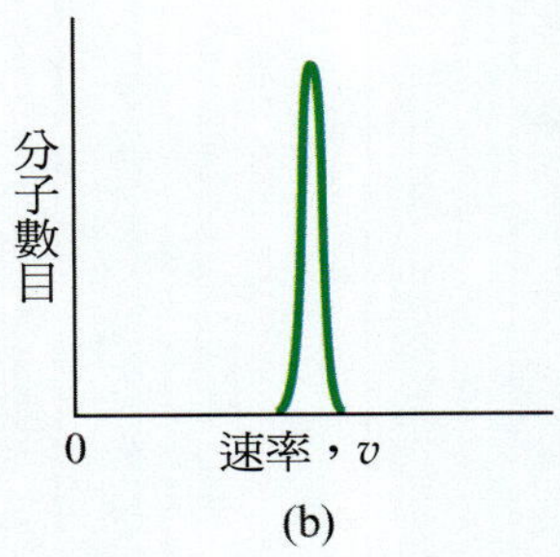

(b)

圖 20-14 (a) 氣體分子速率的最可能分佈 (馬克斯威爾，或隨機)；(b) 有序但極不可能發生的速率分佈，其中幾乎所有的分子都具有相同的速率。

由這些例子可以很清楚地看出機率直接與無序程度或熵相關。亦即，最可能的狀態是具有最大的熵或最大的無序與隨機度。波茲曼證明 [與克勞修斯的定義 ($dS=dQ/T$) 相符]，系統在特定的 (巨觀) 態中的熵可以寫成

$$S=k\ln\mathscr{W} \tag{20-14}$$

其中 k 為波茲曼常數 ($k=R/N_A=1.38\times10^{-23}$ J/K) 和，而 $\mathscr{W}$ 為與該特

定之巨觀態對應之微觀態的數目。亦即 $\mathscr{W}$ 與此狀態的發生機率成正比。$\mathscr{W}$ 稱為**熱力學機率** (thermodynamic probability)，或者有時也稱為無序參數。

例題 20-9 **自由膨脹——熵的統計計算** 利用 (20-14) 式求例題 20-7 中我們曾經以巨觀法計算之氣體絕熱自由膨脹的熵變化量。假設每一個巨觀態所對應的微觀態數目 $\mathscr{W}$ 是可能的位置之數目。

方法 我們假設莫耳數為 $n=1$，因此分子的數目為 $N=nN_A=N_A$。我們讓體積加倍，如例題 20-7 中所述。由於體積加倍，所以每個分子可能的位置之數目也加倍。

解答 當體積加倍時，每個分子也會有兩倍的可用位置 (微觀態)。對兩個分子而言，總微觀態的數目增加為 $2\times2=2^2$ 倍。對 N_A 個分子而言，總微觀態的數目增加為 $2\times2\times2\times\cdots=2^{N_A}$ 倍。即

$$\frac{\mathscr{W}_2}{\mathscr{W}_1}=2^{N_A}$$

由 (20-14) 式，熵的變化為

$$\begin{aligned}\Delta S=S_2-S_1&=k(\ln\mathscr{W}_2-\ln\mathscr{W}_1)\\&=k\ln\frac{\mathscr{W}_2}{\mathscr{W}_1}=k\ln 2^{N_A}=kN_A\ \ln2=R\ln 2\end{aligned}$$

與例題 20-7 的結果相同。

就機率而論，熱力學第二定律——告訴我們任何過程的熵都會增加——其陳述可簡化為發生最可能的過程。因此熱力學第二定律變成一個無關緊要的陳述。不過現在還有另外的東西。以機率表示的熱力學第二定律並沒有禁止熵的減少。而是說它的機率極小。鹽和胡椒不是不可能再自動分離成兩層，或者破裂的杯子自己彌合。湖水甚至可能在炎熱的夏天裡結冰(亦即，熱從寒冷的湖中流至溫暖的環境)。但是這些事件發生的機率極小。在拋硬幣的例子中，我們看到硬幣的數目如果由 4 個增加至 400 個，會大大地減少距平均或最可能組合之偏差的機率。在一般的系統中，我們不是只有 100 個分子，而是有數目極大的分子：1 莫耳就有 6×10^{23} 個分子。所以遠離平均的偏差機率是極微小的。例如，曾經有人計算過一個靜止在地面上的石頭轉換 1

卡的熱能為機械能，然後上升至空中的機率很可能會比一群猴子隨機打字而意外地產生莎士比亞完整的作品之機率還小得多。

*20-10 熱力學溫度；熱力學第三定律

在第 20-3 節中，我們得知卡諾循環從高溫熱庫吸收的熱 Q_H 與排放至低溫熱庫的熱 Q_L 之比直接與兩個熱庫溫度之比相關 [(20-2)式]

$$\frac{Q_L}{Q_H} = \frac{T_L}{T_H}$$

此結果可適用於所有的可逆引擎並且與工作物質無關。它因此可作為**凱爾文** (Kelvin) 或**熱力溫標** (thermodynamic temperature scale)。

我們利用此一關係式以及理想氣體溫標 (第 17-10 節) 來完成熱力溫標的定義：我們指定水的三相點值為 $T_{tp} = 273.16\ \text{K}$，因而

$$T = (273.16\ \text{K})\left(\frac{Q}{Q_{tp}}\right)$$

其中 Q 和 Q_{tp} 為卡諾熱機在溫度 T 和 T_{tp} 時與熱庫交換的熱之大小。所以，在理想氣體的有效範圍內，熱力溫標與理想氣體溫標是相同的。

在實驗上很難獲得極低溫。溫度愈接近絕對零度，要將溫度進一步降低就愈困難，一般認為在有限次數的過程中不可能達到絕對零度。這個敘述是**熱力學第三定律** (third law of thermodynamics) 的敘述方式之一。[10] 因為任何熱機的最大效率是卡諾效率

$$e = 1 - \frac{T_L}{T_H}$$

並且 T_L 絕不會為零，所以熱機要獲得 100% 的效率是不可能的。

10 參考註 5 的說明。

(a) (b) (c)

圖 20-15 (a) 太陽能裝置中成陣列狀的鏡子將陽光聚焦於鍋爐上以產生蒸氣。(b) 化石燃料蒸汽廠 (其利用森林廢棄物，生質能)。(c) 發電廠的大型冷卻塔。

*20-11 熱污染、地球暖化與能源

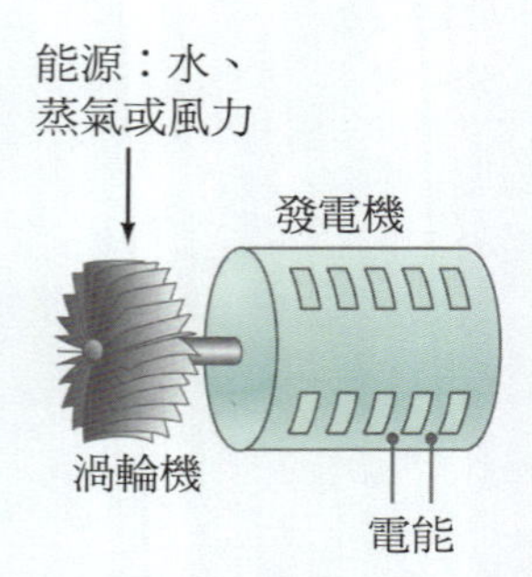

圖 20-16 渦輪機與發電機將機械能轉換成電能。

物理應用
熱機與熱污染

我們在日常生活中利用的大量的能量——從汽車到大部分由發電廠產生的電力——都是使用熱機。由水壩落下的水、風車或太陽能電池 (圖 20-15a) 所產生的電力與熱機無關。在美國有 90% 以上的電能是由化石燃料蒸汽廠所產生 (煤、油或天然氣——見圖 20-15b)，它們使用熱機 (基本上是蒸汽機)。發電廠中的蒸氣驅動渦輪機和發電機 (圖 20-16) 使其輸出變成電能。各種不同驅動渦輪機的方法於表 20-2 中有簡短的討論，其中也列出各種方法的優點和缺點。而核能發電廠則利用核燃料驅動蒸汽機。

從發電廠到汽車，由每個熱機所輸出的熱 Q_L 稱為**熱污染** (thermal pollution)，因為這些熱 (Q_L) 必定被環境所吸收——例如河流或湖中的水或大型冷卻塔的空氣 (圖 20-15c)。當水作為冷卻劑時，熱會使水溫升高，而影響水中的自然生態 (主要由於溫度較高的水含氧量較低)。此外在空氣冷卻塔中的熱輸出 Q_L 會升高大氣的溫度而影響氣候的變化。

空氣污染 (air pollution) —— 意指汽車、發電廠與工業鍋爐中燃燒化石燃料所排放的化學物質——造成煙霧與其他的問題。另外一個被廣泛討論的議題是由於燃燒化石燃料所引起的地球大氣層中 CO_2 的累增。 CO_2 會吸收一部分地球自然發射的紅外線輻射 (第 19-10 節)，因而造成**地球暖化** (global warming)。限制化石燃料的燃燒有助於這些問題的解決。

表 20-2　電力能源

電能的生產形式	產量的%(近似值) 美國	全世界	優點	缺點
化石燃料蒸汽廠：燃燒煤、油或天然氣使水沸騰，產生高壓蒸氣驅動發電機的渦輪機(圖 20-3b，20-16)；利用熱機。	71	66	我們知道如何建構且費用較低。	空氣污染；熱污染；有限的效率；因採掘原料(採礦)而破壞陸地；地球暖化；例如油溢至海洋的意外；燃料的供應受限制(估計數十年至數世紀)
核能： 分裂：鈾或鈽原子的原子核裂開("分裂")並釋放能量而加熱蒸氣；利用熱機。	20	16	一般而言幾乎無空氣污染；對於地球暖化影響較小；費用較低。	熱污染；意外事故可能會造成有害的輻射外洩；輻射廢料的處理困難；恐怖分子可能取得核子材料；燃料的供應受限制。
融合：氫的同位素(或其他小的原子核)結合或"融合"時會釋放能量。	0	0	相對上較"乾淨"；大量的燃料提供(海洋中水分子內的氫)；對地球暖化影響較小。	還不能運轉。
水力發電：落下的水驅動壩底的渦輪機運轉。	7	16	不需要熱機；沒有空氣、水或熱污染；費用較低；高效率；水壩可控制水的氾濫。	水壩後的水庫淹沒風景秀麗的居住土地；水壩阻斷鮭魚或其他魚類為繁殖逆流而上的遷徙；幾乎沒有地點可作為新壩之用；乾旱。
地熱：地球內部至地表的自然蒸氣(溫泉、噴泉、蒸氣口)；或冷水流過熱且乾的岩石被加熱成蒸氣。	< 1	< 1	不需要熱機；空氣污染低；效率高；費用低且較"乾淨"。	很少有適當的地點；產量小；用過的熱水中的礦物成份會造成污染。
風力：3 kW 至 5 MW 的風車(達 50 m 寬的葉片)驅動發電機。	< 1	< 1	不需要熱機；沒有空氣、水或熱污染；費用較低。	大風車的大陣列可能會影響氣候，並且難看；對遷徙的鳥類造成危害；風力不是一直都夠強。
太陽能： 主動太陽能暖氣系統：屋頂的太陽能板吸收陽光，以加熱管中的水，提供空間加溫與熱水。	< 1	< 1	不需要熱機；沒有空氣或熱污染；燃料的供應無限制。	受空間限制；可能需要備用電源；費用較高；陰天時效率欠佳。
被動太陽能暖氣系統：建築物中的裝置—朝南的窗戶上的遮陽篷在夏天防止太陽光進入。			不需要熱機；沒有空氣或熱污染；費用較低。	幾乎沒有，但還需要其他方法。
太陽能電池(光伏打電池)：未利用熱機直接將陽光轉換為電力。			不需要熱機；熱、空氣和水污染非常低；效率佳(> 30% 且改進中)。	昂貴；製造廠化學污染；當太陽能不集中時需要大面積的土地。

不過，熱污染是無法避免的。工程師們可以嘗試著設計與製造更有效率的引擎，但是它們無法優於卡諾效率，並且至多也必須處於由水或空氣的周遭環境所提供的溫度 T_L 中。熱力學第二定律告訴我們由大自然所施加的限制。根據熱力學第二定律，我們可以做的是減少能量的使用並且節省燃料資源。

解答問題策略

熱力學

1. 定義欲處理的**系統**；區分欲研究的系統和環境。
2. 仔細選取**功**與**熱**的**正負號**。在熱力學第一定律中，系統所作的功為正，而作用於系統上的功為負。加入系統的熱為正，從系統移除的熱為負。對熱機而言，我們通常將吸收的熱、排放的熱與所作的功視為正。
3. 注意功與熱的**單位**；功最常以焦耳表示，而熱則可以用卡、仟卡或焦耳表示。前後務必一致：在一個特定的題目中只選用一種單位。
4. **溫度**通常必須以凱氏溫度表示；溫差則可以用 C° 或 K 表示。
5. **效率** (或性能係數) 是兩個能量傳遞的比率：有用的輸出除以所需的輸入。效率 (不是性能係數) 的大小始終小於 1，因此通常以百分率表示。
6. 當熱加入系統時，系統的**熵**增加；當熱自系統移除時，其熵減少。若熱從系統 A 傳遞至系統 B，A 的熵變化量為負，而 B 的熵變化量為正。

摘 要

熱機 (heat engine) 是一種以熱的流動將熱能轉換為有用的功之裝置。

熱機的**效率** (efficiency) 定義為引擎所作的功 W 與輸入的熱 Q_H 之比。由於能量守恆，因此輸出的功等於 $Q_H - Q_L$，其中 Q_L 為排放至環境中的熱；所以效率為

$$e = \frac{W}{Q_H} = 1 - \frac{Q_L}{Q_H} \tag{20-1}$$

卡諾 (理想化的) 熱機是由可逆循環中的兩個等溫和兩個絕熱過程所組成。**卡諾熱機** (Carnot engine)，或任何在兩個溫度 T_H 和 T_L (凱氏溫標) 之間運作的可逆引擎，其效率為

$$e_{ideal} = 1 - \frac{T_L}{T_H} \tag{20-3}$$

不可逆 (實際的) 引擎的效率永遠小於此值。

冰箱 (refrigerator) 和**冷氣機** (air conditioner) 的運作與熱機相反：它們作功將熱從冷的區域取出並且排放於較高溫的區域。其性能係數 (COP) 為

$$\text{COP} = \frac{Q_L}{W} \qquad \text{[冰箱或冷氣機]} \quad \textbf{(20-4a)}$$

其中 W 為從低溫區域將熱 Q_L 移除所需的功。

熱泵 (heat pump) 作功 W 從寒冷的室外將熱 Q_L 取走並且傳送熱 Q_H 對室內加溫。熱泵的性能係數為

$$\text{COP} = \frac{Q_H}{W} \qquad \text{[熱泵]} \quad \textbf{(20-5)}$$

熱力學第二定律 (second law of thermodynamics) 有數種同義的表述方式

(a) 熱自發地從熱的物體流向冷的物體，但不能逆向。

(b) 沒有 100% 之效率的熱機——亦即，無法將特定數量的熱完全轉變為功。

(c) 自然的過程傾向於朝較大的無序或較大的**熵** (entropy) 之狀態變動。

其中，(c) 為熱力學第二定律最普遍的表述，並且可以重新敘述為：由於自然過程，任何系統加上其環境的總熵 S 會增加

$$\Delta S > 0 \qquad \textbf{(20-13)}$$

熵為狀態變數，是系統無序程度在數量上的一種量測。在可逆過程中，系統熵的變化量為 $\Delta S = \int dQ/T$。

熱力學第二定律告訴我們過程進行的方向；因此熵被稱為“時間的箭”。

隨著時間流逝，能量會降級為較不實用的形式——亦即，較不能用於作有用的功。

[*所有的熱機都會造成**熱污染** (thermal pollution)，因為它們將熱排放至環境中。]

問題

1. 機械能可以完全轉變成熱能或內能嗎？其逆向會發生嗎？在每個情況中，如果你的答案是否定的，試解釋之；如果是肯定的，試舉出一或兩個實例。

2. 在冬天裡，你能藉由打開烤箱的門使廚房暖和起來嗎？在夏天裡，你能藉由打開冰箱的門使廚房涼快下來嗎？試解釋之。

3. 熱機效率定義為 $e = W/Q_L$ 是有用的嗎？試解釋之。

4. 在 (a) 內燃機，與 (b) 蒸汽機中是什麼扮演高溫和低溫區域的角色？嚴格說來，它們是熱庫嗎？

5. 下列哪一種方法可以對卡諾機之效率提供較大的改善，高溫熱庫升高 10°C 或低溫熱庫降低 10°C？試解釋之。

6. 海洋含有大量的熱 (內) 能。一般而言，為什麼不可能將此能量作有用的功？

7. 試討論使實際的引擎無法達到卡諾機效率的因素。

8. 冷凍系統的膨脹閥 (圖 20-10) 是冷卻液體的重要關鍵。試說明冷卻如何發生。

9. 試描述自然界中一個幾近於可逆的過程。

10. (a) 試述如何使熱可逆地添加至一系統。(b) 你可以使用火爐可逆地將熱加到系統嗎？試說明之。

11. 假設某氣體 (a) 絕熱地，(b) 等溫地膨脹為原來體積的兩倍。哪個過程會造成熵較大的變化？試說明之。

12. 另舉出本章以外的三個有關從有序到無序之自然發生過程的例子。討論逆向過程的可觀測性。

13. 下列何者有較大的熵，1 公斤的固態鐵或 1 公斤的液態鐵？為什麼？

14. (a) 如果你打開氧氣瓶的瓶蓋，會發生什麼事？(b) 逆向過程可能發生嗎？為什麼？(c) 另舉出其他兩個不可逆性的例子。

15. 你被要求測試一部被發明人稱為 "室內空調" 的機器：一個位於房間中間的大箱子，其電線插在電源插座上。當機器開機時，你感到一股冷空氣由機器流出。你怎麼知道這部機器無法使房間冷卻？

16. 試想出幾個過程 (曾提及的除外)，它們遵循熱力學第一定律，但是如果它們真的發生，則會違反第二定律。

17. 假設有許多文件散落一地，然後你把它們堆疊整齊。這是否違反了熱力學第二定律？試解釋之。

18. 熱力學第一定律有時離奇地被敘述為 "你不能白白地得到東西"，而第二定律則是 "你甚至無法收支平衡"。試解釋這些敘述與正式的敘述同義。

19. 一面攪拌一面非常緩慢地 (準靜態地) 在水中加入奶粉。這是一個可逆的過程嗎？試說明之。

20. 兩個相同的系統經由兩種不同的不可逆過程從狀態 a 改變為狀態 b。兩種過程之系統的熵變化量相同嗎？環境的熵變化量相同嗎？請細心並完整地回答。

21. 我們可以說一個過程中熵的總變化量是過程之不可逆性的一種量測。由可逆過程 $\Delta S_{\text{total}} = \Delta S_{\text{system}} + \Delta S_{\text{environment}} = 0$ 的事實開始，詳述為什麼這是成立的。

22. 不用熵增加之原理而用論證的方式證明絕熱過程中，如果它是可逆的，則 $\Delta S = 0$，而如果它是不可逆的，則 $\Delta S > 0$。

習 題

20-2 熱 機

1. (I) 一部熱機在作 2600 J 有用的功之同時也排放 7800 J 的熱。此機的效率為何？

2. (I) 某發電廠輸出 580 MW 的電力。假設其效率為 35%，試求每秒排放的熱。

3. (II) 一般小型汽車在速率為 55 mi/h 時受到的阻力大約為 350 N。如果在此速率下每加侖汽油可行駛 35 英哩，並且每升的汽油 (1 gal = 3.8 L) 燃燒可釋放 3.2×10^7 J。此汽車的效率為何？

4. (II) 一部四汽缸汽油引擎的效率為 0.22，並且各汽缸每循環傳送 180 J 的功。此引擎以每秒 25 個循環發動。(a) 試求每秒所作的功。(b) 汽油每秒輸入的總熱能是多少？(c) 如果汽油每加侖含有 130 MJ 的能量，則一加侖可以使用多久？

5. (II) 一輛汽車燃燒汽油釋放約 3.0×10^4 kcal/gal。如果這輛汽車以 95 km/h 之速率行駛的平均耗油量為 38 km/gal，並且需要 25 hp，此狀況下引擎的效率是多少？

6. (II) 圖 20-17 是其中有 1.0 mol 之氬氣 (幾近於理想單原子氣體) 的可逆熱機之 PV 圖，其初始狀態為 STP (a 點)。b 和 c 點位於 $T = 423$ K 之等溫線上。ab 過程為定容，而 ac 過程為定壓。(a) 此循環的路徑為順時針或逆時針方向？(b) 此一引擎的效率為何？

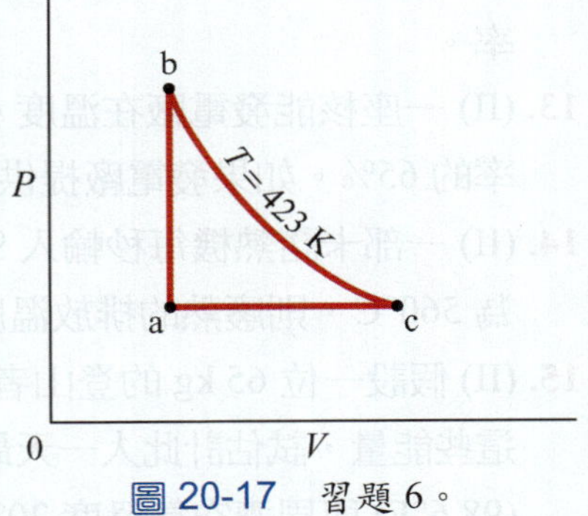

圖 20-17 習題 6。

7. (III) 一部柴油引擎之運作的理想循環如圖 20-18 所示。在進氣行程中把空氣抽入汽缸 (不在理想循環內)。在路徑 ab 上空氣被絕熱壓縮。於 b 點處，柴油注入汽缸，並且因溫度極高而立即燃燒。路徑 bc 的燃燒過程很慢，並且在動力行程的第一部分，氣體以 (幾近於) 定壓膨脹。在燃燒之後，其餘部分的動力行程是絕熱的路徑 cd。而路徑 da 相當於排氣行程。(a) 證明使用理想氣體而進行此循環的準靜態可逆引擎，其理想效率為

$$e = 1 - \frac{(V_a / V_c)^{-\gamma} - (V_a / V_b)^{-\gamma}}{\gamma[(V_a / V_c)^{-1} - (V_a / V_b)^{-1}]}$$

其中 V_a / V_b 為 "壓縮比"，且 V_a / V_c 為 "膨脹比"，而 γ 則由 (19-14) 式定義。(b) 如果 $V_a / V_b = 16$ 且 $V_a / V_c = 4.5$，並假設氣體為雙原子 (如 N_2 或 O_2) 的理想氣體，試求其效率。

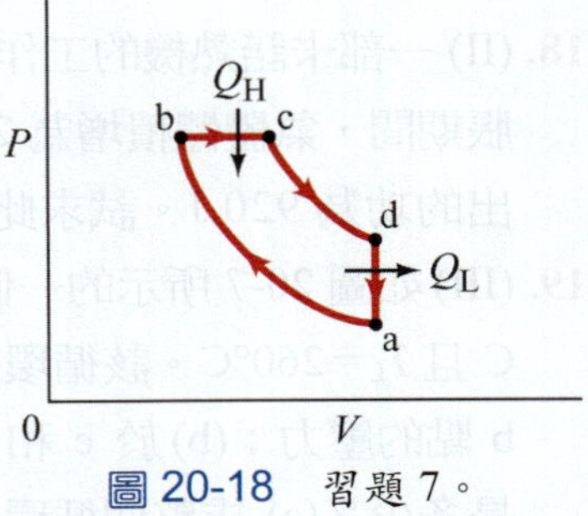

圖 20-18 習題 7。

20-3 卡諾熱機

8. (I) 操作溫度為 550°C 與 365°C 的熱機，其最大效率為何？

9. (I) 熱機的高溫圍繞物之溫度不需要比周遭環境的高。液態氮 (77 K) 的價格大約與瓶裝水一樣便宜。利用在室溫下 (293 K) 將空氣中的熱轉移至液態氮“燃料”的引擎，其效率為何 (圖 20-19)？

圖 20-19 習題 9。

10. (II) 一部熱機於 340°C 下排放熱，並且卡諾效率為 38%。欲達到 45% 的卡諾效率，其排放溫度應為多少？

11. (II) (a) 證明卡諾熱機所作的功等於 PV 圖上卡諾循環所包圍的面積，圖 20-7(參閱第 19-7 節)。(b) 將此類推至任何的可逆循環。

12. (II) 一部卡諾熱機的操作溫度為 210°C 與 45°C，其輸出功率為 950 W。試求熱的輸出速率。

13. (II) 一座核能發電廠在溫度 660°C 和 330°C 之間操作，並且其效率為理論 (卡諾) 最高效率的 65%。如果發電廠提供電能之速率為 1.2 GW，則每小時排放多少熱？

14. (II) 一部卡諾熱機每秒輸入 950 kcal 的熱，並且以 520 kW 之速率作功。如果熱源的溫度為 560°C，則廢熱的排放溫度是多少？

15. (II) 假設一位 65 kg 的登山者需要 4.0×10^3 kcal 的能量以提供一天的代謝所需。若只利用這些能量，試估計此人一天最高可爬的高度。視此人為一部隔離的熱機，在內部溫度 37°C (98.6°F) 與周遭空氣溫度 20°C 之間運作。

16. (II) 一輛汽車沿著水平的道路以 20.0 m/s 穩定的速率行駛，其功率約為 7.0 kJ/s。此作功用以抵抗摩擦。該車在此速率 (約 40 mi/gal) 下使用 1 L 汽油可行駛 17 km。如果 T_L 為 25°C，則 T_H 的最小值是多少？已知 1 L 的汽油可提供 3.2×10^7 J 的能量。

17. (II) 一部熱機利用 580°C 的熱源並且有 32% 的卡諾效率。欲使效率增加至 38%，熱源的溫度應為多少？

18. (II) 一部卡諾熱機的工作物質為 1.0 mol 的理想單原子氣體。已知在此引擎循環的等溫膨脹期間，氣體體積增為 2 倍，而在絕熱膨脹期間體積則增為 5.7 倍。每個循環中引擎輸出的功為 920 J。試求此引擎在其間運作的兩個熱庫之溫度。

19. (III) 如圖 20-7 所示的一個卡諾循環，具有以下的條件：$V_a=7.5$ L，$V_b=15.0$ L，$T_H=470$°C 且 $T_L=260$°C。該循環使用的氣體是 0.50 mol 的雙原子氣體，$\gamma=1.4$。計算 (a) 於 a 和 b 點的壓力；(b) 於 c 和 d 點的體積。(c) 過程 ab 所作的功是多少？(d) 過程 cd 損失的熱是多少？(e) 求整個循環所作的淨功。(f) 利用定義 $e=W/Q_H$，求此循環的效率。證明它與 (20-3) 式的結果相同。

20. (III) 一莫耳的單原子氣體經歷了 $T_H = 350°C$ 與 $T_L = 210°C$ 的卡諾循環。初始壓力為 8.8 atm。在等溫膨脹期間，其體積加倍。(a) 試求 a、b、c 與 d 點 (見圖 20-7) 的壓力與體積。(b) 試求此循環每一部分的 Q、W 與 ΔE_{int}。(c) 利用 (20-1) 與 (20-3) 式，求此循環的效率。

***21.** (III) 在一個近似於鄂圖循環 (圖 20-8) 的引擎中，汽油蒸氣必須在汽缸的絕熱壓縮結束時由火星塞的火花點燃。汽油 (87-辛烷值) 蒸氣的點燃溫度約為 430°C，並假設工作的氣體是雙原子氣體而且在 25°C 時進入汽缸。試求引擎的最大壓縮比。

20-4 冰箱、冷氣機、熱泵

22. (I) 如果一個理想的冰箱於室內溫度為 22°C 時可以將冰箱內的東西保持於 3.0°C，則其性能係數為何？

23. (I) 某一冷凍器冷卻旋管的低溫為 −15°C，且排放溫度為 33°C。其理論上最大的性能係數是多少？

24. (II) 一具理想 (卡諾) 引擎的效率為 38%。如果它可能像熱泵一般反向運作，則其性能係數將會是多少？

25. (II) 一具理想熱泵當室外溫度為 T_{out} 時，將室內溫度維持於 $T_{in} = 22°C$。當熱泵運轉時，作功速率為 1500 W。假設房子由牆壁或其他表面損失熱的速率為 (650 W/°C) $(T_{in} - T_{out})$。(a) 若熱泵必須持續運轉以維持室內溫度為 22°C 時，室外的溫度是多少？(b) 如果室外溫度為 8°C，欲使室內溫度維持 22°C，熱泵必須運轉之時間的百分比是多少？

26. (II) 一台餐廳冰箱的性能係數為 5.0。若冰箱是理想的，且廚房內冰箱外的溫度為 32°C，則冰箱內部可以獲得的最低溫度是幾度？

27. (II) 一間房屋利用熱泵使室內溫度維持於 22°C。如果室外溫度為 (a) 0°C，與 (b) −15°C 時，熱泵需要多少功以傳送 3100 J 的熱至屋內？假設為理想 (卡諾) 運轉。

28. (II) (a) 已知冰箱的性能係數定義為 [(20-4a) 式] $\text{COP} = \dfrac{Q_L}{W}$，試證明理想 (卡諾) 冰箱的性能係數為 $\text{COP}_{ideal} = \dfrac{T_L}{T_H - T_L}$。(b) 試以冰箱反向運作所獲得的可逆熱機之效率 e 來表示 COP。(c) 一理想冰箱於其冷凝器之溫度為 24°C 時將冷凍室維持 −18°C，其性能係數是多少？

29. (II) 一台“卡諾”冰箱 (卡諾熱機反向運作) 從 −17°C 的冷凍室吸收熱，然後將熱排放於 25°C 的房間內。(a) 欲使 0.40 kg 且溫度為 25°C 的水冷凍成 −17°C 的冰，冰箱需作功多少？(b) 若壓縮機的輸出為 180 W，欲使 0.40 kg 且溫度為 25°C 的水結冰為 0°C，最少需要多少時間？

30. (II) 一部中央熱泵作為冷氣機運用，每小時從建築物抽取 33000 Btu 並且於溫度 24°C 和 38°C 之間操作。(a) 如果其性能係數為卡諾冷氣機的 0.2 倍，則有效的性能係數是多少？

(b) 壓縮機所需的功率 (kW) 是多少？(c) 以 hp 為單位的功率是多少？

31. (II) 如果一個冷凍櫃的性能係數為 7.0 且輸入功率為 1.2 kW，則 0°C 的水有多少體積可以在 1.0 小時內凝固成冰塊？

20-5 與 20-6 熵

32. (I) 250 g 且溫度為 100°C 的水蒸氣凝結為 100°C 的水，其熵的變化是多少？

33. (I) 一個 7.5 kg 箱子以初始速率 4.0 m/s 沿著粗糙的桌面滑行直至停止。試估計宇宙的總熵變化量。假設所有的物體皆處於室溫 (293 K) 下。

34. (I) 1.00 m^3 且溫度為 0°C 的水冷凍成 0°C 的冰塊，其熵的變化是多少？

35. (II) 若 1.00 m^3 且溫度為 0°C 的水與大量的 −10°C 之冰塊接觸而冰凍成 −10°C，試估計此過程的總熵之變化。

36. (II) 如果 0.45 kg 且溫度為 100°C 的水經由可逆過程變成 100°C 的水蒸氣，試求 (a) 水，(b) 環境，與 (c) 整個宇宙之熵的變化。(d) 若過程為不可逆，你的答案會有何不同？

37. (II) 一根鋁棒由 225°C 的熱源以 9.50 cal/s 傳熱至 22°C 之大量的水中。試求此過程中熵的增加速率。

38. (II) 一塊 2.8 kg 且溫度為 43.0°C 的鋁塊放置於室溫 (20°C) 下一個保麗龍容器內之 1.0 kg 的水中。試估計此系統之熵的淨變化量。

39. (II) 一個理想氣體從體積 2.50 L 與壓力 7.5 atm 以等溫 (T = 410 K) 膨脹至壓力 1.0 atm。此過程中熵的變化是多少？

40. (II) 2.0 kg 且溫度為 12.0°C 的水在一個隔熱良好的容器中與 3.0 kg 且溫度為 38.0°C 的水混合。系統中熵的變化是多少？(a) 利用估算；(b) 利用積分 $\Delta S = \int dQ/T$。

41. (II)(a) 一塊 0°C 且質量為 m 的冰塊放在一間溫度為 20°C 的大房間中。由於熱的流動 (由房間至冰塊) 使冰塊融化成水並且溫度上升至 20°C。而房間夠大使其溫度始終維持於 20°C。試計算由此一過程所引起的系統 (水 + 房間) 中熵的變化。此過程是否會自然地發生？(b) 20°C 且質量為 m 的水放在一間溫度為 20°C 的大房間中。由於熱的流動 (由水至房間) 使水冷卻至 0°C，然後凝固成 0°C 的冰塊。而房間夠大使其溫度始終維持於 20°C。試計算由此一過程所引起的系統 (水 + 房間) 中熵的變化。此過程是否會自然地發生？

42. (II) 2.0 mol 的理想雙原子氣體之溫度在固定的體積下從 25°C 改變為 55°C。熵的變化是多少？利用 $\Delta S = \int dQ/T$。

43. (II) 1.00 kg 的水從 0°C 加熱至 75°C，試求熵的變化。(a) 利用估算；(b) 利用積分 $\Delta S = \int dQ/T$。(c) 環境的熵有變化嗎？如果有，其變化是多少？

44. (II) n 莫耳的理想氣體經歷了圖 20-20 之 PV 圖中的可逆過程 ab。a 和 b 點的氣體溫度 T 相同。試求由此過程所造成的氣體中熵的變化。

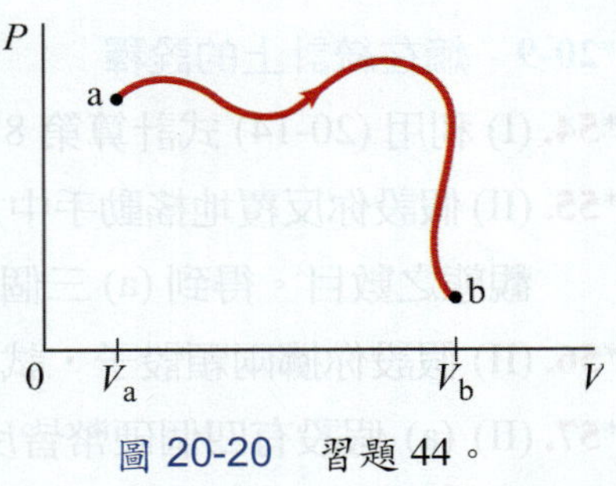

圖 20-20 習題 44。

45. (II) 兩個理想氣體樣本最初具有相同的溫度和壓力。兩個樣本都從體積 V 壓縮至體積 $V/2$，但其中一個是等溫的，而另一個是絕熱的。(a) 哪一個樣本的最終壓力比較大？(b) 利用積分計算每個過程之氣體的熵變化量。(c) 每個過程之環境的熵變化量是多少？

46. (II) 一個 150 g 的隔熱鋁杯在 15°C 時裝滿 215 g 且溫度為 100°C 的水。試求 (a) 混合後的最終溫度，與 (b) 由混合過程所造成之熵的總變化量 (利用 $\Delta S = \int dQ/T$)。

47. (II) (a) 為什麼你認為卡諾循環中總熵的變化量為零？(b) 由計算證明其為零。

48. (II) 1.00 莫耳的氮 (N_2) 氣與 1.00 莫耳的氬 (Ar) 氣在相同的溫度下分別置於大小相同的隔熱容器中。然後將兩個容器接通，使氣體 (假設為理想氣體) 可以混合。(a) 系統，與 (b) 環境的熵變化量是多少？(c) 重作 (a)，但假設其中一個容器的體積是另一個的兩倍。

49. (II) 熱力學過程有時候會在 TS (溫度－熵) 圖上表示，而不是 PV 圖。當含有 n 莫耳之理想氣體且定容莫耳比熱為 C_V 之系統在溫度 T 時，試求 TS 圖上定容過程之斜率。

50. (III) 每莫耳的鉀在低溫時的比熱為 $C_V = aT + bT^3$，其中 $a = 2.08$ mJ/mol · K^2 且 $b = 2.57$ mJ /mol · K^4。試求 (利用積分) 0.15 莫耳的鉀其溫度由 3.0 K 降為 1.0 K 時熵的變化。

51. (III) 考慮莫耳比熱為 C_V 和 C_P 的 n 莫耳之理想氣體。(a) 由熱力學第一定律著手，證明當氣體的溫度與體積經由一可逆過程而改變時，其熵的變化為 $dS = nC_V \dfrac{dT}{T} + nR\dfrac{dV}{V}$。

(b) 證明 (a) 中的表示式可以寫成 $dS = nC_V \dfrac{dP}{P} + nC_P \dfrac{dV}{V}$。

(c) 利用 (b) 中的表示式，證明若可逆過程 (即絕熱過程) 的 $dS = 0$。則 $PV^\gamma =$ 常數，其中 $\gamma = C_P/C_V$。

20-8 能量的不可利用

52. (III) 一個概括性的定理說明在任何過程中無法作有用的功之能量大小等於 $T_L \Delta S$，其中 T_L 為可用的最低溫度，且 ΔS 為過程中熵的總變化量。試證明這在以下的特定情況中是成立的：(a) 落下的石頭撞擊地面後靜止；(b) 理想氣體自由絕熱膨脹；與 (c) 從高溫 (T_H) 熱庫至低溫 (T_L) 熱庫的熱 Q 之傳導。[提示：將 (c) 與卡諾熱機相比較。]

53. (III) 如果環境的溫度為 290 K，試求一塊 3.5 kg 且溫度為 490 K 之銅塊中可獲得功。利用習題 52 的結果。

*20-9　熵在統計上的詮釋

*54. (I) 利用 (20-14) 式計算第 878 頁的表中所列之五個巨觀態之個別的熵。

*55. (II) 假設你反覆地搖動手中六個硬幣然後拋在地板上。請製表說明與每個巨觀態對應的微觀態之數目。得到 (a) 三個正面和三個反面，以及 (b) 六個正面的機率為何？

*56. (II) 假設你擲兩顆骰子，試求得到 (a) 7，(b) 11，與 (c) 4 的相對機率。

*57. (II) (a) 假設有四個硬幣皆反面朝上，你將它們重新整理使兩個正面與兩個反面朝上。硬幣的熵變化是多少？(b) 假設系統為表 20-1 中的 100 個硬幣，如果最初是隨機混合成 50 個正面和 50 個反面，然後重新整理使 100 個全部皆為正面。硬幣的熵變化是多少？(c) 將這些熵的變化與一般熱力學熵的變化 (如例題 20-6、20-7 和 20-8) 相比較。

*58. (III) 考慮一個隔離的類似氣體系統，它是由含有 $N=10$ 個可區別並且以相同速率 v 移動之原子的盒子所組成。將這些原子整理成有 N_L 個在盒子的左半部而有 N_R 個在盒子的右半部，其整理方式的數目為 $N!/N_L!N_R!$，其中的階乘如 $4!=4\cdot3\cdot2\cdot1$ (唯一的例外是 $0!=1$)。定義盒子中原子的每個唯一的整理方式為系統的一個微觀態。現在想像以下兩種可能的巨觀態：狀態 A 是所有的原子都在盒子的左半部而且沒有任何原子在右半部；而狀態B則是原子均勻分佈 (即每半部含有相同的數目) (見圖 20-21)。(a) 假設系統的初始狀態為 A，經過一段時間之後，成為狀態 B。試求系統的熵變化。這個過程可以自然地發生嗎？(b) 假設系統的初始狀態為 B，經過一段時間之後，成為狀態 A。試求系統的熵變化。這個過程可以自然地發生嗎？

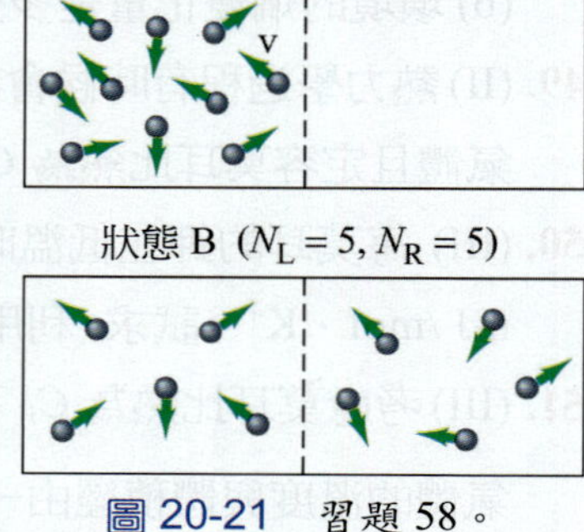

圖 20-21　習題 58。

*20-11　能 源

*59. (II) 在需求較低時將水泵至高處的蓄水庫，在需要時將水排放以驅動渦輪機。藉此可儲存能量，以供尖峰需求使用。假設在晚間花 10.0 小時的時間以 1.35×10^5 kg/s 之速率將水泵至渦輪機上方高 135 m 處的湖中。(a) 每晚需要多少能量 (kWh) 做此工作？(b) 如果這些所有的能量在一天 14 小時內釋放，且效率為 75%，其平均功率輸出是多少？

*60. (II) 如果太陽能電池 (圖 20-22) 直接正對太陽，每平方公尺的表面積大約可以產生 40 W 的電力。需要多大的面積才足以提供需求量為 22 kWh/day 的房屋之所需？這適合裝置在一般房屋的屋頂上嗎？(假設太陽每天照射約 9 小時。)

圖 20-22　習題 60。

圖 20-23　習題 61。

*61. (II) 水儲存在由水壩建成的人工湖中 (圖 20-23)。水壩處的水深為 38 m，而安裝在壩底附近的水力發電渦輪機其通過的水流速率維持穩定的 32 m³/s。它產生的電功率是多少？

一般習題

62. 曾經有人建議熱機可發展成利用海面與數百公尺深處之水的溫差。在熱帶地區，其溫度分別為 27°C 與 4°C。(a) 這樣的一個引擎可能的最高效率是多少？(b) 為什麼這種引擎儘管效率低還是可行的？(c) 你能想到任何可能對環境有害的效應嗎？

63. 某熱機以雙原子氣體圍繞圖 20-24 中的循環運作。(a) 利用理想氣體定律，計算引擎中有多少莫耳的氣體。(b) 試求 c 點的溫度。(c) 試求由 b 至 c 點的定容過程中，輸入至氣體的熱。(d) 試求由 a 至 b 點的等溫過程中，氣體所作的功。(e) 試求由 c 至 a 點的絕熱過程中，氣體所作的功。(f) 試求引擎的效率。(g) 在 T_a 與 T_c 之間運作的引擎，其可能的最大效率是多少？

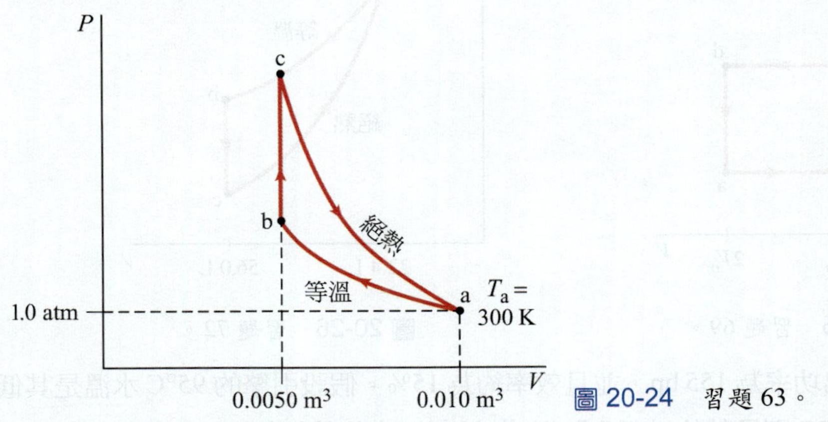

圖 20-24　習題 63。

64. 一個 126.5 g 的隔熱鋁杯在 18.00°C 時裝滿 132.5 g 且溫度為 46.25°C 的水。幾分鐘之後達到平衡。試求 (a) 最終的溫度，與 (b) 熵的總變化。

65. (a) 在蒸汽發電廠中，蒸汽引擎成對地運作，第一個的熱輸出大約是第二個的熱輸入。第一個的操作溫度為 710°C 與 430°C，而第二個則是 415°C 與 270°C。如果煤的燃燒熱為 2.8×10^7 J / kg，若發電廠欲提供 950 MW 的功率，則煤燃燒的速率應該為何？假設引擎的效率為理想(卡諾)效率的 65%。(b)該發電廠用水冷卻。如果水溫最多只容許增加 5.5C°，試估計每小時需要多少的水通過發電廠。

66. (II) 冷凍機可以用 “噸” 分級。1 噸的空調系統可以移除足夠的能量而將 1 英噸 (2000 磅 = 909 公斤) 且溫度為 0°C 的水在 24 小時內冷凍為 0°C 的冰。如果在氣溫 35°C 的日子裡，房子內部欲維持於 22°C，需要使 5 噸的空調系統連續運轉。屋主每小時要花多少的冷氣費用？假設作功的空調系統以電力為能源，每 kWh 電費為 0.10 元，並且系統的性能係數為理想冷凍機的 15%。1 kWh = 3.60×10^6 J。

67. 一個效率為 35% 的發電廠輸出 920 MW 的電功率。冷卻塔將排放的熱移去。(a) 如果空氣溫度 (15°C) 只容許升高 7.0 C°，試估計一天所加熱的空氣體積 (km^3)。當地的氣候會明顯地升溫嗎？(b) 如果加熱的空氣形成 150 m 厚的空氣層，試估計 24 小時的運作會使此空氣層涵蓋多大的面積。假設空氣密度為 1.2 kg/m^3 並且其定壓比熱約為 1.0 kJ/kg · C°。

68. (a) 一具理想熱泵從屋外 11°C 的空氣中抽取熱之後注入 24°C 的屋內。其性能係數為何？(b) 如果熱泵取用 1400 W 的電功率，則每小時可傳進屋內最大的熱是多少？

69. 某熱機以理想單原子氣體依圖 20-25 中的矩形循環運作。(a) 試求引擎的效率。令 Q_H 與 Q_L 為引擎的一個循環中全部的熱輸入與熱排放。(b) 將此效率與在 T_H 與 T_L 之間運作的卡諾熱機效率相比較 (以比率表示)，其中 T_H 與 T_L 分別為可達到的最高與最低溫度。

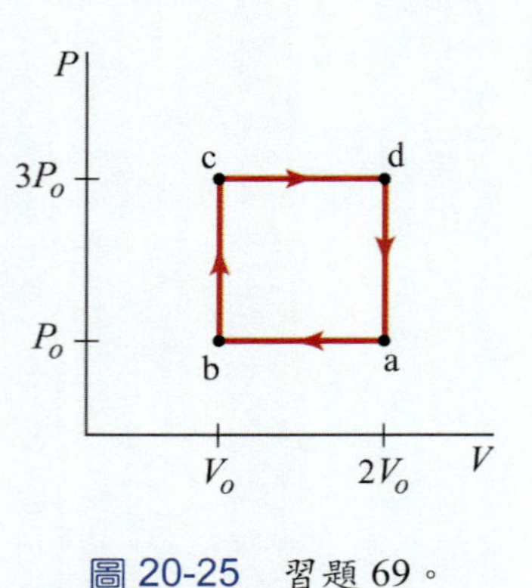

圖 20-25 習題 69。

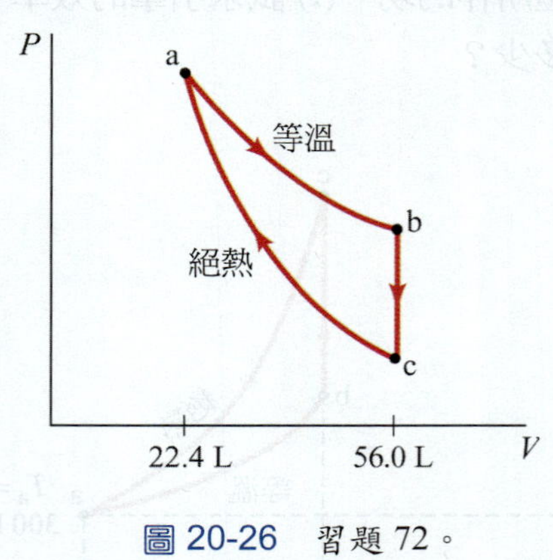

圖 20-26 習題 72。

70. 一部汽車引擎之輸出功率為 155 hp，並且效率約為 15%。假設引擎的 95°C 水溫是其低溫 (排放) 熱庫，而 495°C 則是熱的 “吸入” 溫度 (油氣混合物的爆炸溫度)。(a) 其效率與可能的最大 (卡諾) 效率之比是多少？(b) 試估算有多少功率 (W) 用於使汽車行駛，以及 1.0 小時內排放至空氣的熱 (以焦耳和仟卡為單位)。

71. 假設某發電廠利用蒸氣渦輪機以 850 MW 傳送能量。蒸氣進入溫度為 625 K 之過熱的渦輪機中，並且排放未利用的熱於水溫為 285 K 的河中。假設此渦輪機形同一具理想卡諾熱機。(a) 若河水流動率為 34 m^3/s，試估算發電廠附近下游河水之溫度的平均增加量。(b) 每公斤之下游河水的熵增加了多少 (以 J/kg · K 為單位)？

72. 1.00 莫耳的理想單原子氣體在 STP 下首先作等溫膨脹，使其在 b 點的體積為 a 點體積的 2.5 倍 (圖 20-26)。接著，在定容下抽取熱，而使壓力降低。然後氣體被絕熱壓縮返回原先的狀態。(a) 試求 b 和 c 點處的壓力。(b) 計算 c 點處的溫度。(c) 試求每個過程所作的功、輸入或抽取的熱，以及熵的變化。(d) 此循環的效率為何？

73. 兩輛 1100 kg 的汽車各以 75 km/h 之速率迎面行駛，在碰撞後停住。試估計由碰撞所造成的宇宙之熵的變化。假設 $T = 15°C$。

74. 人體中代謝 1.0 kg 的脂肪大約可產生 3.7×10^7 J 的內能。(a) 人體在一天之內需要燃燒多少脂肪以維持體溫？假設此人躺在床上，並且平均代謝速率為 95 W。(b) 假如沒有進食，燃燒 1.0 kg 的脂肪需要多少時間？

75. 一部新冷凍櫃的冷凍單元之內部表面積為 6.0 m^2，並且以 12 cm 厚且熱傳導係數為 0.050 W/ m · K 的壁為界。在 20°C 的房間中其內部必須維持於 −10°C。而冷凍單元的馬達最多只能運轉 15% 的時間。冷凍馬達所需的最小功率是多少？

76. 一部理想冷氣機當屋外溫度為 32°C 時可保持室溫為 21°C。已知太陽光透過窗戶直接照射進入房間的功率是 3.3 kW，而窗戶加上遮陽之後只有 500 W 進入，則此法可以節省多少電功率？

77. 史特林循環，如圖 20-27 所示，對於描述外燃機以及太陽能系統是很有用的。試以圖中的參數表示此循環的效率，假設工作物質為單原子氣體。過程 ab 與 cd 為等溫而 bc 與 da 為定容。將此效率與卡諾效率相比較。

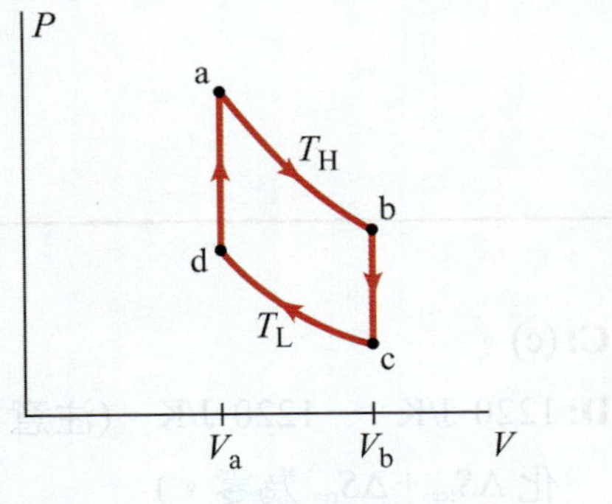

圖 20-27 習題 77。

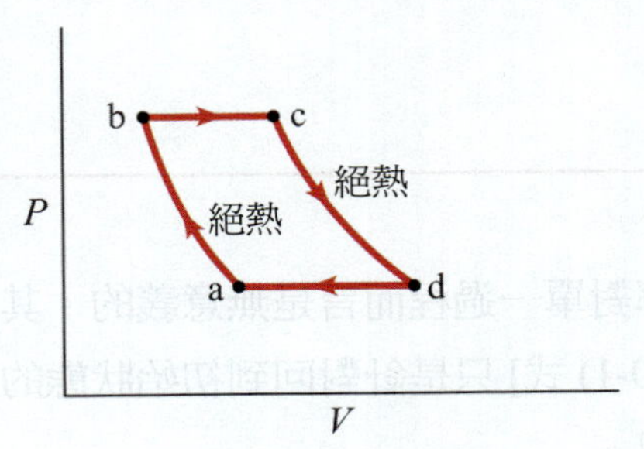

圖 20-28 習題 78。

78. 一部氣渦輪機以布雷頓循環運作，如圖 20-28 的 *PV* 圖中所示。在過程 ab 中，空氣-燃料混合物作絕熱壓縮。接下來的過程 bc 中則是以等壓 (壓力不變) 由燃燒加熱。過程 cd 則是排放生成物至大氣中的絕熱膨脹。最後，返回的過程 da 在定壓下進行。如果工作氣體的特性形同理想氣體，試證明布雷頓循環的效率為 $e=1-\left(\frac{P_b}{P_b}\right)^{\frac{1-\gamma}{\gamma}}$。

79. 熱力學過程不但可以在 *PV* 和 *PT* 圖上表示，也可以在 *TS* (溫度－熵) 圖上改用另一種有用的方法。(a) 試繪出卡諾循環的 *TS* 圖。(b) 曲線內部的面積代表何種意義？

80. 一個鋁罐 (可忽略其熱容量) 裝有 450 g 且溫度為 0°C 的水，與另一個裝有 450 g 且溫度為 50°C 的水之類似的罐子作熱接觸。若它們與環境沒有熱交換，試求系統熵的變化。利用 $\Delta S=\int dQ/T$。

81. 除濕機基本上是"打開門的冰箱"。風扇將潮濕的空氣抽入並且導引至冷旋管，其溫度低於露點，因而使空氣中部分的水凝結。將這些水抽取之後，再將空氣加溫至原來的溫度並且送回房間。在精心設計的除濕機中，熱在進與出的空氣之間作熱交換。因此，由旋管移除的熱主要是來自於水蒸氣凝結為水的過程。試估計理想除濕機在 1.0 小時之內可以移除多少的水。已知室溫為 25°C、水於 8°C 時凝結，並且除濕機使用 650 W 的電功率。

***82.** 一個碗中裝有許多紅、橙和綠色的軟糖。欲用三顆軟糖排成一直線。(a) 試列表說明與每一個巨觀態對應的微觀態數目。再求 (b) 三顆糖都是紅色，與 (c) 兩顆綠色和一顆橙色的機率。

*數值／計算機

***83.** (II) 在低溫下，鑽石的比熱依德拜方程式 $C_V=1.88\times10^3\,(T/T_D)^3\ \mathrm{J\cdot mol^{-1}\cdot K^{-1}}$ 隨絕對溫度 T 而變化，其中鑽石的德拜溫度為 $T_D=2230$ K。利用試算表和數值積分，求 1.00 莫耳的鑽石在定容下從 4 K 加熱至 40 K 的熵變化。你的結果應該與對 *dS* 的表示式積分所得到的結果相差在 2% 之內。[提示：$dS=nC_V\,dT/T$，其中 n 為莫耳數。]

練習題答案

A: 否。效率對單一過程而言是無意義的。其定義 [(20-1) 式] 只是針對回到初始狀態的循環過程。

B: (d)。

C: (c)。

D: 1220 J/K；−1220 J/K。(注意，總熵的變化 $\Delta S_{\rm ice}+\Delta S_{\rm res}$ 為零。)

E: (e)。

數學公式

A-1 二次公式

若 $ax^2 + bx + c = 0$

則 $x = \dfrac{-b \pm \sqrt{b^2 - 4ac}}{2a}$

A-2 二項展開式

$$(1 \pm x)^n = 1 \pm nx + \frac{n(n-1)}{2!}x^2 \pm \frac{n(n-1)(n-2)}{3!}x^3 + \cdots$$

$$(x+y)^n = x^n\left(1+\frac{y}{x}\right)^n = x^n\left(1+n\frac{y}{x}+\frac{n(n-1)}{2!}\frac{y^2}{x^2}+\cdots\right)$$

A-3 其他的展開式

$$e^x = 1 + x + \frac{x^2}{2!} + \frac{x^3}{3!} + \cdots$$

$$\ln(1+x) = x - \frac{x^2}{2} + \frac{x^3}{3} - \frac{x^4}{4} + \cdots$$

$$\sin\theta = \theta - \frac{\theta^3}{3!} + \frac{\theta^5}{5!} - \cdots$$

$$\cos\theta = 1 - \frac{\theta^2}{2!} + \frac{\theta^4}{4!} - \cdots$$

$$\tan\theta = \theta + \frac{\theta^3}{3!} + \frac{2}{15}\theta^5 + \cdots \quad |\theta| < \frac{\pi}{2}$$

一般而言：$f(x) = f(0) + \left(\dfrac{df}{dx}\right)_0 x + \left(\dfrac{d^2f}{dx^2}\right)_0 \dfrac{x^2}{2!} + \cdots$

A-4 指數

$$(a^n)(a^m) = a^{n+m} \qquad \frac{1}{a^n} = a^{-n}$$

$$(a^n)(b^n) = (ab)^n \qquad a^n a^{-n} = a^0 = 1$$

$$(a^n)^m = a^{nm} \qquad a^{\frac{1}{2}} = \sqrt{a}$$

A-5 面積與體積

物 體	表面積	體 積
圓，半徑 r	πr^2	—
球，半徑 r	$4\pi r^2$	$\frac{4}{3}\pi r^3$
直立圓柱，半徑 r，高度 h	$2\pi r^2 + 2\pi rh$	$\pi r^2 h$
直立圓錐，半徑 r，高度 h	$\pi r^2 + \pi r\sqrt{r^2 + h^2}$	$\frac{1}{3}\pi r^2 h$

A-6 平面幾何

1. 相等的角度：

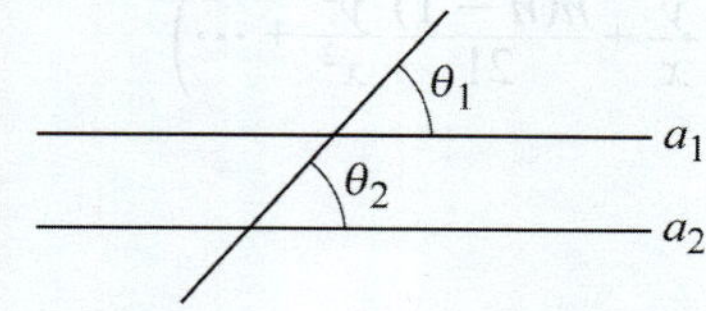

圖 A-1 若直線 a_1 與 a_2 平行，則 $\theta_1 = \theta_2$。

2. 相等的角度：

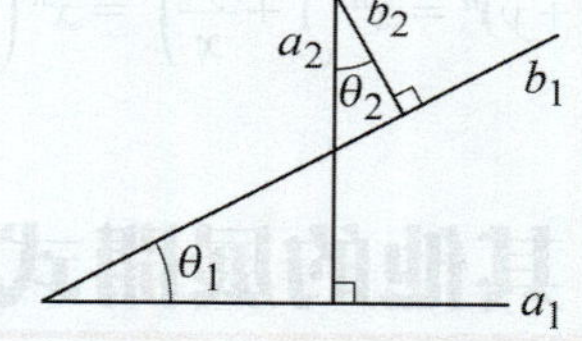

圖 A-2 若 $a_1 \perp a_2$ 且 $b_1 \perp b_2$，則 $\theta_1 = \theta_2$。

3. 任何一個三角形中的角度總和為 180°。

4. 畢氏定理：

在一個邊長為 a、b 與 c 的任何直角三角形中：

$$a^2 + b^2 = c^2$$

其中 c 為斜邊之長度。

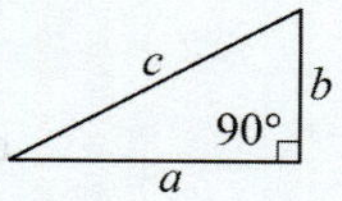

圖 A-3

5. 相似三角形：假如兩個三角形的三個角度均相等 (圖 A-4 中，$\theta_1 = \phi_1$，$\theta_2 = \phi_2$ 且 $\theta_3 = \phi_3$)，則兩個三角形稱為相似三角形。相似三角形可能具有不同的大小與不同的方向。

(a)兩個三角形中如果其中有任何兩個角度相等，則兩個三角形為相似。(這是因為三角形的所有角度之總和為 180°，所以第三個角必定也相等。)

(b)兩個相似三角形相對應各邊之比相等 (圖 A-4)

$$\frac{a_1}{b_1}=\frac{a_2}{b_2}=\frac{a_3}{b_3}$$

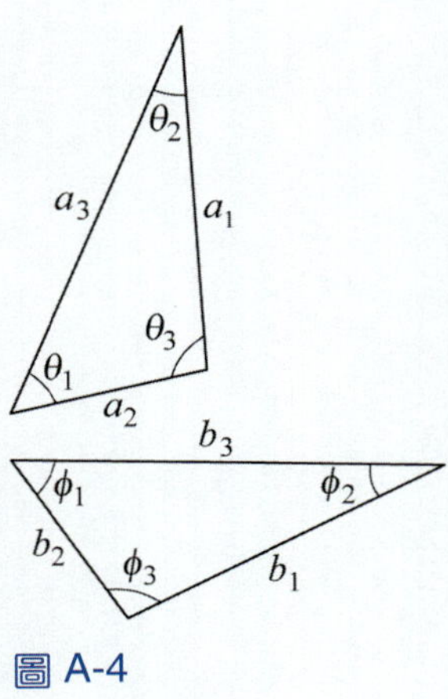

圖 A-4

6. 全等三角形：如果一個三角形正好可以置於另一個的上方而疊和，則這兩個三角形就是全等的。亦即，它們是相似三角形，並且具有同樣的大小。假如以下條件的其中之一成立，兩個三角形就是全等

(a)三個相對應的邊相等。

(b)兩個邊以及其所夾的角相等(“邊－角－邊”)。

(c)兩個角以及其共用的邊相等(“角－邊－角”)。

A-7 對數

對數是用以下的方式定義的

若 $y = A^x$，則 $x = \log_A y$。

亦即，y 以 A 為底的對數若作為 A 的乘冪時，其結果會恢復為 y。就常用對數而言，其底為 10，因此

若 $y = 10^x$，則 $x = \log y$。

當討論常用對數時，寫在 $\log_{10}$ 下面的 10 通常都予以省略。另一個重要的底數就是指數的底 $e=2.718\cdots$，它是一個自然的數字。這類的對數稱為自然對數，並且寫成 ln。因此

若 $y = e^x$，則 $x = \ln y$。

對任一數目 y 而言，這兩類對數之間的關係為

$$\ln y = 2.3026 \log y$$

以下是一些簡單的對數定則

$$\log(ab) = \log a + \log b \tag{i}$$

這是因為若 $a=10^n$ 且 $b=10^m$，則 $ab=10^{m+n}$。由對數的定義，$\log a=n$，$\log b=m$，且 $\log(ab)=n+m$；因此，$\log(ab)=n+m=\log a+\log b$。依類似的方式，我們可以證明

$$\log\left(\frac{a}{b}\right) = \log a - \log b \qquad \textbf{(ii)}$$

以及

$$\log a^n = n \log a \qquad \textbf{(iii)}$$

這三個定則可以適用於任何類型的對數。

如果你沒有可計算對數的計算機，你可以利用像是表 A-1 中的對數表：我們要求出其對數的數字 N 為兩位數。第一位數位於左側的行中，而第二位數則位於上方的列中。例如，表 A-1 告訴我們 log 1.0 = 0.000，log 1.1 = 0.041，且 log 4.1 = 0.613。表 A-1 並未包含小數點，並且只提供 1.0 與 9.9 之間之數字的對數。對於較大或較小之數字，我們可利用上述的定則 (i)，$\log(ab) = \log a + \log b$。例如，$\log(380) = \log(3.8\times10^2) = \log(3.8) + \log(10^2)$。

由表中可知，log 3.8 = 0.580；並且由定則 (iii)，$\log(10^2) = 2\log(10) = 2$，這是因為 log (10) = 1。[這是依循對數的定義：若 $10 = 10^1$，則 1 = log (10)。] 因此

$$\begin{aligned}\log(380) &= \log(3.8) + \log(10^2)\\ &= 0.580 + 2\\ &= 2.580。\end{aligned}$$

同樣的

$$\begin{aligned}\log(0.081) &= \log(8.1) + \log(10^{-2})\\ &= 0.908 - 2 = -1.092。\end{aligned}$$

要求出其對數為——如 2.670——之數字的反向過程稱為“取反對數”。為此，我們將 2.670 依小數點分成兩個部分

$$\begin{aligned}\log N &= 2.670 = 2 + 0.670\\ &= \log 10^2 + 0.670。\end{aligned}$$

我們現在由表 A-1 中尋找哪一個數字的對數等於 0.670，結果一個也沒有，所以我們必須使用內插法：我們看到 log 4.6 = 0.663 且 log 4.7 = 0.672。因使我們要找的數字是介於 4.6 與 4.7 之間，並且較接近後者 7/9 倍。大致上，我們可以說 log 4.68 = 0.670。因此

$$\begin{aligned}\log N &= 2 + 0.670\\ &= \log(10^2) + \log(4.68) = \log(4.68\times10^2)\end{aligned}$$

故 $N = 4.68 \times 10^2 = 468$。

假如已知的對數為負值，比如 − 2.180，則我們的步驟為

$$\begin{aligned}\log N &= -2.180 = -3 + 0.820 \\ &= \log 10^{-3} + \log 6.6 = \log 6.6 \times 10^{-3}\end{aligned}$$

故 $N = 6.6 \times 10^{-3}$。注意，我們將已知的對數加上次一個最大的整數 (本例中為 3)，使其成為一個整數再加上一個其反對數值可以在表中查到的 0 與 1.0 之間的小數。

表 A-1　常用對數簡表

N	0.0	0.1	0.2	0.3	0.4	0.5	0.6	0.7	0.8	0.9
1	000	041	079	114	146	176	204	230	255	279
2	301	322	342	362	380	398	415	431	447	462
3	477	491	505	519	531	544	556	568	580	591
4	602	613	623	633	643	653	663	672	681	690
5	699	708	716	724	732	740	748	756	763	771
6	778	785	792	799	806	813	820	826	833	839
7	845	851	857	863	869	875	881	886	892	898
8	903	908	914	919	924	929	935	940	944	949
9	954	959	964	968	973	978	982	987	991	996

A-8　向量

向量加法在第 3-2 至 3-5 節中討論。

向量乘法在第 3-3、7-2 與 11-2 節中討論。

A-9　三角函數與恆等式

三角函數的定義如下 (見圖 A-5，o = 對邊，a = 鄰邊，h = 斜邊。其數值列於表 A-2 中)

$$\sin\theta = \frac{o}{h} \qquad \csc\theta = \frac{1}{\sin\theta} = \frac{h}{o}$$

$$\cos\theta = \frac{a}{h} \qquad \sec\theta = \frac{1}{\cos\theta} = \frac{h}{a}$$

$$\tan\theta = \frac{o}{a} = \frac{\sin\theta}{\cos\theta} \qquad \cot\theta = \frac{1}{\tan\theta} = \frac{a}{o}$$

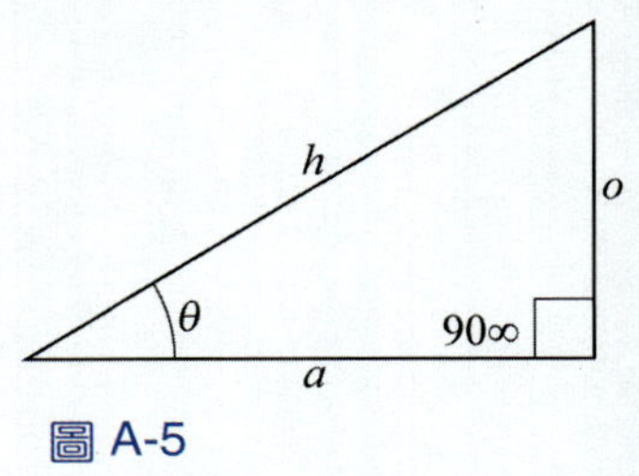

圖 A-5

並且回想

$$a^2 + o^2 = h^2 \qquad \text{[畢氏定理]}$$

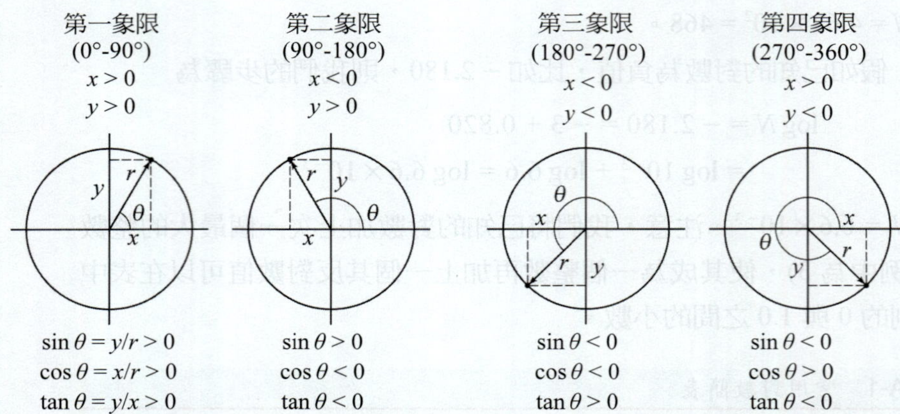

圖 A-6

圖 A-6 中說明了在四個象限中 (0°-360°) 的角度 θ 其正弦、餘弦與正切之符號 (+ 或 −)。其中須注意角度是由 x 軸朝逆時針方向測量；負的角度是由 x 軸下方朝順時針方向測量：例如，$-30° = +330°$。

以下是三角函數之中一些有用的恆等式

$$\sin^2\theta + \cos^2\theta = 1$$

$$\sec^2\theta - \tan^2\theta = 1，\csc^2\theta - \cot^2\theta = 1$$

$$\sin 2\theta = 2\sin\theta\cos\theta$$

$$\cos 2\theta = \cos^2\theta - \sin^2\theta = 2\cos^2\theta - 1 = 1 - 2\sin^2\theta$$

$$\tan 2\theta = \frac{2\tan\theta}{1-\tan^2\theta}$$

$$\sin(A \pm B) = \sin A\cos B \pm \cos A\sin B$$

$$\cos(A \pm B) = \cos A\cos B \mp \sin A\sin B$$

$$\tan(A \pm B) = \frac{\tan A \pm \tan B}{1 \mp \tan A\tan B}。$$

$$\sin(180° - \theta) = \sin\theta$$

$$\cos(180° - \theta) = -\cos\theta$$

$$\sin(90° - \theta) = \cos\theta$$

$$\cos(90° - \theta) = \sin\theta$$

$$\sin(-\theta) = -\sin\theta$$

$$\cos(-\theta) = \cos\theta$$

$$\tan(-\theta) = -\tan\theta$$

$$\sin\frac{1}{2}\theta = \sqrt{\frac{1-\cos\theta}{2}}，\cos\frac{1}{2}\theta = \sqrt{\frac{1+\cos\theta}{2}}，\tan\frac{1}{2}\theta = \sqrt{\frac{1-\cos\theta}{1+\cos\theta}}$$

$$\sin A \pm \sin B = 2\sin\left(\frac{A \pm B}{2}\right)\cos\left(\frac{A \mp B}{2}\right)。$$

對任何三角形 (見圖 A-7)

$$\frac{\sin\alpha}{a}=\frac{\sin\beta}{b}=\frac{\sin\gamma}{c} \qquad \text{[正弦定律]}$$

$$c^2=a^2+b^2-2ab\cos\gamma \text{。} \qquad \text{[餘弦定律]}$$

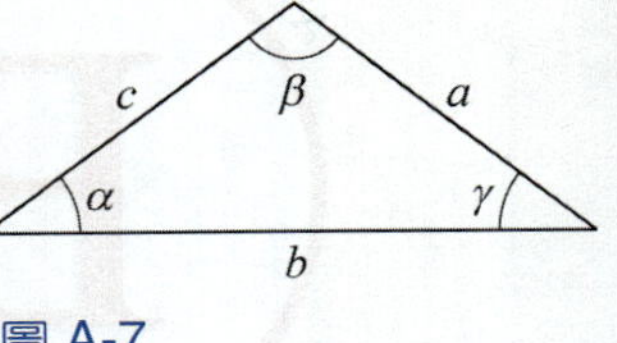

圖 A-7

表 A-2 中列有正弦、餘弦與正切函數值。

表 A-2　三角函數表：Sin、Cos、Tan 之數值

角度 (°)	角度 (rad)	Sine	Cosine	Tangent	角度(°)	角度 (rad)	Sine	Cosine	Tangent
0°	0.000	0.000	1.000	0.000					
1°	0.017	0.017	1.000	0.017	46°	0.803	0.719	0.695	1.036
2°	0.035	0.035	0.999	0.035	47°	0.820	0.731	0.682	1.072
3°	0.052	0.052	0.999	0.052	48°	0.838	0.743	0.669	1.111
4°	0.070	0.070	0.998	0.070	49°	0.855	0.755	0.656	1.150
5°	0.087	0.087	0.996	0.087	50°	0.873	0.766	0.643	1.192
6°	0.105	0.105	0.995	0.105	51°	0.890	0.777	0.629	1.235
7°	0.122	0.122	0.993	0.123	52°	0.908	0.788	0.616	1.280
8°	0.140	0.139	0.990	0.141	53°	0.925	0.799	0.602	1.327
9°	0.157	0.156	0.988	0.158	54°	0.942	0.809	0.588	1.376
10°	0.175	0.174	0.985	0.176	55°	0.960	0.819	0.574	1.428
11°	0.192	0.191	0.982	0.194	56°	0.977	0.829	0.559	1.483
12°	0.209	0.208	0.978	0.213	57°	0.995	0.839	0.545	1.540
13°	0.227	0.225	0.974	0.231	58°	1.012	0.848	0.530	1.600
14°	0.244	0.242	0.970	0.249	59°	1.030	0.857	0.515	1.664
15°	0.262	0.259	0.966	0.268	60°	1.047	0.866	0.500	1.732
16°	0.279	0.276	0.961	0.287	61°	1.065	0.875	0.485	1.804
17°	0.297	0.292	0.956	0.306	62°	1.082	0.883	0.469	1.881
18°	0.314	0.309	0.951	0.325	63°	1.100	0.891	0.454	1.963
19°	0.332	0.326	0.946	0.344	64°	1.117	0.899	0.438	2.050
20°	0.349	0.342	0.940	0.364	65°	1.134	0.906	0.423	2.145
21°	0.367	0.358	0.934	0.384	66°	1.152	0.914	0.407	2.246
22°	0.384	0.375	0.927	0.404	67°	1.169	0.921	0.391	2.356
23°	0.401	0.391	0.921	0.424	68°	1.187	0.927	0.375	2.475
24°	0.149	0.407	0.914	0.445	69°	1.204	0.934	0.358	2.605
25°	0.436	0.423	0.906	0.466	70°	1.222	0.940	0.342	2.747
26°	0.454	0.438	0.899	0.488	71°	1.239	0.946	0.326	2.904
27°	0.471	0.454	0.891	0.510	72°	1.257	0.951	0.309	3.078
28°	0.489	0.469	0.883	0.532	73°	1.274	0.956	0.292	3.271
29°	0.506	0.485	0.875	0.554	74°	1.292	0.961	0.276	3.487
30°	0.524	0.500	0.866	0.577	75°	1.309	0.966	0.259	3.732
31°	0.541	0.515	0.857	0.601	76°	1.326	0.970	0.242	4.011
32°	0.559	0.530	0.848	0.625	77°	1.344	0.974	0.225	4.331
33°	0.576	0.545	0.839	0.649	78°	1.361	0.978	0.208	4.705
34°	0.593	0.559	0.829	0.675	79°	1.379	0.982	0.191	5.145
35°	0.611	0.574	0.819	0.700	80°	1.396	0.985	0.174	5.671
36°	0.628	0.588	0.809	0.727	81°	1.414	0.988	0.156	6.314
37°	0.646	0.602	0.799	0.754	82°	1.431	0.990	0.139	7.115
38°	0.663	0.616	0.788	0.781	83°	1.449	0.993	0.122	8.144
39°	0.681	0.629	0.777	0.810	84°	1.466	0.995	0.105	9.514
40°	0.698	0.643	0.766	0.839	85°	1.484	0.996	0.087	11.43
41°	0.716	0.656	0.755	0.869	86°	1.501	0.998	0.070	14.301
42°	0.733	0.669	0.743	0.900	87°	1.518	0.999	0.052	19.081
43°	0.750	0.682	0.731	0.933	88°	1.536	0.999	0.035	28.636
44°	0.768	0.695	0.719	0.966	89°	1.553	1.000	0.017	57.290
45°	0.785	0.707	0.707	1.000	90°	1.571	1.000	0.000	∞

APPENDIX

B 導數與積分

B-1 導數：一般的法則

(亦可參閱第 2-3 節)

$$\frac{dx}{dx} = 1$$

$$\frac{d}{dx}[af(x)] = a\frac{df}{dx} \quad (a = \text{常數})$$

$$\frac{d}{dx}[f(x)+g(x)] = \frac{df}{dx}+\frac{dg}{dx}$$

$$\frac{d}{dx}[f(x)\,g(x)] = \frac{df}{dx}g+f\frac{dg}{dx}$$

$$\frac{d}{dx}[f(y)] = \frac{df}{dy}\frac{dy}{dx} \quad [\text{鏈鎖法則}]$$

$$\frac{dx}{dy} = \frac{1}{\left(\frac{dy}{dx}\right)}\text{，若}\frac{dy}{dx}\neq 0\text{。}$$

B-2 導數：特殊函數

$$\frac{da}{dx} = 0 \quad (a = \text{常數})$$

$$\frac{d}{dx}x^n = nx^{n-1}$$

$$\frac{d}{dx}\sin ax = a\cos ax$$

$$\frac{d}{dx}\cos ax = -a\sin ax$$

$$\frac{d}{dx}\tan ax = a\sec^2 ax$$

$$\frac{d}{dx}\ln ax = \frac{1}{x}$$

$$\frac{d}{dx}e^{ax} = ae^{ax}$$

B-3 不定積分：一般的法則

(亦可參閱第 7-3 節)

$$\int dx = x$$

$$\int af(x)\,dx = a\int f(x)\,dx \quad (a = \text{常數})$$

$$\int [f(x)+g(x)]\,dx = \int f(x)\,dx + \int g(x)\,dx$$

$$\int u\,dv = uv - \int v\,du \quad (\text{分部積分})$$

B-4 不定積分：特殊函數

(各個方程式的右邊可以加上一個任意常數)

$$\int a\,dx = ax \quad (a = \text{常數})$$

$$\int x^m\,dx = \frac{1}{m+1}x^{m+1} \quad (m \neq -1)$$

$$\int \sin ax\,dx = -\frac{1}{a}\cos ax$$

$$\int \cos ax\,dx = \frac{1}{a}\sin ax$$

$$\int \tan ax\,dx = \frac{1}{a}\ln|\sec ax|$$

$$\int \frac{1}{x}\,dx = \ln x$$

$$\int e^{ax}\,dx = \frac{1}{a}e^{ax}$$

$$\int \frac{dx}{x^2+a^2} = \frac{1}{a}\tan^{-1}\frac{x}{a}$$

$$\int \frac{dx}{x^2-a^2} = \frac{1}{2a}\ln\left(\frac{x-a}{x+a}\right) \quad (x^2 > a^2)$$

$$= -\frac{1}{2a}\ln\left(\frac{a+x}{a-x}\right) \quad (x^2 < a^2)$$

$$\int \frac{dx}{\sqrt{x^2 \pm a^2}} = \ln\left(x + \sqrt{x^2 \pm a^2}\right)$$

$$\int \frac{dx}{\sqrt{a^2 - x^2}} = \sin^{-1}\left(\frac{x}{a}\right) = -\cos^{-1}\left(\frac{x}{a}\right)，若 x^2 \le a^2$$

$$\int \frac{dx}{(x^2 \pm a^2)^{\frac{3}{2}}} = \frac{\pm x}{a^2\sqrt{x^2 \pm a^2}}$$

$$\int \frac{x\,dx}{(x^2 \pm a^2)^{\frac{3}{2}}} = \frac{-1}{\sqrt{x^2 \pm a^2}}$$

$$\int \sin^2 ax\,dx = \frac{x}{2} - \frac{\sin 2ax}{4a}$$

$$\int e^{-ax}\,dx = -\frac{e^{-ax}}{a^2}(ax+1)$$

$$\int x^2 e^{-ax}\,dx = -\frac{e^{-ax}}{a^3}(a^2x^2 + 2ax + 2)$$

B-5 一些定積分

$$\int_0^\infty x^n e^{-ax}\,dx = \frac{n!}{a^{n+1}} \qquad \int_0^\infty x^2 e^{-ax^2}\,dx = \sqrt{\frac{\pi}{16a^3}}$$

$$\int_0^\infty e^{-ax^2}\,dx = \sqrt{\frac{\pi}{4a}} \qquad \int_0^\infty x^3 e^{-ax^2}\,dx = \frac{1}{2a^2}$$

$$\int_0^\infty x e^{-ax^2}\,dx = \frac{1}{2a} \qquad \int_0^\infty x^{2n} e^{-ax^2}\,dx = \frac{1 \cdot 3 \cdot 5 \cdots (2n-1)}{2^{n+1}a^n}\sqrt{\frac{\pi}{a}}$$

因次分析的補述

因次分析 (第 1-7 節) 一個重要的用途就是獲得方程式的形式：一個量如何地與其他的量相關。為了舉一個具體的實例，我們試著求單擺之週期 T 的表示式。首先，我們先想出 T 與哪些量有關，並且將這些變數列出一個名單。它可能依其長度 ℓ、擺錘之質量 m、擺動的角度 θ，以及重力加速度 g 而定。它還可能與空氣阻力 (空氣的黏性)、月球的引力等等有關。但是日常生活經驗告訴我們，地球的重力才是其中最主要的力，因此我們忽略其他可能的作用力。我們假設 T 為 ℓ、m、θ 與 g 之函數，而且這些因數都以某個乘冪呈現

$$T = C\ell^{w} m^{x} \theta^{y} g^{z}$$

其中 C 是一個無因次的常數，而 w、x、y 與 z 則是我們要解出的乘冪。我們現在寫出此一關係式的因次方程式 (第 1-7 節)

$$[T] = [L]^{w}[M]^{x}[L/T^{2}]^{z}$$

因為 θ 沒有因次 [弧度是長度除以長度——見 (10-1a) 式]，所以它未出現在上式之中。將上式簡化，得到

$$[T] = [L]^{w+z}[M]^{x}[T]^{-2z}$$

為使等號兩側的因次一致，必須是

$$1 = -2z$$

$$0 = w + z$$

$$0 = x$$

我們解這些方程式，得到 $z = -\frac{1}{2}$、$w = \frac{1}{2}$ 與 $x = 0$。因此我們所要的方程式必定是

$$T = C\sqrt{\ell/g}\, f(\theta) \qquad \textbf{(C-1)}$$

其中 $f(\theta)$ 是一個無法利用這種技巧而求出的 θ 之函數。我們也不能以此種方式求出無因次的常數 C。(為了求得 C 與 f，我們必須就像第 14 章中利用牛頓定律進行分析，而得到當 θ 很小時，$C = 2\pi$ 且 $f \approx 1$)。但是我們目前已經求出的，只是利用了因次的一致性。我們曾求得在此狀況下單擺之週期與主要變數 ℓ 及 g 相關聯之表示式的形式 [見 (14-12) 式]，並且看見它與質量 m 無關。

我們是如何做到的？而這種技巧有多大的用處？基本上，我們必須利用直覺來判斷哪些變數是重要的，而哪些則否。不過，這始終不是一件容易的事情，並且往往需要有相當深入的理解。至於可用性，這個例子中最後的結果已經在第 14 章中由牛頓定律所求得。但是在許多的物理情況中，可能無法由其他的定律作這樣的推導。在那些情況中，因次方析可能是一個很有效的工具。

最後，利用因次分析 (或其他任何方法) 所導出的任何表示式都必須以實驗來核對。例如，在 (C-1) 式的推導過程中，我們可以將兩個具有不同擺長 ℓ_1 與 ℓ_2，而擺幅 (θ) 相同的兩個單擺之週期相比較。利用(C-1)式，我們得到

$$\frac{T_1}{T_2} = \frac{C\sqrt{\ell_1 / g}\, f(\theta)}{C\sqrt{\ell_2 / g}\, f(\theta)} = \sqrt{\frac{\ell_1}{\ell_2}}$$

由於這兩個單擺的 C 與 $f(\theta)$ 均相同，因此它們對消，所以我們可以由實驗判斷其週期之比是否隨著擺長的平方根之比而變化。至少在某種程度上，這種與實驗的比較可以檢驗我們的推導過程；而 C 與 $f(\theta)$ 可以藉由更進一步的實驗而求得。

由球形質量分佈所產生的萬有引力

在第 6 章中，我們曾經說明一個均勻球體所施加或對它作用的引力，其效應形同球體所有的質量都集中於其中心一般，如果另一個物體 (感受或施加此力) 是位於球體的外部。換言之，一個均勻球體對其外部一個質點所施加的引力為

$$F = G\frac{mM}{r^2} \qquad [m \text{ 位於質量為 } M \text{ 之球體外部}]$$

其中 m 為質點之質量，M 為球體之質量，而 r 為 m 距球體中心之距離。我們現在要推導這個結果，並且特別用極微小的量以及積分的觀念。

首先，我們考慮一個極薄的均勻球殼 (像是一個籃球)，其質量為 M，並且其厚度 t 遠小於半徑 R (圖 D-1)。作用在一個與球殼中心相距為 r 處之質點 m 上的力可以由計算球殼上所有的點對其所產生的作用力之向量和而求得。我們想像球殼被分成許多極細的環形帶，因而使帶上所有的點與質點 m 之間的距離均相等。這些環形帶的其中之一，標示為 AB，如圖 D-1 中所示。其寬度為 $R\,d\theta$，厚度為 t，並且半徑為 $R\sin\theta$。由位於 A 點處之帶上極小一部分對質點 m 所產生的作用力以向量 $\vec{\mathbf{F}}_A$ 表示。而沿著直徑與A點相對之B點處的極小一部

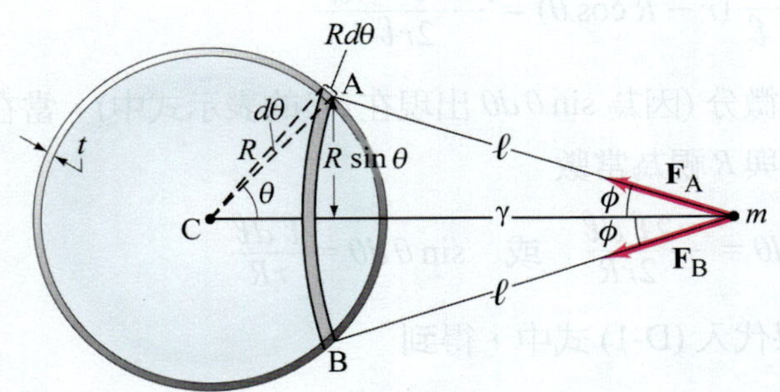

圖 D-1　計算由半徑為 R 且質量為 M 之均勻球殼對一質點 m 所產生之引力。

分所產生的作用力則是 $\vec{\mathbf{F}}_{\mathrm{B}}$。我們取 A 與 B 處兩部分的質量相等，所以 $F_{\mathrm{A}} = F_{\mathrm{B}}$。$\vec{\mathbf{F}}_{\mathrm{A}}$ 與 $\vec{\mathbf{F}}_{\mathrm{B}}$ 的水平分量皆等於 $F_{\mathrm{A}}\cos\phi$，並指向球殼的中心。而 $\vec{\mathbf{F}}_{\mathrm{A}}$ 與 $\vec{\mathbf{F}}_{\mathrm{B}}$ 的垂直分量則因大小相等且方向相反而抵消。由於帶上的每一點都有一個沿著直徑相對應的點 (例如 A 與 B)，因此整個帶所產生的淨力朝向球殼的中心，其大小為

$$dF = G\frac{m\,dM}{\ell^2}\cos\phi$$

其中 dM 為此環形帶之質量，且 ℓ 為帶上各點與 m 之間的距離，如圖中所示。我們將 dM 以密度 ρ 表示，而密度是指每單位體積之質量 (第 13-2 節)。因此，$dM=\rho dV$，其中 dV 為帶之體積，並且等於 $(2\pi R\sin\theta)(t)(R\,d\theta)$。所以此環形帶產生的作用力 dF 為

$$dF = G\frac{m\rho 2\pi R^2 t\sin\theta\,d\theta}{\ell^2}\cos\phi \tag{D-1}$$

為了求得整個球殼對質點 m 所施加的總力 F，我們必須在全部的環形帶上積分，也就是將

$$dF = G\frac{m\rho 2\pi R^2 t\sin\theta\,d\theta}{\ell^2}\cos\phi$$

由 $\theta=0°$ 積分至 $\theta=180°$。但是這個 dF 的表示式中含有 ℓ 與 ϕ，它們也是 θ 的函數。由圖 D-1，我們看到

$$\ell\cos\phi = r - R\cos\theta$$

此外，我們可以針對三角形 CmA 寫出餘弦定律

$$\cos\theta = \frac{r^2+R^2-\ell^2}{2rR} \tag{D-2}$$

利用這兩個式子，我們可以將三個變數 (ℓ,θ,ϕ) 減少為只有一個，而選定其為 ℓ，將 (D-2) 式代入 $\ell\cos\phi$ 的表示式中，得到

$$\cos\phi = \frac{1}{\ell}(r - R\cos\theta) = \frac{r^2+\ell^2-R^2}{2r\ell}$$

再將 (D-2) 式兩邊微分 (因為 $\sin\theta\,d\theta$ 出現在 dF 的表示式中)，當在帶上求總和時，將 r 與 R 視為常數

$$-\sin\theta\,d\theta = -\frac{2\ell\,d\ell}{2rR} \quad \text{或} \quad \sin\theta\,d\theta = \frac{\ell\,d\ell}{rR}$$

我們再將這些結果代入 (D-1) 式中，得到

$$dF = Gm\rho\pi t\,\frac{R}{r^2}\left(1 + \frac{r^2 - R^2}{\ell^2}\right)d\ell$$

現在我們積分以求取半徑為 R 之薄球殼上的淨力。為了在全部的帶上作積分 ($\theta = 0°$至 180°)，我們必須由 $\ell = r - R$ 至 $\ell = r + R$ (見圖 D-1)。因此，

$$F = Gm\rho\pi t\,\frac{R}{r^2}\left[\ell - \frac{r^2 - R^2}{\ell}\right]_{\ell = r - R}^{\ell = r + R}$$

$$= Gm\rho\pi t\,\frac{R}{r^2}(4R)$$

球殼的體積 V 為其面積 $(4\pi R^2)$ 乘以厚度 t。因此，質量為 $M = \rho V = \rho 4\pi R^2 t$，於是

$$F = G\frac{mM}{r^2} \qquad \left[\begin{array}{l}\text{位於質量為 } M \text{ 之均勻薄球殼}\\ \text{外部的質點 } m\end{array}\right]$$

這個結果告訴我們，一個薄球殼對於距離其中心為 r 處之外部質點 m 所施加的力。我們看到這與 m 和位於球殼中心之質點 M 之間的作用力相同。換言之，為了計算一個均勻球殼所施加或所受到的引力，我們可以將其全部的質量視為集中於其中心處。

我們針對球殼所導出的結果也能適用於實心的球體上，因為實心球體可以視為由 $R = 0$ 至 $R = R_0$ 的許多同心球殼所組成，其中 R_0 為實心球體之半徑。為什麼？因為如果各個球殼之質量為 dM，則對於每個球殼，我們可以寫出 $dF = GmdM/r^2$，其中 r 為中心 C 與 m 之間的距離，並且這對所有的球殼而言都是相同的。所以總力等於此式的積分，而 dM 之積分為其總質量 M。因此，結果為

$$F = G\frac{mM}{r^2} \qquad \left[\begin{array}{l}\text{位於質量為 } M \text{ 之實心球體}\\ \text{外部的質點 } m\end{array}\right] \qquad \textbf{(D-3)}$$

即使密度隨著距其中心的距離而變化，此一結果對於質量為 M 的實心球體而言依然適用。(假如每個球殼內的密度會變化，亦即密度不只與 R 有關，則此式就不能成立。) 因此，包括如地球、太陽與月球這些近似於球形物體在內的球體所施加或受到的引力，可以將物體視為形同一個質點。

(D-3) 式中的結果只有在質點 m 位於球體外部時才是正確的。接下來我們考慮質點 m 位於圖 D-1 之球殼內部的情形。這時，r 將小於 R，而積分則是由 $\ell = R - r$ 至 $\ell = R + r$，因此

$$\left[\ell - \frac{r^2 - R^2}{\ell}\right]_{R-r}^{R+r} = 0$$

所以球殼內部任何一個質點上的作用力為零。這個結果對於靜電力而言特別重要，它也是一個平方反比的定律。就引力的情況而言，我們看到一實心球體內部的點，比如說地表下方 1000 km 處，只有達到該距離以上的質量才會對淨力起作用。位於考慮中的點更外側的球殼不會產生淨引力效應。

此處我們所得到的結果也可以利用靜電學中高斯定律(第 22 章)的引力類比而求得。

馬克斯威爾方程式的微分形式

馬克斯威爾方程式可以寫成較 (31-5) 式更為方便的另一種形式。這些內容通常在較高階的課程中討論，此處只是為求完整而作簡單的介紹。

我們在此引用兩個定理，但並不作證明，它們在向量分析的教科書中會有詳細的推導。第一個稱為**高斯定理**或**散度定理**。它將任一向量函數 $\vec{\mathbf{F}}$ 在一個表面上的積分與其在該表面所包圍之體積上的體積分聯繫起來

$$\oint_{\text{面積 }A} \vec{\mathbf{F}} \cdot d\vec{\mathbf{A}} = \int_{\text{體積 }V} \vec{\nabla} \cdot \vec{\mathbf{F}}\, dV$$

其中 $\vec{\nabla}$ 是一個運算子，在笛卡爾座標中定義為

$$\vec{\nabla} = \hat{\mathbf{i}}\frac{\partial}{\partial x} + \hat{\mathbf{j}}\frac{\partial}{\partial y} + \hat{\mathbf{k}}\frac{\partial}{\partial z}$$

這個量

$$\vec{\nabla} \cdot \vec{\mathbf{F}} = \frac{\partial F_x}{\partial x} + \frac{\partial F_y}{\partial y} + \frac{\partial F_z}{\partial z}$$

稱為 $\vec{\mathbf{F}}$ 的**散度**。第二個定理是**史托克斯定理**，它將一向量環繞一封閉路徑的線積分與其在該路徑所包圍之表面上的面積分聯繫起來

$$\oint_{\text{線}} \vec{\mathbf{F}} \cdot d\vec{\ell} = \int_{\text{面積 }A} \vec{\nabla} \times \vec{\mathbf{F}} \cdot d\vec{\mathbf{A}}$$

$\vec{\nabla} \times \vec{\mathbf{F}}$ 這個量稱為 $\vec{\mathbf{F}}$ 的旋度。(參閱第 11-2 節，向量乘積。)

我們現在利用這兩個定理來求取自由空間中馬克斯威爾方程式的微分形式。我們將高斯定理應用於 (31-5a) 式 (高斯定律)

$$\oint_A \vec{\mathbf{E}} \cdot d\vec{\mathbf{A}} = \int \vec{\nabla} \cdot \vec{\mathbf{E}}\, dV = \frac{Q}{\epsilon_0}$$

現在電荷 Q 可以寫成電荷密度 ρ 的體積分：$Q = \int \rho dV$。因此

$$\int \vec{\nabla} \cdot \vec{\mathbf{E}}\, dV = \frac{1}{\epsilon_0} \int \rho\, dV$$

兩邊都含有在同一體積上的體積分，為使此式對任何體積均能成立，而無論其大小與形狀為何，其積分函數必須相等

$$\vec{\nabla} \cdot \vec{\mathbf{E}} = \frac{\rho}{\epsilon_0} \tag{E-1}$$

這是高斯定律的微分形式。馬克斯威爾方程式中的第二個，$\oint \vec{\mathbf{B}} \cdot d\vec{\mathbf{A}} = 0$，以相同的方式處理，我們得到

$$\vec{\nabla} \cdot \vec{\mathbf{B}} = 0 \tag{E-2}$$

接下來，我們將史托克斯定理應用於第三個馬克斯威爾方程式，

$$\oint \vec{\mathbf{E}} \cdot d\vec{\boldsymbol{\ell}} = \int \vec{\nabla} \times \vec{\mathbf{E}} \cdot d\vec{\mathbf{A}} = -\frac{d\Phi_B}{dt}$$

因為磁通量 $\Phi_B = \int \vec{\mathbf{B}} \cdot d\vec{\mathbf{A}}$，所以我們得到

$$\int \vec{\nabla} \times \vec{\mathbf{E}} \cdot d\vec{\mathbf{A}} = -\frac{\partial}{\partial t} \int \vec{\mathbf{B}} \cdot d\vec{\mathbf{A}}$$

其中，我們使用偏微分，$\partial \vec{\mathbf{B}} / \partial t$，這是因為 B 可能也與位置有關。這些都是在同一面積上所作的面積分，為使其對任何面積均能成立，必須是

$$\vec{\nabla} \times \vec{\mathbf{E}} = -\frac{\partial \vec{\mathbf{B}}}{\partial t} \tag{E-3}$$

這是第三個馬克斯威爾方程式的微分形式。接著討論最後一個馬克斯威爾方程式

$$\oint \vec{\mathbf{B}} \cdot d\vec{\boldsymbol{\ell}} = \mu_0 I + \mu_0 \epsilon_0 \frac{d\Phi_E}{dt}$$

我們應用史托克斯定理，並且寫出 $\Phi_E = \int \vec{\mathbf{E}} \cdot d\vec{\mathbf{A}}$

$$\int \vec{\nabla} \times \vec{\mathbf{B}} \cdot d\vec{\mathbf{A}} = \mu_0 I + \mu_0 \epsilon_0 \frac{\partial}{\partial t} \int \vec{\mathbf{E}} \cdot d\vec{\mathbf{A}}$$

利用 (25-12) 式，可以將傳導電流 I 以電流密度 $\vec{\mathbf{j}}$ 表示

$$I = \int \vec{\mathbf{j}} \cdot d\vec{\mathbf{A}}$$

於是，馬克斯威爾的第四個方程式變成

$$\int \vec{\nabla} \times \vec{\mathbf{B}} \cdot d\vec{\mathbf{A}} = \mu_0 \int \vec{\mathbf{j}} \cdot d\vec{\mathbf{A}} + \mu_0 \epsilon_0 \frac{\partial}{\partial t} \int \vec{\mathbf{E}} \cdot d\vec{\mathbf{A}}$$

為使此式對任何面積 A 均能成立，而不論其大小或形狀為何，方程式兩邊的積分函數必須相等

$$\vec{\nabla}\times\vec{\mathbf{B}}=\mu_0\vec{\mathbf{j}}+\mu_0\epsilon_0\frac{\partial\vec{\mathbf{E}}}{\partial t} \tag{E-4}$$

(E-1) 至 (E-4) 式為自由空間中馬克斯威爾方程式的微分形式。它們被歸納於表 E-1 中。

表 E-1　自由空間中的馬克斯威爾方程式*

積分形式	微分形式
$\oint\vec{\mathbf{E}}\cdot d\vec{\mathbf{A}}=\dfrac{Q}{\epsilon_0}$	$\vec{\nabla}\cdot\vec{\mathbf{E}}=\dfrac{\rho}{\epsilon_0}$
$\oint\vec{\mathbf{B}}\cdot d\vec{\mathbf{A}}=0$	$\vec{\nabla}\cdot\vec{\mathbf{B}}=0$
$\oint\vec{\mathbf{E}}\cdot d\vec{\boldsymbol{\ell}}=-\dfrac{d\Phi_B}{dt}$	$\vec{\nabla}\times\vec{\mathbf{E}}=-\dfrac{\partial\vec{\mathbf{B}}}{\partial t}$
$\oint\vec{\mathbf{B}}\cdot d\vec{\boldsymbol{\ell}}=\mu_0 I+\mu_0\epsilon_0\dfrac{d\Phi_E}{dt}$	$\vec{\nabla}\times\vec{\mathbf{B}}=\mu_0\vec{\mathbf{j}}+\mu_0\epsilon_0\dfrac{\partial\vec{\mathbf{E}}}{\partial t}$

* $\vec{\nabla}$ 代表笛卡爾座標中的運算子 $\vec{\nabla}=\hat{\mathbf{i}}\dfrac{\partial}{\partial x}+\hat{\mathbf{j}}\dfrac{\partial}{\partial y}+\hat{\mathbf{k}}\dfrac{\partial}{\partial z}$

經選擇的同位素

(1) 原子序 Z	(2) 元素	(3) 符號	(4) 質量數 A	(5) 原子質量*	(6) % 含量(或放射性衰變**模式)	(7) 半衰期 (若為放射性)
0	(中子)	n	1	1.008665	β^-	10.23 分
1	氫	H	1	1.007825	99.9885%	
	氘	d 或 D	2	2.014082	0.0115%	
	氚	t 或 T	3	3.016049	β^-	12.33 年
2	氦	He	3	3.016029	0.000137%	
			4	4.002603	99.999863%	
3	鋰	Li	6	6.015123	7.59%	
			7	7.016005	92.41%	
4	鈹	Be	7	7.016930	EC，γ	53.22 天
			9	9.012182	100%	
5	硼	B	10	10.012937	19.9%	
			11	11.009305	80.1%	
6	碳	C	11	11.011434	β^+，EC	20.39 分
			12	12.000000	98.93%	
			13	13.003355	1.07%	
			14	14.003242	β^-	5730 年
7	氮	N	13	13.005739	β^+，EC	9.965 分
			14	14.003074	99.632%	
			15	15.000109	0.368%	
8	氧	O	15	15.003066	β^+，EC	122.24 s
			16	15.994915	99.757%	
			18	17.999161	0.205%	
9	氟	F	19	18.998403	100%	
10	氖	Ne	20	19.992440	90.48%	
			22	21.991385	9.25%	
11	鈉	Na	22	21.994436	β^+，EC，γ	2.6027 年
			23	22.989769	100%	
			24	23.990963	β^-，γ	14.959 小時
12	鎂	Mg	24	23.985042	78.99%	
13	鋁	Al	27	26.981539	100%	
14	矽	Si	28	27.976927	92.2297%	
			31	30.975363	β^-，γ	157.3 分

* 第(5)行中所提供的是中性原子的質量，包括 Z 個電子。

** 第 41 章；EC＝電子捕獲。

(1) 原子序 *Z*	(2) 元素	(3) 符號	(4) 質量數 *A*	(5) 原子質量*	(6) %含量(或放射性衰變**模式)	(7) 半衰期 (若為放射性)
15	磷	P	31	30.973762	100%	
			32	31.973907	β^-	14.262 天
16	硫	S	32	31.972071	94.9%	
			35	34.969032	β^-	87.51 天
17	氯	Cl	35	34.968853	78.78%	
			37	36.965903	24.22%	
18	氬	Ar	40	39.962383	99.600%	
19	鉀	K	39	38.963707	93.258%	
			40	39.963998	0.0117%	
					β^-，EC，γ，β^+	1.248×10^9 年
20	鈣	Ca	40	39.962591	96.94%	
21	鈧	Sc	45	44.955912	100%	
22	鈦	Ti	48	47.947946	73.72%	
23	釩	V	51	50.943960	99.750%	
24	鉻	Cr	52	51.940508	83.789%	
25	錳	Mn	55	54.938045	100%	
26	鐵	Fe	56	55.934938	91.75%	
27	鈷	Co	59	58.933195	100%	
			60	59.933817	β^-，γ	5.2711 年
28	鎳	Ni	58	57.935343	68.077%	
			60	59.930786	26.223%	
29	銅	Cu	63	62.929598	69.17%	
			65	64.927790	30.83%	
30	鋅	Zn	64	63.929142	48.6%	
			66	65.926033	27.9%	
31	鎵	Ga	69	68.925574	60.108%	
32	鍺	Ge	72	71.922076	27.5%	
			74	73.921178	36.3%	
33	砷	As	75	74.921596	100%	
34	硒	Se	80	79.916521	49.6%	
35	溴	Br	79	78.918337	50.69%	
36	氪	Kr	84	83.911507	57.00%	
37	銣	Rb	85	84.911790	72.17%	
38	鍶	Sr	86	85.909260	9.86%	
			88	87.905612	82.58%	
			90	89.907738	β^-	28.79 年
39	釔	Y	89	88.905848	100%	
40	鋯	Zr	90	89.904704	51.4%	
41	鈮	Nb	93	92.906378	100%	
42	鉬	Mo	98	97.905408	24.1%	
43	鎝	Tc	98	97.907216	β^-，γ	4.2×10^6 年
44	釕	Ru	102	101.904349	31.55%	
45	銠	Rh	103	102.905504	100%	
46	鈀	Pd	106	105.903486	27.33%	
47	銀	Ag	107	106.905097	51.839%	
			109	108.904752	48.161%	

(1) 原子序 Z	(2) 元素	(3) 符號	(4) 質量數 A	(5) 原子質量*	(6) %含量(或放射性衰變**模式)	(7) 半衰期 (若為放射性)
48	鎘	Cd	114	113.903359	28.7%	
49	銦	In	115	114.903878	95.71%；β^-	4.41×10^{14}年
50	錫	Sn	120	119.902195	32.58%	
51	銻	Sb	121	120.903816	57.21%	
52	碲	Te	130	129.906224	34.1%；$\beta^-\beta^-$	$>7.9\times10^{22}$年
53	碘	I	127	126.904473	100%	
			131	130.906125	β^-，γ	8.0207天
54	氙	Xe	132	131.904154	26.89%	
			136	135.907219	8.87%；$\beta^-\beta^-$	$>3.6\times10^{20}$年
55	銫	Cs	133	132.905452	100%	
56	鋇	Ba	137	136.905827	11.232%	
			138	137.905247	71.70%	
57	鑭	La	139	138.906353	99.910%	
58	鈰	Ce	140	139.905439	88.45%	
59	鐠	Pr	141	140.907653	100%	
60	釹	Nd	142	141.907723	27.2%	
61	鉕	Pm	145	144.912749	EC，α	17.7年
62	釤	Sm	152	151.919732	26.75%	
63	銪	Eu	153	152.921230	52.19%	
64	釓	Gd	158	157.924104	24.84%	
65	鋱	Tb	159	158.925347	100%	
66	鏑	Dy	164	163.929175	28.2%	
67	鈥	Ho	165	164.930322	100%	
68	鉺	Er	166	165.930293	33.6%	
69	銩	Tm	169	168.934213	100%	
70	鐿	Yb	174	173.938862	31.8%	
71	鎦	Lu	175	174.940772	97.41%	
72	鉿	Hf	180	179.946550	35.08%	
73	鉭	Ta	181	180.947996	99.988%	
74	鎢	W	184	183.950931	30.64%；α	$>3\times10^{17}$年
75	錸	Re	187	186.955753	62.60%；β^-	4.35×10^{10}年
76	鋨	Os	191	190.960930	β^-，γ	15.4天
			192	191.961481	40.78%	
77	銥	Ir	191	190.960594	37.3%	
			193	192.962926	62.7%	
78	鉑	Pt	195	194.964791	33.832%	
79	金	Au	197	196.966569	100%	
80	汞	Hg	199	198.968280	16.87%	
			202	201.970643	29.9%	
81	鉈	Tl	205	204.974428	70.476%	
82	鉛	Pb	206	205.974465	24.1%	
			207	206.975897	22.1%	
			208	207.976652	52.4%	
			210	209.984188	β^-，γ，α	22.20年
			211	210.988737	β^-，γ	36.1分
			212	211.991898	β^-，γ	10.64小時
			214	213.999805	β^-，γ	26.8分

(1) 原子序 Z	(2) 元素	(3) 符號	(4) 質量數 A	(5) 原子質量*	(6) %含量(或放射性衰變**模式)	(7) 半衰期 (若為放射性)
83	鉍	Bi	209	208.980399	100%	
			211	210.987269	α，γ，β^-	2.14 分
84	釙	Po	210	209.982874	α，γ，EC	138.376 天
			214	213.995201	α，γ	164.3 μs
85	鉅	At	218	218.008694	α，β^-	1.5 s
86	氡	Rn	222	222.017578	α，γ	3.8235 天
87	鍅	Fr	223	223.019736	β^-，γ，α	22.00 分
88	鐳	Ra	226	226.025410	α，γ	1600 年
89	錒	Ac	227	227.027752	β^-，γ，α	21.772 年
90	釷	Th	228	228.028741	α，γ	19.116 年
			232	232.038055	100%；α，γ	1.405×10^{10} 年
91	鏷	Pa	231	231.035884	α，γ	3.276×10^{4} 年
92	鈾	U	232	232.037156	α，γ	68.9 年
			233	233.039635	α，γ	1.592×10^{5} 年
			235	235.043930	0.720%；α，γ	7.04×10^{8} 年
			236	236.045568	α，γ	2.342×10^{7} 年
			238	238.050788	99.274%；α，γ	4.468×10^{9} 年
			239	239.054293	β^-，γ	23.45 分
93	錼	Np	237	237.048173	α，γ	2.144×10^{6} 年
			239	239.052939	β^-，γ	2.356 天
94	鈽	Pu	239	239.052163	α，γ	24110 年
			244	244.064204	α	8.00×10^{7} 年
95	鋂	Am	243	243.061381	α，γ	7370 年
96	鋦	Cm	247	247.070354	α，γ	1.56×10^{7} 年
97	鉳	Bk	247	247.070307	α，γ	1380 年
98	鉲	Cf	251	251.079587	α，γ	898 年
99	鑀	Es	252	252.082980	α，EC，γ	471.7 天
100	鐨	Fm	257	257.095105	α，γ	100.5 天
101	鍆	Md	258	258.098431	α，γ	51.5 天
102	鍩	No	259	259.10103	α，EC	58 分
103	鐒	Lr	262	262.10963	α，EC，分裂	≈ 4 小時
104	鑪	Rf	263	263.11255	分裂	10 分
105	鉗	Db	262	262.11408	α，分裂，EC	35 s
106	鍗	Sg	266	266.12210	α，分裂	≈ 21 s
107	鈹	Bh	264	264.12460	α	≈ 0.44 s
108	鏍	Hs	269	2693.13406	α	≈ 10 s
109	鿏	Mt	268	268.13870	α	21 ms
110	鐽	Ds	271	271.14606	α	≈ 70 ms
111	錀	Rg	272	272.15360	α	3.8 ms
112		Uub	277	277.16394	α	≈ 0.7 ms

元素 113、114、115、116 與 118 已有初步的證據(未證實)報導。

奇數習題答案

第 1 章

1. (a) 1.4×10^{10}y；(b) 4.4×10^{17}s。

3. (a) 1.156×10^{0}；(b) 2.18×10^{1}；
(c) 6.8×10^{-3}；(d) 3.2865×10^{2}；
(e) 2.19×10^{-1}；(f) 4.44×10^{2}。

5. 4.6%。

7. 1.00×10^{5} s。

9. 0.24 rad。

11. (a) 0.2866 m；(b) 0.000085 V；
(c) 0.00076 kg；(d) 0.0000000000600 s；
(e) 0.000000000000225 m；
(f) 2500000000 V。

13. 5'10" = 1.8 m，165 lbs = 75.2 kg。

15. (a) $\frac{0.111\ \text{yd}^2}{1\ \text{ft}^2}$；(b) $\frac{10.8\ \text{ft}^2}{1\ \text{m}^2}$。

17. (a) 3.9×10^{-9} in.；(b) 1.0×10^{8} 原子。

19. (a) $\frac{0.621\ \text{mi/h}}{1\ \text{km/h}}$；(b) $\frac{3.28\ \text{ft}}{1\ \text{m/s}}$；
(c) $\frac{0.278\ \text{m/s}}{1\ \text{km/h}}$。

21. (a) 9.46×10^{15} m；(b) 6.31×10^{4} AU；
(c) 7.20 AU/h。

23. (a) 3.80×10^{13} m^2；(b) 13.4。

25. 6×10^{5} 本書。

27. 5×10^{4} L。

29. (a) 1800。

31. 5×10^{4} m。

33. 6.5×10^{6} m。

35. $[M/L^3]$。

37. (a) 不能；(b) 能；(c) 能。

39. (1×10^{-5})%，8 位有效數字。

41. (a) 3.16×10^{7} s；(b) 3.16×10^{16} ns；
(c) 3.17×10^{-8} y。

43. 2×10^{-4} m。

45. 1×10^{11} gal/y。

47. 9 cm/y。

49. 2×10^{9} kg/y。

51. 75 分。

53. 4×10^{5} 公噸，1×10^{8} gal。

55. 1×10^{3} 天。

57. 210 yd，190 m。

59. (a) 0.10 nm；(b) 1.0×10^{5} fm；
(c)1.0×10^{10} Å；(d)9.5×10^{25} Å。

61. (a) 3%，3%；(b) 0.7%，0.2%。

63. 8×10^{-2} m^3。

65. L/m，L/y，L。

67. (a) 13.4；(b) 49.3。

69. 4×10^{51} kg。

第 2 章

1. 61 m。

3. 0.65 cm/s，不能。

5. 300 m/s，每 3 秒 1 公里。

7. (a) 9.26 m/s；(b) 3.1 m/s。

9. (a) 0.3 m/s；(b) 1.2 m/s；(c) 0.30 m/s；
(d) 1.4 m/s；(e) − 0.95 m/s。

11. 2.0×10^{1} s。

13. (a) 5.4×10^{3} m；(b) 72 分。

15. (a) 61 km/h；(b) 0。

17. (a) 16 m/s；(b) +5 m/s。

19. 6.73 m/s。

21. 5 s。

23. (a) 48 s；(b) 90 s 至 108 s；
(c) 0 至 42 s，65 s 至 83 s，90 s 至 108 s；
(d) 65 s 至 83 s。

25. (a) 21.2 m/s；(b) 2.00 m/s^2。

27. 17.0 m/s^2。

29. (a) m/s，m/s^2；(b) $2B$ m/s^2；
(c) $(A+10B)$ m/s，$2B$ m/s^2；
(d) $A-3Bt^{-4}$。

31. 1.5 m/s^2，99 m。

33. 240 m/s^2。

35. 4.41 m/s^2，2.61 s。

37. 45.0 m。

39. (a) 560 m；(b) 47 s；(c) 23 m，21 m。

41. (a) 96 m；(b) 76 m。

43. 27 m/s。

45. 117 km/h。

47. 0.49 m/s^2。

49. 1.6 s。

51. (a) 20 m；(b) 4 s。

53. 1.16 s。

55. 5.18 s。

57. (a) 25 m/s；(b) 33 m；(c) 1.2 s；(d) 5.2 s。

59. (a) 14 m/s；(b) 第 5 樓。

61. 1.3 m。

63. 18.8 m/s，18.1 m。

65. 52 m。

67. 106 m。

69. (a) $\frac{g}{k}(1-e^{-kt})$；(b) $\frac{g}{k}$。

71. 6。

73. 1.3 m。

75. (b) 10 m；(c) 40 m。

77. 5.2×10^{-2} m/s^2。

79. 4.6 m/s 至 5.4 m/s，5.8 m/s 至 6.7 m/s，速度之範圍較小。

81. (a) 5.39 s；(b) 40.3 m/s；(c) 90.9 m。

83. (a) 8.7 分；(b) 7.3 分。

85. 2.3。

87. 停車。

89. 1.5 電線桿。

91. 0.44 m/min，2.9 漢堡／分。

93. (a) 在斜率相同之處；
(b) 腳踏車 A；
(c) 當兩條曲線相交時；第一次，B 超過 A；第二次，A 超過 B；
(d) 直到斜率相同之前為 B，此後為 A；
(e) 相同。

95. (c)

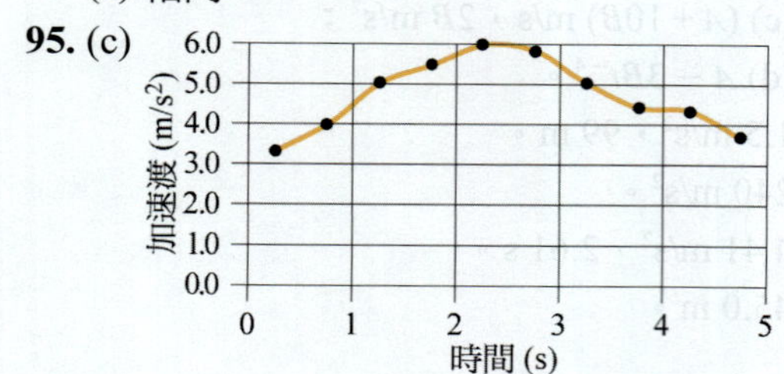

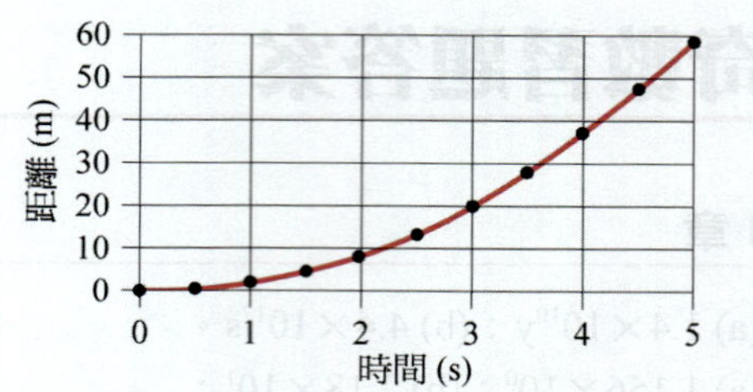

97. (b) 6.8 m。

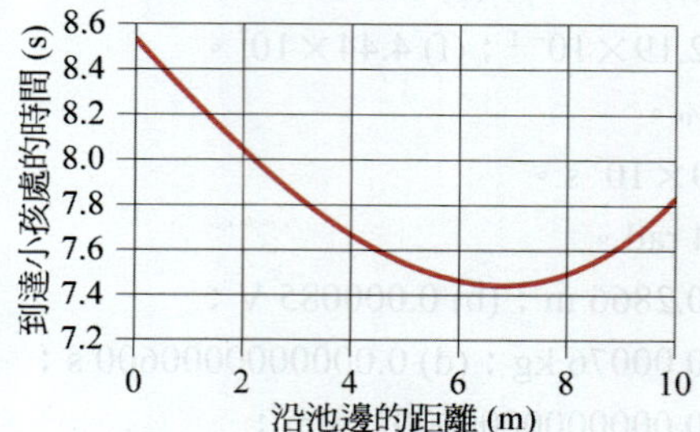

第 3 章

1. 286 km，西偏南 11°。

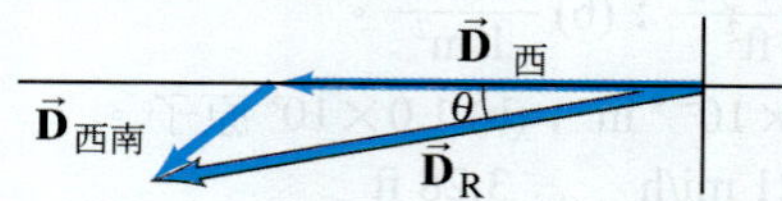

3. 10.1，−39.4°。

5. (a)

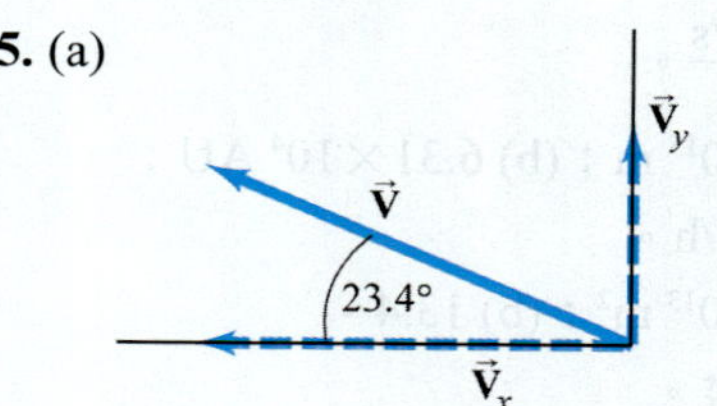

(b) −22.8，9.85；
(c) 24.8，−x 軸上方 23.4°。

7. (a) 625 km/h，553 km/h；
(b) 1560 km，1380 km。

9. (a) 4.2 朝 315°；
(b) $1.0\hat{\mathbf{i}}-5.0\hat{\mathbf{j}}$ 或 5.1 朝 280°。

11. (a) $-53.7\hat{\mathbf{i}}+1.31\hat{\mathbf{j}}$ 或 53.7 朝 −x 軸上方 1.4°。
(b) $53.7\hat{\mathbf{i}}-1.31\hat{\mathbf{j}}$ 或 53.7 朝 +x 軸下方 1.4°，它們是相反的。

13. (a) $-92.5\hat{\mathbf{i}}-19.4\hat{\mathbf{j}}$ 或 94.5 朝 −x 軸下方 11.8°。
(b) $122\hat{\mathbf{i}}-86.6\hat{\mathbf{j}}$ 或 150 朝 +x 軸上方 35.3°。

15. $(-2450\text{ m})\hat{\mathbf{i}}+(3870\text{ m})\hat{\mathbf{j}}+(2450\text{ m})\hat{\mathbf{k}}$，5190m。

17. $(9.60\hat{\mathbf{i}} - 2.00t\hat{\mathbf{k}})$ m/s，$(-2.00\hat{\mathbf{k}})$ m/s^2。

19. 拋物線。

21. (a) $4.0t$ m/s，$3.0t$ m/s；
(b) $5.0t$ m/s；
(c) $(2.0t^2\hat{\mathbf{i}} + 1.5t^2\hat{\mathbf{j}})$ m；
(d) $v_x = 8.0$ m/s，$v_y = 6.0$ m/s，$v = 10.0$ m/s，
$\vec{\mathbf{r}} = (8.0\hat{\mathbf{i}} + 6.0\hat{\mathbf{j}})$ m。

23. (a) $(3.16\hat{\mathbf{i}} + 2.78\hat{\mathbf{j}})$ cm/s。
(b) 4.21 cm/s 朝 41.3°。

25. (a) $(6.0t\,\hat{\mathbf{i}} - 18.0t^2\hat{\mathbf{j}})$ m/s，$(6.0\hat{\mathbf{i}} - 36.0t\,\hat{\mathbf{j}})$ m/s^2；
(b) $(19\hat{\mathbf{i}} - 94t\,\hat{\mathbf{j}})$ m，$(15\hat{\mathbf{i}} - 110\hat{\mathbf{j}})$ m/s。

27. 414 m 朝 −65.0°。

29. 44 m，6.9 m。

31. 18°，72°。

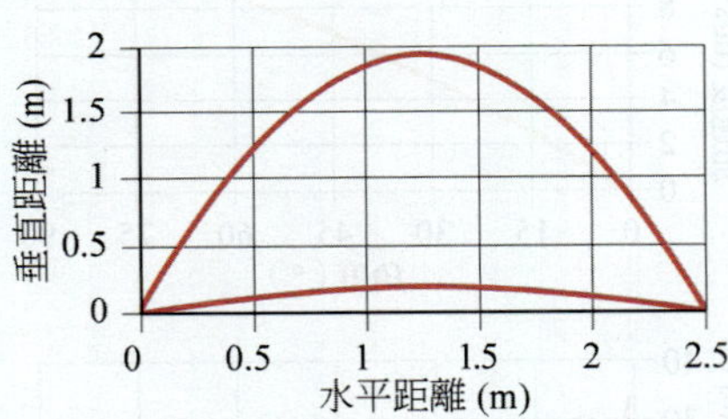

33. 2.26 s。

35. 22.3 m。

37. 39 m。

41. (a) 12 s；(b) 62 m。

43. 5.5 s。

45. (a) $(2.3\hat{\mathbf{i}} + 2.5\hat{\mathbf{j}})$ m/s；(b) 5.3 m；
(c) $(2.3\hat{\mathbf{i}} - 10.2\hat{\mathbf{j}})$ m/s。

47. 不會，低了 0.76 m；4.5 m 至 34.7 m。

51. $\tan^{-1} gt/v_0$。

53. (a) 50.0 m；(b) 6.39 s；(c) 221 m；
(d) 38.3 m/s 朝 25.7°。

55. $\frac{1}{2}\tan^{-1}\left(-\frac{1}{\tan\phi}\right) = \frac{\phi}{2} + \frac{\pi}{4}$。

57. $(10.5\text{ m/s})\,\hat{\mathbf{i}}$，$(6.5\text{ m/s})\,\hat{\mathbf{i}}$。

59. 1.41 m/s。

61. 23 s，23 m。

63. (a) 11.2 m/s，水平上方 27°；
(b) 11.2 m/s，水平下方 27°。

65. 南偏西 6.3°。

67. (a) 46 m；(b) 92 s。

69. (a) 1.13 m/s；(b) 3.20 m/s。

71. 東偏北 43.6°。

73. $(66\text{ m})\,\hat{\mathbf{i}} - (35\text{ m})\,\hat{\mathbf{j}} - (12\text{ m})\,\hat{\mathbf{k}}$，76 m，
東偏南 28°，水平下方 9°。

75. 131 km/h，東偏北 43.1°。

77. 7.0 m/s。

79. 1.8 m/s^2。

81. 1.9 m/s，2.7 s。

83. (a) $\frac{Dv}{(v^2 - u^2)}$；(b) $\frac{D}{\sqrt{v^2 - u^2}}$。

85. 54°。

87. $[(1.5\text{ m})\hat{\mathbf{i}} - (2.0t\text{ m})\hat{\mathbf{i}}]$
$+ [(-3.1\text{m})\hat{\mathbf{j}} + (1.75t^2\text{ m})\hat{\mathbf{j}}$，$(3.5\text{ m/s}^2)\hat{\mathbf{j}}$，
拋物線。

89. 以 24.9° 角朝上游划行，再沿著岸邊跑
104 m，總時間為 862 s。

91. 東偏北 69.9°。

93. (a) 13 m；(b)水平下方 31°。

95. 5.1 s。

97. (a) 13 m/s，12 m/s；
(b) 33 m。

99. (a) $x = (3.03t - 0.0265)$ m，3.03 m/s；
(b) $y = (0.158 - 0.855t + 6.09t^2)$ m，12.2 m/s^2。

第 4 章

1. 77 N。

3. (a) 6.7×10^2 N；(b) 1.2×10^2 N；
(c) 2.5×10^2 N；(d) 0。

5. 1.3×10^6 N，39%，1.3×10^6 N。

7. 2.1×10^2 N。

9. $m > 1.5$ kg。

11. 89.8 N。

13. 1.8 m/s^2，向上。

15. 以 $a \geq 2.2$ m/s^2 之加速度下降。

17. −2800 m/s^2，280 g's，1.9×10^5 N。

19. (a) 7.5 s，13 s，7.5 s；
(b) 12%，0%，−12%；
(c) 55%。

21. (a) 3.1 m/s^2；(b) 25 m/s；(c) 78 s。

23. 3.3×10^3 N。

25. (a) 150 N；(b) 14.5 m/s。

27. (a) 47.0 N；(b) 17.0 N；(c) 0。

29. (a) (b)

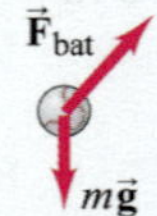

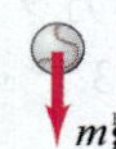

31. (a) 1.5 m；(b) 11.5 kN，不會。

33. (a) 31 N，63 N；(b) 35 N，71 N。

35. 6.3×10^3 N，8.4×10^3 N。

37. (a) 19.0 N 朝 237.5°，1.03 m/s² 朝 237.5°；(b) 14.0 N 朝 51.0°，0.758 m/s² 朝 51.0°。

39. $\frac{5}{2}\frac{F_0}{m}t_0^2$。

41. 4.0×10^2 m。

43. 12°。

45. (a) 9.9 N；(b) 260 N。

47. (a) $m_E g - F_T = m_E a$；$F_T - m_C g = m_C a$；(b) 0.68 m/s²，10500 N。

49. (a) 2.8 m；(b) 2.5 s。

51. (a)

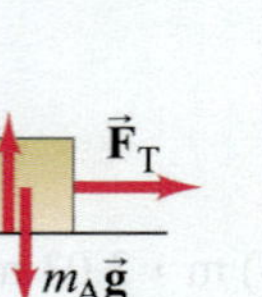

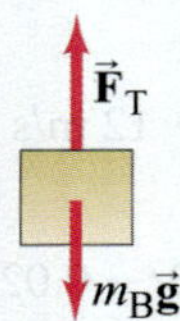

(b) $g\frac{m_B}{m_A+m_B}$，$g\frac{m_A m_B}{m_A+m_B}$。

53. $g\dfrac{m_B+\dfrac{\ell_B}{\ell_A+\ell_B}m_C}{m_A+m_B+m_C}$。

55. $(m+M)g\tan\theta$。

57. 1.52 m/s²，18.3 N，19.8 N。

59. $\dfrac{(m_A+m_B+m_C)m_B}{\sqrt{(m_A^2-m_B^2)}}g$。

61. (a) $\left(\frac{2y}{\ell}-1\right)g$；(b) $\sqrt{2gy_0\left(1-\frac{y_0}{\ell}\right)}$；(c) $\frac{2}{3}\sqrt{g\ell}$。

63. 6.3 N。

65. 2.0 s，沒有改變。

67. (a) $g\dfrac{(m_A\sin\theta-m_B)}{m_A+m_B}$；

(b) $m_A\sin\theta > m_B$ (m_A 沿斜面向下)，

$m_A\sin\theta < m_B$ (m_A 沿斜面向上)。

69. (a) $\dfrac{m_B\sin\theta_B - m_A\sin\theta_A}{m_A+m_B}g$；(b) 6.8 kg，26 N；(c) 0.74。

71. 9.9°。

73. (a) 41 $\frac{\text{N}}{\text{m/s}}$；(b) 1.4×10^2 N。

75. (a) $Mg/2$；(b) $Mg/2$，$Mg/2$，$3Mg/2$，Mg。

77. 8.7×10^2 N，水平上方 72°。

79. (a) 0.6 m/s²；(b) 1.5×10^5 N。

81. 1.76×10^4 N。

83. 3.8×10^2 N，7.6×10^2 N。

85. 3.4 m/s。

87. (a) 23 N；(b) 3.8 N。

89. (a) $g\sin\theta$，$\sqrt{\dfrac{2\ell}{g\sin\theta}}$，$\sqrt{2\ell g\sin\theta}$，$mg\cos\theta$；

(b)

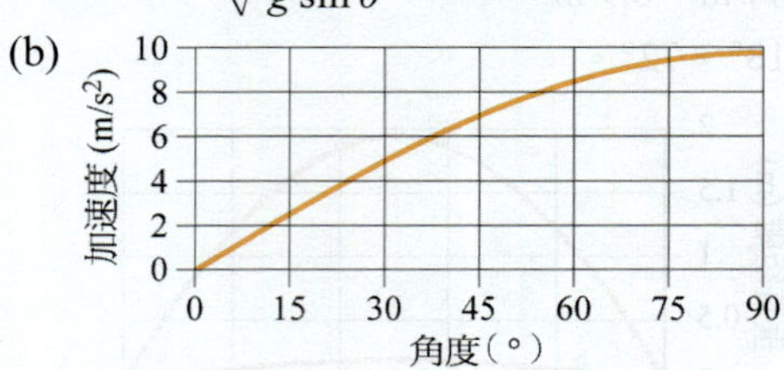

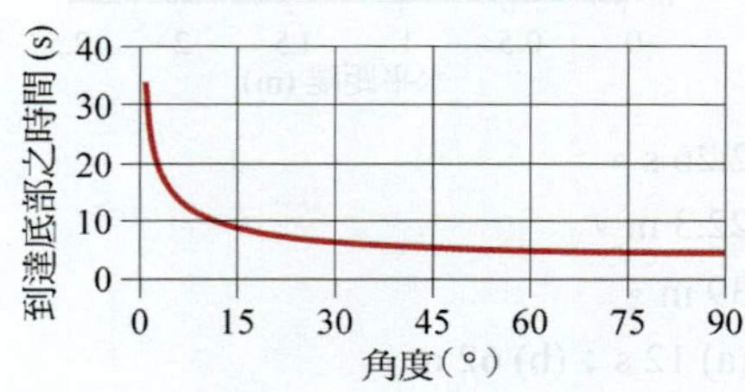

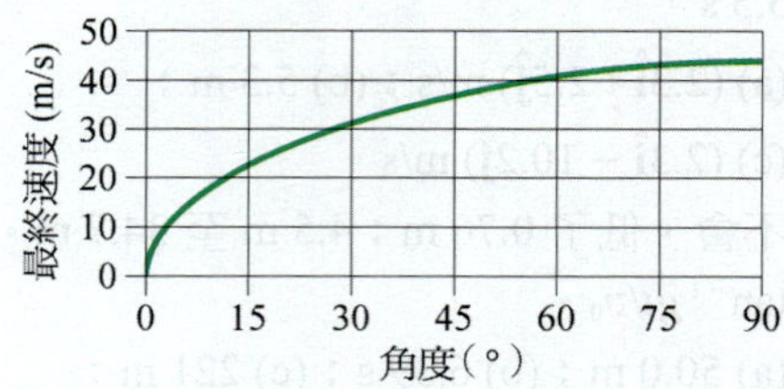

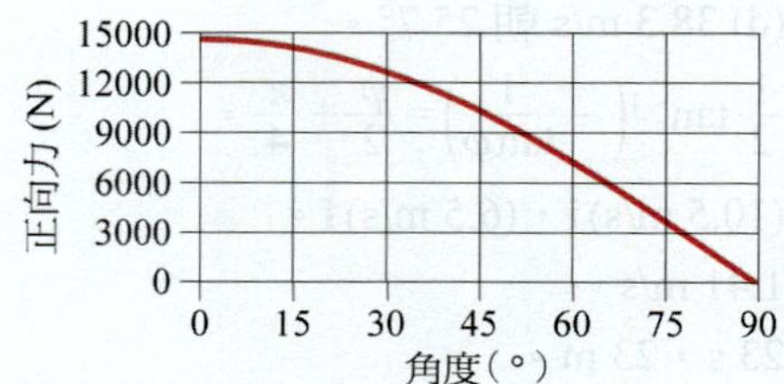

這些圖形全部與極限情況的結果一致。

第 5 章

1. 65 N，0。

3. 0.20。

5. $8.8\ \mathrm{m/s^2}$。

7. 1.0×10^2 N，0.48。

9. 0.51。

11. 4.2 m。

13. 1.2×10^3 N。

15. (a) 0.67；(b) 6.8 m/s；(c) 16 m/s。

17. (a) $1.7\ \mathrm{m/s^2}$；(b) 4.3×10^2 N；(c) $1.7\ \mathrm{m/s^2}$，2.2×10^2 N。

19. (a) 0.80 m；(b) 1.3 s。

21. (a) A 拉著 B 向前下滑；(b) B 最後將趕上 A；(c) $\mu_A<\mu_B$：$a=$

$$g\left[\frac{(m_A+m_B)\sin\theta-(\mu_A m_A+\mu_B m_B)\cos\theta}{(m_A+m_B)}\right],$$

$$F_T=g\frac{m_A m_B}{(m_A+m_B)}(\mu_B-\mu_A)\cos\theta,$$

$\mu_A>\mu_B$：$a_A=g(\sin\theta-\mu_A\cos\theta)$，

$a_B=g(\sin\theta-\mu_B\cos\theta)$，$F_T=0$。

23. (a) 5.0 kg；(b) 6.7 kg。

25. (a) $\dfrac{v_0^2}{2dg\cos\theta}-\tan\theta$；(b) $\mu_s\ge\tan\theta$。

27. (a) 0.22 s；(b) 0.16 m。

29. 0.51。

31. (a) 82 N；(b) $4.5\ \mathrm{m/s^2}$。

33. $(M+m)g\dfrac{(\sin\theta+\mu\cos\theta)}{(\cos\theta-\mu\sin\theta)}$。

35. (a) $1.41\ \mathrm{m/s^2}$；(b) 31.7 N。

37. $\sqrt{rg}$。

39. 30 m。

41. 31 m/s。

43. 0.9 g's。

45. 9.0 rev/min。

47. (a) 1.9×10^3 m；(b) 5.4×10^3 N；(c) 3.8×10^3 N。

49. 3.0×10^2 N。

51. 0.164。

53. (a) 7960 N；(b) 588 N；(c) 29.4 m/s。

55. 6.2 m/s。

57. (b) $\vec{\mathbf{v}}=(-6.0\ \mathrm{m/s})\sin(3.0\ \mathrm{rad/s}\ t)\hat{\mathbf{i}}+(6.0\ \mathrm{m/s})\cos(3.0\ \mathrm{rad/s}\ t)\hat{\mathbf{j}}$，

$\vec{\mathbf{a}}=(-18\ \mathrm{m/s^2})\cos(3.0\ \mathrm{rad/s}\ t)\hat{\mathbf{i}}+(-18\ \mathrm{m/s^2})\sin(3.0\ \mathrm{rad/s}\ t)\hat{\mathbf{j}}$；

(c) $v=6.0$ m/s，$a=18\ \mathrm{m/s^2}$。

59. $17\ \mathrm{m/s}\le v\le 32\ \mathrm{m/s}$。

61. (a) $a_t=(\pi/2)\ \mathrm{m/s^2}$，$a_c=0$；(b) $a_t=(\pi/2)\ \mathrm{m/s^2}$，$a_c=(\pi^2/8)\ \mathrm{m/s^2}$；(c) $a_t=(\pi/2)\ \mathrm{m/s^2}$，$a_c=(\pi^2/2)\ \mathrm{m/s^2}$。

63. (a) 1.64 m/s；(b) 3.45 m/s。

65. m/b。

67. (a) $\dfrac{mg}{b}+\left(v_0-\dfrac{mg}{b}\right)e^{-\frac{b}{m}t}$；

(b) $-\dfrac{mg}{b}+\left(v_0+\dfrac{mg}{b}\right)e^{-\frac{b}{m}t}$。

69. (a) 14 kg/m；(b) 570 N。

71. $\dfrac{mg}{b}\left[t+\dfrac{m}{b}\left(e^{-\frac{b}{m}t}-1\right)\right]$，$ge^{-\frac{b}{m}t}$。

75. 10 m。

77. 0.46。

79. 102 N，0.725。

81. 可以，14 m/s。

83. 28.3 m/s，0.410 rev/s。

85. 3500 N，1900 N。

87. 35°。

89. 132 m。

91. (a) 55 s；(b) 正向力的向心分量。

93. (a) $\theta=\cos^{-1}\dfrac{g}{4\pi^2 rf^2}$；(b) 73.6°；(c) 不能。

95. 82°。

97. (a) 16 m/s；(b) 13 m/s。

99. (a) $0.88\ \mathrm{m/s^2}$；(b) $0.98\ \mathrm{m/s^2}$。

101. (a) 42.2 m/s；(b) 35.6 m，52.6 m。

103. (a)

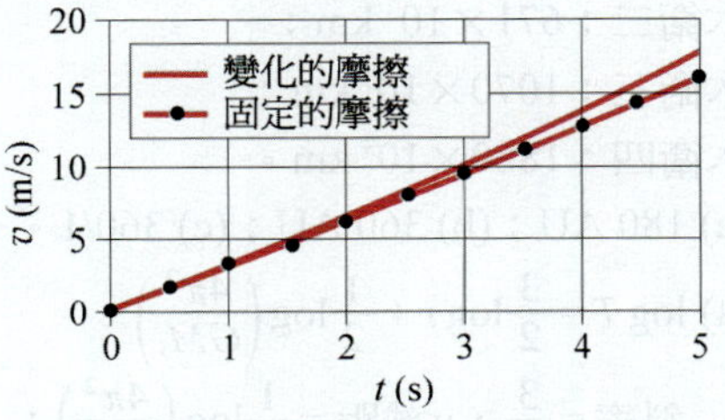

(b)

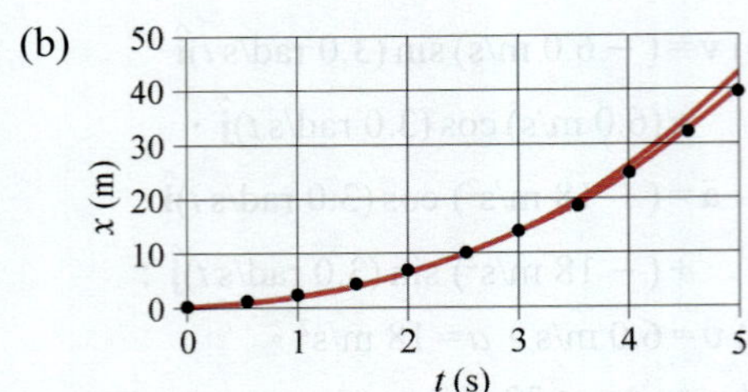

(c) 速率：−12%，位置：−6.6%。

第6章

1. 1610 N。

3. 1.9 m/s^2。

5. $\frac{2}{9}$。

7. 0.91 g's。

9. 1.4×10^{-8} N 朝 45°。

11. $Gm^2\left\{\left[\frac{2}{x_0^2}+\frac{3x_0}{(x_0^2+y_0^2)^{3/2}}\right]\hat{\mathbf{i}}+\left[\frac{4}{y_0^2}+\frac{3y_0}{(x_0^2+y_0^2)^{3/2}}\right]\hat{\mathbf{j}}\right\}$。

13. 增為 $2^{1/3}\approx1.26$ 倍。

15. 距地球中心 3.46×10^8 m 處。

19. (b) g 隨著 r 的增加而減少。
(c) 9.42 m/s^2 近似值，9.43 m/s^2 準確值。

21. 9.78 m/s^2，徑向朝內偏南 0.099°。

23. 7.52×10^3 m/s。

25. 1.7 m/s^2，向上。

27. 7.20×10^3 s。

29. (a) 520 N；(b) 520 N；(c) 690 N；
(d) 350 N；(e) 0。

31. (a) 59 N，朝向月球；(b) 110 N，遠離月球。

33. (a) 它們正進行向心運動；(b) 9.6×10^{29} kg。

35. $\sqrt{\frac{GM}{\ell}}$。

37. 5070 s，或 84.5 分。

39. 160 年。

41. 2×10^8 年。

43. 木衛二：671×10^3 km；
木衛三：1070×10^3 km；
木衛四：1880×10^3 km。

45. (a) 180 AU；(b) 360 AU；(c) 360/1。

47. (a) $\log T=\frac{3}{2}\log r+\frac{1}{2}\log\left(\frac{4\pi^2}{GM_J}\right)$，
斜率 $=\frac{3}{2}$，y 截距 $=\frac{1}{2}\log\left(\frac{4\pi^2}{Gm_J}\right)$；

(b)

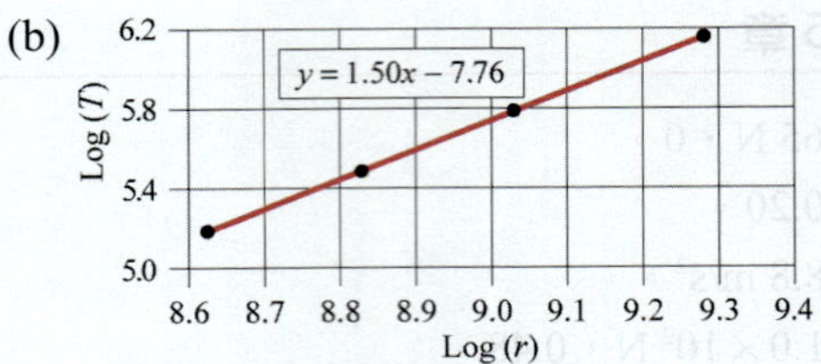

斜率 = 1.50 正如預期，
$m_J=1.97\times10^{27}$ kg。

49. (a) 5.95×10^{-3} m/s^2；
(b) 不會，大約只有 0.06%。

51. 2.64×10^6 m。

53. (a) 4.38×10^7 m/s^2；(b) 2.8×10^9 N；
(c) 9.4×10^3 m/s。

55. $T_{內}=2.0\times10^4$ s，$T_{外}=7.1\times10^4$ s。

57. 5.4×10^{12} m，它仍然在太陽系內，最接近冥王星軌道。

59. 2.3 g's。

61. 7.4×10^{36} kg，3.7×10^6 $M_{\rm sun}$。

65. 1.21×10^6 m。

67. $V_{\rm deposit}=5\times10^7$ m^3，$r_{\rm deposit}=200$ m；
$m_{\rm deposit}=4\times10^{10}$ kg。

69. 8.99 天。

71. 0.44r。

73. (a) 53 N；(b) 3.1×10^{26} kg。

77. 1×10^{-10} m^3/kg · s^2。

79. (a)

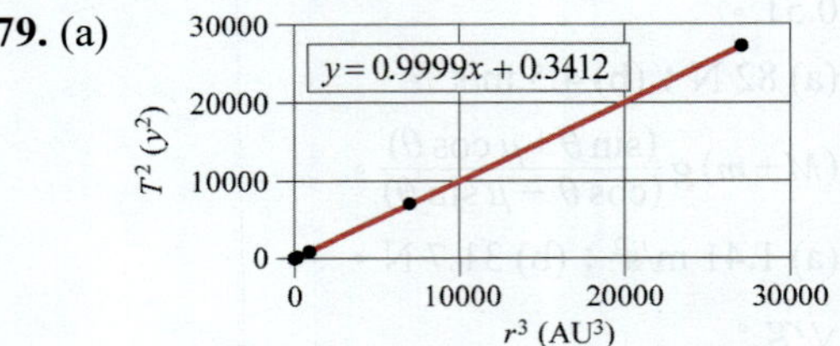

(b) 39.44 AU。

第7章

1. 7.7×10^3 J。

3. 1.47×10^4 J。

5. 6000 J。

7. 4.5×10^5 J。

9. 590 J。

11. (a) 1700 N；(b) −6600 J；(c) 6600 J；
(d) 0。

13. (a) 1.1×10^{7} J；(b) 5.0×10^{7} J。

15. -490 J，0，490 J。

21. $1.5\hat{\mathbf{i}}-3.0\hat{\mathbf{j}}$。

23. (a) 7.1；(b) -250；(c) 2.0×10^{1}。

25. $-1.4\hat{\mathbf{i}}+2.0\hat{\mathbf{j}}$。

27. 52.5°，48.0°，115°。

29. 113.4° 或 301.4°。

31. (a) 130°；(b) 負號指明角度為鈍角。

35. 0.11 J。

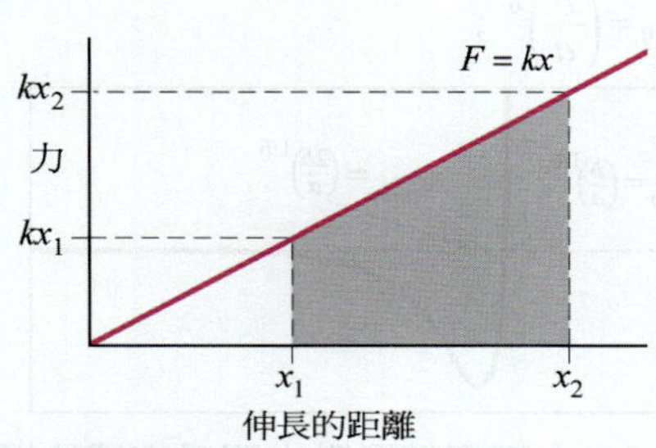

37. 3.0×10^{3} J。

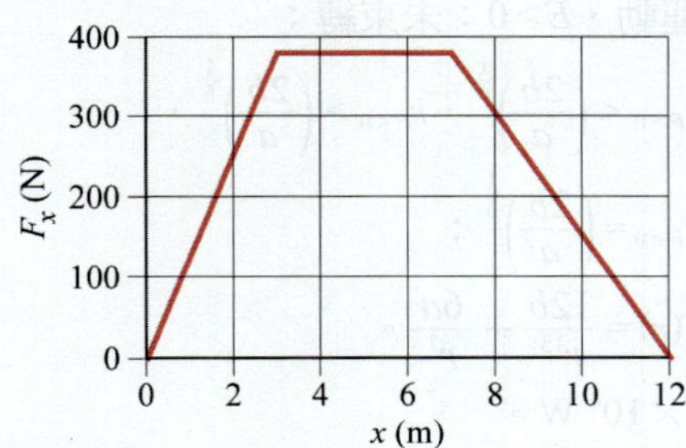

39. 2800 J。

41. 670 J。

43. $\frac{1}{2}kX^2+\frac{1}{4}aX^4+\frac{1}{5}bX^5$。

45. 4.0 J。

47. $\frac{\sqrt{3}\pi RF}{2}$。

49. 72 J。

51. (a) $\sqrt{3}$；(b) $\frac{1}{4}$。

53. -4.5×10^{5} J。

55. 3.0×10^{2} N。

57. (a) $\sqrt{\frac{Fx}{m}}$；(b) $\sqrt{\frac{3Fx}{4m}}$。

59. 8.3×10^{4} N/m。

61. 1400 J。

63. (a) 640 J；(b) -470 J；(c) 0；(d) 4.3 m/s。

65. 27 m/s。

67. (a) $\frac{1}{2}mv_2^2\left(1+2\frac{v_1}{v_2}\right)$；

(b) $\frac{1}{2}mv_2^2$；

(c) 相對於地球為 $\frac{1}{2}mv_2^2\left(1+2\frac{v_1}{v_2}\right)$，相對於火車為 $\frac{1}{2}mv_2^2$；

(d) 在兩個參考座標中，球移動的距離不同。

69. (a) 2.04×10^{5} J；(b) 21.0 m/s；(c) 2.37 m。

71. 1710 J。

73. (a) 32.2 J；(b) 554 J；(c) -333 J；(d) 0；(e) 253 J。

75. 12.3 J。

77. $\frac{A}{k}e^{-0.10k}$。

79. 86 kJ，42°。

81. 1.5 N。

83. 2×10^{7} N/m。

85. 6.7°，10°。

87. (a) 130 N，是 (≈ 29 lbs)；

(b) 470 N，或許不能 (≈ 110 lbs)。

89. (a) 1.5×10^{4} J；(b) 18 m/s。

93. (a) $F=10.0x$；(b) 10.0 N/m；(c) 2.00 N。

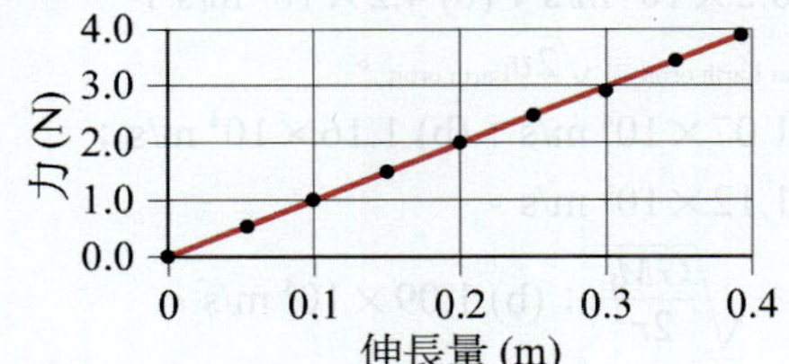

第 8 章

1. 0.924 m。

3. 54 cm。

5. (a) 42.0 J；(b) 11 J；

(c) 與 (a) 中相同，但與 (b) 中無關。

7. (a) 是的，功的表示式只與端點有關。

(b) $U(x)=\frac{1}{2}kx^2-\frac{1}{4}ax^4-\frac{1}{5}bx^5+C$。

9. $U(x)=-\frac{k}{2x^2}+\frac{k}{8m^2}$。

11. 49 m/s。

13. 6.5 m/s。

15. (a) 93 N/m；(b) 22 m/s^2。

19. (a) 7.47 m/s；(b) 3.01 m。

21. 不是，$D=2d$。

23. (a) $\sqrt{v_0^2+\frac{k}{m}x_0^2}$；(b) $\sqrt{x_0^2+\frac{m}{k}v_0^2}$。

25. (a) 2.29 m/s；(b) 1.98 m/s；(c) 1.98 m/s；
(d) 0.870 N，0.800 N，0.800 N；
(e) 2.59 m/s，2.31 m/s，2.31 m/s。

27. $k=\frac{12Mg}{h}$。

29. 3.9×10^7 J。

31. (a) 25 m/s；(b) 370 m。

33. 12 m/s。

35. 0.020。

37. 0.40。

39. (a) 25%；(b) 6.3 m/s，5.4 m/s；
(c) 主要轉換為熱能。

41. 若質量為 75 kg，能量的變化為 740 J。

43. (a) 0.13 m；(b) 0.77；(c) 0.5 m/s。

45. (a) $\frac{GM_E m_s}{2r_s}$；(b) $-\frac{GM_E m_s}{r_s}$；(c) $-\frac{1}{2}$。

47. $\frac{1}{4}$。

49. (a) 6.2×10^5 m/s；(b) 4.2×10^4 m/s；
$v_{\text{esc at Earth orbit}}=\sqrt{2}v_{\text{Earth orbit}}$。

53. (a) 1.07×10^4 m/s；(b) 1.16×10^4 m/s；
(c) 1.12×10^4 m/s。

55. (a) $-\sqrt{\frac{GM_E}{2r^3}}$；(b) 1.09×10^4 m/s。

57. $\frac{GMm}{12r_E}$。

59. 1.12×10^4 m/s。

63. 510 N。

65. 2.9×10^4 W 或 38 hp。

67. 4.2×10^3 N，與速度方向相反。

69. 510 W。

71. 2×10^6 W。

73. (a) -2.0×10^2 W；(b) 3800 W；
(c) -120 W；(d) 1200 W。

75. 物體在 $+x_0$ 與 $-x_0$ 之間振盪；於 $x=0$ 處，其速率為最大。

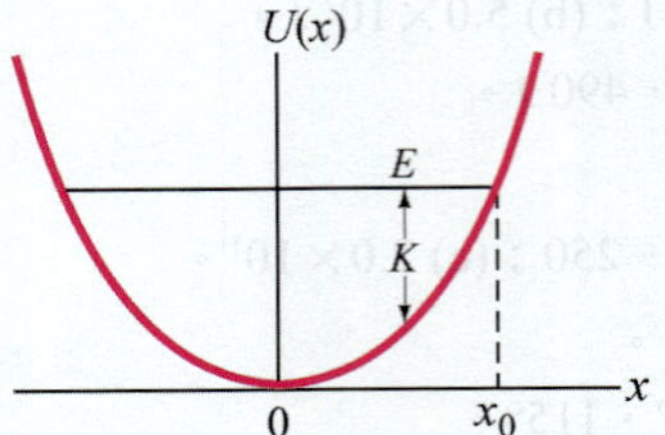

77. (a) $r_{U\min}=\left(\frac{2b}{a}\right)^{\frac{1}{6}}$，$r_{U\max}=0$；

(b) $r_{U=0}=\left(\frac{b}{a}\right)^{\frac{1}{6}}$；

(c)

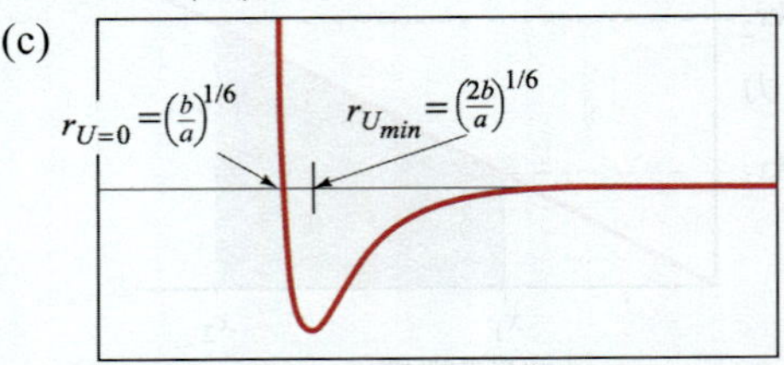

(d) $E<0$：在兩個轉彎點之間受束縛的振盪運動，$E>0$：未束縛；

(e) $r_{F>0}<\left(\frac{2b}{a}\right)^{\frac{1}{6}}$，$r_{F<0}>\left(\frac{2b}{a}\right)^{\frac{1}{6}}$，
$r_{F=0}=\left(\frac{2b}{a}\right)^{\frac{1}{6}}$；

(f) $F(r)=\frac{12b}{r^{13}}-\frac{6a}{r^7}$。

79. 2.52×10^4 W。

81. (a) 42 m/s；(b) 2.6×10^5 W。

83. (a) 28.2 m/s；(b) 116 m。

85. (a) $\sqrt{2g\ell}$；(b) $\sqrt{1.2g\ell}$。

89. (a) 8.9×10^5 J；(b) 5.0×10^1 W，6.6×10^{-2} hp；
(c) 330 W，0.44 hp。

91. (a) 29°；(b) 480 N；(c) 690 N。

93. 5800 W 或 7.8 hp。

95. (a) 2.8 m；(b) 1.5 m；(c) 1.5 m。

97. 1.7×10^5 m^3。

99. (a) 5220 m/s；(b) 3190 m/s。

101. (a) 1500 m；(b) 170 m/s。

103. 60 m。

105. (a) 79 m/s；(b) 2.4×10^7 W。

107. (a) 2.2×10^5 J；(b) 22 m/s；(c) -1.4 m。

109. $x=\sqrt{\frac{a}{b}}$。

第 9 章

1. 5.9×10^{7} N。

3. $(9.6t\hat{\mathbf{i}}-8.9\hat{\mathbf{k}})$ N。

5. 4.35 kg · m/s $(\hat{\mathbf{j}}-\hat{\mathbf{i}})$。

7. 1.40×10^{2} kg。

9. 2.0×10^{4} kg。

11. 4.9×10^{3} m/s。

13. -0.966 m/s，

15. 1：2。

17. $\frac{3}{2}v_0\hat{\mathbf{i}}-v_0\hat{\mathbf{j}}$。

19. $(4.0\hat{\mathbf{i}}+3.3\hat{\mathbf{j}}-3.3\hat{\mathbf{k}})$ m/s。

21. (a) $(116\hat{\mathbf{i}}+58.0\hat{\mathbf{j}})$ m/s；(b) 5.02×10^{5} J。

23. (a) 2.0 kg · m/s，向前。
(b) 5.8×10^{2} N，向前。

25. 2.1 kg · m/s，朝左。

27. 0.11 N。

29. 1.5 kg · m/s。

31. (a) $\frac{2mv}{\Delta t}$；(b) $\frac{2mv}{t}$。

33. (a) 0.98 N + (1.4 N/s)t；(b) 13.3 N；
(c) $[(0.62\ \mathrm{N/m^{\frac{1}{2}}})\times\sqrt{2.5\ \mathrm{m}-(0.070\ \mathrm{m/s})t}]$
$+(1.4\ \mathrm{N/s})t$，13.2 N。

35. 1.60 m/s (西)，3.20 m/s (東)。

37. (a) 3.7 m/s；(b) 0.67 kg。

39. (a) 1.00；(b) 0.890；(c) 0.286；(d) 0.0192。

41. (a) 0.37 m；(b) -1.6 m/s，6.4 m/s；(c) 是。

43. (a) $\frac{-M}{m+M}$；(b) -0.96。

45. 3.0×10^{3} J，4.5×10^{3} J。

47. 0.11 kg · m/s，向上。

49. (b) $e=\sqrt{\frac{h'}{h}}$。

51. (a) 890 m/s；(b) 初始動能的 0.999 被消耗掉。

53. (a) 7.1×10^{-2} m/s；(b) -5.4 m/s，4.1 m/s；
(c) 0，0.13 m/s，合理。
(d) 0.17 m/s，0，不合理。
(e) 在 -4.0 m/s，3.1 m/s的情況下是合理的。

55. 1.14×10^{-22} kg · m/s，離電子之動量 147°，離微中子之動量 123°。

57. (a) 30°；(b) $v_A'=v_B'=\frac{v}{\sqrt{3}}$；(c) $\frac{2}{3}$。

59. 39.9 u。

63. 6.5×10^{-11} m。

65. $(1.2\ \mathrm{m})\hat{\mathbf{i}}-(1.2\ \mathrm{m})\hat{\mathbf{j}}$。

67. $0\hat{\mathbf{i}}+\frac{2r}{\pi}\hat{\mathbf{j}}$。

69. $0\hat{\mathbf{i}}+0\hat{\mathbf{j}}+\frac{3}{4}h\hat{\mathbf{k}}$。

71. $0\hat{\mathbf{i}}+\frac{4R}{3\pi}\hat{\mathbf{j}}$。

73. (a) 距地球中心 4.66×10^{6} m。

75. (a) 5.7 m；(b) 4.2 m；(c) 4.3 m。

77. 朝 85 kg 的人原來的位置移動 0.41 m。

79. $v\frac{m}{m+M}$，朝上，氣球也會停止。

81. 0.93 hp。

83. -76 m/s。

85. 很有可能。

87. 反彈 11 次。

89. 1.4 m。

91. 50%。

93. (a) $v=\frac{M_0v_0}{M_0+\frac{dM}{dt}t}$；(b) 8.2 m/s，是。

95. 112 km/h 或 70 mi/h。

97. 21 m。

99. (a) 1.9 m/s；(b) -0.3 m/s，1.5 m/s；
(c) 0.6 cm，12 cm。

101. $m<\frac{1}{3}M$ 或 $m<2.33$ kg。

103. (a) 8.6 m；(b) 40 m。

105. 29.6 km/s。

107. 0.38 m，1.5 m。

109. (a) 1.3×10^{5} N；(b) -83 m/s^2。

111. 12 kg。

113. 0.2 km/s，朝 m_A 原先的方向。

第 10 章

1. (a) $\frac{\pi}{4}$ rad，0.785 rad；(b) $\frac{\pi}{3}$ rad，1.05 rad；
(c) $\frac{\pi}{2}$ rad，1.57 rad；(d) 2π rad，6.283 rad；
(e) $\frac{89\pi}{36}$ rad，7.77 rad。

3. 5.3×10^3 m。

5. (a) 260 rad/s；

(b) 46 m/s，1.2×10^4 m/s^2。

7. (a) 1.05×10^{-1} rad/s；(b) 1.75×10^{-3} rad/s；

(c) 1.45×10^{-4} rad/s；(d) 0。

9. (a) 464 m/s；(b) 185 m/s；(c) 328 m/s。

11. 36000 rev/min。

13. (a) 1.5×10^{-4} rad/s^2；

(b) 1.6×10^{-2} m/s^2，6.2×10^{-4} m/s^2。

15. (a) $-\hat{\mathbf{i}}$，$\hat{\mathbf{k}}$；

(b) 56.2 rad/s，由 $-x$ 軸朝 $+z$ 軸 38.5° 之方向；

(c) 1540 rad/s^2，$-\hat{\mathbf{j}}$。

17. 28000 rev。

19. (a) -0.47 rad/s^2；(b) 190 s。

21. (a) 0.69 rad/s^2；(b) 9.9 s。

23. (a) $\omega=\dfrac{1}{3}5.0t^3-\dfrac{1}{2}8.5t^2$；

(b) $\theta=\dfrac{1}{12}5.0t^4-\dfrac{1}{6}8.5t^3$；

(c) $\omega(2.0\text{ s})=-4$ rad/s，$\theta(2.0\text{ s})=-5$ rad。

25. 1.4 m·N，順時針方向。

27. $mg(\ell_2-\ell_1)$，順時針方向。

29. 270 N，1700 N。

31. 1.81 kg·m^2。

33. (a) 9.0×10^{-2} m·N；(b) 12 s。

35. 56 m·N。

37. (a) 0.94 kg·m^2；(b) 2.4×10^{-2} m·N。

39. (a) 78 rad/s^2；(b) 670 N。

41. 2.2×10^4 m·N。

43. 17.5 m/s。

45. (a) $14M\ell^2$；(b) $\dfrac{14}{3}M\ell\alpha$；(c) 與桿及軸正交。

47. (a) 1.90×10^3 kg·m^2；(b) 7.5×10^3 m·N。

49. (a) R_0；(b) $\sqrt{\dfrac{1}{2}R_0^2+\dfrac{1}{12}w^2}$；(c) $\sqrt{\dfrac{1}{2}}R_0$；

(d) $\sqrt{\dfrac{1}{2}(R_1^2+R_2^2)}$；(e) $\sqrt{\dfrac{2}{5}}r_0$；(f) $\sqrt{\dfrac{1}{12}}\ell$；

(g) $\sqrt{\dfrac{1}{3}}\ell$；(h) $\sqrt{\dfrac{1}{12}(\ell^2+w^2)}$。

51. $a=\dfrac{(m_B-m_A)}{(m_A+m_B+I/R^2)}g$，對比於

$a_{I=0}=\dfrac{(m_B-m_A)}{m_A+m_B}g$。

53. (a) 9.70 rad/s^2；(b) 11.6 m/s^2；(c) 585 m/s^2；

(d) 4.27×10^3 N；(e) 1.14°。

57. (a) $5.3Mr_0^2$；(b) -15%。

59. (a) 在小型重物與中心之連接線上距中心 3.9 cm 處；

(b) 0.42 kg·m^2。

61. (b) $\dfrac{1}{12}M\ell^2$，$\dfrac{1}{12}Mw^2$。

63. 22200 J。

65. 14200 J。

67. 1.4 m/s。

69. 8.22 m/s。

71. 7.0×10^1 J。

73. (a) 8.37 m/s，32.9 rad/sec；(b) $\dfrac{5}{2}$；

(c) 平移速率及能量與質量及半徑均無關，但是轉動速率與半徑有關。

75. $\sqrt{\dfrac{10}{7}g(R_0-r_0)}$。

77. (a) 4.06 m/s；(b) 8.99 J；(c) 0.158。

79. (a) 4.1×10^5 J；(b) 18%；(c) 1.3 m/s^2；

(d) 6%。

81. (a) 1.6 m/s；(b) 0.48 m。

83. $\dfrac{\ell}{2}$，$\dfrac{\ell}{2}$。

85. (a) 0.84 m/s；(b) 96%。

87. 2.0 m·N，來自手臂擺動投石環索。

89. (a) $\dfrac{\omega_R}{\omega_F}=\dfrac{N_F}{N_R}$；(b) 4.0；(c) 1.5。

91. (a) 1.7×10^8 J；(b) 2.2×10^3 rad/s；

(c) 25 分。

93. $\dfrac{Mg\sqrt{2Rh-h^2}}{R-h}$。

95. $\dfrac{\lambda_0\ell^3}{6}$。

97. 5.0×10^2 m·N。

99. (a) 1.6 m；(b) 1.1 m。

101. (a) $\dfrac{x}{y}g$；

(b) x 應該儘量減小，y 應該儘量加大，騎士應向上並向車子後方移動；

(c) 3.6 m/s^2。

103. $\sqrt{\dfrac{3g\ell}{4}}$。

105. $\tau = [(0.300\text{ m})\cos\theta + 0.200\text{ m}](500\text{ N})$

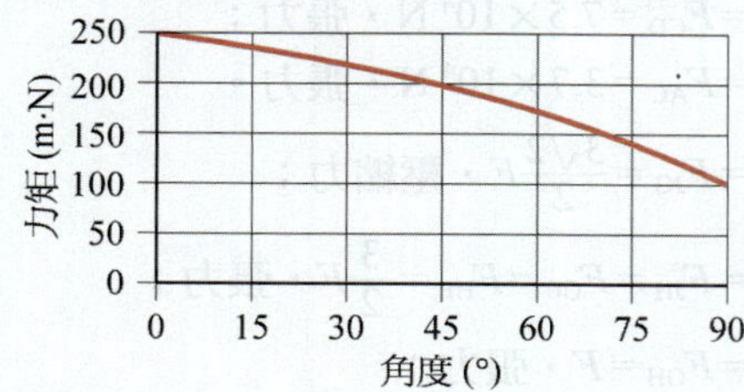

第 11 章

1. $3.98\text{ kg}\cdot\text{m}^2/\text{s}$。

3. (a) L 是守恆的：若 I 增加，ω 必定減少；(b) 增為 1.3 倍。

5. 0.38 rev/s。

7. (a) $7.1\times10^{33}\text{ kg}\cdot\text{m}^2/\text{s}$；(b) $2.7\times10^{40}\text{ kg}\cdot\text{m}^2/\text{s}$。

9. (a) $-\dfrac{I_W}{I_P}\omega_W$；(b) $-\dfrac{I_W}{2I_P}\omega_W$；(c) $\omega_W\dfrac{I_W}{I_P}$；(d) 0。

11. (a) 0.55 rad/s；(b) 420 J，240 J。

13. 0.48 rad/s，0.80 rad/s。

15. $\dfrac{1}{2}\omega$。

17. (a) 3.7×10^{16} J；(b) $1.9\times10^{20}\text{ kg}\cdot\text{m}^2/\text{s}$。

19. -0.32 rad/s。

23. 45°。

27. $(25\hat{\mathbf{i}}\pm14\hat{\mathbf{j}}\mp19\hat{\mathbf{k}})$ m · kN。

29. (a) $-7.0\hat{\mathbf{i}}-11\hat{\mathbf{j}}+0.5\hat{\mathbf{k}}$；(b) 170°。

37. $(-55\hat{\mathbf{i}}-45\hat{\mathbf{j}}+49\hat{\mathbf{k}})\text{ kg}\cdot\text{m}^2/\text{s}$。

39. (a) $\left(\dfrac{1}{6}M+\dfrac{7}{9}m\right)\ell^2\omega^2$；(b) $\left(\dfrac{1}{3}M+\dfrac{14}{9}m\right)\ell^2\omega$。

41. (a) $\left[(M_A+M_B)R_0+\dfrac{I}{R_0}\right]v$；

(b) $\dfrac{M_B g}{M_A+M_B+\dfrac{I}{R_0^2}}$。

45. $F_A=\dfrac{(d+r_A\cos\phi)m_A r_A\omega^2\sin\phi}{2d}$，

$F_B=\dfrac{(d-r_A\cos\phi)m_A r_A\omega^2\sin\phi}{2d}$。

47. $\dfrac{m^2v^2}{g(m+M)\left(m+\dfrac{4}{3}M\right)}$。

49. $\Delta\omega/\omega_0=-8.4\times10^{-13}$。

51. $v_{CM}=\dfrac{m}{M+m}v$，$\omega(\text{about CM})=\left(\dfrac{12m}{4M+7m}\right)\dfrac{v}{\ell}$。

53. $8.3\times10^{-4}\text{ kg}\cdot\text{m}^2$。

55. 8.0 rad/s。

57. 14 rev/min，若由上方觀察為逆時針方向。

59. (a) 9.80 m/s^2，沿著徑向線；(b) 9.78 m/s^2，由徑向線偏南 0.0988°；(c) 9.77 m/s^2，沿著徑向線。

61. 正北或正南。

63. $(mr\omega^2-F_{fr})\hat{\mathbf{i}}+(F_{spoke}-2m\omega v)\hat{\mathbf{j}}+(F_N-mg)\hat{\mathbf{k}}$。

65. (a) $(-24\hat{\mathbf{i}}+28\hat{\mathbf{j}}-14\hat{\mathbf{k}})\text{ kg}\cdot\text{m}^2/\text{s}$；(b) $(16\hat{\mathbf{j}}-8.0\hat{\mathbf{k}})$ m · N。

67. (b) 0.750。

69. $v[-\sin(\omega t)\hat{\mathbf{i}}+\cos(\omega t)\hat{\mathbf{j}}]$，$\vec{\omega}=\left(\dfrac{v}{R}\right)\hat{\mathbf{k}}$。

71. (a) 輪胎將朝右轉彎；(b) $\Delta L/L_0=0.19$。

73. (a) $820\text{ kg}\cdot\text{m}^2/\text{s}^2$；(b) 820 m · N；(c) 930 W。

75. $\mathbf{a}_{tan}=-R\alpha\sin\theta\,\hat{\mathbf{i}}+R\alpha\cos\theta\,\hat{\mathbf{j}}$；(a) $mR^2\alpha\hat{\mathbf{k}}$；(b) $mR^2\alpha\hat{\mathbf{k}}$。

77. 0.965。

79. (a) 繞通過溜冰者質心之任一軸的淨力矩為零。(b) $f_{\text{single axel}}=2.5$ rad/s，$f_{\text{triple axel}}=6.5$ rad/s。

81. (a) 17000 rev/s；(b) 4300 rev/s。

83. (a) $\omega=\left(12\,\dfrac{\text{rad/s}}{\text{m}}\right)x$；

(b)

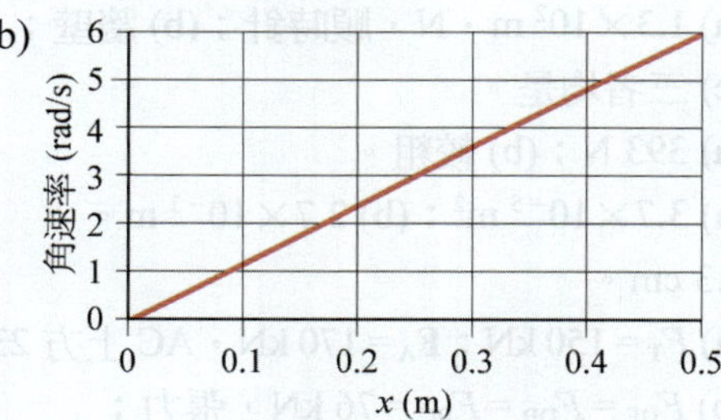

第 12 章

1. 528 N，由 $\vec{\mathbf{F}}_A$ 朝順時針方向 (1.20×10^2)°。

3. 6.73 kg。

5. (a) $F_A=1.5\times10^3$ N 向下，

$F_B = 2.0\times10^3$ N 向上；
(b) $F_A = 1.8\times10^3$ N 向下，
$F_B = 2.6\times10^3$ N 向上。

7. (a) 230 N；(b) 2100 N。

9. -2.9×10^3 N，1.5×10^4 N。

11. 3400 N，2900 N。

13. 0.28 m。

15. 6300 N，6100 N。

17. 1600 N。

19. 1400 N，2100 N。

21. (a) 410 N；(b) 410 N，328 N。

23. 120 N。

25. 550 N。

27. (a)

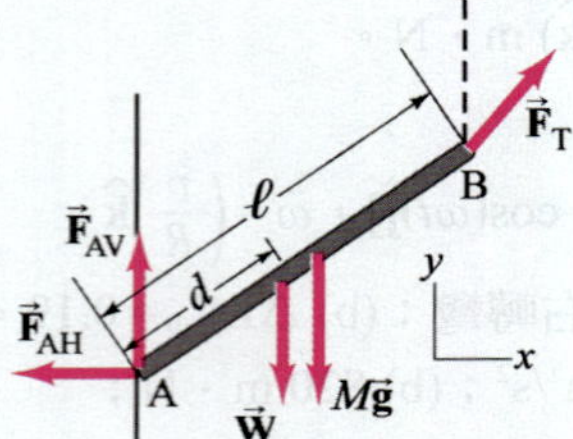

(b) $F_{AH} = 51$ N，$F_{AV} = -9$ N；(c) 2.4 m。

29. $F_{top} = 55.2$ N 向右，63.7 N 向上，
$F_{bottom} = 55.2$ N 向左，63.7 N 向上。

31. 5.2 m/s^2。

33. 2.5 m 在頂端。

35. (a) 1.8×10^5 N/m^2；(b) 3.5×10^{-6}。

37. (a) 1.4×10^6 N/m^2；(b) 6.9×10^{-6}；
(c) 6.6×10^{-5} m。

39. 9.6×10^6 N/m^2。

41. (a) 1.3×10^2 m · N，順時針；(b) 牆壁；
(c) 三者均是。

43. (a) 393 N；(b) 較粗。

45. (a) 3.7×10^{-5} m^2；(b) 2.7×10^{-3} m。

47. 1.3 cm。

49. (a) $F_T = 150$ kN；$\mathbf{F}_A = 170$ kN，AC 上方 23°；
(b) $F_{DE} = F_{DB} = F_{BC} = 76$ kN，張力；
$F_{CE} = 38$ kN，壓縮力；
$F_{DC} = F_{AB} = 76$ kN，壓縮力；
$F_{CA} = 114$ kN，壓縮力。

51. (a) 5.5×10^{-2} m^2；(b) 8.6×10^{-2} m^2。

53. $F_{AB} = F_{BD} = F_{DE} = 7.5\times10^4$ N，壓縮力；
$F_{BC} = F_{CD} = 7.5\times10^4$ N，張力；
$F_{CE} = F_{AC} = 3.7\times10^4$ N，張力。

55. $F_{AB} = F_{JG} = \frac{3\sqrt{2}}{2}F$，壓縮力；
$F_{AC} = F_{JH} = F_{CE} = F_{HE} = \frac{3}{2}F$，張力；
$F_{BC} = F_{GH} = F$，張力；
$F_{BE} = F_{GE} = \frac{\sqrt{2}}{2}F$，張力；
$F_{BD} = F_{GD} = 2F$，壓縮力；
$F_{DE} = 0$。

57. 0.249 kg，0.194 kg，0.0554 kg。

59. (a) $Mg\sqrt{\frac{h}{2R-h}}$；(b) $Mg\frac{\sqrt{h(2R-h)}}{R-h}$。

61. (a)

(b) $mg = 65$ N，$F_{右} = 550$ N，$F_{左} = 490$ N；
(c) 11 m · N。

63. 29°。

65. 3.8。

67. 5.0×10^5 N，3.2 m。

69. (a) 650 N；(b) $F_A = 0$，$F_B = 1300$ N；
(c) $F_A = 160$ N，$F_B = 1140$ N；
(d) $F_A = 810$ N，$F_B = 490$ N。

71. 他只能走到右支撐點右側 0.95 m 以及左支撐點左側 0.83 m 處。

73. $F_{左} = 120$ N，$F_{右} = 210$ N。

75. $F/A = 3.8\times10^5$ N/m^2 < 組織強度。

77. $F_A = 1.7\times10^4$ N，$F_B = 7.7\times10^3$ N。

79. 2.5 m。

81. (a) 6500 m；(b) 6400 m。

83. 570 N。

85. 45°

87. (a) 2.4w；(b) 2.6w，水平上方 32°。

89. (a) $(4.5\times10^{-6})\%$；(b) 9.0×10^{-18} m。

91. 150 N，0.83 m。

93. (a) $mg\left(1-\frac{r_0}{h}\cot\theta\right)$；(b) $\frac{h}{r_0}-\cot\theta$。

95. (b) 46°，51°，11%。

97. (a)

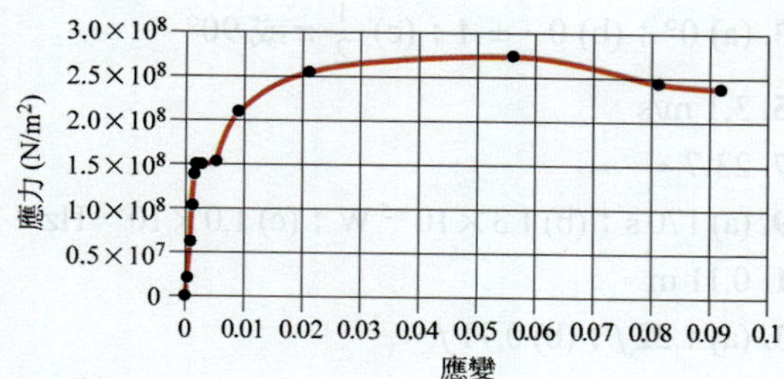

(b)

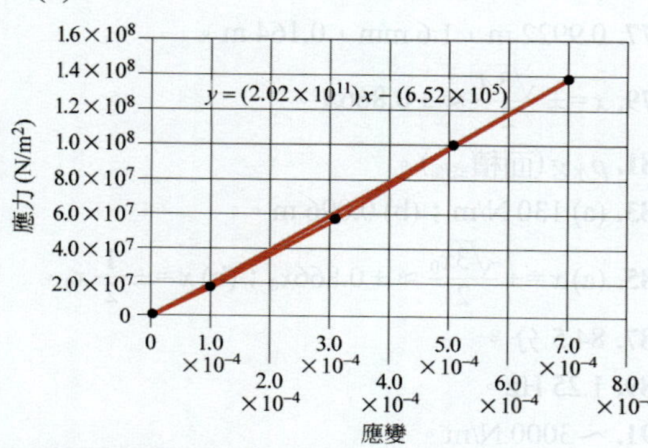

彈性係數 $= 2.02 \times 10^{11}$ N/m²。

第 13 章

1. 3×10^{11} kg。

3. 6.7×10^2 kg。

5. 0.8547。

7. (a) 5510 kg/m³；(b) 5520 kg/m³，0.3%。

9. (a) 8.1×10^7 N/m²；(b) 2×10^5 N/m²。

11. 13 m。

13. 6990 kg。

15. (a) 2.8×10^7 N，1.2×10^5 N/m²；(b) 1.2×10^5 N/m²。

17. 683 kg/m³。

19. 3.35×10^4 N/m²。

21. (a) 1.32×10^5 Pa；(b) 9.7×10^4 Pa。

23. (c) $0.38h$，不必。

27. 2990 kg/m³。

29. 920 kg。

31. 鐵或鋼。

33. 1.1×10^{-2} m³。

35. 10.5%。

37. (b) 上方。

39. 3600 個氣球。

43. 2.8 m/s。

45. 1.0×10^1 m/s。

47. 1.8×10^5 N/m²。

49. 1.2×10^5 N。

51. 9.7×10^4 Pa。

57. $\frac{1}{2}$。

59. (b) $h = \left[\sqrt{h_0} - t\sqrt{\dfrac{gA_1^2}{2(A_2^2 - A_1^2)}}\right]^2$；(c) 92 s。

63. 7.9×10^{-2} Pa · s。

65. 6.9×10^3 Pa。

67. 0.10 m。

69. (a) 層流；(b) 紊流。

71. 1.0 m。

73. 0.012 N。

75. 1.5 mm。

79. (a) 0.75 m；(b) 0.65 m；(c) 1.1 m。

81. 0.047 atm。

83. 0.24 N。

85. 1.0 m。

87. 5.3 km。

89. (a) 88 Pa/s；(b) 5.0×10^1 s。

91. 5×10^{18} kg。

93. (a) 8.5 m/s；(b) 0.24 L/s；(c) 0.85 m/s。

95. $d\left(\dfrac{v_0^2}{v_0^2 + 2gy}\right)^{\frac{1}{4}}$。

97. 170 m/s。

99. 1.2×10^4 N。

101. 4.9 s。

第 14 章

1. 0.72 m。

3. 1.5 Hz。

5. 350 N/m。

7. 0.13 m/s，0.12 m/s²，1.2%。

9. (a) 0.16 N/m；(b) 2.8 Hz。

11. $\dfrac{\sqrt{3k/M}}{2\pi}$。

13. (a) 2.5 m，3.5 m；(b) 0.25 Hz，0.50 Hz；

(c) 4.0 s，2.0 s；

(d) $x_A = (2.5\text{ m})\sin\left(\frac{1}{2}\pi t\right)$，

$x_B = (3.5\text{ m})\cos(\pi t)$。

15. (a) $y(t) = (0.280\text{ m})\sin[(34.3\text{ rad/s})t]$；

(b) $t_{最長} = 4.59\times10^{-2}\text{ s} + n(0.183\text{ s})$，

$n = 0, 1, 2, \cdots$；

$t_{最短} = 1.38\times10^{-1}\text{ s} + n(0.183\text{ s})$，

$n = 0, 1, 2, \cdots$。

17. (a) 1.6 s，$\frac{5}{8}$ Hz；(b) 3.3 m，−7.5 m/s；

(c) −13 m/s，29 m/s^2。

19. 0.75 s。

21. 3.1 s，6.3 s，9.4 s。

23. 88.8 N/m，17.8 m。

27. (a) 0.650 m；(b) 1.18 Hz；(c) 13.3 J；

(d) 11.2 J，2.1 J。

29.

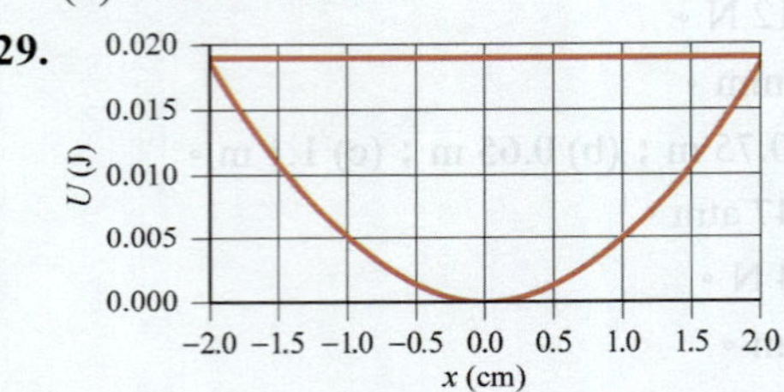

(a) 0.011 J；(b) 0.008 J；(c) 0.5 m/s。

31. 10.2 m/s。

33. $A_{高能量} = \sqrt{5}A_{低能量}$。

35. (a) 430 N/m；(b) 3.7 kg。

37. 309.8 m/s。

39. (a) 0.410 s，2.44 Hz；(b) 0.148 m；

(c) 34.6 m/s^2；(d) $x = (0.148\text{ m})\sin(4.87\pi t)$；

(e) 2.00 J；(f) 1.68 J。

41. 2.2 s。

43. (a) −5.4°；(b) 8.4°；(c) −13°。

45. $\frac{1}{3}$。

47. $\sqrt{2g\ell(1-\cos\theta)}$。

49. 0.41 g。

51. (a) $\theta = \theta_0\cos(\omega t+\phi)$，$\omega = \sqrt{\frac{K}{I}}$。

53. 2.9 s。

55. 1.08 s。

57. 減少 6 倍。

59. (a) (-1.21×10^{-3})%；(b) 32.3 個週期。

63. (a) 0°；(b) 0，$\pm A$；(c) $\frac{1}{2}\pi$ 或 90°。

65. 3.1 m/s。

67. 23.7。

69. (a) 170 s；(b) 1.3×10^{-5} W；(c) 1.0×10^{-3} Hz。

71. 0.11 m。

73. (a) 1.22 f；(b) 0.71 f。

75. (a) 0.41 s；(b) 9 mm。

77. 0.9922 m，1.6 mm，0.164 m。

79. $x = \pm\frac{\sqrt{3}A}{2} \approx \pm0.866A$。

81. $\rho_{水}g$(面積$_{底面}$)。

83. (a) 130 N/m；(b) 0.096 m。

85. (a) $x = \pm\frac{\sqrt{3}x_0}{2} \approx \pm0.866x_0$；(b) $x = \pm\frac{1}{2}x_0$。

87. 84.5 分。

89. 1.25 Hz。

91. ~3000 N/m。

93. (a) $k = \frac{4\pi^2}{斜率}$，y-截距 = 0；

(b) 斜率 = 0.13 s^2/kg，y-截距 = 0.14 s^2；

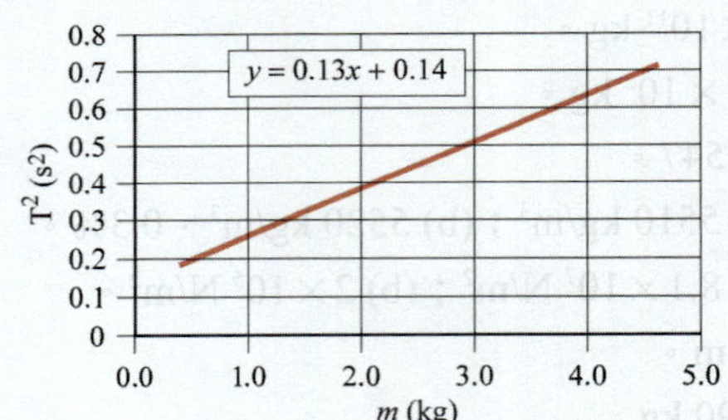

(c) $k = \frac{4\pi^2}{斜率} = 310$ N/m，y-截距 $= \frac{4\pi^2 m_0}{k}$，

$m_0 = 1.1$ kg；

(d) 彈簧質量有效地振盪的一部分。

第15章

1. 2.7 m/s。

3. (a) 1400 m/s；(b) 4100 m/s；(c) 5100 m/s。

5. 0.62 m。

7. 4.3 N。

9. (a) 78 m/s；(b) 8300 N。

11. (a)

較早時
較晚時
2 cm
1 cm
0
−1 cm
−2 cm
0 1 m 2 m 3 m 4 m
向下 向上 向下 向上 向下

(b) -4 cm/s。

13. 18 m。

15. $A_{能量較高}/A_{能量較低}=\sqrt{3}$。

19. (a) 0.38 W；(b) 0.25 cm。

21. (b) 420 W。

23. $D=A\sin\left[2\pi\left(\frac{x}{\lambda}+\frac{t}{T}\right)+\phi\right]$。

25. (a) 41 m/s；(b) 6.4×10^4 m/s^2；
(c) 35 m/s，3.2×10^4 m/s^2。

27. (b) $D=(0.45\text{ m})\cos[2.6\,(x-2.0t)+1.2]$；
(d) $D=(0.45\text{ m})\cos[2.6\,(x+2.0t)+1.2]$。

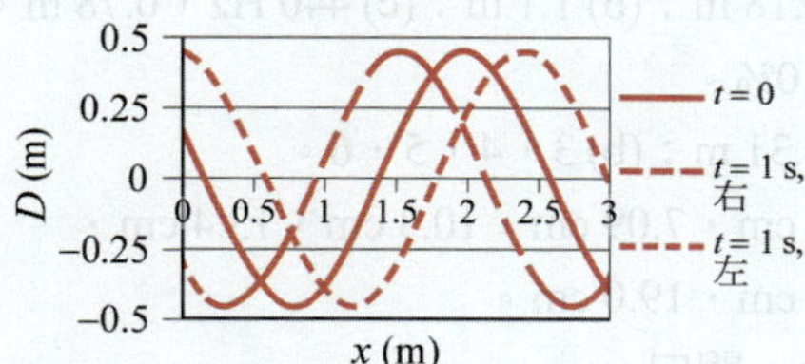

29. $D=(0.020\text{ cm})\times$
$\sin\left[(9.54\text{ m}^{-1})x-(3290\text{ rad/s})t+\frac{3}{2}\pi\right]$。

31. 是的，它是一個解。

35. 是的，它是一個解。

37. (a) 0.84 m；(b) 0.26 N；(c) 0.59 m。

39. (a) $t=\frac{2}{v}\sqrt{D^2+\left(\frac{x}{2}\right)^2}$；
(b) 斜率 $=\frac{1}{v^2}$，y-截距 $=\frac{4}{v^2}D^2$。

41. (a)

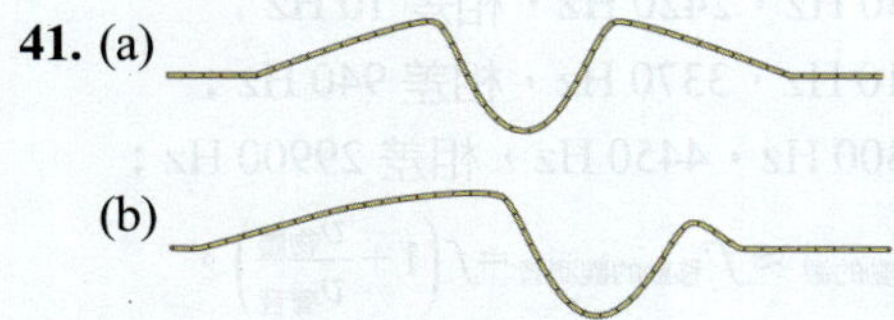

(b)

(c) 全部都是動能。

43. 662 Hz。

45. $T_n=\frac{(1.5\text{ s})}{n}$，$n=1, 2, 3,\cdots$，
$f_n=n(0.67\text{ Hz})$，$n=1, 2, 3,\cdots$。

47. $f_{0.50}/f_{1.00}=\sqrt{2}$。

49. 80 Hz。

53. 11。

55. (a) $D_2=4.2\sin(0.84x+47t+2.1)$；
(b) $8.4\sin(0.84x+2.1)\cos(47t)$。

57. 315 Hz。

59. (a)

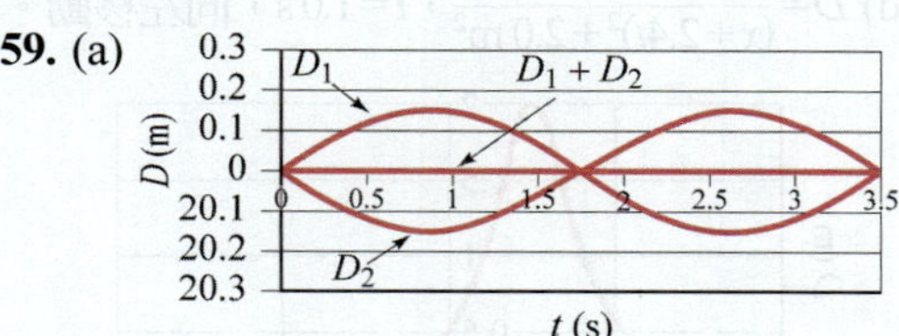

(b)

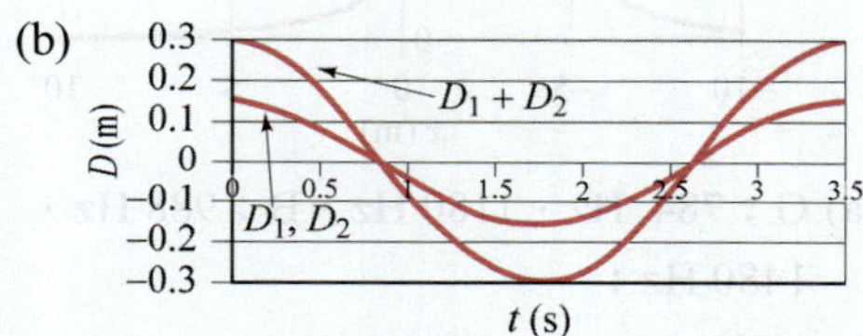

61. $n=4$、$n=8$ 與 $n=12$。

63. $x=\pm\left(n+\frac{1}{2}\right)\frac{\pi}{2}$ m，$n=0, 1, 2,\cdots$。

65. 5.2 km/s。

67. $(3.0\times10^1)°$。

69. 44°。

71. (a) 0.042 m；(b) 0.55 rad。

73. 在密度較小的桿中速率較高，兩者相差 $\sqrt{2.5}=1.6$ 倍。

75. (a) 0.05 m；(b) 2.25。

77. 0.69 m。

79. (a) $t=0$ s；

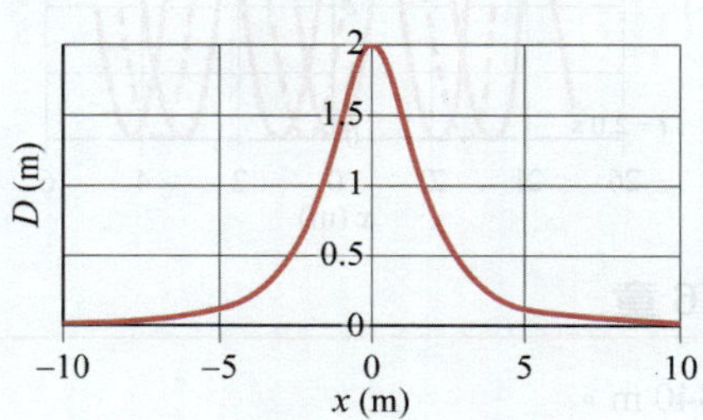

(b) $D=\frac{4.0\text{ m}^3}{(x-2.4t)^2+2.0\text{ m}^2}$；

(c) $t=1.0$ s，向右移動；

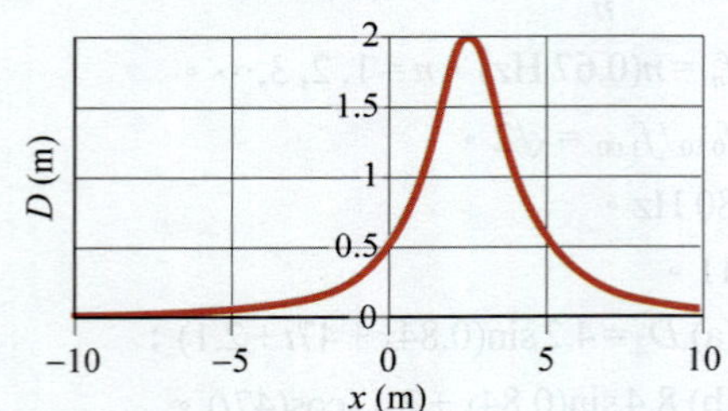

(d) $D=\dfrac{4.0\ \text{m}^3}{(x+2.4t)^2+2.0\ \text{m}^2}$，$t=1.0$ s，向左移動。

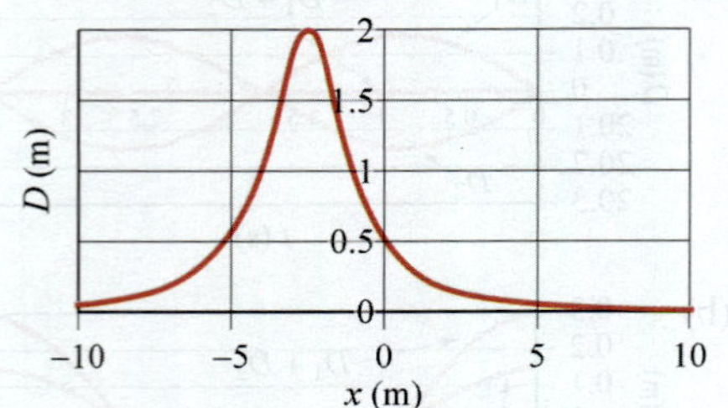

81. (a) G：784 Hz，1180 Hz，B：988 Hz，1480 Hz；
(b) 1.59；(c) 1.26；(d) 0.630。

83. 距第一個脈波發源端 6.3 m 處。

85. $\lambda=\dfrac{4\ell}{2n-1}$，$n=1, 2, 3, \cdots$。

87. $D(x, t)=(3.5\ \text{cm})\cos(0.10\pi x-1.5\pi t)$，$x$ 之單位為 cm，而 t 之單位為 s。

89. 12 分。

93. 速率 $=0.50$ m/s；運動方向 $=+x$，週期 $=2\pi$ s，波長 $=\pi$ m。

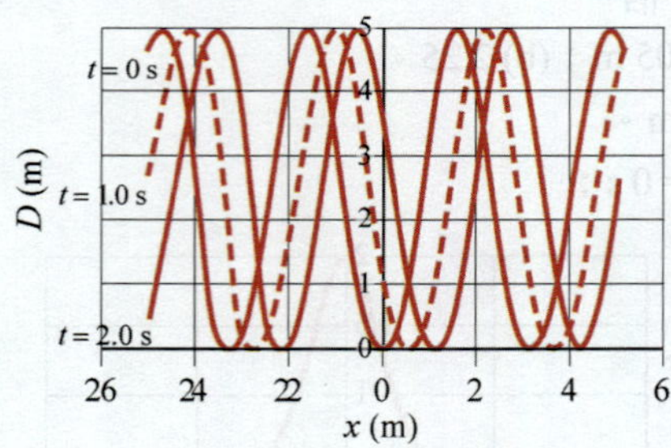

第 16 章

1. 340 m。

3. (a) 1.7 cm 至 17 m；(b) 2.3×10^{-5} m。

5. (a) 0.17 m；(b) 11 m；(c) 0.5%。

7. 41 m。

9. (a) 8%；(b) 4%。

11. (a) 4.4×10^{-5} Pa；(b) 4.4×10^{-3} Pa。

13. (a) 5.3 m；(b) 675 Hz；(c) 3600 m/s；(d) 1.0×10^{-13} m。

15. 63 dB。

17. (a) 10^9；(b) 10^{12}。

19. 2.9×10^{-9} J。

21. 124 dB。

23. (a) 9.4×10^{-6} W；(b) 8.0×10^6 個人。

25. (a) 122 dB，114 dB；(b) 不是。

27. 7 dB。

29. (a) 頻率較高的波，2.6；(b) 6.8。

31. (a) 3.2×10^{-5} m；(b) 3.0×10^1 Pa。

33. 1.24 m。

35. (a) 69.2 Hz，207 Hz，346 Hz，484 Hz；(b) 138 Hz，277 Hz，415 Hz，553 Hz。

37. 8.6 mm 至 8.6 m。

39. (a) 0.18 m；(b) 1.1 m；(c) 440 Hz，0.78 m。

41. -3.0%。

43. (a) 1.31 m；(b) 3，4，5，6。

45. 3.65 cm，7.09 cm，10.3 cm，13.4 cm，16.3 cm，19.0 cm。

47. 4.3m，開口。

49. 21.4 Hz，42.8 Hz。

51. 3430 Hz，10300 Hz，17200 Hz，相對敏感的頻率。

53. ±0.50 Hz。

55. 346 Hz。

57. 10 拍音/s。

59. (a) 221.5 Hz 或 218.5 Hz；(b) 增加 1.4%，減少 1.3%。

61. (a) 1470 Hz；(b) 1230 Hz。

63. (a) 2430 Hz，2420 Hz，相差 10 Hz；
(b) 4310 Hz，3370 Hz，相差 940 Hz；
(c) 34300 Hz，4450 Hz，相差 29900 Hz；
(d) $f'_{\text{移動的源}}\approx f'_{\text{移動的觀測者}}=f\left(1+\dfrac{v_{\text{物體}}}{v_{\text{聲音}}}\right)$。

65. (a) 1420 Hz，1170 Hz；
(b) 1520 Hz，1080 Hz；
(c) 1330 Hz，1240 Hz。

67. 3 Hz。

69. (a) 每隔 1.3 s；(b) 每隔 15 s。

71. 8.9 cm/s。

73. (a) 93；(b) 0.62°。

77. 19 km。

79. (a) 57 Hz，69 Hz，86 Hz，110 Hz，170 Hz。

81. 90 dB。

83. 11 W。

85. 51 dB。

87. 1.07。

89. (a) 280 m/s，57 N；(b) 0.19 m；
(c) 880 Hz，1320 Hz。

91. 3 Hz。

93. 141 Hz，422 Hz，703 Hz，984 Hz。

95. 22 m/s。

97. (a) 無拍音；(b) 20 Hz；(c) 無拍音。

99. 55.2 kHz。

101. 11.5 m。

103. 2.3 Hz。

105. 17 km/h。

107. (a) 3400 Hz；(b) 1.50 m；(c) 0.10 m。

109. (a)

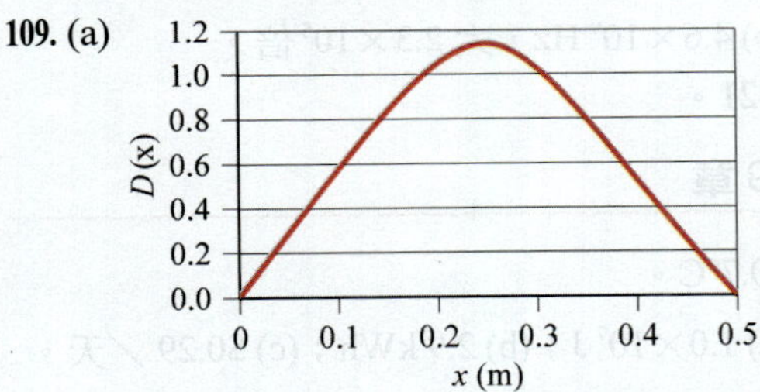

(b)

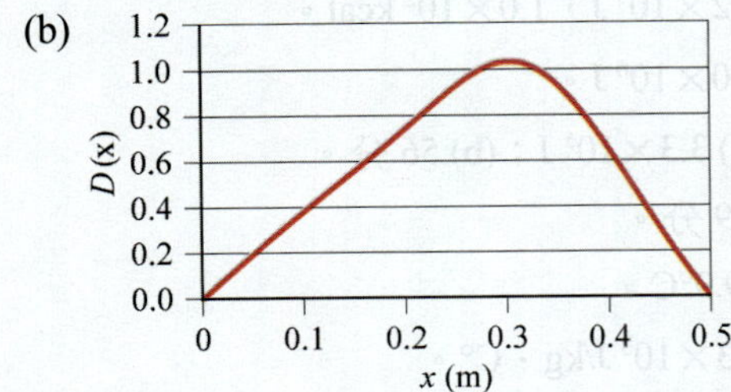

第 17 章

1. $N_{Au} = 0.548 N_{Ag}$。

3. (a) 20°C；(b) 3500°F。

5. 102.9°F。

7. 0.08 m。

9. Super Invar 桌面膨脹 1.6×10^{-6} m，
鋼桌面膨脹 9.6×10^{-5} m，
鋼桌面大 60 倍。

11. 981 kg/m^3。

13. −69°C。

15. 3.9 cm^3。

17. (a) 5.0×10^{-5}/C°。(b) 銅。

21. (a) 2.7 cm；(b) 0.3 cm。

23. 55 分。

25. 3.0×10^7 N/m^2。

27. (a) 27°C；(b) 5500 N。

29. −459.67°F。

31. 1.35 m^3。

33. 1.25 kg/m^3。

35. 181°C。

37. (a) 22.8 m^3；(b) 1.88 atm。

39. 1660 atm。

41. 313°C。

43. 3.49 atm。

45. −130°C。

47. 7.0 分。

49. 理想 = 0.588 m^3，
實際 = 0.598 m^3 (非理想特性)。

51. 2.69×10^{25} 分子/m^3。

53. 4×10^{-17} Pa。

55. 300 分子/cm^3。

57. 19 分子／呼吸。

59. (a) 71.2 torr；(b) 180°C。

61. 223 K。

63. (a) 低；(b) 0.025%。

65. 20%。

67. 9.9 L，不可取。

69. (a) 1100 kg；(b) 100 kg。

71. (a) 較低；(b) 0.36%。

73. 1.1×10^{44} 分子。

75. 3.34 nm。

77. 13 h。

79. (a) 0.66×10^3 kg/m^3；(b) −3%。

81. ±0.11°C。

83. 3.6 m。

85. 增加 3%。

87.

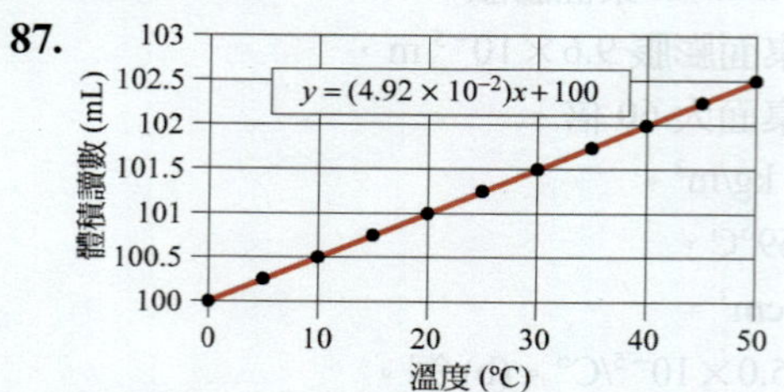

線的斜率：4.92×10^{-2} ml/°C，
相關的 β：492×10^{-6}/°C，
液體的 β：501×10^{-6}/°C，
此液體為甘油。

第 18 章

1. (a) 5.65×10^{-21} J；(b) 3.7×10^{3} J。
3. 1.29。
5. 3.5×10^{-9} m/s。
7. (a) 4.5；(b) 5.2。
9. $\sqrt{3}$。
13. (b) 5.6%。
15. 1.004。
17. (a) 461 m/s；(b) 每秒來回 26 次。
19. 將溫度加倍。
21. (a) 710 m/s；(b) 240 K；
(c) 650 m/s，240 K，是的。
23. 蒸氣。
25. (a) 蒸氣；(b) 固體。
27. 3600 Pa。
29. 355 torr 或 4.73×10^{4} Pa 或 0.466 atm。
31. 92°C。
33. 1.99×10^{5} Pa 或 1.97 atm。
35. 70 g。
37. 16.6°C。
39. (a) 斜率 $=-5.00\times10^{3}$ K，y 截距 $=24.9$。
在這個圖中令 $P_0=1$ Pa。

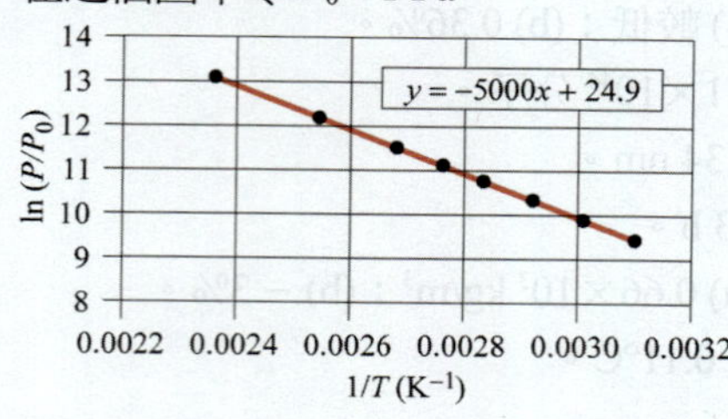

41. (a) 3.1×10^{6} Pa；(b) 3.2×10^{6} Pa。
43. (b) $a=0.365$ N · m^4/mol^2，
$b=4.28\times10^{-5}$ m^3/mol。
45. (a) 0.10 Pa；(b) 3×10^{7} Pa。
47. 2.1×10^{-7} m，靜止不動的目標，有效半徑為 $r_{H_2}+r_{air}$。
49. (b) 4.7×10^{7} s^{-1}。
51. $\frac{1}{40}$。
53. 3.5 小時，對流遠比擴散重要。
55. (b) 4×10^{-11} mol/s；(c) 0.6 s。
57. 260 m/s，3.7×10^{-22} atm。
59. (a) 290 m/s；(b) 9.5 m/s。
61. 50 cm。
63. 動能 $=6.07\times10^{-21}$ J，位能 $=5.21\times10^{-25}$ J，是的，位能可以忽略。
65. 0.07%。
67. 1.5×10^{5} K。
69. (a) 2800 Pa；(b) 650 Pa。
71. 2×10^{13} m。
73. 0.36 kg。
75. (b) 4.6×10^{9} Hz，大 2.3×10^{5} 倍。
77. 0.21。

第 19 章

1. 10.7°C。
3. (a) 1.0×10^{7} J；(b) 2.9 kWh；(c) \$0.29／天。
5. 4.2×10^{5} J，1.0×10^{2} kcal。
7. 6.0×10^{6} J。
9. (a) 3.3×10^{5} J；(b) 56 分。
11. 6.9 分。
13. 39.9°C。
15. 2.3×10^{3} J/kg · C°。
17. 54C°。
19. 0.31 kg。
21. (a) 5.1×10^{5} J；(b) 1.5×10^{5} J。
23. 4700 kcal。
25. 360 m/s。

27.

29. (a) 0；(b) −365 kJ。

31. (a) 480 J；(b) 0；(c) 480 J 進入氣體。

33. (a) 4350 J；(b) 4350 J；(c) 0。

35. -4.0×10^2 K。

37. 236 J。

39. (a) 3.0×10^1 J；(b) 68 J；(c) −84 J；
(d) −114 J；(e) −15 J。

41. $RT\ln\dfrac{(V_2-b)}{(V_1-b)}+a\left(\dfrac{1}{V_2}-\dfrac{1}{V_1}\right)$。

43. 43C°。

45. 83.7 g/mol，氪。

47. 48°C。

49. (a) 6230 J；(b) 2490 J；(c) 8720 J。

51. 0.457 atm，−39°C。

53. (a) 404 K，195 K；(b) -1.59×10^4 J；
(c) 0；(d) -1.59×10^4 J。

55. (a)

(b) 209 K；

(c) $Q_{1\to2}=0$，$\Delta E_{1\to2}=-2480$ J，
$W_{1\to2}=2480$ J，$Q_{2\to3}=-3740$ J，
$\Delta E_{2\to3}=-2240$ J，$W_{2\to3}=-1490$ J，
$Q_{3\to1}=4720$ J，$\Delta E_{3\to1}=4720$ J，
$W_{3\to1}=0$；

(d) $Q_{\text{cycle}}=990$ J，$\Delta E_{\text{cycle}}=0$，$W_{\text{cycle}}=990$ J。

57. (a) 5.0×10^1 W；(b) 17 W。

59. 21 h。

61. (a) 陶製的：14 W，發亮的：2.0 W；
(b) 陶製的：11C°，發亮的：1.6C°。

63. (a) 1.73×10^{17} W；(b) 278 K 或 5°C。

65. 28%。

67. (b) 4.8 C°/s；(c) 0.60 C°/cm。

69. 6.4 Cal。

71. 4×10^{15} J。

73. 1C°。

75. 3.6 kg。

77. 0.14C°。

79. (a) 800 W；(b) 5.3 g。

81. 1.1 天。

83. (a) 4.79 cm；
(b)

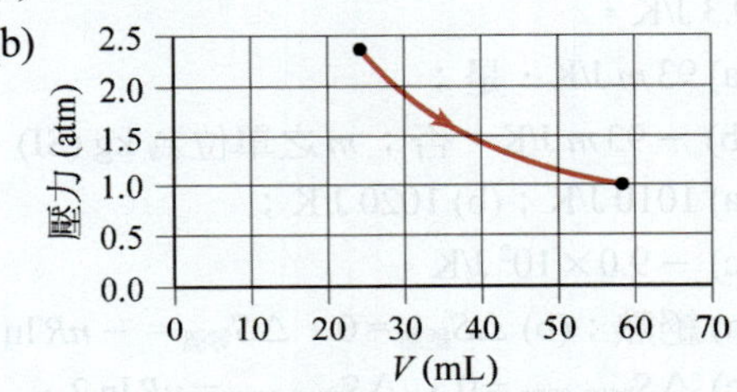

(c) $Q=4.99$ J，$\Delta E=0$，$W=4.99$ J。

85. 110°C。

87. 305 J。

89. (a) 1.9×10^5 J；(b) 4.4×10^5 J；
(c)

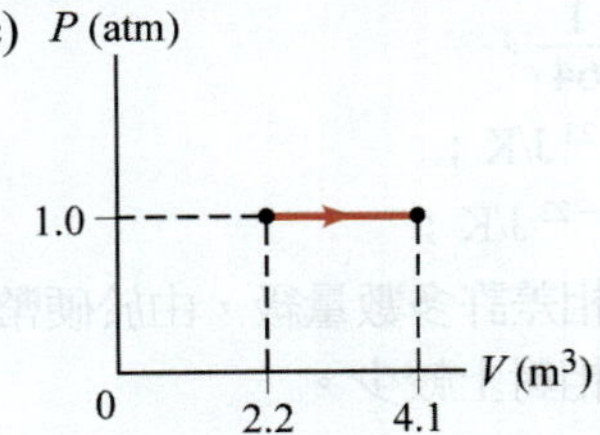

91. 2200 J。

第 20 章

1. 0.25。

3. 0.16。

5. 0.21。

7. (b) 0.55。

9. 0.74。

13. 1.4×10^{13} J/h。

15. 1400 m。

17. 660°C。

19. (a) 4.1×10^5 Pa，2.1×10^5 Pa；
(b) 34 L，17 L；(c) 2100 J；
(d) -1500 J；(e) 600 J；(f) 0.3。

21. 8.55。

23. 5.4。

25. (a) -4°C；(b) 29%。

27. (a) 230 J；(b) 390 J。

29. (a) 3.1×10^4 J；(b) 2.7 分。

31. 91 L。

33. 0.20 J/K。

35. 5×10^4 J/K。

37. $5.49\times10^{-2}\,\dfrac{\text{J/K}}{\text{s}}$。

39. 9.3 J/K。

41. (a) 93 m J/K，是；
(b) $-93\,m$ J/K，否；m 之單位為 kg (SI)。

43. (a) 1010 J/K；(b) 1020 J/K；
(c) -9.0×10^2 J/K。

45. (a) 絕熱；(b) $\Delta S_{絕熱}=0$，$\Delta S_{等溫}=-nR\ln 2$；
(c) $\Delta S_{環境,絕熱}=0$，$\Delta S_{環境,等溫}=nR\ln 2$。

47. (a) 所有過程都是可逆的。

49. $\dfrac{T}{nC_V}$。

53. 2.1×10^5 J。

55. (a) $\dfrac{5}{16}$；(b) $\dfrac{1}{64}$。

57. (a) 2.47×10^{-23} J/K；
(b) -9.2×10^{-22} J/K；
(c) 這些變化相差許多數量級，由於硬幣之微態的數目相對上較少。

59. (a) 1.79×10^6 kWh；(b) 9.6×10^4 kW。

61. 12 MW。

63. (a) 0.41 mol；(b) 396 K；(c) 810 J；
(d) -700 J；(e) 810 J；(f) 0.13；(g) 0.24。

65. (a) 110 kg/s；(b) 9.3×10^7 gal/h。

67. (a) 18 km^3/天；(b) 120 km^2。

69. (a) 0.19；(b) 0.23。

71. (a) 5.0C°；(b) 72.8 J/kg · K。

73. 1700 J/K。

75. 57 W 或 0.076 hp。

77. $e_{\text{Sterling}}=\left(\dfrac{T_H-T_L}{T_H}\right)\left[\dfrac{\ln\left(\dfrac{V_b}{V_a}\right)}{\ln\left(\dfrac{V_b}{V_a}\right)+\dfrac{3}{2}\left(\dfrac{T_H-T_L}{T_H}\right)}\right]$。

$e_{\text{Sterling}}<e_{\text{Carnot}}$。

79. (a)

T, T_H, T_L, a, b, c, d, S

(b) W_{net}。

81. 16 kg。

83. 3.61×10^{-2} J/K。

基本常數

量	符號	近似值	現行的最佳數值*
真空中的光速	c	3.00×10^{8} m/s	2.99792458×10^{8} m/s
萬有引力常數	G	6.67×10^{-11} N・m²/kg²	$6.6728(67)\times10^{-11}$ N・m²/kg²
亞佛加厥數	N_A	6.02×10^{23} mol⁻¹	$6.02214179(30)\times10^{23}$ mol⁻¹
氣體常數	R	8.314 J/mol・K = 1.99 cal/mol・K = 0.0821 L・atm/mol・K	8.314472(15) J/mol・K
波茲曼常數	k	1.38×10^{-23} J/K	$1.3806504(24)\times10^{-23}$ J/K
電子電荷	e	1.60×10^{-19} C	$1.602176487(40)\times10^{-19}$ C
史蒂芬－波茲曼常數	σ	5.67×10^{-8} W/m²・K⁴	$5.670400(40)\times10^{-8}$ W/m²・K⁴
自由空間的介電係數	$\epsilon_0=(1/c^2\mu_0)$	8.85×10^{-12} C²/N・m²	$8.854187817\cdots\times10^{-12}$ C²/N・m²
自由空間的導磁係數	μ_0	$4\pi\times10^{-7}$ T・m/A	$1.2566370614\cdots\times10^{-6}$ T・m/A
普朗克常數	h	6.63×10^{-34} J・s	$6.62606896(33)\times10^{-34}$ J・s
電子靜止質量	m_e	9.11×10^{-31} kg = 0.000549 u = 0.511 MeV/c^2	$9.10938215(45)\times10^{-31}$ kg = $5.4857990943(23)\times10^{-4}$ u
質子靜止質量	m_p	1.6726×10^{-27} kg = 1.00728 u = 938.27 MeV/c^2	$1.672621637(83)\times10^{-27}$ kg = 1.00727646677(10) u
中子靜止質量	m_n	1.6749×10^{-27} kg = 1.008665 u = 939.57 MeV/c^2	$1.674927211(84)\times10^{-27}$ kg = 1.00866491597(43) u
原子質量單位(1u)		1.6605×10^{-27} kg = 931.49 MeV/c^2	$1.660538782(83)\times10^{-27}$ kg = 931.494028(23) MeV/c^2

* CODATA(3/07), Peter J. Mohr and Barry N. Taylor, National Institute of Standards and Technology. 括號中的數字表明最後數字中實驗不確定性的一個標準誤差。無括號的數值是精確的(即定義量)。

其他有用的資料

焦耳當量 (1 cal)	4.186 J
絕對零度 (0 K)	−273.15℃
地表的重力加速度 (平均值)	9.80 m/s²(= g)
空氣中的聲速 (20℃)	343 m/s
空氣之密度 (乾燥)	1.29 kg/m³
地球：質量	5.98×10^{24} kg
半徑 (平均)	6.38×10^{3} km
月球：質量	7.35×10^{22} kg
半徑 (平均)	1.74×10^{3} km
太陽：質量	1.99×10^{30} kg
半徑 (平均)	6.96×10^{5} km
地球－太陽的平均距離	149.6×10^{6} km
地球－月球的平均距離	384×10^{3} km

希臘字母表

Alpha	A	α	Nu	N	ν
Beta	B	β	Xi	Ξ	ξ
Gamma	Γ	γ	Omircon	O	o
Delta	Δ	δ	Pi	Π	π
Epsilon	E	ϵ, ε	Rho	P	ρ
Zeta	Z	ζ	Sigma	Σ	σ
Eta	H	η	Tau	T	τ
Theta	Θ	θ	Upsilon	ϒ	υ
Iota	I	ι	Phi	Φ	ϕ, φ
Kappa	K	κ	Chi	X	χ
Lambda	Λ	λ	Psi	Ψ	ψ
Mu	M	μ	Omega	Ω	ω

一些數字之值

$\pi = 3.1415927$	$\sqrt{2} = 1.4142136$	$\ln 2 = 0.6931472$	$\log_{10} e = 0.4342945$
$e = 2.7182818$	$\sqrt{3} = 1.7320508$	$\ln 10 = 2.3025851$	$1\text{ rad} = 57.2957795°$

數學符號

$\propto$	正比於	$\leq$	小於或等於
$=$	等於	$\geq$	大於或等於
$\approx$	約等於	Σ	總和
$\neq$	不等於	$\bar{x}$	x 之平均值
$>$	大於	Δx	x 的變化量
$\gg$	遠大於	$\Delta x \to 0$	Δx 趨近於零
$<$	小於	$n!$	$n(n-1)(n-2)\cdots(1)$
$\ll$	遠小於		

水的性質

密度 (4℃)	1.000×10^{3} kg/m³
熔化熱 (0℃)	333 kJ/kg (80 kcal/kg)
蒸發熱 (100℃)	2260 kJ/kg (539 kcal/kg)
比熱 (15℃)	4186 J/kg・℃ (1.00 kcal/kg・℃)
折射率	1.33

單位轉換 (等值量)

長度

1 in. = 2.54 cm (定義)
1 cm = 0.3937 in.
1 ft = 30.48 cm
1 m = 39.37 in. = 3.281 ft
1 mi = 5280 ft = 1.609 km
1 km = 0.6214 mi
1 nautical mile (U.S.) = 1.151 mi = 6076 ft = 1.852 km
1 fermi = 1 femtometer (fm) = 10^{-15} m
1 angstorm (Å) = 10^{-10} m = 0.1 nm
1 light-year (ly) = 9.461×10^{15} m
1 parsec = 3.26 ly = 3.09×10^{16} m

體積

1 liter (L) = 1000 mL = 1000 cm^3 = 1.0×10^{-3} m^3 = 1.057 qt(U.S.) = 61.02 $in.^3$
1 gal(U.S.) = 4 qt(U.S.) = 231 $in.^3$ = 3.785 L = 0.8327 gal(British)
1 quart(U.S.) = 2 pints(U.S.) = 946 mL
1 pint(British) = 1.20 pints(U.S.) = 568 mL
1 m^3 = 35.31 ft^3

速率

1 mi/h = 1.4667 ft/s = 1.6093 km/h = 0.4470 m/s
1 km/h = 0.2778 m/s = 0.6214 mi/h
1 ft/s = 0.3048 m/s = 0.6818 mi/h = 1.0973 km/h
1 m/s = 3.281 ft/s = 3.600 km/h = 2.237 mi/h
1 knot = 1.151 mi/h = 0.5144 m/s

角度

1 radian(rad) = 57.30° = 57°18'
1° = 0.01745 rad
1 rev/min(rpm) = 0.1047 rad/s

時間

1 day = 8.640×10^4 s
1 year = 3.156×10^7 s

質量

1 atomic mass unit(u) = 1.6605×10^{-27} kg
1 kg = 0.06852 slug
[1 kg 等於重 2.20 lb 的質量，且 $g = 9.80$ m/s^2。]

力

1 lb = 4.448 N
1 N = 10^5 dyne = 0.2248 lb

能量與功

1 J = 10^7 ergs = 0.7376 ft · lb
1 ft · lb = 1.356 J = 1.29×10^{-3} Btu = 3.24×10^{-4} kcal
1 kcal = 4.19×10^3 J = 3.97 Btu
1 eV = 1.602×10^{-19} J
1 kWh = 3.600×10^6 J = 860 kcal
1 Btu = 1.055×10^3 J

功率

1 W = 1 J/s = 0.73746 ft · lb/s = 3.41 Btu/h
1 hp = 550 ft · lb/s = 746 W

壓力

1 atm = 1.01325 bar = 1.01325×10^5 N/m^2 = 14.7 lb/$in.^2$ = 760 torr
1 lb/$in.^2$ = 6.895×10^3 N/m^2
1 Pa = 1 N/m^2 = 1.450×10^{-4} lb/$in.^2$

SI 導出單位與其縮寫

量	單位	縮寫	以基本單位表示*
力	牛頓	N	kg · m/s^2
能量與功	焦耳	J	kg · m^2/s^2
功率	瓦特	W	kg · m^2/s^3
壓力	帕斯卡	Pa	kg/(m · s^2)
頻率	赫茲	Hz	s^{-1}
電荷	庫侖	C	A · s
電位	伏特	V	kg · m^2/(A · s^3)
電阻	歐姆	Ω	kg · m^2/ (A^2 · s^3)
電容	法拉	F	A^2 · s^4/(kg · m^2)
磁場	特斯拉	T	kg/(A · s^2)
磁通量	韋伯	Wb	kg · m^2/(A · s^2)
電感	亨利	H	kg · m^2/ (s^2 · A^2)

*kg = 公斤(質量)，m = 公尺(長度)，s = 秒(時間)，A = 安培(電流)。

公制的 (SI) 乘數

字首	縮寫	數值
yotta	Y	10^{24}
zeta	Z	10^{21}
exa	E	10^{18}
peta	P	10^{15}
tera	T	10^{12}
giga	G	10^{9}
mega	M	10^{6}
kilo	k	10^{3}
hecto	h	10^{2}
deka	da	10^{1}
deci	d	10^{-1}
centi	c	10^{-2}
milli	m	10^{-3}
micro	μ	10^{-6}
nano	n	10^{-9}
pico	p	10^{-12}
femto	f	10^{-15}
atto	a	10^{-18}
zepto	z	10^{-21}
yocto	y	10^{-24}

有用的幾何公式－面積，體積

圓周長 $C = \pi d = 2\pi r$

圓面積 $A = \pi r^2 = \dfrac{\pi d^2}{4}$

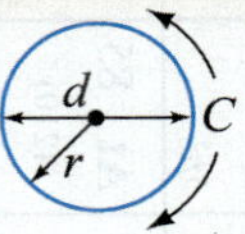

矩形面積 $A = \ell w$

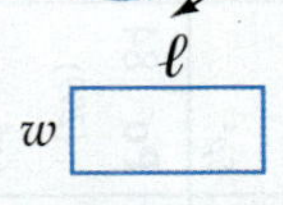

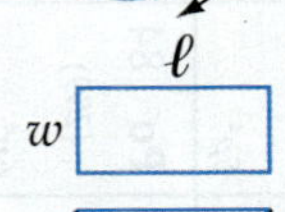

平行四邊形面積 $A = bh$

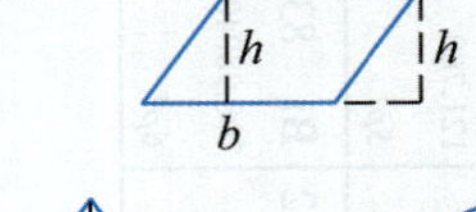

三角形面積 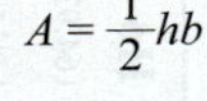 $A = \dfrac{1}{2}hb$

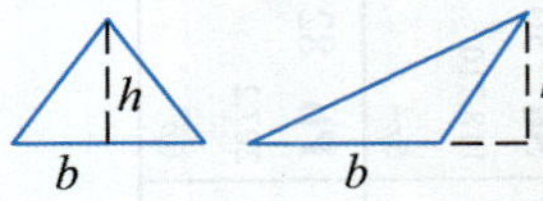

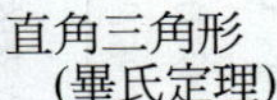
直角三角形 (畢氏定理) $c^2 = a^2 + b^2$

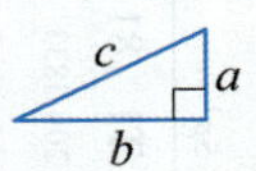

球：表面積 $A = 4\pi r^2$
　　體積 $V = \dfrac{4}{3}\pi r^3$

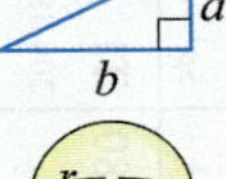

長方體：體積 $V = \ell wh$

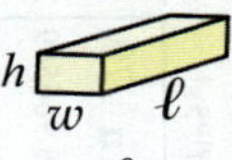

圓柱體：表面積 $A = 2\pi r\ell + 2\pi r^2$
　　　　體積 $V = \pi r^2 \ell$

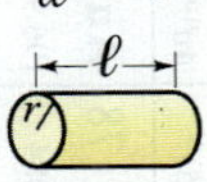

直立圓錐：表面積 $A = \pi r^2 + \pi r\sqrt{r^2 + h^2}$
　　　　　體積 $V = \dfrac{1}{3}\pi r^2 h$

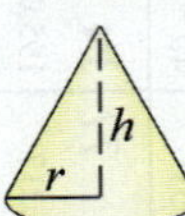

指數

$(a^n)(a^m) = a^{n+m}$ [例：$(a^3)(a^2) = a^5$]

$(a^n)(b^n) = (ab)^n$ [例：$(a^3)(b^3) = (ab)^3$]

$(a^n)^m = a^{nm}$ [例：$(a^3)^2 = a^6$；例：$\left(a^{\frac{1}{4}}\right)^4 = a$]

$a^{-1} = \dfrac{1}{a}$　　$a^{-n} = \dfrac{1}{a^n}$　　$a^0 = 1$

$a^{\frac{1}{2}} = \sqrt{a}$　　$a^{\frac{1}{4}} = \sqrt{\sqrt{a}}$

$(a^n)(a^{-m}) = \dfrac{a^n}{a^m} = a^{n-m}$ [例：$(a^5)(a^{-2}) = a^3$]

$\dfrac{a^n}{b^n} = \left(\dfrac{a}{b}\right)^n$

對數 [附錄 A-7；表 A-1]

若 $y = 10^x$，則 $x = \log_{10} y = \log y$。

若 $y = e^x$，則 $x = \log_e y = \ln y$。

$\log(ab) = \log a + \log b$

$\log\left(\dfrac{a}{b}\right) = \log a - \log b$

$\log a^n = n \log a$

一些微分與積分式*

$\dfrac{d}{dx}x^n = nx^{n-1}$　　$\int \sin ax\, dx = -\dfrac{1}{a}\cos ax$

$\dfrac{d}{dx}\sin ax = a\cos ax$　　$\int \cos ax\, dx = \dfrac{1}{a}\sin ax$

$\dfrac{d}{dx}\cos ax = -a\sin ax$　　$\int \dfrac{1}{x}dx = \ln x$

$\int x^m dx = \dfrac{1}{m+1}x^{m+1}$　　$\int e^{ax}dx = \dfrac{1}{a}e^{ax}$

*詳閱附錄 B。

二次公式

一元二次方程式之形式為 $ax^2 + bx + c = 0$

其解為

$$x = \frac{-b \pm \sqrt{b^2 - 4ac}}{2a}$$

二項式展開式

$$(1 \pm x)^n = 1 \pm nx \pm \frac{n(n-1)}{2 \cdot 1}x^2 \pm \frac{n(n-1)(n-2)}{3 \cdot 2 \cdot 1}x^3 + \cdots \quad [x^2 < 1]$$

$$\approx 1 \pm nx \quad [x << 1]$$

三角公式[附錄 A-9]

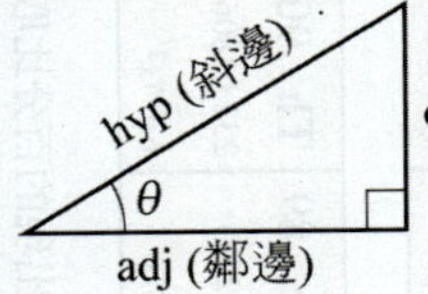

$\sin\theta = \dfrac{\text{opp}}{\text{hyp}}$

$\cos\theta = \dfrac{\text{adj}}{\text{hyp}}$

$\tan\theta = \dfrac{\text{opp}}{\text{adj}}$

$\text{adj}^2 + \text{opp}^2 = \text{hyp}^2$ (畢氏定理)

$\tan\theta = \dfrac{\sin\theta}{\cos\theta}$

$\sin^2\theta + \cos^2\theta = 1$

$\sin 2\theta = 2\sin\theta\cos\theta$

$\cos 2\theta = (\cos^2\theta - \sin^2\theta) = (1 - 2\sin^2\theta) = (2\cos^2\theta - 1)$

$\sin(180° - \theta) = \sin\theta$　　$\cos(180° - \theta) = -\cos\theta$

$\sin(90° - \theta) = \cos\theta$

$\cos(90° - \theta) = \sin\theta$

$\sin\dfrac{1}{2}\theta = \sqrt{(1 - \cos\theta)/2}$　　$\cos\dfrac{1}{2}\theta = \sqrt{(1 + \cos\theta)/2}$

$\sin\theta \approx \theta$ [小的 $\theta \lesssim 0.2$ rad]

$\cos\theta \approx 1 - \dfrac{\theta^2}{2}$ [小的 $\theta \lesssim 0.2$ rad]

$\sin(A \pm B) = \sin A\cos B \pm \cos A\sin B$

$\cos(A \pm B) = \cos A\cos B \mp \sin A\sin B$

對於任何三角形：

$c^2 = a^2 + b^2 - 2ab\cos\gamma$ (餘弦定律)

$\dfrac{\sin\alpha}{a} = \dfrac{\sin\beta}{b} = \dfrac{\sin\gamma}{c}$ 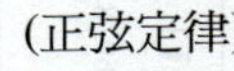 (正弦定律)

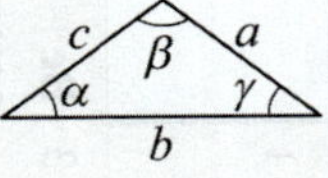

元素週期表§

符號 — 原子序 — 原子質量§ — 電子組態(外殼層)

Cl 17 35.453 $3p^5$

I	II	過渡元素										III	IV	V	VI	VII	VIII
H 1 1.00794 $1s^1$																	**He** 2 4.002602 $1s^2$
Li 3 6.941 $2s^1$	**Be** 4 9.012182 $2s^2$											**B** 5 10.811 $2p^1$	**C** 6 12.0107 $2p^2$	**N** 7 14.0067 $2p^3$	**O** 8 15.9994 $2p^4$	**F** 9 18.9984032 $2p^5$	**Ne** 10 20.1797 $2p^6$
Na 11 22.98976928 $3s^1$	**Mg** 12 24.3050 $3s^2$											**Al** 13 26.9815386 $3p^1$	**Si** 14 28.0855 $3p^2$	**P** 15 30.973762 $3p^3$	**S** 16 32.065 $3p^4$	**Cl** 17 35.453 $3p^5$	**Ar** 18 39.948 $3p^6$
K 19 39.0983 $4s^1$	**Ca** 20 40.078 $4s^2$	**Sc** 21 44.955912 $3d^14s^2$	**Ti** 22 47.867 $3d^24s^2$	**V** 23 50.9415 $3d^34s^2$	**Cr** 24 51.9961 $3d^54s^1$	**Mn** 25 54.938045 $3d^54s^2$	**Fe** 26 55.845 $3d^64s^2$	**Co** 27 58.933195 $3d^74s^2$	**Ni** 28 58.6934 $3d^84s^2$	**Cu** 29 63.546 $3d^{10}4s^1$	**Zn** 30 65.409 $3d^{10}4s^2$	**Ga** 31 69.723 $4p^1$	**Ge** 32 72.64 $4p^2$	**As** 33 74.92160 $4p^3$	**Se** 34 78.96 $4p^4$	**Br** 35 79.904 $4p^5$	**Kr** 36 83.798 $4p^6$
Rb 37 85.4678 $5s^1$	**Sr** 38 87.62 $5s^2$	**Y** 39 88.90585 $4d^15s^2$	**Zr** 40 91.224 $4d^25s^2$	**Nb** 41 92.90638 $4d^45s^1$	**Mo** 42 95.94 $4d^55s^1$	**Tc** 43 (98) $4d^55s^2$	**Ru** 44 101.07 $4d^75s^1$	**Rh** 45 102.90550 $4d^85s^1$	**Pd** 46 106.42 $4d^{10}5s^0$	**Ag** 47 107.8682 $4d^{10}5s^1$	**Cd** 48 112.411 $4d^{10}5s^2$	**In** 49 114.818 $5p^1$	**Sn** 50 118.710 $5p^2$	**Sb** 51 121.760 $5p^3$	**Te** 52 127.60 $5p^4$	**I** 53 126.90447 $5p^5$	**Xe** 54 131.293 $5p^6$
Cs 55 132.9054519 $6s^1$	**Ba** 56 137.327 $6s^2$	57–71†	**Hf** 72 178.49 $5d^26s^2$	**Ta** 73 180.94788 $5d^36s^2$	**W** 74 183.84 $5d^46s^2$	**Re** 75 186.207 $5d^56s^2$	**Os** 76 190.23 $5d^66s^2$	**Ir** 77 192.217 $5d^76s^2$	**Pt** 78 195.084 $5d^96s^1$	**Au** 79 196.966569 $5d^{10}6s^1$	**Hg** 80 200.59 $5d^{10}6s^2$	**Tl** 81 204.3833 $6p^1$	**Pb** 82 207.2 $6p^2$	**Bi** 83 208.98040 $6p^3$	**Po** 84 (209) $6p^4$	**At** 85 (210) $6p^5$	**Rn** 86 (222) $6p^6$
Fr 87 (223) $7s^1$	**Ra** 88 (226) $7s^2$	89–103‡	**Rf** 104 (267) $6d^27s^2$	**Db** 105 (268) $6d^37s^2$	**Sg** 106 (271) $6d^47s^2$	**Bh** 107 (272) $6d^57s^2$	**Hs** 108 (277) $6d^67s^2$	**Mt** 109 (276) $6d^77s^2$	**Ds** 110 (281) $6d^97s^1$	**Rg** 111 (280) $6d^{10}7s^1$	112 (285) $6d^{10}7s^2$						

†鑭系														
La 57 138.90547 $5d^16s^2$	**Ce** 58 140.116 $4f^15d^16s^2$	**Pr** 59 140.90765 $4f^35d^06s^2$	**Nd** 60 144.242 $4f^45d^06s^2$	**Pm** 61 (145) $4f^55d^06s^2$	**Sm** 62 150.36 $4f^65d^06s^2$	**Eu** 63 151.964 $4f^75d^06s^2$	**Gd** 64 157.25 $4f^75d^16s^2$	**Tb** 65 158.92535 $4f^95d^06s^2$	**Dy** 66 162.500 $4f^{10}5d^06s^2$	**Ho** 67 164.93032 $4f^{11}5d^06s^2$	**Er** 68 167.259 $4f^{12}5d^06s^2$	**Tm** 69 168.93421 $4f^{13}5d^06s^2$	**Yb** 70 173.04 $4f^{14}5d^06s^2$	**Lu** 71 174.967 $4f^{14}5d^16s^2$

‡錒系														
Ac 89 (227) $6d^17s^2$	**Th** 90 232.03806 $6d^27s^2$	**Pa** 91 231.03588 $5f^26d^17s^2$	**U** 92 238.0289 $5f^36d^17s^2$	**Np** 93 (237) $5f^46d^17s^2$	**Pu** 94 (244) $5f^66d^07s^2$	**Am** 95 (243) $5f^76d^07s^2$	**Cm** 96 (247) $5f^76d^17s^2$	**Bk** 97 (247) $5f^96d^07s^2$	**Cf** 98 (251) $5f^{10}6d^07s^2$	**Es** 99 (252) $5f^{11}6d^07s^2$	**Fm** 100 (257) $5f^{12}6d^07s^2$	**Md** 101 (258) $5f^{13}6d^07s^2$	**No** 102 (259) $5f^{14}6d^07s^2$	**Lr** 103 (262) $5f^{14}6d^17s^2$

§ 原子質量值是依它們在地球表面出現的百分比取平均值。對許多不穩定的元素而言，括號中的數值為其生命期最長之同位素的質量。
2006 修訂版 (亦可參閱附錄F)，元素 113、114、115、116 與 118 的初步證據 (未證實的) 已經報導。